国家出版基金项目

"十四五"国家重点出版物出版规划项目

中国耕地土壤论著系列

中华人民共和国农业农村部 组编

中国黄绵土

Chinese Cultivated Loessial Soils

同延安◆主编

中国农业出版社

北 京

主　编	同延安（西北农林科技大学资源环境学院）
副 主 编	常庆瑞（西北农林科技大学资源环境学院）
参编人员	吕国华（中国农业科学院农业环境与可持续发展研究所）
	高义民（西北农林科技大学资源环境学院）
	赵世伟（西北农林科技大学水土保持研究所）
	樊　军（西北农林科技大学水土保持研究所）
	顿志恒（甘肃省土壤肥料工作站）
	陈竹君（西北农林科技大学资源环境学院）
	薛泉宏（西北农林科技大学资源环境学院）
	和文祥（西北农林科技大学资源环境学院）
	郭　俏（西北农林科技大学资源环境学院）
	高亚军（西北农林科技大学资源环境学院）
	周建斌（西北农林科技大学资源环境学院）
	吕家珑（西北农林科技大学资源环境学院）
	杨　玥（西北农林科技大学资源环境学院）
	杨莉莉（西北农林科技大学资源环境学院）
	田霄鸿（西北农林科技大学资源环境学院）
	赵护兵（西北农林科技大学资源环境学院）
	佟小刚（西北农林科技大学资源环境学院）
	吴发启（西北农林科技大学资源环境学院）
	郭胜利（西北农林科技大学水土保持研究所）

耕地是农业发展之基、农民安身之本，也是乡村振兴的物质基础。习近平总书记强调，"我国人多地少的基本国情，决定了我们必须把关系十几亿人吃饭大事的耕地保护好，绝不能有闪失"。加强耕地保护的前提是保证耕地数量的稳定，更重要的是要通过耕地质量评价，摸清质量家底，有针对性地开展耕地质量保护和建设，让退化的耕地得到治理，土壤内在质量得到提高、产出能力得到提升。

新中国成立以来，我国开展过两次土壤普查工作。2002年，农业部启动全国耕地地力调查与质量评价工作，于2012年以县域为单位完成了全国2 498个县的耕地地力调查与质量评价工作；2017年，结合第三次全国国土调查，农业部组织开展了第二轮全国耕地地力调查与质量评价工作，并于2019年以农业农村部公报形式公布了评价结果。这些工作积累了海量的耕地质量相关数据、图件，建立了一整套科学的耕地质量评价方法，摸清了全国耕地质量主要性状和存在的障碍因素，提出了有针对性的对策措施与建议，形成了一系列专题成果报告。

土壤分类是土壤科学的基础。每一种土壤类型都是具有相似土壤形态特征及理化性状、生物特性的集合体。编辑出版"中国耕地土壤论著系列"（以下简称"论著系列"），按照耕地土壤性状的差异，分土壤类型论述耕地土壤的形成、分布、理化性状、主要障碍因素、改良利用途径，既是对前两次土壤普查和两轮耕地地力调查与质量评价成果的系统梳理，也是对土壤学科的有效传承，将为全面分析相关土壤类型耕地质量家底，有针对性地加强耕地质量保护与建设，因地制宜地开展耕地土壤培肥改良与治理修复、合理布局作物生产、指导科学施肥提供重要依据，对提升耕地综合生产能力、促进耕地资源永续利用、保障国家粮食安全具有十分重要的意义，也将为当前正在开展的第三次全国土壤普查工作提供重要的基础资料和有效指导。

相信"论著系列"的出版，将为新时代全面推进乡村振兴、加快农业农村现代化、实现农业强国提供有力支撑，为落实最严格的耕地保护制度，深入实施"藏粮于地、藏粮于技"战略发挥重要作用，作出应有贡献。

中华人民共和国农业农村部副部长　张兴旺

　　耕地土壤是最宝贵的农业资源和重要的生产要素，是人类赖以生存和发展的物质基础。耕地质量不仅决定农产品的产量，而且直接影响农产品的品质，关系到农民增收和国民身体健康，关系到国家粮食安全和农业可持续发展。

　　"中国耕地土壤论著系列"系统总结了多年以来对耕地土壤数据收集和改良的科研成果，全面阐述了各类型耕地土壤质量主要性状特征、存在的主要障碍因素及改良实践，实现了文化传承、科技传承和土壤传承。本丛书将为摸清土壤环境质量、编制耕地土壤污染防治计划、实施耕地土壤修复工程和加强耕地土壤环境监管等工作提供理论支撑，有利于科学提出耕地土壤改良与培肥技术措施、提升耕地综合生产能力、保障我国主要农产品有效供给，从而确保土壤健康、粮食安全、食品安全及农业可持续发展，给后人留下一方生存的沃土。

　　"中国耕地土壤论著系列"按十大主要类型耕地土壤分别出版，其内容的系统性、全面性和权威性都是很高的。它汇集了"十二五"及之前的理论与实践成果，融入了"十三五"以来的攻坚成果，结合第二次全国土壤普查和全国耕地地力调查与质量评价工作的成果，实现了理论与实践的完美结合，符合"稳产能、调结构、转方式"的政策需求，是理论研究与实践探索相结合的理想范本。我相信，本丛书是中国耕地土壤学界重要的理论巨著，可成为各级耕地保护从业人员进行生产活动的重要指导。

中　国　工　程　院　院　士

中国科学院南京土壤研究所研究员　　张佳宝

耕地是珍贵的土壤资源，也是重要的农业资源和关键的生产要素，是粮食生产和粮食安全的"命根子"。保护耕地是保障国家粮食安全和生态安全，实施"藏粮于地、藏粮于技"战略，促进农业绿色可持续发展，提升农产品竞争力的迫切需要。长期以来，我国土地利用强度大，轮作休耕难，资源投入不平衡，耕地土壤质量和健康状况恶化。我国曾组织过两次全国土壤普查工作。21 世纪以来，由农业部组织开展的两轮全国耕地地力调查与质量评价工作取得了大量的基础数据和一手资料。最近十多年来，全国测土配方施肥行动覆盖了 2 498 个农业县，获得了一批可贵的数据资料。科研工作者在这些资料的基础上做了很多探索和研究，获得了许多科研成果。

"中国耕地土壤论著系列"是对两次土壤普查和耕地地力调查与质量评价成果的系统梳理，并大量汇集在此基础上的研究成果，按照耕地土壤性状的差异，分土壤类型逐一论述耕地土壤的形成、分布、理化性状、主要障碍因素和改良利用途径等，对传承土壤学科、推动成果直接为农业生产服务具有重要意义。

以往同类图书都是单册出版，编写内容和风格各不相同。本丛书按照统一结构和主题进行编写，可为读者提供全面系统的资料。本丛书内容丰富、适用性强，编写团队力量强大，由农业农村部牵头组织，由行业内经验丰富的权威专家负责各分册的编写，更确保了本丛书的编写质量。

相信本丛书的出版，可以有效加强耕地质量保护、有针对性地开展耕地土壤改良与培肥、合理布局作物生产、指导科学施肥，进而提升耕地生产能力，实现耕地资源的永续利用。

中国工程院院士
中国农业大学教授　张福锁

　　耕地是人类赖以生存的基础和保障，加强耕地质量管理对提高耕地产能、保障粮食安全、促进社会经济可持续发展，具有十分重要的意义。2019年，农业农村部决定选择我国十大典型耕地土壤类型，联合组织开展"中国耕地土壤论著系列"丛书编撰，《中国黄绵土》是该丛书的一项主要成果内容。

　　黄绵土是广泛分布于黄土高原地区的主要土壤。南北从秦岭山麓到北阴山山脚，东西由太行山脉至乌鞘岭-日月山一线，从塬地到丘陵沟壑区，从梁峁顶部到河谷阶地均有分布，以水土流失比较强烈的黄土丘陵区为主。黄绵土以陕西省北部分布最广，其次是甘肃省的陇中、陇东，山西省的晋西北与晋西南，青海省东部、内蒙古自治区和宁夏回族自治区南部、河南省西部有少量分布。本书搜集整理的资料，既包括20世纪有关黄绵土的研究成果、第二次全国土壤普查成果、耕地质量评价成果，又包括黄绵土养分管理最新技术和21世纪以来的研究成果等，较为全面和系统论述了黄绵土耕地质量的性状特征、存在障碍因素，科学提出了黄绵土耕地土壤培肥改良技术措施，为提升耕地综合生产能力、保障国家粮食安全和主要农产品有效供给、推进农业绿色发展提供了有力支撑。

　　本书共分19章。较为详细地描述了黄绵土的分布，成土环境，典型土壤剖面形态，阐述了黄绵土的物理、化学、生物学性状，土壤中有机质、氮、磷、钾、中微量元素的含量分布与变化趋势，黄绵土的污染、侵蚀及其防治，土壤养分管理和可持续利用的对策与建议。本书第一章黄绵土面积与分布、第二章黄绵土成土环境与形成过程由常庆瑞编写，第三章黄绵土剖面特征及施肥管理措施影响效果由吕国华、高义民编写，第四章黄绵土物理性状由赵世伟编写，第五章黄绵土水分特性与管理由樊军、顿志恒编写，第六章黄绵土化学性状由陈竹君编写，第七章黄绵土生物学性状由薛泉宏、和文祥、郭俏编写，第八章黄绵土中的有机质由高亚军编写，第九章黄绵土中的氮由周建斌编写，第十章黄绵土中的磷由吕家珑编写；第十一章黄绵土中的钾由杨玥、杨莉莉、同延安编写；第十二章黄绵土中的中微量元素由田霄鸿编写；第十三章黄绵土养分循环与土壤肥力及其演变由赵护兵编写；第十四章黄绵土区耕地质量等级评价由高义民编写；第十五章黄绵土污染与防治由杨玥、同延安编写；第十六章黄绵土侵蚀特征与防治由佟小刚、吴发启编写，第十七章黄绵土区植被恢复对土壤理化性状和生物学性状的影响由郭胜利编写，

第十八章黄绵土区主要作物土壤养分管理由杨莉莉、杨玥、同延安、周建斌编写，第十九章黄绵土区耕地可持续利用对策与建议由高亚军编写。

感谢农业农村部耕地质量建设与管理专家指导组与中国农业出版社等单位对给予的关心和支持！

由于编者水平有限，加上时间仓促，疏漏之处在所难免，敬请读者给予指正。

编　者

目录

第一章 黄绵土面积与分布 >>>

黄绵土是广泛分布于黄土高原地区的主要土壤，南北从秦岭山麓到阴山山麓，东西由太行山脉至乌鞘岭-日月山一线，从塬地到丘陵沟壑区，从梁峁顶部到河谷阶地均有分布。其中，以水土流失比较强烈的黄土丘陵区为主，常与褐土、黑垆土、栗钙土和灰钙土等土壤呈复区分布。黄绵土以陕西北部分布最广，其次是甘肃的陇中、陇东，山西的晋西北与晋西南，青海东部、内蒙古和宁夏南部、河南西部有少量分布。

第一节 黄绵土基本特征与类型划分

一、黄绵土基本特征

黄绵土是黄土母质上直接形成的幼年土壤，发育微弱，剖面上下均一，分异不明显，呈强石灰反应，其形态和属性与黄土母质近似，仅由表土和底土两个层段组成，剖面构型为 A - C 型或 Ap - C 型。耕作层（A、Ap 层）仅有 10~15 cm，有机质含量较低，呈浅黄或灰黄色。土体松软，含有团粒或团块状结构，但水稳性较差。犁底层很薄或不明显，其下为稍紧实的过渡层，或直接为黄棕色的黄土母质。在撂荒情况下，草类或林木生长，表层形成厚 10~30 cm 的灰色腐殖质层，有机质含量可高达 15.0~20.0 g/kg。如果在耕种过程中堆积作用十分微弱、成土过程相对稳定，碳酸盐会发生轻度淋溶淀积，形成一个原始的 Bk 层，土体构型变成 A -(Bk)- C 型。

黄绵土的颗粒组成和黄土母质近似，以细沙和粉沙粒为主，占土壤总量的 60% 以上。整个剖面质地比较均一。由于耕种、侵蚀和风积的影响，表层质地有所变化。侵蚀型黄绵土表层由于细颗粒被侵蚀减少，质地有变粗的趋势；堆积型黄绵土表层由于反复耕耘及稳定的风化成土作用，质地有变细的趋势。在强烈风蚀和风沙危害地区，无论什么类型的黄绵土表层，质地均向沙化方向发展。受黄土母质及风蚀强度的影响，黄绵土的机械组成由北向南逐渐变细（表 1 - 1）。如安塞区境内的黄土颗粒，平均粒径为 0.035~0.045 mm；安塞区以南至洛川县，平均粒径为 0.025~0.035 mm；洛川县以南，平均粒径为 0.015~0.025 mm。

表 1 - 1 黄绵土颗粒组成南北差异

单位：g/kg

地 点	粒 级			
	2~0.02 mm	0.02~0.002 mm	<0.002 mm	<0.01 mm
子长县涧峪岔镇	689.3	245.9	64.8	169.0
延安市安塞区招安镇	645.8	236.9	117.3	212.5
延安市宝塔区南泥湾镇	588.3	279.6	132.1	241.9
富县北道德乡	454.3	451.6	93.6	331.6
洛川县秦关乡	423.4	424.8	151.8	393.2

资料来源：《黄土高原地区土壤资源及其合理利用》，中国科学技术出版社，1991。

黄绵土整个土体疏松绵软，容重 1.1~1.3 g/cm³。总孔隙度 50%~60%，比较适中，其中毛管孔隙度 30%~50%，通透性好。一般透水速度＞0.5 mm。有机质分解矿化快，有效养分供应较好。最大吸湿水含量为 3%~8%，凋萎湿度 3%~10%，储水的有效性高。田间最大持水量为 20%~26%，2 m 土层可储蓄有效水 400~500 mm。部分地区黄绵土孔隙度及水分性质见表 1-2。

表 1-2 黄绵土孔隙度及水分性质

指　标	陕西省安塞区				陕西省长武县			
取样深度（cm）	0~12	12~33	50~60	120~130	0~16	16~24	24~150	150~200
容重（g/cm³）	—	—	—	—	1.20	1.33	1.33	1.26
总孔隙度（%）	59.6	57.2	54.4	54.1	55.10	49.80	49.80	52.60
毛管孔隙度（%）	31.6	50.8	52.9	52.6	30.30	30.59	29.66	27.72
非毛管孔隙度（%）	8.0	6.4	1.5	1.5	24.40	19.21	20.14	24.78
孔隙系数	1.5	1.3	1.2	1.2	—	—	—	—
田间最大持水量（%）	—	—	—	—	25.8	23.00	22.30	22.00

资料来源：《黄土高原地区土壤资源及其合理利用》，中国科学技术出版社，1991。

黄绵土的矿物组成以石英、长石类为主，占 650.0~900.0 g/kg；其次为云母和碳酸盐矿物，占 50.0~100.0 g/kg；其他不稳定矿物和重矿物占 1.0~5.0 g/kg。化学组成二氧化硅（SiO_2）占 580.0~680.0 g/kg，三氧化二铝（Al_2O_3）占 100.0~130.0 g/kg，三氧化二铁（Fe_2O_3）占 33.0~42.0 g/kg，氧化钙（CaO）占 25.9~76.7 g/kg，氧化镁（MgO）占 15.7~21.8 g/kg，各种元素在水平分布上，SiO_2、氧化钠（Na_2O）含量由北向南递减，Fe_2O_3、Al_2O_3、CaO 和 MgO 等由北向南递增。全剖面各种元素含量差异不大（表 1-3）。

表 1-3 黄绵土化学组成及水平变异（烘干土重）

采样地点	取样深度（cm）	含量（g/kg）						土壤类型
		SiO_2	Al_2O_3	Fe_2O_3	CaO	MgO	Na_2O	
陕西延安市宝塔区	0~15	633.5	101.8	39.9	69.3	18.0	—	沙黄绵土
	15~27	632.5	106.9	36.6	75.4	16.7	—	
	27~80	633.5	98.6	36.9	77.6	15.7	—	
陕西富县	0~14	598.2	108.5	41.7	72.1	20.8	19.3	典型黄绵土
	14~30	592.3	108.4	41.2	75.0	20.7	19.1	
	30~100	589.6	108.8	42.4	74.2	21.8	19.2	
陕西洛川县	0~11	673.5	129.0	34.9	25.9	17.4	18.0	墡黄绵土
	178~208	604.2	118.8	32.9	76.7	18.9	17.6	

资料来源：《黄土高原地区土壤资源及其合理利用》，中国科学技术出版社，1991。

不同地貌类型下黄绵土的养分状况差别较大，具体见表 1-4。其中，pH 为 7.81~8.55，有机质含量为 6.61~17.11 g/kg，全氮含量为 0.51~1.13 g/kg，有效磷含量为 4.91~102.72 mg/kg，速效钾含量为 121.62~342.94 mg/kg。总体来看，河谷平原、河谷盆地、低山丘陵、黄土台塬、山坡等地貌类型土壤养分含量相对较高，而丘陵、黄土丘陵、盆地、黄土塬等地貌类型土壤养分含量相对较低。

表1-4　黄绵土在不同地貌类型下的养分状况

指标	丘陵	山地	平原	高原	黄土丘陵	盆地	河谷平原	河谷盆地	黄土塬	低山丘陵	河流阶地	黄土台塬	山坡
pH	8.55	8.42	8.48	8.48	8.31	8.60	8.23	7.81	8.39	8.29	8.11	8.12	7.86
有机质（g/kg）	6.61	11.90	11.87	13.85	9.58	7.99	16.02	16.76	11.48	16.68	14.58	16.58	17.11
全氮（g/kg）	0.51	0.77	0.77	0.96	0.54	0.55	0.88	1.13	0.62	0.83	0.80	0.87	0.87
有效磷（mg/kg）	4.91	17.60	14.39	15.43	9.80	5.73	22.58	23.42	10.30	12.39	18.61	22.45	102.72
速效钾（mg/kg）	121.62	169.58	168.82	191.02	131.45	166.57	237.96	197.74	155.79	215.28	151.68	221.29	342.94

注：数据资料包含陕西、山西、甘肃、内蒙古、宁夏5省份。

黄绵土肥力一般较低，但因利用方式和所处地形不同差异较大。在耕种条件下，有机质含量一般为6.82～9.24 g/kg（表1-5）。腐殖质组成以富里酸占优势，胡敏酸与富里酸之比小于1，且活性胡敏酸未检出（表1-6）。阳离子交换量为5～20 cmol/kg，属低-中等保肥能力，交换量从北向南增高。

表1-5　黄绵土不同利用方式和地形下的养分状况

指　标	耕　地			草　地	林　地
	坡耕地	川台耕地	塬耕地		
有机质（g/kg）	6.82	7.76	9.24	17.65	34.60
全氮（g/kg）	0.54	0.54	0.68	0.93	1.74
全磷（P₂O₅，g/kg）	1.34	1.58	1.26	1.51	1.52
全钾（K₂O，g/kg）	22.10	21.60	22.17	22.59	21.49
碱解氮（mg/kg）	29.00	40.00	28.00	—	—
有效磷（mg/kg）	4.80	6.50	5.00	—	—
速效钾（mg/kg）	104.00	177.00	105.00	—	—

资料来源：延安土壤普查资料。

表1-6　黄绵土腐殖质组成

深度（cm）	总碳量（g/kg）	有机质（g/kg）	胡敏酸 含量（g/kg）	胡敏酸 占总碳（%）	富里酸 含量（g/kg）	富里酸 占总碳（%）	残渣碳（%）	活性胡敏酸（%）	胡敏酸/富里酸	胡敏酸 E₄/E₆
0～15	3.84	6.62	0.248	6.46	0.588	15.31	78.23	0	0.42	4.83
15～27	1.68	2.89	0.029	1.73	0.213	12.68	85.59	0	0.14	6.48
27～80	1.47	2.53	0.041	2.79	0.192	13.06	84.16	0	0.21	5.88

资料来源：《黄土高原地区土壤资源及其合理利用》，中国科学技术出版社，1991。

二、黄绵土类型划分

黄绵土土壤分类和全国土壤分类工作的发展一样，经历了3个时期：第一个时期受苏联发生学观点的影响，运用苏联的地理发生学分类，几乎把所有土壤都纳入地带性土类中，如把黄绵土划入相关的地带性土类，栗钙土、灰钙土、褐土等土类作为其中的亚类或土属；第二个时期通过土壤普查，对农业土壤给予足够的重视和研究，在总结群众经验的基础上，在黄土高原地区划分出了黄绵土、黑垆土、搂土等土类；第三个时期受美国系统分类的影响，科研工作者试图以诊断层和诊断特性的概念划分土壤，土壤分类开始从定性向定量化转化，出现饱和、不饱和与石灰性等概念。在第二次全国土壤普查中，各地土壤科学工作者怀着革新的强烈愿望，在统一的工作分类系统"中国土壤分类"的基础上，深入总结当地群众认土、比土、评土的经验和自己的见解，提出了地区性的土壤分类系统。这些分类之间，虽然大方向是趋向统一、趋向定量化，但也出现了一些新的变化和争议。例如，山西将吕梁山以东黑垆土划作栗褐土、灰褐土或褐土；陕西将黄绵土划分为单独的土类，不分亚类；河南未将黄绵土单独划分，将其归入褐土土类的褐土性土亚类黄土质褐土性土土属；等等。因此，作为该地区最主要的土壤类型——黄绵土，具有不同的分类地位和名称，存在同土异名或同名异土的混乱现象。

在《中国土壤分类与代码》（GB/T 17296—2009）中，黄绵土属于初育土纲（G）土质初育土亚纲（G1）黄绵土土类（G11），土类下只有一个亚类黄绵土（G110），亚类下分绵土（G11011）、绵沙土（G11012）、绵墡土（G11013）和黄墡土（G11014）4个土属。在《黄土高原地区土壤资源及其合理利用》一书中，根据成土条件与属性的差异，将黄绵土划分为墡黄绵土、黄绵土、沙黄绵土和灰黄绵土4个亚类；在《陕西土壤》一书中，黄绵土分为黄绵土1个亚类，沙黄绵土、黄绵土、墡黄绵土3个土属。

本书依据黄绵土的母质特征、理化性质差异，结合国家标准分类系统、黄土高原和相关省区土壤分类研究的实践，将黄绵土划归于初育土纲（G）土质初育土亚纲（G1）黄绵土土类（G11），土类下进一步划分为沙黄绵土（G111）、典型黄绵土（G112）、墡黄绵土 G113）3个亚类，各亚类的分布和属性特征如下。

（一）沙黄绵土

沙黄绵土曾称粗黄绵土，处于黄土丘陵区北部边缘地带，位于北纬37°以北，海拔800～1 500 m。北接风沙土，地形为梁峁坡地、沟坡地、川台地和洞地。沙黄绵土呈片状间断分布在长城沿线，主要与黑垆土镶嵌存在，另外在栗钙土和灰钙土区的南部也有少量分布。

沙黄绵土分布区气候干旱，降水量为350～450 mm。夏季降雨集中且暴雨多，水蚀严重；冬春季干旱多风，土壤风蚀沙化明显，地面常有片沙和风蚀残墩出现。成土母质为沙黄土，质地为沙壤-轻壤。物理性黏粒含量100～200 g/kg，阳离子交换量4～5 cmol/kg，田间最大持水量15%～16%。土体疏松，透水性强，保肥保墒能力较典型黄绵土差；因凋萎系数低（2.6～2.9），有效水分与典型黄绵土差不多。有机质贫乏，矿质营养较少，尤其是有效养分含量低。表（耕）层有机质含量平均为5.22 g/kg、全氮0.343 g/kg、全磷1.209 g/kg、全钾18.59 g/kg、碱解氮34.7 mg/kg、有效磷3.9 mg/kg、速效钾100 mg/kg，有效硼、锌、锰、铁、铜分别为0.239 mg/kg、0.374 mg/kg、4.02 mg/kg、2.32 mg/kg、0.355 mg/kg。全剖面呈强石灰反应，但因质地较沙，比典型黄绵土弱。土壤比较干旱瘠薄，多种植耐旱的杂粮类，一般种植谷子、荞麦、豆类及马铃薯等作物，产量很不稳定。

沙黄绵土分为普通沙黄绵土（侵蚀轻微）、侵蚀沙黄绵土（侵蚀较强）、耕侵沙黄绵土（耕种侵蚀为主）、熟化沙黄绵土（耕种熟化为主）、沙化沙黄绵土（有浮沙）和灰沙黄绵土6个土属。

（二）典型黄绵土

典型黄绵土分布界限：北起沙黄绵土，南至富县、宜川县中线以北的广大丘陵沟壑区。典型黄绵土主要分布在黄土高原中部的丘陵沟壑区，与典型黑垆土交错分布，镶嵌在黏黑垆土周围。

典型黄绵土多发育在轻壤质黄土母质上，质地轻壤-中壤。<0.01 mm的物理性黏粒含量200～300 g/kg，土壤物理性质良好，土壤容重1.0～1.3 g/cm³，总孔隙度49%～58%，阳离子交换量5～7 cmol/kg。土体疏松绵软，孔隙度大，通气性好，渗水性强，保水保肥能力较沙黄绵土好。田间持水量20%左右，凋萎湿度比较低，有效水范围比较宽，为12%～14%。碳酸钙含量100.0～134.0 g/kg，高于沙黄绵土。土壤养分含量较低，略高于沙黄绵土。有机质含量一般5.0～8.0 g/kg，有效养分缺乏，耕层土壤养分含量与母质层差不多。表层有机质含量平均为7.39 g/kg，全氮0.488 g/kg，全磷1.341 g/kg，全钾19.94 g/kg，碱解氮34 mg/kg，有效磷4.3 mg/kg，速效钾99.9 mg/kg，有效硼、锌、锰、铁、铜分别为0.254 mg/kg、0.386 mg/kg、4.18 mg/kg、2.90 mg/kg、0.456 mg/kg。该类型土壤土质疏松，耕性好，适耕期长，土性热，发苗好，多种植谷子、高粱、玉米、小麦、豆类等作物。

典型黄绵土亚类土壤土粒易分散悬浮，抗冲抗蚀性能差，地形起伏大，地表破碎，为黄土区水土流失最强烈的土壤类型。土壤发育微弱，剖面层次由耕作层和母质层组成，侵蚀轻微的剖面由心土层形成。典型黄绵土亚类根据利用方式和侵蚀状况分为：普通黄绵土、侵蚀黄绵土、耕侵黄绵土、熟化黄绵土和墡黄绵土5个土属。

（三）墡黄绵土

墡黄绵土分布在黄土高原南部地区，海拔500～1 200 m，主要是在渭北黄土高原、晋南、豫西和关中盆地沟谷两侧的坡地和塬面上，与黏黑垆土、褐土呈镶嵌分布。

墡黄绵土成土母质为细黄土和离石黄土（老黄土），是黄绵土类中发育程度较好的类型。此区水热条件相对较好，年降水量一般＞500 mm。土壤颗粒风化作用强，加之距离黄土来源的欧亚荒漠中心较远，黄土沉积颗粒较细，土壤质地以中壤为主，物理性黏粒含量300～400 g/kg，小于0.002 mm黏粒占170～180 g/kg。土质适中，通气透水，田间持水量较高，可达到20%～28%，2 m土层储蓄有效水400～500 mm。阳离子交换量一般10～15 cmol/kg，保肥蓄水能力均较强，明显好于典型黄绵土和沙黄绵土。有机质及氮磷有效养分含量低，表（耕）层有机质含量平均为10.85 g/kg、全氮0.703 g/kg、全磷1.553 g/kg、全钾21.01 g/kg、碱解氮41.5 mg/kg、有效磷9.0 mg/kg、速效钾161.6 mg/kg，有效硼、锌、锰、铁、铜分别为0.220 mg/kg、0.577 mg/kg、5.98 mg/kg、2.90 mg/kg、0.456 mg/kg。墡黄绵土的土壤肥力虽不及娄土和黑垆土，但养分含量（除全钾、有效态硼和铁外）均较沙黄绵土和典型黄绵土高。墡黄绵土土层较深厚，质地适中，不沙不黏，耕层结构较好，肥力水平较高。其固、液、气三相比例适宜，通气透水，耕性良好，较耐旱耐涝，土性暖，适耕期较长，多种植小麦、玉米及杂粮。该类土壤有一定的水稳性团粒结构，土壤抗冲抗蚀力弱，容易遭受侵蚀，水土流失严重，土壤发育微弱，剖面层次由耕作层和母质层组成，侵蚀轻微的剖面由耕作层、心土层和母质层组成。墡黄绵土亚类根据利用方式和侵蚀状况分为普通墡黄绵土、侵蚀墡黄绵土、耕侵墡黄绵土、熟化墡黄绵土和灰墡黄绵土5个土属。

第二节　黄绵土面积与区域分布

一、黄绵土面积与分布概述

中国耕地黄绵土总面积136 820.47 km²，主要分布在黄土高原的东部地区，其中陕西分布面积最大，占黄绵土总面积的39.10%，其次是甘肃（27.29%）、山西（21.59%）和宁夏（8.14%），内蒙古、河南分布面积很小，分别占黄绵土总面积的2.63%和1.25%。黄绵土不同亚类之间面积分配差异明显，其中以典型黄绵土为主，占到黄绵土总面积的2/3以上；墡黄绵土面积最小，占黄绵土总面积1/8以下。黄绵土亚类及各省份面积分布见表1-7。

表1-7　黄绵土亚类及各省份面积分布

单位：km²

省份	沙黄绵土	典型黄绵土	墡黄绵土	总计
甘肃	3 172.72	32 150.39	2 010.23	37 333.34
河南			1 715.43	1 715.43
内蒙古	3 602.19			3 602.19
宁夏	4 599.87	6 539.56		11 139.43
山西	1 339.19	25 890.05	2 304.85	29 534.09
陕西	12 999.49	30 483.67	10 012.83	53 495.99
合计	25 713.46	95 063.67	16 043.34	136 820.47

沙黄绵土面积 25 713.46 km²，占黄绵土总面积的 18.79%。沙黄绵土广泛分布在陕西、山西、甘肃、宁夏的北部和内蒙古南端等地，其中分布在陕西的面积近 1.3 万 km²，占此亚类面积的 50%以上；宁夏、内蒙古和甘肃 3 个省份面积差异不大，分别是 4 599.87 km²、3 602.19 km² 和 3 172.72 km²；山西分布较少，只有 1 339.19 km²；位于黄土高原东南部的河南没有沙黄绵土分布。

典型黄绵土面积 95 063.67 km²，占黄绵土总面积的 69.48%，是黄绵土中面积最大的亚类，构成黄绵土的主体。典型黄绵土集中分布在黄土高原中部的丘陵沟壑区，主要位于甘肃、陕西和山西 3 个省份，面积分别为 32 150.39 km²、30 483.67 km² 和 25 890.05 km²；宁夏也有一定分布，面积为 6 539.56 km²；位于黄土高原最北部的内蒙古和最南端的河南没有典型黄绵土分布。

墙黄绵土面积 16 043.34 km²，是黄绵土中面积最小的亚类，仅占黄绵土总面积的 11.73%。墙黄绵土集中分布在黄河龙门以下和渭河河谷两岸的高阶地，以及黄土高原南部的台塬沟壑区，其中陕西分布面积最大，为 10 012.83 km²，占此亚类面积的 62.41%；山西、甘肃和河南 3 个省份面积差异不大，分别为 2 304.85 km²、2 010.23 km² 和 1 715.43 km²；位于黄土高原北部的宁夏和内蒙古没有墙黄绵土分布。

二、黄绵土的区域分布

1. 陕西　陕西是我国黄绵土分布面积最大的省份，全省黄绵土面积合计 53 495.99 km²，占黄绵土总面积的 39.10%。其中，以典型黄绵土为主，面积为 30 483.67 km²，占全省黄绵土总面积的 56.98%；沙黄绵土次之，面积为 12 999.49 km²，占全省黄绵土总面积的 24.30%；墙黄绵土最少，面积 10 012.83 km²，占全省黄绵土总面积的 18.72%。黄绵土在陕西省广泛分布于秦岭以北的黄土高原地区，榆林、延安、铜川、宝鸡、咸阳、西安和渭南 7 市均有分布，其中以榆林和延安为主，咸阳、宝鸡次之，铜川、渭南和西安有少量分布。沙黄绵土集中分布在榆林北部，位于长城沿线的农牧交错带延安吴起、安塞和子长有零星分布；典型黄绵土主要分布在榆林南部和延安，位于典型的黄土丘陵沟壑区和黄土塬区；墙黄绵土散布在铜川、宝鸡、咸阳、西安和渭南 5 市，位于渭北黄土台塬、渭河两岸的高阶地和沟坡。

2. 甘肃　甘肃是我国黄绵土分布的第二大省份，全省黄绵土面积合计 37 333.34 km²，占黄绵土总面积的 27.29%。其中，以典型黄绵土占绝对优势，面积为 32 150.39 km²，占全省黄绵土总面积的 86.12%；沙黄绵土次之，面积为 3 172.72 km²，占全省黄绵土总面积的 8.50%；墙黄绵土最少，面积只有 2 010.23 km²，占全省黄绵土总面积的 5.38%。黄绵土在全省主要分布于兰州以东的陇东黄土高原地区，西峰、平凉、定西、白银、兰州和天水 6 市（区）均有分布，其中以西峰、定西为主，天水、平凉次之，白银和兰州有少量分布。沙黄绵土集中分布在陇东黄土高原的西峰北部，与宁夏吴忠接壤的区域，沙化现象严重；典型黄绵土广泛分布在上述各区（市），其中以西峰和定西为主，平凉、天水、白银和兰州也有一定分布，主要位于黄土宽谷长梁沟壑区；墙黄绵土仅出现在南部的天水和平凉，位于渭河河谷两岸的高阶地和陇东黄土高原南缘。

3. 山西　山西也是黄绵土的主要分布地区之一，全省黄绵土面积合计 29 534.09 km²，占黄绵土总面积的 21.59%，排在黄绵土分布面积的第 3 位。其中，以典型黄绵土占绝对优势，面积为 25 890.05 km²，占全省黄绵土总面积的 87.66%；墙黄绵土面积合计 2 304.85 km²，占全省黄绵土总面积的 7.80%；沙黄绵土最少，面积只有 1 339.19 km²，占全省黄绵土总面积的 4.53%。黄绵土在全省广泛分布于西南部的黄土高原地区，运城、临汾、长治、吕梁、榆次、阳泉、太原、忻州和朔州 9 市（区）均有分布，其中以吕梁、临汾和忻州为主，运城、榆次和太原也有分布，朔州、阳泉和长治只有零星分布。沙黄绵土集中分布在晋西北角的保德周围，典型黄绵土散布在山西省中部地区，晋西黄土高原地区相对集中，以临汾、吕梁和忻州为主；墙黄绵土集中分布在南部的运城，位于黄河沿岸的高阶地和黄土塬。

4. 宁夏　黄绵土是宁夏的主要耕作土壤，集中分布在南部山区，全区黄绵土面积合计 11 139.43 km²，占黄绵土总面积的8.14%。其中，典型黄绵土面积6 539.56 km²，占全区黄绵土总面积的58.71%；沙黄绵土面积4 599.87 km²，占全区黄绵土总面积的41.29%，典型黄绵土分布略高于沙黄绵土。宁夏由于所处位置偏北，降水较少，热量不足，温度偏低，没有墡黄绵土分布。黄绵土在宁夏只分布在固原和吴忠的黄土丘陵沟壑区，其中沙黄绵土集中分布在吴忠，固原也有少量分布；典型黄绵土只分布在固原，区内其他地方没有此类土壤。

5. 内蒙古　内蒙古为黄绵土分布区域的最北端，全区黄绵土面积3 602.19 km²，面积很小，只占黄绵土总面积的2.63%，其中只有沙黄绵土1个亚类。内蒙古的黄绵土分布在与陕北黄土高原接壤的毛乌素沙地南缘，集中在鄂尔多斯市的伊金霍洛旗。

6. 河南　河南位于黄绵土分布区域的东南端，是黄绵土分布面积最小的省份，全省黄绵土面积只有1 715.43 km²，仅占黄绵土总面积的1.25%，其中只有墡黄绵土1个亚类。没有典型黄绵土和沙黄绵土分布。全省黄绵土集中分布在豫西的黄河南岸高阶地和山前台地，以三门峡为主，郑州也有少量分布。

第二章 | 黄绵土成土环境与形成过程 >>>

第一节 黄绵土成因分析

一、形成条件

黄绵土主要分布地区属于温带半干旱气候，年平均降水量 300～500 mm，年平均气温 7～10 ℃，无霜期 140～180 d。因为气候比较干燥，生长期又短，所以植被生长不良。降水量少且多集中在 7～9 月，又多暴雨，一次降水量可达 150～200 mm。这是造成水土流失严重的重要条件。黄土高原是黄绵土发育的母体，由风积黄土沉积物堆积而成。黄土层深厚，厚者可达数百米，地层完整。除一些山地高出黄土堆积面并覆盖晚期黄土外，其余黄土则连续覆盖在第三纪及其他古老岩层之上，形成塬梁峁川等不同黄土地貌。南部多为沟谷割裂的塬地，塬面破碎；北部多为起伏的黄土丘陵，沟壑纵横。破碎而起伏的黄土地貌，是形成强烈水土流失的地貌基础。严重的水土流失使黄土地貌变得更加破碎，破碎陡峻的地表又引起更强烈的土壤侵蚀，加速了黑垆土等的退化和黄绵土的生成与演替。黄土是黄绵土形成的物质基础。黄土疏松多孔，其总孔隙率在 50％以上，其中毛管孔隙占 40％、非毛管孔隙度小于 10％，故透水能力较差，抗冲抗蚀能力不强，易发生水土流失。黄土质地均一，主要由细沙粒、粉粒及黏粒三级颗粒组成，其中粉粒占优势，无论新老黄土或古黄土均是如此。黏粒含量依次是古黄土＞老黄土＞新黄土。黄土主要是西北风由漠境搬运来的粉尘沉积物，受风选作用，质地表现出明显的地区性差异，粗粒含量是由西北向东南递减，而粉粒与黏粒则逐渐增加。矿物组成以石英、长石和云母为主，风化强度低。黄绵土分布区是我国古老的农业区，人为破坏作用广泛而强烈，耕种侵蚀过程大大强化了水土流失作用。所以，集中的降雨条件、稀疏的植被条件、破碎的地貌条件、深厚疏松的母质条件和强烈不合理的人为活动条件等综合作用，引起了严重的土壤侵蚀。这是黄绵土发生和形成的基本条件。

二、形成特点与演变

在黄绵土的形成过程中，主要发生着两大基本过程：一是以耕种熟化为主的成土过程；二是以侵蚀为主的地质过程。黄绵土实质上是成土过程和地质过程对立统一的产物。当耕种熟化过程占主导地位时，土壤的肥力就会逐渐提高，从母质的来源和土壤物质的动态平衡看，表现为堆积；当侵蚀过程占主导地位时，黄绵土的形成只能在耕种—侵蚀—再耕种—再侵蚀……这样的低水平上重复，成土作用不能正常进行，始终处于半生土状态。如果不采取有效的水土保持措施，黄土最终将被侵蚀殆尽，基岩裸露，成为不毛之地。此外，当黄绵土坡耕地弃耕后，草类或林木生长，会出现较明显的有机质累积过程，土壤表层的颜色变暗，由黄色变为灰色。

根据上述黄绵土形成过程中所发生的两种过程，可以把黄绵土划分为侵蚀型和堆积型两大基本类型。这两大类型的黄绵土在人为耕作的直接影响和水土流失的破坏作用下，进行着两种截然不同、相互对立的土壤形成过程：一种是熟化过程，另一种是生土化过程。在弃耕和撂荒情况下，耕种熟化过程被生草过程代替。但总的来说，它们都是发生在黄土或黄土状母质上的初育土。

（一）侵蚀型黄绵土的形成特点与演变

侵蚀型黄绵土分布在塬边及丘陵坡地，土壤形成的主要特点是以生土化过程为主导。在缺乏水土保持措施的塬边与丘陵坡耕地上，由于不合理的土地利用方式和耕作方式，引起严重的土壤侵蚀。随着侵蚀时间的延续和侵蚀程度的加剧，土壤剖面从上而下逐渐被剥蚀，原自然土壤（黑垆土等）的 A 层、B 层以及 C 层逐渐被剥蚀露出，形成了黄绵土。在生土化过程中也进行着熟化过程，但是不合理的土壤利用造成的耕种侵蚀反而加剧了水土流失，助长了生土化过程的发展，致使土壤流失不断进行，土壤始终处于微弱的半熟化阶段。水土流失愈强，熟化过程愈弱，耕层越浅薄，土壤发育越不明显，土壤肥力越低。根据科学资料推算，如果年流失指数（维持土壤肥力不下降的允许土壤流失量）为 $12.45 \, t/hm^2$，成土过程才能补偿土壤的流失量。但黄绵土坡耕地的年平均土壤流失量为 $54 \sim 90 \, t/hm^2$，相当于年流失指数的 $4 \sim 7$ 倍。实际上，黄绵土坡耕地土壤流失量常超过以上数值，通常每年要损失 1 cm 厚的土层（合每公顷流失量为 120 t），相当于年流失指数的 10 倍左右；而黄绵土坡耕地土粪用量极少，难以补偿流失量。水土流失引起的生土化过程多于耕种熟化过程，这是黄绵土坡耕地土生、土薄的根本原因。

侵蚀型黄绵土，如果不采取有效的水土保持措施，任其发展下去，其下的新黄土、老黄土及古黄土母质将依次流失，侵蚀型黄绵土最终被红土甚至基岩所代替。其形成与演变方向如图 2-1 所示。

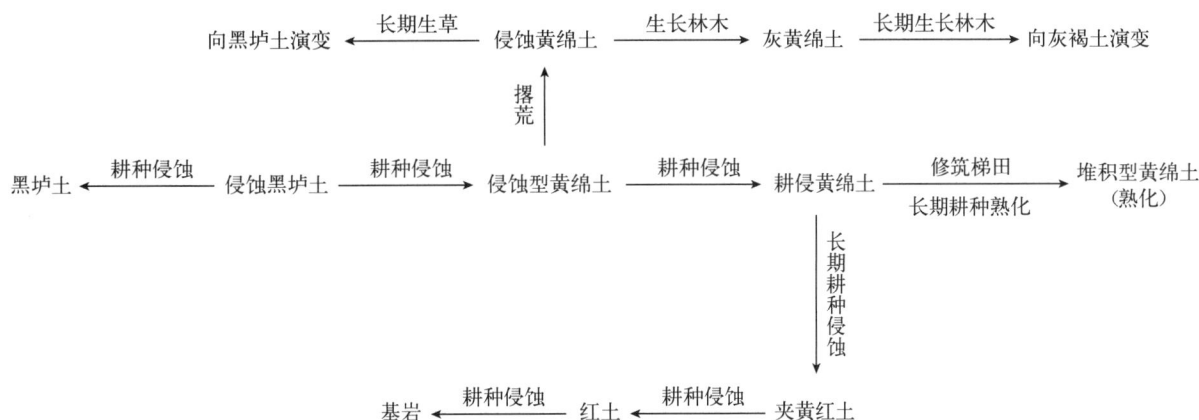

图 2-1 侵蚀型黄绵土形成与演变

（中国科学院黄土高原综合科学考察队，1991）

（二）堆积型黄绵土的形成特点与演变

堆积型黄绵土主要分布在川台地、河川高阶地、人工梯田以及堆积作用特别强烈的塬面等处。土壤形成的主要过程是熟土化过程。

熟土化过程是人类耕种施肥条件下发生的过程，不同的土壤环境，熟土化过程的强弱不同。坡地土壤由于强烈的侵蚀，不断中断熟化过程的进行，土壤总是处于半生土状态。但在河川台地和人工梯田等处，由于地势平坦，在人为耕种施肥的促进下，耕作层加深，熟土层不断加厚，土壤结构改善，肥力逐渐提高，成土作用也日渐深化。与此同时，碳酸盐有轻度淋溶作用，剖面中下部具有少量霜粉状或菌丝状的石灰新生体出现。成土作用主要向高度熟化的农业土壤方向发展。如果长期熟化培肥，防止水土流失，土壤将逐渐带有地带性土壤的某些性状；反之，如果忽视土壤培肥改良，水土流失严重，土壤将演化为侵蚀土壤。其形成与演变方向如图 2-2 所示。

川台等平坦处堆积的黄土或黄土状物质 ──耕种熟化──→ 堆积型熟化黄绵土 ──长期忽视整修──→ 侵蚀型黄绵土

侵蚀型黄绵土 ──修筑梯田耕种熟化──→ 堆积型熟化黄绵土

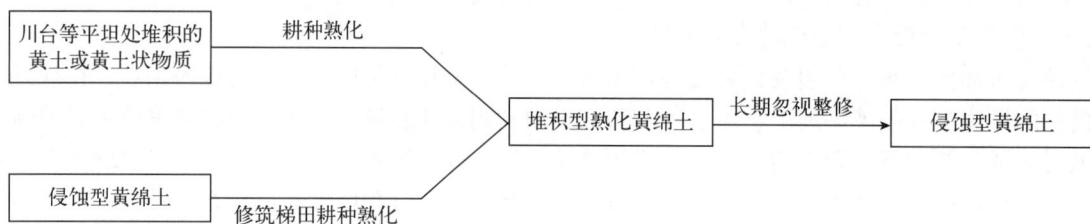

图 2-2　堆积型黄绵土形成与演变

第二节　黄绵土成土环境特征

一、复杂的地貌类型

黄绵土所在的黄土高原地区，基本上是由鄂尔多斯地台为主体构成的高原地貌，主要由黄土高原、鄂尔多斯高原、甘青高原、石质山地（秦岭、太行山、大青山和贺兰山等）、黄河河谷平原（银川平原与河套平原）五大部分组成，其主体是黄土高原。

(一) 黄土高原

黄土高原主要包括甘肃中部和东部、宁夏南部、陕西关中和陕北、山西以及河南西部地区。区内黄土连绵不断，覆盖在不同高度的山地、丘陵、盆地及河谷平原上，其厚度 100～300 m。地形破碎，沟壑纵横，塬梁峁和沟谷、平原、山地等交互分布，水土流失十分严重。地面起伏，高低悬殊，海拔一般为 1 000～1 500 m，最高达 3 000 m 以上，最低为 350 m。切割深度常达百米以上，沟壑密度 3～5 km/km²，地面坡度一般为 15°～30°。由于地貌形态与海拔不同，水土流失强度、黄土沉积厚度与岩性、气温、降水、植被类型以及人为利用都有区别，土壤类型和发育也有相应的差异。例如，在汾河平原、渭河平原和洛川塬等地区，土壤形成条件稳定，以堆积熟化作用为主，形成了具有黄土覆盖层的肥沃土和黄盖黑垆土；在黄土丘陵区，水土流失严重，地带性土壤黑垆土、褐土遭到破坏，退化为黄绵土；在沟谷中还出现红土；而山地则形成了不同的土壤垂直带谱和粗骨土等。由于不同地貌条件的制约，土壤的形成分布复杂多变，虽近在咫尺，但土壤形成演变方向会向完全相反的方向进行。

(二) 鄂尔多斯高原

鄂尔多斯高原位于鄂尔多斯台地的北部，包括内蒙古鄂尔多斯的大部分，宁夏盐池、灵武的一部分，陕西定边、靖边、横山、榆阳和神木等北部，西北东三面被黄河环绕，地势高亢，海拔为 1 000～1 600 m。地形以波状高平原为主体，北部和中部是和缓隆起的地区，南部和西部是相对沉降区。桌子山为最高点，主峰 2 149 m，余脉往东形成一道脊梁。西北部是杭锦洼地，东南部是伊金霍洛-乌审洼地。洼地中广泛沉积第四纪风积和湖积物，表面覆盖着薄层沙。中部由和缓的波状高平原与封闭的风蚀洼地组成，还有风蚀残丘和梁状丘陵。梁岗顶部宽阔平坦，地面组成物质为白垩纪沙岩及第三纪的沙岩、泥岩。由于气候干燥，风沙灾害严重，风蚀作用强烈，地表覆盖有薄层沙砾，土壤质地较粗，风沙面积较大。北部为库布齐沙漠，东西横亘 400 km，西宽东窄，以格状沙丘与新月形沙丘链为主体，高 3～60 m 不等。南部为毛乌素沙漠，地质构造上属乌审洼地的一部分，其间分布着一系列湖盆洼地，形成盐碱湖沼，周围分布着盐碱土和盐化草甸土。基底以白垩纪沙岩为主，其上堆积了百米厚的沙岩风化物，沙层受风力吹扬堆积形成沙丘，高度一般为 5～10 m。沙丘间大部分为滩地，形成滩地、沙丘与甸子毗连，目前主要由固定及半固定沙丘和流动沙丘构成。近年来，流动沙丘多以每年 1～4 m 的速度向东南方向移动，使库布齐沙漠与毛乌素沙漠在乌审召镇和巴音布拉格之间连成一片，形成了大面积风沙土和沙化土壤。

(三) 甘青高原

甘青高原为青藏高原与黄土高原的边缘交接部分，海拔高，受非地带性因素——构造地形的影响，属于一个独特的区域。地形上兼备两大高原的特点：山高谷深，地势起伏悬殊，由石质高山、黄土丘陵和河谷平川3个地貌单元组成。受区内地质构造制约，3种地貌大体均呈西北-东南走向相间分布，其中以石质高山所占面积最大，其次为黄土丘陵，河谷平川面积最小。①主要高山北段有祁连山和冷龙岭，中段有达坂山、日月山和拉脊山，南段有西倾山、迭山等；组成岩石有片麻岩、片岩、玄武岩、页岩和灰岩等；海拔4 000～5 000 m。这是构成区内地形和土壤垂直带组合分布的最高层。气候、植被和土壤垂直变化明显：2 800～4 000 m，从下而上的植被为草原、森林草原和草甸草原，土壤有栗钙土、黑钙土、灰褐土、高山草甸土、亚高山草甸土和高山草甸土；4 000～5 000 m为高山荒漠带，土壤为冻漠土；4 500 m以上，多被冰雪覆盖。②黄土丘陵分布在上述各山之间的河谷平川两岸的山前地带，海拔1 800～2 800 m，以中部湟水河谷两岸的范围最大，几乎占据达坂山-青石岭和日月山-拉脊山南北两麓山前广大的低山丘陵地段；其次以南部西倾山、迭山北麓沿黄河分布较多；北部大通河谷两岸分布面积最小，仅祁连山-冷龙岭山前局部地段有少量存在。黄土丘陵多呈断续出现，上覆土层多为马兰黄土，主要土类有栗钙土和黑钙土。③河谷平川为区内地形和土壤垂直组合分布的最低层，由河谷阶地与沟谷出口的冲积扇组成，堆积物为黄土冲积物，土壤主要有灰钙土和灌淤土。这些土壤虽然面积不大，但却是区内农业生产的精华所在。

（四）石质山地

阴山：呈东西走向，横贯于河套平原以北和内蒙古高原的南缘，由互不相连的大青山、乌拉山、色尔腾山和狼山等断块山地组成。海拔1 500～2 300 m，最高峰2 364 m。阴山主要由太古代变质岩系及不同时期的花岗岩构成，上覆不整合的震旦纪、白垩纪沉积岩。南坡陡峭，高差达1 000 m左右，自然地带的垂直分布比较明显，山麓洪积扇裙广布，潜水外溢，形成较多的断续低湿地；北坡比较平缓，并逐步过渡到内蒙古高原。

贺兰山：呈南北走向耸立于银川平原之西，海拔2 000～2 500 m，最高峰达3 556 m，形成天然屏障，阻挡腾格里沙漠东侵。贺兰山主要由泥岩、页岩、沙岩及砾岩等沉积岩与变质岩构成。由于山体高度大，自然地带垂直变化更加明显，3 000 m以上为密生的山地草甸，2 000～3 000 m为针阔叶林，2 000 m以下为稀疏的草被。相应的土壤类型分布也呈明显的垂直变化，从下而上为灰钙土-灰褐土-山地草甸土。另外，低山及其阳坡多露岩，分布有山地粗骨土和山地灰钙土。贺兰山与桌子山之间为一风口，气候干旱，为荒漠地区，发育有灰漠土。

太行山：呈东北-西南走向，分布在山西高原的东侧。北起恒山，南达中条山，包括六棱山、恒山、五台山、系舟山、太行山、太岳山和中条山等山地及长治盆地，地势突起，海拔1 500 m以上。山地主要由石灰岩及变质岩系构成；位于太行山与太岳山之间的长治盆地，则覆盖着三叠纪沙岩、泥岩，它是由古盆地演变而成。受沁河、漳河和丹河诸河切割，地表起伏，盆地内还有若干充填湖相沉积及红土、黄土的构造小盆地。山体自然地带的垂直变化较为明显，在针阔混交林之上，大多有比较茂盛的灌丛草甸。

秦岭：这里仅指秦岭北坡，山势陡峻，峡谷深切，山高坡陡，土薄石厚，主要由火成岩及变质岩系构成，但有薄层黄土堆积物存在。大部分海拔为2 500～3 000 m，最高峰太白山3 767.2 m。自然地带的垂直变化非常明显，由基带的旱生侧柏、桦林，向上演变为针阔叶林、针叶林及山地灌丛草甸，但裸露的基岩面积也较大。

黄土高原地区由于地貌类型多样，受季风气候影响明显，土壤的物质组成、理化性质、养分状况、生产性能都有显著差异，呈现出有规律的变化：东北-西南走向的水平土壤地带和山地垂直带谱。

（五）黄河河谷平原

银川平原与河套平原分别镶嵌在贺兰山、阴山与鄂尔多斯高原之间，系在中生代晚期拗陷基础上进一步发育的断陷湖盆，后由黄河及其支流沉积形成的湖积-冲积平原。构成物质主要是黄河沉积的粉沙、细沙及沙土混合物。地形平坦，海拔1 100～1 200 m；黄河及其支流流经其间，排水不畅；地下水位较高，埋深一般1～3 m。加之气候干燥，蒸发强烈，地表易聚集盐分。尤其是银川平原，多洼地湖沼，土质黏重，土壤盐渍化严重；但水利资源丰富，土壤深厚肥沃，灌溉农业发达，是本区重要的商品粮基地。

二、独特的母质条件

黄绵土的成土母质是黄土及黄土状沉积物，主要分布在大同、东胜、榆阳、靖边、定边、中卫、白银、永登、民和、临夏一线的东南至太行山西麓与秦岭北麓之间，厚度数米至数百米。黄土是风从沙漠戈壁吹扬来的粉尘沉积物，颗粒粒径多为 0.001～0.05 mm。这些粉尘物质在起源地经历了较充分的风化过程和一定的成土作用，被风携带降落到干旱、半干旱地区后，在雨水、霜雪和生物等作用下，发生次生碳酸盐化。次生碳酸盐与黏粒结合成微团聚体，单个粉尘颗粒形成较大的颗粒，此即黄土化作用。风积黄土经流水的再次搬运和沉积，形成次生黄土，也即黄土状物质。黄土状物质土体深厚，疏松多孔，质地均一，颗粒适中，化学成分复杂（表 2-1），矿质营养丰富，是一种十分优良的成土母质。成土作用迅速，适耕性好，在水土流失严重的丘陵区，虽屡遭侵蚀，但仍可维持一定程度的肥力。

表 2-1　黄土化学成分
（中国科学院黄土高原综合科学考察队，1991）

单位：g/kg

指标	含量	指标	含量	指标	含量
SiO_2	593.0	MgO	22.0	P_2O_5	2.0
Al_2O_3	114.5	CaO	97.3	TiO_2	5.0
Fe_2O_3	23.2	Na_2O	18.0	CO_2	74.1
FeO	15.5	K_2O	21.7	H_2O	9.6

黄土具有不同的质地沉积带，这是由风力的分选作用所致。因而沿沙漠东南缘，自西北向东南依次沉降，由粗到细带状分布沙质黄土、黄土和细黄土 3 个带。受黄土母质的影响，黄绵土形成了沙黄绵土、典型黄绵土和墚黄绵土 3 个亚类。

由于堆积过程的不同特点，黄土又可区分为 3 个不同沉积强度的堆积带。①在沙漠与黄土高原相邻地带，黄土的沉积过程很不稳定，受风力强弱的影响，有时沉积黄土，有时遭受风蚀，有时被沙覆盖，形成黄土沉积与风沙堆积的过渡带。该带既分布有黄土，又有各种各样风积沙。风蚀沙化是此带的主要问题。②该带往南，即为黄土稳定堆积带，通常堆积了数十米至数百米厚的黄土层，为黄土高原的主体部分。成土作用强烈，是地带性土壤黑垆土、褐土的主要分布区。③再向南至秦岭、崤山，为黄土堆积消减带。该带由于黄土堆积不稳定，堆积强度小、厚度薄，许多地方基岩裸露，黄土母质对土壤形成的影响减弱。

黄土还具有不同地质层次的剖面构造：最下层为午城黄土（Q_1），厚百余米，夹有 17～18 层红色古土壤层和 1 层沙质黄土层；其上为离石黄土（Q_2），厚 50～80 m，夹 13～14 层红褐色古土壤层和 2 层沙质黄土层；再上为马兰黄土（Q_3），呈淡灰黄色，土体疏松，厚 10～15 m；最上层为现代沉积物（Q_4），厚度 2～3 m，已不属黄土范畴。

不同地质年代的黄土或古土壤层出露地表，形成的土壤是有差异的。

三、多变的气候条件

黄土高原位于中纬度的内陆地区，四周高山环绕，东面和南面受太行山与秦岭的阻隔，东南湿润的海洋性湿气影响大大减少，因而大陆性气候特点明显，冬季干寒，夏季温湿，从东南向西北，随地势的升高呈现出带状差异的 5 个不同的气候区，依次为暖温带半湿润气候区、暖温带半干旱气候区、中温带半干旱气候区、中温带干旱气候区和中温带干旱荒漠气候区。暖温带半湿润气候区，气候比较温和湿润，年平均气温 8～14 ℃，年降水量 500～700 mm；暖温带半干旱气候区，气候温和较干燥，年平均气温 7～12 ℃，年降水量 400～600 mm；中温带半干旱气候区，年平均气温 6～9 ℃，年降水量 300～500 mm，冬季寒冷干燥，夏季降雨集中且多暴雨，水土流失严重；中温带干旱气候区，干旱寒冷，年降水量 200～300 mm；中温带干旱荒漠气候区，干旱寒冷，风沙严重，植被稀少，年降水量 200 mm 以下。地区间气候差异大，垂直变化明显。东南部汾渭平原气候较温暖，年平均气温 9～12 ℃，中部广大地区气候温凉，年平均气温 8 ℃左右；北部及西北部气候温冷，年平均气温 6～8 ℃。晋东北地区，海拔平均 2 000 m 左右，是高原的低温区域，年平均气温 2～4 ℃。甘青高原与秦岭山地气候的垂直变化更明显。全区气候温和，冷暖分明，年平均气温 5～12 ℃，气温年较差为26～36 ℃。全区年平均降水量 150～800 mm，自东南向西北逐渐减少，年度变化大，年内分配不均。冬春干旱，多风；夏秋多雨，旱涝灾害频繁。蒸发强烈，土壤干旱，生态脆弱，风蚀、水蚀严重，致使土壤形成过程（钙的淋溶淀积过程、黏化过程等）均不强烈。

四、丰富的植被类型

黄土高原地区植被类型与气候相适应，自东南向西北依次分为森林带、森林草原带、草原带、荒漠草原带。

森林带主要分布在黄土高原地区东南部，南起秦岭北麓，北至子午岭、黄龙山，占优势的地带性植被有十余群系。落叶阔叶林有麻栎、栓皮栎、辽东栎、槲树和锐齿槲栎木，针叶林有油松、白皮松、华山松和侧柏，形成落叶阔叶与针叶混交林。本带原始森林植被已荡然无存，现存植被主要为次生杂木林，主要为以落叶阔叶树为主、夹以少量针叶树的混交林，占优势的种类有辽东栎（*Quercus liaotungensis*）、川白桦（*Betula platyphylla* var. *szechuanica*）和山杨（*Populus davidiana*），有少量的油松（*Pinus tabulaeformis*）、侧柏（*Platycladus orientalis*）与阔叶树混生。灌木中较多的为虎榛子（*Ostryopsis davidiana*）和酸醋柳（*Hippophae rhammoides*）。草本植被常见者为铁杆蒿（*Artemisia sacrorum*）和萎蒿（*A. Giraldii*）。生长在阴坡的为辽东栎、山杨、油松、虎榛子、苦参（*Sophora flavescens*）、大油芒（*Spodiopogon sibiricus*）等，侧柏、狼牙刺（*Sophora viciifolia*）、杜梨（*Pyrus betulaefolia*）、大果榆（*Ulmus macrocarpa*）、酸醋柳等则分布于阳坡。位于陕西与甘肃交界处的六盘山，分布有针阔叶混交林，由华山松（*Plnus armandii*）、油松、白皮松（*P. bunegeana*）、红桦（*Betula albo-sinensis*）、川白桦（*B. Platyphylla* var. *szechuanica*）、山杨和辽东栎组成，也有少数散生的细叶云杉（*Picea wilsonii*）和陕西冷杉（*Abies chensiensis*）。此外，有械、椴、鹅耳枥（*Carpinus turczaninowii*）等伴生树。灌木面积较广，有甘肃山楂（*Crataegus kansuensis*）、杂氏六道木（*Abelia zanderii*）等。东南部的汾渭河谷平原，为各种防护林及栽培的乔木和果树，常见的树种有旱柳（*Salix matsudana*）、箭杆杨（*Populus theerestina*）、毛白杨（*P. Tomentosa*）、小叶杨（*P. simonii*）、榆（*Ulmus pumila*）、槐（*Sophora iaponica*）、臭椿（*Ailanthus altissima*）、构树（*Broussonetia papyrifera*）等。灌木有酸枣（*Zizyphus spinosa*）、狼牙刺（*Sophora viciifolia*）、黄栌（*Cotinus coggyria*）及多种胡枝子（*Lespedeza* spp.）等。其他石质山地的植被为半旱生型的栎林或栎树与其他落叶阔叶的混交林及侧柏林。栎树主要为栓皮栎、槲树、槲栎及铁檀子（*Quercus baronii*），其他有榔榆（*Ulmus parvifoiia*）、小叶朴（*Celtis bungeana*）、山桃（*Prunus davidiana*）等。灌木有黄栌、荃皮（*Jasminum giraldii*）、杭子鞘（*Campylotropis macrocarpa*）及枸子类（*Cotoneaster* spp.）、绣线菊类（*Spiraea* spp.）、胡枝子类。

黄土高原区中部为森林草原带，由于环境条件和人为因素相互作用的结果，自然植被已稀疏零落，只散见于沟坡崖壁。森林植被主要是人工建设的防护林和水土保持林，树种有油松、侧柏、刺槐、桦树、云杉和落叶松，以及山杨、小叶杨、杜梨、山杏等，主要位于沟谷阴坡，分布零散，面积甚小。草原植被主要为旱生草本植物和有刺灌木组成的干草原，如白羊草（*Bothriochloa ischaemum* Form.）草原、赖草（*Aneurolepidium dasystachys* Form.）草原、铁杆蒿（*Artemisia sacrorum*

Form.）草原、茵陈蒿（*Artemisia capillaris* Form.）草原等，占优势植物除白羊草、赖草、铁杆蒿、茵陈蒿外，还有隐子草（*Cleistogenes serotina*）、糙隐子草（*C. squarrosa*）、糙叶黄花（*Astragalus scaberrimus*）等。

黄土高原区的西北部为草原带，山地周围主要为冷蒿（*Artemisia frigida* Form.）草原、百里香（*Thymus mongolicus* Form.）草原、达乌里胡枝子铁杆蒿（*Lespedeza dahrlca* Form, *Aretmisia sacrorum*）草原、长芒草（*Stipa bungeana* Form.）草原，阴坡主要为野古草（*Arundinella birta* var. *cilita*）、灌木虎榛子（*Ostryopsis davidiana*），其余有甘草（*Glycyrrhiza uralensis*）、木贼麻黄（*Ephedra equisetina*）、黄蔷薇（*Rosa hugonis*）等。无定河流域，地貌分割更破碎，植物生长更差，多属耐旱、耐寒、耐风的种类，禾本科植物特少，除前述草原外，更多的为大针茅（*Stipa grandis*）、砂芦草（*Agropyron mongolicum*）、披碱草（*Clinelymus dahuricus*）、地椒（*Thymus mongolica*）等。

黄土高原区的西北部为荒漠草原带，多沙生植物及抗旱耐寒草类，植物区系组成比较复杂，草原成分更少，大针茅、长芒草、达乌里胡枝子、百里香、柠条（*Caragana korshinskii*）等数量更多，其次有银灰旋花（*Convolvulus ammanii*）、沙生针茅（*Stipa glareosa*）、猫头刺（*xytriopls acipylia*）等荒漠植物。西段有大量盐生植物群落，优势种有红砂（*Reaumeuria soongorica*）、驼绒藜（*Ceratoides latens*）、白茎盐生草（*Halogeton arachnldeus*）、骆驼蓬（*Peganum harmala*）、白刺（*Nitraria* spp.）、沙冬青（*Ammopiptanthus mngolicus*）、盐爪爪（*Kalidium gracile*）、甘草（*Glycyrrhiza uralensis*）、角果碱蓬（*Suaeda cornlculata*）等。在广大沙丘地中植物稀少，固沙先锋植物有沙竹（*Psammochloa villosa*）、籽蒿（*Artemisla salsolides*）、黑沙蒿（*A. ordosica*）、白沙蒿（*A. sphaerocephala*）、砂珍棘豆（*Oxytropis psammocharis*）、沙蓬（*Agriophyllum arenarium*）、沙柳（*Salix cheilophlla*）、柠条、臭柏（*Sabina rulgaris*）、蒙古岩黄芪（*Hedysarum mongolicum*）等。白沙蒿和黑沙蒿分布相当普遍，尤其是黑沙蒿。籽蒿在沙丘固定初期颇起作用。在沙丘渐行稳定时，则形成冷蒿（*A. frigida*）群落。其他植物，如柠条、白草（*Pennisetum flaccidum*）、甘草、蒙古野葱（*Allium mongolicum*）、苦豆子（*Sphora alpecurides*）、达乌里胡枝子等陆续出现。在滩地，则形成较密茂的草甸植被，其成分有小糠草（*Agrstis alba*）等。盐渍化低洼滩地中，则以芨芨草（*Achnatherum splendens*）、寸草（*Carex slcnophylla*）占优势，伴生植物有碱蓬（*Suaeda glauca*）、盐蓬（*S. ussuriensis*）、硬薹草（*Carex duriuscula*）等。在沼泽地有荆三棱（*Scirpus maritimus*）、小香蒲（*Typha minima*）、水烛（*T. angustifolia*）、芦苇（*Phragmites communis*）、菱（*Trapa bicornis*）等。

五、强烈的人类活动

黄土高原地区是中华民族的发祥地，有几千年的农业史，人为活动对土壤形成和演变方向影响强烈。由于人们长期使用土粪，耕作熟化，原来的土壤表层不断堆垫增厚，在地形平坦的塬面和河谷阶地，形成了具有疏松多孔、上松下紧和保水保肥的表层；由于人们通过修筑梯田，深耕施肥，形成性质均一、肥力较高的深厚表层。同时，植树造林，植被恢复，土壤中有机物来源增加，有利于土壤有机质累积，致使表层土壤有机质含量增加。相反，由于人们不合理地开垦种植，造成强烈的水土流失和风蚀沙化等，产生严重的土壤侵蚀和荒漠化，使肥沃的黑垆土、娄土等退化成母质特征明显的黄绵土等。

第三节　黄绵土成土过程与影响因素

黄绵土是耕作熟化或自然植被下的成土过程和以侵蚀为主（局部为堆积）的地质过程共同作用下的产物。其基本成土过程，一是有机质的累积或耕作熟化的成土过程，二是土壤侵蚀所引起的生土化过程。

1. 侵蚀生土化 黄绵土土体疏松，抗蚀性极弱，加之大部分分布在坡地，自然植被稀少，水土流失严重。据观测资料可知，15°的坡耕地黄绵土年土壤侵蚀量为 13 939 t/km²，25°的坡耕地为 23 339 t/km²，黄土丘陵区平均每年有 2～3 cm 厚的土层被侵蚀掉。遇特大暴雨时，陡坡耕层土壤会被全部冲蚀。荒坡地在植被稀疏之处，常产生鳞片状侵蚀，陡坡多见滑坡等重力侵蚀，生草层经常被侵蚀掉，成土作用微弱，处于侵蚀—耕种—侵蚀的循环中，这就使得黄绵土很难形成耕作熟化层或生草层，土壤经常处于生土状态，接近黄土母质。

2. 耕作熟化 土壤熟化是在人们耕作施肥条件下发生的。在地形平坦、水土流失轻微的塬地、川沟、台地、梯田，受自然堆积和人们常年耕作、施肥等措施影响，表层土壤有机质和有效养分含量不断增加，土壤结构有所改善，土壤肥力逐渐提高，土壤颜色加深变暗，与下层土壤出现一定差异；但土壤剖面整体分化不明显，未产生土壤物质的淋溶淀积。

3. 生草腐殖化 在自然植被生长较好、覆盖度较大的地区，由于侵蚀减弱，植被的根系、枯枝落叶、动物与微生物遗体遗留于土壤中，使土壤有机质得到积累，表层土壤有机质含量不断增加，颜色逐渐加深，由黄棕、灰黄色变为灰棕色，形成厚度不等的有机质层，与其下的心土层分异较明显，土壤剖面有微弱发育；但没有出现明显的物质淋溶与淀积，未形成淀积层。

第三章 黄绵土剖面特征及施肥管理措施影响效果 >>>

　　土壤剖面指从地面垂直向下的土壤纵剖面，也就是完整的垂直土层序列，是土壤成土过程中物质发生淋溶、淀积、迁移和转化形成的。土壤剖面可以表示土壤的外部特征，包括土壤的若干发生层、颜色、质地、结构、新生体等。观察和了解土壤剖面是认识土壤、分析鉴定土壤肥力，制定耕作措施的最重要方法之一。不同类型的土壤，具有不同形态的土壤剖面。

　　在土壤形成过程中，由于物质的迁移和转化，土壤分化成一系列组成、性状和形态各不相同的层次，称为发生层。发生层的顺序及变化情况，反映了土壤的形成过程及土壤性状。土壤剖面发生层一般分为：表土层（A 层）、心土层（B 层）和底土层（C 层）。表土层也称腐殖质-淋溶层，是熟化土壤的耕作层，在森林覆盖地区有枯枝落叶层（D 层）。心土层也称淀积层，由承受表土淋溶下来的物质形成的。底土层也称母质层，是土壤中不受耕作影响、保持母质特点的一层。底土层中还包括潜育层（G 层），潜育层也称"灰黏层"，是在潜水长期浸渍下经潜育化作用形成的土层，土色蓝绿或青灰色，质地黏重，通气不良，养分转化慢。

　　剖面通常有自然剖面、人工剖面、主要剖面、检查剖面、定界剖面等多种形式。①由于人为活动而造成的剖面，如新修公路、铁路，工程或房屋建设，矿产开采，新修水利，平整土地和取土烧砖瓦，以及河流冲刷、塌方等，均可形成土壤自然剖面。自然剖面的优点是垂直面比较深厚，可观察到各个发生层，同时暴露范围比较宽广，可看到土层薄厚不等的各种土体构型的剖面，这就有利于选择典型剖面，比较不同类型土体构型的剖面，对分析研究土壤分类、土壤特性、土壤分布规律都比较有利。自然剖面的缺点是长时间暴露在空气中，因受风吹日晒雨淋的影响，其剖面形态特征已发生了变化，不能代表当地土壤的真实情况，因而它只能起参考作用，不宜作主要剖面。但一些最新挖掘的自然剖面，也可选其典型者作主要剖面；如果是形成已久的自然剖面，则在进行观测时，应对其整修，以挖除表面的旧土，使暴露出新鲜裂面。②人工剖面是根据土壤调查绘图的需要，人工挖掘而成的新鲜剖面，有的也称土坑。③主要剖面是为了全面研究土壤的发生学特征，从而确定土壤类型及其特性，而专门设置挖掘的土壤剖面。它应该是人工挖掘的新鲜剖面，从地表向下垂直挖掘到母质层（或潜水面）出露为止。④检查剖面，也称对照剖面，是为对照检查主要剖面所观察到的土壤形态特征是否有变异而设置的剖面。它一方面可丰富和补充修正主要剖面的不足，另一方面又可以帮助调查绘制者区分土壤类型。检查剖面应比主要剖面数目多而挖掘深度浅，其深度只需要挖掘到主要剖面的诊断性土层为止，所挖土坑也应较主要剖面小，目的在于检查是否与主要剖面相同。如果发现土壤剖面性状与主要剖面不同时，就应考虑另设主要剖面。⑤定界剖面顾名思义是为了确定土壤分布界线而设置的，要求能确定土壤类型即可。一般可用土钻打孔，不必挖坑，但数量比检查剖面还多。定界剖面只适用于大比例尺土壤图调查绘制中采用，中、小比例尺土壤图调查绘制中使用很少。

第一节　黄绵土的剖面构型

　　黄绵土曾称黄土性土壤、绵土，以黄棕色、质地均一、疏松绵软而得名，是黄土母质上直接形成的幼年土壤。土壤发育微弱，没有明显的发育层次，剖面分异不明显，其形态和属性与黄土母质近似，也不具有地带性土壤剖面特征。黄绵土属于初育土纲。在自然植被下，具有有机层，厚度10～30 cm，颜色为灰棕色或暗灰棕色，粒状、团块状结构；其下为母质层，稍有碳酸钙的淋溶淀积。通常林地比草地有机质层厚，有机质含量高，颜色暗，结构发育好。在耕作条件下，黄绵土因侵蚀较强，耕层比较薄，一般15 cm左右，有的陡坡耕地不足10 cm，颜色为淡灰棕色（风干土），碎块状结构；耕层以下为母质层，但在塬地、川台地和久耕梯田，略有犁底层发育（图3-1）。

　　黄绵土按其成土特征剖面形态有以下3种情况：

　　（1）在黄土母质上直接耕种的坡地黄绵土。土壤侵蚀强烈，表土不断流失，生土层出露，成土过程受侵蚀作用的影响而处于幼年阶段。人们常年在黄土母质层耕作，无剖面发育及诊断土层，剖面特征与母质相似，表层与底层颜色一致，剖面层次由耕作层和母质层组成，即Ap-C型。耕

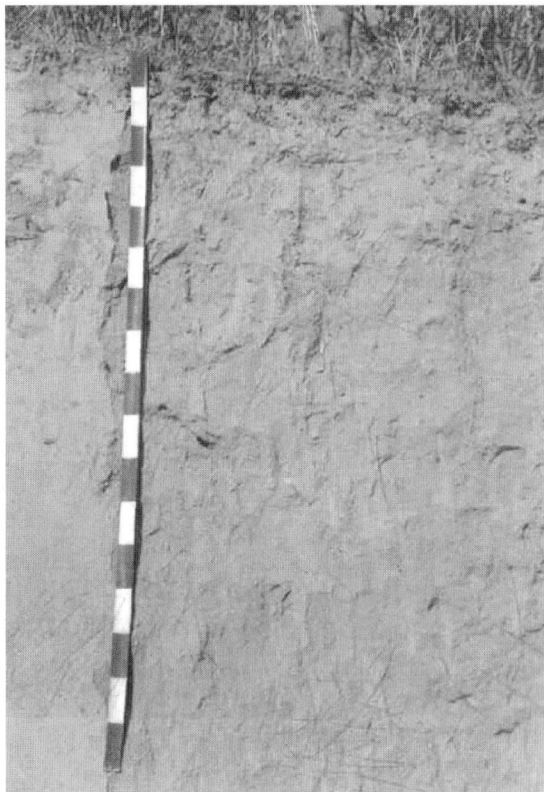

图3-1　陕北地区黄绵土剖面构型

层浅薄，有机质含量小于5 g/kg，向下过渡不明显，肥力低，产量很低。

　　（2）经过农田基本建设和整修的塬地、梯田、川（沟）台地的黄绵土。地形平坦，坡度<30°，土壤侵蚀轻微，黄土母质受长期耕作、施肥和灌溉等措施的影响，熟化层逐年加厚，一般厚度20～30 cm。距乡村较近和施肥较多的地块，剖面上部形成30～50 cm的淡色耕作熟化层。耕层与心土层之间有犁底层。碳酸钙有弱淋溶淀积作用，土体结构表面有少量霜粉状或假菌丝状石灰新生体。全剖面呈石灰反应。剖面由耕作层、犁底层、心土层和母质层组成。

　　（3）林草地的黄绵土。在撂荒或生长林草后，自然植被阻缓了暴雨对地面的冲刷，土壤侵蚀轻微，植物根系和植株残体增加了土壤有机质含量，表层形成厚20～30 cm的灰色腐殖质层，粒状结构，土体疏松。碳酸钙有弱度淋溶淀积作用，剖面30 cm以下有假菌丝状白色石灰淀积物，但无钙积层。全剖面土质均一，无黏化特征。在海拔1 600 m以上土体疏松，向下过渡到母质层。在陡坡或阳坡地，气候比较干旱，植被生长不良，覆盖度低，土壤侵蚀强烈，成土作用微弱，表层为粗有机质层，厚度一般小于10 cm，有机质含量低，呈淡灰棕色，其下为母质层。

第二节　黄绵土的质地、养分及耕层特征

一、黄绵土剖面的质地分布特征

　　同延安等（2005）采集陕北米脂黄绵土川道区农田土壤剖面进行土壤粒径含量比例分析，结果发现：黄绵土剖面不同土层深度中，0.02～2.0 mm粒径所占比例最高，为83.9%～92.2%，平均达到

88.4%；0.002～0.02 mm粒径所占比例平均最低，为5.5%；而＜0.002 mm粒径所占比例平均为5.7%。剖面中不同粒径所占比例与土层深度关系不大，无明显的规律（表3-1）。

表3-1　黄绵土剖面中土壤粒径含量比例

单位：%

土层深度	粒级		
	＜0.002 mm	0.002～0.02 mm	0.02～2.0 mm
0～20 cm	5.9	8.5	83.9
20～40 cm	5.9	5.6	87.3
40～60 cm	5.6	5.6	88.1
60～80 cm	5.8	8.1	86.1
80～100 cm	6.6	5.1	88.3
100～120 cm	5.4	2.4	92.2
120～140 cm	5.5	4.9	89.6
140～160 cm	5.3	6.4	88.4
160～180 cm	5.4	2.8	91.9
180～200 cm	6.1	5.9	88.1
平均	5.7	5.5	88.4

二、黄绵土剖面养分分布特征及其演变趋势

摄晓燕等（2010）以陕北黄土高原丘陵沟壑区米脂、绥德、延长等地的黄绵土分布区为对象，依据土壤发生学原理，按照由上到下顺序划分层次，分层采集土壤剖面样本，分析其土壤养分含量，并与20世纪80年代第二次全国土壤普查报告的记载资料进行分析对比（表3-2）。结果表明，在平缓地和梯田上，黄绵土剖面由上到下可分为耕层、过渡层和母质层。不同土层各养分的分布特征表现为：有机质、全氮、碱解氮、全磷、全钾、速效钾含量随土壤深度的增加不断减少；有效磷含量过渡层含量最低。

表3-2　黄绵土剖面不同时期的土壤养分特征

指标	时期	耕层	过渡层	母质层
有机质（g/kg）	20世纪80年代	6.29	3.51	3.36
	2008年	8.47	4.50	3.54
全氮（g/kg）	20世纪80年代	0.43	0.33	0.27
	2008年	0.55	0.30	0.27
碱解氮（mg/kg）	20世纪80年代	36.74	19.87	17.27
	2008年	40.27	22.54	17.97
全磷（g/kg）	20世纪80年代	0.29	0.24	0.24
	2008年	0.61	0.52	0.49
有效磷（mg/kg）	20世纪80年代	5.01	3.61	4.27
	2008年	10.19	1.54	2.50
全钾（g/kg）	20世纪80年代	19.38	19.38	19.09
	2008年	18.05	17.32	17.17
速效钾（mg/kg）	20世纪80年代	114.19	95.02	92.27
	2008年	106.04	57.45	55.6

第二次全国土壤普查报告的历史资料显示，黄绵土耕层有机质、碱解氮含量与过渡层、母质层相比，均存在显著性差异（$P<0.05$）；全磷、有效磷、全钾和速效钾含量全剖面差异不显著（$P>0.05$）；耕层全氮含量与母质层含量差异达显著水平（$P<0.05$）。2008 年的调查分析结果表明，黄绵土耕层有机质、碱解氮、有效磷和速效钾含量与过渡层、母质层相比，差异显著（$P<0.05$）；全氮、全磷、全钾在不同土层含量分布差异不显著（$P>0.05$）。以上表明全磷、全钾和全氮在黄绵土剖面中含量较稳定，剖面变化不大；有机质、碱解氮、有效磷和速效钾在耕层有累积的趋势，剖面差异达显著水平。黄绵土剖面养分的分布特征是由陕北黄土高原丘陵沟壑区土壤形成条件及多年土地的生产、利用和管理方式共同决定的。

自 20 世纪 80 年代第二次全国土壤普查之后，黄绵土在近 30 年人为的耕作、施肥、管理及陕北黄土高原丘陵沟壑区特有的气候、植被等综合因素的影响下，土壤剖面的肥力状况发生了不同程度的变化。

1. 有机质　有机质是评价土壤肥力的一个重要指标，其含量的高低直接影响土壤的肥力水平。与 20 世纪 80 年代相比，2008 年土壤剖面中有机质含量呈增加趋势，这主要是由于近 30 年来，在培育基本农田的过程中，随着集约经营度的提高，施肥量不断增加，作物产量随之增加，根茬还田量也相应增多；再加上长期施用有机肥，促进了黄绵土中有机质的累积。但随着土壤剖面深度的增加，累积量趋于减少，累积变幅为 0.18～2.18 g/kg，累积效果不显著。

2. 氮素　氮素是土壤的基本营养元素之一，不同时期黄绵土剖面中的氮素含量不同。2008 年耕层全氮含量较 20 世纪 80 年代有所增加，增加量为 0.12 g/kg；过渡层中全氮含量有降低趋势，降低幅度为 0.03 g/kg；母质层中全氮含量维持在同一水平。不同时期，全氮含量差异不显著。剖面中碱解氮含量的变化与有机质含量的变化规律一致，随着土壤深度的增加，累积量呈递减趋势。黄绵土剖面中碱解氮的增加量为 0.69～3.53 mg/kg。这是由于第二次全国土壤普查后该区开始广泛施用尿素等氮肥，直接促使黄绵土中氮素含量的增加；加之土壤中的有机质是土壤氮素的主要来源，有机质含量的提高也有助于土壤氮素的累积。而过渡层中全氮含量有所降低，可能是由于作物根系下扎对养分吸收增多，而肥料的长期表施又不能对这种消耗进行及时补充。

3. 磷素　与 20 世纪 80 年代相比，2008 年黄绵土剖面中的磷素含量发生了不同程度的变化。全磷含量在整个剖面中均有所增加，且随土壤深度的增加，增加量不断减少。剖面中全磷累积量为 0.25～0.32 g/kg，不同时期各土层中累积效果均达显著水平。有效磷含量在耕层呈增加趋势，增加量为 5.18 mg/kg；过渡层、母质层中含量有减少趋势，其中过渡层中含量降低 2.07 mg/kg，降低幅度大于母质层，并且降低效果显著。这是因为第二次全国土壤普查后黄土高原丘陵沟壑区开始广泛施用过磷酸钙和磷酸二铵等磷肥，促使黄绵土中磷素含量有所增加；同时有机质也是土壤磷素的主要来源，有机质含量的增加也可以提高土壤磷素水平。耕层磷素含量增加幅度较大，可能是由于有效态的磷酸根离子易被土壤剖面上层存在的大量有机胶体及风化复合体吸附；同时磷的移动性又小，所以不易从剖面上层淋溶下移，也促使有效磷在土壤表层聚集。另外，由于黄绵土为石灰性土壤，磷常与钙结合成不溶性的磷酸钙，施入土粪等有机肥后，土壤中的腐殖质与难溶性磷反应生成可溶性磷酸氢钙，从而增加了磷的有效性，所以有机质含量丰富的耕层中有效磷含量增加较多。过渡层以下有效磷含量减少较多，是因为作物还可以利用下层土壤的磷素，但由于肥料基本施于土壤上层，而下层的养分得不到有效补充。

4. 钾素　钾素是植物生长的主要限制因子，其在植物组织中的含量较高。2008 年测定结果与 20 世纪 80 年代资料记载数据对比发现，全钾、速效钾在黄绵土剖面中处于亏缺状态，剖面中全钾含量减少 1.33～2.05 g/kg，速效钾含量降低 8.15～37.57 mg/kg，其中耕层变化量最小，过渡层变化量最大。这是由于第二次全国土壤普查结果表明黄绵土为富钾土壤，所以近 30 年来陕北黄土高原丘陵沟壑区不重视钾肥的施用，致使土壤剖面中钾素不断消耗，同时由于钾素可以通过植物循环向上运移，从而使表土中钾素含量相对较高。

三、黄绵土的耕层特征

土壤耕层状况是土壤肥力的综合体现，是保障农作物生长所需水、肥、气、热的综合能力。土壤耕层构造是耕作土壤上下各层的构造状态，同土壤的自然剖面相比，通过人为构造，使之适合作物生长发育所需，保证农作物高产。一般认为"上松下实"的土壤耕层结构是良好的土壤耕层。上层疏松层，大孔隙中充满空气，隔断下层毛管与大气层的联系，阻止土壤水分和养分的损耗；下层紧实层，具有各种毛管孔隙和非毛管孔隙，并与更下层的土壤水分和地下水紧密联系，源源不断地向农作物供应水分和养分（严长生，1960）。

近年来，我国旱区农业经营管理相对粗放，休闲轮作面积缩小，积蓄力不足，耕作不及时，耕作深度较浅，而且大部分未达到作业要求，导致耕层越来越浅，土壤的环境承载力大幅度下降；大量施用化肥，导致土壤理化性状变差，土壤结构变差，不利于保水保肥。种种不良管理措施导致耕层变浅，犁底层加厚，土壤缓冲能力降低，水、肥、气、热协调性不足等耕层环境恶化，耕地质量下降问题日渐突出，由此引发的作物产量低、年际产量变幅大、资源利用效率下降等问题也日趋严重。这已经成为制约黄绵土地区作物高产、稳产及资源高效利用的关键限制因子。

土壤耕层结构的变化，不但包括剖面纵向不同层次分布的变化，即结构性问题，而且包括有机质降低、紧实度增加等土壤功能性问题。少耕、浅耕等耕作方式，引发了耕层结构性问题（抑制作物根系生长，也造成雨水难以入渗、地表径流、风蚀水蚀加剧等）；忽视土壤培肥与大量施用化肥的重用轻养生产方式，导致耕层功能性问题（土壤有机质含量降低、板结、耕性变差等）。

为了分析黄绵土冬小麦种植区土壤耕层的基本状况，对不同区域、不同质量的耕层状况进行构造，有针对性地提出改良耕层的建议，对黄绵土土壤耕层进行了调研。

（1）采样点分布及区域特点。2016 年 6 月针对黄绵土分布区域，对冬小麦种植地块的土壤耕层状况进行了调研，共调查样点 42 个，其中山西样点 7 个，陕西样点 17 个，甘肃样点 18 个。根据长期历史数据，一般年降水量 350～500 mm 为半干旱区，大于 500 mm 为湿润区（马爱平 等，2009）。山西和陕西省内样点位于黄土高原的南部，降水资源相对丰富，年平均降水量为 500～722 mm，年平均温度为 12～14 ℃，属于湿润区；甘肃省内样点位于黄土高原西部，年平均降水量为 130～500 mm，年平均温度为 6.4～7.7 ℃，属于半干旱区。

（2）黄绵土耕层的土壤容重、孔隙度及犁底层状况。容重采用环刀取样，分别采集了 0～30 cm 深度的土壤。根据对犁底层的调查结果分析，犁底层的土壤容重较大，一般为 1.49～1.64 g/cm^3，平均为 1.52 g/cm^3。因此，当土壤容重达到 1.52 g/cm^3 且上层容重较小时，将其判定为犁底层。土壤孔隙度采用土壤三相仪测定。

调查结果如表 3－3 所示，湿润区和半干旱区存在较大差异。湿润区土壤容重的最大值为 1.77 g/cm^3，半干旱区土壤容重的最大值为 1.69 g/cm^3；湿润区土壤孔隙度的平均值为 44.9%，半干旱区为 47.9%。湿润区和半干旱区犁底层的深度与厚度最大值基本相同，但是湿润区在表层（0～30 cm 深度）存在犁底层的比例高于半干旱区，分别为 91.7% 和 66.7%；小于 10 cm 深度存在犁底层的比例也高于半干旱区。综上所述，黄绵土冬小麦种植区，南部湿润区犁底层较浅，而且比例较大，较差耕层（犁底层浅）的比例达到了 54.2%；西部半干旱区，耕层状况相对较好，犁底层小于 10 cm 所占的比例较小。因此，黄绵土冬小麦种植区，南部湿润区需要深松的比例更大。

表 3－3　不同区域耕层 30 cm 深度犁底层状况调研

指标	项目	湿润区	半干旱区
容重（g/cm^3）	最大值	1.77	1.69
	最小值	1.03	1.01

（续）

指标	项目	湿润区	半干旱区
土壤孔隙度（%）	最大值	64.0	63.9
	最小值	32.4	37.9
犁底层深度（cm）	最大值	30.0	30.0
	最小值	8.0	8.0
犁底层厚度（cm）	最大值	20.0	20.0
	最小值	5.0	5.0
犁底层存在比例（%）	表层 0～30 cm	91.7	66.7

第三节　施肥及管理措施对黄绵土的影响

一、长期施肥对黄绵土剖面中硝态氮的影响

杨孔雀等（2011）对位于甘肃省天水市中梁试验站的黄绵土长期肥料定位试验土壤剖面硝态氮含量变化进行分析，结果表明。

长期施用化肥对土壤剖面硝态氮分布影响显著（图 3-2A），经过 24 年的长期施肥处理后，0～400 cm 土层中硝态氮含量差异显著，不施肥处理（CK）耕层的硝态氮含量仅为 4.7 mg/kg，而单施氮肥（N）、氮磷肥配施（NP）、氮磷钾肥配施（NPK）等处理硝态氮含量显著提高，增加了27.9%～80.4%。对于 CK，100 cm 土层以下土壤因长期没有 N 肥的补给，加之作物长期吸收利用，而趋于枯竭（低于 1.0 mg/kg）；N、NP、NPK 3 个处理 60 cm 土层以下硝态氮含量随土壤剖面加深而显著增加，200 cm 出现累积峰，单施氮肥最大残留量达 78.1 mg/kg，400 cm 硝态氮含量也在 4.7 mg/kg 以上，表现出向更深土层淋溶的趋势。各处理在 300 cm 以下硝态氮含量显著减少（低于 1.0 mg/kg）。

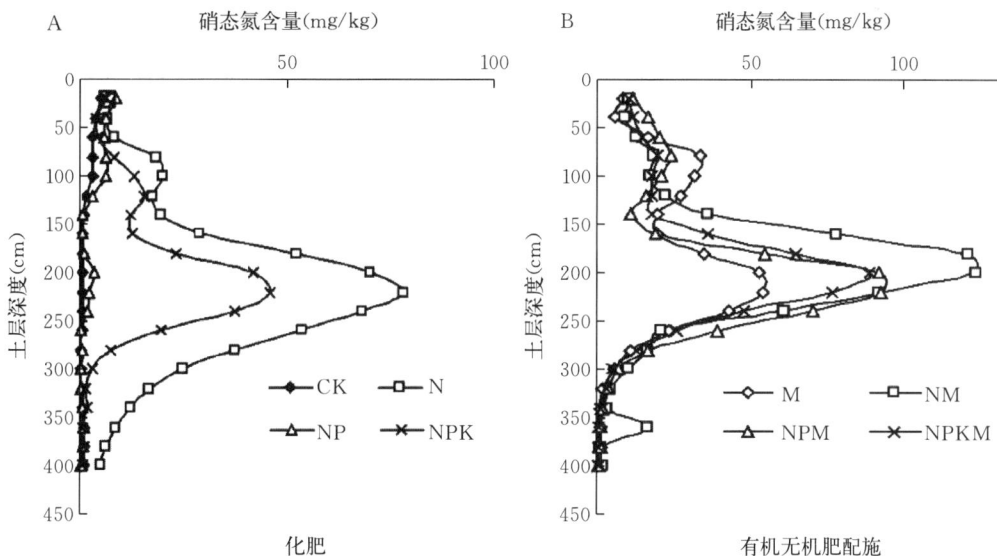

图 3-2　长期施肥对土壤剖面硝态氮分布的影响

长期配施有机无机肥的土壤剖面硝态氮含量差异显著（图 3-2B），耕层土壤中有机肥处理（M）的硝态氮含量最低，为 8.2 mg/kg，而与氮、氮磷、氮磷钾肥的硝态氮含量均显著增加，增加了22.2%～40.9%，说明单施有机肥只对提高土壤表层硝态氮的残留量具有显著作用。纵观整个剖面，单施有机肥的硝态氮淋溶不明显，0～100 cm 土层的硝态氮含量为 3.0～8.5 mg/kg，220 cm 土层以

下趋于枯竭。NPM、NPKM 处理的含量大致相当，约为 90.0 mg/kg；而 NM 处理在 180 cm 就达到累积峰值（123.8 mg/kg）。在 340 cm 土层，各处理硝态氮含量趋于稳定（1.0 mg/kg 左右）。

二、耕作方式对黄绵土剖面中无机磷形态和分布的影响

江晶等（2008）以设置在陇中黄土高原的 5 年田间定位试验为基础，采用蒋-顾石灰性土壤无机磷分级法，研究了传统耕作（T：收获后至冻结前三耕两耱，翻耕深度依次为 20 cm、10 cm 和 5 cm）、免耕（NT：全年不耕作，播种时用免耕播种机一次性完成播种和施肥）、传统耕作＋秸秆还田（TS：耕作方式同 T，在第一次耕作的同时将前茬作物秸秆翻埋入土）、免耕＋秸秆覆盖（NTS：耕作、播种和除草方法同 NT，收获后前茬作物秸秆全部归还小区）4 种处理方式对黄绵土剖面中无机磷形态的影响（表 3-4）。结果表明，与传统耕作不覆盖（T）相比，免耕秸秆覆盖（NTS）、免耕不覆盖（NT）、传统耕作结合秸秆还田（TS）均可显著降低土壤中的 Ca_8-P 含量，显著增加 Ca_2-P 的含量，其作用大小顺序均为：NTS＞NT＞TS，但对 $Ca_{10}-P$、$Al-P$、$Fe-P$ 和 $O-P$ 含量的影响趋势不明显。从 0～30 cm 土层深度分布来看，不同处理的 Ca_2-P 含量自上而下总体呈下降趋势，Ca_8-P 含量自上而下呈显著下降趋势，$Ca_{10}-P$、$Al-P$、$Fe-P$ 和 $O-P$ 含量随土层深度变化的趋势均不明显。

表 3-4　耕作方式对黄绵土剖面中无机磷组分含量的影响

单位：mg/kg

无机磷组分	剖面深度（cm）	处 理			
		传统耕作（T）	免耕＋秸秆覆盖（NTS）	免耕（NT）	传统耕作＋秸秆还田（TS）
Ca_2-P	0～5	8.5dA	17.4aA	13.6bA	11.1cA
	5～10	7.7dA	15.6aB	12.5bA	10.5cA
	10～30	6.0dB	12.2aC	9.6bB	7.8cB
Ca_8-P	0～5	151.6aA	130.1dA	137.8cA	143.4bA
	5～10	144.0aB	123.6dB	130.9cB	136.2bB
	10～30	136.4aC	117.1dC	124.0cC	129.0bC
$Ca_{10}-P$	0～5	373.5aA	369.0aA	368.4aB	373.0aB
	5～10	364.8cB	390.0aA	389.4aA	379.3bA
	10～30	368.1aAB	362.7aB	362.1aB	352.8bC
$Al-P$	0～5	49.7aA	51.3aA	45.2bA	43.5bA
	5～10	48.1aA	49.7aA	43.7bA	42.1bAB
	10～30	34.6cB	48.8aA	39.3bB	37.9bcB
$Fe-P$	0～5	33.1aA	34.3aA	31.5aA	32.5aA
	5～10	31.6aAB	32.9aA	30.3aAB	31.7aA
	10～30	29.8aB	30.9aA	28.4aB	29.2aA
$O-P$	0～5	85.3aB	76.8cA	84.9aA	80.5bC
	5～10	98.3aA	71.5dB	79.0cB	92.8bA
	10～30	81.4bC	69.3cB	62.7dC	86.2aB

注：不同小写字母表示同层次处理间差异达 5% 显著水平；不同大写字母间表示同层次处理间差异达 1% 显著水平。

不同耕作方式中，黄绵土的磷素均以无机磷形态为主（图 3-3）。在 0～5 cm、5～10 cm、10～30 cm 土层深度中，不同处理无机磷总量占各土层总磷量的百分比大小排列顺序为：T＞TS＞NT＞NTS。各处理的无机磷组分均以 Ca-P 为主，Ca-P 平均占无机磷总量的 76.7%，$Al-P$、$Fe-P$ 和 $O-P$ 合计仅占无机磷总量的 23.3%。各无机磷形态含量大小排列顺序为：$Ca_{10}-P＞Ca_8-P＞O-P＞Al-$

P>Fe-P>Ca₂-P（图3-3）。

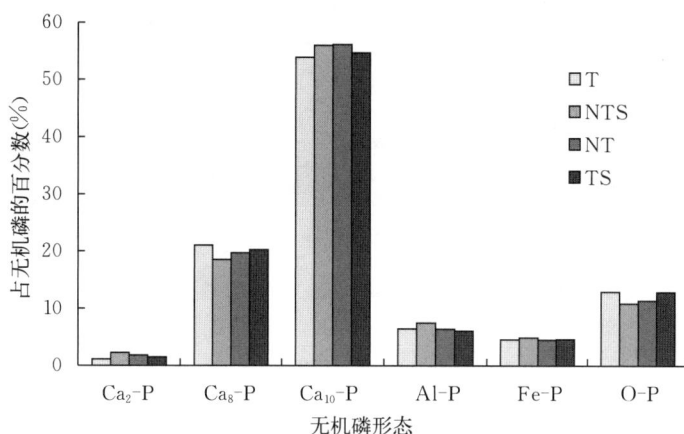

图3-3　不同耕作方式对黄绵土中无机磷形态、比例的影响

三、耕作管理措施对黄绵土剖面结构的影响

土壤剖面的调查分析，对于判断土壤缓冲性、耕层状况具有重要作用，也是研究作物根系分布、水肥淋溶等的重要途径。合理的耕层分布能够为作物根系提供足够的缓冲空间，有助于根系下扎吸收水分养分、保蓄充足的水分养分，有助于提高作物抗逆能力，有利于实现高产稳产及资源的高效利用。

基于作物产量、剖面养分含量及垂直分布情况，对土壤耕层状况进行了初步分级，分为较差、中等和优良3个级别。

（一）较差耕层的土壤剖面

较差耕层的土壤剖面见图3-4，虽然采用了秸秆还田技术，但由于长期旋耕，土壤耕层厚度仅为10 cm左右。耕层下部有20 cm厚度的犁底层，其次为35 cm厚度的淋溶层，最下层为心土层，土壤受水分及肥料影响较小。

耕层（0～10 cm）：有未分解的作物秸秆，土壤结构体中小于0.025 cm的微团粒和0.025～1 cm的团粒结构体多（图3-5A），土壤发育程度好，有利于保水保肥，但是耕层深度太浅；犁底层（10～30 cm）：土壤结构体较大，呈片状或棱块状，直径1～3.5 cm（图3-5B）；淋溶层（30～65 cm）：有轻度的碳酸钙淋溶淀积，土壤团粒含量少，大部分结构体为棱块状，直径1～4.5 cm（图3-5C）；心土层（65～120 cm）：土壤为淡黄色，颜色均匀，有机质含量低，土壤结构体大部分为棱块状，直径为1～5 cm（图3-5D），没有明显的发育特征，属于典型的初育土。

该土壤剖面结构不但耕层厚度非常浅，而且犁底层

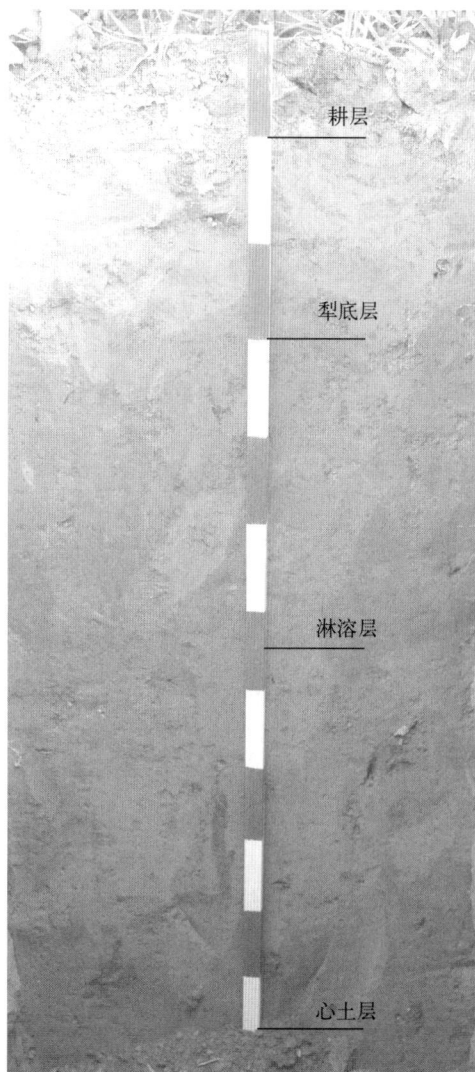

图3-4　较差耕层代表性土壤剖面

23

图 3-5　较差耕层不同层次土壤结构体特征

硬度较大，土壤结构体以大块为主，不利于作物根系下扎；同时，水分较难淋溶至底层，下大雨时容易引起地表径流，导致水土及肥料流失。

（二）中等耕层的土壤剖面

中等耕层的土壤剖面见图 3-6，由于采用了翻耕和旋耕相结合的耕作技术，结合秸秆还田，土壤耕层厚度增加，深度为 15 cm 左右。耕层下部有 10 cm 左右的犁底层，而且犁底层土壤容重相对较小，土壤团聚体数量增多。淋溶层深度为 30 cm，最下层也是心土层。

耕层（0～15 cm）：有未分解的作物秸秆，土壤结构体中微粒及团粒结构多（图 3-7A），大部分直径为 0.025～1 cm，发育程度好，小于 0.025 cm 的微团粒也较多；犁底层（15～25 cm）：土壤结构体较大，除团粒结构以外，主要为棱块状，直径 1～2.5 cm 不等（图 3-7B）；淋溶层（25～55 cm）：碳酸钙淋溶淀积明显，土壤团粒含量少，大部分结构体呈棱块状，直径 1～5 cm 不等（图 3-7C）；心土层（55～120 cm）：土壤为淡黄色，颜色均匀，土壤结构体大部分为棱块状，直径为 0.5～3 cm（图 3-7D）。

该土壤剖面结构耕层厚度较浅，但犁底层硬度不是太大，对作物根系的影响相对较小；同时，由于淋溶作用，在犁底层下部存在比较明显的淋溶层，其对水分和养分的保蓄作用、根系生长的抑制作用处于中等水平。

（三）优良耕层的土壤剖面

优良耕层的土壤剖面见图 3-8，耕层培育采用了深松、旋耕和秸秆还田相结合的耕作技术，土壤耕层厚度显著增加，深度为 40 cm 左右。根据土壤剖面颜色、有机质含量等，将耕层分为耕层 1 和耕层 2-过渡层。由于受秸秆还田深度限制，耕层 1 的土壤有机

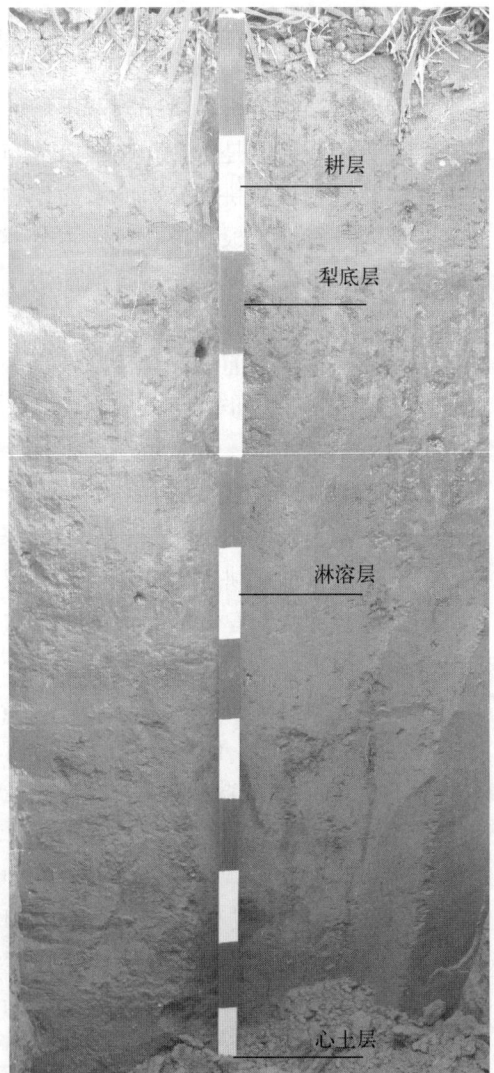

图 3-6　中等耕层代表性土壤剖面

耕层

犁底层

淋溶层

心土层

| A | B | C | D |

图 3-7　中等耕层不同层次土壤结构体特征

质含量较高；耕层下部有 10 cm 左右的犁底层。最下层也是心土层，土壤受水分及肥料影响较小。

耕层（0~40 cm）：耕层 1（0~20 cm）有未分解的作物秸秆，土壤结构体中微团粒及团粒结构占绝大多数（图 3-9A），土壤结构发育程度好；耕层 2-过渡层（20~40 cm）土壤微团粒及团粒结构较多，同时存在 1~2 cm 的结构体（图 3-9B），但硬度不大；犁底层（40~50 cm）：由于土壤有机质含量低，土壤结构呈片状或棱块状，直径较大，为 1~3.5 cm（图 3-9C）；心土层（60~120 cm）：有轻微碳酸钙淋溶淀积，有少量小于 1 cm 的结构体，大部分为 1~3 cm 的棱块状结构体（图 3-9D）。

该土壤剖面结构具有比较厚的土壤耕层，不但有利于保水保肥，而且有利于作物根系生长；犁底层位于底部，可以一定程度防止养分的淋溶，有助于提高养分利用率。

（四）黄绵土不同层次的水分特征曲线

利用专用环刀取样，采用高速离心机测定不同水吸力条件下的土壤含水量，拟合土壤失水过程的水分特征曲线。采集的样品，耕层土壤容重为 1.18~1.25 g/cm³，过渡层土壤容重为 1.32~1.40 g/cm³，犁底层土壤容重为 1.52~1.63 g/cm³，心土层土壤容重为 1.42~1.49 g/cm³。

不同层次的水分特征曲线如图 3-10 所示。犁底层水分特征曲线与其他 3 种层次，在低压力水头下有较大差别，这与该层土壤紧实度高有直接关系；耕层、过渡层和心土层性状大致相似，耕层的水分含量相对较低，过渡层与心土层相似度高。不同层次之间的差别可以用非饱和水分特征模型参数 α、n 的差异来表示（表 3-5）。

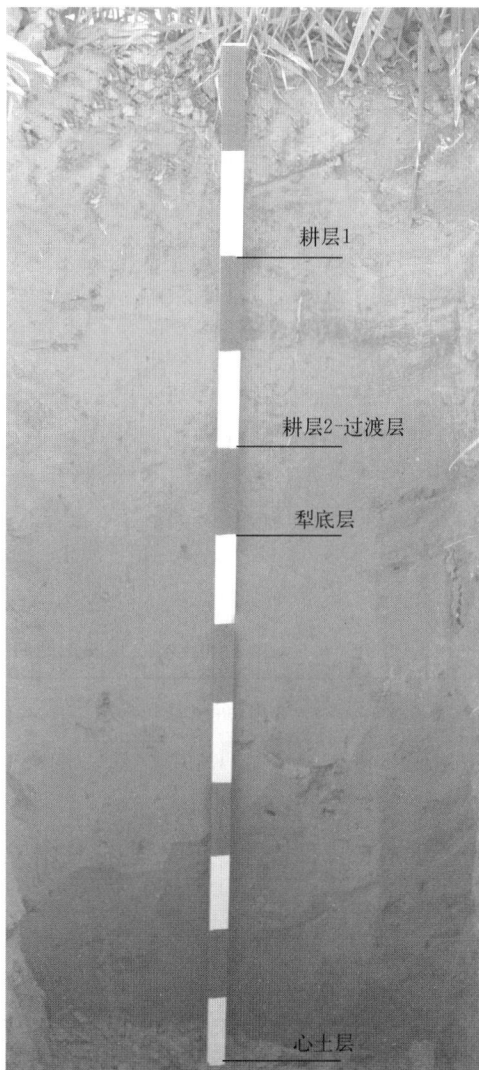

图 3-8　优良耕层代表性土壤剖面

图 3-9 优良耕层不同层次土壤结构体特征

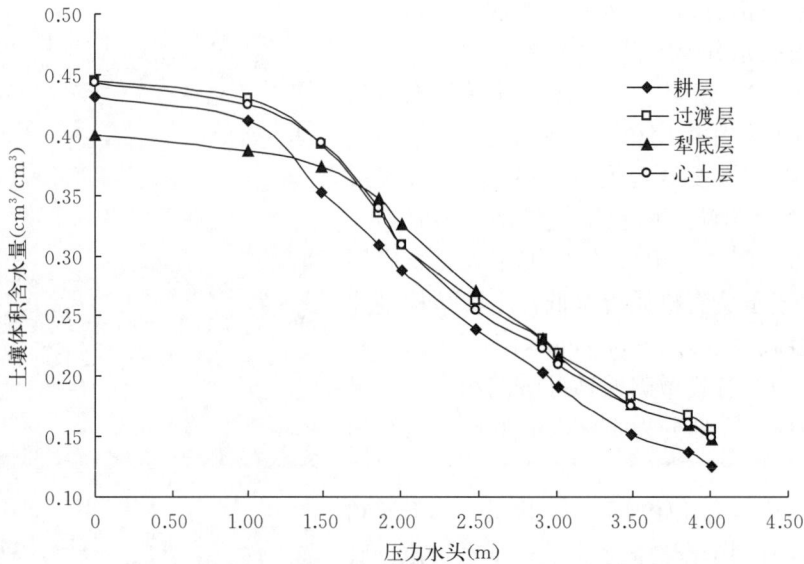

图 3-10 脱水条件下不同压力水头与土壤体积含水量的关系

表 3-5 黄绵土剖面不同层次容重及拟合水分特征曲线参数

土壤剖面	平均容重（g/cm³）	θ_r（cm³/cm³）	θ_s（cm³/cm³）	α	n
耕层	1.21	0.041 6	0.435 1	0.063 1	1.235 6
过渡层	1.36	0.101 0	0.448 5	0.043 9	1.291 8
犁底层	1.61	0.071 5	0.397 1	0.016 9	1.279 9
心土层	1.43	0.106 4	0.444 6	0.036 1	1.333 9

注：θ_r 为残余含水量，θ_s 为饱和含水量，α、n 为拟合参数，拟合模型为非饱和水分特征模型。

四、耕层构造技术对黄绵土水分状况及作物产量的影响

为了探讨不同耕层构建技术，如深松、保水剂等对黄绵土水分状况及作物生长的影响，分别采用深松、旋耕、添加保水剂等试验处理的冬小麦田间试验。试验地点为陕西省富平县，土壤类型为黄绵土。2015—2016 年，冬小麦生长季开展田间试验，其中返青及拔节期降雨较多，开花灌浆期出现了比较明显的水分胁迫；冬小麦收获后，开展夏季深松的田间试验，验证不同深松时间对土壤剖面水分

的影响特征。

（一）深松对土壤储水量的影响

深松技术可以快速、直接改变表层土壤的物理性状，影响水分在土壤中的运移和再分布。2016 年夏季、秋季，即冬小麦收获和播种期，在陕西省渭南市富平县（黄土高原南部）黄绵土分布区开展了深松试验，深松深度为 35～40 cm。2017 年 3 月冬小麦返青时测定了 0～100 cm 土体的水分分布情况，结果见图 3-11。

与旋耕相比，0～20 cm 深度，不同处理的土壤含水量差别不大；但是 40～60 cm 深度存在显著差异，夏季深松处理土壤含水量最高，其次为秋季深松，而旋耕最低。一方面，旋耕处理的犁底层最浅，影响了水分的下渗；另一方面，夏季深松处理在该层储存了更多的水分，60～100 cm 深度水分反而偏低。从 0～100 cm 土体储水量的角度考虑，不同季节深松和旋耕处理的土体储水量差别

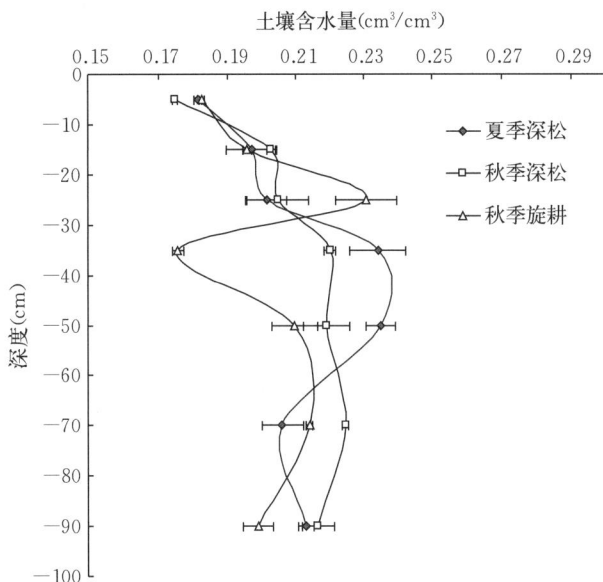

图 3-11　深松对土壤剖面水分分布的影响

不大，并没有显著差异；但是，30～60 cm 深度，夏季深松和秋季深松处理的储水量分别比旋耕处理的储水量多出 18% 和 11%，有利于冬小麦在拔节以后吸收更多的水分。

（二）施用保水剂对土壤储水量的影响

以往研究结果表明，保水剂对改善土壤结构，提高土体的蓄水、保水及防蒸发方面具有较好的作用。尤其在黄土高原干旱、半干旱区，保水剂能够有效蓄积夏季的雨水资源，提高土壤的储水量，有助于提升冬小麦的抗旱能力。

在陕西省富平县开展了保水剂对土壤含水量的影响研究。表层 20 cm 混施 0.5% 的聚丙烯酸钠，然后秋季深松、播种。2017 年冬小麦返青时，土壤剖面水分分布如图 3-12 所示。表层土壤含水量并没有显著差异，30～60 cm 深度，保水剂处理的土壤含水量高于不施用保水剂的深松处理。虽然 0～100 cm 土体的储水量差别不大，但是剖面水分分布发生了较大变化。保水剂处理 30～60 cm 深度土体储水量比旋耕处理增加了 18%，比普通深松处理增加了 7%。表层土体中添加 0.5% 的保水剂，不仅有利于表层保蓄水分，而且水分的导水率增加，使得 30～60 cm 深度的土壤含水量增加，一定程度上阻止了水分的继续下渗，从而导致 60～100 cm 深度的土壤含水量偏低。

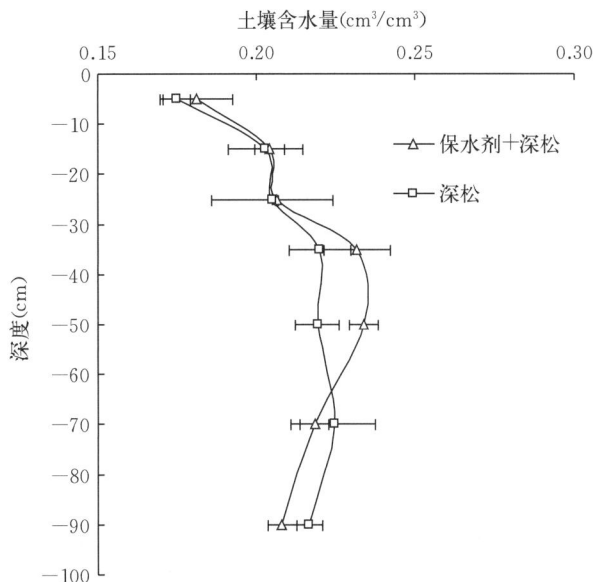

图 3-12　施用保水剂对土壤剖面水分分布的影响

（三）冬小麦产量影响特征

2016 年冬小麦在灌浆期受到比较严重的水分胁迫，其中旋耕受到的影响最大，与深松相比，主要表现为穗粒数和千粒重降低，最终导致产量显著低于深松处理（表 3-6）。添加保水剂且深松

（0～20 cm 深度）处理在抵抗后期水分胁迫时表现出较好的优势，千粒重、穗数和产量均显著高于深松和旋耕处理。

表 3-6　不同试验处理冬小麦产量因子特征

试验处理	穗长（cm）	穗粒数（粒）	千粒重（g）	穗数（万株/hm²）	产量（kg/hm²）
旋耕	6.0a	43.4b	35.1c	463.5b	4 750.5c
深松	6.3a	45.9a	36.7b	628.5b	5 790.0b
深松＋保水剂	6.1a	44.2a	41.7a	694.5a	6 619.5a

注：不同字母表示在 0.05 水平上差异显著，采用 LSD（最小显著性差异法）检验。

深松处理 30～60 cm 深度蓄积了更多的水分，有利于后期抵抗干旱；添加保水剂后，土壤的蓄水、保水能力进一步提高，抵抗干旱的能力进一步增加。因此，在此区域，深松、添加保水剂等提高土壤蓄水和保水能力的技术与方法，有助于冬小麦抵御后期干旱灾害胁迫，提高冬小麦抗干旱能力，有助于高产稳产。

五、合理耕层构造的技术措施

合理耕层构建，一方面需要构造良好的剖面垂直结构，另一面需要改善土壤结构，增加土壤团聚体的数量，提高土壤的承载力和缓冲能力。通过合理调整土壤肥料含量和比例，提高水分和养分利用率，并保持作物的高产性和稳定性。主要技术措施如下。

（一）耕作方式

由于黄绵土容易引起土壤流失，过去以免耕、秸秆覆盖等技术研究较多，研究结果表明，免耕和秸秆覆盖能够有效促进黄绵土土壤团聚体的形成，增加土壤有效磷含量（江晶 等，2008），适用于黄土高原地区黄绵土的利用和改良（李爱宗 等，2008；王琳 等，2013）。

近年来，为提高耕地质量，农业农村部推广深松技术，一般深松深度为 25～40 cm，并给予一定经济补贴。深松耕法能够创造"分层深松，土壤不乱"的结构特征。深松耕可以打破犁底层，增加耕层厚度，提高土壤孔隙度，增加土壤的蓄水能力。冬小麦生育期需水时期与黄土高原降雨季节严重错位，冬小麦生育期降雨较少，受水分制约严重。与传统耕作和免耕相比，深松耕提高了土壤的储水能力，在黄土高原不同区域、不同降雨年型和不同年均温度下，采用深松耕作的冬小麦产量和水分利用率都显著增加（魏欢欢 等，2017）。

深松技术可以打破犁底层、保蓄夏季雨水、减少土壤水分无效蒸发，选择夏季、秋季收获后进行深松作业，以积蓄夏季降雨和冬季降雪。由于黄土高原水土流失严重，如果在坡耕地作业，不得顺坡深松，以减轻水土流失，而且深松后必须具有较好的合墒功能。

（二）秸秆及加工材料还田

黄绵土的土壤颗粒组成以沙砾和粉粒为主，黏粒含量一般仅为 12%～14%，土壤水分渗透速率较高（黄自立，1987），容易引起土壤水分、养分的淋溶。有机质是影响土壤水稳性团聚体形成的重要因素（Bronick et al.，2005），由于土壤有机质含量低，土壤团粒和微团粒结构体含量少，不利于土壤水分、养分的保蓄，这是影响土壤肥力的关键因子。

随着机械化收割的推广，秸秆还田得到了大面积普及，对提高土壤质量起到重要作用。目前，秸秆还田以直接还田为主，结合旋耕及增施氮肥，或添加秸秆腐熟剂，提高秸秆的分解速率，能提高土壤质量（Tejada et al.，2008）。对秸秆进行粉碎、氨化处理及添加硫酸钙，能增加秸秆的活化作用。相关研究结果表明，粉碎秸秆和硫酸钙配施能显著增加黄绵土水稳性团聚体含量（师学珍 等，2014）。秸秆还田配合施肥技术对冬小麦的增产效果最为明显，既能提高土壤养分含量、土壤微生物活性，又能提高旱地土壤保水保墒能力，促进土壤的可持续利用。与秸秆直接还田相比，秸秆炭化以后施用，能够增加土壤硝态氮和铵态氮的含量，而且显著降低氧化亚氮的排放，不但有助于提高养分含量,而且有助于温室气体减排(刘娇 等,2014)。谭帅等(2014)将纳米碳加入黄绵土中,研究纳米碳含量对土壤入渗过程及导水率的影响,结果表明,随着纳米碳含量的增加,相同入渗时间内,累计入渗量和湿润锋呈减小趋势,饱和质量含水量增加,饱和导水率减小。

秸秆等有机物料还田,具有改善土壤团粒结构,增强土壤微生物活性,提高土壤水分、养分保蓄能力,提高农业可持续发展能力的作用。秸秆的加工材料如生物炭、纳米碳等材料,对土壤的影响相对复杂,生物炭具有有益作用;但纳米碳相对复杂,在使用时需提前进行试验验证。

(三)施用土壤改良剂

土壤改良剂作为修复侵蚀退化土壤、防治水土流失的重要手段,不仅能有效改善土壤理化性状和养分状况,还能对土壤微生物产生积极影响,从而提高退化土地的生产力。目前研究及应用较多的土壤改良剂包括沸石、粉煤灰、绿肥和聚丙烯酰胺等单一改良剂和部分复合改良剂(罗文邃,1997)。土壤改良剂防治土壤侵蚀的作用机理,主要包括以下两类:一类是通过促进土壤膨胀,降低土壤密度,提高总孔隙度,防止地表板结,增加土壤入渗而降低土壤侵蚀量;另一类主要通过多价阳离子对土壤颗粒的吸附促进土壤团粒结构形成,增强土壤的抗蚀性和抗冲性,从而降低坡面土壤侵蚀速率(Brandsma et al.,1999)。在陕北米脂县和延安市的研究结果表明(宋立新 等,1989),土壤改良剂能提高耕层地温 0.8~1.5 ℃,增加土壤团聚体,改变土壤容重,0.25~0.5 mm 级团聚体结构相对增加 3.7%~54.6%,减少土壤流失 11.64 t/hm²。

以有机无机高分子材料、膨润土、矿物原料等为核心的土壤改良材料,具有较好的吸水性,有提墒保水作用;同时含有一定的无机养分,可以提高土壤的供肥能力。但是,部分材料如聚丙烯酸钠等,当施用量超过一定比例后,可能会带来负面效应。例如,土壤入渗速率下降(王砚田 等,1990),破坏土壤结构,土壤板结等(杨红善 等,2005)。因此,改良材料在施用时,不仅要选择最佳原料类型,而且要适当控制添加量,注意年际之间的累积,以避免可能带来负面效应。

(四)科学施肥

黄绵土一般是偏碱性的石灰性土壤,由于其发育程度低,有机质含量较低,氮素含量低,而且磷元素容易被固定,导致有效磷含量一般较低。在保水保肥能力较差的黄土区,施磷的增产效果高于施氮的效果(李鼎新,1982);由于土壤呈碱性,氮素在土壤中的硝化速率较快,后期以防止硝态氮的淋溶为主(同延安 等,1994);氮磷肥应配合施用,比单一化肥效果好;必须注意增施有机肥,实行有机无机肥配合施用,不仅能提供作物生长所需养分,获得高产,而且还能够改善土壤理化性状,保持和提高土壤肥力(郑剑英 等,1990)。

按照土壤地力条件,实行配方平衡施肥,提高资源利用率。刘芬等(2013)针对关中灌区冬小麦不同地力条件,根据最佳经济效益原则,确定了不同的推荐施肥量。土壤中碱解氮高、中、低含量临界值为 120 mg/kg、80 mg/kg 和 50 mg/kg,有效磷高、中、低含量临界值为 35 mg/kg、20 mg/kg 和 10 mg/kg,速效钾高、中、低含量临界值为 190 mg/kg、150 mg/kg 和 90 mg/kg。冬小麦中等肥力条件下的最佳氮肥、磷肥和钾肥的施用量分别为 110~150 kg/hm²、90~110 kg/hm² 和 70~90 kg/hm²。

由于黄绵土相对贫瘠,如何提高供肥、保肥能力是提高耕层质量的关键因子。①根据土壤肥力状况及作物类型,科学平衡施肥至关重要;②新型肥料如缓控释肥料,可以根据作物养分需求规律释放养分,达到提高养分利用率的目的(阎翠萍 等,2001);③有机肥与无机肥配施、菌肥与无机肥配施等,可提高土壤微生物活性,提高养分有效性,有效提高旱作小麦的经济产量、生物产量及成穗率(胡可 等,2015)。

第四章 黄绵土物理性状 >>>

黄绵土母质为第四纪风成黄土，包括马兰黄土和离石黄土两大部分（黄自立，1987）。马兰黄土几乎覆盖整个地面，厚度一般 10～20 m，最厚达 60 m 以上。离石黄土出露面积不大，仅见于沟壁、沟坡和个别丘顶，厚度 50～60 m，土层中夹有几层至十多层1～2 m厚的褐色古土壤层带，土质较紧实。黄土母质特性使得黄绵土的抗冲性弱，在无植被覆盖下，易遭受水蚀和风蚀（何乱水，2000）。

对黄绵土矿物组成进行检测，结果表明，黄绵土的矿物组成与化学组成和黄土母质近似，矿物组成以石英、长石、方解石为主，占整个黄绵土矿物的 47%～96%；黏土矿物以伊利石为主，约占黏土矿物总量的 64.40%，其次为绿泥石和少量高岭石。黏粒硅铁铝率为 2.8%～2.9%，硅铝率为 3.5%～3.7%（张铭杰 等，2007）。

黄绵土呈弱碱性反应，pH 8.0～8.5。整个剖面呈石灰性，碳酸钙含量 90～180 g/kg，上下土层比较均匀。阳离子交换量 6～12 cmol/kg，保肥能力较弱。

黄绵土广泛分布于黄土水土流失强烈的丘陵地区，其所处地带的自然环境和黑垆土、娄土有所交错，所占面积很大（朱显谟，1989）。黄绵土主要分布在黄土高原腹地，横跨森林草原区和典型草原区，约占黄土高原总面积的 28.85%。其中，以陕北地区分布最广，其次是陇东、陇中、宁南、晋西北和晋西南，青海东部、河南、内蒙古也有零星分布。

黄绵土的农业利用存在以下主要问题：

（1）土壤利用不合理，陡坡垦殖，广种薄收，粗放经营，水土流失严重，由于历史原因及人口数量增长，黄绵土利用形成了以种植业占绝对优势的结构模式。其中，宁南丘陵区耕地面积占该区黄绵土面积的 96.31%，陕北丘陵区达 75%。而坡度＞25°的陡坡地在宁南丘陵区占 45%～50%，在陕北丘陵区占 70%左右，均不适合种植作物。

（2）黄绵土的粉沙含量高，土质疏松，抗冲蚀性极弱，极易发生侵蚀，陡坡地侵蚀更为强烈。坡耕地每年暴雨期有 40%以上的降水以径流形式带走泥沙和土壤养分。据计算，黄绵土区每年平均有 1 cm左右厚的土层被侵蚀掉，土壤退化严重，作物产量低而不稳。

（3）有机质含量低，氮、磷有效养分以及锌、硼、锰等微量元素缺乏，土壤肥力低。

（4）地处半干旱、干旱地区，光照强烈。蒸发量大，加之降水季节分配不均，土壤田间持水量低，蓄水保墒性能差，干旱严重。

（5）对土壤投入少，用养失调。

为此，黄绵土区应从合理利用土壤资源、调整农业生产结构入手，逐步改善生态环境，发展生态农业。

黄绵土机械组成、容重、团聚体等主要物理属性直接影响黄绵土的耕作管理、水土资源利用、水土保持和生态环境建设，是黄绵土重要的物理性状。

第一节　黄绵土土壤机械组成

一、定义

土壤是由单粒和复粒按不同的比例组合而成的。单粒是指相对稳定的土壤矿物质的基本颗粒但不包括有机质单粒，复粒是指由若干单粒团聚而成的次生颗粒。

土壤中颗粒的大小不同，成分和性质各异。粒级是指按土粒的特性并按其粒径大小，将土壤人为地划分为若干组使同一组土粒的成分和性质基本一致，各组间则差异较明显。土粒的成分和性质的变化是渐变的。

这些不同的粒级混合在一起表现出的土壤粗细状况，称土壤机械组成，又称土壤的颗粒组成，以土壤中各种粒级土粒质量所占的质量百分比表示。该指标对土壤的物理化学性状有重要影响，一般可用于土壤比表面积估算、确定土壤质地、土壤结构性评价。

二、分级标准

目前，主要有 4 种粒级划分标准，包括苏联的卡庆斯基制、国际制、美国制和中国制。上述 4 种土壤颗粒分级均采用石块、砾石、沙粒、粉粒和黏粒五大类别，但每个类别的划分标准有所不同。在国际制和美国制中，将粒径小于 2 mm 的颗粒视为土壤；在卡庆斯基制中，将粒径小于 1 mm 的颗粒视为土壤（黄昌勇 等，2010）。

三、土壤机械组成的分布特征

（一）剖面分布

根据张铭杰等（2007）的研究得知，干旱、半干旱区（甘肃省环县）黄绵土各土层的机械组成均以<0.05 mm 的粉沙粒和黏粒为主，其质量分数占 95% 以上。0～20 cm 的覆盖层以黏粒居多（64.98%），粉沙粒次之（31.47%）。随着土层的加深，粉沙粒所占比重逐渐上升，黏粒含量逐渐降低。40 cm 及更深的土层中，粉沙粒的比重超过了黏粒。>0.05 mm 的粗沙粒和细沙粒则无明显变化（表 4 - 1）。

表 4 - 1　甘肃省环县黄绵土机械组成

单位：%

剖面深度	粗沙粒 （2～0.25 mm）	细沙粒 （0.25～0.05 mm）	粉沙粒 （0.05～0.002 mm）	黏粒 （<0.002 mm）
0～20 cm	0.06	3.49	31.47	64.98
20～40 cm	0.00	0.92	44.91	54.17
40～60 cm	0.07	2.03	56.78	41.12
60～80 cm	0.09	2.29	61.05	36.57
80～100 cm	0.09	2.86	65.16	31.89

注：采用中国制土粒分级标准。

（二）地理空间分布

据蔡永明等（2003）的采样资料发现，黄土高原地区由北到南土壤机械组成逐渐变细，0.25～0.05 mm 的细沙粒明显降低，而<0.01 mm 颗粒的质量分数显著增加（表 4 - 2）。

据黄自立等（1987）的研究发现，陕北黄绵土全剖面质地均一，土壤颗粒组成以 0.05～0.001 mm 的粉粒为主。黄绵土的颗粒组成地理分布呈现由北向南逐渐变细的规律：陕北北部的黄绵土属于沙质土壤，1～0.05 mm 的沙粒占 30% 以上，0.05～0.001 mm 的粉粒占 50% 以上，<0.001 mm

表4-2　黄土高原不同地点黄绵土机械组成

单位:%

地点	土壤质地	剖面深度	机械组成					
			1～0.25 mm	0.25～0.05 mm	0.05～0.01 mm	0.01～0.005 mm	0.005～0.001 mm	<0.001 mm
陕西神木	轻壤土	0～10 cm	0.40	30.00	47.60	5.20	5.80	11.00
山西离石	中壤土	0～12 cm	0.40	7.70	58.40	9.10	9.70	14.70
陕西安塞	轻壤土	0～12 cm	0.30	18.30	58.20	5.20	6.70	11.30
陕西武功	重壤土	0～67 cm	0.70	6.40	46.00	14.10	16.00	16.90

的黏粒低于12%，漏水漏肥，不抗旱，肥力低；陕北中部的黄绵土属于轻壤土，沙粒占20%，粉粒占14%，土质适中，疏松易耕；陕北南部的黄绵土属于中壤土，沙粒只占4%，黏粒占30%左右，土质较细，保水保肥，耕性较好。

四、土壤机械组成的影响因素

土壤机械组成影响土壤的理化性状和生物学特性，与植物生长所需的环境条件及养分供给关系十分密切。土壤中各级颗粒组成比例适当，使土壤具有良好的结构性。土壤所含孔隙的数量和大小比例适中，通透性好，保水保肥性强，适于根系生长。由于土壤颗粒组成在剖面中的垂直分布及其在土体中的含量不同，从一定意义上说，土壤的形成就是黏粒的形成与机械组成的变化（高亚军，2003）。

（1）土壤机械组成主要取决于成土母质类型，相对稳定，但耕作层的质地可通过耕作、施肥等活动进行调节。黄绵土主要以黄土为母质发育而来，小部分是由次生黄土、马兰黄土、离石黄土、黄土-红土二元母质等发育，母质不同则土壤的机械组成不同（表4-3）。相对而言，由离石黄土和黄土-红土二元母质发育而来的黄绵土的粗沙粒（2～0.2 mm）和黏粒（<0.002 mm）含量高于其他母质的黄绵土，各成土母质下的黄绵土细沙粒（0.2～0.02 mm）和粉粒（0.02～0.002 mm）含量相差不大。

表4-3　不同成土母质下的黄绵土机械组成

单位:%

地点	母质	土层	厚度	2～0.2 mm	0.2～0.02 mm	0.02～0.002 mm	<0.002 mm
宁夏回族自治区固原市	黄土-红土二元母质	A_{11}	20 cm	1.80	37.20	37.60	23.40
		C_1	14 cm	1.40	32.40	38.20	28.00
		C_2	121 cm	0.20	13.80	40.50	45.50
甘肃省庆阳市宁县	离石黄土	A	30 cm	0.00	40.25	37.51	22.24
		C_1	32 cm	0.26	43.59	33.50	22.65
		C_2	78 cm	0.00	40.30	35.49	24.21
甘肃省临夏回族自治州东乡族自治县	马兰黄土	A_{11}	17 cm	0.09	42.23	41.87	15.81
		A_{12}	11 cm	0.00	46.43	37.49	16.08
		C_1	33 cm	0.00	47.64	37.15	15.21
		C_2	89 cm	0.00	48.05	36.34	15.61
甘肃省白银市会宁县	次生黄土	A_{11}	20 cm	0.96	46.76	38.00	14.28
		C_1	40 cm	0.71	47.00	38.00	14.29
		C_2	90 cm	0.32	45.40	39.30	14.98

(续)

地点	母质	土层	厚度	2～0.2 mm	0.2～0.02 mm	0.02～0.002 mm	<0.002 mm
陕西省延安市黄龙县	黄土	A	18 cm	—	51.00	35.32	13.68
		AC	25 cm	—	50.53	33.79	15.68
		C	99 cm	—	48.95	31.73	19.32

注：A 为表土层，A_{11} 为耕作层，A_{12} 为犁底层，C 为母质层，C_1 为心土层，C_2 为底土层。

（2）土地利用方式也是影响土壤机械组成的因素之一。由表 4-4 可以看出，供试土壤的 0～20 cm 土层中，不同的土地利用方式对黄绵土黏粒含量影响较大，最高相差 4 倍。日光温室土壤黏粒含量最高，为 8.34%；草地黏粒含量最低，为 2.01%。

表 4-4　不同土地利用方式下 0～20 cm 土层的黄绵土机械组成

单位：%

土地类型	粗沙粒	细沙粒	粉粒	黏粒
苹果园	4.94	26.45	66.19	2.42
日光温室	6.15	31.31	54.19	8.34
农田	6.57	28.62	62.20	2.61
经济作物田	6.67	30.94	59.39	3.00
拱棚	7.39	31.44	55.99	5.17
草地	6.69	32.12	59.18	2.01

资料来源：邹城等，2008。

第二节　黄绵土土壤容重

一、定义

土壤容重是指土壤结构在未破坏的自然状态下单位容积的干土质量。土壤容重包括土壤颗粒间的孔隙部分，因此也称假密度。需要注意的是与土壤密度的区别，土壤密度不包括颗粒间孔隙，故容重的数值要比密度小。对于容重的测定比较经典的方法是烘干法（李晓晓 等，2013；郑纪勇 等，2004）。

土壤容重是最重要的土壤物理性状之一，不仅可以较准确地反映土壤物理性状的整体状况，还可有效指示土壤质量和土壤生产力（王之 等，2016）。其实用意义如下：

（1）直接反映土壤松紧程度，容重大则土壤比较紧实。

（2）计算土壤孔隙度。土壤容重的变化与土壤孔隙度密切相关，可较好地反映土壤透气性、入渗性能、持水能力、导水性和溶质迁移潜力等。

（3）计算土壤质量。

（4）计算土壤储水量和灌排水量。

除上述功能外，土壤容重还是估算土壤有机碳储量的重要参数，是计算区域土壤有机碳储量、固碳潜力等的基础，甚至被认为是区域乃至全球尺度土壤有机碳储量估算不确定性的重要因素之一，这已成为近年的研究热点（柴华 等，2016）。

二、土壤容重的分布特征

黄绵土整个土体疏松绵软，耕层容重一般为 1.1～1.3 g/cm³。表 4-5 为不同省份黄绵土耕层土壤容重。总体来看，黄绵土区土壤容重平均值为 1.27 g/cm³。其中，内蒙古、甘肃、宁夏、陕西耕层土壤容重平均值相差不大，范围为 1.26～1.29 g/cm³；山西土壤容重相对其他省份偏低，为 1.21 g/cm³。

表 4-5　不同省份黄绵土耕层土壤容重

(农业部，2017)

项目	内蒙古	甘肃	宁夏	陕西	山西
最大值（g/cm³）	1.42	1.51	1.55	1.50	1.41
最小值（g/cm³）	1.10	0.94	1.01	1.01	1.00
平均值（g/cm³）	1.27	1.26	1.29	1.27	1.21
有效样本数（个）	47	896	305	1 920	218

（一）剖面分布

黄绵土底层容重大于表层，随着土层深度的增加，容重表现出递增的变化趋势（表 4-6）。农田土壤 100 cm 以下基本属于犁底层，土壤受人为扰动变小，容重基本保持稳定。一般土壤容重在景观尺度上空间变异程度较小。

表 4-6　农田黄绵土土壤容重剖面变化

(朱显谟，1989)

单位：g/cm³

剖面深度	甘肃子午岭	陕西长武	宁夏固原	平均值
0～20 cm	0.95	1.22	1.15	1.11
20～40 cm	1.27	1.34	1.20	1.27
40～60 cm	1.28	1.40	1.22	1.30
60～100 cm	1.29	1.38	—	1.34

（二）地理空间分布

黄绵土在黄土高原呈西南—东北走向的非连续带状分布，其容重的地理分布大致表现为随纬度增加而逐渐增大，即由南向北容重呈增加趋势。陕西榆林黄绵土容重最高，达 1.26 g/cm³；农田生态系统中，甘肃静宁黄绵土容重最低，为 1.03 g/cm³。黄绵土分布最广的陕北地区容重普遍比较大，为 1.03～1.26 g/cm³（表 4-7）。

表 4-7　农田黄绵土容重纬度变化规律

(朱显谟，1989)

地　点	容重（g/cm³）	地理坐标
甘肃静宁	1.03	35°N，105°E
宁夏固原	1.10	36°N，106°E
陕西洛川	1.10	36°N，109°E
陕西绥德	1.13	37°N，110°E
山西离石	1.14	37°N，111°E
陕西榆林	1.26	38°N，110°E

三、土壤容重的影响因素

（一）土壤机械组成对容重的影响

土壤容重和母质、机械组成关系密切。黏粒含量高表现为孔隙小且数量多，土壤总孔隙度高而容重小，沙粒含量高则表现为孔隙大而数量少，土壤总孔隙度小而土壤容重大。

黄绵土分布区从南至北表现为沙粒增多、黏粒减少，相应其容重从南至北表现为增大的趋势（表4-8）。

表4-8　黄绵土机械组成与容重的关系

（朱显谟，1989）

地点（从南至北）	机械组成（%）			容重（g/cm³）
	沙粒（2～0.05 mm）	粉沙粒（0.05～0.002 mm）	黏粒（<0.002 mm）	
甘肃灵台	6.80	70.20	23.00	—
陕西洛川	5.30	72.70	22.00	1.10
甘肃庆阳	13.40	74.20	12.40	—
陕西延安	30.50	60.50	9.00	—
甘肃环县	25.00	67.00	8.00	—
陕西清涧	21.50	66.40	12.10	—
陕西绥德	27.80	61.20	11.00	1.13
陕西米脂	33.50	55.50	11.00	1.17
陕西榆林	73.00	16.00	11.00	1.26

（二）土壤有机质对容重的影响

土壤有机质是土壤的重要组成部分，虽占土壤总质量的比例极小，但却严重影响土壤的理化性状。研究表明，土壤容重随培肥时间的延长呈降低趋势，培肥6年时，0～20 cm土层土壤容重降低至生土的73.61%（表4-9）。这说明培肥增加了土壤中有机质的含量，加速微生物分解剥离，改善土壤结构，降低容重。

表4-9　培肥年限对土壤容重的影响

（张仁陟 等，1981）

单位：g/cm³

剖面深度	生土	培肥3年	培肥6年
0～20 cm	1.44	1.29	1.06
20～35 cm	—	1.35	1.15

由表4-10可知，农地土壤有机质含量最低，约为3.61 g/kg；但是容重最大，平均为1.27 g/cm³。草地与林地土壤容重相差不大，为1.03～1.05 g/cm³，土壤有机质含量草地比林地稍高。对土壤容重与有机质含量进行分析（图4-1）可知，土壤有机质含量越高，土粒排列越松，土壤容重越小；反之，

表4-10　有机质含量对土壤容重的影响

（刘娜娜，2006；王子龙，2016；张耀方，2015）

地点	土地利用方式	剖面深度（cm）	有机质含量（g/kg）	土壤容重（g/cm³）
陕西安塞	农地	0～10	4.15	1.21
		10～20	3.07	1.33
宁南云雾山	草地	0～10	41.59	1.04
		10～20	34.22	1.01
甘肃子午岭	林地	0～10	35.24	1.02
		10～20	17.84	1.07

有机质含量越低，结构越差，其土壤容重越大，总孔隙度越小。可见，土壤容重与有机质含量呈负相关关系。

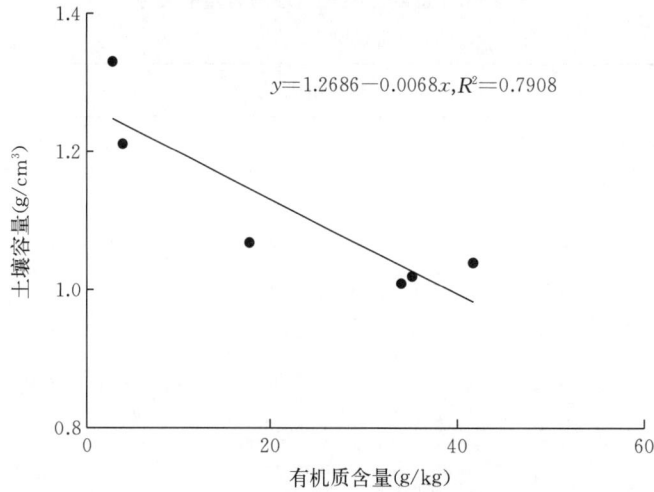

图 4-1　土壤容重与有机质的函数关系

（三）不同耕作方式对容重的影响

任何耕作措施和田间管理都会对土壤容重产生影响（表 4-11）。耕、耙、锄等农事操作利于土壤疏松，增大土壤孔隙度，降低土壤容重；而灌水、人畜践踏、农具操作等，则使土壤变得紧实，孔隙度变小，提高土壤容重（张仁陟 等，1981；王恒俊 等，1991）。因此，农业措施是影响容重的重要因素。

表 4-11　耕作措施对容重的影响

（张海林，2003）

单位：g/cm³

剖面位置	原状土	耕翻施肥后	灌水后
30 cm	1.30	1.10	1.22
45 cm	1.38	1.07	1.28
60 cm	1.38	1.17	1.21
100 cm	1.38	1.04	1.25

耕翻施肥与灌水均使土壤容重降低，而耕翻施肥对容重的影响更明显，这主要是由于耕翻施肥使土层疏松。

第三节　黄绵土土壤团聚体

一、团聚体定义

一般认为，土壤团聚体（也称为团粒）是矿物颗粒与有机、无机物质结合而形成的次生颗粒（Mahmoodabad et al.，2013）。团聚体由颗粒的重排、絮凝和胶结作用形成，通过有机碳、生物群落、阳离子桥键以及黏土和碳酸盐介导（Barth et al.，2008；张耀方，2015）。稳定的团聚体能够抵抗降水和水分运动的冲刷、侵蚀，因而土壤的团聚是一种动态的土壤属性，可以迅速响应环境变化（Taboada et al.，2004）。

团聚体的形成是一个复杂的物理、化学及生物化学过程，主要有两种不同的观点：大团聚体首先形成，小团聚体再形成于大团聚体内部的有机质颗粒周围（Elliott，et al.，1988）；或当有机质分解，大团聚体破碎后直接形成小团聚体（Six et al.，2000）。Tisdall（1994）认为，大团聚体是微团聚体形成后在根系和菌丝的缠绕作用下形成的。

二、团聚体稳定性评价

土壤结构的稳定性指土壤抵御内外力破碎的程度，通常包括土壤机械稳定性和土壤团聚体的水稳定性。水土流失作用过程中土壤破碎有 3 种作用机制（Bissonnais，1996）：①消化作用是模拟团聚体在湿润过程因孔隙中空气受压缩膨胀而破碎；②非均匀膨胀作用是模拟团聚体湿润后因矿物非均匀膨胀而破碎；③机械破碎作用是模拟团聚体因雨滴打击、耕作等外力作用导致破碎。在消化作用中，土壤团聚体稳定性受土壤结构以及有机物的影响。Caron 等（1996）指出，免耕的土壤团聚体孔隙弯曲度是耕作的 3 倍多，使水分湿润速度降低了 70%，提高了其稳定性。土壤有机物能增强团聚体之间的黏结力和抗张强度，提高团聚体稳定性。在有机质含量高的土壤中，大团聚体的稳定性取决于土壤有机质含量或糖类的数量，有机质能够减小团聚体的分散率，与大团聚体的稳定性显著相关（Horn，et al.，1994）。有机质的形态也是影响团聚体性质的一个重要因素，分解迅速的有机胶结物的稳定作用是暂时的，而分解缓慢的有机胶结物的团聚作用是长期且有效的（Haynes，et al.，1997）。在非均匀膨胀作用中，土壤黏土矿物对土壤结构的破坏占主导作用。X_2O_3 化合物可以明显提高团聚体稳定性。姚贤良等（1990）指出，Fe_2O_3、Al_2O_3 对南方红壤微团聚体的稳定性有明显提高作用。

不同大小团聚体的稳定性存在差异。Le Bissonnia（1996）报道，小团聚体的稳定性高于大团聚体。这是因为小团聚体的孔隙较小，其弯曲度更大，容积密度更高，导致较小的团聚体内聚力大于较大的团聚体（Caron，et al.，1996）。不同大小团聚体中有机物的数量和质量也存在差异。Tisdal 等（1982）指出，大团聚体（>250 μm）主要由土壤根系和菌丝胶结作用形成，而微团聚体（<250 μm）主要通过多价阳离子桥键和多糖形成。Jastrow 等（1996）利用 ^{13}C 示踪法进一步证实，微团聚体中有机碳比大团聚体中有机碳形成时间早，大团聚体比微团聚体含更多的有机碳。

团聚体的复杂动力学是多种因素相互作用的结果，包括气候环境、土壤管理、植被和土壤性质等（Bronick et al.，2005）。团聚体的水稳定性决定着土壤的结构性，影响土壤水、肥、气、热状况（Sivakumar et al，2007），被认为是诊断土壤退化程度的重要指标。

土壤团聚体稳定性评价的方法很多：Baver 等（1932）提出用湿筛分析中>0.25 mm 团聚体的百分含量减去机械组成分析中>0.25 mm 颗粒的百分含量，谓之"团聚状态"，再用其除以湿筛中>0.25 mm 团聚体的百分含量，得到"团聚率"的概念。Van Bavel（1950）提出将平均重量直径（mean weight diameter，MWD）当作土壤团聚体分布和稳定性的指标之一。De Leenheer 和 De Boodt（1955）利用干湿筛后的平均重量直径差值，称之为"平均重量直径的变化"来评价团聚体稳定性，差值越小，结构越好。目前，这个指标已被广泛应用于欧洲农田土壤的团聚体稳定性评价中（Leenheer，et al.，1955）。Gardener（1956）在此基础上提出了几何平均直径（geometric mean diameter，GMD）的概念，通过对团聚体直径取对数后加权求和，减弱团聚体粒径的影响，提高团聚体含量在稳定性评价指标体系中的影响。随着科学技术的发展，从 20 世纪 70 年代起，热量计法和分形理论逐步应用到土壤学研究中。North（1976）利用热量计法估测分散土壤的超声能量，进而测定土壤团聚体的稳定性。Turcotte（1986）提出了多孔介质材料的孔径分布公式，指出分形维数（fractal dimension，FD）可以评价多孔介质材料的稳定性。Tyler 和 Wheatcraft（1990）提出了基于分形几何概念的土壤质地和孔隙结构模型。杨培岭等（1993）用土壤颗粒的质量分布代替数量分布，推导出土壤粒径分布的分形维数方程，用于描述土壤机械组成的分形维数和团聚体组成的分形维数，使得定量描述土壤结构的复杂性质成为可能。21 世纪以来，土壤团聚体破坏率（percentage of aggregate destruction，PAD）由于与水稳性大团聚体含量的极显著相关关系而被我国学者纳入团聚体稳定性评价指标体系中（黄明斌 等，2006；依艳丽，2009）。目前，MWD、GMD、FD 和 PAD 作为土壤团聚体分布和稳定状况的综合评价指标已被广泛使用。

三、水稳性团聚体的分布

黄绵土作为由黄土母质直接形成的人为耕种土，其成土作用微弱，剖面上下较为均一，分化不明显，且以粉沙粒为主，质地松散，在半干旱且暴雨集中的黄土高原地区，受风蚀和水蚀非常严重（王恒俊 等，1991）。也正因为如此，国内外科研工作者针对黄土高原地区黄绵土团聚体的分布特征、影响因素及改良措施做了大量工作。

研究表明，宁南地区耕地黄绵土表层＞0.25 mm 水稳性团聚体含量最高；其次是陇东地区；再次是陇中地区；陕北地区含量最低，约为宁南地区平均含量的 1/2（表 4-12）。这说明陕北地区土壤结构差，侵蚀严重，团聚体稳定性低。

表 4-12　黄绵土主要分布区耕地土壤 0～20 cm 土层中＞0.25 mm 水稳性团聚体含量

地　区	典型剖面数（个）	平均含量（%）
陕北	12	18.08
陇中	3	24.56
陇东	3	34.26
宁南	5	37.73

表 4-13 至表 4-15 为耕地黄绵土主要分布区典型剖面＞0.25 mm 水稳性团聚体分布情况。由表可知，相同地区土壤＞0.25 mm 水稳性团聚体含量相差较大，最大相差约 27 倍。一般情况下，表层土壤水稳性大团聚体含量高于下层土壤。这是因为黄绵土是黄土高原地区主要的耕种土壤，受人为扰动较严重，虽疏松绵软，通气透水性良好，但是土壤阳离子交换量低，肥力不足，土体干旱，土壤自身的恢复能力差。

表 4-13　陕北地区黄绵土剖面＞0.25 mm 水稳性团聚体分布特征

（白文娟 等，2005）

单位：%

地　点	0～20 cm	20～40 cm	40～60 cm
延安	43.25	27.70	29.95
安塞	49.00	24.00	18.70
吴旗	24.65	35.80	22.00

表 4-14　陇中、陇东地区黄绵土剖面＞0.25 mm 水稳性团聚体分布特征

（李小刚 等，1995；马帅 等，2011）

单位：%

地　点	0～20 cm	20～100 cm
天水	14.50	7.40
会宁	2.40	0.88
定西	12.20	5.10
灵台	28.50	23.80
合水	33.50	13.25

表 4-15 宁南地区黄绵土剖面＞0.25 mm 水稳性团聚体分布特征

（程曼 等，2013；高飞 等，2010）

单位：%

地　点	0～20 cm	20～40 cm
原州	51.40	47.90
彭阳	8.74	10.26

四、影响团聚体稳定的因素

土壤团聚体是土粒经过各种作用形成的直径结构单位，团聚体的稳定性直接影响土壤表层的水、土界面行为，特别是与降水入渗和土壤侵蚀关系十分密切（Tisdall et al.，1982）。土壤团聚体稳定性是土壤生物、物理、化学过程相互作用的结果。影响团聚体稳定性的因素可分为生物因素（土壤有机质、根活性、土壤动物区系和微生物）、非生物因素（黏粒矿物、倍半氧化物和交换性阳离子）和环境因素（土壤温度和湿度）（Chen et al.，1997）。

团聚体是由有机、无机胶结物质之间的黏结团聚及根系、干湿交替、冻融交替、耕作等物理过程的切割造型作用形成的（黄昌勇 等，2010）。在黄土高原地区，影响黄绵土团聚体稳定性尤其是团聚体水稳性的主要因素包括植被恢复、种植制度、施肥与土壤微生物（Am zketa，1999）。植被恢复与施肥都是通过增加有机质含量来改善土壤结构，而种植制度是利用人为机械扰动来改善土壤结构。

（一）植被恢复

植被恢复是黄土高原地区生态环境建设的重要措施。查轩等（1992）的研究表明，植被主要通过改善土壤特性来提高土壤抗侵蚀能力，植被恢复后土壤有机质、水稳性团聚体和渗透性等抗侵蚀特性分别提高了6倍、2.5倍和4.5倍，土壤抗冲性提高了20倍以上。杨建国等（2006）的研究表明，随着植被恢复，土壤水稳性大团聚体含量增加。An Shaoshan 等（2008）的研究表明，黏粒、有机质和总氮是影响团聚体水稳性的关键因素，总氮和有机质、铁铝氧化物和物理性黏粒含量是影响团聚体水稳性的主要因素。Li 等（2006）的研究表明，随着植被恢复时间增加，表层土壤容重减小，土壤孔隙度、田间持水量和团聚体稳定性逐渐提高。朱冰冰等（2009）的研究表明，随着植被恢复年限的增加，土壤水稳性团聚体分形维数减小。苏静（2005）的研究表明，在植被恢复条件下，土壤团聚体平均重量直径与土壤有机碳呈二次多项式关系。梁向峰（2009）的研究表明，在子午岭几种典型植被类型下，土壤水稳性团聚体分形维数、孔隙分形维数与水稳性团聚体含量、土壤有机碳、土壤容重之间的线性相关性均达到极显著水平，均能作为评价土壤结构稳定性的指标；而平均重量直径仅可作为评价大团聚体含量的指标。土壤有机质是团聚体形成的胶结物质，可以促进团聚体形成；团聚体可以隔离土壤微生物与土壤有机质，使土壤有机质免受微生物分解。植被恢复可以提高土壤有机质含量，从而改良土壤结构。

研究表明（表 4-16），自然植被恢复对土壤大团聚体的形成与稳定有很大影响。随退耕年限的延长，水稳性大团聚体含量逐渐增加，当植被恢复到接近顶级时，水稳性大团聚体含量是坡耕地的近2倍。

表 4-16 植被恢复过程中土壤表层＞0.25 mm 水稳性团聚体分布（宁南云雾山）

单位：%

剖面深度	坡耕地	退耕 3 年	退耕 8 年	退耕 22 年	甘青针茅群落	百里香群落	铁杆蒿群落
0～10 cm	36.27	38.05	43.38	51.07	61.18	61.19	68.50
10～20 cm	39.67	42.62	43.48	56.92	66.43	60.89	65.20
20～40 cm	29.01	44.65	49.53	54.32	60.10	61.91	66.51

（二）种植制度

轮作是保持和提高农业生态系统持续性的重要管理措施（Studdert，2000）。在农田进行粮草、林粮轮作，选择具有较高生物量和C/N的植物物种与作物轮作，可以做到"用养结合"，减少土壤有机碳的损失。豆科-禾本科轮作能快速增加土壤有机碳的储存，促进大团聚体的形成和微团聚体的稳定（李恋卿 等，2000）。单一种植豆科作物时，<0.5 mm团聚体含量高于种植禾本科作物时相应团聚体含量（Mendes et al.，1999）。在水旱轮作并施有机肥的条件下，土壤物理性黏粒团聚的程度与有机微团聚体含量明显增加（魏朝富 等，1995）。

耕作使受团聚体保护的有机质矿化，减少了稳定性胶结剂的产生，引起大团聚体的损失和小团聚体的增多，同时加速了大团聚体的周转，提高了微生物的呼吸速率，降低了微生物的生物量，最终导致土壤团聚体分解。与常规耕作相比，免耕促进表层土壤的生物活性，提高团聚体内部碳、氮含量，增加其结构稳定性。研究表明，免耕制度下土壤微团聚体的颗粒有机质浓度明显高于常规耕作，大团聚体的含量则是常规耕作的2~3倍（Six et al.，1999）。

研究表明（表4-17），耕作方式对土壤团聚体的形成有较大的影响。>0.25 mm的水稳性团聚体的含量整体排序为免耕＋秸秆覆盖>传统耕作＋秸秆还田>免耕>传统耕作，且前三者均与传统耕作处理差异显著，但前三者之间差异不显著。这说明耕作方式对土壤水稳性大团聚体有明显的影响，能够显著增加水稳性大团聚体含量，更有利于土壤水稳性团聚体的形成。

表4-17 耕作方式对黄绵土水稳性大团聚体的影响

单位：%

剖面深度	处理	含量
0~5 cm	NT	19.08
	NTS	19.68
	T	15.79
	TS	21.96
5~10 cm	NT	17.94
	NTS	20.34
	T	11.23
	TS	16.82
10~30 cm	NT	12.90
	NTS	13.03
	T	9.62
	TS	13.00

注：处理中NT为免耕，NTS为免耕＋秸秆覆盖，T为传统耕作，TS为传统耕作＋秸秆还田。试验地点为甘肃省定西市甘肃农业大学旱农试验站。

资料来源：李爱宗，张仁陟，王晶，2008.耕作方式对黄绵土水稳定性团聚体形成的影响［J］.土壤通报（3）：480-484.

（三）施肥

施肥能增加土壤大团聚体的数量。研究表明，随施肥水平的提高，10~250 μm微团聚体和>0.25 mm大团聚体数量不断增加，<10 μm微团聚体数量有下降的趋势。施大量有机肥或有机无机肥配施更利于土壤较大团聚体的形成和土壤结构的改善（刘京 等，2000）。邢雪荣等（1999）盆栽试验表明，施用有机物料能明显减少<1 μm与1~2 μm小粒径微团聚体数量和促进2~5 μm粒径微团聚体的形成。有机肥能增加较大团聚体的数量，而且有机物料的作用大于无机物，因为有机肥含有较多和较均衡的养分，能促进团聚体的形成。

研究表明（表4-18），长期施用有机肥显著提高了水稳性大团聚体含量，施用化肥，特别是有机肥与化肥配合施用也显著提高了水稳性大团聚体含量。

表 4-18　长期施肥对土壤表层（0～20 cm）水稳性大团聚体的影响

单位：%

主处理	副处理	含量
施用有机肥	CK	11.3
	N	12.3
	NP	12.6
	NPK	13.5
不施有机肥	CK	12.6
	N	13.7
	NP	14.3
	NPK	14.3

注：副处理中 CK 为不施化肥，N 为氮肥，NP 为氮磷肥配施，NPK 为氮磷钾肥配施。试验地点为甘肃省天水市中梁试验站示范基地。

资料来源：俄胜哲，2012. 西北半干旱黄绵土区长期施肥的作物产量及土壤质量响应 [D]. 兰州：兰州大学.

（四）土壤微生物

微生物对团聚体稳定性也有一定影响。研究表明，多种真菌、细菌均有腐殖化作用和产生多糖的能力，使团聚体黏结在一起，在团聚体的稳定中起重要作用（Haynes et al.，1997）。真菌的生物量直接决定大团聚体的稳定性，而细菌的生物量则与小团聚体的稳定性有关。菌丝本身缠绕形成的团聚体的稳定性比其分泌的大分子多糖类物质黏结形成的团聚体的稳定性要弱，当根系和菌丝被分解而得不到补给时，稳定性团聚体的数量随有机质含量的降低而减少（彭思利 等，2010，2011）。总的来讲，微生物在土壤团聚体稳定中的机理主要有：①细菌产生的多聚物可以吸附土壤颗粒；②吸附在土壤颗粒表面的真菌菌丝可以胶结土壤颗粒；③微生物群落间或微生物与植物根系间相互作用，使土壤团聚体变得稳定。

五、团聚体的改良措施

黄土高原由于其特殊的地形地貌（沟壑纵横），降水少且暴雨集中，加上长期不合理的人类活动，导致该区土壤团聚体结构被破坏，水土流失严重（Zhao et al.，2016）。土壤团聚体的破坏导致地表结皮的形成，从而降低土壤的入渗性能，又会导致土壤水土流失加剧。由此可见，提高土壤团聚体水稳性是解决水土流失问题的关键。

早在 19 世纪，西方国家就开展了利用天然大分子物质如腐殖酸等改良土壤结构的研究（Piccolo et al.，1997；Schnitzer，1979），但由于它们易被微生物分解，施用量大，施用后释放的大量阳离子对土壤有毒害作用，因此并未引起人们的广泛注意。20 世纪 50 年代，美国首先开发了商品名为 Krilium 合成类高分子土壤结构改良剂，它不仅能促使大团聚体的形成，提高土壤团聚体水稳定性，而且具有良好的耐降解能力（Martin et al.，1952）。随后，日本、苏联以及欧洲部分国家引进了该产品，开发了具有类似功能和结构的其他合成类高分子土壤结构改良剂。70 年代末，吴增芳（1976）根据当时的国外研究现状，对土壤结构改良剂的发展、品种及应用进行了总结。当时的考虑重点是改善土壤的物理性状并以提高作物产量为主要目的，但由于产品价格和施用成本较高，未能大面积推广应用。

土壤结构改良剂可以提高土壤水稳性团聚体含量（曹丽花 等，2008；贾玲侠 等，2006；曹丽花 等，2011），提高土壤入渗率（张婉璐，2012；杨永辉 等，2006），降低土壤侵蚀量（刘月梅，2013；唐泽军，2002；何丙辉，1998），保护土壤耕层，避免养分流失等（李继成，2008；肖厚军，等，2000；宋立新 等，1989）。因此，土壤结构改良剂已成为改善土壤团聚体水稳性、提高土壤抗侵蚀性的主要手段之一。作为黄土高原地区分布最广的耕种土壤，黄绵土具有质地松散、易受侵蚀等特点，因此土壤结构改良剂对于黄绵土的改良非常重要。

员学锋等（2005）通过试验模拟研究了关中塿土中施加聚丙烯酰胺（PAM）后对土壤基本物理性状的影响，结果表明，经 PAM 处理后，土壤水稳性团聚体含量均高于对照，在同一施用方式下，随 PAM 浓度的加大其含量呈上升趋势。员学锋等（2002）研究结果表明，随 PAM 施用量的增大，土壤容重呈下降趋势，土壤总孔隙度呈上升趋势。当 PAM 浓度为 $0.75\sim1.25$ g/m² 时，可使土壤容重平均下降 0.068 g/cm³；当 PAM 浓度为 $0.25\sim1.25$ g/m³ 时，团聚体总量（>0.25 mm）平均增加 30.2%。从而起到疏松土壤、减缓土壤水分蒸发、调节土壤水肥气热状况的作用。方锋（2003）试验表明，随 PAM 浓度的增加，各处理中 >0.25 mm 的团聚体总量较对照增加 $22.9\%\sim41.1\%$。团聚体数量的增加可提高土壤的保水性能，对于改善土壤通透性，减少土面蒸发，防止土面板结、龟裂等有较好的作用。胡霞等（2004）研究发现，使用 PAM 作为土壤结构改良剂能稳定土壤团聚体，减少土壤结皮的生成，使土壤维持良好的渗透性和透气性。

土壤团聚体分形维数是评价土壤结构稳定性的一项通用指标。团聚体分形维数越小，土壤结构就越稳定（Perfect，et al.，1992）。研究表明（表 4-19、表 4-20），PAM 施入土壤 3 周后，水稳性团聚体的分形维数随 PAM 浓度的增加呈现递减趋势。这表明 PAM 可以降低团聚体分形维数，提高团聚体稳定性，从而改善土壤结构。

表 4-19　不同浓度 PAM 对 0～20 cm 土层团聚体分形维数的影响

指标	CK	0.05%	0.10%	0.20%	0.40%
分形维数	2.92 a	2.85b	2.85b	2.81bc	2.78c

注：不同字母表示在 0.05 水平上差异显著，下同。试验地点为宁夏回族自治区固原市原州区上黄村。

资料来源：曹丽花，赵世伟，梁向锋，等，2008. PAM 对黄土高原主要土壤类型水稳性团聚体的改良效果及机理研究 [J]. 农业工程学报（1）：45-49。

表 4-20　不同浓度 PAM 对 0～20 cm 土层各粒级水稳性团聚体的影响

（曹丽花 等，2008）

单位：%

粒　径	CK	0.05%	0.10%	0.20%	0.40%
>5 mm	0.00c	1.60bc	8.78bc	9.07b	29.16a
5～2 mm	0.96b	15.59a	14.12a	14.52a	12.64a
2～1 mm	0.88c	6.06b	5.87b	10.96a	9.37ab
1～0.5 mm	9.73a	8.76a	8.61a	10.59a	7.89a
0.5～0.25 mm	10.87a	9.25ab	7.57bc	6.01c	5.98c
<0.25 mm	77.56a	58.74b	55.05b	48.85c	34.96d

PAM 对黄绵土各粒级团聚体含量的影响程度是不同的，但总体趋势一致。即 PAM 主要提高 >1 mm 的水稳性团聚体含量，尤其对 >5 mm 的水稳性团聚体含量增加更显著。其机理主要是将 <1 mm 的水稳性团聚体聚合为更大粒径的水稳性团聚体。

研究表明，PAM 施用 3 周后，土壤 >0.25 mm 水稳性团聚体质量分数最高，改良效果均较其他 3 种改良剂显著，差异达显著水平（表 4-21）；β-环糊精、腐殖酸和沃特保水剂对土壤水稳性大团聚体改良效果相对较差。这可能与 4 种改良剂的性质有关，PAM 具有极性基团，有良好的絮凝和吸附作用，可以更好地将土壤细小颗粒吸附、团聚形成更大团聚体。

黄绵土经不同浓度的 PAM 处理后，因 PAM 使 <1 mm 团聚体团聚为更大的团聚体，从而使 <1 mm 团聚体数量减少；对 >5 mm 团聚体的改良效果最为显著，浓度从 0.05% 升至 0.40%，>5 mm

表4-21　不同类型土壤改良剂对0~20 cm土层水稳性大团聚体的影响

(曹丽花，2011)

单位:%

浓度	PAM	腐殖酸	β-环糊精	沃特保水剂
0.05%	41.26a	22.95bc	25.91b	22.59bc
0.10%	44.95a	23.02c	31.82b	27.97bc
0.20%	51.15a	23.56cd	42.20b	28.54c
0.40%	65.04a	25.15cd	42.96b	30.32c

团聚体质量分数由1.60%逐渐增大至29.16%。对于β-环糊精来说，其作用机制与PAM相似，主要是>5 mm团聚体的数量增加。腐殖酸和沃特保水剂能促进黄绵土各粒级团聚体质量分数增加，但作用效果不明显(表4-22)。

表4-22　不同类型、不同浓度土壤改良剂对0~20 cm土层各粒级水稳性团聚体的影响

(曹丽花，2011)

单位:%

改良剂	粒径	CK	0.05%	0.10%	0.20%	0.40%
PAM	>5 mm	0	1.60	8.78	9.07	29.16
	5~2 mm	0.96	15.59	14.12	14.52	12.64
	2~1 mm	0.88	6.06	5.87	10.96	9.37
	1~0.5 mm	9.73	8.76	8.61	10.59	7.89
	0.5~0.25 mm	10.87	9.25	7.57	6.01	5.98
沃特保水剂	>5 mm	0	0	0.59	1.13	1.11
	5~2 mm	0.96	0.99	0.56	1.68	0.77
	2~1 mm	0.88	0.88	5.28	1.77	4.11
	1~0.5 mm	9.73	9.76	10.55	10.97	13.90
	0.5~0.25 mm	10.88	10.97	10.68	13.48	10.43
β-环糊精	>5 mm	0	1.44	7.00	17.19	17.52
	5~2 mm	0.96	1.36	1.26	5.38	5.74
	2~1 mm	0.88	1.34	1.40	2.47	3.81
	1~0.5 mm	9.73	12.06	13.14	10.47	8.38
	0.5~0.25 mm	10.88	9.75	8.48	6.69	7.50
腐殖酸	>5 mm	0	0	0	0	1.54
	5~2 mm	0.96	1.11	1.45	1.26	1.49
	2~1 mm	0.88	2.11	0.38	1.52	0.69
	1~0.5 mm	9.73	6.25	8.24	10.93	8.81
	0.5~0.25 mm	10.88	13.48	12.95	9.85	12.59

六、小结

土壤结构是土壤颗粒(主要是团聚体)的排列与组合形式，通常指那些不同形态和大小，且能通过筛分彼此分开的稳定结构体，是土壤与环境间进行物质能量交换的结构基础，其结构性主要通过团聚体组成及稳定性来反映(卢金伟，等，2002)。团聚体稳定性很大程度上决定着土壤的结构性质，影响土壤水、肥、气、热状况，是优良土壤的标志，并与土壤利用方式密切相关，是诊断土壤退化程度的重要指标（Sivakumar，et al.，2007）。

黄绵土主要分布区土壤水稳性大团聚体含量相差较大，最低含量约18%，最高达37%，水稳性大团聚体含量从高到低排序为宁夏南部＞甘肃东部＞甘肃中部＞陕西北部。相同区域内不同地点土壤水稳性大团聚体含量相差也较大，最大相差10倍以上。这表明黄绵土团聚体稳定性波动较大。

胶结物质是团聚体形成和稳定的基础，国内外学者做了大量研究。Elliott等（1988）的研究表明，在有机质含量高的土壤中，大团聚体的稳定性取决于土壤有机质含量或糖类的数量，有机质能够减小团聚体的分散率，与大团聚体的稳定性显著相关。但也有人认为，有机质不是影响大团聚体稳定性的直接因素，大团聚体的稳定性依赖于其颗粒组成和有机质的化学特性及不同矿物颗粒的排列情况，如有机物质与粉粒的吸附作用比黏粒更稳定（Christensen，1986）。苏静（2005）认为，植被恢复有利于增加水稳性大团聚体含量，平均重量直径与水稳性大团聚体含量成正比，与有机碳含量关系不明显。程曼等（2013）认为，有机质是形成土壤团聚体的主要胶结物质，团聚体是固碳的场所。植被恢复过程中，5～2 mm和1～0.25 mm团聚体有机碳含量对土壤团聚体水稳性影响显著。

研究结果表明，黄土高原地区影响黄绵土团聚体稳定性的主要因素有植被恢复、种植制度、施肥与土壤微生物。①随着植被不断恢复，地上凋落物增加，为土壤微生物提供了丰富的碳、氮源，从而增强微生物酶活性，加速枯枝落叶的分解，最终以有机质的形式积累在土壤中。而有机质是黄绵土团聚的主要胶结物质，因此有机质的增加能够显著提高水稳性大团聚体含量，改善土壤结构，增强土壤抗侵蚀性（王子龙，2016）。②种植制度的改变对团聚体稳定性也有影响，在干旱、半干旱的黄土高原地区，与豆科植物轮作、免耕及秸秆还田措施均能增加水稳性大团聚体含量，提高土壤团聚体稳定性，做到"用养结合"，发挥其生态系统服务功能。③施肥是保证半干旱地区作物产量的主要手段。研究表明，有机肥与化肥配施能够显著增加水稳性大团聚体含量，同时可降低化肥施用量，对黄土高原地区土壤可持续利用具有重要作用。

土壤改良是近年来对于农业贫瘠土壤增产增效的热门技术。施加土壤改良剂，可起到增温、保墒作用，并能保护土壤不受雨滴打击、破坏。不同的改良剂其改良作用以及对于土壤各粒级团聚体的影响也各不相同。通过对利用不同改良剂对黄绵土土壤团聚体水稳性的改良效果进行研究，结果表明，在改良剂浓度0.05%～0.40%，PAM、沃特保水剂、β-环糊精、腐殖酸4种改良剂均可以提高＞0.25 mm水稳性大团聚体的含量，降低土壤团聚体的分形维数，说明4种改良剂均可以改善土壤结构，具有提高土壤功能的作用。但由于土壤及改良剂性质不同，其效果也存在着一定的差别。对4种改良剂的改良效果进行比较可知，PAM改良效果最好，对土壤的改良作用均优于其他3种。这是因为PAM吸收水分后其黏性很强，容易将土壤小颗粒黏结在一起，将小团聚体团聚成大团聚体，从而改善土壤结构。PAM在浓度为0.05%时，在黄绵土上施用能取得很好的效果；沃特保水剂改良黄绵土浓度需为0.1%；腐殖酸改良黄绵土的适宜浓度为0.2%；β-环糊精改良黄绵土的适宜浓度为0.2%。

第五章 黄绵土水分特性与管理 >>>

第一节 黄绵土水分物理特征及其模拟

黄绵土属于粗质地土壤，颗粒组成以沙粒和粉粒为主，有很高的初始入渗率与饱和导水率。本节以采自内蒙古自治区鄂尔多斯市准格尔旗境内的黄绵土作为供试土壤样品，并采集相同区域的红黏土作为对比土壤进行室内分析与模拟实验。土样经碾压、风干后过 2 mm 筛，土壤颗粒组成通过吸管法测定，土样的物理性状见表 5-1。土壤水分特征曲线通过压力膜法测定，供试土壤水分特征曲线如图 5-1 所示。

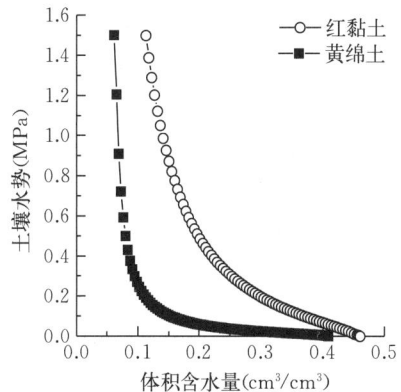

图 5-1 供试土壤水分特征曲线

表 5-1 供试土壤物理性状

土类	颗粒组成（%）			容重（g/cm³）	饱和含水量（cm³/cm³）
	沙粒	粉粒	黏粒		
黄绵土	52.5	35.8	11.7	1.48	0.41
红黏土	42.2	36.6	21.2	1.46	0.46

试验采用高 100 cm 的透明有机玻璃圆柱，顶端有卡环，悬挂在质量传感器 SSM-AJ-50（USA）上，连续测量土柱的质量变化。土柱侧面每隔 10 cm 开 1 组小孔，共 8 组，以安装时域反射仪（TDR）探头，实时测量剖面的含水量变化。底部有带孔玻璃挡板以及排水口，保持排水通畅。在数据采集器 CR1000（USA）控制下自动测量土柱含水量和质量的变化，测量时间步长可以根据需要自行设定。图 5-2 为实验装置示意图，该土柱系统在实验过程中，无须过多人工操作，且能获得足够数据。

装土前在土柱底层铺一张滤纸，防止土样从挡板的小孔中漏出。黄绵土和红黏土分别按照 1.48 g/cm³、1.46 g/cm³ 的容重分层装土，层间用毛刷打毛。同时安装针长 15 cm 的时域反射仪探头，并用中性玻璃胶把时域反射仪探头与土柱间的缝隙密封。装土结束后，将土柱挂上铁架，调试好测量系统。首先进行入渗试验，马氏瓶作为供水设备，保持 3 cm 的入渗水头。入渗开始后，观察马氏瓶水位，马氏瓶每下降 1 cm，记录 1 次时间。将数据采集器的自动测量时间步长设

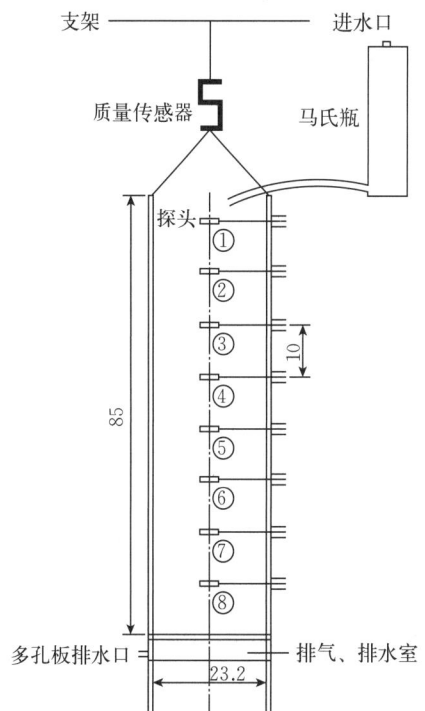

图 5-2 实验装置示意（cm）

为 2 min，数据采集器控制时域反射仪（TDR100，USA），每隔 2 min 记录剖面含水量。湿润峰到达土柱底部时，停止马氏瓶供水。同时，用塑料薄膜密封土柱上表面，待所有土柱排水口不再有水流出时，撤下塑料薄膜，进行蒸发试验。蒸发阶段把数据采集器的测量时间步长改为 30 min，记录土柱分层含水量及质量的变化。土柱置于露天环境下，用小型农田气象站记录实验过程降水量等气象数据。植物的蒸腾作用会影响裸土蒸发，因此土柱长出的小草需要及时拔掉。

一、Hydrus-1D 模型原理

Hydrus-1D 软件由美国盐土实验室开发，用于模拟计算饱和-非饱和渗流区水、热及溶质迁移的模型。该模型包括正解模块和反解模块，反解模块允许用 5 种解析表达式表示土壤水力性质，如 $\theta(h)$、$K(h)$，这些解析式由有限个未知参数组成。反解过程中先给这些参数赋予初值，然后把赋初值的 $\theta(h)$、$K(h)$ 代入水流控制方程，并结合实验的初始条件和边界条件，形成完整描述水流运动状况的数学模型。最后用 Levenberg-Marquardt 非线性最小化优化算法求解数学模型，将模拟值和实测值代入优化函数中，根据函数值改进参数。重复上述步骤，直到目标函数最小化，此时的参数即最佳参数。

（一）水流控制方程

非饱和土壤中的水流可以用白金汉-达西定律描述，将白金汉-达西定律代入连续方程得到 Richards 方程。由于土柱中包气带的土壤水分运移以垂向运动为主，且可将其看作等温条件下的运动，故选用一维的 Richards 方程作为该土壤剖面水流运动的控制方程（式 5-1）。

$$\frac{\partial \theta}{\partial t} = \frac{\partial}{\partial z}\left[K\left(\frac{\partial h}{\partial z}+1\right)\right] \tag{5-1}$$

式中，θ 为土壤含水率，cm^3/cm^3；t 为时间，min（入渗阶段）或 d（蒸发阶段）；z 为空间坐标系（向上为正），cm；K 为土壤导水率，cm/d；h 为土壤水势，cm。

（二）土壤水力参数

非饱和土壤水力性质 $\theta(h)$、$K(h)$ 是关于 h 的高度非线性化的函数，本文采用 van Genuchten 方程表示土壤水力性质。van Genuchten 运用 Mualem 孔径分布模型得到非饱和导水率函数的预测方程，本书为简化计算，限定吸湿与脱湿过程除 α、θ_r 外其他参数都对应相等。表达式如式 5-2 至式 5-5 所示。

$$\theta(h)=\begin{cases} \theta_r+\dfrac{\theta_s-\theta_r}{[1+|\alpha h|^n]^m} & h<0 \\ \theta_s & h\geqslant 0 \end{cases} \tag{5-2}$$

$$K(h)=K_s S_e^l \left[1-(1-S_e^{1/m})^n\right]^2 \tag{5-3}$$

其中

$$m=1-\frac{1}{n},\ n>1 \tag{5-4}$$

$$S_e=\frac{\theta-\theta_r}{\theta_s-\theta_r} \tag{5-5}$$

式中，$\theta(h)$ 为饱和导水率，cm/min（入渗阶段）或 cm/d（蒸发阶段）；θ_r（可用 θ_r^d、θ_r^w 代表吸湿与脱湿的两个不同过程）为滞留含水量，cm^3/cm^3；θ_s 为饱和含水量，cm^3/cm^3；α（可用 α^d、α^w 代表吸湿与脱湿的两个不同过程）为进气吸力的倒数；n 为孔隙体积大小分布的指数；l 通常取值为 0.5，反映了土壤孔隙的连接性；$K(h)$ 为非饱和导水率，cm/min（入渗阶段）或 cm/d（蒸发阶段）；S_e 为无量纲的有效水分含量。

（三）模型输入初始条件与边界条件

本书模拟入渗、蒸发两个过程。

入渗实验的初始和边界条件如式 5-6：

$$h\ (z,\ t)=\begin{cases}3 & t=0,\ z=L \\ -10\ 000 & t=0,\ 0<z<L\end{cases}$$

$$h\ (z,\ t)=3 \qquad t>0,\ z=L\sqrt{2} \tag{5-6}$$

$$q\ (z,\ t)=0 \qquad t>0,\ z=0$$

蒸发实验的初始和边界条件如式 5-7：

$$\theta\ (z,\ t)=\theta\ (z) \qquad t=0,\ 0<z\leqslant L$$

$$q\ (z,\ t)=q\ (t) \qquad t>0,\ z=L \tag{5-7}$$

$$q\ (z,\ t)=0 \qquad t>0,\ z=0$$

式中，q 为蒸发通量，cm/d；$q\ (t)$ 是土表时变通量，cm/d；$\theta\ (z)$ 是初始状态的剖面含水量，cm^3/cm^3；$z=0$ 表示土柱的底端，$z=L$ 表示土壤表面，cm。

(四) 反解结果

本书利用入渗阶段剖面含水量数据反解吸湿过程的土壤水力参数，利用 8 月 1 日至 9 月 16 日蒸发阶段剖面含水量数据反解脱湿过程的土壤水力参数。土壤水分运动过程中的滞后作用不可忽略，为了简化计算，众多学者研究表明，允许假设脱湿过程和吸湿过程 θ_s、n、k_s 相等，用 α^a、α^w、θ_r^d、θ_r^w 表示吸湿和脱湿过程的其他参数，d 表示吸湿过程，w 表示脱湿过程。θ_r^d、θ_s 通过 TDR 实测获取，利用离心机实测土壤水分特征曲线拟合得到 θ_r^w。4 种土壤水力参数反解结果如表 5-2 所示。

表 5-2　4 种土壤水力参数反解结果

指　标	黄绵土	红黏土
吸湿过程残留含水率（θ_r^d）（cm^3/cm^3）	0.031	0.032
脱湿过程残留含水率（θ_r^w）（cm^3/cm^3）	0.07	0.11
饱和含水率（cm^3/cm^3）	0.41	0.46
经验参数 α^d	0.008 6	0.004 9
经验参数 α^w	0.021	0.019
经验参数 n	2.6	1.8
饱和导水率（K_s）（cm/min）	0.047	0.009

二、土壤入渗性能

(一) 土壤剖面含水量

两种土壤入渗过程中土壤水分含量随时间变化有一定差异（图 5-3）。将探针实测的入渗过程中最大含水量作为土壤饱和含水量，红黏土饱和含水量稍高于黄绵土。两种土壤均过 2 mm 筛，土柱填装均一，在定水头入渗过程中存在明显的湿润峰。从图 5-3 中能清晰看出，湿润峰随时间在不同质地土壤中的迁移有明显的差异。湿润峰行进可以反映土壤的入渗能力，依据湿润峰行进速度将土壤的入渗能力从大到小排序为：黄绵土＞红黏土。湿润峰运移快慢与土壤孔隙尺度和分布有重要关系，黏粒质量分数越高，颗粒越细微，粒间孔隙越小，入渗水流所受阻力越大，湿润峰运移就越慢。

模拟结果的相对误差（R_e）绝对值均小于 2%，决定系数 R^2 大于 0.95，均方根误差（$RMSE$）均小于 0.05，说明利用 Hydrus-1D 模型反解的土壤水力参数能很好地模拟入渗过程不同深度土壤水分随时间的变化。但是，两种土壤随着入渗进行，实测的湿润峰迁移比模拟值要慢，越到后期这种偏差越明显，这主要由于下层土壤排气不畅影响入渗过程。李援农研究表明，当土壤内部排气不畅时，会引起减渗作用，且减渗作用随时间呈现逐渐增加的趋势。

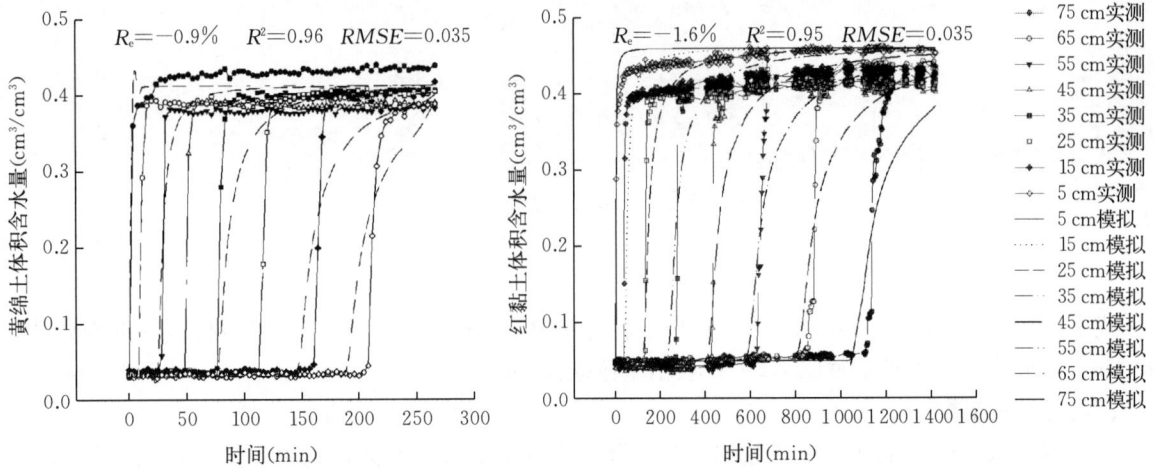

图 5-3　入渗过程实测与模拟土壤剖面含水量

（二）土壤入渗速率

在相同供水强度下，两种土壤入渗率随时间变化差异明显，主要与两种土壤自身性质有关。入渗开始阶段，土壤的基质势梯度很大，入渗速率也很大。随着入渗的进行，基质势梯度接近零，入渗速率趋于稳定；但是由于土壤质地、孔隙状况不同，不同土壤达到稳定入渗所需的时间差别较大。若连续 5 个时刻记录的入渗速率基本相同，将第一个时刻记作达到稳渗的时刻，并把连续 5 个记录点的平均入渗速率作为稳渗速率。黄绵土比红黏土较早达到稳定入渗，两种土壤达到稳定入渗所需时间分别为 120 min、200 min。表 5-3 为两种土壤在相应时刻的入渗速率，黄绵土稳定入渗速率大于红黏土。土壤黏粒含量越高，土壤孔隙就越小，孔隙弯曲度越大，导水率越小，稳定入渗速率就越小。

表 5-3　不同时刻土壤入渗速率

单位：cm/min

土类	$V_{40\ min}$	$V_{60\ min}$	$V_{120\ min}$	$V_{200\ min}$
黄绵土	0.150	0.110	0.085	
红黏土	0.084	0.065	0.029	0.018

模拟结果的 R_e 绝对值均小于 11.0%，R^2 大于 0.90，RMSE 比相应土壤稳渗时的速率小很多（图 5-4），故入渗速率随时间变化的实测值和模拟值具有较好的一致性。误差主要来自入渗开始阶

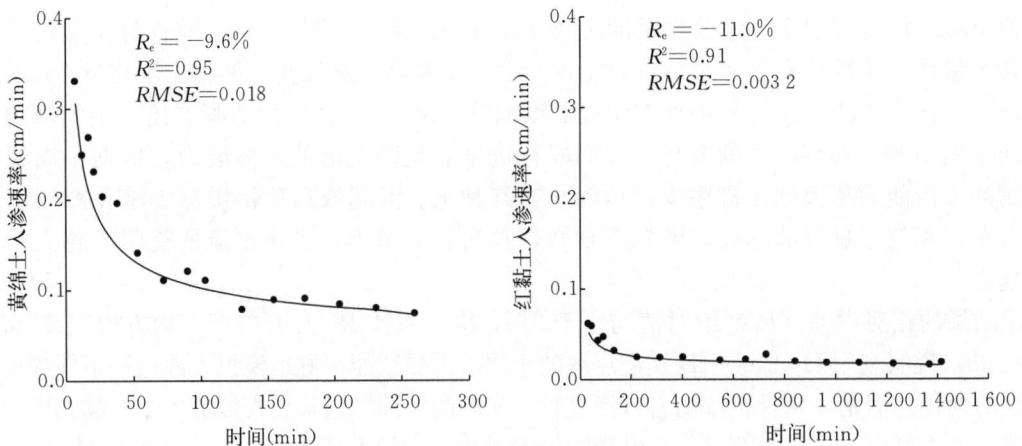

图 5-4　实测与模拟土壤入渗速率

段，此时的基质吸力较大，入渗较快，马氏瓶水位急速变化，记录马氏瓶读数时存在一定读数误差。

（三）土壤累积入渗量

一维垂直入渗的累积入渗量用入渗水深（cm）表示，图5-5表示两种土壤从形成稳定的3cm水头到稳渗时刻的累积入渗量。相同入渗历时内，两种土壤累积入渗量差异明显。根据白金汉-达西定律可知，垂直方向上一维非饱和土壤水分入渗量与土壤非饱和导水率有关，非饱和导水率主要取决于土壤中水分的含量，同时还与水分运动通道的宽度、弯曲度和连通性有关。一般情况下，黏粒含量越高，粒间孔隙越小，固体比表面积越大，土壤对水吸附能力越强，相同势能下水分通量较小。黄绵土比红黏土黏粒含量少，因此相同入渗历时内，它们的累积入渗量依次减小。

模拟结果的R_e绝对值均小于8.5%，R^2等于0.99，RMSE均小于0.27，表示两种土壤累积入渗量实测与模拟趋势比较吻合；但是从RMSE来看，模拟结果存在一定偏差。这主要因为实际观测土壤入渗过程记录的是明显的湿润峰位置，将渗水区和未渗水区分开；但是模拟的入渗过程，土壤湿润是渐变的（图5-3），导致相同时间模拟累积入渗量比实测小。

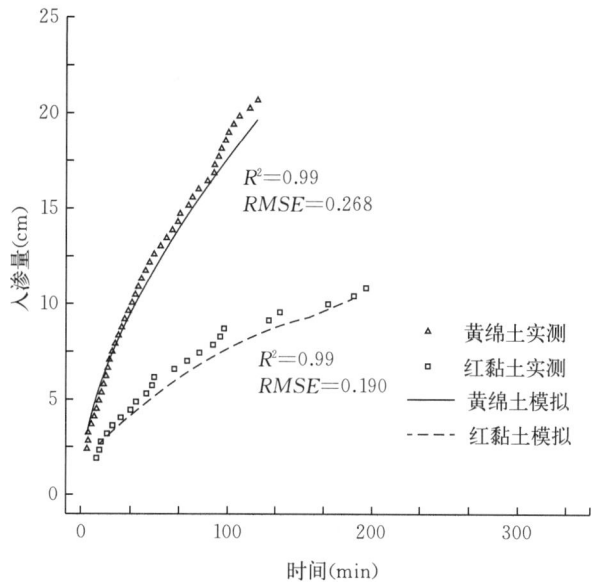

图5-5 实测与模拟土壤累积入渗量

三、土壤蒸发性能

不同深度土壤水分在蒸发过程中具有整体向表层移动的能力，毛管孔隙发达，能有效促进水分向蒸发面移动。图5-6是8月3日至12月16日土柱每天质量变化及降水量。两种土壤都是裸土蒸发，不存在植物蒸腾作用，假设降水当天的蒸发量为0mm，可以将土柱每天减少的质量作为裸土每天的蒸发量。两种土壤在排水结束后进入蒸发阶段。黄绵土、红黏土在8月3日至8月15日期间，每天

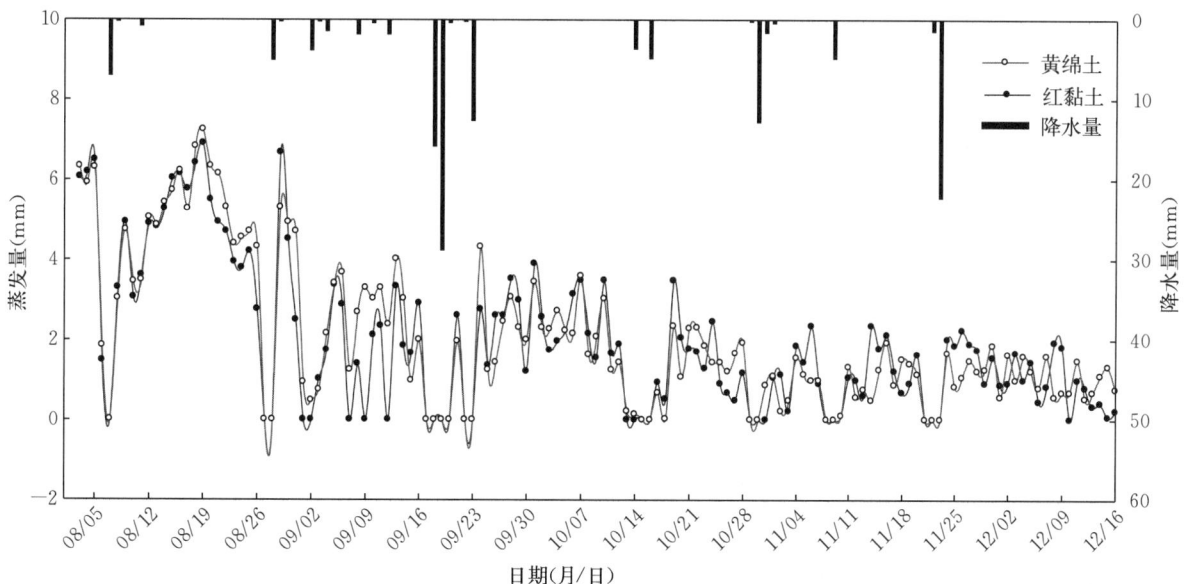

图5-6 两种土壤蒸发强度

的蒸发强度接近，因为蒸发初期，随着表土含水率逐渐减小，土壤基质势逐渐降低。当基质势足够低时，下层土壤中的水分会克服重力在基质吸力作用下通过毛管向上运动不断供给表土蒸发，此时的蒸发强度主要受气象因素限制。8月15日之后，黄绵土蒸发强度高于红黏土，主要因为毛管孔隙度的差异。黄绵土和红黏土不同深度土壤含水量整体呈现平行升降，但红黏土5 cm和15 cm土层含水量降低速度明显高于下层。因为黄绵土孔隙发达，非毛管孔隙度和毛管孔隙度占总孔隙度的85.9%，非活性孔隙度仅有14.1%，孔隙连通性好，导致黄绵土排水好、蒸发快；而红黏土黏粒和粉粒含量高于黄绵土，非活性孔隙度达到24.3%，孔隙的连通性较差，降水和蒸发使浅层土壤含水量变化较大，土体水分整体上移蒸发，但是强度较低。

根据蒸发强度随时间变化情况可知（图5-6），9月16日之前的蒸发过程已包含初期固定蒸发速率阶段、蒸发速率递减阶段和蒸发消滞阶段，且9月16日两种土壤土表均出现明显的干土层。此后水分通过越来越深的干土层向外散失，蒸发作用变得很微弱，故本书仅对9月16日前的土壤含水量进行模拟（图5-7）。模拟结果的 R_e 绝对值均小于14.0%，R^2 均大于0.94，$RMSE$ 均小于0.016。利用入渗剖面含水量反解的土壤水力参数模拟沙土、黄绵土、红黏土蒸发过程剖面含水量随时间的变化效果较好，由于5 cm处土壤含水量受外界环境影响大，含水量变化比较剧烈，因此对表层的土壤含水量模拟效果没有下层土壤含水量好。

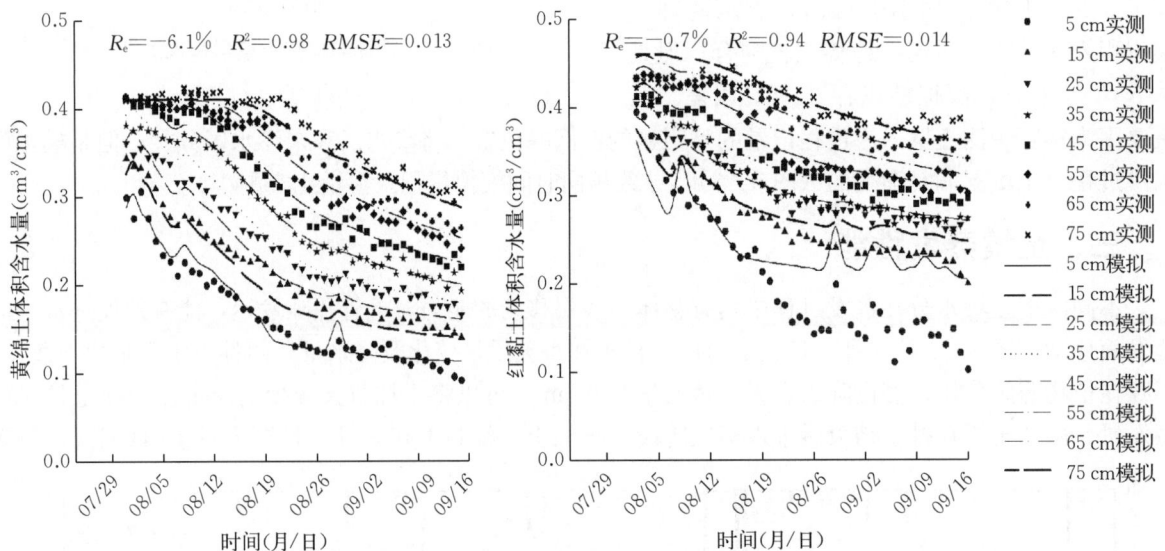

图5-7　蒸发过程实测与模拟剖面含水量

第二节　黄绵土水分运动与植被耗水

土壤中的水分很少是静止的状态。土壤水分运动主要以液态水流动为主，在一定条件下，土壤水分也可以气态形式运动。土壤水分运动遵循的规律是物质和能量守恒定律。土壤水分运动是陆地水循环的重要环节，也是土壤圈物质循环的重要组成部分，同时土壤水也是热和溶质在土壤中传输的主要载体。

土壤水分运动的内在动力是水势梯度，即土壤水从水势高处往水势低处流动。在平衡状态下，土壤系统内部各点水势处处相等，土壤水处于相对静止状态。只要土壤系统内存在水势不等的点，系统就不会平衡，土壤内就会有水分运动。所以，发生水分运动的土壤系统必定是非平衡系统。在环境对土壤系统没有物质和能量输入条件下，土壤系统会自发地向平衡状态转化，直到系统达到平衡状态。在自然条件下，系统往往还没有达到平衡状态，土壤系统的外界条件（降水、太阳辐射、灌溉、蒸发、蒸腾等）已经发生变化，所以自然界的土壤大多处于千变万化自然因素作用下的非平衡状态。

液态水可以在土壤饱和状态下运动，如地下水的流动；也可在非饱和状态下运动，如田间水分的蒸发及植物根系的吸水。而田间的其他水分过程，如水分入渗、再分配过程，以及浅层地下水的蒸发过程则既包含饱和水分运动，也包含非饱和水分运动。

黄绵土是黄土高原地区面积最大的土类和主要的旱作土壤。黄绵土分布的区域也是黄土高原土壤受侵蚀最严重的区域。黄绵土多为风积物，土体疏松、多孔隙，垂直节理发育，干燥时较坚硬，能保持直立陡壁，遇水侵蚀后易崩解，抗蚀性很低。黄绵土通常具有以下特点：①全剖面土壤孔隙发达，耕层充气孔隙度很高（49.4%～58.5%），以下土层为19.2%～25.3%，正处于土壤适宜充气孔隙度（20.0%～25.0%）范围；②田间持水量为20%～22%，在田间持水量条件下，200 cm土层的储水量为550 mm左右，相当于多年平均降水量；③土壤凋萎湿度较低，为3.5%～3.8%。黄绵土的有效水储量，约相当于田间持水量的80%。

黄土是黄绵土形成的物质基础。黄土质地均一，并以粉粒占优势；而黏粒含量则是午城黄土（Q_1）＞离石黄土（Q_2）＞马兰黄土（Q_3），这对黄绵土的形成及其性质影响很大。就土壤质地而言，多为轻壤土或中壤土。

黄绵土的适种作物有小麦、玉米、高粱、谷子、糜子等。黄绵土多为轻壤，孔隙发达，透水性能良好，但保水性能较差，因而抗旱能力弱。

一、土壤水分运动

（一）气态水运动

1. 土壤水汽凝结　土壤凝结水特指地面温度和表层地温达到露点时，大气水汽和土壤孔隙中水汽由气态水凝结而成的液态水。我国西北干旱、半干旱地区的气候条件有利于土壤凝结水的形成。近地气温、地温、相对湿度、下垫面性质、地下水埋深等因素都会影响凝结水形成的速度、深度和数量。土壤凝结水是土壤水和地下水水分平衡不可忽视的因素。土壤凝结水也是干旱、半干旱地区的主要水源之一，具有重要的生态与环境意义。其主要影响因素如下：

（1）近地气温、地温。自然界中，蒸发和凝结两者互为逆过程，蒸发过程和凝结过程经常频繁发生转化。决定水汽在地面或表层土壤发生凝结还是发生蒸发，关键的影响因素是近地气温和地温。通常将水汽发生凝结时的温度称为露点。当近地气温和地温等于或低于露点时，土壤凝结水就发生；否则，表层土壤水发生蒸发。所以，近地气温和地温是影响土壤凝结水形成的关键因素。

通常地温的变化速率大于气温，而且表层地温变化速率最快，随着土层深度增加，地温变幅减小且变速减慢。在晴朗的白天，表层地温增温速率大于气温，不会形成凝结水；而在晴朗的夜晚，表层地温降温速率大于气温，并大于深层地温的降温速率，这样就造成夜间水汽向土壤表层的双向运动：一是空气中的水汽向土壤表层积聚；二是土壤深层的水汽在热梯度作用下向土壤表层积聚。在沙漠地区，沙土的地温变速较普通土质更快。我国西北地区平原或盆地的地温变化主要发生在地面之下40 cm以内，尤其以距地表0～20 cm土层变幅最大，40 cm以下地温变幅较小。当天气晴朗时，气温变化大，日气温差可达30 ℃以上；而阴天气温变化较小，日气温差在10 ℃以下。同一时间，随着土壤剖面深度的增加，日地温差变化呈逐渐减小趋势。如地表下30 cm处，即使天气晴朗，日地温差也不超过5 ℃。我国西部地区较东部日照时间长，日温差较大，有利于凝结水的形成。

（2）近地面空气的相对湿度。近地面空气相对湿度大，有利于土壤凝结水的发生。在我国黄土高原半干旱地区，凝结水一般只出现在相对湿度＞60%的条件下，并且出现频率随近地层相对湿度增大而增加。当相对湿度＞80%时，凝结水出现频率可高达50%。

相对湿度较大的季节，也是土壤凝结水发生可能性较大且凝结量可能较大的季节。西北干旱地区相对湿度总体偏低，如新疆阿克苏月平均相对湿度超过50%的仅有5个月，月平均相对湿度最大为63%；而山东德州月平均相对湿度都超过50%，月平均相对湿度最大达到80%。

（3）风速。有研究表明，在我国黄土高原地区，凝结水出现频率最高的风速范围为 $1.0\sim1.6\,m/s$，出现频率可达 45% 左右；风速更大或更小时均不利于凝给水的形成，在风速 $<0.4\,m/s$ 或大于 $1.9\,m/s$ 时，凝结水出现频率甚至尚不足 5%。

除了以上这些因素外，土壤下垫面性质、地下水埋深等都影响凝结水的形成。此外，由于凝结水形成受局部微气象条件影响较大，凝结水量自然会随季节有很大变化。凝结水量在秋季最多，春季次之，夏季和冬季最少。秋天凝结水量之所以比春天更高，主要是黄土高原半干旱地区受季风影响，秋天近地层水汽条件更好所致。

陈荷生等（1992）在沙坡头对凝结水的观测和试验结果表明，沙体在夜间所形成的吸湿凝结量，其数量可以大于最大吸湿量（当地最大吸湿含水量为 0.45%），可能超过植物的凋萎湿度（当地为0.6%）。7:00—8:00，沙面几乎被凝结水浸润为湿沙，但厚度不足 1 cm；植物叶面凝聚露水量也很大，绿叶上水珠晶莹，触动植株露珠似雨滴坠落沙面。可见，沙丘上的吸湿凝结水是客观存在的，并能形成一定的数量，对植物水分生理生态活动有一定的意义。它是构成荒漠生态系统的物质之一，也是物质流转化循环子系统的要素之一。吸湿凝结水作为植物群落的水分保证性因素，其作用是有限的。但在干旱荒漠环境下，吸湿凝结水有一部分可为植物所利用，特别是一年生的土著植物和隐花植物。吸湿凝结水在午夜至凌晨凝聚，在短时间内提高了空气的湿度，削弱了蒸发、蒸腾作用强度，减少了植物的水分消耗和沙丘内水分储量的损失。据国外研究，沙丘沙物质的分子吸收作用主要发生在 $0\sim3$ cm，其吸湿凝结量一般不超过最大吸湿量，吸湿凝结水主要作用于沙丘表层和植物表层。

2. 土壤水分蒸发 土壤水分蒸发是构成陆地水量平衡的重要组成部分，同时土壤水分蒸发在陆面热量平衡中也起着重要作用。因此，土壤水分蒸发量的确定对掌握一个地区水量平衡状况、评价水资源及其合理利用意义重大。在灌溉农业中，调节土壤水分条件，确定科学的灌溉制度；在旱作农业中，因时因地制宜地采取防旱保墒措施，都有着重要意义。

土壤水分蒸发的物理过程是极为复杂的，它受到诸多因素的制约和影响。土壤水分蒸发的发生必须具备以下物理条件：

（1）能量供给条件。在水分蒸发过程中，蒸发面的温度会降低，即蒸发时要消耗一定的能量和热量。1 g 水经蒸发变为同温度的水汽所消耗的热量称为蒸发潜热，以 L 表示。其数值随蒸发面温度的不同而有所变化，这二者的关系见式 5-8。

$$L=597-0.57T \tag{5-8}$$

式中，T 为温度，以 ℃ 表示。在常温范围内，L 的变化甚微，故常取 $L=2\,498\,J/g$。

为了使蒸发持续，就必须给地面补给能量，否则蒸发面的温度将逐渐下降，而影响蒸发过程。

地面能量和热量的主要来源是太阳辐射。到达地面的太阳直接辐射和散射辐射之和为太阳总辐射，其与地面反射辐射的差值才是被地面吸收并转化为热能的一部分能量。因此，从能量供给条件及能量平衡观点来看，影响蒸发过程的气象因素是太阳总辐射及气温等。

（2）水汽排出、运移条件。土壤水分的蒸发，必须通过水汽扩散和气体对流将其排出，蒸发才得以进行。因此，空气的饱和差是影响水分蒸发过程的一个重要因素。在蒸发条件下，由于蒸发面处的水气压相当于饱和水气压，这时空气的饱和差就很大，其值越大，则水汽压梯度越大，因而水汽扩散的通量增大，即蒸发越强；反之，蒸发越弱。

（3）土壤的供水条件。蒸发过程的持续进行，取决于土壤供给蒸发面水分的能力，而土壤的供水条件则受土壤剖面中的含水量和水势梯度以及导水率制约。

土壤水分蒸发过程，尤其在地下水埋藏很深、不参与土壤水分循环过程的条件下，具有阶段性特点。土壤水分蒸发过程包括 3 个阶段：起始恒速阶段、中期降速阶段和后期慢速阶段。

起始恒速阶段，土壤处于饱和持水状态，此时制约蒸发速率的主要因素是外部气象条件，而非土壤剖面的性质。此阶段的蒸发速率可达到或超过自由水面的蒸发速率，其速率处于基本恒定状态。这一阶段属于大气控制阶段，蒸发速率取决于大气蒸发潜力，即太阳辐射强度、空气温湿度及风速等。

中期降速阶段，土壤蒸发速率逐渐降低到小于蒸发力（潜在蒸发速率），并受土壤剖面中水分向蒸发面补给速率的制约。这一阶段可称为土壤剖面的控制阶段。

后期慢速阶段，蒸发速率可近乎稳定地维持很长时间。在此阶段，土壤表层变干，液态水通过此层对蒸发面的补给已经停止。这样，通过干土层的水分运动，主要是水汽扩散的缓慢阶段。它受到干土层水汽扩散与土粒表面对水汽分子吸附力的影响，因此这一阶段称为水汽扩散阶段。

关于土壤蒸发3个阶段的理论，室内和田间试验都已证实，黄土高原土壤蒸发过程也符合上述3个阶段的理论。以下是黄绵土上不同植被的土壤蒸发测量结果。

连续降水24.5 mm后用田间小蒸发器测定的裸地土壤蒸发与谷子棵间蒸发结果显示（图5-8），裸地土壤蒸发速率最大可达5.8 mm/d，随土壤含水量降低而迅速降低；棵间土壤蒸发率明显低于裸地土壤蒸发率，最高为2.8 mm/d。田间测定土壤蒸发量时，土壤的有效蒸发层（10～15 cm）往往很少达到饱和或接近饱和状态，因此大部分蒸发过程的起始条件无法满足，用以上方程无法计算基于日蒸发量的长期过程。

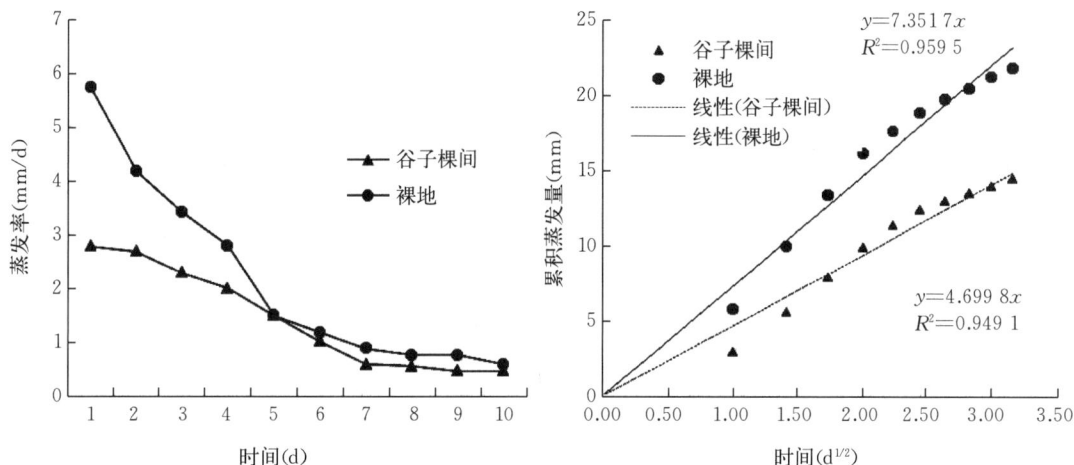

图5-8　土壤蒸发率变化及其模型

（二）液态水运动

土壤液态水的运动有两种情况：一种是饱和流，即土壤孔隙全部充满水时的水流，这主要是重力水的运动；另一种是不饱和流，即土壤只有部分孔隙中有水时的水流，这时主要是毛管水和膜状水的运动。

1. 饱和流　在土壤中，有些情况下会出现饱和流，如持续大量降水和稻田淹灌时会出现垂直向下的饱和流，地下泉水涌出属于垂直向上的饱和流，平原水库库底周围则可以出现水平方向的饱和流。以上各种饱和流方向不一定完全是单向的，大多数是多向的复合流。

饱和流的推动力主要是重力势梯度和压力势梯度，基本上服从饱和状态下多孔介质的达西定律，即单位时间内流经单位面积土壤的水量——土壤水通量与土水势梯度成正比。如在单向一维流的情况下，达西定律可表示为式5-9。

$$Q=-K_s\Delta H/L \qquad (5-9)$$

式中，Q为土壤水通量 cm^3/min；ΔH为总水势差，cm；L为水流路径的直线长度，cm；K_s为土壤饱和导水率，cm/min；负号表示水流方向与压力势梯度方向相反。

在应用达西定律时有以下几点需要注意：

（1）土壤饱和导水率可能因方向不同而不同。例如，垂直方向的饱和导水率可能与水平方向的饱和导水率不同，称为各向异性。如果各个方向的饱和导水率相等，则称为各向同性。

（2）当水流通过过大的孔隙或过小的孔隙时，水分流动的规律可能不符合达西定律；但一般的土壤水流是符合达西定律的。

（3）达西定律直接描述稳态流动过程。所谓稳态，就是通量沿流动系统保持不变，因而每一点的水力势和梯度也保持不变。但通量随时间而变时，系统中每一点的水力势、梯度，甚至流动方向都可能发生变化。这时，需要将达西定律和质量守恒定律结合起来描述水分的流动过程。

土壤饱和导水率反映了土壤的饱和渗透性能，任何影响土壤孔隙大小和形状的因素都会影响导水率。因为土壤孔隙中总的流量与孔隙半径的 4 次方成正比，所以通过半径为 1 mm 的孔隙的流量相当于通过 10 000 个半径为 0.1 mm 的孔隙的流量，显然大孔隙对饱和水分运动起主导作用。

土壤质地和结构与导水率有直接关系，沙质土壤通常比细质土壤具有更高的饱和导水率。同样，具有稳定性（水稳性、力稳性）强的团粒结构的土壤，比具有稳定性差的团粒结构的土壤传导水分要快得多，后者在潮湿时结构就破坏了。细的黏粒和粉沙粒甚至能够阻塞较大孔隙的连接通道，天气干燥时龟裂的细质地土壤起初能让水分迅速移动，但过后，这些裂缝因尘粒膨胀而闭塞起来，会把水的移动减少到最低程度。而土壤饱和导水率的大小及空间分布特征受土壤性质与生物过程等多种因素的影响。有研究表明，在沟壑纵横、地形地貌复杂的黄土高原地区，坡面尺度土壤饱和导水率具有明显的空间变异性，土壤和容重颗粒组成是影响坡面饱和导水率空间分布的主要因素。

土壤中的饱和水流也受有机质含量和无机胶体性质的影响。有机质有助于维持较高的大孔隙比例，有些类型的黏粒特别有助于小孔隙的增加，这就会降低土壤导水率。例如，含蒙脱石多的土壤比 1∶1 型黏粒多的土壤通常具有低的导水率。从实用观点看，饱和水流对排水不良的土壤显得更重要一些。

2. 非饱和流　土壤非饱和流的推动力主要是基质势梯度和重力势梯度。

非饱和导水率是土壤含水量或基质势（ψ_m）的函数，土壤水吸力和导水率之间的一般关系见图 5-9。在土壤水吸力为零或接近零时，也就是饱和水流出现时的吸力，其导水率比在 $S >$ 0.1 MPa 时的导水率大几个数量级。在低吸力水平时，沙壤土的导水率要比黏土的导水率高些；在高吸力水平时，则与此相反。这是因为在质地粗的土壤里，促进饱和水流的大孔隙占优势；相反，黏土中很细的孔隙（毛管）比沙壤土中突出，因而形成更多的非饱和水流。

就导水率而言，非饱和导水率远远小于饱和导水率。当土壤由饱和状态到非饱和状态，其导水率可以迅速降低几个数量级，只有饱和导水率的几万分之一，甚至几十万分之一。此外，对于特定的土壤，饱和导水率一般为常数，非饱和导

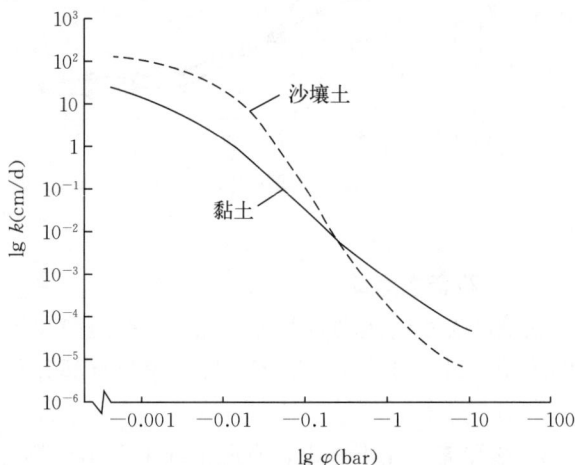

图 5-9　不同质地土壤导水率变化

注：纵坐标为导水率（k）的对数值，横坐标为基质势（φ）的对数值。

水率则是土壤含水量或基质势的函数。无论是饱和导水率还是非饱和导水率，决定其大小的都是土壤中连通的充水孔隙的分布状态。虽然土壤的质地、容重和团聚状况是决定土壤孔隙结构的内在因素，但是土壤水分的含量则影响着对水流起作用的有效孔隙的分布状况。所以，仅根据土壤的质地特性无法判断土壤非饱和导水率的大小。

（三）水分再分布

入渗是在灌溉或降水条件下，水分通过土壤表面垂直或水平进入土壤的过程。土壤入渗过程主要受供水强度和土壤入渗能力的影响。供水强度属于外部因素，主要由降水强度和灌溉强度决定；而土壤入渗能力受土壤自身特性的影响，如土壤容重、土壤质地、土壤前期含水量、土壤结构等。

1. 土壤水分入渗过程　由于土壤入渗过程受供水强度和土壤入渗能力的影响，因此供水强度与土

壤入渗能力的对比关系将决定和影响土壤的入渗特性。土壤入渗能力随着入渗过程的进行是逐渐减小的。特别干燥的土壤初始入渗率很大，随着入渗过程进行，土壤入渗率逐渐减小，到某一时刻后，入渗速率稳定在一个比较固定的水平上，即达到了土壤稳定入渗率。土壤稳定入渗率主要受土壤自身特性的影响，如土壤质地、结构、土壤表面致密层或结壳、封闭空气等，其大小与土壤饱和导水率接近。

虽然土壤入渗过程受到各种因素的影响，根据土壤水分运动的白金汉-达西定律，可以把各种影响因素的作用归于土水势梯度和土壤非饱和导水率。土水势梯度反映了土壤水受力情况，而土壤非饱和导水率反映了土壤水运动特性。因此，根据水分所受作用力及运动特性，将土壤入渗过程分为3个阶段。

（1）渗润阶段。入渗水分主要受分子力的作用，水分被土壤颗粒吸附，并成为薄膜水。开始入渗时，如土壤处于干燥状况，这一阶段表现得更为明显。当土壤含水量大于最大分子持水量时，这一阶段逐渐消失。

（2）渗漏阶段。入渗的水分主要在毛管力和重力作用下，在土壤孔隙中做不稳定流动，并逐步填充土壤孔隙，直到全部孔隙被水分充满达到饱和状态。

（3）渗透阶段。当土壤孔隙被水分充满达到饱和后，水分在重力作用下呈稳定流动。

2. 土壤水分入渗的影响因素　土壤入渗过程受到众多因素的影响，概括起来主要有以下几个方面。

（1）土壤初始含水量。土壤初始含水量对土壤的入渗性能和过程有明显的影响。对于同一种土壤而言，随着土壤初始含水量的增加，土壤入渗率降低。同时，不同质地的土壤，初始含水量对入渗性能的影响程度是不同的。

（2）土壤质地。不同质地的土壤，土壤孔隙的大小、数量和比例有很大的差别，因此造成土壤非饱和导水率和土壤水势有较大差别，从而导致了入渗过程的差异。沙土的入渗性强，一般初始入渗率大，达到稳渗率的时间短，稳渗率大；黏重的土壤，在初始含水量较低的情况下，初始入渗率较大，但随着入渗过程的进行，入渗率下降得较慢，达到稳渗率需要的时间较长，同时稳渗率较小。

（3）供水强度。如果供水强度小于土壤入渗能力，实际上土壤入渗率就等于此时的供水强度。如果供水强度大于或等于入渗能力，土壤入渗过程是按照土壤入渗能力大小而进行。

此外，供水水质、供水方式、雨滴击溅等都影响土壤水分入渗。

李毅等（2008）在人工模拟降雨条件下，进行了间歇降雨和多场次降雨黄土坡面土壤水分入渗研究，结果表明，在外部条件（如雨强、土壤质地、间歇历时、容重等）一致时，土壤入渗率的大小主要受土表含水量的影响。降雨后，土体上部土层土壤含水量较高，形成高含水土层。一方面受表土蒸发的影响，高含水土层的土壤含水量逐渐下降；另一方面由于上层含水量和土水势较高，而下层含水量和土水势较小，水势差引起高含水土层水分的下移，入渗深度随之逐渐加深。李萍等（2013）试验证实，在干旱的黄土高原地区，若无明显入水通道，短期内降雨的入渗深度有限，很难到达地下水位；但深部古土壤层的观测结果表明，即使在其上层黄土含水率变化极微弱的情况下，下层土壤的含水率仍上升明显，表明黄土中非饱和渗流或水汽迁移是存在的。通过试验还表明，陇东黄土高原地区土壤水分循环主要发生在浅层0.7 m以内的蒸发带。降雨入渗到蒸发带以内，若无后续降雨补给，则向上蒸发排泄；若入渗至蒸发带以下，则不受蒸发影响，得以继续向下迁移；当遇到不透水面时，会在层面附近富集。

二、植被耗水

植物一生要消耗大量水分，水分是陆生植物生命活动的必要介质。不同作物耗水量不同，同一作物在不同生育阶段由于植株大小、生长发育进程和蒸发力不同，其耗水量与耗水强度也不相同。作物依靠根系从土壤中吸收水分，满足其生长发育、新陈代谢等生理活动和蒸腾的需要。土壤水分状况和变化决定着作物对其吸收利用的强度和难易程度，从而影响作物的生长发育和最后的经济产量。只有在水分供给与作物需水相吻合的情况下，作物才能丰收。

以土壤-植物-大气连续体（soil - plant - atmosphere continuum，SPAC）为基础来研究土壤与植物间的水分关系。

（一）植被根系吸水

1. 根系吸水的动力　根系吸水的动力可分为水势梯度和根压。

（1）水势梯度。植物在蒸腾作用下，叶片细胞由于失水造成细胞溶液浓度升高和体积缩小，因而溶质势和压力势均减小。叶水势的降低形成了土壤—根—茎—叶逐渐减小的水势分布，在这种水势梯度作用下，水分由土壤进入植物体，沿根、茎导管上升到叶面，源源不断地补充蒸腾所散失的水分。此时，植物根系吸水并非生理活动的结果，植物体只是提供了水分运输的通道。只要蒸腾停止，根系吸水随之减弱，以至停止。因此，一般称蒸腾作用下植物吸水为被动吸水，其吸水动力为水势梯度。

（2）根压。因植物根系的生理活动使液体从根部上升的压力，称为根压。根压把根部的水分压到地上部，土壤中的水分便不断补充到根部，这就形成根系吸水过程。这是由根部力量引起的主动吸水。各种植物的根压大小不同，大多数禾本科植物的根压不超过 $0.1 \sim 0.2$ MPa，而有些树木和葡萄的根压 <0.1 MPa。

根系由根压所引起的主动吸水，一般从两个方面解释：一是渗透理论。根部薄壁细胞吸水达到饱和时，水势等于零，不再吸水。但导管四周的细胞仍进行新陈代谢，不断向导管分泌无机盐和简单有机质，导管溶液的水势下降；而附近活细胞的水势较高，水分不断流入导管。同样，外层细胞的水分向内移动，最后土壤水分沿根毛、皮层进入导管，进一步向地上部运送。二是代谢理论。持此观点的学者认为，根系呼吸释放的能量参与根的吸水过程。

一般认为，两种根系吸水机制都存在，只是不同情况下所起的作用不同。高大植物或在蒸腾作用强烈的情况下，物理性的被动吸水是主要的；幼小植物或当成年作物蒸腾作用受到抑制时，生理性的主动吸收是主要的。分析 SPAC 系统中的水流运动，主要是蒸腾作用下的被动吸水。

2. 根系吸水的影响因素　植物根系吸水受众多因素影响，概括起来可分内部因素和外部因素。内部因素即植物因素，包括叶面积、根系发达程度、根密度、有效根密度及根系的透性等。外部因素主要是土壤因素和大气因素。下面分别予以讨论。

（1）植物因素与根系吸水。根系是主要的吸水器官，其吸水能力首先取决于根系的分布范围和密度。Molz 和 Ikenberry（1974）研究认为，单位土体内的根长（根密度）可作为根系吸水特性的一个重要植物因子。根密度主要调节吸水速率在根区土壤剖面上的相对分布，密度大，分布广，植物可用水就越多。当土壤水分充分供给时，根密度对水分吸收的调节作用小；随土壤失水逐渐变干时，根系在吸水过程中起主要作用。邵明安等（2006）研究了小麦根系吸水和根密度及有效根密度的关系发现，根系吸水速度与根密度之间不是简单的正比关系，而是与有效根密度成正比。有效根密度的定义是单位土体内吸水根系的长度。

Nimah 和 Hanks（1973）研究了根系深度对吸水速率的影响，结果表明，随着根系的加深，根系吸水的最大速率随之下移，总的吸水量几乎不变。而 Molz 和 Remson（1971）研究表明，根系深度增加 1 倍，土壤剖面单位深度根系吸水速率几乎减小 1/2，总的吸水量保持不变。

根系的透水性因其年龄和发育阶段及环境条件而异。根系的透水性能对吸水的影响表现在吸水速率上，以根毛区最高。因而当土壤水分均匀分布时，冬小麦根系在上下层土壤中的吸水差别不大，不随运输距离发生变化。处于生长发育阶段的根系，水分吸收主要来自根系伸展层；而当根系形成并开始衰老时，上层土壤的根系仍有较强的吸水能力。

此外，植物叶面积对吸水速率也有影响。土壤含水量高时，根系吸水总量与叶面积成正比；土壤含水量较低时，两者相关性甚微。

（2）土壤因素与根系吸水。根系吸水速率与土壤含水量或土壤水势有密切关系。Herkelrath 等（1977）冬小麦分层根试验研究表明，吸水速率随土壤含水量减少而迅速降低，在含水量较低时表现尤为明显。虽然吸水速率也随土壤基质势下降而降低，但降低的幅度没有含水量的影响大。

土壤温度对根系吸水也有影响。低温能降低根系吸水速率，这是因为水分本身的黏性增大，扩散速率降低；原生质黏性增大，水分不易通过原生质；呼吸作用减弱，影响根压；根系生长缓慢，有碍吸水表面的增加。土壤温度过高对根系吸水也不利，高温加速了根的老化，使根的木质部几乎达到尖端，吸收面积减小，吸收速率下降。

土壤通气不畅，导致土壤 O_2 浓度过低，CO_2 浓度过高，影响根系呼吸，使根压下降，吸水速率减小。Ouyang 等（1992）研究表明，当土壤 O_2 体积含量<10%时，根系活动受阻。Nobel（1988）认为，土壤中 CO_2 体积含量>5%时，根系活动也受到限制。

土壤溶液浓度越高（含盐分越多），其渗透势越低，根系吸水越困难，且根的透水性下降，导致吸水速率降低。

（3）大气因素与根系吸水。大气因素包括太阳辐射、风速、温度、湿度、水汽压等，主要是通过影响蒸腾作用来影响根系吸水。作为大气因子的综合指标，潜在蒸腾速率主要决定根系吸收水分的最大速率。Feddes 等（1982）给出了下述表达方式（式 5-10）：

$$S_{max} = \frac{E_{pl}^*}{L_r^{eff}} \tag{5-10}$$

式中，S_{max} 为最大吸水速率，mm/d；L_r^{eff} 为根系有效深度，mm；E_{pl}^* 为潜在蒸腾速率，mm/d。潜在蒸腾速率是潜在蒸散与土壤潜在蒸发之差，即式 5-11：

$$E_{pl}^* = E^* - E_s^* \tag{5-11}$$

式中，E^* 和 E_s^* 分别为潜在蒸散和土壤潜在蒸发，mm/d。

由 Penman 公式和水汽扩散理论求得 E^* 的表达式为式 5-12：

$$E^* = \frac{\delta R_n + C_p \rho_a (e_a - e_d)/r_a}{(\delta + r)L} \tag{5-12}$$

式中，δ 为饱和蒸气压曲线 e_s（T）的斜率；R_n 为太阳净辐射，$MJ/(m^2 \cdot d)$；L 为水的汽化潜热，（$e_a - e_d$）是地面上某一高度的蒸发压力与该处蒸气压之差，kPa；C_p 为空气的定压比热，$MJ/(kg \cdot ℃)$；ρ_a 为空气密度，kg/m^3；r 为湿度计常数，$kPa/℃$；r_a 为水汽扩散阻力，S/m。

有作物时，土壤潜在蒸发可用式 5-13 表示：

$$E_s^* = \frac{\delta}{(\delta + r)L} R_n e^{-0.39LAI} \tag{5-13}$$

式中，LAI 为叶面积指数。

把式 5-12、式 5-13 代入式 5-11，然后把式 5-12 代入式 5-10 得到根系最大吸水速率与各气象因子的关系如式 5-14：

$$S_{max} = \frac{\delta R_n}{(\delta + r)LL_r^{eff}} (1 - e^{-0.39LAI}) + \frac{C_p \rho_a (e_a - e_d)}{(\delta + r) LL_r^{eff} r_a} \tag{5-14}$$

总之，影响植物根系吸水的因素是多方面的。在根系吸收水分过程中，由于土壤、大气和植物因子都不断变化，所以 3 个因素影响的相对强度是一个动态过程。在土壤水分没有成为限制因素的情况下，吸水速率主要由大气因素决定。当土壤水分限制植物吸水时，吸水速率主要随土壤因素而变动。植物因素主要控制吸水速率在土壤剖面上的相对强度。

黄土高原跨半湿润区、半干旱区和干旱区，其东西长约 1 300 km，南北宽约 800 km，使得东部和西部之间、南部和北部之间自然条件具有明显差异性。自然条件的差异导致不同区域植被蒸腾耗水特征有较大不同，植被的耗水量也有较大差异。因此，研究黄土高原的植被耗水特征，必须先对黄土高原进行区划。从气候指标来看，黄土高原可分为 4 个气候大区，即中温带干旱区、中温带半干旱区、暖温带半干旱区和暖温带半湿润区，降水量依次递增。

黄土高原植被耗水特征主要有：①干旱区植被耗水量明显低于其他区域，其他区域间植被耗水量差异不明显；②供水量是影响植被耗水量的重要因素，干旱区丰水年植被耗水量可达欠水年的 3 倍以上；③黄土区林地总耗水量与植被生物量无关，蒸腾耗水量与植被生物量呈正相关关系。

高宇等（2014）对比了黄土高原几种典型的植被类型的土壤水分消耗，得出裸地、农地、撂荒地、人工草（灌）地（苜蓿地、柠条地、沙打旺地）、当地典型草地（荒草地、长芒草地）在平水年及干旱年，土壤水分均表现为负平衡。佘冬立等（2011）应用 SWAP 模型对六道沟流域 4—10 月坡耕地（绿豆地）、长芒草地和苜蓿地水分传输过程模拟结果表明，3 种植被类型利用方式下，SPAC 系统中水分的收入均为 401.3 mm，而坡耕地、长芒草地和苜蓿地的水分支出分别为 304.7 mm、401.2 mm 和 420.3 mm。苜蓿地的水分支出是坡耕地的 1.38 倍，其中苜蓿的蒸腾耗水量是坡耕地的 3.88 倍，这是引起苜蓿地群落过度消耗土壤储水而呈现负补偿现象的主要原因。张建军等（2011）对比分析了刺槐人工林地、油松人工林地和次生林地的土壤水分含量，得出人工林不但对 0~80 cm 土层水分的消耗量大于次生林，对深层土壤的消耗也较次生林大，这将有可能导致人工林地深层土壤的"干化"。王志强等研究了不同植被类型对黄土剖面水分含量的影响后指出，农地与天然草地土壤含水量显著高于人工林地，天然植被对土壤水分的利用与农地相比有显著差异。王孟本等（2001）研究了林种对土壤水分的影响后指出，黄土高原的人工乔木林地和灌木林地的土壤水分条件比荒地稍差。

（二）植物蒸腾

植物体内的水分以水蒸气的状态通过活的植物体表面散失到大气中的过程称为蒸腾作用。陆生植物吸收的水分，只有 1% 左右用于代谢和组成植物体，其余都散失到体外。散失到体外的水分绝大部分以气体状态通过蒸腾作用逸失。

蒸腾作用的强弱可以反映植物水分代谢状况。蒸腾系数是指形成 1 g 物质所消耗水分的质量。数值越小说明用水越经济，一般木本植物的蒸腾系数较草本植物小。就作物而言，其变化幅度为 300~700，有时降低到 100，而在个别情况下增长到 2 000。不同作物蒸腾系数为：谷类作物 400~500，甜菜 260~400，棉花 350~600，苜蓿 1 000~1 100，蒸腾系数的大小取决于植物生长的条件。植物的营养物质有保证，土壤有良好的物理性状均能促使蒸腾系数明显降低。

土壤水分状况直接影响植物的蒸腾，特别是干旱、半干旱地区，土壤水分含量和蒸腾的关系尤为密切。张华等人在吕梁山区对不同土壤水分条件下刺槐的蒸腾效率进行比较发现，不同水分条件下蒸腾差异明显，蒸腾耗水量和土壤含水量呈显著相关关系，并随干旱胁迫的加重而减少。芦新建等发现，林木的蒸腾速率与土壤水分关系较密切。在土壤含水量较低时，植物的蒸腾速率会随着土壤含水量的增大而增大；当土壤水分含量增大到一定程度时，蒸腾速率增加的速度变得缓和；当土壤水分含量继续增大时，蒸腾速率反而会降低。土壤干旱胁迫条件下，不同幼苗蒸腾耗水量均随干旱时间的延长而持续下降。此外，植物的蒸腾在土壤水分亏缺严重时等均表现出一定的抗旱适应性。高丽等通过对不同土壤水分条件下沙棘雌雄株的蒸腾和水分利用状况对比研究发现，雌株对土壤水分降低有更强的适应性。

第三节　黄绵土区集水工程及利用技术

甘肃省内黄土高原是我国自产水量少、水资源主要是降水资源、地表水与地下水匮乏的地区。虽然年降水量很小，但夏秋季仍有部分降雨可形成径流，除少量消耗于田间蒸发外，大部分被耕地深层吸收，而后逐渐被消耗与无效蒸发。黄土高原农业生产最主要的限制因子就是水分，因此将黄土高原地区有限的、季节分布不均的降水，尽可能地保留和集中在农田与经济林地，供作物和其他植物生长发育时使用，从而获得稳产高产。要将潜在的降水资源变为可利用的灌溉水资源，就必须通过一系列工程措施将天然降水富集叠加储存起来，使降水变成可调控的灌溉水源。这种雨水集蓄利用工程就是人工收集雨水、加以蓄存并进行调节利用的微型集雨蓄水工程。

目前，在黄土高原农业地区，在以黄绵土为主的土壤条件中，集水工程技术主要是修建集雨水窖，高效利用自然水资源，以及修建日光温室，推广膜面集雨节灌施肥技术。此外，修建梯田，将坡地改为梯田，使降水就地渗入；修建河水排水沟，利用排出的水灌溉下游农田；修建淤地坝、利用抽水工具灌溉坡地或梯田等技术措施在黄绵土水资源利用中均有显著的效果。

一、集雨水窖利用工程技术

我国西北地区的许多地方，由于特殊的气候、地质和土壤条件，地表水和地下水资源十分缺乏，又不具备修建骨干水利工程的条件，如何高效利用自然降水资源是这些地区经济、社会发展面临的重要问题。集雨水窖是干旱地区群众创造的一种集雨蓄水工程设施，它以雨水治旱收集、蓄存天然降水径流，并与先进的农业工程技术和农艺技术措施相结合，在气候干旱和作物生长需水关键期进行补灌，既解决了旱作农业的水分胁迫问题，又有利于改善和保护生态环境，形成了雨水的时空人工调节和农业的高效利用技术。水窖的建设和利用主要是解决人畜饮用或用于作物补充灌溉，而以农业灌溉为目的的集雨水窖又大多建在地头田边，容积相对较大利于进行适时灌溉。集雨水窖利用工程技术由收集雨水的集流面、输水系统、蓄水设施和灌溉设施以及农业设施等部分组成。

（一）集流场材料选择

集流场可选择的材料多种多样，可充分利用现有场院、农村道路、公路路面、坡地以及日光温室膜面等天然集流场，聚集雨水。当现有集流场集水量不足时，应人工建设集流场，聚积雨水。在甘肃，人工集流场修建材料的选择使用模式较多，有塑料薄膜覆沙、混凝土、天然坡地夯实、乳化沥青喷洒等集水面。由于集流场材料的不同，它的集水效率也不同。材料选择应考虑当地农民经济状况、地形地貌特征，本着因地制宜、就地取材、提高集流效率、降低工程成本的原则进行。

（二）蓄水工程分类与选择

蓄水工程可分为蓄水窖、蓄水池、涝池和塘坝等多种类型。按防渗材料可分为红黏土防渗、混凝土防渗或水泥砂浆防渗。当土质含沙较多或土中有较多裂缝时，可选择修建蓄水池；有适宜的低洼地形且主要用于拦蓄沟岔或蓄存坡耕地及土路面等含沙量较大的雨洪时可选用涝池和塘坝。这些微型蓄水工程技术简单，工程量小，投资少，农民便于掌握，也能在实际生产中发挥重要效益。

（三）集雨水窖的建造

以人畜饮水为目的的集雨水窖和在地头田边用于农业灌溉的集雨水窖，不存在本质的差别，只是水窖容积大小不同，前者大而后者小。集雨水窖按形状可分为圆柱形（图 5-10）、球形、瓶形等。水窖的构造由窖身、窖口和窖盖 3 部分组成。

1. 混凝土材料水窖 甘肃常见的窖型形式是混凝土拱底顶盖水泥砂浆抹面水窖（图 5-11），主要由混凝土现浇弧形顶盖、水泥砂浆抹面窖壁、三七灰土翻夯窖基、混凝土现浇拱形窖底、混凝土预制圆柱形窖颈、进水管 6 部分组成。

混凝土拱底顶盖水泥砂浆抹面水窖的窖型、容积、直径等技术数据，可参见表 5-4。

表 5-4 水窖技术数据

窖形	参数				材料							
	容积 (m³)	直径 (m)	壁深 (m)	窖深 (m)	挖方 (m³)	填方 (m³)	混凝土 (m³)	砂浆 (m³)	水泥 (t)	沙 (m³)	石子 (m³)	水 (m³)
球形窖	15	3.1	4.0		33.3	16.9	1.60	0.15	0.58	0.85	1.07	0.9
	20	3.4	4.0		42.3	20.5	1.87	0.19	0.69	1.01	1.24	0.9
	25	3.5	4.0		51.0	22.6	2.13	0.21	0.78	1.15	1.41	1.0
	30	3.9	4.0		59.6	23.5	2.36	0.24	0.86	1.28	1.56	1.2
圆柱形窖	15	2.2	3.0	3.90	20.5	3.60	1.12	0.82	0.63	1.60	0.78	0.90
	20	2.4	3.0	4.40	26.8	4.60	1.29	1.01	0.75	1.89	0.90	0.90
	25	2.6	3.0	4.70	32.9	5.27	1.47	1.16	0.85	2.16	1.03	1.10

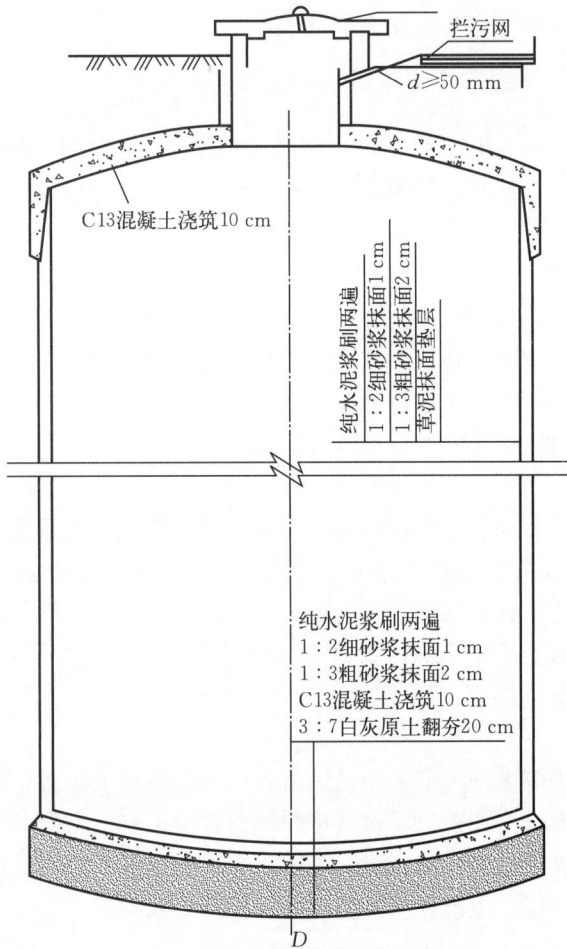

图 5-10　混凝土圆柱形窖剖面

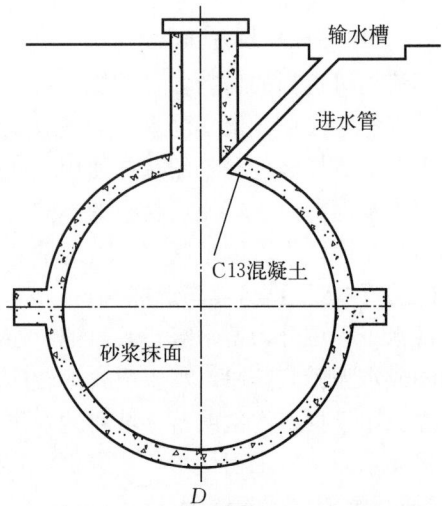

图 5-11　混凝土拱底顶盖水泥砂浆抹面水窖剖面

水窖的直径可由式 5-15 确定：

$$D=(4V/\pi\beta)/3 \qquad (5-15)$$

式中，D 为水窖内径，m；V 为水窖容积，m³；β 为深径比，$\beta=H/D$，对于蓄存饮用水的水窖而言，β 为 1.5～2.0。以灌溉为主的水窖，最大直径不超过 3.5 m。

2. 加厚防腐塑膜水窖　黄土高原沟壑区和边远山区由于受地形地貌的制约，加之修筑水窖所需沙石运输不便，成本高，阻碍了水窖的修建。为促进集雨水窖的开发，降低建窖成本，可利用加厚防腐塑膜（塑料薄膜）式混凝土代替原有混凝土修建水窖，形状主要有圆形、长方形、正方形。其修建技术如下：

（1）窖址选择。塑膜水窖可适应多种地形，对土壤种类无特殊要求；但地基必须夯实，不能靠近崖边，水窖离崖边距离不能小于 2 m，窖身的范围不应选在墙基下面，连续修建两个水窖时，两窖之间的最小距离不小于 2 m。

（2）塑膜选择。选择加厚防腐聚氯乙烯（PVC）膜，膜厚 0.18 mm。形状规格依据地形要求选择圆形或方形。一般窖深 3 m，长度不限，宽 2.5 m。

（3）开挖窖模。选好窖址，先用白灰画线，如选用圆形，可在圆心处栽桩，如是长方形或正方形可将四角确定。开挖时最好将土置于窖的四边，如果土层墒情好，可以夯筑在四周作为窖壁用。夯筑宽度在 1 m 以上时，夯筑高度最好控制在 1 m 以内，以免因抬高窖口而使集水进入受阻。当挖至窖底时，可将窖底挖成光滑的凹形，而一般不要求棱角分明。这样一便于铺展塑膜，二便于以后清理淤泥，三便于安装水泵。当窖内存水量少时，可将水泵置于中间凹处，则能充分吸水。

（4）铺膜。在窖体夯筑好后，应清理现场杂物，以免在铺膜时刺破塑膜。铺膜时将膜上端提起，底部放入窖内，然后压好两边再用刷子等工具将窖底膜充分弄平再压好另一边，压边一般用砖或夯筑好的土块均可。要压实压紧，最后用水泥或麦草泥封面即可。

（5）罩口。塑膜水窖罩口一般多用楼板自制的水泥块、木板等。为了防止杂物落入窖内或对人畜等造成安全威胁，要求罩口必须做得严实、稳固，可在窖一端或中间留取水口，但必须做窖盖。

（6）使用和管理。水窖建成后即可蓄水，一般用绳子、水桶取水，有条件的可用电泵或手压泵抽水。要经常观察水位变化，特别是在暴雨天或雨季，当水位超过最高水位时要停止进水；当发现不明原因的水位下降时，要及时排查渗水原因。每隔半年要用木棍等量测淤积情况，及时清淤，使淤泥等杂物的厚度不超过 0.5 m。

（7）成本核算。静宁县农业技术人员在灵芝乡采用加厚防腐塑膜修建水窖，代替了混凝土。试验显示，以修建 50 m³ 的球形水窖计算，可节省运输成本和投入，建造成本仅为 860 元，较混凝土水窖节约 250 元（表 5-5）；而且施工方便、建造简单，因而深受山区群众的青睐。

表 5-5　加厚防腐塑膜水窖成本核算

单位：元

项　目		容　积		
		20 m³	30 m³	50 m³
修建成本	木板	180	240	360
	塑膜	400	450	500
合　计		580	690	860

（四）蓄水池的建造

蓄水池的进水渠（管）上要设置闸板，并在适当位置设置排水道，以防止超蓄造成的破坏。容积、直径等技术数据，可参照表 5-6。

蓄水池的底部反拱和池壁为现浇混凝土，标号 C13，在混凝土表面抹砂浆 0.5～1.0 cm；横梁为钢筋混凝土，盖板为铁丝顶制混凝土，标号 C18。池颈为砌砖砂浆抹面，反拱底部地基用三七灰土翻夯。

表 5-6　蓄水池技术数据

类型	参　数				材　料						
	容积(m³)	直径(m)	壁深(m)	池深(m)	挖方(m³)	填方(m³)	混凝土(m³)	水泥(t)	沙(m³)	石子(m³)	水(m³)
圆柱形水池	15	2.5	10	3.1	24.9	4.22	3.72	0.84	1.99	3.20	1.0
	20	2.5	10	4.1	29.8	4.22	4.52	1.03	2.43	3.90	1.5
	25	3.0	10	3.6	39.0	6.84	5.16	1.17	2.77	4.44	1.7
	30	3.0	10	4.3	44.6	6.84	5.85	1.33	3.14	5.03	2.0

施工应先开挖圆柱土体，修正外土模。翻夯池底并浇筑上半球混凝土，池壁混凝土砂浆内模应使用木模，外模利用土体成模。土模表面贴水泥袋或塑料薄膜，浇筑捣固时应防止土掉入混凝土内。每次浇筑 1 节木土模高度 1 m 左右，养护 1～2 d 后拆去内膜，然后立膜继续浇筑。横梁、盖板采用预制安装。

（五）水窖和蓄水池的配套设施

水窖和蓄水池以集蓄雨水径流为主。黄土高原丘陵沟壑区能够形成径流的降雨多以暴雨形式出现，从荒坡、荒沟和道路流下的雨水中常挟带着泥沙。将径流集蓄起来，为获取良好的水质，充分发挥集雨蓄水工程的效益，还应建好相应的配套设施，主要有引水渠、泥沙沉淀池、拦污网、进出水管等。应使水窖中的水不但可供人畜饮用，也可为实施节水补灌，利用滴灌、渗灌等技术提供清洁的水源。

（六）集雨补灌技术

雨水集蓄灌溉应采用节水灌溉方法，包括坐水种、地膜穴灌、膜下沟灌、渗灌、注水灌、小管灌及滴灌等方法，禁止使用漫灌方法。灌溉宜在作物需水关键时期进行，当土壤湿度下降到适宜水分下限时及时进行补灌。适宜水分下限可取田间持水量的 50%～60%，各类土壤的田间持水量可参照表 5-7。

表 5-7　各类土壤田间持水量

项目	沙土	沙壤、轻壤土	壤土	黏质壤土
田间持水量（%）	12～16	16～22	22～26	26～30

（1）采用坐水种的密植作物（如小麦），宜采用穴播方法。每个播种穴坑内灌水 1～2 kg。坐水种可采用人工进行挖坑、灌水、点种（或按行播种）和覆土，也可使用坐水播种机一次完成。

（2）地膜穴灌是在播种后覆上地膜，当作物出苗快接触到地膜时，宜在气候温暖时划破地膜（"十"字形），待苗长出地膜外再把播种坑扩大为灌水孔。每孔根据作物植株大小人工灌水 1～3 kg。

（3）膜下沟灌适用于稀植作物（如玉米等），一般采用地膜覆盖二垄一沟、在沟内灌水的方法。灌水沟应平顺通畅，坡度通常采用 0.1%～0.2%，每次灌水 150～225 m³/hm²。采用隔沟灌溉方法，灌水沟两侧土垄距可小于不灌水沟两边的垄距。

（4）注水灌是把安装在农用喷雾器上的追肥枪插入作物根系附近土壤，依靠喷雾器压力将水注入土壤。灌水量根据作物植株大小而定，一般每处每次注水 0.5～1.0 kg，灌水 30～45 m³/hm²。

（5）滴灌可在有一定经济实力的农户中推广，宜采用膜下滴灌。当采用微型滴灌时，也可把滴灌带铺在膜上，把微灌滴头插入地膜中滴灌。雨水集蓄滴灌的具体技术按有关规定执行。

各种灌水方法都可与施肥、农药喷洒相结合，一次同时完成灌水、施肥和根部施药等多种作业。

二、日光温室膜面集雨节灌施肥技术

日光温室应用于蔬菜栽培后，有力地促进了我国温室蔬菜产业的发展，也建立了具有我国特色的以日光温室构型标准化、栽培技术规范化、综合利用和立体栽培模式化为主体的生产配套栽培技术，把我国温室园艺推进到科学适用、综合配套的新阶段，进一步促进了蔬菜生产的发展。但日光温室蔬菜生产耗水量大，对于普遍缺水的中西部地区来说，尤其是黄土高原，水资源缺乏成为日光温室发展的限制因素。而采用集水面、蓄水水窖、日光温室的联体构筑不但可以解决这个问题，而且可以进行水热组合，是发展山地高产优质高效农业的一项有效措施。近几年，陕西省中东部的干旱地区推广了这种技术模式。在此基础上，经过不断探索，利用日光温室膜面集雨节灌施肥一体化技术模式在园艺生产得到广泛应用，取得了显著的经济效益。

（一）日光温室膜面集雨节灌施肥技术概念

采用日光温室膜面集雨＋水窖＋节灌施肥系统设备的应用模式，以温室膜面作为集雨面，棚膜底边修建集流槽（引水槽），将膜面雨水通过集流槽流入温室前的集雨窖和温室室内的蓄水池，棚内节灌施肥，形成以集（蓄）、微灌、施肥为一体的集雨节灌施肥技术。技术要点：温室内配套滴、渗灌灌溉施肥设备，与水窖（蓄水池）相连，根据作物不同生育时期需肥规律，用低压管道将水输入滴孔，滴渗到作物根际，定量、定额灌溉与精准施肥，提高水分利用率，实现科学施肥。

（二）日光温室膜面集雨节灌施肥技术适宜地区及相关参数的确定

（1）最适宜的地区年降水量为 350 mm 以上。若降水量小于 350 mm 或降水偏少年份，不能满足温室生产。集水面积的大小需要格外注意，根据秦安县的试验结果可知，1/15 hm² 大小的日光温室每年大约需要 200 m³ 生产用水。各地在修建这种连体构筑时，应根据当地可能的降水量来选择。因此，要考虑外补水源或在温室外建集流场。

（2）膜面集雨主要技术参数即膜面集雨效率，与降水强度、降水时间以及蒸发量等都有着直接影响。在半干旱地区，一般为 0.9 以上，平均为 0.94。

（三）日光温室的建造

不同类型日光温室的建造技术已积累丰富的经验，有关日光温室的建造工艺不再详细论述，仅对目前应用最多的无柱钢管骨架结构温室的修建工艺做简单介绍。

（1）前屋面。骨架为 φ40 mm 镀锌钢管，间距 3.1 m，共 15 根。撑膜小竹竿间距为 40 cm，共 127 拱，即每两个钢管间为 7 拱。纵向每 35 cm 一道 8 号铁丝，共 20 道铁丝。棚膜为 0.12 mm PVC 无滴膜或 0.12 mm 乙烯-乙酸乙烯酯共聚物（EVA）无滴膜。草帘长 9 m，宽 1.2 m，厚 4 cm。

（2）后屋面。用 φ40 mm 镀锌钢管代替二代温室后屋面水泥斜梁，每根长 2.4 m，间距 1.04 m，共 47 根。纵向在钢管斜梁 1 m 处（从脊点向后）焊 φ16 mm 螺纹钢筋，长 52 m。横向拉 12 道 8 号铁丝，间距为 15 cm。取出后屋面中竹竿。将前屋面钢管骨架与后屋面相对应的 15 根钢管斜梁焊接在一起，并且在钢管骨架的 4.48 m 处（从脊顶向前）与斜梁在墙上的支点之间焊接长 6 m、φ16 mm 的螺纹钢筋，再在脊点与钢筋之间垂直焊接长 1.3 m 的钢筋，使之构成一个"人"字形的整体，承载前后屋面负荷。"人"字形骨架在墙上用 40 mm×40 mm 角铁焊接两个"丁"字形支脚，前支脚用水泥砂浆浇铸固定，后支脚紧贴土墙外壁，"人"字形骨架前支点用柱顶石埋固定。后屋面底部铺一层普通棚膜，上填草土，厚 40～70 cm。脊梁 50 mm×50 mm，角铁与斜梁、"人"字形骨架交接处全部焊接。

（3）墙体。后墙高 2.8 m，山墙脊高 3.6 m，主体为厚 90～110 cm 土墙，外包 120 mm 砖墙。外墙基为 3 层 240 mm 砖墙，砖墙每隔 5 m 砌 1 个 240 mm 暗砖柱，镶嵌在土墙内。墙首平包一层砖，利于后屋面雨水下流，保护墙体。砖包墙为甜泥坐砖，水泥勾缝。

（4）缓冲间。建筑面积 3 m×3 m＝9 m²，墙体为 240 mm 砖墙。高 2.3 m，屋顶四棱锥形，材料为厚 90 mm 双层铁皮板。

（四）集流槽的建造

用砖或混凝土建集流槽用来收集棚面雨水。集流槽（图 5-12）要有一定坡降，建水窖的一端低，另一端高。修建集流槽时，根据棚长灵活掌握，刚开始建成瓦沟状，20 m 后建成槽状。随着距水窖越近，槽逐渐加深。集流槽工程材料用量见表 5-8，仅供参考。

表 5-8　50 m 长日光温室集流槽工程量及材料用量

工程量	150 号砼	2.96 m³	材料	水泥	0.97 t
				石子	2.31 m³
	100 号砂浆	0.44 m³		沙子	2.03 m³

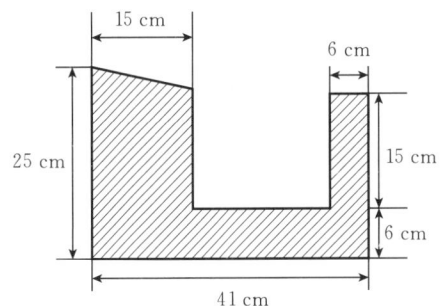

图 5-12　集流槽横截面

（五）蓄水池和水窖的建造

（1）蓄水池的建造。在有外补水源的地方，一般日光温室内修建蓄水池，设计为 4 m×1 m×1.5 m，并铺设防渗膜，防止水分渗漏。

（2）配套水窖的建造。水窖的建造已在本章前面叙述。为有足够的水源能满足作物生长对水分的需求，应在日光温室内外各修建一个水窖；或在温室内修建蓄水池，温室外修建水窖。但应注意无论是水窖与水窖之间还是水窖与蓄水池之间的距离应大于 1.5 m，防止两者之间距离过近造成水窖或蓄水池的塌陷。日光温室内外水窖的设置见图 5-13。

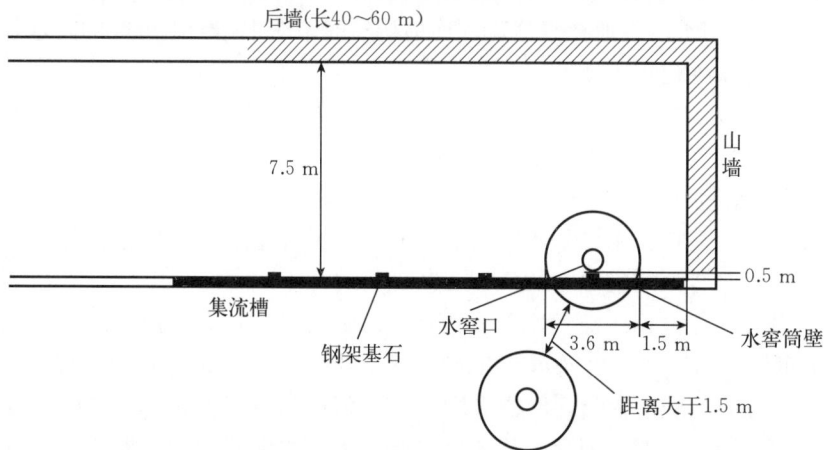

图 5-13 日光温室内外水窖位置

（六）日光温室灌溉施肥

灌溉施肥可使营养物质的数量、浓度与植物的需要和气候条件适应，提高化肥利用率，节省化肥，提高养分的有效性，促进植物根系对养分的吸收，提高作物产量和质量，减少养分向根系分布区以下土层的淋失，大幅度节省时间和运输、劳动力及燃料等费用，通过灌溉系统实现精准施肥。

1. 灌溉施肥系统 一套完整的灌溉系统由水源工程、首部控制枢纽、输配水管道、灌水器 4 部分组成。首部控制枢纽由电机、水泵、过滤器、施肥器、控制和量测设备（压力调节阀、分流阀、水表等），输配水管道主要由干管、分支管和各种连接管件，以及流量计、压力调节装置、进排气阀门等组成。

（1）微灌系统配套设备。微灌系统配套设备主要包括供压装置、控制装置、过滤装置、输水管路及灌水器等，具体内容如下：

供压装置：水泵是微灌系统供压的主要设备，通常采用井用潜水泵、离心泵，管风压力不够时往往增设管道泵二次加压。为保证微灌水源压力稳定，推荐使用微灌专用压力罐或变频调压器。为节省能源，也可根据当地地势条件建立蓄水池或水塔，利用位差供水实现自压微灌。

控制装置：较大面积的微灌系统，一般都采用分区轮灌。采用手动控制时，每一轮灌区均应安装球阀、闸阀等阀门；采用自动控制时，每一轮灌区均应安装 1 个或几个电磁阀。电磁阀由灌溉控制器控制，事先根据灌溉制度在控制器上编程，并可根据实际灌溉要求随时修改，满足不同作物种类和不同生长时期的需水要求。

过滤装置：为防止系统堵塞，灌溉水必须经过净化处理。过滤装置主要有沙砾、离心式、筛网和叠片式过滤器。沙砾过滤器和离心式过滤器用于大、中型系统的初级过滤。筛网过滤器在水质良好时用于末级过滤，当水质不良时可接在沙砾过滤器或离心式过滤器之后也作为末级过滤器，一般选择 120 目以上规格。叠片式过滤器可用于初级和末级过滤，一般选择 120 目以上规格。

作业中，如果发现滤网、密封圈损坏，必须及时修补或更换，否则将会使整个系统严重堵塞，后果不堪设想。据调查，约 50%滴灌工程报废是过滤器故障所致。

输水管路：输水管路主要由干管、分支管和各种连接管件，以及流量计、压力调节装置、进排气阀门等组成。为减缓老化，所有管道都尽可能埋于地下，末端设排水口，每个灌溉周期都要冲洗 1~2 次。

灌水器：灌水器是微灌施肥系统的重要设备，类型、规格繁多。依水力消能方式滴头可分为

4 类，即收缩式滴头、长流道管式滴头、涡流式滴头、压力补偿式滴头。目前，国内外常用的有层流式滴头、紊流迷宫式滴头、压力补偿式滴头、内镶薄壁式滴管、短流道迷宫式滴管、渗灌管等。滴灌管（滴灌带）将滴头（流道消能）与毛管加工为一体，使用非常方便。滴头的工作压力一般为 1.0～2.5 kg/cm²，出水孔断面为 0.6～1.3 m²，滴头流量为 1.5～42 L/h。

果园使用的微喷头有折射式、旋转式、脉冲式等多种，其规格多样。折射式微喷头雾化好，寿命长；旋转式微喷头喷洒半径大，寿命短。微喷头的工作压力为 1.5～2.5 kg/cm²，喷射半径 2～4 m，流量 40～200 L/h，流态指数<0.5。

其他设备：其他设备包括首部的供水和动力设备、控制和监测设备、管网等。在大型微灌区，为实现自动化，还配置各种控制仪表、土壤墒情传感器、气候环境调控系统以及智能控制系统等。

（2）施肥系统形式。主要施肥方法应根据不同温室模式而定，主要有以下几种：

施肥罐：利用分流原理，不需外加动力设备。适合温室面积 333.5～1 334.0 m²，施肥罐一般用塑料或中性玻璃钢制成，容积约 30 L，配套水泵流量 5～10 m³/h，电机动力 0.75～1.5 kW。施肥罐的容积依据施肥面积、单位面积施肥量和罐中溶液浓度而定，施肥罐计算见式 5-16。

$$C_t = F_r A / C \qquad (5-16)$$

式中，C_t 为施肥罐容积，L；F_r 为每次施肥时单位面积施肥量，kg/hm²；A 为施肥面积，hm²；C 为罐中溶液浓度，kg/L。

文丘里施肥器：文丘里施肥器利用射流原理工作。串联状态下，水头损失太大，影响灌水均匀度，所以一般将文丘里施肥器与调压阀并联。该法的优点是用敞开的容器盛肥，构造简单，使用方便，造价低。缺点是对流量和水压有一定要求，水头损失较大。

农业农村部规划设计研究院和国内的一些厂家研制生产出适合小面积使用的 WQL-1 型文丘里施肥器，经济实用。各种规格的文丘里施肥器都提供相应的参数，在选择和使用时应注意以下几点：①如果系统流量小于所选用文丘里管的最小通过流量，或通过文丘里管的流量超过其最大流量、出现汽化时，文丘里管将不能正常工作。因此，应根据系统流量和压力选择合适的文丘里施肥器。②使用文丘里施肥器应考虑对系统造成的压力损失的影响，否则会使系统灌水均匀度达不到规定要求。可以在系统入口处设置控制阀门和压力表以调节施肥时的压力。③控制文丘里施肥器的吸肥速度在合适范围内。文丘里管在最大吸入量时对水头造成的损失最大，所以一般应将通过文丘里管的流量控制在稍大于最小通过流量、能够稳定吸肥的状态下。

因为任何规格的文丘里施肥器都有最小通过流量要求，所以当面积很小的温室流量达不到其最小通过流量要求时，文丘里施肥器将无法工作，一般要求温室面积要大于 333.5 m²。单棚单井条件下适合采用文丘里施肥器，由于其水头损失较大，所以与施肥罐相比，其配置的水泵扬程应稍高（宜在15～20 m），配套电机动力也相应加大。

微重力自压施肥：微重力自压施肥是在棚中架高一个储水罐，将肥料放入开敞的储水罐中溶化，肥液经过滤后（过滤网或叠片式过滤器）靠水的重力滴入土壤。优点是用开敞容器盛肥，使用方便，造价低。缺点是压力小，所用时间长，由于开敞容器小，需频繁注水，不适合面积较大的温室。有的农户在温室内一侧山墙边修建一个水池，容量 6～8 m³，大约满足 1 次灌溉用水。肥料溶于池中，池的下端有出水口，口内侧安装过滤网。该方法可以沉淀水中的泥沙，并且能提高池水温度。但由于压力小，仅适合于面积小的温室。

泵吸水侧注入：在地下水埋藏较浅并使用离心泵的地方，可采用泵吸水侧注入系统施肥，该方法尤其适合中、小面积的温室。其原理是利用离心泵吸水管内形成的负压，将化肥溶液（在开敞容器中）吸入水泵。为防止肥液倒流污染水源，可在吸水管上部安装逆止阀。同时，在吸肥管头部包滤网，防止不溶物进入系统。该法优点是不需外加动力，结构简单，操作方便，可用开敞容器盛肥，价格低。缺点是对水源的埋深有一定要求。

踏板式喷雾器人工注肥：用于果园喷洒农药的踏板式喷雾器，工作压力为 0.1～1.0 MPa，人工操作每分钟吸液 20~30 次，吸液量为 3.3~3.7 L/min，完全可以满足注肥的需要。安装十分简单，在支管上（入棚处）打一个小孔，安装小阀门即可。注肥时，喷雾器的出口与支管小阀门连接，吸液管放入盛肥液的桶中，吸液管头部包过滤网。注肥时间不宜太短，667~1 334 m² 的大棚注肥时间为 15~20 min。该法注肥快，施肥均匀，不需要专用设备；但控制面积大时投入的劳动力也大。

泵注式施肥：泵注式施肥适合大面积果园和同种作物集中种植的微灌施肥。优点是肥液浓度稳定，施肥质量好，效率高。缺点是需要外加设备和动力，费用较高。肥料注射泵的注入压力要大于注肥处水管内的水压，要根据灌溉施肥面积选择合适注射速率和注射容量的注射泵。

2. 温室节灌施肥形式

（1）单棚节灌施肥系统。农户小规模经营为主的单棚节灌施肥系统，控制面积为 333.5~1 334.0 m²，支管铺设于地表，毛管铺设于地膜下，一行或两行作物一条毛管。使用离心泵或潜水泵，配套电机 0.75~2.20 kW，每 667 m² 设备费用 1 000 元，使用年限 5~7 年。

（2）多拱棚轮流微灌施肥系统。适合早春作物栽培，棚间距小，多为南北走向，这种形式可减少首部设备投入。支管垂直于棚纵向铺设在地表，毛管于棚纵向平行铺设，首部水泵和电机的配置与单棚水窖、蓄水池或机井等微灌施肥系统相同，过滤器外侧接软管，使用时依次轮流与拱棚的支管连接。

（3）日光温室滴灌。滴灌管应沿作物行向铺设，距植株根系 5~10 cm，每行作物铺一条。如果两行作物行距<40 cm，土壤为黏土或壤土，则两行作物中铺一条也可满足灌水要求。在保证灌水均匀的情况下，为了方便作物行距调整，滴灌管（带）可以 S 形盘绕铺放。

连栋温室和塑料大棚一般长 40~60 m，推荐南北长垄种植和铺滴灌管。滴头间距 30 cm，行距 0.8~1.2 m 时，每 667 m² 铺滴灌管 600~800 m，滴量 3~5 t/h，一次灌溉时间不大于 4 h。滴管铺在地膜下灌溉，有利于降低蒸发。

3. 灌溉施肥技术　根据生产条件，选择适宜的节灌方式，以加肥灌溉为核心技术，同时实施地膜或者生物覆盖地表，增施有机肥，确定合理灌溉制度和科学施肥方案，适当减氮、增磷、补钾，施用微量元素肥料，以达到提高产量和品质的目的。

（1）微灌施肥管理原则及水肥耦合。微灌施肥管理原则要根据作物生长规律推荐施肥方案，根据灌水制度、气候和土壤等条件修订施肥方案，使用水溶性好的肥料，如增加灌水施肥频率，减少每次灌水量和施肥量，以达到水、肥供需平衡。在合理设计安装系统并配置适用的施肥设备之后，肥水耦合技术的关键，一是确定推荐施肥方案，包括肥料种类、配比与施用时期、施用数量；二是配制肥料和溶液；三是正确操作和使用设备。

（2）适用于灌溉施肥的肥料种类。肥料中养分含量高，在田间温度条件下能迅速完全溶于灌溉水，优级，能流动，不会阻塞过滤器和滴头，不溶物含量低，调理剂含量最小，能与其他肥料混合，与灌溉水的相互作用很小，不会引起灌溉水 pH 的剧烈变化，对控制中心和灌溉系统的腐蚀性小。

当采用加压灌溉系统时，灌溉施肥不是可用可不用的，而是必需的。如果施肥与灌溉相分隔，在滴灌条件下，只有 30% 左右的土壤被滴头湿润，未湿润区域土壤中的养分不能溶解，肥料利用率降低，灌溉的效益不能充分体现，所以，灌溉施肥是灌溉作物唯一正确的施肥方法（表 5-9 至表 5-11）。

表 5-9　用于灌溉施肥的氮肥

肥料名称	含量	pH（1 g/L，20 ℃）
尿素	46-0-0	5.8
硝酸钾	13-0-46	7.0
硫酸铵	21-0-0	5.5
尿素-硝酸铵	13-0-0	

（续）

肥料名称	含量	pH (1g/L, 20℃)
硝酸铵	34-0-0	5.7
磷酸一铵	12-61-0	4.9
磷酸二铵	21-53-0	8.0
硝酸钙	15-0-0	5.8
硝酸镁	11-0-0	5.4

表 5-10 用于灌溉施肥的磷肥

肥料名称	含量	pH (1g/L, 20℃)
磷酸	0-52-0	2.6
磷酸二氢钾	0-52-34	5.5
磷酸一铵	12-61-0	4.9
磷酸二铵	21-53-0	8.0

表 5-11 用于灌溉施肥的钾肥

肥料名称	含量	pH (1g/L, 20℃)
氯化钾	0-0-60	7
硝酸钾	13-0-46	7.0
硫酸钾	0-0-50	3.7
磷酸二氢钾	0-52-34	5.5

（3）肥料混合的兼容性。配制肥料营养液时，必须考虑不同肥料混合后的产物的溶解度。肥料混合物在储肥罐中由于形成沉淀而使混合物的溶解度降低：

硝酸钙与任何硫酸盐混合会形成硫酸钙沉淀（石膏）：$Ca(NO_3)_2 + (NH_4)_2SO_4 \rightarrow CaSO_4 \downarrow + \cdots$

硝酸钙与任何磷酸盐混合会形成磷酸钙沉淀：$Ca(NO_3)_2 + NH_4H_2PO_4 \rightarrow CaHPO_4 \downarrow + \cdots$

硫酸铵与氯化钾（硝酸钾）混合会形成硫酸钾沉淀：$(NH_4)SO_4 + KCl (KNO_3) \rightarrow K_2SO_4 \downarrow + \cdots$

磷酸盐与铁混合会形成磷酸铁沉淀。

采用两个以上的储肥罐把混合后相互作用会产生沉淀的肥料分别储存，在一个储肥罐中储存钙、镁和微量元素，在另一个储肥罐中储存磷酸盐和硫酸盐，以确保安全而有效的灌溉施肥。

（4）肥液浓度的计算。将化肥加入微灌系统后，灌溉水成为含有一定浓度养分的肥液。合理调节灌溉水所含养分的浓度是实现水肥技术耦合的关键，同时可以预防系统的堵塞。

当已知养分含量（以重量体积百分比表示）的液体肥料施入系统时，肥液浓度与液体肥料施入量有以下关系（式5-17）。

$$C = (V \times 10\,000)/D \qquad (5-17)$$

式中，C 为灌溉水养分浓度，mg/kg；V 为液体肥料的施入量，L；D 为系统的灌溉水量，kg。

当施入系统的液体肥料养分浓度以重量百分比表示时，肥液浓度的计算公式为式5-18。

$$C = (V \times 10\,000 \times 1.2)/D \qquad (5-18)$$

式中，C 为灌溉水养分浓度，mg/kg；V 为液体肥料的施入量，L；D 为系统的灌溉水量，kg。

计算给定肥液浓度灌溉施肥时施入的肥料量：在已经确定灌水量的条件下，要求以指定肥液浓度灌溉施肥，用式5-19计算出拟投入的肥料量。

$$M=(C\times W)/w/w\times 10\,000 \tag{5-19}$$

式中，M 为加入的肥料量，kg；C 为给定的灌溉肥液浓度，mg/kg；W 为灌溉水量，kg；w/w 为肥料中某一养分的含量百分比，%。

（5）配制完全速溶性肥料。完全速溶性肥料配制程序：拟订配方—配料—掺混—粉碎—调酸度—烘干—称重分装。

配制完全速溶性肥料需用溶解性好的化肥。大部分化肥溶解性较好，但有些磷肥品种是不溶性的，最好的基础原料是磷酸二氢钾，但由于其价格太高，常用磷酸一铵（粉状）作为磷源，有些厂家生产的磷酸一铵含有少量不溶性物。配制完全速溶性肥料必须注意防止磷与钙、铁、锌等元素，硫酸根与钙、镁等元素发生沉淀。

4. 技术优势

（1）微灌施肥使温室内空气相对湿度降低。微灌施肥采取膜下滴灌，土壤蒸发量小，明显降低了棚内空气湿度。试验证明，灌水后 1～2 d，滴灌施肥比畦灌冲施肥空气相对湿度低 13～25 个百分点。灌溉后 1 周内，冲施肥一般空气湿度在 90% 以上，最高达 100%。滴灌施肥比畦灌冲施肥空气湿度降低 8.5～15.0 个百分点，空气湿度一般在 80% 以下。冲施肥由于空气相对湿度太高，需进行通风，结果降低了棚内气温。频繁灌水和通风时期正是作物生长旺盛或盛采期，湿度太高、气温降低都不利于作物生长。

（2）微灌施肥有利于保持棚内气温。采用畦灌，气温降低幅度大，1 次灌水影响时间可达 3～4 d。最初 1～2 d，畦灌较滴灌棚内气温低 2～4 ℃。据观察，滴灌施肥日均气温较畦灌高 1.2 ℃，较低的气温会影响作物生长。所以，滴灌施肥与畦灌冲施肥相比，作物初次采收时间早 7～11 d。

（3）微灌施肥有利于保持地温和改善土壤物理性状。微灌施肥注入土壤的水分少，土壤蒸发量小，所以土温较高。试验观察，灌水后 1 周内，滴灌施肥平均地温比畦灌高 2.7 ℃。土温较高，有利于增强土壤微生物活性，促进土壤养分转化和作物对养分的吸收。滴灌施肥还克服了冲施造成的土壤板结，使土壤容重降低、孔隙度增加。畦灌冲施肥土壤含水量高（主要是增加了重力水含量），通气孔隙比例减少。

（4）微灌施肥有利于减少土壤养分流失。畦灌冲施肥的灌水量和灌水强度大，施肥量也大，易造成土壤养分淋失，特别是湿润层土壤养分亏缺，影响作物生长。同时，大量养分淋失到地下水中，造成地下水硝酸盐污染。滴灌施肥灌水量和施肥量都少，含有养分的水分仅湿润作物根部土层，不易造成养分淋失。

（5）微灌施肥有利于减轻作物病害发生程度。畦灌冲施肥造成棚内空气湿度大，作物病害发生严重。滴灌施肥由于空气湿度低，在很大程度上抑制了作物病害的发生，用于农药的投入和防治病害的劳动力投入少。

（6）微灌施肥促进作物产量和质量提高。微灌施肥提高了水分和肥料的利用率，改善了棚内环境和土壤环境，减轻了病害发生程度，所以促进了作物产量大幅度提高和产品品质的改善。滴灌施肥条件下，作物病害发生率低或发生程度弱，生长正常。所以，果实形态好、质量高，市场价格可观。

（7）微灌施肥节省劳动力投入。微灌施肥减少了灌溉、施肥劳动力投入。同时，由于作物病害轻，也相对减少了防治病害的劳动力投入。据调查，滴灌施肥与畦灌冲施肥相比，每季每 667 m² 节省劳动力 15～20 个。

第四节 黄绵土区农田覆盖抑蒸栽培技术

农田覆盖抑蒸栽培技术是利用地膜和作物秸秆等覆盖地面，抑制土壤水分蒸发、蓄水保墒的一种栽培技术。旱作农业区土壤水分蒸发量大，水分蒸发强烈而易损失，保蓄渗入土壤中的有限降水，只有通过不同形式的覆盖人为形成一个土壤与大气间的隔离层，割断土壤与大气交换通道，才能减少土壤水的蒸发损失，从而达到雨水高效利用的目的。农田覆盖抑蒸栽培技术的应用不仅对甘肃省耕作制度改革、种植业结构调整和发展区域特色农业产生了重大影响，而且对农民脱贫致富奔小康发挥了重要作用。

一、玉米地膜覆盖双垄沟集流增墒栽培技术

我国黄绵土区频繁的春旱常影响春播作物的下种和出苗，为提高蓄水保墒效果，农民群众大面积采用了地膜覆盖方式。但玉米种植大都采用弓形垄，植株种在弓形垄的两侧边，这就使宝贵的雨水流到地膜的两边，雨水不能被作物充分吸收利用。经多年实践，人们发现，玉米种植在原弓形垄背上再开两条细沟，就能很好地解决降水入渗。人们称它集流沟，它能将春季少量的雨水集流到沟内供作物吸收，在干旱贫困山区推广后，取得了很好的经济效益。

（一）技术概念

地膜覆盖双垄沟集流增墒栽培技术是在地膜覆盖弓形垄栽培的基础上，在弓形垄两边开出两条间距 40 cm、深 5 cm、宽 10 cm 的小垄沟，覆土后膜上形成两条凹陷集流沟，如遇降雨，使膜上雨水集中渗入膜下，所接纳的雨水集中流入播种孔，入渗到作物根系周围，增加膜下土壤墒情，有效提高降水利用率的一种栽培方式。

（二）技术要点

1. 播种方法

（1）播前准备。宜选择地势较为平坦的梯田、塬地、川地，土壤肥沃，土层较厚，前茬以豆类、马铃薯（洋芋）、冬小麦等茬口为佳。

（2）深耕蓄墒。选定种植地膜玉米双垄沟的地块，秋季土壤封冻前机械深耕或人工深翻 25 cm 以上，耕后打糖收墒，清除根茬及田间残留物。

（3）浅耕施肥。春季土壤解冻后，及时浅耕、施肥。每 667 m² 施优质农家肥 4 000～5 000 kg、氮肥（N）10～12 kg、磷肥（P₂O₅）8～10 kg、硫酸锌 1.0～1.5 kg 或玉米专用肥 50 kg，播前 1 周浅耕施入或在做垄时集中施入窄行垄带内。

（4）起垄、开沟、覆膜。施肥后起垄，种植地膜玉米双垄沟以宽窄行为好，一般要求宽窄行总幅为 110 cm，其中宽行 60 cm、窄行 50 cm，以南北向起垄。垄宽面保持 55～60 cm，垄高 8～10 cm，垄面要光、平、直，呈拱形。在拱形垄面上开两条相距 35～40 cm、深 4～5 cm、宽 8～10 cm 的小沟渠，然后用 80 cm 地膜覆盖。也可选用人畜力双垄沟覆膜机械一次性完成起垄、开沟、覆膜等工序。

（5）播种方式。根据土壤墒情确定播种方式，分为先点籽后覆膜和先覆膜后点籽两种方式。当耕作层含水量在 13% 以上时，采用先点籽后覆膜的方式，田间边起垄、边开沟、边点籽、边覆膜，出苗后，放苗封口。当耕作层含水量低于 13% 时，采用先覆膜后点籽的方式，先进行起垄、开沟、覆盖，然后沿两沟内计划点籽的位置上打孔，用水渗窝补墒，每窝水不少于 0.5 kg，即坐水种；或待降雨后，窝内及局部土壤墒情得到补偿后再点籽，点籽后用细沙或土灰封口，出苗后及时用土封压膜口。

（6）播种时间。海拔 1 500 m 以下地带为 4 月 5—8 日；海拔 1 500～1 700 m 地带为 4 月 8—12 日；海拔 1 700 m 以上地带为 4 月 10—15 日。

（7）点籽方法。将事先准备好的包衣种子点在膜下双垄沟内，垄上两沟之间窝穴呈三角形分布，每穴 2～3 粒，采用定向点播（种脐朝下、扁平面向前），株距要求 30～32 cm，深度 5～6 cm。点播或放苗封口后，垄面上形成两条凹陷的 W 形集雨沟。当自然降雨接触垄面后由光滑的膜面被及时集流入垄膜两侧的双沟内，进而注入作物点籽、出苗孔内。

（8）播种密度。肥力较高的二阴梯田地株距一般为 30 cm，每 667 m² 保苗 3 800～4 000 株；肥力较低的干旱地带株距可适当放宽为 35 cm，每 667 m² 保苗 3 500 株左右。

2. 田间管理

（1）查苗补苗。播后 8～15 d 内应勤检查出苗情况，发现漏穴缺苗断垄时，要及时将同品种种子催芽"露白"后补种。采用先点籽后覆膜种植的在玉米出苗后长出两片叶时，对准苗位破膜，待玉米

通风2～3 d后再放苗封口；对采用先覆膜后点籽的如遇降雨，要及时破除点籽孔上的板结，以保证及时出苗。当苗龄达到3～4片叶时，要及时间苗、定苗，去弱留强。

（2）巧施追肥。当玉米进入大喇叭口期，即8～10片叶时，巧施追肥，有利于后期生长发育，避免脱肥。追肥量以每667 m² 施硝酸铵12～15 kg为宜。追肥方法：用一根直径3～4 cm的小木棒，一端削尖，从两株玉米中间斜插打孔；再将备好的硝酸铵溶解在150～200 kg水中，制成液体肥，每孔内注入50 mL。

（3）防虫灭病。小麦成熟期黏虫会迁移到相邻玉米地危害，对发生黏虫的地块用20％氰戊菊酯2 000～3 000倍液常量喷雾防治；在8～12片叶即大喇叭口期，每667 m² 用5％克百威粒剂3～4 kg撒入心叶，防治玉米螟；玉米抽穗期即7月上中旬，用40％氧化乐果或13％炔螨特1 000倍液及时防治红蜘蛛；玉米大小斑病发生的田块，在防治红蜘蛛的同时，一并加入15％三唑酮可湿性粉剂150～200 g防治大斑病、小斑病。

（4）适时收获、残膜处理。玉米籽粒进入蜡熟末期及时收获。收获后，耙除田间残膜，清除泥土，回收利用。

（三）技术效果

该技术除具有常规地膜覆盖增产效应外，还能使膜上所接纳的雨水集中流入播种孔，入渗到作物根系周围，增加膜下土壤墒情，有效提高降水利用率，延长土壤水分的利用时间；打破了播期受到的水分限制，实现如期播种，为作物生长发育创造必要条件；促进作物生长发育，改善产量构成因子。在解决水分不足的矛盾后，充分利用地膜透光性好、导热性差的特点，调节农田光热条件，为作物营造良好的生长条件，促进其生长发育，显著改善作物的产量构成因子，提高作物产量。

（1）集雨蓄水效果。覆盖集流增墒可提高降水利用率12.5％。据多点测定，0～20 cm土壤出苗期含水量为16.2％（表5-12），根部渗水深度增加1倍以上，膜上降水利用率提高3倍，出苗率提高8％～11％，且苗全、苗壮、生长整齐。

（2）充分利用自然降水。采用该技术，可把无效降雨变为有效降雨，既可保住土壤中的水分，又可蓄住自然降水，表现出了明显的利用微量降雨的优势，为玉米提供了较好的供水条件，提高了旱地玉米生产能力，为旱区农民增产增收创造了条件。

表5-12 不同生育时期土壤耕层含水量

单位：％

处　理	播种前		出苗		拔节期		大喇叭口期		抽雄期		成熟期	
	Ⅰ	Ⅱ	Ⅰ	Ⅱ	Ⅰ	Ⅱ	Ⅰ	Ⅱ	Ⅰ	Ⅱ	Ⅰ	Ⅱ
双垄沟	11.9	11.9	15.3	17.1	21.4	21.8	19.2	20.4	21.5	22.0	18.9	19.3
常　规	10.2	10.2	14.7	14.5	19.1	18.9	19.0	18.9	18.9	19.0	18.3	18.1

注：Ⅰ为土壤耕层含水量，Ⅱ为玉米根系周围土壤含水量。

（3）增产效果显著。采用该技术种植玉米，在解决水分不足的矛盾后，可充分利用地膜透光性好、导热性差的特点，调节农田光热条件，为作物营造良好的生长条件，促进其生长发育，显著改善作物的产量构成因子，提高作物产量。试验表明（表5-13、表5-14），玉米秃顶长减少0.21 cm，穗粒数增加9.4粒，百粒重增加2.8 g，每667 m² 产量636.34 kg，较常规增产70.97 kg，增幅12.55％。

表5-13 玉米经济性状比较

处　理	株高（cm）	穗位（cm）	穗长（cm）	秃顶长（cm）	穗粒数（个）	百粒重（g）
双垄沟	205	98	22	0.65	536.4	31.2
常　规	198	96.6	20.3	0.86	527	28.4

表 5-14　玉米产量比较

处理	小区产量（kg）			每 667 m² 产量（kg）	增产（%）
	I	II	平均		
双垄沟	31.55	29.8	30.575	636.34	12.55
常　规	28.05	26.28	27.17	565.37	

二、玉米双垄面全膜覆盖集雨沟播栽培技术

20 世纪 80 年代初，地膜覆盖技术的应用大幅度提高了黄绵土区玉米产量；但传统的起垄半膜覆盖技术覆盖率低，裸露部分水分蒸发严重。根据自然降水富集叠加、田间微型集水以及集水补偿供水效应的原理这一研究思路，经多年研究提出了玉米全膜覆盖双垄面集雨沟播栽培技术。如果说接纳天然降雨渗入土壤水库为"进"、蒸发损失为"出"的话，这项技术模式可使土壤水分由露地及半膜覆盖栽培模式的"易进易出"，变成了"易进难出"，集雨、保墒、增产效果十分明显。

（一）技术概念

玉米双垄面全膜覆盖集雨沟播栽培技术是在双垄沟集流增墒栽培技术的基础上进行了改进。即在起垄时形成两个大小弓形垄面，小垄宽 40 cm、垄高 15 cm 左右，大垄宽 70～80 cm、垄高 10 cm，大小垄中间为播种沟，起垄后覆膜。用 130～140 cm 超薄膜全地面覆盖，膜间不留空隙，相接覆盖。在播种沟内按株距打孔点播，大小垄面形成微型集雨面，充分接纳降水和保墒。

（二）适用范围

年降水量为 300～400 mm 的半干旱地区的山地、塬地、梯田、川地或缓坡地中可推广应用。

（三）技术原理

1. 农田微工程覆膜雨水富集叠加理论　改变地表微地形，起垄形成了垄+沟+垄。在微地形上覆盖地膜，形成作物种植区和非种植区地膜全地面覆盖，使非种植区的降雨叠加到种植区，存储到土壤水库中，形成"集水面积-土壤水库-种植面积"模式。即通过优化产生径流的面积与接受径流的面积之比，使两部分面积的水集中到一部分利用，从而使同等降雨条件下作物种植区的水分增加到1倍以上，扩大作物生长的水分供应，保障作物正常生长，使作物始终处在良好的水分供应环境中，提高作物的水分满足率，从而获得理想的产量。

2. 雨水就地入渗理论　改变地表微地形下垫面，降低地表径流水力坡度，截断径流线长度，减缓径流速度，增加地表径流在一定区域内的滞留时间，就地拦蓄雨水使其入渗土壤。雨水入渗区即为雨水利用区，可利用所有降雨时段的雨水，并通过土壤水库增容的储蓄调节功能，达到雨水资源的高效利用，即雨水—土壤水库—植物利用。

3. 覆盖抑蒸理论　进入土壤中的水通过地表蒸发、植物有效蒸腾和土壤水库储存 3 个再分配过程。在半干旱地区，土壤水主要通过土壤表面的蒸发变为无效蒸发损失，蒸发量大，一般是降水量的 3～4 倍。有限的降水入渗土壤后，只有与覆盖措施结合起来，并通过不同的覆盖形式形成一个土壤与大气间的隔离层，割断土壤与大气的交换通道，从而减少土壤水的蒸发损失，将降水保蓄在土壤中，供作物生长利用，最终达到高效利用雨水的目的。

（四）技术优点

该技术依据农田微工程覆膜雨水富集叠加、雨水就地入渗、覆盖抑蒸三大理论，把"膜面集雨、覆盖抑蒸、垄沟种植"三大技术融为一体。其创新点：一是改变了地膜覆盖的方式，将半膜平铺覆盖方式改为起垄全地面覆盖；二是作物在垄上种植变为垄沟内种植，是地膜覆盖技术的又一次革新。主要技术优点如下：

1. 弥补了常规地膜覆盖玉米栽培的不足　常规地膜覆盖玉米种植形式为半膜平铺覆盖，这种覆盖方式覆盖率低，一般只有 50%～60%。没有覆盖的裸露部分却是土壤水分蒸发和损失的主要渠道，

特别是一些微小的降雨不能被利用。在局部地区推广应用的地膜全地面平铺覆盖技术，虽然覆盖率达到100％，但微小降雨只有少部分通过播种孔渗入土壤，大部分留在膜面被蒸发损失，降雨的利用率还是不高；而该技术有效弥补了常规地膜玉米栽培的不足。

2. 显著提高集雨效果 通过起垄，在田间形成了多个垄和沟，改变了微地形，增加了地表的表面积。用地膜全部覆盖后，形成了大面积的集雨面，大小垄面上各种形式的降水都可集中到垄沟内，从而使同等降雨条件下作物种植区的水分增加1倍以上，扩大作物生长的水分供应，保障作物正常生长，使作物始终处在良好的水分供应环境中，提高作物对水分的满足率，从而获得理想的产量。特别是对春季5 mm左右的降雨，通过膜面的集流，可将无效降水变为有效降水发挥作用。对容易形成地表径流的较强降水，田间相间的大小垄、垄沟、垄沟内的土腰带所组成的拦截径流系统，避免了降水向局部汇集而形成较大径流的可能，使降水径流在垄沟内沿播种孔均匀渗入土壤。据资料介绍，每生产1 kg玉米籽粒，需水350～380 kg，那么生产500 kg玉米籽粒，需175～190 t水。如果全年降雨350 mm，通过该技术的应用，将其全部集蓄到土壤，就能在土壤水库中储备200 t水，足可以满足生产500 kg玉米的水分需求。

3. 最大限度发挥保墒作用 垄和垄沟用地膜全部覆盖后，形成了地面与大气之间的隔离层，隔断了土壤中水分的向上蒸发，最大限度发挥保墒作用。在玉米生长期间，测定土壤耕层含水量，该技术比半膜覆盖栽培地高39％，比未覆膜玉米地高50％以上，明显起到了抑制土壤水分蒸发、抗旱保墒的作用，有效解决了科学蓄住"天上水"、保住"地里墒"的问题，使玉米能在旱作农业区稳产、高产。

4. 提高地温、有利防寒和促进玉米早熟 全膜覆盖后，田间光照条件的改善，土壤与大气气流的交换受阻，使玉米生长期间的有效积温增加，促进玉米早熟，试验证明可提早成熟10～15 d；还使玉米的适种海拔提高300 m左右，使原来不能种玉米的地区可以种玉米，一些中晚熟品种在海拔2 000 m的地区也能正常成熟，发挥了品种的生产潜力。白天吸收的太阳能可以储藏较多热量，并储存到深层土壤中，到夜晚地表辐射散热时又可从深层释放热量传至地表，一般能提高温度1～3 ℃，可延缓地表附近温度的降低，使玉米低温霜冻的危害减轻，有利于保全苗，为丰产奠定基础。2004年5月上旬甘肃省遇到强霜冻危害，5月3日强降温，气温降到-4 ℃，此时玉米正处在2叶1心期。据榆中县农业技术推广中心调查结果：常规半膜覆盖种植的玉米苗有58.2％～88.5％被冻死，平均死苗率72.6％；补种后于5月16日又遇强降温，刚出土的幼苗再次被冻死，死苗率51.4％～75.0％，平均64.6％；又进行了第二次补种，只能用早熟品种。而应用该技术种植的玉米，第一次降温仅有12.5％～23.9％的幼苗被冻死，平均死苗率19.7％，保苗率达到80％左右，受害较轻的苗缓苗较快；第二次降温死苗率0～18.8％，平均12.6％。

5. 有利于保护生态环境 全膜覆盖能有效抑制田间杂草，减少除草的劳动力投入；还能有效减轻地表土的风蚀和降雨冲刷，减轻水土流失，有利保护耕作区土壤及生态环境。另外，可充分发挥水肥协同效应和激励机制，提高作物抗旱力和水分利用效率，节约水肥资源，减少污染，改善生态环境。

（五）技术要点

1. 播前准备 选择地势平坦、土层深厚、土壤肥沃的田块，前茬以豆类、马铃薯、冬小麦等茬口为佳。前茬作物收获后，伏天深耕晒垡，接纳降水，熟化土壤。秋季机械深耕或人工深翻25 cm以上，耕后打糖收墒，达到地面平整、土壤细、绵、无土坷垃、无前作根茬。

2. 施肥 每667 m² 施优质农家肥4 000～5 000 kg、氮肥（N）10～12 kg、磷肥（P_2O_5）8～10 kg、钾肥（K_2O）5～10 kg、锌肥（$ZnSO_4$）1.0～1.5 kg或玉米专用肥80 kg，结合整地施入或在作垄时集中施入窄行垄带内。

3. 选用良种 选用抗旱包衣种子。海拔1 800 m以下宜选用中晚熟品种，海拔1 800 m以上选用中早熟品种。

4. 土壤处理 地下害虫危害严重的地块，整地起垄时每 667 m² 用 40％辛硫磷乳油 0.5 kg 加细沙土 30 kg，制成毒土撒施。杂草危害严重的地块，整地起垄后用 50％乙草胺乳油兑水全地面喷雾，然后覆盖地膜。土壤湿度大、温度高的地区，每 667 m² 用乙草胺乳油 50～70 g，兑水 30 kg；冷凉地区用乙草胺乳油 150～200 g，兑水 40～50 kg。

5. 起垄规格 每个播种沟对应一大一小两个集雨垄面，大小双垄总宽 120 cm、大垄宽 80 cm、高 10～15 cm、小垄宽 40 cm、高 15～20 cm。缓坡地沿等高线开沟起垄，要求垄和垄沟宽窄均匀，垄脊高低一致。一般在 3 月上中旬耕作层解冻后就可起垄。起垄方法是：用齿距为小行宽 40 cm、大行宽 80 cm 的划行器划行，用步犁来回沿小垄的划线向中间翻耕起小垄，将起垄时的犁臂落土用手耙刮至大行中间形成大垄面。有条件的地区也可用机械起垄覆膜。

6. 全膜覆盖 整地起垄后，用宽 130～140 cm、厚 0.006～0.008 mm 的超薄地膜，每 667 m² 用量为 5～6 kg，全地面覆膜。膜与膜间不留空隙，两幅膜相接处在大垄的中间，用下一垄沟或大垄垄面的表土压住地膜。覆膜时地膜与垄面、垄沟贴紧，并每隔 1～2 m 横压土腰带，一是防止大风揭膜，二是拦截垄沟内的降水径流。覆膜后在垄沟内及时打开渗水孔，以便降水入渗。

7. 适时播种 各地应结合气候特点，当地温稳定通过 10 ℃时播种，一般是 4 月中下旬。播种密度按照各地土壤肥力高低具体确定。肥力较高的旱川地、沟坝地、梯田地，株距 30～35 cm，每 667 m² 保苗 3 200～3 700 株；肥力较低的旱坡地，株距 35～40 cm，每 667 m² 保苗 2 800～3 200 株。中早熟品种适当加大密度，株距 30 cm，每 667 m² 保苗 3 700 株左右。播种方法一般用自制玉米点播器按规定的株距破膜点种，点播后用细沙或牲畜圈粪、草木灰等疏松物封播种孔，防板结影响出苗。

8. 田间管理

（1）苗期管理。重点是保全苗、促壮苗。及时查苗放苗，发现缺苗及时催芽补种或结合间苗移栽。

（2）中期管理。重点是促壮秆、增大穗，注意防治玉米细菌性茎腐病。当玉米进入大喇叭口期，即 10～12 片叶时，追施壮秆增穗肥，一般每 667 m² 追施尿素 15～20 kg。追肥方法是用自制玉米点播器从两株玉米间打孔，施入肥料。或将肥料溶解在 150～200 kg 水中，制成液体肥，每孔内浇灌 50 mL 左右。

（3）后期管理。重点是防早衰、增粒重，防治病虫害。若发现植株发黄等缺肥症状时，追施攻粒肥，一般每 667 m² 追施尿素 5 kg。发生黏虫的地块用 20％氰戊菊酯 2 000～3 000 倍液喷雾防治，在 10～12 片叶时（大喇叭口期）用辛硫磷拌毒沙防治玉米螟，玉米抽穗期用 40％氧化乐果或 73％炔螨特 1 000 倍液防治红蜘蛛，玉米大斑病、小斑病发生时可喷施 15％三唑酮可湿性粉剂每 667 m² 150～200 g。

9. 适时收获 当玉米苞叶变黄，籽粒变硬有光泽时收获。如果地膜使用两年，应及时砍倒秸秆覆盖在地膜上，保护地膜。如果要换茬，玉米收获后，清除田间残膜，回收利用。

10. 一次覆膜两年应用栽培技术 玉米收获后，将秸秆砍倒覆盖在地膜上，保护地膜，使冬春季持续保墒，能有效减轻冬春季土壤水分蒸发，提高早春地温，还可降低生产投入 150 元左右（包括地膜费用、犁地、整地、刨玉米根茬、铺地膜人工费等）；而且，根茬腐烂直接还田，能增加土壤有机质，提高土壤肥力。同时，冬春季秸秆覆盖，有利于减轻土壤地表的风蚀，可有效降低沙尘暴的危害，有利于保护环境。翌年播前 1 周将秸秆运出，清扫膜面茎叶，播种时错开上年播种孔，按原株距打孔点播。

11. 垄沟滴灌技术 田间地头建有集雨窖的可利用窖水和滴灌设备，根据土壤墒情在拔节期、大喇叭口期、抽雄期、灌浆期进行适时补灌。滴灌带（管）布于垄沟膜面上，灌水顺垄面汇集于垄沟内，沿播种孔全部渗至作物根际周围。

12. 蔬菜栽培应用 在甘蓝、西葫芦等稀植栽培的蔬菜上应用，可将总垄宽缩小，大垄宽 50 cm、小垄宽 40 cm，用 100 cm 宽的地膜全地面覆盖，在垄沟内栽植。

（六）技术效果

据甘肃榆中试验结果，试验地无霜期 120～140 d，年降水量只有 320～400 mm；而蒸发量为 1 400 mm，是降水量的 3.5 倍，春季降水多以 10 mm 以下的微效甚至无效降水为主。试验田选择海拔 1 880～1 960 m 的旱作梯田，土壤质地为黄麻土，设玉米垄作条膜覆盖栽培（常规覆膜模式，对照）（处理 A）、玉米双垄面全膜覆盖集雨沟播栽培（处理 B）2 个处理，重复 3 次，顺序排列。结果显示：

1. 对玉米生育时期的影响　从不同处理玉米生育时期观察看出（表 5-15），玉米双垄面全膜覆盖膜集雨沟播技术明显加快玉米生育进程，可使玉米提前成熟 10～15 d。这样有利于提高玉米适种海拔上限，在较高海拔地区选择中晚熟丰产品种也可成熟，促进高海拔地区种植结构的调整。

表 5-15　不同处理玉米生育时期

处理	播种期（日/月）	苗期（日/月）	大喇叭口期（日/月）	抽雄期（日/月）	成熟期（日/月）	全生育期（d）
A	15/4	30/4	6/7	13/7	27/9	151
B	15/4	28/4	24/6	1/7	15/9	138

2. 对土壤水分的影响　从玉米几个关键生育时期不同覆膜模式 0～60 cm 土壤含水量的测定结果可知（表 5-16），玉米垄作条膜覆盖栽培地面覆盖率低（一般为 50％左右），虽利于降水入渗，但未覆盖的裸露部分同时也是水分蒸发损失的主要渠道，平均土壤含水量为 106.8 g/kg。玉米双垄面全膜覆盖集雨沟播覆盖率高（100％），隔断了土壤裸露蒸发损失路径，最大限度地保蓄土壤水分，抑制了土壤水分的无效蒸发。同时，田间大小相间的垄面形成微型集水面，使不同形式的降水通过集水面聚集于播种沟内沿播种孔下渗到作物根系周围，蓄存于土壤水库之中，增加膜下墒情，改善了农田的水分供给状况，提高了玉米的水分满足率和对水分的利用率。据测定，双垄面全膜覆盖集雨沟播栽培玉米生育期平均土壤含水量为 159.4 g/kg，比垄作条膜覆盖栽培的玉米生育期平均土壤含水量高 49.0％，起到了抑制土壤水分蒸发、增墒抗旱的作用，解决了科学蓄住"天上水"、保住"地下水"的问题，使玉米能在旱作区稳产高产。

表 5-16　玉米不同生育时期土壤含水量

单位：g/kg

处理	测定日期					平均含水量
	4 月 15 日	4 月 29 日	6 月 24 日	7 月 28 日	8 月 27 日	
A	125.1	156.6	106.1	70.1	76.1	106.8
B	173.6	230.3	182.6	124.1	86.4	159.4

注：覆膜前 0～60 cm 土壤含水量为 42.6 g/kg（4 月 4 日），生育期降水量为 387.5 mm。

3. 对玉米经济性状和产量的影响　收获期测定的产量及主要经济性状结果表明（表 5-17），双垄面全膜覆盖集雨沟播栽培的株高、穗长、穗粒数、千粒重等产量性状均明显高于垄作条膜覆盖栽培模式，比垄作条膜覆盖栽培净增产 2 444.2 kg/hm²，增幅 37.9％，增产效果显著。

表 5-17　玉米产量及经济性状分析

处理	株高（cm）	穗长（cm）	穗粗（cm）	秃顶率（％）	穗粒数（粒）	千粒重（g）	小区产量（kg）	折合产量（kg/hm²）	增产（％）
A	202	19.3	4.6	11.8	468.0	284.6	46.4	6 444.8	
B	248	24.1	5.0	1.2	631.9	332.0	64.0	8 889.0	37.9

注：小区面积为 72 m²。

双垄面全膜覆盖集雨沟播栽培模式与垄作条膜覆盖栽培模式相比，每公顷多投入地膜 30 kg，增加投入 300 元，但玉米产量每公顷增加 2 444.2 kg。

双垄面全膜覆盖集雨沟播栽培模式降水生产率（降水生产率＝667 m² 产量/年平均降水量）明显提高，其降水生产率为1.529 3，常规覆膜栽培模式降水生产率为1.108 8，双垄面全膜覆盖集雨沟播栽培模式降水生产率比垄作条膜覆盖栽培模式提高36.9％。

（七）经济效益分析

垄作条膜覆盖栽培（半膜覆盖）每667 m² 投资269.6元；双垄面全膜覆盖集雨沟播栽培物化劳动投入134.6元，活劳动投入165.0元，每667 m² 比常规栽培增加投入30.0元，净产值多148.86元，产出投入比为4.96元/元（表5-18）。

表5-18　玉米双垄面全膜覆盖集雨沟播栽培与垄作条膜覆盖栽培经济效益概算

概算项目			双垄面全膜覆盖金额（元）	垄作条膜覆盖金额（元）	增值（元）
每667 m² 投入	物化劳动	种　子	12.00	12.00	0.00
		地　膜	50.00	35.00	15.00
		氮　肥	42.60	42.60	0.00
		磷　肥	30.00	30.00	0.00
	活劳动	整　地	15.00	15.00	0.00
		覆膜播种	90.00	45.00	45.00
		放　苗	7.50	7.50	0.00
		锄草松土	0.00	45.00	−45.00
		清除废膜	7.50	7.50	0.00
		追　肥	15.00	15.00	0.00
	畜工（折人工）		30.00	15.00	15.00
	合　计		299.60	269.60	30.00
每667 m² 产出	玉　米		661.50	501.00	160.5
	秸　秆		77.52	58.71	18.81
	合　计		878.60	648.80	178.86
每667 m² 净产值			579.00	379.20	148.86
粮食成本（元/kg）			0.58	0.69	−0.11
产出投入比（元/元）			1.93	1.41	4.96

三、玉米全膜覆盖平铺集雨抑蒸栽培技术

（一）技术概念

玉米全膜覆盖平铺集雨抑蒸栽培技术是不起垄，用超薄膜全地面覆盖，两幅地膜相接处用表土压实，并每隔2.0 m压土腰带，使全田形成多个集雨面接纳降水，提高降水利用率，抑制土壤水分蒸发的一种栽培方式。

（二）技术要点

玉米全膜覆盖平铺集雨抑蒸技术的栽培要点，以及节水、增产机理、基本原理等，与前文的玉米双垄面全膜覆盖集雨沟播栽培技术既有共同点，又有不同点，共同点不再阐述，不同点主要是播种铺膜不起垄。其主要基本操作方法如下。

（1）在4月上旬播种前20 d左右，整地后用宽幅140 cm超薄膜平铺覆盖全地面，使耕层增温、

提墒、保墒。铺膜时3人合作，一人展膜，一人顺直行压土，一人横压土腰带，防止大风揭膜，阻止降水径流产生。首先将第一幅地膜外边用土压实，每隔2m压土腰带；第二幅膜与第一幅膜搭接5～10 cm，并顺第一幅膜继续压土腰带，依次类推，至全田铺完，压实最后一幅地膜。这样，全田形成多个2.4 m²左右的集水面，能有效接纳降水。

（2）一般采用先铺膜后播种的方式。在铺膜后10 d左右，至4月中旬耕层地温升高，提墒后按种植规格和密度要求打孔点播，每孔点2粒种子，随即用草木灰或细绵沙封孔口。一般先从地边起种两行，行距40 cm，隔80 cm再种两行，依次类推至全田种完。可自制简易打孔器：截取直径6～8 cm木棒75～95 cm，按株距要求钻直径1 cm的孔4个，钉上硬质木棍，留7 cm将头削尖；另一面钉上扶手，有条件的可用钢管焊接。播种时一人打孔，一人点籽，可提高工效2倍。在打孔时，打孔器将地面下压，在膜面上形成深5 cm左右集水沟，充分接纳降水，有利出苗，确保全苗。

（三）效益分析

全膜覆盖平铺种植玉米，具有增产、保墒，提高降水利用率的显著效果。试验设4个处理，即A：双垄面全膜覆盖集雨沟播栽培，B：全膜覆盖平铺栽培，C：半膜小垄沟覆盖栽培，D：半膜覆盖平铺栽培（对照）。

试验地土壤肥力中等，旱地，土壤类型为黄绵土，上茬播种作物为小麦，播前土壤含水量为5.4%。4月14日整地、施肥、覆膜打孔，当天晚上下小雪，所有雨水全部流入播种沟内。4月16日按株距打孔播种，4月24日出苗。2003年全年降水量为387.5 mm。

1. 不同覆膜方式对玉米产量的影响　从表5-19可以看出，玉米双垄面全膜覆盖集雨沟播栽培处理单产平均每667 m² 592.5 kg，比半膜覆盖平铺栽培（对照）增产143.9 kg，增幅32.1%；全膜覆盖平铺栽培单产平均每667 m² 560.4 kg，比半膜覆盖平铺栽培（对照）增产111.8 kg，增幅24.9%；半膜小垄沟覆盖栽培与半膜覆盖平铺栽培（对照）相比增幅不明显。

表5-19　不同覆膜方式对玉米产量的影响

处　理	每667 m² 产量（kg）	每667 m² 增产（kg）	增产率（%）
A	592.5	143.9	32.1
B	560.4	111.8	24.9
C	468.4	19.8	4.4
D（CK）	448.6		

2. 不同覆膜方式对玉米主要经济性状的影响　从表5-20可以看出，不同覆膜方式对玉米穗粒数、千粒重、穗长、穗粗与产量趋势基本一致。

表5-20　不同覆膜方式对玉米主要经济性状的影响

处　理	穗长（cm）	穗粗（cm）	穗粒数（个）	千粒重（g）	秃顶率（%）
A	24.1	5.0	647.5	332.0	1.2
B	21.1	4.8	603.0	328.8	4.2
C	20.9	4.7	545.8	321.2	7.2
D（CK）	19.5	4.6	468.0	285.0	11.8

3. 不同覆膜方式对土壤含水量的影响　2003年6月降雨26.4 mm，玉米双垄面全膜覆盖集雨沟播栽培处理，0～60 cm土壤含水量最高，平均106.2 g/kg，比其他处理高32.1%～39.9%

（表 5-21）。可见，玉米双垄面全膜覆盖集雨沟播栽培技术具有显著的集雨保墒效果，是旱作农业区玉米种植有效的抗旱栽培技术措施。

表 5-21 不同覆膜方式对土壤含水量的影响

单位：g/kg

处 理	0~20 cm	20~40 cm	40~60 cm	平 均
A	96.4	108.1	114.1	106.2
B	73.2	93.3	98.8	88.4
C	72.6	73.5	75.6	73.9
D（CK）	58.5	70.5	70.0	66.3

注：测定日期为6月24日。

4. 不同覆膜方式对降水生产力的影响 从表 5-22 可以看出，双垄面全膜覆盖集雨沟播栽培处理的降水生产力最高，比对照增加 0.38 g/mm，提高了 33.0%。

表 5-22 不同覆膜方式对降水生产力的影响

指 标	A	B	C	D（CK）
降水生产力（g/mm）	1.53	1.45	1.21	1.15
比对照增加（g/mm）	0.38	0.30	0.06	
比对照提高（%）	33.0	26.1	5.20	

四、小麦微垄覆膜集雨保墒技术

（一）技术概念

小麦微垄覆膜种植有的地方也称膜侧沟播，是垄上覆地膜，作为集水区，沟内种植作物，作为种植区。由于春季土壤蒸发特别强烈，降水量少且变化大，此项技术使降雨的水平分布变为垂直分布，使无效雨或微效雨变为有效雨，是在干旱、半干旱地区推广的一种栽培技术。通过对地块起垄、整形、铺膜、盖膜、膜际条播等技术，即在小麦播种前、整地起垄后，垄上覆膜，垄沟两侧沟内播种两行小麦，种植区内也可覆盖秸秆，同时可补灌。在提高降水利用的基础上充分利用地膜节水、保墒效应以实现低投入、高产出。

（二）适用范围

在降水量≥300 mm、小麦生育期降水量≥120 mm，全生育期有效积温（≥10 ℃）1 400 ℃以上，冬小麦越冬期间极端最低温度-27 ℃的山地、塬地、梯田或缓坡地中应用。

（三）操作步骤

1. 播前准备

（1）选地整地。选择地势平坦的川旱地或水平梯田地，土质为轻壤土或中壤土，土层深厚，肥力中等。前茬作物收获后及早浅耕灭茬，伏前深耕纳雨蓄墒，耕后遇雨浅耕耙糖，播前结合浅耕施肥。耙糖或用旋耕机浅耕后镇压，旱年少犁多耙，整地达到无土块、无根茬、无杂草、上虚下实、田面平整、墒情良好的标准。

（2）施足底肥。以生产 100 kg 小麦籽粒需氮肥（N）3 kg、磷肥（P_2O_5）1.0~1.5 kg、钾肥（K_2O）2.5~3.0 kg 作为需肥基本依据，并参照土壤肥力基础、肥料种类及有效成分、当年利用率等，确定具体地块的施肥量。一般每 667 m² 施优质农家肥 3 000~4 000 kg，化肥折氮肥（N）8~10 kg、磷肥（P_2O_5）4~6 kg、钾肥（K_2O）7~10 kg。

（3）土壤处理。杂草和地下害虫发生严重的地块，播前整地时用药剂进行土壤处理。每 667 m² 用 5%甲拌磷颗粒剂 1.5～2.0 kg 拌土 20 kg 施入土壤，防治地下害虫。用 40%燕麦畏乳剂 150～200 g 加水 3～4 kg 后拌细沙 15～20 kg，或加水 30 kg 施入土壤，防治野燕麦草。

（4）良种选择。单作选择适合当地条件的抗旱、抗寒、抗病、抗倒伏、生育期适中的中矮秆大穗丰产性品种，间作套种选择矮秆大穗、中早熟丰产性品种。清除秕、碎、病粒及杂物，使纯度达到 98%，净度达到 98%，发芽率达到 95%。

（5）农膜机具准备。目前有两种类型的铺膜播种机：一种是畜力牵引，起单垄、铺膜，膜侧播种 2 行作物；另一种是 8.8～11.0 kW 小四轮牵引，起双垄、铺膜种 4 行作物。另外，还有能一次完成深施化肥、注水播种、多行播种等综合作业的机具。选择强力超薄地膜，幅宽由机具、种植规格而定。一般使用 35～40 cm 宽地膜，单作地块每 667 m² 用量 3.0 kg 左右。播前调试下籽量，每 667 m² 10～15 kg。

（6）种子处理。对选好的种子播前晒种 1～2 d。地下害虫发生严重的麦田，用 60%甲拌磷乳油按种子质量的 0.2%拌种（即 100 mL 药剂加水 2～3 kg 稀释，均匀喷洒在 50 kg 种子上，反复搅拌后闷种 4～6 h）；或 50%辛硫磷乳油（40%甲基异柳磷乳油）按种子质量的 0.2%拌种（方法同上）。易发生黑穗病的麦田，用 40%拌种双可湿性粉剂 100～150 g 加水 4 kg 拌种 100 kg；对发生白粉病和锈病的麦田，用 15%三唑酮可湿性粉剂 200 g 加水 4 kg 拌种 100 kg 即可。

2. 铺膜播种

（1）播种时间。应用该技术的冬小麦适宜播种时间比当地露地小麦最适播期推迟 5～8 d。

（2）播种量。采用当地同类型露地栽培 70%～80%的播种量。一般中等肥力地块播种量以每 667 m² 25 万～30 万粒（10～15 kg），每 667 m² 保苗 22 万～30 万株为宜。

（3）起垄、覆膜。垄底宽 25～30 cm、高 10 cm，垄顶呈圆形，垄间距 25 cm 左右。用幅宽 35～40 cm 的地膜覆盖。每垄膜两侧各种 1 行小麦，宽行行距 30～35 cm，窄行行距 15～20 cm。根据具体情况调节带幅。

（4）起垄、铺膜方法。选用畜力或拖拉机牵引可一次完成起垄、铺膜、播种等综合作业的机具。起垄与铺膜要结合进行，垄呈圆顶状，垄面无杂物、无大坷垃；膜两边各压土 5 cm，拉紧压实，使之紧贴垄面。播种起步时要压紧压实地膜头，行走速度要均匀，膜侧用土压严不露边。一般播种深度 3～4 cm，要求条带宽度一致，膜上间隔 3～4 m 压一土腰带，防止刮风揭膜。盖膜后遇雨及时松土，防止板结。

3. 田间管理

（1）越冬前管理。出苗后及时检查出苗情况，发现缺苗断垄 15～20 cm 的行段，要采用相同品种的种子浸种、催芽、补种，保证全苗。播种后经常检查麦田覆膜情况，严禁人畜践踏，及时把因风吹起的地膜复位，拉平压紧。

（2）越冬后管理。早春土壤解冻后要及时进行顶凌锄划保墒，镇压或顺垄踩压。

（3）看苗追肥。对墒情较好、肥力不足的地块，根据麦苗长势适量追肥，可趁降雨在拔节、孕穗期每 667 m² 追施硝酸铵 10 kg 或用 3%尿素溶液 50 kg，每 7～10 d 喷 1 次，连喷 2～3 次。也可用磷酸二氢钾等叶面肥喷施追肥。

（4）化控防止倒伏。对于麦苗群体过大或长势偏旺，应在起身至拔节初期叶面喷洒 20%壮丰安乳剂，每 667 m² 用量 20～30 mL 兑水 20～25 kg 或 15%多效唑可湿性粉剂 40～80 g 兑水 50 kg 均匀喷洒，控旺促壮。

（5）病虫草及鼠害防治。小麦生长期，发现蚜虫等害虫危害时，每 667 m² 用 40%氧化乐果乳剂或氧化乐果 75～100 g，兑水 50 kg 喷雾防治。吸浆虫、麦秆蝇等发生时，每 667 m² 用 4%敌马粉 1 kg 喷粉防治。小麦锈病和白粉病等病害发生普遍率达 5%时，每 667 m² 用 15%三唑酮 50～70 g，兑水 50 kg 喷雾。杂草根据其类型及时拔除或药剂除草；对鼠害严重的地块，用药剂诱杀或天敌捕杀。

（6）残膜清除。小麦收获后，将埋在土里和地表的残碎地膜及时清除，以免影响耕作和下茬作物生长。

（四）增产机理

1. 蓄水、保墒、节水效应 地膜覆盖后，减少了地面裸露面积，利用地膜的不透水特性，切断了土壤与大气的直接交换，有效阻止了土壤水分蒸发。白天气温高时，膜内水分增加，大量凝结在内壁上，到夜间或低温天气，再渗入土壤。地膜覆盖具有明显的抗旱保墒作用，降雨时膜上所接纳的雨水，可直接入渗到沟内作物根部，提高了降水利用率。膜垄的临界产流降水量为 1.2 mm，其平均集水效率为 87%，是土垄平均集水效率的 12 倍多，特别是能提高小雨的利用率。

2. 增温效应 晴天时，阳光透过地膜，土壤获得辐射热，使地表温度升高；再通过土壤传导作用，逐渐提高下层土壤温度，同时也把热量储存在土壤内。另外，还具有改善土壤理化性状和增加田间光照等效应。

3. 省工、省时 该技术与穴播栽培小麦技术比较，微垄可使仅有的 5 mm 降水得到充分利用，提高了有效水资源的利用率。省工、省时，因减少了放苗工作，每 667 m² 可节省 5 个工日。微垄膜面可点种胡萝卜等蔬菜作物，提高了土地的利用率和生产率。

（五）增产效益

冬小麦采用这项技术后，改善了土壤的水、肥、气、热状况，小麦的主要农艺性状得到改善，产量明显提高（表 5-23、表 5-24）。

表 5-23　微垄覆膜集雨与露地栽培小麦农艺性状

处理		株高（cm）	小穗数（个）	穗粒数（粒）	千粒重（g）	有效穗数（万个）
微垄覆膜集雨	平均	82.3	8.0	18.7	43.6	22.57
	Ⅰ	81.0	7.1	16.0	44.3	26.26
	Ⅱ	82.0	8.3	19.0	43.8	21.28
	Ⅲ	84.0	8.6	21.0	42.6	20.28
露地	平均	72.0	7.3	15.8	35.2	21.99
	Ⅰ	73.0	6.8	18.0	36.1	21.50
	Ⅱ	74.0	7.3	16.9	36.2	23.10
	Ⅲ	69.0	7.9	12.6	33.3	21.42
比露地增减	平均	10.3	0.7	2.9	8.4	0.58

表 5-24　微垄覆膜集雨与露地栽培小麦产量比较

处理	小区（12 m²）产量（kg）				每 667 m² 产量（kg）	每 667 m² 较露地增产（kg）	增产率（%）
	Ⅰ	Ⅱ	Ⅲ	平均			
微垄覆膜集雨	3.35	3.17	3.27	3.26	181.12	57.78	46.85
露地	2.51	2.54	1.62	2.22	123.34		

第五节　黄绵土区灌溉工程技术

黄绵土区水资源短缺，如何经济、有效地使用宝贵的水资源，发挥它的最大生产效率，是农业生产中一项不可缺少的技术，即节水灌溉技术。根据作物的生育特点及需水规律，进行适时适量灌溉，避免用水浪费，节约用水。目前，我国黄绵土区的农业节水灌溉技术主要有：微灌技术、膜下滴灌技术等。

一、微灌技术

微灌是一种新型的节水灌溉技术，它包括滴灌、微喷灌、渗灌等。它是根据作物需水要求，通过低压管道系统与安装在末级管道上的特制灌水器，将水分和作物生长所需的养分以较小的流量均匀、准确地直接输送到作物根部附近的土壤表面或土层中的灌水方法。与传统的地面灌水方法和全面积都湿润的喷灌相比，微灌常以少量的水湿润作物根区附近的部分土壤，主要用于局部灌溉。

（一）微灌的适应条件

一般来讲，微灌的适应性几乎不受限制，但从当前的技术水平和实际情况看，在什么地区或什么作物上采用微灌比较好，采用什么形式的微灌比较合适，分别介绍如下：

（1）在地区上，微灌一是适用于干旱的山坡丘陵地区；二是适用于小溪流和小山泉等其他灌水技术无法利用的分散的小水源区；三是其他灌水方法很难灌溉的地区，如沙漠、河滩地、石质沙砾地区等。当然，条件优越的地方更适合应用。

（2）微灌在作物上首先用于经济价值较高的作物如各种果树、瓜菜、食用菌等，对苗圃花卉以及荒山绿化都能发挥作用，大田粮食作物、油料作物应用也都取得了较好的经济效益。

（3）微灌的各种灌水装置都有它的特点和适灌的对象。对于大田粮食作物和油料作物，应用移动式地表滴灌比较适宜；对于既要求增加土壤湿度又要求增加田间空气湿度的作物，宜采用微喷灌方式；对于多年生深根作物，采用渗灌较适宜；对于果树和绿化造林的灌溉，采用微喷灌、滴灌、渗灌都可以。

（4）微灌适用于日光温室或塑料大棚的蔬菜栽培。试验表明，微灌的大棚黄瓜产量高、品质好，可提前上市，经济效益相当高。

（二）微灌的优点及缺点

1. 优点

（1）省水。微灌系统全部由管道输水，没有沿途入渗和蒸发损失。另外，微灌是局部灌溉，灌水时一般只湿润作物根区的部分土壤，灌水定额小，不会发生地表径流和深层渗漏；微灌能适时适量按作物生长需求供水，较其他灌水方法的灌水利用率高。因此，一般比地面灌溉省水 30%～50%，比喷灌省水 20%～30%。

（2）节能。微灌系统的灌水装置在低压条件下运行，一般工作压力为 0.7～1.5 kPa，而喷灌的工作水头需 30～50 m。另外，微灌比地面灌溉省水很多，灌溉水利用率高，这也意味着减少了能耗。

（3）灌水均匀。微灌系统能够有效控制每个灌水装置的出水量，使作物都能得到适宜生长的水分和养分，灌水均匀度可以高达 90%以上。

（4）增产。微灌能适时适量地向作物根区供水供肥，并能调节棵间的温度和湿度，为作物生长提供十分有利的条件，因而可获得高产。同时，在产品质量上也有所提高。实践证明，微灌较其他灌水方法可增产 30%左右。

（5）适应于复杂地形。微灌系统配有多种控制和调节设备，因而能在各种复杂地形条件下进行灌水。如在使用其他灌水方法很困难的山丘地区，很适合发展微灌。

（6）适合对不良土壤进行灌溉。微灌系统水量按需要进行控制，灌水速度可快可慢。如对于入渗率很低的坚实土地或黏土地，灌水速度可以放慢，使其不产生地面径流；对于入渗率很高的沙质土，灌水速度可以提高，灌水时间可以减少或进行间歇供水，既能使作物根系层土壤经常保持适宜的水分，又不会产生深层渗漏。

（7）可利用咸水资源。微灌可以使作物根系层土壤经常保持较高含水状态，因而局部的土壤溶液浓度较低，作物根系可以正常吸收水分和养分而不受盐碱危害。实践证明，使用咸水滴灌，水中含盐量在高达 2～4 g/L 时，作物仍能正常生长，并能获得较高产量。

利用咸水滴灌会使滴水湿润带外围形成盐斑，长期使用会造成土壤恶化。因此，在灌溉季节末期应进行淡水冲洗。

（8）节省劳动力。微灌系统可全部同时进行灌水，也可分区轮灌。只需开、关阀门就可以进行灌溉，不需平整土地或开沟打畦，大大减少了田间灌水的劳动强度，还可实行自动控制。

2. 缺点

（1）易引起堵塞。灌水装置的堵塞是当前微灌应用中最主要的问题。因此，微灌对水质要求较严，所用水源都应经过过滤，必要时还需经过沉淀和化学处理后才允许进入微灌系统。否则，会使灌水装置发生堵塞，严重时会使整个系统无法正常工作，甚至报废。

（2）可能引起盐分积累。当在含盐量高的土壤上进行微灌，或是利用咸水微灌时，盐分会积累在湿润区的边缘。若遇到小雨，这些盐分可能被淋洗到作物根区而引起盐害。因此，在遇到小雨时，应继续进行微灌。同时，在没有充分冲洗条件的地方，或是秋季没有充分降水的地方，不能在高含盐量的土壤上进行微灌，或是利用咸水微灌。

（3）可能限制根系的发展。微灌只湿润部分土壤，加之作物的根系有向水性，这样就会引起作物根系集中向湿润区伸展。因此，在没有灌溉就没有农业的西北干旱地区发展微灌时，应正确布置灌水装置，在平面上要布置均匀，在深度上最好采用渗灌。对于半干旱、半湿润地区或是湿润地区，微灌仅作为降水分配不均或水量不足的补充性灌溉，这一问题几乎不存在。

（三）微灌工程的组成

微灌工程通常包括 4 个部分：水源工程、首部枢纽、输配水管网和灌水装置（灌水器）。

1. 水源工程　河流、湖泊、塘堰、渠道、井泉等，只要水质符合微灌要求，均可作为微灌的水源。为了利用这些水源，有时需要修建引水、蓄水、提水工程以及相应的输配电工程等，这些统称为水源工程。

2. 首部枢纽　微灌系统首部由机泵、控制阀门、水质净化设备、施肥装置、量测和保护装置组成。首部枢纽担负着整个微灌系统的运行、检测和调控任务，是全系统的控制调度中枢。其中，水泵、动力设备、阀门、水表、压力表等为通用设备，其余为专用设备。

（1）水质净化设备。微灌灌水器孔径都很细小，一般只有 1 mm 左右，容易被污物堵塞，所以微灌用水都应经过净化处理。当水中含沙量高时，应先经过沉淀池将大颗粒泥沙沉淀，再经过过滤器进入微灌系统。常用的过滤器有：

筛网过滤器：可根据灌水器孔径来选配不同规格的滤网，以拦截无机污物。

沙过滤器：在一个压力密封罐内装入一定规格的纯沙，水经过沙层就可以滤除水中的杂质，过滤水中有机物，如鱼卵、藻类等。

离心式过滤器：离心式过滤器也称水沙分离器，水经过离心力作用，将水中沙子分离出去。当水中含沙较多时，常作为一级过滤使用，但还应与筛网过滤器配合使用。

叠片式过滤器：叠片式过滤器由许多刻有沟槽的塑料同心圆片组成，结构紧凑，过滤效果好。

（2）施肥装置。将可溶性肥料或农药液体按一定剂量通过施肥（药）设备输入微灌系统，并随灌水而施肥（药），又称施肥灌溉。常用的施肥设备有施肥罐、开敞式肥料桶、文丘里注肥器和注射泵等。

施肥罐：施肥罐又称压差式施肥罐，适用于首部压力较高的系统，利用阀门调节上下游压差使施肥罐的肥液流入滴灌系统。

开敞式肥料桶：适用于自压水源微灌系统的首部，通过供肥管阀门，就可将肥液流入微灌系统而施入田间，使用方便。

文丘里注肥器：与开敞式肥料桶配套组成一套施肥装置。其构造简单，造价低廉，使用方便，主要适于小型微灌工程如温室大棚，缺点是水头损失较大。

注射泵：微灌系统中常使用活塞泵或隔膜泵向灌溉管道中注入肥料或农药。使用该装置的优点是肥液浓度稳定不变，施肥质量好，效率高；缺点是需另加注射泵，且造价较高。

（3）保护装置。保护装置主要有减压阀、进排气阀等。

减压阀：安装在可能出现超高压的地方，或在系统首部。特别是对于较大的微灌系统，或水头较高的自压微灌系统，都应在适当地点安装减压阀。

进排气阀：一般安装在干管和支管最高处。其作用为：当系统充水时，排出管道中的空气；当管道排水时，使空气进入，避免产生负压，以防滴头吸入泥土。在渗灌系统中，此装置更不应忽视。

3. 输配水管网　管道（包括干、支、毛管）与连接件在微灌系统中用量多、规格繁，所占投资比例较大，设计人员要了解国产管道与管件的型号规格，以便恰当选用。微灌中用得最普遍的管材是聚乙烯（PE）管道与管件，而且为了提高抗老化性能，防止管内生长藻类，管材通常制成黑色。其中，高压低密度聚乙烯管为半软管，对地形适应性强，是国内微灌系统使用的主要管材，具有韧性好、化学性能稳定、耐腐蚀等特点。为了田间组装方便，各种规格的管材都备有配套的附属管件，如接头、三通、弯头、旁通和堵头等。

4. 灌水装置　微灌的灌水装置包括滴头、微喷头和滴水带等，或置于地表或埋入地下。灌水装置的质量直接影响田间灌水质量。

（四）微灌工程的分类

1. 滴灌　滴灌是通过安装在毛管上的滴头、孔口或滴灌带等灌水器，将水逐滴、均匀而又缓慢地滴入作物根区土壤中的灌水方式。灌水时仅滴头下的土壤得到水分供应，灌水后沿作物种植行形成一个个湿润圆，其余部分是干燥的。由于滴水流量小、滴水缓慢入渗，仅滴头下的土壤水分处于饱和状态，其他部位土壤水分处于非饱和状态。土壤水分主要借助毛管张力作用湿润土壤。滴灌不破坏土壤结构，土壤内部水、肥、气、热能经常保持适宜植物生长的良好状况，蒸发损失小，不产生地面径流，几乎没有深层渗漏，是一种省水的灌水方法。根据在田间的灌水特点，滴头分为线源滴头和点源滴头两大类。一是线源滴头，包括薄膜双壁管、双上孔滴灌带、滴头内镶式毛管、薄膜滴灌带；二是点源滴头，包括发丝滴头、管式滴头、孔口滴头、压力补偿型滴头、脉冲式滴灌系统。

2. 微喷灌　微喷灌技术是新发展起来的一种节水灌溉技术，集喷灌、滴灌技术之长，避二者之短。因是低压运行，且大多是局部灌溉，故比喷灌更节水、节能；雾灌喷头孔径较滴灌灌水器大，比滴灌抗堵塞能力强，供水快。微喷灌技术的特点是通过压管网将首部加压的水输送到田间，再经过特制的雾化喷头将水喷洒呈雾状进行灌溉。雾灌水滴直径小于 0.5 mm，喷水如"牛毛细雨"，使作物处于雾覆盖中，既补充了土壤水分，又可增加作物的株间湿度，调节株间温度，改善田间小气候。特别在干旱高温、低湿时，雾灌能使作物株间湿度提高 20% 以上，温度降低 3～5 ℃，叶片相对含水量增加 10%～15%，从而减缓或消除因高温、低湿抑制作物光合作用的"午睡"现象，促使作物正常生长。由于雾滴小，无打击力，微喷灌不会损伤作物的嫩叶幼芽，不会引起土壤板结。微喷灌适合果树、花卉、部分露地蔬菜等经济作物，各种土壤条件下都适用，可以控制灌溉，节水增产效果显著。在设施环境中，灌溉花卉、育苗效果较好。但容易产生堵塞问题，灌溉质量受地形影响，工程造价较高，管理要求高、难度大。

3. 渗灌　渗灌是一种地下灌溉技术，是通过埋设在地下的结构独特的渗水管，根据作物需水要求，直接把水、肥输入作物根区土壤，在一定渗透压和土壤毛细管的作用下，人为调控土壤水、肥环境，满足作物需求的一种灌溉方式。渗灌技术缩短了灌溉的过程，通过渗管直接把水、肥送入作物根区，地表基本干燥，棵间蒸发很少。渗灌技术的优点在于：地表不见水、土壤不板结、土壤透气性较好、改善生态环境、节约肥料等。相关资料表明，渗灌水的田间利用率可达 95%，渗灌比漫灌节水75%、比喷灌节水 25%。渗灌还可明显降低湿度并保持较高地温，为作物生长创造了良好的环境，有利于作物越冬和早熟，减少或防止病虫害的发生，提高作物产量，改善产品品质。管道埋设深度主要取决于土壤性状、耕作情况及作物种类。适宜的埋设深度能使灌溉水借毛管作用使计划湿润层得到充分湿润，特别是表层也达到足够的湿润，且深层渗漏小。一般黏质土埋深大，沙质土较小；埋设深度要深于深耕深度，且不致被农机具行走而压断，而且应在冻层以下。由于全部管网埋入地下，方便了田间耕作管理，避免了管材的光辐射老化，并可抑制杂草生长和作物病虫害传播。但是，渗灌抗堵塞性能差，灌水器埋在地下导致堵塞发生率高，而且堵塞后维修较困难。渗灌的毛管采用的主要材料有打孔塑料管、渗灌瓦管、管壁发泡微孔塑料渗灌管。

另外，渗灌技术由于不如滴灌、微喷灌成熟，应在严重干旱、水源极缺、水价较高的地区或土壤保水能力较强的地块，选择优质成龄果树、花卉、药材、棉花等经济作物小面积进行试验示范，小麦等大田粮食作物目前尚不宜大面积推广。

（五）微灌工程的建设

微灌工程与其他灌溉工程一样，整个规划设计工作可以分为勘测调查、规划和设计3个阶段。首先进行勘测调查，收集有关资料，如气象、地形、土壤、水文及地质、农业生产、社会经济等资料。然后进行规划，提出设计方案。最后才进行微灌工程的技术设计，以减少盲目性，避免做无益的工作，使设计更合理。规划设计工作应请有关专业部门和专业人员来做，以使微灌工程的规划设计经济合理，技术上可行。同时，微灌工程的施工安装应严格按照设计要求，在专业技术人员的指导下进行，以保证工程质量及正常运行。

（六）微灌工程的管理

微灌工程是技术性较强的灌水工程，建成后应设立专门的管理机构，制定规章制度，确定专人管理。只有管理好，才能使工程和设备保持完好，运行正常，充分发挥效益。管理人员要经常检查微灌工程的水源、首部枢纽、各级管路、闸阀和田间灌水器是否保持良好的技术状态。每次灌水后都要清洗过滤器，防止灌水器堵塞；发现管路损坏、闸阀漏水要及时修复。在灌水季节过后，可将微灌用的毛管和灌水器及时保存起来，防止日晒和鼠咬；冬季在结冻之前，要排除系统内的余水，做好防冻工作。

二、膜下滴灌技术

在我国水资源十分紧缺的情况下，水资源的浪费，特别是农业用水的浪费很严重。传统的灌溉方式使农业成为用水大户，其用水量占全国用水总量的70%以上；而水的有效利用率只有30%～40%，仅为发达国家的1/2左右。1 m³ 水的粮食生产能力只有0.85 kg左右，远低于发达国家（2 kg）的水平。党的十五届五中全会明确指出："水资源可持续利用是我国经济社会发展的战略问题，核心是提高用水效率，把节水放在突出位置。"滴灌作为一项新型灌溉技术，从诞生迄今已有半个多世纪，尤其在缺水比较严重的国家和地区，显示出前所未有的节水能力。而膜下滴灌是将滴灌与地膜覆盖栽培技术结合起来，在农业用水方式上实现了3个转变：一是从大水漫灌转向了浸润式灌溉；二是从灌溉土地转向了灌溉作物；三是从单一的灌溉水转向灌溉营养液。缓解了农业用水的供需矛盾，为解决我国特别是西部开发中水资源的有效利用找到一条捷径。

（一）滴灌技术在国外的发展概况

1860年，德国进行了首次试验，那时的滴灌是与管道排水结合的地下灌溉。所用的管材是带明接头的短瓦管，瓦管行距5 m。埋在约0.8 m的地下，管上覆盖厚0.3～0.5 m的过滤层。这种灌溉方法使作物产量成倍增长。1920年，德国又创造了管道出流灌溉法。利用一种有孔眼的管，使水沿管道输送时，从孔眼流入土壤进行灌溉。

1923年，苏联和法国也进行了类似的试验，研究孔管系统的灌溉方法。1934年，美国研究用帆布管进行渗水灌溉。1935年后，着重试验各种不同材料制成的孔管系统，研究土壤水分张力，确定管道中流到土壤中的水量。荷兰、英国首先应用这种灌溉方法，灌溉温室中的花卉和蔬菜。

滴灌技术得到长足发展发生在第二次世界大战以后，随着塑料工业的发展，创造出廉价、可弯曲、便于打孔、易于连接的塑料管。20世纪50年代末期，以色列成功研制出K流道滴头，使得滴灌系统在技术上有了显著的进步。到60年代，滴灌系统已经发展成为一种新型的灌溉措施，被迅速地应用于现代农业。进入 70 年代以来，滴灌技术发展更为迅速，1971 年在以色列特拉维夫、1974 年在美国加利福尼亚圣地亚哥、1985 年在美国加利福尼亚弗雷斯诺、1988 年在匈牙利曾召开 4 次世界滴灌会议。滴灌系统在美国、澳大利亚、墨西哥、新西兰以及英国、法国、意大利、丹麦、德国、苏联、日本以及中东、南非地区逐步得到推广应用。根据 1982 年在印度新德里召开的国际会议上数据统计，全世界滴灌面积 42.7 万 hm^2。美国 1969 年开始试验滴灌技术，是世界上发展滴灌最快的国家，其他采用滴灌技术的国家有 50 多个。

（二）我国滴灌技术的发展现状

我国自 1974 年引进滴灌技术，到 1996 年统计，全国现有滴灌面积约 7.3 万 hm^2，其中山西运城地区的地下滴灌面积达 1.67 万 hm^2。山东稳定发展以果树为主的滴灌面积达 2 万 hm^2，北方的河北、河南、北京、甘肃、新疆、陕西、内蒙古、辽宁，南方的江西、四川、广东、海南等省份的滴灌面积也在增长。

新疆将滴灌技术与薄膜覆盖栽培技术相结合，大面积应用于棉花生产是从 1996 年开始的。在大田作物上从试验示范到大面积推广使用，其发展速度超过其他任何一项节水技术在新疆的推广应用。1996 年，在石河子种植了 4 hm^2 的膜下滴灌棉花，当年棉花产量比当地常规沟地膜棉花增产 50%。1998 年北疆膜下滴灌试验示范面积达到 60 hm^2，1999 年进行了有限度的推广，面积约 1 800 hm^2，2000 年 1 万 hm^2，2001 年仅新疆生产建设兵团推广面积就达到 4 万 hm^2，几乎相当于我国其他所有省份应用该项技术面积总和。2003 年，棉花膜下滴灌面积达到 16.72 万 hm^2，自压微水头面积 13.50 万 hm^2，两项占总面积（44.14 万 hm^2）的 68.5%。

（三）膜下滴灌技术的概念

膜下滴灌技术是滴灌技术和覆膜栽培技术的有机结合，而形成的一种新型田间灌溉方法。兼有地膜栽培技术和滴灌技术的优点，既能根据作物根系分布进行局部灌溉，较好地保持良好土壤结构，防止水分深层渗漏和地面径流损失；又可以利用地膜的保温、保墒作用，最大限度地减少地面蒸发，提高作物对水肥的利用率。膜下滴灌系统有加压滴灌系统和自压滴灌系统两种形式。

（四）膜下滴灌系统的组成与规划

1. 膜下滴灌系统的组成 膜下滴灌系统一般由水源工程、首部枢纽、输配水管网、滴头及控制量测和保护装置等组成，如图 5-14 所示。

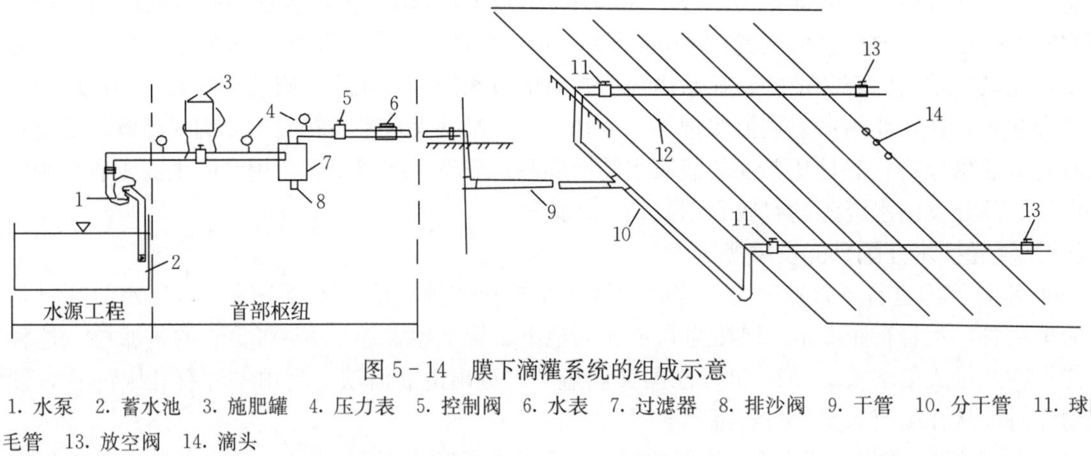

图 5-14 膜下滴灌系统的组成示意

1. 水泵　2. 蓄水池　3. 施肥罐　4. 压力表　5. 控制阀　6. 水表　7. 过滤器　8. 排沙阀　9. 干管　10. 分干管　11. 球阀　12. 毛管　13. 放空阀　14. 滴头

（1）水源工程。滴灌系统的水源可以是机井、泉水、水库、渠道、江河、湖泊、池塘等，但水质必须符合灌溉水质的要求。滴灌系统的水源工程一般是指为从水源取水进行滴灌而修建的拦水、引水、蓄水、提水和沉淀工程，以及相应的输配电工程。

（2）首部枢纽。滴灌系统的首部枢纽包括水泵、动力机、施肥（药）装置、过滤设施和安全保护及量测控制设备。其作用是从水源取水加压并注入肥料（农药），经过滤后按时按量输送进管网，担负着整个系统的驱动、量测和调控任务，是全系统的控制调配中心。

滴灌常用的水泵有潜水泵、离心泵、深井泵、管道泵等，水泵的作用是将水流加压至系统所需压力并将其输送到输水管网。动力机可以是电动机、柴油机等。如果水源的自然水头（水塔、高位水池、压力给水管）满足滴灌系统压力要求，可以省去水泵和压力机。过滤设备是将水流过滤，防止各种污物进入滴灌系统堵塞滴头或在系统中形成沉淀。

施肥装置的作用是使易溶于水并适于根施的肥料、农药、除草剂、化控药品等在施肥罐内充分溶解，然后再通过滴灌系统输送到作物根部。流量、压力测量仪表用于管道中的流量及压力测量，一般有压力表、水表等。安全保护装置可保证系统在规定压力范围内工作，消除管路中的气阻和真空等，一般有控制器、传感器、电磁阀、水动阀、空气阀等。调节控制装置一般包括各种阀门，如闸阀、球阀、蝶阀等，其作用是控制和调节滴灌系统的流量与压力。

（3）输配水管网。输配水管网的作用是将首部枢纽处理过的水流按照要求输送分配到每个灌水单元和滴头，包括干管、支管、毛管及所需的连接管件和控制、调节设备。由于滴灌系统的大小及管网布置不同，管网的等级划分也有所不同。

（4）滴头。滴头是滴灌系统中最关键的部件，是直接向作物施水（肥）的设备。其作用是利用滴头的微小流道或孔眼消能减压，使水流变为水滴均匀地施入作物根区土壤中。

2. 膜下滴灌系统设备 滴灌设备一般包括滴灌管（带）、毛管、支管、干管、过滤器、施肥罐、水泵、管道附件等。各部分规格和型号又不同，滴灌系统设备如图 5-15 所示。

（1）滴灌管（带）。滴管系统的水流经各级管道进入毛管，经过滴头流道的消能减压及其调节作用，均匀、稳定地分配到田间，满足作物生长对水分的需要。滴灌系统常用的滴灌管（带）有 3 种：单翼迷宫式、内镶式和压力补偿式滴头。其中，单翼迷宫式为一次性薄壁塑料滴灌带；内镶式可为滴灌带或滴灌管；压力补偿式滴头一般安装在滴灌管（带）上，可根据需要在流水线上安装，也可在施工现场安装。

（2）输配水管网。滴灌系统的输配水管网一般有干管、支管、毛管，其作用是为各级管道输送所需流量。目前，滴灌所用管道大都为塑料管。

干管：干管为滴灌系统输送全部灌溉水量。根据灌溉面积，滴灌系统可采用一级或两级干管系统。一级干管系统只有一条主干管，两级干管系统由一条主干管和若干条分干管组成。

支管和毛管：支管和毛管在滴灌系统中起控制滴灌带适宜长度、划分轮灌区的作用。滴灌系统中的支管和毛管均采用 PE 管。

（3）首部控制枢纽。首部控制枢纽由水泵、施肥罐、过滤器及各种控制和量测设备组成，如压力调节阀门、流量控制阀门、水表、压力表、排气阀、逆止阀等。

水泵：作用是将水流加压至系统所需压力并将其输送到输水管网。滴灌系统所需要的水泵型号根据滴灌系统的设计流量和系统总扬程确定。当水源为河流和水库，且水质较差时，需建沉淀池，一般选用离心泵。水源为机井时，一般选用潜水泵。

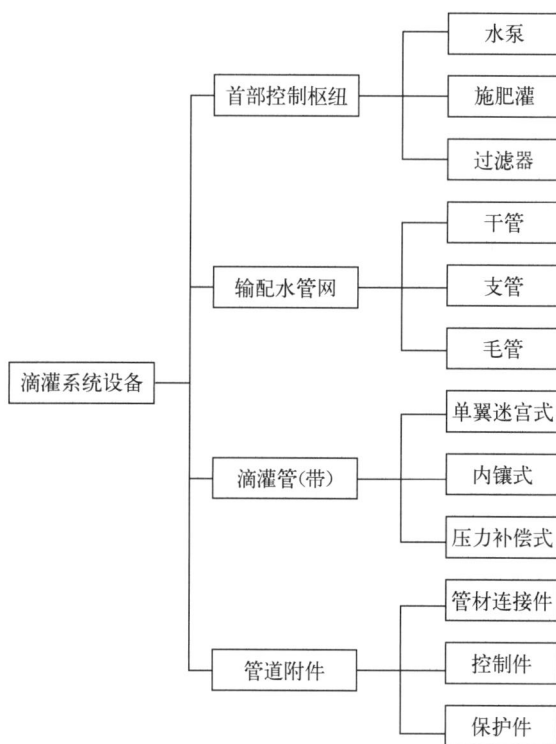

图 5-15 滴灌系统设备

施肥罐：施肥罐的作用是使易溶于水并适于根施的肥料、农药、化控药品等在施肥罐内充分溶解，然后再通过滴灌系统输送到作物根部。

过滤器：将水流过滤，防止各种污物进入滴灌系统堵塞滴头或在系统中形成沉淀。过滤设备有沉淀池、拦污栅、离心过滤器、沙石过滤器、筛网过滤器、叠片过滤器等，各种过滤器可以在首部控制枢纽中单独使用，也可以根据水源水质情况组合使用。

（4）管道附件。滴灌系统管道附件分为管材连接件、控制件、保护件。管材连接件简称管件，管件的作用是按照滴灌设计和地形地貌的要求将管道连成一定的网络形状，控制件的作用是控制和测量管道系统水流的流量和压力大小，如阀门、压力表、流量表等。

3. 膜下滴灌系统规划原则　规划是滴灌系统设计的前提，它制约着滴灌工程投资、效益和运行管理等多方面指标，关系到整个滴灌工程的质量及其合理性，是决定滴灌工程成功的重要工作之一。因此，一个滴灌工程在实施之前应进行细致的研究和精心的规划。规划的基本原则是：滴灌工程规划应与农田基本建设规划相结合；近期需要与长远发展规划相结合；综合考虑工程的经济、社会和生态效益。

（五）滴灌系统的施工与安装

1. 滴灌系统安装前的准备

（1）施工前的准备。施工前应先检查图纸、文件等是否齐全，并检查是否与灌区水源、地形、作物种植及首部枢纽位置相符，发现问题应及时与设计部门协商，提出合理修改方案。制订必要的安全措施，严防发生各种事故。同时，建立施工组织，拟定放样、定线等各项施工顺序，编制劳动力、工种、材料设备、工程进度计划，制订质量检查方法，并按设计要求检查工程设备器材、准备好施工工具。

（2）施工基本要求。施工必须严格按设计进行，若修改设计应征得设计部门同意。施工中应注意防洪、排水，保护农田和林草植被，做好弃土处理。施工中必须随时检查工程质量，发现不符合要求的应坚决要求返工，不留隐患。对隐蔽工程必须填写《隐蔽工程记录》，出现工程事故应查明原因，及时处理，并记录处理措施，经验收合格后才能进入下道工序。施工过程中应做好施工记录，施工结束后及时绘制竣工图，编写竣工报告。

（3）施工程序。施工前首先放样，放样包括首部枢纽和干、支管的管线测量，现场应设测量控制网，并保留到施工完毕。然后进行基坑开挖、排水及基础处理。开挖时必须保证基坑边坡稳定，若不能进行下道工序，应预留 10~15 cm 土层不挖，待下道工序开始前再挖至设计标高。必要时可在基坑内设置明沟或井点排水系统，排走坑内积水。基础处理应按设计要求进行。砌筑完毕应待砌体砂浆或混凝土凝固达到设计强度后再回填。回填土应干湿适宜，分层夯实与砌体接触紧密。

施工流程见图 5-16。

（4）管线施工。在入冬前能保证干管不存水的要求下，干管顶端埋深应大于 60 cm，管沟底宽不宜小于 60 cm，基槽应平整顺直。并应按规定进行放坡，管沟纵坡应大于 0.2%，以便将管中余水排入排水井或排水渠。干管转弯、三通、分岔、弯头、异径接头和阀门处应设镇墩，并应视管道的坡度合理设置支墩。干管及管件安装过程中，应在管段无接缝处先覆土固定，待安装完毕，经冲洗试压、全面检查质量合格后，方可回填。回填前应清除槽内一切杂物，排净积水，在管壁四周 10 cm 内的覆土不应有直径大于 2.5 cm 的砾石和直径大于 5 cm 的土块，回填应高于地面以上 10 cm，并应分层轻夯或踩实。回填必须在管道两侧同时进行，严禁单侧回填。施工暂停时应采取的保护措施：管件、阀门、压力表等设备应放在室内，严禁暴晒、雨淋和积水浸泡。存放在室外的塑料管及管件应加盖防护，正在施工安装的管道敞开端应临时封闭，以防杂物进入管道。应切断施工电源，妥善保管安装工具。

2. 滴灌系统的安装

（1）安装前的准备与要求。安装前工作人员应全面了解各种设备的性能，熟练掌握施工安装技术

```
                        施工组织建立
          ┌───────────────┼───────────────┐
     设计要求的熟悉      施工人员的确定    施工现场的勘测
          │                               │
     水源工程的施工                    确定供货人员
          │                               │
     泵站工程施工                   管材、水泵等设备购进
          │                               │
    ┌─────┴─────┐               ┌─────────┴─────────┐
  机泵安装    首部枢纽的安装      各级管沟的开挖
                │                       │
                │                  干管管道的安装
                │                       │
               试压                    回填
                │                       │
                │                      播种
                │                       │
              试运行           支管、辅管、毛管的安装
                └───────────┬───────────┘
                         组织验收
```

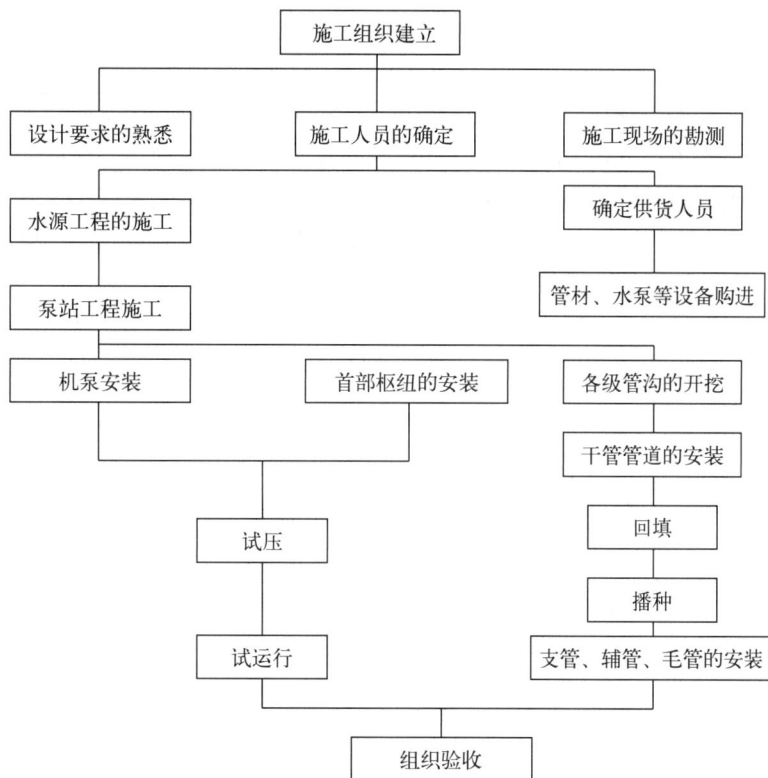

图 5-16　施工流程

的要求和方法。检查管沟的沟底标高、底宽、砾石地段的回填厚度是否达到施工要求，管材、管件、胶圈、黏接剂的质量是否合格，待安装的设备应保持清洁。另外，应检查安装工具如手锯、板锉、打孔器、扳手、管钳、手钳、棉纱、毛刷、润滑剂（通常用肥皂水或洗洁精），连接工具如紧绳器、钢丝绳套，检查工具（塞尺）以及测试仪表、压力表等是否齐备。

确定与设备安装有关的土建工程已经验收合格，并按设计文件要求，全面核对设备规格、型号、数量和质量，严禁使用不合格产品。

（2）首部枢纽设备安装。电机与水泵应按产品说明书进行安装。电机外壳必须接地，接线方式应符合电机安装规定，并通电检查和试运行。机泵必须用螺栓固定在混凝土基座或专用架上。采用三角带传动的机组，动力机轴心和水泵轴心线必须平行，机、泵距离应符合技术要求。以柴油机、汽油机为动力的机钮，排气管应通往泵房外。过滤器也应按产品说明书所提供的安装图进行安装，并应注意按输水流向标记安装，不得反向。施肥设备应安装在过滤器的前面，其进、出水管与灌溉管道连接应牢固，如使用软管，应严禁扭曲打折。测量仪表和保护设备安装前应清除封口和接头的油污、杂物，然后按设计要求和流向标记进行安装。

（3）干管安装。干管管网铺设前要检查，对塑料管规格和尺寸进行复查，管内必须保持清洁，管材、管件、胶圈、黏结剂的质量应合格。一般铺设过程为：管材放入沟槽、连接、部分回填、试压、全部回填。塑料管如采用胶圈连接，其放入沟槽时，扩口应在水流的上游。在沟槽内铺设 U-PVC 管，如设计未规定采用其他材料，应铺设在未经扰动的原地上。管道安装后，铺设管道时所用的垫块应及时拆除。应注意的是：管道不得铺设在冻土上，冬季施工应清完沟底（未有冻层）后及时安装并回填，防止在铺设管道和管道试压过程中沟底冻结。在昼夜温差较大的地区，应采用胶圈（柔性）连接，如采用黏结法连接，应采取措施防止因温差产生的应力破坏管道及接口。

施工温度也有一定要求：黏结剂黏结不得在 5 ℃以下施工，胶圈连接不得在 −10 ℃以下施工。当 U-PVC 给水管道上的法兰直接与阀门和管道连接时，应采取柔性连接或预留量等措施，防止产

生外加拉应力对管道系统造成影响，口径大于 100 mm 的阀门下应设支墩。管道上的三通、四通、弯头、异径接头和闸阀处均不应设在冻土上，如无条件采取措施保证支墩的稳定，支墩与管道之间应设塑料或橡胶垫片，以防止破坏管道。支墩一般采用混凝土浇筑的重力式结构，其尺寸及形式应按沟槽形状、土质及支撑强度等条件计算确定。管道系统不同部位机墩的形式可参照图槽形状、土质及支撑强度等条件计算确定。管道在铺设过程中可以有适当的弯曲，可利用管材的弯曲转弯，但幅度不能过大，曲率半径不得小于管径的 300 倍，并应浇筑固定管道弧度的混凝土或砖砌固定支墩。当管道坡度大于 1∶6 时，应浇筑防止管道下滑的混凝土防滑墩。防滑墩基础必须浇筑在管道基础下的原状土内，并将管道锚固在防滑墩上。混凝土防滑墩宽度不得小于管外径加 300 mm，长度不得小于 500 mm。防滑墩与上部管道的锚固定可采用管箍，或浇筑在防滑墩混凝土内。管箍必须固定在墩内的锚固件上。采用钢制管箍时，应做相应的防腐处理。

管道若在地面连接好后放入沟槽，则要求：管径口径<160 mm；柔性连接（黏结管道放入沟槽必须固化后保证不移动黏结部位）；沟槽浅；安装直管无节点。

管道在施工过程中被切断后，需将插口倒角，锉成坡口后再进行连接。切断管材时，应保证断口平整且垂直管轴线。

管道安装和铺设中断时，应用木塞或其他材料封闭管口，防止杂物、动物等进入管道，导致管道堵塞或影响管道卫生。

塑料管套接时，其套管与密封胶圈规格应匹配，密封圈装入套管槽内不得扭曲和卷边。插头外缘应涂匀润滑剂，对正止水胶圈，另一端用木槌轻轻敲打或用紧绳器吊葫芦等将管道插至规定深度。管子接头最小插入长度见表 5 - 25。

表 5 - 25　管子接头最小插入长度

单位：mm

公称外径	63	75	90	110	125	140	160	180	200	225	280	315
插入长度	64	67	70	75	78	81	86	90	94	100	112	113

用塞尺顺承插口间隙插入，沿管圆周检查橡胶圈的安装是否正常。承插管安装轴线应对直重合，承插深度应为管外径的 1.0～1.5 倍，黏合剂应与管材匹配。插头应先用锉刀打毛，然后用黏合剂涂匀承插口和插头，并适时承插，转动管端使黏合剂填满空隙，黏结后 24 h 内不得移动管道。

（4）支管安装。目前，滴灌系统中使用的支管有薄壁和厚壁两种。无论是哪种，支管在铺设时都不宜拉得过紧，应铺设 1～2 d 后使其呈自由弯曲状态，并在 8 时前后测量打孔或截断位置。当支管是薄壁支管时，要保证支管截断处平、齐，然后将钢卡套在薄壁支管上，再将薄壁支管按照该承插到的深度套在带有矩形止水胶圈的承插三通或承插直通两端，最后将钢卡卡紧；当支管是厚壁支管时，首先要保证支管截断处的平直。厚壁支管与出地快接三通连接时，应当用弓形扳手加以紧固。对于厚壁支管的末端还需用堵头，薄壁支管末端可以将其折叠后用铁丝扎紧。厚壁支管与辅管连接时需要打孔，打孔要求如下：①应按设计要求在支管上标出孔位。②用手摇钻或专用打孔器打孔，钻头直径应小于管件外径 2.5～3.0 mm，钻孔不能倾斜，钻头钻入深度不得超过 1/2 管径。

（5）辅助支管（辅管）的铺设安装。对于带有辅管的滴灌系统，还需掌握辅管的安装注意事项。辅管的铺设一般与支管的铺设同步，打孔要求与支管打孔要求相同。在安装完支管之后，先将辅管与支管连接，再根据设计中辅管所带毛管的数量截断辅管，并在辅管末端安装堵头。

（6）毛管的铺设安装。一般来说，针对不同的滴灌系统，所用毛管的种类不同。对于大田棉花膜下滴灌系统，毛管（迷宫式滴灌带）的铺设是与棉花的播种同时进行的，因而毛管安装的质量很多因素在于整个播种过程，所以播种机的改装是重点。总的来说，应注意以下几点：①铺设毛管的播种机应改装正确，导向轮转动灵活，导向环应光滑，最好用薄膜缠住，使毛管在铺设中不被刮伤或磨损。

②播种时播种张力应适当。③迷宫式滴灌带铺设时应将流道凸起面向上。④毛管连接应紧固、密封，两支管间毛管应用尼龙绳扎紧。对于温室大棚，毛管一般使用内镶式滴灌带和边翼迷宫式滴灌带。对于果树等滴灌系统，毛管一般使用管上式滴灌管。这两种情况下毛管与支管的连接一般是用旁通（绑带式、承插式）和支管连接。

旁通是毛管与支管连接专用构件，施工精度要求高。对于一般滴灌系统而言，其关键是要在支管上钻好安装旁通的孔眼。安装旁通孔眼的位置、方向和大小对滴灌系统的运行管理影响很大，必须从严要求。施工时应注意以下几点：①孔眼位置要与毛管铺设位置对准，毛管铺设位置应按设计要求与作物种植行相对应。②孔眼的方向。固定式支管埋设较深，孔眼朝上。一年生作物如采用季节固定式支管，由于埋设较浅，要求支管上所有孔眼方向务必与地面平行。然后将支管拉直标出开孔点后对准标记点钻孔。双向控制支管需用按扣三通或两侧装旁通，按扣三通的安装同上，这里主要介绍旁通的安装。安装旁通时，钻孔需逐一进行，不要一孔打穿成两孔。这样做容易使孔眼扩大装旁通后漏水。③孔眼的大小决定着与旁通插头结合的严密度。过大或过小不但安装困难，而且易造成旁通损坏，同样也漏水。④孔眼打好后，将旁通插入支管，旁通另一端与毛管连接。如是绑扎带式旁通，注意旁通插入支管前检查是否有止水胶圈；如是承插式旁通，在旁通与支管连接好之后与毛管（内镶式滴灌管、管上式滴灌管）连接时，最好将该毛管连接端进行加热，然后再与旁通连接，也可在旁通与毛管插上后用小木板敲打旁通使毛管进入旁通，然后将另一端插入支管中。

（7）阀门、管件安装。首先检查安装的管件配件如螺栓、止水胶垫、丝口等是否完好。法兰中心线应与管件轴线重合，紧固螺栓齐全，能自由穿入孔内。安装三通、球阀等丝口件时，用生料带或塑料薄膜缠绕，确保连接牢固不漏水。管件及连接处不得有污物、油迹和毛刺。不得使用老化和直径不合规格的管件。截止阀与逆止阀应按流向标志安装，不得反向。

（8）管道冲洗和试运行。以上管件安装完工后，应对管道进行冲洗。管道冲洗应由上至下逐级进行，支管和毛管应按轮灌组冲洗。冲洗过程中应随时检查管道情况，并做好冲洗记录。具体步骤：应先打开枢纽总控制阀和待冲洗的阀门，关闭其他阀门，启动水泵对干管进行冲洗，直到干管末端出水清洁。然后关闭干管末端阀门，进行支管冲洗，直到支管末端出水清洁。最后关闭支管末端阀门冲洗毛管，直到毛管末端出水清洁为止。

系统试运行应按设计要求，分轮灌组进行。初检合格后，关闭管道所有开口部分的阀门，利用控制阀门逐段试压，试验压力可取管道设计压力，即水泵正常运行时的最大扬程，保压时间为 1 h。试压后对管道、接头、管件等渗水、漏水处进行处理，如漏水严重需重新安装，待装好后再试压。连续运行 4 h，全系统运转正常，指标达到设计规定值后，才能进行管道回填。

管道允许最大渗漏水量应按式 5-20 计算。

$$q_s = k_s \sqrt{d} \qquad (5-20)$$

式中，q_s 为 100 m 长管道允许最大渗漏量，L/min；k_s 为渗漏系数，硬聚乙烯管、聚丙烯管取 0.08，聚乙烯管取 0.12；d 为管道内径，mm。

（六）膜下滴灌技术的增产机理及经济效益

1. 膜下滴灌技术的增产机理（以棉花为例）

（1）棉田收获株数高。在春季气候干燥、多风的地区，土壤水分散失快，常常由于机力不足等原因，部分棉田必须适墒提早播种，早播种早出苗，加大了幼苗遭受霜冻的可能性。同时，部分棉田因播种时土壤墒情差，棉籽萌发困难，常难以做到全苗。应用滴灌技术后，采取干播湿出或补墒出苗的方法，不但保证了"霜前播种，霜后出苗"目标的实现，而且可完全做到出全苗，为留匀苗、培壮苗打下基础。滴灌棉田的出苗率达到 95.6%，比普通田高 16.3%。膜下滴灌棉花的出苗率为 90%～95%，最终收获株数为理论株数的 85%～90%，比普通棉田提高 10～15 个百分点。

（2）棉花的干物质积累增多。滴灌棉花与常规灌溉棉花的干物质积累从盛花期开始表现出明显的差异。7 月是棉花大量开花结铃的关键时期，也是棉花对水分需要最敏感的时期，此期水分胁迫对棉花生长发育及产量的影响十分明显。采用滴灌保证了水分对棉花持续正常的供应，协调了棉花干物质积累及其分配，为棉花的高产打下了物质基础。根据石河子大学等单位的试验结果，在同等条件下，滴灌棉田干物质积累比普通棉田增加 20%～40%。

（3）棉花的生长发育进程加快，延长了棉花的光合时间。采取干播湿出的滴灌棉田，田间土壤的含水量较少，有利于提高地温，促进棉苗早生快发，加快了棉花苗期的生长速度，使进入叶面积指数高值持续期的时间较普通棉田提前，且持续时间长于普通棉田，为生产较多干物质、提高棉花的产量打下了物质基础。进入盛花期后，滴灌棉田的叶面积指数已经明显高于普通棉田，进入盛铃后滴灌棉田一直保持较高叶面积指数的态势。开花后 40 d 左右，叶面积指数达到最高值（3.6 左右），比对照田叶面积指数高出 0.5～0.8。峰值过后随着生育期推移，叶面积指数逐渐下降，但滴灌棉田的叶面积指数仍保持高于对照田的态势。

（4）棉株的成铃特点利于形成高产。滴灌田棉株成铃率较高，主要原因在于果枝成铃率提高。①滴灌棉花第 1 果节的平均成铃率比普通棉田提高 13.3%～14.0%。其中，第 1～3 果枝滴灌棉花的成铃率为 75.0%～92.5%，普通田棉株为 70.0%～82.5%；第 4～10 果枝滴灌成铃率为 36.5%，普通田为 21.1%。②滴灌棉株第 2 果节成铃率较普通田提高。滴灌棉花第 1～10 果枝的平均成铃率为 9.8%～10.5%，比普通田棉株的成铃率高 43.8%～48.5%。由此可见，滴灌不仅使棉株中下部果枝的平均成铃率提高，而且棉株果枝的第 2 果节的成铃率也显著提高。

2. 膜下滴灌技术的经济效益

（1）棉花膜下滴灌经济效益。在敦煌市应用膜下滴灌技术栽培的棉花，无论是增产还是节水效果都十分显著。膜下滴灌是按照作物生长发育的需求，将水通过滴灌系统及时向覆在膜下的作物根区有限的土壤空间供给，由过去灌溉土地变为现在的灌溉作物，从而可避免深层渗漏和地表流失；同时在地膜覆盖条件下，土壤水分蒸发也大大减少，因而节水效果显著。棉花全生育期滴灌 10 次，每次每 667 m² 用水量 25～30 m³，年用水量合计 322.25 m³，耗电 100.59 kWh。与普通的地膜棉花相比（年用水量合计 660 m³，水费 109 元），节水 337.75 m³，节水 51.2%。膜下滴灌棉田单株结铃 7.7 个，比对照田多 0.75 个，平均每 667 m² 产籽棉 364.45 kg，增产 41.2 kg，增产幅度 12.7%。

（2）番茄膜下滴灌经济效益。张掖市甘州区番茄采用膜下滴灌技术后，经测定，每 667 m² 节水 300 m³ 左右，667 m² 平均产量达 8.5 t，产值达 1 870 元，与大水漫灌相比增收 770 元。

采用一膜二管三行滴灌方式、平作等行距种植，行宽 140 cm，膜间距 30 cm，行距 40 cm，株距 40 cm，每 667 m² 保苗 4 100 株。每 667 m² 用毛管 666 m，3 月 1—5 日育苗，5 月 7—13 日移栽，全生育期灌水 8 次，追肥 2 次，8 月 11 日开始收获。667 m² 平均产量为 8.55 t，较大田垄沟灌溉（5.36 t）增产 3.19 t，增幅 59.5%。

采用一膜一管二行垄作直播滴灌方式、宽窄行种植，宽行 70 cm，窄行 30 cm，行距 40 cm，株距 35 cm，每 667 m² 保苗 3 800 株。667 m² 用毛管 750 m，4 月 27 日至 5 月 3 日覆膜点播，全生育期灌水 8 次，追肥 3 次，667 m² 平均产量为 7.85 t，较大田垄沟灌溉增产 2.49 t，增幅 46.4%。

（3）专用型马铃薯膜下滴灌经济效益。白银市景泰县灌区马铃薯种植多为一垄（高宽垄）两行模式，在这种模式下采用"一膜双行单管"膜下滴灌种植方式，即在一垄两行中间铺设一根滴灌带，不但具有显著的节水、增产效果，而且商品率、产品品质得到明显改善。667 m² 产量可达 2.5～2.8 t，增产率达 29.42%，增收 227.51 元；667 m² 滴灌用水（218.04 m³）较漫灌用水（460.78 m³）节水 242.74 m³，节水率达 52.68%，节支 52.33 元，两项总计增收节支 279.84 元。

三、农作物根系分区隔沟交替灌溉技术

地面灌水方法是使灌溉水通过田间渠沟或管道输入田间，水流在田面上呈连续薄水层或细小水流沿田面流动，主要借重力作用兼毛细管作用下渗湿润土壤，又称重力灌水方法和全面灌水方法。地面灌溉是世界上运用最为广泛的灌溉方式，也是我国农田灌溉的主体。它投资少，技术简单，容易被群众所掌握。目前，地面灌溉占我国灌溉总面积的90%以上，在未来30年内，地面灌溉仍将在我国农田灌溉中占主导地位。但地面灌溉存在灌水定额大、灌水均匀性不高、深层渗漏严重、劳动强度较大等问题。

近年来，国内外提出了许多新的节水灌溉理论和方法，如限水灌溉、非充分灌溉、局部灌溉、调亏灌溉等。1996年，西北农林科技大学和中国农业大学的康绍忠、张建华、杜太生提出了"控制性根系分区交替灌溉"的节水理论，并进行了大量的试验研究与示范，取得了显著节水效果。

（一）技术概念

交替灌溉是通过挖掘生物节水潜力、提高水分利用效率的重要手段，是农业节水的高级形式。控制性作物根系分区交替灌溉是在田间通过水平方向或垂直方向交替给局部根区供水，使作物根区土壤垂直剖面或水平剖面的某个区域保持干燥，仅对一部分区域灌水湿润。交替控制部分根系干燥、部分根系湿润的灌水方式，达到以不牺牲作物光合产物积累又大量减少无效蒸腾耗水而节水的目的。

（二）节水机理

1. 刺激根系吸收补偿功能 通过控制性作物根系分区交替灌溉，作物根系交替经受一定程度的水分胁迫锻炼，刺激根系吸收补偿功能，从而促进根系发育，提高水分和养分吸收利用率。

2. 气孔保持最适开度 作物光合作用与蒸腾作用对气孔开度的反应不同。气孔阻力在一定范围内增大（即气孔开度适当减小），作物光合速率下降较小，而蒸腾失水会大量减少。交替灌溉使作物部分根系处于水分胁迫时产生的根源信号——脱落酸（ABA）传输至地上部叶片，以调节气孔保持最适开度，达到以不牺牲光合产物积累又大量减少其奢侈蒸腾耗水而节水的目的。局部干燥区域的根源信号，能帮助改变作物的气孔开度和调节水分消耗。

3. 减少棵间蒸发 交替灌溉可减少灌水间隔期间棵间土壤湿润面积，从而减少棵间蒸发损失。

4. 减少水分深层渗漏 交替灌溉后，土壤水分由湿润区向干燥区侧向运动，减少了水分向深层渗漏（图5-17）。

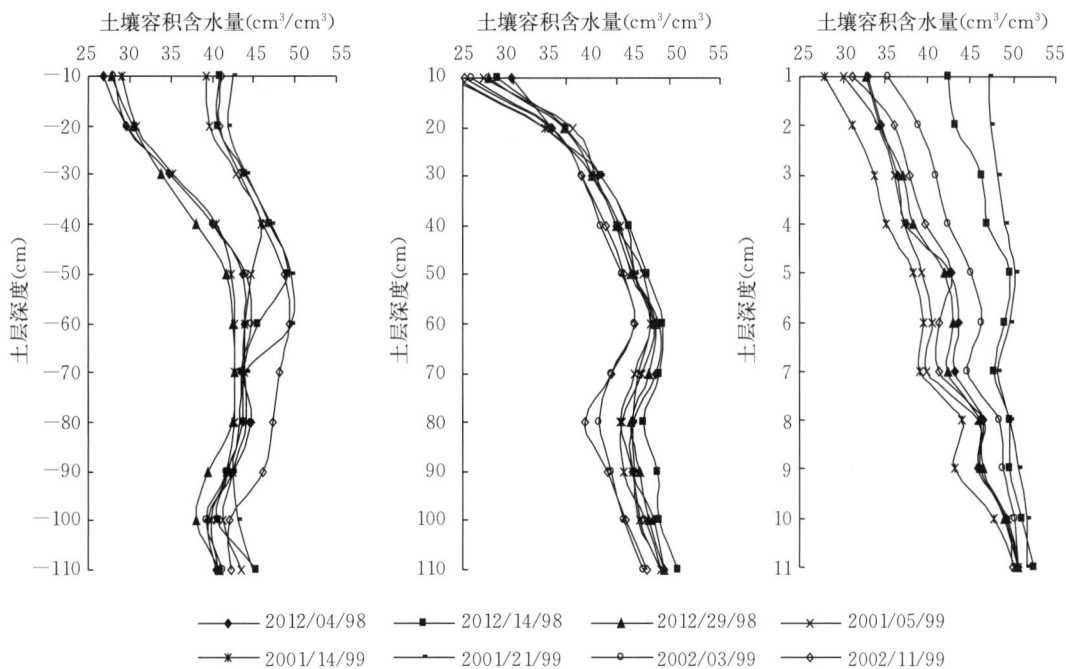

图5-17 土壤容积含水量剖面分布

（三）灌溉形式

该方法可以建立在渠道灌溉系统基础上，也可以建立在低压管道输水系统基础上，是目前在大田最具推广价值的方法。如果使用闸孔管对灌水沟进行配水，可以采用机械和电动方式控制交替阀，实现灌水沟的间隔交替开启。最适于在宽行距作物上应用。田间控制性作物根系分区交替隔沟灌溉系统布设方式如图 5 - 18 所示。

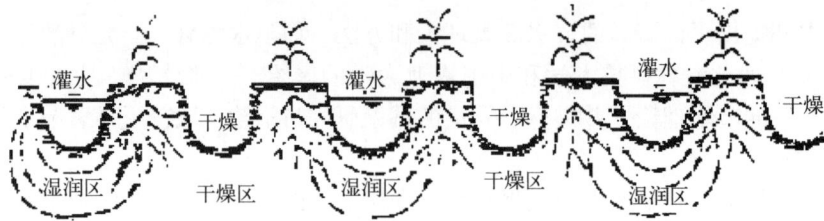

图 5 - 18　田间控制性作物根系分区交替隔沟灌溉系统布设方式

1. 田间控制性交替隔沟灌溉　此法适于大田稀植作物，在常规地面沟灌条件下，采用控制性分根隔沟交替灌溉方式，每条沟在两次灌水之间实行干湿交替，始终保持一部分根系生长在较干燥的土壤区域中。即下次灌溉上次未灌溉的干沟，轮流进行灌溉，有 1/2、2/3 区域交替隔沟灌溉方式。

2. 田间移动式控制性交替滴灌　在果树或其他作物的移动式滴灌中，采用果树或其他作物两侧轮流灌水，使果树或其他作物两侧的土壤交替湿润，始终保持一部分根系生长在较干旱的土壤区域中。

3. 田间自动控制性交替滴灌　该系统可在自动化滴灌系统中实施，即轮流打开不同部位的滴头，使一部分根系在干燥的土层中生长，保持一部分土壤湿润和干燥区域交替出现。

4. 田间自动控制性交替隔管渗灌　该技术类似于控制性分根隔沟灌技术，主要适宜于宽行种植作物。在各灌水方式之间，地下渗管实行干湿交替，轮番湿润，始终使一部分根系生长在干燥的土壤区域中，以利其产生根信号，调节最优气孔开度。

（四）应用试验

（1）大田玉米隔沟交替灌水的应用效果（甘肃民勤）见表 5 - 26。

表 5 - 26　不同灌水方式下大田玉米根密度和水分利用效率

灌水方式	灌溉定额（mm）	根密度（mg/cm³）	根冠比	产量（kg/hm²）	干物质（kg/hm²）	水分利用效率（kg/m³）
AFI_1	315	1.542	0.109	8 694.3	16 093.8	2.760
FFI_1	315	1.248	0.136	8 272.1	15 751.7	2.626
CFI_1	315	0.995	0.075	8 363.3	16 160.4	2.655
AFI_2	210	1.345	0.166	8 414.8	14 932.8	4.007
FFI_2	210	0.963	0.131	8 025.8	15 742.8	3.822
CFI_2	210	0.766	0.116	6 818.1	13 512.6	3.896
AFI_3	157.5	1.291	0.151	8 133.8	14 541.7	5.164
FFI_3	157.5	0.897	0.127	6 966.0	14 751.0	4.423
CFI_3	157.5	0.700	0.095	6 584.1	13 345.2	5.016

注：AFI 为交替隔沟灌，FFI 为固定隔沟灌，CFI 为传统灌溉。

（2）果园梨树分根交替灌水实例见表 5 - 27、表 5 - 28。

表 5 - 27　不同灌水方式对梨树生产力的影响

灌水处理	产量（kg/棵）	平均果重（g）	每棵树果数（个）
树干两边同时灌水	244b	200a	1 232b
树干固定一边灌水	237c	184b	1 321a
树干两边交替灌水	256a	191a	1 343a

注：表中各处理间的不同字母表示差异显著（$P < 0.05$）。

表 5-28　不同灌水方式下梨树水分利用效率和灌溉水利用效率

水平衡计算深度（cm）	灌水处理	灌溉定额（mm）	耗水量（mm）	产量（kg/hm²）	水分利用效率（kg/m³）	灌溉水利用效率（kg/m³）
0~60	树干两边同时灌水	203.5a	369.90a	81 325.2b	21.975b	39.943b
	树干固定一边灌水	188.0b	370.52a	78 992.1c	21.309b	41.996b
	树干两边交替灌水	121.0c	303.68b	85 324.8a	28.083a	70.481a
0~110	树干两边同时灌水	291.0a	479.10a	81 325.2b	16.966c	27.933c
	树干固定一边灌水	223.0b	424.03b	78 992.1c	18.620b	35.405b
	树干两边交替灌水	141.0c	343.42c	85 324.8a	24.833a	60.483a

注：表中各处理间的不同字母表示差异显著（$P<0.05$）。

（五）节水效果和产量分析

1997—2005 年，中国农业大学、西北农林科技大学、武威市水利科学研究所、民勤县农业技术推广中心共同协作，在民勤县农业技术推广中心小坝口农业科技示范场，针对大田玉米、棉花、西瓜等作物控制性根系分区隔沟交替灌溉的节水效果和产量结果进行了研究，研究结果见表5-29、表5-30。

表 5-29　棉花不同灌溉方式的节水效果及对产量的影响

灌溉方式	处理	每 667 m² 灌水定额（m³）	每 667 m² 产量（kg）	灌溉单位水效益（kg/m³）
滴灌	常规滴灌	120	162.8	
	固定隔行滴灌	60	141.9	
		80	165.1	
	交替隔行滴灌	60	119.8	
		80	133.7	
沟灌	常规沟灌	60	132.1	
	固定隔沟灌	30	133.8	
		40	139.9	
	交替隔沟灌	30	133.8	
		40	197.0	

表 5-30　玉米不同灌溉方式的节水效果及对产量的影响

年份	常规沟灌（CK）			交替隔沟灌			固定隔沟灌		
	每 667 m² 灌溉定额（m³）	每 667 m² 总耗水量（m³）	每 667 m² 产量（kg）	每 667 m² 灌溉定额（m³）	每 667 m² 总耗水量（m³）	每 667 m² 产量（kg）	每 667 m² 灌溉定额（m³）	每 667 m² 总耗水量（m³）	每 667 m² 产量（kg）
1997	210	342.4	710.0	105	241.1	671.2			
				140	258.2	703.7			
1998	210	326.7	872.1	140	312.9	865.3	140	307.3	839.1
1999	180	304.5	75.8	120	286.7	772.1	120	276.1	714.9
	210	316.1	833.6	140	301.5	800.6	140	289.8	784.2
2000	180	310.8	843.3	120	264.4	837.5	120	259.2	839.6
	210	330.8	991.3	140	283.4	983.9	140	270.4	897.9
单位水效益（kg/m³）	2.747			2.960			2.890		
灌溉单位水效益（kg/m³）	4.957			7.044			6.581		

（六）配套农业技术体系

（1）起垄沟灌。播种起垄，玉米每垄宽 110 cm，其中沟宽 60 cm，垄宽 50 cm；食用向日葵每垄宽 130 cm，其中沟宽 60 cm，垄宽 70 cm。起垄前先按垄距画线，沿线开沟，沟深应达 30 cm。

（2）底肥深施条施。起垄前开沟将磷肥、钾肥及 60％氮肥深施于垄中间。

（3）灌足底墒水。为保证全苗，种前灌足安种水，每 667 m² 灌水量 50 m³。待水干后，沿水面线刮去干土，整好垄沟，及时播种。每垄种植两行玉米，种植密度在计划密度的 2 倍以上，株距 12～13 cm，垄行距 25～30 cm，沟行距 70～75 cm。

（4）化学除草。覆膜前玉米每 667 m² 用 42％玉草净（甲草胺＋乙草胺＋莠去津）150 mL 兑水 50 kg，食用向日葵每 667 m² 用 48％氟乐灵 50 mL 兑水 50 kg 喷洒于土壤表面，然后覆膜。

（5）地膜覆盖。垄作玉米、食用向日葵等作物均应在起垄并浇灌安种水后播前或播后覆膜（沟和垄全覆膜），灌水前沟内隔一段距离用铁锹切口以利灌水下渗。

（6）隔沟交替灌溉。玉米全生育期灌水 7 次，每 667 m² 灌溉定额 140 m³；食用向日葵全生育期灌水 4 次，每 667 m² 灌溉定额 80 m³。每次灌水按沟轮流交替灌溉。

四、垄作沟灌节水栽培技术

（一）垄作栽培技术的含义和模式

垄作栽培是在克服了传统平作栽培许多不利因素的基础上发展起来的一项耕作栽培方式。核心是在垄畦上种植，两畦间开留输水沟灌溉。它的种植方式是将土地平面修整成波浪形垄畦，垄畦立体结构为梯形，输水沟为 V 形或 U 形。这种栽培技术改变了田间的微地形，改变了种植方式与灌水方式，在大田密植上成为一项新技术。

根据垄的宽度和垄上种植作物的行数主要有 4 种形式：垄宽 75 cm，种 2 行；垄宽 80 cm，种 3 行；垄宽 90 cm，种 4 行；垄宽 160 cm，种 6 行。垄作栽培示意见图 5-19。

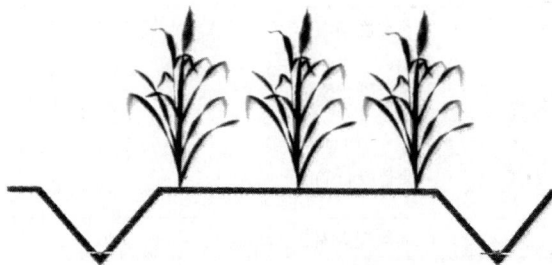

图 5-19　垄作栽培示意

（二）国外垄作栽培技术的主要研究进展

国外许多国家从 20 世纪 40 年代起，开展垄作栽培技术的研究。特别是美国、澳大利亚、墨西哥、印度、巴基斯坦、巴西、土耳其和伊朗等国家，在垄作栽培技术方面取得了显著进展，并形成了适宜当地的技术体系。从中耕作物发展到麦类作物，从旱地农业扩展到灌溉农业，垄作技术与少免耕、秸秆覆盖技术相结合，与喷灌、滴灌等节水灌溉技术相结合不断发展。

墨西哥是世界上垄作栽培技术研究成功的国家之一，在 5 个方面取得了显著进展。一是在传统垄作栽培小麦上取得突破，研究确定了 2 种主要的种植方式，垄宽 75 cm/2 行和垄宽 80 cm/3 行，研究提出了灌水技术、施肥技术和除草技术，建立了栽培技术体系，取得了显著的节水增产效果，并在当地得到大面积推广。二是垄作技术与免耕和秸秆覆盖结合，研究完善了永久性垄作技术。其结果减少了投入，降低成本；减少耕作次数，节约能耗；增加土壤表面秸秆覆盖量，减轻土壤风蚀和水蚀，保护环境，改善土壤的理化性状，保证作物持续高产（表 5-31）。三是建立了免耕垄作栽培条件下以小麦、玉米、大豆和油菜为主的轮作制度。四是选育出了适宜垄作栽培技术的高产优质品种。五是研制并推广了比较成熟的配套农机具。

巴基斯坦在垄作栽培技术研究方面，也取得了一些成果。夏玉米根干物质增加 47％，增产 54％，节水 21％～42％，水分利用率提高 35％；冬小麦根干物质增加 25％，增产 7％～10％，节水 31％～43％，水分利用率提高 16％～32％；垄作杂草减少 31％～36％。国外在垄作栽培技术的主要研究和推广方面，逐步形成了一套适合旱地的技术体系，节水效果显著，从而获得了产量的稳步提高。

表 5-31 几种作物垄作和平作条件下的产量比较

作物	农户数	产量（kg/hm²）		垄作比平作节水（%）
		垄作	平作	
小麦	22	5 120	4 810	26.3
玉米	10	3 270	2 380	35.5
水稻	20	5 620	5 290	42.0
豌豆	15	11 910	10 400	32.4
菜豆	10	1 830	1 370	26.9
胡萝卜	15	3 630	2 860	31.8

（三）国内垄作栽培技术的主要研究进展

国内在马铃薯、水稻、玉米、油菜、大豆、棉花等作物上先后开展了垄作技术的研究，取得了良好的效果。山东小麦采用垄作栽培技术可增产 5%～10%，节约灌溉水 30%～40%，水分利用效率由传统平作的 1.2 kg/m³ 提高到 1.8 kg/m³（表 5-32）。垄作栽培技术已在 16 个县（市）推广 3.3 万 hm² 以上。创造直接社会经济效益 3 000 多万元。

表 5-32 垄作和平作条件下小麦水分利用效率比较

品种	播种方式	每 667 m² 产量（kg）	每 667 m² 灌水量（m³）	每 667 m² 耗水量（m³）	水分利用效率（kg/m³）
冀麦 19	垄作	460.0	100	236.2	1.95
	平作	427.7	120	256.2	1.67
烟农	垄作	471.0	100	236.2	1.99
	平作	386.6	120	256.2	1.51
平均		436.3	—	—	1.78
LSD（P=0.05）		375.0			0.29

（四）垄作栽培技术的节水增产机理

（1）垄作栽培技术是在克服了传统平作栽培技术许多不利因素的基础上发展起来的一项耕作栽培技术。垄作栽培通过起垄，增加了土壤的表面积，改变了土壤的光、热、水条件和微生物的活动环境，较好地协调了作物赖以生存的小气候条件。

（2）垄作栽培技术与平作栽培技术相比，可使水稻增产 20%～50%，玉米（垄作＋覆膜）增产 40%～60%，棉花增产 15%以上，小麦增产 8%～20%。

（3）改善小麦根际土壤理化性状。0～20 cm 土壤容重明显低于平作，显著增加耕作层土壤的孔隙度（4%）。

（4）增温效应。垄作与平作相比，可使表层土壤温度提高 1～3 ℃，特别是春季，5 cm 和 10 cm 土层土壤的增温效应更明显。

（5）土壤的速效养分含量明显增加。速效氮增加 10～12 mg/kg，有效磷增加 1.32～1.47 mg/kg，速效钾增加 6.5～7.5 mg/kg。

（6）提高肥料利用率。垄作栽培便于集中施肥，肥料利用率可提高 15%～25%。

（7）提高光能利用率。微地形的改变使土壤表面积扩大 40%左右，增加了光的截获量，光能利用率提高 10%～15%。

（8）水分利用效率明显提高。垄作栽培由平作栽培的大水漫灌改为沟灌，并通过沟内侧渗供给作物用水。灌水方式的改变，使水分利用效率得到明显提高，还可减轻根际土壤的板结。

（9）增强抗倒伏能力。地表特征和种植方式的改变，有利于田间通风透光，促进个体健康生长。

小麦株高降低 5～7 cm，基部节间缩短 3～5 个，抗倒伏能力显著增强。

（10）边行优势明显。垄作栽培可更好地优化作物生长发育过程中个体和群体之间的关系，边行优势非常明显。

（五）垄作栽培技术应用中应注意的几个问题

（1）地块的选择。小麦垄作栽培适宜于有灌溉条件且地力基础较好的地块，应选择耕层深厚、肥力较高、保水保肥的地块。精细整地确保高出苗率，起垄前耙平土壤表面，除去土坷垃及杂草后再起垄，以免影响播种质量。尽量做到耕、耙、耱、施肥、起垄、播种连续作业，以保证土壤墒情良好，减少土壤水分散失。

（2）施肥。春小麦垄作栽培，一般每 667 m² 施农家肥 4 000～5 000 kg、氮肥（N）12～15 kg、磷肥（P₂O₅）8～10 kg，施肥量视目标产量在上述范围内调整。施肥时，将肥料条撒于垄带内，播种时随起垄翻埋于垄体中。

（3）确定合理的垄宽，南北向起垄种植，保证规范化种植。对于中等肥力的地块，垄宽以 75～80 cm 为宜，垄高 20 cm，垄上种 3～4 行小麦，小麦行距为 15 cm，垄距为 30 cm。

（4）合理选择良种。在品种的选择上应以分蘖力强、分蘖成穗率高、叶片松散型品种为宜，这样有利于充分利用空间资源，扩大光合面积，可最大限度地发挥小麦的边行优势。播种前晒种 1～2 d，以提高种子发芽力和生长势。地下害虫严重时，小麦种子可按每 100 kg 用 40% 甲基异柳磷 200 mL 加水 2 kg 均匀拌种。

（5）加强水肥管理。垄作小麦要适时灌好头水，特别是土壤墒情较差的地块，头水时间要相应提前，灌水次数适当增加。灌水要小水慢灌，杜绝大水淹没垄顶。垄作小麦应适当追肥，肥料直接撒入沟内，然后再沿垄沟小水渗灌。

（6）田间管理。为保全苗、促壮苗，出苗期若出现土壤板结应及时破除。垄作春小麦播种后要经常检查土壤墒情和出苗情况，若墒情太差，要补出苗水，以保证全苗和壮苗。出苗后，及时整理灌水沟，加高垄体，使沟深达到 15～20 cm，以保证灌水顺畅。拔节期以磷酸二氢钾和尿素的混合溶液作叶面肥喷施，或按每 667 m² 40 mL "壮丰安" 兑水 30～50 kg 喷施，或喷施浓度为 20 mg/kg 的多效唑，喷施时间选 11：00 前或 16：00 后气温不太高时进行，以便叶面充分吸收。生长过于旺盛的小麦可用低浓度的矮壮素进行喷施，以适当降低小麦株高。

加强病虫草害防除。在 5 月底至 6 月上旬，吸浆虫发生前，选用 40% 甲基异柳磷、50% 甲胺磷或水胺硫磷乳油叶面喷洒 2 次。6—7 月，当蚜虫发生危害时，每 667 m² 用抗蚜威 10 g 兑水 30 kg 进行喷雾防治。垄作栽培后，灌水沟裸露，杂草容易滋生，要及时除草，可人工拔除。化学除草时，阔叶杂草可 667 m² 用 2，4-滴丁酯 25 mL 兑水 40～50 kg，在麦苗 4～5 叶期进行叶面喷雾。2，4-滴丁酯浓度一定要严格掌握，切勿过量，以防引起穗部畸形等。野燕麦 3～4 叶期，用 40% 野燕枯 0.4%～0.5% 的稀释液叶面喷雾防治。

五、畦灌灌溉技术

农田灌溉中如何经济有效地提高水分利用率，发挥它的最大生产效率，是农业生产中必须考虑的因素。畦灌灌溉技术是地面灌溉中推广应用最广泛的灌水方法之一，也是保护地栽培中灌水时普遍采用的方法。近年来，随着节水灌溉技术的发展，黄绵土区农田灌溉除继续应用传统的畦灌法，改进和完善其灌水技术外，还不断吸取了许多国外推行的较为先进的畦灌技术，同时灌区群众也创造了许多新的、更行之有效的节水畦灌方法。

（一）畦灌灌溉技术概念

畦灌灌溉技术是用临时修筑的土埂将灌溉土地分隔成一系列的长方形田块，即灌水畦，又称畦田。灌溉时，水从输水垄沟、输水暗管或直接从田间毛渠引入畦田后，在畦田田面上形成很薄的水层，沿畦长坡度方向均匀流动，在流动的过程中主要借重力作用，以垂直下渗的方式逐渐湿润土壤。

（二）畦灌灌溉新技术

畦灌灌溉技术类型主要有小畦"三改"灌溉、长畦分段短灌灌溉、宽浅式畦沟结合灌溉技术。

1. 小畦"三改"灌溉技术 小畦"三改"灌溉技术是指长畦改短畦、宽畦改窄畦和大畦改小畦，技术要点主要是确定合理的畦长、畦宽和入畦单宽流量。畦长自流灌区以 30～50 m 为宜，最长不超过 80 m；机井和高扬程提水灌区以 30 m 左右为宜。畦宽自流灌区为 2～3 m，机井提水灌区为 1～2 m 为宜。地面坡度在 1/1 000～1/400 范围时，入畦单宽流量为 0.12～0.27 m³/min，灌水定额为 300～675 m³/hm²。畦埂高度一般为 0.2～0.3 m，底宽 0.4 m 左右，地头埂和路边埂可适当加宽培厚。

（1）技术优点。灌溉水在田间分布均匀，灌溉质量高，易于实现小定额灌水，节约水量。畦田小，水流比较集中，易于控制水量；水流推进速度快，畦田不同位置持水时间接近，入渗比较均匀；能够防止畦田首部的深层渗漏，提高田间水的有效利用率。灌水定额小，可防止灌区地下水位上升，预防土壤沼泽化和盐碱化发生。减轻土壤冲刷和土壤板结，减少土壤养分淋失。传统的畦灌畦田大而长，要求入畦单宽流量和灌水量大，容易导致土壤冲刷严重，使土壤养分随深层渗漏而损失。小畦灌溉有利于保持土壤结构、土壤肥力，促进作物生长，增加产量。

（2）小畦"三改"灌溉技术需要增加田间输水渠沟和分水、控水装置，畦埂也较多，在实践中推广应用存在一定的难度。

2. 长畦分段短灌灌溉技术 从 20 世纪 80 年代初开始，我国北方干旱缺水地区开始采用长畦分段短灌灌溉技术。即将一条长畦分成若干个没有横向畦埂的短畦，采用地面纵向输水沟或塑料薄壁软管将灌溉水输送到畦田，然后自上而下依次逐段向短畦内灌溉，直至全部短畦灌完为止。

（1）实施要点。若用输水沟输水和灌水，同一条输水沟第一次灌水时，应由长畦尾段的短畦开始自下而上分段向各个短畦内灌水；第二次灌水时，应由长畦首端开始自上而下向各分段短畦内灌水，输水沟内一般仍可种植作物。

长畦分段短灌若用低压薄壁塑料软管输水、灌水，每次灌水时均可将软管直接铺设在长畦田面上，软管尾端出口放置在长畦的最末一个短畦的上端放水口处开始灌水。该短畦灌水结束后可采用软管"脱袖法"脱掉一节软管，自下而上逐个分段向短畦内灌水，直至全部短畦灌水结束为止。

长畦分段短灌技术的畦宽可以宽至 5～10 m，畦长可达 200 m 以上，一般均为 100～400 m，但其入畦单宽流量并不增大。另外，还应正确确定入畦灌水流量，侧向分段开口的间距（即短畦长度与间距）和分段改水时间（表 5 - 33）。

表 5 - 33 长畦分段短灌灌水技术要素参考

流量（m³/min）	灌水定额（m³/hm²）	灌水定额（mm）	畦长（m）	畦宽（m）	单宽流量[m³/(min·m)]	单畦灌水时间（min）	长畦面积（m²）	长度×段数
				3	0.30	40.00	600	50 m×4
0.90	600	60	200	4	0.23	53.30	800	40 m×5
				5	0.18	66.70	1 000	35 m×6
				3	0.34	35.00	600	65 m×3
1.02	600	60	200	4	0.26	47.00	800	50 m×5
				5	0.20	58.80	1 000	40 m×5
				3	0.22	30.00	600	65 m×3
1.20	600	60	200	4	0.30	40.00	800	50 m×4
				5	0.24	50.00	1 000	40 m×5
				3	0.46	26.10	600	70 m×3
1.38	600	60	200	4	0.35	34.80	800	65 m×3
				5	0.28	43.50	1 000	50 m×4

（2）技术优点。长畦分段短灌灌水技术在节水上，可以实现灌水定额 $450 \text{ m}^3/\text{hm}^2$ 左右的低定额灌水，灌水均匀度、田间灌水储存率和田间灌水有效利用率均大于 $80\% \sim 85\%$，且随畦长而增加，与畦长相等的常规畦灌方法相比，可节水 $40\% \sim 60\%$。由于灌溉设施占地少，该方法可以省去 $1 \sim 2$ 级田间输水渠沟，节省了劳动力。适应性强，可灵活适应地面坡度、糙率和种植作物的变化，可以采用较小的单宽流量，减小土壤冲刷。投资少，节约能源，管理费用低，技术操作简单，易于推广应用。田间无横向畦埂或渠沟，方便机耕和采用其他先进的耕作方法，便于田间耕作。

（3）实践应用。在我国北方内陆河流域绿洲黄绵土区，降水量极小且降水的季节分布与作物的需水期严重错位，作物生产力的提高只能依赖于有限的雪山来水。因此，该区作物生产中缺水超过缺肥，在该区发展农业，应在有限水分的增产与增效上进行挖潜。近年来，节水农业和节水灌溉技术的研究与推广使这一目标成为现实。根据作物不同生育时期的需水规律及其产量与水分之间的关系，力求使用尽可能少的水量，运用畦灌方法在作物不同生育时期内进行最优分配和适度调亏灌溉，以期达到节水、稳产、高产、高效的目的，并通过理论研究和生产实践的有机结合，为缓解该区水资源的紧缺状况和高效生态用水探索出一条切实可行的农业节水新途径，为该区农业生产进行高效节水补充灌溉提供理论依据。

3. 宽浅式畦沟结合灌水技术　它是一种适应间套作或立体栽培作物，"二密一稀"种植的灌水畦与灌水沟相结合的灌水技术，是一项高产、节水、低成本的节水灌溉技术（图 5 - 20）。

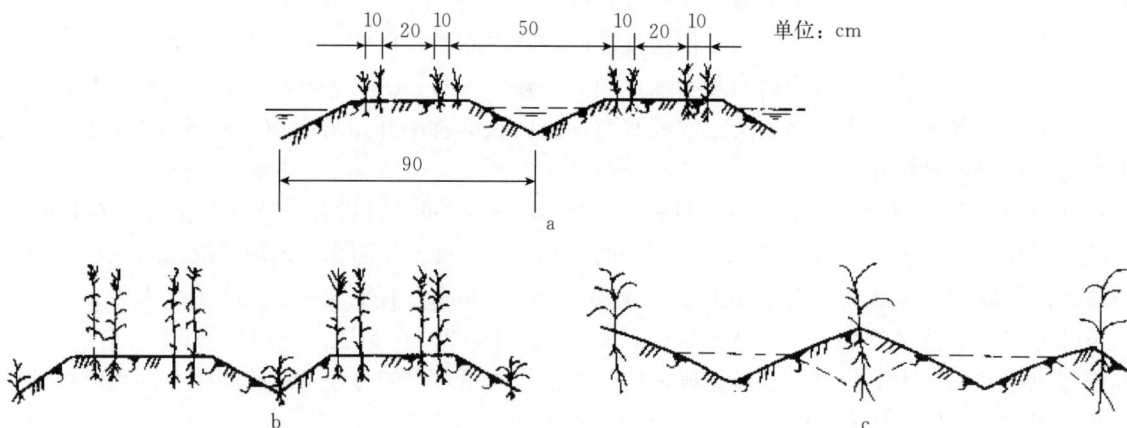

图 5 - 20　宽浅式畦沟结合灌水技术（a、b、c 代表畦沟不同时期的变化）

（1）技术特点。一是畦田和灌水沟间交替更换，畦田田面宽 0.4 m，可以种植两行小麦（二密），行距 $0.1 \sim 0.2 \text{ m}$。二是小麦播种于畦田后，可采用常规畦灌或长畦分段短灌灌水技术进行灌溉。三是小麦乳熟期，每隔两行小麦开挖浅沟，套种一行玉米（一稀），套种玉米的行距为 0.9 m。在此期间，如果土壤水分不足，可利用浅沟灌水，为玉米播种和发芽出苗提供良好的土壤水分条件。四是小麦收获后，玉米已接近拔节期，可在小麦收割后的空白畦田田面开挖灌水沟，并结合玉米中耕培土，把挖出畦面的土覆在玉米根部，形成垄梁及灌水沟沟埂；而原来的畦田田面则成为灌水沟沟底，既能牢固玉米根部，防止倒伏，又能多蓄水分、增强耐旱能力。五是宽浅式畦沟结合灌水方法，最适宜在遭遇干旱天气时，采用"未割先浇"技术，以一水促两料作物（小麦和玉米）。

（2）技术优点。灌水均匀度高，一般灌水定额为 $525 \text{ m}^3/\text{hm}^2$ 左右，而且玉米全生育期灌水次数比一般玉米地减少 $1 \sim 2$ 次，耐旱时间较长。灌溉水流入浅沟后，通过浅沟沟壁向畦田土壤侧渗湿润土壤，对土壤结构破坏少，蓄水保墒效果好，有利于保持土壤结构。能促使玉米早播，解决小麦和玉米两茬作物"争水、争时、争劳"的矛盾与随后秋夏两茬作物"迟种迟收"的恶性循环问题。另外，还有利于集中施肥，养分利用充分，通风透光好，作物抗倒伏能力强，有利于两茬作物获得稳产、高产。

（3）不足之处。此方法田间沟、畦多，沟和畦要轮番交替更换，劳动强度较大，比较费工。

六、膜上灌溉技术

膜上灌溉技术是 20 世纪 80 年代初期形成的一种地面灌溉新方法。它是在地膜栽培基础上创造和发展起来的一种行之有效的节水灌溉技术，投资少，节水增产，效益高，简便易行，为干旱缺水黄绵土地区开辟了一条节水增产的灌溉新路。膜上灌溉对水资源相对不足的高海拔及人少地多的西部地区来说，可有效提高土地资源利用率，调节作物生长季，从而提高产量，节约用水。

（一）膜上灌溉技术概念

地膜覆盖灌水技术是结合传统地面沟、畦灌而发展的一种新型地面节水灌溉技术，包括膜侧、膜上和膜下灌溉 3 类灌水方法，各类地膜覆盖灌水方法都有其特征和适用范围。而膜上灌溉方法是由新疆广大农民和兵团职工在地膜栽培的基础上，将原来在灌水沟垄背上铺膜改为在灌水沟畦内铺膜，其灌溉水流在膜上流动，并通过膜孔（作物放苗孔或专用灌水孔）或膜缝入渗到作物根部，湿润局部土壤的一种灌溉技术，适宜在干旱、半干旱地区透水性强的土壤中应用。

（二）膜上灌溉技术要点

（1）选用无色透明塑料薄膜，春小麦属于密植作物，采用两幅 90 cm 的膜为一畦；玉米则采用一幅 140 cm 的膜为一畦较合适。

（2）灌好播前水，足墒播种，施足底肥，平整好土地。根据播种宽度打好垄，垄高 20～40 cm，垄上顶宽 15～20 cm，垄底宽 40～50 cm。

（3）先铺膜后穴播。在播种前 3～5 d 将膜铺好，膜面要展平拉直，膜四周用土压实，每隔 3～4 m 在垂直于膜长方向处加一个小的横埂，防止风吹破膜、揭膜。铺膜前可喷除草剂消灭杂草。

（4）地温高作物出苗快，在地温回升作物出苗后，注意掏苗放苗。由于膜上灌溉的增温保墒效应，作物苗期比常规大田作物明显提前，其他生育时期也有所提前，相应的田间管理措施也应提前。

（5）平畦、打埂、铺膜、施肥与播种一体化的多功能铺膜机推广应用到实际生产当中来，是膜上灌溉技术推广应用有力的保障。

（6）田间工程规格必须做到土地平整，要求土块碎，不能有大土疙瘩，否则会渗水串流。根据地形、坡度及入膜流量可选择从地块一边向另一边灌水，或从地块中间向两边灌水。

（7）单畦入膜流量。入膜流量较大时，渗入土壤中的水就少，剩余的水会冲埂冲苗，同时还会发生畦首、畦尾有水溢出，影响膜上灌溉的质量；入膜流量较小时，同时可打开多个小畦进行灌水，但蒸发量大，小畦灌水时间变长，影响整个灌区的轮灌周期。一般情况下，适宜的入膜流量为 1.5～2.0 L/(s·m)。在生产实际中，应随时注意观察水流在畦内的流动情况，使水流过时不产生漂膜、浮膜现象，也不发生冲埂冲苗现象，更不能使水流溢出畦外，这样就为合适的入膜流量。

（8）适时适量增打灌水孔。在作物苗期，依靠作物放苗孔灌水即可。随着作物的生长，需水量加大，再加上土壤的渗透能力减小，就需要适量地增打灌水孔以增强土壤的渗透能力。专用灌水孔可根据土质不同打单排孔或双排孔，如在轻质土壤上打双排孔，重质土壤上打单排孔。膜畦内不同部位增加的灌水孔数目是不同的，一般前稀后密，就可减少膜畦首尾由进水时差引起的灌水不均匀和余水溢出现象，保证灌溉质量。增设的灌水孔径一般为 10 mm（图 5-21、图 5-22）。

（三）膜上灌溉技术参数

膜上灌溉的技术参数主要包括以下几点：

（1）入膜单宽流量为 0.5 L/(s·m) 时，水流推进时间与露地畦灌相差不大，但由此而造成的蒸发量大，影响整个轮灌周期；入膜单宽流量为 2.1 L/(s·m) 时，水流推进时间明显低于较小入膜单宽流量及露地，但由此而造成的水流冲埂冲苗现象比较严重，水流来不及入渗而造成畦首畦尾溢水较多。相对而言，1.3 L/(s·m) 的入膜单宽流量下水流推进速度较大，且畦首畦尾没有溢水现象发生，可作为比较合适的入膜单宽流量。

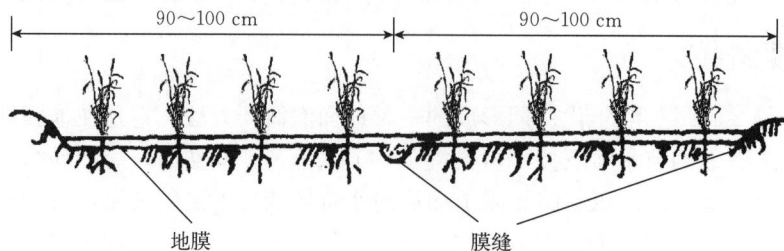

图 5-21 膜上灌溉双膜示意

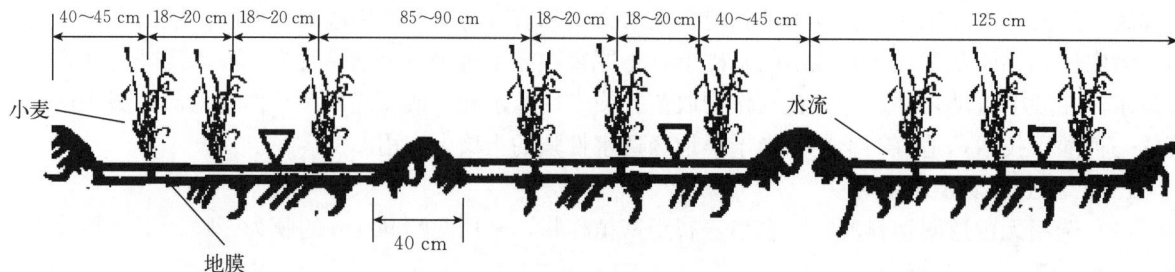

图 5-22 膜上灌溉单膜示意

（2）地形坡度与畦灌接近，必须做到田间横向要平整，纵向比降要均匀。

（3）膜畦宽度应根据作物种植方式决定。一般来说，春小麦属于密植作物，采用两幅 90 cm 的膜为一畦；玉米则采用一幅 140 cm 的膜为一畦较合适。

（4）孔径和孔距根据作物灌水定额等确定，根据试验，一般轻壤土、壤土以孔径 0.005 m、孔距 0.2 m 的单排孔为宜。

（四）膜上灌溉小麦对灌水时间和灌水量的要求

1. 足墒播种 土壤水分是小麦发芽、出苗的主要条件之一，土壤水分不足或过多均会影响出苗率和整齐度。小麦播种时要求最适宜的土壤含水率为田间持水量的 60%～70%，当含水量的下限为田间持水量的 50% 以下时，发芽率仅为 30%～43%，分蘖能力显著下降或不分蘖。所以，在甘肃河西地区，应注意储水灌溉，但储水量不应过大，否则造成水资源的浪费。

2. 苗期 由于覆膜小麦出苗时间早，再加上地膜的保墒效果，所以灌溉苗水的适宜时间与常规耕作基本相同，只是灌苗水时覆膜小麦苗比常规耕作大得多。注意不要忽略了地膜的保墒效果而过早进行苗水灌溉，灌水定额为 600～900 m^3/hm^2。

3. 拔节抽穗期 从拔节到抽穗是小麦生长速度最快、生长量最大的时期，穗、叶、茎等器官一起生长，生长发育中心已经转为以茎、穗为主。由于生长量迅速增加，植株对水分需求迫切，反应也十分敏感。当土壤水分含量降至田间持水量的 70% 以下时必须进行灌溉，灌水定额以 700～900 m^3/hm^2 为宜。

4. 孕穗期 孕穗期是小麦幼穗分化的最后阶段，是小麦叶面积指数最大和干物质积累最多的时期，也是小麦需水关键期。此阶段保持较高的土壤湿度对防止小花退化、败育及增加穗粒数和穗粒重都非常关键，土壤水分不宜低于田间持水量的 70%。如当地无较大降雨，要及时灌水，灌水量以 800～900 m^3/hm^2 为宜。

5. 灌浆成熟期 该时期适宜的土壤水分能推迟小麦叶片衰老，延长叶片功能期，光合产物运输和灌浆不受限制，对提高籽粒重具有重要的作用。研究表明，当 0～40 cm 土层土壤含水量低于田间持水量的 65% 时，应灌灌浆水。一般灌浆水不宜迟，在灌浆初期进行，否则易遇风倒伏。灌水量应控制在 600 m^3/hm^2 左右。在一般天气情况下不灌灌浆水。

（五）膜上灌溉玉米对灌水时间和灌水量的要求

1. 足墒播种　播前灌足底墒水，保持适宜的土壤水分含量，是保证玉米适时播种、促全苗壮苗的关键。因为玉米必须经过蹲苗期，否则抗倒伏能力减弱。对于一般不进行春天播前灌溉的河西地区而言，应注意对冬天储水灌水量的控制，一般灌水量 1 500 m³/hm² 较为合适。

2. 苗期　玉米苗期（播种至拔节前）需水较少，对播前进行灌溉的田块和土壤底墒较好的田块，一般不需灌水。覆盖地膜能很好保墒，解决了玉米 3 叶期前的水分供应，防止了株间蒸发所造成的大量土壤水分蒸发及表层土壤水分亏缺，保证出苗早、出苗齐。由于地膜覆盖前喷洒除草剂，所以出苗后不进行锄草灭茬，省时省工。

3. 拔节孕穗期　春玉米出苗后 35 d 左右开始拔节，此阶段如果天气干旱缺水，则植株生长不良，并影响幼穗的分化发育，雌穗甚至不能形成果穗，雄穗不能抽出而成"卡脖旱"，会造成严重减产。一般土壤含水量应保持在田间持水量的 70% 左右，灌水定额 600 m³/hm² 左右，不宜过大，以免引起植株徒长和倒伏。

4. 抽穗开花期　此时期日需水量最高，是需水临界期，要求土壤含水量保持在田间持水量的 70%～80%，空气相对湿度为 70%～90%。若该时期天气干旱缺雨，往往 10～13 d 就需灌 1 次水，一般需连灌 1～2 次，才能满足抽穗开花和授粉的需要。其灌水定额 900～1 050 m³/hm²。

5. 灌浆成熟期　玉米授粉后至蜡熟期是籽粒形成时期，茎叶中的可溶性养分大量向果穗输送，适宜的水分条件能促进灌浆饱满。此时，土壤水分应保持在田间持水量的 75% 左右。若遇土壤水分不足应及时灌水，但灌溉定额不宜过大，以免引起烂根、早枯或灌后遇雨而引起倒伏，一般灌水定额为 600～750 m³/hm²。

（六）膜上灌溉节水增产机理

地膜覆盖灌溉的实质是在地膜覆盖栽培技术基础上，不再另外增加投资，而利用地膜防渗并输送灌溉水流，同时又通过放苗孔、专用灌水孔或地膜幅间的窄缝等向土壤内渗水，以适时适量地供给作物所需要的水分，从而达到节水增产的目的。在地膜覆盖灌水中，目前推广应用最普遍的类型是膜上灌溉技术，尤其是膜孔沟灌和膜孔畦灌，其节水增产效果更显著。

1. 节水效果突出　根据对膜孔沟灌的试验研究和对其他膜上灌溉技术的调查分析可知，与传统沟（畦）灌技术相比，膜上灌溉一般可节水 30%～50%，最高可达 70%，节水效果显著，提高了土壤的保墒作用。所以，膜上灌溉比传统沟（畦）灌及膜侧沟灌田间水有效利用率高，在同样自然条件和农业生产条件下，作物的灌水定额和灌溉定额都有较大的减少。

2. 灌溉质量明显提高　根据试验与调查研究，膜上灌溉与传统沟（畦）灌相比，其灌溉质量的提高主要表现在以下两个方面：不仅可以提高地膜覆盖沿沟（畦）长度纵方向的灌水均匀度和湿润土壤的均匀度，同时也可以提高地膜沟（畦）横断面方向的灌水均匀度和湿润土壤的均匀度。这是因为膜上灌溉可以通过增开或封堵灌水孔的方法来调节沟（畦）首尾或其他部位处进水量的大小，以调整和控制灌水孔数目对灌水均匀度的影响。

膜上灌溉之所以能节约灌溉水量，其主要原因如下：

（1）膜上灌溉的灌溉水通过膜孔或膜缝渗入作物根系区土壤内。因此，它的湿润范围仅局限在根系区域，其他部位仍处于原土壤水分状态。据测定，膜上灌溉的面积（局部湿润灌溉）一般仅为传统沟（畦）灌面积（全部湿润灌溉）的 2%～3%。这样，灌溉水就被作物充分有效利用，所以水的利用率提高。

（2）膜上灌溉由于水流是在膜上流动，降低了沟（畦）田面的糙率，促使膜上水流推进速度加快，从而减少了深层渗漏水量；而且铺膜还阻止了作物植株之间的土壤蒸发损失。

（3）膜上灌溉水流是在地膜上流动或存蓄，因此不会冲刷膜下土壤表面，也不会破坏土壤结构；而通过放苗孔和灌水孔向土壤内渗水，就又可以保持土壤疏松，不会使土壤产生板结。据观测，膜上灌溉 4 次后测得的土壤干容重为 1.49 g/cm³，比第一次灌水前测得的土壤干容重（1.41 g/cm³）仅增加 6% 左右；而传统沟（畦）灌灌溉后土壤干容重达到 1.60 g/cm³，比灌前增加了 13%。

3. 作物生态环境得到改善　地膜覆盖栽培技术与膜上灌溉技术相结合，改变了传统的农业栽培技术和耕作方式，也改善了田间土壤水、肥、气、热等的作物生态环境。

4. 增产效益显著　由于作物生育期内田面均被地膜覆盖，膜下土壤白天积蓄热量，晚上则散热较少；而膜下的土壤水分又增大了土壤的热容量。因此，地温提高而且还相对稳定。据观测，采用膜上灌溉可以使作物苗期地温平均提高 1.0～1.5 ℃，作物全生育期的土壤积温也增加，从而促进了作物根系对养分的吸收和作物的生长发育，并使作物提前成熟。一般粮棉等大田作物可提前 7～15 d 成熟，蔬菜可提前上市，如辣椒可提前 20 d 左右上市。此外，膜上灌溉不会冲刷表土，又减少了深层渗漏，从而就可以大大减少土壤养分的流失。再加上土壤结构疏松，土壤通气性良好，为提高土壤肥力创造了有利条件。因此，膜上灌溉春小麦、玉米的节水增产效果明显，春小麦和玉米的增产幅度分别为 10%～15% 和 20%～25%。采用膜上灌溉技术的增产效果显著。例如，新疆尉犁膜上灌溉棉花，在同样条件下单产皮棉为每 667 m² 112.78 kg，常规沟灌皮棉则为 107.29 kg，增产 5.12%；而且霜前花增加 15%。新疆昌吉玉米膜上灌溉单产为 725 kg，常规沟灌玉米为 447.5 kg，增产了 51.8%。新疆乌鲁木齐河灌溉站膜上灌溉啤酒花单产为 873 kg，比常规灌溉增产 22 kg。新疆乌鲁木齐安宁渠灌区膜上灌溉豆荚比常规灌溉豆荚增产 200 kg 以上，辣椒增产达 1 000 kg 以上。

（七）膜上灌溉的优点

（1）减少了作物棵间土壤蒸发和水分深层渗漏，增加了土壤温度，不会造成地面板结和土壤冲刷，改善了作物生长的生态环境。播种量少，小麦基本苗 667 m² 大概是 41 万株左右；玉米基本苗 667 m² 达 4 400 株，行距 30 cm，株距 50 cm。膜上灌溉条件下，田面水流推进速度明显高于露地畦灌，大大提高灌水的均匀度和田间水的有效利用率。在覆膜宽度为 125 cm 的膜上，膜上灌溉水流推进速度是露地畦灌的 1.64 倍。

（2）节水效果明显，增产效益显著。膜上灌溉由于通过膜孔（缝）等，容易按照作物需水规律适时适量地进行灌水，为土壤提供了适宜的水分条件，并改善了作物的水、肥、气、热的供应和生态环境，从而促使作物出苗率高、根系发育健壮、生长发育良好。据观测，打埂膜上灌可比平播提高棉花出苗率 42.17%，株高高 5.3 cm，叶片多 2 片，果枝多 2.1 个，蕾数多 23 个（三个点 90 株的平均数）。

（八）膜上灌溉应注意的几个问题

（1）覆膜改变了地面原始状态，因此要对作物灌溉制度和施肥措施、数量等进行适当调整。

（2）应依托农机科研部门，研制一种新的既能播种、带种肥铺膜，又能平畦起埂压膜的满足膜上灌溉的机具，以形成一整套从理论到生产实践的完整的膜上灌溉技术体系。

（3）我国已研制出的地膜回收机，残膜收膜率达 90%，应结合各地土壤特性因地制宜地研制残膜回收机并推广应用是解决残膜污染的主要途径。

（4）避免对农业生态环境造成白色污染，使用降解、光解膜是解决残膜污染和发挥膜上灌溉优越性的最佳途径。

七、沟灌技术

沟灌是指在作物行间开挖灌水沟，水从输水沟进入灌水沟后，在流动的过程中主要靠毛细管作用湿润土壤。与畦灌相比，不会破坏作物根部附近的土壤结构，不会导致田面板结，能减少土壤蒸发损失，适用于宽行距的中耕作物。

（一）沟灌的优点

与畦灌相比，沟灌通过灌水沟灌溉田间，灌溉时田间灌溉水流推进速度较快，且仅湿润局部土壤，所以在节水的同时也达到了节能。灌水后不会破坏作物根部附近的土壤结构，可以保持根部土壤疏松、通气良好；不会形成严重的土壤表面板结，能减少深层渗漏，防止地下水位升高和土壤养分流失。沟灌能减少植株之间的土壤蒸发损失，有利于土壤保墒和降低保护地空气相对湿度。另外，开灌水沟时还可对作物起培土作用。在应用这项技术时，如果沟过长、地面不平、灌水不均匀，往往造成灌水定额偏大而浪费水。

(二)沟灌的技术要点

1. 沟长 据试验资料表明，沟长为 20～30 m 时，灌水定额小于 450 m³/hm²；沟长超过 50 m，灌水定额将大于 600 m³/hm²。

2. 适宜坡度 坡度一般为 0.5%～2.0%。地面坡度不宜过大，否则水流流速快，容易使土壤湿润不均匀，达不到预定的灌水定额或灌水效果。

3. 灌水沟的断面形式 断面一般为梯形或三角形，浅沟深 8～15 cm，上口宽 20～35 cm；深沟深 15～25 cm，上口宽 25～40 cm。灌水深度一般为沟深的 1/3～2/3。

4. 灌水沟的间距 土壤的入渗情况与土壤质地有关，所以土壤基质不同，灌水沟间距也不同。轻质土壤沟间距为 50～60 cm，中质土壤沟间距为 65～75 cm，重质土壤沟间距为 75～80 cm。

水流在灌水沟内流动时主要受重力、土壤基质吸力或毛细管力的作用，使得水流沿灌水沟断面不仅纵向下渗湿润土壤，同时也横向入渗浸润土壤。图 5-23 图左为沟灌土壤入渗示意，右图为沟灌土壤湿润情况示意。

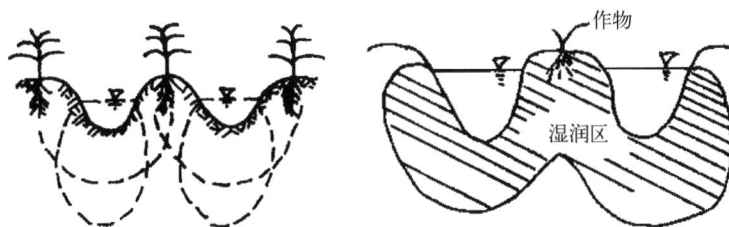

图 5-23 沟灌入渗浸润土壤示意

一般灌水沟的断面形状、深度与宽度应根据土壤类型、地面坡度以及作物的种类等确定（图 5-24）。

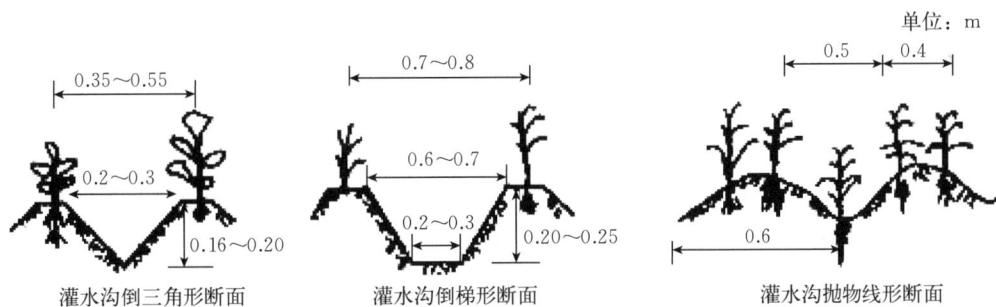

灌水沟倒三角形断面　　灌水沟倒梯形断面　　灌水沟抛物线形断面

图 5-24 灌水沟的规格参考

典型沟灌要素见表 5-34。

表 5-34 典型沟灌要素

土壤入渗性能	坡度 1/2 000～1/1 000		坡度 1/1 000～1/500		坡度 1/500～1/300	
	沟长（m）	单沟流量（L/s）	沟长（m）	单沟流量（L/s）	沟长（m）	单沟流量（L/s）
强透水性土壤（>15 cm/h）	10～15	1.0～1.5	15～20	0.8～1.2	20～25	0.6～0.9
中透水性土壤（5～15 cm/h）	15～20	0.8～1.0	20～25	0.6～0.8	25～30	0.4～0.6
弱透水性土壤（<5 cm/h）	20～25	0.6～0.8	25～30	0.4～0.6	30～35	0.2～0.4

八、水平畦田灌溉技术

水平畦田灌溉技术是建立在激光控制土地精细平整技术应用基础上的一种地面灌溉技术。国外的水平畦田灌溉系统中的田面通常为水平状态，灌水时的流量较大，水能在较短的时间内充满田块，均匀分布在整个土壤表面。畦田形状任意，周边由田埂封闭畦块，规格的设计取决于供水流量、土壤入渗特性等因素，一般为 4 hm² 左右，较大的可达到 16 hm²。

（一）水平畦田灌溉技术方法

（1）在现有田间灌溉工程进行必要改进与配套的基础上，采用激光控制平地技术完成对现有畦块的田面平整工作。

（2）通过激光控制平地作业，在水流推进方向减小田块坡面上下起伏的不平整程度，消除局部倒坡或反坡，保持田块具有适宜的畦面纵坡，提高水流在田间的平畅推进速度。

（3）在垂直水流运动方向的田面，通过改善地面平整精度，使之达到水平的无坡度状态，使水流横向扩散的田面凹凸障碍点消除，有利于水流推进锋面保持较高的均匀一致性，便于水流快速推进至畦尾。

（二）水平畦田灌溉技术要求

国外目前采用的水平畦田灌溉技术，类似于我国的格田灌溉技术，但有以下不同之处：

（1）国外采用激光控制平地技术完成二维畦面的无坡度平整；我国采用常规机械平地设备进行土地粗平，田面平整精度上的差异较大。

（2）水平畦田灌溉方式在国外的大田作物中得到推广应用；而格田灌溉技术主要应用于我国南方的水稻，其他大田作物中几乎没有采用。

（3）水平畦田灌溉技术对入地流量的要求较高，只有较大的供水流量才能满足入渗水分在田块内均匀分布的要求；我国农田灌溉工程系统的末级入地流量受井灌区农用机井出水量和渠灌区田间输配水设施容量的制约普遍较小，可以达到实施这项技术所需的流量标准。

（三）水平畦田灌溉技术效果

采用这项技术后，节水增产效果明显，田间灌溉水利用率平均由 50% 提高到 80%，灌溉均匀度由 70% 左右提高到 85% 左右。与其他农业综合技术措施配合后，采用常规机械进行粗平年增产 20%，采用激光控制进行精平年增产 30%，作物的水分生产效率由 1.0 kg/m³ 左右提高到 1.5 kg/m³。

九、波涌灌溉技术

波涌灌溉技术最早起源于美国，自 20 世纪 80 年代初引入我国后，我国已先后在波涌灌溉技术的节水机理、地表水流特性、田面土壤入渗特性等基础理论研究上取得了较大进展。近年来，国家节水灌溉工程北京技术研究中心在田间应用研究方面，特别是在波涌灌溉设备的研制上取得了重大突破，为该技术在我国的应用提供了必要的支撑条件。

（一）波涌灌溉技术概念

波涌灌溉也称间歇灌溉，是一种新型的地面灌水方法，采用大流量、快速推进、间断的方式向沟（畦）放水。与传统的连续灌溉方式相比，波涌灌溉主要根据待灌地块的长度，把连续供水时间划分为几个供水周期，采用间歇的灌水形式将水引入田里，使水流快速推进到田畦（沟）尾。

（二）波涌灌溉适用范围

波涌灌溉适用于采用沟、畦灌的各种作物，但不适宜宽畦或格田作物灌溉。从水源来说，波涌灌溉适用于自流灌区和井灌区。从地形与土质来说，波涌灌溉适用于地面坡降为 0.06%～1%，并且相对平整的农田；土质属粉沙壤土到中壤土范围的土壤。

（三）波涌灌溉的田间灌水方式

波涌灌溉的田间灌水方式有定时段变流程和定流程变时段两种。目前多采用定时段变流程法，即在灌水的全过程中，每个灌水周期（一个供水时间和一个停水时间构成一个灌水周期）的放水流量和放水时间一定，而水流推进长度则不相同。这种方式对灌水沟（畦）长度小于 400 m 的情况很有效，需要的自动控制装置比较简单、操作方便，而且灌水过程也很容易控制。对灌水沟（畦）长度大于

400 m 的情况，采用定流程变时段法灌水效果更佳。这种灌水方式每个灌水周期的水流新增推进长度和放水流量相同，而放水时间不相等。但是，这种灌水方式不易控制，劳动强度大，灌水设备也相对复杂。对于土壤透水性能较强的情况，可以采用增量法，即以调整控制灌水流量来达到较高灌水质量的一种涌流灌水方式。

(四) 波涌灌溉技术要素

1. 流量 确定波涌灌溉适宜流量较好的方法是在应用中观察波涌灌溉的运行情况。当水流推进速度太慢、灌水效率不高时，可以通过减少同时供水的一组沟（畦）数量来增加入沟（畦）流量。如果发现有尾水存在时，就采用减少流量的方法。流量的上限应使灌水沟（畦）首不发生冲刷，不漫顶。对于沟灌，长度不小于 80 m，入沟流量以 0.6～0.8 L/s 为宜；对于畦灌，长度小于 80 m 时，单宽流量为 2～3 L/s。

2. 供水时间 确定供水时间的方法是根据已有试验资料，通过连续沟（畦）灌所需时间来估算。在波涌灌溉实际运作中，为了保证灌水均匀，提高灌水效率，每个灌水周期的供水时间可根据情况适当调整，以达到最佳灌水效果。

(五) 波涌灌溉的设备系统

1. 波涌灌溉设备 主要设备是波涌阀、输水软管和小闸口。我国从国外引进波涌阀装置后，经过消化吸收，已能自行生产，手动式波涌阀和灌水三通也都有生产。输水软管和小闸口技术成型、性能稳定，已批量生产供应。

2. 波涌灌溉系统 系统一般由水源、波涌阀、控制器和输配水管网等组成，其中波涌阀和控制器是整个系统的核心设备。水流在波涌阀和自控器的作用下，轮流灌溉第一组和第二组带阀门管道所控制的灌溉面积。

(六) 波涌灌溉的特点

(1) 根据农田进水流量、水头大小及土地平整情况，波涌灌溉系统可选用全铺式和移动式两种。前者适用水量大，取水处水头较高；后者适用较低水头，且造价较低。波涌灌溉属于改进的地面灌溉新技术，其灌水次数及灌水时间与常规地面灌溉相同。它适应于常规地面灌溉（即沟灌或畦灌）的需要，并不改变沟、畦灌作业习惯。不同的是：一是用软管代替了农、毛渠输水；二是软管上的小闸口可以调节入沟或入畦的放水流量，以保证水流量大小均匀。因此，波涌灌溉系统的软管与闸阀完全能满足低压水头的工作要求，无特殊的水力设计要求。

(2) 波涌灌溉具有节水、增产、投入小、减少渗漏、提高肥效、操作简单等优点，是一种先进的地面灌溉新技术。波涌灌溉比常规地面灌溉一般可节水 20% 左右，投入一般为 300～390 元/hm²。

第六章 | 黄绵土化学性状 >>>

第一节 黄绵土矿物组成与化学组成

　　土壤矿物中蕴藏着植物和土壤生物生命活动所必需的矿质营养元素，与土壤肥力关系密切。土壤的矿物组成及化学组成对土壤的质地、结构、阳离子交换量与生物化学性质等均有极大的影响。土壤矿物及化学组成，一方面保留了地壳化学中的组成成分，另一方面在成土过程中经过物理、化学及生物和人为的综合作用而分解转化，土壤中的化学元素发生分散、富集和生物聚集作用。从土壤剖面矿物层次看，通常底土的矿物组成与母质的关系最为密切，心土层矿物的消长可看出母质向土壤的转变和淋溶、淀积作用的关系，而表土的矿物是经成土作用深刻改造后的产物。在不同的生物气候带，土壤矿物的演变进程是不同的。黄绵土是耕种熟化或自然植被下的成土过程和以侵蚀为主（局部为堆积）的地质过程共同作用下的产物，是黄土母质上直接形成的幼年土壤，风化程度不高，土壤发育微弱，矿物组成与化学组成和黄土母质近似，上、下层变化也不大。

一、黄绵土矿物组成

　　土壤中矿物的类型和数量在很大程度上取决于岩石、母质种类中矿物的稳定性及风化和成土过程。黄绵土的矿物组成复杂，有60余种，其中以石英、长石为主，其次有云母、角闪石、电气石、绿泥石、钛铁矿、褐铁矿、绿帘石、金红石、锆石、白钛石、磷灰石等。石英是极稳定的矿物，具有很强的抗风化能力，在土壤的粗颗粒中含量高；长石类矿物也具有一定的抗风化稳定性，在粗颗粒中的含量也较高。黄绵土中石英、长石类矿物占65%～90%；云母类和碳酸盐类矿物占5%～10%；其他不稳定矿物和重矿物占0.1%～0.5%，甚至更低。不同地区由于气候、生物、母质、地形等因素的影响不同，土壤矿物组成和数量也有差异。黄土高原南部，一般不稳定矿物出现机会较少。以云母为例，表层能见到原生长石矿物，20 cm以下部分绢云母化，再向下则多绢云母化。黄绵土的黏土矿物以伊利石和绿泥石为主，含有一定量的云母。黄绵土黏土矿物X衍射谱见图6-1。

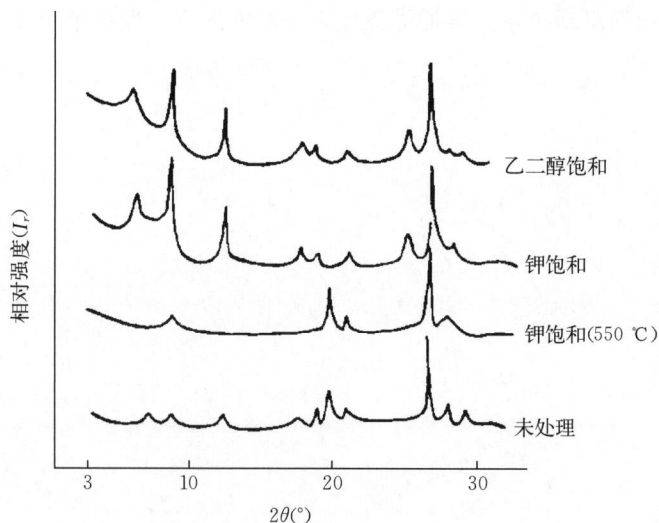

图6-1 黄绵土黏土矿物X衍射谱

（引自郭兆元，1992）

徐明岗等（1989）研究比较了塿土、黄棕壤、黄褐土、黑垆土及黄绵土黏粒X衍射谱（图6-2）表明，5种土壤黏粒在10Å和5Å均有明显的衍射峰，说明其含有的主要矿物为伊利石；而7.1Å、3.56Å、3.53Å峰的出现，表明它们还含有相当数量的高岭石和混层矿物（伊利石-绿泥石混层矿物，以绿泥石为主）。根据黏粒X衍射谱及差热分析结果，认为黄绵土0～20 cm土层黏土矿物的相对含量为：伊利石占68.33%、高岭石占25.21%、混层矿物（绿泥石为主）占6.46%。

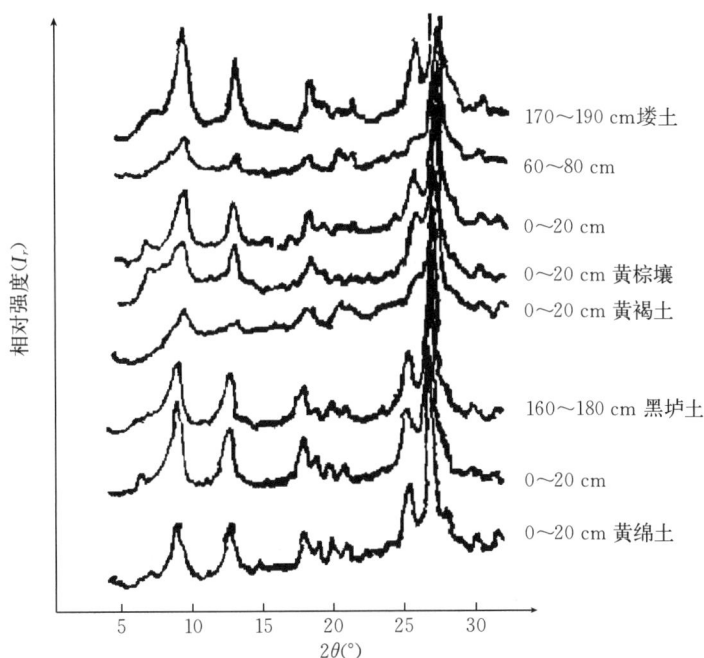

图6-2 不同土壤黏粒矿物X衍射图谱

（引自徐明岗，1989）

二、黄绵土化学组成

黄绵土的矿物元素全量化学分析显示，SiO_2占55%～70%，Al_2O_3占9.3%～14.0%，Fe_2O_3占2.8%～5.0%，CaO占5.4%～10.0%，MgO占1.5%～3.2%，TiO_2占0.5%～1.0%，与黄土母质基本相似。黄绵土化学组成变化在地理分布上表现为，SiO_2、Na_2O含量由北向南递减，Al_2O_3、Fe_2O_3、CaO、MgO则由北向南递增。在剖面分布上，各种元素没有显著的变化，这也反映了黄绵土的成土规律。

土壤或黏粒中硅铝率和硅铝铁率反映了土壤风化发育的程度，硅铝率和硅铝铁率越小，表明土壤风化淋溶程度越强。黄绵土硅铝铁率为2.7%～4.1%，黏粒部分的硅铝率为3.6%～3.9%。不同地点黄绵土剖面化学组成及黏粒分子率见表6-1。

表6-1 黄绵土剖面化学组成及黏粒分子率

地点	地形部位	土层深度（cm）	化学组成（占烘干土重）（%）										黏粒分子率（%）	
			SiO_2	Al_2O_3	Fe_2O_3	CaO	MgO	TiO_2	P_2O_5	K_2O	Na_2O	MnO	SiO_2/Al_2O_3	SiO_2/R_2O_3
陕西米脂（耕地）	坡地	0～20	64.99	10.28	3.87	5.88	2.24	—				0.061	—	—
		20～60	65.14	9.38	3.91	5.71	2.28	—				0.069	—	—
		60～100	64.95	11.02	3.93	5.89	2.22	—				0.058	—	—

（续）

地点	地形部位	土层深度（cm）	化学组成（占烘干土重）（%）										黏粒分子率（%）	
			SiO$_2$	Al$_2$O$_3$	Fe$_2$O$_3$	CaO	MgO	TiO$_2$	P$_2$O$_5$	K$_2$O	Na$_2$O	MnO	SiO$_2$/Al$_2$O$_3$	SiO$_2$/R$_2$O$_3$
陕西米脂（耕地）	川台地	0～15	69.58	11.26	3.96	5.92	2.17	0.663	1.72	1.52	2.39	0.063	4.00	3.05
		15～57	69.88	11.11	3.92	6.29	2.18	0.641	1.34	0.80	2.84	0.064	4.03	3.06
		57～92	69.58	11.27	3.98	6.43	2.21	0.657	1.35	1.30	2.17	0.062	4.03	3.06
		92～133	69.56	11.50	3.74	6.31	2.46	0.642	1.35	1.63	2.26	0.064	4.06	3.09
		133～150	69.01	11.54	3.61	6.02	2.28	0.679	1.52	1.56	2.28	0.070	4.13	3.13
陕西延安（耕地）	坡地	0～15	63.35	10.18	3.99	6.93	1.89	—	—	—	—	0.056	—	—
		15～27	63.25	10.69	3.66	7.54	1.67	—	—	—	—	0.058	—	—
		27～80	63.35	9.86	3.69	7.76	1.57	—	—	—	—	0.053	—	—
陕西宜川（树林草地）	坡地	0～10	63.13	12.99	4.74	8.01	2.89	0.674	1.52	1.69	2.46	0.089	4.04	3.10
		10～28	62.81	12.97	4.70	10.10	2.99	0.655	1.26	1.40	1.96	0.092	4.12	3.18
		28～53	63.68	12.29	4.83	10.09	3.11	0.672	1.28	1.07	1.90	0.091	4.01	3.09
		53～92	63.30	13.06	4.79	9.19	3.14	0.664	1.31	1.09	1.93	0.089	3.91	3.06
		92～103	63.05	13.19	4.47	8.92	3.22	0.687	1.28	1.23	1.92	0.089	4.03	3.11
陕西淳化（耕地）	坡地	0～20	60.81	11.52	4.57	7.46	2.15	0.69	—	—	—	—	3.73	3.89
		20～33	61.18	11.62	4.52	6.96	1.93	0.68	—	—	—	—	3.65	2.22
		33～45	62.38	11.86	4.38	7.04	1.64	0.69	—	—	—	—	3.61	2.95
		45～85	60.59	10.07	4.58	7.01	2.73	0.67	—	—	—	—	3.60	2.78
山西省兴县恶虎滩乡恶虎滩村（耕地）		0～17	63.44	11.80	3.78	5.71	2.06	0.92	0.124	2.13	1.85	0.07	—	—
		17～40	64.65	11.49	3.96	5.49	2.05	0.98	0.121	2.14	1.96	0.07	3.90	2.99
		40～58	62.68	11.76	4.50	5.99	2.15	0.82	0.158	2.15	1.77	0.08	3.82	2.92
		58～102	62.66	11.52	4.15	5.86	2.11	0.83	0.128	2.01	1.94	0.07	3.89	2.98
		102～150	62.58	11.37	4.67	5.99	2.15	0.86	0.119	2.03	1.72	0.07	3.97	3.03
甘肃子午岭		2～12	58.86	12.48	4.45	6.05	2.25	0.60	0.15	2.12	1.86	0.09	3.52	2.77
		12～22	58.34	12.44	4.52	8.37	2.15	0.64	0.13	2.07	1.92	0.08	3.50	2.74
		35～45	58.88	12.43	4.59	8.17	2.20	0.60	0.13	2.09	1.89	0.08	3.64	2.83
		70～80	59.39	12.41	4.82	7.47	2.25	0.62	0.14	2.21	1.84	0.08	3.68	2.85
		180～190	59.24	13.12	5.04	7.11	2.20	0.64	0.15	2.14	1.83	0.08	3.53	2.74
甘肃定西	坡地	0～10	55.43	11.74	4.88	9.27	2.52	0.58	0.17	2.40	1.75	0.08	8.01	6.33
		10～31	55.73	11.63	4.76	9.10	2.48	0.57	0.17	2.36	1.79	0.08	8.13	6.05
		31～70	56.17	12.46	4.78	9.07	2.38	0.58	0.17	2.50	2.19	0.08	7.65	6.16
		70～110	55.68	11.74	4.83	9.19	2.48	0.58	0.17	2.40	1.76	0.08	8.04	6.36

第二节　黄绵土盐基饱和度、pH、氧化还原电位

一、盐基饱和度

由于黄绵土分布于温带、暖温带的半干旱和干旱地区，年平均降水量 200～500 mm，且集中于7—9 月，年蒸发量 800～2 200 mm，降水量远小于蒸发量，土壤的复盐基过程强于淋溶过程。因此，黄绵土为盐基饱和的土壤。

二、pH

土壤 pH 是土壤化学性质的重要指标之一，由母质、生物、气候及人为作用等多种因素控制，也是影响土壤肥力的重要因素。自然条件下，土壤的酸碱性主要受土壤盐基饱和度支配。黄绵土为盐基饱和的土壤，同时受黄绵土自然成土条件影响，土壤富含 $CaCO_3$，含量为 9%～18%，全剖面呈强石灰反应。根据第二次全国土壤普查 pH 测定结果可知，黄绵土整体呈碱性，pH 7.5～8.6。不同地区黄绵土耕层土壤的 pH 见表 6-2。

表 6-2　不同地区黄绵土耕层土壤的 pH

地区	pH
陕西省延安市安塞县	8.2
陕西省延安市富县	8.2
陕西省延安市洛川县	8.6
陕西省延安市子长县	8.6
陕西省榆林市府谷县	8.3
陕西省榆林市清涧县	8.5
陕西省榆林市佳县	8.5
甘肃省庆阳市子午岭	7.9
甘肃省定西市安定区	8.4
甘肃省临夏回族自治州广河县	8.3
甘肃省平凉市庄浪县	8.6
山西省吕梁市离石县	8.5
山西省吕梁市兴县	8.0
山西省吕梁市中阳县	8.3
山西省临汾市永和县	8.3

农业部于 2017 年对我国黄绵土地区耕层土壤 pH 测定结果显示，黄绵土区整体呈碱性，pH 平均值为 8.37。不同省份黄绵土耕层土壤 pH 差别较大，山西省土壤 pH 最高，平均值为 8.56，陕西土壤 pH 最低，平均值 8.28，整体表现为山西＞宁夏＞甘肃＞内蒙古＞陕西；同一省份不同市区之间黄绵土土壤 pH 也差别较大，具体见表 6-3。黄绵土区耕层土壤 pH 为 8.37。

表 6-3　我国不同省份黄绵土耕层土壤 pH

（农业部，2017）

省份	市（州）	样本数（个）	pH			各省平均值
			最大值	最小值	平均值	
内蒙古	赤峰市	37	8.76	8.10	8.35	8.31
	鄂尔多斯市	9	8.50	8.00	8.28	
	乌兰察布市	3	8.30	7.67	7.89	
山西	忻州市	21	8.62	7.70	8.34	8.56
	吕梁市	190	8.93	8.17	8.59	
	临汾市	5	8.58	8.30	8.44	
	朔州市	2	8.30	8.30	8.30	
甘肃	白银市	119	8.60	8.14	8.41	8.43
	定西市	350	9.97	7.59	8.55	

（续）

省份	市（州）	样本数（个）	pH			各省平均值
			最大值	最小值	平均值	
甘肃	兰州市	23	8.40	7.70	8.20	8.43
	临夏州	19	8.80	7.59	8.35	
	平凉市	351	8.80	7.35	8.27	
	庆阳市	404	9.20	7.69	8.51	
	天水市	194	8.88	8.00	8.43	
	陇南市	11	8.30	7.60	8.11	
陕西	宝鸡市	243	8.41	6.44	7.89	8.28
	铜川市	64	8.45	7.48	8.14	
	渭南市	357	9.30	7.40	8.23	
	西安市	53	8.79	5.22	7.86	
	咸阳市	157	8.80	7.55	8.49	
	延安市	354	8.65	7.49	8.18	
	杨凌区	3	8.00	7.08	7.50	
	榆林市	705	9.63	7.00	8.49	
宁夏	固原市	219	9.30	7.60	8.53	8.49
	吴忠市	34	9.00	8.20	8.65	
	中卫市	52	8.47	7.96	8.22	

三、氧化还原电位

氧化还原电位是土壤氧化还原状况的强度指标，是土壤氧化态物质和还原态物质的相对比例。它影响土壤的一系列性质，是决定土壤中养分转化方向的一个重要因素。土壤中氧化还原电位的变异范围很广，且氧化还原平衡经常变动，不同时间、不同空间、不同耕作管理措施等都会影响土壤氧化还原电位。黄绵土土体疏松，通气良好，土壤氧浓度高；黄绵土有机质含量较低，还原态物质少。因此，黄绵土氧化还原电位一般为 400 mV 以上，有的甚至超过 700 mV，通气性过强。

第三节　黄绵土阳离子交换量

土壤阳离子交换量是土壤重要的化学性质，直接反映了土壤的保肥、供肥性能和缓冲能力。阳离子交换量主要取决于土壤中黏粒的含量及其矿物类型，土壤有机质的含量和组成在通常情况下也起一定作用。第二次全国土壤普查时期，黄绵土阳离子交换量为 4.1～11.2 cmol/kg（表 6 - 4），处于较低水平。这是由黄绵土母质疏松多孔、风化度不高、胶体物质相对缺乏、有机质含量较低造成的。

表 6 - 4　不同地区黄绵土耕层土壤的阳离子交换量

地区	地形部位	土层深度（cm）	CaCO₃含量（%）	阳离子交换量（cmol/kg）
陕西省延安市（耕地）	梯田	0～20	11.83	7.55
		20～40	12.07	5.55
		40～60	11.79	5.11

（续）

地区	地形部位	土层深度（cm）	CaCO₃含量（%）	阳离子交换量（cmol/kg）
陕西省延安市宜川县（疏林草地）	坡地	0～10	12.16	10.12
		10～28	15.29	7.62
		28～53	14.66	6.84
		53～92	13.36	6.68
		92～108	12.97	6.65
陕西省榆林市府谷县（草地）	坡地	0～20	—	8.30
		62～100	—	8.30
		28～53	—	8.30
陕西省榆林市佳县（耕地）	梁坡地	0～20	7.30	4.13
		20～110	6.18	4.85
		110～150	6.21	5.05
陕西省榆林市米脂县（耕地）	坡地	0～20	10.42	7.31
		20～40	10.79	7.31
		40～60	10.69	8.17
陕西省榆林市米脂县（荒地）	坡地	0～20	10.20	7.74
		20～40	10.25	8.16
		40～60	10.20	8.60
陕西省榆林市米脂县（耕地）	川台地	0～15	8.60	5.66
		15～57	8.93	4.95
		57～92	9.11	4.95
		92～150	9.68	5.00
		133～40	9.04	4.83
陕西省榆林市清涧县（草地）	坡地	0～23	14.28	6.21
		23～82	12.61	5.98
		82～150	12.45	5.84
甘肃省定西县				10.0
甘肃省庆阳市子午岭				7.1
甘肃省临夏回族自治州广河县				13.1
山西省吕梁市离石县				9.2
山西省吕梁市兴县				6.6

第四节　黄绵土化学性状的变化

一、矿物及化学组成变化

土壤性质是成土因素综合作用的产物。成土因素的变化影响土壤性质的演化，土壤性质随成土年龄的变化也会发生不同程度的变化。通过1995年后相关文献中对土壤矿物组成研究结果可知，虽然土壤经常受到风蚀和水蚀等影响的扰动，影响了后生成土过程，使不同地区黄绵土的各矿物所占比例表现出一定差异性；但1995年后，黄绵土矿物组成以长英类矿物为主的矿物组合特征没有改变，黏土矿物仍以伊利石和绿泥石、蒙脱石、高岭石为主。这种现象可能表明，虽然随着黄土母质不断的发育演化，伴随着黏化、钙积和腐殖质的不断积累，但由于侵蚀作用在成土过程中占据了主导地位，土

111

壤的黏化、钙积和腐殖质积累过程不断被抵消，短期内难以出现明显的矿物组成变化。土体中主要的化学组成元素含量顺序依然为 $SiO_2 \gg Al_2O_3 > CaO > Fe_2O_3 > MgO$。

二、pH 变化

据可查阅文献对不同地区黄绵土耕层土壤的 pH 进行统计分析可知（表 6-5），与 20 世纪 80 年代的第二次全国土壤普查时期黄绵土酸碱度（pH 为 7.9～8.62）相比，1995 年后的黄绵土土壤 pH 为 8.11～8.54。根据第二次全国土壤普查 pH 分级标准（表 6-6），黄绵土整体呈碱性。2017 年农业部测定黄绵土耕层土壤 pH 为 8.28～8.56，整体仍呈碱性（表 6-3）。总体来看，黄绵土不同时期耕层土壤 pH 变化不大，整体呈相对稳定状态。

表 6-5　黄绵土耕层土壤 pH 统计特征

指标	全国第二次普查时期 pH	1995 年后 pH
平均值	8.35	8.33
最大值	8.62	8.54
最小值	7.90	8.11
标准差	0.213	0.174
变异系数	2.56%	2.09%

表 6-6　土壤 pH 分级标准

分级	极强酸性	强酸性	酸性	中性	碱性	强碱性	极强碱性
土壤 pH	≤4.5	4.5～5.5	5.5～6.5	6.5～7.5	7.5～8.5	8.5～9.5	≥9.5

陕西省延安市安塞县地处西北内陆黄土高原腹地、鄂尔多斯盆地边缘，属典型的大陆性半干旱季风气候，境内土壤以黄绵土为主，约占当地土壤总面积的 95%。研究该地区不同时期土壤酸碱度的变化情况，具有一定的代表性。第二次全国土壤普查时期，安塞县楼坪乡土壤 pH 为 8.24，2009 年开展的采样工作测得安塞县楼坪乡土壤 pH 为 8.16，下降了 0.08。

总体来看，第二次全国土壤普查与 1995 年后这两个时期土壤 pH 差异不大，变异系数均在 2%左右，变异度很小，黄绵土 pH 呈现出局部酸碱度变化，但整体相对稳定的状态。这可能是由于对于局部地区而言，土壤性质容易受到人类活动影响，如农业生产中的灌溉措施、施肥措施等都可能使土壤特性产生较大变异。但就整个黄绵土分布区域来看，其成土母质和发育过程以及当地环境的变异较小；黄绵土富含 $CaCO_3$，对 pH 的下降具有较大的缓冲作用，这就使得黄绵土整体的 pH 相对稳定。

三、阳离子交换量变化

根据相关文献对不同地区黄绵土耕层土壤的阳离子交换量进行统计分析可知（表 6-7），在第二次全国土壤普查时期，阳离子交换量为 4.13～13.1 cmol/kg，而 1995 年后则为 8.90～11.08 cmol/kg。两个时期的阳离子交换量均处于一个较低水平，但最低值有所提高。

表 6-7　黄绵土耕层土壤阳离子交换量统计特征

指标	第二次全国普查时期阳离子交换量	1995 年后阳离子交换量
平均值（cmol/kg）	8.60	10.34
最大值（cmol/kg）	13.1	11.08
最小值（cmol/kg）	4.13	8.90
标准差（cmol/kg）	2.69	1.25

根据配对样本 t 检验分析，第二次全国土壤普查时期与 1995 年后土壤阳离子交换量之间存在显著性差异。这说明 1995 年后黄绵土有机质、黏粒含量等可能均有一定程度的提升，环境状况有一定的改善。但由于阳离子交换量与 pH 相比往往存在较大幅度的变异，pH、黏粒含量的细小变化均会对阳离子交换量产生较大的影响，微尺度下这种变异则更明显。此外，1995 年后所能获取的关于黄绵土阳离子交换量的资料有限，降低了数据的代表性，可能会与实际情况存在一定的偏差。

土壤化学性质和化学过程是影响土壤肥力水平的重要因素。这些化学性质中除土壤酸碱度和氧化还原性对植物生长产生直接影响外，其他化学性质主要是通过影响土壤结构和养分状况来间接影响植物生长。黄绵土是黄土高原的主要土壤，也是侵蚀最严重的土壤之一，成土过程以侵蚀为主。随着黄土高原生态建设和植被恢复，近年来研究者对不同水土保持措施下黄绵土物理性质、养分状况以及土壤生物学特性的变化进行了较多的研究，关于土黄绵土化学性质变化的关注相对较少。而土壤物理性状，如土壤质地、土壤结构、土壤水分状况和耕作制度、施肥等对土壤化学组成、电荷特性、氧化还原程度和交换性离子组成有明显影响。因此，随着黄绵土区生态环境的变化，土壤化学性质如何变化及演替，尚需进一步深入研究。

第七章 黄绵土生物学性状 >>>

第一节 黄绵土微生物

一、微生物数量及分布

土壤微生物的组成及其同植被、耕作的关系对土壤资源利用、农业生产发展具有重要意义。谭东南等（1986）对甘肃省几种典型土壤包括黄绵土、灌漠土、黑垆土以及亚高山草甸土的耕层（0～25 cm）土壤微生物资源的调查表明，在黄绵土和其他几种类型土壤的微生物中，细菌数量均最多，每克土中数量达 10^8 CFU 以上，约占微生物总数量的 95%；其次是放线菌，每克土中数量达 10^6 CFU，约占总数量的 4%；霉菌数量最少，通常为 10^4 CFU/g；蓝藻也都被检测到，相比于亚高山草甸，农田土壤中蓝藻的数量较少，每克土中含 10^4～10^5 CFU（表 7-1）。

表 7-1 黄绵土及其他 4 种土壤中微生物数量

（谭东南，1986）

单位：CFU/g

地点	土壤类型	微生物类群数量			
		细菌	放线菌	霉菌	蓝藻
定西（鹿马岔）	坪地黄绵土	14.05×10^7	5.30×10^6	1.30×10^4	＋
张掖	灌漠土	31.30×10^7	3.84×10^6	2.82×10^4	＋
武威	灌漠土	15.21×10^7	3.35×10^6	5.88×10^4	＋
庆阳（牧草站）	黑垆土	18.55×10^7	3.99×10^6	2.47×10^4	＋
天祝（金强河）	亚高山草甸土	10.04×10^7	5.43×10^6	0.47×10^4	＋＋

注：＋表示一般数量，＋＋表示数量较大。采样时间为 9—10 月，地温均为（14±4）℃。

由图 7-1 可知，微生物数量的顺序为：张掖灌漠土＞庆阳黑垆土＞武威灌漠土＞定西黄绵土＞天祝亚高山草甸土，这种生物量的特征和土壤肥力状况呈正相关关系。

覃秀英（1980）分析了黄绵土 0～16 cm、16～40 cm、40～146 cm 以及 146 cm 以下不同土层土壤中放线菌、真菌、细菌以及细菌中芽孢细菌的数量，结果见表 7-2，同样细菌数量最多，放线菌次之，真菌最少。在各类土壤剖面中，三大类微生物在表层土或耕层土中的数量最多，如 0～16 cm 土层的微生物数量为 3.83×10^5 CFU/g。随着土层深度逐渐增大，微生物数量逐渐减少，在 146 cm 以下已经检测不到真菌的存在。土壤剖面中微生物数量的这一规律性变化充分表明，有机质含量、通气性和其他土壤理化性状对微生物发育有显著影响，因此剖面中生态条件不同，微生物数量便有一定差异。

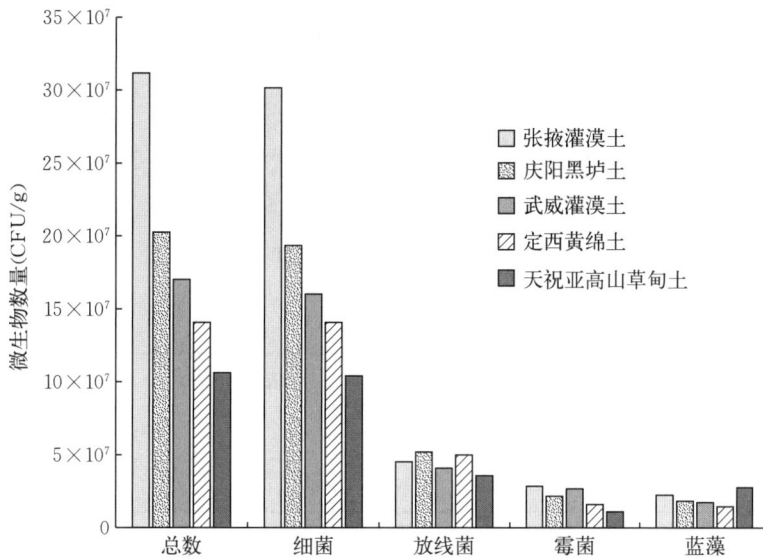

图 7-1　黄绵土及其他 4 种土壤中微生物数量
(谭东南，1986)

表 7-2　黄绵土剖面中微生物数量及其组成

(覃秀英，1980)

单位：CFU/g

土壤深度（cm）	微生物类群数量			
	细菌	芽孢细菌	放线菌	真菌
0～16	208×10^3	42×10^3	120×10^3	13×10^3
16～40	106×10^3	31×10^3	84×10^3	12×10^3
40～146	42×10^3	8.1×10^3	67×10^3	5×10^3
>146	20×10^3	6.1×10^3	32×10^3	0

二、优势微生物种类

　　土壤中微生物的数量和优势菌种受制于土壤剖面层次的生态条件。覃秀英（1980）分析了黄绵土 0～20 cm 表土层中的优势微生物种类，由表 7-3 可知，黄绵土中纤维素分解菌类以纤维素放线菌的数量较多，达 1.69×10^3 CFU/g，其原因可能与黄绵土土壤干旱有关；黄绵土中优势芽孢细菌类以巨大芽孢杆菌和枯草芽孢杆菌较多，均达 1.6×10^4 CFU/g。

表 7-3　黄绵土 0～20 cm 土层中优势微生物种类及数量

(覃秀英，1980)

单位：CFU/g

芽孢细菌类			纤维素分解菌类		
巨大芽孢杆菌	枯草芽孢杆菌	蜡质芽孢杆菌	纤维素黏菌	纤维素放线菌	纤维素真菌
1.6×10^4	1.6×10^4	4.0×10^3	0	1.69×10^3	4.24×10^2

三、参与土壤营养元素转化的微生物

（一）参与土壤营养元素转化的部分微生物

1. 与氮素和碳素转化有关的部分微生物　对黄绵土中与氮素和碳素转化有关的部分微生物进行

研究表明（表7-4），黄绵土中氨化细菌数量很大，每克土中多达 $1.2×10^6$ CFU，这表明黄绵土的氨化作用比较旺盛；而黄绵土中好气性的固氮菌较少，数量为 $0.8×10^3$ CFU/g。除固氮菌外，还测出了数量众多的微小菌落（微嗜氮菌），其数量比固氮菌大几千倍，为 $6.05×10^6$ CFU/g。黄绵土中的硝化细菌数量较少，每克土中含 $3.78×10^3$ CFU。这类微生物数量虽少，但在土壤中对氮素转化起着重要的作用。由于它们的活动，可将土壤中的铵态氮转化为易被植物吸收的硝态氮，在黄绵土中这种作用较佳。

表7-4　定西黄绵土中各生理类群的微生物数量

（谭东南，1986）

单位：CFU/g

氨化细菌	好气性固氮菌		硝化细菌		纤维素分解细菌
	固氮菌	微嗜氮菌	亚硝酸菌	硝酸菌	
$1.2×10^6$	$0.8×10^3$	$6.05×10^6$	$1.47×10^3$	$2.31×10^3$	$3.2×10^4$

分解纤维素的好气性微生物数量在黄绵土中较少，为 $3.2×10^4$ CFU/g，而这类菌的数量特征与固氮菌相似。土壤中这两类菌常以互生状态伴生在一起，对土壤有机质和氮素的消长具有专一性的作用和影响。如果此类菌含量较多，由于它们的作用，有机质分解大于积累，导致土壤中活性有机质减少。土壤氮素含量和土壤有机质具有同等重要性，可直接影响土壤微生物生长发育。

2. 作物播前及花期黄绵土中有益微生物的区系动态　卢秉林等（2008）对黄绵土中有益微生物如自生固氮菌、解磷菌、解钾菌的区系动态进行了调查，研究表明（表7-5），播前定西黄绵土中3类有益微生物数量中磷细菌的数量最多，每克土中数量达 $54.43×10^8$ CFU/g，自生固氮菌为 $34.89×10^8$ CFU/g，钾细菌为 $31.63×10^8$ CFU/g。黄绵土种植马铃薯，作物花期无论是根际还是土体均高于播前，增长率达 $106.3\%～177.9\%$。其中，自生固氮菌增长幅度最大，钾细菌次之，磷细菌最低，说明作物根系促进根际自生固氮菌和钾细菌的作用尤为明显。随着作物地上部的生长，生物量增加，地下根系日益发达，促进了根际微生物的增长。

表7-5　作物播前与花期黄绵土中有益微生物数量

（卢秉林，2008）

自生固氮菌数量（$×10^8$CFU/g）			钾细菌数量（$×10^8$CFU/g）			磷细菌数量（$×10^8$CFU/g）		
播前	花期	增长率（%）	播前	花期	增长率（%）	播前	花期	增长率（%）
34.89	96.98	177.94	31.63	83.71	164.64	54.43	112.29	106.30

由表7-6可知，微生物数量从根际向土体土壤呈明显的递减趋势，固氮菌、磷细菌以及钾细菌在根际数量与土体数量之比达 $1.53～2.29$，使植物根系土壤表现出特定的根际效应。在植物的生长过程中，根系进行着活跃的新陈代谢作用，向根外不断释放分泌物。这些分泌物包括根系渗出物、黏液、胶质和裂解物等，它们为根际微生物提供重要营养和能量来源。而在距根系越远的土壤中，植物的

表7-6　黄绵土作物花期根际与土体有益微生物数量

（卢秉林，2008）

固氮菌			钾细菌			磷细菌		
土体（亿CFU/g）	根际（亿CFU/g）	根际/土体	土体（亿CFU/g）	根际（亿CFU/g）	根际/土体	土体（亿CFU/g）	根际（亿CFU/g）	根际/土体
96.98	221.63	2.29	83.71	149.58	1.79	112.29	171.99	1.53

根系分泌物就越少，供给微生物的能源物质也就越少，因此就表现出微生物数量从根际向土体土壤呈明显的递减趋势。

（二）人为施用功能微生物对黄绵土中矿质养分的活化作用

1. 氧化硫硫杆菌对黄绵土中 P、Zn、Mn 元素的活化作用 陕北黄绵土属石灰质土壤，pH 8.8，许多矿质元素以不溶态形式存在，肥力水平低。基于一些自养微生物对黄绵土中矿质养分具有活化作用，来航线等（1998）对氧化硫硫杆菌的产酸力及对黄绵土中 P、Zn、Mn 养分的活化作用进行了研究。氧化硫硫杆菌使土壤中的磷素转化为植物易吸收利用的形态，可提高磷的有效性，起到了活化土壤磷素的作用。由表 7-7 可知，接种氧化硫硫杆菌 T-t_1 并培养后，黄绵土中无机磷组分 Ca_2-P、Ca_8-P、Al-P 含量显著增加，难溶性 O-P、Ca_{10}-P 显著减少。其中，以作物最易吸收的 Ca_2-P 和最难吸收的 Ca_{10}-P 变幅最大，t 检验均达显著或极显著水平。此外，参试菌株 T-t_2 的作用较 T-t_1 更为显著。

表 7-7　氧化硫硫杆菌对黄绵土无机磷形态的影响

处理	Ca_2-P	Ca_8-P	Al-P	Fe-P	O-P	Ca_{10}-P	总计
对照 1（H_2O）（mg/kg）	3.56	23.38	13.90	15.05	73.99	448.57	578.45
T-t_1 菌（mg/kg）	28.04	34.54	18.71	14.95	66.12	415.97	578.33
增率（%）	688	48	35	—	−11	−7	
对照 2（H_2O）（mg/kg）	3.34	25.57	13.15	16.13	71.34	451.55	581.08
T-t_2 菌（mg/kg）	60.85	36.04	18.09	16.47	65.00	386.32	582.77
增率（%）	1 722	41	38	—	−9	−14	

注：$t_{0.05}=3.18$，$t_{0.01}=5.48$。

由表 7-8 可知，T-t 菌培养液接种于黄绵土后，Zn 和 Mn 的有效性也得到显著提高，均达显著或极显著水平。T-t 菌具有较强的产酸能力，不仅能改变土壤的磷素结构，而且还可大幅度提高土壤中有效性 Zn、Mn 含量。氧化硫硫杆菌还可使环境 pH 降低 1～3 个单位，田间试验结果表明增产效果显著。

表 7-8　T-t_1 菌培养液对黄绵土中 Zn、Mn 的活化作用

处 理	有效 Zn				处 理	有效 Mn			
	培养时间					培养时间			
	12 h	24 h	48 h	72 h		12 h	24 h	48 h	72 h
对照 1（mg/kg）	0.711	0.713	0.723	0.764	对照 1（mg/kg）	2.525	2.582	2.630	2.645
T-t_1 菌（mg/kg）	0.728	0.743	0.756	0.786	T-t_1 菌（mg/kg）	2.587	2.624	2.648	2.668
增率（%）	2.39	4.21	4.56	2.88	增率（%）	2.46	1.63	0.68	0.87
对照 2（mg/kg）	0.710	0.713	0.744	0.752	对照 2（mg/kg）	2.557	2.513	2.612	2.634
T-t_2 菌（mg/kg）	0.722	0.740	0.756	0.779	T-t_2 菌（mg/kg）	2.568	2.537	2.641	2.663
增率（%）	1.69	3.79	1.61	3.59	增率（%）	0.43	0.96	1.11	1.10

注：$t_{0.05}=3.18$，$t_{0.01}=5.48$。

2. 钾细菌对黄绵土土壤养分的活化作用 薛泉宏等（1999）研究发现，钾细菌（胶质芽孢杆菌 *Bacillus mucilaginosas*）对黄绵土中矿物态 K、P、Si、Ca、Fe、Mn 和 Zn 有显著的生物活化作用。以黄绵土为磷钾源时，培养液 pH 分别降低 0.7～1.2（表 7-9）；以黄绵土为钾源时，无氮及含氮条件下的生物释钾量分别为 18.5 mg/kg 及 17.1 mg/kg，平均增率为 17.8%（表 7-10）。钾细菌破坏含钾矿物释放钾的同时伴随着 Si 的活化，以黄绵土为钾源物质时，无 N 与含 N 培养条件下的生物释硅量分别为 31.3 mg/kg 与 15.9 mg/kg，较对照分别高出 88.9% 与 53.0%，平均增幅达 71.0%（表 7-10）。

表 7-9　以黄绵土为磷钾源时供试菌株培养液的 pH

(薛泉宏，1999)

培养基	pH		ΔpH
	对照（n=3）	接种处理（n=5）	
无 N 培养基	8.4	7.7	−0.70
含 N 培养基	8.6	7.4	−1.20
平均	8.5	7.6	−1.00

表 7-10　以黄绵土为钾源时钾细菌的 K、Si 释放量

(薛泉宏，1999)

释放元素	培养基	对照（mg/kg）	接种处理（mg/kg）	生物释放量（mg/kg）	增率（%）
K	无 N 培养基	94.0	112.5	18.5	19.7
	含 N 培养基	108.2	125.3	17.1	15.8
	平均	101.1	129.0	27.8	17.8
Si	无 N 培养基	35.2	66.5	31.3	88.9
	含 N 培养基	30.0	45.9	15.9	53.0
	平均	32.6	56.2	23.6	71.0

接种钾细菌对黄绵土中 P、Ca 也有一定活化作用。由表 7-11 可以看出，在无 N 及含 N 培养条件下，生物释磷量分别为 470 mg/kg 和 420 mg/kg，较对照分别提高 19.9% 和 18.7%。无 N 和含 N 培养条件下的生物释钙量分别为 3 130 mg/kg 和 1 800 mg/kg，较对照提高 447.1% 和 236.8%，平均增幅为 342.0%。由此可以看出，无 N 条件下的 P、Ca 释放量高于含 N 培养条件，这可能与无 N 条件下钾细菌胞外黏性分泌物较多、荚膜较厚有关。

表 7-11　黄绵土为钾源时钾细菌的 P、Ca、Fe、Mn、Zn 释放量

(薛泉宏，1999)

释放元素	培养基	对照（mg/kg）	接种处理（mg/kg）	生物释放量（mg/kg）	增率（%）
P	无 N 培养基	2 360	2 830	470	19.9
	含 N 培养基	2 250	2 670	420	18.7
	平均	2 310	2 750	440	19.3
Ca	无 N 培养基	700	3 830	3 130	447.1
	含 N 培养基	760	2 560	1 800	236.8
	平均	730	3 200	2 460	342.0
Fe	无 N 培养基	14.3	41.0	26.7	186.7
	含 N 培养基	17.8	38.2	20.4	114.6
	平均	16.1	39.6	23.6	150.6
Mn	无 N 培养基	1.7	34.0	32.3	1 900.0
	含 N 培养基	1.9	20.3	18.4	1 027.8
	平均	1.8	27.2	25.4	1 463.9
Zn	无 N 培养基	14.5	15.6	1.1	7.6
	含 N 培养基	18.0	16.4	−1.6	−8.9
	平均	15.6	15.9	0.3	−0.7

由表 7-11 可以看出，供试菌株在实验室培养条件下对黄绵土中 Fe、Mn 也具有明显的活化作用，但对 Zn 的活化作用不明显。在无 N 培养条件下，Fe、Mn 的生物释放量分别为 26.7 mg/kg 和 32.3 mg/kg，较对照提高 186.7% 和 1 900.0%；在含 N 培养条件下，Fe、Mn 生物释放量分别为 20.4 mg/kg 和 18.4 mg/kg，较对照提高 114.6% 和 1 027.8%，同样表现出无 N 培养条件下的活化作用大于含 N 培养条件。

综上所述，钾细菌在无 N 培养条件下对矿物态养分的活化作用优于含 N 培养条件，对 Zn 的活化作用不明显。

四、AMF 真菌

菌根是自然界中广泛存在的一种植物与菌根真菌共生体，它可以改善植物生长和发育条件，提高植物对养分和水分的吸收与积累，在养分循环和生态系统功能发挥中占有重要地位。除一些广泛分布的丛枝菌根（AM）真菌以外，另一些 AM 真菌的出现明显受生态系统、土地利用类型、植被和气候的影响。而菌根也可以潜在影响地上植被的群落结构，进而影响到同一生态环境下同种植物之间、不同物种之间的竞争力。AM 真菌在干旱和半干旱地区植被恢复与重建、植物多样性和生态系统功能保持上具有重要的作用。

马琨等（2011）对宁夏固原农耕地黄绵土的 AM 真菌多样性进行了研究，该黄绵土的主要植物种类为赖草 [Leymus secalinus (Georgi) Tzvel] 和长芒草（Stipa bungeana Trin）。如表 7-12 所示，固原黄绵土中 AM 真菌分布在 4 个属共 14 种。以种群频度作为评定 AM 真菌优势种和常见种的标准依据，频度大于 50% 的种类为优势种，频度为 30%～50% 的属于常见种。固原黄绵土中 AM 真菌的优势种和常见种都较少，优势菌有两种，分别为地球囊霉与缩球囊霉，常见菌种为摩西球囊霉。优势菌地球囊霉与缩球囊霉都属于球囊霉属，而球囊霉属是在各种环境中能被分离出来的最常见物种，且其特别适应干旱条件，因此球囊霉属在较为干旱的宁夏是主要的 AM 真菌类群。

表 7-12 固原农耕地黄绵土中 AM 真菌分布及各属的频度

（马琨，2011）

属	种	频度
巨孢囊霉属 Gigaspora	巨孢囊霉 G. decipiens	11.11
球囊霉属 Glomus	总序球囊霉 G. botryoides、缩球囊霉 G. constrictum、两型球囊霉 G. dimorphicum、地球囊霉 G. geosporum、层状球囊霉 G. lamellosum、木薯球囊霉 G. manihotis、黑球囊霉 G. melanosporum、单孢球囊霉 G. monosporum、摩西球囊霉 G. mosseae、多梗球囊霉 G. multicaule、膨果球囊霉 G. pansihalos	100
类球囊霉属 Paraglomus	巴西类球囊霉 P. brasilianum	5.56
盾巨孢囊霉属 Scutellospora	双紫盾囊霉 S. dipurpurascens	16.67

AM 真菌的孢子密度主要受土壤中速效钾、有机质、全氮、有效磷 4 个因子制约，土壤全盐、全氮、碱解氮、全磷、pH 对其也有一定的影响。固原黄绵土的孢子密度、侵染率分别为 1 778.99±177.54 和 79.09%（马琨，2011），其 AM 真菌的多样性变化规律较复杂，并不像有机质含量相似的黑垆土，表现出具有较高的孢子密度、侵染率和 AM 真菌多样性。由图 7-2 可知，与春季不同土壤类型相比，秋季 AM 真菌的孢子密度更容易受到土壤全盐、pH、碱解氮等土壤因子的影响。总体而言，有机质含量高的土壤，对菌丝生长和菌根发育有不同程度的促进作用，但这种促进作用有一定范围。而自然地理及气候条件的差异、植被类型及植物多样性、土壤类型及养分、土壤受干扰程度等因

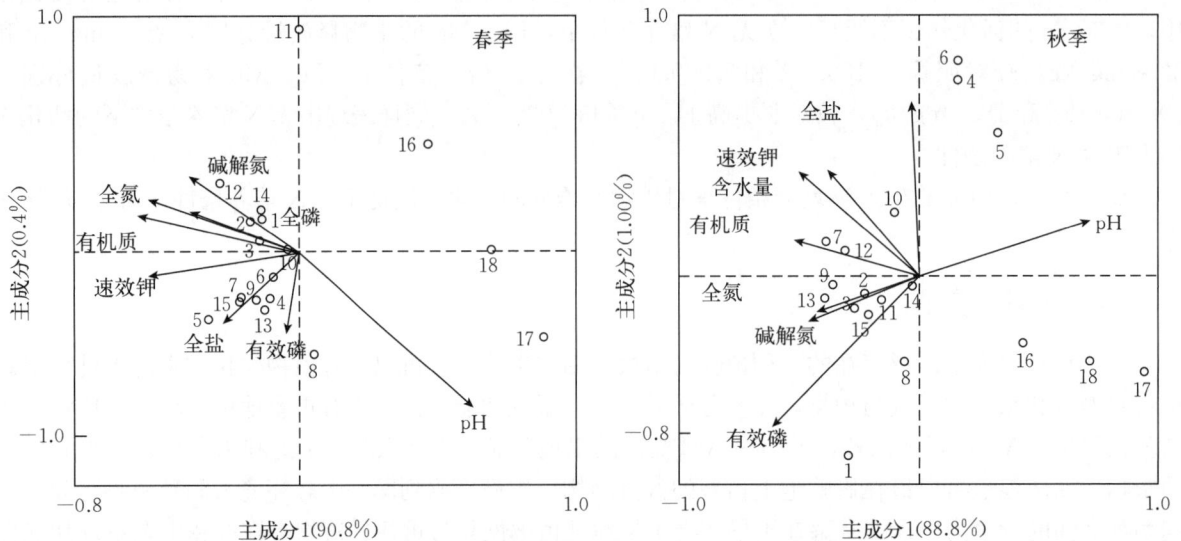

图 7 - 2　不同季节不同土壤类型采样点孢子密度分布与土壤环境因子的主成分分析

(马琨，2011)

注：圆圈代表不同土壤类型采样点，1～3 为六盘山林地采样点的 3 个重复，4～6 为银川农耕地采样点的 3 个重复，7～9 为暖泉农耕地采样点的 3 个重复，10～12 为固原农耕地采样点的 3 个重复，13～15 为盐池沙地采样点的 3 个重复，16～18 为灵武沙地采样点的 3 个重复；箭头指示所对应的土壤环境因子，箭头连线和排序轴的夹角表示该土壤环境因子与排序轴的相关性大小，箭头连线长度代表该土壤环境因子对孢子密度分布影响的程度。

素都有可能影响 AM 真菌孢子密度、侵染率和多样性，因此土壤因子对 AM 真菌孢子密度及侵染率的影响因所处生态环境的不同而有所差别。

五、根瘤菌

(一) 苜蓿-根瘤菌共生固氮

以陕北黄绵土设置微区试验研究苜蓿-根瘤菌共生固氮量，结果表明，同位素 ^{15}N 法测出的共生固氮总量为 6 240～12 480 kg/m²，平均为 9 360 kg/m²，固氮量占苜蓿总需氮量的 73%（徐福利 等，1993）。

(二) 花生根瘤共生固氮

1. 花生根瘤与固氮　以盆栽试验为主，在米脂川地中等肥力黄绵土对陕北花生根瘤固氮、施肥与产量进行研究。利用灭菌和不灭菌花生种子，分别播种于经高压灭菌土中和不灭菌土中，得到不结瘤与结瘤植株。

花生的生长与根瘤固氮有着密切关系。在幼苗期未结瘤时，花生所需的氮素几乎全部由种子供给，而两者差异甚小。随着生育期的推进，固氮作用才对花生的营养生长产生了效应。如结瘤植株较不结瘤植株的主茎高度增长 40.7%～54.5%，单株分枝数增加 24.0%～26.7%。但根瘤固氮的生育效应最终反映在产量上，结瘤花生植株较不结瘤植株的荚果数多 2.3 倍，单株生产力多 10.49 g；不结瘤花生植株 667 m² 产量为 64.96 kg，结瘤花生植株 667 m² 产量为 232.80 kg，后者较前者产量增加 167.84 kg。以上表明这是根瘤固氮对花生生育所产生效应的结果，也可视为是花生根瘤的固氮产量。折算经济效益 667 m² 为 200 元左右。

2. 花生根瘤的固氮规律　从表 7 - 13 看出（刘杏兰 等，1990），花生根瘤固氮量随生育期的推进而增加。前期固氮少，中后期固氮较多，可能与当地的气候和土壤条件有关。在贫瘠土壤上，667 m² 花生的根瘤固氮量约 6 kg，占总吸氮量的 70% 左右。即还需由土壤或施肥供给另外 30% 的氮素，才能满足花生正常生长和发育对氮的需要。

表 7 - 13 花生根瘤的固氮规律

取样日期	不结瘤植株			结瘤植株			差值（固氮量）（kg/hm²）	固氮率（%）	固氮量占植株总氮（%）
	植株干重（kg/hm²）	植株含氮（%）	植株总氮（kg/hm²）	植株干重（kg/hm²）	植株含氮（%）	植株总氮（kg/hm²）			
7 月 10 日	5.01	2.271	0.11	10.56	2.058	0.22	0.11	25.57	45.45
8 月 10 日	6.37	2.009	0.13	20.69	1.877	0.39	0.26	38.36	66.67
9 月 10 日	9.14	1.670	0.15	25.23	2.217	0.56	0.41	36.07	73.21

3. 根瘤菌剂拌种效果　在米脂县党家沟川地黄绵土上肥力不同的两块地，在 667 m² 施 P_2O_5 5 kg 的基础上比较两种不同菌剂拌种效果，结果见表 7 - 14（刘杏兰 等，1990）。根瘤菌剂拌种效果与土壤肥力关系密切，在肥力中等的地，拌种比未拌种 667 m² 增产 70.0～82.5 kg，增产率为 20%～24%；对于肥力较低的地，两者则基本趋于平产。此现象可能与土壤中有机质与有效磷含量有关。可见，在缺乏有机物的贫瘠土壤上，应用根瘤菌剂拌种，还必须增施适量有机肥。

表 7 - 14 根瘤菌剂拌种的增产效果

（刘杏兰，1990）

处理	饱果数（个/株）		平均	荚果数（kg/hm²）		平均
	中肥力	低肥力		中肥力	低肥力	
对照	12.8	10.8	11.8	22.6	27.6	21.8
菌剂 I	15.0	11.5	13.3	28.1	20.1	24.1
菌剂 II	15.2	12.7	14.0	27.3	21.81	20.6

六、覆膜对黄绵土微生物数量的影响

土壤微生物数量可以通过稀释平皿培养法直接测定，也可以用与微生物相关的其他指标表示。如用化学方法测定的微生物体氮，实际上代表了微生物数量。微生物数量越多，微生物体氮值越高。李世清等（2003）在年降水量 415 mm 的黄土高原中部甘肃定西黄绵土上，分别以春小麦和冬小麦为供试作物进行大田试验，对于覆膜和施氮对土壤微生物体氮的影响进行了研究表明（表 7 - 15），覆膜土壤，特别是在覆膜的基础上施氮，微生物体氮则显著下降。由于土壤微生物体氮与土壤中易矿化有机氮密切相关，其高低可反映土壤中易矿化有机物质的多少。因此覆膜后土壤微生物对氮的固定作用减弱，矿化作用相对加强。显然地膜覆盖不利于维持土壤中的活性有机氮库，而有利于有机氮的矿化。长期全程覆膜使土壤微生物数量和微生物体氮含量等均减少。

表 7 - 15 覆膜和施氮对土壤微生物体氮的影响

（李世清，2003）

土地利用类型	底墒	覆膜	施氮量（kg/hm²）	微生物体氮含量（μg/g）		2 次测定均值
				1994 年 4 月 23 日测定	1999 年 5 月 23 日测定	
小麦田	低底墒	NM	0	73.2	55.2	64.2
			75	57.2	45.6	51.4
		M	0	67.6	59.6	63.6
			75	49.2	50.0	49.6
	高底墒	NM	0	59.8	59.2	59.5
			75	41.8	52.0	46.9
		M	0	63.4	56.0	59.7
			75	48.4	39.6	44.0

（续）

土地利用类型	底墒	覆膜	施氮量 (kg/hm²)	微生物体氮含量 (μg/g)		2次测定均值
				1994年4月23日测定	1999年5月23日测定	
休闲田	14.8	NM	0	72.2	64.4	68.3
			75	60.8	62.4	61.6
		M	0	79.4	60.8	69.7
			75	61.8	54.0	57.9
				9.8	10.3	9.9
LSD₀.₀₅				73.2	55.2	64.2

宋秋华等（2002）针对黄绵土区不同覆膜时间对旱作麦田土壤微生物数量及与土壤碳、氮、磷含量的关系进行了研究。麦田覆盖地膜改善了土壤水热状况，土壤微生物数量增加。但不同覆膜时间对土壤微生物数量影响不同，相同覆膜处理在不同降雨年份对土壤微生物数量的影响也不同。

表7-16为1999年不同覆膜处理主要土壤微生物类群的数量。丰水的1999年土壤微生物数量增长早，延续时间长，覆膜60 d微生物数量最高（$3.393\,8\times10^7$ CFU/g），其次为全程覆膜（$3.225\,9\times10^7$ CFU/g）。当小麦生长至30 d（4月23日）时，氨化细菌、硝化细菌、亚硝化细菌、反硝化细菌、纤维素分解细菌以及放线菌数量在覆膜与不覆膜处理之间就有了显著差异。在播种后60 d，M_{60}和M处理各类群细菌数量与M_0处理均有显著差异；M_{30}（已揭膜）处理的氨化细菌、亚硝化细菌、解磷细菌和纤维素分解细菌与M_0处理有显著差异，其他微生物数量差异不显著。表明在揭膜后，随着土壤水热条件的变化，各类微生物的反应不同。播种后60 d放线菌在覆膜与不覆膜之间差异不显著，现有水热条件的改变还不至于产生大的变化。收获时，氨化细菌数量M_{60}处理最高，M处理次之，两者都显著高于M_0和M_{30}处理。解磷细菌和纤维素分解细菌数量以M处理最大，且各处理间差异显著，

表7-16 1999年不同覆膜处理各类群微生物数量

（宋秋华，2002）

单位：CFU/g

采样时间	处理	氨化细菌	硝化细菌	亚硝化细菌	反硝化细菌	纤维素分解细菌	解磷细菌	放线菌
4月23日	M_0	2.47×10^6a	0.45×10^3a	0.09×10^3a	0.90×10^3a	1.53×10^3a	6.32×10^6a	2.28×10^4a
	M_{30}	2.87×10^6b	0.67×10^3b	0.27×10^3b	2.23×10^3b	1.69×10^3b	7.43×10^6b	1.89×10^4b
	M_{60}	2.87×10^6b	0.67×10^3b	0.27×10^3b	2.57×10^3b	1.69×10^3b	7.43×10^6b	1.72×10^4c
	M	2.87×10^6b	0.67×10^3b	0.27×10^3b	2.57×10^3b	1.69×10^3b	7.43×10^6b	1.72×10^4c
5月23日	M_0	2.42×10^6a	0.47×10^3a	1.74×10^3a	4.11×10^3a	1.77×10^3a	13.81×10^6a	2.30×10^4ab
	M_{30}	6.48×10^6b	0.58×10^3b	2.17×10^3b	4.35×10^3a	1.14×10^3b	15.98×10^6b	2.00×10^4a
	M_{60}	7.48×10^6b	0.70×10^3c	2.54×10^3c	11.50×10^3c	4.48×10^3c	19.63×10^6c	2.40×10^4b
	M	7.48×10^6b	0.70×10^3c	2.5b$\times10^3$c	11.50×10^3c	4.48×10^3c	19.62×10^6c	2.40×10^4b
7月20日	M_0	5.34×10^6a	1.15×10^3a	2.39×10^3a	9.67×10^3a	4.61×10^3a	17.32×10^6a	4.97×10^4a
	M_{30}	5.34×10^6a	1.15×10^3a	2.39×10^3a	9.67×10^3a	4.61×10^3a	17.32×10^6a	4.97×10^4a
	M_{60}	14.39×10^6	1.47×10^3b	2.45×10^3a	6.20×10^3b	7.35×10^3b	19.48×10^6b	4.70×10^4b
	M	10.67×10^6	1.11×10^3a	1.97×10^3b	16.48×10^3c	11.74×10^3c	21.47×10^6c	9.13×10^4b
平均		5.46	0.82×10^3	1.50×10^3	6.81×10^3	3.90×10^3	14.44×10^6	3.37×10^4

注：相同取样时间同列不同小写字母表示在$P=0.05$下差异显著。M_0为对照，M_{30}为覆膜30 d，M_{60}为覆膜60 d，M为全程覆膜。

表明此类细菌比氨化细菌对高温的适应能力更强。覆膜由于限制了土壤与外界空气的交流，形成一定程度的缺氧环境，因而 M 处理的反硝化细菌显著高于其他处理。M_{60} 处理尽管微生物总量多，但由于揭膜后可以与空气自由交换，因而极大地抑制了反硝化细菌的生长，数量急剧下降。放线菌由于 M 处理后期温度的升高而显著增加。

干旱的 2000 年微生物平均数量只有丰水的 1999 年的 36.5%，下降幅度为 63.5%，在后期有一定降水后微生物数量才出现高峰（表 7-17），以全程覆膜数量最高，覆膜60 d次之。最大差值出现在播种后 60 d，正是全年土壤含水量的最低时期。2000 年氨化细菌比 1999 年略低，而其他微生物均大幅度下降，使氨化细菌成为数量最多的微生物类群。解磷细菌对干旱较敏感，2000 年比 1999 年降低 1 个数量级以上。硝化细菌、亚硝化细菌、反硝化细菌、纤维素分解细菌、放线菌分别下降 36.6%、47.2%、72.2%、49.7%、26.1%。微生物总数在 30 d 时仅有 M 与其他处理有显著差异，60 d 时覆膜的 M_{60} 和 M 处理与 M_0 差异显著，收获时以 M 处理数量最多。

表 7-17 2000 年不同覆膜处理各类群微生物数量

（宋秋华，2002）

单位：$\times 10^6$ CFU/g

采样时间	处理	氨化细菌	硝化细菌	亚硝化细菌	反硝化细菌	纤维素分解细菌	解磷细菌	放线菌	总数
3 月 24 日	M_0	0.85a	0.52ab	0.09a	0.70a	1.39a	0.16a	0.06a	1.005a
	M_{30}	0.53ab	0.54ab	0.07a	0.43a	1.40a	0.15a	0.07a	0.683b
	M_{60}	0.52ab	0.47a	0.07a	0.57a	1.39a	0.15a	0.09a	0.672b
	M	0.38b	0.57b	0.06a	0.83a	1.47a	0.11a	0.09a	0.491c
4 月 23 日	M_0	2.81a	0.48a	0.64a	1.83a	1.36a	1.18a	1.74a	4.013a
	M_{30}	2.76a	0.62b	1.53b	1.63a	1.66a	1.19a	3.32b	3.989a
	M_{60}	2.51a	0.47a	1.55b	2.37b	1.56a	1.05a	1.88a	3.593b
	M	2.84b	0.45a	1.31b	1.87a	1.43a	2.28b	3.01b	5.150c
5 月 23 日	M_0	4.56a	0.35a	0.09a	1.07a	0.35a	0.37a	0.98a	4.939a
	M_{30}	5.80c	0.32a	0.09a	1.00a	0.23ab	0.16b	0.49b	5.959bc
	M_{60}	6.27c	0.49c	0.17a	1.07a	0.31abc	0.83c	1.11a	7.110c
	M	6.46c	0.59d	0.21a	1.17a	0.28abc	0.90c	1.90c	7.382c
7 月 17 日	M_0	8.09a	0.52a	1.02a	1.93a	3.14a	2.39a	3.50a	10.518a
	M_{30}	6.85b	0.73b	1.14a	1.77a	2.82ab	3.36b	3.20a	10.250a
	M_{60}	7.28b	0.58a	1.22a	1.83a	4.21c	4.19c	5.30b	11.529b
	M	11.13c	0.59a	1.13a	5.15b	6.19d	4.66d	3.40a	14.836c
平均		4.35	0.52	0.65	1.58	1.82	1.45	1.88	7.439

注：相同取样时间同列不同小写字母表示在 $P=0.05$ 下差异显著。

对所有处理和所有取样次数获取的水热状况与微生物数量进行相关分析，由表 7-18 可知，1999 年各类群微生物数量和总数都与土壤温度呈极显著正相关关系，而与土壤湿度呈极显著（反硝化细菌为显著）负相关关系。在干旱的 2000 年，微生物各类群的数量和总数与土壤湿度、温度的相关性几乎全部下降。硝化细菌、纤维素分解细菌的数量与土壤湿度已不相关；硝化细菌、亚硝化细菌、反硝化细菌的数量与土壤温度也不再相关。氨化细菌与土壤温度仍呈极显著正相关关系，其相关性有所增加，表明氨化细菌在丰水年与旱年对温度的敏感性都比较强，旱年更明显。

表 7 - 18　土壤微生物数量与土壤湿度、温度的相关性分析

(宋秋华，2002)

年份	项目	氨化细菌	硝化细菌	亚硝化细菌	反硝化细菌	纤维素分解细菌	解磷细菌	放线菌
1999	湿度	-0.739**	-0.739**	-0.798**	-0.613*	-0.704**	-0.818**	-0.747**
	温度	0.711**	0.867**	0.712**	0.807**	0.850**	0.808**	0.854**
2000	湿度	-0.645**	0.028	-0.686**	-0.512*	-0.203	-0.513*	-0.659**
	温度	0.930**	0.303	0.367	0.475	0.549*	0.761**	0.720**

由各类群微生物数量与土壤养分含量相关性可以看出（表 7 - 19），1999 年各类群微生物数量与土壤有机碳之间均呈显著或极显著负相关关系；2000 年相关系数几乎全下降，氨化细菌、硝化细菌和反硝化细菌，甚至微生物总数与土壤有机碳之间不再相关。1999 年，土壤全氮与氨化细菌、硝化细菌、亚硝化细菌、解磷细菌及微生物总数均呈显著或极显著负相关关系；2000 年，土壤全氮只与氨化细菌、亚硝化细菌、微生物总数呈显著负相关关系。土壤有效磷在 1999 年与解磷细菌呈显著负相关关系，而在 2000 年无相关关系。

表 7 - 19　各类群微生物与土壤养分的相关分析

(宋秋华，2002)

年份	土壤养分	氨化细菌	硝化细菌	亚硝化细菌	反硝化细菌	纤维素分解细菌	解磷细菌	放线菌	总数
1999	有机碳	-0.905**	-0.672*	-0.885**	-0.754**	-0.762**	-0.951**	-0.634*	-0.985**
	全氮	-0.662*	-0.607*	-0.941**			-0.879**		-0.828**
	有效磷						-0.710**		
2000	有机碳	-0.368	-0.337	-0.662**	-0.374	-0.541*	-0.594*	-0.656**	-0.473
	全氮	-0.574*	0.069	-0.620*			-0.458		-0.612*
	有效磷						-0.473		

七、黄绵土土壤微生物生物量碳、氮的变化

1. 黄绵土土壤微生物生物量碳、氮的季节变化　胡婵娟等（2011）对黄土丘陵沟壑区陕西延安羊圈沟小流域黄绵土退耕后 2 种典型植被类型刺槐（Robinia pseudoacacia）林和撂荒草地，在夏、秋和春 3 个季节对土壤微生物生物量及其主要影响因子（土壤有机碳、土壤温度和水分及空气温湿度）进行的研究表明，2 种植被类型下，土壤微生物生物量均存在明显的季节变化趋势。①刺槐林土壤微生物生物量碳夏季和春季高于秋季，而撂荒草地土壤微生物生物量碳基本以秋季最高（图 7 - 3）。从坡面不同坡位微生物生物量的季节变化来看，2 种植被类型下均表现为上坡位和中坡位微生物生物量季节变化规律一致，而下坡位的季节变化规律与坡面的整体变化存在差异。对 2 种不同植被类型下不同季节的土壤微生物生物量碳进行分析后发现，刺槐林地与撂荒草地之间微生物生物量碳存在差异且在秋季和春季均达到了显著水平（$P<0.05$）。②对 2 种不同植被类型土壤微生物生物量氮进行分析比较后发现，刺槐林地土壤微生物生物量氮高于撂荒草地（图 7 - 4）。土壤微生物生物量氮在刺槐林地和撂荒草地 2 种植被类型下存在相似的季节性变化规律，总的趋势表现为夏季＞秋季＞春季（图 7 - 5），且 3 个季节间均存在显著差异（$P<0.05$）。

土壤微生物生物量季节变化与环境因子之间的关系研究发现，土壤微生物生物量碳季节变化受有机碳、空气及土壤温度的变化影响较大，而土壤微生物生物量氮与土壤水分和空气湿度具有显著的相关性（图 7 - 6）。

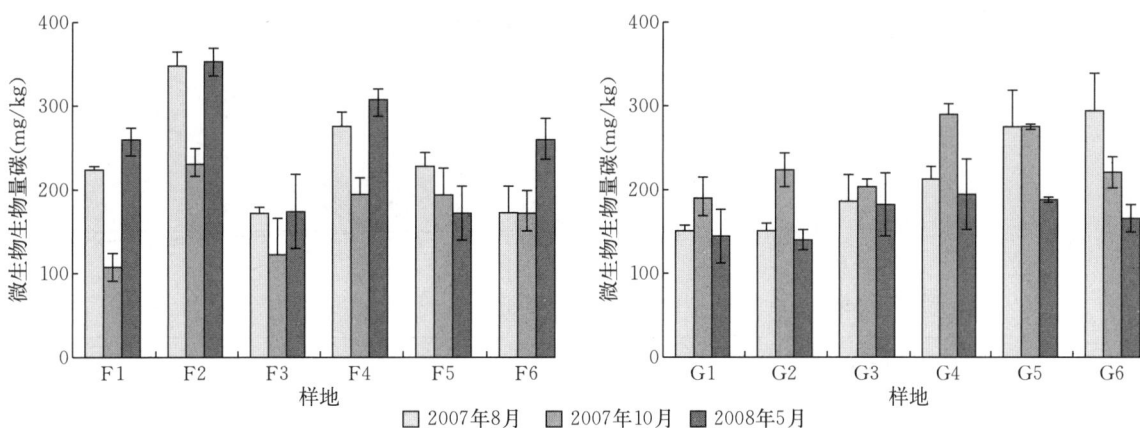

图 7-3 刺槐林地及撂荒草地坡面土壤微生物生物量碳的季节变化
(胡婵娟，2011)

注：F1-F6 分别代表从刺槐林坡顶到坡趾的 6 个样地，G1-G6 分别代表从撂荒草地坡顶到坡趾的 6 个样地，下同。

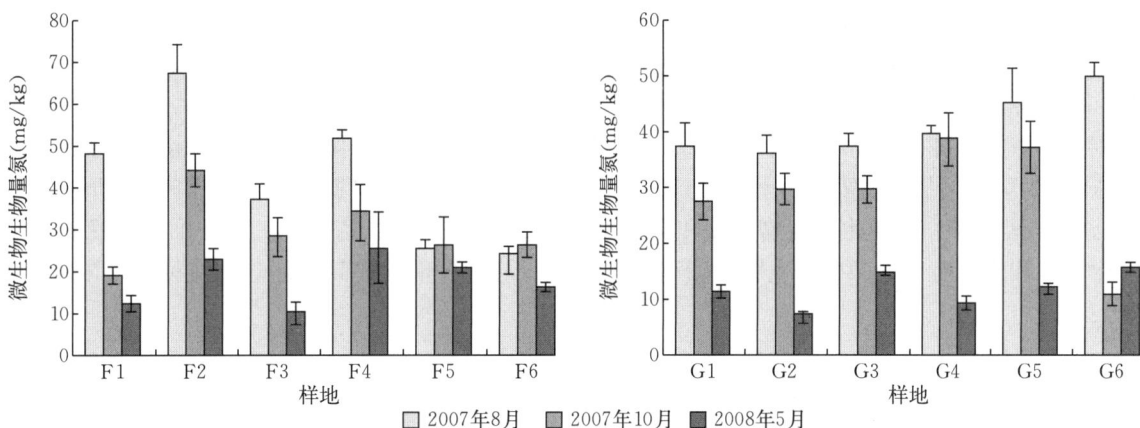

图 7-4 刺槐林地及撂荒地坡面土壤微生物生物量氮的季节变化
(胡婵娟，2011)

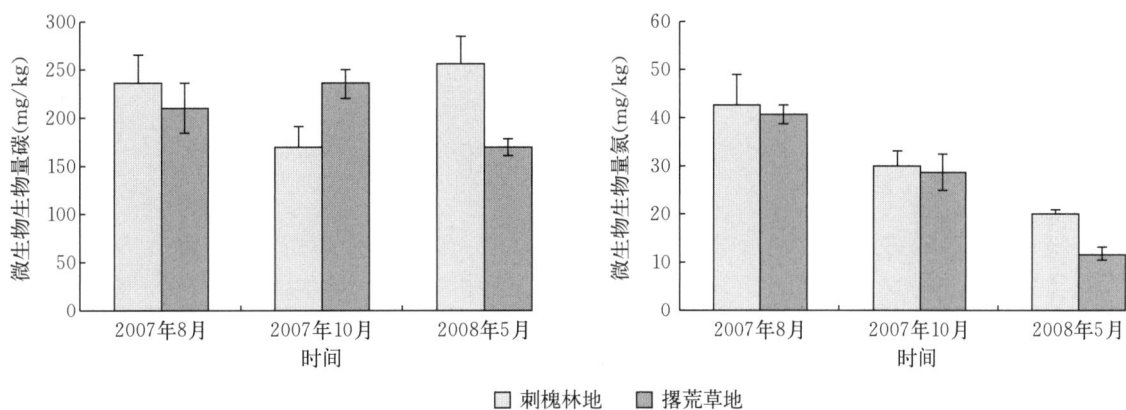

图 7-5 刺槐林地及撂荒地土壤微生物生物量碳、氮的季节变化
(胡婵娟，2011)

2. 植被恢复对土壤微生物生物量碳、氮的影响 对典型黄土丘陵沟壑区陕西延安羊圈沟小流域 5 年生刺槐、沙棘和杏树人工林及 5 年、15 年和 25 年生刺槐人工林黄绵土中土壤微生物生物量碳、氮

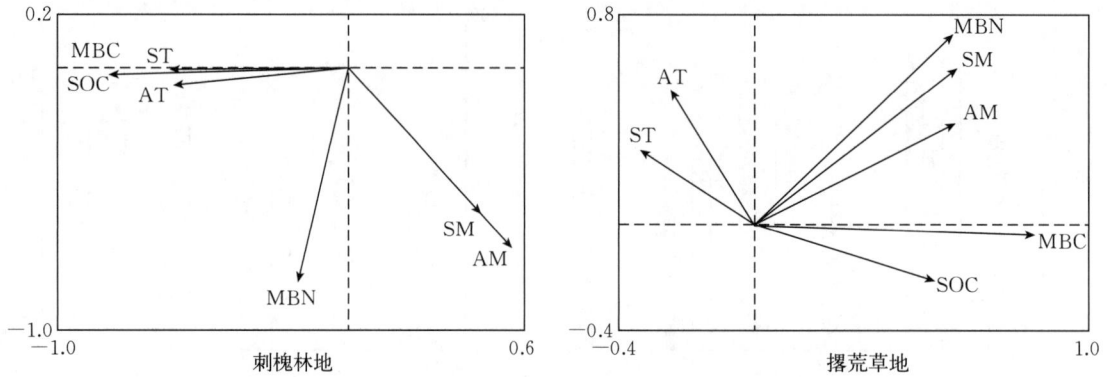

图 7-6　土壤微生物生物量季节变化与环境因子间的关系

(胡婵娟，2011)

注：MBC 为微生物生物量碳，MBN 为微生物生物量氮，SOC 为有机碳，SM 为土壤水分，ST 为土壤温度，AM 为空气湿度，AT 为空气温度。

比较分析表明（胡婵娟，2009）：在 5 年生的 3 种人工林中（图 7-7），以沙棘林土壤有机碳（SOC）和总氮（TN）含量最高；刺槐林土壤微生物生物量碳（MBC）和微生物生物量氮（MBN）含量显著高于其他两种林地，分别为 99.156 mg/kg 和 28.181 mg/kg。其中，微生物生物量碳含量依次为：刺槐林＞沙棘林＞杏树林，微生物生物量氮含量依次为：刺槐林＞杏树林＞沙棘林；MBC/SOC 依次为：刺槐林＞沙棘林＞杏树林，而 MBN/TN 依次为：刺槐林＞杏树林＞沙棘林，且差异均达到显著水平（$P<0.05$）。随植被恢复年限增长（图 7-8），3 种林龄刺槐林的土壤 pH 下降，有机碳、全氮含量与电导率（EC）及微生物生物量碳和微生物生物量氮均呈增加趋势。在黄土丘陵沟壑区，种植刺槐比沙棘和杏更有利于微生物生物量碳和微生物生物量氮含量的提高；随着刺槐种植年限的增长，

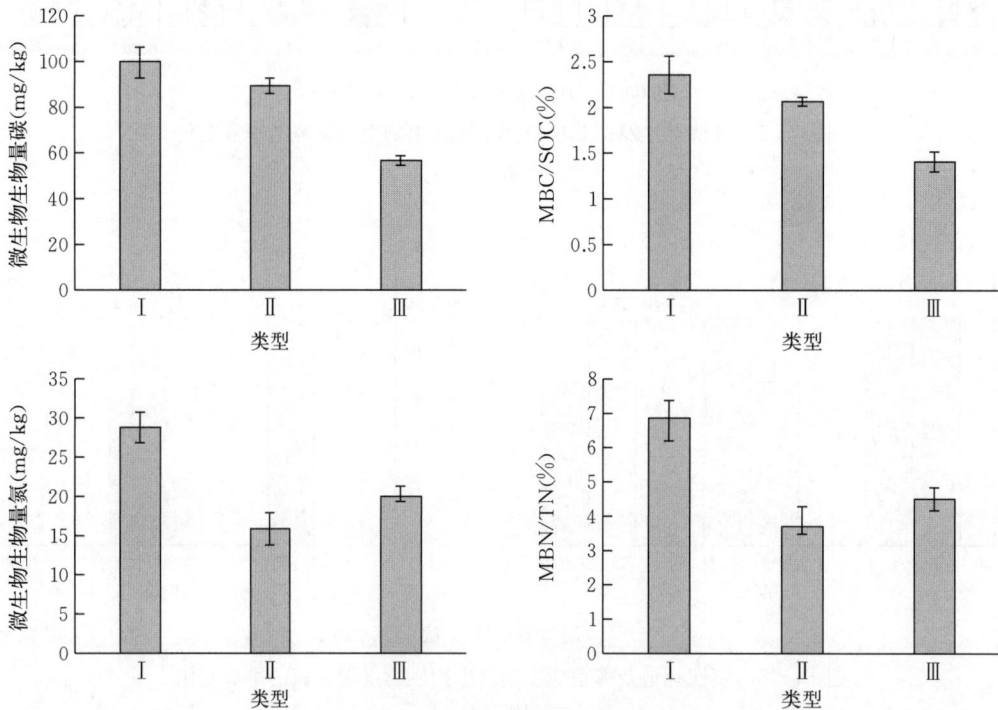

图 7-7　不同类型人工林土壤微生物生物量碳、氮含量及 MBC/SOC 和 MBN/TN

(胡婵娟，2009)

Ⅰ.刺槐　Ⅱ.沙棘　Ⅲ.杏树

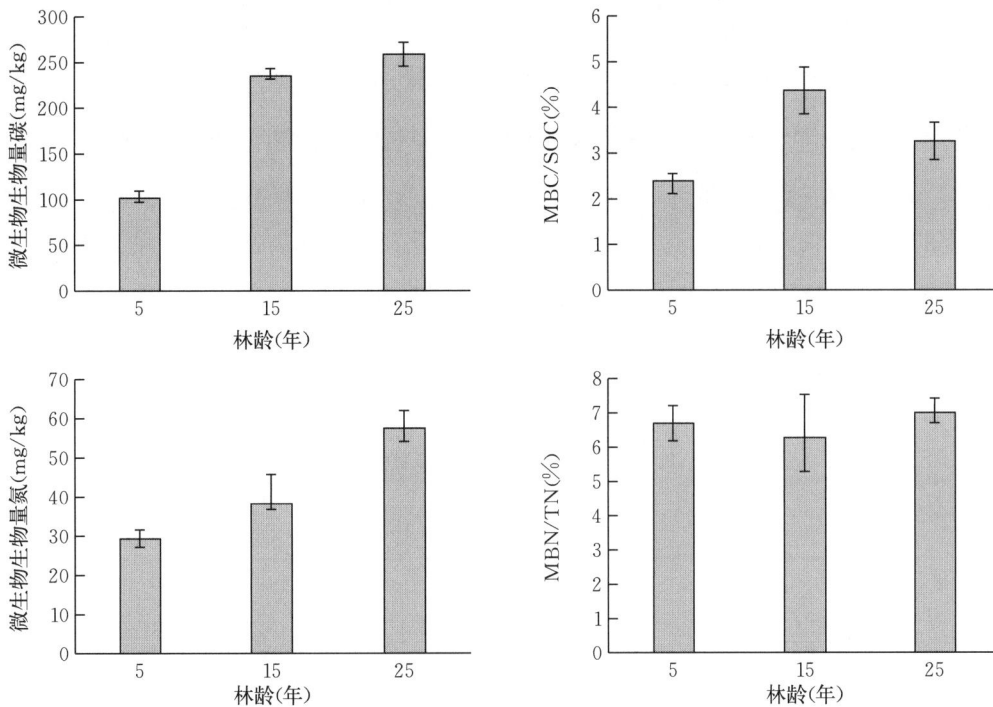

图 7-8 不同恢复年限刺槐林土壤微生物生物量碳、氮含量及 MBC/SOC 和 MBN/TN
(胡婵娟，2009)

微生物生物量碳、氮以及有机碳和全氮含量均呈增加趋势。

对黄绵土土壤微生物生物量碳、氮和土壤理化性状之间关系的研究发现（表 7-20），3 种不同类型人工林的土壤微生物生物量与土壤养分之间无相关性；而微生物生物量碳与 pH 呈显著负相关关系，与电导率呈显著正相关关系，微生物生物量氮与电导率呈显著正相关关系（$P<0.05$）。不同恢复年

表 7-20 不同类型人工林（A）和不同恢复年限刺槐林（B）土壤微生物生物量碳、氮与土壤理化性状的相关性分析
(胡婵娟，2009)

	项目	MBC	MBN	MBC/SOC	MBN/TN	SOC	TN	BD	pH	EC
	MBC	1	0.272	0.956**	0.270	0.312	−0.171	0.434	−0.738*	0.769*
	MBN		1	0.364	0.996**	−0.189	−0.742*	−0.195	−0.249	0.678*
	MBC/SOC			1	0.348	0.029	−0.154	0.234	−0.544	0.667*
A	MBN/TN				1	−0.139	−0.797*	−0.169	−0.294	0.687*
	SOC					1	−0.180	0.572	−0.255	0.047
	TN						1	0.045	0.552	−0.605
	BD							1	−0.083	0.082
	MBC	1.000	0.655*	0.564	0.045	0.524	0.632*	−0.250	−0.792**	0.316
	MBN		1	−0.176	0.325	0.881**	0.900**	−0.372	−0.851**	0.671*
	MBC/SOC			1	0.033	−0.384	−0.245	0.114	−0.062	−0.511
B	MBN/TN				1	−0.111	−0.109	0.083	−0.073	−0.367
	SOC					1	0.984**	−0.408	−0.798**	0.932**
	TN						1	−0.478	−0.843**	0.884**
	BD							1	0.392	−0.373

注：* 为 $P<0.05$，** 为 $P<0.01$。

限刺槐林的土壤微生物生物量碳、氮与土壤理化性状之间存在显著或极显著的相关关系，其中土壤微生物生物量碳、氮与全氮分别达到了显著和极显著相关，与 pH 呈极显著负相关关系（$P<0.01$）。此外，微生物生物量氮还与有机碳及电导率呈显著相关关系（$P<0.05$）。

八、2,3,5-三氯-三氯甲基苯对黄绵土中微生物活动的影响

2,3,5-三氯-三氯甲基苯（HCT）作为硝化抑制剂，与氮素化肥混合使用，可延长氮肥的肥效期，具有一定的增产效果。薛知文等（1981）对 HCT 在陕西几种代表性农业土壤类型施用后，对其土壤中亚硝酸细菌和其他一些重要的土壤微生物生理类群的影响研究表明，HCT 对土壤中的硝化过程有明显的抑制作用。如尿素+3% HCT 的黄绵土中，亚硝酸细菌被抑制 53.5%，其抑制率低于黑垆土及水稻土，分别为 72.1% 和 87.8%；而高于垆土及黄泥巴土，垆土中被抑制 12.5%，黄泥巴土中被抑制 42.9%（表 7-21）。

表 7-21　HCT 对不同土壤类型中亚硝酸细菌活动的影响

（薛知文，1981）

单位：CFU/g

土壤类型	尿素	尿素+1% HCT	尿素+3% HCT	尿素+5% HCT
黄绵土	53.35×10^5	29.28×10^5	24.82×10^5	28.47×10^5
黑垆土	63.47×10^5	14.58×10^5	17.70×10^5	9.89×10^5
垆土	65.33×10^5	56.47×10^5	57.15×10^5	60.81×10^5
黄泥巴土	20.84×10^5	10.51×10^5	11.90×10^5	7.06×10^5
水稻土	15.75×10^5	2.70×10^5	1.92×10^5	2.13×10^5

注：表中数值为 4 次测定平均数。

HCT 在供试浓度范围内，对黄绵土中的好氧性纤维素分解细菌有一定的促生作用（图 7-9）。在垆土、黑垆土中，对好氧性纤维素分解细菌的促生作用较为明显。在 HCT 的几个浓度中，3% 和 5% 的剂量更有利于好氧性纤维素分解细菌的繁殖。如黄绵土中若只施尿素的土样中该菌记为 100%，则增加 3% HCT 的土样中为 138%，增加 5% HCT 的土样中为 134%。

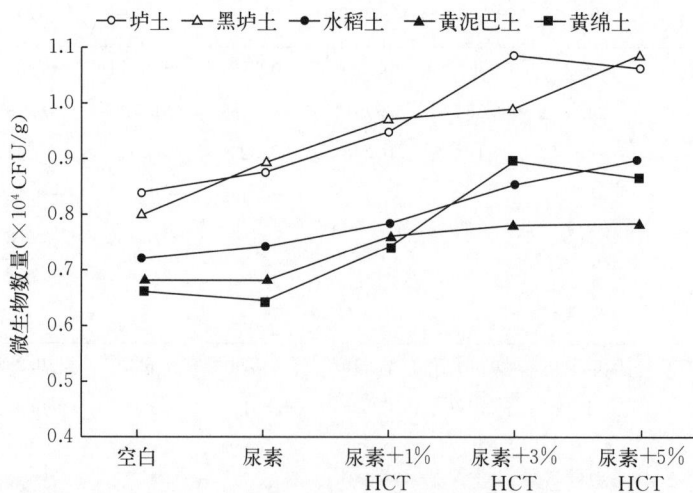

图 7-9　HCT 对不同土壤类型中好氧性纤维素分解细菌活动的影响

（薛知文，1981）

供试浓度的 HCT 对黄绵土以及其他 4 种类型的土壤中参与含氮物质转化的氨化细菌也有一定的促生作用。由表 7-22 可见，与对照（只施尿素组）相比，黄绵土施尿素+3% HCT 的土样中氨化

细菌增长 52%，且这种促进作用在垆土、黑垆土和黄绵土中效果较突出。

表 7 - 22 HCT 对不同土壤类型中氨化细菌活动的影响
（薛知文，1981）

单位：×10⁴ CFU/g

土壤类型	空白	尿素	尿素+1% HCT	尿素+3% HCT	尿素+5% HCT
水稻土	25.5	32.6	33.5	35.7	30.4
黄泥巴土	24.0	28.4	31.7	33.5	31.7
垆土	33.4	33.4	40.8	43.6	51.4
黑垆土	23.8	31.7	32.6	41.6	37.3
黄绵土	14.8	19.6	24.0	29.8	28.4

注：数值为 4 次测定平均数。

综上所述，不同浓度的 HCT 对土壤中各种类型参与纤维素分解的好氧性纤维素分解细菌、固定大气中分子态氮的自生固氮菌以及参与土壤中含氮物质转化的氨化细菌等有益微生物的生长繁殖均无不良影响。

<h2 align="center">第二节 黄绵土酶特征</h2>

一、土壤酶的概念及主要性质

土壤酶是存在于土壤中并催化土壤中所有生化反应的催化剂。它是一类比较稳定的蛋白质，主要来源于微生物、动植物及其残骸。传统意义上来讲，土壤酶是指与土壤有机质和黏粒等有机无机土壤颗粒吸附结合，形成可在土壤中稳定存在的蛋白质。按催化反应类型和功能来划分，土壤酶可分为水解酶类、氧化还原酶类、转移酶类和裂合酶类，其中土壤中存在的主要是水解酶类和氧化还原酶类。

土壤酶具有催化性、专一性和稳定性。其中，催化性是指作为生物催化剂，土壤酶可降低反应所需的活化能，使反应速率大大提高。专一性表现为两个方面：对底物的专一性和对被催化反应的专一性。稳定性则是土壤酶对外界环境条件变化所表现出来的抗性（关松荫，1986），如抗蛋白酶的分解及各种抑制因子的能力；而且土壤酶的稳定性直接受制于土壤有机质和黏粒等对酶的保护容量。

二、黄绵土酶活性特征

黄绵土作为我国主要的土壤类型之一，主要分布在陕西北部地区，如延安、榆林的一些地区。对黄绵土土壤酶特征的研究起始于 20 世纪 70 年代，随后有学者开展了相关研究工作，为丰富我国土壤生物化学研究内容、完善不同利用条件及栽培措施的效果等提供了重要依据。

（一）土壤蔗糖酶

土壤蔗糖酶又称转化酶，是一种积累酶，催化水解土壤中的蔗糖，生成葡萄糖和果糖，是植物和微生物的重要营养源。土壤蔗糖酶活性与土壤有机质相关，随有机质的含量和类型变化而变化。其活性反映了有机质积累与分解的规律，并随季节波动。其活性可作为表征土壤肥力水平的重要指标。

国内学者对陕西黄绵土的研究表明，不同地区的蔗糖酶活性差异较大。闵红（2007）对安塞黄绵土中的坡耕地、川地、坝地、沟台地、放牧地的研究显示（表 7 - 23），不同土地利用方式下的蔗糖酶活性有显著性差异。蔗糖酶活性大小表现为：放牧地＞坡耕地＞川地＞坝地＞沟台地，放牧地的蔗糖酶活性最高，坝地和沟台地最弱，其值分别为 1.29 mg/(g·d)、0.98 mg/(g·d) 和0.95 mg/(g·d)。坝地和沟台地显著低于放牧地，表明放牧地能显著提高蔗糖酶活性，改善土壤营养状况。此外，对土

129

壤养分的相关性分析表明，蔗糖酶活性与土壤全氮、碱解氮和全磷存在显著相关关系，揭示出土壤蔗糖酶活性与土壤肥力关系密切，可用来表征土壤肥力水平。

表 7 - 23　不同土地利用方式黄绵土酶活性

（闵红，2007）

单位：mg/(g·d)

样地	蔗糖酶	脲酶	磷酸酶
坡耕地	1.05ab	0.57a	0.32c
川地	1.02ab	0.54a	0.68b
放牧地	1.29a	0.29b	1.07a
坝地	0.98b	0.56a	0.27d
沟台地	0.95b	0.30b	0.36c

注：不同小写字母表示在 0.05 水平上差异显著。

表 7 - 24 显示，陕西不同地区的黄绵土蔗糖酶活性差异较大，其中以吴起土壤的蔗糖酶活性最高（岳庆玲 等，2007），为 18.02 mg/(g·d)，是安塞农用地土壤蔗糖酶活性的 18.02 倍；王兵等（2009）分析发现，安塞黄绵土坡耕地的蔗糖酶活性为 3.01 mg/(g·d)，造成上述差异的主要原因可能是土壤地貌、利用方式、植被类型、管理措施等不同，如安塞纸坊沟流域内黄绵土多为坡耕地、川地、坝地、沟台等。此外，不同施肥处理对蔗糖酶活性的影响也不同。柳燕兰（2009）研究表明，有机无机配施可提高转化酶活性，较不施肥处理高 1.43%～35.71%，其中以氮、磷肥与有机肥配施增量最大，为 0.25 mg/(g·d)。蔗糖酶活性的剖面变化趋势为：随深度增加，酶活性逐渐降低。

表 7 - 24　陕西不同地区黄绵土蔗糖酶活性

单位：mg/(g·d)

地点	样地	蔗糖酶	文献
米脂	农耕地	5.67	董莉丽 等，2008
吴起	农耕地	18.02	岳庆玲 等，2007
安塞	农用地	1.00	闵红，2007
安塞	坡耕地	3.01	王兵 等，2009

（二）土壤脲酶

土壤脲酶是一种含镍的寡聚酶，能催化尿素水解为二氧化碳和氨。其与土壤有机质、全氮、全磷等均呈显著相关关系，可作为土壤肥力指标之一（周礼恺 等，1983；Zantua et al.，1975）。其活性主要受底物浓度、水分、pH、土壤性质（有机质、重金属）、农药以及管理措施等的影响。同时，由于脲酶是唯一能水解尿素的酶，因此在氮肥利用率提升等方面具有重要影响，在理论和实践上都有重要意义。土壤脲酶活性也是评价土壤肥力水平的重要依据（和文祥 等，1997）。

（1）不同生态区脲酶活性存在差异。和文祥等（1997）对陕西 7 种类型 19 个土样的脲酶活性进行了较为系统的研究（图 7-10），其中 7、8、9 号属于黄绵土，可见其活性在供试土壤中属于较高水平，这主要是由土壤肥力水平的差异所致。相关分析（表 7-25）显示，将供试土壤脲酶活性与土壤理化性状进行相关分析，结果仅全磷达到了极显著正相关，其余土壤理化性状均不与土壤脲酶相关；但将陕南 6 个土样与关中、陕北地区的 13 个土样区分开来分析发现，两地区的土壤脲酶活性均与土壤有机质、全氮、碱解氮及全磷呈极显著正相关关系。这表明采用土壤酶活性表征土壤肥力水平等级时，必须将不同生态区土壤进行区分，否则很难得到准确的结果。

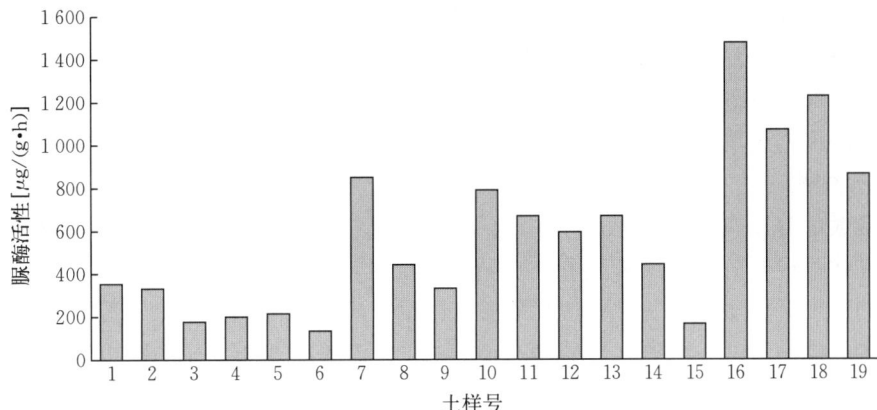

图 7 - 10　陕西土壤的脲酶活性

(和文祥 等，1997)

注：1、2 为水稻土，3～6 为黄褐土，7～9 为黄绵土，10～12 为黑垆土，13～15 为风沙土，16～17 为褐土，18～19 为塿土。

表 7 - 25　供试陕西土壤脲酶活性与土壤理化性状的相关性分析

(和文祥 等，1997)

土壤	土样数	有机质	全氮	碱解氮	全磷	阳离子交换量	pH	碳酸钙	物理性黏粒
供试土样	19	0.262	0.310	0.218	0.844**	−0.04	0.432	0.299	−0.019
陕南土样	6	0.983**	0.999**	0.942**	0.991**	0.07	−0.577	—	0.433
关中、陕北土样	13	0.942**	0.944**	0.962**	0.795**	0.597*	−0.768	0.299	0.668*

注：* 为相关性显著；** 为相关性极显著。

（2）不同土地利用方式下脲酶活性变化有较大差异。如黄绵土的耕地脲酶活性为 0.69 mg/(g·d)（董莉丽 等，2008），坡耕地脲酶活性最大 [0.57 mg/(g·d)]，川地脲酶活性为 0.54 mg/(g·d)，坝地脲酶活性为 0.56 mg/(g·d)，沟台地脲酶活性最小 [0.30 mg/(g·d)]；殷宪强等（2010）也对黄土丘陵区黄绵土的坡耕地进行了研究，脲酶活性仅为 0.15 mg/(g·d)，表明土壤的异质性导致相同土地类型的土壤酶活性有所差异。

（3）不同施肥措施对脲酶活性的影响也不尽一致。据安塞黄绵土长期定位试验表明，与不施肥相比，单施磷肥的土壤脲酶活性降低了 28.57%；有机肥施用明显提高土壤脲酶活性，较不施肥增加 0.23～0.32 mg/(g·d)。与无机肥相比，有机肥施用对土壤酶活性的增幅更大，如施用化肥的处理在 0～100 cm 土层范围内，脲酶活性为 0.09～0.38 mg/(g·d)；而施用有机肥的土壤，其活性为 0.29～0.41 mg/(g·d)（柳燕兰，2009）。

（4）脲酶对重金属的响应随其类型及浓度而变化。殷宪强等（2010）利用盆栽试验，对铅污染黄绵土的土壤酶活性研究发现，当铅浓度＜600 mg/kg 时（表 7 - 26），对土壤脲酶活性起抑制作用，随

表 7 - 26　外源铅对黄绵土酶活性的影响

(殷宪强 等，2010)

土壤铅浓度（mg/kg）	脲酶 [mg/(g·d)]	碱性磷酸酶 [mg/(g·d)]	过氧化氢酶 [mL/(g·h)]
0	0.154	3.56	3.53
200	0.119	2.92	3.44
400	0.109	2.64	3.37
600	0.093	2.17	3.61
800	0.127	1.93	3.88
1 000	0.138	1.64	4.06

浓度增加抑制幅度逐渐变小；当铅浓度＞600 mg/kg 时，土壤脲酶活性随铅浓度增加而增大。原因可能是当铅浓度较低时，铅的无机形态是对脲酶起影响的主要形态，导致脲酶活性降低；而铅浓度＞600 mg/kg 时，有机结合态铅的含量显著增加，有机铅在土壤溶液中虽不易溶解，但仍可被真菌利用。因此，在高浓度铅土壤中，铅对土壤脲酶活性起到了激活作用。

（三）土壤磷酸酶

土壤中的磷大部分以有机磷的形式存在，只有被矿化成无机磷才能被植物吸收利用，该过程是在土壤磷酸酶的催化下进行的。土壤磷酸酶在磷循环中扮演着重要的角色，其活性可在一定程度上表征土壤中有效磷的水平。土壤磷酸酶主要包括磷酸一酯酶、磷酸二酯酶、磷酸三酯酶和焦磷酸酶等，通常所指的土壤磷酸酶是磷酸一酯酶。磷酸酶在土壤中广泛存在，根据最适 pH 可分为酸性磷酸酶、中性磷酸酶和碱性磷酸酶。同时，土壤酸性磷酸酶主要来自真菌，中性或碱性磷酸酶主要来自细菌（周礼恺，1987）。

（1）不同施肥措施对土壤磷酸酶活性影响明显。黄绵土的碱性磷酸酶活性表现为有机肥＋化肥配施＞单施有机肥＞化肥＞不施肥，其中氮磷和有机肥混施土壤碱性磷酸酶活性为 0.48 mg/(g·d)（柳燕兰，2009），较不施肥提高了 36.26%，较氮磷配施和单施氮分别提高了 11.72%和 28.57%；长期施用化肥后，氮磷配施的土壤磷酸酶活性较不施肥提高了 21.98%，较单施氮提高了 13.27%，说明磷素对保持磷酸酶活性起关键作用。陕西不同地区的黄绵土酶活性（表 7-27）呈现安塞土壤碱性磷酸酶活性为 0.16 mg/(g·d)、0.32 mg/(g·d)、3.56 mg/(g·d)，这可能与采样季节、植被类型、施肥等措施相关；米脂黄绵土的酶活性为 1.06 mg/(g·d)（董莉丽 等，2008），吴起黄绵土的酶活性为 2.77 mg/(g·d)（岳庆玲 等，2007）。此外，土壤碱性磷酸酶活性差异较大，主要是因为土壤酶活性受到诸多因素的影响，如土壤类型虽然均为黄绵土，但土壤质地的差异性及 pH 等对土壤磷酸酶的活性影响很大，最终导致酶活性的差异。

表 7-27　黄绵土碱性磷酸酶活性

单位：mg/(g·d)

地点	土壤类型	碱性磷酸酶	参考文献
安塞	沙质黄绵土	0.16	柳燕兰，2009
米脂	黄绵土	1.06	董莉丽 等，2008
吴起	黄绵土	2.77	岳庆玲 等，2007
安塞	黄绵土	0.32	王兵 等，2009
安塞	黄绵土	3.56	殷宪强 等，2010

（2）不同土地利用方式黄绵土磷酸酶活性（图 7-11）大小顺序为：放牧地＞川地＞沟台地＞坡耕地＞坝地，分别为 1.07 mg/(g·d)、0.68 mg/(g·d)、0.36 mg/(g·d)、0.32 mg/(g·d)、0.27 mg/(g·d)。放牧地土壤磷酸酶活性显著高于其他 4 种农地类型（表 7-23），表明放牧能提高土壤中有效磷的含量，是改善土壤有效养分的重要措施（闵红 等，2007）。

（3）碱性磷酸酶活性也随重金属浓度的升高而逐渐降低。碱性磷酸酶活性

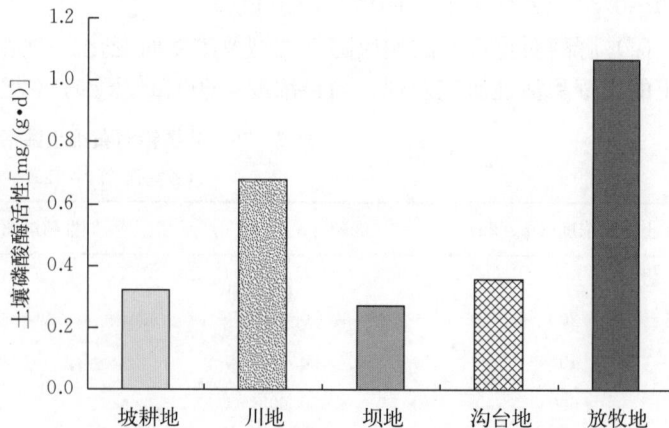

图 7-11　不同土地利用方式黄绵土磷酸酶活性
（闵红，2007）

随着铅浓度的升高而不断下降（表7-26），由对照处理的3.56 mg/(g·d)降至1.64 mg/(g·d)，降幅达53.93%。其原因可能是铅占据了碱性磷酸酶的活性中心，或与酶分子的功能键结合，导致碱性磷酸酶活性降低。也可能是重金属与底物竞争结合位点，导致碱性磷酸酶与底物结合的概率降低，从而降低了碱性磷酸酶的活性。

（四）土壤淀粉酶

土壤淀粉酶主要来自植物根系、种子及微生物，是一类催化淀粉水解的累积酶，其水解产物可为植物提供碳源。土壤有机质、含水量、冻融季节及植被均对淀粉酶活性有影响。另外，土壤淀粉酶与作物产量间有良好的相关性。

王兵等（2009）分析了安塞农田生态系统国家野外科学观测研究站撂荒地不同植被恢复年限的黄绵土淀粉酶活性（表7-28）发现，坡耕地（对照）土壤淀粉酶活性为1.23 mg/(g·d)；随恢复年限增加，土壤淀粉酶活性也随之增强，50年后达到1.13 mg/(g·d)，接近坡耕地的土壤淀粉酶活性，表明撂荒地的植被恢复可在一定程度上促进有机质的代谢。

表7-28 不同植被恢复年限黄绵土淀粉酶活性

（王兵 等，2009）

样地	恢复年限（年）	土壤类型	植被类型	淀粉酶活性 [mg/(g·d)]
CK	0	黄绵土	谷子	1.23
AF10	10	黄绵土	茵陈蒿	0.83
AF20	20	黄绵土	铁杆蒿、胡枝子	0.83
AF30	30	黄绵土	白羊草	1.00
AF40	40	黄绵土	铁杆蒿、长芒草	1.08
AF50	50	黄绵土	铁杆蒿、长芒草	1.13

注：CK是对照，为坡耕地；AF10~AF50分别为不同恢复年限的样地。

（五）土壤过氧化氢酶

过氧化氢酶是催化过氧化氢产生水和氧气的酶，分布很广，多来自细菌、真菌及植物根系。过氧化氢酶可以解除在呼吸过程中产生的过氧化氢对细胞的毒性影响（王冬梅 等，2006），还可表示土壤的氧化强度（周礼恺 等，1983）。因此，对土壤过氧化氢酶的研究较多。

许多学者对陕西的黄绵土进行了研究。其中，米脂黄绵土过氧化氢酶活性为5.48 mL/(g·h)（董莉丽 等，2008），安塞黄绵土过氧化氢酶活性为3.53 mL/(g·h)（殷宪强 等，2010），吴起黄绵土过氧化氢酶活性为19.84 mL/(g·h)（岳庆玲 等，2007），安塞黄绵土的梁坡地过氧化氢酶活性仅为0.49 mL/(g·h)（王兵 等，2009）。

柳燕兰（2009）对黄绵土长期定位施肥试验研究表明：长期施肥会导致沙质黄绵土过氧化氢酶活性降低，但施肥对过氧化氢酶活性的影响不显著。土壤剖面的过氧化氢酶活性与其他酶活性一样，随深度的增加呈现逐渐降低的趋势。

岳庆玲等（2007）研究了不同土地利用方式下0~40 cm土层土壤酶活性的分布特征（表7-29），结果表明，除农耕地外，随土层加深，过氧化氢酶活性随之降低，说明过氧化氢酶可能受制于植物根际枯落物的分解释放。

表7-29 不同土地利用方式黄绵土过氧化氢酶活性

（岳庆玲 等，2007）

土地利用方式	土层深度（cm）	过氧化氢酶 [mL/(g·h)]
农耕地	0~20	19.84c
	20~40	20.21b

（续）

土地利用方式	土层深度（cm）	过氧化氢酶［mL/(g·h)］
天然草地	0～20	21.78a
	20～40	20.51a
乔木林地	0～20	21.54b
	20～40	18.92c

注：同列数据后不同小写字母表示同一土层不同土地利用方式间差异显著（$P<0.05$）。

黄绵土的过氧化氢酶活性对重金属的响应与其他土壤类型存在差异。史长青（1995）发现，水稻土过氧化氢酶与铅浓度呈显著负相关关系。张桂山等（2004）研究表明，山东棕壤的过氧化氢酶活性均随 Cu^{2+}、Cr^{3+}、Pb^{2+} 浓度升高而降低。当铅浓度 <400 mg/kg 时，黄绵土过氧化氢酶活性受到抑制；当铅浓度 >600 mg/kg 后，黄绵土过氧化氢酶活性则会显著升高（殷宪强 等，2010），这可能是由抗性酶活性造成的（表 7-26）。

（六）土壤纤维素酶

纤维素酶是指能水解纤维素 β-1,4 葡萄糖苷键，使纤维素分解为纤维二糖和葡萄糖的一组酶的总称，是多组分酶系（刘春芬 等，2004），在土壤碳素代谢中起着至关重要的作用。施肥措施、植被类型、季节变化及有机质类型等均对纤维素酶活性有影响。

王兵等（2009）分析了黄绵土撂荒地不同恢复年限土壤纤维素酶活性（图 7-12），结果显示，随着恢复年限的增加，纤维素酶活性逐渐增强，由最初的 1.44 mg/(g·d) 增加到 50 年后的 2.57 mg/(g·d)，增幅 78.5%。这主要是由于随植被恢复年限增加，归还到土壤中的枯枝落叶等物质逐渐增多，微生物活性不断增强，促进纤维素酶的分泌，从而使纤维素酶活性不断提高。

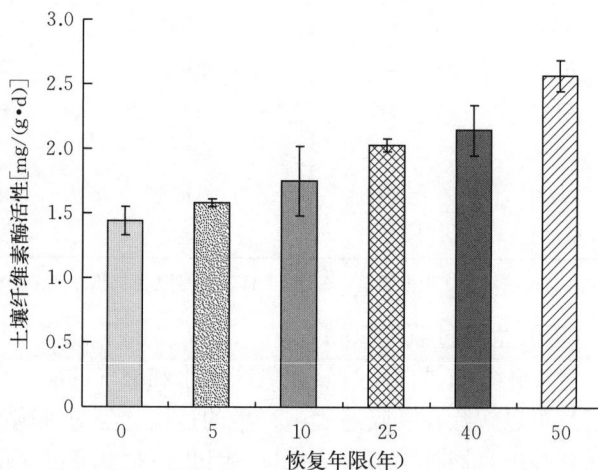

图 7-12　撂荒地不同恢复年限土壤纤维素酶活性
（王兵 等，2009）

第三节　人工植被对黄绵土的培肥作用

黄绵土土层深厚，物理性能良好，但由于成土过程及自然植被较差等原因，土壤有机质及氮素含量低，肥力水平低。在"三北"防护林建设中发现，黄土高原黄绵土分布区营造人工植被对黄绵土肥力提高作用显著。

一、对土壤有机质含量的影响

从表 7-30 看出，营造人工植被能大幅度提高黄绵土的肥力水平。与无林地（对照）黄绵土相比，5 年生人工沙棘林、沙棘×侧柏混交林及 33 年生刺槐林可使林下 0～20 cm 土层土壤有机质含量分别提高 102.4%、96.4% 及 151.8%，0～80 cm 土层土壤有机质含量分别提高 41.1%、41.1% 及 74.3%。2 种针叶树种与之类似，7 年生侧柏、18 年生油松 0～20 cm 土层土壤有机质含量分别提高 121.6%、154.9%。

表 7-30　人工植被对黄绵土有机质含量的影响

(薛泉宏 等，1995)

土壤深度（cm）	5 年生沙棘		5 年生沙棘×侧柏	
	增量（g/kg）	增率（%）	增量（g/kg）	增率（%）
0～20	7.22±0.59	102.4±8.32	6.8±0.1	96.4
20～40	3.05±0.40	43.3±5.65	3.1±0.9	44.0
40～60	1.18±0.47	16.8±6.71	1.3±0.1	18.4
60～80	0.12±0.31	1.7±4.33	0.4±0.8	5.7
平均	2.89±0.42	41.1±5.88	2.9±0	41.1

土壤深度（cm）	33 年生刺槐		18 年生油松增率（%）	7 年生侧柏增率（%）
	增量（g/kg）	增率（%）		
0～20	10.70±2.86	151.8±40.5	154.9	121.6
20～40	5.11±0.96	72.5±13.6	52.3	212.0
40～60	3.20±1.19	45.4±16.9	22.9	81.3
60～80	1.93±0.78	27.3±11.1	1.21	146.4
平均	5.24±1.34	74.3±18.9	57.8	140.3

营造人工植被后，每年有大量凋落物回归土壤，经微生物腐解形成有机质，使黄绵土有机质含量在短期内大幅度提高，表层土壤的增幅尤为明显。

二、对土壤氮素含量的影响

（1）全氮。从表 7-31 可以看出，营造人工植被对黄绵土的全氮含量影响很大。5 年生沙棘林、沙棘×侧柏混交林及 33 年生刺槐林下 0～20 cm 土层土壤全氮含量较无林地（对照）黄绵土分别增加 126.8%、197.4% 及 199.0%，18 年生油松、7 年生侧柏全氮含量较无林地黄绵土分别增加 150.2%、34.0%。

表 7-31　人工植被对黄绵土全氮含量的影响

(薛泉宏 等，1995)

土壤深度（cm）	5 年生沙棘		5 年生沙棘×侧柏	
	增量（g/kg）	增率（%）	增量（g/kg）	增率（%）
0～20	0.49±0.16	126.8±41.6	0.76±0.24	197.4
20～40	0.25±0.05	63.6±13.0	0.70±0.18	181.8
40～60	0.11±0.067	28.2±17.3	0.65±0.11	168.8
60～80	0.09±0.042	23.0±10.8	0.28±0.26	72.7
平均	0.24±0.052	60.4±13.3	0.60±0.06	155.2

土壤深度（cm）	33 年生刺槐		18 年生油松增率（%）	7 年生侧柏增率（%）
	增量（g/kg）	增率（%）		
0～20	0.77±0.162	199.0±42.0	150.2	34.0
20～40	0.52±0.095	135.1±24.6	55.0	24.6
40～60	0.35±0.064	90.9±16.5	45.5	5.5
60～80	0.27±0.096	68.8±24.9	23.8	10.9
平均	0.48±0.065	123.5±17.2	68.6	18.8

（2）速效氮。从表 7-32 可以看出，营造人工植被对黄绵土速效氮含量影响更大。5 年生沙棘

林、沙棘×侧柏混交林及33年生刺槐林下0～20 cm土层土壤中的速效氮含量较无林地黄绵土分别增加219.0％、210.2％及429.7％，0～80 cm土层的平均含量分别较无林地黄绵土增加109.7％、95.2％及285.3％，针叶树油松、侧柏与之类似。

表7-32　人工植被对黄绵土速效氮含量的影响

（薛泉宏 等，1995）

土壤深度（cm）	5年生沙棘		5年生沙棘×侧柏	
	增量（g/kg）	增率（%）	增量（g/kg）	增率（%）
0～20	40.7±9.49	219.0±51.1	39.1±17.9	210.2
20～40	21.9±1.05	117.9±5.6	12.2±2.3	65.6
40～60	15.5±7.12	83.2±38.3	9.7±7.1	52.2
60～80	3.5±1.81	18.6±9.7	9.8±14.8	52.7
平均	20.4±3.48	109.7±18.9	17.7±1.6	95.2

土壤深度（cm）	33年生刺槐		18年生油松增率（%）	7年生侧柏增率（%）
	增量（g/kg）	增率（%）		
0～20	79.9±10.1	429.7±54.1	182.1	140.8
20～40	55.6±4.4	298.9±23.6	142.5	159.2
40～60	41.7±6.3	224.3±33.8	71.3	61.2
60～80	35.0±4.5	188.3±24.2	41.2	29.9
平均	53.1±3.5	285.3±18.9	109.3	97.8

　　沙棘是一种速生落叶非豆科木本灌木，能与弗兰克放线菌形成非豆科共生固氮体，刺槐也为固氮树种。二者均可将大气中的分子氮（N₂）转化为化合态氮固定在叶片等植物器官中，叶片凋落进入土壤腐解，其中的氮素释放后进入土壤，使土壤中的氮素绝对量增加，显著提高黄绵土的全氮及速效氮水平。油松、侧柏虽无直接的固氮功能，但通过其根系的富集作用及凋落物的回归与腐解，也能显著提高土壤氮素含量。

三、对土壤速效钾含量的影响

　　从表7-33可以看出，营造人工植被对黄绵土速效钾含量影响很大。5年生沙棘林、33年生刺槐林下0～20 cm土层土壤中的速效钾含量较无林地黄绵土分别增加38.2％、111.1％，7年生侧柏林、18年生油松林较无林地黄绵土分别增加23.8％、69.0％。4种人工植被0～80 cm土层土壤的速效钾含量均值较无林地黄绵土分别增加5.8％、42.4％、21.3％、28.9％。5年生沙棘林40～80 cm土层土壤速效钾含量略低于无林地黄绵土，可能与根系吸收、落叶回归导致的钾元素表聚有关。

表7-33　人工植被对黄绵土速效钾含量的影响

（薛泉宏 等，1995）

土壤深度（cm）	5年生沙棘		33年生刺槐		7年生侧柏		18年生油松增率（%）
	增量（mg/kg）	增率（%）	增量（mg/kg）	增率（%）	增量（mg/kg）	增率（%）	
0～20	43.5±10.0	38.2±8.8	126.5±53.1	111.1±46.7	25	23.8	69.0
20～40	1.2±2.0	1.1±1.8	37.7±16.1	33.2±14.1	15	18.1	23.0
40～60	−7.8±2.6	−6.8±2.3	20.0±9.74	17.6±8.56	12	15.0	17.5
60～80	−10.8±7.0	−9.5±6.1	8.7±5.2	7.7±4.6	20	28.2	6.0
平均	6.5±2.0	5.8±1.1	48.2±19.8	42.4±17.4	18	21.3	28.9

　　土壤钾素包括矿物钾、黏土矿物层间钾、胶体吸附的交换性钾及水溶性钾4种形态，其中交换性

钾与水溶性钾为有效钾。黄绵土全钾储量很高，但大部分以长石类含钾矿物的形态存在。在黄绵土上营造人工植被后可通过林木根系活动、凋落物回归后的微生物降解促进难溶、无效的矿物态钾向水溶性及交换性钾转化。微生物在分解沙棘、刺槐、侧柏及油松凋落物时会形成一系列酸酚类络合、螯合物，树木及微生物在其旺盛生长时期也通过庞大的根系及数量众多的微生物体向根际土壤分泌有机酸酚类物质，同时释放大量二氧化碳形成碳酸。这些有机酸酚及无机碳酸促进长石类含钾矿物不断分解、风化，使其中封闭的无效态钾释放转化为有效钾，增加土壤养分库中有效钾储量。当林木生长过于旺盛，根系在深层土壤中的吸钾速度大于土壤难溶态钾的风化释放速度时，深层土壤的有效钾含量可能出现小于无林地（对照）的现象。林木从土壤深层吸收钾素形成同化产物，部分同化产物回归土壤后在表层矿化，释放的钾素在表层富集，实现钾从土壤深层向表层的迁移富集。沙棘是速生树种，其林下土壤断面速效钾的垂直变化可能与上述过程有关。

四、对土壤阳离子交换量、pH 及碳酸钙含量的影响

人工植被不仅影响黄绵土的有机质、氮素及速效钾含量，对土壤化学性质也有显著影响。从表 7-34 可以看出，营造人工植被对黄绵土的保肥性影响很大。5 年生沙棘林、33 年生刺槐林、18 年生油松林及 7 年生侧柏林林下 0～20 cm 土层土壤中的阳离子交换量较无林地黄绵土分别增加 21.2%、88.9%、62.2% 及 75.9%，0～80 cm 土层中的阳离子交换量均值较无林地黄绵土分别增加 12.4%、63.7%、54.5% 及 48.3%。除阳离子交换量外，人工植被对土壤 pH 及碳酸钙含量也有显著影响。7 年生侧柏林、18 年生油松林下 0～80 cm 土层土壤的 pH 均值较无林地黄绵土分别降低 4.7%、14.5%，7 年生侧柏林下 0～20 cm 土层土壤碳酸钙含量较对照下降 16.8%（表 7-35）。

表 7-34 人工植被对黄绵土阳离子交换量及 pH 的影响

（薛泉宏 等，1995）

土壤深度 (cm)	5 年生沙棘		33 年生刺槐		18 年生油松	
	增量 (cmol/kg)	增率 (%)	增量 (cmol/kg)	增率 (%)	CEC 增率 (%)	pH 增率 (%)
0～20	2.2±1.2	21.2±11.8	9.3±3.1	88.9±29.9	62.2	−15.6
20～40	1.9±0.2	15.4±1.6	6.7±0.8	64.7±8.2	62.2	−16.6
40～60	1.0±0.2	9.3±2.0	5.8±0.6	56.0±6.2	49.1	−13.5
60～80	0.4±0.3	3.5±3.6	5.3±3.1	45.2±29.7	44.3	−12.1
平均	1.4±0.4	12.4±5.5	6.8±0.5	63.7±4.7	54.5	−14.5

表 7-35 人工植被 7 年生侧柏对黄绵土阳离子交换量、pH 及碳酸钙含量的影响

（薛泉宏 等，1995）

土壤深度 (cm)	pH			阳离子交换量			碳酸钙含量		
	裸地	7 年毛侧柏林	增率 (%)	裸地 (cmol/kg)	7 年毛侧柏林 (cmol/kg)	增率 (%)	裸地 (g/kg)	7 年毛侧柏林 (g/kg)	增率 (%)
0～20	8.69	8.27±0.32	−4.8	7.9	13.9±1.62	75.9	155	129±25.6	−16.8
20～40	8.74	8.28±0.32	−5.3	7.0	11.8±1.91	68.6	160	150±30.5	−6.3
40～60	8.73	8.29±0.30	−5.0	7.4	9.5±0.29	28.4	155	173±7.0	11.6
60～80	8.70	8.37±0.27	−3.8	7.3	8.7±1.42	19.2	150	186±9.5	24.0
平均	8.72	8.30±0.3	−4.7	7.4	11.0±0.57	48.3	155	160±16.2	3.1

土壤阳离子交换量反映土壤胶体上负电荷的数量和对阳离子的吸附能力，代表土壤保肥力。阳离子交换量与有机质及黏粒含量密切相关，造林后土壤有机质含量显著增加，导致阳离子交换量大幅度提高。黄绵土富含碳酸钙，人工造林后林木根系生长及凋落物分解时产生有机酸、酚类物质，根系和

微生物也分泌有机酸，同时释放出一定量 CO_2，促使难溶性碳酸钙转化为溶解性较高的碳酸氢钙，促进了黄土高原土壤碳酸钙和其他盐类淋失，导致侧柏 0～40 cm 土层碳酸钙含量较对照低 6.3%～16.8%，而 40～80 cm 土层的碳酸钙含量较对照高 11.6%～24.0%。这表明侧柏生长作用加速了碳酸钙从土壤表层淋失和在土壤下层淀积。碳酸钙与易溶盐的加速淋失促进了土壤 pH 下降，使侧柏 80 cm 土层 pH 较对照降低了 0.33～0.46，降幅为 3.8%～5.3%。pH 降低对土壤中一些微量元素的有效性及微生物活动等均会产生一定影响。

黄绵土主要分布于黄土高原植被稀少的脆弱生态区，坡地居多，风蚀水蚀严重，成土作用弱，肥力水平较低。有机质和氮素是土壤肥力构成因素中最重要的组成成分。沙棘速生固氮能在较短时间内显著增加土壤有机质和氮素储量，进而引发一系列良性连锁反应。在黄绵土上营造具有固氮功能的沙棘、刺槐等人工植被，每年有大量的凋落物有机残体进入土壤，为土壤动物提供了充足的食物，也为土壤中数以亿计的微生物快速生长与繁殖提供了充足的碳源与能源。微生物的旺盛活动加快了有机残体腐解和养分矿化，同时产生大量有机酸酚等代谢产物。这些产物加速了难溶矿物溶解及其他无效养分的有效化，进一步促进沙棘及其他植物生长，使土壤与大气间碳、氮循环的规模与速度不断增大，土壤系统内有机质、氮素及其他有效养分的储量更高，推动土壤生态系统内部的物质组成向着更有利于土壤生物及绿色植物生长的方向发展，使土壤无机物与有机物、土壤动物、土壤微生物及绿色植物间的相互促进作用进一步强化，从而使黄绵土的肥力水平快速大幅度提高，使黄土高原深厚但贫瘠的黄绵土土壤系统成为高肥力、高生物活性及高缓冲能力的高效土壤生态系统。

第八章 黄绵土中的有机质 >>>

第一节 黄绵土有机质与有机碳

一、黄绵土有机质含量

土壤中各种含碳有机化合物统称土壤有机质。它来源于土壤中的动植物残体，其中植物残体比例最大。农田土壤中，有机质主要来源于施入的各种有机肥料与作物的落叶、残茬、根系等。

余存祖等（1983）于 20 世纪 80 年代对黄土高原大量土壤样品的分析结果显示，黄绵土 0～30 cm 土层有机质含量在黄土高原主要土壤类型中最低，平均值只有 0.6%。根据第二次全国土壤普查土壤养分含量分级标准（全国土壤普查办公室，1990），黄绵土有机质含量属于低水平（表 8-1）。

表 8-1　土壤养分含量分级标准

（全国土壤普查办公室，1990）

级别	极高	高	适宜	偏低	低	极低
有机质含量（g/kg）	>40	30～40	20～30	10～20	6～10	<6

农业部于 2017 年对我国不同省份黄绵土耕层土壤样本分析结果显示（表 8-2），黄绵土区耕层土壤有机质含量为 12.09 g/kg，根据第二次全国土壤普查土壤养分含量分级标准，黄绵土区耕层土壤有机质含量属于偏低水平。不同省份之间黄绵土有机质含量也略有差别，内蒙古有机质含量平均值最高，为 14.77 g/kg；山西有机质含量平均值最低，仅为 5.73 g/kg。整体表现为内蒙古＞甘肃＞宁夏＞陕西＞山西。

表 8-2　我国不同省份黄绵土耕层土壤有机质含量

（农业部，2017）

项目	陕西	山西	甘肃	宁夏	内蒙古
最大值（g/kg）	28.24	11.03	25.42	24.10	28.00
最小值（g/kg）	1.43	3.40	1.50	3.90	5.00
平均值（g/kg）	11.76	5.73	13.43	12.63	14.77
有效样本数（个）	1 899	212	1 448	342	49

根据陕西省第二次土壤普查结果，陕西省内的黄绵土有机质含量低，平均 7.7 g/kg。耕地一般为 3～6 g/kg；川台地、塬地、老梯田等土壤侵蚀轻微，耕作较精细，施肥较多，土壤比较肥沃，耕层有机质含量为 6～10 g/kg；疏林草地表层土壤有机质含量可达 20～30 g/kg（陕西省土壤普查办公室，1992）。安塞黄绵土有机质含量为 3.19～19.13 g/kg，平均为 8.73 g/kg。最大值与最小值之间差异高达 6 倍（韩磊 等，2011）。安塞南部土壤有机质含量高于中部与北部（宋丰骥 等，2011）。富县黄

绵土有机质含量为 5.9~11.6 g/kg，平均为 8.82 g/kg。最大值与最小值之间差异只有 2 倍。与该县第二次土壤普查数据相比，20 年来，耕地土壤有机质含量降低 19.08%（邹青 等，2012）。刘振凯等（1991）对以黄绵土为主的陕西延安 400 多个土壤样品的分析发现，1988 年和 1989 年塬地土壤有机质含量为 7~10 g/kg，比 1983 年下降了 0.10%~0.15%。他们认为土壤有机质含量下降的原因主要包括：①有机肥投入减少；②化肥投入比例不协调，氮多磷少；③重用地轻养地。1989 年油菜种植面积比 1985 年降低 26.2%，豆类、牧草等种植面积缩小了 46.6%。另一个定位监测也发现了类似的现象，黄绵土有机质含量在降低（李文祥 等，1991）。

农业部（2017 年）测定的数据结果显示，陕西省不同市区（共 1 899 个有效样本）黄绵土耕层土壤有机质含量平均值为 11.76 g/kg，相比陕西省第二次土壤普查黄绵土有机质含量（7.7 g/kg）提高了 52.7%。不同市区土壤有机质含量差异较大，其中榆林和延安两市有机质含量较低，分别为 7.79 g/kg、9.21 g/kg，其他市区有机质含量 15.12~19.21 g/kg。具体数据资料见表 8-3。

表 8-3 陕西省各市区黄绵土耕层土壤有机质含量

（农业部，2017）

项目	宝鸡	铜川	渭南	西安	咸阳	延安	杨陵	榆林
最大值（g/kg）	27.83	24.02	27.28	27.05	27.62	20.29	21.89	17.13
最小值（g/kg）	4.38	7.07	5.58	11.90	5.25	2.08	13.32	1.43
平均值（g/kg）	15.85	15.12	15.84	19.21	15.67	9.21	18.00	7.79
有效样本数（个）	241	64	349	52	153	348	3	689

甘肃静宁黄绵土的有机质含量为 5.53~20.70 g/kg，平均 10.89 g/kg，比第二次土壤普查时的 11.40 g/kg 降低了 0.51 g/kg，降幅 4.47%（李占武 等，2010）。甘肃清水黄绵土有机质平均含量为 12.07 g/kg，在全县不同土壤类型中含量最低（王祎 等，2012）。

而农业部（2017 年）测定的数据结果显示，甘肃省平凉市不同县（区）（共 326 个有效样本）黄绵土耕层土壤有机质含量平均值为 14.88 g/kg。不同县区土壤有机质含量差异较大，其中泾川有机质含量相对最低，仅为 9.53 g/kg，其他县区为 13.14~18.31 g/kg。静宁黄绵土有机质含量为 15.00~21.00 g/kg，平均为 16.10 g/kg，比第二次土壤普查时的 11.40 g/kg 提高了 4.70 g/kg，增幅 41.23%。具体资料数据见表 8-4。

表 8-4 甘肃省平凉市各县区黄绵土耕层土壤有机质含量

（农业部，2017）

项目	静宁	崇信	华亭	泾川	崆峒	灵台	庄浪
最大值（g/kg）	21.00	23.50	29.78	12.70	27.60	20.37	24.31
最小值（g/kg）	15.00	12.00	5.55	4.30	5.20	6.46	9.08
平均值（g/kg）	16.10	18.31	17.69	9.53	13.14	13.97	15.09
有效样本数（个）	102	10	15	19	56	23	101

若果园土壤有机质含量高，果树基础产量高且稳定，果实品质好（郗荣庭 等，2000）。已有研究发现，我国丰产优质苹果园土壤有机质含量均为 15 g/kg 以上，国外高达 20~60 g/kg（李美阳 等，2001）。然而，全国几个主要的苹果产区中，以黄绵土为主要土壤类型的陕西延安苹果园土壤有机质含量最低，与农田相比，果园土壤有机质含量没有显著差异（杨世琦 等，2009a）；在陕西的几个主要苹果产区，延安黄绵土果园土壤有机质含量也是最低（杨世琦 等，2009b）。黄陵黄绵土果园土壤有机质平均含量 12.96 g/kg，变幅 5.09~21.67 g/kg。根据绿色食品产地土壤肥力分级参考指标（农

业部，2013），有机质含量大于 15 g/kg 的为 II 级标准，在所调查测定的 304 个果园中只有 28% 的果园达到 II 级及以上水平，可见土壤有机质含量相对较低（郭宏 等，2015）。

二、黄绵土有机碳含量

农田土壤碳库储量占整个土壤生态系统碳储量的 8%～10%，由于受人为作用的影响较大，农田碳库碳量变化敏感且周转迅速（潘根兴 等，2002）。农田土壤生态系统将成为一个可以缓解气候变化的潜在碳库（张明园 等，2012），提高农田土壤有机碳库对保持农业的可持续发展与缓解气候变化具有双重意义（潘根兴，2008；孟磊 等，2005；杨学明 等，2003）。

黄绵土平均有机碳含量为 4.07 g/kg，碳密度为 0.92 kg/m²，明显低于全区平均值（2.00 kg/m²）（付东磊 等，2014）。而于严严等（2006）根据已发表文献中的数据所做的分析结果表明，黄绵土区土壤有机碳密度为（1.74±0.08）kg/m²，在全国主要农作区和土壤类型中属于较低的水平。20世纪 80 年代初至 90 年代末，黄绵土有机碳密度变化不大。由此可见，黄绵土有机碳密度较低。黄绵土是黄土高原面积最大的土壤类型，但碳储量只有 181.54Tg，仅占黄土高原总储量的 14.64%（付东磊 等，2014）。因此，提高黄绵土的有机碳含量应该是黄土高原生态恢复工程的重点。

三、土地利用方式对黄绵土有机质和有机碳含量的影响

（一）土地利用方式对黄绵土有机质含量的影响

不同土地利用方式影响黄绵土有机碳含量。例如，黄土高原云雾山土壤有机碳含量的高低顺序为：天然草地＞人工草地＞灌木＞农田。天然草地有机碳水平是人工草地的 2.92 倍，是灌木的 3.08倍，是农田的 3.97 倍。人工草地随着生长年限的延长，碳氮也不断积累（李金芬 等，2010）。在安塞纸坊沟流域约 20 年的植被立地中，黄绵土有机质含量表现为刺槐林地＞柏树林地＞山杨林地＞柳树林地＞柠条林地＞草地＞农田，即随着植被逐渐乔木化而有增大的趋势。在刺槐林地，土壤有机质含量随植被的恢复年限增加而增大，黄绵土有机质含量与植被恢复年限呈线性正相关关系（薛晓辉等，2005）。彭文英等（2005）在安塞有类似的研究结果：坡耕地退耕后，土壤有机质含量增加了 2.75 倍，有机碳增加了 27.29%。土壤质量恢复效益最大的是刺槐林地，其次是柠条灌木地，最小的是撂荒地。土壤有机质在植被恢复 5 年以上开始明显增加，有机碳则在 10 年以后增加明显。在宁南黄绵土地区，退耕后的土地利用方式也影响土壤有机质含量，相同坡度下自然荒坡地土壤有机质含量平均为 12.76 g/kg，是农耕地和柠条林地的 1.20 倍和 1.94 倍（马琨 等，2006）。陕西吴起是全国最早实施退耕还林措施的国家重点示范县，土壤为地带性黑垆土剥蚀后广泛发育在黄土母质上的黄绵土。不同土地利用方式下土壤有机质含量差异较大：0～20 cm 表层土壤有机质平均含量为：天然草地＞乔木林地＞灌木林地＞人工草地＞农耕地。与农耕地相比，天然草地、乔木林地、灌木林地和人工草地的增长率分别为 36.11%、32.96%、23.50% 和 20.55%（岳庆玲 等，2007）。而同样是乔木，不同林型植被对黄绵土有机质含量的影响也有差异。例如，在永寿北部，种植人工林后能增强土壤腐殖化作用，促进土壤有机质的形成发育。其中，刺槐×侧柏混交林＞刺槐林＞侧柏林＞荒地（张静等，2006）。在延安，与坡耕地相比，林草地土壤有机质含量增加了 2.55 倍，梯田增加了 1.21 倍，表明梯田和林草复合结构在控制黄土高原土壤侵蚀和提高土壤质量方面有重要作用（于寒青 等，2012）。安塞黄绵土退耕地植被自然恢复过程中，有机质含量显著提高，并随植被恢复时间的延长呈增加趋势（温仲明 等，2005）。在 40 年的演替过程中，退耕地植被大体上依次经历了以猪毛蒿（Artemisia scoparia）为优势种的群落、达乌里胡枝子（Lespedeza davurica）和长芒草（Stipa bungeana）为优势种的群落、铁杆蒿（Artemisia gmelinii）为优势种的群落和白羊草（Bothriochloa ischaemum）为优势种的群落。其中，白羊草为优势种的群落，土壤有机质含量较高（焦菊英 等，2005）。沟壑区黄绵土上林草间作与农田相比，显著提高了土壤有机质含量。例如，0～20 cm 土层土

壤有机质含量，油松间作紫花苜蓿模式最高，比对照农田高 44%；20～40 cm 土层土壤有机质含量，山杏间作红豆草模式最高，是对照农田的 3 倍；40～60 cm 土层土壤有机质含量则没有显著差异（王振军 等，2007）。

　　黄土高原小流域内黄绵土利用方式不同，有机质含量差异显著。例如，陕西横山朱家沟流域有坡耕地、梯田、坝地、草地、林地和灌木林地等不同土地利用类型，其中坝地有机质含量最高，灌木地最低，草地显著高于林地和灌木地（连纲 等，2008）。在陕西安塞真武洞大南沟小流域，黄绵土土地利用类型分为灌木地、林地、果园、间作地、休闲地和耕地，其中林地和荒草地表层土壤有机质含量显著高于其他类型，耕地则正好相反，有机质含量显著低于其他类型土壤（邱扬 等，2004；贾恒义 等，1990；郑剑英 等，1996）。土壤有机质含量呈现出坡上部低于坡下部的规律，坡上部的柠条林地与耕地相比，因柠条林较强的水土保持能力减少了有机质的流失，其值（0.5%）高于耕地（<0.4%）。含量低于 0.5% 所占的面积最大，分布在以耕地为主的区域；而含量大于 0.6% 的面积较小，主要分布在坡中部和坡下部的农果间作地与林地区域（王军 等，2003）。

（二）土地利用方式对黄绵土有机碳含量的影响

　　农田土壤有机碳变化既受自然因素如气候、地形、土壤类型的影响，又与人类活动息息相关。土壤中有机质输入与分解的平衡决定着土壤有机碳含量及其动态变化。师晨迪等（2014）结合 20 世纪 80 年代第二次全国土壤普查土壤有机碳数据，对甘肃庄浪农田耕层（0～20 cm）土壤有机碳变化进行了研究，发现第二次全国土壤普查时土壤有机碳平均含量为 6.80 g/kg，2011 年为 8.90 g/kg，近 30 年有机碳含量增加了 30.9%。黄绵土占该县耕地面积的 69.1%，其中仅有 4.4% 的面积在近 30 年内有机碳含量是降低的；增幅为 0～3 g/kg 的面积占黄绵土耕地总面积的 65.2%，增幅大于 3 g/kg 的占 30.4%。有机肥的投入可能是黄绵土有机碳含量明显增加的贡献者之一（图 8-1），表明农业耕作措施是黄绵土有机碳提高的有效途径。

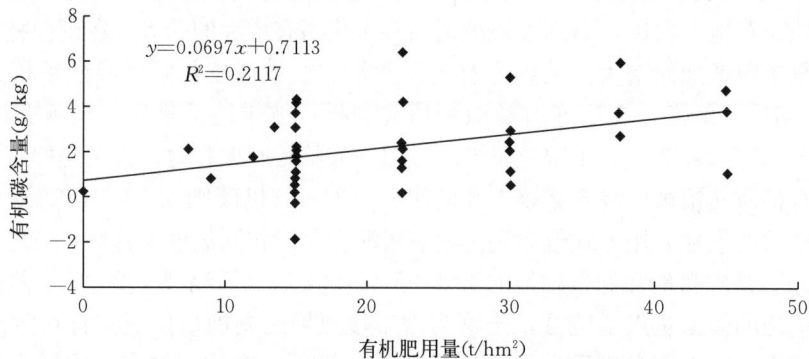

图 8-1　有机肥用量与黄绵土有机碳含量的关系
（师晨迪 等，2014）

　　坡耕地发生的水土流失是导致土壤有机碳库流失和土壤退化的重要因素（Lal，2003）。有研究显示，黄土丘陵区土壤碳素匮乏已成为影响耕地质量和农业可持续发展的主要限制因素之一（朱孟郡 等，2007）。作为农田水土保持的重要措施，坡改梯对黄土高原农田土壤固碳减排将产生巨大影响。梯田作为我国丘陵沟壑区的基本农田，是控制坡耕地水土流失和实现旱作区农业高产与稳产的双向耕地类型（吴发启 等，2003），对维持生态脆弱区粮食安全与生态安全具有重要意义。21 世纪初，黄土高原区已修成梯田 400 万 hm²，占黄土高原坡耕地的 31%（刘万铨 等，1999）。邱宇洁等（2014）采用时空互代法，分析了陇东黄土丘陵区梯田黄绵土有机碳的时空分布特征，发现在坡改梯后近 50 年内，农田 0～60 cm 土层土壤有机碳处于持续累积状态，20～40 cm 与 40～60 cm 土层有机碳含量较坡耕地的增幅分别为 54.6% 和 52.4%，大于表层增幅（33.7%）（P<0.05）。各土层有机碳含量随梯田年限的变化趋势基本一致，在修建初期（0～8 年），累积较快并超过坡耕地有机碳水平（P<

0.01)，表层有机碳年累积速率达到 937 kg/hm²；25 年后有机碳含量显著提高（$P<0.05$），平均增加 64.7%；但在随后的 20 年内累积速率较为缓慢（图 8-2）。在全球尺度上，农田耕层土壤年潜在固碳速率为 120～610 kg/hm²（Lal，2004）；我国农田耕层土壤年平均固碳速率约为 380 kg/hm²（许信旺 等，2009）。黄绵土新修梯田耕层土壤年平均固碳速率为 248 kg/hm²，低于全国农田耕层土壤平均水平，但高于相同气候区的平均水平（邱宇洁 等，2014），从土壤固碳角度看，该区坡改梯具有明显的优势。

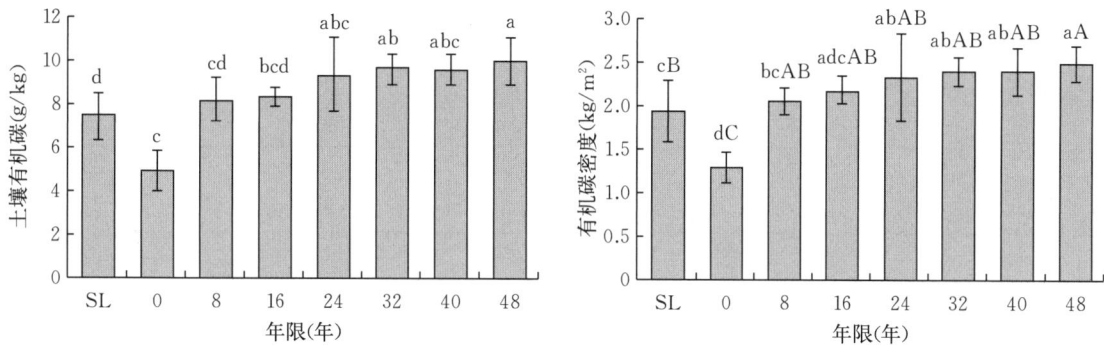

图 8-2　0～20 cm 土壤有机碳与有机碳密度随年限的变化

（邱宇洁 等，2014）

注：SL 为连续耕种坡耕地；不同小写、大写字母分别表示样地之间差异达 5% 和 1% 显著水平。

黄绵土农业区常年以传统耕作方式对土壤进行翻耕、耙糖，这种强烈的机械扰动，加之作物秸秆大量移出，常导致表土暴露和土壤结构的破坏，增加了水土流失，并造成土壤肥力持续下降。国外大量研究表明，以少耕、免耕为代表的保护性耕作措施具有良好的生态效益（Oyedele et al.，1999；Fabrizzi et al.，2005；Chan et al.，2005；Freebairn et al.，1985；Staley，1988）。在陇中黄绵土长达 6 年的定位试验发现，免耕由于避免了机械扰动，降低了土壤有机碳矿化，并降低了因土壤侵蚀造成土层变薄而引起的土壤养分损失，提高了土壤有机碳含量。其中，免耕＋秸秆覆盖土壤有机碳含量提高速度最快、幅度最大（罗珠珠 等，2015），17 个月就可使土壤有机碳含量提高 20.77%（逄蕾 等，2006）。在陕西黄陵地区黄绵土上的定位研究也有类似的结果。

第二节　黄绵土有机质组成

土壤有机质一般分为两大类：①非腐殖物质（非特殊性土壤有机质），指动植物残体的组成部分及分解的中间产物。此类物质占土壤有机质总量的 10%～40%。它是土壤养分的重要来源，也是形成土壤腐殖物质的原料。②腐殖物质，指有机质经微生物分解后再合成的黑褐色胶体物质。腐殖物质是土壤特有的有机物，是土壤有机质的主体，一般是有机质总量的分数。它的组成和性质能反映土壤的形成条件和肥力特征。

黄绵土腐殖质组成均以富里酸（FA）占优势，胡敏酸（HA）与富里酸之比均小于 1.0。由于黄绵土富含碳酸钙，故全剖面无活性胡敏酸。黄绵土胡敏酸分子芳构化程度很低，表现为絮凝极限值高，一般需 10 mg 当量以上的氯化钙才能使胡敏酸絮凝或部分絮凝，光密度值低。黄绵土的腐殖质组成及特性见表 8-5。但张付申（1997）在陕西安塞采集的黄绵土耕层土壤腐殖质以胡敏素（2.87～4.81 g/kg）为主，其次是胡敏酸（0.53～1.50 g/kg），再次是富里酸（0.40～0.74 g/kg）。长期施用有机肥或配施化肥，与无肥区相比能提高可浸提腐殖酸含量 25.7%～128.0%，提高胡敏酸含量 28.3%～183.0%，提高富里酸含量 18.8%～54.2%，提高胡敏素含量 43.9%～67.6%，HA/FA 值呈增大趋势。

表 8-5　黄绵土的腐殖质组成及特性

(陕西省土壤普查办公室，1992)

地点	地形部位	土层深度(cm)	总碳量(%)	有机质(%)	全氮(%)	胡敏酸占土重(%)	胡敏酸占总碳(%)	富里酸占土重(%)	富里酸占总碳(%)	残渣(%)	活性胡敏酸	胡敏酸/富里酸	胡敏酸E4/E6	C/N
横山(耕地)	坡地	0~20	0.156	0.270	—	0.006 9	4.43	0.017 8	11.42	75.91	0	0.388	5.22	—
		20~55	0.085	0.147	—	0.001 6	1.91	0.008 8	10.31	77.25	0	0.185	3.07	—
米脂(耕地)	坡地	0~20	0.187	0.324	0.018	0.01	5.88	0.029 6	15.83	78.25	0	0.374	4.94	10.34
		20~50	0.12	0.207	—	0.001 4	1.17	0.014 6	12.17	86.67	0	0.096	4.89	—
		50~75	0.121	0.209	—	0.001 6	1.32	0.016 5	12.81	85.88	0	0.103	4.3	—
绥德(耕地)	坡地	0~20	0.23	0.147	0.020 6	8.95		0.633 2	14.42	69.96	0	0.621	5.21	
		20~55	0.165	0.398	—	0.005 8	3.53	0.019 4	11.76	79.44	0	0.3	4.12	
延安(耕地)	坡地	0~15	0.384	0.662	0.33	0.002 48	6.46	0.058 8	15.31	78.23	0	0.42	4.83	11.64
		15~27	0.168	0.289	0.024	0.002 9	1.73	0.021 3	12.68	85.59	0	0.14	6.48	7
		27~80	0.147	0.253	—	0.004 1	2.79	0.019 2	13.06	84.16	0	0.21	5.88	—
淳化(耕地)	塬地	0~25	0.467	0.805	0.058	0.056 1	12.01	0.109	23.34	64.61	0	0.61	3.94	8.05
		25~46	0.407	0.702	0.051	0.053 5	13.14	0.086 1	21.15	65.71	0	0.62	4.3	7.98
		46~75	0.374	0.644	0.048	0.041 6	11.12	0.072 4	19.36	69.53	0	0.57	4.51	7.79
		75~110	0.319	0.55	0.035	0.034 9	10.88	0.058 5	18.34	70.78	0	0.59	—	9.11

陇东黄绵土种植苜蓿 5~15 年腐殖质总量及各组分（胡敏酸、富里酸和胡敏素）含量逐渐增高，20 年时则呈降低趋势；种植苜蓿 16 年开垦为农田后，胡敏酸则呈明显降低趋势。种植苜蓿的土壤 HA/FA 值大于 1，开垦地、撂荒地比值则显著小于 1.5；10 年苜蓿地 HA/FA 值呈增高趋势，15 年后呈降低趋势，说明在黄绵土上种植苜蓿可提高胡敏酸含量（王鑫 等，2008）。在陇中黄绵土实行免耕＋秸秆覆盖栽培可提高耕层土壤焦磷酸钠提取态碳含量，其主要成分是胡敏酸和富里酸，同时也可提高土壤水溶性有机碳的含量（逄蕾 等，2006）。这表明免耕＋秸秆覆盖有利于土壤活性有机质的产生和积累，有利于土壤理化性状的改良，能够给土壤微生物提供大量能源物质，有利于土壤的健康发展。

土壤有机质的氧化稳定性和活性是反映有机质品质的重要指标，在评价土壤有机质品质和肥力状况方面有着重要的意义。土壤有机质的稳定程度通常用土壤有机质氧化稳定系数（Kos）来表示，其值越大，说明稳定性越好而活化程度越低。长期施用有机肥或配施化肥，对各种有机质均有积极的促进作用，易氧化有机质、活性有机质、难氧化有机质的增长幅度分别为 3.1%~11.8%、13.4%~115.2%、44.0%~170.4%，表明有机肥是土壤易氧化有机质和活性有机质的主要供给源。但 Kos 值的增大，说明施用有机肥在较大程度上促进了难氧化有机质的积累。长期施用化肥，无论单施还是配施，对土壤易氧化有机质和活性有机质作用不大；但能促进难氧化有机质的积累，提高幅度为 4.6%~86.0%，并提高 Kos 值。说明长期施用化肥不利于土壤有机质的活化，而是促进有机质老化。可见，长期施用化肥对培肥土壤无意义，施用有机肥才是培肥土壤的有效途径（张付申 等，1996）。

在对土壤有机质的研究中，Lefroy 等（1993）研究发现，在土壤有机质的 4 个级别中，能被 333 mmol/L 高锰酸钾（$KMnO_4$）氧化的有机质在种植作物时其含量变化最大，因此将能够被 333 mmol/L $KMnO_4$ 氧化的有机质称为活性有机质，不能被氧化的称为非活性有机质。活性有机质由于与土壤养分、耕作措施及作物生长等关系密切，近年来受到土壤肥料研究领域的重视，并成为土壤质量及土壤管理的评价指标之一。在甘肃天水黄绵土长期定位试验中发现，与不施肥相比，25 年连续施用氮肥或氮磷肥对土壤有机质含量均没有显著影响，但提高了活性有机质含量（分别增加

3.4%和15.3%），氮磷肥处理的 *Kos* 值降低；25 年连续施用有机肥＋氮磷肥，有机质含量增加 33.3%，活性有机质含量提高 22.9%，但 *Kos* 值增高（柳燕兰 等，2012）。可见，长期施用有机肥并配施氮磷肥，既有利于土壤培肥，同时又能满足土壤养分的供应。

新修梯田黄绵土施入玉米秸秆后，松结合态腐殖质数量在不同分解时期均有较大幅度的增加，在施后 90 d 时达到分解高峰。施土粪处理虽较施氮磷肥处理松结合态腐殖质数量大幅度提高，但各时期都低于施玉米秸秆（陈炳东 等，2001）。姜岩（1991）认为，松结合态腐殖质数量的增多，意味着土壤中已渐老化的腐殖质获得某种程度的更新；而施用非腐解的玉米秸秆较施腐熟土粪的黄绵土松结合态腐殖质明显增多，表明土壤肥力得到培肥。新修梯田黄绵土施入玉米秸秆较施腐熟土粪的土壤中五碳糖、六碳糖及酶活性明显提高（陈炳东 等，2001），这是由于非腐解有机物在土壤中分解时，易分解糖类增多，加速了微生物繁殖，出现了土壤微生物活性的高峰，从而加速了土壤腐殖质及营养元素的更新。因此，土壤有机培肥的目的或土壤培肥的作用之一就是要不断提高土壤中糖类物质的质量和维持较高的土壤微生物活性，从而降低有机质的老化程度。

第三节　有机质对黄绵土肥力的贡献

土壤有机质可以为作物提供各种养分，刺激作物生长；增强土壤的缓冲性能，不会因施肥过量使土壤 pH 变化太大。同时，土壤有机质可以改善土壤物理性状，有利于减少农药残毒和重金属污染，促进土壤微生物的活动。总之，有机质从各个方面影响土壤肥力，从而决定着作物生产力。

对黄土高原大量土壤样品的分析表明（余存祖 等，1983），黄绵土有机质含量与氮、磷、锌、锰、硼等含量均呈极显著正相关关系（表 8-6）。有机质含量为 3% 以下时，作物产量随有机质含量增高而增高，黄绵土上的调查结果与此相符（表 8-7）。

表 8-6　土壤有机质与其他养分含量的相关性

（余存祖 等，1983）

养分	样品数（个）	回归方程	相关系数
全氮	302	$y=0.051x+0.014$	0.781**
有效磷	103	$y=8.75x+0.59$	0.548**
有效锌	341	$y=0.37x+0.04$	0.474**
有效锰	330	$y=5.56x+1.58$	0.488**
水溶性硼	178	$y=0.24x+0.19$	0.424**

注：** 表示相关系数达到 $P<0.01$ 水平；y 为有机质含量，x 为其他对应养分含量。

表 8-7　陕北安塞土壤有机质含量与作物产量的关系

（余存祖 等，1983）

有机质含量（%）	谷子常年平均产量（kg/hm²）	土地类型
0.36	600	新梯田
0.50	900	坡地
0.55	1 350	台地
0.66	1 875	壕地
0.80	2 250	川地
1.22	3 375	老梯田

黄绵土的阳离子交换量为 1 450～1 510 mmol/kg，平均为 1 480 mmol/kg，上下层次间差异不显著。黄绵土有机质对阳离子交换量的贡献在耕层占 32.8%，母质层则占 21.7%；相反，黏粒对阳离子交换量的贡献则从耕层的 67.2% 上升至母质层的 78.3%，说明人类耕种对提高黄绵土有机质含量

和改善土壤吸收性能有重要作用（安战士 等，1988）。

一般来讲，土壤有机质含量与土壤肥力呈正相关关系。但一些研究认为，当土壤肥力达到一定水平或有机质含量超过一定数量时，二者之间并不呈正相关关系（袁可能 等，1964；浙江农业大学土壤教研室，1976）。这实际上是一个有机质质量的问题。土壤有机质的氧化稳定性和活性是反映有机质质量的重要指标，在评价土壤有机质品质和肥力状况方面有着重要的意义。相关分析表明，黄绵土易氧化有机质、活性有机质与全氮、全磷、碱解氮、有效磷、碳酸钙和 pH 等农化指标之间均达到了显著的相关关系。其中，易氧化有机质与碱解氮的相关系数最大。而进一步的通径分析说明，碱解氮与易氧化有机质的关系在较大程度上是通过有效磷间接发生的，间接通径系数大于直接通径系数。有效磷与易氧化有机质的关系以直接效应为主。另外，全氮、全磷和 pH 等主要是通过有效磷与易氧化有机质发生关系，其次是通过碱解氮。活性有机质与全氮相关系数最大，但全氮主要通过有效磷和碱解氮与活性有机质发生关系，间接通径系数大于直接通径系数。碱解氮通过有效磷的间接通径系数大于直接通径系数，因此碱解氮在较大程度上通过有效磷与活性有机质发生关系。另外，全磷、pH 也主要通过有效磷与活性有机质发生关系，其次是通过碱解氮。因此，土壤中的有效磷是与易氧化有机质和活性有机质关系最为密切的农化性状，其次是碱解氮（张付申，1996）。

许多研究者认为，土壤肥力的高低在很大程度上取决于腐殖质的"质的组成"（辛刚 等，2002），松结合态碳对土壤有效养分的供应起着重要作用，而紧结合态碳在全量养分的保储及稳定结构方面起着重要作用（杨玉盛 等，1999）。土壤的肥力水平主要受松结合态腐殖质比例的影响（陈利军 等，1999）。黄绵土腐殖质以紧结态含量最高，种植苜蓿无论年限长短，各层含量均为松结合态＞紧结合态，但以 15 年苜蓿松结合态、紧结合态腐殖质含量最高，15 年后有降低趋势；撂荒地和开垦地表层为松结合态＞紧结合态，20～60 cm 土层则以紧结合态高于松结合态（王鑫 等，2008）。松/紧值高，则土壤的腐殖化度高，对形成良好土壤结构的能力增强；反之亦然（杨玉盛 等，1999）。黄绵土松/紧值以撂荒地和开垦地最低，且表层＞下层＞中层；苜蓿地随种植年限延长有增高的趋势，15 年苜蓿地土壤松/紧值最大，由表层至下层显著升高，规律性较强；10～20 年表层至下层松/紧值有升高的现象，种植 5 年、10 年和 20 年的苜蓿土壤松/紧值为：中层＞表层＞下层，也有较强的规律性。这说明种植苜蓿主要对 20～40 cm 土层肥力影响较大。其原因是苜蓿为深根系的豆科植物，具有增加土壤氮素和提高土壤肥力的作用。而将苜蓿地开垦后土壤退化，将耕地撂荒虽然表层土壤有机质含量有所提高，但松/紧值与种植苜蓿比较有下降趋势（王鑫 等，2008）。

胡敏酸的光学性质是判断土壤腐殖质特性的重要依据。研究表明，胡敏酸的色调系数（$\Delta logK$）、相对色度（R_F）与它们组成中的羧基、羰基、甲氧基和醇羟基的含量以及平均分子量之间呈显著正（或负）相关关系。一般来说，胡敏酸的 $\Delta logK$ 越高（或 R_F 越低），则它们的羧基、羰基和酚羟基的含量越低；而甲氧基和醇羟基的含量越高，胡敏酸的氧化程度越低（赵兰坡，1995；雄田恭一，1984），由此说明，胡敏酸在分子结构上变得简单，在组成上变得年轻。胡敏酸分子的复杂程度越高，芳香族原子团越多，缩合程度较高；相反则芳香性小，脂肪侧链多，光密度较小（熊毅 等，1990；林明海 等，1982）。黄绵土种植苜蓿 5～10 年后，0～20 cm、40～60 cm 土层 R_F 值逐渐升高，以 10 年最高，15～20 年 0～20 cm、40～60 cm 则呈明显的降低趋势；20～40 cm 土层种植苜蓿 5～15 年呈明显的升高趋势，种植苜蓿 20 年时骤减。由苜蓿地开垦为农田后，0～20 cm 土层的 R_F 值明显升高。与农田撂荒相比，种植苜蓿 5 年有利于提高土壤腐殖质的品质（王鑫 等，2008）。

第四节　黄绵土区有机肥资源

一、黄绵土区有机肥总量

黄绵土区按照包括陕西延安，甘肃陇中、陇东和天水等区域粗略估算，各种有机肥总量约为1亿t，其中延安约 1 400 万 t（延安市地方志编纂委员会办公室，2000；朱建春 等，2013），陇中约 3 390 万 t，陇东约 4 072 万 t，天水约 1 257 万 t（张树清，2004）。折合每公顷耕地有机肥资源拥有量分别为：延安约 45 t/hm²，陇中约 29 t/hm²，陇东约 39 t/hm²，天水约 28 t/hm²（张树清，2004）。如果这些有机肥资源都能被有效利用，将对提高黄绵土肥力和生产力起到巨大的推动作用。

二、农家肥

将人粪尿、畜禽粪肥等统称为农家肥。陇中人粪尿 1 651.60 万 t、畜禽粪 1 448.33 万 t，合计 3 099.93 万 t；陇东人粪尿 1 962.09 万 t、畜禽粪 1 815.19 万 t，合计 3 777.28 万 t；天水市人粪尿 563.71 万 t、畜禽粪 566.40 万 t，合计 1 130.11 万 t（张树清，2004）。

1949—1969 年，延安年积人粪尿 156.1 万 t，畜禽粪 163.4 万 t；1980 年积沤农家肥达 385.6 万 t；1984—1985 年，积沤农家肥减至 315.6 万 t；1989 年，大家畜、猪、羊发展较快，存栏数增加，积沤农家肥达 465.7 万 t；1990 年，积沤农家肥 730 万 t；1990—1996 年，全区改造 3 圈（猪圈、牛圈、羊圈）5.6 万个，改造厕所 6.5 万个，建积肥坑 15 万个，农家肥积沤量达 1 200 万 t（延安市地方志编纂委员会办公室，2000）。

在陕西安塞黄绵土上的田间试验结果表明（郑剑英 等，1990），连续配合施用当地普通的有机肥（土粪）与无机肥，不仅能提供作物生长所需养分，获得高产；而且还能改善土壤理化性状，保持和提高土壤肥力（表 8-8）。在甘肃定西黄绵土上，农家肥与氮磷肥配施不仅促进豌豆干物质积累和根瘤形成，有明显增产作用，同时有利于豌豆根腐病的减轻；但这些效果与农家肥的用量有关，用量 22.5～67.5 t/hm²，其效果随施用量增加呈上升趋势，施用量超过 67.5 t/hm² 后效果降低（田蕴德，1994）。在甘肃陇东黄绵土麦田上，有机肥（60 t/hm²）与氮磷肥配施，土壤有机质含量明显高于试验前和化肥处理，比试验前高 1.0～1.9 g/kg，比化肥处理高 0.5～1.0 g/kg。因此，在干旱、瘠薄的黄土高原，长期施用有机肥对黄绵土的培肥作用不可忽视（刘一，2003）。

表 8-8　有机肥与化肥配施土壤有机质含量的变化

（郑剑英 等，1990）

单位：%

土地类型	处理	土壤深度	播前	1983 年收获后	1984 年收获后	1985 年收获后	1986 年收获后	1987 年收获后	1988 年收获后	平均
川地	CK	0～20 cm	0.90	0.88	0.83	0.82	0.72	0.77	0.82	0.81
	P			0.85	0.84	0.84	0.82	0.80	0.81	0.83
	N			0.80	0.88	0.85	0.79	0.82	0.82	0.83
	NP			0.84	0.82	0.76	0.82	0.80	0.83	0.81
	M			0.98	0.92	0.93	0.85	0.95	1.03	0.94
	MN			1.05	0.97	1.01	0.92	1.00	1.06	1.00
	MP			0.97	1.03	0.91	0.96	0.86	1.02	0.96
	MNP			1.02	1.03	0.98	1.04	0.81	1.14	1.00
坡地	CK	0～15 cm	0.41	0.46	0.42	0.47	0.47	0.41	0.48	0.43
	P			0.50	0.44	0.48	0.49	0.49	0.41	0.45
	N			0.48	0.51	0.37	0.43	0.48	0.45	0.45
	NP			0.53	0.50	0.53	0.47	0.49	0.44	0.49
	M			0.49	0.46	0.56	0.52	0.60	0.60	0.54
	MN			0.57	0.55	0.60	0.52	0.60	0.54	0.56
	MNP			0.75	0.53	0.67	0.52	0.62	0.58	0.61

注：CK 为对照，P 为磷肥，N 为氮肥，NP 为氮肥＋磷肥，M 为有机肥，MN 为有机肥＋氮肥，MP 为有机肥＋磷肥，MNP 为有机肥＋氮肥＋磷肥。

三、作物秸秆

我国作为传统的农业大国，每年有 7 亿 t 左右的秸秆产生（曹国良 等，2006；毕于运 等，2009；朱建春 等，2012）。甘肃陇中秸秆产量 225.87 万 t，陇东 202.21 万 t，天水 82.03 万 t（张树清，2004）。陕西延安 1984 年推广秸秆还田，小麦留高茬，玉米秆、烟秆、麦糠直接还田；1992 年还田 3 万 hm²，1996 年达到 3.2 万 hm²（延安市地方志编纂委员会办公室，2000）。随着生物技术、能源科学和环境科学的发展，农业秸秆作为一种可再生的生物质资源，其潜在利用价值逐渐受到关注（丁文斌 等，2007），从而使得农业秸秆的随意弃置和焚烧现象得到一定程度的遏制。作为有机肥资源，秸秆的利用方式有多种，比如直接还田、过腹还田、与人畜粪肥一起沤制农家肥等，直接还田又包括翻压还田和覆盖还田等不同做法。

对于干旱胁迫和养分胁迫同时存在的黄绵土地区来说，无论秸秆如何还田，其改善土壤理化性状的作用都非常显著。主要有以下措施：①蓄水保墒。秸秆覆盖还田和秸秆翻压还田与深耕同步进行，可以蓄住天上水，保住地下水。一是秋深耕 30~40 cm，使自然降水下渗较深，减少地表径流；二是在秸秆的拦蓄作用下，能比较均匀地接纳自然降水，并阻挡或缓解土壤水分的蒸发，达到有效蓄水的作用，形成一个备用抗旱"小水库"，从而达到休闲期集水、生长期用水的效果。据多点连续 3 年测定结果可知，秸秆覆盖还田或翻压还田土壤含水量在播种期比未还田的对照提高 1.5~2.1 个百分点（王应 等，2007）。②提高土壤有机质含量。玉米秸秆还田后，秸秆附近微生物大量繁殖，形成土壤微生物活动层，加速秸秆中有机态养分的释放，既改善了土壤结构，又协调了土壤水、肥、气、热状况，形成良好的生态环境；同时玉米秸秆在夏季炎热潮湿的环境下迅速腐烂，变成富含氮、磷、钾的有机肥料。据测定，每 100 g 干玉米秸秆含氮 0.5 g、五氧化二磷 0.39 g、氧化钾 1.67 g、灰分 6.2 g、纤维素 30.6 g、脂肪 0.77 g、蛋白质 3.5 g、木质素 14.8 g。每公顷玉米秸秆还田量以 7 500 kg 计算，可增加 N 37.5 kg、P_2O_5 29.25 kg、K_2O 125.25 kg。经原平、五台、代县对玉米秸秆还田 3 年、6 年、9 年及未还田地块进行多点取样测土可知，秸秆还田能明显提高土壤有机质和氮磷钾含量，还田 3 年的有机质增加 0.05%~0.09%，还田 6 年的有机质增加 0.06%~0.10%，还田 9 年的有机质增加 0.09%~0.12%（王应 等，2007）。延安黄绵土上玉米秸秆还田可使土壤有机质提高 0.015%~0.231%，速效氮提高 1~13 mg/kg，有效磷提高 0.5~12 mg/kg，667 m² 增产小麦 20.3~50.8 kg，增产率为 7.7%~19.8%（延安市地方志编纂委员会办公室，2000）。③改善土壤物理性状。土壤有机质、碳酸钙和多糖类物质对土壤结构的稳定性有着良好的作用。秸秆覆盖还田或机械翻压还田，既能增加土壤有机质含量，又能产生较多的五碳糖和六碳糖，其作用明显优于厩肥。同时，秸秆翻压还田，通过深耕将秸秆埋于深土层中，增加了深土层的有机质与养分含量，促进了微生物的活动，加速了深土层矿化度，从而使土层增厚 14~22 cm、土壤容重降低 0.01~0.1 g/cm³，蚯蚓数量增加 5~9 条/m²，作物根系下扎深度加深 25~35 cm（王应 等，2007）。甘肃定西黄绵土上作物秸秆还田不论与传统耕作方式结合还是与免耕结合都能提高土壤总有机碳含量（表 8-9）（巩文峰 等，2013）；而在免耕的基础上进行秸秆覆盖，可提升机械稳定性和水稳性大团聚体含量与稳定性（武均 等，2014），有助于形成良好的土壤结构，提高土壤入渗率，减少土壤侵蚀，促进土壤物理性状改善（张仁陟 等，2011）。

表 8-9 秸秆还田与免耕对土壤总有机碳含量的影响

单位：g/kg

处理	0~5 cm	5~10 cm	10~30 cm
传统耕作	10.32±1.19	9.01±0.87	8.79±1.04
免耕	11.07±2.47	9.29±1.37	8.98±1.03
传统耕作+秸秆还田	10.68±0.59	10.29±1.13	9.45±0.68
免耕+秸秆还田	10.78±1.66	10.36±0.91	9.83±0.50

四、绿肥

(一) 绿肥资源

黄绵土区绿肥资源丰富，可以种植的绿肥品种较多。

毛叶苕子：一年生或多年生豆科草本植物，根系较发达，主根可达 1 m 以上，侧、支根多分布在 0～50 cm 的土层中。根与茎叶比例为 1∶(2.6～6.7)。具有较强的抗旱和抗寒能力。对土壤要求不严格，耐涝性差，在排水良好的壤质土生长最好。常间种于粮食作物行间和林果园中。

豌豆：重要的粮、菜、肥兼用作物，主要用于棉花前茬种植，茎秆翻压作绿肥。对水肥要求较高，不耐涝。多与麦类混播。20 世纪 50—70 年代种植面积较大。

绿豆：一种优良的粮肥兼用作物，也是重要的豆类经济作物。多在春夏种植，间种或于麦田复种。耐湿性较强，在瘠薄土地上生长良好。

草木樨：又称野苜蓿。种类较多，在陕西常见的有二年生白花草木樨、二年生黄花草木樨，还有一年生草木樨等。多与玉米、小麦倒换茬口，也可在经济林木行间或山坡丘陵地种植，保持水土。草木樨耐旱、耐寒、耐瘠性均很强。养分含量高，不仅是优良的绿肥，也是重要的饲草。用作饲草要经过加工调制成干草，或青贮后适宜家畜食用。白花草木樨根系发达，主根可深入土壤 2～3 m，但根群主要集中在 0～30 cm 土层内，水平根幅 30～80 cm。茎直立、中空，株高 1～2 m 或更高。根系发达是其突出特点。在平肥地果园种植，每 666.7 m² 根系鲜重可达 1 050 kg，与茎叶鲜重 5 000 kg 相比，约为 1∶5。在干旱地区种植，该值为 1∶2。在陕西各地普遍栽培。

槿麻：又称太阳麻。多作为间套物或填闲利用，也是一种重要的夏季绿肥。原产南方，性喜温湿气候，耐旱性较强，但不耐渍，耐盐碱和瘠薄。

沙打旺：一种饲草和水土保持兼用型绿肥，可与粮食作物轮作或在林果行间及坡地上种植。适应性强，抗寒、抗旱和风沙，耐瘠薄，但不耐涝，是半干旱地区优良肥饲兼用绿肥。可在沙地种植，鲜草产量 22 500～40 000 kg/hm²（陈静 等，2002）。多生长于海拔 600～3 200 m 的山坡、山沟、沙地、川地、路旁及河滩地。

箭筈豌豆：又称野豌豆。多在麦、棉田复种或间套种，也可在果、桑园中种植。适应性较广，耐旱性较强。

三叶草：喜湿润温暖气候，较耐旱、耐寒，适宜排水良好、富含钙质的黏性土壤。生长周期一般为 2～6 年，在温暖条件下，常缩短为二年生或一年生。三叶草能为瓢虫、大眼蝽象、软体花甲虫和其他捕食动物等有益昆虫提供栖息地。喜温暖，生长势强，产草量大，鲜草产量为 2 000～4 000 kg/hm²。

紫花苜蓿：紫花苜蓿主根很长，深达 2～5 m，株高 1 m 左右，茎中空光滑，有分枝 15～25 个或更多。抗寒力较强，幼苗可忍耐 5～6 ℃的低温，健壮植株的根系在有积雪覆盖下能耐－44 ℃的低温。由于根系强大、入土深，紫花苜蓿抗旱力强，但比草木樨差。一般可连续生长 5～7 年，在半干旱区、高山区寿命更长。但怕湿，淹水 3～5 d 就会大量烂根死亡。紫花苜蓿若在果树行间种植，必须有充足的灌溉条件，因其需水量较大（适宜年降水量 600～900 mm），与果树争水争肥矛盾相当突出。

紫穗槐：又称油条、槐条，为豆科小灌木植物。其主根肥大，侧根多，2～3 年后根系扩展宽度达 1.3～1.7 m，株高 2～3 m。紫穗槐幼苗抗盐力较差，要求土壤含盐量在 0.2%以下；生长 1 年后耐盐力增强，0～30 cm 土层含氯盐 0.4%仍能正常生长。紫穗槐能耐长期干旱，也能耐一定时间的深水浸渍，并能耐一定低温，还较耐阴。宜在山地果园梯田壁或沙滩地果园沟渠两侧种植，不宜在果树行间种植。常生长于海拔 1 000 m 左右的路旁、河岸、灌丛树下。

柠条：抗旱、耐寒、耐沙埋、耐瘠薄，防风固沙，可发展畜牧业。

羊柴：抗寒、耐旱，能耐短期高温，耐沙埋，抗风蚀力强。

扁茎黄芪：耐寒、耐旱、耐阴、耐践踏、耐瘠薄。

黑麦草：喜湿润，夏季生长较慢，不耐寒。适宜年降水量为 500～1 500 mm 的地方，不宜在旱薄沙地和易涝地上生长，鲜草量 4 000～5 000 kg。一般生长 3～4 年，翌年生长旺盛。

小冠花：具抗旱性、耐寒性、耐盐、耐瘠薄等特点。

山黧豆：生长于海拔 1 800 m 以下的山坡草丛和灌木林中，多成丛生长。

野豌豆：生长于海拔 1 000～2 200 m 的草坡中。

百脉根：常生长于海拔 2 500 m 以下的山谷、山坡和田间。

红豆草：性喜温凉、干燥气候，适应环境的能力强，耐干旱、寒冷、早霜、深秋降水、缺肥贫瘠土壤等不利因素。与苜蓿比，抗旱性强，抗寒性稍弱。适宜栽培在年均气温 3～8 ℃、无霜期 140 d 左右、年降水量 400 mm 左右的地区。

陇中绿肥产量 42.14 万 t，陇东 178.78 万 t，天水 38.31 万 t（张树清，2004）。延安 1949—1969 年种植牧草绿肥 0.3 万～0.7 万 hm²；1976—1977 年，绿肥面积达到 5.6 万 hm²；1980 年，绿肥种植面积 0.96 万 hm²；1984—1985 年，绿肥面积降至 0.10 万 hm²；1989 年，绿肥种植面积达 1.38 万 hm²；1990 年，绿肥面积增至 4.73 万 hm²；1994 年绿肥面积 4.87 万 hm²；1996 年达 5.60 万 hm²。绿肥种植面积的变化对农家肥数量有较大的影响（延安市地方志编纂委员会办公室，2000）。

（二）绿肥对提高黄绵土肥力的作用

陕西绥德的调查结果表明，种植 2 年草木樨，残留根茬量约 2 325 kg/hm²，枯枝落叶 5 100 kg/hm²，土壤有机质含量提高 0.13%。如果翻压草木樨绿肥（或沤制后施入）7 500 kg/hm²，土壤有机质含量提高 0.2%。据庆阳农业科学研究所调查，种植 5～7 年的苜蓿地有机质含量为 1.46%，比邻近地高 0.31%。在荒沟荒坡广种草木樨、沙打旺、苜蓿、紫穗槐等，采用翻压沤制方法，以地养地、以山养川、以坡养平，是提高黄绵土有机质含量的有效途径（余存祖 等，1983）。

甘肃陇东将红豆草与冬小麦轮作，可提高黄绵土有机质含量（李松，1990）。陇东黄绵土种植苜蓿可使 0～60 cm 土层土壤有机质含量显著提高，种植年限对有机质累积有不同影响，10～15 年内有机质积累最明显（表 8-10）（王鑫 等，2008）。

在甘肃定西黄绵土上，长期种植苜蓿促进了土壤有机质、全氮在土壤表层的累积，减少了土壤表层有效硫的损耗，但效果仅限于 0～10 cm 土层。长期种植苜蓿对土壤表层全磷、全钾、速效钾和有效磷的影响甚微。苜蓿地表层土壤的坚实度显著高于耕地。苜蓿根系的穿插有利于打破由于长期耕作形成的犁底层，而对整个土体的土壤容重影响不大（张国盛 等，2003）。

表 8-10　陇东黄绵土种植苜蓿对土壤有机质含量的影响

（王鑫 等，2008）

单位：g/kg

| 土层（cm） | 种植苜蓿年限 | | | | 开垦地 | 撂荒地 |
	5 年	10 年	15 年	20 年		
0～20	6.22	10.56	11.42	8.74	9.27	9.44
20～40	5.72	6.91	6.88	6.61	7.84	7.30
40～60	5.57	6.18	6.18	6.95	6.11	4.80

黄土高原区是我国极具潜力的优质苹果产区。目前，黄土高原相当一部分苹果园分布于黄绵土区。但是，有机质含量低、有机肥源不足是该区域苹果生产进一步发展的限制性因素。研究证明，苹果园绿肥覆盖是提高土壤有机质的有效管理措施之一，符合果业提质增效、生产绿色有机苹果、发展生态果园与循环果业的需要，具有广阔的应用前景。例如，渭北旱地苹果园种植绿肥能提高 0～60 cm 土层土壤有机质含量，种植禾本科绿肥有机质年积累 0.10%，种植豆科绿肥有机质年积累 0.15%（李会科 等，2007a；李会科 等，2007b；李会科 等，2004）。邓丰产等（2003）对渭北旱塬连续 6 年苹果园种植绿肥的研究表明，果园种白车轴草（*Trifolium repens* Linn.）有机质含量比对照果园增

加 33.8%；种植小冠花（*Coronilla buxi florum*）有机质含量增加最多，第 3 年比对照增加 5.6%，第 6 年比对照增加 41.4%。牛自勉等（1997）对山西黄土高原苹果栽培区的研究结果表明，绿肥覆盖苹果园第 1 年 0～20 cm 土层土壤有机质含量没有增加，第 2 年开始增加，第 3、4 年增加明显，并达稳态期。

（三）黄绵土区种植绿肥存在的问题

目前，关于黄土高原旱地苹果园绿肥栽培技术研究主要集中在西北黄土高原东南部地区，区域小气候针对性不强，缺乏绿肥在不同立地条件果园生态环境的对比研究，尤其是缺乏针对黄绵土区（黄土高原北部新兴果区，特别是陕西延安以北、甘肃东部高海拔与降水量更少的地区）的研究设计，即高海拔、冬春季低温干旱地区果园绿肥栽培技术的适用性、适生绿肥种类的系统选择等（杜善保 等，2014）。与我国环渤海苹果产区及其他国家苹果产区有很大差异，天然降水是黄土高原苹果主产区大多数旱地苹果园唯一可利用的水资源。降水量较少且季节分布不均，果树冬春季常处于逆境水分环境条件下，果园绿肥与果树存在水分竞争问题。因此，李嘉瑞（2002）提出，并不是所有的果园都适合种植绿肥，黄土高原地区年降水量小于 500 mm 的旱作果园应改种绿肥为覆草，在年降水量 550 mm 以上的地区可种植绿肥。陈学森等（2013）认为，年降水量不足 400 mm 又无灌溉条件的果园，不宜种植绿肥。针对这一问题，有研究者提出绿肥与地膜/秸秆二元覆盖的思路（温美娟 等，2016a；温美娟 等，2016b），在一定程度上可提高果园绿肥的适应范围。总之，绿肥的生态适宜性问题是黄绵土区苹果园应该重视的问题。

第五节　有机肥对产量的贡献

不论是农家肥、作物秸秆还是绿肥，在黄绵土上施用都能产生明显的土壤培肥效果，从而有利于作物产量的提高。

在陕西安塞黄绵土上的田间试验结果表明（郑剑英 等，1990），施用农家肥可显著提高作物产量，效果甚至优于单施氮、磷肥。有机无机肥配合施用时，作物产量不仅显著高于不施肥处理，还明显高于单施有机肥处理。有机肥和氮肥配合施用比川地和坡地单施有机肥分别增产 29.1% 和 59.8%；有机肥与氮磷肥配施作物产量最高，川地比单施有机肥增产 58.3%（表 8-11）。在安塞的另一个田间试验有相似的结果：有机肥与氮磷肥配施比三者单施均增产，配施比单施氮肥增产玉米 181.7%，比单施磷肥增产玉米 94.6%，比单施有机肥增产玉米 65.3%（郑剑英 等，1996）。在甘肃隆中，黄绵土新修梯田上施用农家肥的基础上配施化肥，谷子增产 41.6%，增收 1 130.4 元/hm²；马铃薯增产 21.4%，增收 525.4 元/hm²（王生录 等，2009）。在甘肃陇东黄绵土麦田上，有机肥与氮磷肥配施同样表现出最好的增产效果，有机肥+氮肥+磷肥、氮肥+磷肥、有机肥+氮肥、氮肥、有机肥、有机肥+磷肥、磷肥等施肥处理比不施肥对照的冬小麦产量分别增加 168%、156%、102%、59%、44%、35% 和 6%（刘一，2003）。在甘肃天水黄绵土长期定位试验中也有相似的结果（罗照霞 等，2015；俄胜哲 等，2016）（表 8-12）。施用化肥和有机肥对作物均有极显著的增产作用，化肥配施及有机肥与化肥配施的效果更佳。化肥配施及有机肥与化肥配施在增加作物产量的同时明显增加了小麦产量年际间的稳定性，降低了环境、生物与人为因素等对产量的影响，但施用有机肥及化肥与有机肥配合施用显著降低了氮磷钾养分的累积回收率（俄胜哲 等，2017）。在甘肃静宁新修黄绵土梯田上进行 4 年的试验结果表明（表 8-13），有机肥与无机肥配施显著提高谷子和马铃薯的产量（陈炳东，2000）。在甘肃定西缺磷少氮的黄绵土上，农家肥与氮磷肥配施对豌豆有明显增产作用。配施有机肥 2.25～6.75 kg/m²，豌豆籽粒产量呈增加趋势；配施超过 6.75 kg/m²，达到 9.00 kg/m² 时产量降低，但仍远高于不施肥。盆栽条件下有机肥配施处理（10 g/kg、20 g/kg、30 g/kg、40 g/kg）分别比不施肥增产 47.8%、55.2%、104.6%、68.6%，比单施有机肥增产 23.5%、29.6%、69.0%、40.8%，比单施氮磷肥增产 10.0%、15.4%、51.7%、25.4%（田蕴德，1994）。

表 8-11　有机肥与化肥配施和作物产量的关系

(郑剑英 等，1990)

土地类型	处理	产量（kg/hm²）								比对照增产（%）
		1983 年	1984 年	1985 年	1986 年	1987 年	1988 年	1989 年	平均	
川　地	CK	3 135	2 691	1 947	1 781	1 283	2 460	2 055	2 193	—
	P	3 687	3 468	2004	2 669	1 535	4 560	2 918	2 977	35.8
	N	3 878	3 917	2 225	1 853	1 344	2 751	2 342	2 616	19.3
	NP	4 544	6 522	2 979	5 394	2 034	7 202	3 788	4 638	111.5
	M	3 423	3 243	2 226	2 918	1 674	5 517	2 972	3 139	43.1
	MN	4 305	5 888	3 054	4 973	1 910	5 564	3 548	4 177	90.5
	MP	4 049	4 551	2 420	3 335	1 854	4 692	3 396	3 471	58.3
	MNP	4 590	7 680	3 314	6 384	1 973	7 718	4 193	5 122	133.5
坡　地	CK	1 191	192	909	188	390	99	336	472	—
	P	1 310	575	1 008	525	960	213	450	720	52.5
	N	1 416	147	803	113	360	107	357	472	−0.1
	NP	2 067	1 182	1 623	626	1 110	602	905	1 159	145.5
	M	1 416	428	1 164	588	773	185	524	725	53.6
	MN	2 121	768	1 560	650	1 043	593	1 374	1 158	145.4
	MNP	2 492	1 191	2 147	825	1 308	677	1 662	1 472	211.7

注：CK 为对照，P 为磷肥，N 为氮肥，NP 为氮肥＋磷肥，M 为有机肥，MN 为有机肥＋氮肥，MP 为有机肥＋磷肥，MNP 为有机肥＋氮肥＋磷肥。

表 8-12　有机肥与无机肥配施对冬小麦产量的影响

(罗照霞 等，2015)

处理	2009 年		2010 年		2012 年		2013 年		平均	
	产量（kg/hm²）	增产（%）	产量（kg/hm²）	增产（%）	产量（kg/hm²）	增产（%）	产量（kg/hm²）	增产（%）	产量（kg/hm²）	增产（%）
CK	1 920f	—	1 989 d	—	1 967e	—	1 706f	—	1 896f	—
N	3 362 d	75.10	3 589c	80.44	3 912c	98.88	3 276 d	92.03	3 535 d	86.45
NP	4 367c	127.45	4 533ab	127.90	4 732b	140.57	3 922c	129.89	4 389c	131.43
NPK	4 759b	147.86	4 833a	142.99	4 869ab	147.53	4 232abc	148.07	4 673b	146.47
M	2 474e	28.85	2 456 d	23.48	3 001 d	52.57	2 729e	59.96	2 665e	40.56
MN	4 237c	120.68	4 133bc	107.79	4 869ab	147.53	4 157bc	143.67	4 349c	129.38
MNP	5 047ab	162.86	5 156a	159.23	5 166ab	162.63	4 532ab	165.65	4 975a	162.39
MNPK	5 126a	166.98	5 178a	160.33	5 242a	166.50	4 665a	173.45	5 053a	167.35

注：CK 为对照，P 为磷肥，N 为氮肥，NP 为氮肥＋磷肥，HPK 为氮肥＋磷肥＋钾肥，M 为有机肥，MN 为有机肥＋氮肥，MNP 为有机肥＋氮肥＋磷肥，从 NPK 为有机肥＋氮肥＋磷肥＋钾肥。

表 8-13　新修梯田施用有机肥对作物产量的影响

(陈炳东，2000)

处理	谷　子		马铃薯	
	产量（kg/hm²）	增产（%）	产量（kg/hm²）	增产（%）
CK	4 167	—	2 420	—
N	4 851	16.4	2 747	13.5

（续）

处理	谷　子		马铃薯	
	产量（kg/hm²）	增产（%）	产量（kg/hm²）	增产（%）
P	4 558	9.4	2 770	14.5
K	4 391	5.4	2 747	13.5
NPK	5 509	32.2	2 833	17.1
M	4 547	9.1	2 710	12.0
MN	5 225	25.4	2 797	15.6
MP	4 687	12.5	2 817	16.4
MK	4 762	14.3	2 807	16.0
MNPK	5 900	41.6	2 937	21.4

注：CK 为对照，P 为磷肥，N 为氮肥，NP 为氮肥＋磷肥，HPK 为氮肥＋磷肥＋钾肥，M 为有机肥，MN 为有机肥＋氮肥，MNP 为有机肥＋氮肥＋磷肥，从 NPK 为有机肥＋氮肥＋磷肥＋钾肥。

甘肃通渭黄绵土上不论玉米秸秆还田还是小麦秸秆还田，与秸秆不还田相比可增产 9.79%～69.36%（谭凯敏 等，2015）。黄绵土新修梯田上非腐解的玉米秸秆配施氮磷肥处理，都较施腐熟土粪和单施氮磷肥增产显著，不仅第一季谷子增产显著，而且第二季黄豆因氮磷肥和土粪处理肥效下降，使秸秆处理增产幅度较第一季还大（陈炳东 等，2001）。可见，直接施用非腐解有机物后，因分解比较缓慢，故肥效比较长，有利于作物持续高产。在甘肃陇东，20 世纪 80 年代曾建成梯田约 13 万 hm²，有效控制了水土流失。但黄绵土梯田肥力较差，因此采取了多种方法进行改造。其中，冬小麦、玉米秸秆覆盖还田试验表明，秸秆覆盖后当季就有明显的培肥和增产效果。秸秆覆盖还田量为 2 250～3 750 kg/hm² 时，冬季地温提高 2～5 ℃，越冬率提高 15.5%，拔节期土壤水分含量提高 2%～3%，有机质含量提高 0.025%，有效磷含量提高 0.5 mg/kg，冬小麦平均增产 9.4%～11.5%（林秀峰，1993）。

在陕西绥德的调查结果表明，种植 2 年草木樨，残留根茬量约 2 325 kg/hm²，枯枝落叶 5 100 kg/hm²，可收草木樨种子 600 kg/hm²、干草（生物量干重）6 000 kg/hm²，后茬作物增产 450 kg/hm²。如果翻压草木樨绿肥（或沤制后施入）7 500 kg/hm²，后作小麦增产 375 kg/hm²，当年测定土壤有机质提高 0.2%（余存祖 等，1983）。在平凉地区，连续 5 年种植苜蓿的第 1 季小麦，比连续 5 年单作小麦增产 1 550 kg/hm²，增幅 75.7%；种植 4 年苜蓿后的第 3 季小麦产量依旧较连作小麦高 36.3%。麦田套种草木樨，小麦可增产 26.2%～39.7%；麦后复种箭筈豌豆，后茬小麦可增产 21.6%（蒋维新 等，1996）。在甘肃陇东黄绵土梯田麦田间套、复种短期绿肥后效观察试验证明，用短期豆科绿肥直接翻压还田或利用根茬肥田、茎叶养畜过腹还田，不但提高了土壤肥力，而且提高了后茬作物产量。复种一季绿肥后玉米比连作玉米增产 18.3%～23.8%，土壤有机质含量提高 0.7 g/kg（林秀峰，1993）。

第九章 | 黄绵土中的氮 >>>

第一节　黄绵土中的氮素含量

一、黄绵土氮素含量与形态

黄绵土全氮含量因气候、地形、植被类型、土地利用方式及施肥等而异。一般来说，黄绵土耕层全氮含量为 0.2~0.5 g/kg。

表 9-1 为我国不同省份黄绵土耕层土壤全氮含量，黄绵土区耕层土壤全氮平均值为 0.72 g/kg。不同省份之间黄绵土耕层土壤含氮量差别较大，总体呈现为内蒙古＞甘肃＞宁夏＞陕西＞山西，全氮平均值分别为 0.90 g/kg、0.81 g/kg、0.80 g/kg、0.66 g/kg、0.50 g/kg，相同省份不同市区之间也差别较大，黄绵土区平均值为 0.72 g/kg，具体见表 9-1。

表 9-1　我国不同省份黄绵土耕层土壤全氮含量

(农业部，2017)

省份	市（区、州）	样本数（个）	全氮（g/kg）			各省份平均值（g/kg）
			最大值	最小值	平均值	
内蒙古	赤峰	37	1.72	0.36	0.96	0.90
	鄂尔多斯	9	0.84	0.23	0.54	
	乌兰察布	3	1.27	1.08	1.18	
山西	忻州	20	0.70	0.33	0.49	0.50
	吕梁	186	0.93	0.18	0.50	
	临汾	5	0.72	0.42	0.58	
	朔州	2	0.66	0.51	0.59	
甘肃	白银	115	1.00	0.49	0.77	0.81
	定西	342	1.80	0.25	0.95	
	兰州	23	1.54	0.44	0.92	
	临夏	19	1.65	0.32	0.75	
	平凉	351	1.96	0.10	0.66	
	庆阳	403	1.46	0.24	0.78	
	天水	208	1.63	0.36	0.90	
	陇南	11	1.94	0.68	1.12	
陕西	宝鸡	220	1.82	0.46	1.07	
	铜川	64	1.46	0.44	0.95	
	渭南	351	1.35	0.26	0.76	

（续）

省份	市（区、州）	样本数（个）	全氮（g/kg）			各省份平均值（g/kg）
			最大值	最小值	平均值	
陕西	西安	52	1.71	0.35	1.21	0.66
	咸阳	153	1.75	0.33	0.99	
	延安	347	1.26	0.16	0.60	
	杨凌	3	1.35	0.82	1.11	
	榆林	687	0.80	0.08	0.36	
宁夏	固原	255	1.61	0.27	0.88	0.80
	吴忠	34	0.82	0.24	0.49	
	中卫	51	0.94	0.32	0.60	

黄绵土氮素形态主要分为有机及无机两种类型，有机氮是土壤氮素的主体；无机氮含量相对较低，形态主要包括硝态氮、铵态氮，其中以硝态氮为主。土壤有机氮成分复杂，以腐殖质、蛋白质、生物碱、氨基糖、氨基酸及一些未确定的复合物等形态存在。现多用 Bremner（1972）提出的6 mol/L HCl 在（120±3）℃下酸解 12 h 后的方法酸解有机氮，将其划分为铵态氮、氨基糖态氮、氨基酸态氮、酸解未知氮及非酸水解氮。

土壤有机氮中存在于微生物躯体的氮被称为微生物量氮，这一部分氮占土壤全氮的比例一般不超过 5%；但由于其周转期短，被认为是土壤活性养分的储存库，是植物生长可利用养分的重要来源，能灵敏地反映环境因子、土地利用方式和生态功能的变化（周建斌 等，2001）。因此，微生量氮成为近年来人们较为关注的土壤有机氮组分。农田黄绵土一般土壤微生物量氮含量低，退耕还林还草会显著提高土壤微生物量氮含量（薛箑 等，2008）。

土壤中的 2:1 型黏土矿物层间可以固定铵态氮，这一形态存在的铵称为晶格固定态铵（或非交换铵）。近年来一些研究表明，晶格固定态铵是以 2:1 型黏土矿物为土壤无机氮存在的主要形态。黄绵土黏土矿物以 2:1 型为主，因此晶格固定态铵含量高。据党亚爱等（2007）测定可知，延安黄绵土晶格固定态铵含量 166 mg/kg；0～10 cm 土层晶格固定态铵占全氮的比例约 33%，而 10～200 cm 土层晶格固定态铵占全氮的比例接近 60%。安塞、富县等地 10 个黄绵土晶格固定态铵含量为 156～224 mg/kg，平均为 182 mg/kg；农田情况下晶格固定态铵占全氮的 25%～30%；林地情况下由于土壤全氮含量高，晶格固定态铵占全氮的比例有所降低（李紫燕等 2008）。可见，若考虑晶格固定态铵的含量，黄绵土无机氮占土壤全氮的比例显著增加。

二、影响黄绵土氮素含量的因素

黄绵土全氮含量受自然及人为因素的影响，前者主要包括地形地貌、气候及植被类型等，后者主要为土地利用方式、耕作施肥等。

（一）自然因素

黄绵土全氮含量呈由南向北逐渐减少的趋势。据第二次全国土壤普查测定结果，陕西由南向北的西安、渭南、延安及榆林黄绵土全氮含量平均分别为 0.79 g/kg、0.65 g/kg、0.49 g/kg 及 0.38 g/kg（陕西省土壤普查办公室，1992）。2017 年农业部测定数据显示，陕西西安、渭南、延安、榆林黄绵土全氮含量平均分别为 1.21 g/kg、0.76 g/kg、0.60 g/kg、0.36 g/kg（表 9 - 1）。

从地形看，一般来说，川地黄绵土氮素含量高于坡地。王军等（2003）利用克利格（Kriging）空间插值分析了黄土高原安塞大南沟流域土壤有机质以及全氮、有效氮的含量的空间分布表明，土壤有机质、全氮均呈现出坡上部低于坡下部的规律，其中坡下部的全氮含量高于坡上部的趋势较为明显。为防止水土流失，兴修梯田、筑建坝地是黄绵土地区采用的常见措施。对延安宝塔坝地和梯田土壤氮素含量测定表明（包耀贤 等，2008），坝地及梯田表层土壤全氮含量分别为 0.50 g/kg 及 0.47 g/kg，碱解氮含量分别为 50 mg/kg 及 31 mg/kg，硝态氮、铵态氮含量分别为 25 mg/kg、23 mg/kg 及 21 mg/kg、10 mg/kg。可见，坝地土壤氮素含量均高于梯田，这主要与坝地管理相对方便、养分投入明显高于梯田有关。

（二）人为因素

黄绵土地区多采取免耕、秸秆还田等方式蓄水保墒，这些措施不仅影响土壤氮素含量，而且改变土壤有机氮的组成。王克鹏等（2016）以在甘肃定西进行的为期 14 年的长期定位试验为对象，研究了不同耕作模式（包括传统耕作、免耕不覆盖、秸秆还田和免耕秸秆还田）对土壤中氮素组分的影响（表 9 - 2）。可以看出，免耕秸秆还田处理土壤氨基酸氮含量最高，达 353.0 mg/kg；铵态氮含量传统耕作和免耕秸秆还田处理相当；酸解未知氮含量不同处理间差别不大；氨基糖氮以传统耕作处理最低，仅为 65.2 mg/kg；酸解总氮以免耕秸秆还田处理最高，为 837.3 mg/kg。因此，免耕秸秆还田处理有利于土壤有机氮的累积。

表 9 - 2　不同耕作模式下土壤有机氮形态及含量

（王克鹏 等，2016）

单位：mg/kg

耕作模式	氨基酸氮	铵态氮	酸解未知氮	氨基糖氮	酸解总氮
传统耕作	268.2	198.4	163.2	65.2	695.2
免耕不覆盖	300.1	164.1	153.7	123.3	741.2
秸秆还田	315.7	167.4	152.8	129.2	765.1
免耕秸秆还田	353.0	195.7	147.9	138.9	837.3

长期耕作及施肥会影响土壤氮素含量。比较陕西安塞 2009 年及 20 世纪 80 年代第二次全国土壤普查土壤全氮及碱解氮含量的变化可以看出（表 9 - 3），与第二次全国土壤普查相比，全县土壤全氮、碱解氮含量增加（韩磊 等，2011）。这可能与黄绵土地区化肥用量不断增加以及通过作物残体归还土壤的有机质也有所增加有关。在水土流失严重、养分投入不足的一些地区，土壤氮素含量出现降低的趋势。

表 9 - 3　陕西安塞土壤全氮及碱解氮含量的变化

时间	全氮		碱解氮		资料来源
	样本数（个）	含量（g/kg）	样本数（个）	含量（mg/kg）	
20 世纪 80 年代	690	0.38±0.16	570	26±10	韩磊 等，2011
2009 年	4 231	0.54±0.07	4 231	31±7.9	陕西省土壤普查办公室，1992

20 世纪 90 年代以来，黄绵土地区以果树、蔬菜为主的经济作物发展迅速，这类作物施肥量高，土壤氮素含量增加幅度大。测定的安塞及靖边两地日光温室土壤全氮含量分别为 1.34 g/kg 及 0.80 g/kg，显著高于相应农田（蔡红明 等，2015）。苹果是黄绵土地区发展最快的果树种类。与农田相比，苹果园土壤碱解氮含量有所增加。安塞地区苹果园碱解氮含量为 42.5 mg/kg，宝塔地区为 31.7～70.4 mg/kg，富县为 26.9～69.5 mg/kg（张进 等，2010）。

20 世纪 60 年代，由于土地资源的不合理开发利用，黄土高原地区水土流失严重，为解决黄土高原地区水土流失问题，国家采取了大量的水土保持措施，其中包括人工植树造林、飞机播种造林等。这些退耕还林还草项目的实施，使得土壤氮素含量有所增加。表 9 - 4 为陕西安塞不同人工灌木林生态恢复过程土壤不同形态氮素含量的变化（薛莲 等，2008），从中可以看出，坡耕地土壤全氮含量最低（0.360 g/kg），随年限的增加，不同植被类型下土壤全氮含量逐渐增加，其中侧柏林地全氮含量高达 1.894 g/kg。土壤碱解氮含量总体呈现林地高于坡耕地的趋势，其中以侧柏林地的土壤碱解氮含量最高，为 109.5 mg/kg，柠条林地碱解氮含量随时间增加呈现先增后减的趋势。土壤微生物量氮含量以坡耕地土壤最低（19.02 mg/kg），7 年柠条林地微生物量氮含量次之（20.58 mg/kg）。相同植被类型土壤微生物量氮含量随年限的增加呈逐渐增加的趋势，但 20～30 年柠条林地土壤微生物量氮含量差异不明显。侧柏林地土壤微生物量氮含量最高，达 103.89 mg/kg。刘梦云（2003）对宁夏固原地区黄绵土不同人工林地和农用地土壤氮素含量及形态的研究得到类似结果。

表 9-4　不同土地利用方式下土壤氮素形态及含量变化

（薛萐 等，2008）

植被类型	全氮（g/kg）	碱解氮（mg/kg）	微生物量氮（mg/kg）
坡耕地	0.360	20.90	19.02
7 年柠条林地	0.365	18.91	20.58
13 年柠条林地	0.536	36.50	27.07
20 年柠条林地	0.727	52.42	39.03
25 年柠条林地	0.849	52.42	39.91
30 年柠条林地	0.710	45.12	41.29
15 年沙棘林地	0.545	34.51	24.96
20 年沙棘林地	0.967	71.01	46.80
侧柏林地	1.894	109.5	103.89

　　黄绵土全氮含量低，缺氮是限制其生产力的主要因子。采取退耕还林还草、秸秆还田等措施是提高土壤基础肥力的有效措施，施用氮肥、种植豆科作物等方式是提高作物产量的主要手段。

第二节　黄绵土中的氮素转化及影响因素

　　土壤氮素转化途径复杂，包括氮素的矿化与固持作用、铵态氮的硝化作用及铵态氮与硝态氮的损失等过程。本节主要关注氮素的矿化与固持作用。

一、氮素的矿化与固持过程

（一）土壤氮素的矿化作用

　　土壤氮素矿化作用指在微生物作用下有机氮分解为无机氮（主要为铵态氮及硝态氮）的过程。与其他土壤一样，黄绵土氮素主要以有机态存在，绝大部分并不能被作物直接吸收利用，只有经过矿化作用，才能转化为可被作物吸收利用的无机氮。近年来，一些研究发现，有机氮分解过程中产生的一些小分子有机态氮，如酰胺、氨基酸等，也可以被作物吸收。因此，一些学者（Schimel et al.，2004）指出，这部分氮素也应包括在矿化的氮素部分。

　　土壤有机氮的年矿化率一般为 1.5%～3.5%。

（二）土壤氮素的固持作用

　　土壤氮素在进行矿化的同时，也在发生与其相反的过程，即土壤氮素的固持作用。土壤对氮素的固持包括生物固持及非生物固持，生物固持指土壤微生物对土壤无机氮的利用，而非生物固持主要指土壤 2:1 型黏土矿物对铵离子的晶格固定。

　　（1）生物固持。土壤对氮的生物固持主要取决于有机物的碳氮比（C/N）。当进入土壤中有机质的 C/N 值较高时（一般认为有机物的 C/N 值大于 25 时），土壤微生物生长繁殖会利用土壤中的无机氮，进而发生氮素的生物固持。若给土壤加入微生物可以利用的有效碳源，其对氮素的固持会很快发生。微生物对氮素的固持与土壤肥力有关，艾娜等（2008）研究表明，施入铵态氮后，长期不同施肥处理土壤微生物在培养第 3 d 起对外源铵态氮的固持已相当明显，培养结束后平均约有 41% 的铵态氮被土壤微生物固持，且有机质含量较高的撂荒处理和化肥与有机肥配合施用处理对施入的铵态氮生物固持能力高于不施肥对照和单施化肥处理；但培养期间不同处理对施入的外源硝态氮在土壤中的生物转化过程无明显影响。

（2）非生物固持。黄绵土黏土矿物以 2 : 1 型的水云母为主，铵离子可被晶格固定。李紫燕等（2008）给土壤加入铵态氮后采用氯化钾溶液提取发现，加入铵态氮的回收率为 88.8%，未回收的铵态氮被黏土矿物固定。土壤对铵态氮的晶格固定受以下因素影响：①土壤矿物组成。不同土壤由于其矿物组成和黏粒含量不同，对铵态氮的固定能力存在差异，蛭石、云母、伊利石及某些蒙皂石类黏土矿物具有较强固铵能力。②有机质含量。施入有机物时，由于有机物在黏粒表面的吸附，可造成晶层内外离子进出通道的闭塞，使铵离子难以进入层间位置（Liang et al.，2012）。③钾离子含量。钾离子和铵离子具有相似的离子半径，对黏土矿物的层间专性吸附位点存在竞争（Nieder et al.，2011）。

氮素固持虽然会影响作物对氮的吸收，但在一定程度上可以减少氮素损失。另外，不论是生物固持还是非生物固持的氮素，均可以释放被作物吸收利用（Mengel et al.，1987），因此应同样重视土壤氮素的固持作用。

土壤氮素的矿化与固持是同时发生且方向相反的过程，在调节氮素供应方面具有重要作用（周建斌 等，2001；Palm et al.，2001）。若土壤氮素矿化量大于固持量，土壤无机氮含量增加，可供作物吸收利用；若氮素矿化量小于固持量，土壤无机氮含量降低，会发生微生物与作物争氮问题。

（三）影响土壤氮素矿化与固持的因素

影响土壤氮素矿化的环境因素包括有机物的性质与土壤质地和结构、温度、水分及耕作制度等。

1. 有机物的性质 土壤有机氮（包括进入土壤的动植物残体）的矿化过程实际上是土壤微生物为了生长与繁殖利用有机物中的能量及碳源的过程。若有机物中氮素含量可以满足微生物的需要，多余的氮素会向土壤释放，土壤无机氮含量增加；反之，若有机物中氮素含量不能满足微生物的需要，微生物会利用土壤氮素，导致土壤无机氮含量降低。因此，有机质的 C/N 值是影响土壤氮素矿化与固持的关键因素。

陈兴丽等（2010）比较了黄土高原地区 10 种不同植物残落物（包括乔本、灌木及草本植物）的化学成分发现，其全氮含量、C/N 值和木质素含量差异较大，其中紫花苜蓿的全氮含量达 32.78 g/kg，而白羊草的仅为 6.61 g/kg。不同植物体全氮含量的显著差异，导致其 C/N 值差异较大，其中白羊草的 C/N 值达 65.49，而紫花苜蓿的为 14.19。小叶杨的木质素含量（30.89%）最高，最低的为沙打旺（24.10%）。

将这些植物残落物加入土壤后培养，乔木类处理主要表现为无机氮的固持，60 d 培养结束后，榆树、小叶杨和刺槐残落物氮素累积固持率分别为 17.95%、53.02% 和 48.05%。灌木类中沙棘和山桃处理也主要表现为氮的固持，氮素累积固持率分别为 25.00% 和 6.16%；柠条在培养前期表现为氮的固持，之后开始不断释放氮素，60 d 培养结束后其残落物氮素累积矿化率为 28.51%。4 种草本植物残落物加入土壤后，紫花苜蓿处理在整个培养期间都表现出有机氮的释放，60 d 培养结束后其残落物氮素累积矿化率为 45.98%；而长芒草和白羊草处理在整个培养期间则表现出氮的固持，60 d 培养结束后其残落物氮素累积固持率分别为 46.98% 和 50.56%；沙打旺处理在培养前 30 d 表现为氮的固持，之后逐渐释放出氮，60 d 培养结束后其残落物氮素累积矿化率为 7.53%。由此可见，加入 C/N 值高的植物残落物促进了无机氮的微生物固定，而 C/N 值低的植物残落物加入土壤后则促进了有机氮的矿化。培养期间，各植物残落物处理氮的矿化率与其全氮含量呈显著的正相关关系（$r=0.842$，$P<0.05$），与其 C/N 值呈显著负相关关系（$r=-0.714$，$P<0.05$），说明植物残落物加入土壤后，氮的矿化分解主要受植物残落物的全氮含量和 C/N 值的影响（图 9 - 1）。

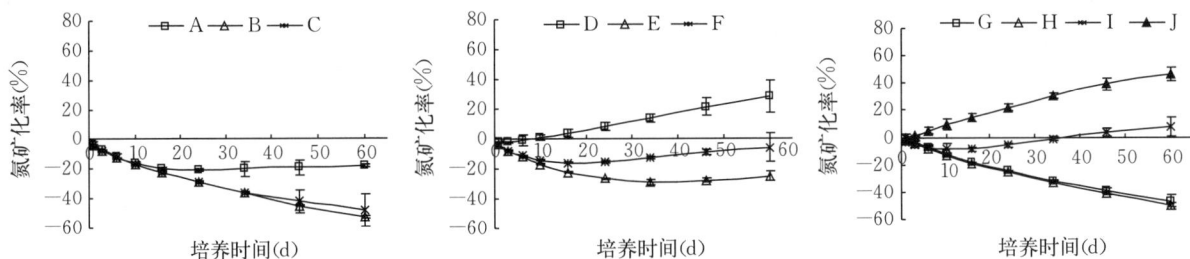

图 9-1　黄土高原不同植物残落物氮的矿化特性

(陈兴丽 等，2010)

A. 榆树　B. 刺槐　C. 小叶杨　D. 柠条　E. 沙棘　F. 山桃　G. 长芒草　H. 白羊草　I. 沙打旺　J. 紫花苜蓿

通过施用不同质量和数量的有机物料可以改变土壤氮素的固持与释放特性，进而影响氮素保持、供应与损失（Palm et al.，2001）。

增施有机肥料是培肥土壤的重要途径。有机肥氮的矿化过程与其化学组成有着密切的关系，肥料的 C/N 值强烈地影响着有机肥氮素的释放规律。堆肥、牛粪和羊粪肥料氮素释放速率一开始较小，但肥效较为持久稳定；而猪粪、鸡粪和饼肥肥料的肥效在前期较大，肥料氮的有效性较高。土壤中施加污泥以后，氮的矿化过程受到影响，氮矿化速率较未施加污泥的土壤有了较大变化，氮矿化量也随之发生变化。这可能是污泥施入后添加了必要的碳源，同时也改变了土壤 pH、氧化还原电位、土壤透气性等性质所致。

2. 土壤质地和结构　土壤质地通过影响好氧微生物活动或黏粒与有机质的结合等对有机质提供保护，从而对氮矿化产生作用。细质土比粗质土能固定更多 C、N。沙土的氮矿化高于壤土和黏土。此外，沙土中微生物生物量的 C/N 值高于壤土和黏土，且与单位微生物量氮的矿化率呈正相关关系。不同大小干燥土壤团聚体中有机氮的矿化不同，可矿化有机氮库的大小依赖于其物理强度，即土壤团聚体的大小和稳定性。团聚体越小，稳定性越弱，其有机质越易被微生物降解；可矿化有机氮库越大，黏粒/腐殖质值越高的土壤，氮矿化越低，因为黏粒对有机质有保护作用。对不同粒径的团聚体进行矿化试验，结果表明，粒径越小者氮矿化率越高，表明粒径越小的团聚体中含有易分解性氮的比例越大。

3. 土壤水分和温度　土壤水分和温度主要通过影响微生物活性而影响土壤氮素的矿化与固持作用。干燥效应，即土壤风干处理会促进土壤氮素矿化，是熟知的水分影响土壤氮素矿化的例子。一般来说，土壤含水量在风干土吸湿水含量以上、最适含水量以下时，氮矿化量与含水量呈正相关关系，随含水量增加，氮矿化量呈近似直线的上升趋势。贫瘠土壤的供氮能力受水分影响较小，而肥沃土壤则受其影响较大。北方旱地土壤在灌溉条件下表层土壤硝态氮含量大大增加，尤其以 5～20 cm 土层最多（郭大应 等，2000）。作物根系主要分布于土壤表层，因此灌溉条件下矿质氮的有效性大大增强，可供作物吸收的氮素较干旱条件下高。

在一定的温度范围内（−4～40 ℃），随着温度的升高，氮矿化数量和矿化速率均增大（Stanford et al.，1972）。土壤矿质氮形态的转化过程也随温度升高而加快，铵态氮仅能在低温条件下积累，温度越高越能促进硝化作用。不同地区土壤氮素矿化的最适温度、水分含量均不同。王常慧等对内蒙古地区草原土壤净氮矿化速率的研究表明：当土壤温度为 3～9 ℃时，矿化速率对温度并不敏感；当温度为 9～15 ℃时，矿化速率可以增加两倍以上；但当温度升高到 15 ℃时，矿化速率迅速升高，出现了另外一个拐点。

黄绵土地区旱地农业生产中采用的夏季休闲的措施是利用水、热状况促进土壤氮素矿化的一个典型例子。由于受水资源缺乏的制约，黄土区旱地多采取夏季休闲的方式，即夏季作物（主要为小麦）收获后，耕翻土壤，以蓄纳雨水，恢复地力，当地农民称这一措施为"夏耕晒垡"，或"伏耕晒垡"。这一措施在黄土区具有悠久的历史，距今两千余年、我国现存最早的农书——《氾胜之书》就有这方面的记载（石声汉，1956）。至今，我国北方旱地产麦区还有"伏里翻晒田，赛过水浇园"的农谚（李鸿恩 等，1965），说明夏耕晒垡在恢复地力、保证旱地小麦稳产丰产方面具有重要作用。除蓄纳雨水外，夏季休闲也促进了土壤氮素矿化，恢复地力。在数千年旱地农业发展历程中，主要依靠施用土粪、种植豆科绿肥及休闲等措施恢复地力。李鸿恩等（1965）研究指出，旱地夏耕晒垡后土壤有效养分特别是氮素含量明显增加。彭琳等（1981）研究发现，从旱地土壤中硝态氮季节性变化来看，夏季休闲的培肥增产作用十分明显。夏季休闲，不仅土壤全层水分恢复到田间持水量，而且每公顷还累积了 18～50 kg 的硝态氮，累积的这些硝态氮可满足小麦前期对氮素的需要，为小麦稳产丰产打下良好的基础。但近年来，随着这一地区氮肥用量的增加，一季作物收获后土壤残留的肥料氮不断增加，因此夏季休闲期间残留氮及矿化氮的损失问题值得关注。

4. 耕作制度　黄绵土地区多采取地膜覆盖、秸秆还田等方式蓄水保墒，这些措施会影响土壤温度、水分状况及土壤 C/N 值等，进而影响土壤氮素的矿化作用。

地膜覆盖减少了水分损失，增加了土壤温度，因此会促进土壤氮素的矿化作用。

李贵桐等（2002）的初步研究发现，秸秆还田对土壤年矿化氮量的影响与秸秆种类、还田方式、还田年限有关。第一年翻埋玉米秸秆后，土壤年净矿化氮量是秸秆不还田的 1.6 倍，第二年土壤年净矿化氮量却比不还田降低了 37%；而小麦秸秆覆盖对土壤净矿化氮量影响很小；秸秆还田土壤的微生物生物量氮均高于不还田土壤。同时，秸秆还田年限不同，土壤中微生物生物量氮增加幅度也有变化，处于动态变化阶段，微生物生物量氮会直接影响土壤中氮的矿化。由此可见，秸秆还田一方面直接影响土壤氮素矿化，另一方面通过影响微生物生物量氮间接影响土壤氮素矿化。

二、硝化作用

硝化作用是土壤中的铵态氮在硝化细菌作用下转变为硝态氮的过程。硝化细菌为好氧微生物，土壤通气不良，会抑制这一过程的发生。铵态氮的硝化作用分两步完成，即硝化细菌（AOB）将铵态氮氧化为亚硝态氮，亚硝态氮在亚硝化细菌的作用下再被氧化为硝态氮，其中第一步为硝化作用的限速环节。近年来，随着免培养的分子生态学技术和高通量测序技术等的发展，发现除 AOB 外，氨氧化古菌（AOA）也可将铵态氮氧化为亚硝态氮，在酸性土壤上 AOA 贡献更大（贺纪正 等，2013）。黄土高原土壤 AOA 数量也多于 AOB，其中 AOB 在上层土壤含量相对较高，而 AOA 在下层土壤含量相对较高；施用氮肥对 AOB 数量影响大，而对 AOA 影响相对较小（Tao et al，2018）。

黄绵土质地相对较轻，以壤土为主，通气状况良好。因此，在适宜的温度及水分状况下土壤硝化作用较强，土壤有机质矿化的铵态氮或施入的铵态氮肥（包括尿素）很快转化为硝态氮。

张树兰等（2000）比较了陕西由北向南黄绵土、黑垆土、塿土、水稻土及黄泥巴的硝化作用发现，黄绵土与黑垆土硝化作用能力相近，明显高于塿土、水稻土及黄泥巴。相关分析表明，土壤阳离子交换量、物理性黏粒含量与铵态氮的硝化作用呈显著负相关关系。

硝化作用与氮肥用量有关，氮肥用量高，硝化作用时间长。同延安等（1994）室内培养试验给黄绵土加入 0.142 g/kg 氮肥发现，9 d 内加入的氮肥（尿素及碳酸氢铵）即完成了硝化作用。孟延等（2015）室内培养试验表明，黄土高原几种土壤（塿土、黑垆土、黄绵土及风沙土）加入氮肥后（0.30 g/kg），氮肥的硝化作用约在 16 d 内完成。随培养时间的延长，土壤硝态氮含量整体呈增加趋势，前 5 d 不同土壤含量无显著差异，5 d 以后 4 种土壤硝态氮增幅显著，不同土壤相比表现为：黄绵土＞风沙土＞黑垆土＞塿土。与起始值相比，培养结束时塿土、黑垆土、黄绵土和风沙土的硝态氮含量分别增加了 473%、685%、831% 和 598%，说明黄绵土的硝化作用强于其他土壤。鲍俊丹等（2011）同时比较了红壤、砖红壤、塿土和黄绵土等几种农田土壤的硝化作用发现，施用氮肥后黄绵土硝化作用也最强。

硝化作用强，降低了氨挥发的损失风险，但由于硝态氮易随水移动，会增加硝态氮淋失的风险。

三、土壤供氮能力的评价

作物生长期间从土壤吸收的氮素包括土壤无机氮（以铵态氮及硝态氮为主）及作物生长期间矿化的有机氮（也称为土壤可矿化氮）。与有机质含量高的土壤相比，黄绵土有机质含量低，土壤可矿化氮的贡献比例一般会低一些；而黄绵土土层深厚，土壤剖面累积的硝态氮的贡献不可忽视。土壤硝态氮和土壤可矿化氮与作物吸氮量有较好的相关关系，且在深度120 cm以上的土层，土壤可矿化氮对作物的吸氮有较大的贡献（刘晓宏 等，2001）。引起旱地土壤可矿化氮与作物反应不稳定的一个主要原因是土壤剖面中硝态氮的含量（李菊梅 等，2003）。土壤剖面中累积的硝态氮含量低时，作物的吸氮量与可矿化氮的关系比其与有机质或全氮的关系要密切得多，证明了测定可矿化氮有其特定意义。

1. 土壤无机氮测定　土壤无机氮是根系可以吸收的有效氮素形态。黄绵土硝化作用强，土壤有机质矿化的铵态氮及施用肥料氮很快转化为硝态氮，因此，硝态氮是黄绵土矿质氮的主要形态。用盐溶液浸提的方法提取土壤矿质氮，采用中性盐溶液包括 KCl、$CaCl_2$ 等，提取后采用不同的化学方法测定提取液中铵态氮及硝态氮的含量。由于硝态氮在土壤中容易迁移，因此，为反映土壤供氮数量，一般采集土壤剖面样品（0～100 cm），评价土壤氮素供应状况。

2. 土壤可矿化氮测定　土壤可矿化氮指培养期间或作物生长期间矿化的有机态氮。土壤有机氮的矿化过程是微生物主导的生物化学过程，因此，室内测定时需在一定水分、温度等条件下，测定土壤矿质氮的含量。根据状况的不同，将培养方法分为好氧培养及淹水培养。

付会芳、李生秀在比较旱地土壤淹水培养和好氧培养的研究结果后认为，好氧培养的氮素矿化过程较慢，而淹水培养的氮素矿化过程较迅速。好氧培养既可以使易分解的有机氮素得到矿化，也可以使难分解的有机氮素得到矿化；但淹水培养似乎只能使易分解的有机氮素得到矿化，所以在旱地土壤上好氧培养的效果优于淹水培养（李生秀 等，2008）。由于淹水（厌氧）培养条件容易控制，测得氮素形态仅为铵态氮，一些学者不仅将该法用于水田，也用于旱地。

好氧培养中以1972年美国农业部Stanford和Smith提出的间歇淋洗培养应用最为普遍。他们在35 ℃下210 d的土壤长期培养过程，间隔不同时间（14 d、28 d、56 d、84 d、112 d、154 d和210 d）用0.01 mol/L $CaCl_2$ 和缺氮营养液淋洗土壤中的矿质氮（NO_3^-、NO_2^- 和 NH_4^+）。采用一级动力学方程（$N_t = N_0[1-e^{(-kt)}]$）拟合，根据氮的矿化势 N_0 及矿化系数 k 评价土壤供氮能力。其中，N_0 为氮矿化势，即一定条件下土壤中可以矿化为无机氮的有机氮量的最大值；k 为矿化速率常数，其意义是单位时间内的矿化氮量占土壤可矿化氮量的比例（巨晓棠 等，2000；王媛 等，2010）。

白志坚和赵更生等（1981）评价了黄绵土供氮能力，发现测定的陕北10个黄绵土氮素矿化势（N_0）为46～95 mg/kg，平均70 mg/kg，其氮素矿化势低于黄土高原地区的垆土及黑垆土；但黄绵土氮素矿化势占土壤全氮的比例高于垆土及黑垆土，说明黄绵土中有机氮较垆土及黑垆土易于矿化。3种类型土壤矿化速率常数（k）差异不大。对谷子产量与土壤性质的相关分析发现，土壤有机质、全氮与谷子产量间无相关性；而土壤氮素矿化势与谷子产量呈显著正相关关系，说明氮素矿化势可以较好反映土壤供氮能力。

3. 田间原位培养　采用模拟培养的方法评价土壤氮素供应状况，所得结果与田间实际情况存在差异。因此，研究者尝试通过田间原位的方法测定土壤供氮量。Hatch等人使用了PVC管土柱培养技术，在PVC管的土柱底部放置一个树脂袋用以吸附由于降雨淋溶损失的氮，这种方法广泛地用于测定森林和草地氮的矿化，在农田的应用尚少见报道。关维刚（2008）在黄土高原旱地比较了室内培养法及田间原位培养法测定的土壤氮素矿化量，发现室内培养的矿化测定结果是田间原位培养结果的3.55倍，这与为氮素矿化提供了适宜的水分、温度等条件有关。

4. 田间氮素平衡法　该法根据田间无肥区土壤无机氮的变化和植物吸氮量来计算土壤表观矿化量，其结果是田间综合因素的反映，通常被认为是其他方法的检验标准。

由于受条件限制，测定碱解氮含量还是基层土肥系统评价土壤氮素供应水平的常用方法，该法测定的氮素包括了土壤矿质氮（旱地硝态氮含量高，需添加还原剂将硝态氮转化为铵态氮）及部分可矿化氮。但由于硝态氮在土壤中容易迁移，测定耕层土壤碱解氮含量，往往难以准确反映土壤供氮量。

第三节　黄绵土中的氮素损失与调控

氮素从土壤中损失的途径主要有 3 种：一是硝态氮的淋溶，二是氮素以 NH_3、N_2O 等气态形式损失，三是氮素在地表径流或侵蚀作用下随土壤颗粒发生迁移损失。

一、硝态氮的累积与淋溶

土壤硝态氮不易被土壤胶体吸附，累积量高会随水分在土壤剖面移动。从植物营养角度看，淋出根区即发生淋溶损失。从环境角度看，硝态氮移动到地下水或在土壤剖面通过侧渗进入地表水视为硝态氮的淋溶损失（朱兆良，2002）。黄绵土地区一般地下水位埋深达几十米甚至百米，淋出根区的硝态氮抵达地下水需要一个漫长的过程，但硝态氮淋溶引起的氮素损失及硝态氮累积的潜在环境问题值得关注。

二、气体损失

（一）氨挥发

黄绵土呈碱性，铵态氮肥及尿素表施容易发生氨的挥发损失。

吕殿青等（2002）在米脂黄绵土上比较了不同氮肥施用方法（集中施用在 10 cm 沟内及与 10 cm 土壤混合施用）下氨的挥发损失量发现，氮肥施用量为 100 kg/hm²、200 kg/hm² 及 400 kg/hm² 时，开沟集中施用氨的挥发损失量分别为 14%、20% 及 22.5%，而与土壤混合施用后挥发损失量分别为 5%、5% 及 5.5%。开沟集中施用氮肥氨挥发损失显著高于与土壤混合施用，这可能与集中施用导致局部氨浓度过高，增加了氨的挥发有关。

同延安等（1994）培养试验结果表明，黄绵土施用硝酸铵、尿素和碳酸氢铵 3 种氮肥后，氨挥发量占施用氮肥量的比例分别为 0.66%、1.57% 和 4.13%，可见碳酸氢铵氨挥发量最大。

氨挥发损失不仅降低氮肥肥效，还带来环境污染问题，包括酸雨、雾霾及面源污染等（Cameron et al.，2013；Sutton et al.，2011）。氮肥深施、与灌水或降雨结合等措施是有效降低氨挥发损失的有效技术。氮肥深施，土壤胶体表面对铵的吸附，会显著降低氨的挥发损失，也是生产中最简便易行的措施；氮肥与灌溉或降雨结合，特别是水肥一体化技术，亦可减少氨的挥发损失。不同氮肥种类氨挥发损失不同，碳酸氢铵肥料氨挥发损失明显高于尿素，近年来尿素成为我国主要的氮肥品种。Ahmed（2018）研究发现，配施脲酶抑制剂可以显著降低氨的损失。

（二）氧化亚氮排放

氧化亚氮是温室气体的一种，其作用当量是二氧化碳的 300 倍左右。

最近的一些研究发现，土壤氧化亚氮的产生机理包括硝化细菌硝化作用、硝化细菌反硝化作用、硝化细菌协同反硝化作用及反硝化细菌反硝化作用（图 9-2）。

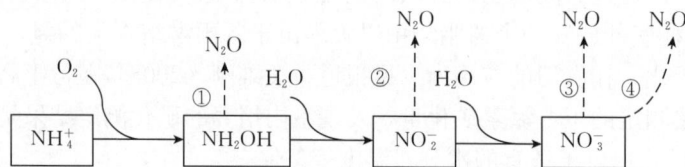

图 9-2　土壤中 N_2O 产生的不同过程

注：①硝化细菌硝化作用，②硝化细菌反硝化作用，③硝化细菌协同反硝化作用，④反硝化细菌反硝化作用。

人们普遍认为，在土壤高水分条件下，反硝化细菌反硝化过程作为氧化亚氮的主要产生途径，这是因为在高水分条件下土壤氧气不足，从而致使氧化亚氮通过反硝化细菌反硝化作用产生。Zhu 等（2013）通过控制土壤中氧气浓度和使用^{15}N 和^{18}O 同位素双标记的方法，对不同氧气条件下土壤氧化亚氮产生途径的研究发现，在低氧条件下，土壤氧化亚氮产生的主要途径为硝化细菌的反硝化过程，而非反硝化细菌反硝化过程。这一研究结论与前人关于高水分条件导致土壤氧气不足从而促进反硝化细菌反硝化作用产生氧化亚氮这一推测不同，为人们对土壤氧化亚氮产生来源提供了新认识。

Huang 等（2014）对我国华北平原石灰性土壤（潮土）施用尿素后氧化亚氮的排放来源的研究发现，硝化作用、硝化细菌的反硝化作用释放的氧化亚氮占总排放量的比例分别为 35%~53%、44%~58%，而反硝化细菌的反硝化作用所占的比例仅为 2%~9%。主要原因是铵态氮氧化过程中消耗氧气，导致土壤累积了大量的 NO_2^-，促进了硝化细菌的反硝化作用。

对黄绵土氧化亚氮排放机理的研究尚少见报道，已有的研究多是研究施肥量及有关栽培措施对土壤氧化亚氮排放量的影响。在甘肃定西对旱作农田不同施氮量条件下 N_2O 气体排放量的影响结果表明（王旭燕 等，2015），N_2O 释放通量随施氮量的增加而增加，因而在保证作物氮素养分吸收的前提下合理施用氮肥有利于降低 N_2O 的排放。通过培养实验对取自安塞的黄绵土 N_2O 排放的温度效应研究表明（雒新萍 等，2009），培养过程中随土壤含水量的增加，N_2O 的排放量逐渐增加，不同含水量处理条件下，在温度为 35 ℃时 N_2O 排放量均达最大值。土壤含水量增加，使得土壤通气孔隙比例下降，土壤中氧浓度含量下降，存在厌氧环境。因而随着土壤含水量的增加，N_2O 的排放量增加，温度适宜的情况下，反硝化细菌的活性强，反硝化作用强，N_2O 排放量高。

关于硝化-反硝化作用引起的肥料氮的损失量，目前尚难以在田间准确定量，因为硝化-反硝化产物除 N_2O 外，尚有氮气，大气中大量的氮气使得定量肥料氮以氮气形态的损失变得十分困难。目前，多采用差减法估计这一途径的损失。吕殿青 等（2002）采用间接方法（总损失减去氨挥发损失）估算了陕北黄绵土氮素的反硝化损失，认为反硝化损失占氮素损失量的 24.5%，这种估算方法可能会高估以硝化-反硝化途径引起的氮肥损失。

三、侵蚀及径流损失

黄土高原地区虽然年均降水量为 300~500 mm，但降水多集中在每年的 6—9 月，占全年降水量的 60%~75%，且多发生暴雨。因此，侵蚀及径流损失是该区氮素损失的方式之一。

（1）农作措施。在甘肃天水研究不同农作措施对黄绵土坡耕地地表养分径流损失的影响（罗照霞 等，2015），该研究氮肥施用量共设 2 个水平：常规施氮量为 300 kg/hm²，优化施氮量为 675 kg/hm²。不同农作措施地表径流中氮素的损失量如表 9-5 所示。不施肥条膜平作处理总氮损失量为 1.93 kg/hm²，但由于未施用氮肥，该处理下玉米的产量显著低于优化施肥处理。常规施肥条膜平作氮素径流损失量大，该处理下作物产量与不施氮处理之间无显著差异，但均显著低于其他优化施氮处理。优化施肥全膜双垄沟免耕措施下土壤中总氮损失量在所有施氮处理中最少，由于免耕对土体的扰动小，加上全膜双垄沟对水体的截留作用，地表径流发生时对土壤的侵蚀作用减弱，土壤总氮和铵态氮的淋失量降低。虽然不施氮处理情况下总氮及硝铵态氮的损失量少，但该处理下作物产量低。综合来看，优化施肥全膜双垄沟免耕措施有利于作物产量的提高，同时能减少氮素的损失。在安塞地区研究不同耕作模式对土壤氮素径流损失的研究表明（张兴昌 等，2002），水平沟耕作模式有利于减少径流中氮素的损失；裸地处理由于缺乏植物覆盖，全氮损失量大，达 843 kg/hm²。

（2）施氮量。在延安研究黄绵土中不同施氮量对径流泥沙全氮损失量的研究表明（张晓梅 等，2010），施氮量为 320 kg/hm² 时，泥沙中全氮流失为 0.442 g/kg；施氮量为 160 kg/hm² 时，流失量为 0.356 g/kg；施氮量为 80 kg/hm² 时，流失量为 0.324 g/kg；不施氮处理泥沙全氮流失量为 0.278 g/kg。可见，泥沙全氮流失量随施氮量的增加而增加，土壤全氮富集率也随施氮量的增加而增加。

表 9-5　不同农作措施地表径流中氮素损失量

(罗照霞 等, 2015)

单位: kg/hm^2

农作措施	总氮	硝态氮	铵态氮
不施肥条膜平作	1.93	0.05	0.18
常规施肥条膜平作	3.45	0.12	0.37
优化施肥条膜平作	3.73	0.15	0.41
优化施肥条膜垄作	3.35	0.16	0.38
优化施肥全膜平作	5.31	0.18	0.38
优化施肥全膜双垄沟免耕	2.76	0.13	0.27

（3）氮磷配施。针对安塞黄绵土中氮磷肥配施对土壤氮素径流损失的影响进行研究（张兴昌 等,
2001）,氮磷肥用量各设 3 个水平。不同氮磷配施对土壤径流无机氮损失的结果如表 9-6 所示。不同
氮磷配施条件下,撂荒处理由于缺少作物覆盖,地表裸露,其矿质氮损失量最大,为 68.3 kg/hm^2;
N_1P_1 处理矿质氮损失量最低,为 27.5 kg/hm^2。适宜的氮磷配施促进作物的生长,作物氮素吸收量
提高,减少氮素的径流损失。N_2P_0 处理与相同氮素水平的其余处理相比,作物产量明显下降,径流
损失的矿质氮含量除撂荒处理外最大。黄绵土氮磷俱缺,增施氮磷均能增加作物的产量和减少水土流
失,但只有氮磷肥用量分别达到 55.2 kg/hm^2 和 90 kg/hm^2 时,泥沙有机质和全氮流失量最少,因而
合理的氮磷配施是减少氮素径流损失的途径之一。

表 9-6　不同氮磷配施对土壤矿质氮损失的影响

(张兴昌 等, 2001)

单位: kg/hm^2

处理	氮肥用量	磷肥用量	作物产量	年矿质氮损失量		
				硝态氮	铵态氮	矿质氮
N_2P_2	110.4	90	1 713	31.5	7.9	39.4
N_2P_1	110.4	45	1 537	29.9	7.9	37.8
N_2P_0	110.4	0	1 232	43.6	4.0	47.6
N_1P_2	55.2	90	1 479	30.1	3.8	33.9
N_1P_1	55.2	45	1 351	24.1	3.4	27.5
N_1P_0	55.2	0	1 205	37.7	4.5	42.2
N_0P_2	0	90	899	25.8	5.7	31.5
N_0P_1	0	45	807	38.0	5.5	43.5
N_0P_0	0	0	731	32.7	5.3	38.0
撂荒	0	0	0	46.3	22.0	68.3

（4）坡度。对安塞地区黄绵土不同形态的有机氮流失规律的研究表明（张兴昌 等,2000）,不同
坡度的土壤有机氮及全氮含量之间存在差异（表 9-7）。不同坡度径流小区土壤中有机氮及全氮含量
有所差别,氨基糖氮含量随土壤坡度的增加而降低,坡度为 25°时土壤中氨基糖氮含量为 6.9 mg/kg。
由于氨基糖氮较易溶于水,在降雨作用下易发生淋溶损失。

兴修梯田、等高种植、秸秆覆盖等是减少侵蚀及径流氮素损失的有效措施。

目前,对黄绵土氮素损失虽开展了不少研究,但已有的研究多集中在对某个损失途径的研究,尚
缺乏对各个损失途径的综合研究。氮肥表施,会显著增加铵态氮的挥发损失;黄绵土地区由于降水量

表 9-7　不同坡度径流小区土壤全氮及有机氮含量

（张兴昌 等，2000）

坡度	水解全氮	氨基酸氮	铵态氮	氨基糖氮	非鉴别氮	非酸解氮	全氮含量（g/kg）
25°	240.4	52.6	157.5	6.9	23.4	171.6	0.412
20°	252.1	49.7	156.4	8.8	37.3	104.9	0.357
15°	240.2	47.1	165.9	12.4	14.2	128.3	0.358
10°	243.0	43.8	151.2	14.6	32.9	91.4	0.334
5°	208.0	36.2	142.8	12.4	16.1	105.5	0.313

少，淋溶作用相对较弱，但在一些河谷、川地发生硝态氮淋溶损失，旱地夏季休闲期间氮素的淋溶损失也值得关注。氮素的硝化-反硝化损失由于受研究手段限制，多采用间接方法推断其损失量。此外，以流域为单元，跟踪投入氮素的作物吸收、土壤迁移及损失过程与影响因素，也是值得研究的问题。

第四节　黄绵土区氮肥合理施用

氮素是作物生长过程中需求量最大的营养元素。氮素供应量的多寡直接决定作物产量的高低，适宜的氮素投入是保证作物产量持续稳定高产的前提。过量施用氮肥不但不能获得作物的高产，其造成的环境问题也日益突出。黄绵土地区土壤氮素相对缺乏，因此合理施用氮肥尤为重要，其中适宜的氮肥用量是基础，水氮综合调控是关键，果菜高投入系统是重点。

一、确定适宜的氮肥用量

合理施用氮肥包括适宜的氮肥用量、种类、施用时期及方法，其中适宜的氮肥用量是合理施用氮肥的基础。确定适宜氮肥用量的方法包括：肥料田间试验法、目标产量法及区域推荐量法等。

（一）田间肥料用量法

该方法根据田间肥料用量试验结果，建立肥料效应方程，根据效应方程确定适宜的氮肥用量。2005 年以来全国开展的测土施肥项目，黄土高原不同县区在黄绵土上均开展了大量的以"3414"试验方案为主的肥料田间试验，为确定不同区域黄绵土合理施氮量提供了基础。应用这一方法时，注意肥料效应方程类型的选择。近年来的研究表明，采用二次多项式计算的施肥量往往偏高。

（二）目标产量法

产量水平决定了作物需氮量，作物生长期间吸收氮的来源包括播种前土壤无机氮及生长期间矿化的有机氮，作物需氮量与土壤供氮的差值为肥料应补充的氮量。

黄绵土全氮含量低，因此，土壤有机质矿化供应的氮素相对较低。若耕层土壤有机质含量按 8 g/kg 计，一年中矿化的氮量不足 30 kg/hm²。

随着氮肥用量的增加，土壤剖面残留的硝态氮增加，这是作物生长期间氮素的重要来源。因此，土壤供氮应考虑剖面累积硝态氮的数量。这一方法确定施肥量的公式可表示为：

施氮量＝[作物需氮量－（土壤无机氮量＋土壤剖面硝态氮量）]/氮肥利用率

（三）区域平均适宜施氮量法

这一方法根据某一地区一种作物进行的氮肥用量试验网中各田块适宜施氮量计算的平均值指导该地区氮肥的施用（朱兆良，2006）。

通过走访调查结合田间试验，对陕西不同生态区农业生产氮肥投入量进行研究（同延安 等，2004），结果表明，陕北地区农户常规施肥量为 346 kg/hm²，部分地区高达 638 kg/hm²，该区的测土配方推荐施肥量为 180 kg/hm²。不同施肥处理下，作物产量常规施肥处理为 8 000 kg/hm²，推荐施肥处理为 7 500 kg/hm²。推荐施肥条件下，作物产量虽有所降低，但氮素的减量投入降低了农业生产的化肥投入成本，同时降低施氮对环境构成的潜在风险。

从黄绵土氮、磷、钾供应状况看，一般是氮、磷俱缺，钾供应充足。因此，在确定适宜施氮量后应注意氮磷配合。在陕西安塞进行的长期定位试验表明，不施肥或仅施氮肥或磷肥作物产量均较低，而氮磷配施显著增加作物产量（李强 等，2011）。

二、水氮调控，提高氮肥利用率

黄绵土区多为旱地，水分不足是限制作物生长的关键因素。除个别地区有灌溉条件外，大部分地区采取地膜覆盖、秸秆还田等方式蓄水保墒。因此，氮肥施用应与不同蓄水保墒措施有效结合，以提高水、氮利用率。在渭北旱塬地区进行的不同水肥供应对小麦产量的影响表明（表 9-8），不施氮不灌溉处理作物产量为 2 629 kg/hm²，是所有处理中的最小值，优化模式中氮肥的投入按不同比例进行基施和追施，其中氮肥基施 100 kg/hm²、追施 50 kg/hm²，拔节期配合灌溉 65 mm 的水是作物高产最佳耦合模式（贾亮 等，2013）。

表 9-8 不同水肥投入对小麦产量的影响

（贾亮 等，2013）

处理	氮肥投入（kg/hm²）	灌溉量（mm）	作物产量（kg/hm²）
对照	0	0	2 629
农户模式 1	120	0	3 221
农户模式 2	120	130	4 704
优化模式 1-1	90	65	4 567
优化模式 1-2	150	65	5 054
优化模式 2	150	65	5 425
优化模式 3-1	150	65	5 542
优化模式 3-2	130	65	5 000

三、重视果园菜地高投入系统氮素合理调控研究与推广

近年来，黄绵土区以苹果、红枣及设施栽培为代表的经济作物发展迅速，这些作物经济效益高，农户舍得投入，导致生产中过量施用氮肥问题突出。据王小英等（2013）在陕西苹果产区进行的大量调查可知，以黄绵土为代表的陕北地区平均氮素用量为 620 kg/hm²，其中化学氮肥为 490 kg/hm²，过量施氮比例达 67%；设施菜地过量施氮问题更普遍（蔡红明 等，2016），导致土壤剖面累积了大量的硝态氮（傅文豪 等，2019；陈翠霞 等，2019），带来突出的资源浪费及环境污染问题。目前，果树及菜地已成为黄绵土区氮肥的主要去向，因此，应加大这些系统氮肥合理施用的研究与推广。

第十章 | 黄绵土中的磷 >>>

黄绵土是由黄土母质经直接耕种而形成的一种幼年土壤，土质疏松、软绵，土色浅淡，全剖面呈强石灰性反应，适于植物生长，属多宜性土壤，宜林宜农，广泛分布于我国黄土高原水土流失较严重的地区。磷素作为植物生长、生理活动的重要营养元素，在黄绵土中含量较丰富；但由于黄绵土对磷存在强烈的固定作用，因而土壤溶液中磷的浓度很低，且移动性很小。

第一节　黄绵土全磷

土壤中全磷含量是指土壤中各种形态磷素的总和。土壤中全磷含量受土壤母质、成土作用和耕作施肥的影响很大。一般而言，基性火成岩的风化母质含磷多于酸性火成岩的风化母质。另外，土壤中磷的含量与土壤质地和有机质含量也有一定的关系，黏土含磷多于沙土，有机质丰富的土壤含磷较多。磷在土壤剖面中的分布，在耕地中耕作层含磷量一般高于底土层。

一、概况

磷是地球生命系统的主要营养元素之一，也是生态系统中常见的营养限制因子，可分为有机磷和无机磷两大类。土壤中磷的含量由于受到母质、气候、生物以及土壤中的地球化学过程等一系列因素的影响，其分布具有很大的空间异质性。黄绵土中全磷含量较丰富，所占比例为 0.15%～0.20%。作为黄土高原分布面积最大的土壤类型，在农业生产上占有重要地位。

二、陕西

陕西省内黄绵土分布区域北接长城沿线风沙区，南邻渭北高原区，东隔黄河与山西相望，西与宁夏和甘肃两省份毗邻。黄绵土主要分布于陕北的丘陵坡地、塬边、沟坡地，包括榆林的定边、靖边、横山、榆阳、神木、府谷 6 县（区、市）的南部，佳县、米脂、绥德、子洲、清涧、吴堡 6 县的全部，延安的吴起、志丹、安塞、子长、延川、延长、宝塔、甘泉 8 县（区）的全部，是榆林、延安的主要耕作土壤。

（一）耕地

在耕地中，黄绵土剖面由上到下可分为耕层、过渡层和母质层，耕层中全磷含量约为 0.61 g/kg。对农田生态系统来说，磷的含量变化可归结为自然和人为两大因素的共同作用。磷一方面因被水携带而流失，另一方面还因作物吸收被收获而从土壤中带走，造成土壤磷亏损，作物由此常处于饥饿态，其产量也受限制。为弥补由此造成的土壤磷不平衡，人们又经常不断地向土壤中增补磷。在 30 多年常规的耕种、施肥、管理模式下，由于施用过磷酸钙和磷酸二铵等磷肥，全磷含量在整个土壤剖面中均有所增加，且随土壤深度的增加，增加量趋于减少。剖面中全磷累积量为 0.25～0.32 g/kg。由于石灰性土壤中基本不存在磷的实质性固定问题，至少可以说有效磷向无效磷的转化是一个相当缓慢的过程。从长远来看，磷肥的累计利用率可以达到相当高的水平。此外，磷肥的固定率随施磷量的增加而升高，并随时间的推移呈递增趋势。而且，随着磷肥用量的增加及耕作次数的增多，扩大了磷肥与土壤的接触面，从而提高了磷肥的固定率。同时，有机质也是土壤中磷素的主要来源。由于有效态的磷酸根离子易被土壤剖面上层存在的大量有机胶体及风化复合体吸附，同时磷的移动性又小，所以磷不易从剖面上层淋溶下移，促使有效磷在土壤表层聚集，耕层磷素含量增加。

（二）草地

草地中全磷的含量低于耕地，其含量为 0.06% 左右。在自然状况下，草地土壤剖面磷素均表现为全磷含量高。在草地中，全磷含量先随土层深度增加而降低，而后有所回升。土壤中无机磷含量占全磷的绝大部分，且各无机磷形态含量顺序均为 Ca-P＞O-P＞Fe-P＞Al-P。土壤有机磷中均表现为中等活性有机磷含量最大，活性有机磷含量极少。

（三）林地

林地中全磷的含量低于耕地，含量变化范围为 0.06%～0.07%。林地土壤剖面磷素以无机磷为主，无机磷又以 Ca-P 为主。整体来说，林地土壤剖面有机磷含量低。因为林地黄绵土自然植被一方面阻缓了暴雨对地面的冲刷，土壤侵蚀轻微，随着成土过程的进行，土壤逐渐发育，表面形成的植物根系和植株残体增加了土壤有机质含量，而有机质含量的增加对有机磷产生影响；另一方面通过植物根系的活化作用来影响有机磷含量。在林地中，中等活性有机磷的含量占总有机磷比例最高。

三、山西

黄绵土在山西主要分布于吕梁山以西，从右玉至永和一线黄河东岸黄土丘陵沟壑区，与地带性土壤——栗褐土和淡栗褐土呈复域分布。因地处新构造运动抬升区，侵蚀作用十分强烈，地表千沟万壑、支离破碎，是水土流失最严重区。因表土不断遭侵蚀，土壤发育始终处于初期阶段，因此黄绵土是以侵蚀为主的地质过程和耕作熟化为主的成土过程共同作用的产物。土壤全磷含量为 0.040%～0.126%，主要植被为青蒿、狗尾草、牛毛草等。从耕地黄绵土肥力变化的总体演变趋势看，在 30 多年的农业发展中，山西黄绵土中全磷含量表现出动态变化的特点。在磷肥施用之前，黄绵土中全磷含量处于平稳状态，平均含量为 0.05% 左右；从磷肥的普及施用开始，全磷含量明显上升，平均含量达 0.6 g/kg。

四、甘肃

黄绵土广泛分布于甘肃中东部黄土高原水土流失较严重的地区，与黑垆土和灌漠土共同组成甘肃三大主要耕作土壤，也是甘肃中部干旱、半干旱农业区主要的耕作土壤。黄绵土分布以镇原、宁县、合水、正宁、华池、环县、平凉、泾川、灵台、崇信、华亭等地面积较大。根据第二次全国土壤普查结果可知，甘肃共有黄绵土 367.89 万 hm²。其中，耕地黄绵土 143.36 万 hm²，占全省耕地的22.2%，耕层中全磷含量约为 0.61 g/kg。从整个演变趋势来看，由于甘肃黄绵土养分含量低，气候干旱少雨、水土流失严重，并且农业基础薄，耕地黄绵土全磷含量一直徘徊在较低水平。针对该区土壤磷素缺乏的状况，自 20 世纪 70 年代生产上积极试验、示范施用磷肥，各地普遍反映增产效果显著；80 年代，生产上又大面积推广了配方施肥，磷肥的增产效果更加明显。尽管从 20 世纪 70 年代末至 80 年代早期开始通过施用磷肥来提高土壤肥效并增加作物产量，但也仅在初期土壤全磷含量有明显增加，然后反而降低，甚至耕地黄绵土土壤质量在整体上处于退化的状态。20 世纪 90 年代，黄绵土全磷含量为 0.05%～0.07%。90 年代末期至前 10 年左右的时间，随着磷肥用量的不断增加以及磷肥与其他肥料的合理搭配施用，甘肃耕地黄绵土全磷含量整体呈上升趋势，尤其以山区、旱耕地提高幅度较大。山区、旱耕地以前作物产量低、施肥少，而近年来产量大幅度提高，相应的施肥量也大幅度增加。

五、宁夏、青海、河南、内蒙古

黄绵土常与黑垆土、灰钙土等交错存在，是黄土高原分布面积最大的土壤类型。在宁夏，黄绵土主要分布在固原、西吉、彭阳、同心和海原等县的清水河、葫芦河和菇河等河流两侧川地及黄土丘陵坡麓沟台地与涧地。此外，黄绵土也零星分布于青海中东部、河南西部及内蒙古中西部地区。根据第二次土壤普查结果可知，宁夏黄绵土面积为 38.7 万 hm^2，其中耕地 23.6 万 hm^2，全磷含量约为 0.60 g/kg，整体上含量较低。与 20 世纪 70 年代相比，当前耕地黄绵土剖面中的磷素含量发生了不同程度的变化。全磷含量在整个剖面中均有所增加，至 90 年代，宁夏黄绵土全磷含量为 0.05%～0.10%。自通过耕作、施肥、覆盖、轮作和土壤改良等农艺技术措施合理组合以来，土壤全磷含量一直处于上升状态。这无论对土壤质量的提高还是对土壤固磷无疑是一个好的现象。但今后应进一步了解土壤磷素变化的机制，注意其变化趋势，使土壤向更好的良性方向发展。

总体来讲，黄绵土土壤肥力演变趋势以耕地较为明显。在近 40 年的农业发展中，广泛分布于黄土丘陵的水土流失比较强烈地区的黄绵土在自然、人为因素的综合作用下，土壤剖面的肥力状况发生了不同程度的变化。长期以来，由于以人畜粪尿为主要肥源，黄绵土土壤贫瘠，养分含量低，加之气候干旱少雨、水土流失严重等因素，造成农业基础薄弱、生产力低下。我国自 20 世纪 80 年代初开始大幅度增加磷肥施用量以来，根据大量的田间试验资料和各地的生产实践，磷肥在耕地黄绵土上表现出显著的增产效果，其利用率为 10%～25%。在某些地方，增产量可高达几倍。随着人们对农产品需求的不断增加，粮食种植面积日益扩大，化肥的大量投入不仅改变了传统的用地养地模式，而且粮食产量也随之不断提高。虽然肥料的大量施用提高了作物产量，然而不合理施肥，不仅使肥料利用率降低，而且使黄绵土耕地质量下滑较快，土壤质量急剧退化，还会对生态环境带来潜在的危害。与此同时，近年来，在全球气候变暖的大背景下，水土流失的加剧和干旱缺水加速了土壤养分流失，加上旱作作物单产提高带走的土壤养分，导致土壤水热条件变化较大。因此，有关耕地质量调控研究提出了许多有效而成熟的技术，通过耕作、施肥、覆盖、轮作和土壤改良等农艺技术措施组合，改善土壤的水热环境，提高土壤的保水、保肥和供肥能力，并取得了显著的增产增效效果。这些技术与措施都可为黄绵土耕地质量修复提供经验借鉴。

第二节　黄绵土有效磷

土壤有效磷是土壤中可被植物吸收的磷组分，包括全部水溶性磷、部分吸附态磷和有机态磷及少量的沉淀态磷，是土壤磷素养分供应水平的指标。土壤有效磷含量与施磷量密切相关。各施磷处理明显地提高了土壤有效磷含量，施入的磷肥量越多，土壤有效磷含量越高。但是，由于土壤对磷的固定作用，故增加的有效磷量远远较施入的磷量低。

一、概况

黄绵土中磷大部分以难溶性化合物存在，因而全磷丰富，为 0.15%～0.20%；但有效磷含量缺乏，在自然状况下一般为 3～5 mg/kg，即使比较肥沃的黄绵土最高也不超过 10 mg/kg。无机磷由于受环境、土壤性质、土壤生物以及人类活动等诸多因素的影响，因而在土壤中其有效成分及含量差异很大。通过一系列作用最终可被植物吸收利用的有机磷组分为有效有机磷。通常情况下，土壤中的有机磷组分相对比较稳定，当季作物一般难以利用，而且在一季作物的时间内，有机磷的矿化量不大。有机磷通常在含量高而且气候条件有利于有机磷矿化或者被根系附近的磷酸酶脱磷酸后才对作物有效；但通过对土壤溶液中有机磷的研究发现，土壤中的有机磷化合物是可以被植物吸收利用的。

二、耕地

在 30 多年现代化农业发展模式下，从耕地黄绵土土壤肥力的总体演变趋势看，有效磷含量在耕层呈增加趋势，过渡层、母质层中含量有减少趋势。其中，过渡层中含量降低幅度大于母质层，并且降低效果显著。随着土壤层次的加深，无效态磷所占比重逐渐增加。土壤有效磷含量在 20 世纪 70 年代还是较低的，大部分土壤都处于缺磷状态，但自 80 年代开始一直呈连续增长的趋势。这是因为黄土高原丘陵沟壑区开始广泛施用过磷酸钙和磷酸二铵等磷肥，通过耕作、施肥对土壤有效磷含量产生不同程度的影响，并促使黄绵土中磷素含量有所增加，这种影响主要表现在耕层土壤。同时，由于黄绵土为石灰性土壤，磷常与钙结合形成不溶性的磷酸钙。施入土粪等有机肥后，土壤中的腐殖质与难溶性磷反应，生成可溶性磷酸氢钙，从而提高磷的有效性。有机质含量丰富的耕层中有效磷含量增加较多，过渡层以下有效磷含量减少较多，说明作物还可以利用下层土壤的磷素，但由于肥料基本施于土壤上层，而使下层的养分得不到有效补充。

耕地黄绵土中有效磷含量在时间上表现出动态变化的特点，在 20 世纪 80 年代前，有效磷含量总体处于平稳状态，平均含量一般为 3～10 mg/kg；但 80 年代以后，耕地黄绵土中有效磷含量明显上升。目前，陕西省内包括高原、平原、丘陵及山地 4 种地貌类型在内的耕层中有效磷含量为 1.22～42.10 mg/kg，平均为 13.02 mg/kg。山西省内耕地黄绵土中有效磷含量为 1.32～10.96 mg/kg。甘肃省内耕地黄绵土中有效磷含量最低只有 4.04 mg/kg，最高可达 51.59 mg/kg，平均为 18.17 mg/kg。宁夏耕地黄绵土中有效磷含量为 0.95～34.50 mg/kg，平均为 12.14 mg/kg（表 10-1）。不同类型、不同区域耕地黄绵土中有效磷含量均有较大幅度提高，说明耕地土壤有效磷含量已经趋于合理，这与近 40 年来大面积增施磷肥有关。按照第二次全国土壤普查中有效磷含量的分级标准，全国耕地黄绵土中有效磷总体处于中上水平。在土壤磷含量较低时，通过增加磷肥投入来提高土壤有效磷水平对作物增产是必需的；但当土壤达到富磷水平后，有效磷的进一步增加只会加重农田土壤磷素向水体流失的风险。与此同时，在耕地黄绵土坡地，表层土壤有效磷含量沿坡面表现出较明显的波状变化趋势。当坡长较长时，有效磷含量在坡下部具有明显的升高趋势，这进一步表明侵蚀条件下土壤养分也存在着向坡下迁移的趋势，造成黄绵土中有效磷含量缺乏。坡地径流侵蚀是导致这一现象发生的直接原因。因此，耕地应搞农田建设，增施有机肥料，种植豆科作物，不断培肥土壤，促进土壤熟化。

表 10-1 我国不同省份黄绵土耕层土壤有效磷含量

（农业部，2017）

项目	陕西	山西	甘肃	宁夏	内蒙古
最大值（mg/kg）	42.10	10.96	51.59	34.50	36.20
最小值（mg/kg）	1.22	1.32	4.04	0.95	1.50
平均值（mg/kg）	13.02	4.89	18.17	12.14	12.24
有效样本数（个）	1 771	189	1 471	331	48
黄绵土区平均值（mg/kg）			14.52		

此外，甘肃、宁夏等黄绵土区处于 400 mm 降水量半干旱区的腹地，干旱少雨、水土流失严重，农业基础薄弱，生态环境退化，抗御自然灾害能力弱；有机肥量少质差，化肥投入量少、施肥不科学；加上近年来广泛推广种植的全膜双垄沟播玉米，导致种植结构单一，有效磷在耕地中含量较低。该区域内水土流失严重，土壤肥力低下和降雨稀少是限制农业发展的主要因素。长期以来，肥料的大量施用虽提高了作物产量，然而不合理施肥，不仅使肥料利用率降低，而且出现作物对磷素奢侈吸收的现象，使磷素出现盈余，导致土壤中磷素累积，甚至产生土壤全磷含量升高而有效磷含量降低的情况。据此，应根据土壤养分实际情况、种植作物种类及目标产量，做到因地制宜实施配方施肥，以保持土壤养分的平衡。对有效磷含量较高的土壤，以减少其对某些微量元素的拮抗作用和土壤对有效磷的固定，做到科学、平衡、经济、合理施肥，从而提高肥料利用率，降低生产成本，促进农民增产、增收。

有关坡地磷素含量的时空变化特征试验结果表明，无论施肥与否，降雨后坡地表层土壤有效磷含量均有显著降低，其中无肥小区平均降低 0.6～1.0 mg/kg，施肥小区降低更为明显，达到 4.0～

4.5 mg/kg，可见侵蚀条件下土壤有效养分流失十分严重。坡地表层土壤有效磷含量沿坡面表现出较明显的波状变化趋势，这与室内模拟降雨试验结果基本一致。在坡长较长时有效磷含量在坡下部具有明显的升高趋势，这进一步表明侵蚀条件下土壤养分也存在着向坡下迁移的趋势，坡地径流侵蚀是导致这一现象发生的直接原因（图10-1）。

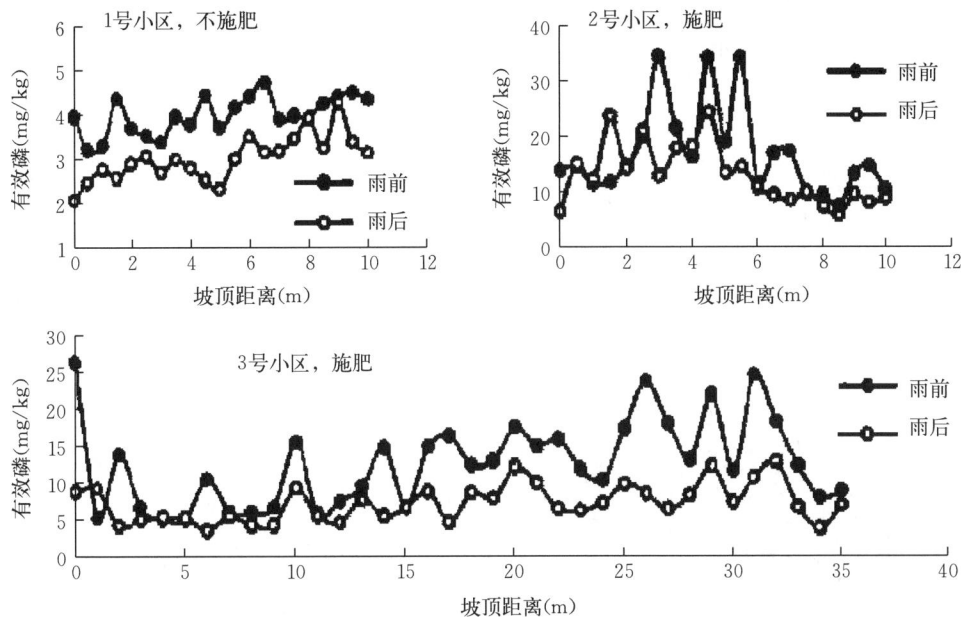

图10-1　侵蚀条件下表层（0～5 cm）土壤有效磷含量的时空变化

(李裕元 等，2003)

施用磷肥是提高土壤的有效磷水平，增加作物产量的重要手段。由图10-2可以看出，不施有机肥处理，当季小麦籽粒产量随当季收获后土壤有效磷含量的增加而增加，可用 $y=194.6x+1\ 759$ 拟合，表明土壤有效磷含量每增加1 mg/kg，小麦籽粒产量可增加194.6 kg/hm²，而施用有机肥处理的小麦籽粒产量与土壤有效磷含量相关性不显著。无论是否施用有机肥，油菜籽粒产量都有随土壤有效磷含量增加而增加的趋势，但相关性未达到显著水平。综合施有机肥和不施有机肥处理，小麦籽粒产量并未随土壤有效磷含量的增加而直线增加，而是先增加后趋于稳定。土壤有效磷含量与小麦籽粒产量的关系可用分段线性模型极显著拟合，拐点（农学阈值）出现在14.99 mg/kg。土壤有效磷含量在0～14.99 mg/kg，小麦的籽粒产量与有效磷含量的关系呈显著的线性正相关关系，可用 $y=161.1x+1\ 868$ 拟合，土壤有效磷含量每增加1 mg/kg，小麦籽粒产量增加161.1 kg/hm²。当土壤有效磷含量超过14.99 mg/kg，小麦的籽粒产量与有效磷含量的关系可用 $y=3.3x+4\ 321$ 拟合，小麦籽粒产量随着土壤有效磷含量的增加大幅降低，仅为3.3 kg/hm²。与小麦不同，油菜籽粒产量随土壤有效磷含量的增加而增加，油菜籽粒产量与土壤有效磷的关系可以用 $y=60.0x+631$ 拟合，土壤有效磷每增加1 mg/kg，油菜籽粒产量增加60.0 kg/hm²，油菜未出现土壤有效磷农学阈值。

长期施肥磷素盈亏对耕层土壤磷素的状况也有影响。研究表明，土壤磷的消长与磷的盈亏呈正相关。图10-3和图10-4显示了试验6年和12年耕层土壤全磷和有效磷及其增加量与磷素盈亏的关系，可以看出，在第6年与第12年时，耕层土壤全磷和有效磷含量或全磷与有效磷的增加量与土壤磷素盈亏都呈极显著的直线正相关。

近几年，随着人们对农产品需求的不断增加，粮食种植面积日益扩大，化肥的大量投入不仅改变了传统的用地养地模式，而且粮食产量也随之不断提高。与此同时，传统农业条件下的营养元素循环平衡方式也发生变化，进而对粮食持续生产和土壤质量产生影响，这也成为目前人们关注的一个重要科学问题。

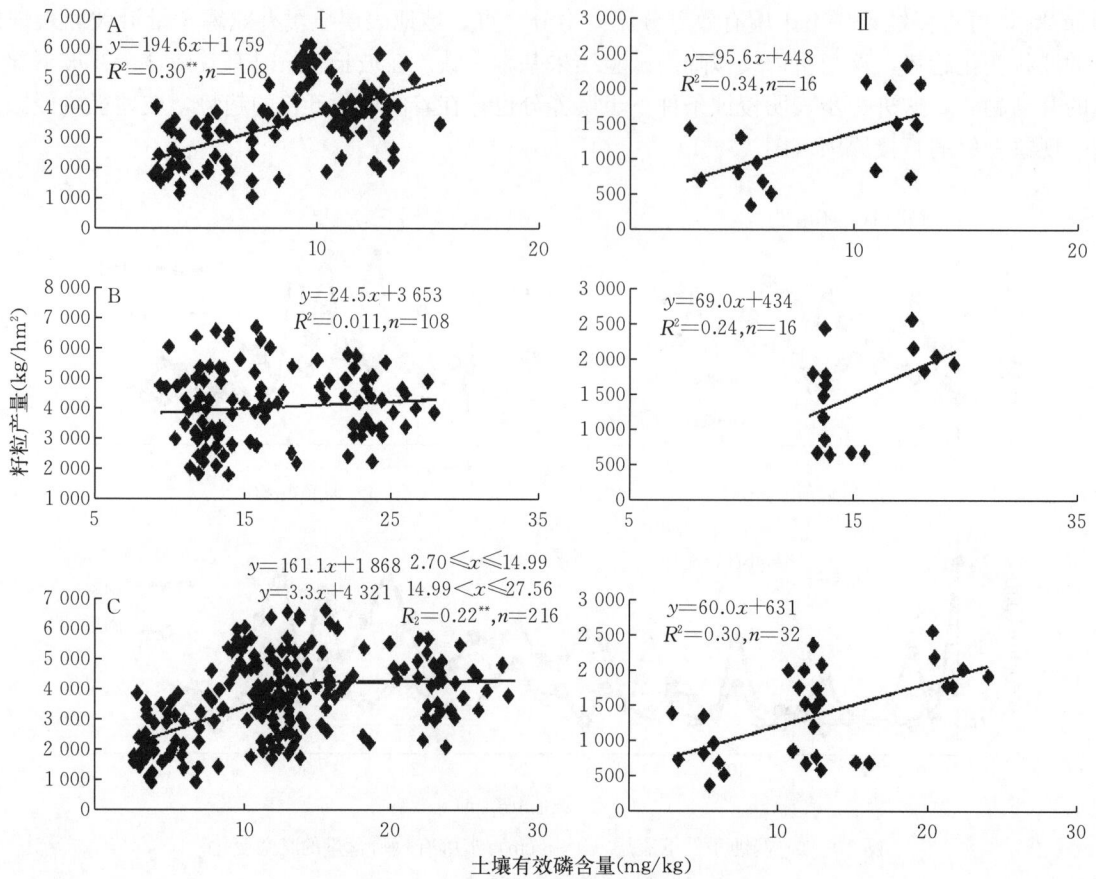

图 10-2 土壤有效磷含量与作物产量的关系

（俄胜哲 等，2017）

注：A 为不施有机肥，B 为施有机肥，C 为综合施与不施有机肥。

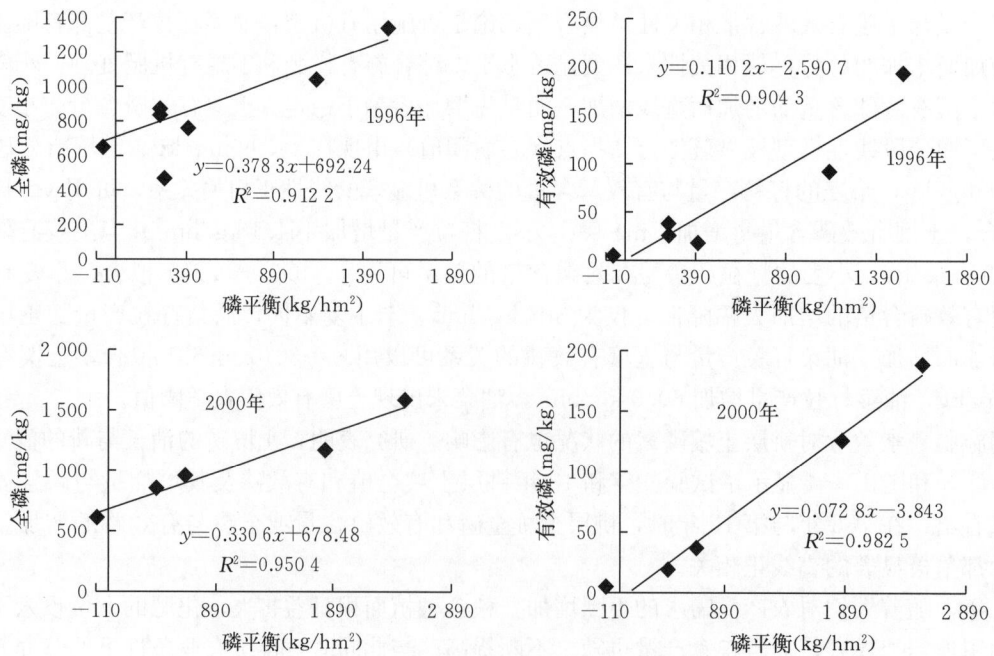

图 10-3 磷素盈亏对土壤耕层全磷和有效磷的影响

（杨学云，2007）

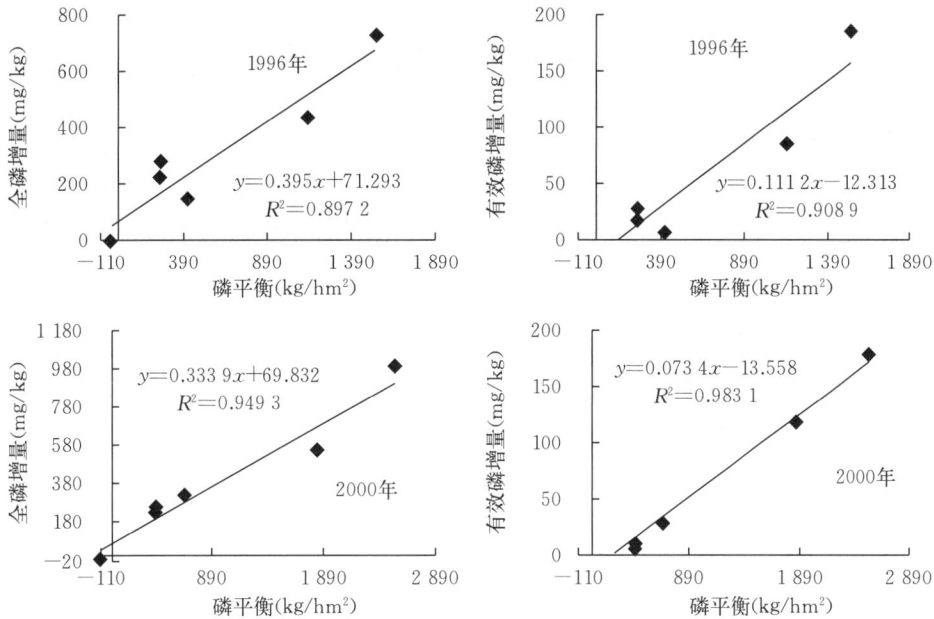

图 10-4　磷素盈亏对土壤耕层全磷和有效磷增加量的影响

(杨学云，2007)

三、草地

草地土壤中的有效磷形成于漫长的成土过程中，成土母质含磷矿物中磷的分解释放和生物的吸收富集。在这个过程中，几乎所有可被植物利用的无机磷都曾转化为有机磷，但由于绝大多数成土母质的含磷量很低，所以草地土壤有效磷库储量依然有限，其有效磷含量范围为 3～7 mg/kg，最高不会超过 10 mg/kg。此外，草地黄绵土土壤侵蚀严重，土壤质地较差、肥力低下；土壤呈弱碱性至碱性反应，由于石灰含量高，对磷有固定作用，大大降低了牧草对磷的吸收利用。因此，草地黄绵土的有效磷含量都比较低，按照土壤有效磷含量的分级标准，有效磷表现为缺乏。同时，由于草地黄绵土区域内地形复杂多样，高山、梁峁、塬地、沟壑、河谷和川地交错分布，草地分布区域的坡度较大，干旱缺水、降水量较低，水分利用率较低，草地牧草的生长发育受阻，增大了草地退化发生的可能性。如果草地缺磷，势必导致饲草中磷的供给失调，导致家畜体内分泌失常、代谢紊乱，从而影响家畜的生长和繁衍，影响畜产品产量和质量。因此，人类合理利用草地资源的同时，改善土壤缺磷问题、提高土壤肥力是改善草地磷营养状况的有效措施，有利于草地畜牧业的可持续发展。

四、林地

林地土壤剖面磷素以无机磷为主，Ca_2-P 对有效磷的影响较大，为植物能吸收利用的无机磷形态，是有效磷的重要来源；有机磷含量低，活性有机磷是有效磷的重要磷源。天然林地的黄绵土中有效磷含量变化范围一般为 3～5 mg/kg，最高不超过 10 mg/kg。按照土壤有效磷含量的分级标准，林地黄绵土有效磷表现为缺乏，因而严重限制了植物的正常生长。适宜种植速生耐旱的牧草和林木，如草木樨、苜蓿、沙打旺等牧草子柠条、酸刺等小灌木；较缓坡地可栽植山杏等果木，发展林果业。乔木和灌木作为增加土壤表层有效磷积累的优势植被，在林地土壤有效磷含量显著高于摺荒地，且随着土壤层次的加深含量逐渐降低。磷素大部分以难溶性化合物的形态存在，因而有效磷缺乏。人工林地有效磷含量较天然林地略高，一方面由于施用大量高浓度复合肥，林地中磷素含量大幅增加；另一方面因林木的吸收被收获而从土壤中带走或通过运移等作用流失。

第三节　黄绵土中磷的形态及有效性

　　土壤中磷素分为有机磷和无机磷两种形式。黄绵土中磷素以无机形态为主，主要以正磷酸盐的形式存在，焦磷酸盐的数量很少；有机形态的磷含量较低，而且变幅比较大。有机磷和无机磷都是植物吸收利用的重要磷源，一般情况下有机磷需转化为无机磷后才能被植物吸收利用。两种磷源对植物吸磷量的贡献主要取决于土壤、植物及肥料本身性状等因素。磷素在土壤中的化学行为和存在形态，由于直接影响着其对植物的有效性而一直受到人们的广泛关注。

一、无机磷形态分布及有效性

　　黄绵土中无机磷几乎全部是正磷酸盐，一般分为水溶态、吸附态和矿物态三类，无机磷含量占总磷量的 80%。水溶性磷肥的转化主要受钙离子控制，可以形成二水磷酸二钙、无水磷酸二钙、磷酸八钙、磷灰石等。同时，石灰性土壤中由于铁、铝的存在，所以会有一定数量的 Fe-P（磷酸铁化合物）和 Al-P（磷酸铝化合物）。故无机磷主要以 Ca-P（磷酸钙化合物）（分为 Ca_{10}-P、Ca_8-P、Ca_2-P）、O-P（闭蓄态磷）、Al-P、Fe-P 形式存在，且以 Ca-P 占绝大多数，占总量的 70% 以上。土壤中的无机磷各形态含量排列顺序为：Ca_{10}-P>Ca_8-P>O-P>Al-P>Fe-P>Ca_2-P。黄绵土中无机磷组成与土壤肥力有密切关系，其中 Ca_2-P 是最有效的磷源，Ca_8-P 和 Al-P 的有效性相当，是仅次于 Ca_2-P 的有效磷源，Fe-P 也是土壤磷素营养的供给源。Ca_2-P 型的磷酸盐占主导地位，也是作物磷素营养的主要来源，Ca_2-P 的有效性不仅最大，而且持续性也好。Ca_8-P、Al-P 和 Fe-P 可以作为缓效磷源，Fe-P 的有效性大致处于中等偏下水平。Ca_{10}-P 和 O-P 只是一种潜在磷源，O-P 能成为有效磷源的可能性是很小的，Ca_{10}-P 只能是作为一种潜在磷源的物质基础。

　　此外，不同形态磷的供磷能力，除了 Ca_2-P 型以外，其他的顺序可能会随土壤的化学环境而变化。在磷肥施入黄绵土后，土壤中 Ca_2-P、Ca_8-P、Al-P 和 Fe-P 含量均显著增加，尤以 Ca_8-P 增加幅度最大。同时，施磷肥也显著提高土壤中的闭蓄态磷含量。当化肥和有机肥中易溶性磷施入土壤后，不但形成易溶和较易溶的 Ca-P，也形成相当数量的 Al-P、Fe-P，即进行着 Ca-P 体系和 Al-P、Fe-P 体系两方面的转化，在这两方面的转化体系中，Ca_8-P 起着主导作用。

　　通过淋滤实验研究不同淋滤次数渗滤液中磷的形态、浓度及淋失量，结果表明，每次淋滤试验中渗滤液各形态磷和全磷的变幅都很大，13 次淋滤渗滤液中钼酸盐反应磷、可溶性全磷、可溶性有机磷、颗粒磷的平均变幅分别为 $0.01\sim2.67$ mg/L、$0.03\sim3.57$ mg/L、$0\sim0.92$ mg/L、$0\sim2.80$ mg/L，全磷平均变幅为 $0.05\sim3.95$ mg/L。各个形态平均值分别为 0.70 mg/L、0.80 mg/L、0.10 mg/L、0.20 mg/L，全磷为 0.90 mg/L。平均结果显示出，磷素淋失的形态以可溶性磷为主，占 82.5%，颗粒形态仅占 18% 左右。在可溶性磷中，又以钼酸盐反应磷为主，占到淋失全磷量的 77.1%，可溶性有机磷只占渗滤液全磷的 13.8%（表 10-2、表 10-3）。

表 10-2　渗滤液中各形态磷的浓度

（杨学云 等，2005）

单位：mg/L

采样次数	钼酸盐反应磷	可溶性全磷	可溶性有机磷	颗粒磷	全磷
1	$0.01\sim1.29$	$0.03\sim1.44$	$0.01\sim0.16$	$0.03\sim0.06$	$0.05\sim1.38$
2	$0.05\sim1.50$	$1.12\sim1.40$	$0\sim0.10$	$0.03\sim1.60$	$0.15\sim3.00$
3	$0.17\sim1.41$	$0.17\sim1.33$	$0.01\sim0.42$	$0.04\sim0.86$	$0.42\sim3.93$
4	$0.15\sim1.59$	$0.20\sim1.67$	$0\sim0.78$	$0\sim0.37$	$0.42\sim1.83$
5	$0.27\sim1.47$	$0.30\sim1.66$	$0.06\sim0.24$	$0.01\sim0.21$	$0.34\sim1.62$

（续）

采样次数	钼酸盐反应磷	可溶性全磷	可溶性有机磷	颗粒磷	全磷
6	0.23~2.39	0.38~2.61	0.06~0.24	0.02~0.19	0.36~2.75
7	0.32~2.30	0.50~2.70	0.01~0.40	0.07~0.53	0.42~2.60
8	0.37~2.65	0.44~3.57	0.10~0.92	0.03~0.38	0.69~3.95
9	0.26~2.16	0.32~2.96	0.01~0.81	0.02~0.11	0.33~2.49
10	0.42~2.54	0.42~2.91	0.00~0.36	0~0.47	0.31~3.38
11	0.41~2.67	0.48~2.97	0.03~0.31	0~0.89	0.48~3.86
12	0.58~2.54	0.58~3.15	0.03~0.61	0.02~0.12	0.61~3.28
13	0.51~2.54	0.57~3.15	0.03~0.61	0.03~2.80	0.56~2.82

表 10-3　渗滤液中各形态磷的比重

（杨学云 等，2005）

单位：%

采样次数	MRP/TP	TDP/TP	DOP/TP	PP/TP
1	21.80~93.10	34.70~92.90	0~31.60	0~69.40
2	49.90~85.00	46.80~93.90	0~61.60	6.90~53.20
3	24.60~54.90	19.80~55.20	1.10~22.90	0~90.00
4	36.20~93.20	42.00~95.10	0~51.10	0~49.50
5	71.30~90.90	85.90~100.00	7.80~27.20	0~28.50
6	74.30~88.20	77.90~95.00	9.40~25.30	2.60~22.10
7	71.70~99.00	77.20~100.00	1.60~21.00	0~61.40
8	54.00~94.10	63.40~90.40	14.40~23.6	3.50~26.50
9	78.30~99.60	83.80~98.40	0~59.70	0~11.60
10	75.30~96.30	95.80~98.40	0~17.60	1.60~14.20
11	69.00~94.10	76.90~100.00	3.00~34.90	0~23.10
12	71.90~99.20	88.10~97.90	4.60~54.30	0~11.90
13	78.90~97.40	83.40~95.70	4.10~33.20	0~99.10

注：MRP 钼酸铵反应磷，TP 全磷，TDP 可溶性全磷，DOP 可溶性有机磷，PP 颗粒磷。

二、有机磷形态分布及有效性

土壤中有机磷是一种重要的植物营养资源，主要来自土壤有机物质，可通过矿化或土壤磷酸酶的作用转化为无机磷被植物吸收利用。此外，与无机磷相比，有机磷具有在土壤中移动性大及被土壤组分固定程度低的优点。在因耕种引起的有机质耗竭过程中，对有机质中的磷进行测定发现，新损失的绝大多数是有机磷。土壤中磷素的移动绝大部分是以有机磷形态进行的，进入植物根际的有机磷或直接被植物根系吸收，或进一步矿化为无机磷。因此，土壤有机磷的变化情况对土壤供磷能力和植物磷素营养举足轻重，在磷的生物循环中起着重要的作用。而在判断土壤磷素丰缺问题上，长期以来人们总是以土壤有效磷含量为标准，对土壤中磷的形态考虑甚少，对土壤中有机磷尤为如此。

黄绵土中有机磷占全磷量的 20%~50%，变幅较大，且土壤有机磷量与有机质含量之间呈正相关关系，其含量会随地区和土壤类型的不同而不同。土壤有机磷不仅含有化合态的肌醇磷酸酯、磷脂、核苷酸、磷蛋白、磷酸糖，而且含有吸附在有机物表面和与有机物络合的磷酸盐以及微生物量磷。

根据有机磷对植物的有效性，土壤中有机磷一般可分为活性有机磷、中度活性有机磷、中稳性有机磷、高稳性有机磷 4 个组分：①活性有机磷，是指能溶于 0.5 mol/L NaHCO$_3$，且易矿化、易被植物吸收的组分；②中度活性有机磷，是指能溶于 1 mol/L H$_2$SO$_4$，且较易矿化、较易被植物吸收的组分；③中稳性有机磷，是指能溶于 0.5 mol/L NaOH，在 pH 为 1.0～1.8 的条件下不发生沉淀的较难矿化、较难被植物吸收利用的组分；④高稳性有机磷，是指能溶于 0.5 mol/L NaOH，在 pH 为 1.0～1.8 的条件下产生沉淀而很难被植物吸收利用的部分。

包括黄绵土在内的石灰性土壤中有机磷含量较少，中度活性有机磷在有机磷形态中所占比例最大，其次是高稳性和中稳性有机磷，活性有机磷含量最少。其中，土壤活性有机磷主要是核酸、磷脂类、磷糖类化合物，它们在土壤中矿化分解很快，能够作为植物生长的一种有效磷源，有效性最显著。土壤中度活性有机磷主要是植酸钙、镁等化合物，这些物质比较稳定，矿化速率不及活性有机磷组分，但它也可部分提供植物生长所需磷源。有研究表明，土壤中的活性有机磷和中度活性有机磷与植物生长有显著的相关关系。

长期施用有机肥可提高耕层土壤中有机磷总量，在增加的有机磷中，主要是高活性和中活性有机磷含量。有机肥不但本身可提高活性和中活性有机磷含量，而且由于有机肥中含有大量的微生物，吸收固定了无机磷，从而促进了无机磷向有机磷的转化。这种转化被称为"微生物固定"现象。长期施用有机肥，培肥了地力，改善了土壤生物化学性状，使中稳性和高稳性有机磷发生了降解，或者转化成了活性更高的有机磷组分。

耕作方式及轮作对土壤有机磷含量也有影响，从表 10-4 可看出，在 p-w-p-w（豌豆-春小麦-豌豆-春小麦）轮作下，中度活性有机磷是土壤有机磷的主体，占有机磷总量的 66.4%～80.2%，平均为 72.5%，其次为高稳性有机磷，占有机磷总量的 10.4%～17.9%，平均为 14.8%；中稳性有机磷占有机磷总量的 8.5%～13.0%，平均为 11.0%；活性有机磷占有机磷总量的 0.8%～2.8%，平均为 1.7%。

表 10-4 p-w-p-w 轮作下有机磷形态占各层总有机磷的比例

（海龙，2006）

单位：%

处理代号	活性有机磷			中度活性有机磷			中稳性有机磷			高稳性有机磷	
	0～5 cm	5～10 cm	10～30 cm	0～5 cm	5～10 cm	10～30 cm	0～5 cm	5～10 cm	10～30 cm	0～5 cm	5～10 cm
T	1.0	0.8	0.9	73.4	76.3	80.2	11.6	10.8	8.5	14.0	12.2
NTS	2.8	2.7	2.7	66.4	68.7	72.4	13.0	11.9	9.7	17.9	16.7
NT	1.8	1.7	1.8	67.6	69.0	74.6	13.0	12.2	95	17.6	17.1
TS	1.8	1.4	1.1	71.4	73.3	77.0	11.8	11.0	9.1	15.0	14.3

注：T 传统耕作，NTS 免耕+秸秆覆盖，NT 免耕不覆盖，TS 传统耕作+秸秆还田。

土壤中有机磷的有效性表现在两个方面：一方面是通过将有机磷矿化变为无机磷被植物吸收；另一方面部分有机磷如己糖磷酸酯、甘油磷酸酯甚至分子较大的核酸等可直接被植物吸收利用。

第四节 黄绵土中磷的固定

磷的固定是由于水溶性磷肥施入土壤后，会与土壤组成分之间发生一系列反应，使磷酸盐的溶解度降低、有效性减弱，并使磷从溶液中排出的现象。另外，土壤中微生物同化吸收也会产生生物固定。

缺磷是以黄绵土为代表的石灰性土壤阻碍作物产量提高的因素之一。黄绵土中磷的含量虽比较丰富，所占比例为 0.15%～0.20%；但是土壤有效磷含量水平低，一般为 3～5 mg/kg，提高作物产量则需补施大量磷肥。虽然施入土壤中的磷能不同程度提高土壤有效磷水平，但由于石灰性土壤对磷有较强的固定作用，使有效磷提高的量较施入的量低得多，这也是磷肥利用率低的主要原因。

一、固定速度

水溶性磷肥在黄绵土中利用率不高的主要原因在于固定速度快，固定数量多。由于施入的磷肥迅速被固定，移动性变得十分缓慢。固定过程可分为两个阶段：初始阶段，土壤对磷产生固定作用，且固定速度十分迅速，仅需数小时到数十小时；第二阶段，固定速度非常缓慢。

如图 10-5 所示，石辉等（1999）提出土壤中磷素转化的双库模型研究磷素转化的动力学特征。

由质量作用定律可将磷素在两库之间的转化关系表达为式 10-1a、式 10-1b：

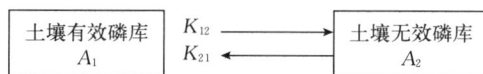

图 10-5　土壤中磷素转化的双库模型示意
（石辉 等，1999）

$$\frac{dA_1}{dt}=k_{21}A_2-k_{12}A_1 \tag{10-1a}$$

$$\frac{dA_2}{dt}=k_{12}A_1-k_{21}A_2 \tag{10-1b}$$

上式的矩阵形式为式 10-2：

$$\frac{d}{dt}\begin{bmatrix}A_1\\A_2\end{bmatrix}=\begin{bmatrix}-k_{12}&k_{21}\\k_{21}&-k_{12}\end{bmatrix}\begin{bmatrix}A_1\\A_2\end{bmatrix} \tag{10-2}$$

令

$$\boldsymbol{k}=\begin{bmatrix}-k_{12}&k_{21}\\k_{21}&-k_{12}\end{bmatrix} \tag{10-3}$$

Lassage 等提出式 10-2 有式 10-4 解的形式

$$A(t)=a_1e^{E_1t}j_1+a_2e^{E_2t}j_2 \tag{10-4}$$

式中，E_1 和 E_2 是矩阵 $\boldsymbol{k}$ 的特征值，j_1 和 j_2 是特征向量，可求得特征值 E_1 和 E_2 分别为：

$$E_1=0,\ E_2=-(k_{12}+k_{21})$$

为了求解特征向量，必须求解方程 $\boldsymbol{k}j_i=E_ij_i$，即式 10-5 成立。

$$\begin{bmatrix}-k_{12}&k_{21}\\k_{21}&-k_{12}\end{bmatrix}\begin{bmatrix}a\\b\end{bmatrix}=E\begin{bmatrix}a\\b\end{bmatrix} \tag{10-5}$$

$E_1=0$，可解得 $b=\frac{k_{12}}{k_{21}}a$，由于 a 为任意实数，令 $a=1$，则特征向量 j_1 为（式 10-6）

$$j_1=\begin{bmatrix}1\\\frac{k_{12}}{k_{21}}\end{bmatrix} \tag{10-6}$$

$E_2=-(k_{12}+k_{21})$ 时，解得 $a=-b$，令 $a=1$，则特征向量 j_2 为（式 10-7）

$$j_2=\begin{bmatrix}1\\-1\end{bmatrix} \tag{10-7}$$

将式 10-6、式 10-7 代入式 10-4，则有式 10-8 成立。

$$A(t)=\begin{bmatrix}A_1(t)\\A_2(t)\end{bmatrix}=a\begin{bmatrix}1\\\frac{k_{12}}{k_{21}}\end{bmatrix}+a_2e^{-(k_{12}+k_{21})t}\begin{bmatrix}1\\-1\end{bmatrix} \tag{10-8}$$

在初始条件下，即 $t=0$ 时，土壤中有效磷含量为 A_1^0，非有效磷含量为 A_2^0，总磷量为 A^0，由式 10-8 可求得式 10-9a、式 10-9b。

$$a_1+a_2=A_1^0 \tag{10-9a}$$

$$\frac{k_{12}}{k_{21}}a_1 - a_2 = A_2^0 \qquad (10-9b)$$

解得式 10 - 10a、式 10 - 10b。

$$a_1 = \frac{k_{21}A^0}{k_{12} + k_{21}} \qquad (10-10a)$$

$$a_2 = \frac{k_{12}A_1^0 - k_{21}A_2^0}{k_{12} + k_{21}} \qquad (10-10b)$$

将式 10 - 10a、式 10 - 10b 代入式 10 - 8 可得式 10 - 11a、式 10 - 11b。

$$A_1(t) = \frac{k_{21}A^0}{k_{12} + k_{21}} + \frac{k_{12}A_1^0 - k_{21}A_2^0}{k_{12} + k_{21}} e^{-(k_{12}+k_{21})t} \qquad (10-11a)$$

$$A_2(t) = \frac{k_{21}A^0}{k_{12} + k_{21}} - \frac{k_{12}A_1^0 - k_{21}A_2^0}{k_{12} + k_{21}} e^{-(k_{12}+k_{21})t} \qquad (10-11b)$$

当磷肥被施入土壤后，磷肥被土壤固定的速度极快，而非有效磷转化为有效磷的速度极慢，即 $k_{21} \ll k_{12}$，故式 10 - 11a 中的第一项可以忽略，因此 $\ln A_1(t)$ 与时间 t 呈线性关系。

20 世纪 80 年代，Chien 等提出用 Elovich 方程拟合土壤对磷的固定动力学。随后，研究者们通过大量试验测定也得出 Elovich 方程能很好地描述土壤对磷的固定动力学。Elovich 方程见式 10 - 12

$$\frac{\mathrm{d}q}{\mathrm{d}t} = a e^{-\beta q} \qquad (10-12)$$

式中，q 为时间 t 时的固磷量；α、β 为特征参数。根据边界条件 $t=0$ 时，$q=0$，对式 10 - 12 积分得式 10 - 13

$$q = \frac{1}{\beta}\ln(\alpha\beta + 1) \qquad (10-13)$$

对时间 t 进行微分，可以得到固定速度，见式 10 - 14

$$\frac{\mathrm{d}q}{\mathrm{d}t} = \frac{1}{\beta t + 1/\alpha} \qquad (10-14)$$

Elovich 方程将土壤中矿物、土壤黏粒等各种复杂物质对磷固定的影响都集中在参数 α、β 上，形式简单且拟合效果较好。当 $t \to 0$ 时，$\mathrm{d}q/\mathrm{d}t \to \alpha$，$\alpha$ 的物理意义是初始固定速度。β 是与土壤对磷的吸附固定速度有关的参数。对于不同的土壤，β 值不同，β 值越小，固磷速度越快。

二、固定基质

水溶性磷肥包括磷酸一钙、磷酸一铵、磷酸二铵、磷酸二氢钾、磷酸氢二钾等，它们进入土壤后，很快在土壤中被固定成为难溶性磷酸盐。由于其化学性质的差异，不同组分的水溶性磷肥施入同一土壤中，将形成不同的反应产物；而同一种水溶性磷肥施入不同性质的土壤中，也会受土壤性质的影响，形成不同的反应产物。水溶性磷肥一旦施入石灰性土壤后，大部分磷酸根会与土壤中的一些主要组成物质（固定基质）发生反应而被固定起来，且随着时间的推迟，固定数量逐渐增大，有效磷含量不断降低。

黄绵土中的哪些主要组成物质与磷酸根发生作用而使其得以固定？前人通过一系列大量的研究得出磷的固定能力和固定基质的关系。其中，固磷能力可用固磷百分率表示：

$$固磷百分率 = \frac{(加入量 + 原有量) - 测出量}{加入量} \times 100$$

石灰性土壤对磷肥的固定能力通过试验结果一致表明，在短短的 10 d 左右，固磷百分率大约为磷肥施入量的 50%。当水溶性磷肥施入石灰性土壤后，在很长一段时间里，新生成的无机磷，不仅有 Ca - P，而且有数量相当可观的 Al - P 和 Fe - P（NH_4Cl 浸出）。Al - P 的存在与土壤中 $CaCO_3$ 显然是无关的，Fe - P 的存在也不可能仅以 $CaCO_3$ 的吸附作用做出解释。

尹金来等（1989）在研究石灰性土壤固磷机制和特性后得出，当起始磷浓度较低（$0 \sim 200\ \mu g/g$）

时，以黏粒固定作用为主，$CaCO_3$ 沉淀作用不明显；当起始磷浓度较高（>200 μg/g）时，则黏粒与 $CaCO_3$ 同时起作用，其中 $CaCO_3$ 和磷之间的沉淀反应非常突出。据此可得出，石灰性土壤中黏粒矿物在固磷作用中一定起着相当重要的作用，土粒粒径是影响固磷能力的主要因素。固磷百分率与粒径呈极显著的负相关关系，粒径越小，固磷能力越大。即黏粒的固磷能力大于粉粒，粉粒的固磷能力大于沙粒。0.01 mm 是固磷百分率随粒径变化曲线上的转折点，物理黏粒（主要是黏粒矿物）起着主要作用。影响石灰性土壤中磷固定的主要基质是<0.01 mm 物理黏粒，而 $CaCO_3$ 则处于从属地位。

此外，影响石灰性土壤磷的固定基质还有有机质、部分阴离子及微量的游离态 Fe_2O_3、Al_2O_3 等。

三、固定机制

磷素在土壤中固定机制的研究工作，一直都是国内外土壤和农业化学界关注的重要问题之一。其在土壤中的固定主要有吸附固定和化学反应固定两种方式。

（一）磷素在土壤中的吸附固定

土壤对磷的吸附可分为离子交换吸附和配位吸附两类。离子交换吸附以静电引力为基础，是磷酸根在土壤黏粒矿物表面通过取代其他吸附态阴离子而被吸附。与配位吸附相比，其吸附性较弱，被吸附的磷酸根较容易被其他阴离子解吸。配位吸附是指磷酸根与土壤胶体表面上的-OH 或 OH_2 配位体发生交换形成离子键或共价键，如图 10-6 所示。在配位吸附初始阶段，磷（$H_2PO_4^-$）与土壤胶体表面上的-OH 进行配位交换，释放出 OH^-，形成单键吸附；随着时间的推移，被吸附的磷酸根会与相邻的-OH 发生第二次配位交换，进一步释放 OH^-，形成双键吸附。当由单键吸附逐渐过渡到双键吸附生成稳定的环状化合物时，土壤中磷的有效性会大幅度降低。

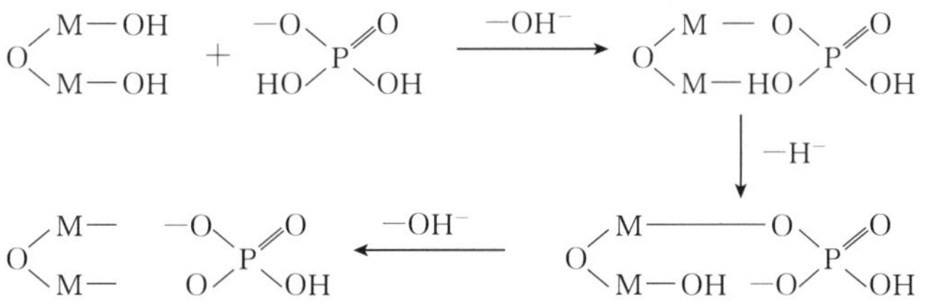

图 10-6 磷在土壤中的配位吸附固定
（安迪 等，2013）

土壤对磷的吸附量与土壤中无定形氧化铁和氧化铝含量呈正相关关系。Vanderzee 等（1988）研究提出了简单的吸附定量关系，即 $Q_m=(X_{Fe}+X_{Al})/6$。式中，Q_m 为土壤饱和吸附磷量，X_{Fe}、X_{Al} 分别为土壤中无定形氧化铁、氧化铝含量。

（二）磷素在土壤中的化学反应固定

在石灰性土壤中，由于土壤中含有大量的碳酸钙，所以当磷肥施入土壤后，碳酸钙也会对磷产生固定作用。当磷吸附在碳酸钙、铁铝矿物表面时，会与这些矿物质反应，形成化学沉淀。鲁如坤（1990）对土壤 Ca-P 体系研究发现，磷与土壤中碳酸钙发生的化学反应固定过程包括 4 个部分：①磷被碳酸钙吸附部分；②被吸附的磷与碳酸钙反应生成磷酸二钙部分；③磷酸二钙缓慢向溶解度更小的磷酸八钙转变部分；④磷酸八钙缓慢转化为稳定的磷酸十钙部分。这个转化过程在初期进行得很快，磷酸二钙转变为磷酸八钙的过程较为缓慢，磷酸八钙转变为羟基磷灰石，则需要很长时间。图 10-7 为石灰性土壤中碳酸钙对磷的化学固定过程。

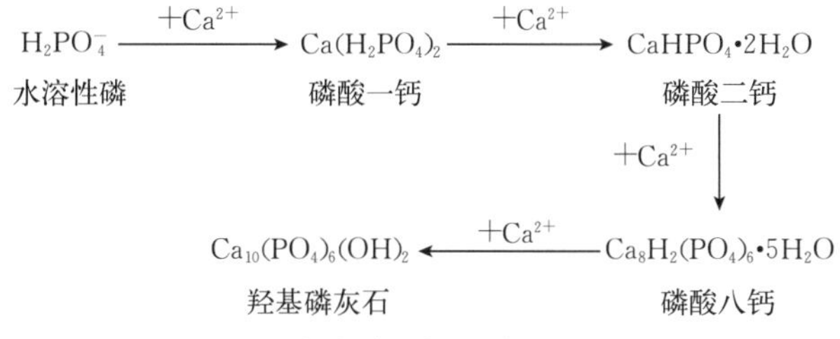

此外，磷与土壤中的游离态 Fe_2O_3、含铝

图 10-7 土壤中碳酸钙对磷的化学反应固定
（安迪，2013）

矿物也会发生化学反应固定。如图 10-8 所示，酸性的磷酸根溶解土壤中的铁铝矿物，并与铁离子和铝离子反应生成无定形的磷酸铁（$FePO_4 \cdot nH_2O$）和磷酸铝（$AlPO_4 \cdot nH_2O$）。无定形的磷酸铁和磷酸铝会进一步水解，形成结晶性好的盐性磷酸铁 [$Fe(OH)_2H_2PO_4$] 和磷酸铝 [$Al(OH)_2H_2PO_4$]，其中最稳定的是粉红磷铁矿（$FePO_4 \cdot 2H_2O$）和磷铝石（$AlPO_4 \cdot 2H_2O$），其有效性显著降低。与此同时，由于土壤中的磷酸铁盐在风化过程中的水解作用，无定形磷酸铁、磷酸铝表面会形成 Fe_2O_3 胶膜被包裹，形成闭蓄态磷（O-P），很难被作物吸收。

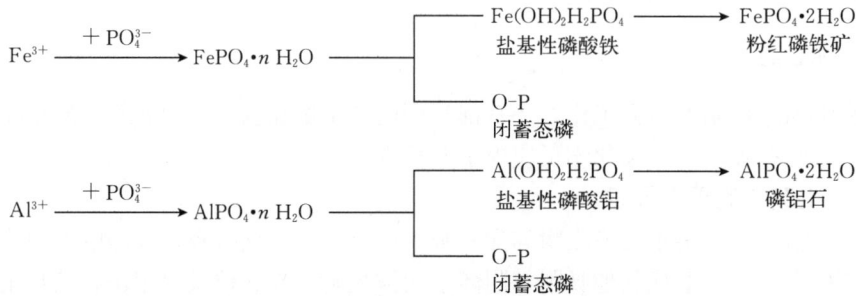

$$Fe^{3+} \xrightarrow{+PO_4^{3-}} FePO_4 \cdot nH_2O \begin{cases} Fe(OH)_2H_2PO_4 \text{ 盐基性磷酸铁} \longrightarrow FePO_4 \cdot 2H_2O \text{ 粉红磷铁矿} \\ O\text{-}P \text{ 闭蓄态磷} \end{cases}$$

$$Al^{3+} \xrightarrow{+PO_4^{3-}} AlPO_4 \cdot nH_2O \begin{cases} Al(OH)_2H_2PO_4 \text{ 盐基性磷酸铝} \longrightarrow AlPO_4 \cdot 2H_2O \text{ 磷铝石} \\ O\text{-}P \text{ 闭蓄态磷} \end{cases}$$

图 10-8　土壤中铁铝矿物对磷的化学反应固定

（安迪，2013）

黄绵土的吸磷特性通常用 Langmiur 吸附方程表示，根据该方程可获得某些反映土壤吸附特性的参数，描述供试土壤的吸磷特征，崔志军通过实验研究黄绵土吸附磷的一些理化参数见表 10-5。

表 10-5　黄绵土吸附磷的一些理化参数

（崔志军，1995）

土样号	平衡常数 K（mL/μg）	最大吸附量 X_m（μg/Pg）	最大缓冲容量 MBC（mL/g）	吸附反应自由能 $\Delta G° = RTlnK°$（kJ/mol）
7	0.102 2	527.15	53.88	−19.97
13	0.173 8	563.70	97.14	−21.28
20	0.179 2	586.51	105.12	−21.36
28	0.162 9	553.10	90.09	−21.12
35	0.102 5	547.34	56.08	−19.98

注：$\Delta G° = RTlnK = -2.438ln（K \times 30\ 974）$。

黄绵土的吸磷能力还受土壤性质的影响，有研究表明，6 个次生黄土母质的最大吸磷量与游离氧化铁、物理性黏粒、$CaCO_3$ 的含量和有机质含量呈极显著正相关，与代换量、比表面也呈极显著正相关，而与 pH 呈显著负相关，与全磷含量无关。测试了供试土壤的游离氧化铁、有机质、黏粒、全磷、$CaCO_3$ 的含量及 pH、代换量和比表面与最大吸磷量之间的相关关系，结果见表 10-6。

表 10-6　土壤性质与最大吸磷量的相关性

（曹志洪 等，1988）

土壤性质	次生黄土	黄土性黄土	全部供试土壤
游离氧化铁（%）	$r=0.967\ 4**$	$r=0.955\ 5**$	$r=0.901\ 4**$
有机质（%）	$r=0.943\ 5**$	ns	ns
黏粒（%）	$r=0.939\ 6**$	$r=0.942\ 7**$	$r=0.886\ 5*$
pH	$r=0.864\ 2*$	ns	ns
全磷（%）	$r=0.734\ 1**$	ns	ns

（续）

土壤性质	次生黄土	黄土性黄土	全部供试土壤
比表面（m^3/g）	$r=0.979\ 7^{**}$	—	—
代换量（me/100 g）	$r=0.963\ 4^{**}$	$r=0.954\ 7^{**}$	$r=0.625\ 4^{*}$
石灰 $CaCO_3$（%）	$r=0.934\ 4^{**}$	$r=0.939\ 3^{**}$	

注：* 表示 5% 显著；** 表示 1% 显著；ns 表示不显著。

四、磷在土壤中的转化、运移及环境问题

（一）磷在土壤中的转化

如图 10-9 所示，土壤中各种形态的磷，根据其所处的土壤环境条件（酸碱度、有机质、水分、温度、矿物组成、可溶性阳离子性质、氧化还原状况等），进行着固定或释放等转化。

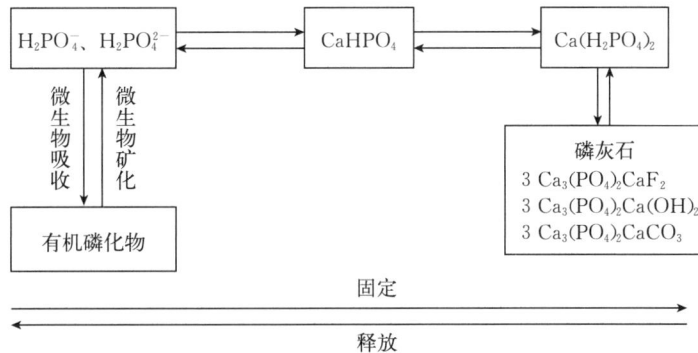

图 10-9　磷在石灰性土壤中的转化过程

（曾宪坤，1999）

1. 水溶性磷肥的转化　在土壤溶液不同的 pH 条件下，水溶性磷肥进行相应的解离，形成 3 种磷酸根离子，进而形成不同的反应产物。

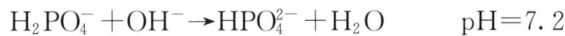

$$H_3PO_4 + OH^- \rightarrow H_2PO_4^- + H_2O \qquad pH=2.1$$
$$H_2PO_4^- + OH^- \rightarrow HPO_4^{2-} + H_2O \qquad pH=7.2$$
$$HPO_4^{2-} + OH^- \rightarrow PO_4^{3-} + H_2O \qquad pH=12.5$$

其中，$H_2PO_4^-$ 最易被作物吸收，HPO_4^{2-} 次之，PO_4^{3-} 则较难吸收。当 pH=7.2 时，$H_2PO_4^-$ 与 HPO_4^{2-} 各占 50%。当 pH<7.2 时，磷酸根离子以 $H_2PO_4^-$ 为主。当 pH>7.2 时，则以 HPO_4^{2-} 为主；如 pH=8 时，HPO_4^{2-} 占 86%，$H_2PO_4^-$ 只占 14%。由于土壤溶液 pH 范围一般为 5~9，很少超过 11，所以只有在很少情况下土壤中才有 PO_4^{3-} 存在。

在石灰性土壤中，磷往往与土壤中丰富的钙素结合，形成难溶态的 Ca_3-P、Ca_8-P 及 Ca_{10}-P。诸多研究结果表明，磷肥以磷酸二钙形态施入石灰性土壤后，很快便转化为溶解度较低的 Ca_2-P、Ca_3-P，并逐渐向更稳定的 Ca_8-P 及 Ca_{10}-P 转化而成为土壤磷的固定态，固定态的磷则很难被一般作物吸收利用。一水磷酸一钙的 n（P）/n（Ca）值为 2.00，极易溶于水，1 h 后即可形成饱和溶液。由一水磷酸一钙的固、液两相和新形成的二水磷酸二钙三相共存，该体系只能保持 1 d 左右，故称为亚稳定三相点平衡体系（MTPS），其 pH 为 1.48，n（P）/n（Ca）值为 2.78。17 d 后，可以形成由一水磷酸一钙固、液两相和无水磷酸二钙三相共存的稳定三相点平衡体系（TPS），其 pH 为 1.01，n（P）/n（Ca）值为 3.35。所以，一水磷酸一钙的溶解过程是一个异成分溶解过程。其水解反应式为：

$$Ca（H_2PO_4）_2 \cdot H_2O + nH_2O \Longleftrightarrow CaHPO_4 \cdot 2H_2O + MTPS$$

$$Ca (H_2PO_4)_2 \cdot H_2O + nH_2O \Longleftrightarrow CaHPO_4 + TPS$$

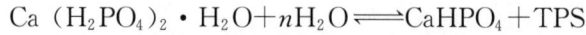

在石灰性土壤中，由于土壤 pH 和 Ca^{2+} 含量较高，磷酸一钙不断向溶解度小的基性磷酸钙盐方向转化。反应中期形成的磷酸钙盐，如化学活性中等的磷酸八钙，在石灰性土壤上的肥效平均相当于磷酸一钙的 50% 左右。磷酸二钙和磷酸八钙可以在土壤中存在数月乃至数年。后期形成的磷酸钙盐，随其 $n(P)/n(Ca)$ 值的递增，化学活性相应递减，有效性不断下降，直至最终转化为难溶的氟磷灰石，但其转化的速度很缓慢。这些磷酸钙盐的溶解度和有效性顺序为：$Ca (H_2PO_4)_2 \cdot H_2O > CaHPO_4 \cdot 2H_2O > CaHPO_4 > Ca_8H_2 (PO_4)_6 \cdot 5H_2O > \beta Ca_3 (PO_4)_2 > Ca_5 (PO_4)_3OH > Ca_5 (PO_4)_3F$。其中，除磷酸一钙为水溶性外，其余均为枸溶性。表 10-7 为各种水溶性磷肥施入石灰性土壤后可能产生的主要磷酸盐化合物及其形成条件。

表 10-7　各种水溶性磷肥施入石灰性土壤后可能产生的主要磷酸盐化合物

（蒋柏藩 等，1990）

水溶性磷肥	转化产物的化学成分	形成条件
$NH_4H_2PO_4$	$Mg_3 (NH_4)_2 (HPO_4)_4 \cdot 8H_2O$	
$NH_4H_2PO_4$、$(NH_4)_2HPO_4$	$Mg_3NH_4PO_4 \cdot 6H_2O$	
$Ca (H_2PO_4)_2 \cdot H_2O$　KH_2PO_4	$MgHPO_4 3H_2O$	
氨化过磷酸	$Ca (NH_4)_2P_2O_7 \cdot H_2O$	pH > 7
氨化过磷酸	$Mg (NH_4)_2P_2O_7 \cdot 4H_2O$	有 $CaCO_3$ 和
$(NH_4)_2HPO_4$	$Ca (NH_4)_2 (HPO_4)_3 \cdot 2H_2O$	
$(NH_4)_2HPO_4$	$CaNH_4PO_4 \cdot 2H_2O$	$MgCO_3$ 存在
$NH_4H_2PO_4$、K_2HPO_4	$Ca_8H_2 (PO_4)_6 \cdot 5H_2O$	
$(NH_4)_2HPO_4$	胶磷矿	
$(NH_4)_2HPO_4$	$Ca_{10} (PO_4)_6 \cdot (OH)_2$	

2. 枸溶性磷肥的转化　枸溶性磷肥包括沉淀磷肥（$CaHPO_4 \cdot 2H_2O$）、脱氟磷肥 $[\alpha-Ca_3 (PO_4)_2]$、钢渣磷肥（$Ca_4P_2O_9$）和玻璃体的钙镁磷肥等。枸溶性磷肥施入土壤后有效性的变化趋势与水溶性磷肥正好相反。水溶性磷肥中的水溶性磷含量开始时虽然很高，但逐渐被土壤固定成为枸溶性磷，随着这些产物的老化、结晶和进一步转化成为难溶性化合物，有效性迅速降低；而枸溶性磷肥几乎不含水溶性磷，但枸溶性磷肥施入土壤后的转化规律与水溶性磷肥一样，在石灰性土壤中的转化产物，是以钙为主的不同基性的磷酸盐类。

（二）磷在土壤中的运移

土壤中溶质运移过程是十分复杂的。溶质可随着土壤水分的运动而迁移，也可在自身浓度梯度的作用下产生扩散运移。溶质在土壤中运移的机理有 3 种：对流、扩散、水动力弥散。对流是纯水力学的结果，扩散是质点热运动的结果，而水动力弥散是由于土壤孔隙的微观流速的变化引起。

1. 对流　土壤水是溶质在土壤中的溶剂和载体。磷随土壤水运动而移动的过程称为对流。对流引起的溶质通量与土壤水通量和溶质浓度有关，可表示为式 10-15。

$$J_c = qc \qquad (10-15)$$

式中，J_c 为溶质的对流通量，c 为溶质浓度，q 为水分通量。

溶质的对流通量是指单位时间、单位面积土壤中由于对流作用所通过的水溶性磷的量或物质的量，所以表示为式 10-16。

$$J_c = v\theta c \qquad (10-16)$$

式中，v 是平均孔隙流速，θ 是容积含水量。平均孔隙流速指的是含水孔隙中水的平均流速，即单位时间内通过土壤的直线长度，不考虑由孔隙形状而带来所经历的曲折途径，也称平均表观速度。

如果是饱和流，θ 即为土壤的有效孔隙度。

溶质的对流运移在饱和、非饱和、稳态或非稳态流情况下都会发生。在饱和流条件下，流速比较快时，水溶性磷的运移主要由对流作用引起，弥散和扩散贡献很小。此时，可把水溶性磷运移视为对流。理想的对流运动过程如活塞流。

2. 扩散 扩散指的是由于离子或分子的热运动而引起的混合和分散的作用，是不可逆的过程。它是由溶液的浓度梯度引起的，只要浓度梯度存在，即使土壤溶液静止不流动时，扩散作用也存在。扩散作用常用菲克第一定律来表示（式 10-17）。

$$J_s = -D'_s \frac{dc}{dx} \qquad (10-17)$$

式中，J_s 为溶质的扩散通量，D'_s 为溶质的有效扩散系数，$\frac{dc}{dx}$ 为浓度梯度。扩散在土壤溶液中进行，因此水溶性磷的扩散受土壤含水量的限制，受扩散途径的孔隙弯曲度（弯曲因子 τ）与带电土粒阴、阳离子的静电作用（系数 γ）以及颗粒表面流动性（系数 α）的影响（式 10-18）。

$$D_s = \theta \left(\frac{L}{L_e}\right)^2 \alpha \gamma D_o \qquad (10-18)$$

式中，L 为扩散的宏观平均途径，L_e 为实际弯曲途径，D_o 为离子在自由溶液中的扩散系数，由于 L/L_e、α、γ 和 θ 均小于 1，所以 D_s 小于 D_o。考虑到反应性溶质与土壤间的相互作用，Nye（1968）提出计算土壤溶质扩散系数公式（式 10-19）。

$$D_s = D_o f \theta \frac{dc_i}{dc_s} + D_x \qquad (10-19)$$

式中，f 为曲折系数，无量纲，一般可由 Cl^- 在土壤中的系数 D_{Cl^-} 以及其在水溶液中的扩散系数 D_{oCl^-} 确定；dc_s 为固相上的溶质浓度，dc_i 为溶液中的溶质浓度，$dc_i/dc_s = b$ 为吸附等温线的斜率，也称土壤养分的缓冲容量；D_x 为添加项，表示固相离子对扩散的影响。当固体表面上的离子不移动时，或在扩散方向的固相离子扩散可以忽略时，则 D_x 为零，扩散主要在溶液中进行，所以式 10-20 成立。

$$D_s = D_o f \theta / b \qquad (10-20)$$

土壤中的溶质扩散系数大多可用式 10-20 描述。

考虑土粒对扩散离子的吸附作用，在瞬态条件下，采用菲克第二定律（式 10-21）。

$$\theta \partial c / \partial t = \partial J / \partial x - \partial s_a / \partial x \qquad (10-21)$$

假定线性吸附：$S_a = b_c + b_o$，b_c、b_o 为常数，则式 10-22 成立

$$\partial S_a / \partial c = b \qquad (10-22)$$

若含水量和土壤容重一定，则 D_s 为常数，式 10-23 成立

$$\partial c / \partial t = \frac{D_s}{\theta + b} \partial^2 c / \partial x^2 \qquad (10-23)$$

式中，$\theta + b$ 是容量因子（capacity factor），是液相溶质浓度增加一个单位，单位体积土壤的液相、固相吸持扩散离子的数量。

3. 机械弥散 土壤中存在着大小不一、形状各不相同的孔隙。土壤水溶液在其流动过程中，每个孔隙中流速的大小和方向各不相同，使土壤溶质分散并扩大运移范围，这种运移现象称为机械弥散。

溶质的机械弥散作用是由土壤孔隙中水的微观流速的变化而引起，具体有以下几方面的原因：①孔隙中心和边缘的流速不同；②孔隙直径大小不一，其流速不同；③孔隙的弯曲程度不同和封闭孔隙或团粒内部孔隙水流基本不流动，而使微观流速不同。由于机械弥散的复杂性，没有物理意义明确的数学表达式可用来表示由于机械弥散作用引起的溶质运移规律。虽然机械弥散在机制上与分子扩散不同，但它们在统计上有一定的相似性，可以用相似的表达式（式 10-24）

$$J_h = -\theta D_h \frac{dc}{dx} \qquad (10-24)$$

式中，J_h 为溶质的机械弥散通量，D_h 为机械弥散系数，dc/dx 为平均孔隙流速的函数。

一般情况下，D_h 可用式 10-25 计算。

$$D_h = \alpha \mid v \mid^n \qquad (10-25)$$

式中，n 一般可近似取 1，α 为弥散率或弥散度。

4. 水动力弥散 机械弥散和扩散在土壤中都引起了溶质的混合和分散，而且微观流速不易测定，结果也不易区分，所以在实际应用中常将两者联合起来，称为水动力弥散，将式 10-17 和式 10-24 合并得式 10-26。

$$J_{sh} = -\theta D_{sh}(\theta, v)\frac{dc}{dx} \qquad (10-26)$$

式中，J_{sh} 为水动力弥散通量；$D_{sh}(\theta, v)$ 为水动力弥散系数，也称为扩散-弥散系数。它们是含水量和平均孔隙流速的函数，在一维情况下，式 10-27 成立。

$$D_{sh}(\theta, v) = D_h + D_s = \alpha \mid v \mid^n + D_s \qquad (10-27)$$

水动力弥散系数与速度分布、分子扩散之间的关系已进行了大量的研究。较早的试验大多考虑一维问题，即针对纵向动力弥散系数。应用溶质的穿透曲线可求出水动力弥散系数 D_{sh}。应用量纲分析法可以证明无量纲数 D_{sh}/D_s 是另一个无量纲数 pe 的函数（式 10-28）。

$$pe = \frac{vd}{D_s} \qquad (10-28)$$

式中，pe 称为 Peclet 数，v 为平均孔隙流速，d 为多孔介质的平均粒径或其他介质的特征长度。

土壤磷酸盐的运移参数由前人通过运用 CXTFIT 程序拟合法求出，并得到磷酸盐运移过程的一些特征和运移规律。①土壤磷吸附是个吸热过程，当起始磷浓度较低时，黏粒在吸附磷酸盐方面起着主导作用；当起始磷浓度较高时，$CaCO_3$ 与磷酸盐发生强烈的反应，其反应量远远超过黏粒吸附量。②磷酸盐很难"穿透"土柱，阻滞因子 R 都大于 1，富含黏粒和 $CaCO_3$ 的土壤，在除去 $CaCO_3$ 后可使阻滞因子减少，说明 $CaCO_3$ 是与土壤反应的主要基质。

磷是反应性溶质，进入土壤后受化学、物理及生物因素的影响，在土壤中的运移是十分复杂的过程。磷可随着土壤水分的运动而迁移，也可在自身浓度梯度的作用下产生扩散运移，部分磷可被土壤吸附甚至沉淀。此外，磷在土壤中还会有化合分解、离子交换等化学反应。因此，土壤中磷运移的研究具有重要的理论和实际意义。

不同肥料长期处理对土壤磷的可迁移性也有影响，不同肥料处理下各小区的土壤树脂磷和水溶性磷的分布示于图 10-10，树脂磷和水溶性磷的分布有所不同，无论是树脂磷还是水溶性磷，有机无机配施的化肥-粪肥区（常规区）均有高于其他处理的现象。土壤树脂磷的相对含量与土壤磷流失量

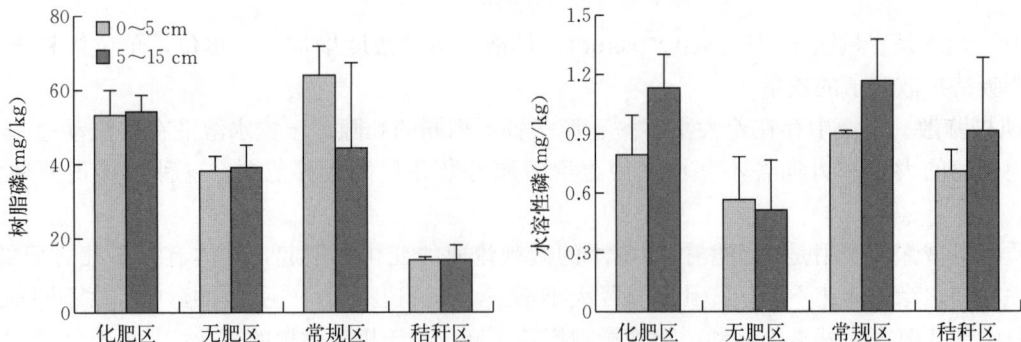

图 10-10　不同肥料长期处理下树脂磷和水溶性磷的分布

(潘根兴，2003)

间存在较好的相关关系，作为一种易移动的磷形态，树脂磷的相对分配与水稻土中磷流失潜能密切有关，因此，施用粪肥和秸秆尽管积累了有机质增加树脂磷的绝对含量，但由于占总磷的相对含量仍较低，不会使土壤磷活化而促进流失。

（三）磷与环境问题

土壤中大部分有机磷以高分子形态存在，无机磷则是以吸附态和钙、铁、铝等磷酸盐类为主。磷积累虽能够提高土壤对作物磷素供应的能力，可是有效性不高。但如果土壤中磷含量过高，土壤胶体吸附的磷可被解吸进入土壤溶液，也可沿着土壤孔隙或裂隙进入地下水，导致地下水中磷浓度增高，发生地下水磷污染。磷也可以通过地表径流、土壤侵蚀及渗漏淋溶等形式，从土壤转移到河流、湖泊、水库等地表水体中。一方面造成了土壤中磷的流失；另一方面由于大量磷素从土壤中流失出来，进入地表水体，必然会对地表水体造成污染。有些河流、湖泊、水库等水体的富营养化与这些磷有着非常密切的关系。

第五节　植物对磷的吸收

磷素是植物生长发育所必需的大量营养元素之一，在植物的能量代谢、糖分代谢、酶促反应和光合作用等过程中起着至关重要的作用，并且是核酸、植素和卵磷脂的重要组成成分，在很大程度上决定了作物的产量和品质。磷通过扩散向根系表面迁移是植物吸收土壤中磷的主要方式。无机磷作为植物吸收的主要磷源在土壤中扩散速度极慢，扩散系数为 $(0.3\sim3.3)\times10^{-13}$ m^2/s。植物根系形态和生理特性的适应性变化是植物高效利用土壤磷的重要基础。

一、植物吸收磷素的特点

磷素作为植物生长发育的必需元素之一，在人类赖以生存的生态系统中起着不可替代的作用。根系是植物吸收养分的主要器官，由于磷在土壤中易被固定而难以移动，植物对土壤中磷的吸收主要依靠根系吸收其周围所接触到的土壤有效磷。磷素在土壤中易被固定且移动速率很慢，为 $10\sim30$ $\mu m/h$，其扩散距离只有 $1\sim2$ mm。植物只能吸收到达根系表面的土壤磷素，因此很容易造成根际磷素亏缺。在低磷的环境中，植物的形态、生理、生化及分子等方面会产生一系列的适应性变化。长期生长在低磷胁迫的环境下，植物为了维持正常代谢和生长，会通过改变根系的形态来提高对土壤中难溶态磷的吸收能力，形成一些有利于对土壤磷吸收的适应性机制，使植物根系形态构型发生变化，包括根形态特征的演变、诱导酸性磷酸酶以及特异根系分泌物的形成、分泌和诱导高亲和力磷转运子。因此，不同植物根系形态学导致了其吸磷特性的差异。

此外，植物还可通过其特有的生理学机制高效利用磷素。磷效率植物能明显感受环境磷胁迫信号，并诱导植物体内的一系列生理学过程变化。在缺磷条件下，植物还会将大量的分泌物包括有机酸、酸性磷酸酶等通过根系释放到根际土壤中，提高土壤中磷的生物有效性，从而改善植物的磷营养。同时，为了最大限度利用磷源，在缺磷条件下，植物不但可以将体内的磷通过磷酸酶、核酸酶等的作用从衰老的组织器官转移到新生组织中，还可以通过代谢调节来降低体内磷的消耗，从而提高磷的利用效率。此外，部分植物还可以形成排根、菌根，通过与根系共生，扩大了根系和菌丝共生体所接触到的土壤体积，菌根植物比对照具有更快的吸收速率，促使磷素不断通过主动运输的方式进入菌丝中并传递给宿主植物。其中，根系分泌物增加、菌根侵染、根系吸收动力学特征变化及植物磷素内循环加强是植物适应磷胁迫的重要生理机制。

植物对磷的吸收大部分是通过转运及扩散作用来完成的。一般来说，$H_2PO_4^-$ 是磷转运的首选形态，其次是 HPO_4^{2-}。植物通过质膜与 H^+ - ATPases 控制能量介导的共转运过程来获取磷，依靠有效磷和组织磷浓度，通过 2 - $4H^+/H_2PO_4$ - J 转运使其活跃。

二、植物吸收磷素的影响因素

(一) 作物种类

植物吸收磷素不仅取决于磷在土壤中的解析，还取决于植物本身的特性。由于物种的差异以及植物自身的形态特性，在相同环境条件下，高效率的植物可以通过改变其根系的生长和结构来促进对有效磷的吸收。对于生长在贫瘠土壤上的树木，广布的根系是树木正常生长的保障之一。相对于作物而言，林木叶干比较小，养分需求量相对小，而且林木根系在土壤中分布广泛，吸收面积大，养分需求相对容易满足。丁应祥等（1998）在对不同林龄杨树根际土壤的研究中发现，有效磷在各林分根际土中出现富集，这与根际土中 pH 的下降、根系分泌物对固态磷的活化有很大关系。魏勇等（2003）进一步研究发现，滨海盐渍土壤中不同林龄杨树根际有效磷明显富集，并且随着林龄的增大富集程度明显提高。

研究表明，在缺磷情况下，HB（磷高效品种）的相对生长量大于 SH（磷低效品种），说明 HB 的磷营养效率高于 SH；同时 HB 的吸磷量也明显大于 SH，说明 HB 吸磷能力强于 SH。而加磷时 HB 的吸磷量小于 SH，说明 HB 的需磷量小于 SH，而相对吸磷量则 HB 大于 SH（表 10 - 8）。

表 10 - 8　磷对不同磷营养油菜生长量及吸磷量的影响（土培）

（刘慧 等，1999）

油菜品种	地上部干重（g/盆）		相对生长量（%）	吸磷量（g/盆）		相对吸磷量（%）
	−P	+P		−P	+P	
HB	0.67	3.10	21.7	1.35	8.74	15.4
SH	0.28	2.85	9.8	0.80	10.41	7.7

注：相对生长量及相对吸磷量＝（−P/+P）∗100。

(二) 根系分泌物

根系分泌物是植物根系释放到周围环境中各种物质的总称，其组成和含量的变化是植物对环境胁迫最直接、最明显的反应，是不同生态型植物对其生存环境长期适应的结果。许多研究表明，根系分泌物是保持根际微生态系统活力的关键因素，也是根际微生态系统中物质迁移和调控的重要组分。在众多种类的根系分泌物中，有机酸和酸性磷酸酶等被普遍认为以直接或间接的方式影响土壤磷的有效性，并与植物吸收磷效率有关。

(三) 环境因素

低温、缺氧或光照不足等均可显著抑制根系对磷的吸收。温度升高则有利于磷的吸收，增加水分也有利于土壤溶液中磷的扩散，可提高磷的有效性。

（1）温度。植物生长所需的温度一般为 6~38 ℃，根系对养分的吸收随温度升高而升高。温度过高（超过 40 ℃）时，高温使植物体内酶钝化，从而减少了可结合养分离子载体的数量，同时高温使细胞膜透性增大，增加了矿质养分的被动溢泌。低温往往使植物的代谢活性降低，从而减少养分的吸收量。

（2）光照。光照通过影响植物叶片的光合强度而对某些酶的活性、气孔的开闭和蒸腾强度等产生间接影响，最终影响根系对矿质养分的吸收。

（3）水分状况。水分是决定土壤中养分离子以扩散还是以质流方式迁移的重要因素。水分状况对植物生长，特别是对根系的生长有很大影响，从而间接影响植物对养分的吸收。

（4）通气状况。主要从 3 个方面影响植物对养分的吸收：一是根系的呼吸作用；二是有毒物质的产生；三是土壤养分的形态和有效性。良好的通气环境，能使根部供氧状况良好，并能使产生的 CO_2 从根际散失。这一过程对根系正常发育、根的有氧代谢以及离子的吸收都有十分重要的意义。

不同磷营养油菜根膜遭性与磷外渗率也存在差异，由表 10 - 9 可以看出，根中总电解质的量和根膜透性越大，磷的外渗率就越大。缺磷处理的根膜透性低于加磷处理的，这或许是油菜对缺磷的一种适应机理，即通过根膜透性的减小，减少根中磷的外渗，以保证净吸收受抑程度较小。缺磷处理的HB磷外渗率明显低于SH，说明不同磷营养油菜缺磷时控制磷外渗的能力有很大差异，这也许是油菜磷营养差异的机理。缺磷处理的HB根中总电解质的量与根膜透性都较SH小，但根中部电解质量的差异（为9.6%）小于根膜透性的差异（为23.4%），因而可以说，缺磷时2个油菜品种磷外渗率差异主要是由于根膜透性的差异造成的。

表 10 - 9　磷对不同磷营养油菜根膜透性与磷外渗率的影响

（刘慧 等，1999）

油菜品种	处理	液 I	液 II	根膜透性	磷外渗率 $[\mu g/(g \cdot h)]$
HB	-P	0.101	0.895	0.113	0.223
	+P	0.235	1.270	0.185	1.355
SH	-P	0.141	0.985	0.143	0.530
	+p	0.325	1.305	0.249	1.420

注：液 I 为每克根在去离子水中放置 1 h 后溶液的电导率，它可反映 1 h 根中释放的电解质；而液 II 为每克根在去离子水中被煮过后溶液的电导率，可反映根中总电解质的量，二者比值可以反映根膜透性的大小。

第六节　磷肥种类、作物种类及施用方法

磷是植物重要的必需营养元素。我国有 74% 的耕地土壤缺磷，因而作物的种植就需要在土壤中施入一定量的磷肥，以促进作物的生长发育。

磷肥的种类和性质一般按磷肥中磷的有效性或溶解度不同分为水溶性磷肥、弱酸溶（枸溶）性磷肥和难溶性磷肥 3 种。

（一）水溶性磷肥

水溶性磷肥属于酸性磷肥，含 $H_2PO_4^-$，具有溶于水、易吸收、肥效快的特点；但在土壤中易转化为弱酸及难溶性磷。

（1）过磷酸钙。简称普钙、过石，为灰白色粉末状，有的呈颗粒状，稍有酸味，主要成分为水溶性的磷酸一钙和水难溶性的硫酸钙。含有效五氧化二磷，因制造原料和工艺不同有所不同，一般为 12%～20%。水溶液呈酸性反应，吸湿性一般不大；但若游离酸过多，储存在潮湿的地方或接触空气，易吸湿结块，腐蚀性很强。过磷酸钙施入土壤后，有效磷酸根离子的溶解扩散较慢，对作物供应时间较长，但易形成难溶性的磷酸盐化合物，将有效磷固定下来，造成过磷酸钙的利用率较低。可作基肥、追肥、种肥及根外追肥，对喜硫作物如油菜、豆科作物施用肥效好。

施用过磷酸钙应掌握以下几个原则：①集中施用。减少磷肥与土壤的接触面来减少固定机会。可作种肥、蘸秧肥等，施入土壤深度 5～10 cm，集中在根际附近。②与有机肥料混合施用。利用有机肥中的酸将有效磷分解出来，同时有机酸与土壤中的金属离子铁、锰、钙等结合，减少这些离子与有效磷的结合固定，即减少土壤对肥料中有效磷的固定。③分层施用。由于磷在土壤中移动性较小，作物在不同生育时期根的分布状况不同，将磷肥分层施用到作物根群附近，可最大限度发挥磷肥的效果。④根外追肥。既能避免磷在土壤中的固定，且用量省、效果快，尤其在作物生育后期根系功能减退的情况下，喷施磷肥能及时供应后期磷素需要。喷施浓度一般为 0.5%～1.0%。⑤制成颗粒磷肥。其效果会显著优于粉状磷肥，因颗粒磷肥减少了磷肥与土壤接触面，不易被土壤固定，有利于磷的扩散和作物对磷的吸收。

（2）重过磷酸钙。简称重钙、浓缩过磷酸钙或三倍磷肥，一般为深灰色颗粒或粉末状，含五氧化二磷 40%～52%，是一种高浓度的水溶性磷肥，易溶于水，水溶液呈酸性反应。吸湿性比过磷酸钙

强，吸湿后一般较稳定，粉状的易结块。不宜与碱性物质混合，以免降低磷的有效性。

重过磷酸钙除养分含量比过磷酸钙高 3～4 倍外，其他性质和在土壤中的转化相同，所以施用方法与过磷酸钙相同，用量可低于过磷酸钙。

（二）弱酸溶性磷肥

弱酸溶性磷肥是不溶于水易溶于弱酸的碱性肥料，含 HPO_4^{2-}，具有在土壤中移动性差、不流失、肥效缓慢持久、物理性质好等特点。其有效性因土壤条件而异，在黄绵土中有效性较低。

（1）钙镁磷肥。其是一种黑绿色或棕灰色粉末状的多元碱性肥料，一般含有效五氧化二磷 14%～20%，容易被作物吸收利用。此外，还含有镁、钙、硅等元素，可同时供作物多种营养，提高作物的抗病、抗虫、抗倒伏能力。施用于喜钙作物、缺磷土壤、酸性土壤，与有机肥混合施用，可提高肥效。

钙镁磷肥最适宜在缺磷的酸性土壤或缺钙、镁的沙性贫瘠土壤施用，最适宜的作物是豌豆、蚕豆等豆科作物。在碱性石灰土壤施用，数量不宜过大，可与有机肥料混合堆沤后施用。钙镁磷肥最适宜作基肥，可撒施、条施或穴施，要深施，每 667 m^2 用量 30～40 kg。作追肥时，尽量条施、穴施，要早施，每 667 m^2 用量掌握在 15～20 kg。

（2）钢渣磷肥。含五氧化二磷 7%～17%。物理性质好，但呈强碱性。宜在酸性土中作基肥，与有机肥混合施用，可提高肥效。对果树、豆科作物、生长期长的作物肥效好，水稻施用可提高抗倒伏能力。

（3）沉淀磷肥。含五氧化二磷 30%～42%，可作基肥或种肥，宜早施，集中施用。可作饲料。

（三）难溶性磷肥

难溶性磷肥为强酸溶性磷肥，一般施用于吸磷能力强的作物。

（1）磷矿粉。由磷矿石机械研磨而成，是磷肥原料，也可用作磷肥。施于酸性、缺磷土壤，对油菜、萝卜、荞麦、苕子、豆科作物、生长期长的果树、牧草等具有较好肥效。

目前，各地施用磷矿粉数量不大，其肥效和全磷含量关系不大，而与弱酸溶性磷含量呈明显正相关关系。适宜在各种作物和土壤上施用，在酸性缺磷土壤上施用比在石灰性缺磷土壤上施用效果好。细质磷矿粉比粗质磷矿粉施用效果好。磷矿粉一般用作基肥，每 667 m^2 用量 50～80 kg。施用磷矿粉的优点：磷素不易被水淋失，肥效持久，后效长，有利于土壤磷素的积累。鉴于其肥效较慢，施用时与过磷酸钙配合效果较好。

（2）骨粉。由动物骨加工而成，含五氧化二磷 22%～33%。可作基肥，主要用于经济作物，也可作饲料添加剂。

各种作物的生长特性不同，对磷肥也有不同的反应。通常情况下，豆科作物、糖料作物（甜菜、甘蔗）、纤维作物（棉花、麻类）、油料作物（油菜、向日葵）等对磷肥的需求量较大，而禾谷类作物对磷肥的需求量较少。不同作物对磷肥的敏感程度大致为：豆科作物＞糖料作物＞小麦＞纤维作物＞油料作物＞早稻＞晚稻。

此外，不同作物对磷肥的吸收利用率也有着很大的差异。其中，豆科作物、油料作物、瓜果类作物等对磷肥的吸收力较强，而甘薯、马铃薯等作物对磷肥的吸收力较差。因此，在施用磷肥时应考虑，在吸磷能力强的作物中，施用难溶性磷肥；在吸磷能力弱的作物中，可施用水溶性磷肥。同时，还可根据同一作物在不同生长时期对磷肥吸收能力的不同，可采用水溶性磷肥作种肥，以供作物苗期利用；而将难溶性磷肥作基肥，供作物后期生长的利用。

长期施肥对土壤养分含量会产生一定的影响。研究表明，与对照相比，连续 29 年施用化肥及有机肥显著提高了土壤有机碳和全氮含量，化肥配施及化肥与有机肥配施处理的土壤有机碳和全氮含量增幅显著高于化肥单施（N）处理（表 10-10）。施用磷肥和有机肥显著提高土壤全磷和有效磷含量，其中施用有机肥处理（M）的土壤全磷含量较不施有机肥处理提高 10.5%，而有效磷含量较不施用有机肥处理提高 66.5%。在不施有机肥条件下，氮磷配施处理（NP）土壤全磷和有效磷含量较对照

（CK）分别提高 19.7％和 116.6％；施用有机肥处理的土壤全磷和有效磷含量较对照（CK）分别提高 27.9％和 229.6％，长期施用钾肥和有机肥对土壤全钾含量无明显影响，但显著提高了土壤速效钾含量，施用有机肥处理土壤速效钾含量较不施有机肥处理提高 9.0％。

表 10 - 10　长期施肥对土壤肥力的影响

（俄胜哲，2016）

处理	pH	有机碳 (g/kg)	全氮 (g/kg)	全磷 (g/kg)	全钾 (g/kg)	碱解氮 (mg/kg)	有效磷 (mg/kg)	速效钾 (mg/kg)
CK	8.16±0.03	9.8±0.1	1.17±0.02	0.61±0.02	16.57±0.13	57.94±0.97	9.91±0.44	171.67±4.40
N	8.12±0.02	10.1±0.1	1.19±0.01	0.59±0.02	16.55±0.54	76.60±2.15	12.33±0.69	163.32±6.50
NP	8.11±0.04	10.6±0.2	1.27±0.01	0.73±0.03	16.33±0.16	67.78±0.97	21.46±1.08	163.66±6.84
NPK	8.10±0.04	10.6±0.2	1.27±0.02	0.74±0.02	16.65±0.04	70.75±0.45	22.32±1.20	198.53±2.15
平均	8.12±0.04	10.3±0.4	1.23±0.05	0.67±0.02	16.53±0.13	68.27±2.11	16.50±1.69	175.50±5.91
M	8.14±0.02	10.3±0.2	1.28±0.01	0.67±0.02	16.59±0.02	67.42±1.52	21.22±0.83	194.00±3.06
MN	8.10±0.02	10.6±0.2	1.34±0.02	0.69±0.01	16.49±0.20	71.30±0.90	22.66±0.32	181.33±0.67
MNP	8.10±0.04	10.9±0.1	1.37±0.01	0.78±0.03	16.28±0.34	72.91±0.68	32.66±1.42	178.33±3.76
MNPK	8.10±0.03	11.1±0.2	1.36±0.01	0.79±0.03	16.97±0.63	72.57±1.22	33.63±1.31	211.66±7.27
平均	8.11±0.03	10.9±0.3	1.33±0.04	0.74±0.02	16.58±0.18	71.05±0.81	27.54±1.76	191.33±4.38

第十一章 黄绵土中的钾 >>>

第一节 黄绵土全钾

土壤钾按照化学组分可分为水溶性钾、交换性钾、非交换性钾和矿物钾。水溶性钾（溶液钾）以离子形态存在于土壤溶液中，占土壤全钾的比例最低。交换性钾是土壤胶体表面负电荷所吸附的钾离子，一般占土壤全钾的1%～2%。一般将这两种形态的钾又称为速效钾。非交换性钾又称为缓效钾，主要存在于黏土矿物中，一般占土壤全钾的2%～8%。矿物钾是土壤中含钾原生矿物和含钾次生矿物的总称，是一种键合于矿物晶格中或深受晶格结构束缚的钾，一般占土壤全钾的92%～98%。矿物钾向其余3种形态钾的转变极其缓慢，对作物基本无效。

黄绵土钾素水平受黄土母质的影响，土壤全钾含量一般为2%以上。由表11-1可知，在安塞、固原、清涧采集的80个黄绵土样的全钾含量为1.99%～2.48%，均值为2.16%，低于黄土高原土壤全钾含量的均值（2.46%）。不同地形部位黄绵土全钾含量存在差异（表11-2），其中塬地＞坡地＞川台地。黄绵土属于幼年土壤，全钾含量剖面分布变化较小。

表11-1 黄土高原主要土壤全钾含量

土壤	地点	样品数（个）	全钾（K₂O）含量（%）		
			范围	平均值	标准差
风沙土	靖边、榆林	7	1.69～2.20	2.01	0.224 5
绵沙土	靖边、榆林、绥米	23	1.92～2.28	2.15	0.112 6
黄绵土	安塞、固原、清涧	80	1.99～2.48	2.16	0.094 4
轻黑垆土	志丹、靖边、固原	69	1.76～2.58	2.21	0.193 9
黑垆土	西峰、洛川	31	1.93～2.64	2.32	0.212 4
黏黑垆土	淳化、彬县、乾县	102	1.72～3.08	2.43	0.345 1
灰垆土	蒲城、高陵	29	2.02～2.98	2.46	0.230 2
黑油土	高陵、武功	35	1.71～3.47	2.48	0.425 9
红油土	武功、相陵	31	2.01～2.93	2.51	0.291 1
红垆土	乾县	10	2.42～3.79	2.97	0.509 2
红立茬土	眉县	5	2.29～2.52	2.42	0.091 4
淡灰钙土	宁夏宁卫灌区	23	1.36～2.94	1.81	0.344 1
黄（白）墡土	淳化、彬县、渭南	68	1.69～2.96	2.28	0.304 9
红胶土	安塞、淳化	26	1.96～2.99	2.55	0.309 2

（续）

土壤	地点	样品数（个）	全钾（K_2O）含量（%）		
			范围	平均值	标准差
灌淤土	高陵	31	2.10～2.66	2.29	0.188 5
	宁夏宁卫灌区	16	1.46～2.41	1.95	0.328 8
污灌土	西安市北郊	9	2.48～2.77	2.60	0.111 6

表 11-2　不同地形部位黄绵土全钾含量

地形部位	土层深度（cm）	全钾（K_2O）含量（%）
塬地	0～22	2.23
	22～64	2.29
	64～121	2.22
川台地	0～15	1.17
	15～57	0.61
	57～92	1.01
	92～133	1.21
	133～150	1.22
坡地	0～20	1.632
	20～40	1.581
	40～100	1.582

第二节　黄绵土速效钾

速效钾主要是交换性钾和少量水溶性钾，是当季土壤供钾能力的指标。交换性钾是土壤中速效钾的主体，与溶液中 K^+ 保持着动态平衡。当土壤交换性钾被土壤溶液中其他阳离子取代后，则以 K^+ 形态进入溶液。水溶性钾是土壤中活动性最高的钾，能够直接被植物吸收利用，占速效钾的小部分。

黄绵土速效钾含量平均值（表 11-3），从青海的 160.2 mg/kg，经宁夏、甘肃的 123.4～124.1 mg/kg，到陕西、山西的 78.8～99.7 mg/kg，自西向东呈减小趋势。以陕西土壤速效钾含量为例，黄绵土速效钾含量的平均值（78.8 mg/kg）小于塿土（171.6 mg/kg）和黑垆土（124.5 mg/kg）。黄绵土速效钾含量在剖面分布上符合指数回归（图 11-1），由表层向母质层呈下降趋势；但与黑垆土速效钾含量在剖面上的分布相比，黄绵土速效钾含量降低趋势相对急剧。

表 11-3　黄土高原地区主要土壤速效钾含量

土壤	地点	样本数（个）	速效钾含量（mg/kg）	
			平均值	范围
黄绵土	山西	55	99.7	50.6～391.3
	陕西	95	78.8	41.0～225.0
	宁夏	52	123.4	57.6～219.0
	甘肃	39	124.1	66.0～224.5
	青海	46	160.2	80.5～354.0

（续）

土壤	地点	样本数（个）	速效钾含量（mg/kg）	
			平均值	范围
黑垆土	内蒙古	6	54.3	42.8～75.6
	山西	15	98.4	50.7～163.5
	陕西	84	124.5	84.5～485.0
	宁夏	31	222.5	97.5～492.9
	甘肃	36	156.6	65.0～319.7
塿土	山西	59	128.4	31.3～359.6
	陕西	64	171.6	100.1～371.0

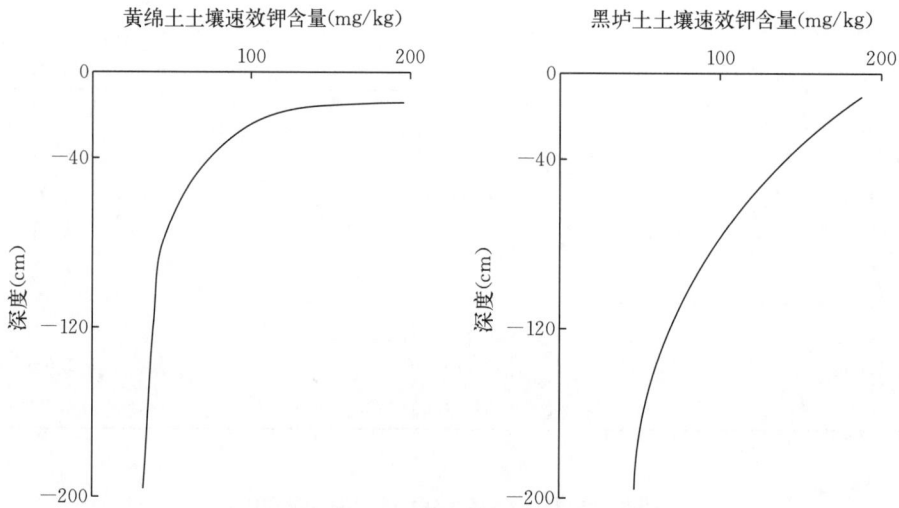

图 11-1 土壤速效钾含量剖面分布

表 11-4 为我国不同省份黄绵土耕层土壤速效钾含量变化（农业部，2017）。黄绵土区土壤耕层速效钾含量平均值为 164.4 mg/kg。其中，甘肃、宁夏两省黄绵土耕层土壤速效钾含量平均值相差不大，分别为 175.2 mg/kg、173.4 mg/kg；陕西、山西和内蒙古土壤速效钾含量平均值分别为 159.8 mg/kg、120.4 mg/kg、135.1 mg/kg。整体表现为自西向东呈减少趋势。

表 11-4 我国不同省份黄绵土耕层土壤速效钾含量

（农业部，2017）

地 点	有效样本数（个）	平均值（mg/kg）	范围（mg/kg）
甘肃	1 494	175.2	51.0～394.0
宁夏	339	173.4	29.7～366.5
陕西	1 844	159.8	14.0～393.0
山西	207	120.4	47.0～250.0
内蒙古	48	135.1	76.0～197.0
平均		164.4	

第三节　黄绵土缓效钾

缓效钾即非交换性钾，是土壤速效钾的储备，反映了土壤供钾潜力。在生长季，某些原为非交换态的钾可能转化为水溶态或交换态钾，从而对植物有效。不同土类的非交换性钾含量相差较大，以高岭石和铁、铝氧化物为主的红壤、砖红壤的非交换性钾含量有时低于 40 mg/kg，含水化云母较多的土壤非交换性钾可高达 1 000 mg/kg。

由于土壤矿物的风化程度和土壤含钾黏粒矿物的种类受大气水热条件的影响而呈有规律的地理分布，我国土壤的供钾潜力由南向北呈增大趋势。我国热带地区的砖红壤，因风化淋溶作用强烈，且黏粒矿物主要为高岭石，土壤的供钾能力极弱，缓效钾含量一般低于 70 mg/kg。长江以南亚热带丘陵地区的赤红壤、红壤、红黄壤和黄壤等，风化淋溶作用较强，黏粒矿物以高岭石、水云母为主，土壤的供钾能力较弱，缓效钾含量一般为 70~170 mg/kg；发育于紫色页岩的紫色土富含含钾矿物，供钾潜力较大，土壤缓效钾含量可达 300~400 mg/kg；而水稻土的质地黏重，含钾矿物较多，土壤缓效钾含量大都为 300 mg/kg 以上。长江以北地区的土壤如华北平原潮土和褐土，西北地区的黄绵土和黑垆土以及东北和内蒙古地区的黑土、白浆土、黑钙土、棕壤、栗钙土和灰钙土等，因分布在温暖乃至冷凉地区，风化淋溶弱甚至没有淋溶，黏粒矿物以水云母、蛭石、蒙脱石为主，土壤缓效钾含量可高达 500~1 000 mg/kg，具有很强的供钾能力。这一区域中的沙质土壤、山地石质土壤等含黏粒矿物较少，供钾能力弱，土壤缓效钾含量可能为 300 mg/kg 以下。总而言之，我国土壤的供钾潜力大致以长江为界，长江以南土壤的供钾潜力较低，土壤缓效钾含量除水稻土、紫色土较高外，一般低于 200 mg/kg，土壤有效钾含量一般低于 100 mg/kg，农田土壤缺钾现象较为普遍；长江以北地区土壤的供钾潜力较高，土壤缓效钾含量普遍超过 500 mg/kg，有效含量大多为 100~500 mg/kg，土壤缺钾现象较为少见。

根据贾恒义等的研究结果，以陕西土壤缓效钾含量为例（表 11-5），黄绵土缓效钾含量的平均值（636.9 mg/kg）小于塿土（1 133.7 mg/kg）和黑垆土（871.6 mg/kg）。黄绵土缓效钾含量的剖面呈表层高、底土层高、心土层低的"低谷"分布（图 11-2）。

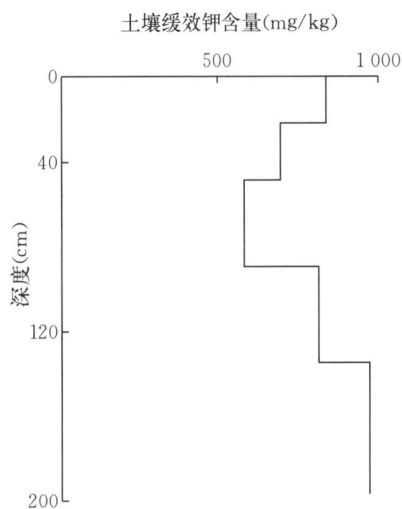

图 11-2 黄绵土缓效钾含量剖面分布

表 11-5 黄土高原地区主要土壤缓效钾含量

土壤	地点	样本数（个）	平均值（mg/kg）	范围（mg/kg）
黄绵土	山西	55	808.6	471.2~1 194.9
	陕西	84	636.9	458.0~901.0
	宁夏	37	77.3	690.9~902.6
	甘肃	39	965.0	813.2~1 174.2
	青海	13	988.6	848.4~1 042.2
黑垆土	内蒙古	6	579.3	555.3~612.7
	山西	15	956.8	704.8~1 624.0
	陕西	84	871.6	546.0~1 286.7
	宁夏	24	929.2	693.7~1 247.5
	甘肃	36	1 224.7	990.0~1 532.9
塿土	山西	59	978.3	680.9~1 640.5
	陕西	39	1 133.7	699.0~1 476.0

表 11-6 为黄土高原地区不同省份黄绵土耕层土壤缓效钾含量变化（农业部，2017）。黄绵土区土壤耕层缓效钾含量平均值为 1 048.7 mg/kg。其中，甘肃、陕西两省黄绵土耕层土壤缓效钾含量平均值相差不大，分别为 1 064.2 mg/kg、1 086.7 mg/kg；而宁夏、山西和内蒙古土壤缓效钾含量平均值较低，分别为 914.2 mg/kg、801.2 mg/kg、707.9 mg/kg。

表 11-6 黄土高原地区不同省份黄绵土耕层土壤缓效钾含量

(农业部，2017)

地点	样本数（个）	平均值（mg/kg）	范围（mg/kg）
甘肃	1 325	1 064.2	366.0～1 644.9
宁夏	168	914.2	364.0～1 498.3
陕西	1 910	1 086.7	111.0～2 000.0
山西	218	801.2	327.0～1 153.0
内蒙古	49	707.9	397.0～1 277.0
平均		1 048.7	

土壤速效钾与缓效钾处于动态平衡中，当土壤中速效钾被植物吸收利用或因其他因素作用而降低时，缓效钾释放补充速效钾的过程相应增强，当土壤速效钾含量较高时，则速效钾被固定为缓效钾的过程有所增强。

据贾恒义等的研究（表 11-7），用 1 mol/L HNO₃ 连续 7 次浸提土壤，以陕西土壤为例，其释放出的缓效钾总量顺序为塿土（3 466.3 mg/kg）>黑垆土（2 426.3 mg/kg）>黄绵土（2 327.1 mg/kg）。黄绵土缓效钾的释放过程与塿土和黑垆土基本相同，黄绵土第一次释放量最多，之后释放量逐渐减小，并趋于稳定。

表 11-7 土壤缓效钾释放

单位：mg/kg

土壤	地点	土壤钾释放次数							释放累积量
		1	2	3	4	5	6	7	
黄绵土	山西	642.5	366.3	218.8	156.5	143.8	137.5	87.5	1 742.9
	陕西	955.0	440.7	250.0	193.8	168.8	162.5	156.3	2 327.1
	宁夏	732.7	537.5	256.3	212.5	212.5	175.0	156.3	2 287.3
	甘肃	797.4	550.0	300.0	181.3	175.0	156.3	143.8	2 303.8
黑垆土	内蒙古	956.8	437.5	231.3	162.5	125.0	100.0	75.0	2 088.1
	陕西	1 057.5	468.8	275.0	200.0	162.5	137.5	125.0	2 426.3
	甘肃	1 448.3	737.5	437.5	275.0	262.5	187.5	150.0	3 498.4
塿土	山西	1 475.5	716.8	406.3	297.0	246.9	212.5	206.3	3 561.3
	陕西	1 144.5	828.1	500.0	303.9	250.0	228.1	206.3	3 466.3

第四节 植物对钾的吸收

植物扎根于土壤之中，除了从土壤中吸收水分外，还要吸收各种矿质元素，以维持其正常的生命活动和生产。植物吸收的这些元素，有的作为植物体的组成成分，有的参与调节生命活动，有的兼有这两种作用。钾是植物生长必需的三大营养元素之一，是高等植物体内含量最丰富的阳离子。植物对钾的需求量较大，它在植物体内的含量一般为干物质重的 1%～5%，占植物体灰分质量的 50%。作物含钾量与含氮量相近而比含磷量高，在许多高产作物中，含钾量超过含氮量。

一、钾的营养功能

钾在植物体内，有多方面的作用。它不仅对植物生物物理和生物化学方面有重要作用，而且对体内同化产物的运输和能量转变也有促进作用。

（一）调节水分状况

1. 调节植物细胞水势 植物对钾的吸收有高度选择性，因此钾能较顺利进入植物细胞内。进入细胞内的钾不参与有机物的组成，而是以离子的形态累积在细胞质溶胶及液泡中。钾离子的累积能调节胶体存在的状态，也能调节细胞的水势。它是细胞中构成渗透势的重要无机成分，占细胞渗透势的40%或更高。细胞内钾离子浓度较高时，细胞的渗透势也随之增大，并促进细胞从外界吸收水分，从而又会引起压力势的变化，使细胞充水膨胀。只有当细胞渗透势与压力势达到平衡时，细胞才停止吸收水分。缺钾时，细胞吸水能力差，胶体保持水分的能力也小，细胞失去弹性，植株和叶片易萎蔫。保持植物细胞正常的水势是细胞增长的驱动力，对调节细胞代谢有重要作用。试验证明，供钾充足的作物，生长迅速。Mengel（1982）曾指出，作物生长过程中，对钾反应最敏感的是幼嫩组织的膨压。植物缺钾常表现为幼嫩组织的膨压下降，植物的生长势差，干物质产量也降低。幼嫩植物组织一般需钾量较高，其原因之一就在于钾能维持胶体处于正常状态以及保证细胞有较高的水势梯度。

盆栽马铃薯块茎的结果（表 11-8）可以说明水势、渗透势、膨压及钾之间的相互关系。随着钾营养的增加，出现较低的水势和渗透势，是由于在细胞液中有较高的钾离子浓度。与此平行，随着组织中钾离子含量的提高，膨压的增加与块茎的水分含量间具有很强的相关性。

表 11-8　钾素营养对水势、渗透势、膨压、马铃薯块茎中水分和钾含量的影响

（Beringer et al.，1983）

指　标	K_1	K_2	K_3
水势（Bar）	-0.9	-1.6	-2
渗透势（Bar）	-6.3	-7.3	-7.9
膨压（Bar）	5.3	5.9	6
水分（g/g）	2.9	3.6	3.7
钾离子（mmol/L）	93	154	179

注：K_1、K_2、K_3 的施钾量分别为 1.25 g/盆、5.0 g/盆、10.0 g/盆，每盆土重 12 kg。

2. 调节气孔运动 气孔的另一个重要作用是控制植物体内的水分。植物的气孔运动与渗透势、压力势有密切关系。当植物处于光照条件下，钾离子便从叶片的表皮细胞进入相邻的保卫细胞，并在保卫细胞中与有机阴离子苹果酸结合形成苹果酸盐，使得保卫细胞的渗透势增加，因而细胞能获得较多的水分。随后，压力势也随之增加，气孔便随之张开。在无光照的条件下，气孔是关闭的。气孔张开和关闭可调节植物的蒸腾作用，减少水分的散失，尤其是在干旱的条件下，有重要意义。

（二）促进光合作用，提高 CO_2 的同化率

一方面，钾能促进叶绿素的合成。试验表明，供钾充足时，莴苣、甜菜、菠菜的叶片均能促进叶绿素的合成。另一方面，钾能改善叶绿素的结构。缺钾时叶绿素结构出现片层松弛，进一步影响电子的传递以及 CO_2 的同化。这是因为 CO_2 的同化受电子传递速率的影响，而钾在叶绿体内不仅能促进电子在类囊体膜上传递，还能促进线粒体内膜上电子的传递。电子传递速率提高后，三磷酸腺苷（ATP）合成的数量也明显增加。试验证明，体内钾含量高的植物在单位时间内叶绿体合成的 ATP 比钾含量低的植物要多 50%左右（表 11-9）。再者，钾能促进叶片对 CO_2 的同化。ATP 数量的增加，能为 CO_2 的同化提供能量。有资料表明，在 CO_2 同化的整个过程都需要钾的参与。改善钾的营养还能促进植物在 CO_2 浓度较低的条件下进行光合作用，使植物更有效地利用太阳能。

表 11 - 9　钾对叶绿体中 ATP 合成的影响

作物	干物质中 K₂O 含量（%）	每 1 mg 叶绿素 1 h 内生成的 ATP 量（μmol）
蚕豆	3.70	216
	1.00	143
菠菜	5.53	295
	1.14	185
向日葵	4.70	102
	1.60	68

（三）促进光合作用产物的运输

钾能促进光合作用产物向储藏器官中运输，增加"库"的储存。特别是从地上部向根部的运输不能缺少钾。对于没有光合作用功能的器官来说，它们的生长及养分的储存，主要靠同化产物的运转，这一运输过程包括蔗糖由叶肉细胞扩散到组织细胞内，然后被泵入韧皮部，并在韧皮部筛管中运输。钾对上述运输过程有促进作用。

光合作用的速率依赖于活性中心光合产物转移的速率，因为光合产物的累积会反馈抑制其合成。光合产物通过韧皮部从叶片向其他部位运输，当钾充足时，这种运输很快。钾可以促进光合产物向韧皮部汁液中的装载，从而增加韧皮部汁液的运输速率。所以，当钾供应充足时，在叶片中制成的有机化合物能尽快运往果实、谷粒或块茎中。因此，钾对调节"源"和"库"的相互关系有良好的作用。

（四）提高酶的活性

钾对酶的活化作用或许是钾在植物生长过程中最重要的功能之一。在植物体内，已知有 60 多种重要的酶需要一价阳离子来活化，而钾离子在促进酶活化中尤为重要。植物体内的 60 多种酶大约可归纳为合成酶、氧化还原酶和转移酶 3 类。由于钾是植物体很多酶的活化剂，所以供钾水平明显影响植物体内的碳、氮代谢。例如，植物呼吸作用过程中，钾是磷酸果糖激酶和丙酮酸酶的活化剂，进而可以促进呼吸作用和 ATP 形成。钾是淀粉合成酶的活化剂，能促进淀粉的合成。在高等植物中，凡是淀粉含量较高的植物（如薯类作物）都需要较多的钾。试验证明，钾能活化许多植物体内淀粉合成酶的活性（表 11 - 10）。

表 11 - 10　钾离子对植物淀粉酶活性的影响

单位：μmol/（μg·h）

作物	KCl 浓度（mmol/L）						
	0	5	10	25	50	75	100
小麦	2	4.5	6	6.8	7.2	7.4	7.5
玉米	0.9	5.5	6.8	7.6	9	9.4	9.8
大豆	0.7	3.6	5.7	9	10	12.4	13.1
豌豆	0.6	2.9	3.5	4.8	5.6	6.8	7.3
马铃薯	2.8	6.1	9.8	12.6	15.2	17.4	17.4

（五）增强植物抗逆性

钾能增强植物抗旱、抗寒、抗病、抗倒伏等能力，从而抵御外界恶劣环境造成的胁迫。细胞中钾离子浓度的增加可提高细胞的渗透势，防止细胞或植物组织脱水。同时，钾还能提高胶体对水的束缚能力，使原生质胶体充水膨胀而保持一定的充水度、分散度和黏滞性。因此，钾能增强细胞膜的持水能力，使细胞膜保持稳定的透性。渗透势和透性的增强，将有利于细胞从外界吸收水分。钾供应充足时，气孔的开闭可随植物生理的需要而调节自如，使植物减少水分蒸腾，经济用水。所以，钾有助于植物提高抗旱能力。

由于钾有促进植物体内糖类的代谢，因此，钾能明显提高植物体内糖的含量。糖类数量的增加，既能提高细胞的渗透势，增强抗旱能力，又能减少霜冻危害，提高抗寒性。钾对增强植物抗病虫的能力也有明显作用。钾能使细胞壁增厚，提高细胞壁木质化程度，因此能阻止或减少病原菌的入侵和昆虫的危害。另外，钾能促进植物体内低分子化合物（如游离氨基酸、单糖等）转变为高分子化合物（如蛋白质、纤维素、淀粉等）。可溶性养分数量减少后，有抑制病菌滋生的作用。钾还能促进植物茎秆维管束的发育，使茎壁增厚、髓腔减小，机械组织内细胞排列整齐，因而能增强植物抗倒伏的能力。

总之，钾对植物生长发育有多方面的作用，对植物保持良好的生产能力有极其重要的作用。

二、植物体内钾的特点

钾在植物体内有其不同于氮、磷的特点。一般植物体中钾（K_2O）含量占干物质重的 $0.3\%\sim 5.0\%$，比氮、磷含量高。钾在植物体内的含量因植物种类和器官的不同而不同。通常，含淀粉、糖等较多的作物含钾量高于谷类作物（表 11-11）。就不同器官来看，谷类作物籽粒中钾的含量较低，而茎秆中钾的含量则较高。此外，薯类作物的块根、块茎内钾含量也比较高。

表 11-11　主要农作物中钾的含量

作　物	器　官	钾（K_2O）含量（%）
小麦	籽粒	0.61
	茎秆	0.73
棉花	种子	0.90
	茎秆	1.10
玉米	籽粒	0.40
	茎秆	1.60
谷子	籽粒	0.20
	茎秆	1.30
马铃薯	块茎	2.28
	叶片	1.81
甜菜	根	2.13
	茎叶	5.01
烟草	叶片	4.10
	茎	2.80

钾在植物体内不形成稳定的化合物，而以离子状态存在，主要以可溶性无机盐形式存在于细胞液中，或以离子形态吸附在原生质胶体表面。植物体中的钾十分活跃，易流动，再分配的速度很快，被植物再利用的能力也很强。随着植物的生长，钾不断向代谢作用最旺盛的部位转移。所以，在幼芽、幼叶和根尖中，钾的含量极为丰富。

钾有两个突出特点：一方面是能高速透过生物膜，另一方面是与酶促反应关系密切。钾是许多酶的活化剂，植物体内许多代谢活动受钾的影响。

三、钾的吸收及在植物体内的运移

（一）钾的吸收

植物吸收钾的主要部位是根，吸收钾的形态是钾离子，吸收方式有主动吸收和被动吸收。主动吸收要消耗能量，通过膜结合的 H^+ – ATP 酶进行。在阳离子中，钾离子透过生物膜最快，因此它被植物吸收的速率很高。在土壤溶液中，钾离子浓度较高时，钾离子的吸收可能是被动过程，它可沿电化学式梯度扩散，通过钾离子通道或载体进入细胞。

高等植物根细胞积累钾离子的浓度可达土壤溶液钾离子的 10～1 000 倍。生活在海水中的海藻，其细胞积累的钾高于海水含钾量的 10～100 倍。

（二）钾在植物体内的运移

钾在植物体内以钾离子形态存在，它不是植物细胞结构的组分。根吸收的钾很容易运移到地上部，在植物体内也很容易从一个部位运移到其他部位。在植物体内钾不足的情况下，钾优先分配到幼嫩的组织中。

根吸收的钾离子从地下部运移到地上部，主要运输途径为木质部运输和韧皮部运输。钾离子从木质部薄壁细胞分泌到木质部导管，通过导管运输到植株各部。从木质部薄壁细胞分泌到导管是逆电化学势梯度进行，受代谢的控制。钾离子是韧皮部筛管液中含量最高的阳离子，约占阳离子总量的 80%。

植物各器官中以叶片含钾量最高，其中正在迅速生长的幼叶含钾量最高。在细胞内，细胞质的钾浓度保持在较小的范围内，其含量较稳定，为 100～200 mmol/L。当植物组织内含钾量低时，首先满足细胞质内钾的需要，直到钾的供应达最适水平。最适水平以上过多的钾转移到液泡中。

（三）黄绵土地区植物对钾的吸收特点

1. 小麦 小麦是重要的粮食作物，是粮食生产的重中之重。小麦不同生育时期、不同器官对钾素的吸收与积累不同，施肥不同也影响小麦对钾的吸收与积累。相对于氮、磷，小麦对钾的吸收量较高，几乎与氮吸收量相当；尤其在秸秆中，秸秆中钾的积累量大约是籽粒中钾积累量的 2 倍，约是秸秆中磷积累量的 10 倍（表 11-12）。

表 11-12　不同肥料对小麦氮、磷、钾积累量的影响

单位：kg/hm²

处理	N			P₂O₅			K₂O		
	籽粒	秸秆	总量	籽粒	秸秆	总量	籽粒	秸秆	总量
1	40.7	29.9	70.6	9.7	5.6	15.3	20.2	54.4	74.6
2	67.5	39.4	106.9	14.1	6.9	21.0	30.6	60.9	91.5
3	69.6	45.1	114.7	15.9	7.0	22.9	35.6	62.2	97.8
4	78.4	48.9	127.3	19.8	7.8	27.6	39.5	103.9	143.4
5	55.3	38.7	94.0	14.8	5.8	20.6	28.6	65.1	93.7
6	63.5	44.8	108.3	14.2	7.2	21.4	26.7	63.7	90.4
7	68.3	40.9	109.2	15.1	5.4	20.5	33.5	68.4	101.9
8	73.4	44.4	117.8	17.6	6.9	24.5	37.0	79.5	116.5

注：1、2、3、4、5、6、7、8 分别表示施 N – P₂O₅ – K₂O 的量为 0 - 0 - 0、150 - 50 - 25、150 - 50 - 50、150 - 100 - 100、150 - 80 - 30、150 - 80 - 30、150 - 50 - 50、140 - 45 - 72，单位为 kg/hm²。

不同生育时期，小麦对钾的吸收量不同（图 11-3）。随着生育期的进行，小麦地上部钾积累量呈先增加后降低的趋势。从苗期至灌浆期逐渐增加，且返青期至拔节期增加速度较快，这一阶段是小麦快速生长的阶段，吸钾量较大；灌浆期至成熟期钾积累量减少，是由于这一时期植株体内的钾用来合成有机化合物。

不同施肥量、不同肥料种类，小麦对钾的吸收量也不同。不施钾肥小麦籽粒、秸秆中钾积累量均最低，不施钾肥处理小麦钾积累量低于施钾处理，施用有机肥促进小麦钾的积累（表 11-13）。

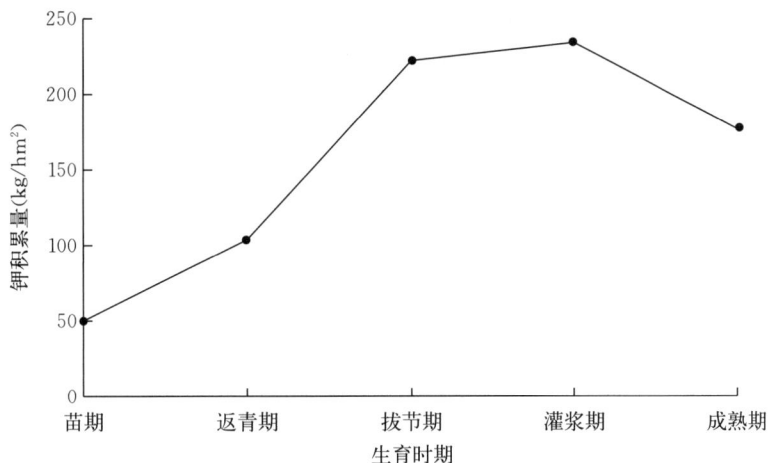

图 11-3　不同生育时期小麦地上部钾积累量

表 11-13　不同施肥处理对小麦地上部钾积累量影响

单位：kg/hm²

处　理	籽粒	秸秆	总量
CK	28.9	84.7	113.6
FP	33.5	96.9	130.4
G₁	35.9	122.8	158.7
G₂	41.8	124.6	166.3
G₃	45.4	141.4	186.8

注：CK、FP、G₁、G₂、G₃ 分别表示施 N-P₂O₅-K₂O-有机肥的量为 0-0-0-0、300-97.5-0-0、150-97.5-75-0、225-150-150-0、25-120-75-15 000，单位为 kg/hm²。

2. 玉米　国家统计局数据显示，2018 年我国玉米产量为 25 717.39 万 t，由于玉米区增产量良好，玉米连续多年超过稻谷成为我国第一大粮食作物。与小麦吸钾规律一致，玉米不同器官对钾的吸收量不同。秸秆中钾积累量大于氮、磷积累量，地上部钾积累量总和与氮积累量相当；与氮磷积累不同，玉米钾积累量秸秆＞籽粒。与小麦不同的是，玉米秸秆中钾积累量是籽粒中钾积累量的 4 倍左右，小麦秸秆中钾积累量是籽粒中钾积累量的 2 倍左右（表 11-14）。

表 11-14　不同肥料对玉米氮、磷、钾积累量的影响

单位：kg/hm²

处理	N			P₂O₅			K₂O		
	籽粒	秸秆	总量	籽粒	秸秆	总量	籽粒	秸秆	总量
1	57.8	26.1	83.9	14.8	8.9	23.7	14.8	69.7	84.5
2	67.1	31.9	99.0	16.7	10.4	27.1	17.4	80.4	97.8
3	76.9	35.3	112.2	18.8	11.4	30.2	19.8	93.1	112.9
4	83.1	37.9	121.0	20.5	12.6	33.1	21.5	104.7	126.2
5	78.9	36.1	115.0	19	11.6	30.6	20	98.3	118.3
6	70.3	31.9	102.2	19.4	11.9	31.3	18.5	86.9	105.4
7	76.9	34.7	111.6	20.3	12.5	32.8	19.4	93.4	112.8
8	81.9	38.7	120.6	19.3	12.1	31.4	16.7	84.1	100.8

注：1、2、3、4、5、6、7、8 分别表示施 N-P₂O₅-K₂O 的量为 0-0-0、180-25-25、180-25-50、180-50-100、180-50-100、185-50-50、180-50-50、213-30-30，单位为 kg/hm²。

不同生育时期，玉米植株钾积累量不同。玉米植株钾积累量随着生育期先增加后降低，大喇叭口期至灌浆期增长速率最快。随着施肥量的增加，玉米植株钾积累量增加（图11-4）。与小麦相比，玉米各个生育时期的钾积累量均小于小麦。

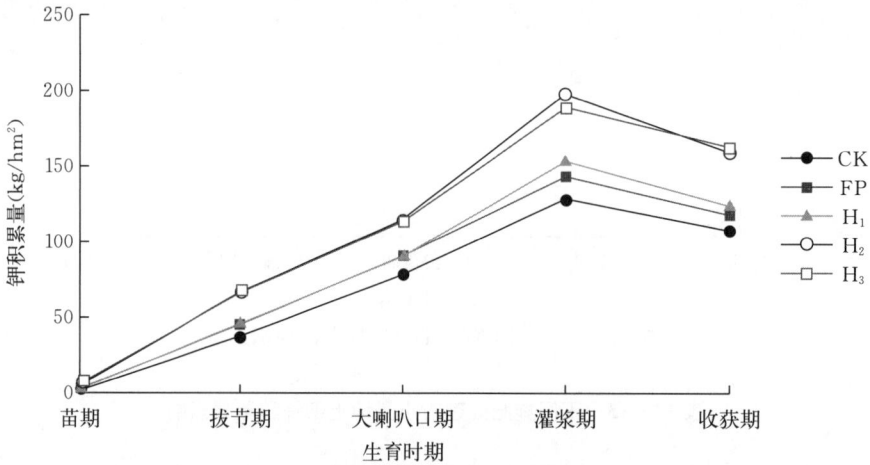

图 11-4　不同肥料对不同生育时期玉米钾积累量的影响

注：CK、FP、H_1、H_2、H_3 分别表示施 $N-P_2O_5-K_2O$ 的量为 0-0-0、300-0-0、225-67.5-0、300-90-60、375-112.5-75。

不同施氮量也影响玉米钾积累量。施氮处理钾积累量均高于不施氮处理，随着施氮量的增加，玉米植株钾积累量先增加后降低（表11-15）。

表 11-15　不同施氮量对玉米钾积累量的影响

单位：kg/hm^2

处　　理	籽粒	秸秆	总量
N_0	15.8	60.1	75.9
N_{135}	18.5	78.1	96.6
N_{180}	19.2	71.1	90.3
N_{225}	20.7	90.6	111.3
N_{270}	20.5	71.3	91.8
N_{360}	19.1	70.3	89.4

3. 苹果　我国是世界上最大的苹果生产国和消费国。目前，我国苹果种植已形成环渤海（鲁、冀、辽、京、津）、西北黄土高原（陕、甘、晋、宁、青）、黄河故道（豫、苏、皖）和西南冷凉高地四大主产区，其中环渤海产区和黄土高原产区是我国苹果生产的两大优势产区。黄绵土区苹果钾吸收特点分析如下。

苹果树新生器官（果实、叶片和新梢）中的钾含量均表现为物候期前期较高、中后期较低的变化趋势。4 月 30 日果实中钾含量最高，达 19.8 g/kg。果实中钾含量随着果实的生长发育而降低，与 4 月30 日相比，果实成熟期（9 月 21 日）钾含量下降了 68%。3 月 26 日叶片中钾含量最高，为 31.4 g/kg；9 月 21 日最低，达 7.6 g/kg。新梢中钾含量随物候期的进展一直呈降低趋势，年周期内新梢中钾含量为 3.1~10.6 g/kg。年周期内，3 月 26 日树枝中钾含量最高，达 4.1 g/kg；之后迅速下降，至 4 月 30 日，下降到 3.4 g/kg，降低了 19%。4 月 30 日至 7 月 30 日，树枝中钾含量趋于平稳；7 月 30 日至 9 月 21 日树枝中钾含量逐渐下降，至果实成熟期（9 月 21 日），其钾含量降低了

42%；9月21日至翌年1月15日树枝中钾含量开始逐渐增加，与9月21日相比，1月15日树枝中钾含量增加了25%。树干中钾含量的变化规律与树枝中相似。3月26日至4月30日，根系中钾含量呈下降趋势，但变幅较小；4月30日至7月30日，根系钾含量呈增加趋势；7月30日至9月21日，根系中钾含量迅速下降；9月21日至翌年1月15日，根系中钾含量缓慢降低（图11-5）。这说明早春根系从土壤中吸收的钾量较少，树体生长主要利用上年储藏的钾素。

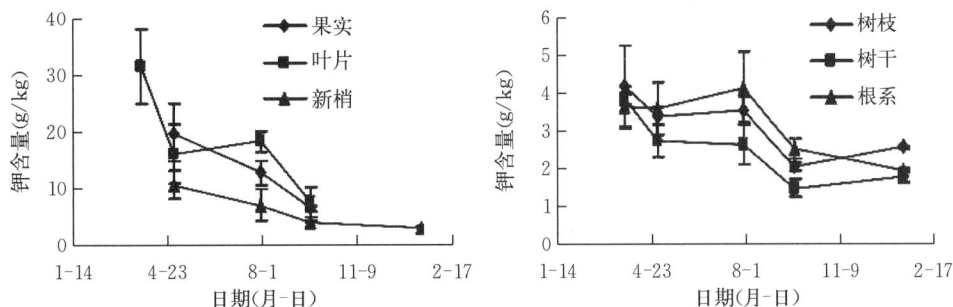

图 11-5 苹果树体不同器官钾含量的年周期变化

4. 葡萄 图11-6左图是葡萄树新生器官（果实、叶片和新梢）生育期内钾含量变化。葡萄生育期内，叶片钾含量呈先升高后降低的趋势，花期（6月30日）之前，钾含量由12.1 g/kg增加到14.60 g/kg；而开花以后，由于浆果形成，叶片中钾含量急剧下降，至果实膨大期（8月20日）降为9.01 g/kg，比花期低38%；之后随着浆果生长、成熟，叶片中钾含量继续降低，至果实成熟期降为7.31 g/kg。果实呈持续下降趋势，尤其果实膨大期（8月20日）至果实成熟期（9月30日）变化较大，由16.77 g/kg降为13.21 g/kg，降低21%。新梢与果实一样，钾含量同样呈下降趋势。6月30日新梢钾含量最高，为10.22 g/kg；8月20日降为9.21 g/kg；8月20日后，由于浆果快速生长对钾需求量大，新梢中部分钾转移到果实中，至9月30日新梢钾含量降为5.33 g/kg，比8月20日降低42%；休眠期新梢钾含量降为5.17 g/kg。

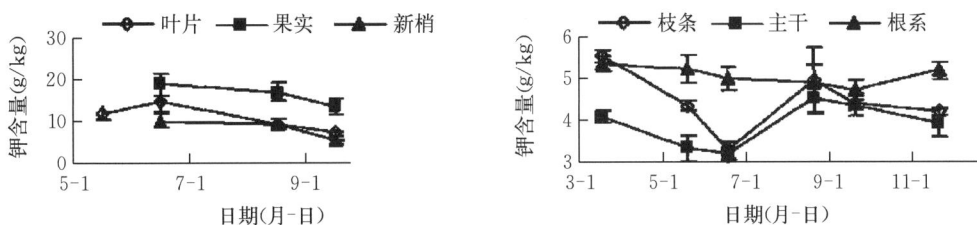

图 11-6 葡萄树体不同器官钾含量的年周期变化

由图11-6右图知，年周期内葡萄根系钾含量变化幅度最小，由3月30日的5.33 g/kg持续降低至9月30日的4.65 g/kg；浆果采收后根系钾含量有所增加，至休眠期达到5.11 g/kg，比9月30日增加9.9%。枝条钾含量前期下降，由3月30日的5.51 g/kg降为6月30日的3.17 g/kg，降低42%；6月30日后开始上升，至8月20日达到4.88 g/kg；8月20日后，由于浆果快速生长对钾需求量大，枝条钾含量再次降低，至休眠期降为4.11 g/kg。主干与枝条的钾含量变化规律相似。新生器官物候前期钾含量高于后期。

表11-16是葡萄树体不同器官钾累积量的年周期变化，植株年吸收钾素140.52 kg/hm²。3月30日至5月10日，植株钾累积量变化不大。5月10日后，由于新梢、树叶快速生长，植株吸钾量迅速增加，至6月30日净增加38.59 kg/hm²，占全年总累积量的27.5%。6月30日至8月20日，此阶段浆果膨大需钾量较大，整株钾累积量由70.71 kg/hm²猛增至135.00 kg/hm²，增加了64.29 kg/hm²，占全年总累积量的45.8%。此时需钾量大与钾素对光合作用、糖的转化及运输作用是相关的。9月

30 日，全株钾累积量达到 158.28 kg/hm²，之后由于果实采收、落叶等，全株累积量降低，至 11 月 30 日降为 92.94 kg/hm²，其不包括果实及落叶中带走的钾。枝条、主干、根系年周期钾累积量分别为 8.43 kg/hm²、7.06 kg/hm²、11.87 kg/hm²；叶片与果实年携走钾素为 17.24 kg/hm²、64.29 kg/hm²；新梢年累积钾量为 31.63 kg/hm²，其中包括剪枝带走的 3.47 kg/hm² 钾素。将各部分累加得年周期葡萄树体钾素累积量，为 140.52 kg/hm²，每形成 1 000 kg 经济产量需要钾（K_2O）的量约为 7.8 kg。

表 11-16 葡萄树体不同器官钾积累量年周期变化

单位：kg/hm²

器官	采样日期					
	3 月 30 日	5 月 10 日	6 月 30 日	8 月 20 日	9 月 30 日	11 月 30 日
枝条	6.98	5.61	4.85	8.06	8.75	15.4
主干	7.31	6.19	6.24	11.44	12.46	14.37
根系	19.67	19.97	24.09	24.53	27.23	31.54
叶片	—	0.36	12.25	12.55	17.24	—
果实	—	—	2.56	43.01	64.29	—
新梢	—	—	20.74	34.41	28.31	31.63
全株	33.96	32.13	70.73	134.00	158.28	92.94

5. 马铃薯 国家统计局数据显示，2017 年我国马铃薯种植面积为 485.99 万 hm²，在黄绵土地区马铃薯的种植生产更为广泛。马铃薯是需钾较多的作物。钾不仅影响马铃薯叶片的伸展、叶片的叶绿素含量和光合效率以及叶片的兴衰，还影响光合产物的运输、块茎中淀粉的积累以及产量的高低。马铃薯各器官钾素浓度随生长发育进程均呈现递减趋势，且地上茎中钾素浓度始终高于叶片和块茎，而块茎和叶片的钾素浓度差异较小。钾素（K_2O）的吸收速率呈单峰曲线变化，在种植密度适宜、氮磷钾适量配施下，最高吸收速率可达 130.81 mg/(株·d)，峰值出现在出苗后 47 d 左右；钾素（K_2O）积累量随生长发育进程呈三次曲线变化，在优化栽培措施下，每生产 500 kg 块茎需吸收钾素（K_2O）4.49 kg。

成熟期，马铃薯钾积累量块茎高于地上部，地上部钾积累量高于氮、磷，块茎钾积累量高于磷、低于氮。施肥有利于马铃薯钾的积累（表 11-17）。

表 11-17 马铃薯不同处理收获期干物质及养分积累量

处理	地上部				块茎				养分积累量（kg/hm²）		
	干物重 (kg/hm²)	N (%)	P (%)	K (%)	干物重 (kg/hm²)	N (%)	P (%)	K (%)	N	P_2O_5	K_2O
CK	875	0.91	0.11	1.35	5 816	1.07	0.19	0.82	70.2	12	59.5
OPT	896	1.12	0.27	1.77	7 899	2.03	0.38	1.86	170.4	32.4	162.8

注：CK 表示不施氮磷钾肥，OPT 表示氮（N）、磷（P_2O_5）、钾（K_2O）的施用量分别为 306.7 kg/hm²、321.8 kg/hm²、225.0 kg/hm²。

第五节 钾肥及其高效利用

一、钾肥的性质与使用

制造钾肥的原料主要是天然钾盐矿。钾盐矿的形成主要有两种情况：一是古代海湾经地壳变迁后与海洋隔绝，在经历长期的蒸发以后，海水中的盐类结晶沉淀成为钾盐矿床；二是干旱地区内陆盐湖中常含有钾盐，湖水蒸发后析出结晶而成为钾盐矿的盐层。我国西北青海盐湖地区就有 3 000 多个盐湖，如察尔汗盐湖，已被开采，用于生产氯化钾肥料。我国有很长的海岸线，沿海盐场晒盐时可获得大量副产品——盐卤。盐卤中含有钾，也可以作为制造钾肥的原料。明矾石和钾长石都是难溶解性含钾矿物，它们是制造钾肥的重要原料。我国很多地方都有分布，如浙江、安徽、山东、云南等地相继发现有明矾矿，而钾长石在一些地区也有发现。此外，还有一些工农业废弃物，如水泥厂的窑灰和农家废弃的草木灰都可用作钾肥。

（一）氯化钾

氯化钾含 K_2O 50%～60%，大多数呈乳白色或为红色结晶，不透明，有吸湿性，易溶于水。制造氯化钾的主要原料有光卤石（$KCl \cdot MgCl_2 \cdot 6H_2O$）、钾石盐（$KCl \cdot NaCl$）和盐卤（含 KCl、$NaCl$、$MgCl$ 和 $MgSO_4$ 4 种主要盐类）等。工业上利用氯化钾、氯化钠在不同温度条件下溶解度有差异的原理将氯化钾分离出来，制成肥料。氯化钠的溶解度受温度影响小，而氯化钾在高温时溶解度大，温度下降时氯化钾溶液明显下降并析出结晶。另外，还可以根据氯化钾和氯化钠密度不同的原理，采用浮选法分离钾石盐中的钾盐和钠盐。浮选法分离得到的钾肥显红色。

氯化钾是一种生理酸性的水溶性速效肥料，有国产及进口产品。它是钾肥的主要品种和基础肥料品种，销量最大。与其他钾肥品种相比，价格最低廉，所含氧化钾量高于硫酸钾和硝酸钾等其他钾肥品种。

氯化钾既可以作为基肥，也可作追肥；但由于钾离子被土壤胶粒吸附后，移动性减小，一般宜作基肥。但在沙质土壤上追施钾肥也有明显的增产效果。适用于粮食作物及棉花、亚麻等大田作物。缺点是会在土壤中残留氯离子，长期使用容易造成土壤盐指数升高，引起土壤缺钙、板结、变酸，应配合施用石灰或钙肥。

（二）硫酸钾

硫酸钾一般为白色或淡黄色结晶，易溶于水，稍有吸湿性，不易结块，易溶于水，含 K_2O 一般为 50%、45%、33%。我国制造硫酸钾是以明矾石为主要原料，其方法是将明矾石与氯化物混合，放入高温炉煅烧，并通入水蒸气，使之发生分解而生成硫酸钾。也可以用明矾石直接煅烧，使之分解，或用焦炭与无机钾镁矾加热，制成硫酸钾。

硫酸钾也是一种生理酸性肥料，一般用于对氯敏感的作物，如烟草、甜菜、柑橘、茶树、甘薯等。销量仅次于氯化钾，价格高于氯化钾。

硫酸钾作基肥或追肥均可，由于钾在土壤中移动性较差，通常多用作基肥，且应注意施肥深度和位置。如作追肥时，则应早施或结合中耕等耕作措施，将肥料施到作物根系密集的土层中，以利于根系吸收。缺点是它会在土壤中残留硫酸根离子，长期施用也会造成土壤盐指数升高、板结、变酸，应配合施用石灰或钙镁磷肥。特别是水田，不宜施用硫酸钾，因为淹水状态下的氧化还原电位低，硫酸根离子易还原为硫化物，对作物根系造成毒害。

（三）硝酸钾

硝酸钾为白色或灰白色结晶，含 K_2O 45%～46%，是一种重要的优质氮、钾二元复合肥。易燃、易爆，存储和使用时应特别小心。我国生产硝酸钾的方法主要有 3 种：一是采用硝酸铵与氯化钾复分解循环法，二是采用硝酸铵与氯化钾离子交换法，三是钾硝石提取法。

硝酸钾盐指数很低，无残留离子；价格比硫酸钾还高；具有高溶解性，可以灌溉追施，也可以叶面喷施；其有效成分钾离子和硝酸根离子均能迅速被植物吸收，不易挥发，是液体肥料的最佳配料。

（四）磷酸二氢钾

磷酸二氢钾多为白色结晶或灰色粉末，吸湿性小，易溶于水。大多作为叶面肥施用，是一种优良的有效磷钾复合肥料。其养分含量高，全部水溶性，含 P_2O_5 2%、K_2O 34%，养分 $H_2PO_4^-$ 和 K^+ 可全部被作物吸收，不含杂质和残渣。因其盐值较低，是一种理想的叶面肥，其稀释液常被用于根外施肥或作为无土栽培的营养液。

（五）窑灰钾肥

窑灰钾肥是水泥工业的副产品，含有多种成分，含 K_2O 8%～12%，还含有一定量的钙、镁、硅及多种微量元素。

窑灰钾肥多呈灰黄色或灰褐色，颗粒极细，轻浮，干燥时极易飞扬。窑灰钾肥中所含的钾大部分是水溶性的，作物可以直接吸收。肥料中由于含30%～40%的氧化钙，所以呈强碱性，吸湿性极强，在吸水的过程中能明显发热，常被看作热性肥料。

窑灰钾肥可以作基肥或追肥，但由于碱性大、易发热，不能作种肥或用于蘸秧根。它最适于在酸性土壤上施用或施于需钙较多的作物。

二、黄绵土地区钾肥的高效利用

黄土高原地区土壤成土母质中含有丰富的钾矿物，土壤全钾及有效钾含量均较高，因而认为该区土壤施用钾肥无效。但近年来，由于作物新品种的推广、复种指数的增加及氮磷化肥的大量施用，加剧了该区土壤中钾的亏缺。另外，黄土高原是我国典型的传统旱作农业区，该地区降水量小，水土流失严重，土壤肥力低下。限制该区域作物产量的主要因素是水分和土壤肥力，合理施肥和培育土壤是增加黄土高原旱地粮食作物产量的主要措施。在土壤水分有限的情况下，施用肥料能促进作物根系生长，使之能从土壤深处吸收水分，从而提高作物对干旱的忍受能力。农业生产实践证明，施用钾肥对提高作物产量以及改进品质均有明显的作用。已有研究表明，施钾可以促进同化物向籽粒的转移以及氮素的吸收，也提高了面粉的烘烤品质和小麦籽粒蛋白质含量。充足的供钾可促进氨基酸的合成与积累以及冬小麦植株对氮、磷、钾三要素的吸收。

钾肥在生产中有着不可替代的作用，尤其在当今资源紧缺、控制化肥增长的情况下，如何高效利用钾肥显得尤为重要，因此就如何进行钾肥高效利用进行以下探讨。

（一）钾肥与其他养分配施

氮、磷、钾均是作物生长必需的大量元素，有机肥能提供微量元素，只有平衡施肥才能提高肥料利用率，促进作物增产高效。钾肥的肥效常与其他养分配合情况有关。许多试验均表明，钾肥只有在充足供给氮磷养分的基础上才能很好地发挥作用。就氮肥施用水平来讲，在一定氮肥用量范围内，钾肥的肥效有随氮肥施用水平提高而提高的趋势。在高氮水平下，钾肥效果尤为明显。钾肥的肥效与磷肥供应水平也有密切的关系。磷肥供应不足，钾的肥效常受影响。目前，黄绵土地区有偏施氮肥现象，磷肥相对供应不足，已成为限制作物生长的因素。因此，为了充分发挥钾肥肥效，必须注意施用磷肥。许多试验表明，在磷肥供应充足的条件下，氮钾肥配合施用比单施氮肥有明显的效果。此外，钾肥肥效与有机肥用量有关。

王生录等（2009）在黄绵土上的谷子试验表明，单施钾肥效果差于钾与其他肥料（磷肥、有机肥）的配施。相对于单施钾肥，钾肥配合其他肥料施用处理谷子收益增加306.4～2 577.2 元/hm²（表11-18）。罗照霞等（2015）利用在黄绵土上的长期定位试验研究了不同肥料对小麦产量及养分吸收利用的影响，结果表明，氮磷钾与有机肥配施下冬小麦平均产量最高达到5 069 kg/hm²，较对照不施任何肥料提高了173.41%，对冬小麦产量的贡献率为62.6%，氮肥和钾肥表观利用率最高分别为55.68%和76.43%。肥料单施不利于提高其利用率，化肥配施有机肥后氮钾表观利用率较不配施有机肥降低。由于黄绵土的风化程度较低，其有机质含量低，为0.3～0.6 g/kg；其腐殖质主要成分是富里酸，胡敏酸/富里酸多为0.3～0.6。胡敏酸的分子聚合度低、生物活性低，导致土壤肥力低下。钾肥与有机肥配施增加了土壤腐殖质，利于提高土壤肥力，促进作物增产。另外，大量研究（曾艳娟，2011；高义民，2013；赵佐平，2014）表明，苹果园氮磷钾配合施用均较肥料单施或不施肥料对苹果产量和品质提高效果好。此外，钾肥与其他肥料的配合施用还提高了水分利用率（表11-19）。

204

表 11-18　不同肥料对谷子产量和经济效益的影响

处理	产量（kg/hm²）	产值（元/hm²）	肥料投入（元/hm²）	纯收入（元/hm²）	收益增加（元/hm²）
CK	4 166.7	8 333.3	0.0	7 733.3	—
K	4 393.3	8 786.7	147.0	8 039.7	306.4
NPK	5 506.7	11 013.3	754.5	9 658.8	1 925.5
MK	4 760	9 520	282.0	8 638.0	904.7
MNPK	5 900	11 800	889.5	10 310.5	2 577.2

注：计算价格分别为谷子 2.0 元/kg、N 3.0 元/kg、P_2O_5 2.5 元/kg、K_2O 1.4 元/kg、有机肥 30 元/t，其他投入谷子为 600 元/hm²。

表 11-19　不同肥料对谷子水分利用率的影响

处理	播前 0~2 m 土层储水量（mm）	收后 0~2 m 土层储水量（mm）	生育期降水量（mm）	总耗水量（mm）	水分利用率（mm/hm²）
CK	313	251.4	297.5	359.1	11.6
K	313	248.9	297.5	361.6	12.1
NPK	313	240.8	297.5	369.7	14.9
MK	313	245.6	297.5	364.9	13.1
MNPK	313	238.8	297.5	371.7	15.9

（二）注意钾肥用量与种类的选择

钾肥固然重要，但不可盲目施用，其用量要合适。用量不足，发挥不了它的效果；用量过量，也会对作物造成一定影响，同时造成肥料的浪费。不少研究证明，随着钾肥用量的增加，作物产量先增加后降低。许敏（2015）对黄绵土区苹果的调查及张林森（2012）、谌琛（2015）的试验均证明了这一结论（表 11-20），苹果产量随着施钾量的增加先增加，达到一定范围后就开始下降，原因可能是受到其他因素的限制。不同作物有不同的需钾量，合适的需钾量可以根据吸钾特点进行确定。

表 11-20　苹果园不同施钾量与苹果产量的关系

施钾量（kg/hm²）		产量（t/hm²）	
范围	平均	范围	平均
0~100	30.8	9.9~62.3	24.14
101~200	155.4	13.5~62.3	27.21
201~300	341.77	10.8~100.4	31.96
301~400	343.25	10.4~80.6	37.72
401~500	435.03	20.1~98.6	41.42
501~600	529.69	18.6~98.6	43.29
601~700	651	13.5~90	47.75
701~800	743.4	22.6~97.5	58.87
801~900	823.2	52.5	52.5
900~2 000	1 491	18.6~60.3	41.25

钾肥各品种在性质上各不相同，在肥效上也有差异，因此对不同地区的土壤和不同的作物种类施用钾肥时应对钾肥品种进行选择。如黄绵土属碱性土壤，窑灰钾肥有强碱性就不适宜于黄绵土区施用。在易淹水的地块，不宜施用过多硫酸钾，避免淹水条件下，硫酸钾转化成硫化物对作物造成毒害。尤其是硫酸钾和氯化钾一直是引起争议最多的两种钾肥，二者所含的硫和氯均是植物所需的营养元素，都有其不可替代的作用。在黄绵土地区，只要注意量的控制，尤其是在有灌水条件的地方，两

种钾肥都可以使用。谌琛（2015）的试验表明，硫酸钾、氯化钾对黄绵土区苹果果树和果实的生长均
无显著性影响，两种肥料都利于果实单果重的增加（表11-21）。

表11-21　不同钾肥种类对苹果新梢和果实生长的影响

处　理	春梢生长量（cm）	挂果数（个/棵）	单果重（g）
CK	18.25	66	277.1
KCl	17.83	74	291.2
K_2SO_4	19.39	67	285.8

（三）注意与合适的施用技术相结合

钾肥施用时期要根据作物吸钾时期确定。但钾肥由于本身特点，一般宜作基肥，如作追肥也应及
早施用。虽然作物缺钾症状常在生长的中后期才会明显表现出来，但缺钾问题却早已存在，钾肥追施
过晚，对作物生长和产量均不利。很多试验证明，钾肥作基肥比追肥效果好，如作追肥时，早期追施
比中后期追施效果好。冬小麦追钾在返青后进行，棉花追钾可在现蕾后至大量开花前进行。

果树由于其果实需要更多的钾，钾肥应分次施用。谌琛（2015）在苹果上的研究表明，追施钾肥
优于仅基施钾肥的效果（表11-22）。

表11-22　不同施钾时期对苹果挂果数和单果重的影响

处　理	挂果数（个/棵）	单果重（g）
CK	66	277.1
100%B	63	295.9
50%B50%F	73	304.1
50%F50%E	82	292.5
100%E	74	308.4

注：B表示秋季基施，F表示开花后追施，E表示膨大期追施。

施用钾肥时，应适当深施。这样既利于作物根系吸收，又可避免表土干湿交替所引起的钾的
固定。

黄绵土分布于温带、暖温带的干旱和半干旱地区，结合灌水进行施钾，如水肥一体化技术，更能
提高钾肥利用率。水肥一体化技术是将灌溉与施肥融为一体的农业新技术。它可以实现水分和养分在
时间上的同步和空间上的耦合，有效解决传统施肥方式下水肥供应不协调和耦合效应差的弊端，可以
明显提高养分和水分的利用率。水肥一体化技术可以使肥料利用率提30%～50%，水分利用率提高
40%～60%，即水肥一体化技术基本可以在肥料减半的情况下，保证作物的高产高质。路永莉等
（2014）将肥料用量减半后采用水肥一体化技术，苹果的增产效果更显著，幅度高达26.2%；果实N、
P、K养分吸收量分别增加41.8%、98.9%和58.9%。赵佐平（2014）在黄绵土区的试验表明，水肥一
体化技术较常规施肥增产7.78%。水肥一体化技术可以实现节肥一半而产量无显著变化（表11-23）。

表11-23　水肥一体化技术对黄绵土区苹果产量和经济效益的影响

处理	产量（t/hm²）	增产（%）	产值（万元/hm²）	肥料投入（万元/hm²）	纯收益（万元/hm²）
NPK	38.17	—	22.14	1.07	21.07
NPK水肥	41.14	7.78	23.87	1.67	22.2
1/2 NPK水肥	36.27	-4.98	21.03	1.14	19.89

第十二章 黄绵土中的中微量元素 >>>

第一节 黄绵土中钙镁硫的农业化学行为及钙镁硫肥的高效施用

一、钙镁硫的农业化学行为

在农业生产上,钙、镁、硫一般被称为中量营养元素,这3种营养元素在植物体内含量处于大量元素与微量元素含量之间。

(一)钙镁硫形态及其有效性

(1)钙。土壤中钙有4种存在形态,即有机物中的钙、矿物态钙、交换态钙和水溶态钙(袁可能,1983)。有机物中的钙主要存在于动植物残体中,占全钙的0.1%~1.0%。矿物态钙占全钙的40%~90%,是钙的主要形态。土壤含钙矿物主要是硅酸盐矿物,如方解石(碳酸钙)及石膏(硫酸钙)等。这些矿物易于风化或具有一定的溶解度,并以钙离子形态进入溶液,其中大部分被淋失,一部分被土壤胶体吸附成为代换钙,因而矿物态钙是土壤钙的主要来源。交换态钙占全钙的20%~30%,占盐基总量的大部分。水溶态钙指存在于土壤溶液中的钙,是植物可直接利用的有效态钙(周卫 等,1996)。土壤中以碳酸钙和磷酸钙为主的交换态钙和水溶态钙是植物的主要钙源。一般情况下,缺钙不是由土壤钙含量少引起,而与土壤理化性状和土壤中钙存在形态等有关。而且,土壤中钙含量和有效性受环境pH影响,当土壤呈酸性时钙易淋失,随土壤pH升高,钙含量增加;但pH大于7时,锰、铁、锌、硼和铜的有效性降低,钾的溶解度增加,会影响钙的吸收(杨利玲 等,2011)。

(2)镁。镁在土壤中的形态分为矿物态、非交换态、交换态、水溶态和有机复合态5种形态。植物所需的镁主要来自土壤的交换态镁。土壤交换态镁一般占全镁的1%~20%(Mengel et al.,1982),其含量和分布因成土母质、土壤全镁含量、土壤类型、土壤理化性状等因素的影响表现出较大的差异。我国南方地区由于温度高、风化强度大、降雨较多、淋溶作用强烈等原因,土壤镁淋失严重,土壤交换态镁含量一般为7~267 mg/kg;北方地区由于成土母质中镁的含量较高,气候干燥寒冷、风化强度弱、淋溶程度低等原因,土壤交换态镁含量一般为100~600 mg/kg(谢建昌 等,1963)。一般认为交换态镁和水溶态镁对植物是有效的,合称为有效镁。有关土壤镁素状况及镁肥效应研究已有大量报道,但北方石灰性土壤镁素相关研究较少。土壤中镁生物有效性不仅与其有效态含量有关,同时还与其他离子间的平衡有紧密联系。如随着石灰性土壤日光温室盐基离子逐年累积,一些蔬菜的诱发性缺镁现象也随之出现(陈竹君 等,2013)。

(3)硫。黄土性土壤中全硫含量平均为220 mg/kg左右,主要以有机态硫、难溶态无机硫存在,并且其含量与土壤有机质、土壤酸碱度及地理环境密切相关(袁可能,1983;尉庆丰 等,1989)。土壤中硫的形态通常按提取剂不同而划分为:水或中性$CaCl_2$溶液浸提的可溶性无机硫酸盐、$Ca(H_2PO_4)_2$或KH_3PO_4浸提的吸附性硫酸盐、HCl提取的酸溶性或难溶性无机硫、$NaHCO_3$提取的有效态硫(曲东 等,1995;徐成凯 等,2001)。另外,土壤中还有大量氨基酸、酯键硫及碳键硫形式存在的有机态硫。硫主要以 SO_4^{2-} 形态被植物吸收。植物叶片可以吸收和同化其他形态和来源的硫，如大气沉降中的 SO_2，根系和叶片还能吸收 S^{2-}、SO_3^{2-} 和含硫有机化合物（曹志洪，2011）。植物吸收 SO_4^{2-} 与土壤 pH、温度、土壤溶液中陪伴离子（Jaggi et al.，2005）、土壤类型和植物种类（Vong et al.，2007）、介质中硫的浓度、外源氨基酸等有关。

　　黄绵土中有效钙镁硫含量数据十分缺乏，见表 12 - 1（王文丽 等，2007；崔云玲 等，2014；梁东丽 等，2000；徐明岗 等，1996；张树兰 等，1997；丁玉川 等，2011；丁玉川 等，2012；曲东 等，1996；高义民 等，2004；徐成凯 等，2001）。

表 12 - 1　我国黄绵土中有效钙镁硫含量

采样点	元素种类			单位	参考文献
	Ca	Mg	S		
甘肃庄浪	2 245.5	93.4	4.2	mg/L	王文丽 等，2007
甘肃积石山	2 375.0	401.2	6.3	mg/L	崔云玲 等，2014
陕西米脂	1 543.0	236.9	27.4	mg/kg	梁东丽 等，2000
陕西米脂	295.0～1 400.0	103.0～180.0		mg/L	徐明岗 等，1996；张树兰 等，1997
山西柳林		151.8～172.2		mg/kg	丁玉川 等，2011；丁玉川 等，2012
陕西米脂			8.8～46.9	mg/kg	曲东 等，1996；高义民 等，2004
陕北绥德			6.8	mg/kg	高义民 等，2004
陕北安塞			16.8～18.8	mg/kg	高义民 等，2004
陕西延安			6.3～9.1	mg/kg	徐成凯 等，2001

注：表中以 mg/L 作单位的数据是采用美国国际农业服务公司提出的 ASI 联合浸提法的测定值，该方法与常规测定方法不同。

　　表 12 - 2 是我国不同省份黄绵土中有效硫含量（农业部，2017）。黄绵土区耕层土壤有效硫含量平均值为 13.27 mg/kg。不同省份不同市区黄绵土有效硫含量差异较大。内蒙古有效硫平均值为 17.79 mg/kg；山西有效硫平均值为 7.72 mg/kg；甘肃有效硫平均值为 12.07 mg/kg；陕西有效硫平均值为 19.95 mg/kg。

表 12 - 2　我国黄绵土中有效硫含量

（农业部，2017）

省份	市区	有效样本数（个）	有效硫含量（mg/kg）			各省份平均值（mg/kg）	黄绵土区平均值（mg/kg）
			最大值	最小值	平均值		
内蒙古	赤峰	29	30.05	2.18	12.29	17.79	
	鄂尔多斯	9	68.00	10.30	24.93		
	乌兰察布	3	65.29	12.31	42.65		
山西	忻州	4	16.37	5.45	8.54	7.72	
	吕梁	15	14.49	3.46	7.50		
甘肃	白银	118	22.30	2.40	11.13	12.07	
	定西	288	27.60	2.20	10.65		
	兰州	14	38.80	7.90	16.10		
	临夏	5	12.50	2.40	4.98		
	平凉	329	42.50	2.10	14.01		
甘肃	庆阳	214	30.20	2.00	10.65	12.07	
	天水	142	38.50	2.13	13.08		
	陇南	11	20.00	7.30	13.81		

（续）

省份	市区	有效样本数（个）	有效硫含量（mg/kg）			各省份平均值（mg/kg）	黄绵土区平均值（mg/kg）
			最大值	最小值	平均值		
陕西	宝鸡	22	46.90	4.73	19.88	19.95	13.27
	铜川	8	47.70	11.30	26.23		
	渭南	28	100.0	8.20	54.71		
	西安	3	49.55	38.35	44.46		
	咸阳	12	28.84	0.13	11.54		
	延安	46	31.00	8.00	13.62		
	榆林	73	21.91	2.13	10.31		

（二）钙镁硫在土壤中的转化与迁移

（1）钙。钙在土壤中以多种原生矿物形态存在，主要为含钙硅酸铝矿物，如长石、角闪石、磷酸钙矿物和碳酸钙矿物。尤其是碳酸钙矿物在石灰性土壤中扮演着十分重要的角色，一般情况下以方解石（$CaCO_3$）或白云石 $[CaMg(CO_3)_2]$ 为主。不同土壤中钙元素含量不同，主要取决于土壤母质以及风化淋溶程度。土壤中钙元素的迁移转化主要是在水和生物作用下实现的。影响钙迁移转化的因素很多，主要有水分、pH、土壤 CO_2 分压、有机质含量、碳酸盐含量、植物根系等。对石灰性土壤而言，钙元素主要迁移转化方式为：钙元素在水的作用下，随水向下迁移；随着土壤中 CO_2 分压的变化，钙形态在 $CaCO_3$ 和 Ca^{2+} 之间转化，从而实现钙元素在土壤中的迁移；土壤有机质会与钙形成有机无机复合体，进而影响钙元素迁移转化；植物根系分泌酸性物质，根际 pH 降低，$CaCO_3$ 转变成 Ca^{2+}，在土壤中迁移至根系表面，供植物吸收利用（Marschner，1995）。此外，土壤中其他离子含量也会影响钙元素的转化迁移，如有报道认为 NO_3^- 在钙淋溶过程中发挥着重要作用（Larsen et al.，1968）。

（2）镁。土壤中的镁一般可以划分为非交换态、交换态以及水溶态，其中非交换态所占比例最大，即被原生矿物（如角闪石、黑云母、橄榄石）、次生矿物（如绿泥石、蛭石、伊利石、蒙脱石）以及腐殖质所吸附和固定的镁在土壤全镁中所占比例最大。土壤中不同形态的镁之间会发生转化，同时土壤中的镁会发生迁移。影响土壤镁迁移转化的因素有很多，其中最主要的有以下几点：土壤矿物中镁含量、土壤风化速率、淋溶、作物吸收以及随作物收获被携出的量。土壤镁迁移转化方式有以下几种：与土壤原生、次生矿物结合的镁在土壤风化发育过程中被释放，转化成有效态，供作物利用；土壤中的镁极易发生淋溶损失，导致土壤次表层镁含量升高；植物根系分泌酸性物质，使一些固定态的镁释放（Marschner，1995）。

（3）硫。土壤中的硫主要进行有机硫的矿化和无机硫酸盐固定两个化学过程，且两个过程同时进行。无机硫的转化受加入土壤硫酸盐和有机碳的影响，当土壤溶液中硫酸盐含量高时，大部分硫被固定在酯键硫部分；反之，则会减少固定（Maynard et al.，1985）。许多研究表明，硫酸盐施入土壤后有很大一部分（20%～50%）会结合到有机硫部分（Goh et al.，1982）。无机硫一开始主要结合到微生物组织及残体和不稳定的酯键硫形态，之后随着时间推移会很快转化为碳键硫形态，加入有机碳可以增加硫酸盐的固定量（Saggar et al.，1981）。肥料硫进入土壤后可转化为以下几种形态，即可溶态无机硫、酯键硫、碳键硫和未知态有机硫（胡正义 等，1996）。

二、钙镁硫肥的高效施用

（一）钙肥

钙是植物必需营养元素之一。钙以果胶酸钙形态与其他物质一起构成细胞壁，起到稳定生物膜和加固植物结构的作用。钙在植物体中移动性小，主要集中在较老的组织中，很少向幼嫩器官转移。因而，作物缺钙时根尖和顶芽首先生长停滞，根尖坏死腐烂，幼叶失绿、变形，出现弯钩状，叶片皱缩，叶缘卷曲、黄化，植株矮小。需钙量多的作物有苜蓿、大豆、花生、芦笋、菜豆、豌豆、向日葵、草木樨、番茄、芹菜、花椰菜等。

一般认为，北方石灰性土壤交换态钙和钙饱和度较高，而且含有多种存在形态的碳酸钙，因而不会存在钙供应不足的问题，历史上该地区也少有施用钙肥的习惯。但近些年的一些研究表明，在含钙量高的土壤上，作物有时也会发生缺钙症状，如大白菜干烧心症、芹菜褐腐病（彭克明 等，1980），鸭梨的黑心病和桃树缺钙果实的顶腐病及缺钙造成的大量落叶（刘剑锋，2004），蔬菜中的番茄脐腐病等（董彩霞 等，2003）。其主要原因是多年来氮磷钾肥用量越来越高，提高了作物对氮磷钾以外其他元素的需求，导致植物出现生理性缺钙现象。施钙肥可以有效缓解作物缺钙现象，农业生产中常用钙肥有硝酸钙、硝酸铵钙、（重）过磷酸钙、石膏、石灰、石灰氮和炉渣钙肥等。钙肥具体施用方法见表 12-3。

表 12-3 钙肥施用及注意事项

方式	施肥方法	钙肥用量用法	注意事项
基肥	撒施、条施、穴施	石灰性旱地以 375～750 kg/hm² 为宜，稻田 225～375 kg/hm²，分蘖和幼穗分化期再追施 375 kg/hm²	撒施要力求均匀，防止局部土壤过碱或过酸，也可条施、穴施。钙肥不宜连续大量施用，施用过多会降低硼、锌等微量元素的有效性和造成土壤板结
追肥	叶面喷施	果树和蔬菜上一般选用 0.3%～1.0%硝酸钙溶液；缺钙较严重的果园，生长季叶面喷施 1 000～1 500 倍氯化钙或硝酸钙溶液。在套袋前的幼果期喷施 3～4 次，套袋后喷施 1～2 次，采收前 3 周喷施最后 1 次	叶面喷施水溶性钙肥一般用硝酸钙、氯化钙、螯合钙，采用浓度因肥料、作物而异。采收后浸钙可提高果实钙含量，如将果实于氯化钙溶液中浸泡 24 h，可大大减轻果实缺钙比率

(二) 镁肥

镁是叶绿素的组成成分，是多种酶的活化剂，参与蛋白质合成，对氮素代谢有重要作用。镁在作物体内移动性大，可向新生组织转移。作物缺镁时首先老叶叶脉间开始缺绿，叶片黄色或黄褐色，叶脉绿色，开花明显受抑制，颜色苍白，果皮粗糙，果实暗黄。花生、大豆、甜菜、马铃薯、蔬菜、棉花、桑树、茶树、烟草等都是需镁肥较多的作物。

植物中镁的营养来源主要是土壤，其供应能力除与土壤酸碱度、土壤中离子组成和土壤阳离子交换量有关外，与土壤中有效镁含量的关系最为密切（中国农业科学院土壤肥料研究所，1994）。近年来，随着氮磷钾肥的施用，作物产量不断提高，作物从土壤中携走的镁数量不断增加；又因土壤镁素得不到有效补充，作物缺镁现象在各地陆续出现。因此，近年来对镁营养特性研究逐渐增多，从镁对植物光合作用的影响对作物品质的影响，土壤镁形态及土壤镁有效性方面都进行了较多研究（闫波，2015；黎乃榕，2012）。与此同时，有关含镁肥料的应用及其效果研究也在逐渐展开。农业生产中比较常见的镁肥有硫酸镁、氯化镁、硝酸镁、碳酸镁、白云石、磷酸镁、磷酸镁铵等，镁肥的具体施用方法见表 12-4。

表 12-4 镁肥施用及注意事项

施用方式	施肥方法	具体措施及注意事项
基肥	土壤施入	施用镁肥时应根据土壤酸碱度选择适宜的镁肥品种，对中性和碱性土壤，宜选用速效的生理酸性镁肥，如硫酸镁；对酸性土壤以选用碳酸镁为宜。硫酸镁作基肥用量为 112.5 kg/hm² 左右
追肥	叶面喷施	在作物生长前期、中期进行镁叶面喷施效果较好，但不同作物及同一作物的不同生育时期要求喷施浓度不同，如大田作物（水稻、棉花、玉米）选用 0.3%～0.8%硫酸镁溶液，果树一般喷施 0.5%～2.0%硫酸镁溶液，蔬菜喷施 0.5%～1.5%硫酸镁溶液或 0.5%～1.0%硝酸镁溶液。叶面喷施镁肥时应连续喷施多次

(三) 硫肥

硫作为植物构成蛋白质及部分维生素和酶的必需元素；它是蛋白质的组成成分，参与植物体内氧化还原过程，影响叶绿素合成，是某些酶的成分，是许多挥发性化合物的结构成分。硫在植物体内的移动性较差，不易被再利用。植物缺硫时植株顶端及幼芽较易受害，通常幼芽先变黄，叶片褪绿或黄化，新叶比老叶明显，不易枯干，茎细弱，根细长不分支，开花结实时间延长，果实减少。小麦、玉米、水稻、大豆、油菜、苜蓿、豌豆、芥菜、葱、蒜等是需硫较多、对硫反应敏感的作物。

植物在正常生长情况下的需硫量仅次于氮、钾和磷。20 世纪 60 年代以来，随着作物产量的不断提高，含硫肥料及含硫农药施用量的减少，缺硫问题越来越引起人们重视。目前，缺硫地区几乎遍及世界各地，亚洲、大洋洲、非洲、西欧和北美洲均出现了作物缺硫现象。施硫增产的作物包括谷物、牧草、油菜、棉花、甘蔗、花生和蔬菜等（刘崇群，1981）。常用的硫肥品种有硫黄、石膏、硫酸钾、硫酸铵、硫酸钾镁、硫酸镁、硫代硫酸铵、过磷酸钙、硫包衣尿素等。硫肥具体施用见表 12-5。

表 12-5　硫肥施用及注意事项

施用方式	施肥方法	具体措施及注意事项
基肥	撒施	旱地上可将石膏粉碎撒于地表，结合耕耙施入土中，基施 225～375 kg/hm²；稻田可将硫黄或石膏结合耕作基施或栽秧后撒施、塞秧根，用量 75～150 kg/hm²。对缺硫水稻用 30～45 kg/hm² 石膏蘸秧根
追肥	叶面喷施	生产上，一般用硫酸铁、硫酸锌、硫酸镁、硫酸锰作硫肥喷施，施用量因肥料、作物而异。叶面喷施可纠正作物缺硫现象，但喷施一般只作为辅助措施

第二节　黄绵土中微量元素含量及农业化学行为

在农业生产上，微量元素是指土壤中含量为 $n \times 10^{-6} \sim n \times 10^{-4}$ mg/kg，而植物生长发育需要量又很少的必需营养元素。已知这些必需微量元素包括铁、锰、铜、锌、硼、钼、氯、镍 8 种；而硒、碘、钴、钒等尚未被证实为必需微量元素，但又对植物有益，被称为有益元素。微量元素与食品生产和人类生存环境息息相关。在植物中，微量元素是多种酶与辅酶的组成成分或活化剂，它们参与酶、维生素和激素的形成与激活作用，调节物质代谢，决定着有机体的生长发育和生殖机能，以及动物的生产效率及产品质量等过程。当微量元素供应不足时，作物生长会受到抑制，导致产量减少，品质降低，严重时甚至会造成颗粒无收。人和动物缺乏微量元素时，会引起物质代谢紊乱，代谢强度降低，生长发育减慢，生殖能力下降，并引起各种缺乏病症。

20 世纪 70 年代以来，我国微肥施用面积迅速扩大，至 90 年代全国每年施用微肥面积达 800 万 hm² 以上，取得了巨大的增产效果和经济效益（中国农业科学院土壤肥料研究所，1994）。我国北方旱作农区包括黄绵土区在土壤微量元素的地理分布、化学行为、微肥肥效及施用有效条件、施用技术等试验研究，以及在微肥的推广应用方面，都取得了令人瞩目的进展。进入 21 世纪以来，随着我国经济社会持续发展和人民生活水平不断提高，对农产品数量和品质要求均不断提高，客观上要求土壤中有足够数量且生物有效性较高的微量元素以保证作物高产优质安全。同时，特色优势农产品的规模化集约化生产，氮磷钾肥施用量的居高不下，又加重了土壤中微量养分缺乏程度及常量养分与微量养分之间的不平衡趋势。因此，阐明黄绵土中微量元素的农业化学行为，因缺补缺施用微量元素肥料，对于改善作物营养状况、提高农产品产量和品质、满足人民的生活和健康需求具有重要意义。

一、我国北方旱作区土壤及黄绵土中微量元素含量概况

（一）北方旱作区土壤微量元素含量

我国北方旱作区土壤中，全铁含量变幅为 4.3～134.4 g/kg，平均值为 27.1～31.3 g/kg；全锰含量变幅为 63～2 100 mg/kg，平均值为 560～850 mg/kg；全锌含量变幅为 12～250 mg/kg，平均值为

70.2～79.0 mg/kg；全铜含量变幅为 3.7～72 mg/kg，平均值为 22.0～25.4 mg/kg；全硼含量变幅为 10～259 mg/kg，平均值为 47～57 mg/kg；全钼含量变幅为 0.1～6.0 mg/kg，平均值为 0.61～2.30 mg/kg（中国科学院林业土壤研究所，1980；余存祖 等，1991a；刘铮，1996）。总体来看，我国北方旱作区土壤全铜含量十分接近全国和世界土壤均值，其余元素与世界和全国土壤相比均属中等偏低；华北和西北区土壤全钼含量很低，但仍在正常范围内（表 12-6）。

表 12-6　我国北方旱区土壤中全量微量元素含量

微量元素种类	东北	华北	西北	全国	全球
Fe（g/kg）	31.3（4.3～134.4）	27.1（6.7～47.2）	28.6（17.0～46.7）	35	38
Mn（mg/kg）	850（63～2 100）	569（150～1 010）	560（116～1 065）	710	850
Zn（mg/kg）	79.0（12～250）	73（15～194）	70.2（20～216）		
Cu（mg/kg）	22（4～72）	25.4（3.7～65）	22.6（6～51）	22	20
B（mg/kg）	47（15～92）	50（10～86）	57（12～259）	64	20
Mo（mg/kg）	2.30（0.10～6.00）	0.61（0.10～3.79）	0.72（0.21～1.89）	1.7	2

西北黄土高原区土壤多数微量元素全量分布有明显的从西北向东南逐步增高的趋势。这显然是由于黄土在风成过程中，成土颗粒大规模由西北向东南迁移，并按粒径发生分异，越向东南方向细颗粒含量越高，而细颗粒中富含微量元素（余存祖 等，1988）。黄土区土壤全锌、全锰含量中等偏低，全铜中等，这 3 种元素含量顺序均为风沙土＜黄绵土＜灰钙土＜黑垆土＜褐土＜塿土，即由西北向东南逐渐增高。土壤全硼含量中等，其中灰钙土与灌淤土硼含量高于全国土壤均值。全钼含量很低，除灰钙土超过 1 mg/kg 外，其余土壤多在 0.81 mg/kg 以下，属低钼区。硼和钼由西北向东南含量增高的趋势不明显。黄绵土中全铜变幅为 15～24 mg/kg，平均值为 16.9～21.7 mg/kg；全硼变幅为 32～83 mg/kg，平均值为 38.7～66.5 mg/kg；全钼变幅为 0.40～0.72 mg/kg，平均值为 0.44～0.70 mg/kg（余存祖，1991）。

在陕西，沙黄绵土土属分布在陕北黄土丘陵区北部边缘地带，处于北纬 37°以北，北接风沙土，地形为梁峁坡地、沟坡地、川台地等，母质为沙黄土。典型黄绵土土属分布西起白于山分水梁，经富县抵宜川县一线以北的广大丘陵沟壑区，北接沙黄绵土，是黄绵土中面积最大的一个土属，母质为绵黄土。墡黄绵土土属分布于黄绵土区南部，主要是渭北黄土高原及关中黄土台塬的沟谷两侧坡地和塬面，成土母质为细黄土和离石黄土。3 种黄绵土土属从北向南，其肥力呈逐渐升高趋势，而表层土壤中微量元素的有效含量也与前述的全量分布规律类似，有效锌、有效锰、有效铜、有效铁含量大致呈现从北向南递增的趋势（表 12-7）。

表 12-7　不同土属表层土壤中微量元素含量

单位：mg/kg

微量元素种类	沙黄绵土	典型黄绵土	墡黄绵土
Zn	0.37	0.39	0.58
Mn	4.02	4.18	5.98
Cu	0.36	0.46	0.46
Fe	2.32	2.90	2.90
B	0.24	0.25	0.22

（二）黄绵土中有效态微量元素的供给水平与评价

土壤微量元素全量是该元素在土壤中的总储量，并不代表植物可以吸收的量。植物能利用的只是全量中根系能够吸收的那一部分，即有效态部分。我国土壤有效硼多用沸水提取，又称为水溶态硼，有效钼用草酸-草酸铵（pH3.3）提取。石灰性土壤中的铁、锰、铜、锌一般采用 Lindsay 和 Norvell（1978）的方法，即用 DTPA（二乙基三胺五乙酸）＋TEA（三乙醇胺）＋$CaCl_2$ 配制成 DTPA 溶液（pH7.3），一次浸提可同时测定 4 种元素含量。目前，这一方法已在我国北方旱作区普遍应用。

　　评价土壤有效态微量元素的水平，一般是依据生物试验结合土壤分析来确定丰缺指标与缺乏临界值。综合大量研究成果及实际应用效果（刘铮，1996；王学贵 等，1986；杜孝甫 等，1983；余存祖 等，1984；1985；1987；周鸣铮，1988；吴建明 等，1990；李文先，1985），拟定的北方旱区土壤有效态微量元素含量的分级标准见表 12 - 8。

表 12 - 8　北方旱区土壤有效态微量元素含量丰缺分级标准

单位：mg/kg

微量元素	丰缺分级					临界值	提取剂
	很低	低	中等	高	很高		
Zn	<0.3	0.3～0.5	0.5～1.0	1～3	>3.0	0.5	DTPA 溶液（pH7.3）
Mn	<3.0	3～7	7～12	12～20	>20	7.0	DTPA 溶液（pH7.3）
Cu	<0.2	0.2～0.5	0.5～1.0	1～2	>2.0	0.5	DTPA 溶液（pH7.3）
Fe	<2.5	2.5～4.5	4.5～10	10～30	>30	2.5	DTPA 溶液（pH7.3）
B	<0.2	0.2～0.5	0.5～1.0	1～2	>2	0.5	沸水
Mo	<0.05	0.05～0.10	0.10～0.20	0.2～0.3	>0.3	0.1	草酸-草酸铵液（pH7.3）

　　（1）有效锌。黄绵土中的有效锌含量变幅为 0.04～1.20 mg/kg，平均值为 0.21～0.49 mg/kg（余存祖，1991）。一般来说，我国北方旱作区土壤缺锌较为普遍，约有 50%耕地缺锌（含量低于 0.5 mg/kg），另有 30%的耕地有效锌含量偏低，在潜在缺锌范围（含量 0.5～1.0 mg/kg），二者合计占耕地面积的 80%。缺锌土壤的一般特征是：pH 在 7.5 以上，有机质缺乏，质地粗松，干旱缺水，新平整的生土地及大量施磷的农地均较缺锌。黄土高原地区土壤有效锌平均含量为 0.51 mg/kg，存在着大面积的缺锌地区。低锌土壤主要是黄绵土、灰钙土、栗钙土、黑垆土，风沙土含量最低，堘土含量中等偏低（余存祖 等，1991）。

　　（2）有效锰。黄绵土中锰的有效含量变幅为 1.6～12.0 mg/kg，平均值为 4.0～7.6 mg/kg（余存祖，1991）。黄土高原地区土壤有效锰含量平均为 7.7 mg/kg，低于 7 mg/kg 的样点占 48.3%，处于 7～9 mg/kg 的占 23.5%，表明有较大面积的缺锰土壤。主要缺锰土壤有黄绵土、风沙土、灰钙土、栗钙土，部分褐土、堘土供锰也不足（余存祖 等，1991）。

　　（3）有效铜。黄绵土中铜的有效含量变幅为 0.01～0.70 mg/kg，平均值为 0.42～0.84 mg/kg（余存祖，1991）。黄土高原地区土壤有效铜平均含量达 0.93 mg/kg，属缺铜区，主要分布在灰钙土、栗钙土、黄绵土和风沙土区。估计我国北方旱作区土壤缺铜面积为 15%～20%。近年发现陕西中部和北部一些地区土壤有效铜含量虽然高于临界值，但施铜仍有增产效果（彭琳 等，1980b；1982b）。

　　（4）有效铁。黄绵土中铁的有效含量变幅为 1.2～9.3 mg/kg，平均值为 2.6～4.4 mg/kg（余存祖，1991）。土壤有效铁的分布规律明显，即随着土壤 pH 的降低而增加，并随着土壤含水量的增加而增加，渍水土壤的有效铁含量明显高于旱作土壤。缺铁土壤的特征是碱性、干旱缺水、质地粗松、有机质缺乏、富含碳酸钙。总体来看，我国北方旱区土壤含铁中等，但褐土、黄绵土、灰钙土、栗钙土、风沙土含铁量低或偏低，这些土壤中约有 20%面积含铁量低于 2.5 mg/kg。

　　（5）有效硼。黄绵土中硼的有效含量变幅为 0.04～0.67 mg/kg，平均值为 0.24～0.42 mg/kg（余存祖，1991）。由此可以看出，有效硼的含量极低。我国北方旱作农区从东北、华北到西北黄土高原有大面积的缺硼土壤，估计缺硼与可能缺硼的面积占耕地的 70%左右，缺乏面积比例仅次于锌。缺硼的原因多种多样，华北与黄土高原地区母质多为黄土性，黄土中含硼中等，但含硼矿物质多数为电气石，风化缓慢，基本不溶于水，也不溶于酸，硼极难释放出来，造成土壤水溶态性硼不足。土壤中碳酸钙对硼的吸附，也可使硼的有效性降低。北方旱作区土壤 pH 高，富含碳酸钙是造成有效硼不足的重要原因。而西北黄土高原地区土壤水溶性硼变化为 0.04～14.70 mg/kg，平均为 0.54 mg/kg，低于 0.5 mg/kg 的样点占 62.7%，主要土壤类型如黄绵土、堘土、褐土、黑垆土、栗钙土都是低硼土壤（戴鸣钧 等，1983）。

（6）有效钼。黄绵土中钼的有效含量变幅为 0.01～0.07 mg/kg，平均值为 0.02～0.06 mg/kg（余存祖，1991）；由于黄土母质中全钼含量很低，所以我国黄土高原地区黄绵土中有效钼供给水平很低。西北黄土高原除灰钙土和灌淤土有效钼含量为 0.1 mg/kg 左右外，其余主要土壤平均含量均为 0.1 mg/kg 以下，属缺钼区。整个黄土高原地区有效钼含量低于 0.1 mg/kg 的样点占 74%（彭琳 等，1982；余存祖 等，1991）。我国北方旱作区估计有 60% 耕地面积有效钼供应不足，其中华北与西北黄土高原地区为我国著名的低钼区，估计有 2/3 耕地钼的供应不足。土壤钼的有效性与 pH 关系密切。在碱性环境中，钼的有效性增大，pH 每上升 1 个单位，MoO_4^{2-} 离子的浓度可增大 100 倍。

表 12-9 是农业部于 2017 年对黄绵土区土壤样本分析结果。测定结果显示：铜、锌、铁、锰元素有效态含量在各省份之间均表现为山西＜陕西＜甘肃＜内蒙古，有效态硼含量表现为内蒙古平均值最高，为 0.61 mg/kg，钼含量表现为陕西含量最高，平均值为 0.18 mg/kg。总体来看，黄绵土中有效铜含量变幅为 0.36～0.98 mg/kg，平均值为 0.80 mg/kg；黄绵土中的有效锌含量变幅为 0.36～1.06 mg/kg，平均值为 0.66 mg/kg；黄绵土中有效铁含量变幅为 3.02～13.61 mg/kg，平均值为 9.28 mg/kg；黄绵土中有效锰含量变幅为 3.63～10.27 mg/kg，平均值为 8.95 mg/kg；黄绵土中有效硼含量变幅为 0.39～0.61 mg/kg，平均值为 0.52 mg/kg；黄绵土中有效钼含量变幅为 0.10～0.18 mg/kg，平均值为 0.12 mg/kg。

表 12-9　我国黄绵土中有效态微量元素含量

单位：mg/kg

微量元素种类	山西	陕西	甘肃	内蒙古	黄绵土区平均值
Cu	0.36（0.20～0.77）	0.51（0.05～1.64）	0.87（0.12～1.62）	0.98（0.33～2.44）	0.80
Zn	0.36（0.08～1.29）	0.53（0.08～1.65）	0.68（0.20～1.66）	1.07（0.31～2.44）	0.66
Fe	3.02（1.91～4.79）	5.53（1.52～11.85）	10.13（1.31～25.42）	13.61（4.20～34.51）	9.28
Mn	3.63（1.59～9.85）	6.97（0.12～19.54）	9.47（2.40～20.20）	10.27（1.32～19.25）	8.95
B	0.49（0.06～1.57）	0.39（0.03～1.05）	0.55（0.12～1.30）	0.61（0.11～1.00）	0.52
Mo	0.14（0.07～0.35）	0.18（0.01～0.51）	0.10（0.03～0.22）	0.14（0.02～0.40）	0.12

二、微量元素的农业化学行为

（一）微量元素的形态及其有效性

1. 微量元素形态　由风化作用从岩石中释放出来的微量元素，多数以与土壤不同组分结合的形态存在。不同形态的微量元素，其释放、移动、转化、供应能力和生物有效性有很大差异，因而不论是在植物营养或是在环境效应方面的意义都有很大不同。土壤微量元素形态划分一般有两种方式：一种是以一定的浸提剂来提取有效态微量元素，目的是测试土壤微量养分的有效供应能力，以利于人工调控；另一种是用不同的化学试剂，将微量元素按不同结合状态逐级进行浸提和区分，目的在于明确微量元素在土壤中的结合状态、吸附和解吸特征、形态转化、迁移性能及其动力学，以及各形态在植物营养与环境保护中的意义等。

从植物营养的意义来看，土壤中微量元素可分为有效态、缓效态、难效态和无效态。但这种划分仅有相对意义，因为各形态在一定条件下可以互相转化。通常微量养分的有效态包括水溶态、交换态和一部分与有机物、碳酸钙及其他固相组分相结合的形态，而另一部分结合态和矿物态则是难溶和无效的。

（1）土壤中的铁。一般情况下，土壤中对植物有效的铁有溶液中的铁、交换态铁和部分固态的铁。前两部分铁数量较少，但易被植物吸收；固态铁中的 $Fe(OH)_3$ 在 pH 较低或还原条件下有部分可被溶解，也能被植物利用，称为活性铁或游离态铁。在中性和碱性土壤中，交换态铁很少。一般情况下，黄绵土中以高价铁占优势，亚铁仅占可溶态无机铁总量的一小部分，水溶态铁也很少。因此，黄绵土多缺乏有效态铁。用 DTPA 溶液提取的铁，包括土壤溶液中的铁、部分交换态铁和小部分固态铁，统称为有效态铁。

（2）土壤中的锰。土壤中对植物有效的锰可分为水溶态锰、交换态锰和易还原态锰。锰的有效性与它的化合价有关，水溶态锰以二价锰为主，主要以络合态存在；交换态锰是二价锰离子，这两种锰易被植物吸收。易还原态锰主要是三价锰，被还原成二价锰后，才能被植物吸收利用。余存祖等（1981）研究发现，在富含 $CaCO_3$、pH 较高的黄绵土中，锰很少存在于土壤溶液中，交换态锰含量也很低，一般在 3 mg/kg 以下，且交换态锰的数量与作物吸收的关系不明显，难以反映土壤的供锰能力。余存祖等（1981）还测定了代表西北干旱、半干旱区主要土类的 300 多个土样的易还原态锰，含量范围为 19～254 mg/kg，平均为 87 mg/kg。经生物试验验证，土壤易还原态锰与作物吸收锰的量呈极显著正相关关系，表明土壤易还原态锰含量可以反映土壤的供锰能力。刘铮（1991）也认为，石灰性土壤中易还原态锰是植物锰的主要供应源，并将水溶态锰、交换态锰、易还原态锰三者相加，合称活性锰。

（3）土壤中的铜。土壤中的铜可分为水溶态铜、交换态铜、非交换态铜和难溶性铜。水溶态和交换态铜对植物是有效的，非交换态中一部分也可能有效。难溶态铜包括难溶的铜化合物，原生矿物和次生矿物中的铜，以及被有机物紧密吸附的铜、松结有机态铜（刘铮，1991；冉勇，1989）。

（4）土壤中的锌。锌的形态划分大体与铜相似。以对植物有效性来衡量，水溶态锌和交换态锌是对植物有效的，有机结合态锌需经有机质分解后才能释放被植物利用，次生矿物和原生矿物中的锌则是对植物无效的（朱其清，1991）。

（5）土壤中的硼。土壤中的硼有多种形态，通常分为有机态硼和无机态硼。有机态硼是指有机质所含有的硼及其表面吸附的硼。植物残体中硼的归还是土壤有机态硼的主要来源。有机态硼是硼保存在土壤中的一种重要形态，经微生物分解释放出来可以被植物利用。无机态硼分矿物态硼、吸附态硼和土壤溶液中的硼。后者主要是水溶性硼，它除土壤溶液中的硼外，还包括可溶的硼酸盐，主要有硼酸分子（H_3BO_3）和阴离子（$H_4BO_4^-$）两种形态。硼酸在 pH 7 以上易转化为 $B(OH)_4^-$，因此硼在溶液中主要以阴离子存在。水溶性硼与植物吸收有明显的正相关关系，被用来表示植物可以利用的有效态硼。据测定，我国北方干旱、半干旱区水溶性硼占全硼的 1％～2％（余存祖 等，1991）。

（6）土壤中的钼。土壤钼可分为有机态钼与无机态钼。有机态钼经微生物分解释放后能够被植物利用，因而在有机质含量高的土壤上，可溶态钼含量较高。无机态钼分矿物态、交换态和土壤溶液中的钼。矿物态指原生和次生矿物晶格中的钼，属难效态；交换态钼数量不多，一般以 MoO_4^{2-} 或 $HMoO_4^-$ 的阴离子形式吸附在胶体上，可被某些阴离子如 PO_4^{3-}、SO_4^{2-}、$C_2O_4^{2-}$、OH^- 等交换。这种吸附与 pH 有关，pH 上升则吸附作用减弱。土壤溶液中的钼主要是水溶性的，以 MoO_4^{2-} 或 $HMoO_4^-$ 的阴离子形态为主，数量很少，且随着 pH 的升高而增多。土壤中对植物有效的钼主要是水溶性和交换态钼。草酸-草酸铵溶液提取的有效钼，是模拟一般植物根系吸收能力而设计的，提取出的钼包括水溶态、交换态，还包含部分铁、铝氧化物吸附的钼。因此，对某些植物而言，它测出的量可能偏高。

2. 微量元素形态的化学分组　关于土壤微量元素的形态分级，一般是用不同的浸提剂将处于不同结合状态的元素逐级提取出来（韩凤祥 等，1989；1990；蒋廷惠 等，1990；Shuman，1985；

Teesler，1979；魏孝荣，2004；魏孝荣 等，2006；陆欣春 等，2010)，通常将金属元素的形态区分为 6 级：①以离子态或有机络合物存在于土壤溶液中（水溶态，Wat－）；②结合在土壤交换点位上（交换态，Ex－）；③与有机质络合或螯合的（有机态，Om－）；④石灰性土壤中与碳酸盐结合的（碳酸盐结合态，Cab－）；⑤吸附或闭蓄于铁、铝、锰氧化物和水化物中（铁、锰氧化物结合态，Feox－、Mnox－）；⑥陷于原生或次生矿物晶格中（矿物态，Res－）。目前，多将铁和锰的氧化物结合态分开，并且将铁又分为无定形铁结合态（AFeox－）和晶形铁结合态（CFeox－），将有机结合态分为松结有机态（Wom－）和紧结有机态（Som－）。水溶态不单独测定而包含于交换态中。这样就产生了 7 级或 8 级分组法。

邵煜庭等（1995）对甘肃 4 种主要农业土壤（黄绵土、褐土、黑垆土、灌漠土）中锌、锰、铜、铁 4 种元素的化学形态分级及其有效性进行了研究发现，4 种元素各形态含量高低次序依次为：矿物态＞铁、锰氧化物结合态＞有机态＞碳酸盐结合态＞交换态。即土壤中锌、锰、铜、铁以矿物态、铁锰氧化物结合态和有机态为主，碳酸盐结合态也有一定数量，交换态含量则很低。4 种元素中，锰的矿物态所占比例较低，而氧化锰结合态比例较高；铁的矿物态比例最高，其他形态含量都不高（表 12-10）。

表 12-10　甘肃 4 种农业土壤微量元素各形态含量及其分配

单位：mg/kg

微量元素种类	交换态	松结有机态	紧结有机态	碳酸盐结合态	氧化锰结合态	无定形铁结合态	晶形铁结合态	残渣态	合计
Zn	0.05 (0.06)	1.14 (1.46)	1.09 (1.41)	0.33 (0.42)	0.21 (0.27)	2.85 (3.66)	7.90 (10.13)	64.4 (82.59)	77.97 (100)
Mn	5.68 (0.98)	12.78 (2.20)	77.92 (13.39)	36.45 (6.26)	90.75 (15.59)	32.67 (5.61)	77.08 (13.24)	248.75 (42.73)	582.08 (100)
Cu	0.03 (0.13)	1.16 (4.95)	0.16 (0.69)	0.46 (1.95)	0.07 (0.30)	2.98 (12.76)	4.23 (18.50)	14.2 (60.72)	23.29 (100)
Fe	0.08 (0.00)	11.17 (0.04)	3.38 (0.01)	17.37 (0.06)	15.39 (0.05)	830.75 (2.67)	2 652.5 (8.51)	27 620 (88.66)	31 150.64 (100)

注：括号内为该形态含量占全量的百分比（％）。

外源微量元素进入土壤后会逐渐分配至不同形态中，且会进行不同形态之间的转化。冉勇和彭琳（1993）研究发现，把 $ZnSO_4$ 加入土壤中平衡 24 h 后，以碳酸盐结合态锌增加最多，其次是氧化锰结合态锌和无定形铁结合态锌，而交换态锌和有机态锌增加很少（表 12-11）。随着时间的推移，土壤中交换态锌、有机态锌、氧化锰结合态锌、无定形铁结合态锌和碳酸盐结合态锌逐渐下降，至 80 d 后前 4 种形态基本趋于稳定，而碳酸盐结合态锌则在 240 d 后仍继续下降，表明碳酸盐结合态锌并不

表 12-11　施锌平衡 24 h 后土壤锌的形态分布

单位：mg/kg

土壤类型	项目	交换态	有机态	碳酸盐结合态	氧化锰结合态	无定形铁结合态	晶形铁结合态	残渣态
塿土	原土 Zn 含量	0.12	0.95	1.98	0.88	7.46	17.20	51.00
	施 Zn 平衡后 Zn 含量	0.90	4.91	16.40	12.40	16.80	25.10	53.10
	增加量	0.78	3.96	14.42	11.52	9.34	7.90	2.10
风沙土	原土 Zn 含量	0.04	0.29	1.60	0.85	2.72	10.00	34.00
	施 Zn 平衡后 Zn 含量	1.15	2.96	23.70	10.10	10.30	12.40	38.90
	增加量	1.11	2.67	22.10	9.25	7.58	2.40	4.90

能稳定存在。与此同时，晶形铁结合态锌一直趋于上升，尽管上升趋势逐渐趋于平缓。可以认为，施锌后增加了土壤对锌的吸附，尤其是增加了碳酸盐和铁、锰氧化物对锌的吸附；此后逐渐向晶形铁结合态锌转化，降低了锌的有效性，但转化的过程相当缓慢，因此施入的锌肥尚有较长的后效。

蒋廷惠等（1990）对江苏不同 pH 的土壤进行研究后指出，外源可溶性锌在土壤中的形态转化，受土壤物质组成与 pH 的影响。在弱碱性的石灰性土壤中，锌以碳酸盐结合态为主；在近中性富含有机质的土壤中，锌以有机态为主；在酸性土壤中，锌以交换态为主。基本趋势是随着 pH 的升高，进入交换态的比例降低，而进入铁、锰氧化物结合态的比例相应增加。韩凤祥等（1993）对华北石灰性黄潮土进行研究后认为，土壤各组分对外源锌固定量高低的顺序为：氧化铁＞有机质＞黏土矿物＞碳酸盐＞氧化锰；对土壤原有锌的固定作用大小顺序为：黏土矿物＞氧化铁＞有机质＞氧化锰＞碳酸盐。并认为石灰性土壤锌活性较低的原因是，碳酸盐导致土壤 pH 上升，在较高的 pH 条件下，氧化铁对锌的强烈固定，造成专性吸附态的氧化铁结合态锌大量增加及部分碳酸盐结合态锌增加，使交换态锌含量降至很低。同时，在自然的石灰性土壤中，松结有机态锌与碳酸盐结合态锌是活性锌的直接供给源，外源锌仅为松结有机态锌。尽管对黄绵土的研究资料极少，但总结上述对多种土壤的研究结果，可以认为，黄绵土中对植物有效的微量元素主要应是水溶态、交换态、有机态，后者主要是松结有机态的；碳酸盐虽对微量元素有吸附作用，但它很不稳定，碳酸盐结合态仍可成为有效态微量元素的直接供给源；在一定条件下，无定形铁结合态和氧化锰结合态也可转化成有效的形态，成为微量养分的间接供给源。

（二）土壤对微量元素的吸附与解吸

土壤黏粒与有机质和铁、铝、锰氧化物对微量元素有吸附与解吸作用。吸附作用有两种：一种是锌、铜、锰等阳离子在黏粒、氧化物和有机质等带负电荷的物质表面上发生的吸附反应，硼、钼、硒等含氧阴离子也会被阴离子交换物质所吸附。这种由于静电引力而发生的吸附反应为交换性可逆吸附，离子间可按当量相互代换。另一种是通过共价键与黏粒表面的功能团发生的化学吸附，称为专性吸附或强选择性吸附（刘铮，1991）。被吸附的微量阳离子是非交换态的。专性吸附的量有时会大于阳离子交换量。由于土壤吸附解吸性能与养分的吸持、保蓄、迁移、流失等作用密切相关，对于微量元素的土壤吸附，已进行了不少研究工作（林玉锁 等，1987；1989；李鼎新 等，1991；蒋以超，1993；马义兵 等，1993b；Shuman，1975）。

关于土壤对锌的吸附研究较多。冉勇和彭琳（1993）用黄土高原 5 种主要土壤（黄绵土、塿土、黑垆土、灰钙土、风沙土）进行锌吸附的研究结果是，5 种土壤对锌的专性吸附都符合 Langmuir 等温吸附方程。回归分析表明，5 种土壤的锌最大吸附量（Q_m）与黏粒、游离铁、无定形铁、有机物均呈显著正相关关系，与碳酸钙及 pH 也呈一定的正相关关系，表明这些因素支配着土壤中锌的吸附和解吸。毕银丽等（1997）研究了陕西安塞黄土丘陵区 5 种质地有明显差异的坝系黄绵土对锌的吸附特性，结果表明，这 5 种黄绵土锌吸附过程均可用 Langmuir 方程表示，土壤中黏粒含量与最大吸附量呈极显著正相关关系。坝富黏层的 Q_m 最大（5.751），对锌有较强的保蓄能力。$K \times Q_m$（综合反应供锌容量与强度的指标——土壤吸持性）也以富黏层最大（1.243），轻壤层只有 0.375（表 12 - 12）。

表 12 - 12　坝系不同质地黄绵土锌吸附的 Langmuir 方程参数

（毕银丽 等，1997）

土壤	颗粒组成（%）		最大吸附量 Q_m（mg/kg）	吸附能 K	相关系数 r	土壤吸持性 $K \times Q_m$	吸附反应自由能 $\Delta G^0 = -5.706 \times \lg(K \times 100)$
	<0.01 mm	<0.001 mm					
坝富黏层	64.73	31.20	5.751	0.216	0.982	1.243	-16.12
坡红黏土	60.68	33.85	5.067	0.146	0.985	0.740	-15.15
坝轻壤层	28.64	13.44	3.840	0.098	0.966	0.377	-14.17
坝轻壤层	26.46	13.41	3.783	0.099	0.913	0.375	-14.19

土壤对锰的吸附过程也可以用 Langmuir 等温方程拟合。王学贵等（1986；1990）用陕西堘土、黄绵土和水稻土对锰的吸附解吸特性进行了研究，结果表明，通过 Langmuir 等温方程式拟合后，3 种土壤最大吸附量的顺序为：堘土＞黄绵土＞水稻土；土壤对锰的解吸量则是：黄绵土＞水稻土＞堘土。表明堘土对锰的吸附量大，吸持力强，即堘土有较大的供锰容量，但供应强度却不大；而水稻土则相反。这一差异是由于土壤性质不同所造成的，土壤 pH 和 $CaCO_3$ 对锰的吸附和解吸表现出明显的影响。

土壤对硼的吸附分为有机吸附和无机吸附。前者是土壤中有机物通过与硼酸形成脂类或有机络合物，强烈地吸附硼酸；无机吸附是土壤黏粒、次生黏土矿物、氢氧化铁、氢氧化铝、氢氧化镁等对硼的强烈吸附，部分硼进入矿物晶格中而被固定。土壤对硼的吸附和固定对硼的有效性有重要影响，因为被吸附的硼在较低的 pH 条件或在热水浸提下，可以进入土壤溶液，成为植物可以利用的形态；而在 pH 较高的条件下硼被强烈吸附而降低有效性，但也使之免于淋失，得以保存于土体中。一般认为，氢氧化铝对硼的最大吸附量为 pH 7，氢氧化铁则为 pH 8～9（刘铮，1991）。硼是非金属的微量元素，在水中以 BO_3^{3-}、$B_4O_7^{2-}$、BO_2^- 的形态存在，易随水迁移进入土壤。郑泽群等（1999）研究了陕西主要土类对上述 3 种硼阴离子的吸附与解吸，结果表明，土壤对 3 种阴离子的吸附可采用 Langmuir 和 Freundlich 等温吸附方程拟合。土壤对硼的吸附 2 h 即可达到平衡。同时，土壤对 BO_3^{3-} 与 $B_4O_7^{2-}$ 的吸持力弱，又由于它们的移动性大，易对植物产生毒害；而 BO_2^- 的移动性小，相对毒害较轻。这一结论为确定灌溉水质标准与制订防治硼污染措施提供了科学依据。

土壤中钼的吸附和固定大致有 3 种方式，即阴离子交换吸附、被铁铝等氧化物吸附及包蔽，或形成难溶的钼酸盐。黏粒矿物、铁、铝、锰、钛的氧化物都能吸附和固定钼，这种吸附与 pH 有关。钼的最高吸附量为 pH 3～6，在 pH 6 以上吸附迅速减弱，pH 8 以上几乎不再被吸附。土壤对钼的吸附可以用 Langmuir 方程或者用 Freundlich 方程来表示。

土壤有机和无机部分都能吸附和固定 Cu^{2+}。Cu^{2+} 的吸附能力很强，所以铜常被紧密地吸附和固定。土壤对铜的吸附也可以用 Langmuir 或 Freundlich 方程来表示（刘铮，1991）。

（三）土壤中微量元素肥料的转化与迁移

土壤中微量元素的迁移主要是由水和生物帮助实施的，前者属水迁移，后者则为生物迁移。影响微量元素迁移转化的因子很多，水分条件、pH、电导率、阳离子交换量、温度、土壤 CO_2 分压、有机质、黏粒、碳酸盐以及铁、铝、锰氧化物含量和植物根系等都能影响微量元素的溶解度，从而影响它们的移动。如锌的水迁移主要是以络合物（其中主要为有机络合物）、胶体或矿物组成中的机械悬浮物形式实现的。马义兵等（1993）报道，土壤溶液中的锌离子大多以无机和有机络离子形式存在，土壤溶液中 40%～80% 为 Zn^{2+}。随 pH 升高，Zn^{2+} 易溶性络合物减少，稳定性络合物增加。pH 是控制土壤溶液中锌浓度的重要因子。土壤固体组分对锌的吸附、沉淀且对溶液中锌浓度也有重大影响。而土壤溶液中的锌最易实现水迁移与生物迁移。

生物迁移是生物体通过土壤、水、食物链把微量元素吸收到有机体组成中，使其参与到物质的生物小循环中来，并把它们保持在生物圈中。生物迁移的强弱一般用生物吸收系数表示，其意义是植物灰分中的微量元素含量与土壤中含量之比。移动性大的元素生物系数大，反之就小。据余存祖（1992）研究，黄土丘陵区（黄绵土区）主要作物 Zn、Mn、B、Cu、Fe 的生物吸收系数为 0.42～10.39，各元素生物吸收系数顺序为 Cu＞Zn＞B＞Mn＞Fe。这表明 Cu、Zn 为强吸收积累的金属元素，而 Mn、Fe 则较弱。在作物各部位中，Zn 和 Cu 在种子中生物吸收系数最高，Mn 和 B 在叶片中有较高的生物吸收系数，Fe 则在根系和叶片中生物系数较高（表 12-13）。植物对微量元素具有选择吸收的机制，但在高背景值区或人工高量施肥的特殊情况下也会被奢侈吸收，严重时引起元素吸收过量致使植物生长受到抑制。水迁移和生物迁移是造成土壤剖面各层元素淋溶、积累的主要作用因素，也是各土层间元素含量富集与消减的主要原因。

表 12 - 13　黄土丘陵区主要作物各部位的生物吸收系数

(余存祖，1992)

作　物	部位	Zn	Mn	B	Cu	Fe
春小麦	根	7.58	5.98	5.06	12.00	1.55
	茎	4.02	1.21	2.83	6.53	0.17
	叶	4.23	7.50	6.76	8.12	0.63
	种子	17.43	4.32	1.02	16.02	0.15
	平均	8.32	4.75	3.92	10.67	0.63
玉米	根	3.38	1.50	4.46	8.00	0.57
	茎	2.26	0.80	2.70	5.51	0.32
	叶	5.76	3.75	5.46	8.12	0.43
	种子	17.43	1.48	2.45	38.04	0.31
	平均	7.21	1.88	3.77	14.92	0.41
谷子	根	3.71	1.50	2.17	6.50	0.45
	茎	2.83	1.14	3.08	4.01	0.20
	叶	4.23	2.30	4.27	8.13	0.18
	种子	19.67	2.28	2.26	9.00	0.39
	平均	7.61	1.81	2.95	6.91	0.31
糜子	根	5.16	1.42	2.07	8.51	0.40
	茎	2.82	0.74	2.82	4.01	0.23
	叶	5.76	2.81	6.34	3.76	0.45
	种子	23.25	2.12	6.22	13.02	0.34
	平均	9.25	1.77	4.36	7.33	0.36
大豆	根	3.41	1.51	4.36	6.55	0.39
	茎	2.58	1.84	10.05	6.00	0.32
	叶	6.05	10.26	28.45	10.01	0.50
	种子	18.55	3.86	20.94	26.00	0.36
	平均	7.65	4.37	15.95	12.14	0.39
平　均		8.01	2.92	6.19	10.39	0.42

　　外源微量元素在土壤中的移动性对于其有效性也有重要影响。刘永菁等（1992）在辽宁碳酸盐褐土、淋溶褐土和草甸土3种土壤上对锌的移动进行了试验研究，结果发现，土壤施锌后，锌主要集中在施肥点上，横向和纵向移动量都很小。距施肥点越远，有效锌含量越低。其移动与土壤性质有关，草甸土的pH较低，$CaCO_3$含量少，且质地较粗，沙粒与粗粉沙粒含量高于两种褐土，所以移动性较大。

　　锰、铁、钼等微量元素离子，其移动性受原子价位的影响。像Fe^{2+}等低价离子比较易溶，有较大的移动性；而Mn^{4+}与Fe^{3+}等高价离子则相反。钼与锰、铁不同，Mn^{6+}比Mo^{5+}容易移动，这表明电导率对这些元素的移动与植物有效性有很大影响。pH对锰、铁、铜、钼的移动性有直接影响，在pH<6的环境中，Mn^{2+}、Mn^{3+}、Cu^{2+}、Zn^{2+}、Fe^{2+}移动性显著增高；而在pH>7的环境中，Mo^{6+}、Mo^{5+}、Se^{6+}变得较为活泼。渍水条件下，Mn^{3+}、Mn^{4+}、Fe^{3+}易还原为Mn^{2+}与Fe^{2+}，因而提高了移动性，易被植物利用。温度升高，促进土壤各组分对吸附微量元素的释放，因而增加锌、锰、铜、铁、硼等的活性。硼的活性与土壤 pH 有关，水溶态硼与 pH 在 pH 7.1～8.1 呈负相关关系，因而植物缺硼常发生在 pH>7 的土壤上。硼在水中以 BO_3^{3-}、$B_4O_7^{2-}$、BO_2^- 等阴离子形态存在，易随水而迁移。在土壤水分充足时，易淋溶、渗滤而移至下层，甚至迁移出土体；但在土壤干燥情况下，硼的有效性降低（刘铮，1991）。

微量元素在自然界中的迁移造成环境中元素的贫化与富化。据测定，黄河泥沙中微量元素含量水平大体接近或略高于黄土丘陵区的黄绵土。侵蚀会加重黄绵土区土壤微量元素的亏缺，侵蚀越重，土壤缺素越严重（余存祖 等，1983）。

三、过量施用微量元素肥料的毒害效应

微量元素在性质上多数具有两重性，即它们既有营养元素的功能，但当过量时也会对生物体造成一定的危害，尽管它们的毒性很低（杨居荣 等，1985）。但这种"毒害"程度是以什么为标准来进行衡量？是以作物发生了减产？或作物可食用部分元素含量超过一定水平影响了它的营养价值？还是对食用它的人畜健康产生了不利影响？对此问题，目前尚无统一的标准。一般常以土壤中元素过量，致使作物减产 10% 作为始毒界限（Chki et al.，1977）。根据余存祖等（1986a；1986b；1988）的温室生物试验，这个始毒界限（土壤中有效态元素的含量）为：锌对玉米为 400 mg/kg，对小麦为100 mg/kg；锰对小麦为 500 mg/kg；铜对谷子为 30 mg/kg；硼对小麦为 10 mg/kg，对油菜为10 mg/kg。当土壤中元素含量达到始毒界限时，小麦（或谷子）种子中锌、硼、铜含量分别比对照增高 200%、122% 与 69%（表 12-14）。小麦种子中锰比对照增加 90%，油菜籽中硼含量比对照增加 293%，茎叶中元素含量增高幅度更大。这样看来，上述土壤中锌、锰、硼、铜的始毒界限定过高，需要把作物食用部分元素浓度这一因素考虑进去。鉴于目前国内尚无土壤营养元素的最高容许含量，暂以土壤中营养元素有效态含量虽未达到始毒界限，但已超过作物生长所需足以使作物可食用部分的该元素浓度超过正常值的 30% 作为土壤元素的"警戒含量"。根据黄土高原地区土培试验与田间调查结果，当达到警戒含量时，不允许再施用微肥。这是一个经验性指标，由于各地土壤性质与耕作施肥水平不同，数值高低会有所差异。

表 12-14 过量施用锌、硼、铜对作物产量与元素浓度的影响

施锌量 (mg/kg)	锌			施硼量 (mg/kg)	硼			施铜量 (mg/kg)	铜		
	土壤有效锌 (mg/kg)	小麦产量 (g/盆)	小麦种子含锌 (mg/kg)		土壤水溶性硼 (mg/kg)	小麦产量 (g/盆)	小麦种子含硼 (mg/kg)		土壤有效铜 (mg/kg)	谷子产量 (g/盆)	谷子种子含铜 (mg/kg)
0	1.1	7.7	27.5	0	0.47	11.4	2.7	0	0.57	22.2	4.9
10	4.7	9.3	44.3	0.1	0.65	11.6	3.1	1	0.85	24.2	6.1
100	21.0	6.7	82.5	1	0.83	13.2	3.5	10	3.27	26.2	7.8
1 000	182.0	3.1	94.9	10	2.36	10.2	6.0	30	9.43	19.3	8.3

依据作物中微量元素的含量来评判其丰缺，往往比对土壤含量评判更为可靠，因为作物对土壤中元素含量反应敏感，特别是从土壤的高含量中被迫吸收大量的营养元素的情况下更是如此（康玉林等，1992）。因而植物分析常被用作诊断养分丰缺的重要手段。表 12-15 是根据黄土高原地区有关试验提出的作物体内锌、锰、硼、铜的浓度分级（余存祖 等，1986a；1986b；彭琳 等，1985；戴鸣钧等，1988；Viet et al.，1954），表中提到的毒害是指作物因元素浓度过大而使产量（或生物量）降低10% 以上。

微量元素的毒性很小，施用量又很低，生产实践中因过量施用微肥造成作物毒害比较少见。除非是大剂量连续施入，元素在土壤中积累过量或者是种子处理（拌种、浸种）溶液浓度过大而达到毒害

表 12 - 15　作物体内微量元素浓度的分级

单位：mg/kg

微量元素	作物部位	生育时期	微量元素浓度分级			
			缺乏	适量	过量	毒害
锌	玉米茎叶	拔节期	<25	25～80	80～400	>400
	玉米籽粒	成熟期	<20	20～40	40～200	>200
	小麦茎叶	成熟期	<30	30～80	80～500	>500
	小麦籽粒	成熟期	<30	30～50	50～80	>80
锰	玉米茎叶	拔节期	<100	100～200	200～500	>500
	玉米籽粒	成熟期	<10	10～20	20～30	>30
	小麦茎叶	成熟期	<40	40～100	100～200	>200
	小麦籽粒	成熟期	<40	40～50	50～80	>80
硼	油菜茎叶	成熟期	<20	20～30	30～40	>40
	油菜籽粒	成熟期	<14	14～16	16～18	>18
	小麦茎叶	成熟期	<15	15～25	25～30	>30
	小麦籽粒	成熟期	<4	4～5	5～6	>6
铜	谷子籽粒	成熟期	<5	5～7	7～8	>8
	小麦籽粒	成熟期	<4	4～6	6～8	>8

水平。一般来说，锰过多或锰中毒通常出现在强酸性土壤或渍水土壤中，pH 在 7 以上的土壤不会出现锰的毒害现象；铁施入土壤后迅速转化为难溶性化合物，铁中毒的可能性也很小。连续施用过量的铜会导致植物中毒。目前，也有关于土壤铜过多导致铜毒害、作物锌中毒的报道（余存祖 等，2004；Sauchelli，1969）。

四、微量元素与其他元素的关系

土壤中各元素之间、植物体内各元素之间，都存在着一定的化学或生理学上的关系，表现出互相促进、干扰或拮抗作用。元素与元素之间的关系极其复杂，重要的如锌磷、锌氮、锌铜、锰磷、锰铁、硼钙、硼氮、硼磷、钼氮、钼磷、钼铜、钼锰、钼铁、铜铁、铜磷、铜氮、铜钙、铁氮、铁磷、铁锌等，对于这些关系的研究已发表了大量的文献。然而，所得出的结果往往不相一致，甚至互相矛盾或对立，对其机理的解释也不尽相同。以下仅就研究较多的锌磷关系做一番讨论。

锌与磷均为对作物重要的营养元素，对促进作物生长和提高增产效果是不容置疑的。但问题在于它们的配合施用，是互相促进，还是互相拮抗。一般认为，大量施用磷肥会引起作物锌的缺乏（Adriano，1986；余存祖 等，2004），但也有与此相反的许多研究结果（彭琳 等，1980）。锌磷配施常表现出拮抗作用，特别是在土壤施入条件下。因为施磷可改变根际 pH 或增强铁铝氧化物对锌的吸附，同时释放 H^+ 减少锌的解吸，因而降低锌在土壤中的有效性（Barrow 1987；Loneragan et al.，1979）。

王海啸等（1990）在山西石灰性褐土上对土壤与玉米植株的锌磷关系进行了较为细致的研究，他们认为锌与磷的相互作用不是由于在土壤中形成难溶的磷酸锌沉淀，也不是锌磷在根际相互拮抗妨碍了根系对锌或磷的吸收，而是这两种营养元素在作物地上部产生的营养平衡作用。当土壤养分比不适合作物营养特性时，作物运用自动调节机制，以维持体内相对良好的养分含量和比例。施锌至一定水平，磷用量过大，会产生一种生理抑制作用，即使锌被吸收进入根内也不能运输到作物地上部；而磷浓度过低也会造成作物某些代谢功能失调，妨碍锌向地上部运输。

目前，关于锌在植物体内的转移是否会受到高磷抑制存在分歧。Singh 等（1988）研究发现，施磷能够抑制锌从黄豆根系向地上部的转移，可能由于高磷与锌在根系细胞壁形成磷酸盐沉淀（Dwivedi et al.，1975；杨志敏 等，1999）。但 Yang 等（2011b）通过溶液培养试验得出，锌磷拮抗主要发生在根系中，而锌从小麦根系向地上部的转移反而随施磷量的增加而提高。在田间条件下施用磷肥，小麦籽粒锌含量显著降低（Lu et al.，2012；Zhang et al.，2012），然而施磷是否会通过影响锌的再转移而降低籽粒锌含量还不得而知。Curie 等（2009）认为，韧皮部汁液中锌铁以复合物的形式运输可防止锌与磷发生沉淀，同时 Cakmak 等（1986）发现，棉花叶片中锌的溶解性随根系供磷量增加显著降低。可见，高磷可能干扰了锌在细胞中某些部位的生理代谢，也可能是锌磷在细胞液中形成了锌磷酸盐沉淀，降低了植物体内锌的有效性（杨志敏 等，1999）。

武际等（2010）采用盆栽试验方法研究表明，低磷水平下施锌促进了小麦对磷的吸收累积，高磷水平下施锌效应则相反。施磷减少了小麦锌的累积量。低磷水平下，适量施锌肥能够提高小麦的锌累积量，高锌则降低了籽粒锌累积量；高磷水平下，施锌肥提高了分蘖期和抽穗期小麦根部和分蘖期小麦茎秆锌累积量，高锌肥用量降低了成熟期小麦根部锌累积量。锌磷协同作用多发生在小麦生育前期，而锌磷拮抗作用主要发生在小麦成熟期。杨习文等（2010b）通过水培试验表明，小麦、黑麦根部存在明显的锌磷拮抗作用；但在相同环境中，黑麦根部对锌的摄取能力明显较小麦强。

从以上论述可知，锌磷关系相当复杂，要弄清土壤及植物营养过程中的锌磷关系，尚需进行更多的试验研究。另外，由于土壤中大量施用磷肥会导致锌的缺乏，掌握一定的锌磷肥配施方法能显著提高作物产量。为了避免锌磷之间的拮抗作用，锌磷肥同时施用时可以采用施磷肥配合喷锌肥的措施（王喜枝 等，1998）。

第三节　微量元素肥料在农业中的利用

一、农田生态系统中微量元素的循环与平衡

微量元素从岩石中经风化作用释放出来，首先进入土壤圈，部分进入生物圈、水圈和大气圈，最终回归大海，通过沉积和成岩作用，再次进入岩石圈，从而完成它的地质大循环。微量元素在农业生态系统中的循环，实质上是以土壤为中心的生物地球化学循环。该系统中，微量元素主要来自土壤，其过程是岩石风化物、有机物、肥料及工业与生活废弃物等进入土壤后参与一系列反应，转化成难溶性或可溶性微量元素离子。植物吸收利用了这些微量元素，一部分被收获物携出，进入食物链；另一部分以植物残体留在土壤中，腐解后释放出微量元素，或与有机物络合而进入土壤溶液。土壤中可溶性的微量元素，除被植物吸收外，一部分被次生矿物和有机质等吸附，或被铁锰氧化物吸附包裹而进入难溶态；另一部分则被淋失。在上述循环中，微生物参与了分解植物残体和生物氧化等过程。这一循环对人类生产和生活具有极其重要的意义。

农田生态系统中物质投入产出的规模与效率，决定着农业生产的水平。农田生态系统中养分循环和平衡是系统物质循环的重要组成部分，近年来引起了广泛关注。余存祖等（1991b；1991c）在陕西安塞、米脂和甘肃定西等黄土丘陵区（黄绵土区）对农田生态系统中微量元素的循环与平衡，进行了比较系统的田间研究。这些地区土壤瘠薄，养分缺乏，干旱少雨，水土流失严重，物质循环规模小，物质投入产量水平与能量转换效率低，在黄土丘陵区有代表性。

农田生态系统中微量元素输入项有肥料投入、降水、种子，输出项有作物携走、流失、淋溶渗漏。设降水输入与淋溶渗漏互相抵消（王继增 等，1990）；丘陵区作物播种量较小，随种子输入农田中的微量元素数量可忽略不计。根据多点测定，该区厩肥中有效态微量元素含量为：锌 5.52 mg/kg、锰 40.3 mg/kg、硼 2.39 mg/kg、铜 2.8 mg/kg、铁 44.0 mg/kg。如果把施入有机肥中微量元素的量作为输入量，把作物地上部携出量作为输出量，根据田间试验获得的生物量与测定的各部位微量元素含量（表 12-16），可计算出每收获 100 kg 籽实地上部携走的微量元素量（表 12-17）。按实际产量获得作物地上部携走的微量元素量；由水土流失损失的量，只计肥料中微量元素的损失，其流失量按

当地侵蚀强度的不同，以肥料施入量的 3%～15% 计算。黄土丘陵区 7 种作物农田生态系统中微量元素的平衡见表 12-18。

表 12-16　主要作物各部位微量元素含量

（余存祖 等，1991c）

单位：mg/kg

微量元素	作物部位	小麦	玉米	谷子	糜子	荞麦	豌豆	大豆
Zn	籽粒	27.0	27.0	30.5	32.5	20.0	39.7	28.7
	根	23.5	10.5	11.5	20.0	12.4	36.1	10.6
	茎	12.4	7.0	8.8	11.5	14.3	16.0	8.0
	叶	10.5	17.7	14.2	10.5	32.5	30.5	15.0
	穗	10.5	8.0	41.5	26.0	32.5	14.5	5.0
Mn	籽粒	54.0	18.5	28.5	28.5	32.6	26.5	46.0
	根	149.5	37.5	40.1	56.1	65.0	130.4	37.8
	茎	30.1	20.0	30.1	20.1	37.5	37.5	46.0
	叶	150.0	75.0	98.5	75.0	232.6	157.0	205.3
	穗	102.7	18.5	92.6	60.0	150.0	37.6	112.5
B	籽粒	1.35	3.25	1.35	2.16	8.26	7.69	27.75
	根	13.41	11.82	7.51	14.89	17.55	25.25	11.56
	茎	7.52	7.16	5.68	8.29	21.97	25.35	26.65
	叶	14.35	11.58	13.41	15.37	25.34	46.75	60.32
	穗	9.03	7.83	16.67	20.51	21.37	21.57	24.75
Cu	籽粒	8.01	19.02	8.50	8.00	5.51	8.50	13.00
	根	12.00	8.00	3.01	8.52	5.50	19.05	6.55
	茎	6.53	5.51	5.53	6.54	4.51	8.01	6.00
	叶	6.50	6.50	12.01	6.50	5.50	22.01	8.01
	穗	3.01	3.00	12.01	8.00	6.50	8.02	5.50
Fe	籽粒	100.1	200.2	70.0	170.0	200.5	119.9	235.1
	根	2 024.8	734.9	602.2	902.4	1 172.5	1 649.6	504.7
	茎	221.1	420.5	151.2	272.1	252.3	501.5	420.2
	叶	650.1	451.1	501.2	615.9	750.4	1 680.2	518.1
	穗	310.7	270.0	885.7	667.2	1 592.7	335.9	200.0

表 12-17　每收获 100 kg 籽实地上部携走的微量元素

（余存祖 等，1991c）

单位：g

微量元素	小麦	玉米	谷子	糜子	荞麦	豌豆	大豆
Zn	4.22	3.79	5.15	4.33	4.14	8.28	4.79
Mn	15.40	5.51	11.81	7.30	8.75	19.16	29.65
B	1.41	1.22	1.53	1.34	3.16	7.54	10.41
Cu	1.58	2.41	2.08	1.40	1.07	3.52	2.56
Fe	56.76	59.24	59.97	58.85	78.26	199.00	98.54

表 12 - 18　农田生态系统中微量元素收支平衡

(余存祖 等，1991c)

项目	微量元素种类	小麦	玉米	谷子	糜子	荞麦	豌豆	大豆
籽粒产量（kg/hm²）		2 025.0	7 260.0	900.0	550.5	940.5	1 219.5	1 785.0
肥料带入量（g/hm²）	Zn	66.15	82.80	66.15	66.15	41.40	66.15	41.40
	Mn	483.00	604.50	483.00	483.00	303.00	483.00	303.00
	B	28.65	35.85	28.65	28.65	18.00	28.65	18.00
	Cu	33.60	42.00	33.60	33.60	21.00	33.60	21.00
	Fe	528.00	660.00	528.00	528.0	330.00	528.00	330.00
作物地上部携出量（g/hm²）	Zn	104.10	274.80	46.35	23.85	39.00	100.95	85.50
	Mn	311.85	400.05	106.20	40.20	82.35	233.55	529.50
	B	28.50	88.80	13.80	7.35	29.70	91.95	185.70
	Cu	31.95	175.20	18.75	7.65	10.05	42.90	45.75
	Fe	1 149.45	4 300.50	539.70	324.00	7 360.50	2 426.70	1 758.90
平衡状况（g/hm²）	Zn	−41.25	−196.20	13.20	35.70	−1.65	−41.40	−55.80
	Mn	147.00	174.15	328.50	394.50	190.35	201.15	−256.80
	B	−1.20	−48.75	12.00	18.45	−13.50	−66.15	−169.50
	Cu	0.00	−135.30	11.40	22.65	8.85	−12.60	−26.85
	Fe	−647.85	−3 673.50	−64.50	151.20	−439.05	−1 951.50	−1 461.60

由表 12 - 18 可见，输入输出相抵后，农田中锌、硼、铁多为亏缺；锰除大豆地为亏缺外，其余均有盈余；铜在豆类和玉米地亏缺，其余为盈余。可见，试验区按当前农田的有机肥用量水平（7 500～15 000 kg/hm²），就其微量元素供应量来衡量，大体只能维持 900～1 200 kg/hm² 的产量。在不施用微肥情况下，黄土丘陵区想维持当前粮食生产水平并使地力（微量养分）不致亏损，优质厩肥用量至少应提高 1 倍，即由目前的 7.5～15 t/hm²，提高到 15～30 t/hm²。这与李辉桃等（1995a，1995b）的研究结果相符。后者在塿土上进行 8 年的田间试验后认为，在塿土农田生态系统中，想维持土壤中锌、锰、铜、钼的收支平衡，每年应施用优质厩肥 37.5 t/hm²。因此，有机肥应当是农田生态系统中微量养分的主要供应源；但目前一般作物生产中有机肥使用呈萎缩趋势，大幅度增加有机肥用量较难实现。因此，适当补充微量元素肥料，是解决农田生态系统中微量养分不足的必要途径。

二、微量元素肥料的特性及高效施用

（一）微量元素的生理功能及微肥施用原则

1. 锌　锌广泛存在于所有生物体中，参与动植物体的许多生理过程，是植物体内碳酸酐酶、蛋白酶、肽酶、脱氢酶和 RNA 聚合酶等多种酶的组成成分，还是许多酶的活化剂。这些酶对植物体的光合作用、物质水解、氧化还原过程以及蛋白质合成起着重要作用。锌还间接影响植物体内生长素的合成，调节和促进植物对磷的吸收和利用。此外，锌还能促进生殖器官发育和提高植物抗逆性，锌能提高植物的抗旱性、抗热性以及抗低温或霜冻的能力。锌在供水不足和高温条件下，能增强光合作用强度，提高光合作用效率。锌参与光合作用中的水合作用，缺锌导致植物蒸腾效率降低（陆景陵，2000）。目前，缺锌已然成为全世界威胁人类健康的隐形杀手，超过 20 亿人受其困扰；且缺锌人群大都以锌含量和锌人体利用率较低的谷物籽粒为主食，在地域分布上与极缺锌土壤区（约 0.1 mg/kg）、缺锌土壤区（0.2～0.5 mg/kg）或潜在缺锌土壤区（0.5～1.0 mg/kg）高度重叠（刘铮，1994；

Cakmak，2008）。在我国，小麦主产区恰好处于北方缺锌或潜在缺锌的石灰性土壤地带，故小麦籽粒锌含量偏低与当地居民缺锌之间存在密切关系（余存祖 等，1986c；张勇 等，2007；Zhang et al.，2012）。

2. 锰 锰作为植物光合电子传递系统中的氧化还原过程、叶绿素形成和维持叶绿素正常结构所必需的元素，对植物的生长发育有非常重要的影响。锰是植物叶绿素和叶绿体的组成成分，直接参与光合作用。另外，作为重要的氧化还原剂，锰调节与催化植物体内的氧化还原过程，提高呼吸强度。同时，锰还是植物体内许多酶的形成元素，参与蛋白质的合成和生长素的代谢。它还是氧化还原酶、水解酶与转化酶的活化剂，对氮素代谢有显著的促进作用。锰对胚芽、芽鞘延伸有刺激作用，促进种子萌发；促进糖类代谢，从而保证植物的碳素营养，增强植物的抗病性与抗寒性。

3. 铁 植物体内大部分的铁存在于叶绿体中且主要分布在内囊体膜上。铁是细胞色素的组成成分，细胞色素不仅是植物呼吸作用不可缺少的成分，而且还参与光合作用。同时，铁是许多酶的成分，在植物体内的氧化还原过程中起着重要作用。铁还参与 RNA 的代谢、叶绿体中捕光器和叶绿素的形成，缺铁时糖和蛋白质合成以及固氮酶的活性受到抑制，叶绿素明显减少，叶绿体结构组成受影响或结构受到破坏。铁还参与光合磷酸化作用和呼吸作用，直接参与 CO_2 的还原过程。铁还影响光合作用中的其他氧化还原系统以及植物叶片的蒸腾作用和气孔开闭，从而影响到整个光合作用过程。铁是人体必需微量元素，也是体内含量最高的微量元素。铁在体内可反复利用，健康成人每天只需吸收 1 mg 以上的铁即可满足机体需要。缺铁会导致贫血，体内含铁酶功能下降，机体免疫功能和抗感染能力下降，生长发育迟缓，体温调节能力下降，神经系统异常等。尽管铁是地球上最丰富的元素之一，但因为食物中最常见的铁的形式是不溶性的，且在小肠内吸收能力很差。据世界卫生组织估计，全球有 15%～20% 的人患缺铁性贫血。铁缺乏是一个与锌缺乏同样受到高度关注的世界性营养问题。

4. 铜 铜参与植物生长发育过程中的多种代谢反应（祝沛平，2000）。植物体内铜的作用大多是间接的。铜进入植物体后，主要作为一些同化酶和呼吸酶的辅基参与代谢反应和电子传递（常红岩 等，2000），是植物体中多酚氧化酶、维生素 C 氧化酶、细胞色素氧化酶的重要组成成分，因而在呼吸作用、碳素代谢中起重要作用。铜是叶绿体中类脂的成分，对叶绿素的合成起促进作用。铜还是亚硝酸还原酶和胺氧化酶的还原剂，从而影响蛋白质的合成，促进营养器官中氮化合物向生殖器官转运（刘柏玲 等，2006）。在脂肪代谢和木质素合成中，铜也起着重要作用。铜也是动物生长所必需的微量营养元素，饲料中适量添加铜，可使畜禽的肥育加快（李三强 等，1986a；1986b；1987）。

5. 硼 硼是植物体各部分的组成成分，参与分生组织的细胞分化过程。硼的生物化学功能涉及多种植物细胞过程，其中包括糖类运输、细胞壁合成和木质化作用、糖类代谢、RNA 代谢、呼吸作用、吲哚乙酸代谢、苯酚代谢、细胞膜功能和 DNA 合成，可能还包括抗坏血酸盐代谢中的氧化还原反应（Woods，1996）。硼对叶绿体膜结构有保护作用，从而促进光合作用。硼能抑制有害物质的形成，还可促进蛋白质合成和菌根的生长及提高硝酸还原酶的活性，有助于增强固氮能力。硼还能促进营养与生殖器官生长及根系发育，促进花粉萌发，刺激花粉管伸长，对植物受精有很大影响，减少落花落果，还能使植物早熟，改善品质，增强抗逆性、抗病性和控制体内水分含量。硼缺乏和过量会对人类的健康造成一定影响，主要的影响机制及表现症状为：硼缺乏影响钙代谢、能量代谢、脑功能和免疫功能，高剂量硼对人会产生一定的毒性。急性毒性症状包括：恶心、呕吐、胃部不适、皮肤潮红、神经刺激、惊厥、忧郁、循环衰竭。慢性或亚急性毒性症状包括：手掌和足底出现红疹或播散性斑丘疹，接着出现广泛性脱皮、脱发、厌食、恶心、呕吐、腹泻，以及局部或全身性中枢神经系统刺激或惊厥（秦俊法，1999）。

6. 钼 钼对植物生长具有多种生物学功能。钼是硝酸还原酶和固氮酶等含钼酶类的重要组成成分，在植物氮代谢中起着关键作用，参与硝酸还原和氮固定过程（蔡妙珍 等，2008）。植物缺钼叶绿素含量下降，叶绿体结构的稳定性受到破坏，光合强度降低，不利于糖类物质的形成与转化。缺钼时植物体内硝酸盐积累过多，氨基酸和蛋白质含量明显减少（杨礼旦 等，2005；高爱红，2002）。钼是植物中醛氧化酶、亚硫酸盐氧化酶、黄嘌呤脱氢酶、黄质氧化酶、硝酸还原酶和固氮酶的组成成分。钼还参与核酸代谢、磷代谢和维生素代谢，对光合作用和糖代谢也有影响。钼还能促进激素和嘌呤的合成，提高植物的抗寒能力、种子活力和休眠度，促进叶绿素合成（徐根娣 等，2001）。钼对于豆科作物具有特别重要的意义，它是固氮过程不可缺少的元素（刘鹏，2000）。人体内钼含量极低，一个体重为 70 kg 的健康人，体内钼的总量也不超过 9 g。但钼元素在人体内的分布很广，且生理功能也非常重要。它主要储存在肝、骨骼和肾等器官中，以肝中含量最高，肾其次，通过尿、粪便、毛发排出。钼元素缺乏也会给人体健康带来一定影响（刘牧，2001），引起许多病症。钼是一种抗癌元素，食管癌、肝癌、直肠癌、宫颈癌、乳腺癌等都与缺钼有关。缺钼还可以引起一些其他症状。研究证实，缺钼可导致出现心跳加速、呼吸急促、躁动不安等现象，引起哮喘、花粉症、打喷嚏和眼睛瘙痒等症状，缺钼也易患心血管病和肾结石（吴茂江，2006）。大多数动物食用含钼小于 1 mg/kg 的饲草即可满足对钼的需求，饲草中钼小于 6 mg/kg 对动物是安全的，大于 10 mg/kg 就可能对动物产生毒害。钼毒实际上是过量的钼导致家畜出现缺铜症。若铜的供应量充足，对钼的容许量也较高。给家畜注射铜化合物，可有效地治疗钼毒，这表明钼铜关系的重要意义（刘铮，1991）。

7. 微量元素肥料的施用原则　微量元素肥料（微肥）的专一性很强，而且它们在土壤及环境中的安全含量与植物的需要量范围都比较窄。为此，应掌握好有效施用条件，才能做到安全高效。这些条件概括起来就是，微肥应首先施在缺素土壤（微量营养元素含量低于临界值的土壤）；微肥应优先用在对微量元素反应敏感的作物；掌握好适宜的施用时期和施用量；应做好与有机肥及氮、磷等常量元素肥料配合施用。概括起来，微肥施用应坚持的原则包括：土壤因缺补缺原则、因作物原则、施用方法正确原则以及与大量元素肥料配合原则。

（二）锌肥

1. 植物缺锌症状　植物缺锌会导致光合效率降低，叶绿素含量减少，蛋白质和糖类合成受到抑制。因而会引起一系列典型的缺锌症状，表现为植株矮化丛生，叶缘扭曲或皱缩，叶脉两侧由绿变黄直到发白，边缘出现黄、白、绿相间的条纹，叶片变小，茎节缩短。最典型的症状如玉米的"白苗病"，苹果、桃、梨、葡萄等果树的"小叶病"等。由于锌与植物生殖器官形成有密切关系，因此缺锌还会引起花蕾不能正常开放，花蕾中不能形成正常的花粉粒，并容易脱落。

2. 锌肥的增产效果　缺锌土壤中锌的生物有效性低是造成植物缺锌的主要原因，喷施锌肥是提高谷类作物籽粒锌含量及生物有效性的有效措施（Cakmak，2008）。我国自 20 世纪 70 年代以来大规模推广使用锌肥，成效显著。20 世纪 90 年代中期，全国微肥年施用面积约 1 000 万 hm²，其中锌肥占 1/3 以上，成为施用面积最广、经济效益最大的微肥品种（谢振翅 等，1994）。施锌可以有效矫正作物缺锌症状而获得大幅度增产。增施锌肥能使糜子产量比对照增加 11.5%（王君杰 等，2013）。单独土施锌肥能显著提高小白菜叶片中锌含量，适量增施锌肥对玉米也具有较好的增产效果（王建伟等；2012；吴荣华 等，2014；袁伟，2013）。在黄土高原地区，施锌在玉米、小麦、高粱和谷子等作物上均有不同程度增产效果（彭琳 等，1980；1984；余存祖 等，1991）。施用锌肥不仅能增加作物产量，同时还能改善品质。在甘肃定西黄绵土上进行的锌肥试验表明，施锌对马铃薯块茎中维生素 C 含量有很大影响（孙小龙，2014）。

3. 锌肥的有效施用条件和施用技术　对锌敏感的作物有玉米、大豆、水稻、高粱、油菜、棉花、苹果、梨、柑橘、桃、葡萄、烟叶、芹菜、菠菜、甘蓝、番茄、甜椒等；中度敏感的作物有马铃薯、甜菜、小麦、谷子、豌豆、黄瓜等。农用锌肥主要品种有硫酸锌、氯化锌、氧化锌、碳酸锌、锌螯合物等，其中以硫酸锌施用最为广泛。具体的锌肥施用方法见表 12 - 19。锌肥在土壤中有残留效应，可隔 1～2 年施用 1 次，不必年年施。有机肥能提高锌的有效性，这是因为：首先，有机肥本身含有丰富的锌、锰和硼等微量养分，是作物微量养分的良好供给源；其次，施用有机肥后，土壤有机态锌尤其是松结有机态锌明显增加，并降低了碳酸盐、氧化铁等组分对锌的吸附，从而提高了锌的活性；

最后，有机物质在分解过程中不仅可以产生酸性物质降低土壤 pH，而且其小分子物质可与锌形成溶解度大的络合物，从而增加锌的有效性（郭胜利 等，1995）。有机肥和无机锌肥配合施用是长期稳定提高土壤供锌水平的有效措施（张国印 等，1993；韩晓日 等，1993；李辉桃 等，1995a；1995b）。在干旱、半干旱地区，适宜的土壤水分是锌肥施用的重要有效条件。土壤干旱缺水降低锌的溶解度，土壤获得了适宜水分就会使锌的活性显著提高；但渍水易使碱性土壤 CO_2 积累，溶液中 Ca^{2+} 浓度增加，从而增加对锌的吸附、降低锌的活性（彭玉纯 等，1986；汪洪 等，2007）。

表 12 - 19　锌肥施用方法及注意事项

施用方式	施肥方法	施肥量	具体做法
基肥	土施	硫酸锌 15～30 kg/hm²（玉米、小麦、油菜、豆类等作物）	拌细土 10～15 kg，撒于地表，耕翻入土，也可条施或穴施
种肥	浸种	0.02%～0.10%硫酸锌溶液	玉米浸种 6～8 h，小麦浸种 12 h，捞出晾干后播种
	拌种	1 kg 种子用量：硫酸锌 6～8 g 加水配成 2%的硫酸锌溶液	喷于种子上，边喷边搅拌，种子阴干后播种
追肥	叶面喷施	硫酸锌溶液：玉米、小麦 0.1%～0.2%，棉花、果树 0.2%，油菜 0.1%	各作物从苗期开始到不同生长期，共喷施 2～3 次，间隔 7 d，700～1 100 L/hm²；苹果在蕾期及盛花期和盛花期后 20 d 各喷 1 次

（三）锰肥

1. 植物缺锰症状　作物缺锰会出现多种症状。麦类作物缺锰出现花叶症或灰斑病，冬前苗期叶色淡黄，病叶沿叶片中脉出现许多白色斑点，逐渐连成白色条纹甚至枯萎，植株分蘖少，根系不发达或变黑死亡，以返青期缺素症最为明显。豆类作物缺锰易患湿斑病，即未发芽种子出现褐色病斑，在幼苗茎叶及根中也会出现，严重时老叶叶面皱缩，易脱落。烟草缺锰，幼叶绿色减褪，叶脉组织变为灰绿色或灰白色，并出现坏死斑点。棉花、甜菜、果树等缺锰主要表现为叶片失绿变黄变白，枯斑，叶小而少，严重时病斑部枯死。

2. 锰肥的增产效果　我国自 20 世纪 70 年代开始大面积推广锰肥，施用面积在锌、硼之后，居第三位。施锰区主要是北方石灰性土壤，增产效果显著。在黄土区微量元素的施用和增产效果的研究在塿土和黄绵土上，在陕西中北部旱塬低锰低锌土壤上单施锰肥可使小麦增产 4%～8%（李旭辉，1998），在山西小麦施锰增产率可达 16.5%（吴俊兰，1980）。施用锰肥对玉米和谷子有一定增产效果，一般增产 8.5%～23.8%（彭琳 等，1978）；喷施微肥能显著增加甘肃旱塬地春玉米产量并改善品质（袁伟，2013；高育锋 等，2011）；燕麦、大麦、谷子、水稻、马铃薯、豌豆、油菜、花生、甜菜、烟草、苜蓿等施锰肥均有良好的增产效果；果树中苹果、桃、葡萄需锰较多，施锰效果良好（余存祖 等，1984）。大量元素肥料配合叶面喷施锰肥，可以促进甘薯的生长发育，增加薯块数和薯块重（何秋燕，2009）。土壤施锰或叶面喷施锰肥均可显著提高大豆的产量，同时蛋白质含量也有所上升（贾彩霞 等，2005；孙淑芝 等，2007）。

3. 锰肥的有效施用条件和施用技术　锰肥的有效施用条件与锌相似，即优先施用在缺锰土壤和对锰敏感的作物，与氮、磷配合施用，适期适量地施用，与有机肥配合也有良好的交互作用。易缺锰的土壤为沙性、石灰性及碱性土壤。对缺锰高度敏感的作物有小麦、燕麦、烟草、大豆、花生、豌豆、马铃薯、苹果、桃、柑橘、葡萄、黄瓜、菠菜等；中度敏感的作物有玉米、棉花、高粱、油菜、苜蓿、胡萝卜、芹菜、番茄等。锰肥的施用按时间可分为基肥、种肥和追肥，按施用方式可分为土施、浸种、拌种与叶面喷施。常用的锰肥有氧化锰、硫酸锰、碳酸锰、氯化锰，也可把锰肥加入氮、磷、钾肥料中制成常量元素肥料。锰肥的施用方法及注意事项见表 12 - 20。

表 12 - 20　锰肥施用方法及注意事项

施用方式	施肥方法	施用量	具体做法	注意事项
基肥	土施	硫酸锰 15～40 kg/hm²	与一定量的细土或厩肥混匀土施；1～2 年施 1 次，穴施或条施	喷施 0.2%～0.5%硫酸亚铁 1～2 次或 0.2%硝酸钙溶液可减轻中毒症状
种肥	浸种	0.1%～0.5%硫酸锰溶液	浸种 12～24 h	
	拌种	1 kg 种子用量：4～10 g 硫酸锰	加少量水溶解	在土壤特别干旱时应采用拌种
追肥	叶面喷施	0.1%～0.2%氯化锰溶液加 0.3%的生石灰溶液	作物生长关键期喷 2～3 次，每次间隔 7 d 左右	多菌灵锰锌等农药也可作为含锰的微肥，但不宜过多使用

（四）铁肥

1. 植物缺铁症状　植物缺铁黄化的原因主要是叶绿素合成受阻及叶绿素被破坏。果树缺铁的典型症状为顶端或枝梢叶片失绿发黄，而叶脉却保持绿色，叶片边缘常出现棕褐色坏死斑块，严重时有枯梢现象，一般称为黄化病或黄叶病。大豆缺铁从上部叶片开始，脉间失绿呈黄色，轻度卷曲，进一步发展新叶几乎呈白色。马铃薯、番茄、甜菜等缺铁都是从幼嫩部分开始，脉间失绿。缺铁主要表现在多年生植物上，双子叶植物比单子叶植物更易表现缺铁。果树如苹果、梨、桃、杏、李、葡萄等很容易出现缺铁症状，花生、大豆、蚕豆、花椰菜、甘蓝、番茄也常常发生缺铁，而禾本科作物如小麦、大麦、水稻、燕麦等，很少出现缺铁现象。在我国华北和西北地区，尤其是干旱、半干旱地区常有缺铁现象发生，多以果树、蔬菜等受害最为严重。我国北方旱作区从内蒙古高原、华北平原向西延伸至兰州、西宁一带，发现有黑豆和一些灌木的缺铁失绿症（钟永安，1978）。在陕西渭河两岸，苹果、桃和梨缺铁失绿症也比较严重（胡定宇，1985）。

2. 铁肥的增产效果　北方旱作区施铁效果显著，铁肥主要施用于果树和新修梯田及新平整的土地上。秦岭北麓、黄土塬区及新疆河谷地区的苹果、梨、杏、桃等，经喷施或穴施硫酸亚铁后，果树缺铁失绿症可迅速得到矫正（胡定宇，1985；李文先，1985）。晋西和陕北丘陵区农民历来有在新修梯田和极贫瘠土壤上施用硫酸亚铁的习惯，这一措施不仅改善了植物铁营养，而且可促进土壤熟化，一般可使作物增产 15%左右，效果十分显著（余存祖，1992）。在旱地黄绵土上采用 0.5%硫酸亚铁溶液对花生浸种可增产 20%以上（郭永华 等，1995）。近年来，在玉米和小麦上施铁处理均有显著增产效应（袁伟，2013；王丽 等，2016）。在石灰性土壤上对猕猴桃喷施复合氨基酸铁肥，可有效增加叶片中铁含量，提高果实还原糖和维生素含量（车金鑫 等，2011）。

近些年来，国内外对造成植物缺铁的原因及防治方法，植物利用土壤铁的机理做了大量研究工作。对红富士苹果树进行的铁肥根系输液、强力高压注射和环状沟土壤浸施试验表明，铁肥根系输液时铁以二价态由根被动吸收和运输，根、茎、叶和主脉内运输部位都是靠近形成层的木质部，绝大部分铁运往地上部，根系中分布很少；强力高压注射时铁主要沿中央木质部运输，首先充分向下运往根系，向上运输较向下运输少；环状沟土壤浸施铁肥在不断根的情况下很难被根吸收，断根情况下吸收、运输机制与根系输液相同（薛进军 等，1999）。崔美香等（2005）研究表明，铁肥树干强力高压注射，主要以 Fe^{2+} 沿中央木质部的导管运输，大部分向下运输，使铁在根中大量储存；向上运输较少，矫正缺铁失绿症的速度比根系输液慢，但由于根中储存大量的铁，持效期较长。主干强力高压注射产生肥害的机理是先使吸收根中毒，然后导致叶片枯萎。提高注射部位，提高注射液浓度和减少注射的用药量，可以防止或减轻肥害的产生。高丽等（2003）研究表明，花生根系 Fe^{3+} 还原力和新叶叶绿素含量可作为筛选抗缺铁花生品种的生理生化指标。

3. 铁肥的有效施用条件和施用技术 土壤 pH、磷含量高均会导致缺铁，过量施氮或其他金属离子会使缺铁加剧（刘发民 等，1998）。铁盐在石灰性土壤中会转化为高价的难溶性化合物，因此直接施入土壤中很不经济（施卫明，1988）。常用的铁肥有硫酸亚铁和硫酸亚铁铵，其次还有一些有机态铁。施用有机态铁（螯合态铁），作物吸收较好，但价格昂贵。铁肥的具体施用方法及注意事项见表 12 - 21。

表 12 - 21　铁肥施用方法及注意事项

方式	方法	用量	施用对象	具体方法
基肥	土施	铁肥（硫酸亚铁、碳酸铁等）22.5～45.0 kg/hm²	林木、果树、豆类、花生等作物	直接或与生理酸性肥混合土施。树木环施：在树木周围挖环形沟，将硫酸亚铁5～10 kg 与有机肥 200 kg 混匀，施入沟内后立即覆土
种肥	浸种或拌种	硫酸亚铁1 g/kg 浸种或者1 kg 种子采用 3～5 g 硫酸亚铁拌种	易缺铁作物或缺铁土壤上播种的种子	浸种 18～24 h
追肥	叶面喷施	0.2%～0.5%硫酸亚铁溶液	果树或蔬菜	生长盛期每 10 d 喷施 1 次，连续喷施 2～3 次
	吊针输液	1%硫酸亚铁溶液	果树等木本植物	用吊针缓缓注入树干
	茎秆钻孔	钻孔置药 1～2 g	树木	将固体铁肥埋藏于树干中或在树干中钉铁钉
	冲施	0.22～1.12 kg/hm² 铁肥加到灌溉水中	具有灌溉设备的农田	将铁肥加到灌溉水中

（五）铜肥

1. 植物缺铜症状 植物缺铜会引起叶绿素含量减少，碳素和氮素营养不良，影响花粉授精和种子形成，造成花而不实；表现为顶端枯萎，节间缩短，叶尖发白，叶片变窄、变薄并扭曲，繁殖器官发育受阻，结实率低。果树缺铜时顶部枝条弯曲，顶梢枯死，枝条上形成斑块和瘤状物，树皮变粗出现裂纹，分泌出棕色胶液，称为"顶枯病"。豆科作物缺铜时新生叶失绿、卷曲；老叶枯萎，出现坏死斑点，但不失绿。禾本科作物的缺铜症状主要表现为植株丛生。

2. 铜肥的增产效果 我国对土壤铜和铜肥的研究始于 20 世纪 50 年代末期，但与其他微量元素相比，对铜的研究较少。对铜敏感的作物主要有甜菜、小麦、玉米和谷子。在陕西黑垆土上的长期微肥试验表明，施用铜肥土壤耕层有效铜含量可增加 5.7 倍以上，但施用铜肥平均增产率仅为 7.6%（郝明德 等，2003；李丽霞 等，2006）。在陕北丘陵、渭北旱塬和渭河河谷地区，铜肥对禾谷类作物及油菜、豌豆、甜菜有一定的增产效果（余存祖，1991）。在山西、青海和新疆地区，铜肥效果不太明显。施用有机肥可增加土壤有机态铜的含量及耕层交换态铜含量，因而可增加作物对铜的吸收，覆膜也可增加作物对铜的吸收（崔德杰 等，1998；潘逸 等，2007）。值得注意的是，有的土壤有效铜含量低于 0.5 mg/kg，施铜却并不增产；而有效铜含量高于 1 mg/kg 的土壤，施铜反而有效。这可能是土壤中铜和钼、氮、磷、铁的拮抗作用所致（余存祖 等，1985；1987）。

3. 铜肥的有效施用条件和施用技术 不同作物对铜的敏感程度不同。禾谷类作物如小麦、大麦、燕麦等对铜最为敏感，玉米、高粱属中等敏感作物。经济作物中对铜敏感的有油菜、豌豆、向日葵、洋葱、莴苣、胡萝卜等，中等敏感的有苹果、桃、梨、番茄、芹菜、黄瓜等。生产上常用的铜肥有硫酸铜、氧化铜及含铜的矿渣等。施用方式主要包括基肥、种肥和追肥，具体施用方法及注意事项见表 12 - 22。

表 12-22 铜肥施用方法及注意事项

方式	方法	具体措施	注意事项
基肥	土施	大田作物 7.5 kg/hm² 硫酸铜混匀，施在播种行两侧；蔬菜施用时，采用 1.50～2.25 kg/hm² 硫酸铜	铜肥有积累效应，每隔 3～5 年施 1 次；出现铜毒害时，施用石灰或叶面喷施铁
种肥	拌种	1 kg 种子用硫酸铜 1～2 g	
	浸种	0.01%～0.05%的硫酸铜溶液浸泡 12 h	阴干后播种
追肥	叶面喷施	喷洒 0.02%～0.05%硫酸铜溶液	蔬菜喷施硫酸铜时，应加入 0.15%～0.25%的熟石灰

（六）硼肥

1. 植物缺硼症状 研究表明，缺硼首先是对植株根系造成伤害。植株根系的伤害可以影响其对养分吸收、植物激素的合成与运输等，从而对地上部生长发育造成影响（熊双莲 等，2001）。缺硼在植物上的具体表现症状为：主茎顶端生长点枯萎死亡，引起侧芽再生，而后侧芽生长点死亡；节间缩短，老叶增厚变脆、畸形，新叶皱缩、卷曲易碎而呈凋萎状，叶柄和茎部肥厚，开裂有木栓化现象；根系发育不良，根尖生长停止、粗短呈褐色，侧根加密，根颈以下膨大，常开裂，根尖易坏死；花少而小，花粉粒畸形、花蕾脱落，花色素消失，结实率低。一些对硼敏感的作物缺硼易引起疾病，如大麦、小麦的"穗而不实"，甜菜的"心腐病"，烟草的"顶腐病"，苜蓿的"黄化病"，大豆的"顶枯病"，芹菜的"茎裂病"，油菜的"花而不实"，柑橘的"石头果"，棉花的"蕾而不花"，苹果的"缩果病"及落花落果现象等，从而造成大幅度减产，甚至绝收。

2. 硼肥的增产效果 我国硼肥最早施用在南方的油菜和棉花产区，北方旱作区应用始于 20 世纪 60 年代，首先在矫治油菜的花而不实和东北地区小麦不孕症上取得突破，后来逐步扩展到多种作物。其应用面积之大、效益之高，在微肥中仅次于锌肥。在黄土区埴土和黄绵土上进行的硼肥肥效试验表明，硼肥对油菜、烟草、小麦有明显增产作用（表 12-23），对油菜、玉米、芦笋等多种作物的经济性状也有所改善（彭琳 等，1978；熊冠庭 等，2009；范永强 等，2002）。

表 12-23 硼肥对作物的增产效果

作物	试验地区	土壤	施硼产量（kg/hm²）	对照产量（kg/hm²）	增产率（%）
油菜	陕西	埴土、黑垆土	2 117	1 803	17.4
	甘肃	黄绵土、灰钙土	2 588	2 433	6.4
烟草	陕西	黑垆土	1 806	1 436	25.8
小麦	陕西	埴土、黑垆土	3 941	3 530	11.6
	甘肃	黄绵土、灰钙土	5 048	4 712	7.1

资料来源：余存祖等（1985）；余存祖、戴鸣钧（2004）。

3. 硼肥的有效施用条件和施用技术 对硼敏感的作物有油菜、棉花、甜菜、谷子、豌豆、小麦、辣椒、苹果、葡萄等，中度敏感的作物有烟草、马铃薯、大豆、花生、番茄、桃、梨等。施用硼肥的条件大体与锌、锰相似，具体的硼肥施用方法见表 12-24。

表 12-24 硼肥施用方法及注意事项

施用方式	施肥方法	具体做法	注意事项
基肥	土施	5.0～7.5 kg/hm² 硼砂或与其他肥料混匀，开沟条施或穴施	只适用于严重缺硼地区（隋金山 等，1990）
种肥	浸种	施用浓度为 0.02%～0.05%，浸种 4～6 h 晾干	
追肥	叶面喷施	0.1%～0.2%硼砂或硼酸溶液，750～1 200 L/hm²	初花期、花铃期、花蕾期、抽薹期喷施 2 次

（七）钼肥

1. 植物缺钼症状 缺钼会使植物表现出一定的症状，具体表现为：叶片脉间失绿变黄，形成黄绿或橘红色的叶斑，叶缘卷曲，萎蔫枯死，有时叶片扭曲呈杯状，症状首先表现在老叶，老叶变厚、焦枯、死亡逐渐发展至新叶，乃至生长点死亡。不同植物缺钼症状各异。豆科作物缺钼，叶片向上卷曲，颜色发淡，厚而皱，出现许多细小灰褐色斑点，根瘤发育不良；油菜缺钼，叶片凋萎和焦灼，严重时叶缘全部坏死脱落，叶肉丧失仅留中肋，呈"鞭尾"状；番茄幼苗期叶片发黄、卷曲，继而新叶出现花斑，缺绿部分向上拱，小叶上卷，叶尖和叶缘皱缩死亡；柑橘叶脉失绿，有的出现橘黄色斑点，即黄斑叶，严重时叶缘卷曲、枯萎死亡；包心菜缺钼则叶片卷曲，叶缘为水渍状，叶脉常呈紫色，叶片张开不包心，幼叶褐色而坏死；禾谷类作物缺钼，籽粒皱缩或不形成籽粒，成熟延迟。缺钼引起的这些症状主要与钼在植物体内发挥的生理功能受阻有关。缺钼使植株体内硝酸根的还原受阻，氮的同化力下降，还影响植物体内的激素水平，使玉米、小麦等种子的休眠受到抑制，发生收获前萌芽现象（Cairns et al.，1992）。缺钼还能使植物体内维生素的含量大幅度下降，这是缺钼特有症状。

2. 钼肥的增产效果 我国钼肥肥效试验始于20世纪50年代，主要在大豆、花生、油菜及豆科绿肥上效果良好，对小麦、水稻、谷子等禾谷类作物也有一定效果。在陕西黄绵土谷子，青海湟水河谷地区豌豆、油菜、马铃薯，新疆河谷地及盆地豆类、花生、小麦、玉米施用钼肥均表现出一定增产效果（余存祖 等，2004；杨利华 等，2002）。施钼可以有效提高豆科绿肥的产量和品质（李文先，1985）。在农牧交错带典型地区内蒙古多伦县土壤上施钼，对豆科的蚕豆、芸豆表现出很好的增产效果（孙建华 等，2001）。

3. 钼肥的有效施用条件和施用技术 对钼敏感的作物有豆类、豆科牧草和十字花科作物，莴苣、菠菜、花椰菜对钼也很敏感；对钼中度敏感的作物有燕麦、甜菜、甘蓝、番茄等。钼肥应施用于缺钼土壤与对钼敏感的作物。在我国北方旱作农区，钼肥应首先施在有效钼含量低于0.1 mg/kg的土壤。钼肥具体的施用方法见表12-25。

表12-25 钼肥施用方法及注意事项

方式	方法	适用作物	施用方法	注意事项
基肥	土施		$15.0 \sim 22.5$ kg/km² 钼酸铵与常量元素肥料混合，条施或穴施	钼肥有残留效应，一般每3~4年施用1次即可
种肥	浸种	豆科、十字花科	$0.05\% \sim 0.10\%$钼酸铵溶液，浸种12 h晾干	应在木制或瓷制容器中进行
	拌种	适宜吸收溶液量大且快的种子	1 kg种子用2~3 g钼酸铵	钼肥拌种或浸种后的种子人畜不能食用
追肥	叶面喷施	果树、茶叶等多年生植物及叶面积较大的蔬菜	$0.05\% \sim 0.10\%$的钼酸铵溶液，用量为750 L/hm²，在作物苗期至生长旺盛期喷2~3次	应在无风晴天16:00后进行

（八）微肥配施技术

微肥施入土壤或通过根外追肥供给植物后，植物对其吸收和同化受多种因素的影响。除了植物自身吸收微量元素能力差异及土壤的一些限制因子外，微量元素或微量元素与大量元素之间都存在着拮抗或协同效应。由于不同地区微量元素缺乏状况及不同植物对不同微量元素的敏感程度不同，因此施肥时需要考虑地区差异及植物的差异进行合理配肥。

1. 微肥配施的增产效果 在微量元素与大量元素配施增产效果方面，锰肥与氮、钾肥合理配施能够提高旱地冬小麦叶绿素含量、光合速率，增加小麦籽粒中各种氨基酸、蛋白质和湿面筋含量，提高小麦沉淀值和稳定时间，从而改善小麦的营养品质。锰肥与氮、钾配施也可提高小麦灌浆速率和籽粒千粒重，从而达到增产的目的（孙清斌 等，2010；王文亮 等，2005；张会民 等，2004；刘红霞 等，2005）。微量元素与大量元素合理配施对蔬菜和马铃薯也有很好的增产效果（李华 等，2006）。在陕西石灰性土壤上试验表明，氮锌配施可显著增加土壤有效锌含量和地上部锌累积量（陆欣春 等，2010b）。在大量元素肥料足量供应条件下，锌钼硒肥配施能增加马铃薯块茎和小白菜叶片氮含量，同时降低了马铃薯和小白菜中镉含量（王建伟 等，2012）。硒锌铁三者配合施用可显著提高玉米和大豆产量并改善营养品质（昝亚玲 等，2010）。在山西的试验表明，在合理施用氮磷钾肥基础上，适量配合施用硼锌微肥可以显著提高糜子产量（王君杰 等，2013）。在甘肃黄绵土上，锌铁配施可显著增加旱作马铃薯块茎中游离氨基酸含量和可溶性蛋白质含量（孙小龙，2014）。

2. 微量元素及微量元素与大量元素配施技术 目前，生产上也较多采用不同微量元素混合施用或微量元素与大量元素配合施用的施肥方式，而且配施的效益往往大于单施。微量元素或微量元素与大量元素在一些作物中合理配施的方案及施用方法见表 12 - 26。

表 12 - 26 微量元素或微量元素与大量元素合理配施方案及施用方法

作物	地区	合理配施方案	施用方法
小麦	陕西	氮肥（N）：磷肥（P_2O_5）=120：60 锰肥：锌肥=15：15	氮肥和磷肥用作基肥，锌肥和锰肥土施
小麦	河南	氮肥（N）：过磷酸钙=（34～42）：938 钾肥（K_2O）：硫酸锰=（259～277）：164	氮肥 2/3 基施，1/3 拔节期追肥。过磷酸钙全部作底肥，钾、锰肥全部作基肥
玉米	河北	硫酸锌：硫酸锰：硫酸铜：硼砂：钼酸=28.75：10：30：5：0.93	将微肥分别粉碎至粉末，然后按比例混合均匀，于播种前基施
马铃薯	山西	尿素：过磷酸钙=150：525 氯化钾：硫酸锌：硫酸锰=（298～396）：（70～109）：（93～126）	尿素 2/3 作基肥，1/3 作追肥，其他肥料均作基肥
花生	山东	氮肥（N）：磷肥（P_2O_5）：钾肥（K_2O）=85：173：162 硼酸：硫酸锌=11.3：7.5	磷酸二铵（375 kg/hm²）和氯化钾（370 kg/hm²）作基肥，尿素（37.5 kg/hm²）作种肥，微肥随尿素于覆膜前与之混合开沟施入
苜蓿	河北	硫酸锌：硫酸锰：硫酸铜：硼砂：钼酸=10：2：2.5：0.5：0.075	将微肥分别粉碎至粉末，按养分比例混合均匀，于割除前茬牧草后土施
白菜	山西	尿素：过磷酸钙：硫酸钾=400：200：200 硫酸锰：硫酸锌=75：（75～120）	尿素 2/3 作追肥，其余肥料均作基肥
青椒	山西	尿素：过磷酸钙=667：667 氯化钾：硫酸锌：硫酸锰=（564～705）：（82～117）：（90～124）	尿素 1/3 作基肥，2/3 作追肥，其他肥料均作基肥

资料来源：李旭辉（1998）；孙清斌等（2010）；张兰兰等（2009）；李华等（2006）；丛惠芳等（2008）；伊霞等（2009）；杜新民等（2007）；张永清等（2005）。

第十三章 黄绵土养分循环与土壤肥力及其演变 >>>

第一节 黄绵土养分循环基本概念与类型

生态系统养分循环利用是生态系统的主要功能过程之一。养分循环与平衡直接影响生产力，并关系到生态系统的稳定和持续发展。养分循环的研究不仅能阐明生态系统物质循环的机制，而且对指导生产实践、调节和改善各种限制因素、加速养分的循环利用速率和最大限度地提高生态系统的生产力都具有重要的意义（Yarie，1980；Gholz et al.，1985；Vogt et al.，1986）。

植物的养分循环包括内循环和外循环（Attiwil et al.，1987）。内循环包括新老器官或组织之间的养分交换以及在长期和休眠期间体内各养分库之间的养分交换，对于冬季严寒的北方来说，后一种内循环机制可能尤为重要。外循环通常指养分通过不同途径和方式如器官或组织的凋落或脱落、根系分泌、随径流或冠流等离开植物体，之后经过复杂的过程，其中的一部分养分可再次被根系吸收而返回植物体（沈善敏 等，1992，1993）。

黄绵土区在植被恢复过程中，广泛分布刺槐、油松等乔木植被类型，也有柠条、白刺花、沙棘和杂灌木等灌木植被类型，还有天然草地、人工草地植被类型。黄绵土区农地类型主要为川地、梯田和坡地。

一、不同植被类型地上部养分循环速率

乔木植被类型的氮年存留量比灌木植被类型高（表 13-1），磷年存留量比灌木植被类型高80.2%；乔木植被类型的氮年吸收量比灌木植被类型高242.3%，磷年吸收量比灌木植被类型高266.6%。灌木植被类型氮年吸收量比草地植被类型高50.6%，但磷却比草地植被类型低5.4%，表明在黄绵土区若想改良草场发展牧业，就必须重视氮磷肥尤其是磷肥的投入。从不同植被类型养分的年归还量数据可以看出，乔木植被类型的氮比灌木高263.9%，灌木比草地高11.8%；对于磷而言，乔木比灌木高326.2%，灌木比草地低28.3%。氮素循环速率乔木比灌木高6.3%，灌木比草地低25.8%；磷素循环速率乔木比灌木高16.2%，灌木比草地低24.2%。

表 13-1 不同植被类型地上部养分循环速率

植被类型	年存留量		年吸收量		年归还量		循环速率	
	N (kg/km²)	P_2O_5 (kg/km²)	N (kg/km²)	P_2O_5 (kg/km²)	N (kg/km²)	P_2O_5 (kg/km²)	N	P_2O_5
乔木	266.0	200.0	1 263.0	1 679.0	997.0	1 479.0	0.789	0.881
灌木	95.0	111.0	369.0	458.0	274.0	347.0	0.742	0.758
草地	0.0	0.0	245.0	484.0	245.0	484.0	1.000	1.000

二、不同植被类型地上部养分循环特征

由表 13-2 可以看出，虽然乔木、灌木、草地植被类型都没有肥料养分的投入，但其氮磷都有盈余。这主要是由于林草植被的水土保持作用，进而提高了养分保蓄作用（马祥庆 等，1996）。所以将原来坡度较陡的坡耕地退耕还林，可以减少水土流失、保育土壤，进而对土壤养分的流失产生保蓄作用，使养分的循环平衡能力加强，并朝着健康的方向发展。

表 13-2　不同植被类型地上部养分循环特征

植被类型	养分	年输入量（kg/km²）			年输出量（kg/km²）				年盈亏量（kg/km²）
		叶片草地归还	雨水	合计	径流携出	泥沙携出	生长吸收	合计	
乔木	N	997.5	607.5	1 605.0	5.55	3.34	1 263.0	1 271.89	333.11
	P₂O₅	1 479.0	534.0	2 013.0	0.26	1.32	1 678.5	1 680.08	332.92
灌木	N	274.5	607.5	882.0	3.40	0.48	369.0	372.88	509.12
	P₂O₅	346.5	534.0	880.5	0.17	0.31	457.5	457.98	422.52
草地	N	244.5	607.5	852.0	2.92	3.28	244.5	250.70	601.30
	P₂O₅	484.5	534.0	1 018.5	0.14	1.82	484.5	486.46	532.04

三、川地养分循环平衡特征

农业生态系统受人为因素影响很大，农田养分循环更是如此。农田养分平衡是依赖养分循环实现的，因此研究农田生态系统中养分平衡，加强对养分循环的调控在可持续农业中具有极其重要的意义（卢兵友，1992；Allision，1955；Frissel，1976）。

由表 13-3 可以看出，不同处理的养分循环平衡特征不同。不同处理 N、P₂O₅ 盈亏量见图 13-1。由图 13-1 可以看出，在川地玉米的 9 个处理中，只有有机肥和氮磷肥配合施用处理和裸地处理氮磷养分略有盈余。MNP 处理 N 5 年盈余 3.076 t/km²，P₂O₅ 5 年盈余 25.032 t/km²；BL 处理 N 5 年盈余 3.040 t/km²，P₂O₅ 5 年盈余 2.670 t/km²，BL 处理盈余的养分全部来自降雨。其他处理氮磷养分均有不同程度的亏损。其中，不施肥、单施有机肥、单施氮肥、有机肥和氮肥配合施用 4 个处理氮磷均亏损；单施磷肥氮素亏损；氮磷配合施用，氮素亏损；有机肥和磷肥配合施用，氮素亏损。

表 13-3　川地不同处理 5 年养分循环平衡特征

处理	养分	输入量（t/km²）					输出量（t/km²）				盈亏量（t/km²）
		有机肥	化肥	种子	雨水	合计	籽粒	秸秆	N 肥损失	合计	
MP	N	54.00		0.619	3.040	57.659	48.178	13.938		62.116	−4.457
	P₂O₅	8.245	37.500	0.176	2.670	48.591	17.980	3.338		21.318	27.273
MNP	N	54.00	48.750	0.619	3.040	106.409	62.317	19.076	21.940	103.333	3.076
	P₂O₅	8.245	37.500	0.176	2.670	48.591	20.155	3.404		23.559	25.032
NP	N		48.750	0.619	3.040	52.409	51.902	17.501	21.940	91.343	−38.934
	P₂O₅		37.500	0.176	2.670	40.346	16.196	3.058		19.254	21.092
N	N		48.750	0.619	3.040	52.409	42.914	17.047	21.940	81.901	−29.492
	P₂O₅			0.176	2.670	2.846	9.784	2.295		12.079	−9.233
CK	N			0.619	3.040	3.659	30.808	8.538		39.346	−35.687
	P₂O₅			0.176	2.670	2.846	9.483	1.963		11.446	−8.600
P	N			0.619	3.040	3.659	31.076	10.947		42.023	−38.364
	P₂O₅		37.500	0.176	2.670	40.346	12.291	4.744		17.035	23.311

（续）

处理	养分	输入量（t/km²）					输出量（t/km²）				盈亏量（t/km²）
		有机肥	化肥	种子	雨水	合计	籽粒	秸秆	N肥损失	合计	
MN	N	54.00	48.750	0.619	3.040	106.409	59.099	28.830	21.940	109.869	−3.460
	P₂O₅	8.245		0.176	2.670	11.091	17.156	4.388		21.544	−10.453
M	N	54.00		0.619	3.040	57.659	49.504	11.954		61.458	−3.799
	P₂O₅	8.245		0.176	2.670	11.091	16.942	2.662		19.604	−8.513
BL	N			0	3.040	3.040	0	0		0	3.040
	P₂O₅			0	2.670	2.670	0	0		0	2.670

注：MP 为有机肥和磷肥配施、NP 为氮磷肥配施、N 为纯施氮肥、CK 为不施肥、P 为纯施磷肥、MN 为有机肥和氮肥配施、M 为纯施有机肥、MNP 为有机肥和氮磷肥配施、BL 为裸地。有机肥为羊粪，每年施用量为 7.5 t/hm²，氮肥为尿素，纯 N 每年施用量为 97.5 kg/hm²，磷肥为过磷酸钙，P₂O₅ 每年施用量为 75 kg/hm²。

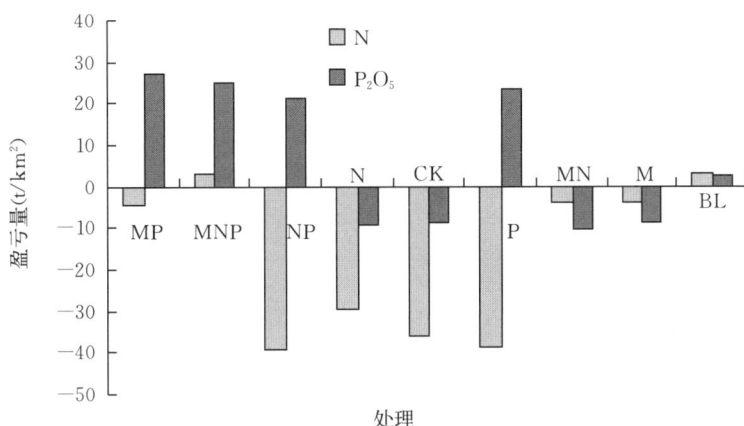

图 13-1　川地不同处理 5 年养分盈亏量

这说明，在耕作条件、肥力和产量都相对较好的黄土丘陵沟壑区川地，要想获得高产，同时又想培肥土壤，必须氮磷肥和有机肥配合施用。否则，将会导致土壤肥力的下降和粮食作物产量的降低（鲁如坤 等，1996；周健民，2002）。

四、坡地养分循环平衡特征

由表 13-4 可以看出，不同处理的养分循环平衡特征不同。不同处理 N、P₂O₅ 盈亏量见图 13-2。由图 13-2 可以看出，坡地谷子全部处理氮磷养分均有不同程度的亏损。其中，单施高量磷肥的处理磷素亏损最为严重，达到 5 年累计 69.686 t/km²；低量氮磷肥配合施用处理氮素亏损最为严重，达到 5 年累计 42.241 t/km²。由表 13-4 还可看出，在 4 个养分携出途径中，水土流失占绝大部分。

表 13-4　坡地不同处理 5 年养分循环平衡特征

处理	养分	输入量（t/km²）				输出量（t/km²）					盈亏量（t/km²）
		化肥	种子	雨水	合计	籽粒	秸秆	N肥损失	径流泥沙携出	合计	
N₂P₂	N	55.2	0.441	3.04	58.681	18.734	4.739	24.85	40.445	88.768	−30.087
	P₂O₅	45	0.115	2.67	47.785	4.514	0.752		60.252	65.518	−17.733
N₂P₁	N	55.2	0.441	3.04	58.681	15.426	3.899	24.85	40.192	84.367	−25.686
	P₂O₅	22.5	0.115	2.67	25.285	3.596	0.437		72.238	76.271	−50.986
N₂P₀	N	55.2	0.441	3.04	58.681	8.478	3.865	24.85	24.509	61.702	−3.021

处理	养分	输入量（t/km²）				输出量（t/km²）					盈亏量（t/km²）
		化肥	种子	雨水	合计	籽粒	秸秆	N肥损失	径流泥沙携出	合计	
	P₂O₅		0.115	2.67	2.785	1.859	0.281		35.761	37.901	−35.116
N₁P₂	N	27.6	0.441	3.04	31.081	13.500	3.791	12.4	26.314	56.005	−24.924
	P₂O₅	45	0.115	2.67	47.785	4.029	0.553		55.163	59.745	−11.96
N₁P₁	N	27.6	0.441	3.04	31.081	11.395	3.869	12.4	45.658	73.322	−42.241
	P₂O₅	22.5	0.115	2.67	25.285	2.859	0.572		68.593	72.024	−46.739
N₁P₀	N	27.6	0.441	3.04	31.081	7.943	3.145	12.4	40.563	64.051	−32.97
	P₂O₅		0.115	2.67	2.785	1.799	0.275		12.114	14.188	−11.403
N₀P₂	N		0.441	3.04	3.481	9.559	2.114		28.730	40.403	−36.922
	P₂O₅	45	0.115	2.67	47.785	2.770	0.850		113.851	117.471	−69.686
N₀P₁	N		0.441	3.04	3.481	8.701	2.054		12.236	22.991	−19.51
	P₂O₅	22.5	0.115	2.67	25.285	2.606	0.523		34.128	37.257	−11.972
N₀P₀	N		0.441	3.04	3.481	4.911	1.897		12.041	18.849	−15.368
	P₂O₅		0.115	2.67	2.785	1.213	0.259		22.644	24.116	−21.331
BL	N	0		3.04	3.04	0	0		25.564	25.564	−22.524
	P₂O₅	0		2.67	2.67	0	0		15.175	15.175	−12.505

注：BL 为裸地、N₀P₀ 为不施氮磷、N₀P₁ 为速施低量磷肥、N₀P₂ 为单施高量磷肥、N₁P₀ 为单施低量氮肥、N₁P₁ 为低量氮肥和低量磷肥配施、N₁P₂ 为低量氮肥和高量磷肥配施、N₂P₀ 为单施高量氮肥、N₂P₁ 为高量氮肥和低量磷肥配施、N₂P₂ 为高量氮肥和高量磷肥配施。氮肥为尿素，N₀ 为不施氮，N₁ 每年纯 N 用量为 55.2 kg/hm²，N₂ 每年纯 N 用量为 110.4 kg/hm²；磷肥为三料磷肥，P₀ 为不施磷，P₁（P₂O₅）每年施用量为 45 kg/hm²，P₂（P₂O₅）每年施用量为 90 kg/hm²。

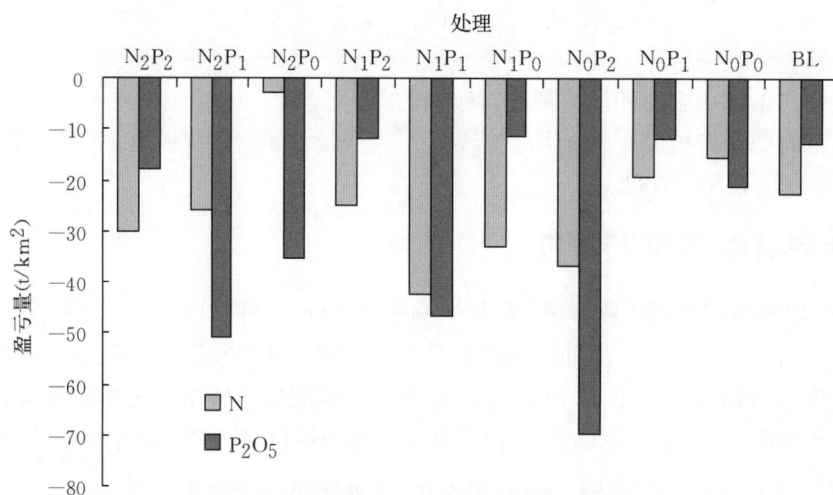

图 13-2　坡地不同处理 5 年养分盈亏量

在坡度比较大，耕作条件、肥力和产量都相对较差的黄土丘陵沟壑区坡耕地，有机肥运输困难；而且自实施封山禁牧以来，陕北地区养羊数量显著下降，家畜数量减少，所以农民施用有机肥很少。另外，由于坡耕地粮食作物产量低且不稳，所以农民化肥投入也少。从以上养分循环平衡结果来看，在水土流失异常严重的坡耕地，要想培肥土壤获得高产是很困难的。如果依然像 20 世纪 80 年代和 90 年代前期那样破坏植被，将荒山变为坡耕地耕种，其结果只能是加速地表土壤养分的流失和生态环境的恶化。

五、梯田养分循环平衡特征

由表13-5可以看出，不同处理的养分循环平衡特征不同。不同处理 N、P_2O_5 盈亏量见图13-3。由图13-3可以看出，对照 N、P_2O_5 全部亏损；磷钾肥配合施用氮素有少量亏损；氮钾肥配合施用磷素有少量亏损；氮磷钾配合施用氮素有少量亏损。除了这4个处理外，剩下的处理 N、P_2O_5 全部盈余。其中，有机肥和氮磷肥配合施用 N、P_2O_5 盈余量均达到最大。

表13-5 梯田谷子不同处理5年养分循环平衡特征

处理	养分	输入量（t/km²）					输出量（t/km²）				盈亏量（t/km²）
		有机肥	化肥	种子	雨水	合计	籽粒	秸秆	N肥损失	合计	
MP	N	42.55		0.441	3.040	46.031	19.912	6.835		26.747	19.284
	P_2O_5	19.85	37.50	0.115	2.670	60.135	6.339	3.153		9.492	50.643
MN	N	42.55	48.75	0.441	3.040	94.781	24.266	9.245	21.938	55.449	39.332
	P_2O_5	19.85		0.115	2.670	22.635	6.253	1.434		7.687	14.948
PK	N			0.441	3.040	3.481	13.439	2.591		16.03	−12.549
	P_2O_5		37.50	0.115	2.670	40.285	3.303	1.532		4.835	35.45
NP	N		48.75	0.441	3.040	52.231	21.157	7.958	21.938	51.053	1.178
	P_2O_5		37.50	0.115	2.670	40.285	5.341	1.759		7.1	33.185
CK	N			0.441	3.040	3.481	7.908	2.149		10.057	−6.576
	P_2O_5			0.115	2.670	2.785	2.069	0.779		2.848	−0.063
NPK	N		48.75	0.441	3.040	52.231	23.965	8.461	21.938	54.364	−2.133
	P_2O_5		37.50	0.115	2.670	40.285	6.899	1.927		8.826	31.459
NK	N		48.75	0.441	3.040	52.231	18.888	8.325	21.938	49.151	3.08
	P_2O_5			0.115	2.670	2.785	3.955	1.103		5.058	−2.273
M	N	42.55		0.441	3.040	46.031	20.287	7.258		27.545	18.486
	P_2O_5	19.85		0.115	2.670	22.635	6.074	3.926		10	12.635
MNP	N	42.55	48.75	0.441	3.040	94.781	24.631	10.570	21.938	57.139	37.642
	P_2O_5	19.85	37.50	0.115	2.670	60.135	7.275	3.007		10.282	49.853

注：MN为有机肥和氮肥配施、M为单施有机肥、NPK为氮磷钾肥配施、PK为磷肥钾肥配施、NK为氮肥钾肥配施、NP为氮肥磷肥配施、MNP为有机肥和氮磷肥配施、MP为有机肥和磷肥配施、CK为不施肥。有机肥为羊粪，每年施用量为7.5 t/hm²；氮肥为尿素，每年纯N用量为97.5 kg/hm²；磷肥为三料磷肥，P_2O_5 每年施用量为75 kg/hm²；K为硫酸钾，K_2O 每年施用量为60 kg/hm²。

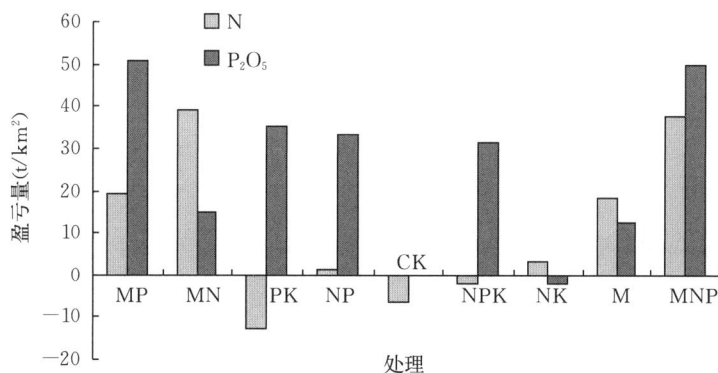

图13-3 梯田不同处理5年养分盈亏量

这一现象说明，在黄土丘陵沟壑区的梯田，由于减少了水土流失这个养分流失的主要通道，实现作物高产同时培肥土壤是可行的。所以，在该区农民生产实践中，有条件的情况下，尽可能将产量低而不稳的坡耕地改建为梯田。

第二节　黄绵土区小流域养分循环特征

黄绵土区纸坊沟流域地处陕北黄土高原丘陵沟壑区，流域面积为 8.27 km²，是延河支流杏子河下游的一级支沟。在气候上属暖温带半干旱气候，年日照时数为 2 300～2 400 h，≥0 ℃积温为 3 733.5 ℃，≥10 ℃积温为 3 282.7 ℃，年均降水量 510 mm，年水面蒸发量 1 486.7 mm，干燥度指数 $K=1.48$，无霜期 160 d 左右，降雨年内分布不均，7～9 月降水量占年降水量的 61.1%，多暴雨。

受基础地形和现代侵蚀的影响，流域内地形破碎，地貌形态多样。主要包括：梁峁地，占 35%；沟坡地，占 61.5%；沟谷地，占 3.5%。地面起伏频率很大，沟谷密集，梁峁顶部最大相对高差 205.7 m，上下游沟床高差 210 m，平均总比降 3.7%。沟谷大都切入基岩，同时陡坡面积很大，沟间地中＞25°的面积占 49.2%。沟壑密度高达 8.06 km/km²，地面割裂度 63.2%。

流域内的地带性土壤（黑垆土）因长期侵蚀而流失，现仅零星分布于分水岭及沟台处，绝大部分耕作土是在黄土母质上发育而成的幼年土壤——黄绵土。此外，还有二色土、红胶土、五花土、石泡土和洪淤土。植被恢复以前，由于受水土流失的影响，耕层有机质含量仅 0.53%～0.77%，氮磷俱缺，土地瘠薄。土壤种类大致呈微域垂直分布，而土壤肥力一般以村庄为中心，由远及近水平带升高。

一、纸坊沟流域乔木、灌木、草地面积的动态变化

由图 13-4 可以看出，纸坊沟流域自 1983—2003 年植被恢复时期以来，乔木、灌木植被的面积都在逐年增加，草地面积总的趋势在逐年增加，但稍有波动。在纸坊沟流域，乔木、灌木、草地以草地面积最大，乔木林面积次之，灌木林面积最小。

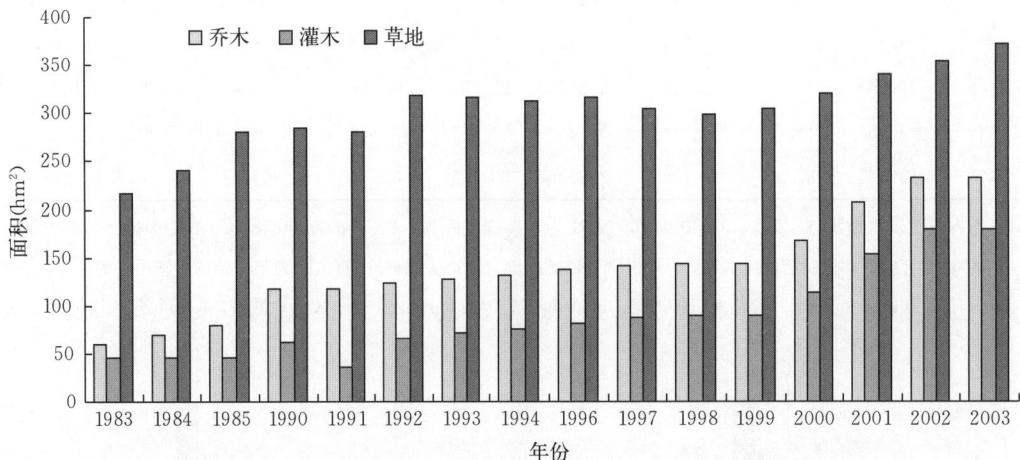

图 13-4　纸坊沟流域植被恢复过程中乔木、灌木、草地面积动态变化

二、纸坊沟流域乔木、灌木、草地面积动态变化对养分演变的影响

1983—2003 年，整个纸坊沟流域乔木、灌木、草地植被总共盈余的氮素养分量见图 13-5。可以看出，草地每年氮素盈余量最大，乔木林次之，灌木林最小。这主要是由于纸坊沟流域草地面积最大，乔木林面积次之，灌木林面积最小；其次是由于单位草地氮素养分盈余量最大，灌木林次之，乔

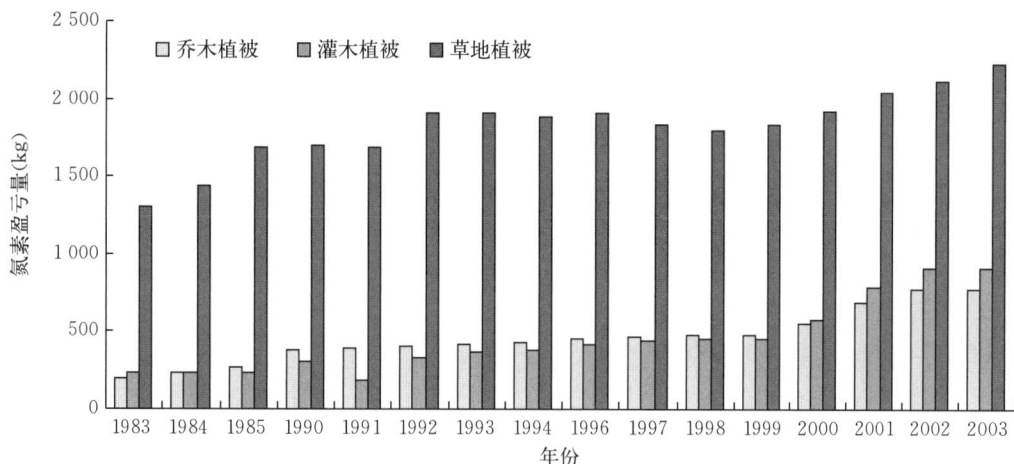

图 13-5　纸坊沟流域植被恢复过程中乔木、灌木、草地氮素盈亏量

木林最小。纸坊沟流域自 1983—2003 年植被恢复时期以来，与植被的面积变化类似，乔木、灌木植被类型的氮素盈余量也在逐年增加，草地氮素盈余量总的趋势在逐年增加，但稍有波动。

1983—2003 年，乔木、灌木、草地植被盈余的磷素养分量见图 13-6，草地每年磷素盈余量最大，乔木林次之，灌木林最小。这主要是由于纸坊沟流域草地面积最大，乔木林面积次之，灌木林面积最小。纸坊沟流域自 1983—2003 年植被恢复时期以来，与植被的面积变化类似乔木、灌木植被类型的磷素盈余量也在逐年增加，草地磷素盈余量总的趋势在逐年增加，但稍有波动。

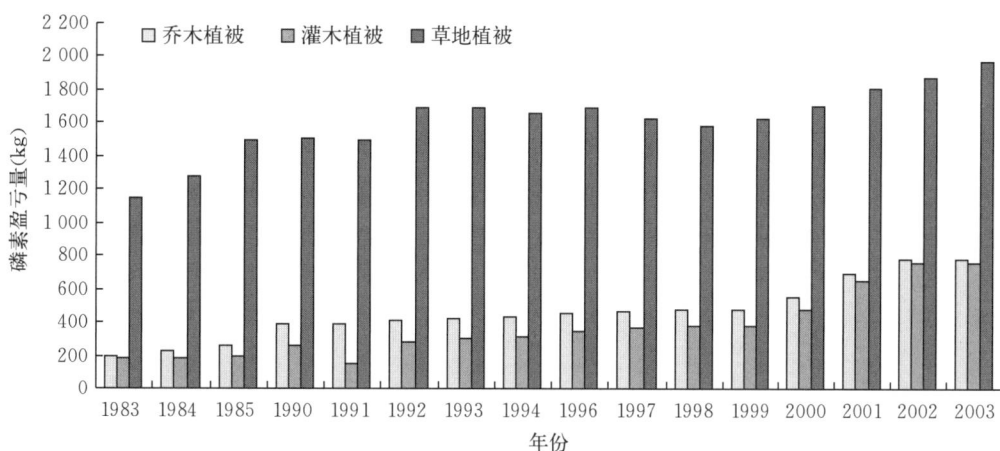

图 13-6　纸坊沟流域植被恢复过程中乔木、灌木、草地磷素盈亏量

综合以上分析可以发现，纸坊沟流域由于乔木、灌木、草地植被类型面积的增加，养分盈余量也在不断增加。这表明退耕还林植被恢复使得流域养分循环平衡朝着健康的方向发展。

三、纸坊沟流域川地、坡地、梯田面积的动态变化

由图 13-7 可以看出，纸坊沟流域自 1983—2003 年植被恢复时期以来，农地中的川地（即川塬台地和坝地）由于土壤肥力比较好、生产力比较高，所以是农民的基本农田类型，面积基本保持不变；坡耕地一部分退耕还林，这使得农民有能力将剩余坡耕地的一部分改建为梯田，一部分依旧保留耕作，所以坡耕地面积在逐年减少，相对应梯田面积在逐年增加。在纸坊沟流域，川地、坡地、梯田 3 者面积之间，1983 年坡耕地面积最大，川地次之，梯田最小；至 2003 年由于坡地和梯田面积的动态变化，梯田面积最大，坡耕地次之，川地最小。

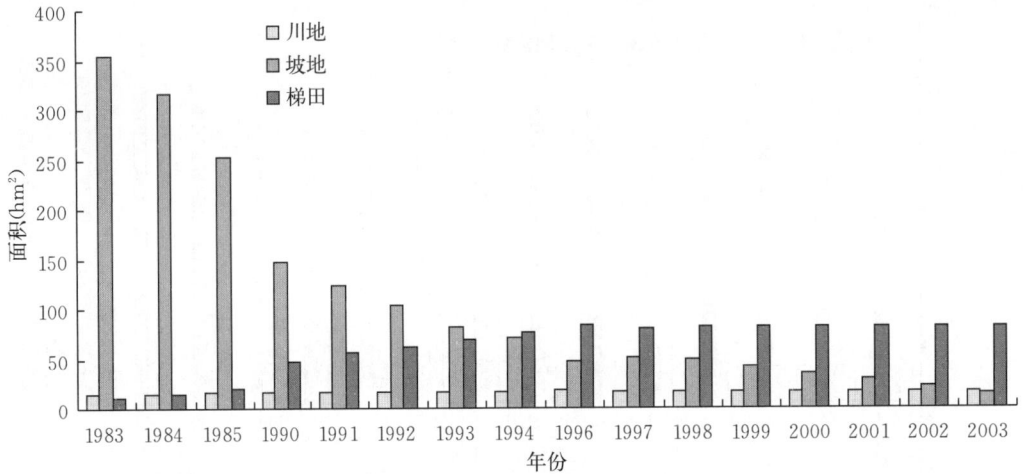

图 13-7　纸坊沟流域植被恢复过程中川地、坡地、梯田面积动态变化

四、纸坊沟流域川地、坡地、梯田面积动态变化对养分演变的影响

1983—2003 年，川地、坡地、梯田盈亏的氮素养分量见图 13-8，梯田每年氮素盈余量最大，川地稍有盈余，坡地每年的氮素处于亏损状态。随着坡耕地面积的逐年减少，梯田面积的逐年增加，梯田盈余的氮素在逐年增加，坡耕地亏损的氮素在逐年减少。

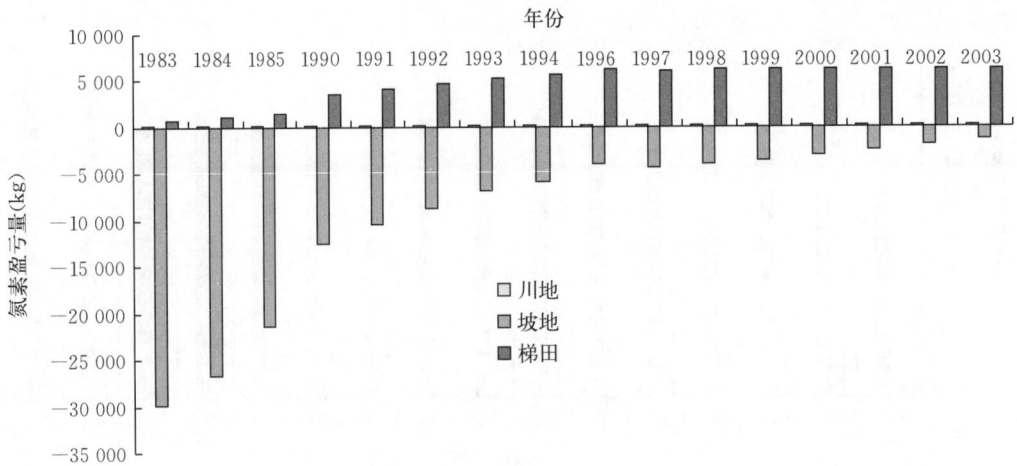

图 13-8　纸坊沟流域植被恢复过程中川地、坡地、梯田氮素盈亏量

1983—2003 年，川地、坡地、梯田盈余的磷素养分量见图 13-9，梯田每年磷素盈余量最大，川地稍有盈余，坡地每年的磷素处于亏损状态，并且亏损量较大。随着坡耕地面积的逐年减少，梯田面积的逐年增加，梯田盈余的磷素也在逐年增加，坡耕地亏损的磷素在逐年减少。

综合以上分析可以发现，纸坊沟流域由于坡耕地面积的逐年减少，梯田面积的逐年增加，梯田盈余的养分也在逐年增加，坡耕地亏损的养分在逐年减少。这表明，坡地改梯田工程使流域养分循环平衡也朝着健康的方向发展。

五、小流域养分循环特征

纸坊沟流域自 1983—2003 年生态恢复以来，乔木林面积由 1983 年的 58.9 hm² 逐步增加到 2003 年的 233.6 hm²，灌木林面积由 44.8 hm² 逐步增加到 178.9 hm²，草地面积由 216.9 hm² 逐步增加到

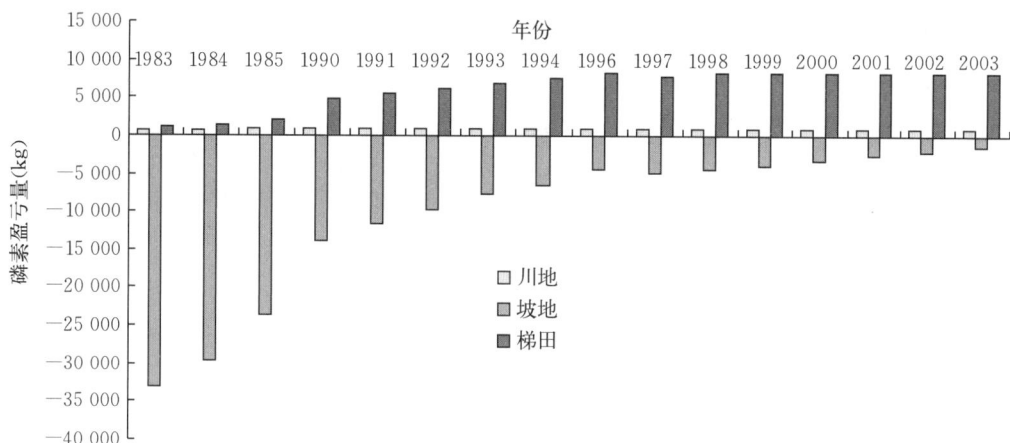

图 13-9　纸坊沟流域植被恢复过程中川地、坡地、梯田磷素盈亏量

371.6 hm²。由于乔木、灌木、草地的氮磷养分循环平衡都处于盈余状态，所以流域植被恢复使氮磷素盈余量在不断增加，乔木、灌木、草地 3 者共同盈余的氮素已经由 1983 年的每年 1.73 t 增加到 2003 年的每年 3.92 t，磷素盈余由 1983 年的每年 1.54 t 增加到 2003 年的每年 3.51 t。再则，纸坊沟流域由于自 1983—2003 年以来广泛实施的"坡改梯"工程，流域坡地面积由 1983 年的 354.5 hm² 逐步减少到 2003 年的 15.0 hm²；梯田面积由 1983 年的 10.6 hm² 逐步增加到 2003 年的 82.2 hm²。由于坡地氮磷养分循环平衡处于亏损状态，梯田氮磷养分循环平衡处于盈余状态，所以流域梯田面积的增加使氮磷素盈余量在不断增加，氮素盈余由 1983 年的每年 0.79 t 增加到 2003 年的每年 6.19 t，磷素盈余量由 1983 年的每年 1.06 t 增加到 2003 年的每年 8.20 t；坡地面积的减少使氮磷养分亏损量在不断减少，氮素亏损由 1983 年的每年 29.95 t 减少到 2003 年的每年 1.27 t，磷素亏损由 1983 年的每年 33.14 t 减少到 2003 年的每年 1.40 t。从总体上来看，流域内不同土地利用方式模拟的养分盈余量在生态恢复过程中呈现逐年增加的趋势，亏损的养分量呈现逐年减少的趋势。由此可见，一个良性的流域养分循环系统正在不断形成和发展。

可以预见，随着纸坊沟流域生态恢复综合治理的进一步实施和不断完善，乔木、灌木、草本不同植被类型和梯田盈余的养分量会进一步增加，乔木、灌木、草本不同植被类型和坡地流失的养分也会进一步减少，一个优化的流域养分循环平衡系统会不断完善起来。

纸坊沟流域生态恢复综合治理对养分循环演变的结果也可以为当前正在黄土丘陵沟壑区广泛实施的退耕还林生态恢复政策在养分循环演变方面提供科学依据，同时也可以提供一个可供借鉴的治理模式。

第三节　土壤肥力概念与构成因素

一、土壤肥力的一般概念

土壤肥力迄今也尚未有完全统一的看法，人们对土壤肥力的认识经历了一个漫长的过程，使之不断深入和完善。

1. 美国土壤学会的观点　*Glossary of Soil Science Terms* 中对土壤肥力的定义为："土壤肥力是土壤供给植物所需的各种养分的能力。"西方土壤学家的观点是属于狭义土壤肥力的概念。这里的肥是指营养或者养分（物质概念和因素），力是指养分的储存或者供给的能力（强度概念和因素）。这个能力包含的内容有养分的含量、存在的形式、对植物有效性和供给能力，也包含了影响土壤养分供给的因素以及土壤调控措施等。

2. 苏联土壤学家的观点　威廉姆斯提出，土壤肥力是土壤在植物生活的全过程中，同时而又不断地供给植物以最大量的有效养分和水分的能力。该观点的特点为：①强调了肥力的两个基本要素：

水分和养分，且特指"有效"；②供给的水平和质量为：在全生育期中不断地供应。

3. 我国土壤学家的观点

(1)《中国农业土壤概论》中，侯光炯（1982）将土壤肥力定义为：土壤肥力就是土壤体质和生命力，在一定自然条件下，土壤稳、匀、足、适地对植物供应水分和养分的能力。其中，肥力包含的因素为养分和水分；肥力的水平为稳、匀、足、适；产生肥力的条件为自然条件。

(2)《中国土壤学（第 2 版）》中，对土壤肥力做了以下阐述："肥力是土壤的基本属性和质的特征，是土壤从营养条件和环境条件方面，供应和协调植物生长的能力。土壤肥力是土壤物理、化学和生物性质的综合反映。"在这个定义中，营养条件指水分和养分；环境条件指温度和空气；其协调能力，说明土壤中四大肥力因素——水、肥、气、热并不是孤立的，而是相互联系、相互制约的。

二、土壤肥力构成因素

(一) 母质因素

风化作用使岩石破碎，理化性状改变，形成结构疏松的风化壳，其上部可称为土壤母质。如果风化壳保留在原地，形成残积物，便称为残积母质；如果在重力、流水、风力、冰川等作用下风化物质被迁移形成崩积物、冲积物、海积物、湖积物、冰碛物和风积物等，则称为运积母质。成土母质是土壤形成的物质基础和植物矿质养分（氮除外）的最初来源。母质代表土壤的初始状态，它在气候与生物的作用下，经过上千年的时间，才逐渐转变成可生长植物的土壤。母质对土壤的物理性状和化学组成均产生重要的作用，这种作用在土壤形成的初期阶段最为显著。随着成土过程进行得越久，母质与土壤间性质的差别也越大。尽管如此，土壤中总会保存母质的某些特征。

首先，成土母质的类型与土壤质地关系密切。不同造岩矿物的抗风化能力差异显著，其由大到小的顺序大致为：石英→白云母→钾长石→黑云母→钠长石→角闪石→辉石→钙长石→橄榄石。因此，发育在基性岩母质上的土壤质地一般较细，含粉沙和黏粒较多，含沙粒较少；发育在石英含量较高的酸性岩母质上的土壤质地一般较粗，即含沙粒较多而含粉沙和黏粒较少。此外，发育在残积物和坡积物上的土壤含石块较多，而在洪积物和冲积物上发育的土壤具有明显的质地分层特征。

其次，土壤的矿物组成和化学组成深受成土母质的影响。不同岩石的矿物组成有明显的差别，其上发育的土壤矿物组成也就不同。发育在基性岩母质上的土壤，含角闪石、辉石、黑云母等深色矿物较多；发育在酸性岩母质上的土壤，含石英、正长石和白云母等浅色矿物较多；其他如冰碛物和黄土母质上发育的土壤，含水云母和绿泥石等黏土矿物较多，河流冲积物上发育的土壤也富含水云母，湖积物上发育的土壤中多蒙脱石和水云母等黏土矿物。从化学组成方面看，基性岩母质上的土壤一般铁、锰、镁、钙含量高于酸性岩母质上的土壤，而硅、钠、钾含量则低于酸性岩母质上的土壤；石灰岩母质上的土壤，钙的含量最高。

(二) 气候因素

气候对于土壤形成的影响，表现为直接影响和间接影响两个方面。直接影响指通过土壤与大气之间经常进行的水分和热量交换，对土壤水、热状况和土壤中物理、化学过程的性质与强度的影响。通常温度每增加 10 ℃，化学反应速度平均增加 1～2 倍；温度从 0 ℃增加到 50 ℃，化合物的解离度增加 7 倍。在寒冷的气候条件下，一年中土壤冻结达几个月之久，微生物分解作用非常缓慢，使有机质积累起来；而在常年温暖湿润的气候条件下，微生物活动旺盛，全年都能分解有机质，使有机质含量趋于减少。

气候还可以通过影响岩石风化过程以及植被类型等间接影响土壤的形成和发育。一个显著的例子是，从干燥的荒漠地带或低温的苔原地带到高温多雨的热带雨林地带，随着温度、降水、蒸发以及不同植被生产力的变化，有机残体归还逐渐增多，化学与生物风化逐渐增强，风化壳逐渐加厚。

(三) 生物因素

生物是土壤有机物质的来源和土壤形成过程中最活跃的因素。土壤的本质特征——肥力的产生与生物的作用是密切相关的。

岩石表面在适宜的日照和湿度条件下滋生出苔藓类生物,它们依靠雨水中溶解的微量岩石矿物质得以生长,同时产生大量分泌物对岩石进行化学、生物风化;随着苔藓类生物的大量繁殖,生物与岩石之间的相互作用日益加强,岩石表面慢慢地形成了土壤;此后,一些高等植物在年幼的土壤上逐渐发展起来,形成土体的明显分化。

在生物因素中,植物起着最为重要的作用。绿色植物有选择地吸收母质、水体和大气中的养分元素,并通过光合作用制造有机质,然后以枯枝落叶和残体的形式将有机养分归还给地表。不同植被类型的养分归还量与归还形式的差异是导致土壤有机质含量的根本原因。例如,森林土壤的有机质含量一般低于草地。这是因为草类根系茂密且集中在近地表的土壤中,向下则根系的集中程度递减,从而为土壤表层提供了大量的有机质;而树木的根系分布很深,直接提供给土壤表层的有机质不多,主要是以落叶的形式将有机质归还到地表。动物除以排泄物、分泌物和残体的形式为土壤提供有机质,并通过啃食和搬运促进有机残体的转化外,有些动物如蚯蚓、白蚁还可通过对土体的搅动,改变土壤结构、孔隙度和土层排列等。微生物在成土过程中的主要功能是有机残体的分解、转化和腐殖质的合成。

(四)地形因素

地形对土壤肥力的影响主要是通过引起物质、能量的再分配而间接地作用于土壤。在山区,由于温度、降水和湿度随着地势升高的垂直变化,形成不同的气候和植被带,土壤的组成成分和理化性状均发生显著的垂直地带分化。对美国西南部山区土壤特性的考察发现,土壤有机质含量、总孔隙度和持水量均随海拔高度的升高而增加,而 pH 随海拔高度的升高而降低。此外,坡度和坡向也可改变水、热条件和植被状况,从而影响土壤的发育。在陡峭的山坡上,由于重力作用和地表径流的侵蚀力往往加速疏松地表物质的迁移,所以很难发育成深厚的土壤;而在平坦的地形部位,地表疏松物质的侵蚀速率较慢,使成土母质得以在较稳定的气候、生物条件下逐渐发育成深厚的土壤。阳坡由于接受太阳辐射多于阴坡,温度状况比阴坡好,但水分状况比阴坡差,植被的覆盖度一般是阳坡低于阴坡,从而导致土壤物理、化学和生物过程的差异。

(五)时间因素

土壤发育时间的长短称为土壤年龄。从土壤开始形成时起直到目前为止的年数称为绝对年龄。例如,北半球现存的土壤大多是在第四纪冰川退却后形成和发育的。高纬度地区冰碛物上的土壤绝对年龄一般不超过一万年,低纬度未受冰川作用地区的土壤绝对年龄可能达到数十万年至百万年,其起源可追溯到第三纪。

由土壤的发育阶段和发育程度所决定的土壤年龄称为相对年龄。在适宜的条件下,成土母质首先在生物的作用下进入幼年土壤发育阶段,这一阶段的特点是土体很薄,有机质在表土积累,化学-生物风化作用与淋溶作用很弱,剖面分化为 A 层和 C 层,土壤的性质在很大程度上还保留着母质的特征。随着 B 层的形成和发育,土壤进入成熟阶段,这一阶段有机质积累旺盛,易风化的矿物质强烈分解,在淀积层中黏粒大量积累,土壤肥力和自然生产力均达到最高水平。经过相当长的时间以后,成熟土壤出现强烈的剖面分化,出现 E 层,并使 A 层和 B 层的特征发生显著差异,有机质累积过程减弱,矿物质分解进入最后阶段,只有抗风化最强的矿物残留在土体中,淀积层中黏粒积聚形成黏盘,这一阶段土壤的肥力和自然生产力都明显降低。

(六)人为因素

在上述五大因素之外,人类生产活动对土壤肥力的影响也不容忽视,主要表现在改变土壤肥力的形成与演化。其中,以改变地表生物状况的影响最为突出,典型例子是农业生产活动。它以稻、麦、玉米、大豆等一年生草本作物代替天然植被,这种人工栽培的植物群落结构单一,必须在大量额外的物质、能量输入和人类精心的管理下才能获得高产。因此,人类通过耕耘改变土壤的结构、保水性、通气性;通过灌溉改变土壤的水分、温度状况;通过作物的收获将本应归还于土壤的部分有机质剥夺，改变土壤的养分循环状况；再通过施用化肥和有机肥补充养分的损失，从而改变土壤的营养元素组成、数量和微生物活动等。最终，将自然土壤改造成为各种耕作土壤。人类活动对土壤的积极影响是培育出一些肥沃、高产的耕作土壤，如水稻土等；同时，由于违反自然成土过程的规律，人类活动也造成了土壤退化，如肥力下降、水土流失、盐渍化、沼泽化、荒漠化和土壤污染等消极影响。

第四节　土壤肥力评价

土壤肥力作为土壤质量的重要组成部分，体现了土壤的本质特征，土壤肥力的高低直接影响着作物生长，影响农业生产的结构、布局和效益等。因此，如何科学、合理、实用地评价土壤肥力，为农业生产方向提供理论依据，显得尤为重要。

一、土壤肥力评价方法

评价土壤肥力的方法从广义上可分为定性和定量两种。定性描述土壤肥力质量的方法较为直观，如用土壤看起来如何、摸起来如何、闻起来如何等词来描述。定量方法是利用各种数学方法，根据量化的土壤属性计算出土壤质量的"分数"，通常最好的土壤得分最高。早期土壤肥力评价中较多地选用氮、磷、钾和有机质等指标，且人为地确定肥力评价指标的数量级别以及各指标的权重系数，这种方法的结果准确性很大程度上取决于评价者的专业水平，科学性不够。土壤肥力包括多种指标，而且这些指标都是由数值来记录的，所以在评价土壤肥力时，要处理大量的指标数据。要想直接从这些复杂的数据中找出指标之间的内在联系，人工处理的难度比较大。因此，可以借助数学方法从多因素角度对土壤肥力进行综合评价。近年来，评价土壤肥力质量的数值化方法很多，经常使用的有标准综合级别法、指数和法、灰色关联法、主成分分析法、模糊层次分析法、投影寻踪模型法等。但这些方法，都各有各的特点和适应条件，各方法属性存在不同的层次，有各自的运行机理，所以应用在评价对象时，结论存在不一致性。为了解决多种方法评价结论的差异性问题，学术界提出了"组合评价（Combination Evaluation）"的思路，即选用多种方法进行评价，然后再将几种评价结果进行组合，得出最终评价结果。组合评价法能减弱各单一方法的差异，综合各方法的有效信息，使评价结果更准确。

二、土壤肥力评价进展

我国土壤学家何同康（1983）将土壤肥力的评价方法分为间接法和直接法两大类。间接评价法是指根据能够度量或可估计的土壤性质和这些性质的特点与产量之间的关系，推断土壤质量的优劣。直接法是指用实验手段直接探测土壤对某用途的适合程度。由于直接评价法受到资料不足的限制，不能反映土壤自然生产力的高低，因此更多采用间接评价法。肖慈英等（2000）用灰色关联法对森林土壤肥力进行综合评价，该方法是一种有效且实用的多因素决策分析方法，简单易懂，不需要复杂的计算推理，而且该结果具有可靠性。王军艳等（2001）用指数和法分析了北京大兴的土壤肥力，计算出土壤肥力综合指数，并指出了指数和法的局限性。骆伯胜等（2004）提出了土壤肥力数值化综合评价研究，选取了雷州半岛桉树砖红壤土壤数据进行实验，通过偏相关分析和隶属度函数模型，确定了土壤单项肥力的权重，建立了土壤肥力的综合评价指标体系。杨国栋等（2005）使用人工神经网络对土壤养分肥力进行等级评价，以分级标准为学习样本，用训练后得到的网络模型对数据样本进行计算。吴玉红等（2009）提出了基于田块尺度的土壤肥力模糊评价研究，以杨凌为研究区域，以 28 个田块为采样基本单元，运用模糊层次分析法获取土壤单项肥力指标的权重，并用模糊集理论中的隶属度和贴近度概念来评价土壤肥力。吴玉红等（2010）利用主成分分析对土壤肥力进行综合指数评价，以杨凌为研究区域，采集 27 个田块土壤，使用主成分分析，筛选出能够独立敏感反映土壤质量变化的土壤属性组成土壤肥力质量评价的最小数据库集，然后评价土壤单项肥力指标，再利用模糊数学中综合指数评价模型进行土壤肥力质量评价。

国外对土壤肥力评价也做了相应的研究。Andrews 等（2002）应用多元统计的方法选取最小数据集的成分，并求取权重，然后根据非线性得分函数将最小数据集中各成分的值转为分值，形成土壤质量指数，侧重评估了不同管理方式造成的土壤质量上的差异。Masto 等（2007）提出了更灵敏的土壤质量指数方法，对印度半干旱地区长期不同施肥措施下的土壤肥力质量进行了评价，利用线性和非线性得分函数，并且使用逐步回归方法将得分综合生成土壤质量指数，比较了指数计算的灵敏度及其与作物产量之间的相关系数。该研究的不足为：其使用的指数是否能用于不同的土地类型和作物管理系统，还需要进行验证考察。

综上所述，土壤肥力的评价方法有很多种，但目前在国内外的研究中大部分仅使用一种方法对土壤肥力进行评价，对各方法的结果缺乏对比分析。

第五节　黄绵土肥力提升

黄绵土是陕北黄土丘陵沟壑区的主要耕种土壤。其特征为土层深厚，土质轻松，且层次发育不明显；土壤养分贫乏，有机质含量为 0.3%～0.7%，全氮为 0.05%～0.1%，有效态氮磷及微量养分含量不足，生产力低下。因此，改土培肥就成为黄绵土肥力提升的重要措施。

一、有机无机配合施用

郑剑英等（1996）分析 8 年连续施用不同肥料处理试验，研究结果表明，0～20 cm 表层土壤有机质发生了明显的变化，不施肥及施化肥处理均较播前降低。同一处理中，土壤经过 4 个轮作周期作物的吸收利用，有机质含量逐年有所下降。对照、氮、磷和氮磷处理第四轮作周期较第一轮作周期依次下降了 16.4%、21.9%、10.4%和 12.2%。施加有机肥后，土壤中有机质含量均高于不施肥及施化肥处理。而在同一处理间，也较播前土壤有所提高，单施有机肥增加了 5.5%，有机肥与磷肥配施增加了 4.4%，有机肥与氮肥配施增加了 11.1%，有机肥与氮磷肥配施增加了 15.5%。可以看到，对于增加土壤有机质的效应，施有机肥明显优于不施肥及施化肥处理。4 个轮作周期过后，土壤全氮也发生了明显的变化，不施肥、施化肥或施有机肥土壤全氮均较播前有所提高。施加有机肥全氮增加的程度高于不施有机肥，其中有机肥与氮磷肥配施处理较播前增加 30.5%，也比氮磷肥处理增加 14.9%，氮磷肥处理较播前增加 13.5%。同一处理不同轮作周期土壤全氮变化为：对照 4 个轮作周期全氮无明显变化，含量均处于同一水平；氮处理第二、三轮作周期比第一轮作周期增加，后略有下降，总趋势是增加；氮磷肥、磷肥、有机肥、有机肥与氮肥配施、有机肥与磷肥配施、有机肥与氮磷肥配施处理，均表现为逐年增加，依次为 6.34%、3.08%、10.77%、7.46%、8.69%、14.92%。这表明，只有大量施入有机肥并配以氮、磷肥才能持续或提高土壤全氮水平。土壤有效磷的含量与磷肥的施用密切相关。凡施磷肥的土壤有效磷明显增加，施有机肥有效磷也有增加，但不如施磷土壤明显。4 个轮作周期试验表明，对照和施氮处理，有效磷含量呈下降趋势，单施磷比播前增加 296.0%，氮磷处理增加 196%，前者是后者的 1.5 倍。说明连续施用磷肥，土壤中残留的磷素较高，其磷肥的后效也较明显。单施有机肥较播前增加 20%，有机肥与磷肥处理增加 608%，有机肥与氮磷肥处理增加 384%。由此可见，施磷或与有机肥配施，土壤中有效磷明显提高，其中有机肥与磷肥或氮磷肥配施最为明显，只有不施肥和单施氮肥才造成磷的少量亏缺。另外单施有机肥有效磷的增加量有限。

二、翻压绿肥

翻压绿肥能够显著提高黄绵土有机质含量，使土壤变得疏松、不板结、保水保肥、好耕作。豆科绿肥就像一个"氮肥厂"，可以自己制造氮肥供自身利用。如果把整个植株翻进土壤，或者把豆子收了后将豆蔓翻压还田，就相当于给土壤施氮肥。大多数豆科绿肥每年"制造的氮肥"相当于每公顷土地施用 50 kg 尿素，有些品种如果种得好，甚至相当于每公顷土地施用 200 kg 尿素。非豆科绿肥虽不具备生物固氮能力，但通过强大的根系吸收土壤深层中的氮素和其他养分，再通过还田富集于土壤耕层中，从而有利于养分保蓄和后茬作物吸收利用。绿肥作物还能活化并吸收一些难溶性养分，翻压还田后可供后茬作物利用。种植绿肥可很好地覆盖地面，缓和暴风雨对土壤的直接侵蚀，减少地表径流，防止冲刷进而减少水土流失和养分流失。另外，绿肥还有绿化环境、净化空气、净化污水的效果。多种绿肥作物，如紫云英、苕子、苜蓿、沙打旺等，都富含蛋白质，是家畜的优良饲料，将绿肥作饲料，发展畜牧业，让绿肥"过腹还田"进而大大提高绿肥作物的经济效益。果园种植绿肥能明显提高果树害虫的天敌数量，减少用药次数，有利于生产无公害水果（焦彬，1986）。

三、秸秆还田

土壤团粒结构是土壤肥力的物质基础，影响着土壤养分、水分和空气的传输（Le，1996；Tisdall et al.，1982），是作物高产所必需的土壤条件之一。张鹏等（2012）在宁南半干旱区的研究结果表明，4 年的不同秸秆还田对黄绵土土壤结构及团聚体特性产生了明显的影响。通过干筛法和湿筛法对团聚体数量与大小分布的分析结果表明，秸秆还田在 0～40 cm 各土层土壤团聚体数量和大小均显著优于秸秆未还田。这是因为秸秆还田后土壤有机质含量大幅提高（较秸秆未还田增幅达 10.01%～26.05%），同时降低了秸秆还田的土壤容重，使土壤孔隙度增加，增强了根系及土壤微生物的活动能力，有助于团聚体的形成。

四、保护性耕作

土壤有机质是土壤的重要组成部分，在土壤中起着改善土壤结构、提高土壤肥力、促进作物生长发育的作用（曹丽花 等，2007）。土壤有机质的含量与耕作程度密切相关，其含量的降低会引起农田土壤肥力和土壤质量的下降（刘巽浩 等，2001）。在陇中黄土高原定西市安定区李家堡镇黄绵土 15 年试验结果表明，免耕土壤有机质高于传统耕作（刘杰，2016）。这主要是因为免耕改善了土壤结构，使土壤中大团聚体数量增加，增强了土壤对有机质降解的物理保护，而秸秆还田增加了有机物质的输入，改善了土壤综合生态因子，促进了土壤微生物的活动，使更多的秸秆在土壤生物的作用下分解转化为土壤有机质，从而提高了土壤有机质含量（王燕 等，2008；苏永中 等，2002；杨景成 等，2003）。同时，还发现免耕处理的土壤微生物量碳在播种前 0～5 cm 土层显著高于传统耕作。这是由于土壤微生物量碳是土壤有机质中活性较高的组分，易受农田管理措施的影响，免耕相比传统耕作提高了 0～30 cm 土层中土壤有机质含量，为微生物的生命活动提供了充足的能量和碳源，提高了微生物的活性，使外施秸秆中的碳同化为微生物量碳（汪娟 等，2009）

第六节　黄绵土区中低产田土壤类型

中低产田是指作物产量低的耕地，也就是那些土壤各因子不相协调，生产设施不配套，生产环境不良，耕作措施不当，产出水平低的耕地。由于土壤是影响耕地生产力水平的基本要素，所以首先以土壤的基本属性、改土培肥的难易程度为主体内容，参考自然因素和土壤的适宜性及常年粮食产量指标对耕地进行评级，然后按综合性、主导性、区域性原则，系统分析聚类，把黄绵土区中低产田划分为以下八大主要障碍类型（王青，1992）。

一、坡耕地水土流失瘠薄障碍型

该类型中低产田土壤以黄绵土为主，土壤养分含量低，有机质含量低。耕地坡度大，一般在 15°以上，水土流失相当严重，年侵蚀模数在 15 000 t/km² 以上；干旱低温，耕作方式粗放，生产水平极低，667 m² 产量在 80 kg 以下。

治理的指导思想应该是：采取各种措施将自然降水更多地保蓄下来，提高作物对水的利用率，即防止水土流失，进而改土培肥，打破旱—流—薄—粗—旱的恶性循环。治理的主要途径是：25°以下的坡耕地修水平梯田，沟底打坝淤地，暂不能坡改梯的坡地推广山地水平沟种植法；25°以上的坡耕地逐步退耕还林还牧，在此基础上应用科学技术，搞好改土培肥。

二、旱平地干旱缺肥障碍型

该类型包括塬地、河流高阶地、梯田等耕地类型。土壤以黄绵土为主，土层深厚。地面缓平，坡度一般在 8°以下，塬面多为 2°～5°，水土流失轻微。降水稀少，光照强，水分蒸发量大，基本无灌溉条件，干旱严重。土壤瘠薄，土壤有机质含量为 0.5%～0.8%，全氮 0.04%～0.05%，碱解氮 25～35 mg/kg，有效磷 4～5 mg/kg。土壤肥力不足严重影响着农田生产力水平的提高。

治理的指导思想是：充分纳蓄天然降水，有条件的发展水利灌溉，主攻改土培肥，以肥调水，走旱作农业的道路。治理的主要途径：塬面修地边埂、水平捻地，塬边、沟头营造防护林和防护工程，荒沟植树种草以治沟护塬；有条件的应积极发展水利设施，扩大灌溉面积；推广垄沟种植法，减少径流；增加化肥投入，增种养地作物，采用轮作倒茬、间作套种等措施，有机无机结合，用养结合，提高肥力。

三、水地营养不足障碍型

该类型地势低，农业问题较小。土壤类型有黄绵土、淤土、水稻土、潮土等。地势平坦，土层较深厚，土壤肥力状况较其他障碍类型高。因分布不同，风沙区湖盆滩水地受风沙危害，河谷川地有洪涝威胁。由于该类型区域的机械作业、灌溉、肥料投入等经营管理水平相对较高，因而以粮为主，种植制度单一，几乎不种养地作物，产出较多，地力耗损过大，用养失调；重化肥，轻有机肥，重氮轻磷，氮磷比例失调。

治理的指导思想及主要途径是：增加投入，培肥地力。有机无机结合，注重绿肥、秸秆还田，倒茬轮作，水旱轮作，垫地改土，加深耕作层，改良土壤等；完善水利设施，提高保灌系数；推广优良品种，采用地膜、垄沟、病虫草鼠综合防治等技术。

四、灌区缺水障碍型

该类型集中分布在河道及其支流的沟道，包括河谷川地、沟条地等耕地类型。土壤类型主要有黄绵土、淤土等。地势低平，土层较深厚，潜水埋藏浅，水分充足，有引灌条件。但目前水利设施不健全，老化失修严重，配套差，多数灌区的枢纽水库存在病险问题，水库淤积严重，蓄水能力降低，严重影响了灌溉保证率的提高，甚至有些已经无法灌溉，影响着生产水平的提高。

治理的指导思想及主要途径是：强化水利设施的配套建设，加强管理，增加水源，提高保灌率；深翻改土，增加投入，培肥地力；推广以沟垄种植和覆盖栽培为主的科学技术。

五、水害障碍型

该类型主要分布在陕北的湖盆滩地、河谷川地、沟条坝地等。耕地类型成因和农业生产特征大体可分为以下 3 种障碍类型。

（1）盐碱地型。由于干旱的大陆性季风气候条件，降水量显著低于蒸发量，淋溶作用弱，土壤积盐；封闭的洼地和下湿滩地，地下水位高，矿化度大，排水不畅，土体积盐；土壤母质含盐量高；不合理的灌溉，使地下水位上升，伴随盐分向地表积累，形成不同程度的盐化土，其母质为沙土或壤土。土壤有机质含量极低，为 0.2%～0.3%，pH>8.0。盐碱土土层较紧密，地表含盐量高，旱季地表常有白色盐霜和盐结皮，雨后盐分又随水下移。土壤含盐量高和通气不良，对作物生长极为不利。

（2）渍涝水田型。由于地下水位高，排水不畅形成。土壤以水稻土为主，大致可分为以下 4 种：①黄泥田。它是在黄绵土种稻形成的，种稻时间短，地下水位较低，质地以轻壤或沙壤为主，有机质含量少，漏水、保肥力弱。②青泥田。它是黄泥田经长期种稻变化形成的，地下水位高，形成明显的灰蓝色层次，质地有沙壤、轻壤、中壤之别。土壤因长期泡水，土性凉，通气性稍差，但有机质含量较多，肥力较高。③烂泥田。它是常年积水的下湿地开垦种稻或常年浸水泡田而形成，分布面积小，地下水位高，土壤呈泥浆，泥脚深，耕作不便，土性凉，养分转换慢，作物返青迟，产量低。④咸田即盐渍水稻土。它是盐碱土，由于灌水排水，土壤盐分不断降低，种水稻而形成。

（3）渍涝旱地型。它是因地势低洼，地下水位高，排水不畅造成常年或季节性渍涝的旱耕地。分布零散，土壤类型也较多，有黄绵土、淤土、潮土、盐碱土等。

根据因地制宜原则，水害障碍型治理的指导思想和主要途径因类型不同有所差异。盐碱型：应主要采取开沟排水洗盐碱，引洪漫淤，垫土加厚土层，种植耐盐碱作物，铺沙压碱，种稻改良等。渍涝水田型：应主要采取种稻改良，排水降低水位，营造防护林，生物治水。渍涝旱地型：应主要采取深翻改土，排水降低水位和生物治水等。在上述改良土壤的基础上，水害障碍型均应采用合理用水，排灌结合，增施有机肥，有机无机结合，培肥地力，以及采用综合科学技术措施，提高土地生产水平。

六、土壤质地障碍型

该类型主要是指土壤理化性状不良，质地过沙、过黏，夹石夹沙等低产土壤。根据主要障碍因素，主要有胶泥土、石子沙土等。

（1）胶泥土质地障碍型，主要分布在沟坡或沟底，陡坡和沟湾有零星分布，以黄河沿岸较为集中。由于每年表土流失，有机质含量极少，耕层下为浅红棕色黏土，坚实，有料姜石和石灰假菌丝体，由上而下料姜石逐渐增多。土壤质地黏重，作物根系不易下扎，透水性差，耕性不良。

（2）石子沙土-沙板地质地障碍型，是淤沙土的一种，分布在河流两岸滩地，由河流长期堆积冲刷而成，土层薄，仅 10 cm 左右，土质沙并夹有砾石，透水通气良好，口松易耕，不耐干旱，保肥保水能力差，作物后期易脱肥，产量低。

治理的主要途径：胶泥土应首先采用密土改良，深翻改土，修水平梯田等。石子沙土应首先采用引洪漫淤，加厚土层，大平大整，加筑围堰等改良土壤。在此基础上，均可进一步采用增施有机肥，种草肥田，用养结合，以及林、草、粮间作，地膜栽培、垄沟种植等农业综合配套措施。

七、坡耕地风蚀沙化水土流失瘠薄障碍型

该类型主要分布在长城沿线的梁峁丘陵，包括绵沙土梁地、绵沙土峁地、绵沙土坡地、沙化台地等耕地类型，以绵沙土为主。地面常有片沙和风蚀残墩。成土母质质地轻，机械组成一般以粉粒为主，沙粒稍次，黏粒最少。由于土体疏松多孔，风大干旱，有机质的矿化作用较强，土壤腐殖质含量低。土体疏松，结构不良，透水性强，持水能力小，养分含量低。由于地处毛乌素沙地南缘，受气候条件影响，光照充足，热量不足，降水稀少，气候干燥，蒸发量大，自然灾害频繁。风力是最主要的有显著作用的外营力，风蚀沙化严重。地面坡度较大，一般在 20°以上，因而水蚀作用也较强烈，年侵蚀模数在 15 000 t/km² 以上。因此，低温干旱，风蚀沙化，水土流失，土壤质地不良，土壤养分贫瘠构成了该类型的主要限制因素。

治理的指导思想是：尽力减少风蚀沙化和水土流失的危害，积极改土培肥，推广应用农业科学技术，达到综合治理环境、提高经济效益和生态效益的目的。治理的主要途径是：种树种草，修水平梯田，退耕陡坡，流域治理，水平沟种植等；深耕翻土，种植绿肥和饲草，草田轮作，增加肥料投入等；因土种植，垄沟种植，地膜栽培等。

八、滩旱地风蚀干旱障碍型

该类型主要分布在长城沿线以北、无定河以西的滩旱地和风沙土旱平地。地势平缓，地下水位

高，以风沙土为主，为质地均匀的细沙土或沙壤土，呈单粒结构或微团块结构，疏松易耕，透气透水性良好，土温易升高，昼夜变幅大。风沙土保水保肥力差，易受风蚀，作物常受干旱和脱肥威胁。耕层有机质含量低，养分含量低。光照强，热量不足，降水少，蒸发量大，气候干燥，植被稀疏，风大而频繁。在强风力作用下，耕地风蚀沙化十分严重，土壤漏水漏肥，限制着农业生产的发展。

治理的指导思想是：以防风固沙、治理风沙危害为基础，加强水利设施建设，扩大水地面积，改土培肥，因地制宜采取综合农业科学技术等配套措施，深度挖潜。治理的主要途径是：设置沙障，造林固沙，引水拉沙，飞播造林，营造农田防护林；发展井渠库引提灌，完善渠系，排灌结合；引洪漫地，客土压垫，草田轮作，间作套种，用养结合等。

第七节　黄绵土肥力演变

土壤肥力的演变规律、发展趋势及调控对策已成为土壤肥料科学家关注的重点问题。土壤肥力在人类活动的参与下，使其向有利于土壤肥力提高的方向发展，是目前研究的核心问题（徐明岗 等，2006）。

黄绵土是黄土母质经过耕种熟化、耕种侵蚀和疏林草地自然侵蚀而形成的一种幼年土壤。黄绵土是黄土高原丘陵沟壑区主要的土壤类型，该区域地形支离破碎，土壤侵蚀十分严重，但耕种历史悠久，土壤生产力的高低完全取决于人类的生产经营活动（黄高宝，2001；陕西省农业勘察设计院，1982）。通过了解目前黄绵土的肥力状况及其历史演变趋向，进而提出合理的施肥方式和科学的种植管理模式，对提高作物产量、培育高肥力土壤、促进农业的可持续发展具有重要意义。

目前关于黄土高原地区土壤肥力演变的研究还很薄弱，赵云英等（2009）通过研究发现，渭北旱塬王东沟小流域 2006 年大田土壤肥力与 1984 年相比，有机质、全氮和全磷含量分别提高了 27.1%、84.2% 和 34.8%，有效氮、有效磷和速效钾含量分别增加了 46.9%、540.0% 和 10.2%。①典型黄绵土剖面中有机质、全氮、碱解氮、全磷、全钾和速效钾含量随土壤深度的增加不断减少；有效磷含量呈"中低型"分布，过渡层中含量最低。②在近 30 年常规的耕种、施肥、管理模式下，黄绵土剖面中有机质、碱解氮和全磷含量均有不同程度的增加，随土壤深度的增加，累积量趋于减少。全氮、有效磷含量在耕层有所增加，而在过渡层、母质层中含量有减少趋势。全钾、速效钾含量在整个剖面中处于耗竭状态，其中耕层变化量最小，分别减少 2.05 g/kg 和 37.57 mg/kg。与 20 世纪 80 年代相比，2008 年黄绵土耕层各养分的表聚系数均增大，目前黄绵土的肥力状况正在向有利于作物生长吸收的方向演变。③目前，黄绵土中有机质、全氮、碱解氮含量处于缺乏状态，全磷、有效磷、全钾和速效钾含量处于中等水平。日后该区要稳定磷素投入，通过优化施肥方式来提高养分有效性；增施有机肥来增加土壤中有机质含量，促进土壤中速效养分的释放；加大氮肥施用量，促进土壤中氮素含量的提高；要着重考虑钾肥的施用，以保证土壤中养分的平衡，促进农业的可持续发展。

第十四章 黄绵土区耕地质量等级评价 >>>

开展耕地质量等级调查与评价工作，摸清我国耕地质量等级状况，是制定各项土地管理政策及相关政策的重要依据，是实现土地管理由数量管理为主向数量、质量、生态管护协调管理转变的一项重要基础工作。耕地质量等级调查与评价技术路线是依据作物生产力原理，在测算作物光温（气候）生产潜力的基础上，分区域选取土壤、地形、土地利用等因素，通过逐级修正，评价耕地质量等级（高向军 等，2002）。在技术路线设计上，以县为单位，充分利用现有的土壤、地形等资料，在大量样点调查的基础上进行测算、评价，再通过逐级汇总、检验，形成大区域或全国级的耕地质量等级结果（付国珍 等，2015）。

第一节　黄绵土区耕地质量等级划分需考虑的因素

黄绵土耕地质量等级评价参照县域耕地质量评价的技术路线及方法（刘京 等，2010），并结合《耕地质量等级》（GB/T 33469—2016），主要的工作步骤包括：收集数据及图件资料—进行补充调查—筛选审核耕地质量评价数据—建立耕地质量评价数据库—确定评价单元—确定耕地质量评价指标体系及权重—确定耕地质量等级并划分耕地质量主要性状分级标准—耕地质量等级与养分评价。评价的数据主要来源于黄绵土分布区的县域耕地质量等级评价数据，并进行了筛选审核。同时，进行了适当的补充调查，以满足评价的需求。在耕地地力评价过程中，应用地理信息系统（GIS）空间分析、层次分析、模糊数学等方法，形成了评价单元划分、评价因素选取与权重确定、评价等级图生成等定量自动化的耕地质量评价流程。与传统评价方法相比，评价信息更为准确，评价过程更为快速，评价结果更为可靠。

根据区域指标选取的原则，针对黄绵土区影响耕地质量等级各种要素的基本特点，在评价指标的选取中，按照《耕地质量等级》设置的黄土高原区各项基础指标及耕地质量划分标准，选取了16个因子，包括：地形部位、海拔高度、耕层质地、有效土层厚度、质地构型、灌溉能力、排水能力、农田林网化率、障碍因素、土壤容重、有机质含量、土壤有效磷、土壤速效钾、土壤酸碱度（pH）、生物多样性、清洁程度。在选取的16项评价指标中，地形部位、海拔高度等为耕地自然因素指标；耕层质地、有效土层厚度、质地构型为耕地土壤剖面性状指标；灌溉能力、排水能力、农田林网化率、障碍因素等为反映耕地管理条件的指标；土壤容重、土壤酸碱度（pH）、有机质含量、土壤有效磷、土壤速效钾为耕地土壤理化性状指标；生物多样性和清洁程度是反映土壤健康状况的重要因子。

地貌类型和气候要素是影响大区域耕地质量和农作物生产的关键性自然要素（付金霞 等，2011）。黄绵土分布区主要位于黄土高原及周边部分地区，该区域气候以干旱特征为主，地貌类型以山地、高原与盆地、平原为主，地貌类型较为复杂，不同类型其耕地利用和产量水平有较大差异，因而对农作物生长及耕地质量产生重要影响。地形部位指中小地貌单元，是对地貌类型的详细划分。本次评价选取了地形部位作为耕地质量评价的关键指标之一，既有明显的区域区分度，又能间接反映影响作物生长所需的降水、温度条件的自然因子的差异。

海拔高度的不同造成了气候、土壤、水热条件的垂直地带性分布，同时也影响了耕地的耕种难易程度，故海拔也作为本次评价的指标之一。

土壤质地是土壤物理性状之一，指土壤中不同直径的矿物颗粒的组合状况。土壤质地与土壤通气、保肥、保水状况及耕作的难易有密切关系。土壤质地状况是拟定土壤利用、管理和改良措施的重要依据。虽然土壤质地主要取决于成土母质类型，有相对的稳定性，但耕作层的质地仍可通过耕作、施肥等活动进行调节。不同的耕层质地代表了耕地土壤不同的保水、保肥能力及不同的养分丰缺水平，从而对耕地质量产生直接影响（葛楠楠 等，2017），因此选择耕层质地作为本次评价的指标之一。

耕地有效土层厚度对作物根系的发育及生长管理有很大影响（史志华 等，2009），因此选择耕地土壤有效土层厚度指标参与该区耕地质量评价。

土壤剖面的质地构型指不同质地土层的排列组合。土体质地的构型对土壤水、肥、气、热和水盐运移有着重要的制约和调节作用，良好的质地构型是土壤肥力的基础（李开丽 等，2016）。

黄绵土分布区降水季节性变化大，经常出现春旱和伏旱，水分是本地区农作物生产的瓶颈因子之一，所以灌溉条件是该区农作物产量的重要影响因素，耕地灌溉能力是影响该区耕地质量水平的重要指标之一。同时，由于该地区7月、8月多暴雨，9月多连阴雨，易导致水土流失、洪涝、滑坡、泥石流等自然灾害，因此排水能力也作为评价指标之一。

农田防护网可以改善农田生态系统结构与功能，增强农田生态系统抗干扰能力。同时，农田林网还可以改善农牧业生产的微气候及土壤条件，维持农田生态系统的健康，确保农业稳产高产，实现农田生态系统的可持续发展。

障碍因素是指土体中妨碍农作物正常生长发育、对农产品产量和品质造成不良影响的因素，如沙化、盐碱、侵蚀、潜育化及出现的障碍层次情况等。

土壤容重是影响水分运动和盐分、养分、热量运移的重要因素，是土壤紧实度的一个指标。土壤容重过大，表明土壤紧实，不利于透水、通气、扎根，并会造成氧化还原电位下降而形成各种有毒物质危害植物根系；土壤容重过小，又会使有机质分解过速，并使植物根系扎不牢而易倾倒（傅子洹 等，2015）。同时，土壤容重也可作为判断土壤肥力状况的指标之一。

土壤的养分状况是耕地土壤肥力水平的重要反映，而土壤有机质是土壤肥力的综合反映，是评价耕地肥力状况的首选指标（王卫 等，2002）。其次，需考虑影响作物生长的大量营养元素指标，分析养分对作物生产的直接有效性。

农田生物多样性具有重要的生态作用。合理的生物多样性有利于通过生物防治来控制农田有害生物的发生，有利于通过调节土壤生物的活动来实现营养的优化循环和保持土壤肥力，有利于通过整合和发挥各种因素的作用来减少外部投入和保持作物持续高产（谷卫彬 等，2002）。

耕地周边有污染源或存在污染的，应根据区域大小，加密耕地环境质量调查取样点密度，检测土壤污染物含量进行耕地清洁程度评价，将耕地清洁程度划分为清洁、尚清洁、轻度污染、中度污染和重度污染。

第二节　黄绵土区耕地质量等级评价的方法与步骤

一、资料收集与整理

本次耕地质量评价资料主要涵盖耕地立地条件、水分条件、土壤养分状况、土壤理化性状、土壤管理、土壤健康等因素。通过野外调查、室内化验分析和图件及统计资料收集，获取了大量的表征耕地质量的基础信息，经过严格的数据筛选、审核与处理，保障了数据资料的科学准确。

（一）软硬件及资料准备

1. 硬件准备　主要包括高性能计算机及工作站、工程扫描仪、喷墨绘图仪等。高性能计算机或工作站主要用于数据和图件的处理分析，扫描仪用于传统图件的输入，喷墨绘图仪用于成果图的输出。

2. 软件准备　主要包括 WINDOWS 操作系统软件、SPSS 数据统计分析软件、数据库管理软件 SQL server 等应用软件、ArcGIS 等专业分析软件。

3. 资料的准备　本次黄绵土耕地质量评价广泛收集了与评价有关的各类自然和社会经济因素资料，主要包括参与耕地质量评价的野外调查资料及分析测试数据、各类基础图件、相关统计资料等。收集获取的资料主要包括以下几个方面：

（1）野外调查资料。野外调查资料主要来源于县域耕地质量调查的点位中的调查数据，主要包括地理位置信息、海拔、所在行政区名称、地貌类型、地形部位、土壤母质、土壤类型、有效土层厚度、土壤质地、耕层厚度、耕地利用现状、灌排条件、施肥状况、土壤健康状况、水文、作物产量及管理措施等。采样地块基本情况调查内容见表 14-1。

表 14-1　采样地块基本情况调查

统一编号				采样年份	
地理位置	省份名称		市（区）名称		县（旗）名称
	乡（镇）名称		村组名称		采样深度（cm）
	经度		纬度		
自然因素	地形部位		海拔高度（m）		坡度（°）
土壤情况	土类名称		亚类名称		土属名称
	土种名称		障碍因子		盐渍化程度
土壤剖面	耕层质地		有效土层厚度		质地构型
管理条件	灌溉能力		排水能力		农田林网化率（%）
土壤理化性状	土壤容重（g/cm³）		土壤酸碱度（pH）		土壤有机质含量
	有效磷含量（mg/kg）		速效钾含量（mg/kg）		
土壤健康	生物多样性		清洁程度		
种植情况	棉花产量（kg/hm²）		马铃薯产量（kg/hm²）		玉米产量（kg/hm²）
	其他主栽作物1		其他主栽作物2		
施肥管理情况	有机氮施用量（kg/hm²）		有机磷肥施用量（kg/hm²）		有机钾肥施用量（kg/hm²）
	化学氮施用量（kg/hm²）		化学磷肥施用量（kg/hm²）		化学钾肥施用量（kg/hm²）
	秸秆还田方式		秸秆还田量		覆膜方式

（2）分析化验资料。从筛选好的耕地质量评价点位资料中获取点位化验数据，主要有土壤有机质、有效磷、速效钾、pH、土壤含盐量以及土壤容重等分析化验资料（鲁如坤，2000）。

（3）基础及专题图件资料。收集的基础及专题图件资料主要包括黄绵土区各省级 1∶10 万或 1∶50 万比例尺的土壤图、土地利用现状图、地貌图、行政区划图、数字高程模型（DEM）等。其中，土地利用现状图、土壤类型图、行政区划图主要用于叠加生成评价单元；地貌类型图用于提取评价单元地形地貌和地形部位信息；气象、水文数据统一从相关气象、水利部门获取，用于提取评价单元气候、水文信息，如灌溉条件等。数字高程模型用于海拔高度和坡度、坡向等空间数据的分析和提取。

（4）其他资料。收集以各县行政区划为基本单位的第二次土地调查的国土面积、耕地面积、肥料投入等社会经济指标数据；各地方特色农产品分布、数量等资料；近几年土壤改良试验、肥效试验及示范资料；土壤、植株检测资料；土壤水土保持、生态环境建设、农田基础设施建设等相关资料；项目区范围内的耕地质量评价资料，包括技术报告、专题报告；第二次土壤普查基础资料，包括土壤志、土种志、土壤普查专题报告等。

（二）评价样点的选取

1. 评价样点的选取原则 黄绵土分布区域面积大，地形复杂，地貌类型多样，耕地分布相对分散，从能够保证获取信息的代表性、提高耕地质量调查与评价结果的可靠性出发，综合考虑土壤类型、种植作物、地形地貌及土地利用等因素进行布点。

首先，考虑地貌类型。全区地貌类型分为冲积平原、洪积平原、黄土峁梁、黄土塬、高平原、阶地、丘陵、河漫滩、河谷等，样点分布基本按照某地貌类型区中耕地面积占区域耕地面积比例确定采样点数，并细化到具体的地形部位。具体各类地貌耕地面积占比及其样点分布见表14-2。其次，考虑主要种植作物。黄绵土区主要作物有小麦、玉米、棉花、大豆、油菜、马铃薯等，布点上针对这些作物实行全面布点。最后，采样布点在空间上要均衡，即在确定样点布设数量的基础上，调查区域范围内样点的布设要均衡，避免某一范围过密、某一范围过疏。

表14-2 黄绵土区地貌类型耕地面积占比与样点数量分布

地貌类型	面积（hm²）	面积比例（%）	采样点数（个）	地貌类型	面积（hm²）	面积比例（%）	采样点数（个）
冲积平原	4 204 106	20	6 861	高台地	309 148	2	280
中山	3 257 598	15	2 092	固定沙地	227 622	1	149
洪积平原	3 144 217	16	4 022	其他平原	195 553	1	258
黄土峁梁	2 325 741	12	2 401	半固定沙地	191 190	1	123
黄土塬	1 742 393	9	1 412	黄土坪	113 311	1	94
高平原	1 177 085	6	1 572	低山	99 739	1	50
低阶地	767 611	4	1 127	流动沙地	32 156	0	14
低丘陵	496 601	3	386	黄土后	31 728	0	59
河漫滩	475 257	2	542	高山	27 961	0	17
高丘陵	345 513	2	224	风蚀地	4 448	0	4
高阶地	340 694	2	426	河谷	3 846	0	5
低台地	329 788	2	288	极高山	313	0	0

2. 评价样点的确定 黄绵土分布区各县耕地调查样点是区域评价样点的选择基础，首先根据样点密度、耕地面积比例，将评价样点数量分配到各省区，再逐级分配到各市、县。各县按照分配的评价样点数量，在参与县域评价的样点中做进一步筛选。筛选样点时，首先按照地理位置信息将不在其行政区划范围内或没有落入耕地上的样点去除；其次是兼顾地貌类型等因素。最终选取5 554个样点用于黄绵土耕地质量评价。

3. 样点数据项的筛选 在确定评价样点数据的基础上，筛选各样点信息进行耕地质量等级评价及其相关分析。各数据项的筛选主要依据该地区的特点及评价内容，考虑区域内影响粮食生产的相关因素，并做了适当的补充调查，主要包括样点基本信息、立地条件、剖面性状、气候因素、土壤理化性状、土壤养分及土壤管理，保证筛选出的样点信息齐全、准确、不缺项。

样点（调查点）基本信息：统一编号、省名称、地市名、县名、乡镇名、村名、采样年份、经度、纬度等。

（三）数据资料审核处理

数据的准确性直接关系到耕地质量等级评价的精度、养分含量分布图的准确性，并对成果应用的效益影响很大。为保证数据的可靠性，在进行耕地质量评价之前，需要对数据进行检查和预处理。数据资料审核处理主要是对参评点位资料的审核处理，采取人工检查和计算机程序检查相结合的方式进行，以确保数据资料的完整性和准确性。

首先由县级专业人员在采样分析点位中，按照每一万亩筛选一个样点的密度要求，从中筛选出点位资料，并进行数据资料的检查和审核。市级再对县级资料进行检查和审核，重点审核养分数据是否异常，施肥水平、作物产量是否符合实际，发现问题反馈给相应的县级部门，进行修改补充。在此基础上，省级部门对市级资料再进行分析审核，按照不同利用方式、不同质地、不同土壤类型检查土壤养分数据，剔除异常值。

为了快速对大量数据资料进行核查，采用平均值加减标准差的方法，即正常数据应该落在数据的平均值加减二倍标准差范围。这种方法适用于数据分布比较简单均一，符合正态分布的情况。

二、评价指标体系建立

本次评价重点包括耕地质量等级评价和耕地理化性状分级评价两个方面。为满足评价要求，首先要建立科学的评价指标体系。

耕地质量是耕地自然要素相互作用所表现出来的潜在生产力。耕地质量评价可以根据所在地区的立地条件、剖面性状、气候因素、土壤的理化性状、耕地土壤养分及土壤管理等要素相互作用表现出来的综合特征，揭示耕地潜在的生产力。

（一）指标选取原则

正确选取评价指标、建立评价指标体系是科学评价耕地质量的前提，直接关系到评价结果的正确性、科学性和社会可接受性。选取的指标之间应该相互补充，上下层次分明（陈柏松 等，2009）。指标选取的主要原则如下。

1. 科学性原则 指标体系能够客观反映耕地综合质量的本质及其复杂性和系统性。选取评价指标应与评价尺度、区域特点等有密切的关系，因此应选取与评价尺度相应、体现区域特点的关键因素参与评价。黄绵土区既需考虑水文条件、地貌等大尺度变异因素，又需选择与作物生产相关的灌溉、土壤物理性状及化学性质等重要因子，从而保障评价的科学性。

2. 综合性原则 建立的指标体系要反映出各影响因素的主要属性及相互关系。评价因素的选择和评价标准的确定要考虑当地的自然地理特点和社会经济因素及其发展水平，既要反映当前的、局部的和单项的特征，又要反映长远的、全局的和综合的特征。本次评价选取了立地条件、土壤物理性状、土壤化学性质、土壤管理以及水分条件等方面的相关因素，形成了综合性的评价指标体系。

3. 主导性原则 耕地系统是一个非常复杂的系统，要把握其基本特征。选取的因素应对耕地质量有较大影响，且有起主导作用的代表性。指标的概念应明确，简单易行。各指标之间含义各异，没有重复。选取的因子应对耕地质量有比较大的影响，如地形部位、土壤理化性状和水分供应状况等。

4. 可比性原则 由于耕地系统中的各个因素具有很强的时空差异，因而评价指标体系在空间分布上应具有可比性。选取的评价因子在评价区域内的变异较大，数据资料应具有较好的时效性。

5. 可获取性原则 各评价指标数据应具有稳定性及可获得性，易于调查、分析、查找或统计，有利于高效准确完成整个评价工作。

（二）指标选取方法和结果

根据区域指标选取的原则，针对黄绵土分布区耕地质量等级评价的要求和特点，采用 Delphi 法进行了影响耕地质量的立地条件、土壤理化性状等定性指标的筛选，最后由黄绵土分布区各省专家进行会商，统一各方意见。最终确定的评价指标为：地形部位、灌溉能力、有机质含量、质地构型、耕层质地、土壤有效磷、排水能力、海拔高度、有效土层厚度、土壤速效钾、土壤容重、障碍因素、农田林网化率、土壤酸碱度（pH）、生物多样性、清洁程度，共计 16 个。

三、数据库建立

黄绵土区耕地资源数据库建设工作，是区域耕地质量评价的重要内容之一，是实现评价成果资料统一、标准化以及综合农业信息资料共享的重要基础。耕地资源数据库是对该地区的土地利用现状调查、地形地貌、气候资料、耕地质量评价采集的土壤物理及化学分析成果的汇总，是集空间数据库和属性数据库的存储、管理、查询、分析、显示为一体的数据库，可实现数据的更新，快速、有效的检索，可为各级决策部门提供信息支持，也将大大提高耕地资源管理及应用水平。

（一）主要工作阶段

本次区域耕地资源数据库建设流程涉及资料收集、资料整理与预处理、数据采集、属性数据输入、数据入库 5 个工作阶段。

1. 资料收集阶段　为满足建库工作的需要，收集了黄绵土区 5 个省份的电子版 1：10 万或 1：50 万比例尺土地利用现状图、土壤图、行政区划图、地形地貌图等，区域内的调查点位图及相应的点位属性表。

2. 资料整理与预处理阶段　为提高数据库建设的质量，按照统一化和标准化的要求，对收集的资料进行了规范化检查与处理。

3. 数据采集阶段　首先对黄绵土区各省份提供的数据资料，按照区域汇总和数据库建设的要求规范化处理点、线、面等要素的内容。其次是对图片格式的资料进行配准并数字化、投影变换等一系列操作。再次是对各省份点位属性表中的属性内容，在本省份系统甄别异常值的基础上，对各省份的采样点位重号、采样点位图中的点位数与点位属性表中的点位数的一致性等内容进行了系统检查和处理。最后是成图。由于黄绵土区域跨度较大，地图的投影和中央子午线选择各省份也不一致，为使该区的编图符合数据库建设要求，参照国家地理坐标系统 CGCS2000 的投影和中央子午线参数，确定黄绵土区坐标系及投影参数，通过进一步编辑，形成系列成果图。

4. 属性数据输入阶段　依据耕地资源管理数据库的数据字典等资料，对所有成果图按相关要求输入属性代码和相关的属性内容。

5. 数据入库阶段　在所有矢量数据和属性数据质量检查和有关问题处理后，进行属性数据库与空间数据库连接处理，按照有关要求形成所有成果的数据库。

（二）建库的依据及平台

数据库建设主要是依据和参考县域耕地资源管理信息系统数据字典、耕地质量调查与质量评价技术规程，以及有关黄绵土区汇总技术要求。建库工作采用 ArcGIS 平台，对电子版资料进行点、线、面文件的规范化处理和编辑处理，最后配准到黄绵土区 1：50 万地理底图框上。对纸质或图片格式的资料进行扫描处理，将所有资料配准到省级 1：50 万地理底图上，进行点、线、面分层矢量化处理和拓扑处理，最后配准到黄绵土区 1：50 万地理底图框上。空间数据库成果为 ArcGIS 点、线、面格式的文件，属性数据库成果为 Excel 格式。最后，将数据库资料在 ArcGIS 平台上运行。

（三）建库资料核查

1. 数据资料核查　对项目区域点位属性表资料，主要对属性表中的属性结构、属性内容、土壤样品化验数据的极限值进行核查。重点核查土壤采样点位编号有否重号，采样点位图编号与采样点位属性表编号点位数量是否一致等。通过核查修正，进一步提高数据资料质量。核查主要依据耕地质量评价数据审查标准和有关技术要求进行。

2. 图件资料核查　图件资料重点核查原始图件坐标系是否符合黄绵土区坐标系的编图要求，图件内容是否符合区域汇总和数据库建设的要求等。首先由各省份提供满足黄绵土区区域汇总要求的基础图件资料，由建库单位将所有的图件打印输出成纸质图。然后依据数据库建设要求进行核查，对发现的问题，依据有关技术标准及时处理，或与各省份协商处理，以使核查后的图件资料满足地理底图编制和区域汇总的有关要求。

（四）空间数据库建立

1. 空间数据库内容　空间数据库建设基础图件包括土地利用现状图、行政区划图、土壤图、地形地貌图、耕地质量调查点位图、土壤养分系列图等 16 幅，见表 14 - 3。

表 14-3　空间数据库主要图件

序号	成果图名称	比例尺
1	黄绵土区土地利用现状图	1∶10 万
2	黄绵土区行政区划图	1∶10 万
3	黄绵土区地形地貌图	1∶10 万
4	黄绵土区土壤图	1∶10 万
5	黄绵土区耕地质量调查点位图	1∶10 万
6	黄绵土区各省（自治区）省会（首府）驻地点位图	1∶10 万
7	黄绵土区地级市政府驻地点位图	1∶10 万
8	黄绵土区县（旗）政府驻地点位图	1∶10 万
9	黄绵土区水系图	1∶10 万
10	黄绵土区公路图	1∶10 万
11	黄绵土区铁路图	1∶10 万
12	黄绵土区土壤有机质分布图	1∶10 万
13	黄绵土区土壤有效磷分布图	1∶10 万
14	黄绵土区土壤速效钾分布图	1∶10 万
15	黄绵土区土壤 pH 分布图	1∶10 万
16	黄绵土区数字高程模型图	1∶10 万

2. 各地理要素图层的建立　考虑建库及相关图件编制的需要，将空间数据库图层分为：地理底图、点位图、土地利用现状图与地貌、气象及土壤养分等专题图。

按照空间数据库建设的分层原则，所有成果图的空间数据库均采用同一地理底图，即地理底图的要素主要有县级行政区划、县行政驻地、水系、国道、高速公路及铁路等要素。土地利用现状图、地形地貌图、水文图、耕地土壤养分等专题图分别在地理底图的基础上增加了各专题要素。

3. 空间数据库比例尺、投影和空间坐标系　为满足黄绵土区区域汇总和数据库建设的需要，黄绵土区各专题地图采用国家地理坐标系 CGCS2000，将各省份土壤图、土地利用现状图等或纸质扫描后的所有资料配准到黄绵土区的空间坐标系中。黄绵土区成果图比例尺为 1∶50 万，投影方式为兰勃特正形圆锥投影，采用 CGCS2000 坐标系和高程系。

（五）属性数据库建立

1. 属性数据库内容　属性数据库内容是按照耕地资源管理信息系统数据字典和项目相关属性代码标准要求来填写的。在数据字典中对属性数据库各数据项的规定包括字段代码、字段名称、字段短名、英文名称、释义、数据类型、数据来源、量纲、数据长度、小数位、取值范围、备注等内容。

2. 属性数据库导入　属性数据导入主要采用外挂数据库的方法，通过空间数据与属性数据的相同关键字段进行属性连接。在具体工作中，先在编辑或矢量化空间数据时，建立面要素层和点要素层的统一赋值 ID 号。在 Excel 表中第一列为 ID 号，其他列按照属性数据项格式内容填写，最后利用命令统一赋属性值。

3. 属性数据库格式　属性数据库前期存放在 Excel 表格中；后期通过外挂数据库的方法，在 ArcGIS 平台上与空间数据库进行连接。

四、耕地质量等级评价方法

（一）耕地质量评价的原理

耕地质量是由立地条件、气候因素、土壤理化性状及农田管理等综合因素构成的耕地生产能力。

耕地质量评价是选取耕地质量的主要影响因子，并通过层次分析法给各影响因子赋予一定的权重，利用德尔菲法构建各影响因子隶属函数，应用综合指数法划分耕地质量等级（郧文聚，2010）。通过耕地质量评价可以掌握区域耕地质量状况及分布，摸清影响区域耕地生产的主要障碍因素，提出有针对性的对策措施与建议，对进一步加强耕地质量建设与管理、保障国家粮食安全和农产品有效供给具有十分重要的意义。

（二）评价的原则与依据

1. 综合因素研究与主导因素分析相结合原则　耕地是一个自然经济综合体，耕地质量也是各类要素的综合体现，因此对耕地质量的评价应涉及耕地自然、气候、管理等诸多要素。综合因素研究是指对耕地土壤立地条件、气候因素、土壤理化性状、土壤管理、障碍因素等相关社会经济因素进行综合、全面的研究、分析与评价，以全面了解耕地质量状况。主导因素是指对耕地质量起决定作用的、相对稳定的因子，在评价中应着重对其进行研究分析。只有把综合因素与主导因素结合起来，才能对耕地质量做出更加科学的评价。

2. 共性评价与专题研究相结合原则　黄绵土区耕地利用存在水浇地、旱地等多种类型，土壤理化性状、环境条件、管理水平不一，因此其耕地质量水平有较大的差异。一方面，考虑区域内耕地质量的系统性、可比性，应在不同的耕地利用方式下，选用统一的评价指标和标准，即耕地质量的评价不针对某一特定的利用方式。另一方面，为了解不同利用类型耕地质量状况及其内部的差异，可根据需要对有代表性的主要类型耕地进行专题性深入研究。通过共性评价与专题研究相结合，可使评价和研究成果具有更大的应用价值。

3. 定量评价和定性评价相结合的原则　耕地系统是一个复杂的灰色系统，定量和定性要素共存，相互作用、相互影响。为了保证评价结果的客观合理，宜采用定量和定性评价相结合的方法。首先，应尽量采用定量评价方法，对可定量化的评价指标如有机质等养分含量、有效土层厚度等按其数值参与计算。对非数量化的定性指标如耕层质地、地貌类型等则通过数学方法进行量化处理，确定其相应的指数，以尽量避免主观人为因素影响。在评价因素筛选、权重确定、隶属函数建立、等级划分等评价过程中，尽量采用定量化数学模型，在此基础上充分运用人工智能与专家知识，做到定量与定性相结合，从而保证评价结果准确合理。

4. 采用 GPS 和 GIS 技术的自动化评价原则　自动化、定量化的评价技术方法是当前耕地质量评价的重要方向之一。近年来，随着计算机技术，特别是 GIS 技术在耕地评价中的不断发展和应用，基于 GIS 技术进行自动定量化评价的方法已不断成熟，使评价精度和效率都大大提高。本次评价工作采用 GPS（全球定位系统）数据采集和更新耕地资源现状信息，通过数据库建立、评价模型与 GIS 空间叠加等分析模型的结合，实现了评价流程的全程数字化、自动化，在一定程度上代表了当前耕地评价的最新技术方向。

5. 可行性与实用性原则　从可行性角度出发，黄绵土区耕地质量评价的主要基础数据为区域内各项目县的耕地地力评价成果。应在核查区域内项目县耕地质量各类基础信息的基础上，最大程度利用项目县原有数据与图件信息，以提高评价工作效率。从实用性角度出发，为确保评价结果科学准确，评价指标的选取应从大区域尺度出发，切实针对区域实际特点，体现评价实用的目的，使评价成果在耕地资源的利用管理和粮食作物生产中发挥切实指导作用。

（三）评价流程

整个评价工作可分为以下 3 个方面的主要内容，按先后顺序分别为：

（1）资料工具准备及评价数据库建立。根据评价的目的、任务、范围、方法，收集准备与评价有关的各类自然及社会经济资料，对资料进行分析处理。选择适宜的计算机硬件和 GIS 等分析软件，建立耕地质量评价基础数据库。

（2）耕地质量评价。划分评价单元，选取影响耕地质量的关键因素并确定权重，选择相应评价方法，制定评价标准，确定耕地质量等级。

（3）评价结果分析。依据评价结果，统计各等级耕地面积，编制耕地质量等级分布图。

黄绵土区耕地质量评价流程见图 14-1。

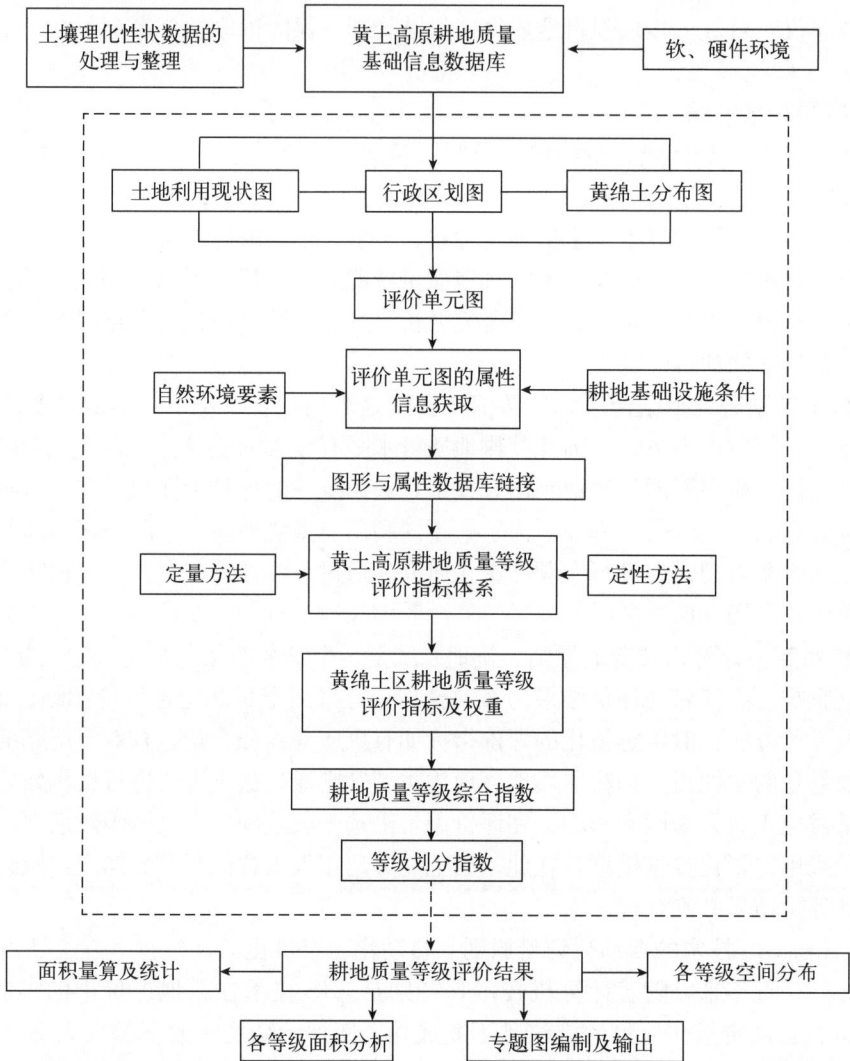

图 14-1　黄绵土区耕地质量评价流程

（四）评价单元确定

1. 评价单元划分原则　评价单元是由对耕地质量具有关键影响的各要素组成的空间实体，是耕地质量评价的基本单位、对象和基础图斑。同一评价单元内的耕地自然基本条件、个体属性和经济属性基本一致。不同评价单元之间，既有差异性，又有可比性。耕地质量评价就是通过对每个评价单元的评价，确定其地力等级，把评价结果落实到实地。因此，评价单元划分的合理与否，直接关系到评价结果的正确性及工作量的大小。进行评价单元划分时应遵循以下原则：

（1）因素差异性原则。影响耕地质量的因素很多，但各因素的影响程度不尽相同。在某一区域内，有些因素对耕地质量起决定性影响，区域内变异较大；而另一些因素的影响较小，且指标值变化不大。因此，应结合实际情况，选择在区域内分异明显的主导因素作为划分评价单元的基础，如土壤条件、地形部位等。

（2）相似性原则。评价单元内部的自然因素、社会因素和经济因素应相对均一，单元内同一因素的分值差异应满足相似性统计检验。

（3）边界完整性原则。耕地质量评价单元要保证边界闭合，形成封闭的图斑，同时应对面积过小的零碎图斑进行适当归并。

2. 评价单元的建立 考虑评价区域的地域面积、气候因素、土壤属性及农田管理的差异性，黄绵土区耕地质量评价中评价单元的划分采用黄绵土分布图、耕地分布图和行政区划图的组合叠置划分法，其中黄绵土类型划分到土属，耕地类型依据《土地利用现状分类》国家标准划分到二级层次，包括旱地、水浇地和水田3种类型，行政区划划分到县（旗）级别，即每个地块评价单元格式为"耕地类型-黄绵土土属类型-县（旗）级行政区划"。为了保证土地利用现状的现势性，基于野外实地调查，对耕地利用现状进行了修正。同一评价单元内的黄绵土的土属相同，耕地类型相同，所属行政区划相同，交通、水利、经营管理方式等基本一致。用这种方法划分评价单元，可以反映单元之间的空间差异性，既使土地利用类型有了土壤基本性质的均一性，又使土壤类型有了确定的地域边界线，使评价结果更具综合性、客观性，可以较容易地将评价结果落到实地。通过对相关图件的叠置分析，本次黄绵土区耕地质量评价共划分评价单元193 282个。

3. 评价单元赋值 影响耕地质量的因子较多，如何准确获取各评价单元的评价信息是评价中的重要一环。具体的做法为：①按唯一标识原则为评价单元编号；②对各评价因子进行处理，生成评价信息空间数据库和属性数据库，对定性因素进行量化处理，对定量数据插值形成各评价因子专题图；③将各评价因子的专题图分别与评价单元图进行叠加；④以评价单元为依据，对叠加后形成的图形属性库进行"属性提取"操作，以评价单元为基本统计单位，按面积加权平均汇总各评价单元对应的所有评价因子。

本次评价构建了由地形部位、灌溉能力、有机质含量、质地构型、耕层质地、土壤有效磷、排水能力、海拔高度、有效土层厚度、土壤速效钾、土壤容重、障碍因素、农田林网化率、土壤酸碱度（pH）、生物多样性、清洁程度，共计16个评价指标组成的评价指标体系。将各因素赋值给评价单元的具体做法为：①地形部位由地貌类型图提取，生成专题图，直接将专题图与评价单元图进行叠加获取相关数据。②灌溉能力、排水能力、生物多样性、清洁程度、障碍因子和农田林网化率等定性因子，采用"以点代面"方法，将点位中的属性联入评价单元图。③有机质、有效磷、速效钾、土壤酸碱度（pH）、有效土层厚度和土壤容重等定量因子，采用空间插值法将点位数据转为栅格数据，再叠加到评价单元图上。④各评价单元的海拔高度通过黄绵土区的数字高程模型与评价因子叠加提取；⑤耕层质地、质地构型由土壤类型图直接赋值给评价单元。

经过以上步骤，得到以评价单元为基本单位的评价信息库。单元图形与相应的评价属性信息相连，为后续的耕地质量评价奠定了基础。

（五）评价指标权重的确定

依据《耕地质量等级》（GB/T 33469—2016）设置的耕地质量等级划分区域范围，本次评价按照一级农业区黄土高原区设定耕地质量等级的评价指标体系（表14-4），7项数值型指标的隶属度函数如表14-5所示，9项概念性指标的隶属度函数如表14-6所示。

表14-4 黄绵土耕地质量等级的评价指标体系

指标名称	指标权重
地形部位	0.135 5
灌溉能力	0.134 9
有机质	0.085 6
质地构型	0.072 7
耕层质地	0.069 6
有效磷	0.066 5

（续）

指标名称	指标权重
排水能力	0.064 4
海拔	0.063 6
有效土层厚度	0.055 0
速效钾	0.054 4
土壤容重	0.045 2
障碍因素	0.041 2
农田林网化	0.031 8
pH	0.031 0
生物多样性	0.027 0
清洁程度	0.021 6

表 14-5　数值型指标隶属函数及其参数

指标名称	函数类型	函数公式	a 值	c 值	u 的下限值	u 的上限值
pH	峰型	$Y=1/[1+a\ (u-c)^2]$	0.225 097	6.685 037	0.4	13.0
有机质	戒上型	$Y=1/[1+a\ (u-c)^2]$	0.006 107	27.680 348	0	27.7
速效钾	戒上型	$Y=1/[1+a\ (u-c)^2]$	0.000 26	293.758 384	0	294
有效磷	戒上型	$Y=1/[1+a\ (u-c)^2]$	0.001 821	38.076 968	0	38.1
土壤容重	峰型	$Y=1/[1+a\ (u-c)^2]$	13.854 674	1.250 789	0.44	2.05
有效土层厚度	戒上型	$Y=1/[1+a\ (u-c)^2]$	0.000 232	131.349 274	0	131
海拔高度	戒下型	$Y=1/[1+a\ (u-c)^2]$	0.000 001	649.407 006	649.4	3 649.4

　　注：Y 为隶属度，a 为系数，u 为实测值，c 为标准指标。当函数类型为戒上型时：u 小于等于下限值时，Y 为 0；u 大于等于上限值时；Y 为 1。当函数类型为戒下型时：u 小于等于下限值时，Y 为 1；u 大于等于上限值时，Y 为 0。当函数类型为峰型时：u 小于等于下限值或 u 大于等于上限值时，Y 为 0。

表 14-6　概念型评价指标及其隶属度

地形部位	冲积平原	河谷平原	河谷阶地	洪积平原	黄土塬	黄土台塬	河漫滩	低台地
隶属度	1	1	0.9	0.85	0.8	0.7	0.7	0.7
地形部位	黄土残塬	低丘陵	黄土坪	高台地	黄土后	黄土梁	高丘陵	低山
隶属度	0.65	0.65	0.65	0.65	0.65	0.6	0.6	0.5
地形部位	黄土峁	固定沙地	风蚀地	中山	半固定沙地	流动沙地	高山	极高山
隶属度	0.5	0.4	0.4	0.4	0.3	0.2	0.2	0.2
耕层质地	沙土	沙壤	轻壤	中壤	重壤	黏土		
隶属度	0.4	0.6	0.85	1	0.8	0.6		
质地构型	薄层型	松散型	紧实型	夹层型	上紧下松型	上松下紧型	海绵型	
隶属度	0.4	0.4	0.6	0.5	0.7	1	0.9	
生物多样性	丰富	一般	不丰富					
隶属度	1	0.7	0.4					

（续）

清洁程度	清洁	尚清洁	轻度污染	中度污染	重度污染
隶属度	1	0.7	0.5	0.3	0
障碍因素	盐碱	瘠薄	酸化	渍潜	无
隶属度	0.4	0.6	0.7	0.5	1
灌溉能力	充分满足	满足	基本满足	不满足	
隶属度	1	0.7	0.5	0.3	
排水能力	充分满足	满足	基本满足	不满足	
隶属度	1	0.7	0.5	0.3	
农田林网化	高	中	低		
隶属度	1	0.7	0.4		

（六）评价耕地质量等级综合指数的计算方法及结果

1. 耕地质量等级综合指数的计算方法 利用累加型指数和法计算耕地质量等级的综合指数（IFI），计算公式如下：

$$IFI = \sum F_i \times C_i \ (i=1, 2, 3, \cdots, n)$$

式中，IFI 为耕地质量等级综合指数（integrated fertility index）；F_i 为第 i 个因素的评价；C_i 为第 i 个因素的权重。

经计算，得出本次黄绵土区耕地质量等级的综合指数 IFI，最大值为 0.960 229，最小值为 0.486 213。

2. 等级划分指标 依据黄土高原区设定的耕地质量等级划分标准（表 14-7），对黄绵土区各个评价单元进行耕地质量等级划分。

表 14-7 黄绵土耕地质量等级的划分标准

耕地质量等级	综合指数范围	耕地质量等级	综合指数范围
一等地	≥0.904 0	六等地	0.714 0～0.752 0
二等地	0.866 0～0.904 0	七等地	0.676 0～0.714 0
三等地	0.828 0～0.866 0	八等地	0.638 0～0.676 0
四等地	0.790 0～0.828 0	九等地	0.600 0～0.638 0
五等地	0.752 0～0.790 0	十等地	<0.600 0

（七）耕地质量等级图编制

为了提高制图的效率和准确性，采用地理信息系统软件 ArcGIS 进行黄绵土区耕地质量等级图及相关专题图件的编绘处理。其步骤为：数字化各类基础图件→数据编辑及预处理→统一坐标系→赋属性→根据属性赋颜色→根据属性加注记→图幅整饰→图件输出。在此基础上，利用软件空间分析功能，将评价单元图与其他图件进行叠加，从而生成其他专题图件。

1. 专题图地理要素底图的编制 专题图的地理要素内容是专题图的重要组成部分，用于反映专题内容的地理分布，也是图幅叠加处理等的重要依据。地理要素的选择应与专题内容相协调，考虑图面的负载量和清晰度，应选择评价区域内基本的、主要的地理要素。以黄绵土区最新的土地利用现状图为基础，进行制图综合处理，选取的主要地理要素包括居民点、交通道路、水系、境界线等及其相应的注记，进而编辑生成与各专题图件要素相适应的地理要素底图。

2. 耕地质量等级图的编制 以耕地质量评价单元为基础，根据各单元的耕地质量评价等级结果，对相同等级的相邻评价单元进行归并处理，得到各耕地质量等级图斑。在此基础上，分两个层次进行耕地质量等级的表达。一是颜色表达，即赋予不同耕地质量等级以相应的颜色；二是代号表达，用汉字数字一等地、二等地、三等地、四等地、五等地、六等地、七等地、八等地、九等地及十等地表示不同的耕地质量等级。将评价专题图与以上的地理要素底图复合，整饰获得黄绵土区耕地质量等级分布图。

五、耕地土壤养分等专题图件编制方法

（一）图件编制步骤

对于土壤有机质、有效磷、速效钾等养分数据和土壤 pH，首先按照野外实际调查点进行整理，建立了以各养分为字段的数据库。在此基础上，进行土壤采样样点图与分析数据库的连接，进而对各养分数据进行插值处理，形成插值图件。然后，按照相应的分级标准划分等级，绘制土壤养分含量分布图。

（二）图件插值处理

本次绘制图件是将所有养分采样点数据在 ArcGIS 环境下操作，利用其空间分析模块功能对各养分数据进行克里金（Kriging）插值处理，经编辑处理后输出养分含量分布图。克里金插值法又称空间自协方差最佳插值法，广泛地应用于地下水模拟、土壤制图等领域，是一种地质统计格网化方法（史舟 等，2006）。其首先考虑的是空间属性在空间位置上的变异分布，确定对一个待插点值有影响的距离范围，然后用此范围内的采样点来估计待插点的属性值。该方法在数学上可对所研究的对象提供一种最佳线性无偏估计（某点处的确定值）。它考虑了样点相互间的空间位置等几何特征以及其空间结构特征之后，为达到线性、无偏和最小估计方差的估计，而对每个样点赋予一定的系数，最后进行加权平均来估计未知点值。克里金插值法是一种光滑的内插方法，在数据点多时，其内插的结果可信度较高（王政权，1999）。

（三）图件清绘整饰

对于土壤有机质、pH 及土壤养分含量分布等其他专题要素地图，按照各要素的不同分级分别赋予相应的颜色，标注相应的代号，生成专题图层。然后与地理要素底图复合，编辑处理生成相应的专题图件，并进行图幅的整饰处理。

第三节　黄绵土区耕地质量等级评价结果与分析

一、黄绵土耕地质量等级评价结果

依据耕地质量等级综合指数的计算结果和设定的黄土高原区等级划分标准，对黄绵土区各个评价单元进行耕地质量等级划分，将西北地区黄绵土耕地质量划分为 10 个等级（表 14-8）。

表 14-8　西北地区黄绵土耕地地力等级各级面积与比例

等级	面积（万 hm²）	比例（%）
一等地	5.19	1.47
二等地	6.57	1.86
三等地	6.04	1.71
四等地	13.01	3.69
五等地	30.17	8.55
六等地	24.71	7.00
七等地	41.34	11.72
八等地	80.37	22.77

（续）

等级	面积（万 hm²）	比例（%）
九等地	73.35	20.79
十等地	72.11	20.44
总计	352.86	100.00

由表 14-8 可知，黄绵土区总耕地面积为 352.86 万 hm²，其中一等地 5.19 万 hm²，占总耕地的 1.47%；二等地 6.57 万 hm²，占 1.86%；三等地 6.04 万 hm²，占 1.71%；四等地 13.01 万 hm²，占 3.69%；五等地 30.17 万 hm²，占 8.55%；六等地 24.71 万 hm²，占 7.00%；七等地 41.34 万 hm²，占 11.72%；八等地 80.37 万 hm²，占 22.77%；九等地 73.35 万 hm²，占 20.79%；十等地 72.11 万 hm²，占 20.44%。可见，黄绵土区耕地质量等级最高的一等地、二等地和三等地面积总计仅 17.8 万 hm²，合计仅占黄绵土区总耕地面积的 5.04%；耕地质量中等的四等地、五等地、六等地、七等地面积总计 109.23 万 hm²，合计占黄绵土区总耕地面积的 30.96%；耕地质量最差的八等地、九等地和十等地总面积达到 225.83 万 hm²，合计占黄绵土总耕地面积的 64.01%。由此可见，黄绵土耕地质量等级的总体特征是：高等级质量的耕地面积很少，中等质量等级耕地所占比例不足 1/3，而低等级质量的耕地面积所占比例最高，超过总耕地面积的六成以上。

本次评价结果反映出，黄绵土地区高、中、低质量等级耕地呈条带状相间分布，分布较为分散，部分地区呈交叉分布特征，耕地质量等级分布没有明显的随气候带变化的特征，也没有明显的地带性规律。从地貌特征来看，黄绵土的一、二等地主要分布在冲积平原、洪积平原、黄土塬和低阶地等几种地貌类型上；三、四等地主要分布在冲积平原、洪积平原和黄土塬等地貌类型上；五、六等地主要分布在黄土梁峁、洪积平原和黄土塬，冲积平原和高平原也有较大面积分布，但分布较为分散；七、八等地在黄土梁峁分布最多，低阶地、高平原分布次之，黄土塬、冲积平原和洪积平原也有较大面积分布；九、十等地主要分布在高平原、高丘陵、中山、高山、高台地及固定和半固定沙地（附图 1）。

二、黄绵土耕地质量等级的地域分布特征

对陕西、甘肃、宁夏、山西、内蒙古 5 个省份的黄绵土耕地质量各等级按照省域进行面积统计，其等级面积分布及其占该省耕地总面积的比例见表 14-9。从黄绵土在各省份的面积分布来看，陕西以 1 491 799 hm² 的面积位居第一，占全部黄绵土面积的 42.28%；甘肃以 1 248 616 hm² 的面积，占黄绵土总面积的 35.39%，居于第二位；宁夏以 483 809 hm² 的面积居于第三位，占黄绵土总面积的 13.71%；山西以 296 233 hm² 的面积居于第四位，占黄绵土总面积的 8.40%；内蒙古黄绵土面积分布最少，仅有 8 038 hm²，仅占黄绵土总面积的 0.23%。

表 14-9 黄绵土在不同省份各质量等级的耕地面积及比例

耕地质量等级	项目	陕西	甘肃	宁夏	山西	内蒙古
一等地	面积（hm²）	51 901	0	0	0	0
	占该省份黄绵土比例（%）	3.48	0	0	0	0
二等地	面积（hm²）	65 657	0	0	0	0
	占该省份黄绵土比例（%）	4.40	0	0	0	0
三等地	面积（hm²）	58 202	97	2 064	0	0
	占该省份黄绵土比例（%）	3.90	0.01	0.43	0	0
四等地	面积（hm²）	100 115	8 219	21 586	163	0
	占该省份黄绵土比例（%）	6.71	0.66	4.46	0.06	0

（续）

耕地质量等级	项目	陕西	甘肃	宁夏	山西	内蒙古
五等地	面积（hm²）	178 857	95 546	23 883	3 455	0
	占该省份黄绵土比例（%）	11.99	7.65	4.94	1.17	0
六等地	面积（hm²）	113 825	107 691	22 429	3 123	42
	占该省份黄绵土比例（%）	7.63	8.62	4.64	1.05	0.52
七等地	面积（hm²）	68 589	266 023	63 416	15 258	81
	占该省份黄绵土比例（%）	4.60	21.31	13.11	5.15	1.01
八等地	面积（hm²）	63 354	537 394	170 054	32 871	9
	占该省份黄绵土比例（%）	4.25	43.04	35.15	11.09	0.11
九等地	面积（hm²）	331 943	191 520	130 959	78 767	338
	占该省份黄绵土比例（%）	22.25	15.34	27.07	26.59	4.21
十等地	面积（hm²）	459 357	42 127	49 415	162 597	7 568
	占该省份黄绵土比例（%）	30.79	3.37	10.21	54.89	94.14
合计	面积（hm²）	1 491 799	1 248 616	483 809	296 233	8 038
	占总黄绵土比例（%）	42.28	35.39	13.71	8.40	0.23

从表 14-9 可以看出，黄绵土区耕地质量最好的一等地和二等地全部分布在陕西，面积合计 117 558 hm²，占全省黄绵土耕地总面积的 7.88%；甘肃和宁夏没有二等及以上等级耕地；山西没有三等及以上等级耕地；内蒙古没有五等及以上等级耕地。

耕地质量较好的三等地和四等地主要分布在陕西，合计面积为 158 317 hm²，占全省黄绵土耕地总面积的 10.61%；其次是宁夏，合计面积为 23 650 hm²，占全自治区黄绵土耕地总面积的 4.89%；甘肃三等地和四等地合计面积为 8 316 hm²，占全省黄绵土耕地总面积的 0.67%；山西四等地面积仅 163 hm²，占全省黄绵土耕地总面积的 0.06%。

五等地和六等地主要分布在陕西、甘肃和宁夏，合计面积分别为 292 682 hm²、203 237 hm² 和 46 312 hm²，分别占全省（自治区）黄绵土耕地总面积的 19.62%、16.27% 和 9.58%；内蒙古六等地面积仅为 42 hm²，占全自治区黄绵土耕地总面积的 0.52%。

七等地和八等地分布最多的是甘肃，面积合计为 803 417 hm²，合计占全省黄绵土耕地总面积的 64.35%；其次是宁夏，面积合计为 233 470 hm²，合计占全自治区黄绵土耕地总面积的 48.26%；陕西七等地和八等地合计面积为 131 944 hm²，占全省黄绵土耕地总面积的 8.85%；内蒙古七等地和八等地面积仅为 90 hm²，占全自治区黄绵土耕地总面积的 1.12%。

耕地质量最差的九等地和十等地分布面积最大的是陕西，合计面积为 791 300 hm²，占全省黄绵土耕地总面积的 53.04%；其次是山西，合计面积为 241 364 hm²，占全省黄绵土耕地总面积的 81.48%；甘肃和宁夏九等地和十等地合计面积分别为 233 647 hm² 和 180 374 hm²，分别占全省份黄绵土耕地总面积的 18.71%% 和 37.28%；内蒙古的九等地和十等地面积合计仅 7 906 hm²，但占全自治区黄绵土耕地总面积的 98.35%，其中十等地占比达 94.14%。

综上所述，黄绵土区各省份均以低等级耕地为主。从分布比例来看，内蒙古和山西低等级耕地所占比例最高，陕西高等级耕地所占比例相对最高。对黄绵土各省（自治区）所属省辖市不同质量等级耕地的面积及其比例进行统计分析，分析结果见表 14-10～表 14-19。

（一）一等地

黄绵土一等地分布于陕西中部渭河平原的宝鸡、咸阳、西安和渭南，其中渭南最多，面积为 15 748 hm²，占全省黄绵土一等地总面积的 30.34%；其次是咸阳和西安，面积分别为 15 188 hm² 和 14 452 hm²，分别占全省黄绵土一等地总面积的 29.26% 和 27.85%；汉中市有少量黄绵土一等地，面积仅 27 hm² （表 14 - 10）。

表 14 - 10　黄绵土区一等地在各省份的分布面积与比例

省（自治区）名称	市（区、自治州）名称	面积（hm²）	比例（%）
	宝鸡	6 486	12.50
	渭南	15 748	30.34
	西安	14 452	27.85
陕西	咸阳	15 188	29.26
	汉中	27	0.05
	合计	51 901	100

（二）二等地

黄绵土二等地主要分布于陕西中部渭河平原地区的宝鸡、咸阳、西安和渭南，其中渭南最多，占全省黄绵土二等地总面积的 51.91%；其次是宝鸡和咸阳，分别占黄绵土二等地总面积的 22.22% 和 15.42%；铜川和延安有零星黄绵土二等地分布（表 14 - 11）。

表 14 - 11　黄绵土二等地在各省份的分布面积与比例

省（自治区）名称	市（区、自治州）名称	面积（hm²）	比例（%）
	宝鸡	14 589	22.22
	铜川	5	0.01
	渭南	34 084	51.91
陕西	西安	6 846	10.43
	咸阳	10 127	15.42
	延安	6	0.01
	合计	65 657	100

（三）三等地

黄绵土三等地主要分布于陕西东部渭河平原的渭南，占陕西黄绵土三等地总面积的 73.89%；其次咸阳和宝鸡分布面积较大，分别占陕西黄绵土三等地总面积的 10.17% 和 8.27%；陕西北部地区的榆林和延安，也有部分三等地分布，但面积较少。黄绵土三等地在甘肃天水和庆阳也有零星分布，黄绵土三等地在宁夏主要分布于中卫和固原，面积分别为 1 305 hm² 和 759 hm²（表 14 - 12）。

表 14 - 12　黄绵土三等地在各省份的分布面积与比例

省（自治区）名称	市（区、自治州）名称	面积（hm²）	比例（%）
	宝鸡	4 811	8.27
	铜川	2 123	3.65
	渭南	43 004	73.89
	西安	1 464	2.52
陕西	咸阳	5 922	10.17
	延安	420	0.72
	榆林	458	0.79
	合计	58 202	100
	天水	74	76.29
甘肃	庆阳	23	23.71
	合计	97	100

（续）

省（自治区）名称	市（区、自治州）名称	面积（hm²）	比例（%）
宁夏	固原	759	36.77
	中卫	1 305	63.23
	合计	2 064	100

（四）四等地

黄绵土四等地主要分布于陕西渭河平原东部的渭南，面积达到 59 125 hm²，占陕西黄绵土四等地总面积的 59.06%；其次西安、宝鸡和咸阳分布面积较大，分别占黄绵土四等地总面积的 13.59%、11.28% 和 10.57%；陕西北部地区的榆林和延安，也有部分黄绵土四等地分布，但面积较少，分别为 2 445 hm² 和 2 083 hm²，分别占陕西黄绵土四等地面积的 2.44% 和 2.08%。甘肃黄绵土四等地分布在庆阳、平凉和天水，面积分别为 4 605 hm²、2 532 hm² 和 1 082 hm²，分别占甘肃省黄绵土四等地总面积的 56.04%、30.81% 和 13.17%。黄绵土四等地在宁夏分布于固原和中卫，面积分别为 12 169 hm² 和 9 417 hm²，分别占宁夏黄绵土四等地总面积的 56.37% 和 43.63%。黄绵土四等地在山西全部分布于忻州，面积仅 163 hm²（表 14 - 13）。

表 14 - 13　黄绵土四等地在各省份的分布面积与比例

省（自治区）名称	市（区、自治州）名称	面积（hm²）	比例（%）
陕西	宝鸡	11 291	11.28
	铜川	983	0.98
	渭南	59 125	59.06
	西安	13 608	13.59
	咸阳	10 580	10.57
	延安	2 083	2.08
	榆林	2 445	2.44
	合计	100 115	100
甘肃	天水	1 082	13.17
	平凉	2 532	30.81
	庆阳	4 605	56.04
	合计	8 219	100
宁夏	固原	12 169	56.37
	中卫	9 417	43.63
	合计	21 586	100
山西	忻州	163	100
	合计	163	100

（五）五等地

黄绵土五等地在陕西中部渭北地区分布较为集中，陕北地区分布相对较为分散。其中，渭南和咸阳分布面积最大，分别为 63 796 hm² 和 52 475 hm²，分别占陕西黄绵土区五等地总面积的 35.67% 和 29.34%；其次是宝鸡，面积为 20 322 hm²，所占比例为 11.36%；铜川、西安、榆林和延安面积和所占比例均较低。黄绵土五等地在甘肃呈条块和带状分布，其中庆阳、平凉和定西面积最多，分别为 30 804 hm²、26 328 hm² 和 21 184 hm²，分别占甘肃黄绵土耕地总面积的 32.24%、27.56% 和 22.17%；白银、兰州、临夏、天水也有部分黄绵土五等地分布，但面积和所占比例均较低。黄绵土五等地在宁夏主要分布于固原和中卫，面积分别为 14 224 hm² 和 8 892 hm²，分别占全区黄绵土五等地总面积的 59.56% 和 37.23%；吴忠也有黄绵土五等地分布，但面积及其占比均较少。山西黄绵土五等地总面积为 3 455 hm²，其中忻州面积最大，为 2 700 hm²，占全省黄绵土五等地的 78.15%；吕梁五等地面积和比例仅为 755 hm² 和 21.85%（表 14-14）。

表 14-14 黄绵土五等地在各省份的分布面积与比例

省（自治区）名称	市（区、自治州）名称	面积（hm²）	比例（%）
陕西	宝鸡	20 322	11.36
	铜川	9 142	5.11
	渭南	63 796	35.67
	西安	14 674	8.20
	咸阳	52 475	29.34
	延安	12 649	7.07
	榆林	5 799	3.24
	合计	178 857	100
甘肃	白银	978	1.02
	定西	21 184	22.17
	兰州	2 527	2.64
	临夏	2 557	2.68
	天水	11 168	11.69
	平凉	26 328	27.56
	庆阳	30 804	32.24
	合计	95 546	100
宁夏	固原	14 224	59.56
	中卫	8 892	37.23
	吴忠	767	3.21
	合计	23 883	100
山西	吕梁	755	21.85
	忻州	2 700	78.15
	合计	3 455	100

（六）六等地

黄绵土六等地在陕西宝鸡、咸阳北部和铜川、延安南部分布较为集中，其他地区呈条块和点状分散分布。其中，宝鸡分布面积最大，达到 51 962 hm²，占陕西黄绵土区六等地总面积的 45.65%；其次是延安，面积为 21 341 hm²，所占比例为 18.75%；咸阳、铜川和榆林面积分别为 12 122 hm²、11 671 hm² 和 11 274 hm²，所占比例分别为 10.65%、10.25% 和 9.90%；渭南、西安和商州面积与所占比例均较低。黄绵土六等地在甘肃庆阳南部和平凉东部分布较为集中，且面积较大。其中，庆阳面积最大，达到 53 302 hm²，占甘肃黄绵土六等地总面积的 49.50%；其次是定西和平凉，面积分别为 24 265 hm² 和 22 866 hm²，分别占甘肃黄绵土六等地总面积的 22.53% 和 21.23%；白银、兰州、临夏、天水六等地面积很少。黄绵土六等地在宁夏主要分布于固原，面积为 15 523 hm²，占宁夏黄绵土六等地总面积的 69.21%；其次是中卫，面积为 6 389 hm²，占比为 28.94%。山西黄绵土六等地分布于大同、吕梁和忻州，其中面积最大的是吕梁，为 1 753 hm²，面积最小的是忻州，为 577 hm²。黄绵土六等地在内蒙古分布于鄂尔多斯东南角，面积仅 42 hm²（表 14-15）。

表 14-15　黄绵土六等地在各省份的分布面积与比例

省（自治区）名称	市（区、自治州）名称	面积（hm²）	比例（%）
陕西	宝鸡	51 962	45.65
	铜川	11 671	10.25
	渭南	4 052	3.56
	西安	1 395	1.23
	咸阳	12 122	10.65
	延安	21 341	18.75
	榆林	11 274	9.90
	商州	8	0.01
	合计	113 825	100
甘肃	白银	4 885	4.54
	定西	24 265	22.53
	兰州	1 068	0.99
	临夏	774	0.72
	天水	531	0.49
	平凉	22 866	21.23
	庆阳	53 302	49.50
	合计	107 691	100
宁夏	固原	15 523	69.21
	中卫	6 389	28.49
	吴忠	517	2.31
	合计	22 429	100
山西	大同	793	25.39
	吕梁	1 753	56.13
	忻州	577	18.48
	合计	3 123	100
内蒙古	鄂尔多斯	42	100
	合计	42	100

（七）七等地

黄绵土七等地主要分布在陕西延安南部和宝鸡北部地区。延安和宝鸡面积分别为 26 352 hm² 和 20 930 hm²，分别占陕西黄绵土区七等地总面积的 38.42% 和 30.52%；其次是榆林，面积为 14 612 hm²，所占比例为 21.30%；铜川、渭南和咸阳面积较少。黄绵土七等地在甘肃平凉面积最多，达到 106 030 hm²，占甘肃省黄绵土七等地总面积的 39.86%；其次是庆阳和定西，面积分别为 66 926 hm² 和 37 255 hm²，分别占甘肃黄绵土七等地总面积的 25.16% 和 14.00%。黄绵土七等地在宁夏主要分布于固原和中卫，面积分别为 32 690 hm² 和 29 296 hm²，分布占宁夏黄绵土七等地总面积的 51.55% 和 46.20%；吴忠面积为 1 430 hm²，占比仅为 2.25%。黄绵土七等地在山西分布面积最大的是吕梁，为 10 441 hm²，占山西黄绵土七等地总面积的 68.43%；其次是忻州，面积为 3 270 hm²，占比为 21.43%；临汾和大同黄绵土七等地面积较少。黄绵土七等地在内蒙古鄂尔多斯面积为 81 hm²（表 14-16）。

表 14 - 16　黄绵土七等地在各省份的分布面积与比例

省（自治区）名称	市（区、自治州）名称	面积（hm²）	比例（%）
陕西	宝鸡	20 930	30.52
	铜川	4 149	6.05
	渭南	733	1.07
	咸阳	1 802	2.63
	延安	26 352	38.42
	榆林	14 612	21.30
	商洛	11	0.02
	合计	68 589	100
甘肃	白银	8 867	3.33
	定西	37 255	14.00
	兰州	504	0.19
	临夏	1 300	0.49
	天水	45 141	16.97
	平凉	106 030	39.86
	庆阳	66 926	25.16
	合计	266 023	100
宁夏	固原	32 690	51.55
	中卫	29 296	46.20
	吴忠	1 430	2.25
	合计	63 416	100
山西	大同	77	0.50
	临汾	1 470	9.63
	吕梁	10 441	68.43
	忻州	3 270	21.43
	合计	15 258	100
内蒙古	鄂尔多斯	81	100
	合计	81	100

（八）八等地

黄绵土八等地主要分布在陕西北部的榆林和延安，呈点状分散分布。榆林和延安黄绵土八等地面积分别为 42 423 hm² 和 16 719 hm²，分别占全省黄绵土八等地总面积的 66.96% 和 26.39%。黄绵土八等地在甘肃主要集中分布于庆阳中西部和定西北部地区，面积分别为 172 029 hm² 和 158 585 hm²，分别占甘肃黄绵土八等地总面积的 32.01% 和 29.51%；天水、平凉和白银八等地面积也较多，分别为 69 935 hm²、66 725 hm² 和 52 615 hm²，分别占甘肃黄绵土八等地总面积的 13.01%、12.42% 和 9.79%。黄绵土八等地在宁夏主要分布于固原，面积达到 119 671 hm²，占宁夏黄绵土八等地总面积的 70.37%；中卫分布面积也较大，为 43 454 hm²，占比为 25.55%；吴忠也有部分分布，面积较小。黄绵土八等地在山西大同、临汾、吕梁、朔州、忻州都有分布，其中面积最大的是忻州，为 20 872 hm²，占山西黄绵土八等地总面积的 63.50%；其次是吕梁，面积为 10 025 hm²，占比为 30.50%。黄绵土八等地在内蒙古鄂尔多斯面积较少，仅 9 hm²（表 14 - 17）。

表 14-17 黄绵土八等地在各省份的分布面积与比例

省（自治区）名称	市（区、自治州）名称	面积（hm²）	比例（%）
陕西	宝鸡	337	0.53
	铜川	3 581	5.65
	渭南	12	0.02
	咸阳	282	0.45
	延安	16 719	26.39
	榆林	42 423	66.96
	合计	63 354	100
甘肃	白银	52 615	9.79
	定西	158 585	29.51
	兰州	9 477	1.76
	临夏	8 028	1.49
	天水	69 935	13.01
	平凉	66 725	12.42
	庆阳	172 029	32.01
	合计	537 394	100
宁夏	固原	119 671	70.37
	吴忠	6 929	4.07
	中卫	43 454	25.55
	合计	170 054	100
山西	大同	21	0.06
	临汾	1 945	5.92
	吕梁	10 025	30.50
	朔州	8	0.02
	忻州市	20 872	63.50
	合计	32 871	100
内蒙古	鄂尔多斯	9	100
	合计	9	100

（九）九等地

黄绵土九等地分布在陕西北部的榆林和延安，面积分别为 217 841 hm² 和 114 102 hm²，分别占陕西黄绵土九等地总面积的 65.63% 和 34.37%。黄绵土九等地在甘肃集中分布于庆阳中北部地区，面积达到 142 639 hm²，占甘肃黄绵土九等地总面积的 74.48%；其次是定西，面积为 32 595 hm²，占甘肃黄绵土九等地总面积的 17.02%；白银、兰州、临夏、天水、平凉均有九等地，但面积不大。黄绵土九等地在宁夏主要分布于固原、吴忠和中卫，面积分别为 67 543 hm²、44 548 hm² 和 18 868 hm²，分别占宁夏黄绵土九等地总面积的 51.58%、34.02% 和 14.40%。黄绵土九等地在山西面积最大的是吕梁，为 63 600 hm²，占山西黄绵土九等地总面积的 80.74%；其次是忻州，面积为 12 181 hm²，占山西黄绵土九等地总面积的 15.46%；临汾和朔州分布面积较少。黄绵土九等地在内蒙古鄂尔多斯分布最多，面积为 327 hm²；呼和浩特面积较少，仅为 11 hm²（表 14-18）。

表 14-18 黄绵土九等地在各省份的分布面积与比例

省份名称	市（区、自治州）名称	面积（hm²）	比例（%）
陕西	延安	114 102	34.37
	榆林	217 841	65.63
	合计	331 943	100
甘肃	白银	1 434	0.75
	定西	32 595	17.02
	兰州	246	0.13
	临夏	7 022	3.67
	天水	1 070	0.56
	平凉	6 514	3.40
	庆阳	142 639	74.48
	合计	191 520	100
宁夏	固原	67 543	51.58
	吴忠	44 548	34.02
	中卫	18 868	14.40
	合计	130 959	100
山西	临汾	2 909	3.69
	吕梁	63 600	80.74
	朔州	77	0.10
	忻州	12 181	15.46
	合计	78 767	100
内蒙古	鄂尔多斯	327	96.75
	呼和浩特	11	3.25
	合计	338	100

（十）十等地

黄绵土十等地分布在陕西北部的榆林和延安，面积分别为 328 448 hm² 和 130 909 hm²，分布占陕西黄绵土十等地总面积的 71.50% 和 28.50%。黄绵土十等地在甘肃集中分布于庆阳西北部地区，面积达到 39 354 hm²，占甘肃黄绵土十等地总面积的 93.42%；其次是临夏，面积为 2 400 hm²，占甘肃黄绵土十等地总面积的 5.70%。黄绵土十等地在宁夏主要分布于吴忠南部山区，面积为 41 001 hm²，占宁夏黄绵土十等地总面积的 15.40%；其次是固原，面积为 7 609 hm²，占比为 15.40%。黄绵土十等地在山西面积最大的是吕梁，为 134 541 hm²，占山西黄绵土十等地总面积的 82.75%；其次是忻州和临汾，面积分别为 16 258 hm² 和 11 673 hm²，分别占山西黄绵土十等地总面积的 10.0% 和 7.18%。黄绵土十等地在内蒙古鄂尔多斯最多，面积为 6 790 hm²，占内蒙古黄绵土十等地总面积的 89.72%；呼和浩特面积较少，仅为 778 hm²，占比为 10.28%（表 14-19）。

表 14-19 黄绵土十等地在各省份的分布面积与比例

省（自治区）名称	市（区、自治州）名称	面积（hm²）	比例（%）
陕西	延安	130 909	28.50
	榆林	328 448	71.50
	合计	459 357	100

（续）

省（自治区）名称	市（区、自治州）名称	面积（hm²）	比例（%）
甘肃	定西	373	0.89
	临夏	2 400	5.70
	庆阳	39 354	93.42
	合计	42 127	100
宁夏	固原	7 609	15.40
	吴忠	41 001	82.97
	中卫	805	1.63
	合计	49 415	100
山西	临汾	11 673	7.18
	吕梁	134 541	82.75
	朔州	125	0.08
	忻州	16 258	10.00
	合计	162 597	100
内蒙古	鄂尔多斯	6 790	89.72
	呼和浩特	778	10.28
	合计	7 568	100

三、不同耕地质量等级黄绵土的土壤养分和理化性状分析

对不同耕地质量等级黄绵土的土壤养分和理化性状进行统计分析。结果表明（表 14 - 20），随着耕地质量等级降低（从一等地逐步变为十等地），土壤 pH 平均由 8.18 逐步升高至 8.45，土壤有机质含量平均值由 21.62 g/kg 降低至 7.59 g/kg，土壤有效磷含量平均值由 41.82 mg/kg 降低至 8.05 mg/kg，土壤速效钾含量平均值由 292.0 mg/kg 降低至 115.4 mg/kg。同时，土壤容重平均值也有降低的趋势。这表明，本次评价的耕地质量等级能够客观地反映出土壤部分养分含量和理化性状的差异。

表 14 - 20 不同质量等级黄绵土的土壤养分和理化性状

耕地质量等级	pH		有机质含量（g/kg）		有效磷含量（mg/kg）		速效钾含量（mg/kg）		土壤容重（g/cm³）	
	变幅	平均	变幅	平均	变幅	平均	变幅	平均	变幅	平均
一等地	6.10~8.69	8.18	12.31~37.34	21.62	10.04~270.36	41.82	85.1~461.5	292.0	1.15~1.55	1.34
二等地	6.30~8.73	8.21	10.61~35.67	17.75	9.37~294.84	33.28	63.3~418.7	263	1.04~1.52	1.31
三等地	6.58~8.72	8.25	8.87~38.66	16.45	7.03~267.8	27.73	73.1~400.8	243.3	1.04~1.52	1.29
四等地	6.24~8.86	8.23	8.18~36.82	15.71	5.04~141.36	25.40	86.9~423.4	238.5	1.03~1.55	1.28
五等地	6.58~8.96	8.27	5.22~32.96	14.44	4.41~133.31	19.77	67.3~396.3	215.69	1.03~1.52	1.28
六等地	6.30~8.95	8.23	4.53~65.53	13.39	3.33~56.32	16.85	67.1~406.8	184.4	1.02~1.55	1.27
七等地	6.40~9.02	8.31	4.21~65.51	12.60	1.49~47.98	15.31	65.7~365.3	176.1	1.02~1.54	1.26
八等地	7.10~8.98	8.41	4.27~65.54	12.62	1.53~44.89	14.51	69.1~340.4	169.11	0.96~1.82	1.25
九等地	7.19~8.98	8.41	4.71~25.29	9.51	1.67~34.2	12.10	57.0~280.9	141.3	0.96~1.82	1.25
十等地	7.82~9.08	8.45	3.63~20.03	7.59	1.44~25.14	8.05	50.3~235.5	115.4	1.02~1.72	1.28

第十五章 黄绵土污染与防治 >>>

第一节 土壤污染概述

一、土壤污染的概念

从生态学的概念出发，任何物质只要它的量超过了系统所能承受的范围都可能成为有毒、有害物质。土壤具有缓冲性，对外来污染物具有一定消解作用。因此，国家环境保护局指出：当人为活动产生的污染物进入土壤并累积到一定程度，引起土壤环境质量恶化，并进而造成作物中某些指标超过国家标准的现象，称为土壤污染。广义而言，凡是妨碍土壤正常功能，降低作物产量和质量，还通过粮食、蔬菜、水果等间接影响人体健康的物质，都称土壤污染物。土壤污染物主要有无机物和有机物，无机物主要有盐、碱、酸、F 和 Cl，以及 Hg、Cd、As；有机物主要有机农药、石油类、酚类、氰化物、有机洗涤剂、病原微生物和寄生虫卵等（表 15-1）。

表 15-1 主要土壤污染物及来源

污染物种类			主要污染源
无机污染物	重金属	汞（Hg）	制碱、汞化物生产等工业废水、污泥，含汞农药、金属汞蒸气等
		镉（Cd）	冶金、电镀、染料等工业废水、污泥和废气，肥料杂质等
		铜（Cu）	冶金、电镀、铜制品生产废水、废渣和污泥，含铜农药等
		锌（Zn）	冶金、电镀、纺织等工业废水、废渣、污泥，含锌农药、磷肥等
		铬（Cr）	冶金、电镀、制革、印染等工业废水和污泥
		铅（Pb）	颜料、冶金等工业废水，汽油防爆燃烧排气，农药，汽车尾气等
		镍（Ni）	冶金、电镀、炼油、燃料等工业废水和污泥等
		砷（As）	硫酸、化肥、农药、医药、玻璃制造等工业废水和废气，冶炼等
		硒（Se）	电子、电器、油漆、墨水等工业的排放物，金属加工、燃煤，磷肥厂，炼铜矿等
	放射性元素	铯（¹³⁷Cs）	原子能、核动力、同位素生产等工业废水、废渣，大气层核爆炸
		锶（⁹⁰Sr）	原子能、核动力、同位素生产等工业废水、废渣，大气层核爆炸
	其他	氟（F）	岩石风化、钢铁、冶炼、制铝、磷酸和磷肥、氟硅酸钠、玻璃、陶瓷和砖瓦等工业及燃煤过程的"三废"排放
		碘（I、¹²⁹I 和 ¹³¹I）	岩石风化、干湿沉降（海水比陆地高）、植物的富集
		盐、碱类	纸浆、纤维、化学等工业废水
		酸类	硫酸、盐酸、硝酸、石油化工、酸洗、电镀等工业废水，大气降雨等
有机污染物	有机农药		农药的施用
	酚类		炼焦、炼油、化肥、农药生产等的工业废水

（续）

污染物种类		主要污染源
有机污染物	3,4-苯并［a］芘	石油、炼焦等工业废水、废气
	石油类	石油开采、炼制、运输
	洗涤剂	城市污水、机械加工、洗涤废水
	有害微生物	厩肥，城市污水、污泥等

　　如何识别土壤污染？通常有以下几种方法：①土壤中污染物含量超过土壤背景值的上限值；②土壤中污染物含量超过《土壤环境质量 农用地土壤污染风险管控标准（试行）》(GB 15618—2018) 中级标准值；③土壤中污染物对生物、水体、空气或人体健康产生危害。可进一步从以下 3 个方面认定：一是土壤物理、化学或生物学性质的改变，使作物受到伤害而导致产量下降或死亡；二是土壤物理、化学或生物学性质已经发生改变，虽然作物仍能生长，但部分污染物被作物吸收进入作物体内，使农产品中有害成分含量过高，人畜食用后可引起中毒及各种疾病；三是因土壤中污染物含量过高，从而间接污染空气、地表水和地下水等，进一步影响人体健康。土壤的化学组成极其复杂，而且不同土壤类型之间、同一土壤在不同地区之间土壤物质组成变化很大，因此土壤污染很难用化学组成的变动衡量。那么，是否可以用作物产量或质量的下降来评价？答案是否定的，因为某种污染物进入土壤后，并非一定立即对作物的生产产生影响。

　　综上所述，土壤污染是指由于人为活动，有意或无意地将对人类和其他生物有害的物质施加到土壤中，其数量超出土壤的净化量，从而在土壤中逐渐积累，致使这些成分明显高于原有含量，引起土壤质量恶化、正常功能失调，甚至某些功能丧失的现象。但从环境科学角度讲，人类活动所产生的污染物，通过多种途径进入土壤，当污染物向土壤中输入数量和速度超过土壤净化能力时，自然动态平衡即遭到破坏，造成污染物累积过程占优势，逐渐导致土壤正常功能失调，同时由于土壤中有害和有毒物质迁移转化，引起大气和水体污染，并通过食物链构成对人体直接或间接的危害，这种现象称为土壤污染。所以，土壤污染应同时具有以下 3 个条件：一是人类活动引起的外源污染物进入土壤；二是导致土壤环境质量下降，而有害于生物、水体、空气或人体健康；三是污染物超过土壤污染临界值。

二、土壤污染的特点

　　土壤污染不像大气与水体污染那样易被人们发现。因为土壤是复杂的三相共存体系，有害物质在土壤中可与土壤相结合，部分有害物质可被土壤生物所分解或吸收。当土壤有害物质迁移至作物，再通过食物链而损害人畜健康时，土壤本身可能还继续保持其生产能力，这更增加了对土壤污染危害性的认识难度，以致污染危害持续发展。土壤污染的危害具有以下特点：

　　1. 隐蔽性或潜伏性　　水体和大气的污染比较直观，土壤污染则不同。土壤污染需要通过粮食、蔬菜、水果或牧草等作物的生长状况的改变，或摄食受污染作物的人或动物健康状况的变化才能反映出来。特别是土壤重金属污染，往往需要通过对土壤样品进行分析化验和对作物重金属的残留进行检测，甚至研究其对人、畜健康状况的影响才能确定。

　　2. 不可逆性和长期性　　土壤一旦受到污染往往极难恢复，污染物进入土壤环境后，便与复杂的土壤组成物质发生一系列迁移转化作用。多数无机污染物，特别是重金属和微量元素对土壤的污染几乎是一个不可逆过程，而许多有机化学物质的污染也需要一个比较长的降解时间。土壤中重金属污染物大部分残留于土壤耕层，很少向下层移动。这是由于土壤中存在着有机胶体、无机胶体和有机-无机复合胶体，它们对重金属有较强的吸附和螯合能力，限制了重金属在土壤中的迁移，并使其长期残留在土壤中，很难离开土壤。因而，土壤一旦受到污染就很难恢复。

　　3. 间接危害性　　土壤对污染物具有富集作用，也就是土壤通过对污染物的吸附、固定作用，包括植物吸收与残落，从而使污染物聚集于土壤中。多数无机污染物特别是重金属和微量元素，都能与土壤有机质和矿质相结合，并长久地保存在土壤中。其后果：一是进入土壤的污染物被植物吸收，并可以通过食物链危害动物和人体健康。植物从土壤中选择吸收必需的营养物，同时也会吸收土壤释放出来的有害物质。植物的吸收利用，有时能使污染物浓度达到危害自身或危害人畜的水平。即使食用的污染性植物产品不会引起急性毒性危害，或没有达到毒害水平，当它们被人、畜禽食用并在动物体内排出率较低时，也可以逐日积累，由量变到质变，最后引发疾病。二是土壤中日积月累的有害物质，可成为二次污染源。土壤中的污染物随水分渗漏在土壤内发生移动，可对地下水造成污染；也可通过地表径流进入江河、湖泊等，对地表水造成污染。此外，土壤遭风蚀后，其中的污染物可附着在土粒上被扬起，有些污染物也以气态的形式进入大气。因此，污染的土壤可造成大气和水体的二次污染。

4. 难治理性　一般来说，大气和水体受到污染时，切断污染源之后，在稀释和自净作用下，大气和水体中的污染物可逐步降解或消除，污染状况也有可能会改善。但积累在土壤中的难降解性污染物很难靠稀释和自净作用来消除。土壤污染一旦发生，仅仅依靠切断污染源的方法一般很难恢复，有时要靠置换、淋洗土壤等方法才能解决问题，其他治理技术见效较慢。因此，治理污染土壤通常成本较高、周期较长。

三、土壤污染的类型

根据土壤主要污染物的来源和土壤污染的途径可以把土壤污染归纳为：水体污染型、大气污染型、农业污染型、生物污染型、固体废弃物污染型和综合污染型。

1. 水体污染型　水体污染型主要包括污灌污染型和重金属污染型，其污染源主要是工业废水、城市生活污水和受污染的地面水体。

2. 大气污染型　大气污染型主要包括氟污染型、粉尘污染型和工业废气、汽车尾气（铅化物）污染型。工业废气中含有大量的酸性气体（SO_2、NO_2 等），随降雨进入土壤；大气降尘含重金属铅、镉、锌、锰等微粒，经降尘落入土壤；炼铝厂、磷肥厂等排放氟气，汽车尾气含铅化物也可直接或间接污染土壤或作物。另外，还有放射性物质，随降雨或降尘进入土壤。故大气污染型土壤的污染物主要集中在土壤表层（0~5 cm），耕作土壤则主要集中在耕层（0~20 cm）。

3. 农业污染型　农业污染型主要指农业生产中不断施用化肥、农药、城市垃圾堆肥、厩肥、污泥等引起的土壤环境污染，污染主要集中在土壤表层和耕层。

4. 生物污染型　向农田施用垃圾、污泥、粪便或引入医院、屠宰场污水及生活污水，如果不经过消毒灭菌，那么就有可能使土壤受到病原菌等微生物的污染。

5. 固体废弃物污染型　固体废弃物污染型主要指工矿业废渣及污泥、城市垃圾、粪便、矿渣、污泥、粉煤灰、煤屑等固体废弃物乱堆乱放，侵占耕地并通过大气扩散和降水、淋滤等，使周围土壤受到污染，还包括地膜等白色污染。

6. 综合污染型　对于同一区域受污染的土壤，其污染源可能来自受污染的地面水体和大气，或同时遭受固体废弃物以及农药、化肥的污染。因此，土壤环境的污染往往是综合污染型。就一个地区或区域的土壤而言，可能是以一种或两种污染类型为主。

四、土壤污染的危害

21 世纪的前 10 年，我国经济高速发展，工业生产产生的"三废"和城市生活垃圾随意堆放以及污水灌溉、农药和化肥不合理使用等因素，使得土壤污染问题越来越严重。2014 年环境保护部公布的《全国土壤污染状况调查公报》显示：全国土壤环境状况总体不容乐观，部分地区土壤污染较重，耕地土壤环境质量堪忧，工矿业废弃地土壤环境问题突出。全国土壤总的点位超标率为 16.1%，其中轻微、轻度、中度和重度污染点位占比分别为 11.2%、2.3%、1.5% 和 1.1%。从土地利用类型看，耕地、林地、草地土壤点位超标率分别为 19.4%、10.0%、10.4%。从污染类型看，以无机型为主，有机型次之，复合型污染比重较小，无机污染物超标点位数占全部超标点位的 82.8%。土壤污染的发展态势对我国耕地资源可持续利用和粮食安全提出了严峻的挑战。

1. 土壤污染导致严重的直接经济损失 对于各种土壤污染造成的经济损失，目前尚缺乏系统的调查资料。以土壤重金属污染为例，每年因重金属污染，全国粮食减产 1 000 多万 t，被重金属污染的粮食多达 1 200 万 t，合计经济损失至少 200 亿元。对于农药和有机物污染、放射性污染、病原菌污染等其他类型的土壤污染导致的经济损失，目前尚难估计，但是这些类型的土壤污染问题确实存在，并且也很严重。自我国加入世界贸易组织（WTO）以来，绿色食品和无公害食品日益受到全世界关注，我国农副产品出口也存在因质量问题而受阻的情况，所以土壤污染给我国经济发展造成了巨大影响，成为农业可持续发展的"瓶颈"。

2. 土壤污染导致农产品安全问题 我国大多数城市近郊土壤都受到不同程度的污染，许多地方粮食、蔬菜、水果等食物中的镉、铬、砷、铅等重金属含量超标或接近临界值。各类因土壤污染导致的食品安全事故频见报道。

3. 土壤污染危害人体健康 土壤污染会使污染物在植物中积累，并通过食物链富集到人体和动物体中，危害人畜健康，引发癌症和其他疾病。土壤被污染后，对人体产生的影响大多是间接的，主要通过土壤—植物—人体、土壤—动物—人体这两个基本途径对人体产生影响。其具体表现在引起中毒、引发癌症、致突变（畸形）作用、传播疾病等方面。

4. 土壤污染导致其他环境问题 土壤和大气、水体环境相互连通，受到污染的土壤也会通过影响大气环境和水体环境而间接影响人体健康。在土壤中有大量的有机物，这些有机物能够在好氧微生物以及甲烷菌的作用下分解释放出 CO_2、CH_4 和 NO_x 等温室气体，影响气候的变化，而气候变化又会反过来影响有机质的分解速率，进而影响温室气体的产生。土壤中的有毒有害离子及过量的硝酸盐和铵态氮在雨水作用下会通过地表径流、渗流、地下径流等方式发生迁移，最终有一部分进入饮用水中和娱乐景观水中，从而直接或间接对人体的健康产生各种不良影响。

第二节　黄绵土石油类污染

一、石油类污染概述

石油是工业的血液，是保证人类社会不断发展的重要资源，它的作用渗透于社会的各个方面，对政治、经济、军事以及人民生活都有极大的影响。我国干旱、半干旱地区有极为丰富的石油资源，如西藏、新疆、甘肃、青海、宁夏、内蒙古、山西、陕西、河北大部和吉林与辽宁西部总面积约 470.48 万 km^2，约占我国国土面积的 49%。目前已开发的大型油田包括克拉玛依油田、塔里木油田、吐哈油田、长庆油田、青海油田、玉门油田、吉林油田和华北油田等。上述油田产油量占全国总产油量的比重较大。其中，鄂尔多斯盆地是我国最重要的综合矿物能源基地，原油储量 12.819 7 亿 t；而陕北地区位于鄂尔多斯盆地的中心地带，面积约 8 万 km^2，占盆地总面积的 32%，石油产量占盆地石油总产量的 85%，已成为我国第四大石化能源基地。

随着我国经济的持续增长，我国对石油能源的需求量也不断增长。但是，在石油勘探、开采、冶炼、储运以及使用过程中出现的含油泥浆、岩屑和落地原油，会导致油田开发区周围的大面积土壤遭受严重的有机污染，引起一系列的环境问题。原油开采和运输过程中由于采油的大量生产设施如油井、集输站、转输站直接或间接的排出，地下储油罐或输油管道和井管的破裂，含油污水回灌，原油开采后油页岩矿渣的堆放等给周围水体和土壤环境带来了严重污染，使原本脆弱的自然生态环境更加恶化。

黄绵土所分布的陕西北部、甘肃中东部区域是我国的石油主产区，但同时也是水土流失最严重的区域之一。这些区域地形支离破碎，坡度大，降雨集中，植被稀疏，很容易遭受水蚀和风蚀，一旦其土壤被污染极易因雨水的冲刷而被带到下游，造成二次污染。因此，研究其土壤污染问题对整个黄绵土区域内的生态环境安全都有重要意义。

二、石油类污染物特性

1. 石油类物质组成　石油主要是由烃类物质组成的一种复杂混合物，除烃类之外还有含有少量的氧、氮、硫等元素的烃类衍生物。烃类物质一般按结构可分为 4 类：烷烃、环烷烃、芳香烃、烯烃。石油中的非烃类物质种类繁多，但对环境有污染的有以下几类：①含氧的烃类衍生物，其中包括环烷酸、酚类、脂肪酸等；②含硫的烃类衍生物，其中有硫醇、硫醚、二硫化物、噻吩等，当这些含硫有机物在石油加热到 75 ℃时则分解产生硫化氢；③含氮的烃类衍生物，其中有六氢吡啶、吡啶喹啉、吡咯等，石油中氮含量一般为 $0.03\%\sim2.17\%$；④石油中的胶质、沥青质，它们含有氧、硫、氮等多种物质，是黑色的固体，主要集中于重质油中，约占石油总质量的 20%。

石油组分的复杂性，决定了石油类物质的物理、化学性质的复杂性和多变性。表 15-2 说明了石油的这一特点。由表 15-2 可以看出，不同的石油组分其性质差别相当大。例如，表征物质可挥发性的饱和蒸气压一项，烷烃类的正戊烷是多环芳烃类的苯并 [a] 芘的将近 10^{11} 倍，说明在烷烃大量挥发的情况下，多环芳烃类的苯并 [a] 芘则可能基本不挥发。其他几项也分别说明了石油的这一特点。

表 15-2　石油主要组成成分及其特性

化学物质	相对分子质量 (g/mol)	熔点 (℃)	沸点 (℃)	密度 (g/cm³)	溶解度 (g/m³)	饱和蒸气压 (Pa)	$\lg K_{ow}$
正戊烷	72.15	−129.7	36.1	0.614	38.5	68 400	3.62
正辛烷	114.2	−56.2	125.7	0.700	0.66	1 880	5.18
环戊烷	70.14	−93.9	49.3	0.799	156	42 400	3.00
甲基环己烷	98.19	−126.6	100.9	0.770	14	6 180	2.82
苯	78.1	5.53	80.0	0.879	1 780	12 700	2.13
甲苯	92.1	−95.0	111	0.867	515	3 800	2.69
三甲基苯	1 202	−44.7	164.7	0.865	48	325	3.58
萘	128.2	80.2	218.0	1.025	31.7	10.4	3.35
蒽	178.2	216.2	340.0	1.283	0.041	0.000 8	4.63
菲	178.2	101.0	339.0	0.980	1.29	0.016 1	4.57
苯并 [a] 芘	252.3	175.0	496.0		0.003 8	7.3×10^{-7}	6.04

注：K_{ow} 为正辛醇-水分配系数。

2. 石油类污染物危害

（1）石油中的芳香烃类物质对人体的毒性较大，尤其是以双环和三环为代表的多环芳烃毒性更大。到目前为止，总计发现了 2 000 多种、四大类可疑致癌化学物质。其中，第一类就是以多环芳烃为主的有机化合物，在各国的有机污染物控制名单中这一类物质均被列为优先控制污染物。这些物质通过呼吸、皮肤黏膜接触、食用含污染物的食物等途径都可能进入人体，进而影响人体多种器官的正常功能，引起症状包括皮肤、肺、膀胱和阴囊癌症及接触性皮炎、皮肤过敏、色素沉着和痔疮。据推算，多环芳烃的一种——苯并 [a] 芘对人的最大不致癌富集总量为 13.3 mg。除此之外，石油中的苯、甲苯、二甲苯、酚类等物质对人体的毒性也较大，如果经较长时间的较高浓度接触，会引起恶心、头疼、眩晕等症状。

（2）石油进入土壤后，会影响土壤的通透性。因为石油类物质的水溶性一般很差，土壤颗粒受石油污染后不易被水浸润，不能形成有效的土壤内导水通路，渗水量下降，透水性降低。此外，积聚在土壤中的石油烃，绝大部分是高分子有机物，它们黏着在作物根系上形成一层黏膜，阻碍根系的呼吸与水分吸收，甚至引起根系的腐烂。石油类物质还可能影响土壤酶的活性，从而干扰作物的生长。过量的石油类物质还可以被作物吸收并沉积于果实，使受污染土壤上生产的农产品不宜食用。

（3）石油对水的色、味和溶解氧有较大的影响。在饮水中的嗅觉阈值，轻质油为 5 mg/L，重燃料油为 0.2～1.0 mg/L，润滑油为 25 mg/L。人的个体不同，嗅觉也有一定的差异。不同国家对饮用水中油的允许界限为 0.1～1.0 mg/L。石油对水生生物的危害很大，当海水中含油量为 0.01 mg/L 时，24 h 能使鱼产生油臭味。油粘到鱼鳃上或附在卵上，很快会使鱼窒息死亡，或使孵化受到影响。水体中含有一定量的石油类物质时，会在表面形成厚度不一的油膜，破坏了水体的复氧过程，从而影响水质和水中动、植物的生存。另外，石油类物质中的"三致"物质（致癌、致畸、致突变物质）也会由水中鱼、贝类等生物富集，并通过食物链传递给人体。据报道，水中的鱼、贝类对有害物质的富集浓度可达到相应水相浓度的 200～300 倍。

3. 石油类污染物的产生　石油开采的每个环节都有可能产生石油类污染物并污染自然环境。石油开采不同作业期所产生的石油类污染物的具体描述如下：

（1）在油田进行钻井作业时，会产生含有石油类污染物的钻井废水及含油泥浆。这是钻井过程中，由冲洗地面和设备的油污、起下钻作业时泥浆流失、泥浆循环系统渗漏而产生的。废水含油浓度为 50～1 200 mg/L，水量几吨至数十吨不等。另外，有些情况下，钻井过程中，在达到高含油层前，要经过一定数量的低含油层，从而引起油随钻井泥浆一起带至地面。同时，一经到达高含油层，地压较高时少量高浓度油可能喷出。

（2）采油期。采油期（包括正常作业和洗井）排污包括采油废水和洗井废水。在地下含油地中，石油和水是同时存在的。在采油过程中，油水同时被抽到地面，这些油水混合物被送进原油集输系统的选油站进行脱水、脱盐处理。被脱出来的废水即采油废水，又称"采出水"。由于采油废水是随原油一起从油层中开采出来经原油脱水处理而产生，因此这部分废水不仅含有在高温高压的油层中溶进的地层中的多种盐类和气体，还含有一些其他杂质。更为重要的是，受选油站脱水效果的影响，这部分废水中携带有原油——石油类污染物。另外，对于某些生产技术较落后的油井，也存在采用重力分离等简单的脱水方法，多见于单井脱水的油井。一般来说，油井采油废水含油浓度在数千毫克每升，单井排放量平均每天为数立方米。洗井废水是对注水井周期性冲洗产生的污水，或由于油井在开采一段时间后，由于设备损坏、油层堵塞、管道腐蚀等原因需进一步大修或洗井作业而产生的含油废水。

（3）原油储运过程的渗漏。原油在储存、装运过程中由于渗漏而产生落地原油，及原油在管道集中运输过程的一些中间环节均有可能造成一定数量的原油泄漏或产生含油废水。

（4）事故污染。事故污染包括自然因素和人为因素两种情况，具有产污量大、危害严重、难以预测的特点。自然事故包括井喷、设备故障和采用车辆运输时山体滑坡引发的交通事故而造成的原油泄漏。黄绵土地区地表黄土结构松散、水力冲刷剧烈，由于山体滑坡而导致的污染事故更为频繁。人为事故指各种人为因素造成采油设备、输油管线被破坏及原油车辆输运时，人为交通事故引起的翻车等污染事故。

4. 石油类污染物在环境中的迁移　石油类污染物在环境中主要以两种形式的污染物迁移，即原油和含油废水。两种形态的污染物性质不同，影响迁移转的一系列因素也不尽相同：以原油形态迁移的影响因素主要有原油的密度、黏滞性、吸附性、挥发性、流动性、温度、风速等；而以含油废水形态迁移的影响因素主要有环境的吸附、解吸性，对流、扩散、挥发、生物降解的能力和温度等。

原油形态的污染物主要是生产运输过程中的落地原油和事故漏油，其中油为主体相，水为杂质相，其产生后直接落于土壤表面或河海水面。①落于土壤表面的原油，一方面向大气中挥发（蒸发）；另一方面向土壤中入渗，被土壤吸附，并在大气降水时，土壤中的油一方面在径流条件下向水中释放随流迁移，另一方面在水动力驱动下向更深土层入渗。进入土壤环境后，由于石油类物质流动性差，其污染土壤的方式是含油固体物质与土壤颗粒的掺混。落地原油在重力作用下发生沿土壤深度方向的迁移，并在毛细力作用下发生平面扩散运动。由于石油的黏度大、黏滞性强，在短时间内形成小范围的高浓度污染。往往是石油浓度大大超过土壤颗粒的吸附量，过量的石油就存于土壤孔隙中。这时，如果发生降雨并产生径流，则一部分石油类物质在入渗水流的作用下大大加快入渗的速度；一部分随径流泥沙一起进入地表径流。在径流中，由于水流的剪切作用，土壤团粒结构被破坏，分布在土壤孔隙中的石油类物质被释放出来。石油类物质一般水溶性很差，而且其密度比水小，所以释放出来的物质很快浮于水面上，并且相互结合形成大的石油团块。这就是在有油井分布的地区，洪水期往往河流水面上有块状浮油出现的原因之一。落地原油经过较长时间，在水力、重力等作用下，经过扩散和混合，会逐渐形成更加稳定的状态。②分布于水体表面的油类，很快在水体表面形成油膜，一方面向大气挥发（蒸发），另一方面沿水面扩散，并被碎浪分散后以乳化或溶解的形式向水下扩散，或被水体中的泥沙所吸附，悬浮水中或沉积水底。

含油废水形态的污染物主要是石油生产过程中产生的含油废水及在降雨径流条件下在油污土壤表面产生的含油污水，其主要特点是水为主体相，油为杂质相。它们可以直接污染土壤和地表水体甚至地下水，也可间接污染地下水及水生动植物、危害食物链及人体健康和生态环境。流经土壤的含油废水中的油，易被土壤吸附。这部分被吸附的油既可挥发进入大气，也可下渗进入更深土层甚至地下水，一定条件下还可能再次释放进入降雨径流或下渗污染地下水。排入水体的含油废水中的油，一部分挥发进入大气，一部分漂浮于水体表面，一部分被细分散化或溶解于水中，还有一部分被悬浊质吸附，悬浮或沉于水底。这部分油和水体间保持动态平衡，一定条件下可能渗入地下水层，污染地下水。

综上所述，石油类污染物的迁移途径可用图 15-1 表示。

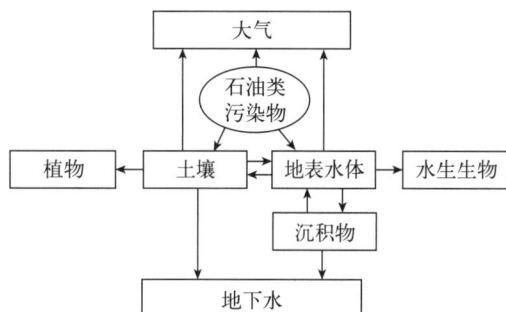

图 15-1　石油类污染物在环境中的迁移途径

三、典型区域土壤石油污染研究

1. 陕北地区石油污染

（1）地理概况。该区域属于暖温带干旱、半干旱大陆性季风气候，主要气候特点是春季干旱少雨，夏季湿热、干旱雨涝相间，秋季凉爽多雨、气温下降快、霜雪早临，冬季寒冷干燥。地处鄂尔多斯台地，由于地形破碎，不同的下垫面对太阳辐射的再分配及大气环流共同作用，形成了丘陵沟壑和河谷川地不尽相同的气候特征。

该区域光照充足，四季分明，雨热同季，冬季干旱、多风。年平均气温 8.8 ℃，最冷月（1 月）平均气温 -7.2 ℃，极端最低气温 -23.6 ℃，最热月（7 月）平均气温 22.8 ℃，极端最高气温 36.8 ℃。全年 ≥10 ℃活动积温为 3 268.4 ℃，年日照时数 2 397.3 h，早霜始于 10 月上旬，晚霜终于 4 月下旬，无霜期 143~162 d。年平均降水量为 505.3 mm，多集中在 7~9 月，这 3 个月多年平均降水量约为 328.4 mm，占全年降水的 63% 左右。影响植物生长的自然灾害主要是干旱、霜冻、暴雨和冰雹。

（2）污染状况。陕北矿区石油储存量大，资源遍布延长、安塞、吴起、志丹等多地，且开采历史悠久。延安对石油的开发利用已有 100 多年的历史，是我国石油工业的发祥地。但是，20 世纪 90 年代以来随着延安石油工业的迅速发展和事实存在的粗放型经营方式，尤其是原油采炼业的大规模开发与兴建，对自然环境带来的污染日趋严重，已经导致了地表土壤、水体大面积石油污染。其中，水的石油污染问题更为突出，直接影响到该地区社会的可持续发展和生态与生存条件。有些局部地区，情况已经极为严重，直接威胁到当地的农业生产和农民的生存环境。

　　对陕北土壤石油污染的调查显示，陕北地区石油污染土壤面积达 708.16 万 m²，土壤内石油烃含量为 5～60 g/kg。每年采油废水估计达到 3 000 万 m³，开采废弃油泥浆达 10 万 m³，炼油厂等化工废水达 900 万 m³，而大部分的废水和泥浆都未经充分处理，直接排放至土壤。采油废水中的石油类污染物含量非常高，有时能达到 8 000 mg/L，废水中 Cl⁻ 含量也高达 30 000 mg/L，未经处理排放使大面积土壤污染，造成大面积作物的死亡。虽然一些油田管理机构都建有污水处理厂，但还有大量的污水被直接排放，造成土壤、地表水和地下水污染。仅子长县、安塞县、吴起县已发生多次因使用被石油废水污染的河水灌溉农田，造成作物大面积减产或死亡的事件。石油废水威胁当地群众饮水安全的情况也时有发生。

　　张麟君等（2013）对延安市安塞县化子坪镇周边的萝卜地油井、薛家湾油井和延长县严家湾油井 3 个采油区的土壤进行了调查，其结果见表 15-3。

表 15-3　不同采样区土壤中石油烃含量

采样区	编号	石油烃含量（mg/kg）		总量（mg/kg）
		0～20 cm	20～40 cm	
萝卜地	1	30 860	19 480	50 340
	2	6 460	2 100	8 560
	3	14 440	10 580	25 020
	4	44 264	2 059	46 323
	5	10 825	5 656	16 481
	6	10 649	3 239	13 888
	7	35 649	11 948	47 597
严家湾	1	15 720	4 980	20 700
	2	16 260	7 560	23 820
	3	8 240	2 380	10 620
	4	26 600	18 120	44 720
	5	17 860	5 760	23 620
	6	8 900	1 540	10 440
	7	13 460	11 980	25 440
薛家湾	1	22 905	6 872	29 777
	2	28 248	9 039	37 287
	3	10 267	779	11 046
	4	5 552	2 312	7 864
	5	9 299	7 654	16 953

　　根据何良菊等的研究可知，土壤可以承受的石油烃的浓度界限为 500 mg/kg，超过这一浓度便可判定该土壤受到石油污染。由表 15-3 可知，油田区落地石油对土壤的污染多集中于 20 cm 左右的表层，3 个采样区土壤石油烃含量均远远超过临界值，说明 3 个采样区的土壤石油污染程度均非常严重。

　　西安建筑科技大学的相关专家曾对长庆油田和安塞地方油田石油烃类的污染状况做了详细的调查研究。表 15-4、表 15-5、表 15-6 是在典型井场内，根据污染物分布的特点，取样分析土壤中石油烃类污染物含量的结果。结果说明，研究区域内的井场土壤受污染的程度相当严重。比较长庆油田油井和地方油井的污染土样数据可以看出，长庆油田油井污染较轻。

表 15-4　安塞某地方油井井场剖面土壤石油烃类物质含量分析结果

土壤深度（cm）	石油类含量（mg/kg）	
	油罐下方	外排废水流道
0～4	66 160	14 892
4～8	41 756	2 776
8～12	43 832	1 762
12～16	21 426	1 404

表 15-5　安塞某地方油井井场平面土壤石油烃类物质含量分析结果

编号	取土样点位置	石油烃类含量（mg/kg）	备注
1	污油池内壁	101 888	位于安塞郝家坪大柳沟某油井井场，为地方油井
2	污油池底	87 263	位于安塞郝家坪大柳沟某油井井场，为地方油井
3	井场内随机取土	1 112	取样点无明显污染迹象
4	井场内落地原油污染土	6 260	取样点有黑色油斑
5	油管漏油污染土	183 828	取样点为距采油管 0.5 m 的集油坑中
6	储油罐污口	63 200	排污口建在井场边

表 15-6　长庆油田某油井井场土壤石油烃类物质污染分析结果

编号	取土样点位置	石油烃类含量（mg/kg）	备注
1	污油池内壁	35 198	位于长庆油田采油一厂坪桥作业区某场
2	污油池池底	63 920	位于长庆油田采油一厂坪桥作业区某场
3	井场内随机取土	235	取样点无明显污染迹象
4	井场内落地原油污染土	16 332	取土样点有黑色油斑

2. 陇东地区石油污染

（1）地理概况。陇东地区指甘肃省东部，庆阳市境内，位于东经 $106°20'\sim108°45'$，北纬 $35°15'\sim37°10'$，南北长 207 km，东西宽 208 km，总面积 27 119 km²，辖庆城县、环县、华池县、合水县、正宁县、宁县、镇原县 7 县和西峰区，116 个镇（乡），3 个街道办事处，65 个社区。区域内地势北高南低，海拔为 885～2 082 m，中南部为黄土高原丘壑区，北部为黄土丘陵丘壑区，东部为黄土丘壑区；山、川、塬兼有，沟、崩、梁相间，高原风貌独特。全境有 0.67 万 hm² 以上大塬 12 条，董志塬面积为 8.43 万 hm²，中心西峰海拔 1 421 m，平畴沃野，一望无垠，是世界上面积最大、土层最厚，保存最完整的黄土塬面，素有"天下黄土第一塬"之称。地处东南部的子午岭，林木茂密，水草丰盛，其 31 万多公顷次生林为植被最好的水源涵养林，有"天然水库"之美誉。

陇东地区地处内陆中纬度地带，受季风影响明显，属典型的大陆性干旱气候。四季分明，冬季冷且漫长；夏季热而短促；春季雨雪少，经常干旱；秋季多阴雨，空气湿润。降水量南多北少，全年平均降水量为 408.9～620.1 mm，降雨多集中于 7 月、8 月、9 月 3 个月。气温南部高于北部，年平均气温 8.4～9.7 ℃，年均最高温 14.7～16.3 ℃，平均最低温 2.7～4.6 ℃，无霜期 143～165 d，年日照时数 2 301～2 638 h。该区域内沟谷交错、树枝状水系较发育。与油田开发关系比较密切的是马莲河、蒲河和环江、柔远河。

（2）污染状况。陇东地区油区作为我国第二大油田——长庆油田的中心区，目前探明含油面积

500 多 km²，资源总量 28.47 亿 t，经过多年的开发已成为我国西部重要的油气生产基地之一。境内分布有马岭、樊家川、华池、城壕、南梁、温台、元城、大板梁、演武、八珠、西峰等油田，具体有 63 个开发区块 1 500 多口油井，年产原油约 200 万 t。由于生产工艺技术相对落后，石油污染面积为 500~1 000 m²。在重污染区，土壤原油含量高达 3 510 mg/kg，高出临界值 17.6 倍。2005 年 7 月，庆阳市环境保护局对油田开发较早、污染比较集中、群众反响较大的庆城县马岭川地区进行重点调查发现，在马岭川形成了以环江为中心线、宽约 10 km 的地下潜水条型污染带。

目前，长庆油田在庆阳境内共钻探开发油水井 3 614 眼（其中，油井 2 882 眼，水源井 74 眼，注水井 658 眼），已开发的 12 个油田、54 个区块分布于除正宁外的 7 个县（区）。据有关部门统计，长庆油田在陇东地区的主力采油区——华池县在石油开采和运输的过程中，1995—2006 年共发生土地污染事故 636 起，污染土地 1.4 km²，污染作物 1.6 km²。特别是用被污染了的水灌溉农田，造成大面积农田污染，出现了盐碱地、低产田。研究资料显示，华池县、环县、庆城县几个老油田开发区地表水、地下水均已受到严重污染。环县七里沟、城东沟、城本川等 7 处水源是当地仅有的几处人畜饮水和农业灌溉水源，近几年也受到了不同程度的污染，严重影响了当地群众的生产和生活，群众反映强烈。华池县元城镇、乔河乡、五蛟镇、城壕镇等区域水环境已发生"水质蠕变"，县城与悦乐镇等地井水干枯，水位下降，部分地方水质变苦，人畜无法饮用。据统计，2003 年以前，上述水源地共发生原油泄漏直接污染事故 116 起；2004 年仅上半年，又发生了污染事故 16 起，污染使灌溉后的禾苗枯萎、死亡，土地盐碱化。研究人员通过对陇东油田库站采出水进行取样分析，取样现场发现 1/2 以上的污水样呈现黑色特征，而且泥沙含量较大，在取样口附近还可以明显闻到从污水中散发出的刺鼻的气味（硫化氢）。

20 世纪 70 年代以来，长庆石油勘探管理局在区域内的庆城县、环县、华池县、西峰区、合水县等地进行了大规模的勘探和开采石油的活动，先后施工石油勘探与开采井数千口；同时由于石油开采注水的需要，也施工了相当数量的供水井。采油区内广泛分布的石油开采井，以及与其配套的注水井、输油管线等，对地下水质构成潜在威胁。含油污水处理后一般矿化度与硬度较高，并含有一定的溶解氧、硫化氢、二氧化碳、硫酸盐还原菌和腐生菌。因此，在回注过程中易产生沉淀而堵塞污水处理系统及地层孔隙，导致注水不畅，严重时易造成注水回流污染地表水及地下潜水。溶解氧、硫化氢、二氧化碳和厌氧菌易造成污水处理系统及管道的腐蚀穿孔，也有可能使回注水向非注水层或地下注水层渗漏，引起对地下水的污染。在采油区，许多废油池及生活污水的排放，使得地下水尤其是近地表的潜水的矿化度、总硬度、六价铬、氯化物、化学需氧量、氨氮、硝酸盐氮、高锰酸盐指数很高，严重破坏了地下水的水质。马莲河流域是长庆油田公司在陇东地区的主要油区之一。20 世纪 80 年代开始，庆阳市环境监测站在马莲河流域常年设立水质例行监测断面，表 15 - 7 是马莲河流域环江至庆城汇合口段 1986—2005 年年均水质监测统计结果。

表 15 - 7　马莲河流域环江至庆城汇合口段 1986—2005 年年均水质监测统计结果

年份	pH	溶解氧 (mg/L)	硝酸盐氮 (mg/L)	化学需氧量 (mg/L)	挥发酚 (mg/L)	石油类 (mg/L)	六价铬 (mg/L)
1986	8.04	9.40	6.21	4.03	0.006	2.46	0.038
1987	7.96	8.12	5.83	—	0.019	3.16	0.071
1988	7.80	6.17	6.39	5.74	0.048	1.83	0.072
1989	7.89	8.93	3.73	3.18	0.004	0.89	0.070
1990	8.23	8.58	1.64	10.0	0.037	4.06	0.040
1991	8.17	8.66	4.76	—	0.021	2.70	0.072
1992	8.26	8.56	20.31	9.35	0.039	1.69	0.091

（续）

年份	pH	溶解氧 （mg/L）	硝酸盐氮 （mg/L）	化学需氧量 （mg/L）	挥发酚 （mg/L）	石油类 （mg/L）	六价铬 （mg/L）
1993	8.10	8.85	5.56	4.20	0.025	3.30	0.093
1994	—	9.24	7.53	—	0.035	0.50	0.071
1995	8.19	9.03	6.97	133	0.020	0.062	0.074
1996	8.02	8.80	5.48	96.7	0.098	0.025	0.081
1997	7.26	8.17	—	2.51	0.049	0.270	0.089
1998	7.77	8.07	9.74	68.2	0.012	0.147	0.078
1999	—	8.60	8.03	85.5	0.055	0.054	0.094
2000	7.26	8.17	8.63	120	0.048	0.270	0.090
2001	8.09	7.67	10.85	110	0.026	0.245	0.084
2002	8.04	8.34	17.62	132	0.090	0.197	0.078
2003	8.34	8.62	20.73	108	0.045	0.362	0.079
2004	8.06	10.36	—	136	0.036	0.300	0.065
2005	7.52	9.26	—	62.9	0.124	0.091	0.057

由表 15-7 可知，石油类污染物含量超标 5 倍以上的年份占监测年份的 50% 左右，主要发生在 1986—1994 年；挥发酚污染物含量超标 5 倍以上的年份占监测年份的 70% 左右，主要发生在 1992 年之后。石油污染最严重的是 1990 年，含量为 4.06 mg/L，超标 80 多倍；挥发酚污染最严重的是 2005 年，含量为 0.124 mg/L，超标 25 倍左右。

第三节　黄绵土重金属污染

一、重金属污染概述

重金属是在工业生产和生物学效应方面均具有重要意义的一大类元素。这类元素在化学概念上，虽然还没有十分满意的定义，但是目前已有了广为接受的概念：元素的密度大于 6 g/cm³（有的学者认为是 5 g/cm³）。也有的学者将其定义为：具有金属性质（延展性、导电性、稳定性、配位体特性等），而且原子序数大于 20 的元素。环境中的重金属镉、铬、铜、汞、镍、铅和锌等，具有一些共同的行为特征，与有机污染物相区别。也正是基于这些特征，重金属污染土壤修复的机理和技术，具有其明显的特点。

土壤重金属来源广泛，表 15-8 为世界范围内的由于不同污染源每年输入土壤中的重金属，它表明无论是农村或城市都有可能造成重金属污染。

表 15-8　世界每年输入土壤的重金属元素量

单位：1 000 t/年

来源	As	Cd	Cr	Cu	Hg	Ni	Pb	Zn
农业和食品废物	0～6.0	0～3.0	4.5～90	3～38	0～1.5	6～45	1.5～27	12～150
厩肥	1.2～4.4	0.2～1.2	10～60	14～80	0～0.2	3～26	3.2～20	150～320
伐木与木材废物	0～3.3	0～2.2	2.2～18	3.3～52	0～2.2	2.2～23	6.6～8.2	13～65
城市垃圾	0.09～0.7	0.88～7.5	6.6～33	13～40	0～0.26	2.2～10	18～62	22～97

（续）

来源	As	Cd	Cr	Cu	Hg	Ni	Pb	Zn
城市污泥	0.01～0.24	0.02～0.34	1.4～11	4.9～2.1	0.01～0.8	5.0～22	2.8～9.7	18～57
有机废物	0～0.25	0～0.01	0.1～0.48	0.04～0.61	—	0.17～3.2	0.02～1.6	0.13～2.1
金属加工固废	0.01～0.21	0～0.08	0.65～2.4	0.95～7.6	0～0.08	0.84～2.5	0.84～2.5	2.7～19
煤灰	6.7～37	1.5～13	149～446	93～335	0.37～4.8	56～279	45～242	112～484
肥料	0～0.02	0.03～0.25	0.03～0.38	0.05～0.58	—	0.20～0.55	0.42～2.3	0.25～1.1
泥炭	0.04～0.5	0～0.11	0.04～0.19	0.15～2.0	0～0.02	0.22～3.5	0.45～2.6	0.15～3.5
商品杂质	36～41	0.78～1.6	305～610	395～790	0.55～0.82	6.5～32	195～390	310～620
大气沉降	8.4～18	2.2～8.4	5.1～38	14～36	0.63～4.3	11～37	202～263	49～135
合计	52～112	5.6～38	484～1 309	541～1 367	1.6～15	106～544	479～1 113	689～2 054

土壤中的重金属污染元素中，汞、镉、铅、铬、砷作为对人体毒害作用最大的5种元素，被称作"五毒元素"。这些毒性元素在土壤中不能被微生物降解，它们将不断地扩散、转移、分散、富集。重金属可以通过水体、大气、食物链等直接或间接进入人体，在人体内积累，产生更大的毒性，对人体造成伤害（表15-9）。

表 15-9　常见重金属的性质与毒性

序号	中文名称	元素符号	一般性质	毒性	对人体健康影响
1	铅	Pb	带蓝色的银白色重金属，熔点327.502℃，沸点1 740℃，密度11.343 7 g/cm³，硬度1.5，质地柔软，抗张强度小	急性毒性：LD₅₀：70 mg/kg（大鼠经静脉）；亚急性毒性：10 μg/m³，大鼠接触30～40 d，红细胞胆色素原合酶（ALAD）活性减少80%～90%，血铅浓度高达1.5～2.0 μg/mL	可对神经、消化、血液等系统造成损害
2	锌	Zn	银白色略带淡蓝色金属，密度为7.14 g/cm³，熔点为419.5℃。在室温下，性较脆；100～150℃时，变软；超过200℃后，又变脆	毒性一般，过量锌可导致中毒	大量锌会引发恶心、呕吐、发烧，血液中高密度脂蛋白减少，进而提高心血管疾病发生概率
3	汞	Hg	密度大、银白色、室温下为液态的过渡金属，熔点-38.87℃，沸点356.6℃，密度13.59 g/cm³；溶于硝酸和热浓硫酸	汞属剧毒物质，空气中汞浓度为1.2～8.5 mg/m³时即可引起急性中毒，超过0.1 mg/m³则可引起慢性中毒	破坏中枢神经系统，对口腔、黏膜和牙齿有不良影响。长时间暴露在高汞环境中可导致脑损伤和死亡
4	镉	Cd	银白色有光泽的金属，熔点320.9℃，沸点765℃，密度8.65 g/cm³，有韧性和延展性。镉在潮湿空气中会被缓慢氧化并失去金属光泽，加热时表面形成棕色的氧化物层	高毒性	有急性、慢性中毒之分，可造成肾、骨骼、肺等多种器官病变
5	铬	Cr	银白色金属，质地极硬，耐腐蚀。熔点1 875℃，沸点2 680℃。密度7.19 g/cm³（20℃），可溶于强碱溶液。铬具有很高的耐腐蚀性	金属铬毒性最小，2价和3价铬的毒性其次，6价铬毒性最大	可以通过消化道、呼吸道、皮肤和黏膜侵入人体，侵害上呼吸道，引起鼻炎、咽炎和喉炎、支气管炎

（续）

序号	中文名称	元素符号	一般性质	毒性	对人体健康影响
6	砷	As	易导热、导电，易被捣成粉末。熔点 817 ℃（28 大气压），加热到 613 ℃，便可不经液态直接升华，成为蒸气，砷蒸气具有一股难闻的大蒜臭味	人类口服三氧化二砷中毒剂量为 5～50 mg，致死量为 70～180 mg（体重 70 kg 的人，为 0.76～1.95 mg/kg）	主要损害消化系统、呼吸系统、皮肤和神经系统

注：LD_{50} 指半致死数量。

目前，我国面临着相当严峻的土壤重金属污染问题。从 2014 年环境保护部和国土资源部联合发布的《全国土壤污染状况调查公报》公布的结果来看，耕地土壤点位超标率达 19.4%，无机污染物超标点位数占全部超标点位的 82.8%。从污染物类型来看，镉的超标点位最多，占 7%，其中镉重度污染点位比例为 0.5%。主要重金属污染点位占比依次为：镉＞镍＞铜＞汞＞铅＞铬＞锌（表 15-10）。

表 15-10　重金属污染物超标情况

污染物类型	点位超标率（%）	不同程度污染点位比例（%）			
		轻微	轻度	中度	重度
镉	7.0	5.2	0.8	0.5	0.5
汞	1.6	1.2	0.2	0.1	0.1
铜	2.1	1.6	0.3	0.15	0.05
铅	1.5	1.1	0.2	0.1	0.1
铬	1.1	0.9	0.15	0.04	0.01
锌	0.9	0.75	0.08	0.05	0.02
镍	4.8	3.9	0.5	0.3	0.1

二、土壤中重金属形态与迁移转化

土壤中重金属的形态可分为 6 种：水溶态、可交换态、碳酸盐结合态、铁锰氧化物结合态、有机结合态和残渣态。不同形态的重金属，其生理活性和毒性均有差异。

（1）水溶态。水溶态是指以简单离子或弱离子形式存在于土壤溶液中的金属，它们可用蒸馏水直接提取，且可被植物根部直接吸收。多数情况下，水溶态含量极低。

（2）可交换态。可交换态是指交换吸附在土壤黏土矿物及其他成分上的那部分离子，其在总量中所占比例不大，但因可交换态比较容易被植物吸收利用，对作物危害大。

（3）碳酸盐结合态。碳酸盐结合态是指与碳酸盐沉淀结合的那部分重金属离子，在石灰性土壤中是比较重要的一种形态。随着 pH 的降低，该部分重金属可大幅度重新释放而被植物吸收。

（4）铁锰氧化物结合态。铁锰氧化物结合态是重金属被铁氧化物、锰氧化物或黏粒矿物的专性交换位置所吸附的部分，这部分重金属离子不能用中性盐溶液交换，只能被亲和力相似或更强的金属离子置换。

（5）有机结合态。有机结合态是指以重金属离子为中心，以有机质活性基团为配位体发生螯合作用而形成螯合态盐类或是硫离子与重金属生成难溶于水的物质。该形态的重金属较为稳定，但当土壤氧化电位发生变化，有机质发生氧化作用时，可导致少量该形态重金属溶出。

（6）残渣态。残渣态以硅酸盐结晶矿物形式存在，是重金属最主要的形态。结合在该部分中的重金属在环境中可以认为是惰性的，一般的提取方法不能将其提取出来，只能通过风化作用将其释放；而风化过程是以地质年代计算的，相对于生物周期来说，残渣态基本不能被生物利用，因而毒性也最小。

可交换态、碳酸盐结合态和铁锰氧化物结合态稳定性差，生物可利用性高，容易被植物吸收利用，其含量与植物吸收量呈显著正相关关系；而有机结合态和残渣态稳定性较强，不易被植物吸收利用。

重金属离子进入土壤后，经过吸附、络合、淋溶和还原等一系列过程后形成不同的化学形态。重金属的毒性不仅与其总量相关，更大程度上取决于它们的化学形态。通常情况下，土壤重金属总量中生物有效态（即能被生物吸收）只占有一（小）部分，但重金属不同形态之间的相互转换，对重金属毒性有着重要影响。重金属在环境中的迁移转换主要有以下三大类：物理迁移、化学迁移、生物迁移。

三、黄绵土地区土壤重金属污染概况

黄绵土碳酸钙含量较多，其整体呈碱性，而土壤 pH 与土壤中的大多数种类重金属元素的生物有效性呈负相关关系。因此，整体来看，黄绵土地区像南方酸性土壤上的大面积、持久性的重金属污染现象比较少见。然而，黄绵土地区蕴含丰富的矿产资源，是我国重要的能源基地。矿产资源开发将井下矿石搬运到地表，并通过选矿和冶炼，改变了矿物的化学组成和物理状态，从而使重金属开始向生态环境释放和迁移。矿山的长期开采占用破坏了大量的土地资源，并产生一系列的社会经济与生态环境问题，导致矿区内土壤重金属污染、土地退化及水污染等发生，同时也会造成周边农田生态环境恶化而使得作物产量下降和品质降低，进而直接或间接危及人体健康和矿业的可持续发展。对以烟尘或废气排放为主的企业的调查结果也显示，当烟尘或废气中含有大量重金属时，也会通过沉降或者随降水落到地表，进入土壤中，而且还会随风等向四周扩散。

2009 年 8 月，陕西凤翔抽检 731 名儿童，发现 615 人血铅超标，其中 166 人中、重度铅中毒，原因为受东岭冶炼公司污染。从整个黄绵土区域来看，虽然区域内有众多工矿企业，但整体的重金属污染程度并不算太高。一方面，因为黄绵土整体呈碱性，其重金属的生物有效性不高。另一方面，研究表明，通过采矿等活动进入土壤的重金属元素一般只富集在 5～10 cm 表层内（崔龙鹏等 2004）。这是因为各种重金属由外界进入土壤，由于土壤黏粒的吸附作用及土壤有机质的包被和束缚作用而被固持下来，不再发生移动（张甘霖等 2003），从而使这些元素在土壤表层富集；而黄绵土土体疏松，抗蚀性极弱，自然植被稀少，水土流失严重，黄土丘陵区平均每年有 2～3 cm 厚的土层被侵蚀掉。在遇特大暴雨时，陡坡耕层土壤会全部被冲蚀。

付标（2015）对陕北大柳塔矿区周边的农田土壤进行了采样分析，结果表明，铜、锌、铅、镉、铬、砷、汞 7 种监测元素均未超过国家土壤环境质量Ⅱ级标准。王丽等（2011）对神府煤矿区周围土壤铜、镉、铬、锰、镍的质量分数进行了测定及分析，并用地质累积指数法评价 3 个煤矿区表层土壤重金属的累积程度（表 15-11），结果表明，各元素均表现一定程度的累积，其中镉污染程度较高。

表 15-11 神府煤矿区周围土壤重金属污染评价结果

煤矿	项目	Cd	Cr	Cu	Mn	Ni
	总量均值	1.28	42.46	14.4	354.15	31.42
大砭窑煤矿	I_{geo}	3.18	−1.14	−1.16	−1.23	−0.46
	污染程度	强污染	无污染	无污染	无污染	无污染

（续）

煤矿	项目	Cd	Cr	Cu	Mn	Ni
碱房沟煤矿	总量均值	1.13	38.64	12.99	340.7	30.81
	I_{geo}	3.01	−1.28	−1.31	−1.29	−0.49
	污染程度	强污染	无污染	无污染	无污染	无污染
蛇圪垯煤矿	总量均值	1.16	43.14	13.42	373.17	33.29
	I_{geo}	3.03	−1.12	−1.26	−1.16	−0.38
	污染程度	强污染	无污染	无污染	无污染	无污染

注：I_{geo}为地积指数，是德国海德堡大学沉积物研究所科学家 Muller 提出的一种研究水环境沉积物及其他物质中重金属污染程度的定量指标。

相比之下，农业生产活动对黄绵土地区的重金属积累影响更大。黄绵土地区因地理位置等原因，冬季气温较低，为提高农业生产效率，温室大棚和地膜覆盖在该地区被广泛应用。同时，黄土高原是我国苹果两大优生区和主产区（环渤海湾产区及黄土高原产区）之一。以陕西渭北为代表的西北黄土高原由于光热资源充足、昼夜温差大（11.8～16.6℃）、海拔高（800～1 200 m）、土层深厚（黄土层50～200 m）等生态特征，农业生产的发展提高了对农药、化肥和塑料农膜等农用物资的需求，同时也给环境带来了一定危害。市场销售的许多农药组分中含有汞、砷、锰、铅、铜、锌等重金属。长期施用含砷的农药，可明显增加土壤砷的残留量；含铜和锌的杀真菌农药常被大量用于果树和温室作物，造成土壤铜、锌的累积。施肥引起的重金属污染主要来自磷肥和有机肥，因磷矿中含痕量镉（磷肥中含镉量差异与原料和生产工艺有关，如热法磷肥含镉量一般低于湿法），畜禽有机肥则含有较高浓度的铜、锌、铝和镉，长期施用有可能引起严重的土壤和作物重金属累积问题。利用镉、铅热稳定剂生产的农膜，被广泛用于农业生产中，均有可能造成土壤镉、铅等重金属污染。

唐希望等（2016）对关中地区8个设施农业基地的日光温室进行采样分析（表15-12），结果表明，调查的8个日光温室，只有1个出现了土壤镉含量超出国家土壤环境质量标准规定的Ⅱ级土壤质量标准，但关中地区农田土壤重金属已经出现了不同程度的累积。

表 15-12 日光温室土壤重金属含量

单位：mg/kg

元素		G1	G2	G3	G4	G5	G6	G7	G8	背景值	环境质量标准值
Cd	平均值	0.41	0.45	0.47	0.42	1.13	0.37	0.22	0.32	0.109	0.6
	标准差	0.21	0.05	0.13	0.11	0.57	0.14	0.08	0.13		
	最大值	0.64	0.52	0.56	0.53	1.68	0.63	0.3	0.51		
	最小值	0.24	0.33	0.37	0.31	0.56	0.19	0.14	0.17		
Cr	平均值	83.80	71.00	68.40	74.80	76.40	74.10	68.70	65.40	58.10	250.0
	标准差	16.10	2.46	7.37	2.10	7.48	13.20	8.20	3.02		
	最大值	82.10	93.90	78.30	82.10	69.70	71.90	67.10	70.10		
	最小值	75.00	73.00	77.00	61.80	57.10	56.30	51.70	59.40		
Cu	平均值	16.80	15.50	13.90	15.60	23.20	32.20	32.30	23.40	24.10	100.0
	标准差	2.07	1.68	1.81	1.76	15.00	11.60	20.30	4.82		
	最大值	62.40	34.50	33.60	36.70	44.10	64.70	37.80	30.30		
	最小值	32.90	26.90	23.20	32.50	26.20	23.30	21.80	22.30		

（续）

元素		G1	G2	G3	G4	G5	G6	G7	G8	背景值	环境质量标准值
Pb	平均值	35.50	39.10	37.60	30.30	25.50	24.10	18.90	25.60	18.10	350.0
	标准差	3.51	5.90	0.88	10.50	5.75	4.98	7.17	5.09		
	最大值	18.40	18.50	15.70	17.60	45.30	59.20	46.70	31.00		
	最小值	14.50	13.10	12.60	14.20	12.40	22.30	18.00	19.20		
污染程度		中等	中等	中等	中等	中等	中等	中等			

注：背景值取关中地区表层土壤（0～20 cm）为背景值；环境质量标准值为土壤环境质量标准中Ⅱ级标准（pH＞7.5）。

胡克宽（2012）对渭北黄土高原苹果园现有分布区进行了较为系统的调查采样分析，统计结果表明，渭北苹果园土壤中汞、镉、铅、砷、铬、铜的平均含量分别为 0.06 mg/kg、0.11 mg/kg、20.6 mg/kg、12.0 mg/kg、59.1 mg/kg、24.4 mg/kg，均已超过相应的背景值（图 15-2）。可见，果园土壤中重金属累积较为普遍。

通过分析甘肃陇中地区 7 市（州）以及陕西关中地区 5 市、陕北地区 2 市，共计 14 市（州）的 1 000 多个黄绵土土壤样品的测定结果显示，该地区黄绵土中重金属含量大部分符合国家土壤环境质量标准规定的Ⅱ级土壤质量标准中的要

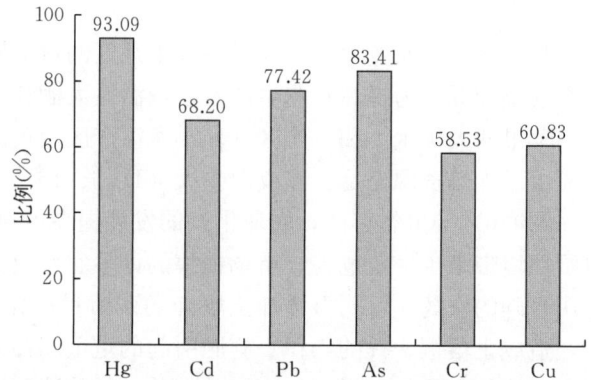

图 15-2　重金属含量超过元素背景值采样点比例

求，而在部分地区可能存在重金属污染。其中 14 市（州）采集测定的黄绵土中 Cr 和 Pd、As 均未超过国家颁布的土壤环境质量Ⅱ级标准含量，但在陕西宝鸡地区存在 Cd 含量超标情况（表 15-13）。

表 15-13　甘肃陇中黄土高原地区及陕西陕北和关中地区黄绵土中重金属含量

单位：mg/kg

元素		甘肃陇中黄土高原地区							陕西关中地区					陕北地区		黄绵土区平均值	环境标准值
		白银	定西	兰州	临夏	平凉	庆阳	天水	宝鸡	铜川	渭南	西安	咸阳	延安	榆林		
Cr	最大值	72.90	80.54	85.24	66.47	81.73	75.40	89.42	90.98	62.50	95.45	117.11	84.15	92.78	71.80		
	最小值	57.80	51.74	65.16	60.99	56.98	55.42	49.40	57.95	30.80	30.00	78.34	52.86	25.00	41.90		
	平均值	64.03	64.73	76.62	64.37	68.40	65.56	65.81	68.54	40.53	55.28	96.23	72.79	60.01	61.24	65.21	250.0
	SD	3.33	5.16	8.16	2.32	4.06	3.68	8.93	8.57	11.06	17.95	19.56	8.21	13.87	7.20		
	有效样本数	119	333	11	5	210	217	126	14	10	27	3	11	44	31		
	省平均值			65.84							60.61						
Cd	最大值	0.19	0.23	0.37	0.25	0.23	0.21	0.27	0.62	0.55	0.57	0.37	0.45	0.52	0.65		
	最小值	0.16	0.12	0.18	0.18	0.13	0.11	0.15	0.40	0.20	0.14	0.33	0.28	0.15	0.21		
	平均值	0.17	0.18	0.32	0.21	0.18	0.16	0.20	0.52	0.33	0.34	0.36	0.39	0.34	0.41	0.20	0.6
	SD	0.01	0.02	0.06	0.03	0.02	0.02	0.03	0.07	0.11	0.11	0.06	0.09	0.06	0.09		
	有效样本数	119	333	11	5	205	220	119	14	10	27	3	11	44	33		
	省平均值			0.18							0.38						
Pd	最大值	23.30	25.93	29.18	24.98	26.77	25.70	28.21	30.31	36.40	30.31	26.98	26.93	29.40	23.80		
	最小值	20.10	19.05	20.78	21.03	17.58	15.77	19.90	19.45	19.00	16.86	25.23	19.74	14.32	13.17	21.83	350.0
	平均值	21.29	21.88	26.50	22.16	22.50	20.77	22.99	24.02	27.66	23.41	26.21	23.25	20.13	17.05		

（续）

元素		甘肃陇中黄土高原地区						陕西关中地区					陕北地区		黄绵土区平均值	环境标准值
		白银	定西	兰州	临夏	平凉	庆阳	天水	宝鸡	铜川	渭南	西安	咸阳	延安	榆林		
Pd	SD	0.84	1.45	2.87	1.67	1.66	1.97	1.99	2.96	7.65	4.20	0.90	2.22	3.54	2.37		
	有效样本数	119	331	11	5	214	222	136	14	10	25	3	11	44	33	21.83	350.0
	省平均值				21.90						21.29						
As	最大值	14.80	18.13	15.96	13.86	16.90	15.90	16.44	11.29	13.20	12.26	11.26	13.81	15.96	10.61		
	最小值	12.10	10.29	13.04	12.58	11.30	10.82	11.06	5.13	10.30	2.50	5.20	8.28	3.00	2.30		
	平均值	13.12	13.75	14.51	13.19	14.06	13.15	13.88	8.77	11.23	8.76	7.30	10.36	8.78	7.75	13.04	25.0
	SD	0.52	1.24	1.01	0.50	1.05	0.97	0.94	2.05	1.09	2.33	3.43	1.53	2.43	1.88		
	有效样本数	119	331	11	5	205	221	120	14	8	27	3	11	44	33		
	省平均值				13.63						8.76						

注：环境质量标准值为土壤环境质量标准Ⅱ级标准（pH＞7.5）。

第四节　黄绵土面源污染

农业面源污染是由农业生产过程中对农用化学物质不合理使用以及过度畜牧养殖和农村生活污水排放等使氮、磷等营养质与农药、重金属等有机和无机污染物及土壤颗粒等沉积物，通过地表径流和地下渗漏，造成环境尤其是水域环境的污染。

氮素污染已成为土壤面源污染的主要部分。氮是重要的生命元素之一，氮素作为农业生态系统中最重要的营养元素，是农业生产中不可缺少的营养物质。因此增加氮肥的施用量是提高农作物产量的重要措施。在农业生态系统中，输入土壤的氮肥有 3 种去向，即一部分被作物吸收，一部分在土壤中以无机或有机形态残留，另一部分氮素损失进入环境。大部分的投入氮肥只有少部分被当季作物吸收，其余大部分通过氨挥发、硝化—反硝化以及淋洗和径流等途径损失掉，一般情况下被淋洗的氮素主要还是硝态氮，硝态氮的淋溶既是氮素损失的重要途径，也是引起地下水硝酸盐污染的主要因素（李立娜，2006）。

一、陕西不同农业生态区土壤 $NO_3^- - N$ 含量与分布规律

（一）不同农业生态区土壤 $NO_3^- - N$ 含量与水平分布规律

陕西不同农业生态区不同深度土层中 $NO_3^- - N$ 含量测定结果见表 15-14。

表 15-14　陕西不同地区农业生态区不同深度土层 $NO_3^- - N$ 含量

$NO_3^- - N$ 含量	农业生态区				
	A. 陕北丘陵沟壑区	B. 陕北残塬沟壑区	C. 渭北旱塬区	D. 关中平原区	E. 汉中盆地区
a. 0～100 cm（kg/hm²）	16.51	64.12	100.00	124.51	169.86
比 A 增加（%）	—	288.34	505.69	654.15	902.88
b. 100～200 cm（kg/hm²）	15.35	58.16	71.93	87.77	146.57
比 A 增加（%）	—	278.89	368.60	471.79	874.40
c. 200～400 cm（kg/hm²）	24.19	73.79	92.36	128.47	150.43
比 A 增加（%）	—	204.04	281.81	431.09	453.26
d. 0～400 cm（kg/hm²）	56.05	196.07	245.62	340.79	466.86
比 A 增加（%）	—	249.81	338.22	508.01	732.94

（续）

NO$_3^-$ - N 含量	农业生态区				
	A. 陕北丘陵沟壑区	B. 陕北残塬沟壑区	C. 渭北旱塬区	D. 关中平原区	E. 汉中盆地区
a 占 d（%）	29.46	32.70	33.11	36.56	36.38
b 占 d（%）	27.39	29.66	29.29	25.76	31.39
c 占 d（%）	43.16	37.64	37.60	37.70	32.22
a+b 占 d（%）	56.84	62.37	70.00	62.29	67.78
点数（个）	37	23	24	113	15

（1）不同深度土层中 NO$_3^-$ - N 含量均是由北向南逐渐增加，以陕北丘陵沟壑区 NO$_3^-$ - N 含量为基数，在 0～100 cm 土层中，陕北丘陵沟壑区、渭北旱塬区、关中平原区、汉中盆地区分别增加 288.34%、505.69%、654.15%、902.88%；在 1～2 m 土层中，分别增加 278.89%、368.60%、471.79%、874.40%；在 200～400 cm 土层中，分别增加 204.04%、281.81%、431.09%、453.26%；0～4 m 土层中，分别增加 249.81%、338.22%、508.01%、732.94%，增加幅度悬殊，说明在陕西境内，由北向南土壤 NO$_3^-$ - N 含量差异极其明显。

（2）以 0～400 cm 深土层的 NO$_3^-$ - N 含量为 100%的话，则在不同农业生态区 0～100 cm 深土层中 NO$_3^-$ - N 含量占 29.46%～36.56%，这是一般浅根作物可以吸收利用的部分，在 100～200 cm 土层中 NO$_3^-$ - N 含量占有 25.76%～31.39%，这对浅根作物是不易吸收利用的部分，而对深根作物如小麦、油菜等则是可以吸收利用的部分，所以对深根作物来说，0～200 cm 土层中 NO$_3^-$ - N 可供其吸收利用，即可吸收利用的部分占 56.84%～70%；而 200～400 cm 土层中 NO$_3^-$ - N 含量占 32.22%～43.16%，这部分 NO$_3^-$ - N 一般难以被浅根作物和深根作物吸收利用，也难以随水蒸发上升到 0～200 cm 土层中供作物吸收利用，由此可以认为 200 cm 以下的土壤 NO$_3^-$ - N 是被淋失掉了，随着水分继续向下移动，而带入地下水，并进入江、河等地面水域，污染环境。这部分淋失量占 0～400 cm NO$_3^-$ - N 含量的 30%～40%，数量是十分可观的。因此 NO$_3^-$ - N 对环境污染的危害是不可低估的。一般来说，在干旱区，NO$_3^-$ - N 淋失是不太严重的，以上那么大的淋失量，不是一朝一夕所造成的，而是在长期农业生产过程中，不合理的肥料施用、土壤管理等导致的。在旱农地区，必须重视施 N 方法和应用农业生产技术，这是防止 NO$_3^-$ - N 淋失的一项十分重要举措。

（二）不同农业生态区土壤剖面中的 NO$_3^-$ - N、NH$_4^+$ - N 含量与分布特点

因发现在陕西旱塬地区土壤 NO$_3^-$ - N 向土壤深层淋失的现象，动用了大量人力物力，在全省范围内进行了大量的深层次的土壤剖面 NO$_3^-$ - N 含量与分布特点的调查研究，现将所得结果分述如下：

1. 陕北丘陵沟壑区黄绵土土壤剖面中 NO$_3^-$ - N、NH$_4^+$ - N 含量与分布　黄绵土是陕北丘陵沟壑区代表性土壤，分布地区包括陕西、山西、甘肃、宁夏等省份，是西北面积最大的农业土壤。黄绵土分布区年降水量 400～450 mm，是黄土高原水土流失最严重的地区。黄绵土性状与黄土母质差异不大，质地比较疏松，水、肥渗漏性较强，是生产力很低的土壤。

在绥德、米脂、榆林等地区共取 13 个代表性剖面土样，分层分析 NO$_3^-$ - N 和 NH$_4^+$ - N 含量，每层取 NO$_3^-$ - N、NH$_4^+$ - N 平均值作图（图 15 - 3）。结果看出，在 0～400 cm

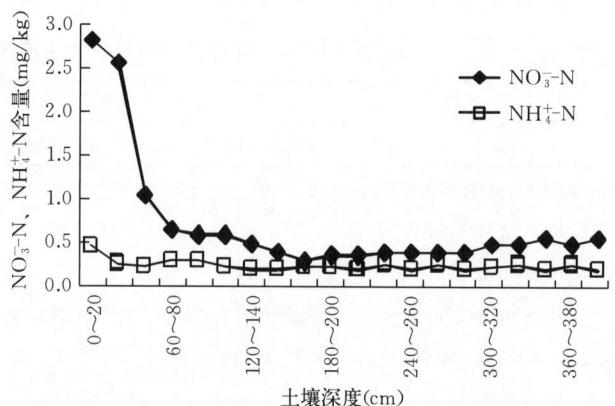

图 15 - 3　陕北黄土丘陵沟壑区黄绵土土壤剖面中 NO$_3^-$ - N、NH$_4^+$ - N 含量分布

土壤剖面中 $NO_3^- - N$ 和 $NH_4^+ - N$ 含量都很低，前者为 0.24～2.85 mg/kg，后者为 0.13～0.42 mg/kg。$NH_4^+ - N$ 在土壤剖面中的分布基本上是一条水平线分布，波浪起伏不明显，这是因为 $NH_4^+ - N$ 是带正电荷，容易被土壤胶体所吸附，不能随水移动而移动。但 $NO_3^- - N$ 就大不一样，其含量的最高峰出现在 0～20 cm 土层中，这是耕作层和施肥层，所施肥料基本保存在耕层中。由于土壤质地比较粗，从 40 cm 土层 $NO_3^- - N$ 即开始往下层淋移，一直淋移到 80 cm 处平缓。由 80～400 cm 波浪起伏不明显。这与施氮量较小、降水量很低有关。

2. 陕北黄土残塬沟壑区黑垆土土壤剖面中的 $NO_3^- - N$、$NH_4^+ - N$ 含量与分布 在该农业生态区虽然塬面有很多切割和破碎，但仍残存有比较完整的大块黄土塬，海拔均在 1 200 m 左右。年降水量 600～650 mm。黑垆土是这一地区最有代表性的土壤。该土壤主要分布在洛川、永寿、彬县、长武、黄陵、铜川、白水等县。在路线调查中，共采取 4 个土壤剖面。虽然剖面较少，但仍具有很强的代表性。根据测试结果，绘制了图 15-4。结果看出，$NH_4^+ - N$ 含量为 0.26～1.91 mg/kg，含量很低，最高值出现在 0～40 cm 土层中，从此向下则趋于平稳状态。$NO_3^- - N$ 含量为 0.80～10.67 mg/kg，虽然不是太高，但比黄绵土明显增高。由曲线图看出，$NO_3^- - N$ 从 20 cm 开始，即向下层土壤淋移，到 60～80 cm 出现含量最高峰，达 10.67 mg/kg，由此仍继续向下淋移，但淋移量则逐渐降低，直至 160 cm 处才基本处于稳定。从 260 cm 开始又有少量 $NO_3^- - N$ 向下层淋移，出现平稳的波浪形。由此可知，在黑垆土剖面中 $NO_3^- - N$ 淋移深度明显大于黄绵土，这与施 N 量和雨水量比黄绵土地区较多有关。

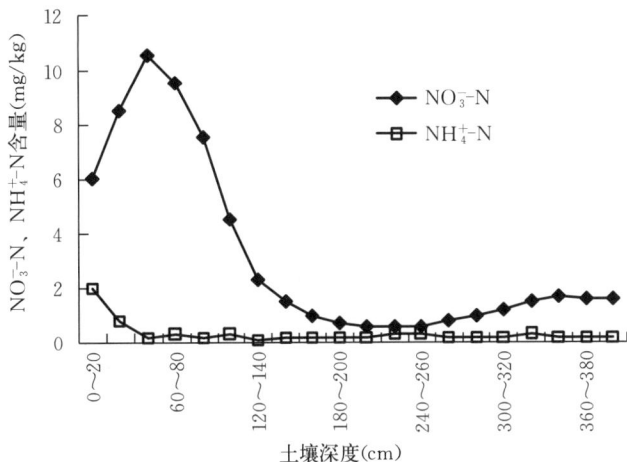

图 15-4 陕北黄土残塬沟壑区黑垆土剖面中 $NO_3^- - N$、$NH_4^+ - N$ 含量分布

3. 渭北旱塬区塿土剖面中 $NO_3^- - N$、$NH_4^+ - N$ 含量与分布 渭北旱塬分布在陕北黄土残塬沟壑区与关中平原之间，气候比较干旱，年降水量 550 mm 左右，不少地区已建有井灌设施，在严重干旱时，也可进行少量补灌。灌区代表性土壤为塿土，土壤剖面中存在深厚的黏化层和钙积层，水分渗透性较弱。一般一年一作，夏收后休闲；也可一年两作，夏收再种短期作物。经济发展水平和施肥水平都比陕北地区要高。以上情况都将会影响到土壤剖面中 $NO_3^- - N$ 含量和分布。

在这一地区，选择合阳、澄城、蒲城 3 个代表性的县，采取 8 个土壤剖面，测定了 $NO_3^- - N$ 和 $NH_4^+ - N$ 含量，取其平均值绘制成图 15-5。结果看出，0～400 cm 土层中 $NH_4^+ - N$ 含量为 0.70～1.18 mg/kg，在剖面中呈水平分布，无波浪形成。$NO_3^- - N$ 含量为 0.7～19.01 mg/kg，高于陕北黑垆土。从 $NO_3^- - N$ 在剖面中的分布曲线中明显看出，自 20 cm 开始即有 $NO_3^- - N$ 向下淋移，并出现两个积累峰，第 1 峰在 60～80 cm 土层内，此为最高峰，$NO_3^- - N$ 含量达 19 mg/kg，此与存在的黏化层有关；第 2 峰在 160～180 土层内，此峰的出现可

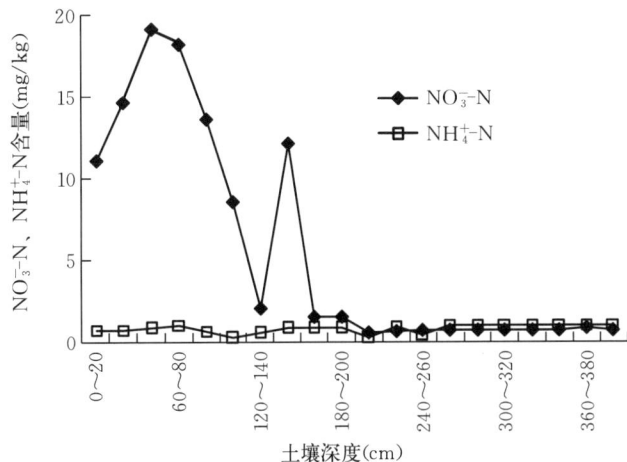

图 15-5 渭北旱塬塿土剖面中 $NO_3^- - N$、$NH_4^+ - N$ 含量分布

能与钙积层和井水补灌有关。

4. 关中平原旱作区塿土剖面中 NO$_3^-$ - N、NH$_4^+$ - N 含量与分布 这是分布在关中平原一阶台塬地区的塿土。共选择了 6 个代表性土壤剖面进行测定,结果见图 15 - 6。该区降水量和施肥量比渭北旱塬地区较高一些,土壤性质两地基本相似。从图 15 - 6 结果看出,在 0～400 cm 土层中 NH$_4^+$ - N 含量为 0.30～0.63 mg/kg,基本呈水平线性分布;NO$_3^-$ - N 含量为 2.01～18.05 mg/kg,NO$_3^-$ -N 含量的最高峰出现在 20～60 cm 土层内,从 60 cm 土层开始,NO$_3^-$ - N 含量突然下降,至 140 cm 土层下降到最低值,然后一直基本趋于平稳水平。由此可以看出,关中平原的一阶台塬区,在一般旱作条件下,NO$_3^-$ - N 淋失深度至多下达至 140 cm 土层左右,此与渭北旱塬地区基本相似。

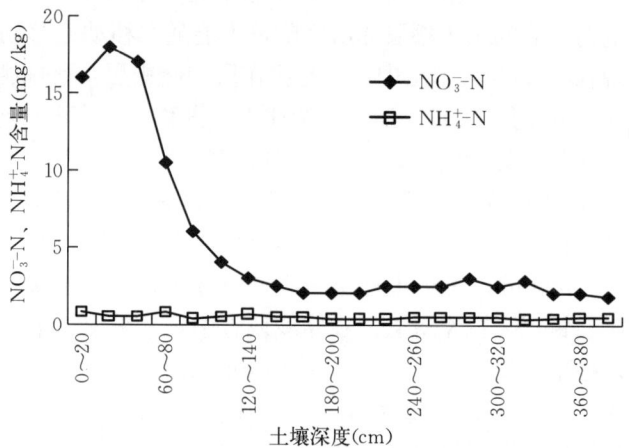

图 15 - 6 关中平原旱作区头道塬塿土剖面中
NO$_3^-$ - N、NH$_4^+$ - N 含量与分布

5. 关中平原老灌区土壤剖面中 NO$_3^-$ - N、NH$_4^+$ - N 含量与分布 共取 8 个代表性土壤剖面,NO$_3^-$ - N、NH$_4^+$ - N 分析结果见图 15 - 7。该区由于是关中平原老灌区而且多为渭河冲积阶地,土壤质地较粗,一般为中壤,部分为轻壤,保水性能较差。该区自 1936 年开始灌溉,是有名的泾惠灌区,也是陕西最老的灌区。地下水位较高。一般 400～600 cm。由于长期灌溉,曾引起土壤盐渍化。1949 年以后,开沟排水,进行盐渍土改良,使地下水位明显下降。随着生产水平的不断提高,肥料用量也逐渐增加,特别是氮肥增加甚为激烈。加之大水漫灌,造成土壤 NO$_3^-$ - N 大量淋失。由图 15 - 7 看出,0～400 cm 土层中 NO$_3^-$ - N 含量为 1.42～9.6 mg/kg,明显低于关中平原新灌区。NO$_3^-$ - N 在土壤剖面中多呈宽幅波浪式分布曲线,这与一次接一次的大水漫灌有关,最高峰出现在 0～20 cm 土层中,往下即迅速下降。表面上看,直至 360 cm 才达稳定,但事实上在 360 cm 以下该区土壤质地更沙,NO$_3^-$ - N 很难保存在土壤中,因而 NO$_3^-$ - N 淋失的深度可能超过 400 cm。由于淋失严重,土壤剖面中 NO$_3^-$ - N 积累量很低,但略高于黄土残塬沟壑区的黑垆土,相当多的施入氮肥都淋失掉了。

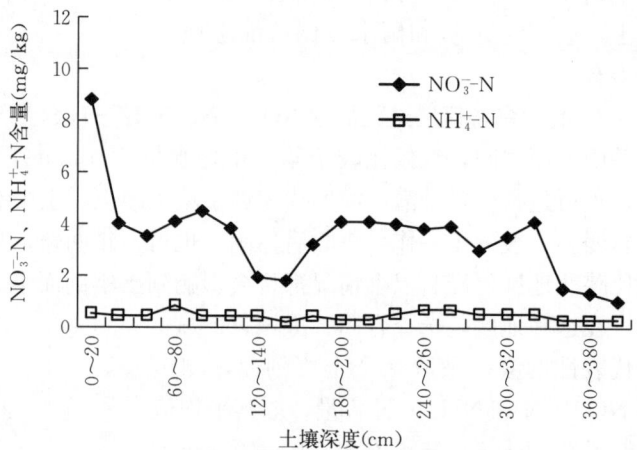

图 15 - 7 陕西关中平原老灌区土壤剖面中
NO$_3^-$ - N、NH$_4^+$ - N 含量与分布

6. 关中平原头道塬新灌区塿土剖面 NO$_3^-$ - N、NH$_4^+$ - N 含量与分布 关中平原新灌区主要是指宝鸡峡灌区和冯家山灌区,包括宝鸡、扶风、武功、兴平、礼泉、乾县等地,从 1972 年开始进行大面积灌溉。由于有了灌溉条件,施肥量也随之增高,因而促进了农业生产的发展。经过多年的灌溉,土壤 NO$_3^-$ - N 分布有了显著的变化。通过 12 个具有代表性土壤剖面的测定,绘制成图 15 - 8。可以看出,0～400 cm 土层中,NH$_4^+$ - N 含量为 0.25～0.59 mg/kg,含量很低;NO$_3^-$ - N 含量为 5.24～17.86 mg/kg,高于渭北旱塬土壤。NO$_3^-$ - N 在土壤剖面中的含量分布是由高到低呈锯齿状波浪式分

布，先后在 0~20 cm、40~60 cm、120~140 cm、180~200 cm、240~260 cm、340~360 cm 土层处出现明显的 $NO_3^- - N$ 淋移积累峰，可以看出，这是由于一次又一次的灌水和降水引起的活塞作用使 $NO_3^- - N$ 所形成的波浪，$NO_3^- - N$ 在 0~400 cm 土壤剖面中存在明显的淋失作用。由此说明，在关中平原的新灌区 $NO_3^- - N$ 的淋失是一个值得注意的问题。

7. 关中平原吨产田土壤剖面中 $NO_3^- - N$、$NH_4^+ - N$ 含量与分布　关中平原吨产田一般都分布在老灌区渭河冲积阶地上，一年两熟，每亩吨产以上。选取 6 个代表性土壤剖面，分析测定了 $NH_4^+ - N$、$NO_3^- - N$ 含量，绘制成图 15-9。结果看出，在 0~400 cm 土层内，$NH_4^+ - N$ 含量都是很低；而 $NO_3^- - N$ 含量为 8.46~24.75 mg/kg，明显高于关中平原一般旱作土壤。由于该区水、肥充足，土壤质地较疏松，$NO_3^- - N$ 在土壤剖面中出现了上下较低、中部较高的起伏波状线，显示出 $NO_3^- - N$ 含量在土壤剖面中淋移积累的鲜明特点。在 140 cm 处，淋失下来的 $NO_3^- - N$ 达到最高峰，为 24.76 mg/kg。由此看出，在该地区进行吨产粮的生产过程中，要严格控制水肥的合理使用，减少 $NO_3^- - N$ 淋失，防止 $NO_3^- - N$ 对环境的污染。

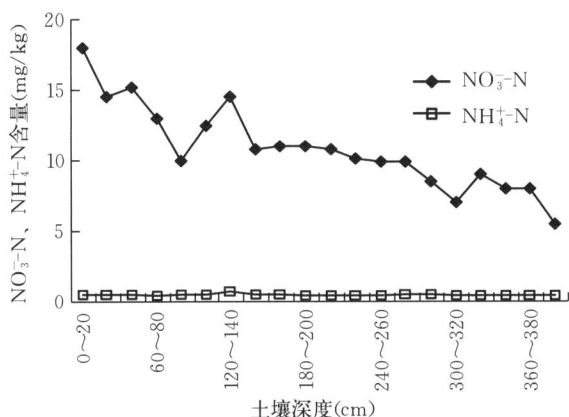

图 15-8　关中平原头道塬新灌区堘土剖面中 $NO_3^- - N$、$NH_4^+ - N$ 含量与分布

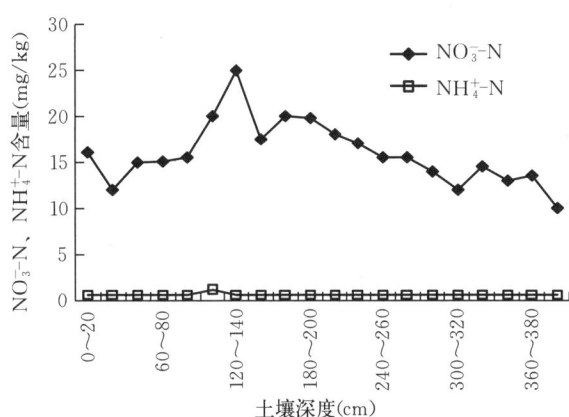

图 15-9　关中平原吨产田土壤剖面中 $NO_3^- - N$、$NH_4^+ - N$ 含量与分布

8. 关中平原菜园土壤剖面中 $NO_3^- - N$、$NH_4^+ - N$ 含量与分布　菜园土壤一般分布在渭河冲积平原，土壤质地为轻壤和中壤，水分渗透性强。具有渠、井双灌条件，灌水次数和灌水量以及施肥量比粮作农田高得多，这为水、肥淋失创造了条件。选择 7 个具有代表性土壤剖面进行分析，结果见图 15-10。

结果表明，0~400 cm 土壤剖面中 $NH_4^+ - N$ 含量与其他地区土壤差不多，为 0.27~0.46 mg/kg；$NO_3^- - N$ 含量为 12.5~40.63 mg/kg，明显高于吨产田土壤。由于土质较轻，质地均匀，经多次灌水后，在水分下移作用下，使 $NO_3^- - N$ 形

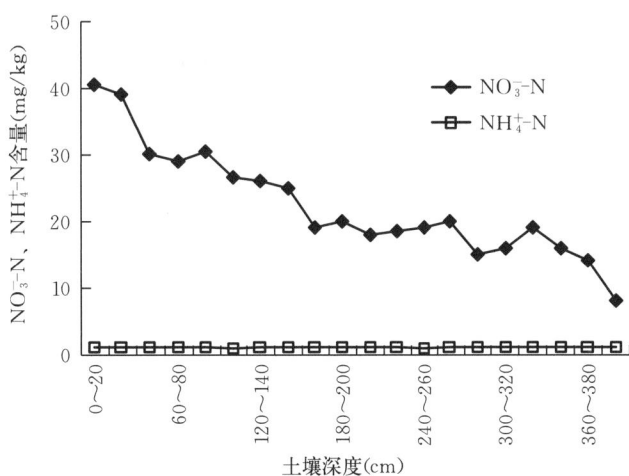

图 15-10　菜园土壤剖面中 $NO_3^- - N$、$NH_4^+ - N$ 含量与分布

成了有规则的波浪式分布曲线，且波浪均随土层的加深而逐渐依次降低，形成坡状波浪形。可以看出，菜园土壤剖面中 $NO_3^- - N$ 分布曲线出现了 6 个明显差异的波峰，即 0~20 cm、80~100 cm、140~160 cm、180~200 cm、260~280 cm、340~360 cm 处的波峰，最高的波峰在 20 cm 处，从

20 cm开始，$NO_3^- - N$即往土壤下层大量淋失，一直淋失到 400 cm 以下。而吨产田土壤从 100 cm 处才开始有明显 $NO_3^- - N$ 向下淋失，显然这与土壤质地、灌水量和施氮量有关。所以，在轻质土壤地区种植蔬菜的时候，必须施行多次少灌、多次少施的管理措施，以便减少水肥损失，防止土壤污染。

9. 关中平原灌溉地区果园土壤剖面中 $NO_3^- - N$、$NH_4^+ - N$ 含量与分布 关中平原果园一般分布在新灌溉的一级台塬地区，土壤为𪮶土，剖面中存在着一层深厚的黏土层，灌水量和施肥量都大大超过了其他种植地区。选择 6 个具有代表性土壤剖面的分析资料绘制成图 15 - 11。在 0～400 cm 剖面中，$NH_4^+ - N$ 含量与其他地区土壤差不多，为 0.35～1.04 mg/kg；$NO_3^- - N$ 含量为 31.39～58.43 mg/kg，大大高于菜园土壤和其他不同地区的土壤。从 $NO_3^- - N$ 分布曲线来看，在果园土壤剖面中，只出现了两个明显的宽带峰，即在 40～140 cm 和 300～360 cm 土层中，似为两个平台，

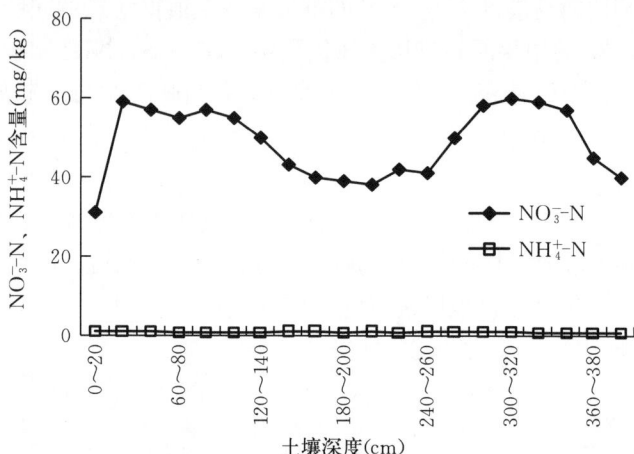

图 15 - 11 老苹果园土壤 6 个剖面中 $NO_3^- - N$、$NH_4^+ - N$ 含量与分布

其 $NO_3^- - N$ 含量均为 50～60 mg/kg，同时也出现了与此相适应的一个宽低谷，即在 140～300 cm 土层中，低谷值为 36.95 mg/kg。形成以上这种特殊分布模型，既与土壤剖面存在深厚黏土层有关，又与大水漫灌和大量施肥有关。水肥用量要比其他作物高 2～3 倍。另外，也可看出，$NO_3^- - N$ 从 20 cm 土层处即开始向下大量淋失，一直淋移到 400 cm 土层以下。说明在目前关中平原果园土壤中，$NO_3^- - N$ 的淋失是一个极其严重的问题。

10. 小结 根据以上不同地区土壤剖面中 $NO_3^- - N$ 含量与分布，结果见表 15 - 15。由结果看出：在 0～400 cm 土壤剖面中，$NO_3^- - N$ 含量是关中平原地区＞渭北旱塬＞黄土残塬沟壑区＞黄土丘陵沟壑区；在关中平原地区，果园区＞菜园区＞吨产田产区＞新灌＞老灌区；最低为黄土丘陵沟壑区，约为 30.44 kg/hm²，最高为关中平原果园区，为 2 022.44 kg/hm²。$NO_3^- - N$ 淋失深度关中平原新老灌区均＞400 cm，旱作农业区均为 60～160 cm；$NO_3^- - N$ 在土壤剖面中的分布模型在干旱地区均

表 15 - 15 不同地区土壤剖面中 $NO_3^- - N$ 含量淋移与分布特点

农业生态区	0～400 cm 土层中 $NO_3^- - N$ 含量（kg/hm²）	$NO_3^- - N$ 淋失深度（cm）	分布模型	模型名称	土壤剖面数（个）
黄土丘陵沟壑区	30.44	＜60		单峰形	13
黄土残塬沟壑区	147.53	＜100		单峰形	4
渭北旱塬区	227.53	＜140		单峰形	8
关中平原旱作区	241.02	＜160		单峰形	6
关中平原老灌区	157.82	＞400		多峰波浪形	8
关中平原新灌区	473.40	＞400		多峰波浪形	12
关中平原吨产田区	704.77	＞400		多峰波浪形	6
关中平原菜园区	972.95	＞400		多峰波浪形	7
关中平原果园区	2 022.44	＞400		宽峰波浪形	6

为单峰形曲线分布，在关中平原的新老灌溉地区均呈多峰形波浪式分布曲线，充分体现出水分下移运动过程中的形态分布均受水分运动的活塞效应所控制。

（三）不同农业生态区河谷立地土壤 $NO_3^- - N$ 含量与分布规律

在调查过程中，分别在陕北米脂无定河两岸、关中渭河两岸、陕南汉江两岸进行了立地土壤 $NO_3^- - N$ 含量及其分布的研究，现分述如下：

1. 陕北米脂无定河两岸立地土壤 $NO_3^- - N$ 含量与分布　无定河是黄河主要支流之一，在此沿岸的绥德、米脂、榆林等县自丘陵顶部、丘陵坡地、川台地到河滩地，分别选择代表性地块采取土样，测定土壤 $NO_3^- - N$ 含量，结果见图 15 - 12。可以看出，在 0～400 cm 土层中 $NO_3^- - N$ 平均含量丘陵顶部为 43 kg/hm²，丘坡坡地为 65 kg/hm²，川台地为 543 kg N/hm²，河滩地为 325 kg/hm²。在200～400 cm 土层中也都含有一定数量的 $NO_3^- - N$，占 0～400 cm 土层总含量的 30%～50%，这都是由土壤上层淋移下来的 $NO_3^- - N$，属于淋失范围，作物难以吸收利用。以上结果表明，在无定河流域立地剖面中 $NO_3^- - N$ 含量在灌溉和施氮量较高的一级和二级阶地都大大高于水土流失严重和施氮量较小的丘陵顶部和坡地；一级阶地施氮量虽比二级阶地多，但由于一级阶地土壤质地较粗，淋失较多，土壤中 $NO_3^- - N$ 则明显低于二级阶地。

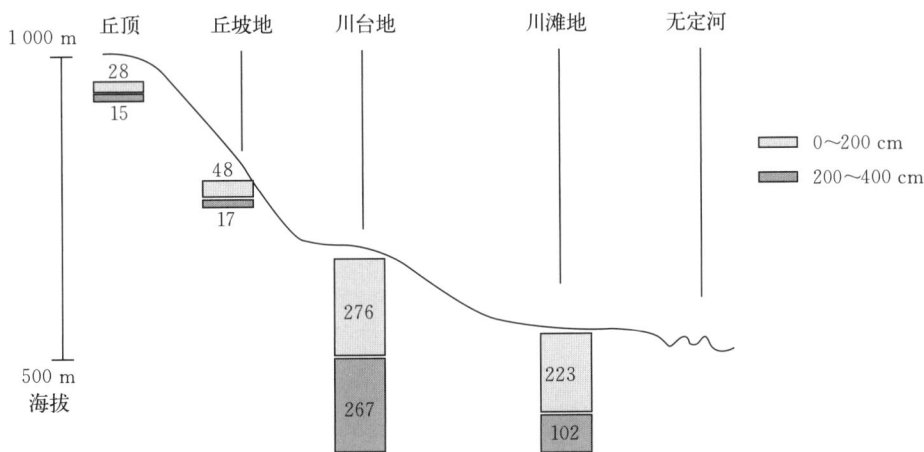

图 15 - 12　陕北米脂无定河谷地 0～400 cm 土壤剖面中 $NO_3^- - N$ 含量分布（kg/hm²）

2. 关中渭河两岸立地土壤 $NO_3^- - N$ 含量与分布　渭河两岸地处秦岭以北，关中平原南边，是关中八百里秦川五谷丰盛的核心地区。渭河冲积形成了不同宽窄的河谷阶地。一级阶地俗称为头道塬，二级阶地称为二道塬，三级阶地为三道塬，这三道阶地都各有其成土过程，形成了各自的土壤类型。头道塬称红油土，二道塬称黑油土，三道塬称瓣瓣黑油土。含有不同深度的黏土层。土层深厚，地下水位由头道塬到三道塬分别为 120 m、40～60 m 和 4～6 m。头道塬在 35 年前均为旱作地区，二道塬和三道塬为关中西部的老灌溉地区，施肥水平一般头道塬少于二道塬和三道塬。作物产量也随着水、肥条件的改善而增加。

从西安到宝鸡沿渭河两岸，分别选择代表性地块进行土壤取样，测定土壤 $NO_3^- - N$ 含量，结果见图 15 - 13。从结果看出，0～400 cm 土层中，$NO_3^- - N$ 含量，在渭河南岸的三级阶地、二级阶地、一级阶地分别为 324 kg/hm²、382 kg/hm² 和 270 kg/hm²，在渭河北岸的三级阶地、二级阶地、一级阶地分别为 276 kg/hm²、677 kg/hm² 和 144 kg/hm²，两岸相比，在南的三级阶地和一级阶地均高于北岸，这是由于南岸的土壤质地较北岸较重，施氮量也较高；而南岸的二级阶地 $NO_3^- - N$ 含量却明显低于北岸，这与南岸的二级阶地塬过去曾长期种植水稻、土壤 $NO_3^- - N$ 反硝化损失较多有关。在所有剖面中，200～400 cm 土层中 $NO_3^- - N$ 含量占 0～400 cm $NO_3^- - N$ 总含量 40%～60%，说明在这一地区土壤 $NO_3^- - N$ 含量和淋失量远远超过陕北丘陵沟壑区，淋失十分严重。

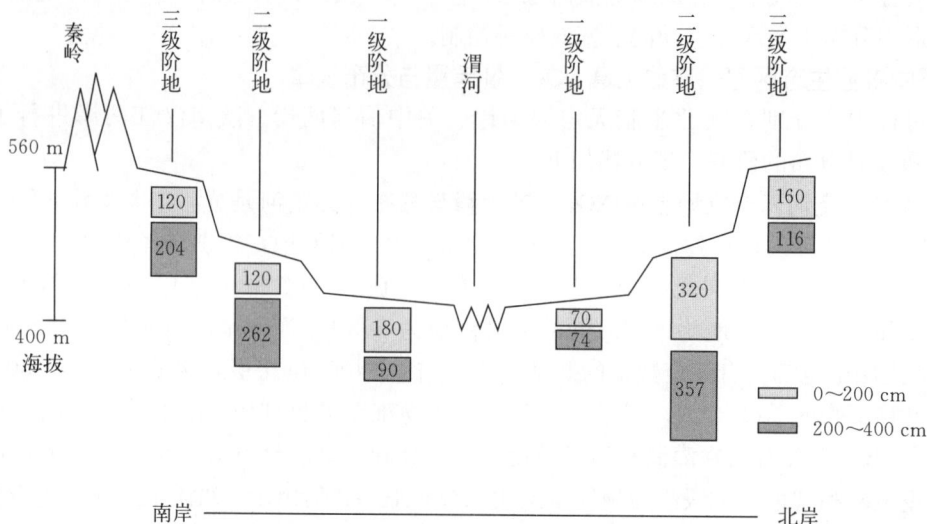

图 15-13　关中渭河谷地 0～400 cm 土壤剖面中 $NO_3^- - N$ 含量分布（kg/hm²）

3. 陕南汉江两岸立地土壤 $NO_3^- - N$ 含量与分布　汉江盆地分布在秦岭与大巴山之间，汉江通过其中。由于汉江冲积作用，形成了明显的二级和三级阶地，地带性土壤为黄褐土，土壤质地由高处到低处逐渐变细。当地年降水量 800～1 000 mm，且有灌溉条件，农地主要分布在汉江北岸，地面辽阔。在汉江北岸到秦岭南麓之间进行土壤调查，选择代表性地块采取土样，测定 $NO_3^- - N$ 含量。结果见图 15-14。

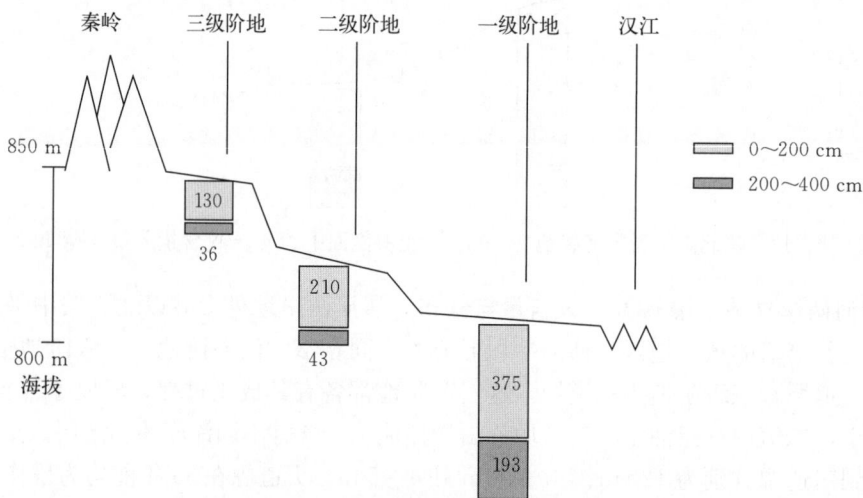

图 15-14　陕南汉江北岸立地土壤剖面中 $NO_3^- - N$ 含量分布（kg/hm²）

　　从结果看出，0～400 cm 土层中 $NO_3^- - N$ 含量在三级阶地为 166 kg/hm²，二级阶地水稻土为 253 kg/hm²，一级阶地水稻土和菜地为 568 kg/hm²，含量随海拔由高到低逐渐增高；在 200～400 cm 土层中 $NO_3^- - N$ 含量占 0～400 cm 土层中 $NO_3^- - N$ 总含量分别为 21.68%、17% 和 33.98%。由此看出，汉江盆地土壤中 $NO_3^- - N$ 的淋失量明显低于关中和陕北。主要原因是汉江盆地土壤质地黏重。不同阶地土壤中 $NO_3^- - N$ 含量与分布有很大差异，三级阶地是旱作农业，为黏土黄泥，施氮量较少，地面径流量较大；二级阶地为新灌溉农地，土壤为黏壤质水稻土，施氮量较高；一级阶地是老灌区，为壤质水稻土和菜园土，施氮量很高，由于这些不同条件，使土壤 $NO_3^- - N$ 含量产生显著差异，土壤剖面中 $NO_3^- - N$ 含量顺序是一级阶地＞二级阶地＞三级阶地，明显反映出土壤 $NO_3^- - N$ 含量的地域性差异。

（四）影响土壤 $NO_3^- - N$ 含量和分布的主要因素

经过调查发现，在陕西境内影响土壤 $NO_3^- - N$ 含量和分布的主要因素有以下几种：

1. 施氮量 根据调查前 10 年施氮量统计，不同农业生态区施氮量有很大的差异（表 15 - 16），在这 10 年中是陕西大量施用化肥氮的时期，但施氮量很不平衡，在农业生产和经济较发达地区，施氮量就明显增加，如汉中盆地区和关中平原地区，氮肥用量明显高于渭北旱塬和陕北地区。

表 15 - 16　陕西不同地区农业生态区施氮量

农业生态区	施氮量（kg/hm²）	备注
黄土高原丘陵沟壑区	45	一茬作物
黄土残塬沟壑区	108	一茬作物
渭北旱塬区	130	一茬作物
关中东部老灌区	200	二茬作物
关中东部新灌区	210	二茬作物
关中西部老灌区	220	二茬作物
关中西部新灌区	250	二茬作物
汉中盆地区	300	二茬作物

注：1984—1994 年陕西施氮量（kg/hm²）统计，资料来自陕西农业局编印的农业统计资料摘要。

经统计，施氮量与不同土壤中 $NO_3^- - N$ 含量具有显著相关性，统计结果如下：

施氮量与 0~100 cm 土层 $NO_3^- - N$ 含量相关系数：$r = 0.9641^{**}$，$N = 8$（$r_{0.01} = 0.834$）

施氮量与 100~200 cm 土层 $NO_3^- - N$ 含量相关系数：$r = 0.9711^{**}$，$N = 8$（$r_{0.01} = 0.834$）

施氮量与 200~400 cm 土层 $NO_3^- - N$ 含量相关系数：$r = 0.9734^{**}$，$N = 8$（$r_{0.01} = 0.834$）

相关系数均达到极显著水平。由此可知，控制施氮量是控制土壤 $NO_3^- - N$ 积累和淋失的主要途径。

另外，马臣等（2018）研究发现施氮量与土壤剖面硝态氮累积量呈显著正相关关系，残留在土壤中的硝态氮如不及时被作物吸收利用，在降水或灌水的作用下，会向土壤深层淋溶。李生秀等（1995）在渗漏池中的试验表明，氮肥用量为 187.5 kg/hm²，淋失量为 98.2 kg/hm²，相当于施氮量的 52.4%；用量为 375 kg/hm²，淋失 175.8 kg/hm²，相当于施氮量的 46.9%，虽然百分数接近，但损失的绝对量相差惊人。刘春增等（1996）的试验结果表明，随着施氮水平提高，淋溶到剖面以下深度地下水中的硝态氮含量也将增大。

有机肥的大量施用，也会引起地下水硝酸盐的污染（Vasconcelos，1997；Chang，1996；Lind，1995；Mediavilla，1995；Fragstein，1995；Kandeler，1994；Sallade，1994）。Adams（1994）指出，每年的禽粪施用量不应超过 11.2 t/hm²，而石灰性土壤上的硝酸盐污染同高牲畜存栏导致的过量施用有机肥有关（Jabro，1991）。我国陕西等地的"肥水井"部分也与有机肥料有关（中国科学院西北水土保持研究所，1973）。无论是氮素化肥还是厩肥，当大量施用于农田时，由于作物不能全部吸收利用，而土壤胶体又不能吸附一价的硝酸根阴离子，在降雨和灌溉条件下，土壤中的硝酸盐很容易向下淋洗。

2. 地面接水量 水分是硝态氮淋溶的驱动力。因此，蒸散量与降水量相对高低决定了硝态氮在土壤中的移动方向。当降水量偏低时，土壤干旱，植物蒸散会促使硝态氮随水上移；当降水量较高时，土壤湿润，土壤硝态氮随水分下渗，在饱和水流条件下引起氮的淋失（图 15 - 15）。硝态氮的上下移动也称为活塞运动。

陕西农业包括雨养农业和灌溉农业两大部分，在这两大农业地区，把自然降水量加灌水量称为地面接水量。地面接水量大小能直接影响到土壤 $NO_3^- - N$ 淋失的深度和大小。为了了解两者之间的关系，我们统计调查了前 10 年的平均降水量和灌水量，结果见表 15 - 17。

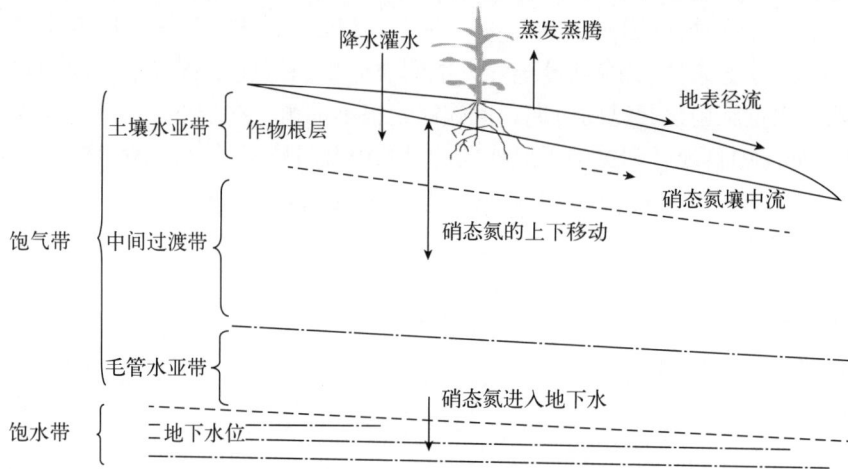

图 15-15　土壤水分循环及硝态氮在土壤剖面中的移动示意

表 15-17　陕西黄土地区不同农业生态区地面接水量

单位：mm

农业生态区	年平均降水量	年平均灌水量	年平均地面接水量
黄土丘陵沟壑区	398	—	398
黄土残塬沟壑区	650	—	660
渭北旱塬区	560	—	560
关中东部新灌区	450	180	630
关中西部老灌区	675	180	855
关中西部新灌区	675	160	835

将地面接水量与不同土层 $NO_3^- - N$ 淋失量相关性进行了统计，结果如下：

接水量与 200～400 cm 土层中 $NO_3^- - N$ 含量相关系数：$r = 0.952\,9**$，$N = 6$（$r_{0.01} = 0.917$）

接水量与 100～200 cm 土层中 $NO_3^- - N$ 含量相关系数：$r = 0.924\,5**$，$N = 6$（$r_{0.01} = 0.917$）

相关系数均达到极显著水平。由此可知，地面接水量越多，土层中 $NO_3^- - N$ 淋失得就越多，因此，在灌溉地区，控制灌水量和改进灌溉方法，对控制土壤 $NO_3^- - N$ 淋失具有重要作用。

此外，黄元仿等（1994）的研究指出，灌水量越大，表层土壤硝态氮的淋洗现象越明显，淋洗也越深。中灌（60 mm）和低灌处理的淋洗深度一般不超过冬小麦根系主要集中区（80 mm 以内），高灌处理（90 mm）的表层硝态氮淋洗深度容易超过 80 cm。与传统的大水漫灌相比，喷灌与灌溉施肥相结合，可以明显减少硝酸盐淋溶（Spalding，2001）。吕殿青等（1998）在陕西米脂沙质土壤上进行的相同施氮量不同灌水量试验，在春玉米收获后测定 0～20 cm 土层中残留的硝态氮含量，结果看出有明显差异。0～20 cm 土层中硝态氮存留量与灌水量之间可以指数曲线方程表达：

$$Y = 0.009e^{0.034\,982\,x}$$

式中，Y 为 0～20 cm 中硝态氮残留量，x 为灌水量，说明土层中硝态氮存留量随灌水量的增多而减少。

彭琳等（1981）的研究表明，旱作土壤中硝态氮每年随水下渗深度为 100～150 cm，一般不超过 200 cm，平均 2～3 mm 降水使土壤中硝态氮下渗深度向下延伸 1 cm，降水在土壤中下渗深度一般每年为 160～260 cm。夏闲期降水量（Y）与土壤中下渗深度（X）的回归方程为：

$$Y = 3.86X$$

土壤中硝态氮下移距离往往小于土壤水分下渗深度，这可能由于土壤中硝态氮向下的移动，主要是土壤溶液中硝态氮逐渐稀释扩散，呈梯度逐步向下延伸，并不完全与水分同行。

3. 土壤性质 影响硝态氮淋洗的土壤性状主要是土壤物理性状，如质地、孔性、结构性以及水分状况等。大量的研究结果表明，在粗质地土壤上硝态氮的淋溶比细质地土壤严重。在陕北无定河谷地有灌溉条件的沙质土壤上，春玉米地硝态氮可淋至 200 cm 以下，甚至到 400 cm 仍有不少硝态氮；在关中新灌区的重壤质塿土上小麦地硝态氮可淋至 100 cm 以下；对于陕南汉中盆地的黏重水稻土，小麦生长期间硝态氮只淋至 60 cm 左右（吕殿青，1998）。土壤质地越粗，$NO_3^- - N$ 淋失就越多（表 15 - 18）。因此在相同施氮量的条件下，粉沙土、黏壤土和黏土 0～40 cm 土层中 $NO_3^- - N$ 的淋失量分别为施氮量的 41%、31% 和 15%。

表 15 - 18　不同农业生态区作物生长期中 $NO_3^- - N$ 从 0～40 cm 土层中淋失量

地区	土地利用情况	土壤质地	施 N 量（kg/hm²）	$NO_3^- - N$ 淋失量（kg/hm²）	占施 N 量（%）
米脂	灌溉，春玉米	粉沙土	250	102.5	41.0
关中	灌溉，冬小麦	黏壤土	250	77.5	31.0
汉中	灌溉，冬小麦	黏土	250	37.5	15.0

此外，关中平原东部老灌区不同土层的 $NO_3^- - N$ 含量均明显低于关中平原东部新灌区，但这两地区的施氮量和作物产量均基本接近，其主要区别是老灌区多半是渭河冲积土壤，质地为沙壤土-壤土，且地下水位较高，许多地区在 4～6 m，而新灌区为黄土沉积的土层，土壤质地为粉沙黏壤土，地下水位很低，一般在 70～80 m，所以老灌区土壤的渗漏性明显高于新灌区。在 0～400 cm 土层中 $NO_3^- - N$ 含量老灌区为 134.10 kg/hm²，而新灌区为 353.60 kg/hm²，其中留在 0～200 cm 土层的 $NO_3^- - N$ 分别为 85.4 kg/hm² 和 227.27 kg/hm²，说明老灌区的 $NO_3^- - N$ 淋失量大大高于新灌区。

夏梦洁等研究发现，单位降水量引起的硝态氮在土壤剖面淋溶的深度在杨凌（塿土）与长武间（黑垆土）存在差异，其中杨凌每 10 mm 降水可使硝态氮平均向下迁移 1.4（2015 年）～1.7 cm（2014 年），而长武可以达到 1.8～3.7 cm（2013 年）。这与两地土壤类型不同有关，长武土壤属黑垆土，黏粒含量较杨凌（塿土）少，因此，氮素向下迁移速度会快。2013 年长武夏季休闲期间的降水量属于丰水年，硝态氮淋溶作用明显，而在平水年（2015 年）和欠水年（2014 年）时硝态氮淋溶作用弱。可见，在长武地区夏季休闲期间遇上丰水年时，存在硝态氮向下大量淋溶的风险，平水年和欠水年时不存在这一问题。而杨凌的情况有所不同，夏季休闲期间遭遇平水年（2014 年）时硝态氮淋溶作用已经明显，大量硝态氮被淋溶到 1 m 以下土层。由此可知，当遇上丰水年淋溶风险更大，而在欠水年（2013 年和 2015 年）硝态氮淋溶作用弱，甚至还出现轻微上移。

4. 地面覆盖、植被

（1）地面覆盖。在渭北旱塬合阳县甘井乡陕西农业科学院试验地调查发现，长期用麦秸覆盖的地面和长期不覆盖的地面，土壤中 $NO_3^- - N$ 含量和分布有明显差异，见图15 - 16。

由于长期用麦秸覆盖地面，可以阻缓自然降水在土壤中的渗透，减少土壤 $NO_3^- - N$ 的淋失，并能减少地面水分蒸发，使土壤储存更多有效水分。由于水分条件的改善，又有利于增施肥料，提高肥料的有效性。由此，水肥条件都得到改善，使作物更能充分吸收利用土壤中的水分和养分，促进作物根系生长发育强壮，形成根系盘结层，从而可阻止水分蒸发和 $NO_3^- - N$ 淋失。所以在长期覆盖

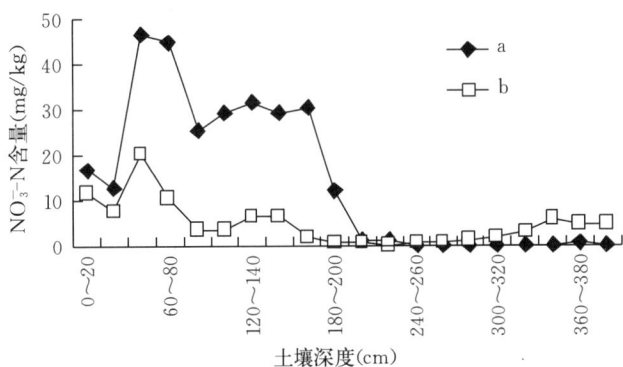

图 15 - 16　不同土壤管理下土壤剖面中 $NO_3^- - N$ 含量分布
a. 长期用麦秸覆盖的土壤　b. 长期未覆盖的土壤

的 0～200 cm 土层中 $NO_3^- - N$ 含量高达 304.35 kg/hm²，是未覆盖的 $NO_3^- - N$ 含量 169.80 kg/hm² 的 1.79 倍；在 200～400 cm 土层中 $NO_3^- - N$ 含量，覆盖的为 29.48 kg/hm²，相当于未覆盖的 $NO_3^- - N$ 含量 83.86 kg/hm² 的 35.2%，所以地面覆盖是减少阻缓土壤水肥向下层淋移的重要措施之一。

（2）植被。土地休闲导致高的淋洗潜力，就淋失量来说，休闲＞豆科作物＞非豆科作物（Francis，1994）。Emteryd（1998）试验结果表明，冬天在陕北的黄绵土上种植黑麦草，可大大减少硝态氮的淋失。植被系统及其覆盖状况决定土壤氮的吸收部分，同时也影响地面降水的分配。Owens（1995）指出，连作玉米硝态氮淋失量很大，小麦-大豆轮作可减少硝态氮淋失。连续种大麦有 87% 的硝态氮分布在根区以下，而轮作的仅有 35% 的硝态氮分布在根区以下（Izaurralde，1995）。同样，Zhou（1997）也研究发现，相对于单作玉米，收获时间单作系统 1 m 土层减少 47% 的硝态氮，间作系统比单作系统减少淋失量近一半，套种休闲作物也可减少淋失量（Nielson，1990）。这说明在农田系统中，作物轮作系统相比单作系统显著地减少土壤硝态氮淋失。

不同作物类型也会不同程度地影响土壤硝态氮的残留及淋溶。和亮等在北京大兴、房山、门头沟和通州 4 区开展大面积填闲作物田间筛选试验和多点对比试验等工作，在夏季休闲期设置甜玉米、高丹草、红叶苋菜、空心菜和小麦 5 种填闲作物筛选试验。结果显示，甜玉米的生物量和吸氮能力都显著优于其他 4 种作物（$P<0.05$），甜玉米的单株吸氮量及单株吸氮量增长速率明显高于其他 4 种作物（$P<0.01$）。从经济和环境效益两方面分析，甜玉米是适合北方设施菜地夏季休闲期种植的填闲作物。种植甜玉米可以提高农民收入，平均达 30 504.2 元/hm²，并且可有效减少土壤中硝态氮含量，降低淋入周边地下水中的风险。

5. 土地利用方式　对陕西关中不同土地利用条件下土壤剖面中硝酸盐污染的调查（表 15 - 19）表明，土壤利用情况不同对土壤剖面中硝酸盐的移动和积累有明显影响。在 0～400 cm 深土层内硝酸盐积累量在 8 年以上的苹果园达 3 414 kg/hm²，15 年以上的菜园达 1 362 kg/hm²，高产农田土壤达 537 kg/hm²，一般农田土壤为 255 kg/hm²。硝酸盐在 200～400 cm 深层土壤剖面中的累积量，菜园地达 681 kg/hm²，是一般农田的 6.7 倍，果园地达 1 812 kg/hm²，是一般农田的 17.7 倍（吕殿青等，1998）。

表 15 - 19　陕西关中黄土区不同土地利用条件下不同土层中 $NO_3^- - N$ 含量

土地利用	$NO_3^- - N$（kg/hm²）			施氮量（kg/km²）
	0～400 cm	0～200 cm	200～400 cm	
8 年以上果园	3 414	1 602	1 812	900
15 年以上菜园	1 362	680	681	750
高产农田	537	323	214	500
一般农田	255	153	102	280

陈翠霞等（2019）研究发现，新果区（洛川）、老果区（礼泉）土壤 0～200 cm 土层硝态氮累积量分别达 2 724 kg/hm² 和 5 226 kg/hm²，老果区土壤剖面硝态氮累积量显著高于新果区。马鹏毅等（2019）研究发现，低氮肥投入量的 8 年苹果园硝态氮浓度及累积量与农田相当，而高氮肥投入的盛果期果园（17 年、25 年）0～600 cm 土壤剖面硝态氮浓度和累积量均显著高于农田，苹果收获后 0～600 cm 土壤剖面硝态氮累积量分别高达 6 830 kg/hm²、8 370 kg/hm²，这主要与其氮肥累积投入量过高有关。果园硝态氮累积量与树龄呈显著正相关关系，说明过量的氮肥投入对土壤硝态氮残留量具有较强的累积效应。

党菊香（2004）等对关中地区的温室土壤研究发现，耕层硝态氮含量最高可达露地粮田的 5.5 倍。杜慧玲（2005）等的研究表明，山西太谷县 9 年蔬菜大棚 0～20 cm 深度内的土壤硝态氮含量是露地粮田的 15.9 倍。同时，不同种植年限日光温室的土壤环境不同，有研究表明，日光温室土壤硝态氮等含量随着种植年限的延长有增加的趋势。杨慧等（2014）研究发现，在日光温室土壤剖面上，从耕层以下某一临界浓度开始，土壤硝态氮含量随种植年限的延长而逐渐增加；在耕层以下，不同种植年限的日光温室土壤硝态氮含量均有一峰值；种植年限不同，该峰值的大小也不同，且峰值所在的深度不同；随着种植年限的延长，该峰值逐渐增大，所在深度逐渐加深。

6. 耕作 关于耕作方式对硝态氮淋溶的报道较少且观点不一致。耕作因影响土壤状况和水分运动等而影响硝态氮的累积及淋失。Smith 等（1987）认为，耕作次数越少，硝态氮向深层土壤的淋溶量越多，因为未经扰动的土壤孔隙贯通性好，易造成硝态氮的淋溶运动，而且由于蒸发少，不利于土壤深层硝态氮向上移动；Meek 等（1995）则认为，耕作增加了硝态氮的淋失，翻耕处理 140～180 cm 土层硝态氮含量显著高于旋耕和免耕处理的（胡立峰，2005）。Goss（1993）研究发现，耕作增加硝态氮淋失 21%，而免耕和传统耕作相比，0～120 cm 土层硝态氮累积量减少一半（Dou，1995），秋季犁地的比不犁的土壤氮淋失潜力高（Solberg，1994）。不同农田管理措施通过对水分的调控减少硝态氮淋溶，进而提高氮素利用效率，免耕基础上秸秆地膜覆盖能有效调控土壤水分运动和减少硝态氮淋溶累积（胡锦昇，2019）。

前人关于深松对硝态氮淋溶的影响罕见报道，王红光等（2011）试验结果表明，在小麦开花之前，深松并没有增加 60～200 cm 土层的硝态氮含量，深松和翻耕造成了开花后硝态氮向 80～120 cm 土层淋溶，但深松＋条旋耕处理淋溶量显著低于深松＋旋耕处理的，与翻耕处理的无显著差异。

二、陕西土壤 NO_3^- - N 淋失与地下水、地表水 NO_3^- - N 含量

（一）不同土壤质地土壤硝态氮的淋溶规律

同延安等分别在陕北米脂（黄绵土）、关中杨凌（塿土）与陕南汉中市（水稻土）研究了硝酸盐在不同土壤质地上土壤剖面的分布情况。

图 15-17 为不同时间硝酸盐在陕北米脂（黄绵土）剖面中的分布。可以明显地看出，不施肥区（图 15-17a），不同时间硝酸盐在土壤剖面不同层次的累积差异不大，没有出现明显的硝酸盐累积峰值。与此相比，施肥区（图 15-17b）的硝酸盐在土壤剖面中的移动则非常明显。施肥前的5月6日，硝酸盐在土壤剖面中的最高值仅 20 kg/hm² 左右，5月7日施入尿素后，7月10日与9月23日，发现硝酸盐的最高峰值达 150 kg/hm² 左右，同时该峰值也在不断向下移动。施肥2个月后，硝酸盐峰

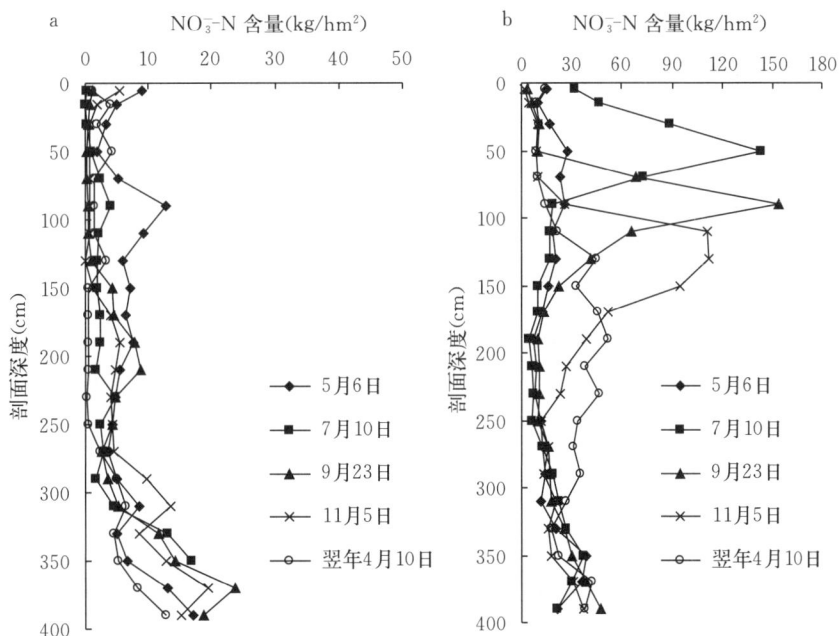

图 15-17 不同时间硝酸盐在陕北米脂黄绵土剖面中的分布
a. 不施肥区 b. 施肥区

值在 50 cm 土层左右，4 个多月后，该峰值下移至 100 cm 土层左右，到 11 月 5 日，该峰值下降到 130 cm，到翌年的 4 月 10 日，硝酸盐的峰值已不明显，分布在 130～350 cm 土层。同时，图 15 - 17 给出了一个不同时间共有的现象，不管是对照区还是施肥区，300 cm 土层以下，硝酸盐含量随深度增加而增加。本试验地的地下水位仅有 4.5 m，3 m 以下的土壤含水量明显增大，而溶解在水中的硝酸盐也随之增加，这些硝酸盐明显来自前茬作物。如果 200 cm 土层以下的氮素难以被根系吸收，则 60％以上的氮素不能被作物吸收利用。因此，可以得出这样的结论：在黄绵土地区可以灌溉的川道地，氮素损失的主要途径是硝酸盐淋失。这与吕殿青等（1998）得出的结论相似。

图 15 - 18 为不同时间硝酸盐在关中（塿土）剖面中的分布。由图 15 - 18 可以看出，不同时间大部分硝酸盐分布在 100 cm 土层以上，只有很少部分淋移到 100 cm 以下。无论是对照区（图 15 - 18a）还是施肥区（图 15 - 18b），都没有硝酸盐累积峰值移动的迹象。这与塿土的土体构型有关。在 80～120 cm 土层，黏粒含量高达 35％以上，称为黏化层，阻碍了水分大量下渗，使得水分在黏化层以上累积。这也就使得硝酸盐在黏化层以上累积，难以淋移到黏化层以下。水分与硝酸盐在黏化层以上的累积，更加剧了反硝化损失的条件。梁东丽等（2002）在同一地区研究发现，60 cm 与 90 cm 是 N_2O 浓度最高的层次，说明了反硝化作用的存在。因此可以认为本试验中所发现的这些硝酸盐的损失与氮素的反硝化作用有关。

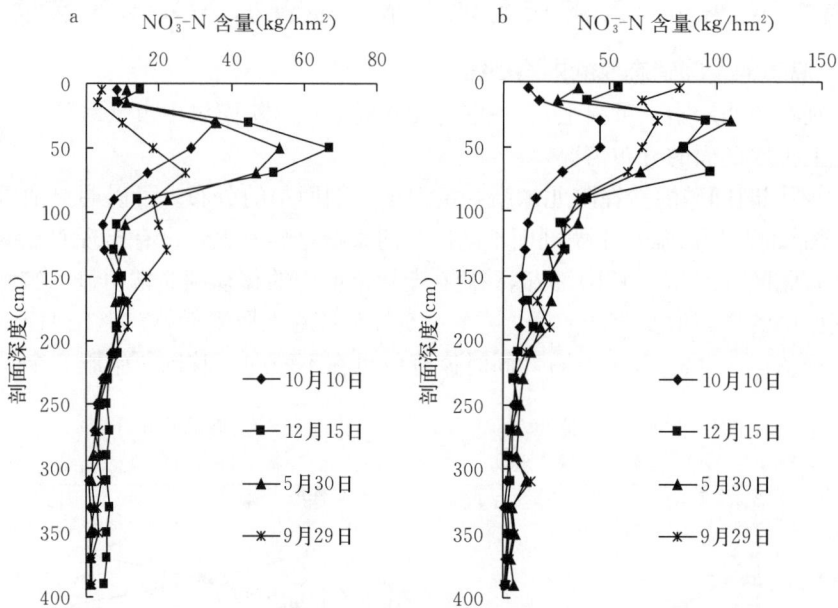

图 15 - 18　不同时间硝酸盐在关中塿土剖面中的分布
a. 不施肥区　b. 施肥区

图 15 - 19 表明了铵态氮与硝态氮之和在汉中（水稻土）剖面中的分布。对照区（图 15 - 19a）剖面中的氮素基本上均匀分布在 0～200 cm，没有累积峰值。施肥区（图 15 - 19b）剖面中的氮素主要分布在 0～20 cm 表层，但含量在不断下降，由 1 月 7 日的 111 kg/hm² 下降到 3 月 5 日的 94 kg/hm²，再下降到 6 月 14 日的 57 kg/hm²。在施肥区，也没有发现氮素在土壤剖面中累积峰值的移动迹象。在下层含水量高的水稻土中，水分与硝酸盐是难以向下移动的，加上在水稻生育期土壤一直淹水，深层土壤含水量仍很高，水分难以下渗。

因此，在黄绵土地区可以灌溉的川道地，氮素损失的主要途径是硝酸盐淋失。关中塿土，由于在 80～120 cm 有一黏化层，阻碍了水分与硝酸盐的向下淋移，使得大部分硝酸盐累积在 100 cm 土层以上，难以看出硝酸盐向下淋移的峰值。陕南黄泥巴，由于黏粒含量高，加上深层土壤水饱和，硝酸盐主要累积在土壤表层，难以向下淋移。

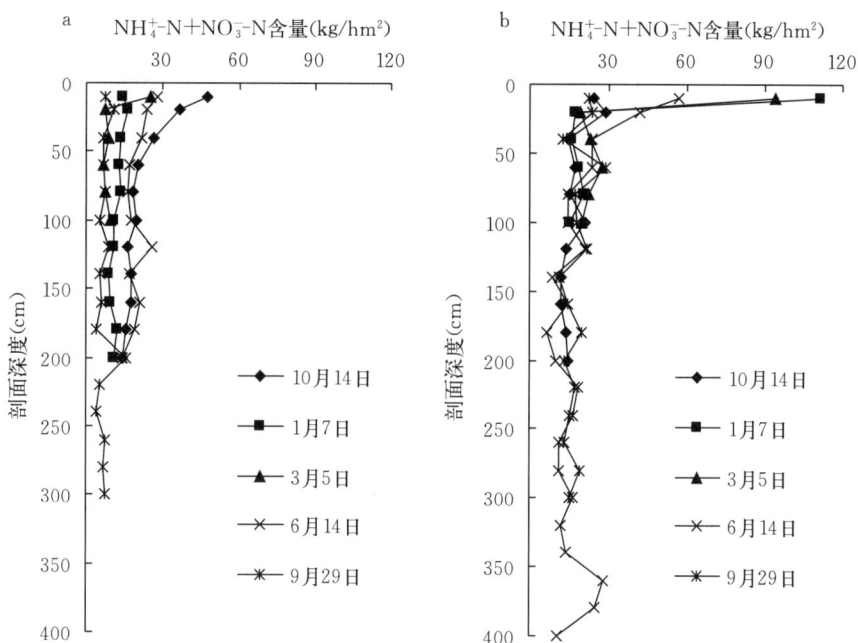

图 15-19　不同时间硝酸盐在陕南水稻土剖面中的分布

a. 不施肥区　b. 施肥区

（二）陕西地下水 $NO_3^- - N$ 含量

1. 陕北米脂无定河流域地下水 $NO_3^- - N$ 含量　1995 年，在米脂县县城周围的无定河两岸进行了地下水 $NO_3^- - N$ 含量的测定。当地地下水位并不深，一般为 4~8 m。共采取 26 个地下水水样。分析结果表明，$NO_3^- - N$ 含量超过 11.3 mg/L 的有 9 个点，其含量幅度为 13.2~70.0 mg/L，占总样本数的 34.62%。测定地区土壤质地粗松，为农业高产地区，施肥量较高，并有灌溉条件，故 $NO_3^- - N$ 淋失量很大，因而引起大面积的地下水污染。在米脂其他乡村，地下水位较深，一般 >20 m，土壤中 $NO_3^- - N$ 尚未大量淋失到地下水，故 $NO_3^- - N$ 含量一般都 <5 mg/L。

2. 陕北、关中井水 $NO_3^- - N$ 含量　1995 年，在陕北无定河流域和关中平原广泛进行了井水调查，包括饮水井和农用井，都是当时打成的新井。取出水样，分析水中 $NO_3^- - N$ 含量，结果见表 15-20。

表 15-20　陕北无定河流域、关中平原井水 $NO_3^- - N$ 含量

地区	井水调查个数	$NO_3^- - N$ 含量					
		>11.3 mg/L		5~11 mg/L		<5 mg/L	
		个数	比例（%）	个数	比例（%）	个数	比例（%）
陕北	93	20	21.50	17	18.28	56	60.22
关中平原	74	22	29.73	19	25.67	33	44.60

由表 15-20 可以看出，井水中 $NO_3^- - N$ 含量超过 WHO 饮水标准 $NO_3^- - N$ 含量 11.3 mg/L 的井水个数占调查总数百分率，陕北为 21.50%，关中平原为 29.73%，$NO_3^- - N$ 含量在 5~11 mg/L 的井水个数百分率分别为 18.28% 和 25.67%，<5 mg/L 的井水个数百分率分别为 60.22% 和 44.60%。总的来看，陕北、关中区有 22%~30% 的井水被 $NO_3^- - N$ 污染，人畜不能饮用。关中平原井水被污染程度高于陕北无定河流域。由于这些调查的井都是新井，因此能代表当地农田地下水 $NO_3^- - N$ 含量的真实情况。

3. 陕西主要河流 $NO_3^- - N$ 含量　1995 年，在陕西省境内对主要河流及其支流、不同地区的水

库、池塘和泉水池等都分别采取水样，测定 $NO_3^- - N$ 含量。共取得水样 70 份，$NO_3^- - N$ 含量＞11.3 mg/L 的有 11 份，占 15.70％；5～11 mg/L 的有 8 份，占 11.40％；＜5 mg/L 的有 51 份，占 73.90％。其中，$NO_3^- - N$ 含量较高的是农业集约程度较高地区的小溪、池塘，特别是靠近城镇附近的小溪和池塘 $NO_3^- - N$ 含量高。这些地表水中的 $NO_3^- - N$，除来源于农田施用氮肥流失而来的以外，还与附近地表含 N 物质随降雨时的地表径流汇集有关。从调查结果中很清楚地看到，地表水 $NO_3^- - N$ 含量大河＜中河＜小河。$NO_3^- - N$ 含量黄河水为 2.4 mg/L，黄河支流渭河水为 8.32 mg/L，渭河支流沪河水为 16.57 mg/L，而沪河支流长安小溪水为 30.8 mg/L。说明在农业区的河流越小，$NO_3^- - N$ 含量越高，越接近农田地下水 $NO_3^- - N$ 含量。由此可知，农用氮肥是环境污染的重要来源之一。

4. 关中肥水井 $NO_3^- - N$ 含量　1966—1971 年，陕西省农业勘测设计院对关中地区肥水井 $NO_3^- - N$ 含量进行了全面勘测，结果见表 15 - 21。由结果看出，在关中平原地区共调查 19 个县（市）66 658 眼井，其中井水 $NO_3^- - N$ 含量超过 15 mg/L 的有 21 591 眼，占调查总井数的 32.39％。其含量已超过 WHO 提出的饮水 $NO_3^- - N$ 含量＜11.3 mg/L 的标准。这些超标的井水，人畜已不能饮用，但可用于灌溉，既可抗旱保苗，又可补充氮肥。

表 15 - 21　陕西关中部分地区肥水井调查

调查县（市）	调查井数（眼）	肥水井数（眼）				占调查井数（%）
		一级	二级	三级	小计	
西安	3 263	678	252	190	1 120	34.32
长安	6 680	466	195	134	795	11.90
兴平	2 612	406	332	377	1 115	42.69
咸阳	3 570	801	474	441	1 716	48.07
礼泉	2 799	839	599	307	1 745	63.24
泾阳	6 632	1 749	611	114	2 474	37.30
三原	3 358	372	349	274	995	29.63
高陵	6 059	414	151	264	829	13.68
临潼	7 104	1 882	692	232	2 806	39.50
渭南	3 918	545	352	277	1 174	29.96
蒲城	6 815	1 182	602	422	2 206	32.37
大荔	3 729	614	347	267	1 228	32.93
富平	58	3	3	3	9	15.52
宝鸡	1 520	358	160	99	617	40.59
武功	2 690	395	263	234	892	33.16
扶风	2 954	492	264	203	959	32.46
岐山	1 803	320	185	154	659	36.55
眉县	1 094	199	32	21	252	23.03
合计	66 658	11 715	5 863	4 013	21 591	32.39

注：表中一、二、三级系指肥水硝态氮含量的级别，即每升水含 $NO_3^- - N$ 分别为 15～30 mg、30～50 mg 和 50 mg 以上。

据调查，肥水埋藏深度在 30 m 以内的井数占 60％～70％，30～50 m 的占 20％～30％，50 m 以下的占 10％左右。表明有史以来，在关中黄土覆盖地区，地面 $NO_3^- - N$ 已淋移到地表 30 m 以下，最深达 50 m 以下。但在这 30 m 或 50 m 以下的地层中，土层质地并非完全一致，而是有黏土、壤土、沙土等不同厚度的土层所形成，在这些土质多变的地层中，$NO_3^- - N$ 仍能随水渗透过这种深厚的地层而到达 30～50 m，这确实是一个漫长的历史过程。由此可见，在黄土地区只要是有低凹积水，或有灌溉的地区，$NO_3^- - N$ 的淋失已成为一个客观的事实。

三、土壤 $NO_3^- - N$ 的淋失条件与调控措施研究

以上所研究的不同农业生态区土壤中 $NO_3^- - N$ 含量与分布规律，都可清楚看出，在陕西境内由北到南土壤中 $NO_3^- - N$ 都有不同程度向土壤深层淋失，并对地下水和江河地表水产生不同程度的污染。为了减轻和防止土壤 $NO_3^- - N$ 淋失，我们对以下问题进行了研究，现分述如下：

（一）土壤中 $NO_3^- - N$ 淋失量与不同渗漏池深度的关系

"八五"期间在陕西"黄土高原国家长期定位施肥和土壤肥力监测基地"对不同深度渗漏池土壤淋出液进行了测定，结果发现在相同降水和灌水条件下，以等量氮施入不同深度渗漏池内，在夏玉米生长期内测定不同渗漏池 $NO_3^- - N$ 数值，其与土壤深度之间的关系见指数方程模拟：

$$y = 6\ 125.6 \cdot e^{-0.021x}$$

式中，y 为 $NO_3^- - N$ 淋失量，x 为土层深度（cm），相关系数 $r = 0.997\ 7$。1992年，玉米生长期中降水＋灌水达 629 mm（称地面接水量，下同），为丰水型。因此，$NO_3^- - N$ 淋失的速度较大。从图 15-20 看出，土层离地面越近，土层中 $NO_3^- - N$ 向土壤下层淋出量就越大，说明要减少土壤 $NO_3^- - N$ 淋失量，如何控制土壤耕层 $NO_3^- - N$ 的淋失量是一个极其重要的环节。

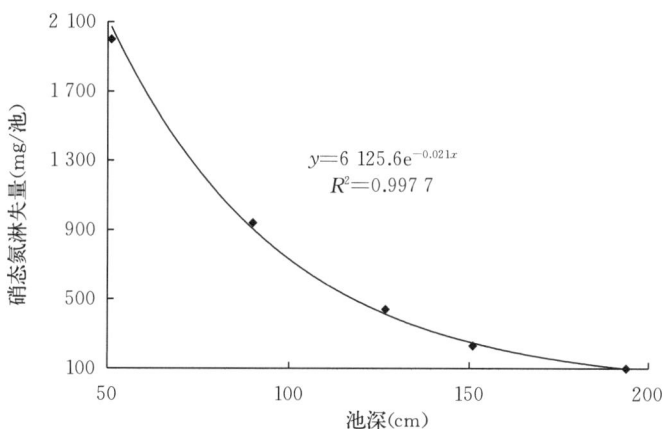

图 15-20　1992年夏玉米生长期中土壤 $NO_3^- - N$ 淋失量与渗漏池深度的关系

（二）0～20 cm 土壤 $NO_3^- - N$ 淋失量与地面接水量的关系

$NO_3^- - N$ 离子带负电荷，不易被土壤胶体所吸附，其在土壤中移动主要取决于土壤水分状况。经统计，地面接水量与 $NO_3^- - N$ 从 0～20 cm 土层中淋出量之间呈线性相关关系（表 15-22）。其线性方程为：

$$y = -23.974\ 6 + 0.251\ 28x$$

式中，y 为 $NO_3^- - N$ 从 0～20 cm 土层中的淋出量，x 为地面接水量，相关系数 $r = 0.967\ 5^{**}$（$r_{0.01} = 0.959$，$n = 5$）

表 15-22　地面接水量与 0～20 cm 土层中 $NO_3^- - N$ 淋出量的关系

年份	作物	地面接水量（mm）	$NO_3^- - N$ 淋出量（mg/kg）
1992	玉米	629	126.3
1993	小麦	242	34.1
1993	玉米	303	60.5
1994	小麦	349	78.39
1994	谷子	174	6.78

（三）不同施肥方法对 $NO_3^- - N$ 淋失的影响

1. 氮肥施用时间 利用不同深度的渗漏池群进行了氮肥施用时间的试验，结果见表 15-23。由结果 15-23 可以看出，在同一深度的渗漏池内，$NO_3^- - N$ 的淋失量，除个别处理外，均表现出氮肥施用次数 3 次＞2 次＞1 次。从籽粒和茎叶产量来看，氮肥施用次数均为 1 次＞2 次＞3 次。由此试验结果看出，在土壤质地比较黏重的塿土上种植夏玉米，氮磷钾适当配合的情况下，于播种时把氮肥一次施入土中，$NO_3^- - N$ 的淋失量与分次施相比，不但没有增加，反而有所减少，并能使作物增加对氮磷钾等养分的吸收量，提高玉米产量。

表 15-23　氮肥施用时间与 $NO_3^- - N$ 淋失（1992 年）

池深（cm）	处理	硝态氮淋失量（g/池）	土体中硝态氮遗留（g/池）	籽粒（g/池）	茎叶（g/池）
50	PK	0.065	1.33	63	435
	PK+N 一次施	2.057	2.83	653	1 246
	PK+N 二次施	2.415	2.78	609	1 202
	PK+N 三次施	2.896	2.83	572	1 090
80	PK	0.077	2.04	80	567
	PK+N 一次施	0.671	3.99	598	1 275
	PK+N 二次施	0.897	3.49	581	1 130
	PK+N 三次施	1.06	2.78	444	945
100	PK	0.061	2.46	81	585
	PK+N 一次施	0.639	4.32	699	1 325
	PK+N 二次施	0.605	3.73	622	1 335
	PK+N 三次施	0.636	4.19	568	1 199
120	PK	0.041	2.4	75	544
	PK+N 一次施	0.393	4.62	638	1 326
	PK+N 二次施	0.659	4.73	519	1 118
	PK+N 三次施	0.403	5.12	477	1 033
150	PK	0.064	2.53	93	492
	PK+N 一次施	0.177	5.95	602	1 258
	PK+N 二次施	0.184	5.42	598	1 226
	PK+N 三次施	0.209	4.77	524	1 062
200	PK	0.056	3.74	84	562
	PK+N 一次施	0.122	9.93	698	1 359
	PK+N 二次施	0.094	9.17	609	1 134
	PK+N 三次施	0.101	10.26	561	1 141

2. 氮肥用量 氮肥用量对 $NO_3^- - N$ 淋失影响试验是在 100 cm 深的渗漏池内进行的。结果（表 15-24）表明，$NO_3^- - N$ 的淋出量随施氮量的增高而增多。但由于池型深度较大，其淋出量并不很多。作物产量则随施氮量的增加而增高，且在每一层中 $NO_3^- - N$ 含量分布均为亩施 15 kg＞10 kg＞5 kg＞无氮，见图 15-21。表明施氮量越高，$NO_3^- - N$ 淋失量就越多，该结果与其他人研究

结果相一致。因此，控制施氮量是防止 $NO_3^- - N$ 淋失的重要途径之一。

表 15-24　施氮量与 $NO_3^- - N$ 淋失量和作物产量（100 cm 池型）

处理号	施氮量（kg/亩）	1993 年小麦			1993 年玉米			1994 年小麦		
		$NO_3^- - N$ 的淋出量（mg/池）	籽粒（g/池）	茎叶（g/池）	$NO_3^- - N$ 的淋出量（mg/池）	籽粒（g/池）	茎叶（g/池）	$NO_3^- - N$ 的淋出量（mg/池）	籽粒（g/池）	茎叶（g/池）
1	0	11	68	232	4	113	503	7	74	225
2	5	50	393	1 017	8	206	519	17	172	550
3	10	83	481	1 210	11	243	647	27	182	625
4	15	98	503	1 278	16	267	672	34	185	626

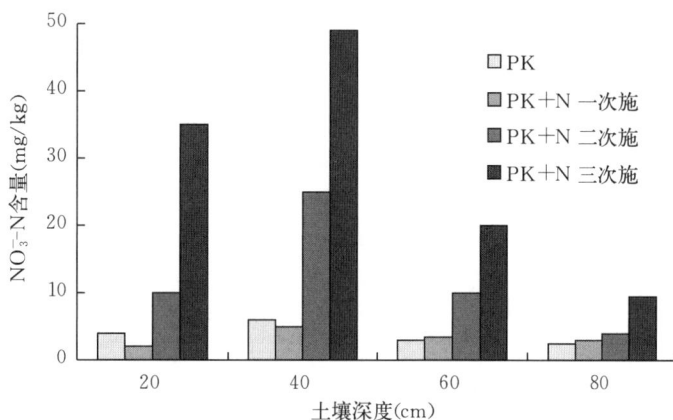

图 15-21　施氮量与土壤中 $NO_3^- - N$ 含量（1993 年玉米收后）

3. 氮肥品种　不同氮肥品种试验结果（表 15-25）表明，在两种深度的渗漏池内，施氯化铵的 $NO_3^- - N$ 淋出量均低于碳酸氢铵和尿素，而产量则高于后两者。遗留在两种渗漏池内的 $NO_3^- - N$ 量表现为施碳酸氢铵＞施尿素＞氯化铵。

表 15-25　氮肥品种对 $NO_3^- - N$ 淋出量和小麦产量的影响（1994 年）

池型	处理	淋出量（$NO_3^- - N$）（mg/池）	产量（g/池）	茎叶（g/池）
50 cm	无 N	46	47	175
	尿素	80	126	513
	碳酸氢铵	66	133	538
	氯化铵	51	136	550
80 cm	无 N	14	78	250
	尿素	40	158	525
	碳酸氢铵	38	171	575
	氯化铵	30	195	588

施适量氯化铵能促进小麦生长，增加对氮的吸收。在 50 cm 渗漏池内，从 0～20 cm 土层中 $NO_3^- - N$ 淋出量为尿素＞碳酸氢铵＞氯化铵，在 80 cm 池内为尿素＞碳酸氢铵＞氯化铵，说明施氯化铵时 $NO_3^- - N$ 淋失量较少，Cl^- 有抑制硝化作用。

4. 不同化肥配合施用　不同氮肥及其与磷钾配合施用，对土壤中 $NO_3^- - N$ 和 $NH_4^+ - N$ 的变化都有明显的影响。试验结果分述如下：

（1）不施肥土壤中 $NO_3^- - N$ 与 $NH_4^+ - N$ 的变化。由图 15-22 看出，在不施肥的土壤中，$NO_3^- - N$ 和 $NH_4^+ - N$ 含量都很低，在 0～200 cm 土层内 $NO_3^- - N$ 含量比 200～400 cm 土层稍高一点，而 $NH_4^+ - N$ 含量稍低一点，说明在 200～400 cm 土层内硝化作用比上层土壤稍弱一些。

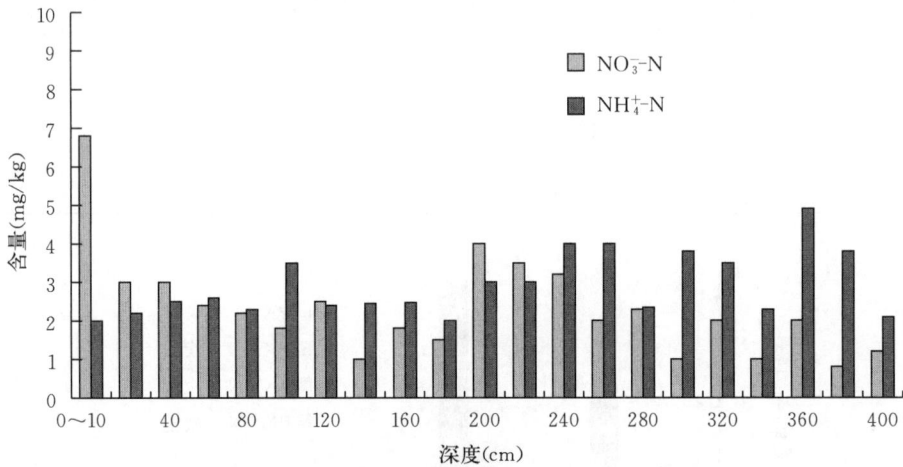

图 15-22　不施肥土壤剖面中 $NO_3^- - N$ 分布

（2）施单质氮肥对土壤剖面中 $NO_3^- - N$ 和 $NH_4^+ - N$ 含量的影响。由图 15-23 看出，单施氮肥时，土壤剖面中 $NO_3^- - N$ 积累量较高，4 个氮肥品种中土层上部和土层下部均出现两个明显的峰值，两峰之间均出现一个低谷，说明单施氮肥有明显的 $NO_3^- - N$ 淋失。$NH_4^+ - N$ 含量在整个土壤剖面中都很低，其中含量较高的是尿素和氯化铵，其次是碳酸氢铵，最低的是硝酸铵。

（3）氮肥加磷肥或加磷钾肥对土壤 $NO_3^- - N$ 和 $NH_4^+ - N$ 含量和分布的影响。由图 15-23 显示，在氮肥加磷肥或加磷钾肥以后，土体中 $NO_3^- - N$ 含量显著减少，绝大部分样本 $NO_3^- - N$ 含量都在 5 mg/kg 以内。在氮肥与过磷酸钙配施时，土体中 $NO_3^- - N$ 积累为尿素＞碳酸氢铵＞硝酸铵＞氯化铵；在 100 cm 以上的土层中 $NO_3^- - N$ 含量是碳酸氢铵＝尿素＞硝酸铵＞氯化铵；在 100 cm 以下土层中 $NO_3^- - N$ 累积量为尿素＞硝铵＝碳酸氢铵＝氯化铵；4 个处理 $NO_3^- - N$ 含量在 100 cm 以下土层没有出现明显的高峰。在氮磷配合施用时，除碳酸氢铵加过磷酸钙处理，在整个剖面中有少量 $NH_4^+ - N$ 含量存在外，其余处理都基本上没有 $NH_4^+ - N$ 存在，说明 $NH_4^+ - N$ 被土壤固定以外，其余被硝化作用转化成 $NO_3^- - N$。

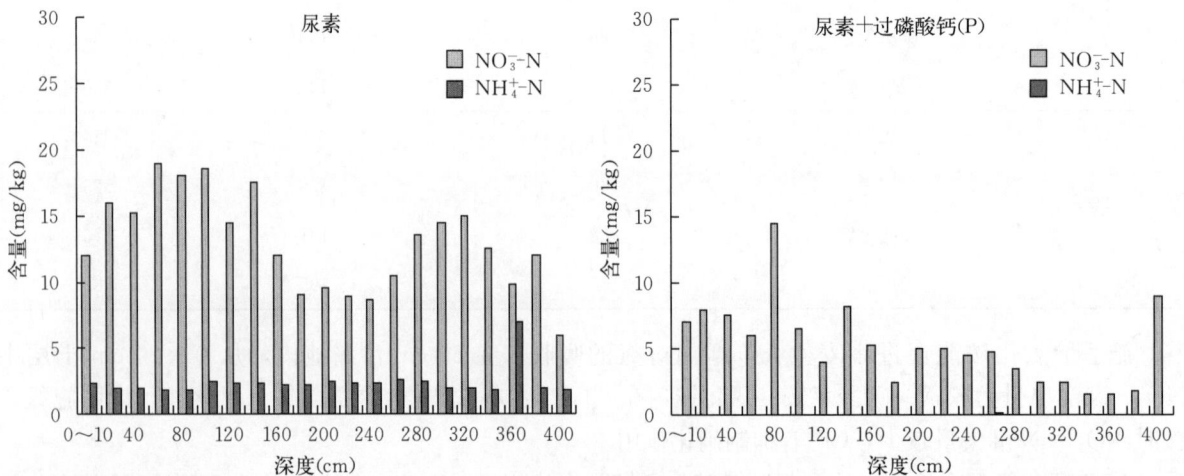

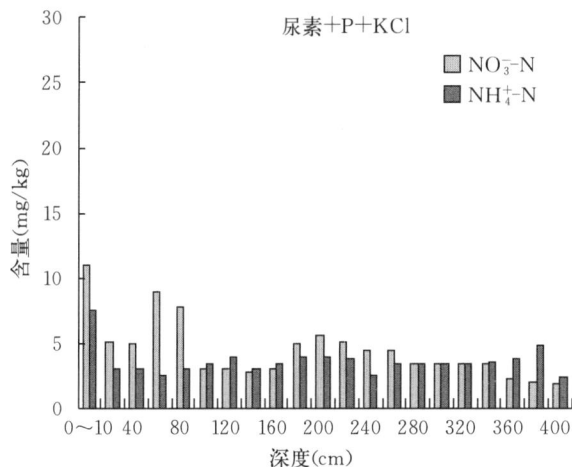

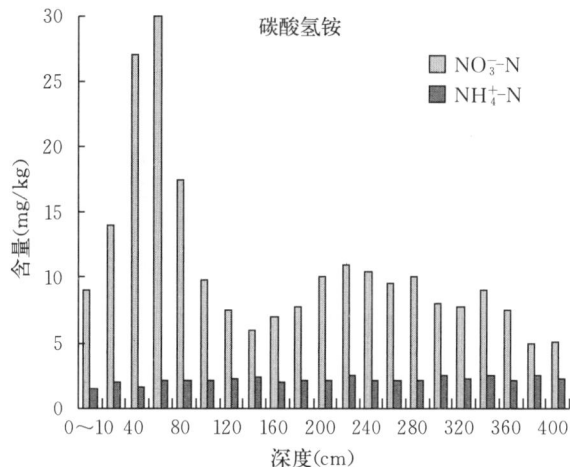

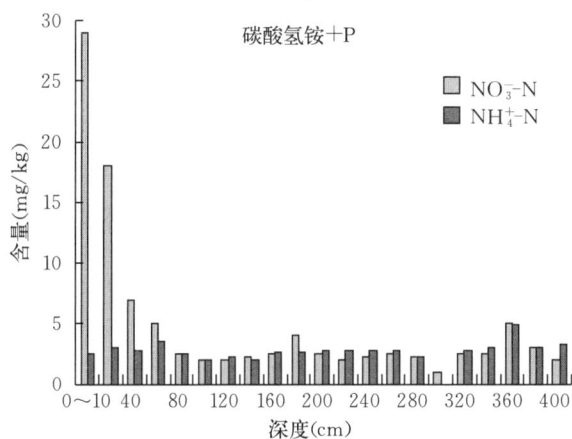

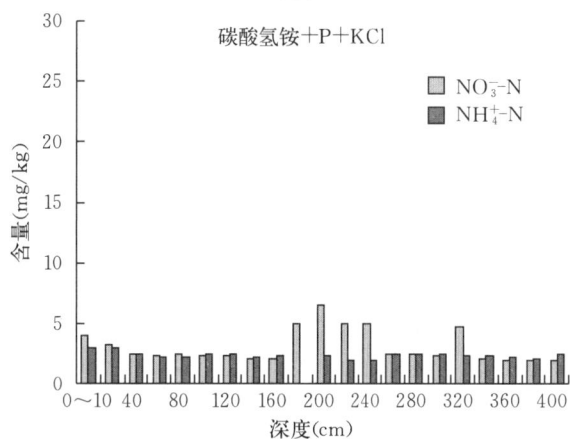

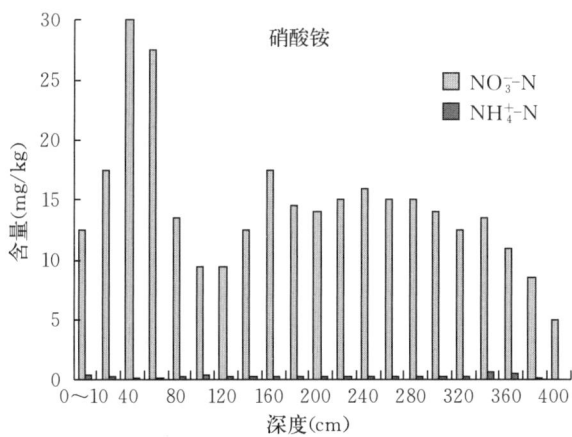

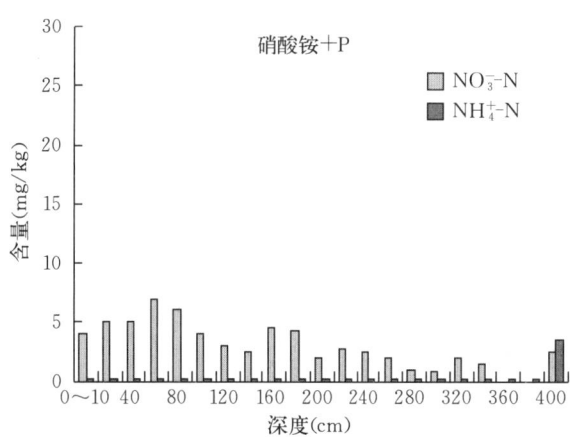

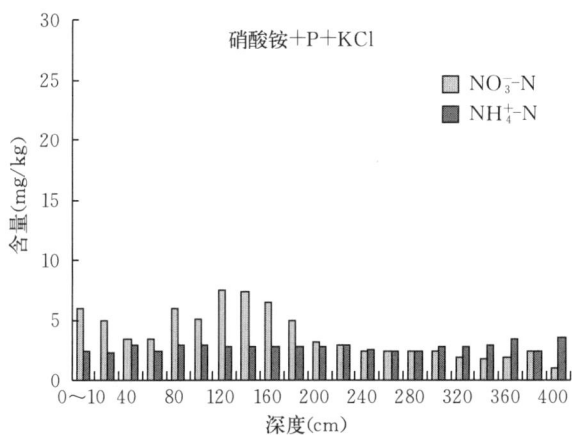

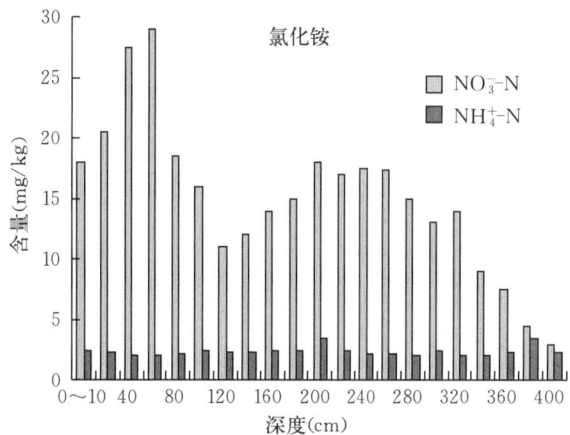

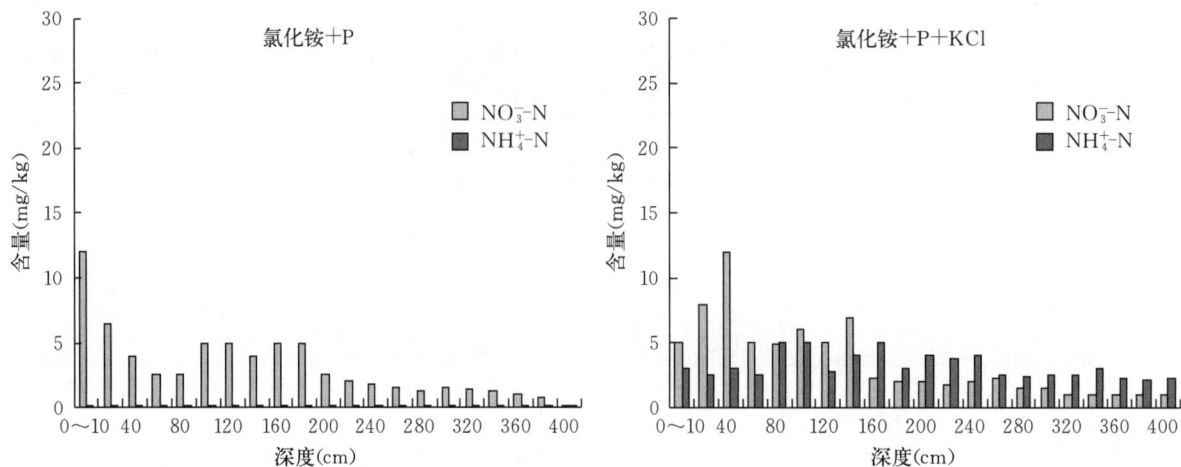

图 15-23 不同化肥配合施用土壤剖面中 $NO_3^- - N$、$NH_4^+ - N$ 含量分布

（4）不同氮肥与过磷酸钙或与过磷酸钙加氯化钾配合施用对土壤中 $NO_3^- - N$ 和 $NH_4^+ - N$ 总积累量的影响。0～400 cm 土壤中 $NO_3^- - N$ 总累积量，单施氮明显高于氮＋过磷酸钙和氮＋过磷酸钙＋氯化钾，其中氮＋过磷酸钙＋氯化钾处理含 NH_4Cl、硝酸铵的明显高于氮＋普钙，含尿素、碳酸氢铵的则明显低于氮＋过磷酸钙。这就进一步说明，氮与过磷酸钙配合和氮＋过磷酸钙＋氯化钾配合比单施氮能增加作物对 $NO_3^- - N$ 的吸收作用；同时说明，氮＋过磷酸钙＋氯化钾特别是施用氯化铵和硝酸铵则有较高的保氮作用（表 15-26）。

表 15-26 各处理 0～400 cm 土体内 $NO_3^- - N$ 和 $NH_4^+ - N$ 含量

单位：g/区

处理	N 类	尿素	碳酸氢铵	氯化铵	硝酸铵	对照
N	$NO_3^- - N$	1 206.5	1 040.6	1 422.9	1 367.6	173.2
	$NH_4^+ - N$	175.1	142.4	160.5	42.5	225.1
N＋过磷酸钙	$NO_3^- - N$	594.4	332.7	246.9	276.1	
	$NH_4^+ - N$	17.5	215.4	20.7	24.6	
N＋过磷酸钙＋氯化钾	$NO_3^- - N$	391.9	244.1	299.5	335.7	
	$NH_4^+ - N$	286.8	177.8	320.3	220.6	

$NH_4^+ - N$ 含量与单施氮相比，不同氮肥加过磷酸钙处理的，除碳酸氢铵＋过磷酸钙的以外，$NH_4^+ - N$ 含量已基本消失，不同氮肥＋过磷酸钙＋氯化钾处理的，$NH_4^+ - N$ 含量则都有明显的增加，尤其是尿素＋过磷酸钙＋氯化钾和氯化铵＋过磷酸钙＋氯化钾处理的，$NH_4^+ - N$ 含量增加尤为突出。说明不同氮肥＋过磷酸钙＋氯化钾，特别是尿素＋过磷酸钙＋氯化钾和氯化铵＋过磷酸钙＋氯化钾，能明显减少 $NH_4^+ - N$ 向 $NO_3^- - N$ 转化，这就进一步说明，增多 Cl^- 能明显抑制硝化作用（表 15-26）。

（5）氮磷钾化肥配合施用对夏玉米产量的影响。由于氮磷配合和氮磷钾配合，以及含氯成分的加入，减少了 $NO_3^- - N$ 的淋失和 $NH_4^+ - N$ 的挥发，促进了作物对 $NO_3^- - N$ 和磷钾的吸收利用，使作物产量有了大幅度的提高（表 15-27）。从平均产量看出，氮、磷配合可使夏玉米比单施氮肥增加 29.14%，氮、磷、钾配合比单施氮增加 35.74%，比对照不施肥产量分别增加 112.5%和 123.4%。

表 15‑27　各处理夏玉米产量

单位：kg/区

处理	尿素	碳酸氢铵	氯化铵	硝酸铵	平均	增产（%）
N	8.51	7.50	7.88	8.23	8.03	—
N＋过磷酸钙	10.63	9.87	10.17	10.79	10.37	29.14
N＋过磷酸钙＋氯化钾	10.38	11.83	9.97	11.42	10.90	35.74

注：不施肥对照产量为 4.88 kg/区（17.5 m²）。

5. 不同肥料配合长期定位施用对土壤硝态氮淋失与积累的影响　在陕西娄土长期定位施肥 8 年后由杨学云测定的结果表明，长期不施肥时整个土壤剖面（0～400 cm）硝态氮含量很低（图 15‑24）；施氮，氮、钾的 NO_3^- ‑ N 含量在整个土壤剖面中都很高。由单施氮肥的 NO_3^- ‑ N 剖面分布整体看出，NO_3^- ‑ N 是向土壤深层淋移，一直到 400 cm 土层未见降低；但施氮、钾时 NO_3^- ‑ N 上升到 280 cm 土层后开始下降，到 400 cm 土层处下降到 10 mg/kg。在 300 cm 土层以上土体中，施氮、钾的整个剖面 NO_3^- ‑ N 含量都大于单施氮，施钾肥似乎可以减缓硝酸盐淋移。施氮、磷，特别是氮、磷、钾配合可大大减少土壤剖面硝态氮累积，可能是因为施磷和钾能增加玉米对 NO_3^- ‑ N 的吸收。

长期不施肥耕种的土壤（CK）NO_3^- ‑ N 在 140 cm 土层以下低于施肥土壤，氮、磷、钾 70 cm 土层以下硝态氮含量高于 NPK 配施有机肥（NPKM）和秸秆（NPKS）（图 15‑25）。在 120 cm 土层以下，NPK 配施有机物料的 NO_3^- ‑ N 含量均在 2 mg/kg 内，说明有机无机肥配合能有效减少硝酸盐的淋失。尽管均衡施肥（N、P 配合）在一定程度上降低了硝态氮淋移，但整个土体中施肥土壤的硝态氮含量均大于不施肥，施肥土壤 NO_3^- ‑ N 已淋失到了作物根系以外深达 400 cm 的土壤。

长期施氮、氮钾的 0～200 cm 土层硝态氮累积量分别占 0～400 cm 总量的 40% 和 50%，

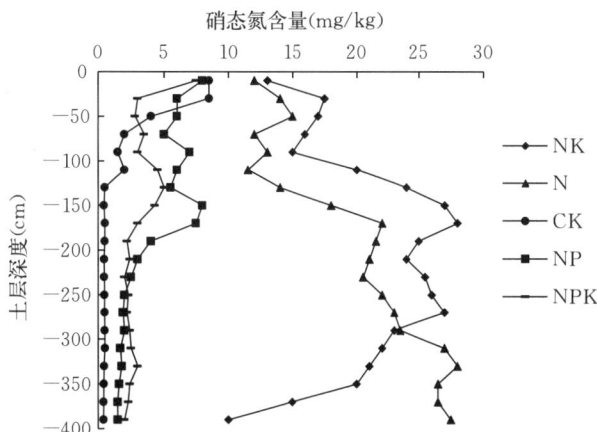

图 15‑24　长期施氮磷钾化肥娄土剖面硝态氮含量（1998 年）

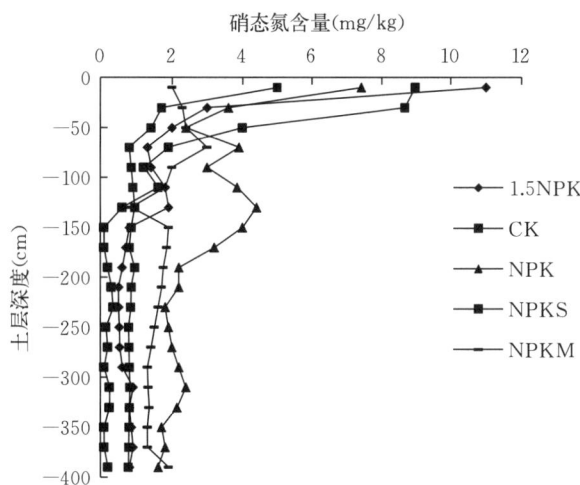

图 15‑25　长期有机无机配合施用娄土剖面硝态氮含量（1998 年）

其他各施肥方式几乎都在 70% 以上。NP 配合及其他肥料配施不仅减少了硝态氮在 0～200 cm 土体中的积累，而且减少了淋移到 200 cm 以下的数量，其中 NPK 配施有机物料在 0～200 cm、200～400 cm 积累的 NO_3^- ‑ N 量已大大降低，仅为 34.7～65.2 kg/hm²、16.7～24.3 kg/hm²，而只施化肥的高达 105.7～577.9 kg/hm²、39.2～583.5 kg/hm²（表 15‑28），比 NPK 配施有机物料的土壤 NO_3^- ‑ N 有更高的积累量。根据 NO_3^- ‑ N 在 0～400 cm 土层中的积累情况，每年施入土壤的肥料氮以硝态氮形式累积到土壤中的数量：施氮土壤为 129.7 kg/hm²，占施氮量的 37.1%；氮磷为 9.4 kg/hm²，占施

氮量的 2.7%；氮磷钾为 6.5 kg/hm²，占施氮的 2%；氮磷钾配施低量有机肥（NPKM）为负值，已经低于 CK。这些数据清楚地显示施肥产生的硝酸盐累积非常明显，不同施肥配合方式 $NO_3^- - N$ 的累积量为 NPKM<NPK<NP<N。

表 15 - 28　不同施肥下塿土剖面不同深度硝态氮的累积量（1998 年）

单位：kg/hm²

施肥	0～400 cm 累积 $NO_3^- - N$ (A)	0～200 cm 累积 $NO_3^- - N$ (B)	百分比 B/A（%）	200～400 cm 累积 $NO_3^- - N$ (C)	百分比 C/A（%）	其中 1992 年 0～400 cm 累积量	1992—1998 年 平均累积量
CK	87.0	78.0	89.7	8.9	10.3	20.5	—
N	1 070.8	424.1	39.6	646.7	60.4	226.2	129.7
NP	219.4	180.0	82.1	39.2	17.9	96.7	9.4
NK	1 161.4	577.9	49.8	583.5	50.2	—	—
NPK	152.8	105.7	69.2	47.1	30.8	47.2	6.5
NPKS	51.4	34.7	67.5	16.7	32.6	—	—
NPKM	79.7	55.4	69.5	24.3	30.5	46.1	−5.5
1.5NPKM	87.9	65.2	74.2	22.7	25.8	—	—

单施氮、氮钾的氮表观利用率非常低，只有 19%，淋失到 200 cm 土层以下的 $NO_3^- - N$ 占总肥料氮投入量的 20% 以上（表 15 - 29），虽然 0～200 cm 土体中氮的累积达到 13% 以上，但这部分氮仍然有很高的潜在损失的可能。氮磷、氮磷钾或氮磷钾配施有机物料都可大幅度提高氮肥利用率，表观累计利用率达到 42%～55%，淋移到 200 cm 土层以下的硝态氮占总投入肥料氮的比例均小于 4%；氮磷钾配施有机物料氮的平均表观利用率大于氮磷和氮磷钾，其 0～200 cm、200～400 cm 土层硝态氮占施入氮的百分比小于氮磷、氮磷钾，说明氮磷钾与有机肥配合施用可以大大减少土壤 $NO_3^- - N$ 的淋失。单施氮和氮钾，40% 左右的肥料氮去向不明，而氮磷、氮磷钾和氮磷钾配施有机肥料有近 50% 的肥料氮未知去向，可能是由于作物根茬残留、微生物固定等不同导致的。实际上去向不明的肥料氮还包含了一部分淋失和挥发损失在内，因为 200～400 cm 土层的硝态氮含量是一个动态的值，上层的淋洗到该层或该层中的淋洗到更深层的可能性随时存在。

表 15 - 29　连续施肥 8 年（1991—1998 年）**土壤氮素收支及硝态氮累积量**

单位：kg/hm²

处理	肥料投入 (A)	作物携出 (B)	表观利用率 (c)（%）	0～200 cm 硝态氮占氮投入 (E)（%）	0～200 cm 氮回收率 C+E（%）	200～400 cm 硝态氮占氮投入（%）	未知去向的肥料氮（%）
CK	0	406.7	—	—	—	—	—
N	2 632.5	906.4	19.0	13.2	32.1	24.2	43.6
NP	2 632.5	1 628.1	46.4	3.9	50.3	1.2	48.6
NK	2 632.5	895.4	18.6	19.0	37.6	21.8	40.6
NPK	2 632.5	1 696.3	49.0	1.1	50.0	1.5	48.5
NPKS	2 632.5	1 869.4	55.6	−1.6	53.9	—	45.8
NPKM	2 632.5	1 514.7	42.1	−0.9	41.2	0.6	58.2
1.5 NPKM	3 292.5	2 056.3	50.1	−0.4	49.7	0.4	49.9

第五节　土壤污染防治与修复

一、土壤污染防治

1. 完善土壤污染防治体系　在我国土壤污染防治管理涉及环境保护部门、农业农村部门、国土资源部门、水利部门等多个行政部门。各个部门之间在涉及土壤污染防治的过程中有许多职能交叉的情况，相互之间责任划分也不够明确，这在一定程度上降低了土壤污染行政管理效率。同时，土壤污染防治的相关法律仍需进一步完善。

（1）明晰统管部门和分管部门之间的权限范围。土壤污染防治的统管部门是环境保护主管部门，环境保护行政主管部门的这方面的权限主要来自《环境保护法》的授权。农业部门、环境保护部门、国土资源部门"多龙治土壤"的状况，有可能会导致各个行政主管部门互相推诿或者争相管理现象的发生，对土壤污染防治不能起到积极的作用。为此，解决的办法就是在土壤污染防治立法中规定相对完善的土壤污染防治行政管理体制，以法律形式明确环境保护部门的统一监督管理权限，更为重要的是明确其他相关主管部门的职权范围。

（2）落实污染监测制度。土壤污染和土壤污染防治都有其特殊性。土壤污染过程是一个链式积累的过程，从污染物进入土壤到暴发危害需要经过一定的周期。在初期阶段，其危害性尚未显现，但是一旦环境恶化，这种危害就会暴发。因此，有必要对土壤及其生态环境进行长期监测，建立监测制度。通过监测，建立土壤环境信息数据库，这样可以广泛了解各种土壤的质量及污染状况等，还有利于之后的修复治理工作。

（3）明确政府的地位。地方政府被赋予了土壤污染防治的职责，这事实上是不利于环境保护行政主管部门对于土壤污染的统一监督管理。因为，在地方行政管理体制中，环境保护行政主管部门要受制于政府。在地方立法中规定政府防治职责，实际上就意味着环境保护部门没有最大的自主权。应该更多地强调：政府只对环境保护质量负责，而不应该过多地被赋予直接管理土壤污染的权力。

（4）完善相关法律法规。世界上20多个国家和地区都制定了土壤污染防治的专门法律法规，但是我国土壤环境立法工作相对滞后，目前仍在起草过程中。尽管2016年5月国务院发布了《土壤污染防治行动计划》（简称"土十条"），但仍未出台专门的土壤污染防治法。现有土壤污染防治的相关规定主要分散体现在环境污染防治、自然资源保护和农业类法律法规中，如《环境保护法》《固体废物污染环境防治法》《农业法》《草原法》《土地管理法》《农产品质量安全法》等。由于这些规定缺乏系统性、针对性，无法满足土壤污染防治工作需要，因此亟须制定专门的土壤污染防治法律。

2. 建立技术防治体系

（1）合理施肥。化肥是农业生产中大量使用的一种化学物质，对于提高作物产量起着重要作用。然而，在农业生产实际中，普遍存在过量施肥、施肥结构不合理等问题。我国的化肥结构氮（N）：磷（P_2O_5）：钾（K_2O）为1：（0.26～0.37）：（0.059～0.160）。这种比例结构可以认为是氮肥过多，即缺磷少钾。大量未被作物吸收利用和被根层吸附固定的养分都在根层以下积累或转入地下水，成为潜在的环境污染物。

同时，应大力推广平衡施肥技术，提倡有机肥和无机肥混合施用。在测土配方施肥的基础上，根据作物生长周期的养分吸收规律，把握好施肥量、施肥时间、施肥比例，同时辅以科学的灌溉，能够有效提高肥料利用率。目前市场上出现了水溶肥、微生物肥料等新型肥料，其在改善作物品质和农业生态环境方面具有诸多积极意义，也是未来科学合理施肥的一大应用基础。

（2）合理使用农药。农药的安全合理使用首先要做到对症下药。使用品种和剂量因防治对象不同应有所不同，如对不同口器的害虫选择不同的药剂，根据害虫对一些农药的抗药性合理选择药剂，考虑某些害虫对某种药剂有特殊反应相应选择药剂等。其次是适时、适量用药。应在害虫发育中抵抗力最弱的时期和害虫发育阶段中接触药剂最多的时期施用农药，根据不同作物、不同生长期和不同药剂选择最佳施入剂量。同时，应大力推广易降解的环境友好型农药。

（3）固体废弃物回收。通过秸秆资源化将农业生产过程中产生的作物秸秆加工处理变为有用资源再循环利用，有效利用农业资源，减少环境污染和生态破坏。具体途径有秸秆还田、用作饲料、以沼气为枢纽的综合利用等。秸秆直接还田、堆沤还田、过腹还田等可以改良土壤结构，增强土壤保水保肥能力，保持土壤养分平衡；秸秆通过沼气池制取沼气，可用作清洁能源，实现变废为宝。通过对农民进行宣传教育、政策引导等手段，推广应用易降解的农用薄膜，促进薄膜的回收及资源化利用，减少对环境的污染。

二、土壤修复

土壤自身具有一定的净化能力。进入土壤中的重金属在土壤矿物质、有机质和土壤微生物的作用下，通过吸附、沉淀、配位、氧化还原等作用可转变为难溶性化合物，使其暂缓生物循环，减少了在食物链中的传递；有机污染物进入土壤后，经过化学、生物学等降解作用使其活性降低，在一定条件下转变为无毒或低毒物质。重金属和有机污染物的这种转化过程称为土壤净化。但是，土壤的自净能力和速率不能完全缓解污染对土壤造成的压力。这就要求人们必须重视污染土壤的治理和研究，发展土壤修复技术。因此，污染土壤的修复可以理解为：通过技术手段促使受污染的土壤恢复其基本功能和重建生产力的过程。

污染土壤的修复技术发展很快，包括：对污染物进行控制和削减，有生物修复、生物通风、自然降解、生物堆、化学氧化、土壤淋洗、电动分离、蒸汽浸提、热处理、挖掘等；对污染物暴露途径进行阻断，有稳定/固化、帽封、垂直/水平阻控等；降低受体风险的制度控制，有增加室内通风强度、引入清洁空气、减少室内外扬尘、减少人体与粉尘的接触、对裸土进行覆盖、减少人体与土壤的接触、改变土地或建筑物的使用类型、设立物障、减少污染食品的摄入、工作人员及其他受体转移等。按污染土壤修复的处置地点分类，可分为原位修复技术和异位修复技术。按修复技术原理分类又可分为物理修复技术、化学修复技术和生物学修复技术等。

1. 物理修复技术　物理修复技术是指依据粒径的大小、密度大小、有无磁性、表面特征、污染物的挥发性等特性将污染物从土壤胶体上分离或固化的一种技术，一般分为物理分离、蒸汽浸提和固定/稳定化。物理分离技术工艺简单、费用低，通常作为预处理，以减轻后续处理工艺负担；蒸汽浸提技术适用于高挥发性化学污染的土壤修复，但是容易产生二次污染；固定/稳定化技术适用于无机污染的土壤修复，但不适用于半挥发性有机污染的土壤修复。

2. 化学修复技术　化学修复技术是指将化学溶剂（氧化剂、还原剂等）注入土壤中，然后将化学反应产物抽提出来处理或原位降解/固定的一种技术。一般有化学淋洗修复、原位化学还原与还原脱氯修复、原位化学氧化修复。化学淋洗修复技术具有方法简便、成本低、处理量大、见效快等优点，适用于大面积、重度污染的治理，但淋洗剂存在对土壤和水环境二次污染的问题，还存在废液处理的问题；原位化学还原与还原脱氯修复技术是利用还原剂二氧化硫、气态硫化氢、零价铁胶体对土壤中含有还原性敏感的重金属以及氯化溶剂进行修复，该技术具有可能产生有毒气体、系统运行难以控制的缺点；原位化学氧化修复技术是利用过氧化氢、高锰酸钾、臭氧等氧化剂进行土壤修复，适用于氯代试剂、多环芳烃及油类产物，但对饱和脂肪烃不适用，该技术具有可能生成逃逸气体、有毒副产物的缺点，使土壤中生物量减少或影响土壤中重金属存在形态。

3. 生物修复技术　生物修复技术是指利用土壤中某些微生物或植被对重金属污染物进行吸收、沉淀、氧化、还原和富集来降低重金属的毒性，对有机物通过新陈代谢来降低有机物的浓度或毒性的一种技术。生物修复技术应用重点是寻找和筛分生物，其次是分析生物生存条件，如水分、空气、温度、营养物质等因素，最后是生物的驯化及繁衍。该技术操作简单、费用较低、二次污染问题较小，但是具有选择性较强和受浓度限制的缺点。

第十六章 黄绵土侵蚀特征与防治 >>>

20 世纪中期以来，水土流失渐渐成为土地资源、水资源破坏以及生态环境恶化、粮食减产的重要原因之一，这也越来越成为脆弱生态区社会与经济健康、可持续发展的重大问题。黄土高原作为我国水土流失最严重的区域一直备受瞩目。1990 年，全国的土壤侵蚀数据显示，黄土高原年侵蚀模数大于 1 000 t/km² 轻度以上的水土流失面积为 45.4 万 km²，占全区总面积的 70.9%，其中水蚀面积 33.7 万 km²；年侵蚀模数大于 8 000 t/km² 极强度以上的水蚀面积为 8.51 万 km²，占全国同类面积的 64.1%；年侵蚀模数大于 15 000 t/km² 剧烈的水蚀面积为 3.67 万 km²，占全国同类面积的 89.0%（吴普特，2006）。同时，黄土高原冲刷运移的大量泥沙，使得发育于黄土高原的黄河支流的输沙量和含沙量均居世界首位，如有些河流含沙量可以达到 1 400~1 600 kg/m³，即泥沙的体积占到了水体积的 60%。可见，黄土高原的水土流失状况很严重。

因此，为了控制水土流失，改善生态环境，我国 20 世纪 60 年代起就逐渐在黄土高原实施了一系列综合治理措施，特别是近 30 年先后启动了"三北"防护林体系建设、退耕还林（草）工程等林业生态工程及其他水土保持措施的实施（Bullock et al.，2011；Fu et al.，2011；Zhu et al.，2012），黄土高原生态环境明显好转，且黄河输沙量显著降低。头道拐-潼关的年均输沙量从 1951—1979 年的 13.4 亿 t，降至 1980—1999 年的 7.3 亿 t，2000—2010 年进一步降至 3.2 亿 t（Wang et al.，2015）。2014 年 9 月提出，到 2020 年，再完成退耕还林 283 万 hm²（高海东 等，2017）。可见，我国黄土高原生态恢复已进入良性循环阶段；但如何建立植被恢复与水土资源互馈、协同恢复关系，提升生态服务功能，达到脆弱生态区健康、可持续恢复将是需要研究解决的关键问题。

黄绵土是黄土高原分布面积最大的土壤类型，它是耕种熟化与侵蚀作用同时进行的产物。黄绵土土质疏松，缺乏团粒结构，颗粒间黏结力弱、稳定性差，遇水很容易分散、崩解，抗侵蚀能力非常弱，成为黄土高原土壤侵蚀严重的重要原因之一。同时，黄绵土原有土壤剖面逐渐被剥蚀，熟土层无法保存，通过耕作又逐年从母质中补充生土，因而土壤肥力水平低。但其主要由 0.25 mm 以下颗粒组成，细沙粒和粉粒占总质量的 60%。可耕性好，适耕期长，雨后能立即耕作，也成为黄土高原地区主要的耕作土壤。因此，研究掌握黄绵土侵蚀特征与防治效应不仅对解决上述关键问题具有重要科学价值，而且对于黄土高原地区粮食安全、社会与经济发展也有重要意义。

第一节 黄绵土水土流失特征

一、水土流失区概况

黄绵土主要分布在黄土高原水土流失强烈地区（丘陵和塬边坡地），常与黑垆土和塿土呈交错出现，其中具体以陕西中部和北部分布最广。根据水土流失特征及影响水土流失的自然条件和社会经济条件的异同进行区域划分，并从恢复和建立生态平衡出发，为合理利用水土资源，防治水土流失，提出各区的建设方向和应采取的主要水土保持措施。因此，陕西黄绵土区可划为陕北丘陵沟壑坡沟兼治区和渭北高原沟壑固沟保原区，两区内依据水土流失强弱还可进行二级分区，见表16-1。

表16-1　陕西黄绵土区水土流失与治理区划

Ⅰ级区划	Ⅱ级区划	侵蚀强度分级（侵蚀模数，t/km²）
陕北丘陵沟壑坡沟兼治区	东北部丘陵沟壑极强度流失区	极强度水土流失＞20 000
	无定河、清涧河中下游丘陵沟壑强度流失区	强度水土流失 10 000～20 000
	白玉山梁峁强度流失区	
	延河、洛河中游丘陵沟壑次强度流失区	次强度水土流失 3 000～10 000
	宜川破碎塬中度流失区	中强度水土流失 1 000～3 000
	黄龙、桥山次生林轻度流失区	轻度水土流失 200～1 000
渭北高原沟壑固沟保原区	洛川高原沟壑中度流失区	中强度水土流失 1 000～3 000
	渭北旱塬沟壑中度流失区	
	西部残垣丘陵中度流失区	

（一）陕北丘陵沟壑坡沟兼治区

陕北丘陵沟壑坡沟兼治区北接长城沿线沙地防风固沙区，南至渭北、洛川高原，位于北纬 34°47′～39°35′、东经 107°10′～111°14′，总土地面积为 6.47×10⁴ km²，占全省总面积的 31.44%。

1. 自然条件

（1）地形地貌。该区是陕北黄土高原的主要组成部分。区内在中生代地层及新生代第三季的红土层所构成的古地形上，广泛覆盖着一层很厚的风成黄土。黄土结构疏松，富含碳酸盐，遇水易溶解。在长期雨水冲刷及其他外营力的剥蚀作用下，形成了该区丘陵起伏、沟壑纵横的特有地貌形态。区内从西到东、从北到南，广泛覆盖着深厚的老黄土和沙黄土，水蚀及风蚀均很强烈，形成梁或梁峁状的黄土丘陵；区内大体上由北到南依次是以峁为主、峁梁并重、以梁为主和破碎塬等黄土地貌类型。沿黄河一线的狭长地带，黄土较薄，基岩裸露，土地条件很差。此外，在南部黄龙山一带，还分布有土石低山丘陵。

（2）气候。该区大部分为半干旱地区，南部黄龙山、桥山一带为半湿润地区，全区属大陆性气候类型。其特征是冬季寒冷，夏季炎热，无霜期短，降雨集中，且多暴雨。年平均气温北部为 8～10 ℃，南部为 7～9 ℃；极端最低气温北部为 -25.4 ℃，南部为 -23 ℃；极端最高气温北部为 39.7 ℃，南部为 39 ℃；≥10 ℃活动积温北部为 2 800～3 500 ℃，南部为 2 100～3 200 ℃。无霜期 160～190 d。年降水量北部为 400～550 mm，黄龙山、桥山一带为 600 mm 左右，60%左右集中在 7月、8月、9月3个月。

（3）植被。该区属森林草原植被带，北部趋向草原化。北部由于人为活动频繁，极度开垦，天然植被破坏严重，目前多草本植物和灌木，乔木只是零星分布。南部天然林保存较好，其中桥山、黄龙山一带是本省黄土高原森林植被保存较好的地区，构成林分的优势树种主要有辽东栎、山杨、白桦、油松、侧柏等，呈片状分布的树种有麻栎、栓皮栎、白皮松、茶皮槭、白榆、杜梨、山杏等。

（4）土壤。该区土壤现在以黄绵土为主，此外还残留着下列地带性土壤。北部属黑垆土地带，这个地带内，森林覆被少，环境条件差，气候趋向干旱，在草原化植被条件下发育黑垆土；南部为森林草原、灰褐色森林土与黑垆土地带，这里分布着子午岭、崂山、桥山、黄龙山等低山丘陵，气候温湿，生长着天然次生林，发育灰褐色森林土；边缘部分地方有塬和梁，降水比北部稍多，发育黑垆土。

（5）侵蚀。该区黄土深厚，地形破碎，降雨集中，植被稀少，为陕西省水土流失最严重的地区。这里以水蚀为主，北部沟壑密度 5～7 km/km²，一般侵蚀模数 10 000～20 000 t/hm²，其中东北部沿黄河一带高达 20 000～30 000 t/hm²。南部沟壑密度 3～5 km/km²，侵蚀模数 10 000 t/hm² 以下，其中林区侵蚀量较小，一般为 200～500 t/hm²。

2. 社会经济状况 该区包括 44 个县（市）403 个乡（镇）。长期以来，这里的经营方向以粮食生产为主，广种薄收，耕作粗放，土地利用不够合理，农业生产落后，产量低而不稳，人民生活仍比较贫困。

3. 综合评价及建设方向 综上所述，该区的特点是：梁峁起伏，沟壑纵横，植被稀少，土质疏松，水土流失十分严重；气候高寒，干旱多暴雨，自然灾害频繁，水源不足，开发困难；日温差大，光照充足，适宜果树生长；人口相对较多，耕垦指数大，广种薄收，耕作粗放，单产很低，农牧、林牧矛盾比较突出。根据上述条件，该区的治理与建设方向应以水土保持为基础，以小流域为单元，坡沟兼治，综合治理，农林牧副综合发展。在粮食自给的基础上，大力发展牧业和林果业，部分地区建设牧业或林果生产基地。该区的治理措施应该是：在全面规划、合理利用土地的基础上，以小流域为单元，因地制宜采用生物措施、工程措施与耕作措施结合，治坡与治沟相结合，集中治理、综合治理。坡面以林草措施为主，乔灌草相结合，加快治理速度；在近村的缓坡地上，兴建水平梯田；沟道以打坝淤地为主，兴修水库陂塘，发展小块水地，建设基本农田。

（二）渭北高原沟壑固沟保塬区

渭北高原沟壑固沟保塬区，北接黄土丘陵沟壑区，南与渭河平原相连，西起宝鸡，东至黄河沿岸。位于东经 106°38′～110°38′、北纬 34°14′～36°04′，总土地面积 2.42×10⁴ km²，占全省面积的 11.75%。

1. 自然条件

（1）地形地貌。该区自南向北逐渐升高，海拔 800～1 300 m。地貌属于高原沟壑类型。塬面宽广平坦，坡度一般为 2°～3°，塬边可达 3°～5°或 6°～7°，塬地周围沟壑发育，下切深度一般为 50～100 m。受水蚀和重力侵蚀的作用，切割、蚕食塬面，沟谷不断伸延，塬面不断缩小。尤其在西部和北部，已被切割得支离破碎，成为残塬和丘陵。另外，该区南部自西向东断续出现低山丘陵，通称"北山"，通常将其视为关中和陕北的分界线。

（2）气候。该区属于暖温带半干燥半湿润气候区。气温由东向南递减，年平均气温 9～13 ℃，极端最高气温 41 ℃，极端最低气温－22 ℃，>10 ℃积温 3 000～3 500 ℃。无霜期 160～200 d。年降水量 500～700 mm，变率较大，年内分配不均，多集中在 7—9 月。冬春少雨，春旱、伏旱严重，兼有霜冻和干热风危害，东部地区更为突出，严重影响小麦的生长。

（3）植被。该区属于暖温带落叶阔叶林带，由于开发较早，人类活动频繁，多被垦为农田。现在全区以栽培植物为主，森林破坏殆尽，天然植被只在西部和北部残存有山杨、白桦、侧柏等次生林，人工树种有臭椿、白榆、泡桐、楸树、刺槐、杨树等。

（4）土壤。该区土壤属褐土，农业土壤主要有黄绵土和塿土，北部以黄绵土为主，南部以塿土为主。

（5）侵蚀。该区高原沟深，沟壑较多，植被稀少。塬面侵蚀较轻，沟蚀严重，塬边沟壁崩塌、滑塌等重力侵蚀活跃，沟谷不断延伸。塬面遭到蚕食，尤其在西部和北部地区，沟壑发育，溯源侵蚀强烈，塬面已被切割得支离破碎，侵蚀模数一般为 1 000～3 000 t/hm²，局部地区已达 3 000～5 000 t/hm²。

2. 社会经济状况 该区包括 33 个县（市）424 个乡镇，人口相对较多，每平方千米 250～300人。耕地集中连片，比较平坦，适宜农业生产，是陕西省粮油基地之一；但塬高沟深，地下水位低，水源缺乏，干旱威胁严重，是陕西省主要的旱作农业地区之一。

3. 综合评价及建设方向 综上所述，该区的特点是：土地资源丰富，塬面平缓，土层深厚，气候温和，是发展农业生产的基地；但塬高沟深，水源缺少，气候干旱，对农业生产威胁很大。区内沟壑众多，沟坡陡峻，面蚀、沟蚀都很严重，水蚀和重力侵蚀均很活跃，塬面不断遭到蚕食。荒坡、荒沟面积大，有发展林、牧业生产的巨大潜力。根据上述条件来看，这里既有发展农业生产的基本条件，也具备发展林牧业生产的巨大潜力。因此，该区应该是在固沟保塬的原则下，塬、坡、沟综合治理，实行以农为主、林农牧全面发展的建设方针。

该区的治理措施是：塬面兴修水平台地，平整深翻，结合道路，台埝，营造农田防护林，并修筑封沟埝、涝池等进一步控制塬面径流，使水土不下塬；塬坡大力造林种草，营造塬边、塬坡防护林，建立果园和人工草地；沟底营造防冲林，有水源的地方修库建站，发展水地。应大力推广长武县"塬坡沟全面规划，综合治理，农林牧合理布局，全面发展的战略"的经验。

二、黄绵土侵蚀类型

黄绵土由于质地疏松，地表植被稀疏，容易受到降雨冲刷和风力影响，因此，其侵蚀类型主要为水蚀、风蚀、重力侵蚀和混合侵蚀等。

(一) 水蚀

水力侵蚀是黄绵土地区分布最广泛、最主要的土壤侵蚀方式。水力侵蚀是指地表土壤及其母岩在降雨及径流的机械冲击、破坏、搬运作用下所形成的侵蚀。除部分沙丘沙地、植被茂密的山区外，几乎在所有降雨及产生地表径流的地区都可见到水力侵蚀。即便在西北部干旱地区，夏季的暴雨形成的暂时性洪水仍然是塑造地面的重要侵蚀方式之一。黄土高原地区绝大部分地面起伏不平，植被稀少，组成物质松散，多暴雨，是水力侵蚀广泛分布的主要原因。水力侵蚀范围约占黄土高原总面积的94%（包括风蚀水蚀过渡带）。黄河泥沙主要来自水力的侵蚀和输移。根据水力侵蚀的发展过程、特点，又可分为雨滴击溅侵蚀、面蚀、沟蚀等。

1. 雨滴溅蚀 降雨雨滴作用于地表土壤而做功，使土粒分散、溅起和增强地表薄层径流紊动等现象，称为雨滴溅蚀作用，或雨滴溅蚀。雨滴溅蚀可以破坏土壤结构，将土体分散成土粒，造成土壤表层孔隙减少或者堵塞，形成"板结"，引起土壤渗透性下降，利于地表径流形成和流动；雨滴打击地面，产生土粒飞溅和沿坡面迁移，增强地表薄层径流的紊动强度，导致了侵蚀和输沙能力增大等后果（图16-1）。

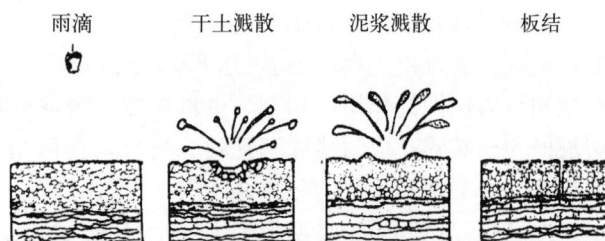

图16-1 雨滴溅蚀示意

击溅侵蚀量主要受降雨侵蚀力、土壤因素、地形因素和植被覆盖因素影响。影响降雨侵蚀力的主要有雨型、雨强和风力。相比普通性雨型，在相同平均雨强情况下，短阵性雨型的雨滴中数直径、动能均偏高。例如天水站在1 mm/min雨强条件下，短阵性雨型比普通雨型雨滴中数直径偏大27%，动能偏高23%。因而一定雨强下，局部地区短阵性雨型比大面积的普通雨型更容易引起土壤侵蚀。雨滴击溅移动方向取决于坡度坡向。一般坡度越大，溅蚀向下坡移动的物质越多，距离越远，向上坡则相反。黄土高原地面坡度一般较陡，土粒向坡下激溅会增加地面的侵蚀量。据西北水保所观察，雨滴溅起的土粒高度可达50 cm，移动的水平距离约1 m。当地面的薄层水流扰动变成紊动时，将增加流水冲刷。在坡度大的裸露耕地或荒地上，雨滴溅蚀不可忽视。在杏子河流域的23.5°梁坡上作了三种不同情况的小区观察，1975年7月21日降雨28 mm，历时30 min，各小区的侵蚀量分别为：覆盖窗纱地由于削弱了雨滴溅蚀，侵蚀量仅为177.6 kg，覆盖度30%的苜蓿地为697.4 kg，休闲地由于雨滴直接打击地面，侵蚀量高达753.8 kg。可见有覆盖和无覆盖的侵蚀量显著不同（吴发启，2001）。溅蚀与土壤团粒黏结强度有很大关系，黏结强度大能够减少雨滴击溅下的分散和破坏。黏粒含量极低的黄绵土，特别容易遭受击溅侵蚀。而植被覆盖能够有效消减雨滴击溅动能，减少土粒移动。据在陕北清涧县野外所见，一年之中雨滴留下的侵蚀痕深达1~1.5 mm，若按15°坡面向下击溅移动量占76%计算，则净向下坡溅蚀量为780~1 170 t/km²，因此裸露黄绵土坡面雨滴击溅侵蚀不可忽视。

2. 面蚀　坡面上的超渗薄层水体在未形成股流或产生沟蚀之前，使土壤表层发生薄层剥蚀和悬移流失的现象称为面蚀。面蚀常把土壤中易溶解的物质、胶粒和细粒带走，留下较粗的土粒。面蚀会使土壤变瘠薄，对农业生产危害较大。在陕北丘陵区，由于过牧，往往会出现鳞片状面蚀。面蚀多发生在坡耕地及植被稀少的斜坡上，其严重程度取决于植被、地形、土壤、降水及风速等因素。按面蚀发生的地质条件、土地利用现状和发生程度不同，面蚀可分为层状面蚀、沙砾化面蚀、鳞片状面蚀和细沟状面蚀。

（1）层状面蚀。在土层较为深厚的黄土地区，地表径流刚刚形成时一般呈膜状，由于雨滴的击溅、振荡和浸润，膜状水层与土体混合形成泥浆状态，泥浆顺坡流动将土粒带走，使地表均匀损失一层土壤的过程称为层状面蚀。一般情况下，黄土组成多以粉沙为主，质地均一，在坡面薄层水流冲蚀作用下，土层厚度逐渐减小，肥力不断降低。层状面蚀大多发生在质地均匀的农耕地及农闲地上，或者是作物生长初期，根系还没有固结土体，松散的土粒极易被地表径流带走。层状面蚀是面蚀发生的最初阶段。

（2）沙砾化面蚀。在富含粗骨质或石灰结核的山区、丘陵区的农地上，在分散的地表径流作用下，土壤表层的细粒、黏粒及腐殖质被带走，沙砾等粗骨质残留在地表，耕作后粗骨质被翻入深层，如此反复，土壤中的细粒越来越少，石砾越来越多，土壤肥力下降，耕作困难，最后导致弃耕，此过程称为沙砾化面蚀。

（3）鳞片状面蚀。在非粮食种植用地上，如草场、灌木林地、茶园、果园等，由于人或动物的严重踩踏破坏，地被物不能及时恢复，呈鳞片状秃斑或呈网状的羊道。植被呈鳞片状分布，遇暴雨后，植物生长不好或没有植物生长的局部无面蚀或面蚀较严重，植物生长较好或有植物生长的局部无面蚀或面蚀较轻微，这种面蚀称为鳞片状面蚀，有时又称鱼鳞状面蚀。鳞片状面蚀发生的严重程度取决于植物的密度及分布均匀性、人或动物对植物的破坏程度。

（4）细沟状面蚀。当分散的地表径流集中成片状小股流水时，速度加快侵蚀能力变大，带走沟中的土壤或母质，在地表出现许多近于与地表径流流线方向平行的细沟，这些细沟的深度和宽度均不超过 20 cm，称为细沟状面蚀。

面状侵蚀也受到气候、地形、土壤和植被等因素的影响。通常雨强较小，雨滴直径和动能都较小，降雨大部分或全部都能被渗透、植物截留、蒸发所消耗，不能产生或仅能产生少量径流。当雨强较大时土壤渗透蒸发，以及植被的吸收和截留量远远小于同时期降雨量，形成大量地表径流，产生严重面状侵蚀。大量研究证实，土壤侵蚀仅仅发生在少数几场暴雨当中。历史资料显示，一场暴雨产生的侵蚀量能超过当年总侵蚀量的35％。前期含水量影响坡面产流过程，较大的前期含水量更容易产生剧烈的土壤流失。研究表明，坡度在 40° 以下时，坡面侵蚀量与坡度呈正相关关系，超过此值反有下降的趋势。在黄土丘陵区，15° 和 26° 是非常重要的几个坡度转折。15° 以下坡面侵蚀微弱，15° 以上侵蚀逐渐加剧，26° 达到最大值，此后水蚀强度降低，26° 是以水流作用为主的侵蚀转变为重力侵蚀转为重力作用为主的临界坡度。陈永宗则提出黄绵土水蚀临界坡度为 28.5°。坡长对径流和侵蚀量的影响比较复杂，在不同地区不同降雨等情况下往往得到不同的结果。通常在特大暴雨或大暴雨时，坡长与径流和冲刷呈正相关关系；当降雨量或雨强较小时，随着坡长的增加，径流或冲刷均减小，形成所谓的"径流退化现象"。植被在地表形成枯枝落叶层，具有涵蓄水分的能力。凋落物可以提高林下土壤渗透能力，减缓径流流速。据测定，枯枝落叶层径流流速仅为裸地的 1/40～1/30。植被还能促进土壤的形成，提高土壤抗蚀性。研究显示，20 年生刺槐林表面冲刷量仅为农地1/5、草地的1/3。

3. 沟蚀　当坡面水由薄层径流汇集成股流，冲刷地面形成线状沟的现象称为沟蚀。沟蚀是沟壑山区土壤侵蚀的主要形式，坡度越陡，地表土壤越松散，则越容易形成沟蚀。由沟蚀形成的沟壑称为侵蚀沟，此类侵蚀沟深度、宽度均超过 20 cm，侵蚀沟呈直线型，有明显的沟沿、沟坡和沟底，用耕作的方式是无法平复的。沟蚀所涉及的面积不如面蚀范围广，但它对土地的破坏程度远比面蚀严重。

沟蚀的发生还会破坏道路、桥梁或其他建筑物。沟蚀主要分布于土地瘠薄、植被稀少的半干旱丘陵区和山区，一般发生在坡耕地、荒坡和植被较差的区域。根据侵蚀程度及形态，沟蚀可分为浅沟侵蚀、切沟侵蚀和冲沟侵蚀等。

（1）浅沟侵蚀。地表径流由小股径流汇集成较大的径流，既冲刷表土又下切底土，形成宽槽形浅沟。下切深度从 0.5 m 逐渐加深到 1 m，沟宽一般超过沟深，之后继续加宽。

（2）切沟侵蚀。浅沟继续发展，水流冲刷力和下切力增大，沟深且入母质，有明显沟头，并形成一定高度的沟头跃水。切沟侵蚀最活跃，在黄土区发展十分迅速。切沟侵蚀是侵蚀发育的盛期，沟头前进、沟底下切和沟岸扩张均激烈，是防治沟蚀最困难的阶段。

（3）冲沟侵蚀。切沟进一步发展，水流更加集中，下切深度越来越大。沟壁向两侧扩展，横断面呈 U 形；沟底纵断面与塬坡面有明显差异，上部较陡，下部已日渐接近平衡剖面。冲沟是侵蚀沟发育的末期，这时沟底下切虽已缓和，但沟头溯源侵蚀和沟坡沟岸的崩塌还在发生。

浅沟分布于黄土塬面、塬坡和梁峁坡中下部，呈平行状、树枝状等，在黄土丘陵沟壑区其分布间距一般变化为几米到 30 m，其中以相距 15～20 m 居多。在陕北丘陵区，浅沟侵蚀量占坡面侵蚀量的 10%～70%，一般可占 35%。切沟多分布在冲沟、坳沟和河沟的谷缘线附近和谷坡上，也可在梁峁坡下部见到，多呈平行状和树枝状。冲沟分布于沟谷坡面上和干沟周围，其本身又是现代侵蚀沟的组成部分，为坳沟和河沟的一级支沟，分布形式与切沟相近或相同。

除此之外，还包括雨季泥流侵蚀。由于暴雨的强烈冲击引起崩塌、滑坡，形成大量土体与水组成的特殊洪流，即为泥流。泥石流是一种含有大量泥沙、石块等固体物质土体崩塌，历时短暂、来势凶猛，具有强大破坏力的特殊洪流。泥石流中泥沙、石块体积含量一般都超过 25%，最高可达 80%，其容重在 1.3 t/m³ 以上，最高可达 2.3 t/m³。陕西省泥石流多见于秦巴山区。在黄土区也见有泥流。在漏斗形的集水区，基岩受强烈风化形成深厚的风化壳，加之较大规模的崩塌、滑坡提供了大量的松散物质，这些物质为雨水饱和后，土石混杂，沿陡峻的通道迅速流动，形成泥石流。泥石流破坏交通、工矿、村镇，是一种危害非常严重的水土流失形式，故泥石流导致严重的土壤侵蚀，并诱发严重的自然灾害和损失。

（二）风蚀

风蚀主要分布在长城沿线风沙区及邻近的丘陵地区。风蚀是由风力破坏搬运地表物质的侵蚀现象。陕北长城沿线 5～6 m/s 的风速就可以起沙。风力搬运沙土有滚动、跃动和吹扬 3 种形式，搬运沙粒的大小和远近，是由风速大小和沙土的粒径及质量决定的。滚动沙粒运动距离近，悬浮细粒可远离源地，一般风把土中细粒吹走，留下粗粒，土壤就被沙化。风蚀能够破坏农田、村庄、道路，阻塞小河渠和增加河流泥沙含量等，危害性大。

黄土高原北部少雨、干燥、多风，风力侵蚀占有重要地位。尤其是植被稀少、土质疏松干燥地段，风蚀显著。据观测，3 级以上的风力（风速大于 4～5 m/s），小于 0.1 mm 粒径的沙粒就会被风吹扬至空中，发生悬移，形成土壤侵蚀。而黄土颗粒粒径多在 0.05～0.005 mm，因此，极易发生风蚀。风蚀是干旱、半干旱地区最重要的侵蚀方式，其侵蚀范围约占黄土高原范围的 35%（含风蚀水蚀过渡带）。

风蚀在广大地面以大面积直接吹蚀（扬蚀）为主，在风的吹蚀下，一些细粒随风腾空飞扬，运移到其他地方。另外，在一些迎风陡坡，因坡面有凹坑、裂隙及洞穴存在，含有沙粒的气流（风沙流）伸入其中，因受阻反射形成旋转流对壁面进行磨蚀，使洞穴、凹坑、裂隙扩大。

黄土区北部、西北部风力侵蚀强度较大，特别是强烈风蚀区每逢大风（>8 级）易形成沙堆，危害较大。据调查，靖边县兴堡子川年风蚀模数达 3 400 t/km²；宁南各县年风蚀模数 1 300～6 500 t/km²；清水河县暖泉沟流域每年风蚀地表土层 1～2 cm，其侵蚀模数相当于 13 500～27 000 t/km²，是当地水蚀模数的 1.35～2.7 倍；在榆林、神木、定边、横山等风蚀区，年风蚀模数达 2 700～6 750 t/km²。本区风蚀以春季最为严重。

（三）重力侵蚀

当地表物质的重力大于内聚力时，向阻力最小的方位移动，由此引起的侵蚀称为重力侵蚀。陕北和渭北高原沟深、坡陡，黄土内聚力小，且有垂直节理，沟坡易产生重力侵蚀。陕南山高坡陡，加之岩石多为花岗岩、千枚岩，形成松散的风化壳，也易产生重力侵蚀。重力侵蚀往往与水蚀相伴或交替发生。

重力侵蚀有滑坡、崩塌、错落等几种类型。滑坡是巨大的土石块体被雨水饱和时，在重力作用下，沿不透水层润滑面慢速向坡下滑动移位的现象。滑坡多发生在下部有倾斜不透水层的地方。在陕北河源区，滑坡常堵塞沟谷形成天然聚湫。在重力侵蚀中，滑坡侵蚀较为常见，但多具有错落或崩塌的性质。一些较大的滑坡，一次就可以移动土体达数万立方米以上。但是，黄土地区的滑坡为数较多的则属于小型滑坡。

崩塌和错落侵蚀常见于60°以上的陡坡，特别是受河流、沟谷水流的掏蚀或人工开挖边坡，形成较陡的临空面，下部支撑力减小，土体失去平衡，突然发生沿坡向下急剧倾倒、崩落，或整体下移。前者称崩塌，后者为错落。不过黄土崩塌或错落一般个体规模不大，具有小而多的特点。崩塌和错落侵蚀在黄土塬、台塬及晋陕黄河峡谷两侧沟谷坡分布较多。

泻溜侵蚀是黄土高原地区分布广泛的侵蚀方式之一，多发生于无植被的陡坡，常见于30°以上的土坡或坡耕地下方。尤其是第三系红土、早更新世午城黄土和中更新世离石黄土中的古土壤层组成的坡面，在寒冻风化热胀冷缩的作用下，土体表层极易分离，并在其他因素（例如刮风、牛羊踩踏等）的影响下，顺坡向下滚动。泻溜虽侵蚀强度不大，但分布广泛，而且几乎终年不止，因此侵蚀总量不可忽视。

黄土高原地区的重力侵蚀，具有以下特点：

（1）从分布来看，黄土塬、黄土台塬、陕北晋西典型黄土梁峁丘陵、皇甫川流域、宁夏红土丘陵等地的沟谷坡重力侵蚀比较普遍。而各类沟间地及晋北、宁南、陇中等缓坡丘陵、长坡丘陵区，重力侵蚀相对较少。

（2）重力侵蚀的形式，在各地有所不同。黄土塬、黄土台塬，因沟谷坡较陡，崩落、滑坡、错落和土粒泻溜均较常见；在晋陕黄河两侧峡谷丘陵、皇甫川流域及晋东土石山地，因黄土变薄，沟谷坡多为基岩，以风化岩块的崩落及岩屑泻溜为主；在河谷阶地、平原、盆地区，以河流侧蚀引起的岸坡坍塌为主；在广大的黄土梁峁丘陵区，虽然崩塌、滑坡也有发生，但坡面泻溜则更为常见；缓坡丘陵、宽谷丘陵各种重力侵蚀相对较少。

（3）重力侵蚀的强度一般较大，尤其是滑坡、崩塌在短期内能使大量土体移动。虽然重力侵蚀的土体、岩屑只有一小部分直接进入河道，产生输沙，但大量的松散物质在坡脚、缓坡、谷地中堆积，为流水等营力的再侵蚀搬运创造了条件，无疑将促进土壤侵蚀。关于重力侵蚀的产沙量在黄河输沙中所占的比例，目前由于观测资料有限，还难以得出较可靠的结论。据对晋西地区分析，重力侵蚀量占总侵蚀量的35%～46%（东部重力侵蚀轻微区除外）；处于黄土塬区的西峰区南小河沟，在十八亩台水库以上，1954—1960年来自重力侵蚀和沟底部分的泥沙占泥沙总量的87.7%；皇甫川砒砂岩区，重力侵蚀的产沙量约占总输沙量的1/3。这些情况虽不能代表整个黄土高原，但说明重力侵蚀的产沙量可能较大，不可忽视。

（四）风水混合侵蚀

风蚀与水蚀交错发生的区大致位于神池、灵武、兴县、绥德、庆阳、固原、定西、东乡一线以北，长城沿线以南地区。流水侵蚀地貌与片沙覆盖风蚀地貌交错分布，主要地貌类型为片沙覆盖的黄土梁峁丘陵；产沙地层有风积沙、沙黄土、强烈风化剥蚀的砂页岩。本地区属于干旱草原地带，植被稀疏，天然草场多沙化、退化，年降水量250～450 mm，降雨集中且多暴雨，夏秋季多水蚀，冬春季多风蚀，全年≥8级大风日数5～20 d，局部地区可达27 d；沙暴日数年均4 d以上，有些地区可达15 d。本地区全年水蚀风蚀交替进行，生态环境脆弱，为黄土高原强烈侵蚀地区，也是黄河下游河床粗泥沙的主要来源区。

在风水复合侵蚀区的划分上，据报道，全世界易于发生风水复合侵蚀的干旱、半干旱地区面积达 2 374 万 km²，占全球陆地面积的 17.5%（Williams、Balling，1996）。Bullard 和 McTainsh 的研究表明，风水复合侵蚀区域主要分布在澳大利亚中东部的埃尔湖流域和墨雷-达令河流域、非洲的撒哈拉地区和纳米布沙漠东部-卡拉哈里沙漠北部、北美洲西部的大盆地地区、南美洲的安第斯山南部-巴西高原西部之间、南亚的印度和巴基斯坦、中亚地区和中国的内陆地区。而我国的风水复合侵蚀区在空间上分为两大区域：半干旱风水复合侵蚀区和海岸风水复合侵蚀区（李秋燕等，2010）。唐克丽等（1990，1993，1996）在分析和总结以往考察和研究的基础上，加之"七五"和"八五"科技攻关项目"黄土高原地区土壤侵蚀区域特征及其防治途径"专题，全面考察黄土高原 289 个县，综合研究了黄土高原土壤侵蚀区域特征，并且首次提出水蚀、风蚀交错带概念，明确了风水复合侵蚀过程。风水复合侵蚀是指由于风力和水力为主的侵蚀过程相互创造形成条件，在特定地区的空间上相互交错和叠加，在一年之中相互交替和加剧，全年侵蚀过程连续不断。同时，唐克丽等学者对我国半干旱地区水蚀风蚀交错带进行了明确的界定。其中，晋陕蒙接壤区位于半干旱风水复合侵蚀区的强烈侵蚀中心，年土壤侵蚀模数多在 1.5 万～2.0 万 t/km²，黄土高原最大侵蚀模数和最高含沙量均出现在这一区域（唐克丽，2000；查轩、唐克丽、2000），黄土高原水蚀风蚀交错带总面积达 142 667.8 km²，就地带性分布规律而言，其侵蚀强度呈现出明显的差异性，侵蚀强度不一，土地利用方式、侵蚀方式和整治方式不同，又可分为 6 个分区：晋北盆地区、陇中宁南低山宽谷丘陵区、陇东宁南低山丘陵残塬区、晋西北缓丘宽谷区、陕北黄土丘陵区和陕晋蒙沙化黄土丘陵区（唐克丽等，1993）。而以 RS 和 GIS 为技术支撑，邹亚荣等（2003）在空间上把我国的风水复合侵蚀区分成 4 个区域：西北部沙漠周边地区、北部山脉沿线地区、中部河流沿岸地区、南部滨海滨湖地区，计算出 49.6% 风水复合侵蚀带的降水量小于 200 mm。

在风水复合侵蚀类型的划分上，Kirkby（1978）根据水分条件的变化，将风水复合侵蚀划分为风力过程为主、水力过程为主和风水交互作用 3 种类型。史培军和王静爱（1986）则根据风、水复合作用在不同的时空条件下，表现出的作用方式，将风、水复合作用划分为两种类型：一种是风、水在同一时空条件下共同作用而形成的地貌景观及其发育过程；另一种是风、水在同一地点交替作用而形成的地貌景观及其发育过程。另外，海春兴等（2002）根据风力与流水在风水复合作用中的地位与重要性将风水复合侵蚀划分为：风力作用为主的风水复合侵蚀与河流作用下的风、水、重力三相侵蚀。Bullard 和 McTainsh（2003）将风水交互作用划分为 3 种形式，即风蚀主导型、水蚀主导型和风水交互型。同样，王涛等（2008）则根据两种侵蚀营力在区内的侵蚀模数比重和侵蚀面积比重，把北方农牧交错带风水复合侵蚀划分为 3 个类型区：风水蚀相当的复合区、以风蚀为主的复合区和以水蚀为主的复合区。

三、黄绵土侵蚀驱动因素

陕西黄绵土区强烈的土壤侵蚀是自然因素和社会经济因素共同作用的结果。人们长期开荒种地、破坏植被，并从事单一的农业经济，不断扩大耕地面积，未能因地制宜地合理开发利用土地资源。尤其是近半个世纪以来，人口迅猛增长，大大超过了自然资源和经济发展的负荷量，致使该地区生态平衡失调，人均耕地面积减少，人均占有粮食下降，从而不得不加大垦荒种植力度，使得自然植被锐减，进一步间接加剧了土壤侵蚀。自然条件则是引起土壤侵蚀的直接动因，主要是黄绵土土质疏松易散，地形沟壑纵横、丘陵起伏、植被覆盖状况差，年降雨分布不均且强度大等，其中黄绵土特殊结构和降雨时空分布不均是驱动土壤侵蚀的关键因素（吴普特，2006）。

（一）黄绵土物理结构有利于水蚀

水土流失过程中，土壤是侵蚀发生的载体。土壤本身对各种侵蚀营力作用具有一定的抗性，这主要表现为抗蚀性和抗冲性两个方面。土壤各种理化性状如物理结构、机械组成、有机质含量、团聚体稳定性、渗透性及生物学活性等都会影响到土壤的抗性。一般来说，土壤侵蚀随土壤黏粒和有机质含量、团聚体稳定性、持水性、饱和导水率以及生物活性等增加而降低（王佑民 等，1994；曾全超 等，2014）。但是，黄土具有点棱接触支架式多孔结构，土质疏松，缺乏团粒结构，颗粒间黏结力弱，稳定性差，遇水很容易分散、崩解，抗侵蚀能力非常弱。

该区内地形既是土壤侵蚀长期作用的结果，又是土壤侵蚀的重要影响因素。它通过对气候、植被等其他自然条件分布状况的影响，直接或间接地影响土壤侵蚀的发生发展过程。黄绵土区土地破碎、沟壑纵横、地势陡峭，沟壑密度平均达 $4\sim7$ km/km^2，有的可高达 10 km/km^2，可为侵蚀提供大量的临空面和改变降雨径流的动能，并且容易诱发重力侵蚀。

（二）降水集中加剧土壤侵蚀

陕西黄绵土区受东亚季风气候影响，降水在时间和空间上都具有分布不均的特征，这种情况极大加重了区域内的水土流失。在时间上，年内 60%～75%降雨均集中在 6—9 月，日最大降水量有时高达 100～150 mm。同时，集中降雨笼罩面积大，一次暴雨面积在 5 万～15 万 km^2。据测算，每次暴雨产生的侵蚀量一般为 750 t/hm^2，可占全年侵蚀量的 40%，甚至高达 90%，并且暴雨次数占侵蚀性降雨的 70%以上（刘元保 等，1988）。因此，该区域的土壤侵蚀主要是由少数几次大雨或暴雨引起的。暴雨雨滴大、产流多，侵蚀量大，是导致严重土壤侵蚀的主要动力。这表明降雨是水土流失的主控因子，通过雨滴动能的打击作用分散和溅蚀，并由形成的地表径流冲刷和搬运土壤。另外，降雨还参与土壤自身一些特征的形成，以一种综合的效应影响侵蚀过程。实际研究也发现，黄土高原土壤侵蚀量和输沙量与降水量有很好的线性相关性（王万忠，1996）。

第二节　土壤侵蚀对黄绵土区耕地质量的影响

在≥10 ℃积温高于 1 609 ℃、年降水量在 300 mm 以上、地面坡度 20°～25°的黄绵土区（包括塬地、梯田、川（沟）台地等）及坡度小于 20°的梁峁缓坡地上的黄绵土水分状况好或较好，适宜栽培作物，面积约占黄绵土总面积的 35%。但同时，人为耕作和自然因素引起水土流失的最大危害就是降低土壤肥力与生产力，从而有可能危及人类生存，被世界各国关注。土壤肥力的降低实质是土壤中养分的消耗和损失，因此本书就土壤侵蚀养分流失的机理及危害进行介绍和讨论。

一、坡地侵蚀对生产力的影响概述

坡地上的侵蚀引起表层土壤流失，其流失速率如果大于成土作用形成新土壤的速率时，则土层因侵蚀而逐渐变薄。显然，由于人类活动范围的不断扩大及强度的增强，这种情况涉及的面积越来越大，在世界大多数地区的坡地上都发生着。由于流失的土壤是作物生长所依赖的表层土，它决定了土地的生产量，且构成土壤生产力的主要因素，因而侵蚀对生产力的影响是必然的。

尽管侵蚀对生产力有影响，但要在短时间内认识其危害并非易事，原因有两个：一是侵蚀造成土壤生产力降低的速度缓慢，只有当经济上土壤长期不适于种植作物时，才能认识到土壤生产力的降低；二是由于技术改进、工艺提高以及农田投入的增加（如大量施肥、灌溉等），常可以较大幅度提高作物产量，起到掩饰生产力降低的作用。因此，对于侵蚀与生产力关系的认识及研究大致可分为以下 3 个方面。

（一）侵蚀对生产力影响的直观认识

侵蚀对于生产力影响的最早研究是不同侵蚀量下作物产量的变化情况。美国的资料表明，风吹走厚度 2.5 cm 的表土后，小麦生产潜力降低 2%～10%；对于土层更深的中等质地土壤上的玉米，当所有表土移去后，潜在损失为 8%～30%。吴发启等（2001）综述美国艾奥瓦州地方的土壤侵蚀 25 cm 后，玉米减产 50%；而尼日利亚土层薄的土壤仅侵蚀 5 cm 就会减产那么多。澳大利亚西部类似的试验表明，风蚀 1 mm 可能减产 2.0%～7.5%，8 mm 则减产 10%～25%。据估计，在美国，大面积的由于侵蚀与连续耕垦有关的其他因素造成的肥力损失为 25%（Gordon，1988）。我国的众多研究也表明，土地生产力随着土壤侵蚀的发展而降低。流失土壤中的有机质含量为原来土壤中含量的 1.3～5.0 倍。每损失 1 mm 的表土，谷物产量降低约 10 kg/hm²，土壤有机质含量减少 1/2，玉米产量减少 1/4。在西北黄土丘陵区，失去 A 层和 A＋B 层的侵蚀土壤已达 90% 以上，其有机质含量一般在 1% 以下，在不施肥情况下丰产年单产不超过 750 kg/hm²。

综上所述，世界上很多地区的多种土壤，在未进行水土保持的情况下，侵蚀会降低生产力。在特定的气候条件下，生产力降低的多少显然依赖于土壤剖面的特性。在黄土高原丘陵沟壑区，原有的黑垆土剖面基本被侵蚀，土壤严重退化，黄土母质又露出地表，土壤瘠薄，是该地区的主要耕种土壤。但多分布在坡地，不断遭受侵蚀，平均每年可侵蚀去表土层 0.5～1.0 cm，侵蚀过程远远超过成土过程，有机质等营养元素很难积累，一直处于低肥力水平的发育初期阶段。对于这类特性的土壤，统称为黄土性幼年土，即黄绵土。其是水土流失导致土壤退化的典型代表，有机质含量仅为 0.5%～1.0%，全氮含量平均为 0.05% 左右，均为原有黑垆土含量的 20%～50%，粮食产量下降幅度更大，仅为 375 kg/hm² 左右，成为全国最突出的低产区。

（二）侵蚀作用降低生产力的途径

1. 降低土壤对植物的有效水分供应　较低的土壤水分能使作物经常处于干旱胁迫下。植物吸收的土壤水分，可以通过变化田间根系层的持水特性，或降低田间根系层的深度来减少。如底土对根部有毒性，或土体坚实，或通气不良以致妨碍根部生长时，则侵蚀作用就会减小根系层的厚度，这时的根系层持水特性几乎总是变化的（唐克丽 等，1987）。

2. 造成土壤养分流失　受到侵蚀的土里夹带着养分，一起从田间流入江河、湖泊之中。一般来说，底土的土壤养分比表土少得多，因此需要追加肥料以维持作物生长。虽然肥料可以使裸露底土的作物减产得到部分补偿，但却增加了生产成本。黄河每年携带的泥沙中含氮磷钾总量达42 000万 t 以上，从每平方千米流失的不同土壤中可带走 8～15 t 氮、15～40 t 磷、200～300 t 钾。一般在黄土性土壤中，无论是耕种熟化的表层土或底部母质层，全磷和全钾的含量变化不大，主要受黄土本身特性的影响，全磷为 0.11%～0.18%，全钾为 1.92%～2.83%。因此，在黄土高原地区，随着水土流失过程，氮素养分的流失对土壤肥力的减退影响最大。黄土高原坡耕地的全氮含量为0.05%～0.10%，以此推算，黄河年 16 亿 t 的输沙量中含氮 80 万～160 万 t，相当于 173.9 万～484.8 万 t 尿素。

3. 破坏土壤结构　土壤结构遭到破坏，加剧了土壤的侵蚀性，促进了地表土壤板结，导致缺苗。表土板结又降低出苗率和渗透作用。渗透作用降低后，则减少了土壤水分的储存。在美国北部地区发现，土壤侵蚀同表层土壤肥力关系密切。随着侵蚀的增加，整个土壤侵蚀面有机碳与硝态氮含量均显著减少，且表层土壤 pH 增大。黄土高原河沟泥沙中有效养分有明显的富集，土壤流失引起土壤养分流失、土壤粗化和钙化，最终导致土壤退化（成婧 等，2013）。

4. 通过田间土壤的不均匀移动而降低土壤生产力　侵蚀作用不会均匀地发生在整个坡面上，主要是由径流网和地势起伏造成的。要想在不同程度侵蚀作用下的坡耕地上，选择一种获得最大限度产量的管理措施不大可能，因为土地通常都是按单元进行耕作。按单元耕作时，在正常情况下，化肥是均匀地施入田里的。如果侵蚀是不均匀的，则施肥的比率，越是适用于某些地区，则越是不适用于其他地区。在黄土高原地区，对于自然力侵蚀降低土壤肥力的研究成果较为丰富，但对于农业耕作、坡地修整、土地利用类型变化等人为侵蚀引起的土壤肥力变化的研究则偏少或刚刚起步，因此有必要及时开展这些作用途径的研究，同时应确定该地区侵蚀降低生产力的主要途径及其排序。

（三）侵蚀对土壤生产力影响的评价

多数评价侵蚀对生产力影响的方法都是以作物产量与土壤厚度（或被剥离的表土）或表土深度和土地的生产力指标的关系为基础，而土壤侵蚀与生产力间的关系难以确定是因为作物产量受多种环境因素的影响。因此，将生产力损失任意单因素联系起来都是困难的。最常用的方法有：①农学方法，包括天然侵蚀小区和产量的记录以及表土剥离试验；②地质测量和风化速率；③数学模拟和生产力指标。其中，建立生产力影响因素数学模型是评价发展的主要趋势（李忠魁，1986）。

玉米产量与土壤质地有关的 4 个变量的复回归分析表明，侵蚀造成的土壤质地的改变对玉米产量有重要影响（式 16 - 1）。

$$Y = 1.79 - 0.007E + 0.70OC + 0.07M_o + 0.002I_c \qquad (16 - 1)$$

式中，Y 指玉米产量，t/hm^2；E 指累积土壤流失量，t/hm^2；OC 指有机碳含量，%；M_o 指总孔隙率，%；I_c 指渗透能力，cm。式 16 - 1 表明，侵蚀造成的产量下降可通过增加有机质和改善总孔隙率（水的利用率）、入渗能力等耕种措施，部分加以补偿。表土剥离试验也表明，玉米产量对于 10 cm、20 cm 土壤剥离分别以 0.13 t/(hm² · cm)、0.09 t/(hm² · cm) 的速率下降。最剧烈的产量下降是由 10 cm 表层的土壤剥离造成的，如果土壤剥离在小范围深度内增加，产量下降还会更剧烈。

为了判定土壤侵蚀与土壤生产力的关系，皮尔斯及其助手采用基尼里等人的一个模型为基础，研究了一种程序（Frank et al.，1987）。在这一程序里，土壤为生长根部和损耗水分的环境。可以设想，具有良好渗透性的深厚土层里，可长期很少受到侵蚀的破坏，因为其下垫的底层土里，根部生长的环境大体与表层土相仿。若性质不好的底层土或母质土，因侵蚀而上升到接近地表，则将出现较严重的生产力下降。程序中假定采用了极好的技术管理，且肥料和栽培措施也不受限制。之所以用这样的程序来评价潜在生产力损失，其好处是能够确定必要的投入量；同时，由于运算便捷，可很快对大面积的土壤进行测报。

基尼里等人的模型把 5 种土壤参数，有效持水能力、容重、pH、通气性和导电性（用以测定盐渍化），看作是对根部生长最有影响的参数。每个土壤参数的显示幅度为 0～1.0。每个规范的土壤参数，都按照深度 100 cm 的理想根系分布情况进行加权。基尼里及其助手的方法，经修改后可用式 16 - 2 来计算生产力指数。

$$PI = \sum_{i=1}^{r} (A_i \times B_i \times C_i \times WF) \qquad (16 - 2)$$

式中，PI 指生产力指数；A_i 指相应的有效持水能力；B_i 指相应的容重（按渗透能力调整）；C_i 指相应的 pH；WF 指加权因子；r 指根部的水平层数。在这个方程里，PI 的变幅为 0～1。

美国农业部建立的土壤侵蚀与土壤生产力关系模式（Erosion productivity impact calculators，以下简称 EPIC 模式），简单来说，EPIC 模式是通过输入一些田间自然因子，用来模拟土壤侵蚀、植物生长及有关过程。该模式也用于估测侵蚀的损失价值，并决定最佳管理策略的经济因子（李忠魁，1986；周忠浩 等，2009）。EPIC 模式所涉及的因子有气象、水文、侵蚀与淤积、养分循环、植物生长、耕作、土壤温度以及经济因子和植物环境控制。该模型考虑了影响土壤生产力各相关方面的情况，较为全面。单因子的取值并非易事，对于那些无资料记录的土地更是如此，黄土高原地区正处于这一情况。另外，由于影响因子之间的相互作用，有可能掩盖主要因子的作用程度，同时评价的复杂性也会令人望而却步。因此，探索评价该地区土壤生产力的最适宜方法，并评估黄土高原因土壤侵蚀造成的生产力下降和作物产量的降低程度，仍是目前急需解决的问题。

二、水力侵蚀下土壤养分流失

（一）土壤养分流失特征

1. 径流中养分流失的浓度变化　降雨产生的坡面径流是土壤养分流失的动力，又是流失养分的载体，它既能悬浮有机质，又能溶解矿化的土壤养分。迁出的养分浓度有以下特征。

测定 20 m 缓坡（6°）耕地，由一次产流全过程的养分含量变化过程（图 16 - 2）可知，径流中主要养分浓度随时间和径流量改变而变化。产流初期，养分浓度较高，有机质为 0.092 8 g/L，全氮为

4.68 mg/kg，全磷为 0.043％，碱解氮为 1.80 mg/kg；随着产流量的增加，浓度稍有降低；当出现洪峰流量时，养分浓度上升，不久即达最大值，全氮、碱解氮分别达到 8.04 mg/kg、2.03 mg/kg，全磷接近 0.06％；而后，随产流量减少，养分浓度相应减少，产流结束，养分流失随之停止。

上述变化过程与产流量变化过程大体相近。产流初，径流来自出口断面附近，流量有限，加之径流夹带物来自表层土，养分浓度自然高些；随后回流范围逐渐扩大，产流量增加，养分平均浓度略有降低；出现洪峰流量时，径流来自全坡面，沟蚀开始，夹带泥沙俱增，养分浓度增大；随沟蚀进一步发展，含沙量达最大，养分浓度也达最大值；而后，随降雨强度减弱，产流量减少，面蚀减弱，养分浓度逐渐降低。由此可知，径流中的养分浓度取决于径流泥沙含量和泥沙来源。

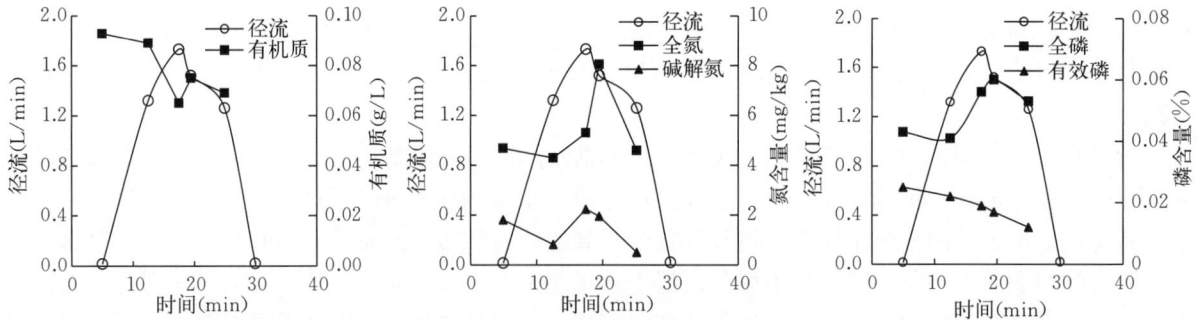

图 16 - 2　径流中养分浓度的变化

2. 径流中养分浓度的年变化　黄土高原水土流失每年集中于 5—10 月，由于降水变率大，产流次数有多有少，一般年产流 3.0～5.5 次，少者为 1 次，多者达 14 次。期间正值秋作物生长、成熟季节；麦田产流在收割后的休闲期。由于管理差异和养分矿化过程影响，年内各次径流中养分浓度也不同。一般来说，第一次产流养分浓度最高，之后产流中养分浓度逐渐降低。鉴于土壤中养分的消耗还与气候等因素有关，所以各养分浓度的消减变化互不相同，从图 16 - 3 可以看出硝态氮在一年多次径流中的浓度变化。

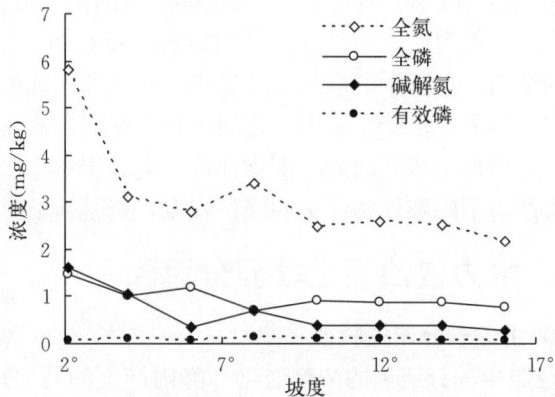

3. 不同坡度径流中养分浓度变化　径流量与坡度的幂函数成正比；但径流中养分浓度却随坡度增大而减小，当减至一定浓度后，浓度几乎保持恒定，尤其速效肥更是这样（图 16 - 4）。在不施肥的坡耕地，地面坡度从 2°增大到 16°，随径流中流失的养分浓度变化，全氮从 5.82 mg/kg 降到 2.18 mg/kg，全磷从 1.48 mg/kg 降到 0.78 mg/kg，碱解氮从 1.60 mg/kg 降到 0.29 mg/kg。坡度大于 12°以后，各养分浓度变化较小，尤其是有效磷，浓度不超过 0.13 mg/kg。

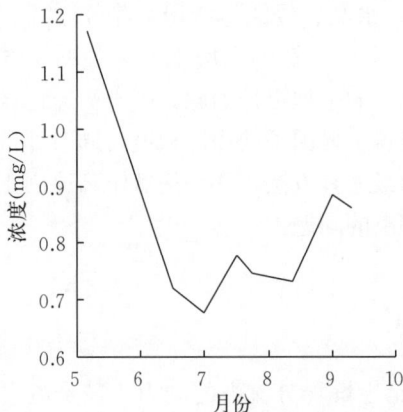

图 16 - 3　年径流中硝态氮浓度变化　　　图 16 - 4　不同坡度径流中养分浓度变化

4. 流失泥沙中养分含量变化　收集（或采集）侵蚀泥沙并分析其主要养分含量，可以看出，随时间推移，侵蚀次数及强度增大，泥沙中平均养分含量逐渐降低。在一年中，通常初次流失泥沙的养分含量较高，之后侵蚀泥沙的养分含量较低。多年侵蚀的变化也如此，见表 16-2。1987—1993 年的 6 年间，种植小麦 4 次，施肥 1 次（每公顷施肥 1 200 kg），流失泥沙中有机质含量从 1.380% 降到 0.885%，全氮从 0.129% 降到 0.095%，全磷含量从 0.048% 降到 0.037%。

表 16-2　不同时期坡地（6°）土壤表层（0~20 cm）流失泥沙中主要养分含量变化

测定时间（年-月）	有机质（%）		全氮（%）		全磷（%）		碱解氮（mg/kg）		有效磷（mg/kg）	
	土壤	泥沙	土壤	泥沙	土壤	泥沙	土壤	泥沙	土壤	泥沙
1987-6	0.933	1.380	0.088	0.129	0.048	0.048	—	—	—	—
1989-6	0.984	1.410	0.071	0.141	0.093	0.093	—	—	—	—
1993-5	0.646	0.885	0.059	0.095	0.063	0.037	33.50	40.42	2.884	2.348
平均	0.854	1.225	0.073	0.122	0.068	0.059	33.50	40.42	2.884	2.348

不同坡度流失泥沙养分含量变化特征表现为，随坡度增大和侵蚀强度增大逐渐降低，并趋近一个定值。1992 年分析侵蚀小区坡度 4°~15° 的一次流失泥沙中有机质、全氮和全磷含量（图 16-5），可以看出，有机质含量随坡度增大降低很快，从 0.981% 降到 0.510%，每度平均降低 0.043%；全磷含量降低缓慢，从 0.038% 降到 0.032%，每度平均降低不到 0.001%；全氮含量变化居中，每度平均降低 0.06%。观察斜率还可以发现，即坡度<12°耕地，流失泥沙养分含量变化快；坡度>12°耕地，变化缓慢，有机质含量为 0.50%，全氮趋近 0.06%，全磷趋近 0.03%。

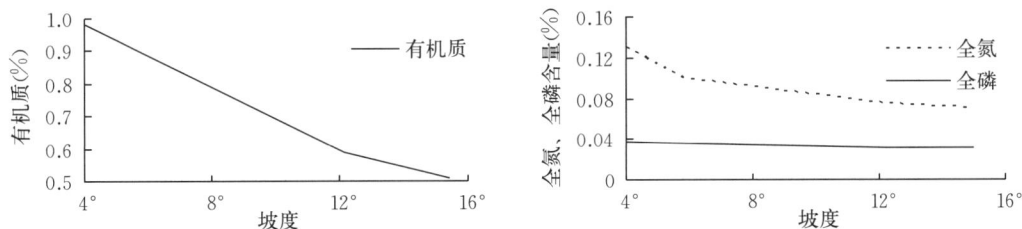

图 16-5　不同坡度侵蚀泥沙养分含量变化

流失泥沙中养分含量与土壤耕作层和径流中养分浓度的比较说明，坡耕地侵蚀，泥沙多来自土壤耕作层，且多细粒和复粒。因此，有机质和氮素在流失泥沙中含量均高于耕作层养分含量，这种养分的"富集"现象，已被许多研究所证实。黄土中缺少磷素，所以"富集"不明显。在长期不施肥或少施肥情况下，流失泥沙中有机质含量是 0~20 cm 土壤中含量的 1.43 倍（表 16-3），全氮为 1.67 倍，碱解氮为 1.2 倍。流失泥沙中养分含量远高于径流中养分浓度，除全磷外，泥沙养分含量是流失径流养分浓度的 65 倍以上。可以认为，水土流失降低土壤肥力的关键是土壤流失，它使耕作层变薄，土壤结构恶化，还挟带大量营养元素。

表 16-3　流失水样与泥沙样主要养分含量对比

测定项目	有机质（%）	全氮（%）	全磷（%）	碱解氮（mg/kg）	有效磷（mg/kg）
径流	0.013	0.000 2	0.028	0.37	0.02
泥沙	0.885	0.095	0.027	40.42	2.348
小计	0.898	0.095 2	0.055	40.79	2.368

（二）土壤养分流失量及预测

根据不同坡度侵蚀试验小区的径流、泥沙及其主要养分分析资料，计算流失径流和泥沙中养分总量，结果发现，相同面积的养分流失总量随坡度增大而增加的规律十分明显，把它换算到 1 km² 面积上，流失的养分总量成为土壤养分流失模数。经回归分析和方差检验，各养分流失模数与耕地坡度的函数关系为：

$$M_{有机质}=0.102S^{3.065} \qquad R=0.975$$

$$M_{全氮}=0.173S^{1.940} \qquad R=0.924$$

$$M_{碱解氮}=0.055S^{1.599} \qquad R=0.902$$

$$M_{全磷}=-53.352+127.858S \qquad R=0.745$$

$$M_{有效磷}=0.733S^{2.50} \qquad R=0.964$$

式中：M 表示各养分的流失模数，S 表示地面坡度。

经方差检验，除全磷线性式在 0.05 水平上显著外，其余幂函数式均在 0.01 水平上显著。该组式是在长期未施肥情况下，由第二次侵蚀统计得出，可以代表自然侵蚀土壤养分平均流失量特征。为预测年平均流失量，进一步计算出该次降雨侵蚀指标 $R=P$（降水量）$\times I_{30}$（最大 130 min 雨强），并与该区多年平均 R 值相比（刘秉正，1993），求得比例系数 0.063；再依水土流失规律，将以上诸式改算成预测年养分流失模数，结果列入表 16-4。由该模型的回归标准差 S_b 和系数标准差 S_a 可以看出，模型的波动范围，一般幂函数式波动较小，线性式（全磷预测模型）波动较大，这与区域土壤缺乏磷素和人为输入有关。

表 16-4 黄土高原南部土壤养分流失预测模型

预测模型	单位	S_b	S_a
$M_{有机质}=0.102S^{3.065}$	kg/(km^2·年)	4.37	3.98
$M_{全氮}=2.746S^{1.911}$	kg/(km^2·年)	2.97	2.71
$M_{碱解氮}=0.865S^{1.599}$	kg/(km^2·年)	2.89	2.64
$M_{全磷}=-846.857+1\,029.49S$	kg/(km^2·年)	51.22	478.15
$M_{有效磷}=11.635S^{2.50}$	g/(km^2·年)	0.32	0.29

（三）土壤养分衰减特征

土壤养分的流失必然导致原有土壤养分含量降低，在土壤养分"入不敷出"的掠夺经营下，会导致土壤养分的衰减。黄土高原黑垆土有机质的衰减就是佐证。利用调查的资料，与综合考察期间土壤养分进行比较，有机质、全氮、全磷含量均有不同程度降低，也说明土壤养分衰减的普遍性。

1. 土壤养分衰减的时间变化 黄土坡耕地的加速侵蚀，随着时间延长，耕作层养分含量降低，若无足够养分输入，土壤养分将逐渐衰减接近黄土母质。整理分析年内耕作层养分变化，受多因素影响规律不明显，而年际间的养分变化十分明显。以淳化县枣坪沟和泥河沟两流域 1992 年的资料，分级整理成图 16-6 可以看出，有机质、碱解氮和有效磷均有不同程度的降低。其中，有机质和碱解氮

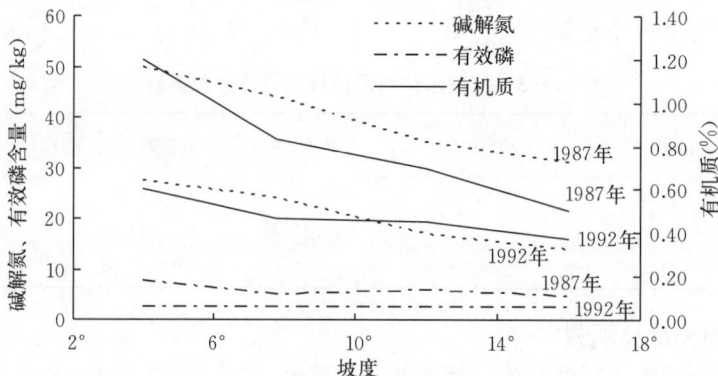

图 16-6 土壤养分时空变化曲线

衰减快，有效磷衰减慢；坡度大侵蚀强，土壤养分相对衰减慢。从 $4°\sim16°$，有机质年平均衰减 $0.81\%\sim0.24\%$，碱解氮衰减 $4.44\sim4.08$ mg/kg，有效磷衰减 $1.02\sim0.34$ mg/kg。

2. 土壤养分衰减的空间变化 不同坡度耕作层（$0\sim20$ cm）土壤养分变化分析表明，养分随坡度变化规律十分明显。经回归分析，得函数式列入表 16-5。经方差分析，以上诸式均在 0.01 水平上显著。由此可以看出，坡度<12°的缓坡地是农业生产主要用地，土壤养分衰减与坡度呈线性关系；>12°的坡地，养分衰减与坡度呈幂函数关系。一定程度上可以认为，在黄土高原，肥力高的土壤养分相对衰减快；相反，肥力低的土壤相对衰减慢，并趋近于黄土母质的养分含量。将图 16-6 函数曲线与人工模拟侵蚀试验相比能够看出，12°坡地的养分含量与侵蚀 30 cm 表土后的养分含量相当，可见衰减变化之快。

表 16-5 坡耕地表层（$0\sim20$ cm）养分含量与坡度的函数式

关系及适用范围		函数式	R
有机质与坡度	$0°\sim12°$	$M=1.252-0.052S$	0.971
	$12°\sim30°$	$M=1.905S^{-0.451}$	0.953
全氮与坡度	$0°\sim12°$	$M=0.166-0.01S$	0.974
	$12°\sim30°$	$M=0.256S^{-0.562}$	0.953
碱解氮与坡度	$0°\sim12°$	$M=55.354-1.595S$	-0.962
	$12°\sim30°$	$M=242.15S^{-0.731}$	-0.954
全磷与坡度	$0°\sim30°$	$M=0.081-0.001\,7S$	-0.984
有效磷与坡度	$0°\sim30°$	$M=7.658-0.197S$	-0.901

3. 全坡面养分衰减变化 选择肥力较高的塬边和塬坡两个地貌单元的坡耕地，测定其表层（$0\sim20$ cm）土壤养分含量。由图 16-7 可以看出，在这两个地貌单元中，土壤养分并不完全随坡度增加而减少。至塬边，坡度增大到 11°，养分含量反而增加；塬坡上部，养分含量又减少，中下部坡度达到 22°，养分含量升高，至塬坡底部坡度增大到 28°，养分含量降到最低。整体上，土壤养分存量随着坡度增大呈现出起伏的"波浪形"变化。

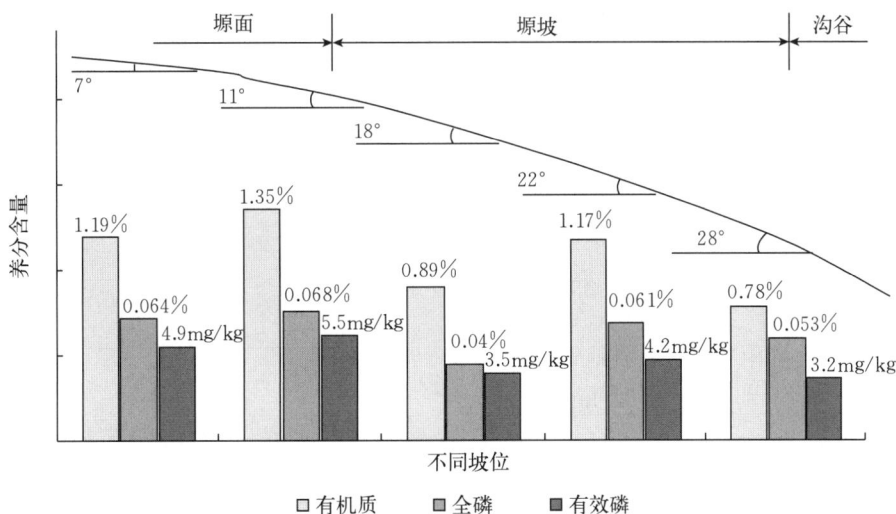

图 16-7 不同坡位土壤养分变化

（四）土壤剖面养分衰减变化

分层取样、分析，并按不同坡度统计主要养分含量，得图 16-8。其变化特征为：与其他非侵蚀土壤相同，表层土壤养分含量高，底层含量低。土壤耕作层（$0\sim30$ cm）养分含量变化剧烈，30 cm

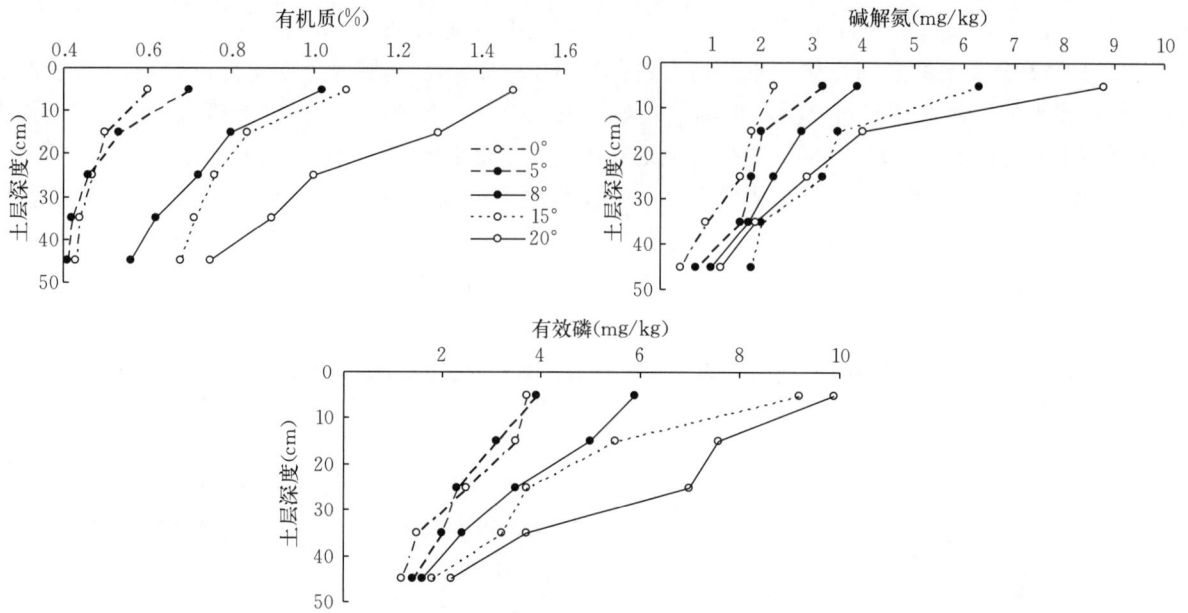

图 16-8　侵蚀土壤剖面养分变化曲线

以下土层养分变化趋于缓和，曲线变陡直。坡度和土壤侵蚀强度不同，土壤剖面养分变化不同。坡度小、侵蚀弱的土壤，如 0°和 5°剖面养分变化快；坡度大、侵蚀强的土壤，如 15°和 20°剖面养分变化缓慢。约在 50 cm 土层以下，侵蚀土壤的养分含量基本接近并趋于稳定。上述侵蚀土壤养分衰减变化与不同坡度下土壤养分衰减变化是一致的，表现为肥力高的土壤养分衰减快，肥力低的土壤养分衰减慢。

（五）土壤微量元素的变化

作物所需微量元素甚少，但微量元素却关系着作物的遗传特性。微量元素多与土壤黏粒、有机质并存，因此水土流失必然引起土壤微量元素的变化。在诸多微量元素中，本文分析了锰、锌和有效硼3 种元素的变化特征。

1. 微量元素的流失特征　流失径流中 3 种元素浓度最高不超过 0.5 mg/kg（图 16-9）。其平均浓度锌为 0.18 mg/kg，锰为 0.14 mg/kg，有效硼为 0.02 mg/kg。3 种元素的浓度变化以锌最大，锰和有效硼较稳定。以该地区农地平均径流量计，6°坡耕地 3 种元素年流失模数分别为 2.50 kg/km²、1.92 kg/km² 和 0.27 kg/km²。流失泥沙中的微量元素含量，基本与表层（0～20 cm）土壤中含量相当，6°坡耕地锌、锰和硼的年流失模数分别为 300.64 kg/km²、41.77 kg/km² 和 0.11 kg/km²。

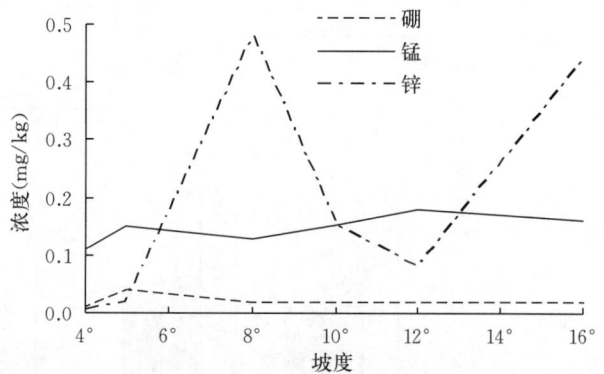

图 16-9　流失径流中微量元素的浓度变化

2. 土壤中微量元素的变化　黄土类土壤中
3 种元素含量相差 1～2 个数量级。在测定的 0～40 cm 土层中，锰元素含量最高，为 550 mg/kg 左右；其次是锌元素，约 70 mg/kg；有效硼含量最低，仅 0.2 mg/kg 左右（图 16-10）。随地面坡度和侵蚀强度增大，锰含量略有降低，其他 2 种元素变化不明显。微量元素在土壤剖面中变化各不相同。其中，有效锌及硼在表层（0～20 cm）土壤含量偏高，下层土壤含量较低。这种变化除与水土流失有关外，还与元素的化学活性等有关，有待进一步研究。

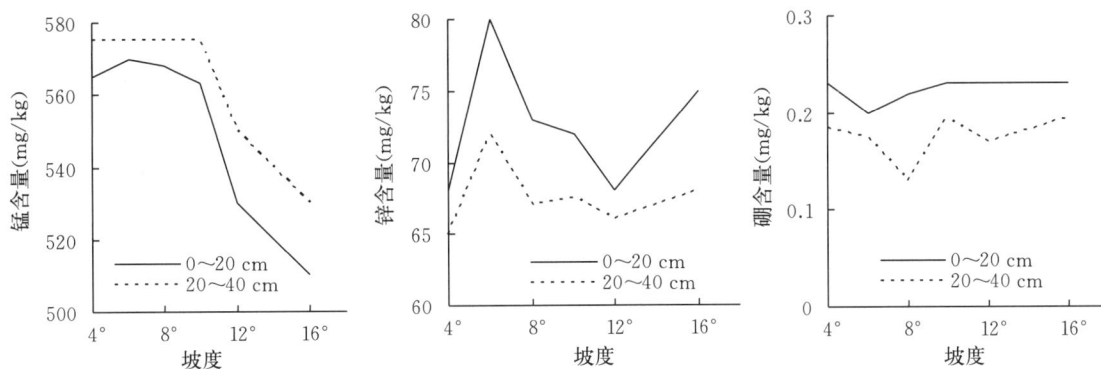

图 16-10　不同坡地侵蚀土壤微量元素变化

（六）农地土壤肥力的降低

耕作层是历经多年培肥的熟土层，作物根系多集中于此。由于加速侵蚀的不断进行，必然逐渐减薄熟土层，带走大量营养成分。黄土高原70%的土壤有机质含量都在1%以下，大面积黄绵土的出现就是佐证。对淳化、乾县、合阳及杨凌杜家坡的77块麦田924组土样进行分析表明（表16-6），淳化农地（耕作层）平均有机质含量为0.789%，全氮含量0.046%，全磷含量0.061%；乾县与合阳全氮、全磷含量较高，但与肥力较高的土地相比差距很大，仅相当于陕西土壤肥力等级中的五六级以下水平。

表 16-6　黄土高原不同地区土壤与对照养分对比

地点	采样深度（cm）	养分含量（%）			小麦产量（kg/hm²）	备注
		有机质	全氮	全磷		
淳化	0～25	0.789	0.046	0.061		
	25～50	—	—	—	2 250.0	有侵蚀旱地
	平均	—	—	—		
乾县	0～25	0.731	0.068	0.073		
	25～50	0.583	0.049	0.055	2 529.0	有侵蚀旱地
	平均	0.657	0.058	0.064		
合阳	0～25	0.826	0.077	0.064		
	25～50	0.619	0.047	0.051	2 437.5	有侵蚀旱地
	平均	0.723	0.062	0.058		
杨凌杜家坡	0～25	1.249	0.093	0.220		
	25～50	1.021	0.076	0.218	7 642.5	无侵蚀水浇地
	平均	1.135	0.085	0.219		
	0～25	1.234	0.092	0.198		
	25～50	—	—	—	3 975.5	无侵蚀旱地
	平均	—	—	—		

对比分析农地耕层和流失泥沙养分含量（表16-7）可知，有机质和全氮的含量，流失泥沙分别是耕层的1.48倍和1.46倍；全磷含量两者基本相当。由于流失泥沙含有丰富的养分，所以土壤流失越大农地越贫瘠。坡度大的农地流失量大，而且多分布于塬边、坡咀的边远地方，投入肥料少，长期处于瘠薄状态。

表 16-7　黄土高原南部淳化等三县土壤与对照养分对比

单位：%

样品	有机质	全氮	全磷	黏粒含量
农地耕层	0.933	0.088	0.043	11.59
流失泥沙	1.380	0.129	0.048	62.23

三、水力侵蚀下土壤物理性状变化

（一）土壤质地变粗，团粒结构遭到破坏

农地水土流失方式决定了以流失表土细颗粒和密度小的颗粒为主（主要是有结构的团粒），残留塬地的为少团粒结构的粗颗粒或姜石。表 16-7 中流失土样的黏粒（<0.001 mm）含量为 62.23%，远高于耕作层土壤黏粒含量，在淤积部位可看到清晰的团粒结构，而耕作层并非全部如此。这种现象与上述养分损失情况是一致的。

表 16-8、表 16-9 分别为该区土壤母质与 10°坡耕地表层土壤及流失泥沙颗粒组成。两表对比可以看出，10°坡耕地土壤质地大体与老黄土质地相当，新黄土已被流失殆尽。流失泥沙的颗粒组成变化较为复杂：一是<0.01 mm 的细粉粒及黏粒含量高于表土中同级含量，是它的 1.29 倍，尤其是细粉粒最高；二是>0.05 mm 的沙粒含量略低于表土的含量其中 0.05～0.01 mm 的粗粉粒含量比表土同级含量低 17%。

表 16-8　淳化泥河沟土壤母质颗粒组成

土壤母质	颗粒组成（%）				
	>0.1 mm（沙）	0.1～0.05 mm（微沙）	0.05～0.01 mm（粗粉粒）	0.01～0.002 mm（细粉粒）	<0.002 mm（黏粒）
新黄土	1.1	10.4	48.9	21.5	19.0
老黄土	1.7	13.4	53.5	15.6	15.9

表 16-9　淳化泥河沟耕地表层（0～20 cm）及流失泥沙颗粒组成

土壤母质	颗粒组成（%）				
	>0.25 mm（粉沙）	0.25～0.05 mm（细沙）	0.05～0.01 mm（粗粉粒）	0.01～0.005 mm（细粉粒）	<0.005 mm（黏粒）
新黄土	1.39	10.72	54.17	3.78	28.94
老黄土	1.34	11.70	44.98	11.81	30.27

（二）不同坡度耕作层土壤质地变化

大范围调查分析坡耕地耕作层（0～20 cm）土壤质地说明，<0.01 mm 的黏土、粗黏土和粉粒含量随坡度增大而减小，其中<0.001 mm 的黏粒减小慢，0.01～0.005 mm 的细粉粒减小快，粗黏粒减小居中；>0.01 mm 的粉沙和沙粒含量随坡度增大而增大，以粉沙增加快（图 16-11）。这种变化与流失泥沙的颗粒完全一致，也证明长期的水土流失，使土壤<0.01 mm 以下土粒不断迁出，土壤逐渐积累>0.01 mm 的颗粒，使其质地不断"粗化"。除"粗化"外，耕作层姜石的积累还可造成土壤"钙化"（表 16-9）。

表 16-10 是耕作层（0～20 cm）姜石的变化情况，从中可以看出，坡度从 4°增至 35°，每平方米姜石含量从 3.38 kg 增至 22.87 kg，百分含量从 1.3%提高到 11.1%，且缓坡耕地姜石增量幅度小于陡坡耕地。8°耕地与其他耕地差异较大，主要是由于 8°耕地靠近崾顶。该处尽管水力冲刷作用弱，但由于长期的风蚀作用，其姜石富集仍较 15°、19°沟坡地高。

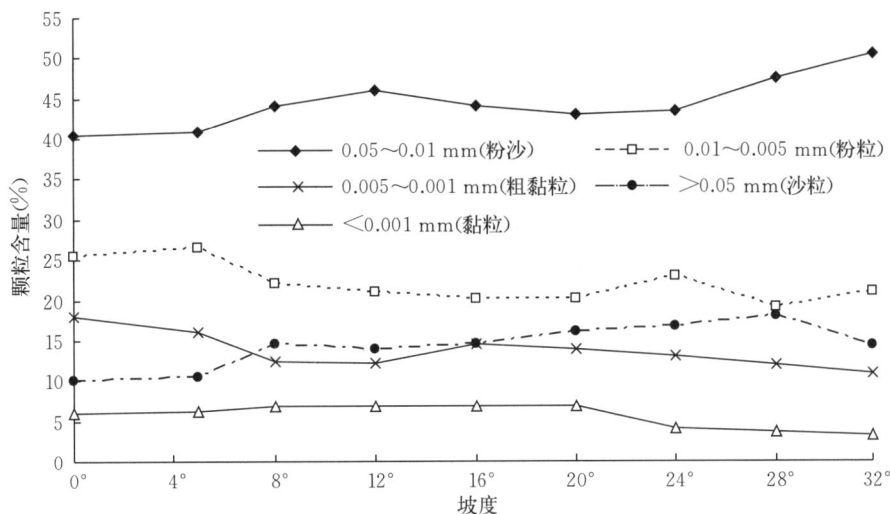

图 16-11　坡耕地表层（0～20 cm）颗粒组成变化曲线

表 16-10　坡耕地表层（0～20 cm）姜石含量

项　目	坡度						
	4°	8°	15°	19°	24°	30°	35°
姜石含量（kg/m²）	3.38	11.50	9.00	11.00	13.88	16.13	22.87
姜石比例（%）	1.3	4.3	3.9	4.5	5.6	6.2	11.1

土壤质地的变化在剖面上也有所反映。比较多个典型坡度土壤的颗粒组成变化（表 16-11）可以看出，无论哪个坡度，在整个土壤剖面上，<0.005 mm 的粗黏粒和黏粒含量随深度增加而增加，坡度大的增加快，缓坡地增加慢，总量在 40% 以下。>0.01 mm 的粉沙及沙粒含量随深度增加而减小，坡度大的减少慢，缓坡地减少快，与细粒变化相反。0.01～0.005 mm 的粉粒含量在剖面上变化基本有两种情况，缓坡地（0°～20°）随深度增加而减少，陡坡地（>25°）随深度而增加，共同趋近于 15% 左右。

表 16-11　典型坡耕地土壤剖面颗粒组成

坡度	剖面土层深度（cm）	颗粒组成（%）					质地名称（美国制）
		>0.05 mm（沙）	0.05～0.01 mm（粉沙）	0.01～0.005 mm（粉粒）	0.005～0.001 mm（粗黏土）	<0.001 mm（黏土）	
5°	0～20	10.35	40.39	17.88	25.74	5.64	粉沙质黏土
	20～40	7.75	39.35	16.84	27.90	7.96	粉沙质黏土
	40～60	3.33	32.88	15.50	33.18	12.83	粉沙质黏土
12°	0～20	12.72	45.54	15.44	21.12	5.14	粉沙质黏土
	20～40	6.22	43.62	14.95	23.91	11.18	粉沙质黏土
	40～60	3.43	42.51	14.50	34.58	11.23	粉沙质黏土
20°	0～20	16.69	48.42	13.87	20.74	5.44	粉沙质黏壤土
	20～40	5.67	44.97	13.06	23.34	9.15	粉沙质黏土
	40～60	4.22	43.28	12.28	25.49	13.04	粉沙质黏土
25°	0～20	19.01	47.49	10.34	19.43	3.71	粉沙质黏壤土
	20～40	14.91	41.57	13.65	22.02	9.50	粉沙质黏壤土
	40～60	4.22	39.93	15.25	24.81	14.15	粉沙质黏土

（三）破坏土壤结构

水土流失影响土壤颗粒组成和养分含量，并随坡度增大而加剧，这种变化必然导致土壤结构状况发生变化。经大量调查和测定分析发现，表层（0～20 cm）土壤容重随坡度增大而增大，孔隙度、团聚体含量随坡度增大而减小。一般缓坡地土壤容重、孔隙度变化缓慢，团聚体含量变化较快；中陡坡地土壤容重、孔隙度变化略有加快，而团聚体含量变化缓慢。依据测定结果，统计回归土壤表层（0～20 cm）容重（r_f）、孔隙度（e）、团聚体含量（T）与坡度（S）的函数关系式表明，以上三式经方差分析极显著性回归检验，结果均在0.01水平上显著。土壤结构的这种变化与水土流失强度大小及生产管理水平相吻合。

$$r_f=0.88+0.92S \quad R=0.994$$
$$e=66.18+0.84S \quad R=0.987$$
$$T=35.22e^{-0.012S} \quad R=0.953$$

分层测定了不同坡度土壤的紧实度（表16-12）可以看出，耕作层紧实度最低，犁底层突然增大，心土层最大；随陡坡度增大，耕作层紧实度增大，犁底层稍有增大，心土层在8°以上几乎保持不变。这反映老黄土的性质和耕作深度较浅的状况，耕作层的变化是水土流失和不同管理所致。

表16-12 坡耕地不同土层土壤紧密度

单位：kg/cm²

剖面土层深度（cm）	坡度					
	0°	5°	8°	16°	20°	23°
0～20	0.62	0.73	0.72	0.75	0.87	0.81
20～40	4.38	4.95	4.71	5.76	4.70	6.06
40～55	6.08	7.65	8.57	8.28	8.30	8.73
平均	3.69	4.44	4.67	4.93	4.62	5.20

（四）土壤水分降低

除了降水少、降水变率大和蒸发损失大以外，水土流失常常加剧了干旱的发生和发展。当然，不同肥力土壤的抗旱保墒能力也有差别。但缺水还是明显的，于是地膜覆盖、中耕除草、适时耙松等一系列蓄水保墒技术措施得以普遍推广。水土流失降低农地土壤含水量，坡度越大越明显。用中子仪分5层测3种不同坡度0～200 cm土壤含水量的动态变化可得，水平梯田土壤平均含水量高于5°33′（1.09%）和7°20′（1.33%）坡地，具体见图16-12。

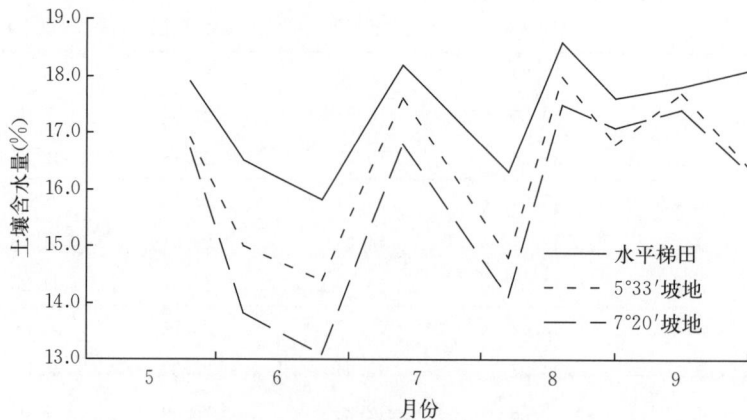

图16-12 1988年淳化泥河沟域流

该区6—9月正是秋作物生长和备用的小麦地底墒蓄存季节，气温高、蒸发大，此期间即使遇暴雨也对缓解旱情、增加土壤含水量有重要意义。而水土流失的发生，使其蓄墒作用大减，尤其陡坡地表土含水量低而导致作物枯萎或小麦出苗不齐。进一步研究表明，土壤肥力不同，作物耗水系数不同。肥力高的土壤，作物耗水系数低；肥力低的土壤，同一作物耗水系数高。这就使本来的"旱塬"因流失加剧了"旱""薄"，降低了土壤水分的有效作用。

四、土壤侵蚀——生产力反应及评价

（一）试验研究

1. 生产力降低试验 生产力是指土壤或土地能够生产一定量作物的能力。在一定的光、热、气和生产技术（品种、耕作管理等）条件下，它与土壤肥力呈正相关关系。高肥力的土壤具有较高生产力，干旱贫瘠的土壤生产力低下。为分析水土流失对生产力的影响，设置人工模拟侵蚀试验。在多年未施肥的平缓耕地上（<2°），设人为除去土壤耕层 10 cm、30 cm 和增加 10 cm 与保持原耕作层 4 个处理，在前茬、耕作措施均相同情况下播种小麦（当地常用品种），不施肥，两次重复。试验期内适逢小麦整个生产期降水高于多年平均值 31.8%（达 792 mm），即土壤水分较好，结果见表 16-13。

表 16-13　人工模拟侵蚀土壤养分及小麦产量

处理	0~20 cm 土层养分含量（%）			千粒重（g）	产量（kg/hm²）	与 CK 比较（%）	备注
	有机质	全氮	全磷				
加 10 cm 表土	1.020	0.076	0.093	35.53	1 687.35	+53.11	生产期降水792 mm
保持原状（CK）	0.882	0.074	0.093	33.39	1 102.05		
减 10 cm 表土	0.658	0.055	0.079	32.09	670.80	-39.13	
减 30 cm 表土	0.587	0.054	0.083	26.83	340.65	-69.09	

由表 16-13 得出，黄土区农地在不施肥、基本无流失和干旱情况下，小麦每公顷产量 1 100 kg 以上。换言之，产量为 750~1 500 kg/hm² 的农地，投入的肥料与流失的养分大体相当；水土流失会降低生产力，越近土壤表层降低越明显。在不施肥情况下，平均侵蚀 1 cm 土壤，小麦产量降低 2.3%~4.0%；相反，增加熟土层，平均增加 1 cm，小麦产量提高 5.3%。这与土壤肥力垂直分布是一致的。熟化层流失殆尽，耕翻黄土母质，仍可取得 300 kg/hm² 左右的产量。小麦千粒重的变化表明，水土流失还影响作物籽粒质量。由此推知，施肥情况下水土流失造成的损失会更大。

2. 土壤水分降低试验 在肥力一致、前茬均为小麦的坡耕地上，设 2°31′、4°14′ 和 7°20′ 3 种处理、两个重复的试验区，种植情况相同，播前施复合肥 1 666.5 kg/hm²。结果说明，本试验受降水的影响，结果并不典型；但仍看出播前水土流失量不同，造成小麦低塝亏缺带产量有一定差异（表 16-14）。2°31′ 与 4°14′ 两种坡度，播前径流模数在 5 000 m³/km² 左右，产量为 5 300 kg/hm² 左右；7°20′ 坡地播前径流模数为 21 081.9 m³/km²，产量降低近 600 kg/hm²。即损失 1 mm 降水，小麦产量降低 34.5~39.0 kg/hm²。

表 16-14　不同坡度 1988 年产流量和 1989 年小麦产量对比

处理	径流模数（m³/km²）	千粒重（g）	产量（kg/hm²）	备注
2°31′	4 990.0	43.40	5 298.0	生产期雨多未显旱
4°14′	5 647.8	43.17	5 335.5	
7°20′	21 081.8	41.82	4 737.0	

（二）评价模型建立

1. 评价模型建立 生产力指数模型即 PI（Productituity index）模型最初由 Neill（1979）提出，后经 Pierce 等（1983）修正和完善，用来评价侵蚀对土壤生产力的长期影响。该模型简单直观、求解方便、实用性强，尤其适合资料相对短缺的国家和地区。

　　PI 模型根据土壤对作物根系生长发育的适宜性，将根系分布范围内各土层根系生长限制因子赋值并相乘，然后将各层次的值按根系分布加权求和，得出生产力指数值，模型一般表达式见式 16-3。

$$PI = \sum_{i}^{n} (A_i \times B_i \times C_i \times \cdots \times WF_i) \tag{16-3}$$

　　式中，PI 指生产力指数；A、B、C 指根系生长限制因子；WF 指权重因子；i、n 指土层序号、土层数。根据前述研究，选取土壤养分、水分及坚实度 3 类因子作为根系生长发育的主要限制因素（假定气候、作物品种及管理措施不变），模型中各因子对根系生长的适宜度确定如下。

　　（1）土壤养分。以有机质、速效氮及有效磷含量来衡量养分水平。根据渭北实际，参照黄土高原土壤养分含量水平，取有机质 1.5%、速效氮 99 mg/kg 和有效磷 20 mg/kg 为满分值。即在此养分含量水平下，作物根系生长发育不受养分限制。当土壤养分含量大于或等于上述标准时，赋值为 10；低于上述标准时，以实际含量与满分值含量的比值乘以 10 得到实际含量的得分值，介于 0～10。

　　（2）土壤水分。采用有效持水容量来衡量土壤对作物的供水能力。用联合国粮食及农业组织（FAO）推荐的 Wageningen 法估算出渭北旱塬区小麦最大需水理论值约 520 mm。当土壤有效持水容量不低于该值时，作物生长不受水分限制，赋值为 10；当低于该值时，将土壤有效持水容量与需水量之比乘以 10 得到土壤供水能力的分值，介于 0～10。

　　（3）土壤坚实度。当土壤坚实度小于或等于 1.5 g/cm^2，其机械阻力不对作物根系生长发育构成限制，得分值为 10；当土壤坚实度大于临界值时，以 1.5 与实际值的比值乘以 10 得到土壤坚实度的得分值，介于 0～10。

　　（4）根系权重因子。根据在渭北旱塬的调查资料，小麦根系主要分布在 0～50 cm 土层内，占总根量的 93% 以上。取 50 cm 土层为生产力评价的目标层，每 10 cm 为一个层次，共 5 个层次。将 Neill 的根系权重因子修正，得到权重与深度的关系式（式 16-4）。

$$WF = 0.304 - 0.152 \times \lg [D + (D^2 + 1.61)^{0.5}] \tag{16-4}$$

　　式中，WF 指权重值；D 指土层深度，cm。对于每一土层来说，权重值是权重因子随深度分布曲线在该层次上下界之间的积分值。按此方法，求出各层的权重值：0～10 cm 为 0.51，10～20 cm 为 0.25，20～30 cm 为 0.15，30～40 cm 为 0.07，40～50 cm 为 0.02。

　　对气候、土壤、植被及管理措施均相对一致的地区，影响土壤流失的关键因素是地形，其中以坡度尤为重要。

　　作物最大需水量及估算：作物最大需水量从理论上讲，是指生长在大面积农田上的作物，当土壤水分和肥力适宜时，在一定的生长环境中正常发育并能达到高产潜力时，作物叶面积蒸腾、横向土壤蒸发、组成作物体和消耗与光合作用等生理过程所需的水量总和。但在实际研究中，由于组成作物体和消耗与光合作用等生理过程的水分值占总需水量的部分很小，而且这一小部分的影响因素较为复杂，难以准确估算，故一般忽略不计。这样，作物需水量就等于大田作物叶面积蒸腾和裸露土壤蒸发所消耗水量的总和。

　　在供水充足的条件下，作物需水量取决于气候条件和作物的生理特性。已经证明，作物需水量与大气的蒸发有密切关系。目前，国内外常用参考蒸散量来表示大气的蒸发量，只要估算出参考蒸散量，就可说明气候条件对作物需水量的影响程度。作物的生物特性对作物需水量的影响用作物系数表示。在一定的气候条件下，作物需水量的估算见式 16-5。

$$ET_m = K_c \cdot ET_0 \tag{16-5}$$

　　式中，ET_m 指作物需水量，mm；K_c 指作物系数；ET_0 指参考蒸散量，mm/d。

　　渭北冬小麦 9 月中下旬播种，6 月中上旬收割，生育期约 260 d，计算 ET_0 用 FAO 推荐的彭曼法（Penman Method），见式 16-6。

$$ET_0 = C [W \cdot R_n + (1-W) \cdot f(u) \cdot (ed - ed_0)] \tag{16-6}$$

　　式中，ed 为实际水汽压，mm；ed_0 为饱和水汽压，mm；$(ed - ed_0)$ 为饱和差；$f(u) = 0.27$（1+

$u/100$）；u 指 2 m 高处测得风速，km/d；R_n 指总净辐射，mm/d；W 指取决于温度和海拔的权重因子；C 指校正系数。利用淳化气候资料及 FAO 提供的参数和计算方法求得式 16-6 中各因子值（表 16-15）。

表 16-15 蒸散量计算表及相关参数

因　子	月　份									
	9	10	11	12	1	2	3	4	5	6
ed (mm)	18.2	13.5	8.3	5.3	4.0	5.3	8.4	13.1	18.2	26.4
ed_0 (mm)	14.0	9.6	5.6	3.1	2.4	3.3	5.2	8.2	11.5	14.2
$ed-d_0$ (mm)	4.2	3.9	2.7	2.2	1.6	2.0	3.2	4.9	6.7	12.2
f (u)	0.8	0.9	0.9	0.9	0.9	0.9	1.0	1.0	0.9	0.9
R_n (mm/d)	3.4	2.6	1.8	1.6	1.9	2.5	3.2	3.9	5.0	5.2
W	0.66	0.59	0.48	0.39	0.37	0.41	0.49	0.59	0.66	0.72
C	0.89	0.89	0.89	0.86	0.86	0.86	0.86	0.86	0.86	0.86
ET_0 (mm/d)	2.9	2.6	2.0	1.5	1.4	1.7	2.8	3.7	4.6	5.8

由生育期及日蒸散量，求出全生育期参考蒸散量为 696 mm。根据小麦生育期并参考 FAO 提供的参数，取 K_c 为 0.75。因此，$ET_m = K_c \cdot ET_0 = 0.75 \cdot 696 = 522$。

2. 生产力水平及衰减趋势　根据调查资料，计算出不同坡度坡面上的土壤生产力指数并模拟出侵蚀过程发生生产力指数衰减趋势（图 16-13、表 16-16）。

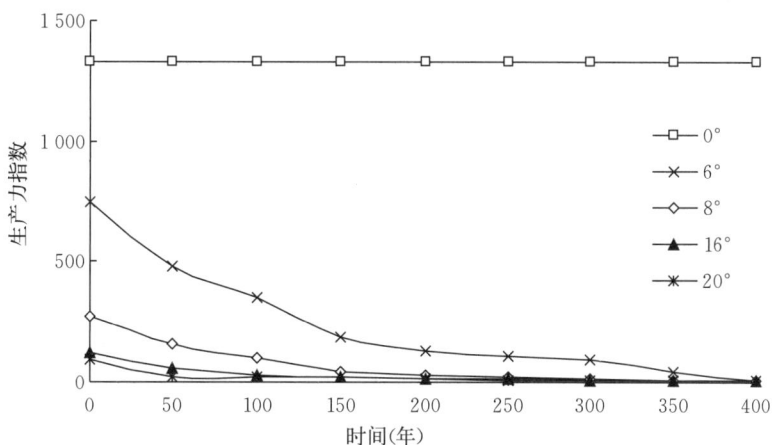

图 16-13 不同坡度耕地上生产力指数衰减趋势

表 16-16 不同坡度坡面上土壤生产力指数及其随侵蚀过程的衰减速率

时间（年）	5°		8°		16°		20°	
	PI	衰减（%）	PI	衰减（%）	PI	衰减（%）	PI	衰减（%）
0	7 694.7	0	2 903.0	0	1 162.5	0	772.9	0
50	5 779.0	24.9	1 444.4	50.2	320.3	72.4	111.7	84.8
100	3 454.4	55.1	568.8	80.4	34.5	97.0	10.8	98.6
150	1 771.2	76.9	239.0	91.8	8.3	99.9	4.1	99.4
200	948.2	87.7	91.0	96.9	4.3	99.6	2.1	99.7
250	505.6	93.4	28.5		3.2	99.7	1.6	99.8
300	285.1	96.6	10.5	99.0	2.6	99.8	1.1	99.9
350	122.7	98.4	5.6	99.8	2.2	99.8	0.9	99.9
400	52.7	99.3	3.9	99.9	1.9	99.9	0.7	99.9

不同坡度土壤侵蚀程度不同，生产力指数随坡度增加呈指数函数递减，其关系式（式 16 - 7）如下。

$$PI = 13\ 560.86e^{-0.150S} \qquad (16-7)$$

式中，PI 指生产力指数；S 指坡度。

在当前状况下，$5°$、$8°$、$16°$、$20°$ 坡面上土壤生产力指数分别为 $0°$ 坡面的 52.5%、21.1%、7.9%、5.3%。PI 反映了历史时期累计侵蚀对生产力衰减的作用及程度。从生产力衰减趋势可知，起初衰减速度较快，随侵蚀过程的继续，衰减速度逐渐变缓，最终趋于一个相对稳定的值。生产力指数的稳定只代表黄土母质的生产力水平。生产力指数衰减的绝对速率以缓坡大于陡坡，而相对速率则是陡坡大于缓坡。这一规律与土壤养分衰减规律是一致的。

（三）生产力指数与作物产量的关系

生产力指数反映了土壤潜在生产能力。在正常年份，作物产量应与生产力指数一致。以 1993 年小麦产量为例，分析了生产力指数与作物产量的关系。经回归分析，小麦产量（Y）与生产力指数（PI）之间存在以下关系（式 16 - 8）。

$$Y = 120.56 \times PI^{0.355\ 3} \qquad (16-8)$$

图 16 - 14 反映了产量随生产力指数的变化趋势。当生产力指数较低时，产量随生产力指数的增加幅度较大，以后逐渐变缓。这表明，在生产力指数低的情况下，作物产量主要取决于土壤条件；而当生产力指数较高时，除土壤条件外，光、热及管理水平等因素对产量的限制作用加强。从理论上讲，产量与生产力指数间呈 Logistic 曲线，即当生产力指数达到某一水平时，由于土壤以外其他因素的制约，产量不再随生产力指数的增加而增加；但就目前来看，土壤生产力

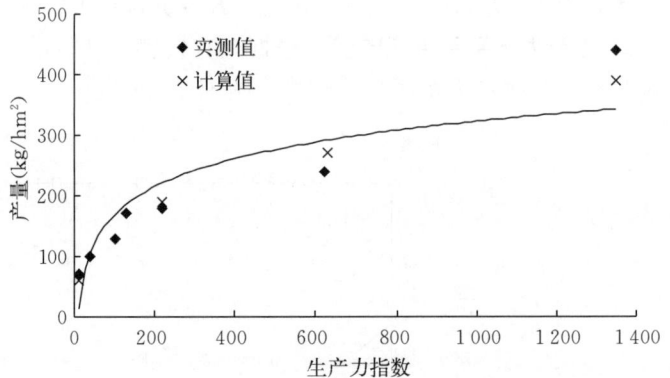

图 16 - 14　产量与生产力指数的关系

指数还远远达不到这一水平，因此图中也就难以反映出生产力指数变化的全貌。但产量与生产力指数间的密切相关关系表明，用生产力指数表示土壤潜在生产力水平与实际情况非常吻合。同生产力指数衰减趋势一样，产量也是起始变化较快，然后逐渐变缓。当耕作层完全下移到黄土母质层，产量基本稳定在 225 kg/hm²。

（四）侵蚀对作物产量影响及允许侵蚀量的确定

由于历史时期侵蚀对生产力衰减的累加作用，$5°$、$8°$、$16°$ 和 $20°$ 坡面上小麦产量分别为 $0°$ 坡面的 54.3%、43.5%、39.1% 和 28.9%。若取 $0°$ 坡面的产量为 1，假定坡地的投入水平与平地相当，则 4 个坡度的产量分别为 0.54、0.44、0.39 和 0.29。根据渭北地区农地坡度分级组成，可以估算出 4 个坡度因土壤流失造成的小麦减产达 28%。由此可看出，侵蚀对农业经济发展的制约，控制侵蚀、保护土地生产力的重要性。

允许流失量（T）是制定侵蚀防治战略及措施的重要依据。由于期望目标不同，允许流失量的制定标准也不同。国外学者于 20 世纪 80 年代提出多重 T 值的概念，可根据维护土地的生产力为目标确定 T 值，或保证下游水稻安全确定 T 值等。根据 $5°$ 坡面上土壤生产力衰减趋势，以 50 年为设计年限，以侵蚀造成的生产力衰减不超过 10% 为期望目标，计算出在当前的生产技术及投入水平下，年允许流失量应控制在 450 t/km² 以内，相当于 $2°\sim3°$ 坡面上的土壤侵蚀量。在这一流失水平下，50 年内作物预计减产不超过 5%。

五、结论

（1）水土流失引起缓坡耕地土壤养分衰减是通过径流和泥沙流失两个方面来实现。在黄土区，泥沙流失是养分衰减的主要途径。它不仅表现为泥沙中养分含量远高于径流中养分浓度，且与土壤表层相比，除磷素外，氮素"富集"现象明显，是表层含量的 1.20～1.67 倍。因此，防止泥沙流失是防止土壤养分衰减的关键。

径流与泥沙的养分流失规律基本相同。径流养分浓度取决于挟沙量和泥沙来源，以每年第一次产流浓度最大，随坡度增大浓度减少；泥沙养分含量取决于土壤肥力水平，随生产管理水平而变化，随坡度增大含量减少。其总流失量随坡度增大而增大，可用养分流失模数表示。土壤养分衰减以有机质和氮素衰减快，磷素衰减慢，约每过 5 年肥力降低 1 个等级。侵蚀弱、肥力高的缓坡地土壤相对衰减快，相反衰减慢，这是该区土壤肥力低的表现。此规律在时空和土壤剖面上变化均明显。微地貌影响了径流泥沙的迁移，养分变化比较复杂。黄土中微量元素锰、锌及有效硼的流失规律基本与养分流失相同。土壤中含量以锰为最丰，有效硼最少，锌居中，衰减变化不明显，有待进一步研究。

（2）坡耕地流失泥沙中<0.01 mm 细粉粒、粗黏粒及黏粒含量高于相应的耕地含量，其他颗粒含量均低于相应土壤中颗粒含量。随坡度增大，土壤中<0.01 mm 颗粒含量减少，>0.01 mm 颗粒含量增加，从而使坡耕地姜石含量增加，质地不断"粗化"。水土流失导致坡耕地土壤结构状况发生变化，随坡度增大，土壤容重增大，团聚体含量、孔隙度减小，土壤变得紧实。土壤容重、孔隙度与坡度呈线性相关关系，团聚体含量与坡度呈指数关系，且均达到显著水平。

（3）土壤侵蚀造成土地生产力降低的幅度，可用生产力指数模型进行评价。渭北地区土壤生产力指数随坡度呈指数函数递减，在当前状况下，5°、8°、16°和20°土壤生产力指数分别为0°坡面的 52.5%、21.1%、7.9%和5.3%。在正常月份，作物产量与生产力指数一致。与生产力指数衰减趋势一样，产量也是起始变化较快，然后逐渐变缓。当耕层完全下移到黄土母质，产量基本稳定为 225 kg/hm²。

由于历史时期侵蚀对生产力衰减的累加作用，5°、8°、16°和20°耕地上小麦产量分别为0°耕地的 54.8%、43.5%、39.1%和28.9%，经估算渭北地区因水土流失造成小麦减产达 28%。建议渭北黄绵土地区耕地的年允许流失量控制在 450 t/km² 以下。

第三节 坡耕地水土保持技术

保水保土耕作能够通过减轻土壤侵蚀，从而提高作物产量。这类耕作法是在坡耕地上结合每年农事耕作采取各类改变微地形或增加地面植物被覆、增加土壤入渗，或改造坡耕地等技术降低侵蚀，减少土壤肥力损失，达到保水保土和提高坡耕地生产力的目的。

一、改变微地形的保水保土耕作法

1. 等高耕作 等高耕作也称横坡耕作，我国北方干旱少雨地区耕作方向要求基本沿等高线以有利于保水保土。在横坡耕作基础上采取的沟垄种植、休闲地水平犁沟等措施，其沟垄方向都根据此原则处理。即将原有顺坡沟垄改为横坡沟垄时，应先经过耕翻再进行横坡耕作形成新的横坡沟垄。实施横坡耕作的坡耕地，在坡面从上到下，每隔一定距离，还应沿等高线修筑若干道土埂，或种草带、灌木带，或用翻犁2次做成水平犁沟，以截短坡长、减轻水土流失。土埂初修高度为 40～50 cm，草带宽1 m 左右。每年耕作时，从上向下翻土，使两埂（或两带间）的地面坡度逐渐减缓，同时每年加高土埂 10～20 cm，使之逐步形成水平梯田。土埂或草带的距离，随不同坡度和降雨条件而异，坡度陡、雨量大的地方，间距小些；坡度缓、雨量小的地方，间距大些。一般坡度10°以上，陡坡地埂间距8～15 m；10°以下，缓坡地埂间距 20～30 m。在有风蚀的缓坡地区，改顺坡耕作为横坡耕作时，应兼顾耕作方向与主风向正交或呈45°角。

2. 沟垄种植 在坡耕地上顺等高线（或与等高线呈1‰～2‰的比降）进行耕作，形成沟垄相间的地面，以容蓄雨水、减轻水土流失。技术过程具体为：播种时起垄，在地块下边空一犁宽地面不犁，从第二犁位置开始，顺等高线犁出第一条犁沟，向下翻土形成第一道垄，垄顶至沟底深20～30 cm，将种子、肥料撒在犁沟内。在此犁沟上部犁半犁深，虚土覆盖犁沟中的种子、肥料。再空一犁宽地面不犁，在其上部顺等高线犁出第二条犁沟，向下翻土，形成第二道垄沟相间。此后照上述步骤依次进行。在沟中每隔3～5 m做一小土挡，高10 cm左右，相邻两沟间的小土挡呈"品"字形错开。中耕时起垄，主要用于玉米、高粱等高秆中耕作物。由人工操作按以下步骤进行，在坡耕地上顺等高线条状播种，播种时不做沟垄。第一次中耕时（苗高30～40 cm），用锄将苗行间的土取起，培在幼苗根部，取土处连续不断形成水平沟，培土处连续不断形成等高垄。取土时在沟中每隔3～5 m留高约10 cm的小土挡，相邻两沟间的小土挡呈"品"字形错开。

3. 抗旱丰产沟 抗旱丰产沟适用于土层深厚的干旱、半干旱地区，人工操作步骤见图16-15。从坡耕地下边开始，离地边约30 cm，顺等高线方向开挖宽一条约30 cm的沟，深20～25 cm，将挖起的表土暂时堆放在沟的上方，见图16-15a。将沟内生土挖出，堆在沟的下方形成第一条土埂，见图16-15b。将沟底用锹翻松，深20～25 cm，见图16-15c。将沟上方暂时堆放的表土推入沟中，同时将沟上方宽约60 cm、深约20 cm的原地面上的表土取起，推入沟中，大致将沟填满，见图16-15d。在60 cm宽去掉表土的地面上，将上半部30 cm宽位置挖一条沟，深20～25 cm，挖出的生土堆在下半部宽30 cm位置上，形成第二条土埂，见图16-15e。将第二条沟底翻松，深20～25 cm，见图16-15f。将第二条沟底上方约60 cm宽的表土取起约20 cm深，推入第二条沟中，见图16-15g。继续按此操作直到整个坡面都成生土作埂、表土入沟，沟中表土和松土层厚，保水保土保肥，有利于作物生长。

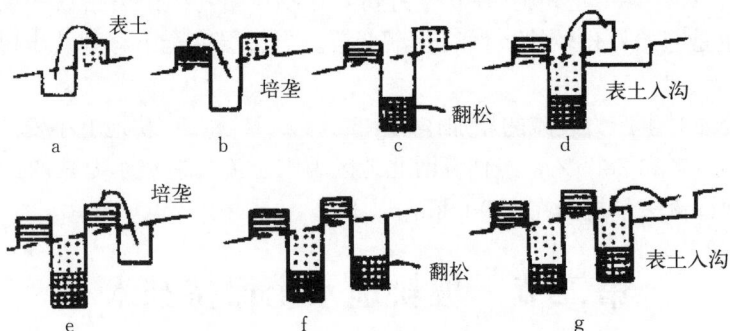

图16-15 抗旱丰产沟人工操作步骤

二、增加地面植物被覆的保水保土耕作法

合理安排种植的作物，增加地面植物被覆。特别在暴雨季节，要求地面有植物被覆，以减轻水土流失，提高作物产量。

1. 草田轮作 草田轮作适用于地多人少的农区或半农半牧区。特别是对原来有轮歇、撂荒习惯的地区，应采用草田轮作代替轮歇撂荒，以保持水土、改良土壤。根据不同条件分别采用不同的草田轮作方式：①短期轮作，主要适用于农区。种2～3年作物后，种1～2年草类。草种以毛苕子、箭筈豌豆等短期绿肥牧草为主。②长期轮作，主要适用于半农半牧区。种4～5年作物后，种5～6年草类。草种以苜蓿、沙打旺等多年生牧草为主。

2. 间作与套种 间作与套种要求两种（或两种以上）不同作物同时或先后种植在同一地块内，增加对地面的覆盖程度和延长对地面的覆盖时间，以减轻水土流失。

（1）间作即两种不同作物同时播种。选为间作的两种作物应具备生态群落相互协调、生长环境互补的特点，主要有高秆作物与低秆作物、深根作物与浅根作物、早熟作物与晚熟作物、密生作物与疏生作物、喜光作物与喜阴作物、禾本科作物与豆科作物等不同作物的合理配置并等高种植。根据作物的生理特性分别采取以下两种间作方式：①行间间作。适当加大第一种作物的行距，在每两行作物之间种植第二种作物，两种作物的株距不变。②株间间作。适当加大第一种作物的株距，在每两株作物之间种植第二种作物，两种作物的行距不变。另外，也可进行双行间作。

（2）套种即在同一地块内，前季作物生长的后期，在其行间或株间播种或移栽后季作物。两种作物收获时间不同，其作物配置的协调互补和株行距要求与间作相同。根据作物的不同特点，在播种时间上分别采取以下两种做法。在第一种作物第一次或第二次中耕以后，套种第二种作物；或在第一种作物收获前套种第二种作物。

3. 带状间作 作物带状间作条带方向基本沿等高线，或与等高线保持 1‰～2‰ 的比降。条带宽度一般 5～10 m，两种作物可取等宽或分别采取不同的宽度，陡坡地条带宽度小些，缓坡地条带宽度大些。作物带状间作条带上的不同作物，每年或每 2～3 年互换一次，形成带状间作又兼轮作。

4. 休闲地种绿肥 休闲地种绿肥适用于干旱、半干旱地区。夏季作物收获后（此时正值暴雨季节），地面有数十天休闲的地区做法如下：作物未收获前 10～15 d，在作物行间顺等高线地面播种绿肥植物；作物收获后绿肥植物加快生长，迅速覆盖地面；暴雨季节过后，将绿肥翻压土中，或收割作为牧草。要求整个暴雨季节地面都有草类覆盖。如因故不能在作物收获前套种绿肥，则应在作物收获后尽快播种，并配合做好水平犁沟。

5. 合理密植 合理密植适用于原来耕作粗放、作物植株密度偏低的地区。通过选用优良品种、增施肥料、精耕细作、实行集约经营、结合等高耕作等，合理调整并增加作物的植株密度，以保水保土保肥，提高作物产量。不同条件下分别采取不同的做法：水肥条件较好的地区，较大幅度提高作物地植株密度，可同时缩小株距与行距，或行距不变只缩小株距、株距不变只缩小行距；水肥条件较差的地区，顺等高线适当加大行距而缩小株距，实行宽带密植，保持耕地中总的植株适量增加，以有利于保水保土，同时能适应较低的水肥条件。

三、增加土壤入渗的保水保土耕作法

采取改变土壤理化性状，如增加土壤入渗、提高土壤抗蚀性能、减轻土壤冲刷的做法。这包括深耕深松，即耕松的深度，以打破犁底层、提高土壤入渗能力为原则，一般 25～30 cm；增施有机肥，要求促进土壤形成团粒结构，提高田间持水能力和土壤抗蚀性能力；留茬播种，适用于同一地块中两种作物不能套种的坡耕地或缓坡风蚀地。

四、修建梯田

坡耕地改造为梯田适用于全国各地的水蚀地区和水蚀与风蚀交错地区。梯田根据地面坡度不同分陡坡区梯田与缓坡区梯田，根据田坎建筑材料不同分土坎梯田与石坎梯田，根据梯田的断面形式不同分水平梯田、坡式梯田、隔坡梯田（图 16 - 16）。

梯田类型的选用可依据以下原则：①在坡耕地土层深厚，或当地劳动力充裕的地区，尽可能一次修成水平梯田。②在坡耕地土层较薄，或当地劳动力较少的地区，可以先修坡式梯田，经逐年向下方翻土耕作，减缓田面坡度，逐步变成水平梯田。③在地多人少、劳动力缺乏，同时年降水量较少、耕地坡度在 15°～25° 的地

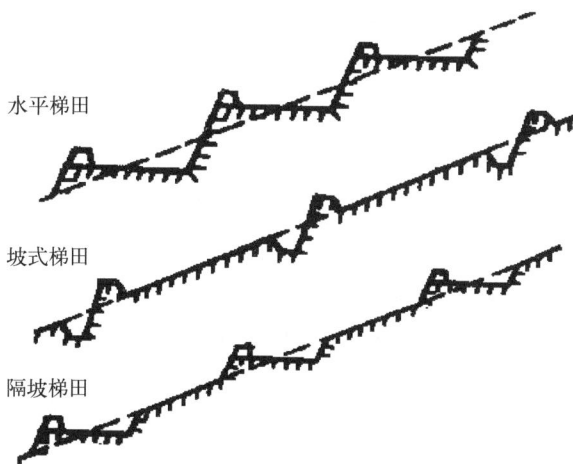

水平梯田

坡式梯田

隔坡梯田

图 16 - 16 三类梯田断面示意

方，可以采用隔坡梯田，平台部分种庄稼，斜坡部分种牧草；暴雨时利用斜坡部分地表径流增加平台
部分的土壤水分。④一般土质丘陵和塬台地区修土坎梯田；在土石山或石质山区，坡耕地中夹杂大量
石块、石砾的，修梯田时，结合处理耕地中石块、石砾，就地取材修成石坎梯田。⑤丘陵区或山区的
坡耕地（坡度一般为 15°～25°），按陡坡梯田进行规划、设计；西北黄土高原区的塬面，以及零星分
布各地河谷川台地上的缓坡耕地（坡度一般在 3°以下，少数可达 5°～8°），按缓坡梯田进行规划、
设计。

第四节　保水保土技术对黄绵土区耕地质量的影响

黄土高原以实现区域生态系统健康发展为目标，实施了一系列的生态恢复措施，逐步形成了多种
各具特色的水土保持型生态农业建设模式。这些模式已经初步显示出生态经济效益。其中，坡耕地的
保水保土耕作技术实施及坡地改梯田建设可以有效降低地面坡度，改变微地形，从而增加入渗、减少
径流速率，提高土壤质量，增加作物产量，是黄土高原耕地水土流失治理及土壤生产力恢复的主要技
术措施（徐勇 等，2010）。这里引入部分坡耕地水土流失治理下土壤质量效应及生态效应的研究资料
进行分析，以阐明保水保土技术对坡耕地土壤质量恢复的过程及机制。

一、梯田提升土壤质量效应

（一）土壤养分变化特征

以纸坊沟流域不同年限坡地改梯田为分析对象（薛萐 等，2011）。表 16 - 17 显示，与坡耕地相
比，除碱解氮和有效磷外，土壤有机碳、全氮和速效钾在改造 1 年后即达到显著水平，且增幅随改造
年限逐渐上升，30 年时有机碳、全氮、碱解氮、全磷、有效磷、速效钾均较坡耕地增加。

表 16 - 17　不同年限梯田土壤养分含量变化

（薛萐 等，2011）

样地	有机碳（g/kg）	全氮（g/kg）	碱解氮（g/kg）	全磷（g/kg）	有效磷（mg/kg）	速效钾（mg/kg）
坡耕地	2.50d	0.29e	17.59d	0.57d	2.00c	90.10e
坡改梯 1 年	3.11c	0.33d	20.24d	0.60bc	1.87c	125.70c
坡改梯 8 年	3.28c	0.44c	24.89c	0.61b	5.62a	113.77d
坡改梯 20 年	5.08b	0.65b	53.75a	0.59cd	4.78b	151.29b
坡改梯 30 年	6.16a	0.75a	49.11b	0.66a	5.98a	204.50a

表 16 - 18 显示，梯田土壤碳库组分也随坡耕地改造时间发生明显恢复趋势（张超 等，2010）。
有机碳含量在改造 1 年后显著提高，30 年后较坡耕地增加 146%。活性有机碳组分变化较为复杂，重
铬酸钾易氧化碳在改造 8 年时达到显著水平，之后随改造年限逐渐升高，30 年时较坡耕地增加
213%；高锰酸钾易氧化碳在改造前 8 年变化较为剧烈，随后逐渐上升，30 年时达到最大值，较坡耕
地增加 196%。水溶性有机碳在改造当年显著降低，8～20 年后趋于稳定，20～30 年后逐渐增加，30
年时较坡耕地增加 97%。热水浸提有机碳和糖类与有机碳变化规律相似，在改造当年即达到显著水
平，随后随年限显著增加，30 年时达到最大值，较坡耕地分别增加 246% 和 234%。微生物量碳在改
造当年显著降低，随后逐渐增加，30 年时较坡耕地增幅达 134%。K_2SO_4 浸提有机碳在改造当年显
著降低，随后呈波动式上升，30 年时较坡耕地增加 240%。坡耕地改造为梯田 30 年后，有机碳各组
分较坡耕地增幅由大到小依次为热水浸提有机碳＞K_2SO_4 浸提有机碳＞糖类＞重铬酸钾易氧化碳＞
高锰酸钾易氧化碳＞总有机碳＞微生物量碳＞水溶性有机碳。这些活性有机碳的增加，提高了土壤碳
库的活度，能够促进土壤养分循环（戴全厚 等，2008）。

表 16-18　不同年限梯田土壤有机碳组分演变特征

(张超 等，2010)

样　地	总有机碳 (g/kg)	重铬酸钾易氧化碳 (g/kg)	高锰酸钾易氧化碳 (g/kg)	水溶性有机碳 (mg/kg)	热水浸提有机碳 (mg/kg)	糖类 (mg/kg)	微生物量碳 (mg/kg)	K_2SO_4浸提有机碳 (mg/kg)
坡耕地	2.50d	1.40d	1.21d	10.60bc	72.83d	38.68c	86.38d	23.38d
坡改梯1年	3.11c	1.71d	1.80c	9.44c	96.45c	58.65bc	62.31e	17.51e
坡改梯8年	3.28c	2.14c	1.49cd	12.39b	99.69c	43.14bc	119.35c	38.49b
坡改梯20年	5.08b	3.75b	2.56b	12.31b	165.22b	73.96b	178.43b	30.52c
坡改梯30年	6.16a	4.38a	3.59a	20.89a	252.18a	129.31a	202.48a	79.56a

对不同土壤碳库组分与改造年限进行耦合分析表明：坡耕地改造梯田后，土壤总有机碳与活性有机碳各组分随坡耕地改造年限呈线性显著增长（表 16-19），其中总有机碳、重铬酸钾易氧化碳、高锰酸钾易氧化碳、水溶性有机碳、热水浸提有机碳、糖类和微生物量碳相关系数分别为 0.987、0.991、0.946、0.937、0.973、0.931 和 0.974，具有较好的统计学意义。回归方程显示，各土壤碳库组分年增长量分别为 0.117 g/kg、0.101 g/kg、0.070 g/kg、0.310 mg/kg、5.480 mg/kg、2.551 mg/kg 和 4.489 mg/kg。并且表 16-20 显示，总有机碳、重铬酸钾易氧化碳、高锰酸钾易氧化碳与土壤全氮、碱解氮、速效钾呈极显著正相关关系。水溶性有机碳、热水浸提有机碳、糖类、微生物量碳与全氮呈极显著正相关关系，与碱解氮、有效磷、速效钾呈显著正相关关系。可见，土壤碳库组分可以间接反映或预测某些营养物质的转化情况以及土壤肥力的一般状况，能够作为坡耕地改造梯田中评价土壤肥力的指标。

表 16-19　土壤碳库组分与坡耕地改造梯田年限的耦合关系

(张超 等，2010)

指　标	回归方程	相关系数
总有机碳	$y=0.1169x+2.646$	0.987
重铬酸钾易氧化碳	$y=0.1007x+1.4878$	0.991
高锰酸钾易氧化碳	$y=0.0702x+1.3016$	0.946
水溶性有机碳	$y=0.3095x+9.4733$	0.937
热水浸提有机碳	$y=5.4794x+72.617$	0.973
K_2SO_4浸提有机碳	$y=1.6253x+18.713$	0.855
糖类	$y=2.551x+38.646$	0.931
微生物量碳	$y=4.4894x+76.815$	0.974

表 16-20　不同年限梯田碳库组分与养分因子相关性分析

项目	总有机碳	重铬酸钾易氧化碳	高锰酸钾易氧化碳	水溶性有机碳	热水浸提有机碳	K_2SO_4浸提有机碳	糖类	微生物量碳	全氮	碱解氮	全磷	有效磷	速效钾
总有机碳	1	0.99	0.98	0.85	0.98	0.81	0.93	0.94	0.98	0.94	0.70	0.73	0.97
重铬酸钾易氧化碳		1	0.95	0.82	0.96	0.78	0.89	0.97	1.00	0.96	0.65	0.76	0.93
高锰酸钾易氧化碳			1	0.87	0.99	0.82	0.86	0.92	0.96	0.76	0.62	0.99
水溶性有机碳				1	0.92	0.99	0.91	0.83	0.93	0.87	0.88	0.88	0.87
热水浸提有机碳					1	0.88	0.98	0.90	0.95	0.86	0.79	0.87	0.98

（续）

项目	总有机碳	重铬酸钾易氧化碳	高锰酸钾易氧化碳	水溶性有机碳	热水浸提有机碳	K₂SO₄浸提有机碳	糖类	微生物量碳	全氮	碱解氮	全磷	有效磷	速效钾
糖类						1	0.86	0.80	0.93	0.88	0.77	0.91	0.84
K₂SO₄浸提有机碳							1	0.79	0.84	0.76	0.83	0.79	0.98
微生物量碳								1	0.98	0.89	0.59	0.84	0.83

（二）土壤物理性状演变特征

坡耕地改造为梯田后，土壤物理性状和抗蚀性变化如表 16-21 所示，在改造 1 年后土壤体积质量和水稳性团聚体没有明显变化，随后逐渐增加，改造 30 年后达到最大值；土壤结构破坏率在改造 1 年后变化不大，随后随改造年限逐渐降低，改造 30 年后达到最低值，较坡耕地降低 34%；大团聚体、土壤分散系数和结构系数整体变化不明显；<1 μm 微团聚体质量分数波动较大；土壤团聚度在改造 8 年后逐渐升高，随后开始下降，改造 30 年后降到最低值；土壤结构性颗粒指数在改造 1 年后略有降低，随后逐渐升高，改造后 20～30 年趋于稳定。可见，梯田使土壤水稳性团聚体和微团粒逐渐从小粒径向大粒径转变，土壤物理结构得到改善，抗蚀性增强。

表 16-21　不同年限梯田土壤物理性状及抗蚀性

（薛萐 等，2011）

样地	体积质量（g/cm³）	结构性颗粒指数（%）	大团聚体（%）	水稳性团聚体（%）	<1 μm 微团聚体（%）	土壤团聚度（%）	土壤分散系数	土壤结构系数	土壤结构破坏率（%）
坡耕地	1.14ab	4.87b	87.92a	12.66d	2.72b	10.71b	87.91a	12.09b	85.60a
坡改梯 1 年	1.13b	4.65b	83.36a	12.84d	3.07a	12.08b	86.46a	13.54b	84.60a
坡改梯 8 年	1.17ab	4.92b	83.45a	17.56c	2.76b	15.55a	66.04b	33.96a	78.96a
坡改梯 20 年	1.17ab	5.92a	83.40a	22.28b	3.11a	5.91c	85.06a	14.94b	73.29a
坡改梯 30 年	1.21a	5.86a	85.10a	36.91a	3.00b	2.12d	85.22a	14.78b	56.63b

注：不同小写字母表示差异显著。

（三）土壤生物学特性演变特征

表 16-22 显示，坡耕地改造为梯田后，与坡耕地相比，土壤微生物量碳、氮在改造 1 年后显著降低，随后逐渐增加；微生物量磷增加幅度较为缓慢，经过 20 年后才达到显著水平，随后增幅加大。改造 30 年后微生物量碳、氮、磷较坡耕地增幅分别达 134%、175% 和 385%；微生物量碳/有机碳和微生物量氮/全氮在改造 1 年后显著降低，随后显著增加，但与坡耕地没有显著差异；微生物量磷/全磷与微生物量磷变化规律相似，改造 30 年后达到最大，较坡耕地增加 324%。微生物可利用的碳源、氮源增加，微生物量碳、氮、磷显著增加。微生物量碳占有机碳和微生物量氮占全氮的比例分别为 2.01%～3.64% 和 1.49%～5.21%，仅在改造当年显著低于坡耕地，表明梯田虽然可以增加土壤微生物量碳、氮含量，却并不增加它们在土壤总碳和总氮中的比例。与微生物量碳、氮相反，微生物量磷/全磷随着改造年限逐步升高，说明坡耕地改造为梯田后，可以通过提高微生物量磷在全磷中所占的比例来维持高的磷素物质代谢能力，是维持作物生长所需的磷素来源的主要途径之一。

表 16-22　不同年限梯田土壤微生物量

（薛萐 等，2011）

样地	微生物量碳（mg/kg）	微生物量氮（mg/kg）	微生物量磷（mg/kg）	微生物量碳占有机碳（%）	微生物量氮占全氮（%）	微生物量磷占全磷（%）
坡耕地	86.38d	13.82c	2.35c	3.45a	4.74a	0.41c
坡改梯 1 年	62.31e	4.87d	2.68c	2.01b	1.49b	0.45c

（续）

样地	微生物量碳 (mg/kg)	微生物量氮 (mg/kg)	微生物量磷 (mg/kg)	微生物量碳占 有机碳（%）	微生物量氮占 全氮（%）	微生物量磷占 全磷（%）
坡改梯 8 年	119.35c	21.66b	3.38c	3.64a	4.88a	0.55c
坡改梯 20 年	178.43b	33.92a	4.69b	3.51a	5.21a	0.80b
坡改梯 30 年	201.48a	38.07a	11.40a	3.29a	5.10a	1.74a

注：不同小写字母表示差异显著。

土壤酶活性变化规律明显（表 16-23）。土壤脲酶和蔗糖酶活性在改造 1 年后较坡耕地显著降低，随后逐渐升高，30 年后达到最大值，较坡耕地增加 134% 和 85%；碱性磷酸酶和过氧化氢酶活性随改造年限呈增加趋势，但在改造前 8 年增幅不显著，30 年后较坡耕地增加 130% 和 31%，增幅显著；纤维素酶活性在改造 1 年后较坡耕地显著降低，随后迅速上升，并趋于稳定，与坡耕地没有显著差异；淀粉酶活性整体变化幅度不大，随改造时间规律不明显；多酚氧化酶活性随改造年限呈降低趋势，8 年后达到显著水平，并趋于稳定，30 年后较坡耕地降低 35%。可见，坡耕地改梯田后，水解酶类和抗氧化还原的过氧化氢酶活性显著增加。这不仅可以有效缓解生物氧化作用对土壤和生物体的破坏，还可以促进土壤中可被植物生长利用的碳氮磷源物质的积累。

表 16-23 不同年限梯田土壤酶活性

样地	脲酶 (mg/g)	淀粉酶 (mg/g)	碱性磷酸酶 (mg/g)	蔗糖酶 (mg/g)	纤维素酶 (mg/g)	多酚氧化酶 (mg/g)	过氧化氢酶 (mL/g)
坡耕地	0.566bc	1.227ab	0.315c	1.052b	1.436a	2.810a	0.488c
坡改梯 1 年	0.365d	1.088b	0.296c	0.534c	0.666b	2.589a	0.575bc
坡改梯 8 年	0.435cd	1.336a	0.329c	0.695c	1.301a	1.721b	0.568bc
坡改梯 20 年	0.666b	1.090b	0.616b	1.241b	1.418a	1.861b	0.878a
坡改梯 30 年	1.321a	1.330a	0.724a	1.946a	1.342a	1.821b	0.638b

注：不同小写字母表示差异显著。

综合土壤物理、化学和生物学指标，计算获取土壤质量指数（SQI）。SQI 作为土壤理化和生物学性质的综合反映，其高低在一定程度上可以表示土壤的肥力和潜在生产力。在坡耕地改造为梯田后，其随改造年限变化规律显著（图 16-17）。在改造 1 年后，SQI 较坡耕地降低 11%，随后显著增加，30 年后较坡耕地增加 276%。回归分析表明，SQI 随年限的增加呈显著的线性关系（$R=0.995$），这说明坡耕地改造为梯田能够明显提高土壤质量（薛萐 等，2011）。

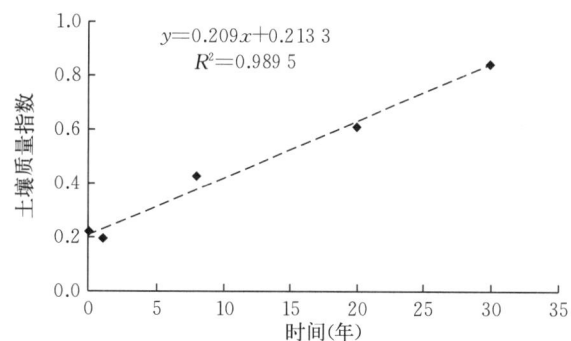

$y=0.209x+0.2133$
$R^2=0.9895$

图 16-17 坡耕地改造为梯田后土壤质量指数演变特征

二、梯田保水保土效应

据研究，梯田之所以成为黄土丘陵沟壑区的基本农田，是因为它保水保土，能提高作物产量。据估测，黄土丘陵区水平梯田年拦蓄径流 180～225 m^3/hm^2，拦土量 60～69 t/hm^2。以下就对相关研究报道结果进行分析，以揭示改坡为梯的保水保土效应。

（一）保水效果

以坡耕地新改造 3 年的梯田及 20 年的老梯田为研究对象（张永涛 等，2001）。表 16-24 表明，0～20 cm 和 20～40 cm 土层土壤含水量由大到小依次为老梯田、坡耕地、新梯田。这可能是因为新梯田土壤结构疏松，0～40 cm 土层孔隙度较大，且土壤结构尚未完全稳定，非毛管孔隙度大，表层土受外界环境影响较大，土壤水分蒸发大，因此 0～40 cm 土层土壤含水量最小，保水效果最差；而坡耕地犁土层浅，下层土壤容重大、孔隙度小，透气、透水能力差，而且上层经常耕作，毛管被切断，下层土壤水分损失少，因此这两个土层的土壤含水量较高，有一定的保水效果；老梯田土壤物理结构较为稳定，也经常耕作，而且孔隙度大，持水能力最强。可见，长期采用梯田的整地模式，要比坡地有更好的保水效果。

表 16-24 坡耕地、新梯田及老梯田土壤水分及土壤孔隙特性

试验地类型	土层深度（cm）	土壤含水量（%）	土壤容重（g/cm³）	总孔隙度（%）	毛管孔隙度（%）	非毛管孔隙度（%）
老梯田	0～20	8.94	1.25	46.35	46.15	0.20
	20～40	13.55	1.49	34.77	32.01	2.76
	0～40	11.25	1.37	40.56	39.08	1.48
新梯田	0～20	6.71	1.39	50.83	45.63	5.20
	20～40	8.66	1.34	49.43	38.46	10.97
	0～40	7.69	1.37	50.13	42.05	8.09
坡耕地	0～20	7.59	1.27	42.41	38.46	3.95
	20～40	9.61	1.69	31.39	30.45	0.94
	0～40	8.60	1.48	36.90	34.46	2.45

（二）减水、减沙效益

焦菊英等（1999）根据黄土高原地区山西离石王家沟与陕西延安大砭沟及绥德王茂沟、辛店沟和韭园沟水平梯田小区连续 3～5 年降雨侵蚀资料及小区的基本情况，将山西离石王家沟资料作为无埂水平梯田（田面宽度 4 m，多台无边埂，田面坡度 1°），其余作为常规水平梯田，选择 10°～25°的坡耕地作为对照，绘制减水、减沙效益与降雨指标 P_{i30}（次降雨强度的降水量与最大 30 min 降雨强度的乘积）的散点图（图 16-18、图 16-19）。

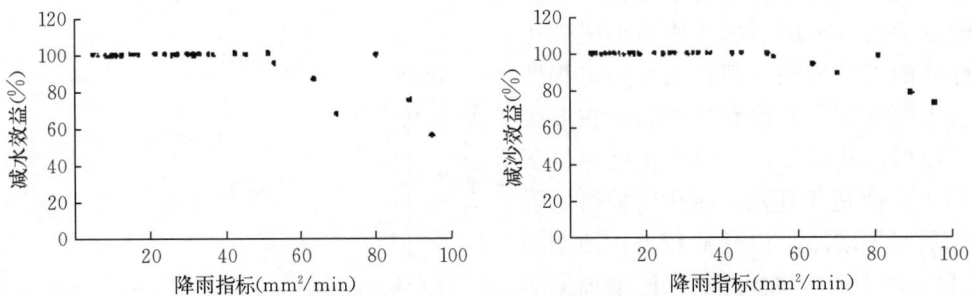

图 16-18 不同降雨条件下有埂水平梯田减沙、减水效益

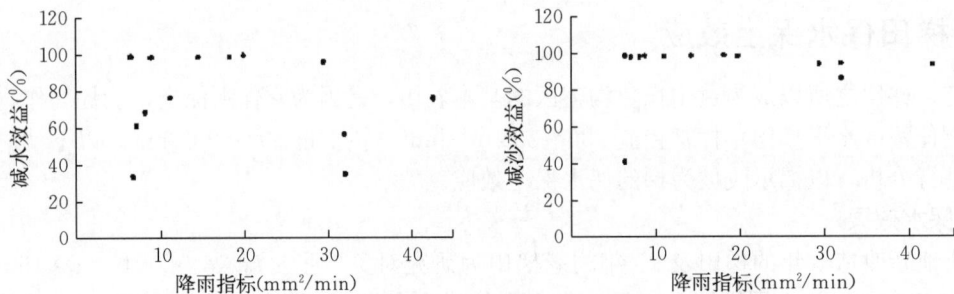

图 16-19 不同降雨条件下无埂水平梯田减沙、减水效益

由图 16-18 可以看出，当 $P_{i30}<50\ mm^2/min$ 时，有埂水平梯田减水、减沙效益均为 100%；当 $P_{i30}>50\ mm^2/min$ 时，减水、减沙效益分别平均为 82.6%、90.9%，并随着 P_{i30} 的增大而减小。图 16-19 则说明，由于没有地埂，减水效益较低，特别是短历时强暴雨条件下，如 1966 年 8 月 1 日 40 min 14.6 mm 的降雨，减水、减沙效益仅分别为 35.0%、41.9%。无埂水平梯田在 P_{i30} 为 4.4～45 mm^2/min 的范围内，其减水、减沙效益平均分别为 82.0%、94.8%。其中，在 4.4～20 mm^2/min 的减水、减沙效益平均分别为 87.1%、95.0%，在 20～45 mm^2/min 分别为 66.5%、94.3%。而有埂水平梯田在 P_{i30} 在 4.4～45 mm^2/min 的范围内减水、减沙效益均为 100%。可见，水平梯田有没有埂对其减水、减沙效益影响很大，尤其是减水效益。

三、梯田土壤生产力效应

(一) 作物产量

根据赵艺学 (2000) 晋西王家沟流域 21 年 (1959—1979 年) 耕地和梯田单位面积在不同降水水平年生产力比较结果 (表 16-25)，显示了晋西黄土丘陵沟壑区坡耕地与梯田作物的单产量在同一 (或不同) 降水条件下的差异性。在平水年条件下，二者几乎相差 2 倍；表 16-25 还说明，以平水年坡耕地与梯田的单产差异为均衡点，年均降水量增加或减少，其二者的差异值缩小。

表 16-25　晋西黄土丘陵沟壑区不同降水水平年坡耕地、梯田作物单产比较

降水水平年	降水量值域 (mm)	坡耕地单产 (kg/hm²)	梯田单产 (kg/hm²)	单产比 (坡耕地单产为 1)
特水年	769.2	3 457.5	4 825.5	1:1.39
丰水年	>650	3 474.0	5 472.0	1:1.58
平水年	450～650	2 023.5	3 802.5	1:1.88
少水年	<450	2 468.3	3 675.0	1:1.49
特旱年	231.9	1 932.0	2 452.5	1:1.27

(二) 作物水分利用效率

作物水分利用效率是考察干旱与半干旱地区的一项重要指标。黄土丘陵沟壑区各类耕地一般以种植大秋作物为主 (南部较少的地区种植冬小麦)，一般降水的高值期与作物需水的高峰期基本趋于一致，有利于提高作物的水分利用效率。根据对作物生育期 (4 月中旬至 10 月上旬) 的平均降水量及作物单产调查，梯田水分利用效率是坡耕地的 2.3 倍 (表 16-26)。

表 16-26　黄土丘陵沟壑区坡耕地、梯田作物水分利用效率比较

(赵艺学，2000)

耕地类型	面积 (hm²)	平均单产 (kg/hm²)	生育期降水量 (mm)	作物水分利用效率 [kg/(mm·hm²)]
坡耕地	8 000.0	825.0	432.8	1.91
梯田	7 000.0	1 875.0	432.8	4.33

(三) 综合效益分析

以延安燕沟流域坡改梯为例，利用 2005 年延安站的逐日气象数据和燕沟流域地貌、土壤及土地利用等资料，借助 WIN-YIELD 软件，对不同地形坡度条件下坡改梯在作物增产、保水、减沙效益以及燕沟流域坡改梯实践效果进行模拟、对比和实证分析 (徐勇 等，2010)。

1. 作物增产效益　正南坡耕地种植玉米、大豆、绿豆 3 种作物的产量随地形坡度变化的模拟值与相应坡度条件下坡改梯后的作物产量模拟值的对比结果如图 16-20 所示。纵坐标坡改梯增产量是指梯田作物产量模拟值与坡耕地作物产量模拟值之差，即坡改梯增产量数值越大，表明增产效益越显著。可见，随着地形坡度的增大，3 种作物的坡改梯增产效益都呈增大趋势，增产幅度依次为玉米、大豆和绿豆。对坡度为 5°的坡耕地进行坡改梯后，玉米、大豆和绿豆的增产量依次为 30.5 kg/hm²、11.0 kg/hm² 和 2.0 kg/hm²；15°时，增产量依次为 156.0 kg/hm²、56.5 kg/hm² 和 18.5 kg/hm²；25°时，增产量依次为 374.5 kg/hm²、109.5 kg/hm² 和 49.5 kg/hm²，分别较 25°的坡耕地产量高出 16.7%、5.6% 和 5.0%。

2. 保水效益 图 16-21 显示了坡向为正南向时，不同坡度条件下坡改梯作物产生径流模拟值与相应坡度条件下坡耕地产生径流模拟值之差（即坡改梯保水效益）随地形坡度的变化，可以看出，坡改梯种植 3 种作物，其保水效益随地形坡度变化的趋势基本一致，呈现为：在 0°~17.5°和 22.5°~25°，保水效益都缓慢增加；在 17.5°~22.5°，保水效益先急速增大，20°后又急速下降。地形坡度 5°时，坡改梯玉米保水效益为 0.1 mm，大豆 0.05 mm，绿豆 0.07 mm；17.5°时，坡改梯玉米、大豆和绿豆的保水效益分别为 0.8 mm、0.3 mm 和 0.4 mm；20°时，保水效益都达到了最大，分别为 5.8 mm、5.2 mm 和 5.3 mm；之后急速下降，22.5°时分别为 1.3 mm、0.5 mm 和 0.7 mm。

3. 减沙效益 由图 16-22 可看出，坡改梯种植 3 种作物，其减沙效益随地形坡度变化的趋势基本一致，呈现为：在 0°~5°，坡改梯与坡耕地的土壤侵蚀模数几乎一样，表明地形坡度小于 5°的坡耕地可以不进行梯田改造；在 5°~15°，坡改梯减沙效益呈持续增大趋势，15°时坡改梯年减沙

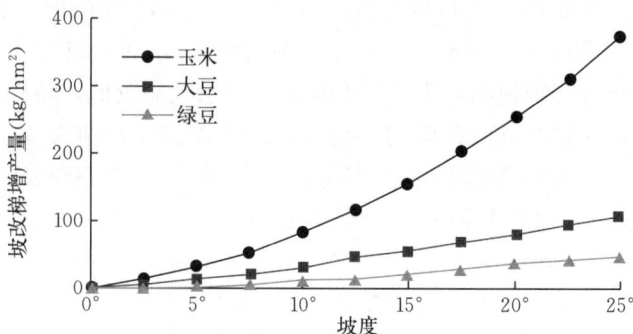

图 16-20 不同地形坡度条件下坡改梯作物增产量模拟值

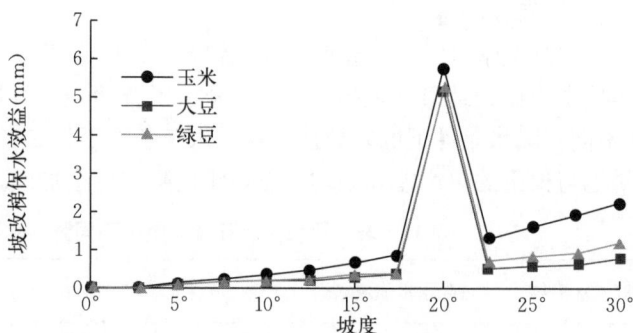

图 16-21 不同地形坡度条件下坡改梯后不同作物的保水效益模拟值

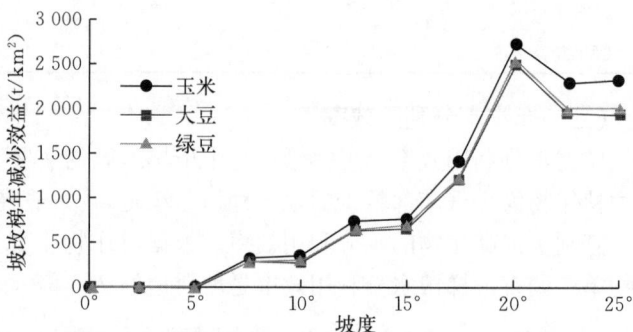

图 16-22 不同地形坡度条件下坡改梯后不同作物的减沙效益模拟值

效益为玉米 761 t/km²、大豆 643 t/km²、绿豆 665 t/km²，分别较 5°时高出 751 t/km²、638 t/km² 和 659 t/km²；在 15°~20°，减沙效益急速增大，20°时坡改梯的年减沙效益为玉米 2 750 t/km²、大豆 2 523 t/km²、绿豆 2 566 t/km²，分别较 15°时高出 1 989 t/km²、1 880 t/km² 和 1 901 t/km²；在 20°~ 22.5°，坡改梯减沙效益呈快速下降，22.5°时 3 种作物的减沙效益分别较 20°下降了 16.5%、22.9% 和 21.6%；22.5°以后，坡改梯减沙效益又呈现上升趋势，到 25°时，玉米、大豆和绿豆 3 种作物坡改梯年减沙效益分别为 2 337 t/km²、1 957 t/km² 和 2 032 t/km²。以上表明，地形坡度大于 15°的坡耕地必须实施坡改梯改造或退耕还林（草）。

四、结论

（1）坡耕地通过工程措施改造为梯田当年，在土壤扰动和水土流失双重作用下，土壤物理、化学和生物学质量呈现不同程度下降或没有显著变化。随着改造年限的延长，黄绵土土壤质量显著提高，

表现为土壤物理性状和抗蚀性显著增强，土壤化学性质显著提高，土壤微生物属性及活性显著增加。

（2）坡改梯作为黄土高原水土流失治理中广泛采用的一项主要工程措施，土壤质量可以反映该区域生态治理效果。结果表明，采用工程技术进行坡改梯后，土壤经营和管理趋于科学化，土壤质量向良性方向发展。

（3）梯田与坡耕地相比，明显提高土壤含水量、土层储水量，提高保水效果。同时，地表径流量比坡耕地明显降低，土壤抗蚀性增强。但坡改梯初期的新梯田土壤性能不够稳定，需要经过多年的耕种使其性能趋于稳定，才能表现出比坡耕地优越的特点。

（4）地形坡度越大，坡改梯作物增产、保水和减沙效益越显著。地形坡度 15°坡改梯，玉米、大豆和绿豆的增产效益分别为 6.4%、2.8%和 1.8%，减沙效益分别为 18.6%、17.8%和 18.1%；地形坡度 25°坡改梯，玉米、大豆和绿豆的增产效益分别达 16.7%、5.6%和 5.0%，减沙效益分别达 41.1%、39.8%和 40.1%。

（5）地形坡度 5°和 15°是坡地利用中的 2 个重要阈值。坡度小于 5°的坡耕地可以不进行梯田改造，坡度大于 15°的坡耕地应及早实施坡改梯。

（6）梯田是黄土高原主要的水土保持措施，工程质量是影响梯田水土保持效益的重要因子。修筑梯田时，应严把质量关，尽量达到田面水平、田坎牢固，并经常维护，充分发挥水平梯田的蓄水保土和减轻土壤侵蚀，改善作物的生长条件，提高作物产量，促进土地利用结构和农村产业结构的调整等作用，以实现黄土高原地区土地的可持续利用和农业的可持续发展。

第五节　水土保持林恢复对黄绵土抗冲性的影响

黄绵土区土壤抗侵蚀能力主要依赖于土壤抗冲性能。早在 20 世纪 60 年代初，朱显谟（1960）把土壤抵抗径流侵蚀能力区分为抗蚀性和抗冲性，并根据多年黄土高原土壤侵蚀的特征及研究结果指出土壤抗冲性是揭示黄土高原土壤侵蚀规律的关键。土壤抗冲性是指土壤抵抗径流冲刷对其机械破坏、推动下移的能力，是土壤抗侵蚀性能的重要方面（李强 等，2013）。黄绵土质地疏松、分散性高、团聚力弱、有机质含量低、胶体数量少等是其抗冲能力低的主要原因。对于黄土高原水土流失区，植被建设是水土保持的最有效和最根本方法（刘国彬 等，1997）。随着国家退耕还林还草工程的实施，经过近 20 年的植被恢复，林草植被地上部分拦截雨水、减弱径流、固土护坡作用显著，特别是根系固持作用以及对土壤肥力和团聚体结构的改善影响到黄绵土的抗冲能力，并使其显著提升。

一、水土保持林土壤抗冲性特征

（一）土壤抗冲性成因

李勇等（1993）在研究黄土高原土壤抗冲性成因的过程中，考虑了反映生物气候条件的地带性土壤，并充分与各时期黄土的分布规律相结合，按不同土地利用方式确定研究小区，采集土壤剖面，同时在野外对原状土壤水力学性质进行了系统研究。结果表明，黄土高原土壤抗冲性强弱依次为：灰褐土＞黑垆土＞黄绵土＞灰钙土，其冲刷土量的多少主要受制于各土类的土壤剖面构型特征。为深入探讨影响土壤抗冲性的主导因素，运用多元逐步回归方法分析了 33 个小区土壤抗冲性（即冲刷土量）与 13 种土壤物理参数的关系，得到估算土壤抗冲性的最优模式见式 16-9。

$$y=-441.60-0.51x_1-0.904x_2-0.134x_5+206.960x_6-1.888x_7+4.909x_8 \quad R=0.918$$

$$(16-9)$$

式中，y 指冲刷土量（g），y 值越大，土壤抗冲性越弱；x_1 指粒径大于 0.05 mm 的沙粒含量（%）；x_2 指粒径为 0.05~0.01 mm 的粗粉粒含量（%）；x_5 指直径大于 0.25 mm 的水稳性团聚体含量（%）；x_6 指土壤容重（g/cm³）；x_7 指土壤紧实度（kg/cm³）；x_8 指土壤总孔隙度（%）。比较式中所选变量的回归系数及其与土壤抗冲性的偏相关分析结果发现，决定土壤抗冲性的主导因素依次是：粗粉粒、沙粒、紧实度、水稳性团聚体含量、土壤容重及土壤总孔隙度。

（二）不同水土保持林地土壤抗冲性特征

刺槐、柠条是目前黄土丘陵沟壑区人工营造的水土保持林面积最大的两个树种，随着沙棘资源的开发利用和乔灌混交林的发展，沙棘作为改良土壤的优良灌木树种，其造林面积在日益扩大。侯喜禄等（1995）采用原状土冲刷水槽法（在一定坡度、一定雨强下，冲刷1g土所需时间或水量）模拟黄土高原常见降雨强度（0.5 mm/min、2.0 mm/min、4.0 mm/min）、降雨历时（15 min），先后对恢复18年沙棘、刺槐、柠条下土壤抗冲性进行了研究。从表16-27可以看出，3种林地的土壤抗冲性均大于荒地。0～5 cm土层的土壤抗冲性以柠条林最好，沙棘、刺槐林次之，荒地最差。其原因是柠条林土壤根含量较多，固土作用较大，加之放牧践踏使地表土壤紧实。15～20 cm土层的土壤抗冲性，则以沙棘林和荒地较好，刺槐林和柠条林反而减弱。这是由于沙棘林该层土壤及其以下有石渣、荒地有侵入物，使土壤质地发生变化；刺槐林、柠条林地土壤全剖面为均质黄绵土，林地土壤抗冲性的变化有随土层深度和冲刷坡度的增加及植物根量的减少而减弱的规律。

表16-27　3种水土保持林地土壤抗冲性比较

单位：g/L

土层深度（cm）	冲刷坡度	刺槐林	柠条林	沙棘林	荒地（对照）
0～5	20°	7.06	5.70	7.78	10.66
	25°	9.65	6.13	6.38	9.62
	30°	10.42	6.35	8.52	15.05
15～20	20°	29.53	18.58	8.36	11.27
	25°	24.88	35.29	12.51	10.85
	30°	17.99	39.21	12.26	16.33
45～50	20°	49.77	25.89	34.78	55.32
	25°	48.78	44.83	29.52	46.87
	30°	51.28	89.60	22.48	78.67
95～100	20°	49.18	40.37	26.29	33.73
	25°	60.84	66.88	25.87	38.84
	30°	65.60	60.84	33.19	67.45

（三）不同林龄水土保持林地土壤抗冲性特征

对4种林龄的刺槐林地、撂荒4年的草地及农地土壤，在4种不同坡度下测定各自的抗冲性（M值，用单位水量冲刷的土壤质量来衡量土壤的抗冲性），其结果见表16-28（刘秉正 等，1985）。结果表明，不同土地利用类型M值的依次是：农地＞草地＞林地。即农地易受冲刷，林地抗冲性最大，草地居中。从不同的土层来看，一般是表层具有较大的抗冲性，中层次之，底层最小。

表16-28　不同土地利用类型及不同坡度的抗冲性

单位：g/L

土层	土地类型	刺槐林龄（年）	坡度			
			20°	25°	30°	35°
表层	林地	5	0.88	1.26	1.80	2.16
		8	1.07	1.18	1.66	1.93
		13	0.32	0.44	0.85	1.36
		20	0.18	0.20	0.43	0.76
	草地	—	0.98	1.26	1.56	1.80
	农地	—	—	—	—	—

（续）

土层	土地类型	刺槐林龄（年）	坡度			
			20°	25°	30°	35°
中层	林地	5	1.92	2.28	2.71	3.16
		8	1.68	2.10	2.62	2.93
		13	1.10	1.59	2.24	2.49
		20	1.80	2.11	2.75	3.30
	草地	—	2.57	2.85	4.57	5.40
	农地	—	9.60	13.47	20.35	39.62
底层	林地	5	2.69	3.41	4.04	4.89
		8	2.28	2.92	4.15	4.47
		3	0.59	1.00	1.28	1.46
		20	24.97	33.20	42.90	59.70
	草地	—	13.22	26.57	38.70	57.34
	农地	—	14.00	20.60	40.72	61.02

草地的表层和中层都具有较好的抗冲性，其 M 值比林地稍大；当达到 46 cm 以下的底层时，其抗冲性显著下降，M 值又与农地相差不大。这表明草本植物对土壤抗冲性的影响深度不超过 50 cm，因此草地仍有细沟和浅沟侵蚀。但需指出，草本植物生长状况、覆盖度等对土壤抗冲性的影响也很大。农地土壤的抗冲性最差，M 值最大。从 1981 年对未耕翻的农地测定结果看，以中层土壤的 M 值较小、抗冲性较好，表层次之，底层抗冲性极低。由于农地受人为活动的影响，表层土壤抗冲性变化较大，但犁底层抗冲性大的特点还是存在的。

林地、草地和农地的 M 值，均随着地形坡度和水流冲刷力的增大而增大；但不同的土地利用形式，其增长幅度不同。农地和草地增长快，尤以底层最明显；林地 M 值增长缓慢，这充分显示出在陡坡上植树造林具有重要的水土保持作用。不同林龄的林地土壤的抗冲性均好，不同土层的抗冲性依次是：表层＞中层＞底层。随着林龄的增大，M 值显著减小，抗冲性明显提高；相反，林龄越小，土壤抗冲性也越小。一般 5 年龄以下的林地表层土壤的抗冲性不如生长较好的天然草地。

二、水土保持林恢复对土壤团聚体结构的影响

在水土保持林植被恢复过程中，特别是退耕林不断恢复条件下，土壤水稳性团聚体含量不断增加，分形维数降低，从而改善了土壤的结构性能，使得土壤的抗蚀性得到了很大的提高，并且恢复的时间越长，土壤抗侵蚀能力越强（安韶山 等，2008）。不同的植被类型对土壤水稳性团聚体含量的影响是不同的，以草地最低，乔木地最高，灌木地介于两者之间。这说明在退耕还林（草）过程中，在土壤环境条件允许的条件下，种植乔木可以更好地减轻土壤侵蚀，控制水土流失。因此，在退耕地的植被恢复过程中，恢复年限较长的乔木能够较好控制水土流失，改善土壤结构性能，提高土壤抗冲性、抗蚀性。从不同恢复年限柠条人工林地土壤物理性状和有机质的变化情况可以看出，随着柠条林龄的增加，土壤粉粒和黏粒含量也不断增加，从而改善土壤毛管孔隙状况，促进土壤的正向发育。在土壤剖面上，由于表层土壤受根系和枯落物的共同影响，柠条林对表层土壤的各项物理性状改善最明显；但随着土层深度增加，其改善作用逐渐减弱。总体来看，林地土壤结构的变化使得土壤持水能力明显增强（徐敬华 等，2010）。总之，植被恢复过程中，一方面，增加了土壤团聚体含量，使土壤变得疏松多孔，改善了土壤孔隙性，增强了土壤的蓄水、保水、保肥、通气等性能；另一方面，土壤性能的改善反过来又促进了植被的恢复，而正是这种相互影响、相互促进的作用，才使得植被在恢复过程中植物群落的演替不断进行（张振国 等，2008）。

　　土壤的性状会因树种的配置结构或造林方式的不同而有所差异。对于不同的植被恢复模式，土壤水稳性团聚体含量以自然恢复最高，人工恢复的团聚体含量最低，而自然＋人工恢复方式则介于两者之间。这是因为自然恢复植被人为干扰少，对土壤结构破坏较小，保水保肥效果较好；而人工恢复虽然加快了植被恢复的进程，但人为干扰对土壤结构破坏较大，使得有机质分解快、累积少，进而影响了土壤水稳性团聚体的形成，使得其含量减少。这就说明，在自然恢复的前提下，适度的人为干预，不但可以加快植被的恢复速度，而且也可以提高土壤水稳性团聚体含量，从而改善土壤结构；并且人为干预使得土壤水稳性团聚体从大粒径向小粒径方向转化。这种转化在较深土层表现得较明显。总之，自然恢复方式下的土壤抗侵蚀能力较强，但所需的恢复时间相对较长；人工恢复方式下的土壤抗侵蚀能力较弱，但所需的恢复时间较短。在退耕还林（草）工程的实施中，不但要求在最短的时间内对其进行植被恢复和重建，而且还要求其产生的效益最优。因此，在自然恢复条件下进行适当的人为种植，不仅能缩短植被恢复的时间，还能提高土壤水稳性团聚体含量，从而改善土壤结构性能，是退耕地进行植被恢复的一种较合理和理想的恢复方式，也是快速提高土壤抗蚀性、抗冲性的最有效方式（徐敬华 等，2010；白文娟 等，2005）。

三、水土保持林恢复对土壤固碳的影响

　　土壤有机质由一系列存在于土壤中、组成和结构不均一、主要成分为碳和氮的有机化合物组成，土壤有机质的成分中既有化学结构单一、存在时间只有几分钟的单糖或多糖，也有结构复杂、存在时间可达几百至几千年的腐殖质类物质，既包括主要成分为纤维素、半纤维素的正在腐解的植物残体，也包括与土壤矿质颗粒和团聚体结合的植物或动物残体降解产物、根系分泌物和菌丝体（武天云 等，2004）。土壤有机质中所含的碳为土壤有机碳。大量研究表明，人工造林能够提升土壤碳库，为土壤团聚体的形成提供组成和胶结物质基础，从而提高土壤抗冲性。但土壤碳库变化是一个缓慢的过程，如薛萐等（2009）报道人工刺槐林10年后才开始增加土壤碳库，王春梅等（2007）研究表明，退耕种植长白落叶松林10年后土壤有机碳才开始恢复，周国模等（2006）甚至得出人工毛竹林土壤总有机碳持续下降至20年后才趋于稳定。因此，越来越多的关注转移向能够响应短期土地管理措施影响的活性有机碳。它们具有移动快、稳定性差与易氧化、矿化的特性，在指示土壤碳库变化上比总有机碳更灵敏，可作为快速判断碳库变化及提高土壤质量的有效手段（武天云 等，2004）。同时，对碳固定机制的研究也趋向于与土壤结构结合起来，即分析土壤不同大小团聚体和土壤颗粒组分的碳变化过程。本书主要以陕北黄土丘陵区不同退耕还林碳库及组分变化，揭示碳库增加对黄绵土抗冲性形成的影响。

（一）不同水土保持林固碳效应差异分析

　　林地土壤中有机碳的补充和累积主要来自本身凋落物、根系残体及其分泌物等，许多研究也说明林地通过自身生物量碳投入显著增加了土壤碳库（Lal，2005；郭胜利 等，2009）。韩新辉等（2012）在陕西省国家退耕还林示范县安塞县境内选择1999年坡耕地退耕后种植杨树、山杏、沙棘、刺槐及撂荒5种退耕还林地，并以邻近坡耕地为对照，进行了不同退耕还林地土壤碳库变化差异分析（图16-23）。结果表明：退耕12年后，相比坡耕地不同林地主要提高了0～40 cm土层总有机碳含量，增幅总体为沙棘＞刺槐＞山杏＞杨树＞撂荒，且以0～10 cm土层增幅最高（71.1%～156.9%），20～40 cm土层增幅最低（23.5%～68.9%），这也使不同林地100 cm土层土壤总有机碳含量均显著增加。100 cm土层活性有机碳含量增幅为山杏、杨树（平均106.8%）＞刺槐、沙棘（平均55.4%）＞撂荒（9.9%），而非活性有机碳含量增幅则为沙棘（43.0%）＞刺槐、山杏、杨树（平均22.1%）＞撂荒（14.2%），这与不同林地影响各土层活性与非活性有机碳含量和分布差异大有关。

　　综上所述，不同林地对活性与非活性有机碳库影响差异较大，100 cm土层土壤中山杏和杨树比沙棘和刺槐更显著提升了活性有机碳含量和碳库管理指数，表现出较好的改良土壤碳库质量的效应；而沙棘和刺槐比山杏和杨树更显著增加了总有机碳和非活性有机碳含量，表现出更好的碳固定效应，

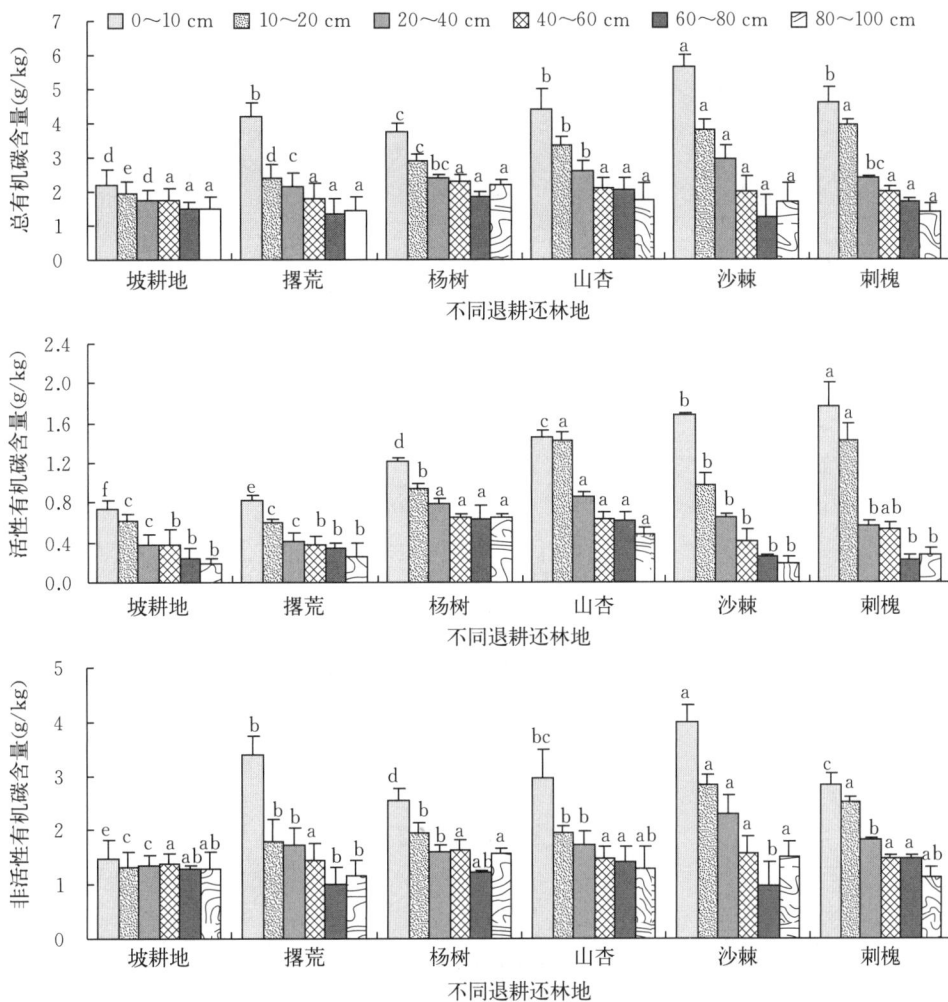

图 16 - 23　不同退耕还林地土壤总有机碳、活性有机碳及非活性有机碳含量

可显著增强土壤的抗冲性。

（二）不同水土保持林固碳过程与机制

近年来，以土壤质地组成，即按沙粒、粉粒、黏粒等不同大小土壤颗粒结合碳分组的研究技术开始受到关注。已有研究认为，沙粒（53～2 000 μm）中的有机碳与沙粒结合并不紧密，功能上属于活性有机碳；粉粒（2～53 μm）和黏粒（<2 μm）通过配位体交换、氢键及疏水键等作用吸附有机碳，形成惰性矿物结合态有机碳，是土壤固持有机碳的重要碳组分库（武天云 等，2004）。可见，该分组方法提供了一个可以从活性和惰性碳库两个方面同时探究土壤碳库变化过程及机制的有效方法。

佟小刚等（2016）于黄土丘陵区纸坊沟流域选择退耕还林年限为 15 年、35 年、45 年的柠条和刺槐退耕还林地样地，并以邻近长期坡耕地为对照，利用物理分组探究土壤不同大小颗粒结合碳组分演变过程与累积效应。结果表明：对比坡耕地，两种退耕还林地土壤颗粒结合碳含量均随退耕年限延长显著增加，并且表层（0～10 cm）土壤增幅最高，10～60 cm 各土层增幅基本接近（图 16 - 24）。退耕 15～45 年期间，刺槐与柠条林地 0～20 cm 土层均以粉粒碳含量增速最高，年增量分别达0.21 Mg/hm² 和 0.11 Mg/hm²；沙粒碳和黏粒碳增速相近，分别平均为 0.13 Mg/hm² 和 0.06 Mg/hm²（图 16 - 25 和图 16 - 26）。同样的变化发生在 0～60 cm 土层，但各颗粒碳含量增速为 0～20 cm 土层的 1.6～2.5 倍。按此增速至退耕 45 年时，柠条林地沙粒碳、粉粒碳、黏粒碳相比坡耕地分别变化了 2.6 倍、1.1 倍、0.8 倍，刺槐林地则分别变化了 8.3 倍、2.2 倍、2.8 倍，并且对总有机碳累积贡献的平均比率为：

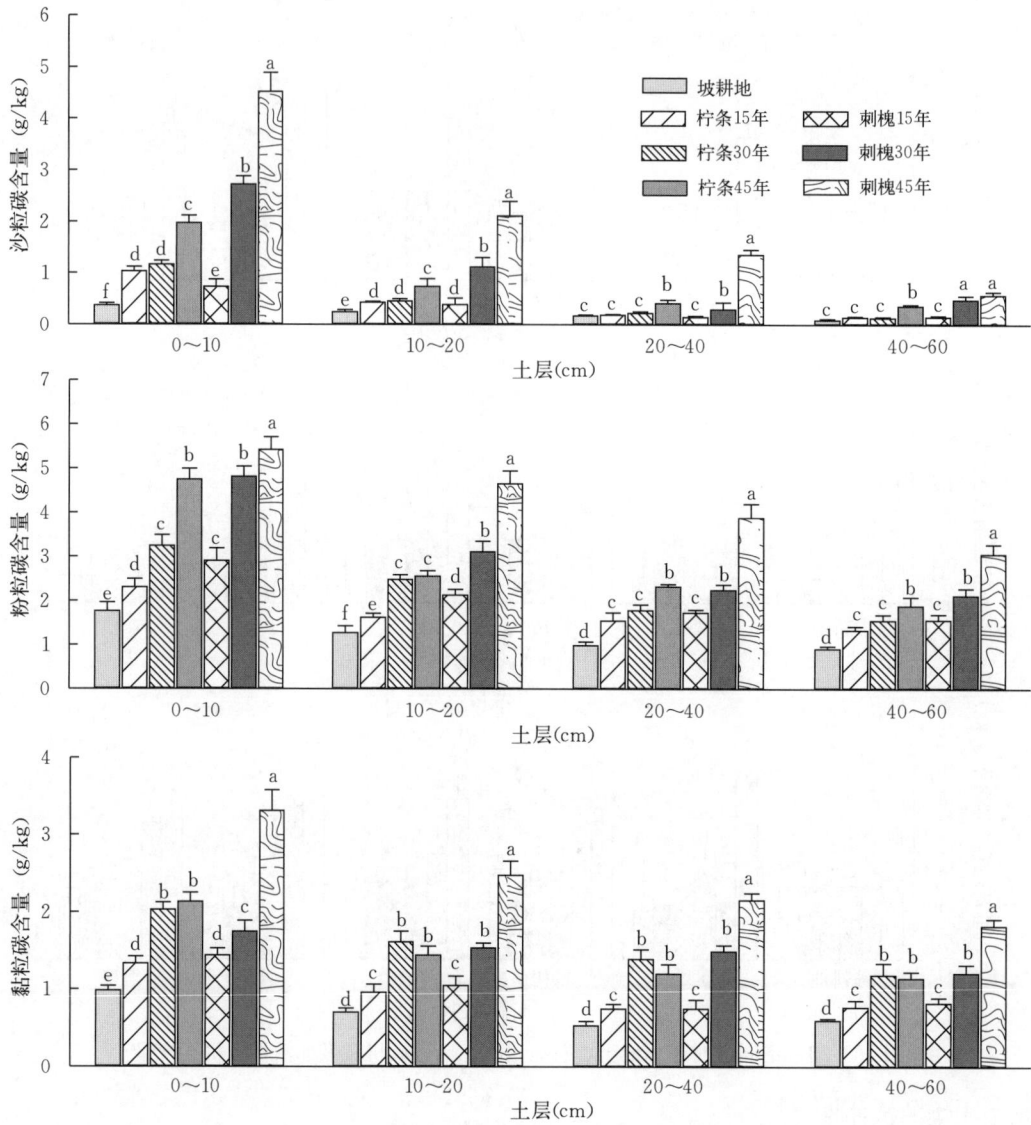

图 16-24　不同退耕年限刺槐与柠条林地土壤沙粒、粉粒、黏粒结合有机碳含量

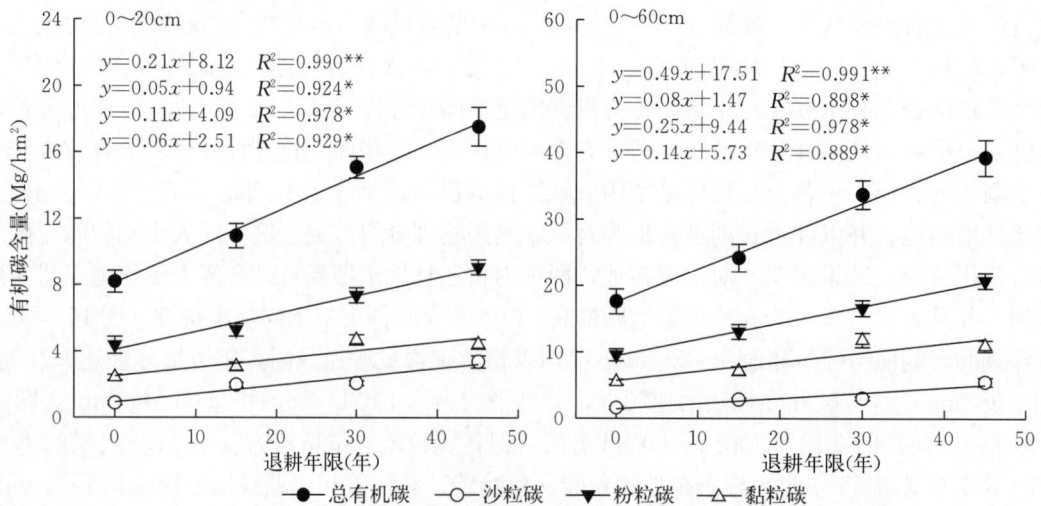

图 16-25　柠条林地土壤总有机碳及颗粒结合碳含量与退耕年限的线性回归关系

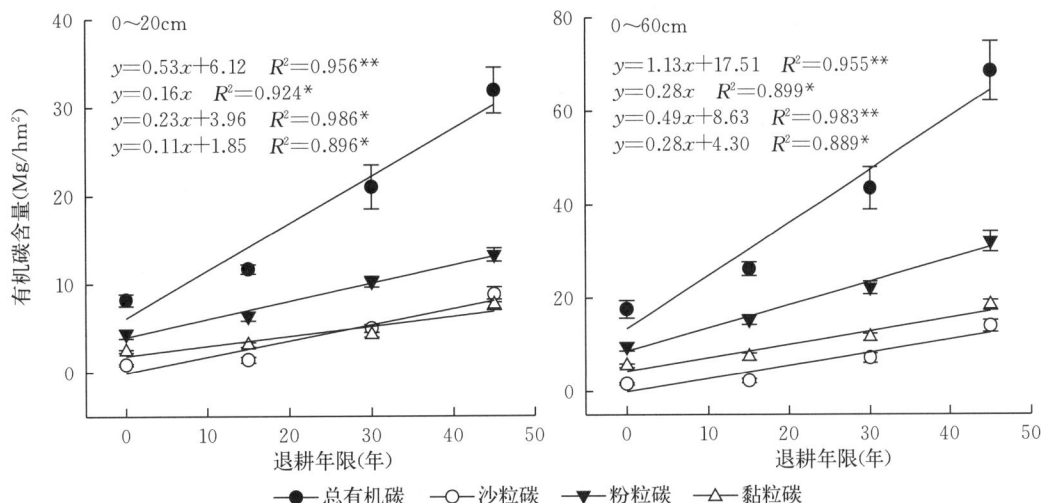

图 16-26　刺槐林地土壤总有机碳及颗粒结合碳含量与退耕年限的线性回归关系

注：* 和 ** 分别表示线性回归方程决定系数 R^2 达到 0.05 和 0.01 显著水平。

粉粒碳（51%）＞黏粒碳（26%）、沙粒碳（23%）。此外，碳库管理指数比碳库活度与土壤总有机碳库变化有更显著的线性相关性。综上所述，该区域退耕刺槐林地比柠条林地土壤有更强的固碳效应，两种林地均以粉粒碳为主要固碳形式，以沙粒碳周转变化最快。

四、水土保持林根系对土壤抗冲性的影响

（一）水土保持林草植被根系的固土作用

植物根系对土壤抗冲性的增强效应是指在消除无根系土壤本身的抗冲性影响之后，根系所提高土壤抗冲刷作用的能力（或对土壤抗冲性的强化值），单位用 s/g 表示，即一定坡度与雨强下冲刷 1 g 土所需的时间（吴钦孝 等，1990）。在植被恢复和演替过程中，植被的生长发育对土壤性状的影响主要通过根系起作用。根系是植物的重要组成部分，植物生长所需要的水分和养分主要通过根系从土壤中摄取。同时，根系在提高土壤侵蚀能力方面具有重要作用。它不仅可以通过在土体中交错、穿插来固结土壤，还可以通过死根提供的有机质和活根提供的分泌物，作为土粒团聚体的胶结剂，改善土壤的物理性状来提高土壤自身的水力学性质，从而增强土体的抗侵蚀能力。此外，土壤孔隙度的提高，也增强了土壤入渗储水的能力，改善土壤径流状况，减少面蚀、沟蚀和洪水的发生（杜盛 等，2015）。

（二）水土保持草本植物根系对土壤抗冲性的影响

水土保持种草措施不仅适应黄土高原地区脆弱的生态环境，而且能起到抑制水土流失的重要作用。吴钦孝等（1990）选择了黄土丘陵沟壑区几种常见的天然恢复的草本植物，模拟测定了保留茎叶和去掉茎叶含根系的原状土壤的抗冲刷能力。为了定量评价根系的减沙作用，以无根系土壤在各时段内的土壤冲刷量作为计算的云基准水平，计算得到两种处理的根系土壤冲刷量的减少百分数（表 16-29）。可见，在产沙量最大的 0～120 s，保留茎叶根系土壤冲刷量比无根系土壤减少 74.05%～99.74%，去掉茎叶的根系土壤冲刷量降低 64.25%～91.67%，根系对土壤冲刷量的降低值占整个草本植物降低值的 86.7%～91.91%；在 120～630 s 内，保留茎叶和去掉茎叶的根系土壤冲刷量分别降低 90.62%～100% 和 41.73%～1 000%，根系对土壤冲刷量的降低值占整个草本物降低值的 46.05%～100%；在 630 s 以后，两种处理的根系土壤冲刷量均比无根系土壤降低 10%，即根系对土壤冲刷量的降低作用与整个草本植物抑制土壤冲刷的能力完全一样，可见草本植物根系在提高土壤抗冲刷力过程中起着主导作用。

表 16-29　与无根系土壤比较不同草地表层土壤减少百分数

(吴钦孝 等，1990)

单位：%

草类	坡度	处理	冲刷时间						
			10 s	30 s	120 s	270 s	450 s	630 s	810 s
白羊草	20°	留茎叶	99.74	99.71	99.71	100.00	100.00	100.00	100.00
		去茎叶	90.59	70.62	81.26	81.26	61.33	65.75	100.00
	30°	留茎叶	99.02	98.69	97.34	90.62	92.31	100.00	100.00
		去茎叶	83.41	84.72	88.18	67.51	42.72	73.04	100.00
羊胡子草	20°	留茎叶	96.57	93.70	74.05	100.00	100.00	100.00	100.00
		去茎叶	91.67	89.59	79.56	71.05	—	100.00	100.00
	30°	留茎叶	98.92	98.69	96.44	100.00	100.00	100.00	100.00
		去茎叶	82.07	82.66	79.28	77.21	65.52	100.00	100.00
黄菅草	20°	留茎叶	97.87	96.52	87.85	100.00	100.00	100.00	100.00
		去茎叶	87.66	85.35	82.88	61.48	—	—	100.00
	30°	留茎叶	96.30	96.22	96.44	100.00	100.00	100.00	100.00
		去茎叶	64.25	70.84	88.86	41.73	48.47	100.00	100.00

对两种处理的根系土壤冲刷量的减少值进行差异显著性分析看出，无论坡度如何，两种处理的根系土壤冲刷量的减少值差异性不显著，而土壤冲刷量的减少值在不同时段内则差异性非常显著。这进一步表明，草本植物在抵抗径流的水力冲刷过程中的作用，主要取决于其地下部根系的分布状况。因此，在黄土丘陵沟壑区，水土保持种草措施的主要理论依据之一，就是草本植物根系减少土壤冲刷量的重大作用。

（三）水土保持林根系对土壤抗冲性的影响

减沙效应的平均值标志着根系提高土壤抗冲性的平均水平，平均值越大，根系提高土壤抗冲性的能力越大。李勇等（1993）的试验结果表明，土层深度增加，根系的减沙效应变小，受坡度及降雨强度的影响程度增大（表 16-30）。油松、沙棘及草类植物，由于其根系在土壤中的分布规律不同，导致根系有显著减沙效应的土层深度范围有明显差异。取根系减沙效应平均值≥50％作参考，可以看出，油松林根系有显著减沙效应的土层深度为0～60 cm，而沙棘林及草类根系则均为 0～30 cm。这一点与根系提高土壤抗冲性的稳定临界土层一致。对根系减沙效应与抗冲性强化值的关系进行回归分析发现，二者在 $P<0.001$ 水平上呈极显著的正相关关系。可见，植物根系减少土壤冲刷量的实质是提高了土壤的抗冲性。

表 16-30　不同坡度及降雨强度下的植物根系减沙效应特征值

单位：%

土层（cm）	油松林		沙棘林		草类	
	平均值	标准差	平均值	标准差	平均值	标准差
0～10	96.54	1.17	76.82	9.20	88.43	5.05
10～20	92.51	2.59	69.44	11.53	82.03	5.70
20～30	89.21	3.45	55.33	11.29	69.03	12.39
30～40	85.04	5.03	32.81	14.47	33.63	19.10
40～50	68.78	12.48	26.34	10.77	27.15	17.81
50～60	57.12	11.48				

（续）

土层（cm）	油松林		沙棘林		草类	
	平均值	标准差	平均值	标准差	平均值	标准差
60~70	42.11	16.14				
70~80	25.10	11.44				
80~90	14.86	9.89				
90~100	11.80	10.80				

（四）水土保持林根系提高土壤抗冲性的机制

不同植物根系提高土壤抗冲性的作用均随土层加深而急剧减小，其有效范围主要在0~50 cm土层，这一规律与有效根（≤1 mm的须根）的分布在上层密集（0~50 cm土层根系占总根数的90%以上）、下层稀疏（50 cm以下土层根系不足总根数的10%）的特征密切相关（李勇等，1993）。据此，对该土层范围内不同植物根系改善土壤水力学及物理性状效应的特征进行了研究，结果表明（表16-31）：①对于油松林和沙棘林，其有效根密度和总根量变异系数的比值均大于1，分别为2.84和1.31。显然，乔灌木根系改善土壤水力学及物理性状的效应主要取决于有效根密度在剖面中的变化状况。②油松林、沙棘林和草类由于其根系在剖面中的形态分布特征不同，对土壤水力学和物理性状的改善效应的平均水平有显著差异，以油松林最强，草类次之，沙棘林最弱。这与它们在提高土壤抗冲性方面的规律一致。③无论是林地还是草地，根系对土壤水力学及物理性状的影响程度不仅数值较为接近，而且具有极为一致的特点，即根系改善土壤水力学性质的效应大于改善土壤物理性状的效应。

表 16-31　不同植物根系改善土壤水力学及物理性质效应的总体特征

（李勇等，1993）

代号	因　子	油松林		沙棘林		草类	
		平均值	标准差	平均值	标准差	平均值	标准差
A	$100\ cm^2$ 有效根（<100 mm）密度（个）	247.0	192.4	141.0	194.5	307.0	341.5
B	$100\ cm^3$ 总根量（g）	0.3	0.1	0.2	0.2	0.3	0.3
C	土壤抗冲性（kg/m^2）	32.6	39.7	5.8	8.0	8.9	10.7
D	土壤稳定渗透系数（mm/min）	1.8	2.3	0.7	0.6	1.6	1.6
E	土壤渗透速率（mm/min）	2.0	1.8	0.4	0.6	2.2	1.7
F	土壤渗透总量（mm）	61.1	55.4	12.5	17.5	64.9	51.7
G	土壤容重（g/cm^3）	15.3	11.7	9.6	7.9	11.9	3.2
H	土壤紧实度（kg/cm^3）	49.8	4.4	43.9	6.3	32.6	4.6
I	>0.25 mm水稳性团聚体（%）	36.4	27.7	20.8	13.0	23.1	22.5
J	土壤总孔隙度（%）	12.5	9.5	7.2	5.8	10.4	9.9
K	土壤非毛管孔隙度（%）	6.5	5.6	8.9	5.8	3.7	2.2
L	土壤有机质含量（g/kg）	7.0	9.0	5.0	6.0	6.0	8.0

水土保持植被根系提高土壤的抗冲性也取决于根系生物量在土层中的分布，而根系的垂直分布随土层深度的变化而变化，这不仅与植物本身的特性有关，而且在很大程度上还受到土壤环境因子（养分含量、水分含量等）的影响。由于根系的空间分布特征决定了植被拥有的营养空间和对土壤水分、养分的利用能力，因此植被根系研究在当前生态学研究中占有举足轻重的地位。杜盛等（2015）研究表明，20~25龄油松人工林根系提高土壤抗冲性的效应主要由≤1 mm的根系密度（或毛根量）决

定，根系提高土壤抗冲性的最低有效根（≤1 mm）密度为 100 cm³ 26～34 个，土层有效深度为 70 cm；在坡度一定的条件下，其增强效应随降雨强度增大而减小。如在 0.5 mm/min 降雨强度条件下，表层（0～20 cm）土壤抗冲性的强化值，油松林地比黄土母质和农地提高 25～50 s/g，沙棘林地提高 3～8 s/g。与油松人工林相比，沙棘根系固土的有效根密度增大，而且固土深度变小，在坡度≤20°和＞20°时，分别为 100 cm³ 60 个和 118 个以上，根系固土的有效根深度在坡度为 15°、20°、30°时分别为 40 cm、30 cm 和 20 cm。总之，植物根系与土壤抗冲性的关系，是水土保持科学研究中具有多学科交叉性的新领域，继续深入该领域研究土壤抗冲性能的区域特征及动力学等，可为深入揭示水土保持人工生态系统的组建和揭示生态环境演变的机理提供科学支撑。

第十七章 黄绵土区植被恢复对土壤理化性状和生物学性状的影响 >>>

植被覆盖度低是导致黄土高原水土流失严重的主要因素之一。1981—2012 年，尤其随着退耕还林还草工程的实施，黄土高原生长季植被覆盖度由 31％增加到 50％。随着林草植被恢复与建设，黄土高原的水土流失显著降低，区域土壤理化性状和生物学性质也发生了显著变化。

第一节　植被恢复对黄绵土物理性状的影响

一、对土壤水稳性团聚体的影响

水稳性团聚体与土壤结构等物理性状关系密切。同时，水稳性团聚体也是反映黄土高原地区土壤抗蚀性的主要指标（王佑民 等，1994）。侵蚀环境下的坡耕地由于农业耕作活动，导致土壤结构体被破坏，加之由于水土流失造成有机物质丧失，对土壤的黏结度降低，结构体很难得到恢复。退耕后，由于人类活动的减少和生态环境条件的变化，对土壤结构体的破坏度降低，而且随着生态恢复，土壤有机物质迅速增加，促进土壤团粒形成，水稳性团聚体的含量明显提高，并逐渐从小粒径的水稳性团聚体为主改变为以大团聚体占绝对优势。戴全厚等（2008）研究发现，这种变化在营造初期最明显，营造刺槐林 5 年后土壤＞0.25 mm 水稳性团聚体较坡耕地增加 191％，称其为快速增长期。粒径＞0.25 mm 的水稳性团聚体含量对侵蚀坡耕地土壤的抗侵蚀性有重要影响，是稳定表土层结构、提升土壤肥力的物质基础。不同土地利用方式下土壤团聚体数量及其稳定性有明显差异。植被恢复年限对土壤水稳性团聚体数量有显著影响。退耕坡地土壤中＞0.25 mm 水稳性团聚体随退耕年限的增加而增加（表 17-1），退耕种植 5 年和 10 年以上的沙棘林地＞0.25 mm 水稳性团聚体含量分别提高了41％和 56％，＞2 mm 水稳性团聚体含量分别提高了 14％和 55％，0.25～2 mm 水稳性团聚体含量比退耕前分别提高了 77％和 57％。陈文媛等发现，退耕 10 年的林地 0～30 cm 土层水稳性大团聚体含量、平均质量直径和分形维数分别为 57.60％、1.91 mm 和 2.73，25 年林地分别为 60.17％、1.88 mm 和 2.74；退耕 10 年的草地分别为 59.89％、1.82 mm 和 2.74，25 年草地分别为 72.69％、2.71 mm 和 2.61。进一步分析证明，随着退耕年限的增加，土壤团聚性增强；但林草地之间存在差异。植被恢复 10 年阶段，土壤团聚性林地尚优于草地，25 年后草地优于林地。各样地土壤团聚体各稳定性参数与土壤有机碳含量和黏粒含量存在相关关系。在植被恢复初期，土壤＞10 mm 团聚体含量在 0～20 cm 和 20～40 cm 土层均较高，含量为 331.4～525.6 g/kg。随植被恢复年限的增加，7～10 mm、5～7 mm、3～5 mm、2～3 mm、1～2 mm 团聚体绝对含量下降差异不明显。0.5～1 mm、0.25～0.5 mm 和＜0.25 mm 团聚体含量，在植被恢复初期（7 年）较高。随着植被恢复年限增加，土壤＞5 mm 水稳性团聚体含量相对下降很快，恢复 7 年之后，大粒级土壤团聚体表现为上层含量比下层含量低的趋势。相对于干筛结果而言，土壤水稳性团聚体的粒径分布更均匀、稳定，恢复 7 年之后的土壤＞0.25 mm 团聚体含量占到 40％～50％，而＞5 mm 团聚体则占 10％～23％。植被恢复过程中，土壤团聚体由大的团块向小颗粒的土壤团聚体转换，粒径分布更为均匀，土壤结构逐渐改善。不同恢复年限土壤团聚体分形维数变化范围为 0～20 cm 土层 2.75～2.86，20～40 cm 土层 2.77～2.89，变化范围小。20～40 cm 土层的分形维数大于 0～20 cm 土层，恢复植被可使土壤分形维数降低，土壤结构得到改善。

表 17 - 1　不同退耕年限植被土壤水稳性团聚体变化

利用方式	y	模型	相关系数	样本数	年增长量（mm）	增长率（%）
撂荒地	团聚体	$y=32.095x^{0.1641}$	0.827	16	0.726	2.26
	平均质量直径	$y=0.0461x+1.229$	0.686	16	0.045	3.51
人工乔木林	团聚体	$y=1.118x+20.94$	0.589	15	1.093	4.96
	平均质量直径	$y=0.0569x+0.5598$	0.589	15	0.056	9.02

注：x 为土地利用年限，$x \geqslant 1$。增长量为测定年限（撂荒地 35 年，人工乔木林 50 年）内的平均增长量。增长率＝年增长量/恢复起始年土壤属性指标值×100。

土壤团聚体的组成和稳定性是衡量土壤结构和质量的主要指标。曾全超等（2014）采用 Le Bissonnais 法，研究发现，暴雨处理（FW）对土壤团聚体结构的破坏程度最大，处理后土壤团聚体主要以＜0.2 mm 粒级为主；小雨处理（SW）对土壤团聚体结构的破坏程度最小，扰动处理（WS）居中。土壤团聚体的平均质量直径在 0～10 cm 和 10～20 cm 土层均表现为 SW＞WS＞FW，平均几何直径在 0～10 cm 和 10～20 cm 土层均表现为 SW＞FW＞WS，分形维数在 0～10 cm 和 10～20 cm 土层均表现为 WS＞FW＞SW。在 SW 处理下，不同植被类型中铁杆蒿群落、黄刺玫群落（样点 6、9）土壤团聚体平均质量直径、几何平均直径较大，可蚀性较小，表明这两个群落的土壤团聚体更为稳定，在小雨环境下更有利于水土保持。对于 WS 处理，侧柏群落、三角槭群落（样点 1、2、3）的土壤团聚体更为稳定，可蚀性较小，因此在外界扰动环境下，侧柏群落、三角槭群落的土壤抗侵蚀能力更强。在 FW 处理下，侧柏群落、三角槭群落（样点 2、3）土壤团聚体平均质量直径、几何平均直径较大，可蚀性较小，表明在外界大雨环境下，侧柏群落、三角槭群落的土壤团聚体稳定性更强，土壤抗侵蚀能力更强。总体来说，对于不同环境，不同植被类型下土壤的团聚体稳定性和抗侵蚀能力差异较大，因此应针对不同的环境，采取不同的植被恢复措施来提高土壤团聚体的稳定性。

不同植被恢复模式改变了土壤团聚体微结构。采用计算机断层扫描技术（CT）扫描 3～5 mm 土壤团聚体，自然和人工植被恢复模式均显著提高了土壤有机碳含量和团聚体水稳性（$P<0.05$），降低了土壤容重。与坡耕地处理相比，自然草地土壤团聚体总孔隙度、大孔隙度（＞100 μm）、瘦长型孔隙度分别增加了 20%、23% 和 24%，而分形维数和连通性指数（欧拉特征值）分别降低了 2% 和 75%，且各指标两者间差异均显著（$P<0.05$）。人工灌木林土壤团聚体的上述各项孔隙参数均优于自然草地（较坡耕地分别增加了 70%、88% 和 43% 以及降低了 4% 和 92%），且除欧拉特征值外，差异均显著（$P<0.05$）。

二、对土壤水分特性的影响

植被恢复对土壤水分特性的影响主要表现在：显著改善表层土壤水分的入渗特性与持水特性。关于地上植被与水分入渗的关系，余新晓等（1991）、陈丽华等（1995）研究发现，盖度越高，土壤入渗性能越好，水土保持效益越显著；盖度越低，地表径流越大。李斌兵等（2008）、潘成忠等（2005）发现，不同植被的入渗率排序一般为：林地＞草地＞坡耕地。韩冰等（2004）也发现，油松林的初渗率、平均入渗速率和稳渗率均显著高于荒坡地，具有较强的入渗能力。刘贤赵等（1999）也得出类似的结论。林草地对土壤物理性状的影响主要表现在植被能有效改善 0～20 cm 土层的土壤结构。与荒坡地相比，林草地土壤表层容重较小，有效改善了表层土壤的结构。林地地表积累大量枯枝落叶，这些凋落物的分解，增加了土壤有机质的含量，使土壤容重降低、孔隙度增大，增加了土壤的入渗能力。张晓明等研究认为，通过扩大林草地，治理流域比未治理流域在丰水年、平水年和枯水年的径流系数分别减少50%、85%和90%。刘昌明等指出，黄土高原林区的年径流深显著低于非林区，林区的径流系数较非林区小40%～60%，非林区的年径流量为林区的1.7～3.0倍。但Chen等发现，由于地表坚实度较高和缺少地表覆盖物，相对农田和草地，林地的地表径流量较大。草地也能够明显改善土壤的渗透性能，在干旱、半干旱地区，大力种植草本植物，能起到增加入渗、改善地表径流的作用，如在黄土半干旱区陡坡地通过林草混交，可提高植被覆盖度和林下植被生物量，大大降低地表径流。就混交林和纯林而言，陈杰等认为，混交林的土壤容重均略小于纯林。这主要是由于混交林密度较大，活的地被物及根系较多，对表层土壤起到一定的疏松作用，降低土壤容重，增大孔隙度；但其改良作用十分有限。总之，水分进入土壤的过程是一个复杂的水文过程，它与枯落物覆盖、根系分布、表土结构、土壤容重、湿度、坡向和坡位等多个因素有关。例如，李斌兵等（2008）研究认为，林地的入渗率对土壤饱和导水率变化比较敏感，草地的入渗率对土壤初始含水率变化比较敏感。

植被恢复显著降低土壤剖面的储水量。在退耕地植被恢复过程中，植被恢复方式对土壤储水量有显著影响。弃耕地、荒草地、杏树地、苜蓿地4种土地利用类型0～200 cm土层的土壤平均含水量为4.8%～8.0%，平均储水量范围为208.7～320.4 mm，具体表现为弃耕地＞荒草地＞杏树地＞苜蓿地。与苜蓿地相比，荒草地、弃耕地、杏树地0～200 cm土层的土壤平均含水量和土壤储水量较高，而且三者之间差异不显著。

弃耕地土壤剖面含水量随弃耕年限的延长呈增加的趋势，这与荒草地土壤剖面含水量的规律截然相反；50 cm土层以下各生长年限弃耕地土壤含水量均持续增加，并且在200 cm土层处土壤含水量达到最大，这与荒草地的规律相同。苜蓿地和荒草地在植被恢复早期，受人工植被——紫花苜蓿根系深、耗水量大的影响，土壤剖面干燥化现象明显，土壤含水量处于较低水平。随着生长年限的延长，苜蓿地中紫花苜蓿逐渐退化，低耗水植物——长芒草逐渐占据优势地位，0～100 cm土层土壤含水量受降雨影响而波动，而深层土壤的水分较难得到补充。弃耕地在植被恢复过程中土壤含水量有明显增加趋势，这与植被演替过程中植被类型的更替有密切的联系。弃耕地初期土壤含水量较高，高耗水性物种的侵入导致土壤剖面水分迅速降低，随着植被自然演替的进行，长芒草逐渐成为优势物种，浅层土壤水分会随降雨入渗而增加，而其深层土壤水分一直处于较高水平。除此之外，一些学者还结合植被恢复方式、植被生长年限两因素分析了植被恢复过程中土壤含水量的变化规律。王志强等（2002）对晋西北黄土丘陵区不同植被类型土壤水分进行分析时发现，人工油松林、天然灌丛和荒坡草地的土壤湿度低于农地；李昌龙等（2011）在沙地退耕植被演替与水分调控研究中发现，退耕地土壤水分递减时间序列主要发生在3～10年。

植被恢复影响土壤稳定入渗速率。不同类型土壤稳定入渗速率的比较结果表明，灌木和草本群落下土壤稳定入渗速率较大，乔木群落下较小。这种差异是植被在恢复过程中对土壤直接和间接作用的结果。对土壤稳定入渗速率和影响稳定入渗速率的各因子之间进行回归分析表明：①土壤稳定入渗速率与土壤容重、总孔隙度及活性孔隙度之间存在极显著的相关关系，说明植物在恢复过程中使表层土壤容重减小，孔隙度增加，尤其在根孔中产生优势流现象使土壤稳定入渗速率得到很大提高；②土壤稳定入渗速率与枯枝落叶层厚度之间有一定的相关关系，因为枯枝落叶层在防止土壤结皮发生、维持土壤稳定入渗在初始的较高水平方面具有重要意义，枯枝落叶层厚度在一定程度上还可以反映其下土壤受植物根系的影响状况；③土壤稳定入渗速率与土壤水稳性团聚体、土壤有机质含量之间也有一定的相关关系，因为植被恢复过程中使土壤有机质和水稳性团聚体含量得到明显提高。有机质疏松多孔，能提高无结构土壤的入渗性能，同时能促使土壤团聚体的形成；土壤团聚体的大量形成使土壤稳定性提高，土壤通气透水性得到改善，进一步提高了土壤的稳定入渗能力。王国梁（2003）研究结果表明，黄土丘陵沟壑区的植被恢复以选择灌草群落较好，灌草种可优先选择铁杆蒿、茭蒿、柠条、长芒草和白羊草等。由于该区属由森林向草原的过渡区，尽管也能种植刺槐等乔木树种，但营造乔木林应考虑林灌草隔带混交和垂直配置，并注意微地形的影响。

三、对土壤抗蚀性和抗冲性的影响

随着退耕还林（草）工程的实施，在植被恢复和演替的过程中，土壤的理化性状不断发生着变化，土壤结构不断改善，土壤的抗蚀性不断提高。

采用无机黏粒类、团聚类、无机胶粒类和水稳性团粒类共 4 类 12 个土壤抗蚀性指标，研究吴起县境内退耕还林（草）地主要植物群落土壤的抗蚀性发现：抗蚀性最好的是退耕年限长的人工林地和退耕还草地，主要体现在高的团聚度（18.5%）、团聚状况（8.4%）、>0.25 mm 水稳性团聚体含量（75.7%）、>0.5 mm 水稳性团聚体含量（74.6%）和有机质含量（10.5 g/kg），分散率居中（90.3%）；抗蚀性居中的是退耕时间较长的蒿类群落和林地，主要体现在适中的团聚度（14.8%）、团聚状况（5.9%）、>0.25 mm 水稳性团聚体含量（62.1%）、>0.5 mm 水稳性团聚体含量（60.6%）和有机质含量（7.6 g/kg），平均质量直径最小（1.9 mm）；抗蚀性较差的是新退耕还林、还草地和农耕地，主要体现在高的分散率（94.6%）以及低的团聚度（7.6%）、团聚状况（3.0%）、>0.25 mm 水稳性团聚体含量（42.6%）、>0.5 mm 水稳性团聚体含量（40.1%）和有机质含量（6.8 g/kg）（张振国 等，2007）。采用土壤有机质含量、土壤团聚度、分散率和分散系数、土壤生物结皮盖度及利用体积估算法测量的土壤侵蚀量来综合分析安塞纸坊沟小流域退耕后不同年限植物群落土壤的抗蚀性，具体表现为：老荒坡、白刺花>刺槐、黄刺玫、沙棘>柠条>白羊草、茭蒿>铁杆蒿>猪毛蒿、农耕地（张振国 等，2008）。对退耕地阴阳坡演替序列土壤抗蚀性的分析表明，在阳坡植被演替过程中，各个演替阶段土壤抗蚀性均有所增加，但增幅不同。与退耕 2~5 年演替初期的猪毛蒿群落相比，退耕 10 年、15 年、25 年、30 年和老荒坡植物群落的土壤抗蚀性主成分综合指数依次增加了 18%、140%、350%、362% 和 575%，其中以白刺花为建群种的老荒坡灌木群落的抗蚀性最好，而以猪毛蒿为优势种的草本群落的土壤抗蚀性最差；阴坡也表现出基本相同的趋势，抗蚀性最好的是黄刺玫、虎榛子群落，退耕 10 年、15~20 年、25 年、30 年和老荒坡的土壤抗蚀性主成分综合指数较退耕初期的猪毛蒿群落分别增加了 110%、463%、357%、673%、930%。总体上看，在植被的演替过程中，土壤抗蚀性从一、二年生草本植物群落阶段，多年生草本、蒿类阶段到灌木草原阶段逐渐增强。

在植被恢复过程中，随着植被演替的进行，土壤抗冲性逐渐增强。利用原状土冲刷法和静水崩解法测定安塞退耕还林（草）不同年限不同土地利用类型下土壤的抗冲性和崩解速率发现，表层土壤抗冲性最强的是白刺花灌木林地（36 年），然后是铁杆蒿草地（30 年）、人工刺槐林地（20 年）、果园（10 年）和玉米地，单位体积水量冲刷掉的土壤质量分别为 0.24 g/L、2.22 g/L、3.50 g/L、3.85 g/L 和 4.12 g/L；表层土壤的崩解速率最小的白刺花灌木林地（0.54 cm³/min），其次为铁杆蒿草地（0.71 cm³/min）、人工刺槐林地（0.74 cm³/min）、果园（0.78 cm³/min），最大的是玉米地（0.81 cm³/min）（曾光 等，2008）。随着撂荒时间的增加，撂荒地的抗冲性大大增强。退耕地撂荒 1 年，冲刷模数降至农耕地的 15% 左右；在撂荒 1~5 年，冲刷模数虽然波动较大，但基本为 0.8~2.4 g/L，小于农耕地的冲刷模数；在撂荒 5 年以后，土壤抗冲性基本稳定，冲刷模数约为农耕地的 5%。

第二节　植被恢复对黄绵土有机碳的影响

土壤有机质是土壤肥力的基础物质，有机碳是土壤有机质的主要构成成分之一。有机碳是土壤中微生物活动所需的碳源和能源，对于维持土壤中微生物量及土壤酶活性起着重要作用。吴金水（1994）针对不同土地利用方式及施肥措施对土壤有机质及微生物量和酶活性的影响进行了大量的研究（吴金水，1994），结果认为，微生物量及一些土壤酶活性与有机碳的含量呈正相关关系。生态系统中土壤有机碳循环一直是生态学、土壤学及环境科学研究的重要领域。国内外研究者对不同区域生态系统中土壤有机碳循环过程及其与全球变化的响应关系进行了广泛的研究，对于阐明土壤有机碳循环与温室气体排放的关系具有重要的作用。

在自然植被条件下，植物通过光合作用同化大气中的二氧化碳，从而植物体中就储存了有机碳。植物的枯枝落叶、根系分泌物及死亡根系输入土壤中，这些有机物经过微生物的分解和转化后，保留的有机碳就成为土壤有机碳（李恋卿 等，2000；吴金水，1994）。这就是二氧化碳通过植物进入土壤有机碳库的过程。在农田生态系统中，通过施用有机肥料及作物地上残体和根系的方式，向土壤碳库中输入有机碳，这些途径有利于土壤有机碳含量的提高。土壤碳库中的有机碳经过微生物分解，生成具有不同分解特性的有机碳组分，并释放出二氧化碳，这个过程则会引起土壤有机碳损失。另外，在侵蚀环境中，土壤水蚀或风蚀也是土壤有机碳损失的途径。土壤有机碳的收支与土地利用方式、土壤生态条件及土壤管理措施等因素有密切的关系（李恋卿 等，2000）。土壤有机碳库的变化取决于有机碳收入和损失相对平衡的结果。所以，明确控制土壤有机碳收支的机制，定量确定出不同生态条件下土壤有机碳输入与输出的数量，是土壤有机碳循环研究的主要内容。这对于评价土地利用类型及土壤管理方式对土壤有机碳库的效应和土壤排放二氧化碳的影响以及制定土壤有机碳优化管理模式具有重要的意义。

一、植被恢复方式对土壤有机碳变化的影响

植被恢复方式的转变显著影响有机碳含量和细根生物量（$P<0.05$）（表 17 - 2）。植被恢复方式由农田转化为草地和林地后，有机碳含量从（5.39 ± 0.19）g/kg 增加到（5.85 ± 0.35）g/kg 和（6.80 ± 0.45）g/kg；而植被恢复由农田转化为果园后，有机碳含量减少为（5.20 ± 0.26）g/kg。植被恢复由农田转化为草地和林地后，细根生物量从（71 ± 9）g/m² 增加到（99 ± 5）g/m² 和（172 ± 46）g/m²；而植被恢复由农田转化为果园后，细根生物量减少为（53 ± 4）g/m²。

表 17 - 2　王东沟小流域表层（0～20 cm）土壤的典型理化性状

植被恢复方式	土壤容重（g/cm³）	土壤有机碳含量（g/kg）	土壤碳氮比	细根生物量（g/m²）	根系碳氮比
林地	1.23 ± 0.12a	6.80 ± 0.45a	10.3 ± 0.23a	172 ± 46a	25 ± 3a
草地	1.28 ± 0.23ab	5.85 ± 0.35b	9.2 ± 0.12a	99 ± 5b	61 ± 1b
果园	1.32 ± 0.21b	5.20 ± 0.26b	7.3 ± 0.19b	53 ± 4c	52 ± 2bc
农田	1.25 ± 0.13b	5.39 ± 0.19b	8.4 ± 0.28a	71 ± 9bc	38 ± 1ac

注：不同小写字母表示差异显著。

侵蚀区植被恢复对有机碳含量的影响主要表现在以下几个方面：①植被冠层对降雨的拦截作用以及地表枯落物对地面的保护作用，均有效减少了雨滴对地面的打击压实作用，从而有效降低了团聚体的破坏程度（陈奇伯 等，1994；韦红波 等，2002；Sun et al.，2014），进而减少了那些曾受团聚体物理或者化学保护的有机物质暴露在空气中从而被微生物分解和利用，因此减少了因有机碳的矿化分解而释放的二氧化碳量；②植被地上部对雨水的拦截、枯落物对雨水的吸附作用以及地下根系对土壤的固持作用，在很大程度上减少了径流量和侵蚀速率，且泥沙的输移速率也相应降低（徐宪立 等，2006；Baets et al.，2007），因此很大程度上减少了有机碳流失程度；③未经植被拦蓄的降雨形成径流后汇集在相对低洼的地带，从而更加有利于植被的生长，因此归还到土壤中的有机物质相应增加（French et al.，1979）；④部分随径流和泥沙迁移的有机碳沉积在地势低洼的部位，使这部分富含有机碳的泥沙被掩埋，从而减少沉积区二氧化碳的释放（Yoo et al.，2005）。

植被恢复措施的转变对有机碳含量的影响还表现在：一是源于不同植被恢复措施下的有机物输入量（地上凋落物和地下根系）的高低（Ross et al.，2001；Davidson et al.，2002），如在植被恢复过程中，林地措施、草地措施以及农田措施下的总有机物输入量依次为 24.25 t/hm²、2.8 t/hm² 以及 2.0 t/hm²（French et al.，1979）；二是源于不同植被恢复措施下有机物的生物化学性质的差异（王

小利 等，2007），如木质素是影响凋落物分解和有机碳积累的重要因素（Sariyildiz et al.，2005），且已有的研究结果显示，作物（小麦、玉米）根系中木质素含量为 9%～12%，地上部则为 7%～9%，而草类根系中木质素含量 15%～19%，地上部则为 5%～8%（Puget et al.，2001；Dignac et al.，2005）。

二、植被恢复对区域有机碳空间差异的影响

我国气候类型多变，地形复杂，水土流失严重（王占礼，2000；张兴昌 等，2001；方华军 等，2006）。在经过小规模的小流域综合治理以及大规模的退耕还林、还草措施的实施，我国的植被状况得到了明显改善，水土流失问题得到了有效遏制（Moldenhauer et al.，1964；Gillette，1978；贾松伟 等，2004；Choi et al.，2005；Zhou et al.，2008；Zuazo et al.，2009），有机碳含量得到了显著提高（方华军 等，2003；Lal，2005；Van Oost et al.，2008）。但是，不利的地形强烈制约着水土保持措施的空间配置和水土流失强度，以及不同地区的气候特征尤其是降雨差异较大，造成不同地区的有机碳空间差异很大（王绍强 等，2000；Banning et al.，2008；Wang et al.，2012）。例如，在 0～100 cm 土层，我国的平均有机碳含量为 9.6 kg/m² （Yu et al.，2007），在黄土高原地区平均仅为 7.7 kg/m²（Liu et al.，2011），而在热带、亚热带地区和东南部山区平均分别为 21.4 kg/m² 和 14.4 kg/m²（Zhong et al.，2001；Zhang et al.，2008）。即使在我国的同一地区，其有机碳的空间差异仍比较明显。例如，在热带、亚热带地区，表层（0～20 cm）有机碳含量变化为 1.2～9.7 g/m²，且呈现出西部（3.9～7.9 g/m²）高于东部（2.0～6.8 g/m²）的趋势（Zhong et al.，2001）；在东北地区的农田土壤上，表层有机碳含量为 0.8%～4.4%，且西部有机碳为 1.07%～4.43%，东部为 0.78%～3.63%（Liu et al.，2006）。

植被恢复后，虽然黄土区的有机碳含量得到不同程度的提高（Chaplot et al.，2010；Xiao et al.，2010；Oueslati et al.，2013），但其提高量或者增量的空间差异显著。例如，在黄土高原丘陵沟壑区，自北向南依次从砒砂岩区、风蚀水蚀交错区、水蚀区选取 3 个典型治理小流域，研究坡地植被恢复后表层（0～20 cm）有机碳的空间差异特征及其影响因素，结果表明：林地措施下有机碳的增幅表现为从北到南增加的趋势，从 18.8% 增加到 72.7%；而草地措施下有机碳的增幅却呈现出从北到南减少的趋势，从 32.1% 降低到 20.1%，这与南北部的降雨、水土流失强度以及土壤性质密切相关（李俊超 等，2014）。同时，在黄土高原丘陵沟壑区 3 个地貌类型区（覆沙峁状丘陵区、梁峁丘陵区、梁状宽谷丘陵区），依据水土流失状况、地貌特征及其植被恢复程度选取了 6 个典型治理小流域，研究坡地植被恢复后表层（0～20 cm）有机碳的空间差异特征及其驱动因素，结果表明：林地措施下表层有机碳的提高量呈现出梁峁丘陵区（1.61 kg/m²）＞梁状宽谷丘陵区（0.57 kg/m²）＞覆沙峁状丘陵区（0.45 kg/m²）的趋势，而草地措施下表层有机碳的提高量呈现出梁状宽谷丘陵区（1.45 kg/m²）＞梁峁丘陵区（0.53 kg/m²）＞覆沙峁状丘陵区（0.08 kg/m²）的趋势，这主要取决于不同地区的降雨特征以及水土流失状况（南雅芳，2012）。在这些有限的报道中，仅关注了坡地植被恢复后表层（0～20 cm）有机碳的空间差异特征及其影响因素，而坡地植被恢复后剖面（0～100 cm）有机碳的空间差异特征及其影响因素仍未见报道。在地形极端复杂且降雨极其缺乏的黄土高原地区，植被恢复方式、降雨特征以及地形特征等因素必须加以考虑。这是因为在该区：①地形是控制水土流失强度的限制性因素（Liu et al.，2001；Vahabi et al.，2008），而水土流失又以泥沙为载体通过泥沙的分离、搬运以及沉积造成侵蚀区有机碳含量减少而沉积区有机碳含量增加；②植被的空间配置受地形因素的制约，从而造成不同部位的有机碳含量差异显著；③降雨是影响植被生长的决定性因素（Fehmi et al.，2012；Grogan et al.，2012），而植被主要通过地上部以及地下部有机物质的输入影响着地区的有机碳储量；④不同的植被恢复措施下，其归还到土壤中的有机物质量（地上凋落物和地下根系）和类型均不同，而其是增加有机碳含量的主要驱动因素。

三、小流域剖面土壤有机碳含量空间分布特征

流域尺度内，土壤有机碳存在显著的空间变化。在黄土高原北部燕沟流域，土壤有机碳含量呈镶嵌的树枝状和条带状空间分布格局，其高值斑块区与乔木林地和灌木林地的分布一致，中值斑块区与草地和川坝地的分布一致，低值斑块区与梯田、果园、坡耕地、疏林地和未成林地的分布一致（孙文义 等，2011；孙文义 等，2010；王小利 等，2007）。土壤有机碳含量整体为东部高于西部，主要体现在 10～40 cm 土层；南部高于北部，主要体现在 40～100 cm 土层。土壤有机碳含量空间分布与流域综合治理措施空间配置密切相关，东部偏南分布大量的天然灌木林，东部偏北分布大量的天然乔木林。这使得 10～40 cm 土层土壤有机碳含量东部显著高于西部。20 世纪 50 年代初期至 80 年代中期，人口增长等原因导致该流域坡耕地开荒增加和天然次生林向南部缩减。1997 年以来，在流域南部、中部和北部分别配置了不同的综合治理措施，南部以涵养水源的天然次生林为主，中部以人工水土保持植被为主，北部以农田林果植被为主（杨光 等，2000）。因此，40～100 cm 土层土壤有机碳含量南部显著高于北部。

地形显著影响土壤有机碳含量。峁顶、峁坡和沟底有机碳含量均随土层深度增加由高值区向低值区变化，但不同地形其变化存在显著差异。峁顶在不同深度都处于土壤有机碳含量偏低区。峁坡随土层深度增加，从高值区向低值区降幅较大，0～10 cm 偏高区高于沟底，10～40 cm 偏高区低于沟底但远高于峁顶，40～100 cm 略低于峁顶，却远低于沟底。沟底在不同深度都处于土壤有机碳含量偏高区。从土地利用方式来看，农田和果园在不同深度均处于土壤有机碳含量偏低区，灌木林在不同深度均处于土壤有机碳含量偏高区，草地、乔木林和川坝地处于灌木林和农田、果园之间。乔木林土壤有机碳含量随土层深度增加降幅较大，与川坝地相比，0～10 cm 有机碳含量高 34%，但 40～100 cm 低 4%。

农田、果园、草地在坡面水土流失条件下显示出表层土壤（0～20 cm）有机碳在沟底逐渐富集的特征，但受人为影响和土地利用方式配置不同，土壤有机碳空间分布又具有差异性。农田在峁顶、峁坡、沟底均有大面积的分布，峁坡主要以梯田为主，有效控制了水土流失并承接了来自峁顶的汇水、汇沙，因而使处于强烈侵蚀带的峁坡土壤有机碳含量升高，其含量比峁顶高 18.9%。果园主要分布在峁顶和峁坡，沟底分布较少，且峁坡果园主要以坡耕地为主，控制水土流失能力弱于梯田和承接上方泥沙的能力远低于沟底，因而峁坡果园表层土壤有机碳的含量低于峁顶，远低于沟底，其含量分别比峁顶和沟底低 6.7%、52.3%。草地主要以自然恢复天然草地为主，大面积分布在峁坡，植被覆盖度较高，且有零星的乔木和灌木植被，有效减少了土壤侵蚀和水土流失，但其拦截水土能力弱于天然林地（Wang et al.，2009；查轩 等，1993）。天然草地根系分泌物和凋落物输入高于农田和果园但低于天然林地，从而使峁坡表层土壤有机碳含量高于峁顶，高于农田和果园，但低于天然林地，峁坡土壤有机碳含量比峁顶高 33.3%。天然林地（灌木林和乔木林）与农田、果园、草地差异性较大，在水土流失条件下未表现出表层土壤有机碳在沟底富集的特征。天然林地空间分布与草地相似，大面积分布在峁坡，沟底分布较少，植被覆盖度较高，林下凋落物较厚，拦蓄水土、阻挡表层土壤养分功能强于草地，且根系分泌物和凋落物输入远大于草地，从而使峁坡表层土壤有机碳的含量远高于沟底，且乔木林达到了显著水平。

综上所述，在黄土丘陵沟壑区，对于不同地形部位，沟底是土壤有机碳蓄存的重要场所，但由于所占面积较少，峁坡上层也成为土壤有机碳蓄存的另一重要场所。对于不同土地利用方式，天然灌木林、天然乔木林和草地表现出更强的土壤有机碳蓄存能力。

四、地形和植被恢复对小流域土壤有机碳含量变化的影响

土壤有机碳受气候、植被、土壤、地形等自然因素和土地利用、管理措施等人文因素的综合影响，多种影响因子共同决定着土壤有机碳在空间上的分布和再分布格局以及土壤有机碳的形成和分解

的转化方向与变化速率。其储量的关键控制因素因研究尺度而异，大区域尺度如全球和国家尺度受气候、土壤、植被、地形、土地利用和管理措施影响较大，小区域尺度则地形和土地利用影响土壤有机碳空间分布的主要因子。地形因子（如坡度、坡向、坡位、坡长）一方面通过侵蚀和水土流失影响土壤有机碳空间分布（Zhong et al.，2009；魏孝荣 等，2008；Zheng et al.，2005）；另一方面支配着水、热资源的分配，影响植被和土地利用方式在空间上的配置，进而影响土壤有机碳的输入、迁移和分布（Lal，2004；Batjes，1999）。坡长对土壤养分的迁移和再分布有重要影响，长缓坡利于养分富集，短陡坡利于养分迁出，使得细颗粒和土壤养分在坡中下部大量富集。坡向和坡位是影响土壤有机质空间分布及其腐殖化和矿化过程的重要因素（Mulla，1992）。同一坡位不同坡向上，北向坡或阴坡土壤有机碳要比南向坡或阳坡高（Han，2010；Chen，2007）；同一坡向，下坡位土壤有机碳比上坡位高（南雅芳 等，2012；Sariyildiz et al.，2005；Li et al.，2001；Mcnab，1993），也有研究发现，上坡位由于凋落物分解速率低等原因其土壤有机碳含量要高于下坡位（Sigua et al.，2010；Chen et al.，2004）。黄土高原丘陵沟壑区坡耕地和梯田土壤有机碳呈现下坡位＞中坡位＞上坡位的趋势（Li et al.，2000）。土地利用结构调整不仅有效控制了水土流失，而且是提高陆地生态系统碳蓄存的重要措施（孙文义 等，2010；Gong et al.，2004；李忠佩 等，1998；Lugo，1986）。黄土丘陵地区小流域表层土壤有机碳空间变异非常显著，土地利用方式对表层土壤有机碳和养分含量有重要的影响（孙文义，2011；孙文义 等，2010；邱扬 等，2004）。

在燕沟流域，地形部位和土地利用方式对土壤有机碳含量空间分布存在显著影响（表17-3、表17-4）。除0～10 cm土层峁坡土壤有机碳含量高于沟底外，其余土层均表现为沟底＞峁坡＞峁顶。这表明0～10 cm土层土壤有机碳在坡面土壤侵蚀和水土流失下未表现出向沟底富集的分布特征，而剖面10 cm以下土层有机碳却表现出向沟底富集分布的特征。该流域峁坡植被类型最完整且具有多样性，表层有机碳输入较多，且控制土壤侵蚀和水土流失能力较强；而峁顶土地利用方式相对单一，农田和果园是其主要的植被类型；沟底尽管有来自峁坡侵蚀泥沙的碳输入，但表层碳输入相比峁坡较少。这可能是该流域0～10 cm峁坡土壤有机碳含量显著提高的原因。尽管10 cm以下土层有机碳含量表现出向沟底富集分布的特征，但不同层次其富集显著性差异不同。峁坡上层（10～40 cm）与沟底未表现出显著性差异；但40～60 cm是出现显著变化的过渡层，既表现出与沟底差异显著，又表现出与峁顶差异显著；下层（60～100 cm）与沟底差异显著，但与峁顶未表现出显著差异性。这反映出峁坡土壤有机碳含量在剖面土体内急剧衰减的变化规律，这是该区域地形影响下深层土壤有机碳含量分布的重要特征。这与燕沟流域地形影响下土地利用方式配置和剖面水土流失密切相关。燕沟流域坡度10°～45°的面积占整个流域的82.1%，峁坡占整个流域的绝大部分。该地形部位自1997年以来进行大规模的基本农田建设，退耕还林、还草以及封山育林为主要的综合治理措施，因此10年来使得峁坡剖面上层（40 cm以上）土壤有机碳含量急剧提高，而下层（60～100 cm）尽管相比峁顶有所提高，但幅度仍然有限。沟底农田以坝地为主，有来自峁坡和上游侵蚀泥沙带来的土壤有机碳。该地形部位还配置有大面积天然草地和天然灌木林，加之有充足的水分，因此上下层土壤有机碳含量都保持了较高水平。

表17-3 黄土丘陵区燕沟流域剖面土壤有机碳空间储量分布

影响因子		分布（kg/m²）							20～100 cm 所占比例（%）
		0～10 cm	10～20 cm	20～40 cm	40～60 cm	60～80 cm	80～100 cm	0～100 cm	
地形部位	峁顶	0.59	0.56	0.86	0.75	0.71	0.70	4.17	72.3
	峁坡	1.27	0.83	1.19	0.90	0.80	0.79	5.77	63.6
	沟底	1.06	0.96	1.46	1.21	1.21	1.15	7.06	71.4
土地利用方式	果园	0.66	0.57	0.86	0.80	0.80	0.87	4.56	73.1
	农田	0.76	0.71	1.11	0.89	0.80	0.77	5.04	70.7

（续）

影响因子		分布（kg/m²）							20~100 cm 所占比例（%）
		0~10 cm	10~20 cm	20~40 cm	40~60 cm	60~80 cm	80~100 cm	0~100 cm	
土地利用方式	人工灌木林	0.93	0.55	0.91	0.75	0.60	0.63	4.37	66.1
	人工乔木林	0.88	0.53	0.89	0.77	0.70	0.79	4.56	69.0
	天然草地	1.08	0.84	1.10	0.92	0.91	0.85	5.71	66.4
	天然灌木林	1.68	1.22	1.96	1.46	1.37	1.22	8.91	67.4
	天然乔木林	2.68	1.32	1.51	0.92	0.78	0.75	7.96	49.7

表 17-4　黄土丘陵区燕沟流域土壤有机碳面积分布（%）

土层(cm)	色值	有机碳含量(g/kg)	流域平均	沟底	峁顶	峁坡	乔木林	灌木林	草地	川坝地	农田	果园	东+东北+北	西+西南+南
				地形			土地利用方式						方向	
0~10	红	11.1~13.0	14	7	2	16	18	47	10				38	
	橙	8.9~11.0	29	30	16	29	51	38	37	21	7		40	27
	黄	6.7~8.8	34	40	34	33	29	15	48	52	32	23	20	35
	绿	4.5~6.6	21	18	37	21	1		4	27	57	66	1	37
	青	2.3~4.4	2	5	11	1				1	4	12		2
	蓝	0~2.2												
	合计		100	100	100	100	100	100	100	100	100	100	100	100
10~40	红	11.1~13.0	0	0		0		2					1	
	橙	8.9~11.0	4	4	1	4	3	13	3	1			10	0
	黄	6.7~8.8	17	21	9	16	18	33	19	18	5	4	30	9
	绿	4.5~6.6	42	49	34	41	48	32	43	55	48	35	47	42
	青	2.3~4.4	34	25	48	35	27	19	32	24	45	58	12	45
	蓝	0~2.2	3	1	8	3	4	1	4	1	2	3	0	4
	合计		100	100	100	100	100	100	100	100	100	100	100	100
40~100	红	11.1~13.0												
	橙	8.9~11.0												
	黄	6.7~8.8	0	0	0	0		1						
	绿	4.5~6.6	15	34	13	8	7	51	11	40	2	4	29	5
	青	2.3~4.4	68	63	76	78	75	48	76	57	69	70	69	67
	蓝	0~2.2	16	3	11	13	18	1	14	3	29	26	2	28
	合计		100	100	100	100	100	100	100	100	100	100	100	100

注：红为高值斑块，有机碳含量＞2%；橙和黄为中值斑块，有机碳含量＞1%且＜2%；绿、青、蓝为低值斑块，有机碳含量＜1%。

第三节　植被恢复对黄绵土呼吸的影响

土壤呼吸是全球碳循环的一个重要组成部分，其微小的变化将会显著影响二氧化碳浓度和有机碳储量。在全球范围内，受土壤侵蚀影响的陆地表面积大约为 $1.6×10^9$ hm²，侵蚀导致的二氧化碳年释放量为 0.8~1.2 Pg（Lal，2003）。在侵蚀-退化的地区，植被恢复在控制土壤侵蚀、提高有机碳储量以及减少土壤呼吸等方面起着重要作用。植被恢复方式的转变不仅能直接影响土壤的理化性状以及微生物性状，而且能间接影响土壤呼吸强度以及有机碳储量（Raich et al.，2000；Deng et al.，2013；Zhang et al.，2014）。

黄土高原位于我国的西北部，其总面积约 $6.4×10^5$ km²。该地区由于受破碎、陡峻的地形以及大陆性季风气候的影响，土壤侵蚀严重，然而不合理的农业管理措施，如陡坡种植进一步加速了该地区的土壤侵蚀。为了控制该地区的水土流失，我国于 20 世纪 80 年代在该地区实施了小流域综合治理，因此大量的农田转化为林地、草地以及果园，这一措施的实施不仅显著提高了该地区的生态环境质量、土壤生产力，而且极大提高了当地居民的家庭收入水平（Chang et al.，2011；Zheng et al.，2013）。因此，在该地区一个典型的植被恢复序列包括农田、草地、林地以及果园为笔者提供了一个机会研究植被恢复方式对生态恢复过程的影响。植被恢复方式显著影响土壤呼吸（Raich et al.，2000；Zhang et al.，2013b），随着农田转化为林地或者草地，土壤呼吸有可能增加（Frank et al.，2006；Sheng et al.，2010）或者减少（Raich et al.，2000；Zhang et al.，2013b）。植被恢复方式的转变不可避免地影响有机物质的输入（French et al.，1979；Lee et al.，2013）。随着植被恢复方式由退化的农田转化为林地或者草地，有机碳含量和植被地下部根系生物量也显著增加（French et al.，1979；Chang et al.，2011；Wang et al.，2013）。在黄土高原地区，有研究指出，植被恢复方式由农田转化为永久植被后，土壤碳储量显著增加（Chang et al.，2011；Deng et al.，2013），且土壤呼吸随着有机碳含量以及植被地下部生物量的增加而呈线性增加（Hertel et al.，2009；Sheng et al.，2010）。此外，植被恢复方式的转变也会导致土壤微环境（土壤温度和水分）的改变（Smith et al.，2004；Shi et al.，2014），而土壤温度和水分是控制土壤呼吸的重要非生物因素（Xu et al.，2001；Iqbal et al.，2010）。

一、植被恢复对土壤呼吸的影响

不同植被恢复措施下的土壤呼吸表现出相似的季节变异性（$P < 0.05$）（图 17-1），且土壤呼吸

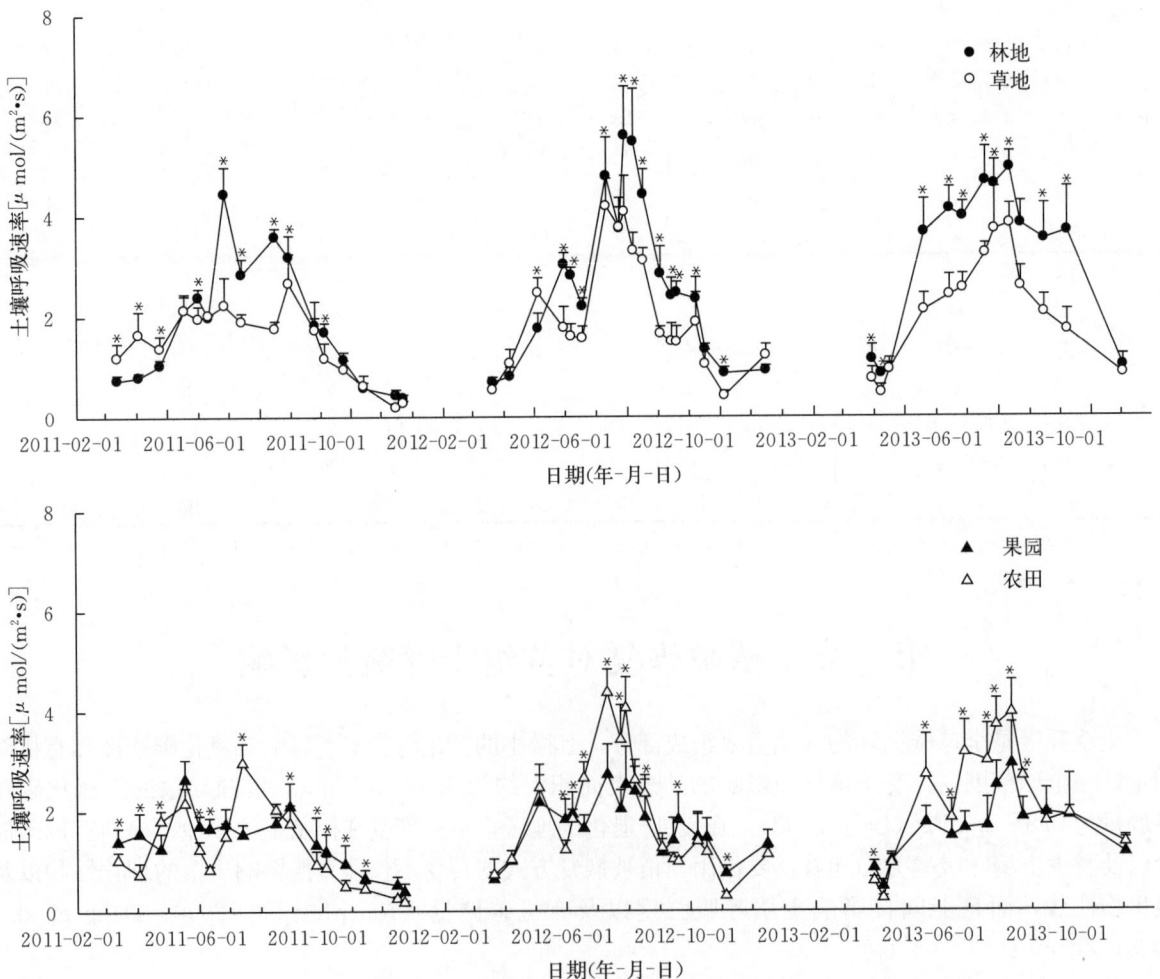

图 17-1 不同植被恢复措施下的土壤呼吸

与大气或者土壤温度的季节变化规律一致，其最小值出现在春季而最大值出现在夏季（表 17-5）。观测期内，植被恢复措施由农田转化为草地和林地后，平均土壤呼吸速率从 (1.75 ± 0.49) $\mu mol/(m^2 \cdot s)$ 增加到 (1.87 ± 0.34) $\mu mol/(m^2 \cdot s)$ 和 (2.55 ± 0.68) $\mu mol/(m^2 \cdot s)$；植被恢复措施由农田转化为果园后，平均土壤呼吸速率则减少为 (1.57 ± 0.15) $\mu mol/(m^2 \cdot s)$。与土壤呼吸速率类似，年累积土壤呼吸也表现为林地（780 g/m²）＞草地（583 g/m²）＞农田（566 g/m²）＞果园（545 g/m²）。植被恢复措施的转变显著影响土壤呼吸的温度敏感性（Q_{10}）（$P<0.01$），且呈现出林地（2.76 ± 0.05）＞农田（2.31 ± 0.12）＞草地（2.11 ± 0.11）＞果园（1.70 ± 0.09）的变化趋势。

表 17-5　试验期间（2011—2013 年）不同植被恢复下的平均土壤呼吸速率和累积土壤呼吸

植被恢复	2011 年		2012 年		2013 年	
	SR	F	SR	F	SR	F
林地	1.82±1.21a	635±40a	2.69±1.57a	745±73a	3.15±1.57a	961±179a
草地	1.48±0.71b	542±98ab	2.03±1.17b	602±104ab	2.09±1.12b	605±72b
果园	1.40±0.58b	539±36ab	1.68±0.5b	541±27b	1.63±0.66b	554±53b
农田	1.20±0.78b	469±17b	1.89±1.17b	577±77b	2.14±1.17b	651±68b

注：SR 指平均土壤呼吸速率，单位是 $\mu mol/(m^2 \cdot s)$；F 指年累积土壤呼吸，单位是 g/m²。不同小写字母表示差异显著。

二、植被恢复下土壤呼吸与生物和非生物因素的关系

不同植被恢复措施下的土壤呼吸与土壤温度呈指数增加关系（$P<0.01$）（图 17-2）；除了林地和农田（相对低温）外，土壤呼吸与土壤水分几乎呈二次抛物线关系（$P<0.05$）（图 17-3）。虽然

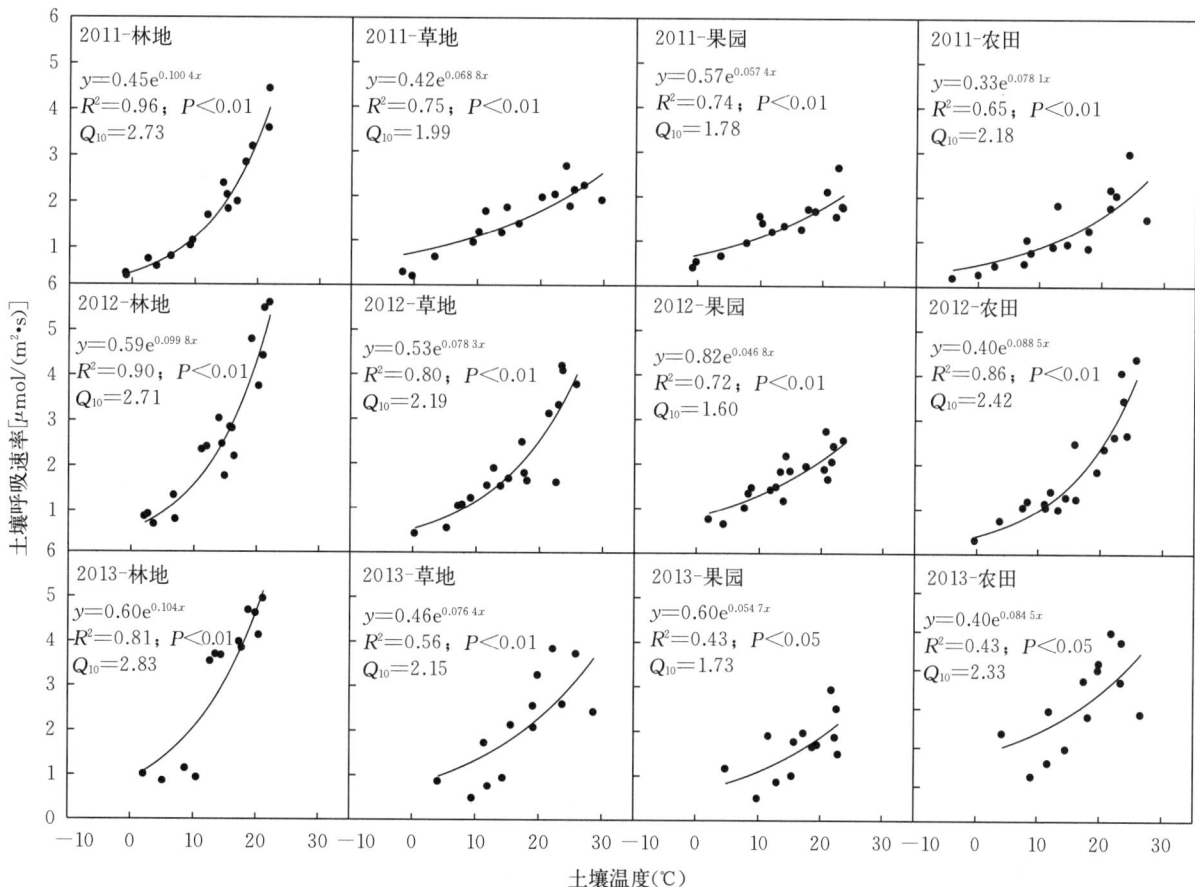

图 17-2　不同植被恢复措施下土壤呼吸与土壤温度的关系

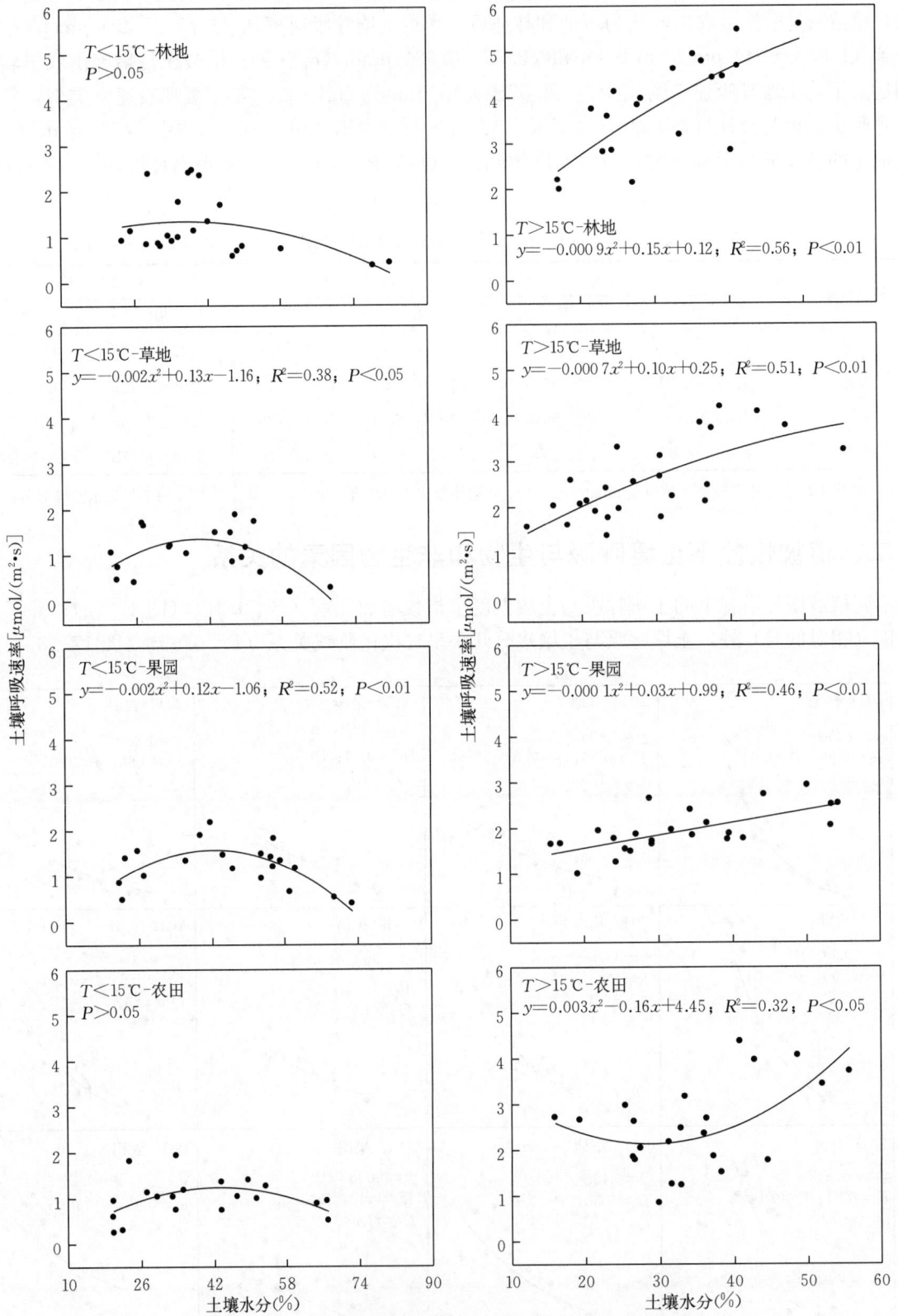

图 17-3 不同植被恢复措施下土壤呼吸与土壤水分的关系

不同植被恢复措施下土壤呼吸与土壤温度以及水分的关系类似，但是在整个观测期内，林地和草地的决定系数（R^2）大于果园和农田（土壤呼吸与温度的决定系数分别为：80%、64%，土壤呼吸和水分在相对高温时的决定系数分别为：54％、39％）。结果表明，植被恢复措施的转变影响土壤呼吸与非生物因素的关系，但是在整个观测期内，不同植被恢复措施下，土壤呼吸与非生物因素的关系不显著（$P>0.05$）。然而，不同植被恢复措施下，土壤呼吸与生物因素的关系显著（$P<0.05$），表现为土壤呼吸随着有机碳含量和细根生物量的增加而呈线性增加（图 17-4）。因此，本研究结果表明，不同植被恢复措施下的生物因素对土壤呼吸有显著影响。

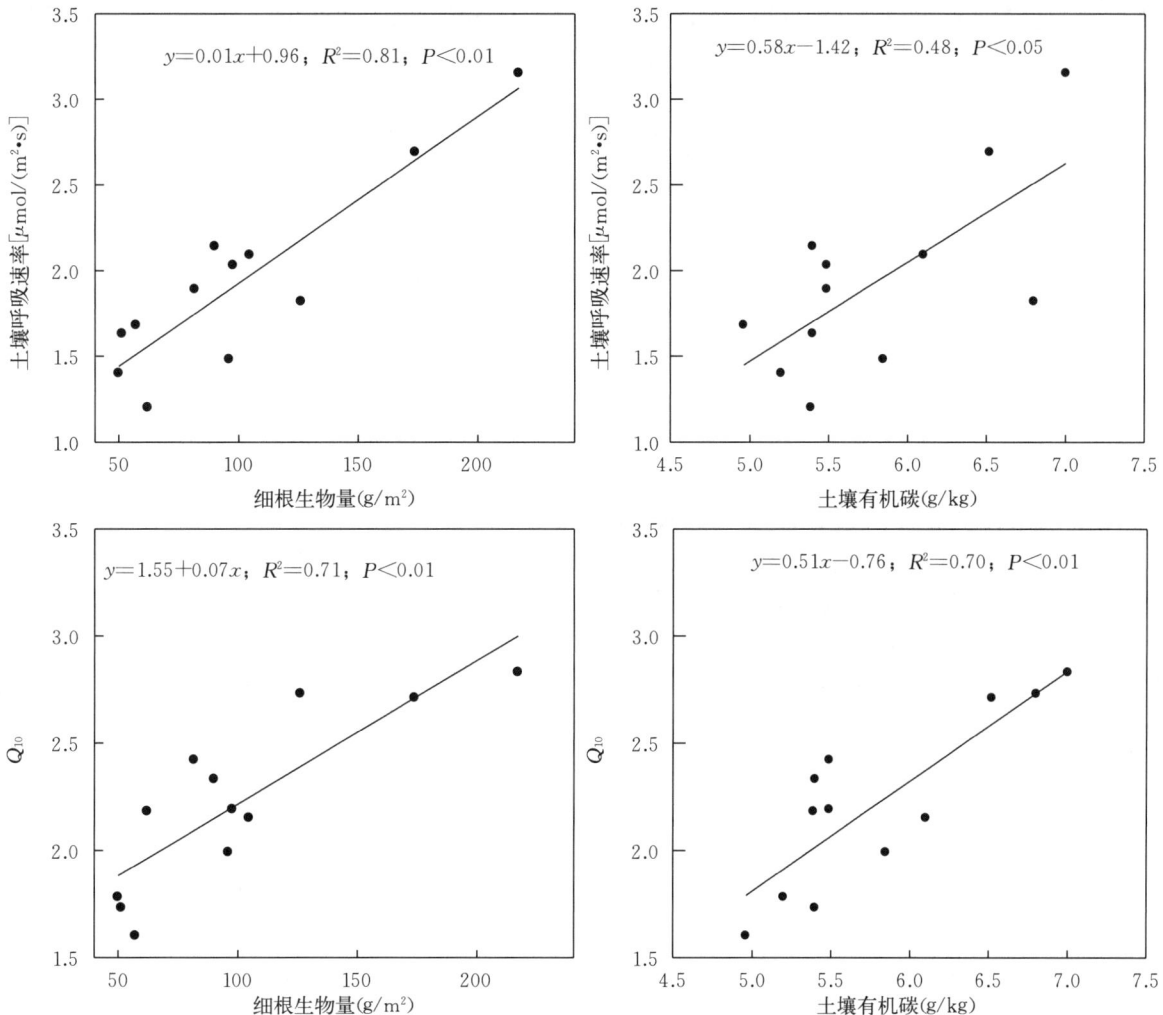

图 17-4　土壤呼吸或 Q_{10} 与细根生物量和土壤有机碳的关系

与非退化生态系统中的土壤呼吸相比，本研究中的土壤呼吸均处于较低的水平。这是因为与非退化生态系统相比，长期的水土流失造成退化生态系统的土壤属性，如有机碳含量（农田：6.52 g/kg、1.67 g/kg；草地：5.30 g/kg、1.50 g/kg；林地：6.52 kg/m²、1.67 kg/m²；果园：27.44 Mg/hm²、13.7 Mg/hm²）和生态系统生产力尤其是地下部生产力（草地：158 g/m²、99 g/m²；林地：342 g/m²、172 g/m²；果园：27.44 Mg/hm²、13.7 Mg/hm²）均低于相应的非退化生态系统。

（一）植被恢复下生物因素对土壤呼吸的影响

植被恢复措施的转变能够改变根系类型和生物量以及底物碳的输入与可利用性，因此可间接地影响土壤呼吸（Sheng et al.，2010）。与农田措施的细根生物量相比，草地和林地措施下的细根生物量分别增加了39％和142％，这与已有的研究结果类似（French et al.，1979）。类似的，草地和林地措施下的有机碳含量分别增加了9％和26％，类似的研究结果也有报道（Chang et al.，2011；Deng et al.，2013）。农田措施下的有机碳含量和细根生物量均低于林草措施下的有机碳含量和细根生物量，究其原因可能为：①农田措施下频繁的耕作促进了土壤有机物质的矿化和分解，因此间接地减少农田措施下的有机碳含量（Pandey et al.，2013）；②农田措施下的地上部秸秆被人为从田间移走（取暖或者当作牲口的饲料），所以地上部凋落物的输入减少，因此不可避免地减少有机碳含量；③农田措施一般为单一的作物种植，群落结构单一，因此物种丰富度和系统对环境风险的抵抗能力减小，间接地降低生态系统生产力和有机碳含量（Zhang et al.，2010，2013）。

植被恢复措施显著地影响土壤呼吸。植被措施由农田转化为林草地后，土壤呼吸增加了 7%～46%，这与已有的研究结果相似（Frank et al.，2006；Wang et al.，2013b）。植被恢复方式的转变对土壤呼吸的影响有可能与有机碳含量和细根生物量密切相关。本研究中，累积土壤呼吸随着细根生物量和有机碳含量的增加而呈线性增加，类似的研究结果在以前的研究中也有报道（Hertel et al.，2009；Sheng et al.，2010）。这是因为根系呼吸主要反映了根系活性和生物量，而有机碳含量是微生物呼吸底物供应的主要限制性因素（Kuzyakov，2006；Uchida et al.，2012）。

植被恢复措施由农田转化为果园后，土壤呼吸减少了 10%，这似乎与细根生物量和碳的底物供应（有机碳含量）的变化趋势一致。本研究中，相应的细根生物量和有机碳含量分别减少了 25% 和 4%，这与已有的研究结果类似（Iqbal et al.，2010；Sheng et al.，2010）。例如，农田转化为橘园后，土壤呼吸减少了 25%，这是因为有机碳含量和细根生物量均呈现出农田大于橘园的趋势（Sheng et al.，2010）。

以上研究结果清楚地表明，不同植被恢复措施下的根系生物量和有机碳含量对土壤呼吸有显著的影响。

（二）植被恢复下非生物因素对土壤呼吸的影响

植被恢复措施对土壤微气候，如土壤温度和水分有显著影响。由于植被的遮阳作用，低秆作物的土壤温度比高秆作物的土壤温度高 1.75 ℃，类似的研究结果也在美国堪萨斯州的东北部报道过（Smith et al.，2004）。本研究中，土壤呼吸与土壤温度呈指数增加关系，这一关系已被大量的研究报道所证实（Xu et al.，2001；Bond-Lamberty et al.，2010）。然而，植被恢复措施转变导致的土壤温度的差异并不能很好地解释由于植被恢复措施的转变导致的土壤呼吸的差异。例如，平均土壤温度在农田措施下比在林地措施下高 2.27 ℃，然而平均年累积土壤呼吸在农田措施下比在林地措施下低 214 g/m²。

在半干旱地区，土壤水分是限制生态系统恢复的主要非生物因素（Zhang et al.，2010；Fehmi et al.，2012），而且土壤呼吸对土壤水分的响应机理十分复杂（Iqbal et al.，2010），这其中可能混淆了土壤温度对土壤呼吸的影响（Hibbard et al.，2005；Sheng et al.，2010）。以 15 ℃ 的土壤温度为临界点，除了在相对低温的农田和林地措施条件外（$P > 0.05$），不同植被恢复措施下的土壤呼吸均显著受土壤水分的影响（$P < 0.05$）。类似的，在西班牙半干旱的草地生态系统，当一年的大部分时间内土壤温度高于 20 ℃ 时，土壤水分是驱动土壤呼吸的主要因素（Rey et al.，2011）。但是，植被恢复措施转变导致的土壤水分的差异也不能很好地解释植被恢复措施转变导致的土壤呼吸的差异。例如，平均土壤水分在果园措施下比在草地措施下高 5.4%，然而平均年累积土壤呼吸在果园措施下比在林地措施下低 38 g/m²。

以上研究结果清楚地表明：植被恢复措施转变导致的土壤微气候的差异不能很好地解释植被恢复措施转变导致的土壤呼吸的差异。

三、植被恢复对 Q_{10} 的影响

本研究中，不同植被恢复措施下 Q_{10} 的变化范围（1.60～2.83）处于全球不同生态系统 Q_{10} 的变化范围之内（1.3～3.3）（Raich et al.，1992）。虽然不同植被恢复措施显著地影响 Q_{10}，然而当农田措施转变为林地、草地或者果园后，Q_{10} 并没有表现出恒定的增加或者减少的趋势。

Q_{10} 主要受根系活性（Davidson et al.，2006）、土壤温度和水分（Peng et al.，2009）、底物的数量和质量（Davidson et al.，2006），以及微生物的群落构成和大小等因素的影响（Davidson et al.，

2006；Zheng et al.，2009）。与之前的研究结果类似（Zheng et al.，2009；Sheng et al.，2010），植被恢复方式由农田措施转变为林地措施后，Q_{10}增加了19%；植被恢复方式由农田措施转变为草地和果园措施后，Q_{10}减少了9%～26%。

本研究中，不同植被恢复措施下，Q_{10}的差异有可能与根系特性和有机碳储量有关，因为Q_{10}随底物有效性的增加而增加（Fierer et al.，2005；Knorr et al.，2005），这一研究结果已经得到本试验的证实：Q_{10}随着有机碳含量和细根生物量的增加呈线性增加。此外，本研究结果还显示：林地和草地措施下的有机碳含量、细根生物量均显著高于农田和果园措施下的有机碳含量、细根生物量（$P<0.05$）。

虽然农田措施下的有机碳含量和细根生物量均低于草地措施下的有机碳含量和细根生物量，但农田措施的Q_{10}却比草地措施大9%，这与已有的研究结果相一致（Peng et al.，2009）。究其原因可能为：①底物质量不同。农田措施的底物质量显著高于草地措施的底物质量，如农田措施下的碳氮比为5.39，而草地措施下的碳氮比为5.85，农田措施下的根系碳氮比为38而草地措施下的根系碳氮比为61。草地措施下的真菌数量显著高于农田措施下的真菌数量（Lauer et al.，2011），因此难利用性底物在草地措施下比在农田措施下消耗得多（Djukic et al.，2010），而相对活性底物的Q_{10}比难利用性底物的Q_{10}大（Guntinas et al.，2013）。②根系系统的适应性不同（Loveys et al.，2003）。天然的草地生态系统有可能已经适应了气候变暖的趋势，而农田生态系统对气候变暖仍很敏感（Tungate et al.，2007；Hyvönen，2008）。

细根生物量和有机碳含量的差异是驱动农田措施转化为非天然措施时Q_{10}差异的主要原因，而底物的质量或者根系系统的适应性可能是驱动农田措施转化为天然措施（草地措施）时Q_{10}差异的真实原因。林地和草地措施下的有机碳含量均显著高于农田措施下的有机碳含量，然而二氧化碳浓度的增加趋势呈现出林地>农田>草地的趋势。这是因为林地措施下的Q_{10}比草地措施下的Q_{10}大31%，而草地措施下的Q_{10}比农田措施下的Q_{10}小9%。因此，在黄土高原地区，农田转化为天然的草地有可能是最有效的小流域综合治理措施。

第十八章 黄绵土区主要作物土壤养分管理 >>>

第一节 冬 小 麦

一、冬小麦生产的重要性

黄土高原旱作塬区横贯晋陕甘三省，主要的塬地包括陇中的白草塬，陇东的董志塬、早胜塬，渭北的长武塬、洛川塬，晋西的吉县塬、太德塬等。该地区海拔 $600\sim1\,200$ m，年降水量 $540\sim600$ mm，干燥度 $1.3\sim1.5$。气候属于半湿润易旱类型。黄土高原旱作塬区形成独具特色的黄土塬地生态系统，塬面地势广阔平坦，绵延数十千米，土层深厚肥沃，黄土堆积十几米到一百多米，是黄土高原重要的产粮区之一，也是我国以生产冬小麦为主的古老旱作农业区。该区域冬小麦播种面积达 430 万 hm^2 左右，占粮食作物的 40%，占作物总播种面积的 32%。而由于受地理位置和自然环境的影响，小麦产量对天然降水的依赖性较大，低而不稳。据统计该区冬小麦产量一般低于 1.5 t/hm^2，但 1980 年以来，以提高土壤生产力为目标的大规模区域综合治理显著提高了农田的生产力。尤其是化肥的普遍施用，冬小麦产量迅速提高到 $2\sim3$ t/hm^2。但"八五"末"九五"初，继续增施化肥冬小麦产量上升趋势不明显，反而随年际降水的变化呈现较大的波动性。

冬小麦是一种营养价值很高的作物，籽粒含有较高的蛋白质，营养丰富，可作各种主食和副食加工原料；麦麸可作优良的精饲料；麦草可作饲料、褥草、编织与造纸原料。冬小麦生长期间自然灾害相对较小，产量比较稳定，冬小麦丰收可为我国全年丰收创造良好条件。

二、冬小麦的营养特点

(一)冬小麦不同生育时期不同叶序叶片的养分吸收特点

在陕西杨凌二道塬黄绵土上进行施氮、磷、钾和不施氮、磷、钾试验时，对冬小麦不同生育时期不同叶序的叶片吸收氮（N）、磷（P_2O_5）、钾（K_2O）含量进行了测定，结果见图 18-1 至图 18-6。结果表明，冬小麦不同生育时期、不同施肥处理、不同叶序叶位中 N、P_2O_5、K_2O 的吸收量都是拔节期＞孕穗期＞扬花期，说明在小麦生长早期供应充足的三大营养元素是非常重要的。一般来说，拔节期是营养生长期，营养生长期包括苗期、分蘖期、拔节期，在该生长期内供应充足养分，既能促进分蘖，特别是有效分蘖，又能增强小穗分化，为多穗、多粒创造良好基础，故有"麦收胎里富"的说法。孕穗期是营养生长期与生殖生长期同存阶段，在这一阶段内，营养生长能促进生殖生长的发展，有利于大穗多粒的形成，为高产创造条件，所以在这段时间内，必须保证充足、平衡的养分供应，才能为高产创造条件。扬花期冬小麦吸收养分明显减少，但体内养分开始方向性调整，即大量养分由叶片向穗粒转移，满足籽粒形成的需要。所以在生殖生长阶段，也必须有适量的养分供应，才能使籽粒饱满，实现高产稳产。

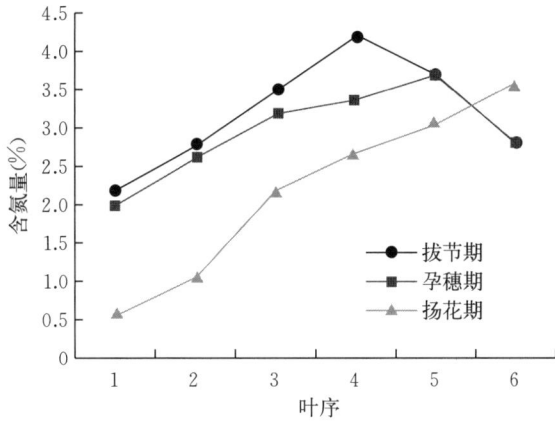

图 18-1　施肥处理的不同叶序叶片含氮量

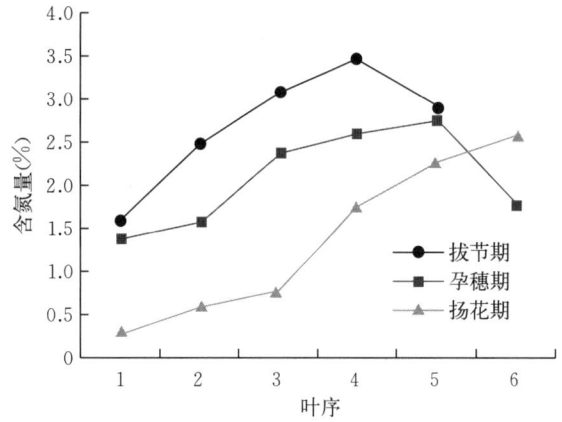

图 18-2　不施肥处理的不同叶序叶片含氮量

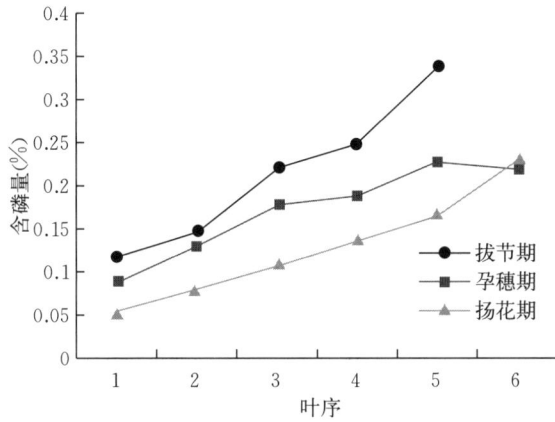

图 18-3　施肥处理的不同叶序叶片含磷量

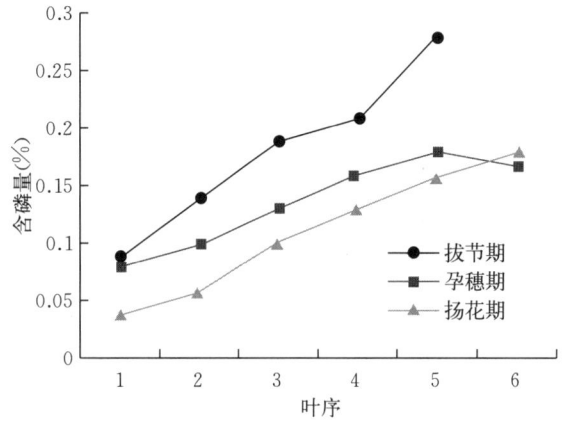

图 18-4　不施肥处理的不同叶序叶片含磷量

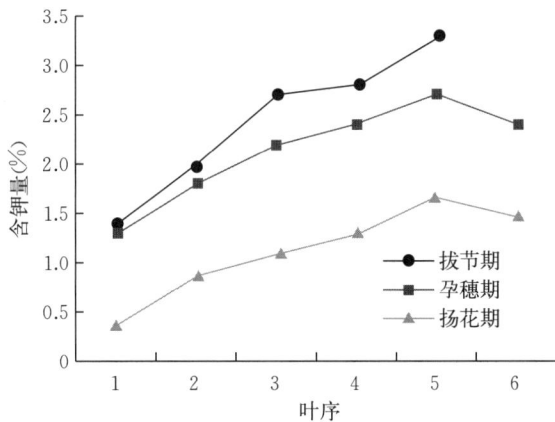

图 18-5　施肥处理的不同叶序叶片含钾量

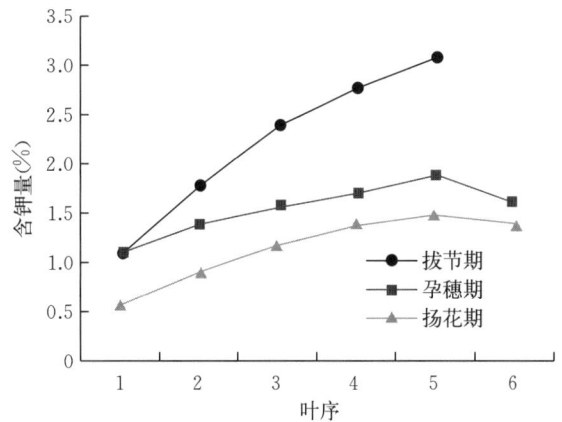

图 18-6　不施肥处理的不同叶序叶片含钾量

（二）冬小麦不同生育时期养分吸收量的动态变化

1997 年在渭北旱塬永寿县黄绵土上进行氮、磷、钾三因素肥效试验，在三因素合理配合的情况下，冬小麦 667 m² 产量达到 435 kg，为当地旱塬冬小麦产量创造了罕见纪录。在试验过程中，测定了整个植株不同生育时期氮、磷、钾含量，结果见图 18-7。从冬小麦返青开始，氮、磷、钾三因素吸收量迅速增加，直至扬花期达到最高峰，然后缓慢降低。这说明冬小麦对养分的吸收时间相当长，这就要求在冬小麦生长期内，土壤有充分的N、P、K供应。以拔节期为例，冬小麦吸收N、P_2O_5、K_2O的量分别为每667 m^2 8 kg、2.38 kg、9.8 kg，占冬小麦一生总吸收量的61.54%、62.47%和62.23%。说明冬小麦吸收的养分前期多于后期，因此在小麦生长前期必须有充足的N、P、K养分供应，同时在后期也必须有足够的养分不断供给，特别是磷、钾在后期的供应是十分重要的。

经计算可得，每产冬小麦100 kg，需N 2.99 kg、P_2O_5 0.88 kg、K_2O 3.56 kg，三者比例为1:0.29:1.19。

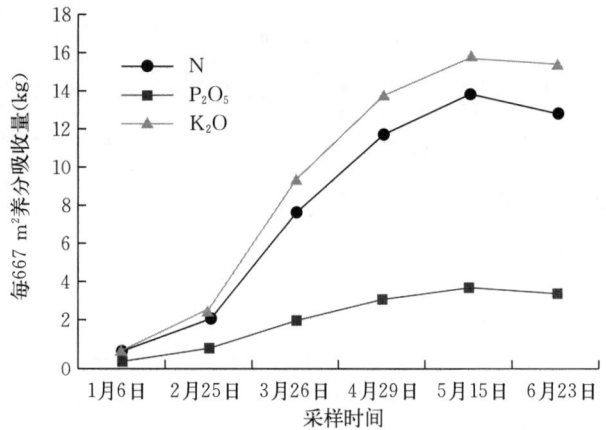

图18-7 小麦不同生育时期植株养分吸收量变化

河南省偃师县岳滩大队的试验结果表明（中国农业科学院，1979），667 m^2 产量550 kg以上的冬小麦，不同生育时期所需吸收的养分量为N 15.28 kg、P_2O_5为6.62 kg、K_2O为23.55 kg，折合每生产100 kg籽粒约需N 2.78 kg、P_2O_5 1.20 kg、K_2O 4.27 kg，三者比例为1:0.43:1.54。

冬小麦在整个生育期中，对氮的吸收有两个高峰：一个是分蘖至越冬，麦苗虽小，但吸氮量却占总吸氮量的13.51%；另一个是拔节至孕穗，这个时期植株迅速生长，需氮量急剧增加，吸氮量占总吸氮量37.33%，是各生长期吸氮量最多的时期。对磷、钾的吸收，其共同的特点是均随冬小麦生长期的推移而逐渐增多，至拔节以后吸收量急剧增长，以孕穗至成熟期吸收最多（图18-8）。

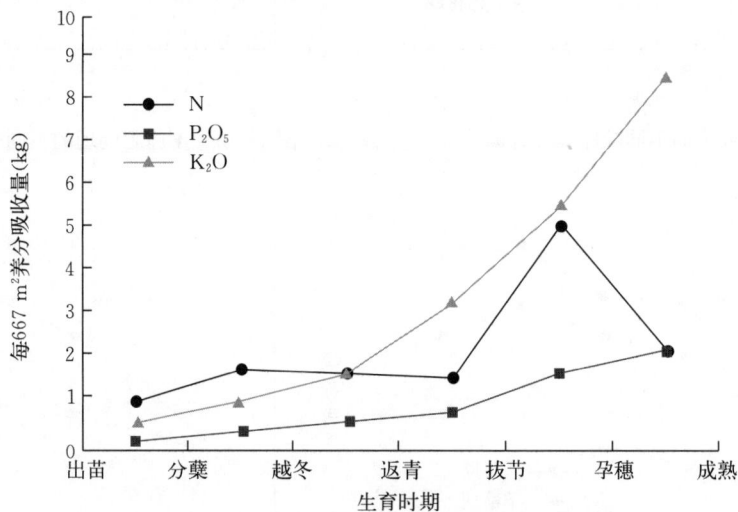

图18-8 冬小麦不同生育时期植株养分吸收量

另据宁夏农业科学研究所春小麦667 m^2 产量400 kg以上的资料得出，春小麦由于苗期温度较低，生长期也较短，对养分的吸收量都较少，从拔节期开始养分才大量吸收。各生育时期氮、钾吸收量以拔节至孕穗期最高，分别占总吸收量的30.7%和31.01%；磷的吸收在乳熟期前一直是直线上升，至拔节后剧增，乳熟期达到高峰，吸收量占总吸收量的30.31%（图18-9）。春小麦每667 m^2 生产100 kg籽粒，需N 2.76～3.15 kg、P_2O_5 0.95～1.06 kg、K_2O 2.9～3.8 kg，三者比例为1:0.34:(1.05～1.21)。

由以上资料可以看出，在种子发芽至幼苗期间，根系较细小，吸收养分能力较弱，因此苗期阶段，为了增强分蘖、发展根系、培育壮苗，给壮秆、大穗打好基础，必须有适量氮和一定量的磷、钾

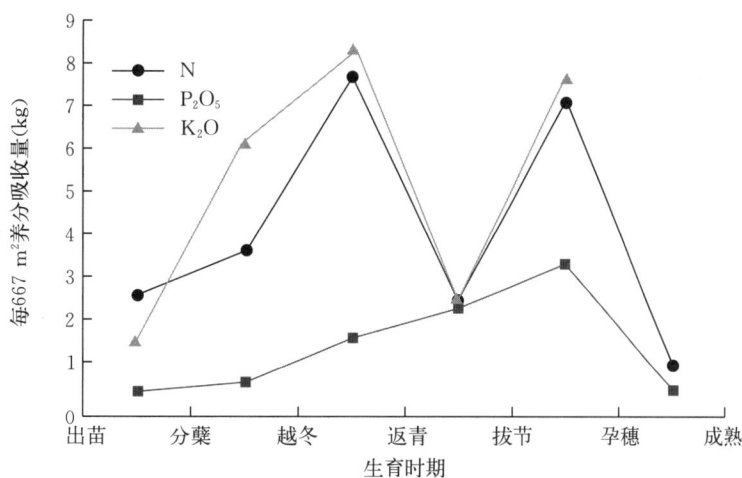

图 18-9　宁夏春小麦不同生育时期养分吸收量

供应。从分蘖末期或起身期至孕穗、抽穗期，因正是器官建成阶段，由营养生长过渡到生殖生长阶段，是冬小麦对养分吸收最多的时期，故需增强氮素营养，并且配合适量磷、钾，这样才能促进壮秆、增粒。在抽穗至乳熟期以前，也应有良好的氮素营养，这可延长上部叶片的光合时间，提高光合效率，以利籽粒灌浆和增重；同时，磷、钾供应也很重要，因它能促进光合产物的转化和运转。蜡熟以前，磷、钾的吸收已基本结束，但仍需少量氮素供应，才能保证正常的灌浆和成熟。这些特点，都为冬小麦合理施肥提供了科学依据。

（三）不同养分对冬小麦产量和土壤养分含量的影响

1. 长期施肥对冬小麦产量的影响　在甘肃省天水市秦州区，以 1981 年以来在黄土高原黄绵土上实施的长期肥料定位试验为基础，系统研究了化肥和有机肥单施或配施对冬小麦产量和土壤养分的影响。

由图 18-10 可以看出，不同年际间所有处理冬小麦籽粒产量都有较大的波动，仅施化肥处理的波动幅度明显大于化肥和有机肥配施处理。同时，随着试验年限的延长，所有处理产量略有逐渐下降

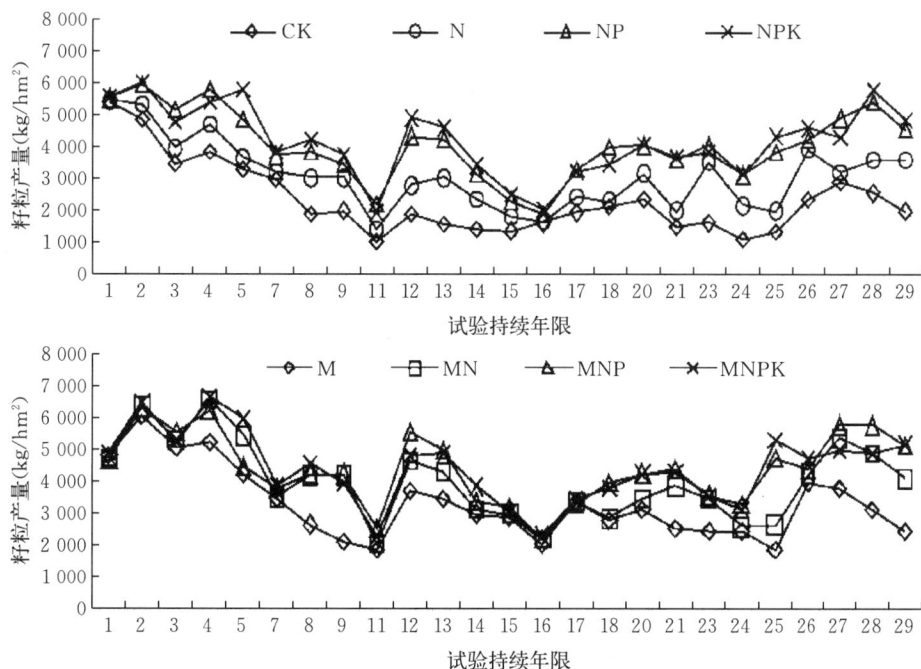

图 18-10　长期施肥对冬小麦产量的影响

的趋势。除试验起始年（1982年）外，其余年份无论化肥单施（N）或配施（NP 和 NPK），冬小麦产量较对照（CK）都显著增加，化肥配施的增产效果明显高于化肥单施。除试验起始年由于大量施用有机肥（M）导致冬小麦倒伏和减产及个别年份和个别处理外，总体上施用有机肥处理的冬小麦产量明显高于不施有机肥处理，表明施有机肥有一定的增产作用。25 年 N、NP、NPK、M、MN、MNP 和 MNPK 处理的平均产量分别为 3 096 kg/hm²、4 054 kg/hm²、4 158 kg/hm²、3 321 kg/hm²、4 036 kg/hm²、4 414 kg/hm² 和 4 431 kg/hm²，分别较对照增产 32.9%、74.1%、78.5%、42.2%、73.3%、89.5% 和 90.3%。N、NP、NPK、M、MN、MNP 和 MNPK 处理的平均产量贡献率分别为 24.8%、42.6%、44.0%、29.7%、42.3%、47.2% 和 47.4%。

2. 氮磷钾肥和有机肥的产量效应　由于气候条件、品种等因素的影响，不同年际间氮、磷、钾及有机肥对小麦的增产效应有较大波动，随试验持续时间的延长，变化规律不明显（图 18-11）。在

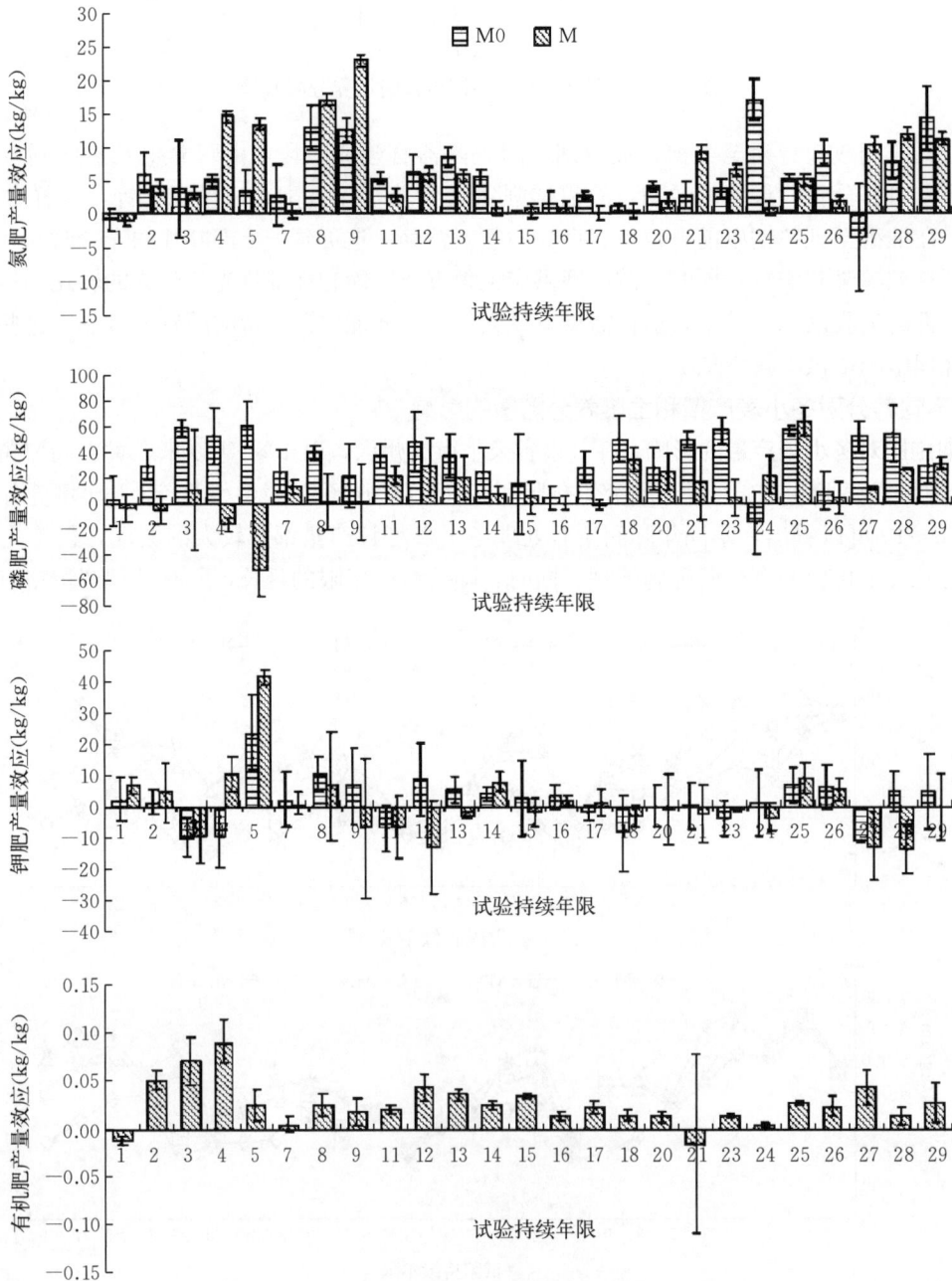

图 18-11　氮磷钾肥和有机肥对冬小麦产量的效应

不施有机肥（MO）条件下，氮的平均增产效应为 5.5 kg/kg；而在施有机肥条件下为 6.1 kg/kg。磷肥的增产效应高于氮肥，在不施有机肥条件下，磷的平均增产效应为 34.6 g/kg；而在施有机肥条件下，磷的增产效应（11.2 kg/kg）降低 67.6%。钾肥的增产效应明显小于氮肥和磷肥，在未施有机肥和施有机肥条件下，钾的平均增产效应分别为 2.0 kg/kg 和 1.1 kg/kg。有机肥是农家土粪，质量较差，其平均产量效应较低，仅为 0.025 kg/kg。

3. 长期施肥对土壤养分含量的影响　与对照相比，连续 29 年施用化肥及有机肥显著提高了黄土高原地区土壤有机碳和全氮含量，化肥配施及化肥与有机肥配施处理的土壤有机碳和全氮含量增幅显著高于化肥单施处理（表 18-1）。施用磷肥和有机肥显著提高土壤全磷和有效磷含量，其中施用有机肥处理的土壤全磷含量较不施有机肥处理提高 10.5%，而有效磷含量提高 66.9%。在不施有机肥条件下，氮磷配施处理土壤全磷和有效磷含量较对照分别提高 19.7% 和 116.6%；施用有机肥处理的土壤全磷和有效磷含量较对照分别提高 27.9% 和 229.6%。长期施用钾肥和有机肥对土壤全钾含量无明显影响，但显著提高了土壤速效钾含量，施用有机肥处理土壤速效钾含量较不施有机肥处理提高 9.0%。

表 18-1　长期施肥对黄土高原土壤养分含量的影响（2010 年）

处理	pH	有机碳 (g/kg)	全氮 (g/kg)	全磷 (g/kg)	全钾 (g/kg)	碱解氮 (mg/kg)	有效磷 (mg/kg)	速效钾 (mg/kg)
CK	8.16±0.03	9.8±0.1	1.17±0.02	0.61±0.02	16.57±0.13	57.94±0.97	9.91±0.44	171.67±4.40
N	8.12±0.02	10.1±0.1	1.19±0.01	0.59±0.02	16.55±0.51	76.60±2.15	12.33±0.69	163.32±6.50
NP	8.11±0.04	10.6±0.2	1.27±0.01	0.73±0.03	16.33±0.16	67.78±0.97	21.46±1.08	163.66±6.84
NPK	8.10±0.04	10.6±0.2	1.27±0.02	0.74±0.02	16.65±0.04	70.75±0.45	22.32±1.20	198.53±2.15
平均	8.12±0.04	10.3±0.4	1.23±0.05	0.67±0.07	16.53±0.25	68.27±2.11	16.50±1.69	175.50±5.91
M	8.14±0.02	10.3±0.2	1.28±0.01	0.67±0.02	16.59±0.02	67.42±1.52	21.22±0.83	194.00±3.06
MN	8.10±0.02	10.6±0.2	1.34±0.02	0.69±0.01	16.49±0.20	71.30±0.90	22.66±0.32	181.33±0.67
MNP	8.10±0.04	10.9±0.1	1.37±0.01	0.78±0.03	16.28±0.34	72.91±0.68	32.66±1.42	178.33±3.76
MNPK	8.10±0.03	11.1±0.2	1.36±0.02	0.79±0.03	16.97±0.63	72.57±1.22	33.63±1.31	211.66±7.27
平均	8.11±0.03	10.9±0.3	1.33±0.04	0.74±0.02	16.38±0.18	71.05±0.81	27.54±1.76	191.33±4.38
方差分析								
有机肥		**	**	*		*	**	*
化肥		***	***	***		***	***	***
有机肥与化肥交互作用		**				***		

注：*、**、***表示差异显著、极显著、极极显著。

三、冬小麦施肥量推荐

冬小麦施肥量和目标产量取决于许多因素。其中，除土壤肥力水平有决定性作用外，其主要是取决于气候条件的变异。如风调雨顺，计划施肥量所预期的目标产量基本都可实现；但当气候条件干旱，或生长期中遭受冻害或严重病虫灾害，即使施肥量十分合理，也不可能达到目标产量的期望。因此，推荐施肥量只能作为正常年份下制订计划产量时的参考。根据各地多年试验结果，依据地力水平，提出了不同目标产量下的施肥量，以供参考（表 18-2）。

表 18-2　陕西不同地区冬小麦目标产量与推荐施肥量

地区	每 667 m^2 土壤基础产量（kg）	每 667 m^2 施肥量（kg）			每 667 m^2 目标产量（kg）
		N	P_2O_5	K_2O	
关中渭河	>300	12~14	10~12	8~10	550~650
两岸灌溉	200~300	10~12	8~10	7~8	400~550
区域	<200	10~12	6~7	5~6	300~350
关中黄土	>250	10~12	9~11	6~7	450~550
高原有限	150~250	9~11	8~10	6~7	350~450
补灌区	<150	8~9	7~8	5~6	250~350
渭北黄土	>200	9~10	7~8	5~6	350~400
高原沟壑区	150~200	7~8	5~7	4~5	250~350
陕北黄土	≥70	6~8	5~6	4~5	200~300
丘陵沟壑区	<70	5~7	4~5	4~5	150~250
陕北长城沿线风沙区	>250	13~15	9~11	9~11	500~600
	150~250	10~12	7~9	7~9	400~500
	<150	8~10	6~7	6~7	300~350

四、冬小麦施肥技术

（一）大量元素施肥技术

冬小麦施肥方法与气候条件有密切关系。灌溉地区和雨养农业地区施肥方法明显不同。

1. 灌溉地区　一般在冬小麦播种时，全部磷、钾肥和 60%～70%氮肥充分混合后以基肥形式施入土壤，其余氮肥结合冬灌追施 20%，返青拔节期再追施 10%～20%。如果采用三元粒状复混（合）肥，则以 100%作基肥施入土壤，待返青拔节时根据苗情结合灌溉酌情每 667 m^2 追施氮素（尿素或硝酸铵）2～3 kg。

2. 旱农地区　在北方地区，特别是西北地区一般春旱比较严重，虽然麦苗呈现缺肥现象，但因土壤干旱，也无法追施肥料，即使追施肥料也不可能取得良好效果。所以在这些旱农地区，氮磷钾肥应在播种时结合深耕一次施入土壤，施肥深度为 15 cm 左右。如果春季雨水较好，麦苗生长出现肥料不足现象，可趁地墒较好时适当追施氮肥；如果春季长期干旱无雨，则可在叶面多次喷施肥料，保证有足够的养分供应。

（二）微量元素施肥技术

根据土壤测试结果，微量元素缺乏的地块，播种时应结合基肥施入适量所需微量元素肥料；或在冬小麦生长期中喷施所需微量元素，都能起到良好效果。

农田系统中微量元素输入项有肥料投入、降水、种子，输出项有作物携走、流失、淋溶渗漏。设降水输入与淋溶渗漏互相抵消（王继增 等，1990）；种子输入项，丘陵区作物播种量较小，小粒种子一般为 30 kg/hm^2，随种子输入农田中的锌仅为 0.90 g，锰 0.86 g，硼 0.04 g，铜 0.26 g，铁 2.10 g，故种子一项可忽略不计；肥料中的微量元素项，因试验未施化学微肥，全靠有机肥供给。根据多点测定，该区圈肥中有效态微量元素含量为锌 5.52 $\mu g/g$、锰 40.3 $\mu g/g$、硼 2.39 $\mu g/g$、铜 2.8 $\mu g/g$、铁 44.0 $\mu g/g$。笔者把施入有机肥中微量元素的量作为输入量，把流失量、作物地上部携走量作为输出量，根据田间试验获得的生物量与测定的植株各部位微量元素浓度（表 18-3），计算出每收获100 kg 籽粒地上部携走的微量元素量（表 18-4）。按实际产量获得作物地上部携走的微量元素量；由水土流失损失的量，只计肥料中微量元素的损失，其流失量按当地侵蚀强度的不同，以肥料施入量的 3%～15%计算。黄土丘陵区冬小麦农田生态系统中微量元素的平衡见表 18-5。平衡状况（盈亏值）=有机肥中微量元素输入量-流失量-作物地上部携走量。

表 18-3　冬小麦各部位微量元素的浓度

单位：μg/g

元素名称	部　位	含　量
Zn	籽粒	27.0
	根	23.5
	茎	12.4
	叶	10.5
	穗	10.5
Mn	籽粒	54.0
	根	149.5
	茎	30.1
	叶	150.0
	穗	102.7
B	籽粒	1.35
	根	13.41
	茎	7.52
	叶	14.35
	穗	9.03
Cu	籽粒	8.01
	根	12.00
	茎	6.53
	叶	6.50
	穗	3.01
Fe	籽粒	100.1
	根	2 024.8
	茎	221.1
	叶	650.1
	穗	310.7

表 18-4　每收获 100 kg 籽粒地上部携走的微量元素量

单位：mg

元素名称	携走量
Zn	4 220
Mn	15 402
B	1 406
Cu	1 576
Fe	56 764

表 18 - 5　农田生态系统中冬小麦微量元素的平衡（籽粒产量 2 025.0 kg/hm²）

单位：g/hm²

项　目	元素名称	含　量
肥料带入的养分量	Zn	66.15
	Mn	483.00
	B	28.65
	Cu	33.60
	Fe	528.00
作物地上部携出量	Zn	104.10
	Mn	311.85
	B	28.50
	Cu	31.95
	Fe	1 149.45
平衡状况	Zn	−41.25
	Mn	147.00
	B	−1.20
	Cu	0.00
	Fe	−647.85

第二节　玉　　米

一、玉米生长适应性与生长发育特点

（一）玉米生长适应性

玉米是黄土高原地区的主要栽培作物之一，也是主要的粮食作物之一。该地区玉米播种面积 190 万 hm²，占粮食作物面积的 17.9%；总产量 91.4 亿 kg，占粮食总产的 30.8% 左右。该区域玉米实际单位面积产量 4 812 kg/hm²，居黄土高原地区禾谷类作物单产之首。玉米光合效率高，生长期与降水季节分布吻合性好，高产稳产性优于小麦和糜谷。研究玉米生产潜力，有利于持续提高玉米产量，为黄土高原地区种植业结构调整提供理论依据。

玉米是 C₄ 植物，是高产作物，增产潜力很大。玉米是喜温作物，全生育期要求较高的温度。种子发芽最适温度为 28~35 ℃，40 ℃以上停止发芽。拔节期要求 15~27 ℃，开花期要求 25~26 ℃，灌浆期要求 20~24 ℃。不同玉米品种对温度的要求也不相同，我国早熟品种要求积温 2 000~2 200 ℃；中熟品种 2 300~2 600 ℃；晚熟品种 2 500~2 800（3 000）℃。世界玉米产区多数集中在 7 月等温线为 21~27 ℃，无霜期为 120~180 d 的范围内。温度不适宜则对玉米生长不利，会影响玉米产量的提高。

杂交玉米的选育成功，使玉米产量成倍增加，因此出现了第一次绿色革命。绿色革命培育的新品种，特点就是需肥量大，对氮肥的需要尤为突出。

（二）玉米生长发育特点

1. 根系发达　玉米的根系可分为初生根（种子根）、次生根（永久根）和支持根（气生根）3 种。种子发芽后即生出初生根。幼苗展开 2~3 片叶时便开始生次生根。拔节后至抽穗前，靠近地表茎节便环生几层支持根。

幼苗生长初期，主要靠初生根吸收土壤中的水分和养分。自次生根长出以后，初生根作用逐渐减弱，主要由次生根吸收土壤中的水分和养分。一般次生根有 7~8 层，垂直向下可伸展长达 2 m 左右，因此它能吸收利用深层土壤的水分和养分。支持根的尖端入土后，可与次生根起相同的作用，并具有支持地上高大植株、防止倒伏的作用。空气湿度和营养条件较好的情况下，有利于支持根的生长。

2. 株高叶大

（1）株高。玉米植株一般比其他禾谷类作物粗壮高大。玉米植株上有许多节，每节有一片叶，通常一株玉米有 8～20 个节，茎的地下部也有 3～5 个节。

（2）叶大。玉米叶片一般长 80～100 cm，宽 8～10 cm。各叶片交叉互生，互不遮盖，能接受较多雨水。雨水沿茎秆直流根部，被根系吸收。在叶表皮上有运动细胞，细胞壁薄，液泡很大，能储存大量水分。当气候干旱时，细胞失水而收缩，叶片边缘向上卷曲，以减少水分蒸腾散失；当空气湿度增大或灌水后，运动细胞又充满水分，叶片重新伸展开来。

玉米由于株高叶大，有利于光合作用，因此需要大水大肥，这样就可获得玉米高产、优质。

3. 开花习性与成穗 玉米属于雌、雄同株异位的异花授粉作物。雄花即"天花"，雌花具有粗轴，而果穗在主茎的叶腋中形成。

春玉米一般在雄穗抽出后 3～5 d 开始开花，夏玉米则一般在雄穗抽出叶梢后 2～3 d 开始开花。开花后第 2～5 d 为盛花期。开花期如遇阴雨，开花时间就向后推移；如遇干旱，当气温超过35 ℃、相对湿度低于 30%、土壤水分不足时，雄穗抽出后很快变白枯死，称为"晒花"。

雄花序授粉结实后，即成为果穗。除上部 4～6 片叶片外，其余全部叶腋中都可形成腋芽。但不是所有腋芽都能发育成为果穗，一般第 6～9 节上的腋芽都可能发育成果穗，其中以第 8 节的腋芽成穗率最高。成穗率除与授粉率有关外，主要取决于肥、水供应适量和适时。当肥、水供应合适时，往往可获得双棒，甚至三棒。所以玉米的生产潜力有待挖掘。

二、玉米对营养元素的需求特点

（一）不同元素在玉米体内的生理功能

玉米吸收的矿质养分多达 20 多种，主要有氮、磷、钾大量元素，钙、镁、硫中量元素和铁、锰、硼、锌、钼等微量元素，这些营养元素在玉米体内都发挥不同的生理功能。

1. 大量元素

（1）氮。氮在玉米营养中有突出地位。玉米是喜氮作物，在不同的生长期中必须供应充足氮肥，才能满足玉米生长发育和高产的需要。氮能促进玉米细胞快速分裂，扩大叶面积，增加叶绿素含量，从而增强叶片制造糖类的能力；也是构成植株体中多种酶的必需成分，对玉米新陈代谢作用产生明显影响。

在缺氮情况下，株型细瘦，叶片黄绿；雌穗形成延迟，难以发育，穗小、粒少，产量低。

（2）磷。磷在玉米营养中也占有重要地位，在玉米的各种生理、生化过程中都起主要作用。良好的磷素营养，可以培植玉米的壮苗，扩大根系生长，特别是在干旱和半干旱的黄土地区，施用磷肥能促进玉米根系生长，增加玉米根系对土壤深层水分和养分的吸收利用。

玉米缺磷，幼苗根系减弱，生长缓慢，叶色紫红。在开花期缺磷，抽丝延迟，雌穗受精不完全，发育不良，粒行不整齐；后期缺磷，会引起果穗成熟推迟。

（3）钾。钾能促进玉米细胞内的胶体膨胀，提高水合度，使细胞质和细胞壁维持正常状态，因而能增强抗旱、抗寒能力，保证玉米正常生长。钾也是某些酶系统的活化剂。施钾对玉米根系发育，特别对须根形成、体内淀粉合成、糖分运输以及抗倒伏、抗病虫害等都起主要作用。

玉米缺钾，生长缓慢，下位叶尖和叶缘黄化，老叶逐渐枯萎，节间缩短；生育延迟，果穗变小，穗顶变细不着粒或籽粒不饱满，籽粒淀粉含量降低，穗易感病。

2. 中量元素 近几年的研究表明，玉米是需硫最多的作物之一。在美国，把硫称为玉米的"第四大必需营养元素"。随着各种复合肥料施用量的增多，忽视了硫素营养的施用，许多地区出现土壤缺硫现象，必须引起关注。为此，美国已提倡多用硫酸铵肥料。同时，在我国西北碱性土壤地区，施用硫酸铵生理酸性肥料，对改良土壤性状也有十分重要意义。

3. 微量元素 锌是多种酶的组成成分，而酶又有参与光合作用的重要功能。近年来随着磷肥施用的增多，因磷、锌容易结合，从而失效，引起土壤缺锌现象相当普遍。微量元素中的锌对玉米生产的主要作用已被广大农民所重视。玉米是一种对锌很敏感的作物，据全国 422 个的试验可得，施锌肥平均增产 41.3 kg，增产率达 12.5%。播种时每 667 m² 施 2 kg 硫酸锌已成为常规增产措施，因此玉米施锌对增产具有重要作用。

土壤有效锌含量＜0.6 mg/kg 时，已显示缺锌现象。缺锌时，因生长素不足而细胞壁不能伸长，玉米植株发育甚慢，节间变短；叶脉之间出现缺锌条纹，呈白色条带，俗称"白叶病"，风吹易折，严重时，白色变黑，几天后枯株死亡。玉米中、后期缺锌，使抽雄期和雌穗形成、吐丝期延长，不利于授粉。

硼肥也已成为玉米增产的重要肥料。硼能促进花粉健全发育，有利于授粉、受精、结实饱满。此外，硼能调节与多酚氧化酶有关的氧化作用。

缺硼时，玉米早期生长和后期开花阶段植株呈现矮小，生殖器官发育不良，易成空秆或败育，造成减产。缺硼植株新叶狭长，叶脉间出现透明条纹，稍后变白、变干。严重缺硼时，生长点死亡。

其他微量元素缺乏时对玉米生长也都有一定影响，因此要根据土壤测试结果对微量元素进行适量施用。

（二）夏玉米不同生育时期不同叶序叶片中养分含量变化

玉米不同生育时期，充分供应叶片所需养分，是促进叶片生长、增大叶面积指数、增强光合作用、达到高产稳产的必要条件。所以研究叶片养分吸收过程，对调控玉米不同生育时期养分供应、适时适量施用肥料是一项十分重要的研究工作。现就对不同叶序叶片中养分吸收动态简述如下。

氮（N）在黄土高原夏玉米不同叶序叶片中百分含量随着生育时期的推进而有不断降低的趋势（图 18-12），说明夏玉米生育早期对土壤氮素吸收速度高于生育后期，显然这与玉米生物量的增长引起含氮量的稀释有关。由此表明，氮对黄土高原夏玉米早期供氮具有十分重要的意义。但当叶序发展到一定数量时，新生叶片含氮量不但没有连续增加，反而有不同程度的降低，显然这与叶片中含氮量随生长发育的进展而向其他生长器官转移逐渐增多有关。

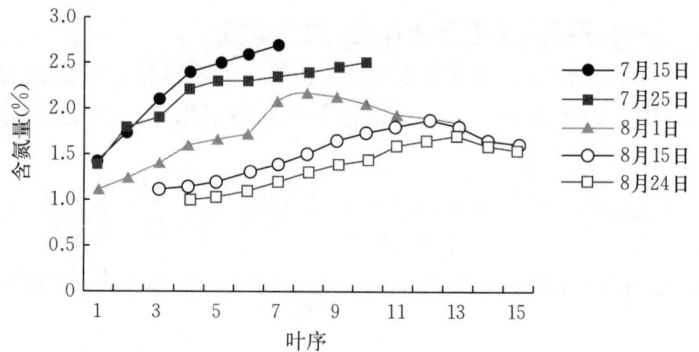

图 18-12　玉米不同生育时期不同叶序叶片含氮量

磷（P₂O₅）在夏玉米不同叶序叶片中百分含量（图 18-13），自 7 月 15 日至 8 月 1 日是随生育期的延长而降低，这与生物体的迅速增长而导致磷素的稀释有关；但自 8 月 15 日至 8 月 24 日，叶片中的含磷量却比 8 月 1 日有很大的增高，说明在大喇叭口至开花期，玉米需要吸收较多的有效磷以满足生长发育的需要。从含磷量的曲线变化来看，基本都是随着叶序的增多而增多，并没有出现新叶中磷含量的明显降低，说明不

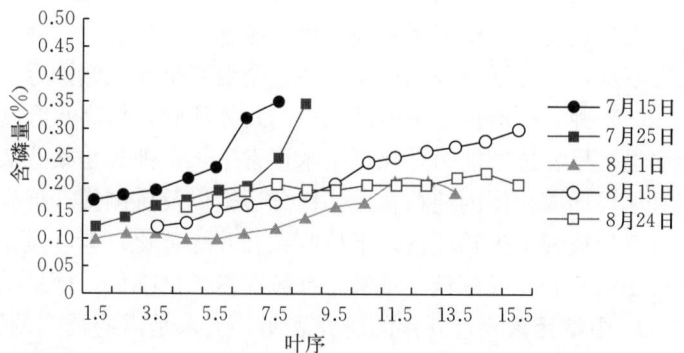

图 18-13　玉米不同生育时期不同叶序叶片中含磷量

同叶序叶片中的磷含量基本保持比较平稳上升的趋势。夏玉米不同叶序叶片中磷向其他生长器官转移的量并不是特别显著，这与氮的吸收状况有明显差异。

　　钾（K_2O）在夏玉米不同生育时期不同叶序叶片中百分含量的变化与氮、磷有很大不同（图 18-14）。自 7 月 17 日至 8 月 1 日，即从小喇叭口至大喇叭口，叶片中含钾量随生长期发展而明显下降，与氮、磷具有同样趋势，且均随叶序的增大而增高；但 8 月 8 日至 8 月 24 日，即由大喇叭口至开花期，不同叶序叶片中钾含量却随生长期的增长而增高，特别是扬花期（8 月 24 日）不同叶序叶片中含钾量都大量增加；而此

图 18-14　玉米不同生育时期不同叶序叶片养分含钾量

时玉米第 9 叶序以上叶片含钾量显著下降，这是由于扬花期夏玉米需要从土壤中吸收更多的钾，并大量储存在下部叶片，上部叶片吸收的钾则可能向其他器官，如茎秆部分大量转移。由此说明，在夏玉米的扬花期或者说生长后期，必须有充足的钾供应，才能满足夏玉米生长发育的需要，达到高产目的。

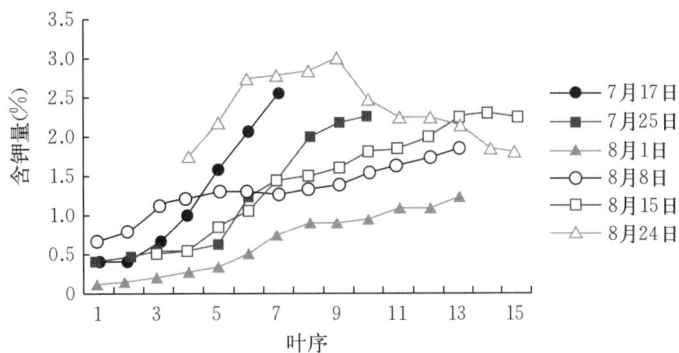

（三）夏玉米不同生育时期养分占干物质的动态变化

　　关于夏玉米不同生育时期氮、磷、钾吸收量，胡昌浩等于 1979 年进行了详细测定，把他们测定的数据进行了制图（图 18-15），结果可以看出，氮、磷、钾占玉米干物质百分含量均随生育期的推移而降低，这与植株中糖类增加有关。养分在干物质中的含量以拔节期最高，养分的降低量为氮＞钾＞磷。故在拔节期对玉米养分供应必须充足，否则即使以后供应养分再多也无济于事。

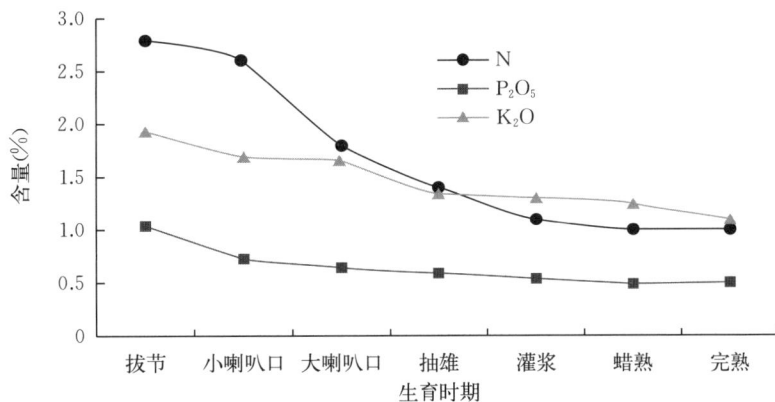

图 18-15　玉米不同生育时期养分占干物质的动态变化

（四）玉米不同生育时期养分吸收量的动态变化

　　傅应春等对黄土高原地区不同类型的玉米养分吸收动态做了详细研究，结果见图 18-16。作物生物量的增长一般都呈 S 形曲线，春玉米和夏玉米的养分吸收动态基本都符合干物质的积累动态；但套种玉米的氮、磷吸收动态却呈线性形态，而钾的吸收仍呈 S 形，这可能与光照和湿度在套种条件下比较平稳有关。夏玉米苗期即生长在高温多雨的条件下，生长快，生物质积累多，吸收的养分量明显多于春玉米和套种玉米，这是夏玉米矿质营养的一个重要特点。

　　夏玉米苗期即生长在高温多雨的条件下，生长快，干物质积累多，吸收的养分量也多因此。夏玉米从出苗至出苗后的 60 d 内，凭借其生长上的优势，对氮磷钾的吸收量都大于春玉米，更大于套玉米，这种吸肥特点表明，对夏玉米来说应该重施底肥和酌施种肥。

　　然而春玉米由于生育期长，且一般都选用中晚熟品种，其在生育中后期（出苗后 60 d 以后），对氮、磷、钾的吸收量远远超过夏玉米。在全生育期的养分吸收量最多。

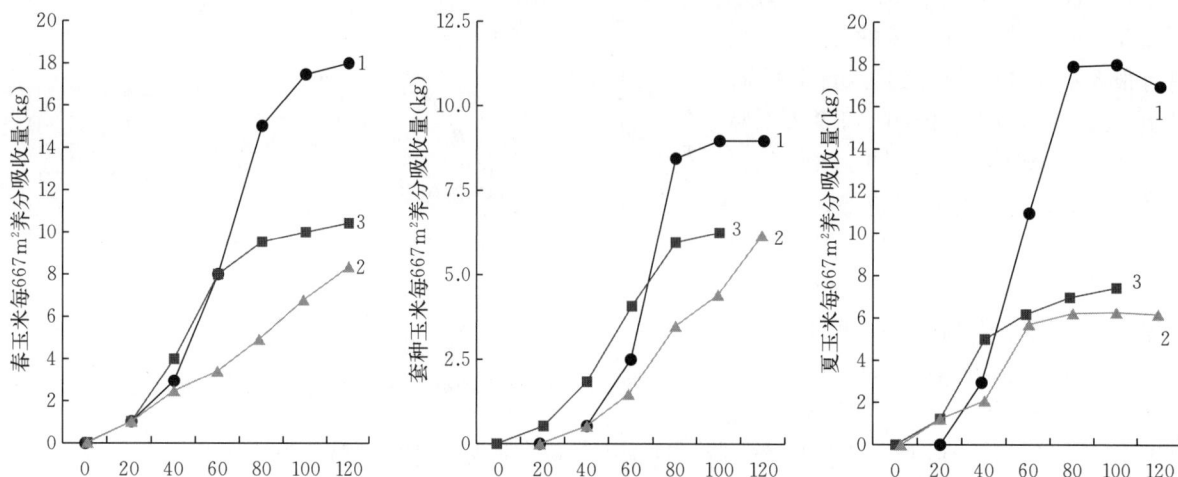

图 18-16　不同玉米养分吸收量动态比较

（傅应春 等，1982）

陈国平对山东夏玉米吨粮田需肥规律进行了系统总结，发现夏玉米对各种养分在不同生育时期的吸收速度是不同的。对氮的吸收以苗期和授粉 25 d 以后速度最慢，每天每 667 m² 分别为 68.5 g 和 55.0 g；以拔节至大喇叭口期最快，每天每 667 m² 为 404.8 g；大喇叭口至授粉期次之，每天每 667 m² 为 397.0 g；授粉后 25 d 内又次之，每天每 667 m² 为 140.4 g。大部分氮是在授粉前吸收的，授粉期植株内积累的氮素占吸收总量的 78.4%。对磷的吸收以大喇叭口至授粉期最快，每天每 667 m² 为 108.5 g；授粉开始至授粉后 15 d 次之，每天每 667 m² 为 68.8 g。玉米对磷的吸收时间较长且缓慢，至授粉期只吸收总量的 58.23%，41.77% 是在授粉后吸收的。大部分的钾是在开花前吸收的，尤以拔节至大喇叭口期最快，每天每 667 m² 达 597.4 g；大喇叭口至授粉期次之，每天每 667 m² 为 540.3 g；到授粉时已经吸收完毕，而且还有外渗现象。

成熟时，籽粒中的氮、磷、钾分别占全株的 64.4%、76.4% 和 20.4%。籽粒中的氮有 70% 以上是由其他器官转移来的，对籽粒氮的贡献顺序为叶片＞茎秆＞苞叶＞雄穗＞叶鞘＞穗轴＞穗柄。籽粒中的磷有 58.1% 是由其他器官转移而来，对籽粒 P 的贡献顺序是茎秆＞叶片＞苞叶＞叶鞘＞雄穗＞穗轴＞穗柄。籽粒中的钾只有 20% 左右是由其他器官转移而来，约有 80% 的钾留在茎叶中，所以大力推广秸秆还田是补充土壤钾素的主要途径。

根据相关研究结果可知，夏玉米每生产 100 kg 籽粒，需吸收的氮、磷、钾分别为 2.57 kg、1.09 kg 和 2.62 kg；春玉米分别为 3.47 kg、1.14 kg 和 3.02 kg。养分吸收量与播种季节、土壤肥力、肥料种类和品种特征有密切关系。由试验结果看出，黄土高原地区玉米对氮、磷、钾的吸收量有随产量提高而增多的趋势。玉米对微量元素的需求量基本不变，但缺少则不行，随着施肥水平的提高，微肥的增产效果越显著。

三、春玉米米脂县试验结果

米脂县位于黄土高原丘陵沟壑区，地形支离破碎，基本农田除梯田以外，主要就是河流两岸的川道地和沟渠地。如何挖掘这些有限的基本农田的生产潜力，是关系到陕北人民生存发展的根本问题。为此，笔者曾采用多种途径进行提高这些基本农田农业生产力的研究，氮磷配合施用就是其中之一。

1987—1988 年，笔者在该县的无定河两岸川道地采用氮、磷二因素饱和 D-最优化设计进行了多点试验，试验都布置在黄绵土上，有限灌溉条件，每个试验重复 3～4 次。

本试验目的是在陕北川道地上寻求不同地力水平条件下玉米最佳产量时的氮磷肥效反应及经济施

肥量。故在试验前测定了供试土壤的养分含量，并依据对照（不施肥）产量划分出土壤肥力等级，结果见表18-6。测得不同肥力土壤上不同氮磷肥用量与春玉米产量（表18-7）。

表 18-6　供试土壤养分测定值

肥力水平	不施肥 667 m² 产量（kg）	样本数（个）	分析项目	平均值	标准差
低	<250	4	有机质（g/kg）	0.381	0.092
			全氮（g/kg）	0.033	0.006
			碱解氮（mg/kg）	29.6	5.69
			有效磷（mg/kg）	5.25	1.59
中	250～400	9	有机质（g/kg）	0.513	0.143
			全氮（g/kg）	0.035	0.008
			碱解氮（mg/kg）	29.2	7.99
			有效磷（mg/kg）	6.16	3.84
高	>400	5	有机质（g/kg）	0.560	0.075
			全氮（g/kg）	0.040	0.006
			碱解氮（mg/kg）	29.9	5.58
			有效磷（mg/kg）	7.79	3.02

表 18-7　不同肥力土壤上不同氮磷肥用量与春玉米产量关系

处理代号	667 m² 施肥量（kg）		667 m² 春玉米产量（kg）		
	N（x_1）	P_2O_5（x_2）	低肥力	中肥力	高肥力
1	0	0	189.7	366.9	471.3
2	15	0	340.1	477.9	641.2
3	0	15	299.9	466.8	497.3
4	6.614	8.396	480.2	568.9	667.2
5	15	10.458	530.5	645.9	739.1
6	10.458	15	573.9	643.7	715.9

注：施肥量试验样本数为18个，春玉米产量低肥力、中肥力、高肥力土壤样本数分别为4个、9个、5个。

对表18-7的试验结果进行回归分析，得出春玉米施用氮、磷的肥效方程。

低肥力土壤：$y=189.7+40.143x_1+19.930x_2+0.471x_1x_2-2.008x_1^2-0.839x_2^2$

中肥力土壤：$y=366.94+20.400x_1+19.354x_2+0.371x_1x_2-0.867x_1^2-0.847x_2^2$

高肥力土壤：$y=417.34+27.819x_1+11.789x_2+0.306x_1x_2-1.100x_1^2-0.671x_2^2$

由以上试验结果看出，春玉米产量随土壤肥力的增高而显著增高，增产幅度却随土壤肥力的降低而提高，说明培肥地力是提高陕北基本农田生产力的根本措施，是发展该区可持续农业的基本保障。

根据以上试验结果和所建立的肥效方程，可进行肥效分析和经济效益分析。

1. 肥效分析　对米脂县春玉米试验结果进行了肥效分析，结果见表18-8。

（1）土壤肥力低、中、高的对照产量和最高产量之间差异明显，而且高肥力的产量很高，低肥力的产量很低，说明用不施肥的对照产量作为土壤肥力高低的分级标准是十分理想的。

表 18-8 陕北米脂县黄绵土不同肥力土壤上春玉米最高产量、施肥量与肥效分析

土壤肥力力水平	每667 m² 对照产量 (kg)	每667 m² 最高产量 (kg)	每667 m² 最高施肥量 (kg)		每667 m² 单施氮产量 (kg)	每667 m² 单施磷产量 (kg)	1 kg N 增产量 (kg)	1 kg P₂O₅ 增产量 (kg)	1 kg 养分增产量 (kg)	667 m² 氮主效应 (kg)	667 m² 磷主效应 (kg)	氮磷联应系数
			N	P₂O₅								
低	189.7	577.4	11.78	15.18	383.9	298.9	16.6	7.2	14.4	472.7	302.7	1.28
中	366.9	661.2	14.91	14.61	478.3	468.5	7.5	7.0	10.0	304.1	284.5	1.38
高	471.3	741.6	14.32	12.05	644.1	516.0	12.1	3.7	10.3	398.4	142.2	1.24

（2）667 m² 最高施肥量，N 为 11.78～14.91 kg，P₂O₅ 为 12.05～15.18 kg。这对当地当时来说是很高的施肥水平，但要达到最高产量水平这是必需的。

（3）单施氮产量比单施磷产量在低与高土壤肥力水平下有显著提高，但在中土壤肥力水平下，两者产量基本接近，说明中肥力土壤中的氮磷含量比较平衡。1 kg N、P₂O₅ 的增产量以及氮肥主效应和磷肥主效应也都有同样趋势，说明在低肥力和高肥力土壤上应重视氮肥的施用。

（4）1 kg 养分（N＋P₂O₅）增产量低肥力土壤为 14.4 kg，中肥力和高肥力土壤都为 10 kg 左右，说明低肥力土壤更应重视氮磷肥的配合施用。

（5）氮磷联应系数在不同肥力土壤上都在 1.2 以上，而在中肥力土壤高达 1.38，说明在陕北川道地区的黄绵土施用氮磷肥的交互作用比关中娄土和黄墡土要高得多，表明在这些土壤更应重视氮磷配合施用，才能发挥氮磷肥的增产作用。

2. 经济效益分析 根据肥效方程，应用通常方法求得最佳产量、经济施肥量，并根据当时的玉米和肥料价格进行肥料经济效益分析，结果见表 18-9。

表 18-9 陕北米脂县黄绵土不同肥力土壤上春玉米最佳产量、施肥量与经济效益分析

土壤肥力水平	667 m² 对照产量 (kg)	667 m² 经济施肥量 (kg)		667 m² 最佳产量 (kg)	667 m² 增产量 (kg)	1 kg 养分增产量 (kg)	667 m² 增产值 (元)	667 m² 肥料投资 (元)	667 m² 利润 (元)	产投比
		N	P₂O₅							
低	189.7	10.58	12.36	569.4	379.7	16.6	129.1	30.04	99.06	4.30
中	366.9	12.25	11.64	650.2	283.3	11.9	96.32	30.98	65.33	3.11
高	471.3	12.25	8.46	730.5	259.2	12.5	88.13	26.47	61.61	3.33

结果表明，667 m² 经济施肥量低肥力土壤为 N 10.58 kg、P₂O₅ 12.36 kg、N：P₂O₅ 为 1：1.17；中肥力土壤为 N 12.25 kg、P₂O₅ 11.64 kg，N：P₂O₅ 为 1：0.95；高肥力土壤为 N 12.25 kg、P₂O₅ 8.46 kg，N：P₂O₅ 为 1：0.69。需磷比例随土壤肥力的提高而依次降低，说明随着土壤肥力的提高可适当减少磷的施用量，增加氮的施用量。最佳产量随着土壤肥力的提高而提高。高肥力土壤的最佳产量每 667 m² 为 730.5 kg，比对照增产 55%；而低肥力土壤的最佳产量每 667 m² 为 569.4 kg，比对照增产 200%，说明低肥力的黄绵土春玉米的增产潜力十分大。1 kg 养分（N＋P₂O₅）增产量低肥力土壤为 16.6 kg，中、高肥力土壤分别为 11.9 kg、12.5 kg，说明除低肥力土壤的单位养分增产量特别高以外，中、高肥力土壤的单位养分增产量也相当高，表明中、高肥力的黄绵土增产潜力也是相当大。从经济效益分析结果可以看出，低肥力土壤的产投比为 4.30，中、高肥力土壤分别为 3.11 和 3.33，稍低于低肥力土壤，说明陕北黄绵土上对春玉米施用氮磷肥的经济效益非常显著，值得重视和推广。

四、陕西玉米推荐施肥量

玉米施肥量的确定取决于许多因素，如玉米种类、土壤肥力水平、气候条件和播种密度等。根据笔者在陕西各地进行的多点试验结果，提出如下推荐施肥方案（表 18-10），以供参考。

表 18 - 10 陕西玉米不同产量的推荐施肥量

地区	玉米种类	每 667 m² 基础产量（kg）	每 667 m² 目标产量（kg）	每 667 m² 施肥量（kg）			
				N	P₂O₅	K₂O	有机肥
陕西长城沿线滩地区	春玉米	400	600～700	10～12	6～8	6～8	1 500～2 000
		500	700～800	9～11	7～9	6～8	2 000～2 500
		600	800～900	12～14	9～11	7～9	1 500～2 000
陕北川道区	春玉米	350	600～650	9～11	7～9	5～7	2 000～2 500
		450	700～750	11～13	7～9	6～8	1 500～2 000
		550	800～850	10～12	6～8	6～8	1 000～1 500
黄土高原旱塬区	春玉米	300	500～600	13～15	8～10	7～9	1 500～2 000
		400	600～700	8～10	7～9	6～8	2 000～2 500
		500	700～800	11～13	7～9	8～10	1 500～2 000
关中灌区	夏玉米	250	500～550	12～14	6～8	7～9	
		350	600～650	11～13	7～9	8～10	
		450	650～750	13～15	7～9	10～12	

注：每 667 m² 施硫酸锌 1～2 kg。

以上资料都是由试验结果得来的，在试验过程中管理措施比较精细，故施肥效果都比较高，土壤的生产潜力能得到较高的发挥。如果水分供应更加充沛、适时的话，玉米的增产水平还可进一步提高。目前，农村由于劳动力不足，精耕细作和施肥水平还不够理想，所以玉米产量尚停留在一般水平。如果进一步选用优良品种、加强水肥科学管理和采取合理密植等综合配套增产措施，玉米产量将能更大幅度提高。

五、玉米施肥技术

玉米是喜氮需水多的作物，必须充足供应氮肥、满足水分需要，才有取得高产的可能。夏玉米由于生长期较短，苗期即处在高温季节，生长发育很快，养分和水分吸收逐日增多。所以在夏玉米苗期就需要有充足的氮素和水分供应，否则生长期会推迟，后期成熟度不好，千粒重不高。故氮肥施用宜早不宜迟，适多不宜少。在缺水少雨、土壤干旱、土质较差地区，可把所需氮磷钾全部肥料于播种时一次深施土内。如果有灌溉条件，可把全部磷钾肥和 70% 的氮肥在播种时一次施入；余下 30% 的氮肥在喇叭口期作追肥施入，追肥方法可采用挖窝或开沟施入，覆土后要及时灌水。

在春玉米地区，如无灌溉条件，生长期中土壤常出现干旱，为了避免追肥困难、效果不佳，也可在播种时将氮磷钾肥一次深施土内。许多地区试验和生产实践证明，增产效果也很好。但由于春玉米生长期和苗期较长，在雨水条件较好，并有灌溉条件的地区，特别是土壤含沙量较多地区，全部磷钾肥作基肥，氮肥可分次施用（60% 作基肥深施土内，20% 于拔节期和 20% 于喇叭口期作追肥），均应开沟施入土内，防止氮素损失。在春玉米地区，为了保持肥效持久，特别是保持氮肥长效，最好选用有机无机复混（合）粒肥，或缓释/控释氮肥和磷、钾颗粒肥按比例掺和后施入土内，效果更佳。

第三节 马 铃 薯

一、马铃薯的生长特性及营养价值

（一）马铃薯的生长特性

马铃薯是茄科茄属作物，以地下块茎为产品，既可作粮食，又可作蔬菜，也可作饲料，是生产淀粉、酒精等的原料。

马铃薯适应范围很广,在我国东北、西北和西南高山地区都可种植。马铃薯是高纬度短日照植物,一般将其当作一年生作物,即春播秋收,生长期约为 6 个月。马铃薯不适于高温环境,为了避开高温,在我国有些地区常采取早春和早秋各播 1 次。

马铃薯多用块茎作种薯。块茎发芽后先从幼芽基部长出初生根,然后在茎的叶节抽生匍匐茎,并发生 3~5 条匍匐根,匍匐根又称次生根。初生根和匍匐根构成了马铃薯的根系,起吸收作用。马铃薯地下茎的茎节处产生匍匐茎。匍匐茎的先端膨大生长成马铃薯产品(俗称薯蛋)。从种薯萌发到新块茎形成要经过发芽期、幼苗期、发棵期和结薯期。发棵期(即地上部第一或第二花序开花以前)是马铃薯根、地上茎、地下茎及叶片迅速生长的时期。匍匐茎的先端停止伸长生长时,这时便形成了马铃薯块茎膨大生长的物质基础。结薯期是由根、茎、叶的旺盛生长转入块茎的旺盛生长,地上部制造的养分向地下部运输并储藏起来。低温和短日照条件对块茎的形成和膨大有利。所以,马铃薯栽培中要处理好制造养分(根、茎和叶的同化作用)、消耗养分(新叶、新根的生长)和积累养分(块茎的膨大)三者之间的相互关系,尤其在三者间矛盾较尖锐的发棵期,既要防止徒长,又要保证块茎膨大前根、茎和叶的健壮生长。

马铃薯是半耐寒作物,高温易使块茎退化,产量降低。在结薯期,如有较大的昼夜温差,对块茎中养分的积累是十分有利的。

(二)马铃薯的营养价值

随着世界人口的不断增加,不少地区出现粮食短缺,饥饿时有发生,因此全球现已十分关注马铃薯的生产。因马铃薯生长快、产量高、营养丰富而全面,可保障粮食安全、改善粮食结构、降低营养不良比率(表 18-11)。许多研究证实,马铃薯除能提供人体必需营养元素外,还可改善人体某些机能,降低慢性病风险,减少发病率和死亡率。故联合国将 2008 年定为马铃薯年,并称其为"被埋没的宝物"。所以,加强对马铃薯营养特点和施肥技术的研究具有十分重要的意义。

表 18-11　马铃薯不同品种的营养成分

品种(系)	干物质(%)	蛋白质(%)	淀粉(%)	100 g 鲜薯含维生素 C(mg)	还原糖(%)	备注
来欢	23.34	2.20	17.71	14.34	0.40	西南品种
双丰收	23.20	2.32	18.03	16.23	0.26	20 世纪 60 年代选育
723-1	22.66	2.01	16.90	17.76	0.60	20 世纪 70 年代选育
南中 552	22.64	2.34	16.10	16.30	0.21	20 世纪 80 年代选育
鄂马铃薯 1 号	22.73	2.42	17.02	16.54	0.11	20 世纪 80 年代选育
鄂马铃薯 3 号	24.07	2.20	18.32	13.59	0.11	20 世纪 90 年代选育

注:数据来自湖北恩施南方马铃薯研究中心实验室(9 年平均结果)。

二、马铃薯的营养特点

(一)不同营养元素对马铃薯生长发育的影响

氮磷钾是马铃薯的必需营养元素。充足的氮素供应,可增强光合作用,提高块茎的蛋白质含量;缺氮时植株矮小,叶面积减小,叶片容易发黄,最后枯萎脱落;施氮过多会引起茎叶徒长,块茎变小,产量降低,成熟延迟,品质变差。因此,适量供应氮肥是马铃薯增产的关键。

马铃薯对磷素的吸收量较少,但磷对马铃薯的生长发育起重要作用。马铃薯根系一般不发达,对土壤中磷钾吸收能力比较弱。若磷素供应不足,植株就会变矮小,叶面发皱,叶柄和小叶向上直立生长,光合作用减弱,淀粉积累少,块茎的皮层和髓部会产生锈斑,经济价值降低。所以,在马铃薯整个生育期必须有丰富的磷素供应,才能保证马铃薯的高产优质。

马铃薯对钾的吸收量最多，是作物中需钾最多的作物之一，故称马铃薯是富钾作物。钾肥既能提高马铃薯产量，也能改善马铃薯品质。充足供钾，植株生长发育健壮，增加块茎淀粉积累量和提高抗病性能；钾素供应不足时，植株节间缩短，密集丛生，叶片细小，初期是暗绿色，后期是古铜色，叶绿枯死卷曲，地下匍匐茎缩短，根系衰弱，块茎细长，且容易产生黑斑，降低薯块品质。重施钾肥可以减少块茎产生黑斑。减少块茎黑斑是提高马铃薯品质的重要指标之一。提高种用马铃薯的含钾量，可增高赤霉素的活性，加快发芽，有利于创造高产。此外，马铃薯淀粉含量不仅与钾肥用量有关，而且与钾肥形态也有密切关系。研究发现，一般施用 K_2SO_4 比 KCl 效果好，因为氯化物对淀粉合成酶有强烈抑制作用。

根类作物的产量生理与禾本科作物有很大区别。禾本科作物的营养生长阶段和生殖生长阶段分得比较清楚；而根类作物营养生长和生殖生长重叠的时间比较长，营养器官（地上部）与储存器官（地下部）对糖类竞争激烈。因此，一旦储存器官开始形成，就应控制地上部生长，可减少氮素供应，抑制新叶形成，或喷洒矮壮素控制地上部生长，即可促进地下部生长。马铃薯生长前期，氮素供应要充足，促进早发和叶片生长，使叶面积指数增大，以利截获更多的光能。这是马铃薯增产的重要途径之一。

块茎的形成与植物激素的诱发有关。脱落酸（ABA）能促进块茎的形成，而赤霉素（GA）则抑制块茎的形成，因此 ABA/GA 控制着块茎的生长。比例高，促进块茎形成；比例低，抑制块茎形成。控制氮肥施用，也就能控制 ABA/GA。施用矮壮素，能抑制 GA 的合成，促进块茎的形成。

块茎的生长与糖类的供应有关，而糖类的供应取决于光合作用强度和光合产物从叶片转入块茎的速度。光合作用强度又取决于单株叶片面积的大小和吸入二氧化碳的能力。单株叶面积主要取决于营养生长阶段植株的发育状况，充足的养分供应特别是氮和钾的供应，能促进叶片的生长。叶片将光能转变为光合产物，在一定程度上取决于钾和磷的营养水平，特别是钾的供应水平，它能促进光合产物的运转。由此可知，块茎的形成，加快光合产物向块茎运输，从而增强光合作用强度，是马铃薯能够不断高产的重要原因。

为了加强光合产物的运输，钾的充足供应特别重要。薯类作物对磷钾肥的需要特别多，这不仅因为它们生长发育需要的多，还因为它们吸收磷钾的能力弱。因为根类作物真正的根并不发达，块根、块茎是储存器官，不是真正的根。

（二）马铃薯不同生育时期对养分的吸收动态

据研究（杨结明，1993），马铃薯不同生长发育阶段，吸收养分的种类和数量不同，发芽至幼苗期吸收的氮、磷、钾分别占总吸收量的 6%、8%、9%，发棵期分别为 38%、34%、36%，结薯期分别为 56%、48%、55%（图 18-17）。结果表明，幼苗期养分吸收很少；发棵期大量吸收养分，促进植株生长，为结薯创造条件；结薯期仍继续吸收养分，但结薯后期，植株吸收的养分量显著下降。由此看出，马铃薯由幼苗期至结薯期需要一直供应充足的氮磷钾养分，才能满足马铃薯高产优质的需要。

此外，除供应充足氮磷钾外，还需要根据土壤缺素状况，适当供应各种微量元素。其中，镁、硼、铜等微量元素是马铃薯所必需的，尤其是铜能促进马铃薯的呼吸作用，提高蛋白质的含量，增加叶绿素，延迟叶片衰老，增强抗旱能力。所以在创造马铃薯高产优质的过程中，必须进行土壤养分测试，有针对性地进行微量元素肥料的施用。

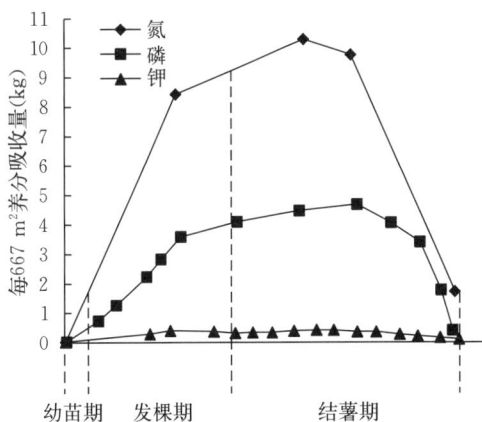

图 18-17　马铃薯的养分吸收动态

（三）陕北黄土高原丘陵沟壑区梯田马铃薯高产优质综合农艺措施的研究

为了提高陕北梯田马铃薯产量和品质，笔者采用播期、密度、氮肥、磷肥和有机肥5因素5水平正交旋转回归设计方案进行了田间大型试验。试验因素与水平设计见表18-12。

表 18-12　马铃薯试验设计

试验因素	变化间距	变量设计水平				
		−2	−1	0	1	2
播期（x_1）	6 d	5月21日	5月27日	6月2日	6月8日	6月14日
密度（x_2）	每 667 m² 1 000 株	2 000	3 000	4 000	5 000	6 000
氮肥（x_3）	每 667 m² 3 kg	0	3	6	9	12
磷肥（x_4）	每 667 m² 3 kg	0	3	6	9	12
有机肥（x_5）	每 667 m² 1 250 kg	0	1 250	2 500	3 750	5 000

根据以上试验设计，按既定方案进行试验，共设处理36个，每个处理重复2次，试验结果见表18-13。根据马铃薯产量，采用正交旋转回归设计计算程序，求得试验结果数学模型，并依次进行效应分析，结果如下。

1. 效应方程　试验结果经统计分析，得到如下效应方程：$y = 1\,493.17 - 113.833\,3x_1 + 108.583\,3x_2 + 73.0x_3 + 76.0x_4 + 52.25x_5 + 2.041\,6x_1^2 - 27.333\,3x_2^2 - 0.453\,7x_3^2 - 68.833\,34x_4^2 - 13.833\,4x_5^2 - 42.375x_1x_2 - 70.125x_1x_3 + 35.75x_1x_4 - 14.125x_1x_5 - 26.875x_2x_3 + 10.25x_2x_4 + 15.625x_2x_5 - 44.5x_3x_4 + 62.125x_3x_5 + 25.0x_4x_5$

经过无量纲线性编码代换后，各项偏回归系数已标准化，其大小可直接反应变量影响的程度。结果表明，试验中各因素对产量影响的顺序为：播期（x_1）>密度（x_2）>氮肥（x_3）>磷肥（x_4）>有机肥（x_5）。

表 18-13　试验结构矩阵与产量结果

处理编号	因素编码值					每 667 m² 产量（kg）
	x_1	x_2	x_3	x_4	x_5	
1	1	1	1	1	1	1 052
2	1	1	1	−1	−1	1 083
3	1	1	−1	1	−1	1 542
4	1	1	−1	−1	1	1 229
5	1	−1	1	1	−1	1 064
6	1	−1	1	−1	1	1 156
7	1	−1	−1	1	1	1 318
8	1	−1	−1	−1	−1	1 073
9	−1	1	1	1	−1	1 500
10	−1	1	1	−1	1	1 813
11	−1	1	−1	1	1	1 700
12	−1	1	−1	−1	−1	1 438
13	−1	−1	1	1	1	1 519
14	−1	−1	1	−1	−1	1 290
15	−1	−1	−1	1	−1	1 177
16	−1	−1	−1	−1	1	1 042
17	2	0	0	0	0	1 286

(续)

处理编号	因素编码值					每 667 m² 产量（kg）
	x_1	x_2	x_3	x_4	x_5	
18	−2	0	0	0	0	1 896
19	0	2	0	0	0	1 593
20	0	−2	0	0	0	1 364
21	0	0	2	0	0	1 917
22	0	0	−2	0	0	1 245
23	0	0	0	2	0	1 464
24	0	0	0	−2	0	1 151
25	0	0	0	0	2	1 563
26	0	0	0	0	−2	1 492
27	0	0	0	0	0	1 502
28	0	0	0	0	0	1 479
29	0	0	0	0	0	1 490
30	0	0	0	0	0	1 454
31	0	0	0	0	0	1 469
32	0	0	0	0	0	1 546
33	0	0	0	0	0	1 440
34	0	0	0	0	0	1 715
35	0	0	0	0	0	1 415
36	0	0	0	0	0	1 246

对以上回归模型降维，可得单因素效应模型如下：

播期：$y_1 = 1\,493.47 - 113.83x_1 + 2.04x_1^2$

密度：$y_2 = 1\,493.47 + 108.58x_2 - 27.33x_2^2$

氮肥：$y_3 = 1\,493.47 + 73.0x_3 - 0.458x_3^2$

磷肥：$y_4 = 1\,493.47 + 76.0x_4 - 68.83x_4^2$

有机肥：$y_5 = 1\,493.47 + 52.25x_5 - 13.833x_5^2$

根据以上单因素模型，求得各因素投入量与马铃薯产量的关系，结果见图 18-18。

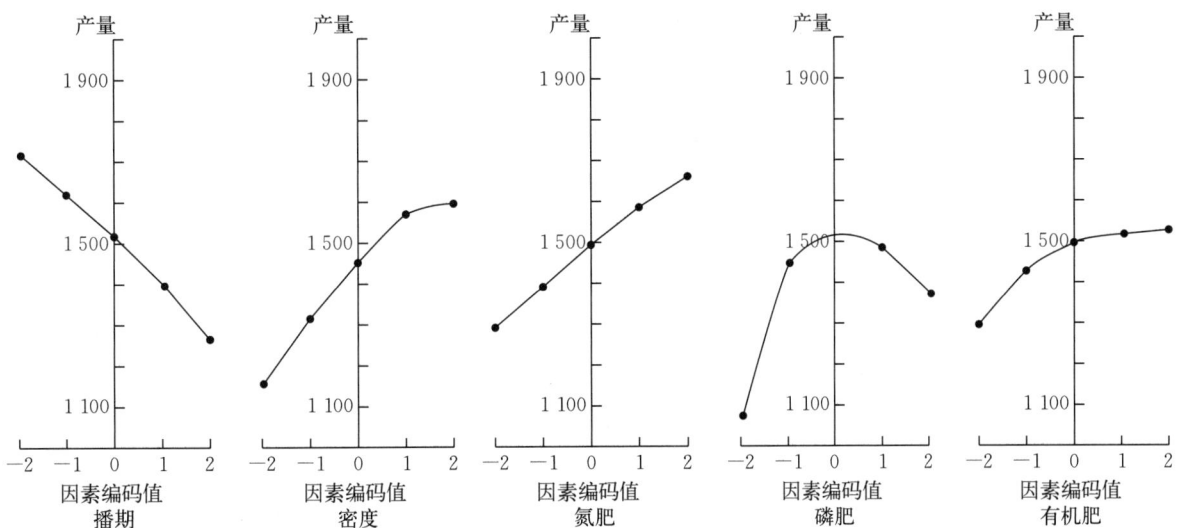

图 18-18 各因素对马铃薯产量效应

由图 18-18 可以看出，播期越早，马铃薯产量越高。密度增加，马铃薯产量增加，当增加到每 $667\,m^2$ 5 000 株时，产量则不再增加。在一定范围内，施氮量越多，马铃薯产量越高。当磷肥 (P_2O_5) 用量达每 $667\,m^2$ 6 kg，马铃薯产量最高，然后随着磷肥用量的增加，产量则随之下降，整体呈抛物线。增施有机肥，马铃薯明显增产，但增产速度比较缓慢。可见，以上 5 个因素对马铃薯产量都有直接影响。

2. 因素间的交互作用与施肥量的调节

(1) 播期与施氮量。马铃薯播期与施氮量的子效应模型为：

$$y_{1.3}=1\,493.47-113.833\,3x_1+73.0x_3-70.125x_1x_3+2.041\,6x_1^2-0.458\,4x_3^2$$

经计算得播期与施氮量的交互作用见表 18-14。结果表明，播期越早，施氮量越高，马铃薯产量随施氮量的增加而显著增加。

表 18-14 播期与施氮量对马铃薯产量（$667\,m^2$）的交互作用

单位：kg

项 目		播 期				
		-2	-1	0	1	2
施氮量	-2	1 301.0	1 321.3	1 345.7	1 374.1	1 406.6
	-1	1 515.6	1 465.8	1 420.0	1 378.4	1 340.8
	0	1 729.3	1 609.3	1 493.5	1 381.7	1 274.1
	1	1 942.0	1 752.0	1 566.0	1 384.2	1 206.4
	2	2 153.8	1 893.7	1 637.7	1 385.7	1 137.8

播期最早的处理（5 月 21 日），每 $667\,m^2$ 施氮量为 12 kg 时，马铃薯产量达 2 153.8 kg，比对照增产 65.5%，比晚播（6 月 14 日）施同量氮肥增产 89.3%。在同样施氮量情况下，马铃薯产量随播期的推迟而下降。6 月 8 日播种，施氮量低与高均无增产效果；6 月 14 日播种，马铃薯产量则随施氮量的增加而降低。这说明在试验范围内，马铃薯播期越早，施氮量越需增加；播期越迟，施氮量越需减少。

(2) 施氮量与施磷量。经处理得氮磷效应模式为：

$$y_{3.4}=1\,493.47-73.0x_3+76.0x_4-44.5x_3x_4-0.458\,3x_3^2-68.833\,4x_4^2$$

由上式求得施氮量与施磷量对马铃薯产量的交互作用（表 18-15）。结果表明，在不施磷单施氮的情况下，马铃薯产量先随施氮量的增加而增加，之后则随施氮量的增加而降低；在不同施磷量的基础上，马铃薯产量则均随施氮量的增加而逐渐降低。

表 18-15 施氮量与施磷量对马铃薯产量（$667\,m^2$）的交互作用

单位：kg

项 目		施氮量				
		-2	-1	0	1	2
施磷量	-2	1 032.9	1 044.1	1 066.3	1 222.2	1 100.0
	-1	1 403.8	1 376.7	1 348.6	1 319.7	1 289.8
	0	1 637.6	1 566.0	1 493.5	1 420.0	1 345.6
	1	1 733.8	1 686.5	1 500.6	1 382.7	1 263.8
	2	1 692.3	1 531.7	1 370.1	1 207.7	1 044.3

在不施氮只施磷的情况下，马铃薯产量先随施磷量的增加而增加，之后则随施磷量的增加而降低；在不同施氮量的基础上，马铃薯产量先随施磷量的增加而增加，然后则随施磷量的增加而逐步降低。

以上情况显示出氮磷肥负交互作用的特点，这可能与气候干旱有关。从肥效反应状况来看，施磷效果明显高于施氮效果，说明增施磷肥是马铃薯增产的重要条件。

（3）施氮量与有机肥施用量。从整体模型可以看出，氮肥与有机肥之间的交互作用为正效应，其模式如下：

$$y_{3.5}=1\,493.47+73.0x_3+52.25x_5+62.125x_3x_5-0.458\,3x_3^2-13.833\,3x_5^2$$

由上式计算得，施氮量与有机肥施用量对马铃薯产量的交互作用结果见表 18-16。结果表明，单施氮肥或单施有机肥，马铃薯产量随施肥量的增加而降低；在有机肥不同施用量处理下，马铃薯产量均随施氮量的增加而增加；在氮肥不同施用量处理下，马铃薯产量随有机肥施用量的增加而增加，但在低氮量处理时，不同有机肥施用量的马铃薯产量却未表现出稳定的增产效果。从氮肥、有机肥一般施用量到较高施用量的相互配合施用，马铃薯产量均逐渐增高。当氮肥和有机肥每 667 m² 各施 12 kg 和 5 000 kg 时，马铃薯产量可达 1 935.3 kg，比对照（666.96 kg）增产 190.2%（对照即每个因素均处于"−2"水平），比一般处理（1 434.30 kg）增产 34.9%（一般处理即施氮量和有机肥施用量处于"−2"水平，其他因素均为"0"水平）。这说明氮肥和有机肥对马铃薯产量的交互作用非常明显，证明增施有机肥是马铃薯增产的重要环节。主要原因可能是有机肥含有大量有机酸和有效钾，有利于氮的吸收，又有充足钾素供应，故有显著交互作用，马铃薯产量增加显著。

表 18-16　施氮量与有机肥施用量对马铃薯产量（667 m²）的交互作用

单位：kg

项目		施氮量				
		−2	−1	0	1	2
有机肥施用量	−2	1 434.30	1 384.43	1 333.64	1 281.93	1 229.30
	−1	1 403.80	1 416.05	1 427.39	1 437.80	1 447.30
	0	1 345.64	1 420.01	1 493.47	1 566.01	1 637.64
	1	1 259.80	1 396.30	1 531.89	1 666.55	1 800.30
	2	1 147.22	1 344.68	1 584.14	1 739.43	1 935.30

三、马铃薯施肥量

不同地区由于气候、土壤等条件的不同，马铃薯产量和施肥量有明显不同。在我国北方，马铃薯一般都种植在气候干旱、土壤瘠薄的地区，对马铃薯施肥量和产量的确定，仅靠土壤养分测定和计算是不够的，还必须考虑土壤中水分的含量状况，应该以水定产，以产定肥。即土壤墒低，肥料少施；土壤墒高，肥料多施，这是旱地施肥的基本原则。农民说：有收无收在于水，收多收少在于肥，也体现了这一原则。

马铃薯是当地主要粮食作物之一，但大多种在干旱、瘠薄的梯田黄绵土上。黄绵土一般养分含量为：有机质 0.522%、全氮 0.032%、碱解氮 19.1 mg/kg、有效磷 8.1 mg/kg、速效钾 94.7 mg/kg，土壤肥力很低，再加土壤水分含量低，马铃薯产量很低，一般 667 m² 产量为 600 kg 左右。经过不同方法试验研究，获得的最后结果是：在梯田上每 667 m² 施氮 7～9 kg、磷 5.0～6.5 kg、厩肥 2 500～3 000 kg，可得产量 1 917～2 325 kg，比对照增产 219.4%～287.5%，增产量为 1 317～1 725 kg。可以看出，在这样恶劣的环境条件下，只要增施肥料，特别是增施有机肥料，可使马铃薯产量大幅度提高。黄绵土在黄土高原地区分布较广泛，被称低产土壤，但事实证明，这种低产土壤，也能实现马铃薯的高产稳产。

四、马铃薯施肥技术

1. 基肥　要使马铃薯获得高产，必须重视基肥的施用，现提倡以有机肥作基肥。因为增施有机肥可使土壤疏松，增加土壤含氧量，满足马铃薯对氧气的需要。根据陕北黄绵土肥力低的特点，每 667 m² 马铃薯产量达 1 500～2 000 kg 时，需要施用优质有机肥 2 500～3 000 kg。同时，需将所需磷、钾肥和 2/3 氮肥充分混匀，在播种时一次施入作基肥。基肥必须施入土壤 10 cm 以下土层，有利于根系吸收。

2. 追肥 追肥需在马铃薯开花以前进行，将剩余的氮肥结合灌水施入土壤，以穴施或沟施为好。

对晚熟品种，在生长后期还可进行根外追肥。一般可用 1％过磷酸钙溶液、0.2％硫酸钾溶液、0.1％高锰酸钾溶液进行喷施，可明显提高产量。此外，在花期喷施铜肥、稀土微肥都可提高马铃薯产量和质量。

在十分干旱的雨养农业地区，由于土壤水分含量很低，生长期中进行追肥既难深施，又不易发挥作用。在这种条件下，可将所需肥料结合播种一次性深施，比分次追肥效果更好。

在山西、宁夏、甘肃等地的同类地区，提倡把所需肥料提前到上年秋季雨季结束后结合最后一次耕地深施入土。提早把肥料储存在土壤内，使肥水相融，秋储春用，这种适应干旱地区的特殊施肥方法均已收到良好效果。

第四节　苹　　果

一、苹果产业的发展现状

黄土高原地处我国宏观地势的第二阶梯，是东部温湿季风区向西北干旱和高寒地区的过渡带，年降水量只有 250～600 mm，且主要分布在 7—9 月，属于半湿润、半干旱气候类型区。其耕地面积中旱地面积占 75％以上，是我国典型的旱作农业区。黄土高原是世界上黄土面积最大、黄土层最深厚的地区，该区域一方面由于日照充足，土层深厚，昼夜温差大等自然优势，生产的苹果品质极佳；另一方面由于工业生产少，对大气、土壤、地下水等生态环境污染轻，是我国生产无公害苹果的最佳产区。

20 世纪 80 年代初，中国农业科学院果树研究所在全国苹果种植区划报告中，对我国各苹果主产区的生态条件进行了全面分析，认为黄土高原是全国唯一一个符合苹果生长 7 项气候指标要求的优生区。除气候指标与世界几个苹果著名产地基本相似外，还有一些比较优越的条件，如昼夜温差大、土层深厚且质地疏松、透气蓄水能力强、气候干燥、空气湿度低、病虫害发生轻等。黄土高原凭借上述得天独厚的自然条件，所产苹果具有端正、色艳、香甜、耐储藏、污染少等特点，受到消费者欢迎。

20 世纪 80 年代以来，随着种植业结构调整和退耕还林工程的大面积实施，黄土高原苹果种植面积不断增加。2007 年，已有 69 个苹果重点基地县，苹果园总面积已超过 102.5 万 hm²，占全国苹果园面积 52％；苹果总产量 1 384 万 t，占全国苹果总产 49.7％。2008 年，陕西苹果种植面积达 53.3 万 hm²，总产量 745.5 万 t，总产值 120 亿元，各项指标均居全国第一位。洛川、白水、旬邑等 30 个苹果生产重点基地县果园面积已占当地耕地面积的 50％以上。苹果产业已成为黄土高原地区农村经济发展的支柱产业之一。

二、苹果树生长发育规律

（一）根系生长发育规律

根系是苹果树重要的吸收器官，苹果树正常生长发育所需的水分与矿质营养主要是通过根系吸收的。苹果树根系还是养分的储藏器官，苹果树落叶前，叶片内的养分回流到枝干，很大一部分再从枝干回流到根系中。这一特征对于多年生的苹果树具有重要意义。苹果树第二年生长发育所需的养分多源于此，储藏养分的水平决定花芽分化质量，并且对苹果树的抗寒性等有很大影响。苹果树根系还是重要的合成器官，其新根中合成的细胞分裂素等活性物质对苹果树正常生长发育起着不可替代的作用。苹果树根系还具有运输和固定作用，对养分上下交换和抗倒伏有重要意义。

1. 年周期根系变化动态 苹果树的根系没有自然休眠，只要条件适宜，根系全年都可生长。从表 18-17 可以看出，新根在年周期内的发生动态模式依树体类型不同而异。丰产稳产树新根发生量较高而且稳定，但仍可看到春梢生长对新根发生的抑制作用。大年树及大年后翌年树（小年树）则呈相反的变化规律。大年树春季的发根量较高，形成高峰，随着开花坐果、新梢生长而急剧下降。超负荷对秋季新根发生影响最大，在秋季生长根基本不发生，并影响翌年春季的新根量，翌年春季的新根发生仍显著减少。

表 18-17 不同类型苹果树根系周年发生情况

（王丽琴 等，1997）

树体类型	名称	测定时间		
		4 月 20 日	6 月 25 日	10 月 15 日
丰产稳产树	生长根（条）	71	45	68
	吸收根（条）	21 399	9 831	31 393
	生长点（个）	3 613	673	5 818
大年树（秋根少）	生长根（条）	69	39	9
	吸收根（条）	28 801	5 419	1 931
	生长点（个）	3 155	553	183（秋根少）
大年后翌年树（春根少）	生长根（条）	13	91	69
	吸收根（条）	1 770	14 391	27 199
	生长点（个）	417（春根少）	793（补偿生长）	4 801

2. 年周期根系生物量变化 研究表明，不同时期生物量变化与苹果树养分状况有密切的关系。由图 18-19 可以看出，黄土高原地区苹果树生物量随物候期进展而增加。

从 3 月 26 日至 4 月 30 日，整株生物量维持在 8.5～10.2 kg；4 月 30 日至 9 月 21 日，由于果实、叶片和新梢的迅速生长，使整株生物量迅速增加，至 9 月 21 日为 21.8 kg；9 月 21 日至翌年 1 月 15 日，随着果实的采收、落叶，整株生物量变化幅度很小，保持在21.8～22.7 kg。地上部生物量与整株有相似的动态

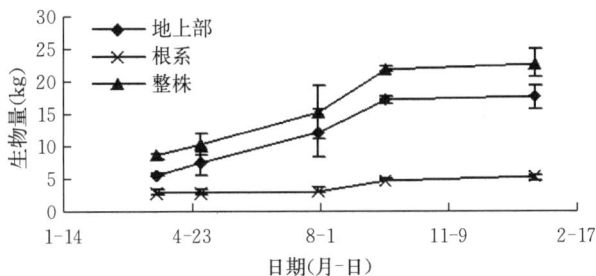

图 18-19 年周期苹果树根系、地上部和整株生物量的积累量

（樊红柱，2007）

变化规律。根系生物量年周期内在 2.9～5.2 kg 范围内变化，3 月 26 日至 7 月 30 日，根系生物量变化很小，其快速生长出现在 7 月下旬后，9 月下旬以后基本不再增加。

（二）芽、枝、叶、果生长发育规律

1. 芽的分化与萌发生长 芽长在枝上，随着枝条伸长在叶腋中产生芽原始体，再逐渐分化出鳞片、芽轴、节、叶原基等。位于枝条基部的芽无叶原基或只有 1～2 片叶原基，多形成潜伏芽，一般情况下不萌发，受到刺激时才能萌发。芽形成后当年多不萌发，经过自然休眠后气温平均在 10 ℃左右开始萌发，但在受到强烈刺激时当年也会萌发生长。

2. 枝的生长及类型 新梢生长的强度，因品种和栽培技术的不同而不同。一般幼树期及结果初期的树，其新梢生长强度大，为 80～120 cm；至盛果期生长势显著减弱，一般为 30～80 cm；盛果末期新梢生长强度更加减弱，一般在 20 cm 左右。大部分苹果产区新梢常有两次明显生长，分别称春梢

和秋梢，春秋梢交界处形成明显的盲节。肥、水管理不合理的果园，往往是春梢短而秋梢长，且不充实，对苹果的生长发育极为不利。优质丰产树要求新梢长度为30～40 cm，春、秋梢比为2～3，这也是判断施肥是否合理的重要反馈指标。

3. 叶片生长

（1）叶原基开始形成于芽内胚状枝上。芽萌动生长，胚状枝伸出芽鳞外，开始时节间短、叶形小，之后节间逐渐加长、叶形增大，一般新梢上第7～8节的叶片才能达到标准叶片的大小。根据吉林农业科学院果树研究所的调查，苹果成年树约80%的叶片集中形成在盛花后较短时间内，这些叶片是在前一年叶内胚状枝上形成的。当芽开始萌动生长，形成的叶原基也相继长成叶片，约占总叶数的20%，是新梢生长继续延伸而分化的后生叶。

（2）叶幕的结构与苹果树生长发育和苹果产量品质密切相关。丰产稳产园叶面积指数一般为3.5～4.0，且在冠内分布均匀。叶幕过厚，树冠内膛光照不足，内膛枝不能形成花芽，枝容易死亡，反而缩小了树冠的体积。因此，在保证适宜叶面积的基础上，要注意提高叶片质量（厚、亮、绿）；并使春季叶幕尽早建成，秋季延迟衰老，减少梢叶过度生长及无效消耗。

4. 开花、结果　苹果树是异花授粉果树，生产上必须配置一定数量的授粉树，在花期选择花粉量多、授粉结实率在40%以上、授粉亲和力高、有较高经济价值的品种，采取其花粉进行人工授粉。另外，要创造适宜的传粉条件，在自然条件下苹果树靠昆虫、风力实现授粉，因此花期放蜂有助于传粉。

三、营养元素在苹果树生长中的作用

1. 氮素　氮素是苹果必需的矿质元素中的核心元素。在一定范围内，其施用量与苹果的产量、品质密切相关。适量施氮不仅能提高叶片的光合速率，增加光合面积，还能促进花芽分化，提高坐果率，增加单果平均重。

2. 磷素　磷能促进二氧化碳的还原固定，有利于糖类的合成，并以磷酸化方式促进糖分转运，不仅能提高产量、含糖量，还能改善果实的色泽。磷营养水平高时，就会有充足的糖分供应根系，促进根系生长，提高吸收根的比例，从而提高整个植株从土壤中摄取养分的能力。供磷充足能使果树及时通过枝条生长阶段，使花芽分化时新梢能及时停止生长，促进花芽分化，提高坐果率。此外，磷还能增强树体抗逆性，减少枝干腐烂病和果实水心病的发病率。

3. 钾素　苹果需钾量大，增施钾肥能促进果实增大，增加果实单果重。相关试验表明，钾浓度从0 mg/kg提高到100 mg/kg，红玉和国光苹果的单果重分别从136 g和94 g提高到211 g和207 g，而且高钾处理果实含糖量高、色泽好。彭福田等在不同果园的研究结果表明，供钾0～150 mg/kg范围内，苹果产量随土壤含钾量的增加而提高；但土壤供钾过多也不利于产量的提高。

钾素水平的高低影响氮素同化，特别是硝态氮的还原转化，因为钾对还原酶有诱导作用。此外，钾在氮同化过程中的许多方面发挥独特作用。氮、钾配合施用并保持适宜比例对苹果产量、品质、发病率、着色度都有明显影响。

4. 钙素　适量的钙除能保护细胞膜、提高苹果品质、延长保存期外，还可以减轻氢、钠、铝、铁离子的毒害。苹果树整体缺钙情况十分少见，但苹果果实缺钙却比较普遍。通常，果实钙含量较低，是其邻近叶片钙含量的1/40～1/10。苹果果皮中钙含量低于700 mg/kg或果肉中低于200 mg/kg时，易产生苦痘病、痘斑病、心腐病、裂果等生理病害，尤其低钙情况下更易发生。

5. 微量元素　苹果树需要的营养元素除氮、磷、钾等大量元素外，还需要钙、铁、锰、锌、硼等中微量元素。镁是叶绿素的组成部分，苹果树缺镁时不能形成叶绿素，叶变黄而早落。铁对叶绿素的形成起重要作用，苹果树缺铁时也不能形成叶绿素，幼叶首先失绿，叶肉呈淡绿或黄绿色，随病情加重，全叶变黄甚至为白色，即黄叶病。锌是许多酶类的组成成分，在缺锌的情况下，生长素少，植物细胞只分裂而不能伸长。硼是苹果必需的微量元素之一，对细胞膜结构和功能的完整性有重要作用。充足的硼素供应能增强植物的抗逆性，适量的硼可以改善果实品质，使着色提前，增加可溶性固形物含量，降低可滴定酸含量，提高维生素 C 含量。

四、苹果树养分吸收规律

我国苹果主产区主要有渤海湾和黄土高原两个。渤海湾产区四季分明、雨量充沛；黄土高原产区前期干旱少雨、灌溉条件差，后期多雨，其生长发育动态和养分累积动态有别于其他产区。

（一）苹果氮素吸收累积年周期动态

1. 新生器官氮含量与累积量　黄土高原苹果树新生器官（果实、叶片和新梢）中氮含量与氮累积量变化有一定的规律（表 18-18）。果实、叶片和新梢中氮含量都是前期高、后期降低，可能是随其生长氮素被稀释。新生器官中氮累积量随果树生长而增加。苹果树年周期不同生育阶段以叶片氮累积量最多。

表 18-18　叶片、果实和新梢中氮含量与累积量变化

（樊红柱，2008）

日期（月-日）	氮含量（g/kg）			氮累积量（kg/hm²）		
	叶片	果实	新梢	叶片	果实	新梢
3-26	23.51a	—	—	1.24b	—	—
4-30	18.90b	19.33a	14.87a	23.26ab	1.45c	2.63c
7-30	16.02b	3.35b	7.63b	34.81a	4.36b	5.33bc
9-21	15.32b	4.90b	12.21ab	36.05a	29.90a	10.98ab
1-15	—	—	8.07b	—	—	14.32a

注：不同小写字母表示差异达 $P<0.05$ 水平。

2. 氮素利用与施肥推荐　对盛果期大树而言，树体的需氮量主要是果实和叶片带走的量。7 月 30 日至 9 月 21 日，富士苹果树（产量 48 t/hm²）根系从土壤中吸收氮素 99 kg/hm²，占吸收总量的 57.6%；9 月 21 日至 1 月 15 日，从土壤中吸收氮素 73 kg/hm²，占吸收总量的 42.4%。其从土壤中吸收的氮素主要分两个时期：果实膨大期和秋季收获后。果实与叶片 1 年带走 66 kg/hm² 的氮。果树（产量 48 t/hm²）年推荐施氮（N）230 kg/hm²，秋季果实收获后基施氮 97 kg/hm²，7 月下旬前追施氮 133 kg/hm²。每产 100 kg 苹果，需要吸收氮素 0.4 kg，果园施氮（N）0.5~0.7 kg。

（二）苹果磷素吸收累积年周期动态

1. 不同器官磷含量　果实、叶片和新梢中磷含量表现出前期较高、中后期较低的消长变化规律。早春叶片磷含量较高，幼果期果实磷含量较高，果实成熟期新梢磷含量较高，表明年周期内磷的分配随生长中心的转移而转移。3 月 26 日至 7 月 30 日，枝、干和根系中磷含量分别降低了 52.1%、38.6% 和 50.0%，枝、干和根系磷含量在同一物候期无显著性差异；7 月 30 日以后，各器官磷含量有不同程度的增加；9 月 21 日以后，枝、干和根系磷含量达显著性差异水平，休眠期根系与枝、干磷含量达显著差异水平。果实成熟时叶片和新梢磷含量较高，休眠期根系含量最高（表 18-19）。

表 18-19　苹果树体不同器官磷含量变化

（樊红柱，2007）

单位：g/kg

器官	采样日期				
	3 月 26 日	4 月 30 日	7 月 30 日	9 月 21 日	1 月 15 日
果实	—	2.72±0.52a	0.47±0.07ab	0.77±0.09c	—
叶片	7.40±0.99a	2.64±0.71a	0.81±0.26a	1.38±0.15a	—
新梢	—	2.03±0.79a	0.69±0.25ab	1.52±0.04a	1.30±0.27ab

（续）

器官	采样日期				
	3月26日	4月30日	7月30日	9月21日	1月15日
枝	0.94±0.06b	0.50±0.16b	0.45±0.22ab	0.69±0.01c	0.79±0.04bc
干	0.44±0.02b	0.27±0.08b	0.31±0.19b	0.48±0.08d	0.55±0.11c
根系	0.92±0.04b	0.55±0.11b	0.46±0.19ab	0.97±0.16b	1.52±0.44a

注：不同小写字母表示差异达 $P<0.05$ 水平。

2. 磷素利用与施肥推荐　由表 18-20 可以看出：3 月 26 日至 7 月 30 日，果树基本没有从土壤中吸收磷素，新生器官生长所需的磷素营养主要来自上年不同器官储存养分的转移。7 月 30 日至 9 月 21 日，树体磷累积量从 8.42 kg/hm² 增加到 26.74 kg/hm²，根系吸收磷素 18.32 kg/hm²；9 月 21 日至 1 月 15 日，磷累积量从 26.74 kg/hm² 增加到 29.20 kg/hm²，其中果实和叶片分别为 4.72 kg/hm² 和 3.22 kg/hm²，表明根系继续从土壤中吸收磷素 10.40 kg/hm²。所以年周期内果树磷素吸收总量为 28.72 kg/hm²，且主要集中在两个阶段，果实膨大期吸收量为 18.32 kg/hm²，果实采收至休眠期吸收量为 10.40 kg/hm²，分别占吸收总量的 63.8% 和 36.2%。按照施肥量＝（果树吸收量－土壤供应量)/肥料利用率，土壤供应量按吸收量的 1/2 计，肥料利用率为 30%。苹果树（产量 48 t/hm²）年推荐施磷（P）48 kg/hm²，果实收获后秋季基施磷 17 kg/hm²，果实膨大期前追施磷 31 kg/hm²。每生产 100 kg 苹果，需要施磷（P₂O₅）0.3～0.4 kg。

$$\text{表 18-20　苹果树体磷累积量}$$

（樊红柱，2007）

单位：kg/hm²

项目	采样日期				
	3月26日	4月30日	7月30日	9月21日	1月15日
果实	—	0.20±0.04	0.70±0.64	4.72±0.89	—
叶片	0.39±0.03	3.36±1.73	1.70±0.87	3.22±0.01	—
新梢	—	0.37±0.21	0.44±0.32	1.37±0.20	2.32±0.47
整株	10.71±0.68	9.49±4.38	8.42±1.24	26.74±1.83	29.20±0.10

（三）苹果钾素吸收累积年周期动态

1. 不同器官钾累积量　年周期内树体中钾累积量变化可分为以下 4 个阶段（表 18-21）。第一阶段：3 月 26 日至 4 月 30 日，整株钾累积量变化很小，枝、干和根系中钾累积量均有不同程度的下降，而叶片钾累积量从 1.00 g 增加到 11.42 g，这一阶段根系吸收较少的钾素。第二阶段：4 月 30 日至 7 月 30 日，整株钾累积量从 39.75 g 增加到 72.58 g，苹果树从土壤中吸收了大量的钾。不同器官中钾累积量明显增加，其中果实与新梢增加较多，分别增加 1 224% 和 160%，叶片钾累积量增加了 104%，而根系钾累积量仅增加了 21%。第三阶段：7 月 30 日至 9 月 21 日，整株钾累积量从 72.58 g 下降到 63.92 g，果实中钾累积量从 11.65 g 增加到 23.44 g，增加了 101%，其余器官钾累积量均有不同程度的降低。第四阶段：9 月 21 日至翌年 1 月 15 日，整株钾累积量从 63.92 g 下降到 49.65 g，但 1 月 15 日整株钾累积量未包括果实采收时带走的 23.44 g 钾，以及果实成熟时叶片中钾累积量（10.34 g）。事实上，整株钾累积量从 63.92 g 增加到 83.43 g，说明在果实采收后根系仍继续吸收一定的钾素。随着养分回流，树体钾累积量明显增加。

2. 钾素利用与施肥推荐　由表 18-21 可知，3 月 26 日至 4 月 30 日，果树钾累积量从 59.59 kg/hm² 增加到 66.18 kg/hm²，但枝、干和根系中钾累积量都下降，表明此期根系从土壤吸收较少的钾，果树生长主要利用上年各器官储藏钾的转移；从 4 月 30 日到 7 月 30 日，果树钾累积量从 66.18 kg/hm² 增加到 120.85 kg/hm²，所以此期果树吸收大量的钾素养分才能满足其生长发育，吸收量为 54.67 kg/hm²；从 7 月 30 日到 9 月 21 日，果树钾累积量稍有下降；从 9 月 21 日到翌年 1 月 15 日，果树钾累积量从 106.43 kg/hm² 降低到 82.67 kg/hm²，但同时果实和叶片分别带走 39.03 kg/hm²、17.22 kg/hm² 的钾，所以实际上果树钾累积量从 106.43 kg/hm² 增加到 138.92 kg/hm²，表明根系继续吸收钾素养分，吸收量为 32.39 kg/hm²。苹果树年周期内吸收钾素 87.06 kg/hm²，分别在幼果期吸收 54.67 kg/hm²，占吸收总量的 62.8%，秋季吸收 32.39 kg/hm²，占 37.2%。果园（产量 48 t/hm²）年推荐施钾（K₂O）109 kg/hm²，幼果期追施钾 68 kg/hm²，秋季基施钾 41 kg/hm²。每生产 100 kg 苹果，需要吸收钾素 0.4 kg，果园需补充施钾（K₂O）0.5～0.6 kg。

表 18-21 苹果树不同器官钾累积量统计

（樊红柱，2007）

单位：kg/hm²

器官	采样日期				
	3 月 26 日	4 月 30 日	7 月 30 日	9 月 21 日	1 月 15 日
果实	—	0.88±0.26b	11.65±2.91b	23.44±3.90a	—
叶片	1.00±0.20c	11.42±4.79a	23.33±3.05a	10.34±2.48b	—
新梢	—	1.08±0.25b	2.81±2.31c	2.19±0.35c	3.56±1.24d
枝	15.33±3.93a	9.74±3.94a	12.86±1.94b	10.93±0.72b	22.79±0.65a
干	9.46±0.38b	8.44±3.05a	12.02±3.75b	7.80±2.20b	12.46±0.46b
根系	10.00±2.89b	8.19±2.43a	9.91±2.96b	9.22±0.32b	10.84±0.32c
整株	35.79±0.86	39.75±0.55	72.58±5.75	63.92±1.63	49.65±1.38
合计	59.59±1.43	66.18±0.92	120.85±9.56	106.43±2.71	82.67±2.30

注：不同小写字母表示差异达 P<0.05 水平。表中数据为三株树的平均值，合计指每公顷果园钾累积量。

五、苹果园土壤养分供给状况

苹果树对土壤适应性广，种植在普通作物不能生长的土壤上仍可取得良好效果；但以土壤深厚、透气性好，保水、蓄水力强的沙壤土和壤土为佳。适宜苹果树经济栽培的土壤厚度以不少于 60～80 cm、有机质含量在 1% 以上、全氮含量超过 0.07% 为好。陕西是我国重要的苹果生长基地，本文以陕西省为例了解当前苹果园的土壤养分状况。

陕西省不同地区苹果园土壤养分状况差异较大。土壤有机质含量变化幅度为 0.77%～1.77%，小于 1.0% 占 60%，1.0%～1.77% 占 40%。按照苹果树生产需要的土壤有机质含量标准（>2.5% 为高含量、1.0%～2.5% 为中含量、<1.0% 为低含量），全省苹果园土壤缺乏有机质，尤其是洛川、黄龙比较突出。土壤碱解氮平均含量为 47 mg/kg，碱解氮含量最高的为甘泉土样，含量为 88 mg/kg；碱解氮含量最低的为富平和长武土样，含量均为 35 mg/kg。碱解氮能反映土壤近期内氮素供应状况，可见各地区苹果园氮肥施用极不平衡。土壤有效磷平均含量为 14.5 mg/kg，各采样点土壤磷含量差异较大，变化幅度为 1.8～31.2 mg/kg。其中，富县、洛川、黄龙、黄陵和礼泉有效磷含量均低于 10.0 mg/kg，属于极缺磷水平；其他采样点土壤磷含量为 11.0～31.2 mg/kg，属于较缺磷至较丰富级水平（表 18-22）。随着农业产业结构的调整，苹果产业迅速发展，果农增加生产投入，加大了磷肥的施用，加之磷素在土壤中迁移率低，使得果园土壤磷素含量上升。土壤中速效钾含量的分级标准为：<100 mg/kg 属缺钾，100～120 mg/kg 为较缺钾，120～150 mg/kg 为中等，>150 mg/kg 属钾丰富。由表 18-22 可以看出，苹果园土壤中缺钾或较缺钾的占 33%，中等含钾的占 13%，钾含量较丰富的占 54%。可见，有相当一部分苹果园钾素较缺乏。

表 18-22　陕西省苹果园土壤养分状况

(张英利)

采样地点	有机质（%）	碱解氮（mg/kg）	有效磷（mg/kg）	速效钾（mg/kg）
甘泉	0.99	88	25.0	192
富县	0.91	36	1.8	110
洛川	0.77	40	6.5	102
富平	1.04	35	11.0	184
蒲城	1.06	59	13.7	191
白水	0.99	46	16.9	129
黄龙	0.87	36	6.0	90
黄陵	0.91	46	3.5	97
淳化	1.17	50	31.2	244
乾县	0.90	41	14.8	174
礼泉	0.91	45	9.5	151
永寿	0.92	48	19	153
彬县	1.05	52	19.5	154
长武	1.17	35	23.7	88
旬邑	1.77	47	15.5	149
平均	0.99	47	14.5	147

六、苹果推荐施肥量与施肥

（一）施肥量的确定

苹果树每年的养分吸收量近似等于树体中养分含量与第二年新生组织中养分含量之和。Levin（1980）建议，苹果的最佳施肥量为果实带走量的 2 倍，这样有近 50% 的剩余。因此，确定苹果施肥量简单可行的方法是：以结果量为基础，并根据品种特性、树势强弱、树龄、立地条件及诊断的结果等加以调整。

施肥量=（果树吸收肥料的量－土壤供给量）/肥料利用率

果树吸收肥料的量=果树单位产量养分吸收量×产量

土壤供给量=土壤养分测定值×0.15×校正系数

1. 根据果树养分吸收量及目标产量　根据渭北旱塬盛果期苹果树生产 100 kg 果实所需养分量（表 18-23），可估算盛果期红富士苹果树不同目标产量下的施肥量。土壤供氮量为果树吸收量的 1/3，氮肥利用率为 50%；土壤磷供应量按吸收量的 1/2 计，磷肥利用率为 30%。

表 18-23　苹果树每生产 100 kg 果实树体养分吸收量和推荐施肥量

元素	N	P	K
养分吸收量（kg）	0.4	0.1	0.2
推荐施肥量（kg）	0.5~0.7	0.1~0.2	0.2~0.3

若不考虑土壤养分供应量，假定果树吸收养分全部来自肥料，氮肥利用率为 35%；磷肥利用率为 25%，钾肥利用率为 45%，则计算出相应的目标产量下推荐施肥量（表 18-24）。在中低等肥力土壤上可采用上限，而在高肥力土壤条件下可采用下限。

表 18 - 24 盛果期苹果树不同目标产量下每 667 m² 推荐施肥量（kg）

肥料类型	每 667 m² 目标产量（kg）			
	1 000～2 000	2 000～3 000	3 000～4 000	4 000～5 000
N	11～23	23～34	34～46	46～57
P_2O_5	9～18	18～27	27～37	37～46
K_2O	5～11	11～16	16～21	21～27

结合关中灌区与渭北旱塬苹果推荐施肥并汇总有关专家建议，确定的渭北旱塬地区苹果树合理施肥量见表 18 - 25。在中低等肥力土壤上可采用上限，而在高肥力土壤条件下可采用下限。苹果园施肥应坚持以农家肥为主，配合各种化学肥料的原则。

表 18 - 25 渭北旱塬苹果树合理施肥量（kg/hm²）

产量水平（t/hm²）	N	P_2O_5	K_2O	有机肥
25～45	240～360	220～340	160～240	40 000～60 000

2. 根据树龄 根据顾曼如等的试验结果及综合有关资料，确定了不同树龄苹果的年施肥量（表 18 - 26）。为了方便计算，列出了几种常见肥料（表 18 - 27～表 18 - 29）的纯养分含量，在生产上提倡采用复合肥或专用肥。

表 18 - 26 不同树龄苹果的施肥量

单位：kg/hm²

树龄	有机肥	尿素	过磷酸钙	硫酸钾或氯化钾
1～5 年	15 000～22 500	75～150	300～450	75～150
6～10 年	30 000～45 000	150～225	450～750	112～225
11～15 年	45 000～60 000	150～450	750～1 125	150～300
16～20 年	45 000～60 000	300～600	750～1 500	300～600
21～30 年	60 000～75 000	300～600	750～1 125	450～600
>30 年	60 000～75 000	600	750～1 125	300～600

表 18 - 27 氮肥的主要成分、性质和施用注意事项

肥料名称	主要成分	N 含量（%）	性质	施用注意事项
尿素	$CO(NH_2)_2$	46	白色或淡黄色结晶粒状，吸湿性较强	肥效稍慢于硝酸铵，幼苗碰到易中毒，不宜作种肥。含氮量高，可掺土或兑水施用
硫酸铵	$(NH_4)_2SO_4$	21	白色结晶，呈生理酸性，有吸湿性，易溶于水	不可与石灰、草木灰混施，在酸性地区施用，要注意土壤酸化；在碱性地区施用，注意盖土，防止铵的挥发
硝酸铵	NH_4NO_3	33～34	白色结晶，有吸湿性及爆炸性，结块时不可密闭猛击	易受潮结块，注意随用随开；所含硝酸铵不能被土壤胶体吸附，易流失，应沟施盖土，不应与碱性肥料混合
碳酸氢铵	NH_4HCO_3	17.5	白色结晶，有吸湿性，常温下随温度升高而加快分解，至 69 ℃全部分解	易挥发，不宜放在温室内，以免熏伤作物。用作追肥时要求深施盖土，不能接触茎叶

（续）

肥料名称	主要成分	N 含量（%）	性质	施用注意事项
氨水	NH_4OH	16～25	无色或深色液体，呈碱性，有刺激性气味，易挥发	要深施，施后迅速盖土。沙土不宜施用，因挥发性强，避免接触作物根、茎、叶，防止灼伤，不易作基肥

表 18-28　磷肥的主要成分、性质和施用注意事项

肥料名称	主要成分	P_2O_5 含量（%）	性质	施用注意事项
过磷酸钙	$Ca（H_2PO_4）_2$ $CaSO_4$	14～20	灰白色粉末，稍有酸味，易与土壤中钙铁等元素化合成不溶性的中性盐	不宜与碱性肥料混合储存，酸性土壤要施生石灰 6～7 d 后再施用
磷矿粉		14～36	灰褐色粉末，很难溶于弱酸	宜在酸性土壤施用，石灰性土壤施用时要与土壤充分混合，易作基肥
钙镁磷肥		16～18	灰褐色或绿色粉末，含有可溶于柠檬酸的磷酸14%～20%，碱性，不吸湿，易保存	肥效较慢，不宜用于追肥，最好与堆肥混合施用，深施在作物根系分布最多的土层效果最好，宜施于酸性土壤

表 18-29　钾肥的主要成分、性质和施用注意事项

肥料名称	主要成分	K_2O 含量（%）	性质	使用注意事项
硫酸钾	K_2SO_4	50～52	白色结晶，易溶于水，吸湿性较小，稍有腐蚀性，呈酸性	可作基肥、追肥施用，在酸性土壤中应注意施用石灰
硝酸钾	KNO_3	45～46	纯品为白色结晶，有助燃性，不易存放在高温或有易燃品的地方	作基肥或追肥施用
氯化钾	KCl	60	白色结晶，呈生理酸性，易溶于水	作基肥或追肥均可，长期施用能提高土壤酸性

3. 根据土壤分析结果　土壤分析在诊断过程中起着重要的作用。土壤的物理性状、化学性质可以提供许多有用的信息。土壤中各元素的有效浓度可以告知土壤能提供多少可用元素，而土壤物理结构特点又是施肥时考虑肥料利用率的重要依据。土壤分析可以使营养诊断更具针对性，分析土壤的组成可知在一定阶段内哪些元素可能会缺、哪些基本不缺、哪些肯定会缺，从而可有针对性地对这些元素进行施肥补充。

但大量研究表明，土壤中元素含量与树体元素含量间并没有明显的相关关系，因而土壤分析并不能完全回答施多少肥的问题，因此它只有与其他分析方法相结合，才能起到应有的作用。中等肥力水平的土壤条件下，成龄果园一般施氮（N）187.5 kg/hm²、磷（P_2O_5）75 kg/hm²、钾（K_2O）225 kg/hm²。根据山东果园土壤有效养分含量分级标准见表 18-30。

表 18-30　苹果园土壤有效养分含量分级标准

（姜远茂）

养分种类	极低	低	中等	适宜	较高
有机质（%）	<0.6	0.6～1.0	1.0～1.5	1.5～2.0	>2.0
全氮（%）	<0.04	0.04～0.06	0.06～0.08	0.08～0.10	>0.1
速效氮（mg/kg）	<50	50～75	75～95	95～110	>110
有效磷（mg/kg）	<10	10～20	20～40	40～50	>50

（续）

养分种类	极低	低	中等	适宜	较高
速效钾（mg/kg）	<50	50～80	80～100	100～150	>150
有效锌（mg/kg）	<0.3	0.3～0.5	0.5～1.0	1.0～3.0	>3.0
有效硼（mg/kg）	<0.2	0.2～0.5	0.5～1.0	1.0～1.5	>1.5
有效铁（mg/kg）	<2	2～5	5～10	10～20	>20

王留好等（2007）调查发现（表 18-31），陕西苹果园 0～40 cm 土层土壤有机质平均含量为 1.26%，变幅 0.86%～2.17%；40～60 cm 土层有机质平均含量为 0.90%，变幅 0.58%～1.59%。调查的 56 个果园中，有机质含量≥1.0% 的果园占 89%，有 11% 的果园土壤有机质含量低于 1.0%，有机质含量较低。参照山东苹果园土壤有机质含量分级标准，陕西果园土壤有机质有 2% 达到高含量，14% 为适宜，73% 为中等，11% 为缺乏。但是，根据绿色食品产地土壤肥力分级指标（表 18-32），在调查的果园中，只有 2% 的果园土壤有机质含量达到优良，14% 达到 II 级标准，其余 84% 为较差。据报道，我国丰产优质苹果园土壤有机质含量均在 1.5% 以上，国外高达 2%～6%。因此，要提高陕西苹果产量和品质，使其达到绿色果园土壤肥力标准，还需加大有机肥施用，使土壤有机质含量逐年提高。

表 18-31 陕西苹果园土壤有机质状况

苹果产区	果园数量（个）	0～40 cm 土层有机质含量（%）		40～60 cm 土层有机质含量（%）	
		变幅	平均值	变幅	平均值
礼泉	9	1.01～1.28	1.13	0.59～1.01	0.79
旬邑	9	0.86～1.37	1.06	0.58～1.14	0.81
扶风	8	1.14～1.49	1.27	0.63～0.95	0.83
合阳	10	1.14～1.69	1.40	0.72～1.1	0.91
白水	10	0.99～2.17	1.55	0.74～1.59	1.19
洛川	10	0.97～1.33	1.13	0.64～0.98	0.82

表 18-32 绿色食品产地土壤肥力分级指标

项 目	I（优良）	II（中等）	III（较差）
有机质含量（%）	>2.0	1.5～2.0	<1.5

（二）施肥技术

苹果施肥一般分基肥和追肥两种，具体施肥时间因品种、树体的生长结果状况以及施肥方法而异。不同时期，施肥种类、数量和方法都不同。

1. 基肥 基肥应将有机肥料和速效肥料结合施用。有机肥料宜以迟效性和半迟效性肥料为主，如猪圈粪、牛马粪和人尿粪，根据结果量一次施足。速效肥料主要是氮肥和磷肥。为充分发挥肥效，可将几种肥料一起堆腐，然后拌匀施用。基肥用量，按有效成分计算，宜占全年总施肥量的 70% 左右，其中化肥的量占 2/5。以施用有机肥料为主的基肥，最宜秋施。秋施基肥以中熟品种采收后、晚熟品种采收前为最佳。

2. 追肥 指生长季根据树体的需要而追加补充的速效肥料，追肥应因树因地灵活安排。

（1）根据果树生长状况追肥。旺长树：追肥应避开营养分配中心的新梢旺盛期，提倡"两停"（春梢和秋梢停长期）追肥，尤其注重"秋停"追肥，有利于分配均衡、缓和旺长。应注重施磷钾肥，促进成花。春梢停长期追肥（5 月下旬至 6 月上旬），时值花芽生理分化期，追肥以铵态氮为主，配合磷钾，结合小水适当干旱、提高浓度，促进花芽分化；秋梢停长期追肥（8 月下旬），时值秋梢花芽分化和芽体充实期，应结合补氮，以磷钾为主，注重配方、有机充足。

衰弱树：应在旺长前期追施速效肥，以硝态氮为主，有利于促进生长。萌芽前追氮，配合灌水，加盖地膜。春梢旺长前追肥，配合大水。夏季借雨勤追，猛催秋梢，恢复树势。秋天带叶追肥，增加储备，提高芽质，促进秋根。

结果壮树：追肥的目的是保证高产、维持树势。萌芽前追：以硝态氮为主，有利发芽抽梢、开花坐果。果实膨大时追：以磷钾为主，配合铵态氮，加速果实增长，促进增糖增色。采后补肥灌水：协调物质转化，恢复树体，提高功能，增加储备。

大小年树：大年树，追肥时期宜在花芽分化前1月左右，以利于促进花芽分化，增加次年产量。追氮数量，宜占全年总施氮量的1/3。小年树，追肥宜在发芽前，或开花前及早进行，以提高坐果率，增加当年产量。追氮数量，也占全年总施氮量的1/3左右。

（2）根据土壤条件追肥。

沙质土果园：因保肥保水性差，追肥宜少量多次灌小水，勤施少施，多用有机肥和复合肥，防止肥水严重流失。

盐碱地果园：因pH偏高，许多营养元素如磷、铁、硼易被固定，应注重多追有机速效肥，磷肥和微肥最好与有机肥混合施用。

黏质土果园：保肥保水性强，透气性差。追肥次数可适当减少，多配合有机肥或局部优化施肥，协调水气矛盾，提高肥料有效性。

（3）根据树势及土壤肥力状况追肥。在苹果生长季中，还可以根据树体的生长状况和土壤施肥情况，适当进行根外施肥（表18-33）。

表 18-33　苹果的根外追肥

时期	种类、浓度	作用	备注
萌芽前	2%～3%尿素	促进萌芽以及叶片、短枝发育，提高坐果率	可连续2～3次
	1%～2%硫酸锌	矫正小叶病，保持树中正常含锌量	主要用于易缺锌的果园
萌芽后	0.3%尿素	促进叶片转色、短枝发育，提高坐果率	可连续2～3次
	0.3%～0.5%硫酸锌	矫正小叶病	出现小叶病时
花期	0.3%～0.4%硼酸	提高坐果率	可连续喷2次
新梢旺长期	0.1%～0.2%柠檬酸铁或黄腐酸二铵铁	矫正缺铁黄叶病	可连续喷2次
5—6月	0.3%～0.4%硼酸	防治缩果病	
5—7月	0.2%～0.5%硝酸钙	防治苦痘病，改善品质	可连续喷2～3次
果实发育后期	0.4%～0.5%磷酸二氢钾	增加果实含糖量，促进着色	可连续喷3～4次
采收后至落叶前	0.5%尿素	延缓叶片衰老，提高储藏营养	可喷3～4次，大年尤其重要
	0.3%～0.5%硫酸锌	矫正小叶病	主要用于易缺锌的果园
	0.4%～0.5%硼酸	矫正缺硼症	主要用于易缺硼的果园

（三）施肥方法

（1）环状施肥。特别适用于幼树基肥，在树冠外沿20～30 cm处挖宽40～50 cm、深50～60 cm的环状沟，把有机肥与土按1∶3的比例和一定量的化肥掺匀后填入。随树冠扩大，环状逐年向外扩展。此法操作简便，但断根较多。

（2）条沟状施肥。在树的行间或株间隔行开沟施肥，沟宽、沟深同环状沟施肥。此法适于密植园。

（3）辐射状施肥。从树冠边缘向里开深50 cm、宽30～40 cm的条沟（行间或株间），或从距树干50 cm处开始挖放射沟，内腔沟窄些、浅些（约深20 cm、宽20 cm），树冠边缘沟宽些、深些（深约

40 cm、宽约 40 cm）。每株 3～6 个穴，依树体大小而定。然后将有机肥、轧碎的秸秆、土混合，根据树的大小可再向沟中追施适量氮肥、磷肥，根据土壤养分状况可再向沟中加入适量的硫酸亚铁、硫酸锌、硼砂等，然后灌水，最好覆盖或覆膜。

（4）地膜覆盖、穴储肥水法。3 月上旬至 4 月上旬整好树盘后，在树冠外沿挖深 35 cm、直径 30 cm 的穴，穴中加一个直径 20 cm 的草把，高度低于地面 5 cm（先用水泡透），然后灌营养液 4 kg。穴的数量视树冠大小而定，一般 5～10 年生树挖 2～4 个穴，成龄树 6～8 个穴。然后覆膜，将穴中心的地膜截一个洞，平时用石块封住防止蒸发。由于穴低于地面 5 cm，降雨时可使雨水流入穴中，如雨水不足，每半个月灌水 4 kg，进入雨季后停止灌水，在花芽生理分化期（5 月底至 6 月上旬）可再灌营养液 1 次。这种追肥方法断根少，肥料施用集中，减少了土壤的固定作用，并且草把可吸附一部分肥料，从而延长了肥料作用时间，且草把腐烂后还可增加土壤有机质含量。此法比一般的土壤追肥可少用 1/2 肥料，是一种经济有效的施肥方法，增产效应大。此外，施肥穴每 1～2 年改动 1 次位置。

（5）全园施肥。此法适于根系已经布满全园的成龄树或密植园。具体操作是将肥料均匀撒入果园，再翻入土中。缺点是施肥深度较浅（20 cm 左右），易导致根系上浮，降低根系对不良环境的抗性。因此，最好与辐射状施肥交替使用。

第五节　小　杂　粮

一、小杂粮的分布与生产

小杂粮种类较多，栽培面积较大的有荞麦、糜子、谷子、燕麦、绿豆、豌豆、蚕豆、普通菜豆和小扁豆等。小杂粮在我国分布很广，各地均有种植，但主产区相对比较集中。从地理分布特点看，主要分布在我国高原区，即黄土高原、内蒙古高原、云贵高原和青藏高原；从生态环境分布特点看，主要分布在我国生态条件较差的地区，即半湿润、半干旱的旱作地区与高寒山地；从经济发展区域分布特点看，主要分布在我国经济欠发达地区、少数民族地区及边疆地区等；从行政区域看，主要分布在内蒙古、河北、山西、陕西、甘肃、宁夏、云南、四川、贵州、重庆、西藏、黑龙江、吉林等省份（表 18 - 34）。其中，生产规模较大、群体种类较多、分布较为集中的为位于黄土高原的各省份。

表 18 - 34　我国小杂粮常年栽培面积、产量及主产区（2015）

作物	栽培面积（万 hm²）	单产水平（kg/hm²）	主产区
荞麦	30	1 550～3 000	滇、川、黔、陕、甘、宁
燕麦	60	750～1 000	蒙、冀、晋、甘、宁
糜子	80	750～1 000	陕、甘、宁、蒙、冀、黑、吉
谷子	140	2 250～3 750	冀、晋、蒙、黑、吉、辽、陕、甘、鲁、豫
青稞	40	3 750～5 000	藏、青、川、滇、甘
薏苡	5	2 250～3 750	黔、桂、滇
籽粒苋	2	1 500～3 000	全国各地
绿豆	70	750～1 500	吉、蒙、冀、陕、晋、豫、鲁
红小豆	30	750～1 500	黑、吉、冀、蒙、陕、晋
豌豆	100	750～1 500	川、鄂、苏、浙、甘、陕、宁、晋、冀、青、蒙
蚕豆	110	1 500～3 750	滇、川、鄂、苏、浙、青、甘、蒙、冀
豇豆	5	750～1 500	晋、蒙、陕、辽、豫、冀
普通菜豆	50	1 500～3 750	黑、蒙、新、滇、川、黔、陕、晋、甘
多花菜豆	3	1 000～1 200	滇、川、黔

（续）

作物	栽培面积（万 hm²）	单产水平（kg/hm²）	主产区
黑豆	40	750～1 500	陕、甘、宁、晋、蒙
小扁豆	5	450～750	陕、甘、宁、晋、蒙、滇
鹰嘴豆	1	1 000～1 500	陕、新、甘、青
草豌豆	2	450～750	陕、甘、宁、青
竹豆	5	450～750	渝、川、黔、桂、陕、甘、晋、鄂

二、小杂粮的营养特点

小杂粮营养价值很高，还含有特殊营养成分，是医食同源的保健食品原料。其中，荞麦、燕麦蛋白质含量高，富含多种氨基酸且配比合理，其亚油酸、黄酮苷、酚类及特有的镁、铁、锌、硒、钙等有降血脂、降血糖、软化血管等独特功效，被誉为"美容、健身、防病"的保健食品；绿豆、红小豆、豌豆、蚕豆、菜豆、黑豆等食用豆类，蛋白质含量不仅比禾谷类粮食作物高 1～2 倍，而且氨基酸种类齐全，又由于含有胡萝卜素、膳食纤维、B 族维生素、维生素 C、维生素 E 等，也是重要的保健食品原料。由于长期以来，植物性蛋白一直在我国居民的膳食结构中占有重要位置。因此，发展小杂粮生产，将对改善居民膳食结构和营养水平具有十分重要的意义。

民以食为天，食物是人体健康和疾病的物质根源。人要靠自然食物调节自身，保持健康，必须尽量摄取自然态的食物，即吃"杂食"。小杂粮种类多样，多种植于无污染源、工业极不发达的地区，农田化学物质也很少施用，其产品是自然态的，是人类"回归大自然"中颇受青睐的天然食品。

三、主要小杂粮作物的营养特点和施肥技术

（一）谷子

1. 谷子生长的适应性　谷子是由初生根、次生根（永久根）和支持根组成的强大须根系植物。初生根（种子根）入土 20 cm 左右，可耐旱 2 个月以上。次生根入土深达 150 cm，四周扩展 40 cm，故具有较强的吸水吸肥能力，抗寒性较强。茎呈圆柱状，叶面积很小，尤其幼苗阶段叶面积更小，因而蒸腾系数小，比玉米、小麦低 16%～48%，故具有耐旱特性。谷子的穗是一个分枝繁杂的穗状圆锥花序，每个谷穗有 3 000～10 000 枚花，甚至更多。如果都能开花结籽，产量就可大大提高。谷粒有大有小，千粒重为 1.9～3.6 g，差异悬殊。如果能提高千粒重至最高量，同样也可发挥增产潜力。

谷子喜温喜光，是典型的短日照作物。在 13～21 ℃条件下，5～7 d 即可顺利通过春化阶段。种子吸收自身质量 25% 以上的水分即能萌芽。苗期能忍耐严重干旱；拔节至抽穗阶段需水较多；灌浆期对干旱十分敏感，水分不足会造成减产。春谷每生产 100 kg 籽粒需吸收氮（N）2～4.8 kg、磷（P_2O_5）0.5～2.8 kg、钾（K_2O）2～5.7 kg。谷子性喜干燥，后期怕涝，故宜种植在通风透光、排水良好的坡地、梯田、台地和旱塬地上。

2. 谷子的食用价值　谷子含有丰富的营养成分。据内蒙古自治区农牧科学院作物育种与栽培研究所吴宝华等的研究可知，小米含糖类 70% 以上。在谷类作物中，蛋白质平均含量小米为 12.71%，大米为 8.3%，小麦为 9.4%，玉米为 8.5%，小米蛋白质含量最高。

谷子营养丰富，适口性好，长期以来被视为滋补食物。小米中含有 17 种氨基酸，其中人体必需的 8 种氨基酸含量占整个氨基酸的 41.9%，且含量较为合理。表 18 - 35 是谷子与其他几种粮食作物主要氨基酸含量。结果显示，小米中赖氨酸含量低于其他 3 种粮食作物，苯丙氨酸和缬氨酸略低于小麦，其他氨基酸含量均高于大米、小麦和玉米，故具有较高的营养价值。

表 18 - 35　谷子与其他几种粮食作物主要氨基酸含量

单位：mg/g

种类	蛋氨酸	色氨酸	赖氨酸	苏氨酸	苯丙氨酸	异亮氨酸	亮氨酸	缬氨酸
谷子	3.01	1.84	1.82	3.38	5.10	4.05	12.05	4.99
大米	1.47	1.45	2.86	2.77	3.94	2.58	5.12	4.81
玉米	1.49	0.78	2.56	2.57	4.07	3.08	9.81	4.28
小麦	1.40	1.35	2.80	3.09	5.14	4.03	7.68	5.14

3. 谷子不同器官的生长特点　谷子具有耐干旱、耐贫瘠、耐酸碱的特性，这与谷子生长器官的特性有很大关系。因此，对谷子不同器官生长特性进行了解是十分必要的。

谷子发芽需水较少，吸水约占种子质量的 25% 即可发芽。种子吸水后，开始进行膨胀、物质转化和幼胚生长 3 个过程。吸水膨胀达到饱和后，呼吸作用增强，各种酶类开始活动。在各种酶的作用下，胚乳内的各种淀粉、脂肪和蛋白质等有机物进行转化，变成简单的糖类和可溶性含氮化合物，可被胚直接吸收利用。在呼吸过程中，释放的能量供幼胚胎生长需要，胚芽鞘突破种皮形成第一片真叶，露出地面约 1 cm 时称出苗。故在发芽出苗过程中不需由施肥来提供养分。

种子出苗后即进入幼苗期，并随着时间的推移，各种器官开始生长发育。

（1）根系形成。谷子为须根系，由初生根（即种子根或胚根）、次生根和支持根（气生根）组成。

种子根：初生根入土较浅，一般为 20~30 cm，深的可达 40 cm 以上，向四周扩展，能吸收水分和养分供幼苗生长。种子根抗旱能力强，对抗旱保苗具有特别重要的作用；但它的寿命只能维持 2 个月左右。

次生根：幼苗 4 叶时，主茎地下 6~7 节处发生次生根，入土深度可达 100 cm 以上，水平分布达 40~50 cm，主要分布在 30 cm 耕层内。至 8~9 叶时，大部分次生根分化完成，共有 60~90 条次生根，形成谷子吸收力最强的主体根系。次生根向四周伸展 50 cm 左右，深扎达 100~150 cm。苗期根系生长较慢，根重约占全株干重的 25%；拔节期根重有所降低，占全株干物重的 20%；孕穗期根重又有所增加，而后又逐渐降低；在抽穗期，根重只占全株干重的 5%~6%。故在苗期谷子特别耐旱，但在拔节至抽穗阶段因根系比重减少，需水较多，特别在灌浆期，须保证有足量水分供应，才能达到高产。

支持根：抽穗前，近地面的几个茎节上长出 2~3 轮气生根，具有吸收水分、养分和支持茎秆防止倒伏的功能。

谷子由以上 3 种根形成了既深又广的庞大地下根系，具有较强的吸水吸肥能力，故具有抗干旱、抗贫瘠性能。据研究，根系的发育直接影响到地上部的生长发育，根茎与籽粒产量呈高度正相关关系。

（2）茎的生长。谷子茎直立，圆柱形，茎高 60~150 cm。茎节数 15~25 节，早熟品种节数少些。基部 4~8 节为分蘖节，从第 6 节开始，节间长度由下而上逐渐伸长。下部节间开始伸长称拔节。茎秆初期生长较慢，之后逐渐加快，孕穗期生长最快，1 d 可长 5~7 cm；之后逐渐减缓，开花期茎秆即停止生长。茎秆较粗较硬，具有抗倒伏能力。

（3）叶的生长。谷子叶为长披针形，一般主茎叶为 15~25 片，个别早熟品种只有 10 片。基部叶片较小；中部叶片较长，一般长 20~60 cm，宽 2~4 cm；上部叶片逐渐变小。

谷子出苗前，第 1~5 片叶是由胚芽鞘分化形成的，出苗至拔节在地上节位分化形成第 6~20 片叶，拔节后分化形成第 21~24 片叶。在同一株上叶片功能期长短有较大差别，茎部 1~8 片叶功能期最短，只有 30~50 d；9~18 片叶功能期最长，可维持 70~90 d；19 片叶以后，叶片功能期一直能维持到完熟后。各节位叶形成的时间不同，对器官建成的作用也不同，因此全株茎叶可分为以下几个叶组：由下向上 1~12 片叶称根叶组，是决定幼苗质量和根系生长好坏的功能叶组；13~19 片叶称穗叶组，是拔节和抽穗期间对幼穗分化发育起主要作用的功能叶组；20~24 片叶称粒叶组，是抽穗后对籽粒形成起主导作用的功能叶组。因此，在谷子叶片生长发育的不同时期，有意识地尽力创造条件，满足不同叶组生长发育需要，对谷子的健壮生长、增加产量具有十分重要的意义。

（4）分蘖。当幼苗长出4～5片叶时，地下2～4个茎节开始发生分蘖。分蘖多少与品种和栽培条件有关。分蘖性强的品种分蘖可达10个以上；普通品种分蘖力弱，有的甚至不分蘖。同一品种在苗期干旱肥地稀植时，营养条件较好的情况下分蘖较多，在低肥力条件下分蘖较少。分蘖一般和主茎一样，都能正常抽穗结实。所以，在耕作条件较差、病虫害较重地区，可由分蘖弥补缺苗，加强肥水管理，即可保证较稳定的产量。

（5）幼穗分化。谷子的穗为顶生穗状圆锥花序，由穗轴、分枝、小穗、小花和刚毛组成。每个谷穗有小穗3 000～10 000个。

谷穗分化起始于生长锥的伸长，即在谷苗长出12～13片叶时，茎顶端生长点开始伸长，约12 d；长出15～16片叶时，生长锥上便出现6排乳头状的突起，逐渐形成枝梗，需13 d，枝梗是决定谷子穗码大小、小穗与小花多少的关键；长出16～17片叶时，小穗开始分化，此时如遇干旱，小穗原始体的膨大就会受影响；长出17～18片叶时，小花开始分化，小穗和小花分化大约需10 d，如遇干旱、低温会影响雌雄蕊发育不完全，增加不孕花。故在这一阶段，需加强水分供应，才能保证幼穗完全分化，为籽粒形成创造条件。

（6）籽粒形成。幼穗分化完成后，便开始抽穗、开花、授粉、形成籽粒。从抽穗开始至全穗抽出，需3～8 d。一般主穗开花期为15 d，分蘖开花期为7～15 d。开花第3～6 d即进入盛花期，适宜温度为18～22 ℃，相对湿度为70%～90%。

开花授粉后，子房开始膨大，胚乳和胚同时发育，进入籽粒灌浆期，直至籽粒形成。在这一时期内，注意不能受旱，否则会增加秕粒，降低产量。

4. 谷子不同生长发育阶段对环境条件的要求

（1）谷子生长发育的阶段性。谷子生长发育有3个阶段：营养生长阶段，种子萌发开始至拔节期为止，是根、茎、叶等器官分化形成的阶段，春谷为45～55 d，夏谷为22～30 d；营养生长与生殖生长并进阶段，拔节至抽穗期为止，是根、茎、叶大量生长和穗生长锥伸长、分化与生长的阶段，春谷为25～28 d，夏谷为18～20 d；生殖生长阶段，抽穗至籽粒成熟期，春谷为40～60 d，夏谷为42～50 d。这3个阶段对谷子生长发育的作用各不相同，前期是幼苗质量决定期，中期是穗花数决定期，后期是穗重决定期。

（2）不同生长发育阶段对温度的要求。谷子是喜温作物，对热量要求较高，完成生长发育要求积温达到1 600～3 000 ℃，生育期短的品种要求低一点，生育期长的品种要求高一些。

在营养生长阶段，种子发芽的最低温度为6～8 ℃，适宜温度为15～25 ℃，24～25 ℃时发芽最快，最高温度为30 ℃。幼苗不耐低温，在1～2 ℃易受冻害，甚至死亡。幼苗生长的适宜温度为20 ℃。

营养生长与生殖生长并进阶段，要求适宜温度为22～25 ℃，温度低于13 ℃不能抽穗。

生殖生长阶段，开花授粉期间适宜温度为18～21 ℃，气温过高，影响花粉生命力和授粉；温度低于17 ℃，则花药不开，易受冷害。灌浆时适宜温度为20～22 ℃，过高或过低都不利灌浆，遇雨、低温、阴天，将会延迟成熟，秕谷增多。在灌浆期，阳光充足有利于蛋白质合成和干物质积累，使籽粒饱满。

（3）不同生长发育阶段对光照的要求。谷子是短日照作物，在生长发育过程中，需要较长的黑暗与较短的光照交替条件，才能抽穗开花。日照缩短能促进发育，提早抽穗；日照延长则延缓发育，推迟抽穗。谷子抽穗前，每天日照15 h以上，大多数谷子品种则停留在营养生长阶段，不向生殖生长阶段转化，生育期延长；每天日照12 h以下，则缩短营养生长，迅速转入生殖生长，加快发育，提早抽穗。谷子出苗后5～7 d即进入光照阶段，一般在8～10 h的短日照条件下，经过10 d即可完成光照阶段。另外，引种时应注意品种的光照特性。

谷子是喜光作物，也是C_4作物，净光合强度较高，超过小麦。在光照充足条件下，光合效率很高；在光照减弱情况下，光合生产率降低。谷子具有不耐阴特性，应避免与高秆作物间作。幼苗期，光照充足，有利形成壮苗。在穗分化前缩短光照时间，能加快幼穗分化速度，但穗长、枝梗数、小穗数减少；延长光照，则能延长穗分化时间，增加枝梗和小穗数。在穗分化后期，光照降低，会影响花粉分化，降低花粉受精率，空壳增多。灌浆成熟期，也需充足光照，否则籽粒成熟不好，秕粒增加。

（4）不同生长发育阶段对水分的要求。

种子发芽阶段：谷子种子发芽阶段对水分需求很少，吸水量达种子质量的 25％即可发芽。耕层土壤含水量达 9％～15％就能满足发芽对水分的需求。如春季土壤水分过多，使土壤温度降低，对发育不利。

出苗至拔节：生长发育以根系建成为中心，此时苗小叶少，需水量也很少，耗水量仅占全生育期的 6.1％。苗期耐旱性强，即使土壤含水量降到 10％以下，仍可维持生长；下降到 5％，也不会旱死，一旦水分得到补充又可迅速恢复生长。苗期适当干旱，有利蹲苗，促根下扎，茎节增粗，对培育壮苗和防止后期侧伏有很大作用。故有农谚："小苗旱个死，老来一肚籽""有钱难买五月旱"，说明苗期需要适当干旱。

拔节至抽穗：此时生长中心由地下根系转移到地上部，茎叶生长迅速，叶面蒸腾加剧。当穗分化开始以后，生殖生长和营养生长并进，对水分需求大量增加，至抽穗期达到高峰。耗水量占全生育期的 65％（50％～70％），是谷子需水的临界期。在幼穗分化初期遇干旱即"胎里旱"，会影响枝梗和小穗、小花分化，减少小穗、小花数目；穗分化后期遇干旱即"卡脖旱"，会使花粉发育不良，抽不出穗，产生大量空壳、秕谷。

受精至成熟：需水量占全生育期的 30％～40％，是决定穗重和粒重的关键。此时水分不足，影响灌浆，秕谷增加，穗粒重减轻，造成减产。灌浆期干旱称"夹秋旱"，农谚有"前期旱不算旱，后期旱产量减一半"，说明灌浆期不能缺水。灌浆后期直至成熟，需水量逐渐减少，耗水量约占全生育期的 9.6％。此时土壤水分过多，易造成贪青晚熟、侧伏，形成秕谷。

谷子一生的需水规律概况来说为："前期耐旱，中期喜水（宜湿），后期怕涝"。

5. 谷子的营养特点

（1）谷子不同生育时期对主要养分的吸收特点。

氮：谷子从苗期开始至成熟前，一直需要较多的氮素供应，尤其是拔节至成熟期间需要氮素较多。施氮量必须控制适当，施少了固然不好，施多了也有副作用，如茎叶旺长、组织柔嫩、贪青晚熟，易致倒伏和病虫害发生，降低产量。因此，必须了解谷子在不同生育时期对氮素的需要规律。据吉林农业大学研究，谷子分蘖期吸收氮量只占全生育期吸氮量的 7％，拔节期增加至 18％，幼穗分化期吸氮量已达 62.4％，抽穗期吸氮量累积达 84.4％，抽穗后吸氮能力即开始减弱。故在拔节期对谷子供氮充足，就能促进植株体内氮素含量增多，增强氮素代谢，增加产量。

磷：磷素与谷子生长发育关系十分密切，从生长开花至籽粒成熟都离不开磷。施磷能促进根系发育，增加有效分蘖，加快成熟和提高籽粒重。当缺磷时，根系发育不良，生长缓慢，叶后发红，秕谷增多。

在谷子生长前期，营养器官幼茎、幼叶中含磷最多；抽穗后磷素向生殖器官转移，向穗部集中。谷子不同生育时期吸收磷的总量大致顺序为抽穗期＞灌浆期＞成熟期＞拔节期＞分蘖期。分蘖期、拔节期谷子植株吸磷总量虽然较低，但单位质量的含磷量却较其他生育时期明显增高，说明谷子前期供磷非常重要，在抽穗期供磷则更为重要。

钾：钾是谷子生长发育需要的重要营养元素之一。谷子缺钾，植株矮小，茎叶柔软，叶片小，抗倒伏、抗病虫害能力显著减弱。

谷子幼苗期吸钾较少，拔节至抽穗前吸钾量逐渐增多，抽穗后逐渐减少。在陕北地区，农民一般对谷子不施钾肥，但有施有机肥的习惯，因有机肥中含有大量钾素，故施有机肥后，可以不施钾肥。当不施有机肥而补施钾肥时，能使谷子显著增产。

微量元素：微量元素对谷子的生长发育和增产作用十分明显。锌、锰能提高某些酶的活性，硼能增加细胞膜的透性，铁、锰、硼参与叶绿素的组成或促进叶绿素的形成。据中国科学院西北水土保持研究所彭琳等研究表明，钼对谷子有明显增产效果，施钼后谷子株高增加 5.1 cm，穗长增加 2.0 cm，单株根重增加 34.4%，单株穗重增加 21.4%；山地谷子增产 11.4%，川地谷子增产 22.0%。

（2）不同有机肥和氮肥品种对谷子增产效应的影响。为了改良和提高陕北黄绵土的肥力水平、提高作物产量，笔者与瑞典农业大学合作，采用生物土壤改良的办法，在米脂黄绵土上进行了不同有机肥和氮肥品种对土壤培肥和作物产量影响的研究，现将部分结果简述如下。

不同有机肥对谷子的增产效应：供试黄绵土有机质含量仅为 0.488%，全氮 0.048%，全磷 0.125%，碱解氮 13.6 mg/kg，有效磷 2.9 mg/kg，土壤肥力十分低下。为了提高谷子产量，必需增施氮、磷肥和有机肥料。有机肥料在等量氮磷（NP）肥施用基础上施用，试验结果见表 18-36。

表 18-36　黄绵土上不同有机肥对谷子的增产效应

处理名称	平均产量（kg/hm²）	比 CK 增产（%）	比 NP 增产（%）	备注
CK	1 372.5	—	—	不施肥
NP	2 149.5	56.6	—	尿素与重过磷酸钙
NP＋堆肥	2 883.0	110.1	34.1	麦秆沤肥
NP＋厩肥	2 622.0	91.0	22.0	腐熟牛粪
NP＋玉米秸秆粉	2 355.0	71.6	9.6	玉米秸秆粉
NP＋苜蓿粉	3 075.0	124.0	43.1	苜蓿粉

由表 18-36 可以看出，单施氮、磷的谷子产量比 CK 增产 56.6%，说明在陕北黄绵土上增施氮、磷对谷子增产有很大作用。在施用氮、磷肥基础上，施用不同有机肥料对谷子的增产作用更大。其中，增产作用最大的是苜蓿粉，比施氮、磷增产 43.1%；其次是堆肥和厩肥，分别增产 34.1% 和 22.0%；增产作用最低的是玉米秸秆粉。这说明在陕北黄绵土地区，在施用 NP 肥的基础上，增施有机肥料，特别是苜蓿粉，可使谷子大幅度增产。

不同氮肥品种对谷子的增产效应：供试黄绵土 0~20 cm 土层养分含量为有机质 0.364%、全氮 0.032%、碱解氮 16.1 mg/kg、有效磷 2.5 mg/kg、速效钾 93 mg/kg，肥力极低。施肥处理除对照不施肥外，其余处理每公顷施氮（N）、磷（P₂O₅）、钾（K₂O）各 112.5 kg，重复 3 次。试验结果见表 18-37。在氮、磷、钾等量条件下，不同氮肥品种对谷子产量都有不同程度的影响。从增产大小来看，增产作用最大的是碳酸氢铵，其次是磷酸二铵＋尿素、复合肥、尿素，最低是硝酸铵、硝酸钙。由此说明，碳酸氢铵、磷酸二铵＋尿素、复合肥、尿素是黄绵土上谷子的较好氮源，而硝酸铵和硝酸钙较差，这可能与黄绵土质地较粗，易使硝态氮淋失有关。

表 18-37　不同氮肥品种对谷子的增产效应

处理编号	处理名称	平均产量（kg/hm²）	比 CK 增产（%）	备注
1	CK	1 980	—	
2	尿素＋PK	2 385	20.5	
3	碳酸氢铵＋PK	2 580	30.3	①P 为 P₂O₅，K 为 K₂O
4	硝酸铵＋PK	2 265	14.4	②P 肥均为过磷酸钙 K 肥均为 K₂SO₄
5	硝酸钙＋PK	2 235	12.9	③N 不足时用尿素调整
6	磷酸二铵＋尿素＋K	2 415	22.0	④复合肥为法国制，含量为 15-15-15
7	NPK 复合肥	2 415	22.0	
8	尿素＋P	2 070	4.5	

另外，由表 18-37 还可看出，处理 2（尿素＋重过磷酸钙＋硫酸钾）的谷子产量为 2 385 kg/hm²，而缺钾的处理 8（尿素＋重过磷酸钙）谷子产量为 2 070 kg/hm²，比施钾处理减产 13.2%，说明黄绵土上施用钾肥对谷子增产有显著作用。在试验过程中也观察到，在黄绵土上施钾对谷子的增产作用主要是增强谷子的抗倒能力。在谷子成熟期曾遇到暴风雨袭击，处理 8 倒伏严重，而处理 2 和其他施钾处理倒伏很轻。因此，在黄绵土地区对谷子增施氮磷肥的同时，增施钾肥，对谷子增产至关重要。

本试验在土壤质地较粗的黄绵土上进行，降水量集中在谷子的生长季节，硝态氮的淋失和反硝化作用可能比较严重。因此，不同氮肥品种的利用率是碳酸氢铵＞尿素＞硝酸铵＞硝酸钙。这就说明，在本试验条件下，氨的挥发损失可能不是氮损失的主要原因，而以硝态氮淋失和反硝化作用引起的氮损失的可能性最大。

硝酸铵施入石灰性土壤后，即能产生如下反应：

$$2NH_4NO_3+CaCO_3 \rightarrow Ca(NO_3)_2+(NH_4)_2CO_3$$

硝酸钙施入石灰性土壤后，增加了土壤中 Ca^{2+} 的浓度，因而增加了磷的固定作用；而且游离 Ca^{2+} 的增多也可能对 K^+ 的吸收产生拮抗作用，所以施硝酸钙处理的磷、钾利用率都最低。

（3）生产 100 kg 谷子养分吸收量及其分布特点。结合不同氮肥品种肥效试验，收获后分别测定了籽粒和茎叶养分含量，计算出每 100 kg 籽粒产量 N、P_2O_5、K_2O 养分吸收量（表 18-38）。

表 18-38　每 100 kg 籽粒产量养分吸收量

单位：kg

处理	N			P_2O_5			K_2O		
	籽粒	茎叶	总和	籽粒	茎叶	总和	籽粒	茎叶	总和
对照	1.679	0.646	2.325	0.639	0.246	0.886	0.502	2.256	2.758
尿素＋PK	2.097	1.027	3.124	0.837	0.428	1.265	0.606	2.825	3.431
碳酸氢铵＋PK	2.177	1.068	3.245	0.787	0.274	1.060	0.490	3.437	3.927
硝酸铵＋PK	2.163	1.034	3.197	0.849	0.366	1.214	0.439	2.909	3.347
硝酸钙＋PK	2.116	1.010	3.126	0.713	0.354	1.067	0.502	2.584	3.086
磷酸二铵＋尿素 K	2.035	1.085	3.120	0.639	0.343	0.982	0.516	3.066	3.581
NPK 复合肥	2.147	1.104	3.251	0.713	0.407	1.120	0.502	2.975	3.478
尿素＋P	2.169	1.229	3.398	0.727	0.458	1.185	0.529	3.088	3.617
平均	2.073	1.025	3.098	0.738	0.360	1.097	0.511	2.893	3.403
占总量	66.9%	33.1%	—	67.3%	32.7%	—	15.0%	85.0%	—

由表 18-38 可以看出，每 100 kg 籽粒产量养分吸收量，不施肥处理明显低于施肥处理。N、P_2O_5 在籽粒中的含量占其总量分别为 66.9% 和 67.3%，在茎叶中只占 33.1% 和 32.7%；但 K_2O 在籽粒中的含量只占其总量的 15.0%，在茎叶中却占 85.0%，绝大部分都留在茎叶中。每 100 kg 谷子的养分总吸收量 N 为 2.325～3.398 kg，平均为 3.098 kg；P_2O_5 为 0.886～1.265 kg，平均为 1.097 kg；K_2O 为 2.758～3.927 kg，平均为 3.403 kg，三者比例为 2.82:1.00:3.10，这为陕北谷子推荐施肥量提供了依据。

6. 谷子施肥量与主要栽培技术　谷子施肥量的确定取决于谷子品种类型、土壤肥力水平和气候条件等因素。有灌溉条件地区的春谷或夏谷施肥量要多些，无灌溉条件的干旱地区施肥量可少些；高产品种的谷子施肥量多些，一般品种谷子施肥量少些；贫瘠土壤施肥量高些，肥沃土壤施肥量少些。因此，谷子施肥量的确定要因地制宜，不可千篇一律。

根据以上试验结果得出，在陕北梯田黄绵土上不同谷子产量的推荐施肥量和主要农艺措施见表 18-39。

表 18-39 不同谷子产量所需氮、磷、有机肥以及播种日期、播种密度

产量（kg/hm²）	播种期（日/月）	播种密度（株）	氮（N）肥 （kg/hm²）	磷（P₂O₅）肥 （kg/hm²）	有机肥 （kg/hm²）
3 000~3 750	5月30日至6月2日	288 075~302 805	97.5~120.0	82.5~97.5	37 500~42 000
3 750~4 500	6月2日至6月3日	314 520~327 435	105.0~127.5	97.5~112.5	48 000~52 500

从试验和生产实际情况来看，陕北黄绵土上谷子的增产潜力很大。当地谷子一般产量只有 1 500 kg/hm² 左右，本试验结果表明，只要采取适合播种日期、合理密度，氮（N）肥、磷（P₂O₅）肥、有机肥适量配合，产量可达 4 500 kg/hm² 左右，最高产可达 4 950 kg/hm² 以上。据调查，在梯田土壤培肥良好，在雨水较好的年份，谷子产量有达 6 000 kg/hm² 以上的高产纪录。这说明在陕北黄绵土地区，谷子并不是低产作物，只要加强水土保持，大力培肥地力，提高土壤蓄水保墒性能，推行测土配方和平衡施肥，采用优化配套的农艺措施，就可大幅度把谷子的高产潜力充分挖掘出来，实现低产变高产。

7. 谷子施肥技术　在山西、陕西、甘肃、内蒙古等干旱地区，为了避免春播谷子时多次翻耕引起土壤严重失墒，许多农民将施肥料提早在秋季深施入土。秋季土壤墒情较好，将肥水提早保存在土壤内，待春季谷子播种后利用，即"秋储春用"，施肥效果比分次施用高得多。或在春播时，结合播种将全部肥料深施入土。但必须使肥料与种子上下分开，肥料在下、种子在上，相隔 5 cm 比较合适。如果生长期中遇降雨，在拔节期间发现苗情细弱需要施肥时，可适当追施少量尿素，或叶面喷施 2% 尿素溶液。

在灌溉地区或雨水较多地区，可将全部有机肥、磷肥、钾肥和 40% 的氮肥在播种时一次施入土内作基肥，施足基肥是谷子高产的基础。拔节期根据土壤墒情再追施 40% 的氮肥，在抽穗前 6~10 d 再追施 20% 的氮肥。在灌浆期，也可根据需要酌情进行叶面喷施，喷施 2% 尿素溶液或 0.3% 磷酸二氢钾溶液，可延长叶片功能期，增加粒重。在穗期，也可适当喷施硼肥（硼砂），孕穗前喷 1 次，10 d 后再喷 1 次，喷施浓度为 0.2%，也有良好增产效果。一般在中、低肥力水平的土壤上对谷子喷施叶面肥增产效果较好。

（二）糜子

1. 糜子概况　糜子属禾本科黍属，是半干旱、干旱农作区的主要栽培作物（林如法 等，2002），在世界范围内分布。

黄土高原地区是我国北方最大的旱作农业区，降水稀少且季节分配不均，成为作物生长发育的限制因素。糜子主要分布在该地区的东北部，约占该地区粮食产量的 1/6，在该地区的粮食生产中具有重要地位。糜子耐旱、耐瘠、生育期短，是黄土高原旱地的主要栽培作物，在作物布局中具有不可替代性，既可单种，也是理想的复种和备荒救灾作物。糜子营养丰富，富含膳食纤维及矿物质，市场开发前景广阔，不仅是黄土高原地区人民的主要食物，也是家畜家禽的主要饲料。

黄土高原糜子种植区西起青海日月山，东至太行山，南达秦岭及伏牛山，北至长城沿线以南，是我国糜子的重要产区。这一地区将近 70% 的地区为黄土层覆盖，土层深厚，但水土流失严重，土壤贫瘠。本区无霜期 100~250 d，西部为一年一熟，东南部为一年两熟或两年三熟，北部为一年一熟或两年三熟。≥10℃ 积温 3 000~4 300℃，年降水量 500~800 mm，多集中在夏秋两季，春旱严重，西部降水少，东部降水多。本区西北部以春播为主，东南部以夏播为主。由东向西，粳性品种逐渐增多，糯性品种逐渐减少，由糯性品种为主逐渐向粳性品种为主过渡。糜子类型复杂多样，籽粒染色以黄、红为主，千粒重较高，侧穗型居多。发展趋势和问题：根据现有糜子科研成果，需要制定适宜于本区气候、土壤条件的综合丰产技术，选育高产、优质新品种，规范旱作农业栽培技术。

20 世纪 50 年代，陕西糜子平均单产 525 kg/hm²，80 年代单产 900 kg/hm²，比 50 年代提高 71.4%；到 90 年代初单产达到 975 kg/hm²，比 80 年代提高 8.3%。20 世纪 50 年代，甘肃糜子单产

870 kg/hm²，90 年代单产 1 140 kg/hm²，比 50 年代提高 31％。近年来，全国不少地区糜子单产超过 1 500 kg/hm²，有的甚至超过 2 500 kg/hm²。此外，糜子生产潜力很大，主产区产量可达 4 500～6 000 kg/hm²。

糜子的单产普遍低于大宗作物，原因如下：糜子是旱地作物，种植田块地力较低，不施肥或很少施肥，栽培技术和耕作措施粗放；品种杂乱，育种能力低，生产能力下降；人们对糜子的认识和重视程度不够，经济效益低，导致种植积极性不高。

2. 糜子对营养元素的需求特点

（1）糜子对氮素的吸收特点与规律。糜子生育阶段不同，氮素的吸收量也不同。根据表 18-40，糜子生长前期氮的吸收速度缓慢，吸氮量较少，其中在苗期的 14 d 中吸氮量仅为 3.08 kg/hm²；分蘖期由于地上茎叶及地下根系的生长逐渐加快，吸氮量增为 5.15 kg/hm²；进入拔节期，因地上茎叶生长迅速，吸收速度明显加快，拔节期吸氮量达 12.41 kg/hm²。因此，生产上要注意施用充足的氮肥作底肥，以满足糜子分蘖前后对氮素的需求。糜子吸收氮素最多的时期是拔节至抽穗期，吸氮量达 126.14 kg/hm²，比苗期增加了 123.06 kg/hm²，占全生育期总吸氮量的 68.24％。表明这一时期是糜子对氮素的最大需肥期。因此，拔节期追施氮肥，对糜子穗分化及中后期生长发育有着重要的作用。进入灌浆期，吸收速度逐渐减弱，吸氮量明显减少。

表 18-40　糜子不同生育时期对氮素的吸收量

生育时期（月-日）	生长天数（d）	干物重（kg/hm²）	氮素含量（%）	氮素总量（kg/hm²）	各期吸氮量（kg/hm²）	日均吸收量 [kg/(hm²·d)]	各期吸收率（%）
苗期（6-29）	14	78.30	3.93	3.08	3.08	0.220	1.67
分蘖（7-7）	8	217.61	3.78	8.23	5.15	0.644	2.79
拔节（7-14）	7	674.64	3.06	20.64	12.41	1.773	6.71
抽穗（8-7）	24	6 891.44	2.13	146.78	126.14	5.256	68.25
灌浆（9-3）	27	10 577.79	1.68	177.71	30.93	1.149	16.75
成熟（9-20）根茎叶	17	13 826.71	0.87	120.29	7.12	0.419	3.85
籽粒		3 887.94	1.66	64.54			

（2）糜子对磷素的吸收特点与规律。糜子对磷素的吸收特点与氮素有所不同（表 18-41）。糜子生长前期磷的吸收速度较氮缓慢，其中苗期由于地下根系数量少，生长缓慢，吸收能力较弱，磷素营养主要由种子供给，吸磷量仅为 0.45 kg/hm²。分蘖期，由于地下根系生长较快，数量增加，吸收能力加强，吸磷量增为 0.75 kg/hm²。进入拔节期以后，随着干物质积累的增加，糜子吸磷速度逐渐加快，其中拔节期吸磷量为 2.09 kg/hm²，抽穗期增为 14.46 kg/hm²。因此，增施磷肥，保证土壤供磷能力，将有助于糜子中后期发育和产量的提高。糜子吸磷高峰是在抽穗至灌浆期，吸磷量达 22.45 kg/hm²，比苗期增加了 22 kg/hm²。这一时期的吸磷量占全生育期总吸磷量的 41.95％，为磷素的最大需肥期。灌浆以后吸磷速度开始减弱，吸磷量下降为 13.33 kg/hm²，占全生育期总吸磷量的 24.90％。

表 18-41　糜子不同生育时期对磷素的吸收量

生育时期（月-日）	生长天数（d）	干物重（kg/hm²）	磷素含量（%）	磷素总量（kg/hm²）	各期吸磷量（kg/hm²）	日均吸收量 [kg/(hm²·d)]	各期吸收率（%）
苗期（6-29）	14	78.30	0.57	0.45	0.45	0.032	0.84
分蘖（7-7）	8	217.61	0.55	1.20	0.75	0.094	1.40
拔节（7-14）	7	674.64	0.49	3.29	2.09	0.299	3.90
抽穗（8-7）	24	6 891.44	0.26	17.75	14.46	0.602	27.01

（续）

生育时期（月-日）		生长天数（d）	干物重（kg/hm²）	磷素		各期吸磷量（kg/hm²）	日均吸收量［kg/(hm²·d)］	各期吸收率（%）
				含量（%）	总量（kg/hm²）			
灌浆（9-3）		27	10 577.79	0.38	40.20	22.45	0.831	41.95
成熟	根茎叶	17	13 826.71	0.21	29.04	13.33	0.784	24.90
（9-20）	籽粒		3 887.94	0.63	24.49			

（3）糜子对钾素的吸收特点与规律。糜子对钾素的吸收特点与氮素有相似之处（表 18-42），即生长前期吸收速度缓慢，吸钾量较少；拔节以后逐渐加快，到抽穗期吸钾量最多；后期又逐渐减少。由表 18-42 可以看出，从出苗至拔节期，吸钾量为 14.79 kg/hm²，仅占全生育期总吸钾量的 14.27%；而拔节至抽穗期，吸钾量达 65.15 kg/hm²，占全生育期总吸钾量的 62.86%，为糜子对钾素的最大需肥期。抽穗以后，吸收速度逐渐减弱，到成熟吸钾量为 23.71 kg/hm²，占全生育期的 22.87%。故适当增施富含钾素的有机或无机肥，对满足糜子对钾素的需求，防止后期茎倒伏，保证丰产有重要的作用。

表 18-42　糜子不同生育时期对钾素的吸收量

生育时期（月-日）		生长天数（d）	干物重（kg/hm²）	钾素		各期吸钾量（kg/hm²）	日均吸收量［kg/(hm²·d)］	各期吸收率（%）
				含量（%）	总量（kg/hm²）			
苗期（6-29）		14	78.30	2.51	1.97	1.97	0.141	1.90
分蘖（7-7）		8	217.61	2.49	5.42	3.45	0.431	3.33
拔节（7-14）		7	674.64	2.19	14.79	9.37	1.339	9.04
抽穗（8-7）		24	6 891.44	1.16	79.94	65.15	2.714	62.86
灌浆（9-3）		27	10 577.79	0.90	95.20	15.26	0.565	14.72
成熟	根茎叶	17	13 826.71	0.64	88.49	8.45	0.497	8.15
（9-20）	籽粒		3 887.94	0.39	15.16			

（4）糜子不同生育时期的吸肥比例。糜子不同生育时期对氮、磷、钾的吸收数量，以氮最多、钾次之、磷最少，其中出苗至抽穗期的吸收比例基本保持在 1:（0.12~0.16）:（0.55~0.72），抽穗以后吸收比例稳定在 1:（0.23~0.29）:（0.54~0.56）（表 18-43）。

表 18-43　糜子不同生育时期的吸肥比例

生育时期	出苗后天数（d）	吸肥量（kg/hm²）			吸肥比例（N:P:K）
		N	P₂O₅	K₂O	
苗期	14	3.08	0.45	1.97	1:0.15:0.64
分蘖	22	8.23	1.20	5.42	1:0.15:0.66
拔节	29	20.64	3.29	14.79	1:0.16:0.72
抽穗	53	146.78	17.75	79.94	1:0.12:0.55
灌浆	80	177.71	40.20	95.20	1:0.23:0.54
成熟	97	184.81	53.53	103.65	1:0.29:0.56

3. 糜子施肥技术　糜子具有耐瘠薄的特点，但充分施肥是获得高产的关键，以施用一定量的有机肥增产效果最显著。重施基肥，分期追肥，既能满足糜子各生育时期对养分的需要，获得当年增产，又能不断培肥地力，达到用地养地、持续高产的目的。一般每 667 m² 施农家肥 1 000 kg 以上、磷酸二铵 10 kg 作底肥，同时用硫酸铵 3 kg 作种肥，随种子撒在播种沟内。糜子首次追肥宜早，在分蘖至拔节期进行，每 667 m² 追施尿素 5 kg，或碳酸氢铵 12 kg；第二次追肥在抽穗前，氮、磷、钾肥

混合施用。

把好播种时间关，确保适宜的密度，才能获得糜子丰产。为确保增产，黄土高原旱作区适宜播种期一般为 5 月 15—20 日。具体播种时间还要视土壤墒情和品种而定，但要确保在早霜前能够正常成熟。合理密植，创造一个良好的群体结构，能充分利用光热和土壤条件，是获得糜子高产的重要环节。原则上要掌握肥地宜稀，瘦地宜密；灌溉地宜稀，干旱地宜密。播后覆土 3～5 cm，覆土要均匀一致，覆土后镇压。糜子的播种深度一般为 4～5 cm，墒情差时可以适当深一些。

糜子幼芽顶土能力较弱，在出苗前如遇雨容易造成土壤板结，形成硬盖，应及时采用镇压等农业措施疏松表土、破除硬盖，保证出苗整齐，一般可用轻耙及时耙地疏松表土。糜子生育期间一般中耕2～3 次，结合中耕进行除草和培土。第一次中耕在幼苗 3～4 叶时进行，要结合间苗中耕 5～6 cm。经过 10～15 d 后进行第二次中耕，深 8～10 cm，锄净行株间的杂草及野糜子，并进行适当的培土，防止倒伏。第三次中耕要在抽穗前进行，这次中耕可根据田间杂草和土壤情况灵活掌握，并注意要适当浅锄，避免伤根。同时，糜子在孕穗至抽穗期耗水量最大，有灌溉条件的可以在孕穗至抽穗期进行适当灌溉补水。

（三）绿豆

绿豆是我国传统的杂粮之一，主要分布在我国生态环境条件较差的干旱、半干旱地区。黄土高原旱作区具有适宜绿豆生长的得天独厚的自然条件和资源优势，生产的绿豆具有粒大、色泽鲜艳、硬实少等独特优点，是我国重要的出口商品绿豆生产基地。然而传统的栽培技术严重制约了其优良性状的发挥，影响了种植户的经济效益。

绿豆属于短日照、喜温作物，其生育期短，播期弹性大，适应性强，抗干旱、耐贫瘠，并具有固氮养地作用。同时，它是禾本科、薯类及其他多种作物的间作、套作和混作等的优选前茬，也是救荒和填闲的首要选择。绿豆营养丰富，医食同源，利用价值高，用途广泛，与其他作物相比具有明显的优势，是农业种植结构调整和经济欠发达地区农民脱贫致富的首选作物。由此，绿豆在农业种植业结构调整和农业高效长远发展中占据重要地位。

1. 绿豆的生产和分布　现今，绿豆在我国各地均有种植，栽培地区广泛。主要产区在我国生态条件较差的干旱、半干旱地区，分布主要区域包括黄淮河流域及华北平原地区，分布主要省份为甘肃、宁夏、陕西、山西和东北三省及内蒙古等。依据绿豆品种特性、种植区域的气候条件以及与之相符的种植制度，我国绿豆种植区大致分为 4 个生态区，分别是北方的春绿豆区和夏绿豆区与南方的夏绿豆区和夏秋绿豆。①北方春绿豆区包括东北三省、内蒙古东南地区、陕北地区、晋北地区、河北张家口和承德以及甘肃庆阳等。该区具有无霜期较短、日照率较高、春季干旱和雨量集中在 7 月和 8月的特点。绿豆种植期最早开始于 4 月下旬，最迟收获时间为 9 月中旬，播种时间灵活度高，具体结合当地气候条件以及当年实际的天气状况进行合理安排。②北方夏绿豆区主要分布在我国冬小麦主产区以及淮河以北地区。该区无霜期可达 180 d 以上，日照充足，降水多集中在夏天，降水量为 600～800 mm。该区绿豆通常播种于麦收后，于 9 月上中旬收获。③南方夏绿豆区主要分布在长江中下游地区。该区具有无霜期长、日照率较低、气温较高和雨量较多等气候特点。绿豆多在当地主栽作物油菜、麦类等收获后播种，于 8 月中下旬收获。④南方夏秋绿豆区是一年三熟制的绿豆产区，主要包括岭南亚热带地区及台湾、海南等地。该区无霜期在 300 d 以上，高温多雨，播种可以灵活安排在春、夏和秋季，相应的收获期主要集中在夏秋季。绿豆在全球范围的栽培分布以亚洲最为广泛，中国、印度、泰国和缅甸等国为主产国，所生产的绿豆在国际市场占据主导地位。印度是绿豆种植面积最大的国家，但单产不理想。泰国的绿豆生产在豆类作物中种植面积最多，但近些年种植面积有所缩减。缅甸近些年的绿豆单产水平进步较快，从而带动了种植面积的扩大。总之，从国内到国际，与大宗作物相比，绿豆种植和生产现状有自身特点，年际之间变化的幅度较大，发展受限因素较多，主要集中在研究投入比重小、生产价值发掘不完善和生产水平低等。

2. 绿豆产量性状研究　许多学者和专家针对绿豆产量和品质进行过大量的相关研究，研究表明，影响绿豆产量的因素较多，不仅包括单株荚数、荚的长与宽、荚粒数和百粒重等，绿豆的株高、分枝数和生育天数等农艺性状也和绿豆产量具有一定的相关性。同时，孙占祥等（1993）研究指出，比叶重、粒叶比与绿豆产量关系比较密切。在众多的研究观点中，专家、学者一致认为，绿豆产量的构成因素是单株荚数、荚粒数及百粒重。同时，百粒重对产量影响较大，单株荚数是单株产量的主要影响因素。

分枝数与荚数呈显著正相关关系，即分枝多的绿豆品种，其荚数要显著多于分枝少的绿豆品种。绿豆的分枝数由遗传因素决定，同时也受栽培条件和土壤肥力以及大田气候等因素影响。荚粒数与荚数二者相关性不显著。绿豆荚数多，每荚粒数可能多，这对多荚品种是有利的。株粒数与荚数呈极显著正相关关系。百粒重一般受环境的影响较小，具有比较稳定的遗传特性，不因栽培条件变化而有较大变化（高利平 等，1996；张凤昌，1994）。韩粉霞等（1998）研究认为，单株荚数变异度大，与单株产量呈极显著正相关关系，同时选择效果明显，所以在育种过程中应把单株荚数作为首选目标性状；但是单株荚数与百粒重表现出极显著的负相关关系，因此在选择单株荚数多的目标材料时也要考虑到与百粒重的负相关关系，平衡产量构成三因素的关系以达高产的目的。此外，生育期与单株产量呈显著负相关关系；株高与生育期呈极显著正相关关系，与百粒重、荚长呈极显著负相关关系，与单株产量呈不显著负相关关系。因此，在绿豆优质品种筛选过程中，可以依照产量高、植株矮健、早熟、长荚和百粒重适中等指标进行绿豆新品种育种。

3. 不同覆盖方式对绿豆土壤水分及产量性状影响的试验 在陕西省榆林市的宽幅梯田中进行了不同覆盖方式对绿豆土壤水分及产量性状影响的研究，供试土壤类型为黄绵土，2010 年试验地区绿豆生长季 5—9 月的降水量分别为 25.7 mm、44.0 mm、11.3 mm、114.1 mm 和 50.5 mm。其中，7 月降雨偏少，遭遇干旱，高温 20 d 以上。绿豆叶斑病中度发生，对产量有一定影响。

试验共设 5 个处理：①全膜覆盖（QM）：双垄面全膜覆盖集雨沟播，垄高 10 cm，穴播绿豆。②垄膜覆盖（LM）：垄高 15 cm，仅垄上覆盖地膜，膜侧沟播绿豆。③双沟覆膜（GM）：垄高 10 cm，垄上 W 形双沟覆膜，W 沟播绿豆。④秸秆覆盖（JG）：全地面覆盖谷子秸秆。⑤露地（CK）：无覆盖，直接将绿豆穴播于 4 cm 土壤中。各处理设 3 次重复，采用随机区组排列，小区面积 18 m²，每个小区 6 行，田间管理一致。

（1）不同覆盖方式对绿豆水分利用效率的影响。各处理 0～100 cm 耗水量如图 18-20 所示，LM 和 JG 处理的耗水量显著低于 CK，而 GM 和 QM 处理耗水量略高于 CK，差异不显著。从水分利用率来看，各覆盖处理均显著高于对照，说明地膜覆盖和秸秆覆盖均可显著提高绿豆的水分利用率。比较各覆盖处理，水分利用率从高至低的顺序依次是 LM>GM>QM>JG>CK。这说明本研究中地膜覆盖的水分利用率要高于秸秆覆盖，3 种地膜覆盖方式中又以 LM 处理水分利用率最高。

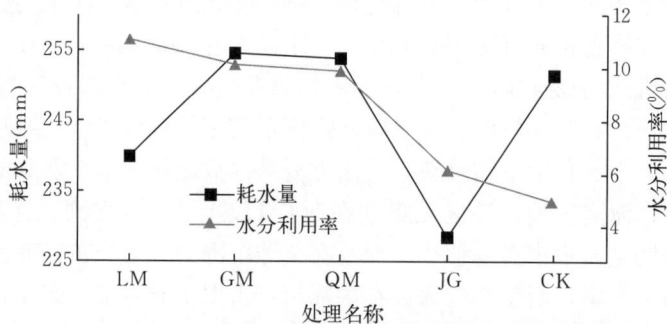

图 18-20 不同覆盖方式下土壤水分消耗及水分利用率

（2）不同覆盖方式对绿豆生长发育的影响。根据田间测量和室内称重结果可知，不同处理绿豆生长性状存在显著差异（表 18-44）。各地膜覆盖方式对绿豆茎粗影响显著，LM、GM、QM 处理比对照分别提高了 0.18 mm、0.23 mm 和 0.22 mm；而秸秆覆盖处理对绿豆茎粗影响不明显。GM、QM

处理的株高显著高于CK。经济性状中各处理荚粒数无明显差异，说明覆盖栽培对绿豆的荚粒数无明显影响。GM、QM处理在单株荚数和百粒重方面均显著高于CK，说明双沟覆膜和全膜覆盖对绿豆经济性状和生长性状的影响均较显著，可能是这两种覆盖方式提高地温的作用明显。

表18-44　不同覆盖方式下绿豆生长发育

处理名称	株高（cm）	茎粗（mm）	单株荚数（个）	荚粒数（个）	百粒重（g）
LM	33.00c	0.87a	27.40ab	8.45a	7.75b
GM	41.38ab	0.92a	39.40a	9.15a	9.06a
QM	45.20a	0.91a	42.20a	8.10a	8.78a
CK	35.14c	0.69b	23.00ab	8.05a	7.66b
JG	37.40bc	0.79ab	16.40b	8.70a	7.48b

注：同一列中相同字母代表不同处理在5%水平上差异不显著，不同字母代表差异显著。

（3）不同覆盖方式对绿豆产量的影响。绿豆产量在各处理间的差异很大（表18-45），$F=7.871$，$P=0.004<0.01$。表18-45显示，LM、GM和QM处理与CK相比，增产率均达到了100%以上，增产效应极其显著。JG处理增产效应最小（11.63%），与CK差异不显著。说明在陕北地区，地膜覆盖较传统露地栽培方式增产效果极显著，秸秆覆盖增产不明显。比较3种地膜覆盖方式，以垄膜覆盖的增产效应最大（112.59%），双沟覆膜居中，全膜覆盖最低，但3种方式间无明显差异。

表18-45　不同覆盖方式下的绿豆产量

处理	小区产量（kg）				增产（%）
	Ⅰ	Ⅱ	Ⅲ	平均	
LM	3.29	3.53	2.72	3.18	112.59
GM	3.45	3.49	2.26	3.07	104.90
QM	3.41	2.98	2.60	3.00	100.27
CK	1.85	1.60	1.05	1.50	—
JG	1.93	2.05	1.03	1.67	11.63

综上所述，地膜覆盖对陕北地区绿豆增产效果极为显著；秸秆覆盖可提高水分利用率，但同时降低地温，增产作用不明显。3种地膜覆盖方式中，又以垄膜覆盖方式提高水分利用率和增加绿豆产量的效果最好，且操作简单，在陕北地区绿豆抗旱栽培中应优先考虑。

4. 绿豆施肥技术　林妙正等（1991）、罗灿熙等（1992）和张静（2008）等研究表明，绿豆的营养生长期遇高温多雨天气，会使生育进程加快从而缩短生育期。反之，该生长期遇高温干旱天气，则容易出现植株早衰现象，使得绿豆生育期缩短。同时，阮长春等（2008）认为，供水不足会使绿豆植株株高降低，地上部和地下部的营养生长也均受限制。罗高玲等（2012）研究发现，不同播期对绿豆各生育时期均有一定程度的影响，主要影响因子是温度和降水量。株高、主茎节数和单株荚数等农艺性状受品种影响不显著，但播期对它们的影响较显著。荚长主要受品种影响，受播期的影响不显著。品种和播期对单株产量和百粒重的影响较显著。主茎分枝数和单荚粒数受播期影响不显著。绿豆的田间管理主要集中在播前整地、播种、间苗定苗、中耕除草、灌排水、施肥以及适时收获等方面。在田间管理过程中，对绿豆叶斑病、绿豆锈病及根腐病等病害和蚜虫、豆野螟、红蜘蛛及豆象等害虫的防治同样具有非常重要的作用。同时，播种前的整地、施足底肥、挑选和处理种子以及收获籽粒后的科学储藏等也是非常重要的绿豆生产步骤。

绿豆从出苗至开花为其营养生长阶段，从开花至鼓粒为绿豆营养生长和生殖生长并进阶段，是植株旺盛生长期，也是决定籽粒产量和品质的关键时期。为了使绿豆获得较好的产量，特提出绿豆施肥适宜时期和建议施肥量，即在绿豆初花期（肥料最大效应期）追肥，肥料种类以氮磷配合施用为好，每 667 m² 施氮磷复合肥 10～15 kg；或每 667 m² 喷施尿素 1.5 kg 加磷酸二氢钾 1 kg，分 2～3 次进行，每次 0.5～1.0 kg 尿素和 400～500 g 磷酸二氢钾，兑水 60～65 kg 喷施。因为，每生产 100 kg 绿豆籽粒，需吸收氮（N）素 9.68 kg、磷（P_2O_5）素 2.93 kg、钾（K_2O）素 3.51 kg。其中，除了氮素有 1/3 来自大气外，其余养分都要从土壤中吸收。

第六节　蔬　　菜

黄绵土形成于自然土壤被侵蚀后露出地表的老黄土母质上，是一种经直接耕种而形成的幼年土壤。黄绵土具有土层深厚、疏松易耕、适宜性广、发苗快、吸水力强等良好生产性能，但也有有机质含量少、结构差、水分蒸发快、不耐旱等不良性质。各类型黄绵土因其所处的自然条件和受人为影响不同，质地和肥力差别很大。

一、主要栽培种类

蔬菜因其含有人体所必需的蛋白质、氨基酸、维生素和矿物质等多种有机营养成分，而成为人们吸取营养的主要来源。随着我国种植业产业结构的战略性调整，蔬菜产业已成为农业和农村经济的支柱产业，在农业增效、农民增收、农村就业等方面发挥了重要的作用，并为黄土高原的综合治理与开发提供经济效益和社会效益。

黄绵土土层深厚，土质绵软，结构稳定，渗透性强，土体干旱；但土壤养分贫瘠，易发生脱水脱肥现象，属于低产土壤。因此，必须从改良土壤结构、增强土壤蓄水保墒的能力入手，不断提高土壤肥力。在黄绵土地区，常见的蔬菜栽培模式有露地、拱棚、日光温室，主要栽培的蔬菜有八大类：白菜类（白菜）、绿叶菜类（油菜、菠菜、油麦菜、芹菜）、根菜类（马铃薯、水萝卜、白萝卜）、甘蓝类（西蓝花、甘蓝）、葱蒜类（韭菜、葱）、茄果类（辣椒、番茄、茄子）、豆类（豇豆、豆角）、瓜类（黄瓜）等（贺丽娜 等，2007）。随着黄绵土地区退耕还林还草措施的实施和产业结构的调整，高效节能日光温室蔬菜的发展速度加快，种植面积不断扩大。日光温室黄瓜和番茄是种植面积最大、经济效益较高的蔬菜种类（徐福利 等，2003）。

二、菜地养分状况及施肥现状

（一）菜地养分状况

土壤肥力是决定土地生产力的基本条件，各地区黄绵土因其所处的自然条件和受人为影响不同，菜地的土壤养分状况差别很大。以延安的黄绵土为例，菜地的土壤有效养分含量为：有机质含量 6.52～6.82 g/kg，全氮 0.48～0.54 g/kg，有效磷 2.0～2.4 mg/kg，速效钾 72.3～121.0 mg/kg，pH 8.5～8.6（贺丽娜 等，2007）。宁南山区设施园艺基地土壤类型为黄绵土，土质为轻壤，其基本理化性状为：pH8.57，有机质含量 8.15 g/kg，全氮 0.13 g/kg，全磷 0.64 g/kg，速效钾 114.17 mg/kg，碱解氮 27.21 mg/kg，有效磷 33.82 mg/kg，全盐 0.67 g/kg（吴晓丽 等，2013）。甘肃省积石山县黄绵土有机质含量为 6.5 g/kg，通过其他养分元素质量浓度与临界值相比确定积石山黄绵土的养分限制因子为氮、磷、硫、锌、铜和锰（崔云玲，2014）。菜田土壤肥力普遍偏低，与高产土壤有机质含量（25 g/kg）差距甚大。

如表 18-46 所示，蔬菜作物对土壤养分含量的要求远高于禾谷类等大田作物。因此，施肥不仅要为蔬菜作物提供平衡而充足的养分，更要注重培肥土壤。只有土壤肥力水平提高，才能保证蔬菜生产可持续、优质和高效益（刘树堂，2006）。但调查中发现，蔬菜栽培长期处于粗放管理状态，菜农施肥凭经验现象普遍，施肥量受当地农业生产水平和农户经济状况影响较大，许多日光温室、大棚蔬菜施肥存在盲目性，菜农在栽培过程中片面追求高产而过量施肥的现象日益严重，特别是黄瓜和番茄的氮肥用量过大（徐福利 等，2003；刘华 等，2012）。

表 18-46　菜园土壤有效养分丰缺状况的分级 (mg/kg)

土壤有效养分含量						土壤养分丰缺状况
碱解氮	有效磷	速效钾	交换性钙	交换性镁	交换性硫	
<100	<30	<80	<400	<60	<40	严重缺乏
100~200	30~60	80~160	400~800	60~120	40~80	缺乏
200~300	60~90	160~200	800~1 200	120~180	80~120	适宜
>300	>90	>200	>1 200	>180	>120	偏高

(二) 主要蔬菜施肥现状

1. 黄瓜施肥现状　以延安为例，露地黄瓜平均产量为 127.5 t/hm²，氮肥平均施用量为 994.5 kg/hm²，磷肥 517.5 kg/hm²，钾肥 15 kg/hm²，有机肥 67.5 t/hm² (黎青慧，2005)。日光温室栽培的黄瓜氮肥施用量为 908~7 360 kg/hm²，磷肥 0~690 kg/hm²，钾肥很施用，有机肥为 88~373 t/hm² (徐福利 等，2003)。

2. 番茄施肥现状　露地番茄平均产量为 57.9 t/hm²，氮肥用量为 186~375 kg/hm²，磷肥用量为 72~213 kg/hm²，钾肥用量很少，有机肥用量为 31.5~49.5 t/hm²。日光温室番茄的平均产量为 115.9 t/hm²，氮肥施用量为 808.5~1 372.5 kg/hm²，磷肥施用量为 415.5~781.5 kg/hm²，有机肥施用量为 71.25~86.25 t/hm² (黎青慧，2005)。

蔬菜作物合理的氮、磷、钾吸收比例为 $N : P_2O_5 : K_2O = 1 : 0.5 : 1.25$ (杨先芬，2001)。根据黄瓜和番茄的养分吸收比例 (黄德明，2001)，徐福利提出，每 1 000 kg 黄瓜的养分吸收量为 N 2.73 kg、P_2O_5 1.30 kg、K_2O 3.47 kg，每 1 000 kg 番茄的养分吸收量为 N 3.54 kg、P_2O_5 0.95 kg、K_2O 3.89 kg。日光温室黄瓜产量 150 t/hm² 的适宜施用量为 N 750~840 kg/hm²、P_2O_5 450~540 kg/hm²、K_2O 450~750 kg/hm²、有机肥 60~80 t/hm²，日光温室番茄产量 180 t/hm² 的适宜施用量为 N 810~960 kg/hm²、P_2O_5 420~510 kg/hm²、K_2O 540~690 kg/hm²、有机肥 50~80 t/hm²。而实际调查中，氮磷肥施用量过大，钾肥施用比例偏小，养分比例极不合理。种植户普遍重视有机肥施用，施用品种主要为优质鸡粪，其次为猪粪、人粪尿等 (周建斌 等，2006)；但同时忽视中微量营养元素肥料的施用，80%农户存在不科学施肥问题。

3. 马铃薯施肥现状　宁夏南部山区旱地马铃薯的平均产量为 13.7 t/hm²，施用肥料种类包括化肥和有机肥。其中，化肥包括尿素、磷酸二铵、碳酸氢铵、专用复合肥、过磷酸钙和硫酸钾，有机肥包括羊粪、牛粪、鸡粪、猪粪和人粪尿等。当季 N、P_2O_5、K_2O 平均总用量分别为 249 kg/hm²、95 kg/hm²、60 kg/hm²，其中 N、P_2O_5 养分输入以化肥为主，分别占 57%和 69%，有机肥输入 N、P_2O_5 养分的量也不容忽视；K_2O 养分输入以有机肥为主，比例占 98%以上，化肥 K_2O 输入量极少。马铃薯氮肥施肥方式分为基肥 (播前撒施) 和追肥 (降雨后撒施或穴施)，磷肥和钾肥均全部作基肥施入。由此可见，宁夏南部山区旱地马铃薯重施基肥，但轻追肥 (赵营 等，2013)。

三、蔬菜栽培存在问题及改进措施

(一) 存在问题

1. 肥料结构不合理，施肥不平衡　大多数蔬菜种植户施肥品种单一，用量不合理，施肥盲目性大，主要表现在氮肥用量大，忽视氮、磷、钾肥的配合施用。过量施用肥料，不仅造成肥料的浪费，还会引起土壤次生盐渍化、蔬菜硝酸盐含量提高及地下水硝酸盐污染等。而且土壤中氮、磷、钾等养分比例失调，会引起蔬菜的生理病害，降低蔬菜的抗病性而使蔬菜减产 (徐福利 等，2005)。一些种植户受报道的误导即"偏施氮肥，磷、钾肥不足"，从而盲目控制肥料施用；磷肥利用率低且浪费严重；很少考虑土壤实际含钾水平而过量施用含钾量高的复合肥和硫酸钾，导致养分失衡、肥效不佳、资源浪费等问题 (刘华 等，2012)。

2. 施肥针对性不强　蔬菜是喜肥作物，但蔬菜种植户当前仍以经验施肥为主，缺乏科学的指导，不能根据不同蔬菜种类和品种的营养特性进行针对性施肥，使得蔬菜的产量潜力和良种优势难以发挥，导致施肥效果差（唐泽林，2015）。而且蔬菜追肥时间不当。许多农户认为磷酸二铵可以替代尿素，所以追施磷肥过量，导致蔬菜生长中氮素不足、磷素过量，植株生长缓慢，分枝少，叶片发黄。蔬菜追肥次数少，每次追肥数量过大，会造成烧苗、烧叶。钾肥施用太迟，因为钾是易重复利用的元素，晚施会影响钾肥的肥效（徐福利，2003）。

3. 造成连作障碍，影响蔬菜品质　设施蔬菜复种指数高，生产位置相对固定，投入相对较高，栽培品种相对单一，形成多年连作，促成和加剧了连作障碍与土壤盐渍化。随种植年限的增加，蔬菜产量降低，品质下降，病虫害加剧，效益下降，威胁着设施农业的可持续发展（任小平 等，2007）。在拱棚或日光温室栽培的条件下，弱光逆境成为设施蔬菜品质下降的主要限制因素之一（贺丽娜 等，2007）。

（二）改进措施

1. 重视施用有机肥，保证氮、磷、钾和其他营养元素的养分平衡　平衡施肥技术是根据蔬菜的养分吸收特性和对营养的需求量及土地的供肥能力，通过施肥来满足蔬菜生长需要，以获得最高的产量和最佳的品质。在蔬菜种植中，要注意氮、磷、钾配合施用，发挥氮、磷、钾交互作用，减少蔬菜生理病害，提高蔬菜品质。在设施栽培中，应控制氮肥用量，重施腐熟有机肥，补施微肥，土壤施肥与叶面喷肥相结合，多种肥料配合施用以减弱由于植物对离子的选择吸收而对土壤性状造成影响。

2. 合理轮作，克服土壤连作障碍　合理轮作是克服土壤连作障碍的重要措施。研究结果表明，一定时间的休闲或黄瓜与玉米、豇豆、黑豆轮作是克服连作障碍的有效轮作方式。轮作不同作物既能吸收土壤中的不同养分，又能通过换茬减轻土传病害的发生，提高产量和产值，有效预防土壤连作障碍的产生。

3. 加强菜农技术培训，提高蔬菜科学施肥普及率　盲目施肥会带来菜田土壤肥力下降、质量退化、养分比例失调、土壤酸化及污染严重等一系列问题，为此需要重点开展科学配方施肥培训，让菜农熟悉掌握当地主栽蔬菜种类的生长发育特点，了解不同栽培类型的育苗、定植、开花、结果的特点和环境条件要求，合理选择肥料品种，掌握科学的施肥方法和施肥量。开展多种形式的培训宣传，利用多种宣传媒体，扩大宣传面，普及科学施肥知识（唐泽林，2015）。

第十九章 黄绵土区耕地可持续利用对策与建议 >>>

第一节 耕地质量监测点布设

一、耕地质量监测的意义

耕地质量监测是通过对耕地土壤定点调查、观测记载和测试等方式，对耕地土壤的理化性状、生产能力和环境质量进行动态监测的活动（全国土壤肥料总站，1993）。根据我国有关法律规定，耕地土壤监测分国家、省、地、县 4 级进行。具体监测工作由农业行政主管部门下设的土壤肥料技术推广机构负责实施，并按年度向同级人民政府报告监测结果，用以指导农业生产。国家级耕地土壤监测作为第二次全国土壤普查的后续工作，从 20 世纪 80 年代初即已展开，至今已有 30 多年的历程，它既是了解农业生产的一个窗口，也是掌握耕地土壤养分和耕地环境质量变化趋势的一个有力手段（全国农业技术推广服务中心 等，2008）。

国家级耕地土壤监测点是站在全国的角度上为进行耕地土壤长期定位监测而设置的观测、试验、取样的地块，它承担着耕地土壤质量变化的试验观测、数据采集、信息提取与检测分析等任务。监测点的布局与设置是否科学合理、建设是否规范标准，直接关系到整个监测数据的代表性和系统性，也关系到监测区域耕地质量变化规律分析与趋势预测的准确性（全国农业技术推广服务中心 等，2008）。

二、耕地质量监测点布设原则

（1）重点监测粮油果蔬主产区。应包括甘肃（陇中、陇东）和宁夏（宁南）的小麦产区，陕西（延安）的玉米产区，甘肃（陇中、陇东）和陕西（延安）的马铃薯及苹果产区、陕西（延安）和山西（晋西北）的小杂粮产区等。

（2）涵盖不同的地力水平。应事先对该区域土壤肥力水平有全面的了解，在每个主产区都应至少分别有一个高、中、低不同肥力的地块作为代表。

（3）兼顾不同的地形地貌。黄绵土区地形地貌复杂多样，塬面平地、梯田、坡耕地都大面积存在，因此在布设监测点时，应考虑不同的地形和地貌特点。

三、耕地质量监测点设置方法

监测地块以当地主要种植制度、种植方式为主，耕作、栽培等管理方式、水平应代表当地一般水平，应该为永久性耕地的典型地块。

监测点在田间处理上设置不施肥区（空白区）和常规措施区（农田常年田间管理）两个处理，目的是通过检测施肥和不施肥而引起的产量差异来计算施肥效应，及不同处理对土壤理化性状养分含量等的影响。为了防止常规措施区的肥料进入无肥区，在常规措施区和无肥区之间采取适当的隔离措施。

在不施肥区处理中，小区面积应在 67 m² 以上，采用设置保护行、垒区间小埂等方法隔离。常规措施区面积应不小于 334 m²，也可直接用相邻大田定点观测。不施肥区和常规措施区除施肥不一样外，其他措施均应一致（全国农业技术推广服务中心 等，2008）。

四、耕地质量监测内容

耕地质量监测涵盖田间作业的主要内容（如监测作物种类、作物产量、施肥水平、土壤养分和土壤环境质量的有关参数）。对年际间变化较大的土壤有机质、全氮、有效磷、缓效钾、速效钾等参数，在每个监测年度结束时都要测定 1 次；对土壤 pH、微量元素（包括有效铁、锰、铜、锌、硼和钼）等相对稳定的参数，每 5 年测定 1 次；对于重金属（镉、汞、铅、铬、砷等），每 5 年测定 1 次（全国农业技术推广服务中心 等，2008）。

具体的监测内容与方法应遵照农业行业标准《耕地质量监测技术规程》（NY/T 1119—2012）。

第二节　用养结合

目前，我国的耕地质量不容乐观。由于我国人口众多，很多不宜农用的土地都被开垦成了耕地，而用于农田基本建设与土壤改良培肥的投入却越来越少，土壤改良培肥技术停滞不前。特别是随着化肥工业的兴起和化肥的大量生产使用，有机肥的使用大大减少，人们对化肥的使用达到了完全依赖的程度，土壤有机质含量呈下降趋势。各地普遍存在重用地轻养地、重化肥轻有机肥、重产出轻投入的现象，土壤环境急剧恶化，营养元素失衡，土壤板结、流失、沙化、荒漠化和盐渍化严重，病虫害不断加重，农产品品质下降。另外，黄绵土地区同时存在气候干旱、土壤瘠薄、耕作粗放的现实情况。因此，坚持用地与养地结合的原则，是解决以上诸多问题，从而实现农业可持续发展的唯一途径。

我国是世界上著名的农业古国之一，有农牧结合的优良传统。我国农民在几千年农牧业生产的历史中不仅创造了以农养牧、以牧促农、农牧两旺的经验，而且也经历了以农挤牧、重农轻牧、农牧两伤的教训（马孝劬，1983）。因此，总结历史上农牧结合的经验教训，继承和发扬我国农牧结合的优良传统，保持我国农业生产的用养结合、地力不竭的固有特色，对发展可持续农业具有一定的现实意义。

用养结合，可以广泛理解为利用资源与保护资源，其核心则是用地养地，保持农田生态平衡。土地是资源，同时又是生产基地，农业生产的持续性决定了土地比其他资源更具有特殊的意义。在整个生产过程中，作物本身及其耕种技术对土地生产力有着不同而又持久的影响。这种影响使土地生产力在用养之间呈现着对立的统一。用多养少则地力衰退，用养结合保持养多于用，地力方始常新，持续扩大再生产才有基础。

一、调整作物布局，适当增加养地作物

近年来，部分地区大力扩种谷类作物，压缩豆科作物，粮食作物大量增加，绿肥作物明显减少，用地的作物大幅度增加，养地的作物显著减少，从而造成了重用地、轻养地的局面（曹隆恭 等，1985）。一些地区种植的作物类型单一，导致抗御自然灾害的能力明显降低。因此，这些地区逐步调整作物布局，适当增加养地作物，是一个亟待解决的问题。我国早在汉代就总结了"种谷必杂五种，以备灾害"的经验。因此，从抗御自然灾害角度来看，改变单一种植的状况，调整作物布局也是必要的。黄绵土地区也有种植豆类等绿肥作物的传统，但是随着商品经济的快速发展，农民以经济效益为导向的作物种类选择意识加强，相应的效益较差的豆类等绿肥作物面积减少，效益较好的作物种植面积越来越广泛，如玉米、马铃薯和果树等。针对这种状况，既需要政策扶持和引导，也要考虑引进和推广经济效益更高的豆类等绿肥作物品种，同时研发一些新的种植制度，将养地作物通过间套种等

方式引入玉米、马铃薯和果树等主要作物种植体系中。但这些新品种或者新制度的探索必须充分考虑黄绵土区干旱缺水的气候条件，明确其水分适应性，同时应综合应用各种保水、集水措施。

二、合理轮作换茬，以田养田

我国早在东汉时期就已经创始了豆类作物与谷类作物轮作复种等用养结合的轮作复种方式。北魏的《齐民要术》对此做了全面和系统的总结，为我国作物的合理轮作奠定了理论基础，确立了豆谷轮作的格局，为我国北方旱地的绿肥轮作奠定了理论和技术基础（曹隆恭 等，1985；赵秉强 等，1996）。

我国古代的北方地区，不论是一年一熟地区，还是两年三熟地区，都普遍采用豆类作物与谷类作物的轮作制或复种制。如一年一熟的山西寿阳地区，就采取以豆类作物为中心，以豆谷轮作为主要方式的轮作制，谷类以谷或黍、麦、高粱等为主，豆类包括大豆、黑豆、小豆等。清光绪年间的《东三省调查录》中对东北地区作物轮作关系的描述，也是以豆类作物为中心，实行豆类作物与谷类作物的轮作倒茬，其基本轮作方式是黍-豆-粟。在陕西、河南、山东的两年三熟地区，其基本轮作复种方式是麦-豆-秋杂，这也是豆类作物与谷类作物的轮作复种。采取豆谷轮作为主要轮作方式，是同用地与养地结合紧密联系在一起的。早在西周时代，先人就已注意到豆类作物着生根瘤的特点。战国时代，我国北方地区的大豆栽培曾经盛极一时，恐怕与对大豆肥田作用的认识也有一定的关系（曹隆恭 等，1985）。

我国北方地区最迟在魏晋南北朝时期就比较普遍地采用这种方法。《齐民要术》中记载的粮菜与绿肥轮作复种方式就多达 8 种：绿豆（绿肥）-春谷、小豆（绿肥）-春谷、胡麻（绿肥）-春谷、绿豆（绿肥）-葵、绿豆（绿肥）-葱、绿豆（绿肥）-瓜、苕草（绿肥）-稻、小豆（绿肥）-麻。元代的《农桑衣食撮要》又总结了利用麦茬夏闲地复种绿豆，翻压后复种小麦的经验。明代的《群芳谱》总结了在禾黍地中套种绿豆、小豆、芝麻等绿肥作物，翻压后复种小麦的经验，并总结了陕西关中地区和山西晋南地区实行粮草轮作的经验。

新中国成立后，粮肥轮作的模式经过各地改进后更加丰富多彩，如延安地区就有小麦连作 4 年-荞麦、草木樨（苜蓿）-草木樨（苜蓿）-小麦（谷、糜），小麦连作 5 年（6 年）-休闲-春豌豆，黑豆-谷、糜，豆类-谷子-马铃薯-糜子-荞麦，草木樨-谷、糜-马铃薯-油料，玉米、小麦条带间作-麦收后复种短期绿肥等（韩振荣，1984），麦后复种油菜（压青）、玉米套种油菜（压青）、果园套种油菜（压青）（朱爱荣 等，2011）；晋西北地区春箭筈豌豆-胡麻轮作；甘肃春小麦套种或复种箭筈豌豆等（王隽英 等，1992）。

由此可见，我国北方地区粮肥轮作复种或间套种的历史悠久、经验丰富、形式多种多样，只要能因地制宜地采用相应的粮肥轮作复种或间套种方法，就能收到以田养田、用养结合、肥田增产的良好效果。

三、归还土壤有机质，以肥养田

我国是世界上施肥历史最悠久的国家之一，在"多粪肥田"上积累了丰富的经验。我国古代称肥料为"粪"，如人粪、畜粪、草粪、苗粪、土粪、灰粪等，称施肥为"粪田"。我国早在西周时代就重视对草粪的利用，西周时代人们已经认识到锄掉的野草腐烂之后，具有肥田壮苗的作用。至春秋战国时代，官府中设有掌管施肥事宜的专职官员称为"草人"，据《周礼·草人》记载，其主要任务是掌握"土化之法"，就是管理粪田改土之事，并且要做到因土施肥。在战国中后期，施肥受到了高度重视。在汉代，施肥不仅成为农业增产综合措施中不可缺少的一环，而且施肥技术也有长足的发展。魏晋南北朝时期，我国的积肥和施肥技术又有一些新发展。一是在积肥造肥方面创造踏粪法。二是肥料种类的多样化，这一时期除了广泛实行绿肥轮作外，还充分利用畜粪厩肥、兽骨、草木灰、旧墙土等肥料，开启了广辟肥源的时代。三是确立了蔬菜作物"粪大水勤"的施肥原则。明清时期，我国北方地区无论在肥料积制方面还是施肥技术方面，都有长足的进步，这一时期肥料的种类已经多达百种，并且创造了不少积制肥料的新方法（曹隆恭 等，1985；马孝劬，1983；梁家勉，1982）。

当前限制北方地区农业增产的因素是旱、薄、粗。黄绵土地区土壤瘠薄与干旱缺水问题同样突出。因此，继承和发扬我国古代"多粪肥田"的优良传统，增施各种有机肥，对于培肥土壤、增进地力是十分重要的。

第三节　填闲作物与绿肥

绿肥在我国已经有 4 000 多年的种植利用历史，在原始农业生产中发挥着举足轻重的作用，是当时我国最重要的有机肥源，也是我国传统农业的瑰宝（曹卫东 等，2009）。国内外大量研究发现，一方面，绿肥腐解过程中养分的释放过程缓慢，可以与作物生长过程很好的配合统一，在有效提高作物产量和氮素利用率的同时，可以降低氮肥施用量和氮素淋溶损失的风险（Sharma et al.，2009）；另一方面，种植并翻压绿肥能够有效提高土壤肥力水平和养分含量（Astier et al.，2006；Amusan et al.，2011）、改善土壤通气、保水和保肥性等（张达斌 等，2013）。此外，国内外研究还发现，在轮作体系中引入绿肥作物能够起到减少病虫害发生的作用（Amusan et al.，2011；Kirkegaard et al.，2008）。考虑到豆科绿肥具有较为突出的生物固氮能力、对贫瘠土壤较强的适应性等特点，利用农闲田、无林地或荒地种植并发展豆科绿肥，将获得十分可观的生态和环境效益（曹卫东 等，2009）。

黄绵土农业区种植制度大都为一年一熟或两年三熟制，拥有较为广阔的夏季裸地休闲面积（卢宗凡，1997）；同时，夏闲期间正值雨热同季并且持续时间近 3 个月，如果一直保持裸地休闲状态，不仅此期间的光热水等自然资源不能得到合理利用，而且因为地表缺乏植被覆盖会进一步加剧水土流失和耕地质量退化。另外，当地有多年种植豆科绿肥的历史，种植并翻压绿肥不仅可以有效改善土壤微环境、培肥地力，而且在时间和空间上能有效提高对夏闲期间自然资源的利用，同时还可以有效降低过量施用氮肥对环境带来的负面影响。在提高作物产量方面，张达斌等（2015）通过 4 年的田间定位试验研究渭北旱塬发现，旱地连续多年种植并翻压豆科绿肥较传统的裸地夏休闲能够有效促进后茬冬小麦苗期的生长（冬季单株分蘖数和春季总茎数）、后期的产量形成（产量、生物量和公顷穗数）和养分吸收。然而，在半干旱、干旱地区，也有关于种植绿肥对后茬小麦无明显增产甚至减产的报道。Zhang 等（2007）研究指出，与传统耕作相比，在降水稀少的干旱年份应用绿肥显著降低冬小麦籽粒产量。赵娜等（2010）的研究结果表明，种植豆科绿肥后不仅冬小麦公顷穗数较休闲处理降低13.8%～23.4%（$P < 0.05$），而且籽粒产量也较休闲处理减少 18.6%～31.3%（$P < 0.05$）。张久东等（2011）通过在甘肃河西绿洲灌区开展田间试验研究绿肥替代等量氮肥施用的效果，结果表明，第一年冬小麦产量随着绿肥比例的增加呈现出逐渐降低的趋势。Zhang 等（2016）通过 6 年的田间定位试验结果并结合当地 57 年的降水气象资料发现，连续多年夏闲期种植豆科绿肥的确会消耗土壤水分，同时该措施会因降雨年型的不同而对后茬冬小麦产量带来不同程度的影响。当年降水量较为丰沛时，种植豆科绿肥引起的夏闲期土壤水分亏缺能够得到及时补充，豆科绿肥可增加旱地冬小麦产量；反之，干旱年份该措施则将带来严重的减产效果。

在土壤肥力提升方面，有研究表明，豆科绿肥（草木樨、沙打旺）具有明显的固氮效果，因此其氮素吸收能力最强；油菜具有活化土壤缓效态磷的作用，富磷效果显著；同时，油菜和油葵等十字花科作物对钾素的吸收效率也明显高于豆科绿肥。整体来看，草木樨的总养分还田量最高，油菜最低。方日尧等（2003）通过在黄土高原地区开展单播紫花苜蓿用作绿肥的长期定位试验，研究结果表明，连续种植并翻压豆科绿肥 10 年后，土壤全氮、有机质和速效养分含量均较对照表现出显著提升的效果。长期翻压绿肥作物还可以有效提高土壤有机质含量（Biederbeck et al.，1998）。Poeplau 等（2015）通过整理并分析全球 37 个地区近 139 个试验点所开展的关于应用填闲作物对农业耕地土壤碳累积影响的研究报道，研究结果表明，其中 126 个试验点（91%）在应用填闲作物后，其土壤有机碳库储量明显高于对照处理。张达斌（2016）5 年的田间试验发现，夏闲期连续多年种植并翻压豆科绿肥显著提高旱地麦田表层土壤有机碳、活性有机碳和全氮含量以及相应的库容储量。翻压绿肥作物显著提高了土壤有机质含量，促进土壤形成结构良好的有机无机复合胶体，并有利于土壤团聚体和土壤疏松结构的形成，最终能够有效改善土壤物理性状（熊顺贵 等，1991；沈洁 等，1989b）。此外，绿肥作物还可以通过其根系生长，有效增大土壤孔隙并降低土壤紧实度，进而起到降低土壤容重的作用。因此，翻压绿肥可以有效增加非毛管孔隙和减少毛管孔隙，并促进土壤固液气三相趋向稳定状态（沈洁 等，1989a；孙宏德 等，1993）。

黄土高原地区的裸地休闲制度，初衷是为了在旱地降雨集中的季节使土壤蓄积更多的水分并恢复旱地水分状况，为下季作物生长提供水分保障（朱显漠，1984）。French（1978）研究发现，利用休闲措施每增加 1 mm 的土壤储水量可以使小麦产量平均增加 8 kg/hm^2。但由于缺乏植被覆盖或地表长期处于裸露状态，当遇到强度较大且集中的降雨时，不但难以蓄积降水，还容易导致严重的水土流失，最终降低土壤肥力。有研究表明，黄土高原地区夏闲期休闲效率（休闲期间土壤储水量占降雨的百分比）较低，一般只有 10%～15%，说明大部分休闲期的降雨并没有存储在土壤中而被无效损失（李生秀 等，1989）。绿肥作物的繁茂茎叶具有一定覆盖地面的作用，能够减缓休闲期间较为集中的降雨和风暴对地表的直接冲刷，降低了地表径流和水土流失的发生频率；同时，绿肥茂盛的茎叶覆盖于地面，还能有效减少土壤水分从地表蒸发，增加水分入渗，有利于土壤增墒保蓄（Anugroho et al.，2010；Shepherd et al.，1999）。根据杨承建（2003）的研究报道，绿肥作物对地表的覆盖作用能够降低水分通过土壤蒸发和地表径流损失的发生概率，其节约效果相当于在同一时期增加了 400～500 mm降水量。此外，绿肥翻压还田后能够提供大量的如胡敏酸和多糖等组成土壤水稳定性结构的基本物质，最终绿肥长期翻压还田能够有效改善土壤的蓄水保墒能力（刘佳，2010）。因此，在休闲期种植绿肥作物能够有效利用当季的自然降雨并产生较高的生物量和养分还田量，这对提高夏闲期的水分利用率和培肥旱地土壤至关重要。

基于种植翻压绿肥在改善后茬作物生长、提高产量、提升土壤肥力、改良土壤理化性状、保蓄土壤水分以及氮肥减施等诸多方面的重要作用，在黄绵土农业区大力提倡和发展绿肥产业对于黄绵土的用养结合，实现该地区农业的可持续发展具有重要意义。然而，绿肥的应用也不能盲目扩大。在极端干旱地区或年份，种植翻压绿肥易过度消耗土壤水分从而导致后茬作物减产。此外，管理绿肥体系需要投入较多的劳动力和田间管理，严重影响该体系的净经济效益。因此，在黄绵土农业区推广种植翻压绿肥，建议重视以下两个方面：①应在科学理论指导下开展绿肥产业，尽量发挥绿肥的养土、增产作用，而避免其对后茬作物产生不良影响；②政府应对绿肥种植提供一定的财政补贴，鼓励农民通过这种方式对黄绵土进行用养结合，从而实现该农业区的可持续发展。

第四节　秸秆还田与土壤培肥

作物秸秆是一种可再生资源，同时也是重要的有机肥源之一。据刘晓永（2017）等的估计，20 世纪 80 年代、20 世纪 90 年代、21 世纪初、21 世纪 10 年代我国秸秆资源量分别为 4.85×10^8 t、6.55×10^8 t、7.36×10^8 t、9.01×10^8 t，30 多年中秸秆资源总量增长了 85.77%。其中，新疆、内蒙古、宁夏、甘肃等西北地区以及西藏、黑龙江增幅较为明显，西北地区从 20 世纪 80 年代的 3.48×10^7 t 增加到 21 世纪 10 年代的 12.02×10^7 t，增长了 245.40%。秸秆资源主要分布在华北、长江中下游、四川盆地以及黑龙江地区，这些地区的秸秆资源量占全国秸秆资源总量的 66.60%～72.92%。数量庞大的秸秆在生产中发挥着重要作用，是农业可持续发展不可忽视的宝贵资源。随着农业机械化程度和社会生产力水平的不断提高，秸秆还田作为一项提高土壤质量和改善生态环境的重要措施，越来越受到重视（Li et al.，2008）。秸秆还田的重要性主要表现在以下几个方面：

（1）保蓄土壤水分。半干旱或干旱农业区没有灌溉条件，土壤水分主要来自天然降水。要想增加土壤有效水分，应尽量减少径流损失、减少蒸发。秸秆还田覆盖地表后，秸秆覆盖物对雨滴起到缓冲和吸附水分的作用，能够使土壤免受雨水的直接拍击，避免土壤表面形成结壳，有利于使更多的水分渗入土壤；使来不及下渗的水分，发生小的径流又受到秸秆残茬的阻拦，增加了水分入渗时间。此外，秸秆残茬覆盖地表还可使风速减缓，从而减少土壤水分的蒸发（赵聚宝 等，1996）。

（2）增加土壤有机质，提升土壤肥力。作物秸秆中含有丰富的碳、氮、磷和钾等营养元素，还田后这些营养元素会随着秸秆的腐烂归还土壤，影响土壤肥力。研究表明，长期秸秆还田可明显增加土壤有机质含量（Christensen，1992；劳秀荣 等，2002），因为秸秆中富含纤维素、木质素等富碳物质，是形成土壤有机质的主要来源。秸秆分解释放出二氧化碳，形成土壤微生物体、固持或矿化释放无机氮，最终形成土壤有机质，提高土壤肥力（Sommerfeldt et al.，1988；Govi et al.，1992）。土壤全氮与有机质呈显著的正相关效应（孙冬梅 等，1995），秸秆还田也提高了耕层土壤的全氮含量。秸秆还田也能不同程度地增加土壤有效磷和速效钾含量。研究表明，秸秆还田 15 年后，还田量为 2 250 kg/hm²、4 500 kg/hm² 和 6 750 kg/hm² 处理的土壤有效磷含量分别比秸秆不还田增加 63.8%、90.0% 和 122.5%，土壤速效钾含量增加 25.2%、57.0% 和 111.9%（劳秀荣 等，2003）。此外，秸秆还田还可以提高土壤速效氮含量。渭北旱塬连续两年的麦秸还田研究发现，等氮量时，秸秆覆盖还田 0~2 m 土层土壤硝态氮累积量均高于不覆盖处理（董明蕾，2011）。

（3）改良土壤结构。大量研究表明，秸秆还田对土壤结构具有明显改善作用。主要表现为：增加土壤水稳性团聚体含量或增加团聚体的稳定性，改善土壤孔隙状况，减少大、中孔隙及增加小孔隙的数量，维持土壤毛管孔隙度的相对稳定（王俊英 等，2002）。

（4）覆盖还田是指在保护性耕作中在播种前或播种后地表用秸秆覆盖，长期在地表覆盖的秸秆经风吹日晒缓慢腐解，腐解后返回到土壤，提高了土壤有机质含量。秸秆覆盖为作物生长提供适宜的土壤温度。覆盖对光辐射吸收转化和热量传导均有影响（杨艳敏 等，2000）。一方面，秸秆覆盖地表形成一个土壤与大气热交换的障碍层，既可以阻止太阳直接辐射，也可以减少土壤热量向大气散失，同时还可以有效反射长波辐射；另一方面，秸秆覆盖降低了土壤容重，利于热量向土壤中传导。因此，覆盖条件下土温年、日变化趋势缓和，低温时有"增温效应"，高温时有"降温效应"。覆盖秸秆比不覆盖秸秆冬季可提高 0~20 cm 土壤温度 0.5~2.5 ℃，有减轻小麦冻害、降低死苗率、保证小麦安全越冬及促进小麦根系发育的作用；小麦生育后期耕层土壤日均地温降低 0.3~0.5 ℃，有利于防御干热风对小麦的危害，也有利于后期作物的生长发育（周凌云 等，1996；孙利军，2006）。

综上所述，秸秆还田或覆盖还田具有保持土壤水分、提高土壤有机质、速效养分含量以及调节土壤温度等作用，建议在黄绵土农业区积极推广以秸秆还田或覆盖还田的方式进行土地的用养结合。然而，在采用秸秆还田或覆盖还田过程中同样需要科学指导，以防止出现秸秆还田造成与作物争氮以及秸秆覆盖造成的作物减产问题。

第五节　增施有机肥

有机肥俗称农家肥，包括各种动物代谢排泄物、动植物残体、枯枝落叶、饲料残屑、农产品加工业的残渣、生活垃圾、污泥等。有机肥具有资源丰富、种类繁多、所含养分种类全面等优点，但也存在数量和体积较大、养分浓度低、施用不便等问题。有机肥对土壤培肥的作用主要表现在以下几个方面：

1. 提高土壤有机质，改良土壤理化性状　有机肥施于农田后，部分有机物在土壤动物和微生物的参与下，经腐殖化作用形成比较稳定的腐殖质，还有部分有机物可形成土壤微生物的结构物质。土壤有机质的提升能够使土壤容重下降，水稳性团聚体增加，阳离子交换量增加和保肥能力提高，供氮和蓄水能力增强，土壤的物理性状和供肥性状明显改善。方日尧等（2003）在黄土高原农业区的长期定位试验发现，与不施肥和单纯施化肥相比，增施有机肥显著提高了土壤全氮、有机质、碱解氮、有效磷或速效钾的含量，提高了土壤蔗糖酶、磷酸酶以及脲酶活性，降低了土壤容重，增加了土壤有效水含量，从而提高了小麦产量。在甘肃陇东旱塬的 3 年田间试验研究也发现，化肥配施有机肥能够明显提高土壤有机质、全氮、碱解氮和有效磷含量，小麦产量提高 17.53%（张建军 等，2009）。黄土区梯田连续 4 年施用有机肥使土壤有机质含量提升 65.0%～140.1%，水稳性团聚体增加 2.6%～131.6%，孔隙率增加 3.4%～8.0%，容重降低 3.7%～9.1%（张治国 等，2007）。王晓娟等，（2012）研究也发现，渭北旱塬连续 4 年施用有机肥使土壤有机质含量提升 4.1%～6.3%，水稳性团聚体含量也显著提高。

2. 为土壤提供养分，减少化肥投入　有机肥中不仅含有氮、磷、钾、钙、镁、硫以及微量元素等植物必需的几乎所有矿质元素，而且还含有氨基酸、糖类以及激素等生长刺激物质。

3. 活化土壤养分，提高养分利用率　很多作物必需的矿质营养元素易被土壤矿化，而有机肥则具有活化土壤养分的作用，从而提高土壤养分有效性和利用率。一方面，有机物料中本身存在微生物分泌的一些酶或酶作用底物，可使土壤酶活性提高，有利于土壤中难溶性养分的转化和循环；另一方面，有机肥施入土壤后，土壤中微生物的数量增加和活性提高，使土壤中有机酸或胞外酶的分泌增加，从而增加难溶性养分的溶解量。此外，施入土壤中的有机肥在降解过程中会产生可溶性有机物，对活化土壤养分元素如磷、铁、锌等具有重要作用。

有机肥在我国的施用已有几千年的历史，积累了丰富的施用经验。然而，随着城乡居民生活水平的提高、生活习惯的改变以及农业产业结构的改变，有机肥的施用变得越来越少。这主要是因为有机肥体积大、肥效慢、劳动强度大、费工等问题，造成施用不便；黄土丘陵沟壑区，道路崎岖蜿蜒，耕地距村庄较远，运输一般依靠人力，机械运输难以实现，造成农民弃用有机肥。然而，有机肥在培肥地力、改良土壤、增产提质方面发挥着不可替代的作用，因此加强商品有机肥的开发应用，在黄绵土农业区推广施用有机肥对于该地区农业的可持续发展具有重要意义。为此，建议加强以下几个方面的工作：①积极宣传，合理引导。各级政府、农业技术部门应该重视和加强有机肥推广应用工作，扩大宣传，使广大农民群众正确认识到有机肥的重要作用，自觉施用有机肥。②加大商品有机肥的生产开发力度。政府机构应加大对商品有机肥企业的支持力度，合理利用有机肥资源，开发出价格低廉、便于施用的有机肥新产品。③加强对有机物料的监督与管理。当前，由于有机肥产业发展缓慢，农村大量秸秆资源得不到合理利用，造成秸秆焚烧现象极为普遍，既污染了环境，又浪费了资源，建议政府部门应加强管理和监督，加大媒体和舆论宣传力度。

第六节　有机无机肥配合

20 世纪 80 年代以来，随着化肥工业的兴起，人们通过大量施用化肥提高粮食产量，化肥在粮食生产中发挥了巨大作用。国际上一般认为化肥对作物产量的贡献率为 35%～66%，有关报道认为我国化肥对作物产量的贡献率为 35%～45%（奚振邦，2004）。而目前在农业生产实践中，为了片面追求产量，存在长期偏施氮磷肥、有机肥的施用量较少等不合理施肥现象，不仅造成大量的养分资源浪费、肥料贡献率低，而且导致肥料增产效应和产量均有所下降（宇万太 等，2008）。

在化肥大规模施用之初，我国就有学者指出有机无机结合的必要性（梁家勉，1982），"无视化肥的作用是错误的，过分强调它，为贪图速效和节省人力而单独使用它，也是不适宜的。滥用化肥，除在制肥过程中会大量耗费能源、造成空气污染外，在施肥后，也不断造成土壤污染，破坏土壤结构，导致水土流失，影响生态平衡等，其显著的或潜在的损害不胜枚举"。因此，他强调，"应该考虑以一贯沿用的有机肥为主，在固有基础上，进一步拓宽其资源，不断改进其调制和施用方法，认真分析研究其成分和适应对象，同时还要注意合理配用适量的化肥"。

基于化肥在农业生产中的比重越来越高、有机肥投入日益萎缩的情况，不少学者或从农史的角度强调有机肥的重要性（马孝劬，1983；曹隆恭 等，1985；梁家勉，1982；陈文泗，1989），或从循环经济理论或者有机农业、生态农业的角度强调有机肥的重要性（姚兆余，2008；马凤娟，2007），还有学者依据增产效应、土壤肥力和土壤其他性状的变化指出重视有机肥的必要性（戴学潮，1981；黑龙江生产建设兵团三师二十一团生产股，1975）。特别是黄绵土区大量研究发现，化肥与有机肥配施不仅能提高土壤质量，同时具有显著的增产效果（郑剑英 等，1990；田蕴德，1994；郑剑英 等，1996；陈炳东，2000；刘一，2003；罗照霞 等，2015；俄胜哲 等，2016）。因此，黄绵土农业区坚持有机无机肥配合将是可持续发展的必由之路。

主 要 参 考 文 献

艾娜，周建斌，杨学云，等，2008. 长期施肥及撂荒对塿土氮素矿化特性及外源硝态氮转化的影响 [J]. 应用生态学报，19 (9)：1937-1943.

安迪，杨令，王冠达，等，2013. 磷在土壤中的固定机制和磷肥的高效利用 [J]. 化工进展 (8)：1967-1973.

安韶山，张扬，郑粉莉，2008. 黄土丘陵区土壤团聚体分形特征及其对植被恢复的响应 [J]. 中国水土保持科学，6 (2)：66-70.

安战士，徐明岗，1988. 陕西三种土壤的有机质和黏粒对土壤阳离子交换量的贡献 [J]. 土壤 (6)：310-313.

白文娟，焦菊英，马祥华，等，2005. 黄土丘陵沟壑区退耕地人工林的土壤环境效应 [J]. 干旱区资源与环境 (S1)：135-141.

包耀贤，吴发启，贾玉奎，2008. 黄土丘陵沟壑区坝地和梯田土壤氮素特征与演变 [J]. 西北农林科技大学学报（自然科学版），36 (3)：97-104.

鲍俊丹，张妹婷，梁东丽，等，2011. 中国典型土壤硝化作用与土壤性质的关系 [J]. 中国农业科学，44 (7)：1390-1398.

北京农业大学，1980. 农业化学（总论）[M]. 北京：农业出版社.

北京师范大学地理系，1990. 区域·环境·自然灾害地理研究 [M]. 北京：科学出版社.

毕银丽，王百群，郭胜利，等，1997. 黄土丘陵区坝地系统土壤养分特征及其与侵蚀环境的关系 I. 坝地土壤的理化性状及其数值分析 [J]. 土壤侵蚀与水土保持学报，3 (3)：1-9.

毕于运，高春雨，王亚静，等，2009. 中国秸秆资源数量估算 [J]. 农业工程学报，25 (12)：211-217.

边秀举，徐秋明，1985. 土壤对磷的固定作用与磷肥需要量的估测 [J]. 农业新技术 (5)：22-25.

蔡红明，王士超，刘岩，等，2016. 陕西日光温室养分平衡及土壤养分累积特征研究 [J]. 西北农林科技大学学报（自然科学版），44 (9)：83-91.

蔡妙珍，刘鹏，徐根娣，等，2008. 钼、锰营养对大豆碳氮代谢的影响 [J]. 土壤学报，45 (1)：180-183.

蔡艳蓉，李永红，高照良，2015. 黄土高原地区土地资源分区研究 [J]. 农业灾害研究，5 (5)：38-47，53.

蔡永明，张科利，李双才，2003. 不同粒径制间土壤质地资料的转换问题研究 [J]. 土壤学报 (4)：511-517.

曹国良，张小曳，郑方成，2006. 中国大陆秸秆露天焚烧的量的估算 [J]. 资源科学，28 (1)：9-13.

曹丽花，刘合满，赵世伟，2011. 不同改良剂对黄绵土水稳性团聚体的改良效果及其机制 [J]. 中国水土保持科学 (5)：37-41.

曹丽花，赵世伟，2007. 土壤有机碳库的影响因素及调控措施研究进展 [J]. 西北农林科技大学学报（自然科学版），35 (3)：177-182.

曹丽花，赵世伟，梁向锋，等，2008. PAM 对黄土高原主要土壤类型水稳性团聚体的改良效果及机理研究 [J]. 农业工程学报 (1)：45-49.

曹隆恭，咸金山，1985. 我国北方旱地用养结合的历史经验 [J]. 中国农史 (4)：63-77.

曹宁，陈兴平，张福锁，等，2007. 从土壤肥力变化预测中国未来磷肥需求 [J]. 土壤学报，44 (3)：536-543.

曹同民，杨芬惠，2007. 陇东黄土高原石油开发污染特征分析 [J]. 环境研究与监测 (1)：53-56.

曹卫东，黄鸿翔，2009. 关于我国恢复和发展绿肥若干问题的思考 [J]. 中国土壤与肥料 (4)：1-3.

曹文炳，万力，周训，等，2003. 西北地区沙丘凝结水形成机制及对生态环境影响初步探讨 [J]. 水文地质工程地质，30 (2)：6-10.

曹玉贤，田霄鸿，杨习文，等.2010. 土施和喷施锌肥对冬小麦子粒锌含量及生物有效性的影响 [J]. 植物营养与肥料学报，16 (6)：1394-1401.

曹志洪，2011. 中国农业与环境中的硫 [M]. 北京：科学出版社.

曹志洪，李庆逵，1988. 黄土性土壤对磷的吸附与解吸 [J]. 土壤学报，25 (3)：218-226.

曾光，杨勤科，姚志宏，2008. 黄土丘陵沟壑区不同土地利用类型土壤抗侵蚀性研究 [J]. 水土保持通报，28 (1)：6-9，38.

曾全超，董扬红，李鑫，等，2014. 基于 Le Bissonnais 法对黄土高原森林植被带土壤团聚体及土壤可蚀性特征研究
　　［J］. 中国生态农业学报，22（9）：1093-1101.

曾全超，李娅芸，刘雷，等，2014. 黄土高原草地植被土壤团聚体特征与可蚀性分析［J］. 草地学报，22（4）：743-749.

曾宪坤，1999. 磷的农业化学［J］. 土壤学进展，14（4）：61-64.

查轩，唐克丽，张科利，等，1992. 植被对土壤特性及土壤侵蚀的影响研究［J］. 水土保持学报（2）：52-58.

查轩，唐克丽，2000. 水蚀风蚀交错带小流域生态环境综合：治理模式研究［J］. 自然资源学报，15（1）：97-100.

柴华，何念鹏，2016. 中国土壤容重特征及其对区域碳贮量估算的意义［J］. 生态学报（13）：3903-3910.

常红岩，孙百华，刘春生，2000. 植物铜素毒害研究进展［J］. 山东农业大学学报，31（2）：227-230.

车金鑫，蔡俊卿，翟丙年，等，2011. 喷施复合氨基酸铁肥对猕猴桃果实品质的影响［J］. 西北农林科技大学学报，
　　12（39）：119-128.

陈炳东，王生录，周广业，等，2001. 非腐解有机物对新修梯（条）田土壤的培肥效果［J］. 土壤通报，32（6）：262-266.

陈炳东，2000. 新修梯田作物施肥与土壤培肥效果研究［J］. 甘肃农业科技（7）：34-37.

陈翠霞，刘占军，陈竹君，等. 2019. 黄土高原新老苹果产区土壤剖面硝态氮累积特性研究［J］. 干旱地区农业研究，
　　37（5）：171-175.

陈荷生，康跃虎，1992. 沙坡头地区凝结水及其在生态环境中的意义［J］. 干旱区资源与环境（2）：63-72.

陈杰，刘文兆，张勋昌，等，2008. 黄土丘陵沟壑区林地水文生态效应［J］. 生态学报（7）：12-21.

陈磊，邵明德，张少民，等，2006. 黄土高原长期施肥对小麦产量及肥料利用率的影响［J］. 麦类作物学报，26（5）：
　　101-105.

陈磊，王盛锋，刘自飞，等，2011. 低磷条件下植物根系形态反应及其调控机制［J］. 中国土壤与肥料（6）：1-12.

陈丽华，2012. 黄土塬石油污染土壤的降解规律及生物修复优化研究［D］. 兰州：兰州大学.

陈丽华，余新晓，1995. 晋西黄土地区水土保持林地土壤入渗性能的研究［J］. 北京林业大学学报（1）：42-47.

陈奇伯，解明曙，张洪江，1994. 森林枯落物影响地表径流和土壤侵蚀研究动态［J］. 北京林业大学学报，16（3）：
　　88-97.

陈文泗，1989. 土壤肥力发生发展及其培肥途径［J］. 宁夏农学院学报（1）：9-14.

陈文媛，徐学选，华瑞，等，2016. 黄土丘陵区林草退耕年限对土壤团聚体特征的影响［J］. 环境科学学报（4）：1-9.

陈祥，2008. 冬小麦/夏玉米高产研究中的养分资源管理［D］. 杨凌：西北农林科技大学.

陈兴丽，周建斌，王春阳，等，2010. 黄土高原区几种不同植物残落物碳、氮矿化特性研究［J］. 水土保持学报，24
　　（3）：109-112，126.

陈学森，苏桂林，姜远茂，等，2013. 可持续发展果园的经营与管理［J］. 落叶果树，45（1）：1-3.

陈勇航，黄建平，陈长和，等，2005. 西北地区空中云水资源的时空分布特征［J］. 高原气象，24（6）：905-912.

陈竹君，赵文艳，张晓敏，等，2013. 日光温室番茄缺镁与土壤盐分组成及离子活度的关系［J］. 土壤学报，50（2）：
　　388-395.

谌琛，2015. 长期施钾对苹果产量、品质和耐贮性的影响［D］. 杨凌：西北农林科技大学.

成婧，吴光艳，云峰，等，2013. 渭北旱塬侵蚀退化土壤生产力的恢复与评价［J］. 中国水土保持科学，11（3）：6-11.

程曼，朱秋莲，刘雷，等，2013. 宁南山区植被恢复对土壤团聚体水稳定及有机碳粒径分布的影响［J］. 生态学报
　　（9）：2835-2844.

程明芳，何萍等，2010. 我国主要作物磷肥利用率的研究进展［J］. 作物杂志，1（1）：12-14.

褚清河，刘虎林，阎金龙，1987. 黄绵土供肥与谷子吸肥机理的研究［J］. 山西农业大学学报（自然科学版）（1）：51-59.

丛惠芳，孙治军，张梅，等，2008. 不同量 B、Zn 肥对花生生长和产量的影响［J］. 山东农业大学学报（自然科学
　　版），39（2）：171-174.

丛伟，张兴昌，封晔，等，2011. 不同 CDE 模型对硒在黄绵土中运移特性的模拟研究［J］. 水土保持学报，25（3）：
　　220-224.

崔德杰，张继宏，1998. 长期施肥及覆膜栽培对土壤锌、铜、锰的形态及有效性影响的研究［J］. 土壤学报，35（2）：
　　260-264.

崔龙鹏，白建峰，史永红，等，2004. 采矿活动对煤矿区土壤中重金属污染研究［J］. 土壤学报（6）：896-904.

崔美香，薛进军，王秀茹，等，2005. 树干高压注射铁肥矫正苹果失绿症及其机理［J］. 植物营养与肥料学报，11
　　（1）：133-136.

崔晓阳, 2007. 土壤资源学 [M]. 北京: 中国林业出版社.

崔亚莉, 邵景力, 韩双平, 2001. 西北地区地下水的地质生态环境调节作用研究 [J]. 地学前缘, 8 (1): 191-196.

崔云玲, 郭永杰, 王成宝, 等, 2014. 黄绵土营养诊断与双低油菜平衡施肥研究 [J]. 西北农业学报, 23 (1): 126-131.

崔志军, 1995. 甘肃黄绵土对磷的吸附与解吸 [J]. 甘肃农业大学学报 (4): 347-350.

戴鸣钧, 刘耀宏, 余存祖, 等. 1983. 黄土高原主要土类中硼的含量及含硼丰缺评价 [J]. 山西农业科学 (2): 28-30.

戴鸣钧, 彭琳, 余存祖, 等, 1988. 过量施用硼肥对作物与土壤的影响 [J]. 农业环境保护, 7 (4): 12-16.

戴全厚, 刘国彬, 薛萐, 等, 2007. 侵蚀环境退耕撂荒地水稳性团聚体演变特征及土壤养分效应 [J]. 水土保持学报 (2): 61-64, 77.

戴学潮, 1981. 关于用养结合, 培肥地力问题的商榷 [J]. 土壤肥料 (6): 9-10.

党亚爱, 李世清, 王国栋, 等, 2007. 黄土高原典型土壤矿物固定态铵变化的南北差异 [J]. 植物营养与肥料学报, 13 (5): 831-837.

邓丰产, 安贵阳, 郁俊谊, 等, 2003. 渭北旱塬苹果园的生草效应 [J]. 果树学报 (6): 506-508.

丁广大, 陈水森, 石磊, 等, 2013. 植物耐低磷胁迫的遗传调控机理研究进展 [J]. 植物营养与肥料学报, 19 (3): 733-744.

丁文斌, 王雅鹏, 徐勇, 2007. 生物质能源材料: 主要农作物秸秆产量潜力分析 [J]. 中国人口·资源与环境, 17 (5): 84-89.

丁应祥, 梁珍海, 康立新, 等, 1996. 滨海土壤上杨树根际土性状的研究 [J]. 南京林业大学学报, 20 (2): 15-19.

丁玉川, 焦晓燕, 聂督, 等, 2011. 山西省主要类型土壤镁素供应状况及镁肥施用效果 [J]. 水土保持学报, 25 (6): 139-143.

丁玉川, 焦晓燕, 聂督, 等, 2012. 山西农田土壤交换性镁含量、分布特征及其与土壤化学性质的关系 [J]. 自然资源学报 (2): 311-321.

董彩霞, 周健民, 王火焰, 2003. 不同番茄品种对缺钙敏感性的差异 [J]. 西北植物学报, 23 (5): 777-782.

董贵青, 张养安, 2009. 黄土丘陵沟壑区不同植被覆盖对土壤氮素的影响 [J]. 水土保持研究, 16 (5): 190-193.

董建辉, 薛泉宏, 2005. 黄土高原坡地封闭式水平带侧柏人工林土壤肥力研究 [J]. 中国农学通报 (7): 123-125, 133.

董莉丽, 郑粉莉, 2008. 黄土丘陵区不同土地利用类型下土壤酶活性和养分特征 [J]. 生态环境学报, 17 (5): 2050-2058.

董明蕾, 2011. 秸秆覆盖条件下灌水和施氮对旱地冬小麦产量、水肥利用及土壤温度的影响 [D]. 杨凌: 西北农林科技大学.

杜善保, 张军科, 2014. 黄土高原旱地苹果园生草栽培研究进展 [J]. 中国农学通报, 30 (28): 81-86.

杜盛, 刘国彬, 2015. 黄土高原植被恢复的生态功能 [M]. 北京: 科学出版社.

杜孝甫, 刘长录, 傅财生, 1983. 酒泉地区石灰性土壤中微量元素的含量分布及肥效 [J]. 土壤通报, 14 (4): 35-36.

杜新民, 刘建辉, 裴雪霞, 2007. 锌锰配施对小白菜产量和品质的影响 [J]. 西北农林科技大学学报, 35 (4): 159-162.

段爱国, 张建国, 何彩云, 等, 2008. 干旱胁迫下金沙江干热河谷主要造林树种盆植苗的蒸腾耗水特性 [J]. 林业科学研究, 21 (4): 436-445.

俄胜哲, 2012. 西北半干旱黄绵土区长期施肥的作物产量及土壤质量响应 [D]. 兰州: 兰州大学.

俄胜哲, 杨志奇, 曾希柏, 等, 2017. 长期施肥黄绵土有效磷含量演变及其与磷素平衡和作物产量的关系 [J]. 应用生态学报 (11): 142-151.

俄胜哲, 杨志奇, 罗照霞, 等, 2016. 长期施肥对黄土高原黄绵土区小麦产量及土壤养分的影响 [J]. 麦类作物学报, 36 (1): 104-110.

俄胜哲, 杨志奇, 罗照霞, 等, 2017. 长期定位施肥对黄绵土区作物产量及养分回收率的影响 [J]. 干旱地区农业研究, 35 (1): 55-63.

樊红柱, 同延安, 吕世华, 等, 2007. 苹果树体钾含量与钾累积量的年周期变化 [J]. 西北农林科技大学学报 (自然科学版) (5): 169-172.

樊红柱, 2006. 苹果树体生长发育、养分吸收利用与累积规律 [D]. 杨凌: 西北农林科技大学.

范永强, 王丽华, 芮文利, 2002. 芦笋施用硼肥增产效应初报 [J]. 土壤肥料 (5): 42-43.

方锋, 2003. 大垄沟及其改良措施对玉米生长及 WUE 影响的研究 [D]. 杨凌: 西北农林科技大学.

方日尧, 同延安, 耿增超, 等, 2003. 黄土高原区长期施用有机肥对土壤肥力及小麦产量的影响 [J]. 中国生态农业学报（11）：47-49.

方瑛，马任甜，安韶山，等，2016. 黑岱沟露天煤矿排土场不同植被复垦土壤酶活性及理化性质研究 [J]. 环境科学，37 (3)：1121-1127.

冯立孝，1991. 陕西省土壤分类的历史与现状 [J]. 西北农林科技大学学报（自然科学版）(4)：94-98.

付标，2015. 陕北平矿与脆弱生态复合区生态恢复与环境质量评价 [D]. 杨凌：西北农林科技大学.

付东磊，刘梦云，刘林，等，2014. 黄土高原不同土壤类型有机碳密度与储量特征 [J]. 干旱区研究，31 (1)：44-50.

傅文豪，2019. 陕西省苹果园土壤硝态氮累积特性研究 [D]. 杨凌：西北农林科技大学.

傅应春，陈国平，1982. 夏玉米需肥规律的研究 [J]. 作物学报 (1)：1-8.

高爱红，2002. 女贞苦丁茶加工工艺和化学成分研究 [D]. 重庆：西南农业大学.

高飞，贾志宽，韩清芳，等，2010. 有机肥不同施用量对宁南土壤团聚体粒级分布和稳定性的影响 [J]. 干旱地区农业研究 (3)：100-106.

高海东，庞国伟，李占斌，等，2017. 黄土高原植被恢复潜力研究 [J]. 地理学报，72 (5)：863-874.

高丽，史衍玺，2003. 铁胁迫对花生某些生理特性的影响 [J]. 中国油料作物学报，25 (3)：51-54.

高丽，杨劼，刘瑞香，2009. 不同土壤水分条件下中国沙棘雌雄株光合作用、蒸腾作用及水分利用效率特征 [J]. 生态学报，29 (11)：6025-6034.

高旺盛，董孝斌，2003. 黄土高原丘陵沟壑区脆弱农业生态系统服务评价：以安塞县为例 [J]. 自然资源学报，18 (2)：182-188.

高学田，侯庆春，唐克丽，1998. 陕西神府矿区束鸡沟流域风蚀水蚀交互作用特征研究 [J]. 干旱区地理，21 (1)：34-39.

高学田，唐克丽，1995. 神府东胜矿区侵蚀营力及风、水蚀相互作用特征 [J]. 水土保持通报，15 (4)：33-38.

高学田，唐克丽，1996. 风蚀水蚀交错带侵蚀能量特征 [J]. 水土保持通报，16 (3)：27-31.

高亚军，2003. 陕北农牧交错带土地荒漠化演化机制及土壤质量评价研究 [D]. 杨凌：西北农林科技大学.

高义民，同延安，胡正义，等，2004. 陕西省农田土壤硫含量空间变异特征及亏缺评价 [J]. 土壤学报，41 (6)：938-944.

高义民，2013. 陕西渭北苹果园土壤养分特征时空分析及施肥效应研究 [D]. 杨凌：西北农林科技大学.

高宇，樊军，彭小平，等，2014. 水蚀风蚀交错区典型植被土壤水分消耗和补充深度对比研究 [J]. 生态学报，34 (23)：7038-7046.

高育锋，王勇，王立明，2011. 喷施微肥对陇东旱塬地春玉米产量和品质的影响 [J]. 甘肃农业科技，11：38-39.

高增刚，2005. 黄土高原地区土地资源可持续利用研究 [D]. 杨凌：西北农林科技大学.

龚子同，1999. 中国土壤系统分类 [M]. 北京：科学出版社.

巩文峰，李玲玲，张晓萍，等，2013. 保护性耕作对黄土高原旱地表层土壤理化性质变化的影响 [J]. 中国农学通报，29 (32)：280-285.

关松荫，1986. 土壤酶及其研究方法 [J]. 北京：农业出版社.

关维刚，2008. 旱地不同覆盖方式下土壤氮素矿化特性研究 [D]. 杨凌：西北农林科技大学.

郭大应，谢成春，熊清瑞，等，2000. 喷灌条件下土壤中的氮素分布研究 [J]. 灌溉排水，19 (2)：76-77.

郭宏，杜毅飞，王海涛，等，2015. 黄土高原苹果园土壤和叶片养分状况分析：以陕西省黄陵县为例 [J]. 土壤，47 (4)：682-689.

郭胜利，马玉红，车升国，等，2009. 黄土区人工与天然植被对凋落物量和土壤有机碳变化的影响 [J]. 林业科学，45 (10)：14-18.

郭胜利，余存祖，戴鸣钧，1995. 有机肥提高土壤锌有效性的机理研究 [J]. 西北农业学报，4（增刊）：104-109.

郭永华，张启华，1995. 旱地黄绵土花生施用硼铁铂肥效果研究 [J]. 花生科技，2：15-16.

郭兆元，1992. 陕西土壤 [M]. 北京：科学出版社.

海春兴，史培军，刘宝元，等，2002. 风水两相侵蚀研究现状及我国今后风水蚀的主要研究内容 [J]. 水土保持学报，16 (2)：50-56.

海龙，2006. 耕作方式及轮作对土壤磷素形态影响的研究 [D]. 兰州：甘肃农业大学.

韩冰，吴钦孝，李秧秧，2004. 黄土丘陵区人工油松林地土壤入渗特征的研究 [J]. 防护林科技 (5)：5-7，53.

韩粉霞，李桂英，1998. 绿豆主要农艺性状的相关分析 [J]. 华北农学报 (4)：67-70.

韩凤祥，胡霭堂，秦怀英，等，1993. 石灰性土壤环境中缺锌机理的探讨 [J]. 环境化学，12 (1)：36-41.

韩凤祥，胡霭堂，秦怀英，1989. 土壤痕量元素形态分级方法的研究 [J]. 农业环保，8 (15)：28-31.

韩凤祥，胡霭堂，1990. 我国某些旱地土壤中锌形态及其有效性 [J]. 土壤，22 (6)：302-306.

韩磊，李锐，朱会利，2011. 安塞县农田土壤养分现状分析 [J]. 西北农林科技大学学报（自然科学版），39 (5)：91-97.

韩鲁艳，贾燕锋，王宁，等，2009. 土丘陵沟壑区植被恢复过程中的土壤抗蚀与细沟侵蚀演变 [J]. 土壤，41 (3)：483-489.

韩新辉，佟小刚，杨改河，等，2012. 黄土丘陵区不同退耕还林地土壤有机碳库差异分析 [J]. 农业工程学报，28 (12)：223-229.

韩振荣，1984. 延安丘陵山区旱农耕作中的作物布局问题 [J]. 土壤肥料 (2)：12-14.

郝明德，魏孝荣，党廷辉，2003. 黄土区旱地长期施用微肥对小麦产量的影响 [J]. 水土保持研究，10 (1)：25-29.

何丙辉，HICKMAN M，1998. 土壤改良剂和除草剂的交互作用对土壤侵蚀的影响 [J]. 土壤侵蚀与水土保持学报 (3)：49-52.

何良菊，魏德洲，张维庆，1999. 土壤微生物处理石油污染的研究 [J]. 环境科学进展 (3)：111-116.

何秋燕，2009. 叶面喷施锰肥对甘薯产量和品质的影响 [J]. 安徽农学通报，15 (17)：60，92.

何同康，1983. 土壤（土地）资源评价的主要方法及其特点比较 [J]. 土壤学进展 (6)：3-14.

何维灿，2016. 基于地貌类型单元的山西省土地利用变化与适宜性分析 [D]. 太原：太原理工大学.

和文祥，朱铭莪，199. 陕西土壤脲酶活性与土壤肥力关系分析 [J]. 土壤学报，7 (4)：392-398.

贺纪正，张丽梅，2013. 土壤氮素转化的关键微生物过程及机制 [J]. 微生物学通报，40 (1)：98-108.

贺丽娜，梁银丽，陈甲瑞，等，2007. 不同地区与栽培方式下蔬菜品质的变异性分析 [J]. 西北农业学报，16 (6)：154-158.

侯喜禄，白岗栓，1995. 刺槐、柠条、沙棘林土壤入渗及抗冲性对比试验 [J]. 水土保持学报 (3)：90-95.

侯贤清，李荣，韩清芳，等，2012. 轮耕对宁南旱区土壤理化性状和旱地小麦产量的影响 [J]. 土壤学报 (3)：592-600.

胡霭堂，2003. 植物营养学 [M]. 北京：中国农业大学出版社.

胡婵娟，傅伯杰，靳甜甜，等，2009. 黄土丘陵沟壑区植被恢复对土壤微生物生物量碳和氮的影响 [J]. 应用生态学报，20 (1)：45-50.

胡婵娟，刘国华，陈利顶，等，2011. 黄土丘陵沟壑区坡面上土壤微生物生物量碳、氮的季节变化 [J]. 生态学杂志，30 (10)：2227-2232.

胡定宇，1985. 石灰性土壤果树失绿病及其发生的原因 [J]. 土壤 (1)：20-24.

胡海华，吉祖稳，曹文洪，等，2006. 风蚀水蚀交错区小流域的风沙输移特性及其影响因素 [J]. 水土保持学报，20 (5)：20-23，47.

胡可，王琳，秦俊梅，2015. 菌肥与有机无机肥配施对石灰性土壤生化作用强度和微生物数量的影响 [J]. 河南农业科学，44 (10)：76-80.

胡克宽，2012. 渭北黄土高原苹果园土壤重金属累积空间分布特征及评价 [D]. 杨凌：西北农林科技大学.

胡霞，蔡强国，刘连友，等，2004. 聚丙烯酰胺（PAM）对黄土结皮形成的影响 [J]. 水土保持学报 (4)：65-68.

胡雪峰，鹿化煜，2004. 黄土高原古土壤成土过程的特异性及发生学意义 [J]. 土壤学报 (5)：669-675.

胡莹莹，张民，宋付朋，2003. 控释复肥中磷素在马铃薯上的效应研究 [J]. 植物营养与肥料学报，9 (2)：174-177.

胡正义，张继榛，竺伟民，1996. 安徽省主要农用土壤中硫形态组份的初步研究 [J]. 土壤 (3)：119-122.

化党领，余长坤，刘世亮，等，2008. 石灰性土壤不同土层磷形态研究 [J]. 中国农学通报，24 (9)：277-282.

黄昌勇，徐建明，2010. 土壤学 [M]. 北京：中国农业出版社.

黄德明，白纲义，樊淑文，2001. 蔬菜配方施肥 [M]. 北京：中国农业出版社.

黄高宝，2001. 论黄土高原侵蚀环境下旱作农业系统的可持续发展 [J]. 草业学报 (10)：84-90.

黄沆，付崇允，周德贵，等，2008. 植物磷吸收的分子机理研究进展 [J]. 分子植物育种，6 (1)：117-122.

黄明斌，邵明安，王全九，2006. 土壤物理学 [M]. 北京：高等教育出版社.

黄娴，2013. 陇东地区油田开发环境影响及环境管理体系构建 [D]. 兰州：兰州大学.

黄自立，张文孝，1987. 陕北黄绵土的性质与改良利用 [J]. 土壤通报 (3)：108-110.

黄自立，1987. 陕北地区黄绵土分类的研究 [J]. 土壤学报，24 (3)：266-271.

纪晓玲，岳鹏鹏，张静，等，2011. 不同覆盖方式对绿豆水分利用效率的影响 [J]. 水土保持通报，31 (3)：168-170，179.

黄中
绵国 中国耕地土壤论著系列
土 ZHONGGUO GENGDI TURANG LUNZHU XILIE

冀瑞锋，2010. 污水土地处理中土壤氮、磷转化运移的试验研究 [D]. 太原：太原理工大学.

贾冰，2010. 陇东黄土高原马莲河流域水环境演化特征及石油开发影响研究 [D]. 兰州：兰州大学.

贾彩霞，贾英霞，李淑敏，2005. 黄淮区域夏大豆锌锰铁肥效研究 [J]. 大豆通报（2）：13.

贾恒义，陈培银，1990. 上黄试验区土地类型的土壤组合与不同利用方式的土壤养分变化 [J]. 水土保持研究（1）：64-70.

贾恒义，彭琳，1990. 黄土高原地区土壤钾素的初步研究 [J]. 干旱地区农业研究（1）：12-19.

贾佳，2001. 不同磷肥分配方式的施用效果及其后效研究 [J]. 河南农业大学学报，22（S1）：20-22.

贾亮，翟丙年，冯梦龙，等，2012. 不同水肥优化模式对冬小麦生长发育及产量的影响 [J]. 西北农林科技大学学报（自然科学版），40（10）：75-81.

贾玲侠，李绍才，赵秀兰，等，2006.PAM 特性参数对土壤团聚体稳定性的影响 [J]. 东北水利水电（4）：59-62，72.

江晶，张仁陟，海龙，2008. 耕作方式对黄绵土无机磷形态的影响. 植物营养与肥料学报，14（2）：387-391.

姜远茂，张宏彦，张福锁，2007. 北方落叶果树养分资源综合管理理论与实践 [M]. 北京：中国农业大学出版社.

蒋柏藩，沈仁芳，1990. 土壤无机磷分级的研究 [J]. 土壤学进展（1）：1-8.

蒋定生，1987. 试论黄土高原梯田断面设计 [J]. 水土保持学报（2）：28-36.

蒋定生，黄国俊，1986. 黄土高原土壤入渗速率的研究 [J]. 土壤学报，23（4）：299-305.

蒋廷惠，胡霭堂，秦怀英，1990. 土壤锌、铜、铁、锰形态区分方法的选择 [J]. 环境科学学报，10（3）：280-285.

蒋维新，秦志前，1996. 发展绿肥增加肥源 [J]. 甘肃农业科技（8）：30-32.

蒋以超，1993. 锌在土壤中吸附的动力学模型 [J]. 土壤学报，30（增）：1-10.

焦彬，1986. 中国绿肥 [M]. 北京：农业出版社.

焦菊英，王万中，1999. 黄土高原水平梯田质量及水土保持效果的分析 [J]. 农业工程学报（2）：59-63.

焦菊英，马祥华，白文娟，等，2005. 黄土丘陵沟壑区退耕地植物群落与土壤环境因子的对应分析 [J]. 土壤学报，42（5）：744-752.

解风，李颖飞，2011. 土壤中磷的形态及转化的探讨 [J]. 杨凌职业技术学院学报，10（1）：4-8.

巨晓棠，边秀举，刘学军，等.2000. 旱地土壤氮素矿化参数与氮素形态的关系 [J]. 植物营养与肥料学报，6（3）：251-259.

康玉林，黄新江，刘更另，1992. 玉米 Zn 中毒可能性的研究 [J]. 中国农业科学，25（1）：58-67.

康媛，2008. 陕北北洛河上游石油勘探开发的环境问题及信息系统建设 [D]. 西安：西北大学.

来航线，程丽娟，郑险峰，1998. 硫细菌对黄绵土养分活化作用的研究 [J]. 西北农业学报，7（1）：72-74.

赖庆旺，黄庆海，李茶苟，等，1991. 无机肥连施对红壤性水稻土有机质消长的影响 [J]. 土壤肥料（1）：4-7.

劳秀荣，孙伟红，王真，等，2003. 秸秆还田与化肥配合施用对土壤肥力的影响 [J]. 土壤学报，40（4）：618-623.

劳秀荣，吴子一，2002. 长期秸秆还田改土培肥效应的研究 [J]. 农业工程学报，18（2）：49-52.

黎乃榕，2012. 石灰性土壤增施镁肥对甘蔗产量的影响 [J]. 农业研究与应用（5）：14-16.

黎青慧，2005. 陕西省施肥状况调查及农田土壤肥力监测 [D]. 杨凌：西北农林科技大学.

李爱宗，张仁陟，王晶，2008. 耕作方式对黄绵土水稳定性团聚体形成的影响 [J]. 土壤通报，39（3）：480-484.

李斌兵，郑粉莉，2008. 黄土坡面不同土地利用下的降雨入渗模拟与数值计算 [J]. 干旱地区农业研究（5）：124-129.

李昌龙，尉秋实，柴成武，2011. 石羊河下游沙地退耕地植被演替与土壤水分调控研究 [J]. 干旱区资源与环境，25（9）：116-121.

李鼎新，党廷辉，1991. 在 MAP 和 DAP 体系中土壤锌吸附的初步研究 [J]. 土壤学报，28（4）：24-31.

李鼎新，汪美玲，曹美英，1982. 黄绵土磷素状况及磷肥肥效 [J]. 陕西农业科学（3）：17-19.

李贵桐，赵紫娟，黄元仿，等，2002. 秸秆还田对土壤氮素转化的影响 [J]. 植物营养与肥料科学，8（2）：162-167.

李鸿恩，杨运莲，1965. 夏耕晒垡的增产作用 [J]. 土壤学报，13（4）：404-410.

李华，毕如田，程芳琴，等，2006. 钾、锌、锰配合施用对马铃薯产量和品质的影响 [J]. 中国土壤与肥料（4）：46-50.

李辉桃，李全新，李昌纬，等，1995a. 垆土农业生态系统中微量元素研究Ⅰ. 不同处理土壤微量元素的消长规律 [J]. 西北农业大学学报，23（3）：25-29.

李辉桃，赵伯善，李昌纬，等，1995b. 垆土农业生态系统中微量元素研究Ⅱ. 有机肥对作物-土壤中 Zn、Mn、Cu 平衡的影响 [J]. 西北农业大学学报，23（4）：58-62.

李会科，张广军，赵政阳，等，2007a. 黄土高原旱地苹果园生草对土壤养分的影响 [J]. 园艺学报，34 (2)：477-480.

李会科，张广军，赵政阳，等，2007b. 生草对黄土高原旱地苹果园土壤性状的影响 [J]. 草业学报，16 (2)：32-39.

李会科，赵政阳，张广军，2004. 种植不同牧草对渭北苹果园土壤肥力的影响 [J]. 西北林学院学报，19 (2)：31-34.

李吉跃，周平，招礼军，2002. 干旱胁迫对苗木蒸腾耗水的影响 [J]. 生态学报，22 (9)：1380-1386.

李继成，2008. 保水剂-土壤-肥料的相互作用机制及作物效应研究 [D]. 杨凌：西北农林科技大学.

李嘉瑞，2002. 果园生草科学化 [J]. 西北园艺 (2)：24-25.

李金芬，程积民，刘伟，等，2010. 黄土高原云雾山草地土壤有机碳、全氮分布特征 [J]. 草地学报，18 (5)：661-668.

李菊梅，王朝辉，李生秀，2003. 有机质、全氮和可矿化氮在反映土壤供氮能力方面的意义 [J]. 土壤学报，40 (3)：232-238.

李俊超，郭胜利，党廷辉，等，2014. 黄土丘陵区不同退耕方式土壤有机碳密度的差异及其空间变化 [J]. 农业环境科学学报，33 (6)：1167-1173.

李丽霞，郝明德，2006. 黄土高原地区长期施用微肥土壤 Cu、Zn、Mn、Fe 含量的时空变化 [J]. 植物营养与肥料学报，12 (1)：44-48.

李恋卿，潘根兴，张旭辉，2000. 退化红壤植被恢复中表层土壤微团聚体及其有机碳的分布变化 [J]. 土壤通报 (5)：193-195，241.

李美阳，曲柏宏，陈艳秋，等，2001. 延边苹果梨园土壤营养状况的研究 [J]. 延边大学农学学报，23 (1)：16-21.

李梦红，2009. 农田土壤重金属污染状况与评价 [D]. 泰安：山东农业大学.

李勉，李占斌，刘普灵，等，2004. 黄土高原水蚀风蚀交错带土壤侵蚀坡向分异特征 [J]. 水土保持学报，18 (1)：63-65，99.

李萍，李同录，王阿丹，等，2013. 黄土中水分迁移规律现场试验研究 [J]. 岩土力学 (5)：1331-1339.

李强，2014. 黄土丘陵区植物根系强化土壤抗冲性机理及固土效应 [D]. 北京：中国科学院大学.

李强，刘国彬，许明祥，等，2013. 黄土丘陵区撂荒地土壤抗冲性及相关理化性质 [J]. 农业工程学报，29 (10)：153-159.

李强，许明祥，齐治军，等，2011. 长期施用化肥对黄土丘陵区坡地土壤物理性质的影响 [J]. 植物营养与肥料学报，17 (1)：103-109.

李秋艳，蔡强国，方海燕，2010. 风水复合侵蚀与生态恢复研究进展 [J]. 地理科学进展，29 (1)：65-72.

李瑞雪，薛泉宏，杨淑英，等，1998. 黄土高原沙棘刺槐人工林对土壤的培肥效应及其模型 [J]. 土壤侵蚀与水土保持学报 (1)：8.

李生秀，肖俊璋，程素云，等，1989. 论我国旱地土壤的水分管理 [J]. 干旱地区农业研究 (1)：1-10.

李生秀，2008. 中国旱地土壤植物中的氮素 [M]. 北京：科学出版社.

李世清，李东方，李凤民，等，2003. 半干旱农田生态系统地膜覆盖的土壤生态效应 [J]. 西北农林科技大学学报（自然科学版），31 (5)：21-29.

李世清，李凤民，宋秋华，等，2001. 半干旱地区不同地膜覆盖时期对土壤氮素有效性的影响 [J]. 生态学报，21 (9)：1519-1526.

李顺姬，2009. 黄土高原土壤理化性质对活性有机碳库的影响研究 [D]. 杨凌：西北农林科技大学.

李松，1990. 陇东红豆草不同开挖期轮作冬小麦土壤养分变化的研究 [J]. 草业科学，7 (1)：49-52.

李文娟，郑纪勇，张兴昌，等，2013. 生物炭对黄土高原不同质地土壤中 NO_3-N 运移特征的影响 [J]. 水土保持研究，20 (5)：60-63.

李文先，1985. 从新疆耕地土壤微量元素含量展望微肥的应用 [J]. 干旱区研究，2 (2)：8-15.

李文祥，喻建波，1991. 黄绵土黑沪土楼土黄褐土的定位监测 [J]. 陕西农业科学 (2)：33-34.

李小刚，刘淑英，1995. 甘肃省黄绵土低吸力段持水特性的研究 [J]. 土壤 (5)：233-237.

李晓晓，刘京，赵世伟，等，2013. 西北干旱区县域农田表层土壤容重空间变异性特征 [J]. 水土保持学报 (4)：148-151.

李欣玲，李凯荣，2014. 黄土丘陵沟壑区石油污染草地土壤抗蚀性研究 [J]. 水土保持学报，28 (1)：12-17.

李旭辉，1998. 黄土区小麦施用锰锌肥的试验研究 [J]. 干旱地区农业研究，16 (1)：76-79.

李旭辉，张金水，冯振国，2001. 锰锌肥对锰锌俱缺石灰性土壤上小麦的效应 [J]. 西北农林科技大学学报（自然科学版），29：9-22.

李学垣，2001. 土壤化学 [M]. 北京：高等教育出版社.

李毅，邵明安，2008. 间歇降雨和多场次降雨条件下黄土坡面土壤水分入渗特性 [J]. 应用生态学报，19 (7)：1511-1516.

李勇，徐晓琴，朱显谟，等，1993. 植物根系与土壤抗冲性 [J]. 水土保持学报 (3)：11-18.

李裕元，邵明安，郑纪勇，等，2003. 黄绵土坡耕地磷素迁移与土壤退化研究 [J]. 水土保持学报，17 (4)：1-7.

李援农，费良军，2005. 土壤空气压力影响下的非饱和入渗格林-安姆特模型 [J]. 水利学报，36 (6)：733-736.

李韵珠，李保国，1998. 土壤溶质运移 [M]. 北京：科学出版社.

李占武，杨俊伟，常喜玲，2010. 静宁县黄绵土养分分析结果初报 [J]. 甘肃农业科技 (2)：34-36.

李忠魁，1986. 国外评价土壤侵蚀与土壤生产力关系的模式 [J]. 水土保持通报 (5)：53-59.

李忠佩，王效举，1998. 红壤丘陵区土地利用方式变更后土壤有机碳动态变化的模拟 [J]. 应用生态学报，9 (4)：365-370.

李紫燕，李世清，李生秀，2008. 铵态氮肥对黄土高原典型土壤氮素激发效应的影响 [J]. 植物营养与肥料学报，14 (5)：866-873.

李祖荫，1992. 关于石灰性土壤中固磷强度与固磷基质的问题 [J]. 土壤通报，23 (4)：190-192.

连纲，郭旭东，傅伯杰，等，2008. 黄土高原小流域土壤养分空间变异特征及预测 [J]. 生态学报，28 (3)：946-954.

梁东丽，李小平，赵护兵，等，2000. 陕西省主要土壤养分有效性的研究 [J]. 西北农林科技大学学报（自然科学版），28 (1)：37-42.

梁俊宁，2011. 陇东塬区土壤重金属含量分析及土壤质量评价研究 [D]. 兰州：兰州大学.

梁向锋，赵世伟，张扬，等，2009. 子午岭植被恢复对土壤饱和导水率的影响 [J]. 生态学报 (2)：636-642.

梁银丽，陈志杰，2004. 设施蔬菜土壤连作障碍原因和预防措施 [J]. 西北园艺 (7)：4-5.

林妙正，邝伟生，1991. 广西绿豆资源性状与生态条件的关系 [J]. 广西农业科学 (1)：11-13.

林明海，赖庆旺，1982. 不同熟化度红壤及红壤性水稻土的腐殖质组成及其特性 [J]. 土壤学报，19 (3)：237-247.

林秀峰，1993. 陇东黄绵土区瘠薄梯田改造初报 [J]. 甘肃农业科技 (1)：24-25.

林玉锁，薛家骅，1987. 锌在石灰性土壤中的吸附 [J]. 土壤学报，24 (2)：135-141.

林玉锁，薛家骅，1989. 锌在石灰性土壤中的吸附动力学初步研究 [J]. 环境科学学报，9 (2)：144-148.

林治安，谢承涛，1997. 石灰性土壤无机磷形态、转化及其有效性研究 [J]. 土壤通报 (6)：274-276.

刘柏玲，衣艳君，2006. Cu^{2+} 对生菜生长发育的影响 [J]. 长江蔬菜 (12)：52-56.

刘秉正，1993. 渭北地区 R 的估算及分布 [J]. 西北林学院学报 (2)：21-29.

刘秉正，王佑民，陈东立，1985. 刺槐林地土壤抗冲性的研究 [J]. 林业实用技术 (4)：25-28.

刘春芬，贺稚非，蒲海燕，等，2004. 纤维素酶及应用现状 [J]. 粮食与油脂 (1)：15-17.

刘东生，1985. 黄土与环境 [M]. 北京：科学出版社.

刘发民，王辉珠，孟文学，1998. 草坪科学与研究 [M]. 兰州：甘肃科学技术出版社.

刘芬，同延安，王小英，等，2013. 陕西关中灌区冬小麦施肥指标研究. 土壤学报，50 (3)：556-563.

刘国彬，梁一民，1997. 黄土高原草地植被恢复与土壤抗冲性形成过程 [J]. 水土保持研究 (S1)：102-110.

刘红霞，张会民，周文利，等，2005. 钾锰配施对旱地冬小麦后期生长及籽粒灌浆的影响 [J]. 河北农业大学学报，28 (1)：5-8.

刘华，章圣强，曹靖，2012. 甘肃沿黄灌区设施蔬菜施肥现状及问题分析 [J]. 北方园艺 (14)：45-48.

刘慧，刘景福，刘武定，1999. 不同磷营养油菜品种根系形态及生理特性差异研究 [J]. 植物营养与肥料学报 (1)：41-46.

刘佳，2010. 二月兰的营养特性及其绿肥效应研究 [D]. 北京：中国农业科学院研究生院.

刘剑锋，2004. 梨果实钙的吸收、运转机制及影响因素研究 [D]. 武汉：华中农业大学.

刘娇，高健，赵英，2014. 玉米秸秆及其黑炭添加对黄绵土氮素转化的影响 [J]. 土壤学报，51 (6)：1361-1368.

刘杰，2016. 保护性耕作条件下黄绵土有机质含量变化及其生物学机制 [D]. 兰州：甘肃农业大学.

刘京，常庆瑞，李岗，等，2000. 连续不同施肥对土壤团聚性影响的研究 [J]. 水土保持通报 (4)：24-26.

刘梦云，2003. 半干旱山区植被恢复中的土壤质量演变 [D]. 杨凌：西北农林科技大学.

刘牧，2001. 钼对人体健康的影响 [J]. 中国钼业，25 (5)：43-45.

刘娜娜，2006. 黄土高原水土保持措施的土壤环境效应研究 [D]. 杨凌：西北农林科技大学.

刘鹏，2000. 钼、硼对大豆产量和品质影响的营养生理机理的研究 [D]. 杭州：浙江大学.

刘瑞，戴相林，张鹏，等，2011. 不同氮肥用量下冬小麦土壤剖面累积硝态氮及其与氮素表观盈亏的关系 [J]. 植物营养与肥料学报，17（6）：1335-1341.

刘万铨，1999. 水土保持是黄土高原改善生态环境保证农业可持续发展的必由之路 [J]. 中国水土保持（4）：1-4.

刘贤赵，康绍忠，1999. 降雨水渗和产流问题研究的若干进展及评述 [J]. 水土保持通报，19（2）：57-62.

刘晓宏，田梅霞，郝明德，2001. 黄土旱塬长期轮作施肥土壤剖面硝态氮的分布与积累 [J]. 土壤肥料（1）：9-12.

刘晓永，李书田，2017. 中国秸秆养分资源及还田的时空分布特征 [J]. 农业工程学报，33（21）：1-19.

刘杏兰，张文成，曹雄飞，1990. 陕北花生根瘤固氮、施肥与产量的研究 [J]. 花生学报（2）：12-16.

刘学周，蔺海明，王蒂，等，2009. 施用坡缕石对黄绵土中尿素氮的挥发和淋溶损失的影响 [J]. 应用生态学报，20（4）：823-828.

刘巽浩，高旺盛，朱文珊，2001. 秸秆还田的机理与技术模式 [M]. 北京：中国农业出版社.

刘耀宗，张经元，1992. 山西土壤 [M]. 北京：科学出版社.

刘一，2003. 施肥对黄土高原旱地冬小麦产量及土壤肥力的影响 [J]. 水土保持研究，10（1）：40-42.

刘永菁，邱忠祥，王东辉，等，1992. 微量元素锌在菜园土中的化学行为 [J]. 土壤通报，23（5）：215-218.

刘元保，朱显谟，周佩华，等，1988. 黄土高原坡面沟蚀的类型及其发生发展规律 [J]. 水土保持研究（1）：9-18.

刘月梅，2013.EN-1固化剂对黄土性土壤与黑麦草的效应研究 [D]. 杨凌：西北农林科技大学.

刘振凯，刘根全，1991. 增施有机肥是促进粮油增产的重要措施 [J]. 陕西农业科学（2）：42.

刘铮，1991. 微量元素的农业化学 [M]. 北京：科学出版社.

刘铮，1994. 我国土壤中锌含量的分布规律 [J]. 中国农业科学，27（1）：30-37.

刘铮，1996. 中国土壤微量元素 [M]. 南京：江苏科学技术出版社.

刘子国，2009. 武汉城区磷素释放的影响因素与环境风险分析 [D]. 武汉：武汉理工大学.

柳燕兰，2009. 长期定位施肥土壤酶活性及其肥力变化研究 [D]. 杨凌：西北农林科技大学.

柳燕兰，宋尚有，郝明德，2012. 长期定位施肥对黄绵土酶活性及土壤养分状况的影响 [J]. 土壤通报，43（4）：798-803.

卢秉林，王文丽，李娟，等，2008. 甘肃省典型土壤有益微生物区系动态 [J]. 安徽农业科学，36（30）：13279-13280.

卢金伟，李占斌，2002. 土壤团聚体研究进展 [J]. 水土保持研究，9（1）：81-85.

卢宗凡，1997. 中国黄土高原地区生态农业 [M]. 西安：陕西科学技术出版社.

芦新建，2008.Penman-Monteith方程计算林木蒸腾量的方法研究 [D]. 北京：北京林业大学.

鲁如坤，1990. 土壤磷素化学研究进展 [J]. 土壤学进展，18（6）：1-5.

陆景陵，2000. 植物营养学 [M]. 北京：中国农业大学出版社.

陆文龙，张福锁，1998. 磷土壤化学行为研究进展 [J]. 天津农业科学（4）：1-7.

路永莉，2013. 苹果园水肥一体化和钾肥肥效研究 [D]. 杨凌：西北农林科技大学.

路永莉，白凤华，杨宪龙，等，2014. 水肥一体化技术对不同生态区果园苹果生产的影响 [J]. 中国生态农业学报，22（11）：1281-1288.

罗灿熙，韩丽梅，1992. 绿豆中绿1号的生育条件与最佳播期 [J]. 广西农业科学（1）：17-18，30.

罗高玲，陈燕华，吴大吉，等，2012. 不同播期对绿豆品种主要农艺性状的影响 [J]. 南方农业学报，43（1）：30-33.

罗文邃，龚元石，1997. 土壤结构改良剂的研究进展及其应用 [J]. 中国农业大学学报，2（S1）：165-168.

罗照霞，杨志奇，俄胜哲，2015a. 长期施肥对冬小麦产量、养分吸收利用的影响 [J]. 麦类作物学报，35（4）：528-534.

罗照霞，杨志奇，马忠明，等，2015b. 不同农作措施对黄绵土坡耕地地表径流养分流失及玉米产量的影响 [J]. 中国水土保持（7）：34-38.

罗珠珠，蔡立群，李玲玲，等，2015. 长期保护性耕作对黄土高原旱地土壤养分和作物产量的影响 [J]. 干旱地区农业研究，33（3）：171-176.

骆伯胜，钟继洪，陈俊坚，2004. 土壤肥力数值化综合评价研究 [J]. 土壤，36（1）：104-106.

雒新萍，白红英，路莉，等，2009. 黄绵土 N_2O 排放的温度效应及其动力学特征 [J]. 生态学报，29（3）：1226-1233.

吕殿青，OveEmteryd，同延安，等，2002. 农用氮肥的损失途径与环境效应 [J]. 土壤学报，39（增刊）：77-89.

吕殿青，同延安，孙本华，等，1998. 氮肥施用对环境污染影响的研究 [J]. 植物营养与肥料学报，4（1）：8-15.

吕家珑，李祖荫，1991. 石灰性土壤中固磷基质的探讨 [J]. 生态学报，22（5）：204-206.

吕家珑，张一平，张君常，等，1999. 土壤磷运移研究 [J]. 土壤学报，36（1）：75-82.

吕贻忠，李保国，2013. 土壤学 [M]. 北京：中国农业出版社.

马凤娟，2007. 循环经济理念下农用土地的用养结合 [J]. 安徽农业科学，35（15）：4570-4573.

马建辉，2010. 庄浪县黄绵土肥力状及配方施肥方案 [J]. 甘肃农业 (12)：53-53.

马琨，陶媛，杜茜，等，2011. 不同土壤类型下 AM 真菌分布多样性及与土壤因子的关系 [J]. 中国生态农业学报，19 (1)：1-7.

马琨，何宪平，马斌，等，2006. 宁南黄土高原不同土地利用模式对土壤的影响研究 [J]. 生态环境，15 (6)：1231-1236.

马立锋，徐献辉，石元值，等，2006. 浙江茶园土壤中硼、锰、钼元素含量研究 [J]. 中国茶叶，28 (1)：21-21.

马帅，赵世伟，李婷，等，2011. 子午岭林区植被自然恢复下土壤剖面团聚体特征研究 [J]. 水土保持学报 (2)：157-161.

马文娟，2010. 不同经济作物养分吸收与累积规律研究 [D]. 杨凌：西北农林科技大学.

马祥华，焦菊英，白文娟，2005. 黄土丘陵沟壑区退耕植被恢复地土壤水稳性团聚体的变化特征 [J]. 干旱地区农业研究 (3)：69-74.

马祥庆，梁霞，2004. 植物高效利用磷机制的研究进展 [J]. 应用生态报，15 (4)：712-716.

马祥庆，何智英，俞新妥，等，1996. 杉木幼林生态系统 N、P、K 循环及模拟研究 [J]. 林业科学，32 (3)：199-205.

马孝劬，1983. 发扬我国农牧结合、用养结合的优良传统 [J]. 中国农史 (4)：61-69.

孟磊，蔡祖聪，丁维新，2005. 长期施肥对土壤碳储量和作物固定碳的影响 [J]. 土壤学报，42 (5)：769-776.

孟延，蔡苗，师倩云，等，2015. 施用硫酸铵对黄土高原地区不同类型土壤二氧化碳释放的影响 [J]. 农业环境科学学报，34 (7)：1414-1421.

闵红，2007. 黄土丘陵区生态恢复过程土壤微生物及酶活性演变特征 [D]. 杨凌：西北农林科技大学.

慕韩峰，2008. 黄土旱塬长期定位施肥对土壤磷素分级、空间分布及有效性的影响 [D]. 西安：西北大学.

南雅芳，郭胜利，李娜娜，等，2013. 不同地形条件下青藏高原农田土壤有机碳的分布特征 [J]. 植物营养与肥料学报，19 (4)：946-954.

南雅芳，郭胜利，张彦军，2012. 坡向和坡位对小流域梯田土壤有机碳氮变化的影响 [J]. 植物营养与肥料学报，18 (3)：595-601.

牛自勉，李全，王贤萍，等，1997. 生草覆盖果园有机质及矿物质的变化 [J]. 山西农业科学，25 (2)：61-64.

潘成忠，上官周平，2005. 黄土区次降雨条件下林地径流和侵蚀产沙形成机制 [J]. 应用生态学报，16 (9)：1597-1602.

潘峰，陈丽华，付素静，等，2012. 石油类污染物在陇东黄土塬区土壤中迁移的模拟试验研究 [J]. 环境科学学报，2 (2)：410-418.

潘根兴，焦少俊，李恋卿，等，2003. 低施磷水平下不同施肥对太湖地区黄泥土磷迁移性的影响 [J]. 环境科学，24 (3)：91-95.

潘根兴，2008. 中国土壤有机碳库及其演变与应对气候变化 [J]. 气候变化研究进展，4 (5)：282-289.

潘根兴，李恋卿，张旭辉，2002. 土壤有机碳库与全球变化研究的若干前沿问题：兼开展中国水稻土有机碳固定研究的建议 [J]. 南京农业大学学报，25 (3)：100-109.

潘逸，周立祥，2007. 施用有机物料对土壤中 Cu、Cd 形态及小麦吸收的影响：田间微区试验 [J]. 南京农业大学学报，30 (2)：142-146.

庞佼，2015. 安家沟流域面源污染机理过程与模拟研究 [D]. 兰州：甘肃农业大学.

逄蕾，黄高宝，2006. 不同耕作措施对旱地土壤有机碳转化的影响 [J]. 水土保持学报，20 (3)：110-113.

彭福田，姜远茂，2006. 不同产量水平苹果园氮磷钾营养特点研究 [J]. 中国农业科学 (2)：361-367.

彭克明，裴保义，1980. 农业化学 (总论) [M]. 北京：农业出版社.

彭琳，彭祥林，余存祖，等，1983. 黄土地区土壤中锌的含量分布、锌肥肥效及其有效施用条件 [J]. 土壤学报，20 (4)：361-372.

彭琳，彭祥林，余存祖，等，1984. 氮、锌配合施用效果及其对土壤、作物氮素营养的影响 [J]. 土壤通报 (4)：73-75.

彭令发，郝明德，邱莉萍，等，2004. 干旱条件下锰肥对玉米生长及光合色素含量的影响 [J]. 干旱地区农业研究，22 (3)：35-37.

彭思利，申鸿，郭涛，2010. 接种丛枝菌根真菌对土壤水稳性团聚体特征的影响 [J]. 植物营养与肥料学报 (3)：695-700.

彭思利，申鸿，袁俊吉，等，2011. 丛枝菌根真菌对中性紫色土土壤团聚体特征的影响 [J]. 生态学报 (2)：498-505.

彭文英，张科利，陈瑶，等，2005. 黄土坡耕地退耕还林后土壤性质变化研究 [J]. 自然资源学报，20 (2)：272-278.

齐雁冰，常庆瑞，刘梦云，2015. 风蚀水蚀交错区黄土黏土矿物特征及环境意义 [J]. 水土保持学报，29 (1)：159-162.

秦俊法，1999. 硼的生物必需性及人体健康效应 [J]. 广东微量元素科学，6 (9)：1-16.

秦岩，2010. 陇东油区土壤石油污染现状及修复技术初探 [J]. 陇东学院学报 (2)：64-66.

邱扬，傅伯杰，王军，等，2004. 黄土高原小流域土壤养分的时空变异及其影响因子 [J]. 自然科学进展，14（3）：294-299.

邱宇洁，许明祥，师晨迪，等，2014. 陇东黄土丘陵区坡改梯田土壤有机碳累积动态 [J]. 植物营养与肥料学报，20（1）：87-98.

曲东，尉庆丰，1995. 黄土性土壤中硫的形态分析 [J]. 干旱地区农业研究（1）：73-77.

曲东，尉庆丰，1996. 陕西几种代表性土壤硫形态与土壤性质的关系 [J]. 土壤通报（1）：16-18.

全国农业技术推广服务中心，中国农科院农业资源与区划所，2008. 耕地质量演变趋势研究 [M]. 北京：中国农业科学技术出版社.

全国土壤肥料总站，1993. 土壤分析技术规范 [M]. 北京：中国农业出版社.

全国土壤普查办公室，1993. 中国土种志 [M]. 北京：中国农业出版社.

冉勇，彭琳，1993. 黄土性土壤中锌的化学形态分布及有效性研究 [J]. 土壤通报，24（4）：172-174.

冉勇，1989. 黄土区土壤铜的形态及其可给性初步研究 [J]. 土壤通报，20（5）：232-234.

任小平，汪有涛，白岗栓，等，2007. 安塞县水土保持型生态农业建设探索 [J]. 水土保持通报，27（5）：159-163.

阮长春，柴晶，王远征，等，2008. 不同供水量对绿豆苗期生物产量的影响 [J]. 灌溉排水学报（5）：113-115.

陕西省农业勘察设计院，1982. 陕西农业土壤 [M]. 西安：陕西科学技术出版社.

陕西省土壤普查办公室，1992. 陕西土壤 [M]. 北京：科学出版社.

邵明安，王全九，黄明斌，2006. 土壤物理学 [M]. 北京：高等教育出版社.

邵明安，杨文治，李玉山，1987. 黄土区土壤水分有效性的动力学模式 [J]. 科学通报，32（18）：1421-1421.

邵煜庭，甄清香，刘世锋，1995. 甘肃主要农业土壤中 Cu、Zn、Mn、Fe 形态及其有效性研究 [J]. 土壤学报，32（4）：423-429.

佘冬立，邵明安，俞双恩，2011. 黄土高原典型植被覆盖下 SPAC 系统水量平衡模拟 [J]. 农业机械学报，42（5）：73-78.

摄晓燕，2010. 黄土区主要农业土壤肥力演变研究 [D]. 杨凌：西北农林科技大学.

摄晓燕，谢永生，王辉，等，2010. 主要农用黄绵土典型剖面养分分布特征及历史演变 [J]. 水土保持学报，24（4）：69-72.

摄晓燕，谢永生，王辉，等，2010. 主要农用黄绵土典型剖面养分分布特征及历史演变 [J]. 水土保持学报，24（4）：69-77.

申圆圆，2012. 土壤中石油污染物行为特征及植物根际修复研究 [D]. 西安：长安大学.

沈洁，陆炳章，陈正斌，等，1989a. 绿肥对滨海盐渍土水稻的生长及改土效果 [J]. 耕作与栽培（2）：37-42.

沈洁，陆炳章，陈正斌，等，1989b. 绿肥对土壤有机质的影响 [J]. 土壤，21（1）：32-34.

沈仁芳，蒋柏藩，1992. 石灰性土壤无机磷的形态分布及其有效性 [J]. 土壤学报，29（1）：82-88.

沈善敏，宇万太，张路，等，1992. 杨树主要元素内循环及外循环研究Ⅰ. 落叶前后各部位养分浓度及养分储量变化 [J]. 应用生态学报，3（4）：296-361.

沈善敏，宇万太，张路，等，1993. 杨树主要元素内循环及外循环研究Ⅱ. 落叶前后各部位养分浓度及养分储量变化 [J]. 应用生态学报，4（1）：27-31.

盛学斌，孙建中，1995. 关于土壤磷素研究的现状与趋向 [J]. 环境工程学报（2）：11-21.

师晨迪，许明祥，邱宇洁，等，2014. 黄土丘陵区县域农田土壤近 30 年有机碳变化及影响因素研究：以甘肃庄浪县为例 [J]. 环境科学，35（3）：1098-1104.

师学珍，王增丽，冯浩，2014. 秸秆不同处理方式对黄绵土团聚体特性的影响 [J]. 中国土壤与肥料（4）：12-17.

施立善，盛丹丹，任艳，2009. 钼肥拌种对花生产量及品质的影响 [J]. 安徽农学通报，15（11）：114.

施卫明，1988. 缺 Fe 胁迫下植物根外介质 pH 的变化及其影响因素 [J]. 植物生理通讯（6）：28-31.

石辉，邵明安，1999. 土壤中磷素转化的双库模型 [J]. 应用基础与工程科学学报，7（1）：33-37.

石文静，2014. 土壤有机磷的研究进展 [J]. 安徽农业科学，42（33）：11697-11703.

石迎春，叶浩，侯宏冰，等，2004. 内蒙古南部砒沙岩侵蚀内因分析 [J]. 地球学报，25（6）：659-664.

史红星，2001. 石油类污染物在黄土高原地区环境中迁移转化规律的研究 [D]. 西安：西安建筑科技大学.

史培军，王静爱，1986. 论风水两相作用地貌的特征及其发育过程 [J]. 内蒙古林学院学报，8（2）：88-97.

史长青，1995. 重金属污染对水稻土酶活性的影响 [J]. 土壤通报，26（1）：34-35.

宋丰骥，常庆瑞，钟德燕，2011. 黄土高原沟壑区土壤养分空间变异及其与地形因子的相关性 [J]. 西北农林科技大学学报（自然科学版），39 (12)：166-180.

宋克敏，1999. 植物的磷营养：磷酸盐运转系统及其调节 [J]. 植物学通报，16 (3)：251-256.

宋立新，张文孝，1989. 土壤改良剂对陕北黄绵土效果的试验研究 [J]. 土壤肥料 (3)：36-38.

宋秋华，李凤民，王俊，等，2002. 覆膜对春小麦农田微生物数量和土壤养分的影响 [J]. 生态学报，22 (12)：2125-2132.

宋阳，严平，刘连友，等，2007. 威连滩冲沟沙黄土的风蚀与降雨侵蚀模拟实验 [J]. 中国沙漠，27 (5)：814-819.

苏静，2005. 宁南地区植被恢复对土壤团聚体稳定性及碳库的影响 [D]. 杨凌：西北农林科技大学.

苏静，赵世伟，2005. 植被恢复对土壤团聚体分布及有机碳、全氮含量的影响 [J]. 水土保持研究 (3)：44-46.

苏生海，温随良，李雪屏，等，1988. 旱地黄绵土磷二铵种肥用量试验研究 [J]. 中国土壤与肥料 (1)：31-32.

苏永中，赵哈林，2002. 土壤有机碳储量、影响因素及其环境效应的研究进展 [J]. 中国沙漠，22 (3)：220-228.

隋金山，杜文瑞，王福毅，1990. 几种作物 B 肥施用效果和使用技术研究 [J]. 土壤肥料 (3)：22-25.

孙宏德，李军，安卫红，等，1993. 黑土肥力和肥料效益定位监测研究第三报施肥及种植方式对土壤物理性状的影响 [J]. 吉林农业科学，4：41-44.

孙建华，童依平，刘全友，2001. 钼肥对农牧交错带豆科作物增产的重要意义 [J]. 中国生态农业学报，9 (4)：73-75.

孙立军，2006. 黄土高原半干旱区保护性耕作生态与经济适应性评价 [D]. 兰州：甘肃农业大学.

孙清斌，尹春芹，杨建堂，等，2010. 锰与氮钾配施对冬小麦籽粒蛋白质含量及蛋白质产量的影响 [J]. 麦类作物学报，30 (4)：715-720.

孙淑芝，马庶晗，胡心庆，等，2007. 叶面喷施锰肥对大豆产量及品质的影响 [J]. 大豆通报，90 (5)：31-34.

孙小龙，2014. 不同锌肥及锌、铁配施对旱作马铃薯产量和营养品质及其形成规律的影响 [D]. 兰州：甘肃农业大学.

孙星，刘勤，王德建，等，2008. 长期秸秆还田对剖面土壤肥力质量的影响 [J]. 中国生态农业学报，16 (3)：587-692.

孙占祥，陈国勋，杜桂娟，等，1993. 绿豆春、夏播产量差异形成原因的探讨：个体性状分析 [J]. 辽宁农业科学 (4)：26-29.

索安宁，赵文喆，王天明，等，2007. 近 50 年来黄土高原中部水土流失的时空演化特征 [J]. 北京林业大学学报，29 (1)：90-97.

覃秀英，1980. 陕西几种土壤的微生物组成与分布 [J]. 陕西农业科学 (5)：20-21.

谭东南，华珠兰，王月华，等，1986. 我省主要土壤微生物数量及其肥力状况分析 [J]. 甘肃农大学报 (1)：64-69.

谭凯敏，杨长刚，柴守玺，等，2015. 秸秆还田后覆膜镇压对旱地冬小麦土壤温度和产量的影响 [J]. 干旱地区农业研究，33 (1)：159-164.

谭帅，周蓓蓓，王全九，2014. 纳米碳对扰动黄绵土水分入渗过程的影响 [J]. 土壤学报，51 (2)：263-269.

唐承藩，1994. 土壤分类学 [M]. 北京：中国农业出版社.

唐克丽，张仲子，孔晓玲，等，1987. 黄土高原水土流失与土壤退化的研究 [J]. 水土保持通报 (6)：12-18.

唐克丽，1990. 黄土高原地区土壤侵蚀区域特征及其治理途径 [M]. 北京：中国科学技术出版社.

唐克丽，1996. 黄土高原水蚀风蚀交错带小流域治理模式探讨 [J]. 水土保持研究，3 (4)：46-55.

唐克丽，2000. 黄土高原水蚀风蚀交错区治理的重要性与紧迫性 [J]. 中国水土保持，11 (11)：12-17.

唐克丽，侯庆春，王斌科，等，1993. 黄土高原水蚀风蚀交错带和神木试区的环境背景及整治方向 [J]. 水土保持研究，18 (2)：2-15.

唐克丽，张科利，刘元保，等，1992. 黄土高原人为加速侵蚀与全球变化 [J]. 水土保持学报，6 (2)：88-96.

唐希望，同延安，吉普辉，等，2016. 关中地区日光温室重金属污染及其田块尺度下的特征 [J]. 干旱地区农业研究 (1)：272-278.

唐泽军，2002. PAM 增加入渗减少土壤侵蚀及稀土元素示踪土壤侵蚀过程的试验研究 [D]. 北京：中国农业大学.

唐泽林，黄筱强，2015. 苍梧县蔬菜施肥现状调查与发展对策 [J]. 南方园艺，26 (3)：60-63.

田蕴德，1994. 有机肥与氮磷化肥配施对豌豆长势及根腐病的影响 [J]. 中国农业科学，27 (3)：56-62.

同延安，石维，吕殿青，等，2005. 陕西三种类型土壤剖面硝酸盐累积、分布与土壤质地的关系 [J]. 植物营养与肥料学报，11 (4)：435-441.

同延安，张树兰，梁东丽，等，2004. 陕西省氮肥过量施用现状评价 [J]. 中国农业科学，37 (8)：1239-1244.

同延安，张文孝，韩稳社，等，1994. 不同氮肥种类在土及黄绵土中的转化 [J]. 土壤通报，25 (3)：107-108.

佟小刚，韩新辉，李娇，等，2016. 黄土丘陵区退耕还林土壤不同大小颗粒固碳过程与速率 [J]. 农业机械学报，47

（8）：117 - 124.

汪洪，周卫，金继运，2007. 分层供水和表层施锌对玉米植株生长和锌吸收的影响 [J]. 中国土壤与肥料（4）：63 - 67.

汪娟，蔡立群，毕冬梅，等，2009. 保护性耕作对麦＋豆轮作土壤有机碳全氮及微生物量碳氮的影响 [J]. 农业环境科学学报，28（7）：1516 - 1521.

汪涛，杨元合，2008. 中国土壤磷库的大小、分布及其影响因素 [J]. 北京大学学报（自然科学版），44（6）：945 - 952.

王兵，刘国彬，薛萐，等，2009. 黄土丘陵区撂荒对土壤酶活性的影响 [J]. 草地学报，17（3）：282 - 287.

王春梅，刘艳红，邵彬，等，2007. 量化退耕还林后土壤碳变化 [J]. 北京林业大学学报，29（3）：112 - 119.

王春燕，魏绍冲，姜远茂，等，2012. 施硼处理对苹果植株不同形态硼含量及果实品质的影响 [J]. 山东农业科学，44（3）：68 - 71.

王冬梅，王春枝，韩晓日，等，2006. 长期施肥对棕壤主要酶活性的影响 [J]. 土壤通报，37（2）：263 - 267.

王光火，朱祖祥，1988. 土壤和高岭石与磷酸根反应动力学 [J]. 浙江农业大学学报（4）：15 - 21.

王国梁，刘国彬，周生路，2003. 黄土丘陵沟壑区小流域植被恢复对土壤稳定入渗的影响 [J]. 自然资源学报，18（5），529 - 535.

王海啸，吴俊兰，张铁金，等，1990. 山西石灰性褐土的磷锌关系及其对玉米幼苗生长的影响 [J]. 土壤学报，27（3）：241 - 249.

王恒俊，张淑光，蔡风岐，1991. 黄土高原地区土壤资源及其合理利用 [M]. 北京：中国科学技术出版社.

王积强，1993. 关于"土壤凝结水"问题的探讨：与于庆和同志商榷 [J]. 干旱区地理（汉文版）（2）：58 - 62.

王建伟，王朝辉，毛晖，等，2012. 硒锌钼对黄土高原马铃薯和小白菜产量及营养元素与硒镉含量的影响 [J]. 农业环境科学学报，31（11）：2114 - 2120.

王金成，井明博，段春艳，等，2013. 黄土高原长庆油田高效石油降解菌筛选及其降解率的测定 [J]. 陇东学院学报（5）：66 - 69.

王金成，井明博，肖朝霞，等，2012. 陇东黄土高原地区石油污染土壤微生物群落及其与环境因子的关系 [J]. 水土保持通报（5）：145 - 151.

王金生，杨志峰，陈家军，等，2000. 包气带土壤水分滞留特征研究 [J]. 水利学报，2（2）：1 - 6.

王军，傅伯杰，邱扬，等，2003. 黄土高原小流域土壤养分的空间分布格局- Kriging 插值分析 [J]. 地理研究，22（3）：373 - 379.

王军艳，张凤荣，王茹，等，2001. 应用指数和法对潮土农田土壤肥力变化的评价研究 [J]. 生态与农村环境学报，17（3）：13 - 16.

王君杰，陈凌，张盼盼，等，2013. 硼、锌肥对糜子干物质积累与分配和产量的影响 [J]. 中国农学通报，29（30）：124 - 129.

王俊英，庞黄亚，张国贞，等，2002. 土壤保护性耕作技术研究 [J]. 内蒙古农业科技（6）：12 - 13.

王隽英，陈礼智，1992. 种植绿肥的几种模式及效益 [J]. 农业科技通讯（11）：30 - 31.

王克鹏，张仁陟，董博，等，2016. 长期免耕和秸秆覆盖下黄土高原旱作土壤不同粒级复合体中酸解有机氮含量及分配比例变化 [J]. 植物营养与肥料学报，22（3）：659 - 666.

王丽，毛平平，党建友，等，2016. 叶面喷施微肥对晋南小麦产量和微量元素含量的影响 [J]. 中国土壤与肥料（5）：85 - 89.

王丽，王力，和文祥，等，2011. 神木煤矿区土壤重金属污染特征研究 [J]. 生态环境学报，20（Z2）：1343 - 1347.

王丽琴，魏钦平，唐芳，等，1997. 苹果新根周年发生动态研究 [J]. 山东农业大学学报（2）：8 - 14.

王琳，李玲玲，高立峰，等，2013. 长期保护性耕作对黄绵土总有机碳和易氧化有机碳动态的影响 [J]. 中国生态农业学报，21（9）：1057 - 1063.

王留好，同延安，刘剑，2007. 陕西渭北地区苹果园土壤有机质现状评价 [J]. 干旱地区农业研究（6）：189 - 192.

王孟本，李洪建，2001. 林分立地和林种对土壤水分的影响 [J]. 水土保持学报，15（s2）：43 - 46.

王青，1992. 陕北地区中低产田的开发治理 [J]. 干旱地区农业研究（4）：15 - 22.

王生录，崔云玲，张福武，等，2009. 陇中旱区新修梯田施肥效应研究 [J]. 干旱地区农业研究，27（1）：47 - 52.

王涛，屈建军，姚正毅，等，2008. 北方农牧交错带风水蚀复合区水土流失现状与综合治理对策 [J]. 中国水土保持科学，6（1）：28 - 36.

王万忠，焦菊英，1996. 黄土高原降雨侵蚀产沙与黄河输沙 [M]. 北京：科学出版社.

王文丽，王方，杨虎德，等，2007. 黑麻土和黄绵土营养元素诊断研究 [J]. 甘肃农业科技 (11)：7-10.

王文艳，张丽萍，刘俏，2012. 黄土高原小流域土壤阳离子交换量分布特征及影响因子 [J]. 水土保持学报，26 (5)：123-127.

王玺珍，1983. 江苏淮北沙壤土中有机质对土壤团聚体形成的作用 [J]. 中国土壤与肥料 (2)：16.

王喜枝，王立河，曹雯梅，1998. 磷与锌不同施用方法的配合效应研究 [J]. 土壤肥料 (5)：47-48.

王夏晖，王益权，MS K，2000. 黄土高原几种主要土壤的物理性质研究 [J]. 水土保持学报 (4)：99-103.

王小利，段建军，郭胜利，2007. 黄土丘陵区小流域表层土壤的有机碳密度及其空间分布 [J]. 西北农林科技大学学报 (自然科学版)，35 (10)：98-109.

王小英，同延安，刘芬，等，2013. 陕西省苹果施肥状况评价 [J]. 植物营养与肥料学报，19 (1)：206-213.

王晓娟，贾志宽，梁连友，等，2012. 旱地施有机肥对土壤有机质和水稳性团聚体的影响 [J]. 应用生态学报，23 (1)：159-165.

王鑫，刘建新，雷蕊霞，等，2008. 不同种植年限苜蓿土壤熟化过程中腐殖质性质的研究 [J]. 水土保持通报，28 (2)：98-102.

王旭燕，张仁陟，谢军红，等，2015. 不同施氮处理下旱作农田土壤 CH_4、N_2O 气体排放特征研究 [J]. 环境科学学报，35 (11)：3655-3661.

王学贵，朱克庄，1990. 陕西省锰肥应用分布的研究 [J]. 土壤学报，27 (2)：202-206.

王砚田，华孟，赵小雯，等，1990. 高吸水性树脂对土壤物理性状的影响. 北京农业大学学报 (2)：181-187.

王燕，王小彬，刘爽，等，2008. 保护性耕作及其对土壤有机碳的影响 [J]. 中国生态农业学报，16 (3)：766-771.

王祎，蔡立群，张兴嘉，等，2012. 清水县耕层土壤主要养分空间分布与变异研究 [J]. 甘肃农业大学学报，47 (5)：121-128.

王应，袁建国，2007. 秸秆还田对农田土壤有机质提升的探索研究 [J]. 山西农业大学学报，27 (6)：120-121.

王永东，冯娜娜，李廷轩，等，2007. 不同尺度下低山茶园土壤阳离子交换量空间变异性研究 [J]. 中国农业科学，40 (9)：1980-1988.

王勇，钮海华，马文强，等，2010. 甘氨酸锌对断奶仔猪生长性能、免疫指标及肠道形态的影响 [J]. 动物营养学报，22 (1)：176-180.

王佑民，郭培才，高维森，1994. 黄土高原土壤抗蚀性研究 [J]. 水土保持学报，8 (4)：11-16.

王玉，张一平，陈思根，2003. 中国 6 种地带性土壤红外光谱特征研究 [J]. 西北农林科技大学学报 (自然科学版)，31 (1)：57-61.

王媛，周建斌，杨学云，2010. 长期不同培肥处理对土壤有机氮组分及氮素矿化特性的影响 [J]. 中国农业科学，43 (6)：1173-1180.

王振军，王辉，马仲武，2007. 黄土丘陵沟壑区林草间作对土壤养分的影响：以甘肃省庄浪县为例 [J]. 甘肃农业大学学报，42 (4)：82-86.

王政友，2003. 土壤水分蒸发的影响因素分析 [J]. 山西水利 (2)：26-29.

王之，张梦婷，2016. 灌溉及土壤有机质对土壤容重影响的研究 [J]. 中国农业信息 (11)：116-117.

王志强，刘宝元，海春兴，付金生，2002. 晋西北黄土丘陵区不同植被类型土壤水分分析 [J]. 干旱区资源与环境 (4)：53-58.

王志强，刘宝元，张岩，2008. 不同植被类型对厚层黄土剖面水分含量的影响 [J]. 地理学报，63 (7)：703-713.

王志亚，林大仪，1993. 新构造运动对山西土壤形成分布的影响 [J]. 山西农业大学学报，13 (3)：214-217.

王子龙，胡斐南，赵勇钢，等，2016. 土壤胶结物质分布特征及其对黄土大团聚体稳定性的影响 [J]. 水土保持学报 (5)：331-336.

韦红波，李锐，杨勤科，2002. 我国植被水土保持功能研究进展 [J]. 植物生态学报，26 (4)：489-496.

尉庆丰，王益权，刘俊良，等，1989. 陕西省土壤中硫素的含量与分布 [J]. 西北农林科技大学学报 (自然科学版)，17 (4)：57-63.

魏朝富，高明，谢德体，等，1995. 有机肥对紫色水稻土水稳性团聚体的影响 [J]. 土壤通报 (3)：114-116.

魏欢欢，王仕稳，杨文稼，等，2017. 免耕及深松耕对黄土高原地区春玉米和冬小麦产量及水分利用效率影响的整合分析. 中国农业科学，50 (3)：461-473.

魏孝荣，郝明德，邵明安，2006. 黄土高原旱地连续施用锰肥的土壤效应研究 [J]. 土壤学报，43 (5)：800-806.

魏孝荣，邵明安，2009. 黄土高原小流域土壤 pH、阳离子交换量和有机质分布特征 [J]. 应用生态学报，20 (11)：2710 - 2715.

魏孝荣，邵明安，高建伦，2008. 黄土高原沟壑区小流域土壤有机碳与环境因素的关系 [J]. 环境科学，29 (10)：2079 - 2084.

魏孝荣，2004. 旱地长期定位试验对土壤锌、铜、锰、铁化学特性影响的研究 [D]. 杨凌：西北农林科技大学.

魏勇，张焕朝，张金龙，2003. 杨树根际土壤磷的分布特征及其有效性 [J]. 南京林业大学学报，27 (5)：20 - 24.

温美娟，党娜，翟丙年，等，2016. 施肥配合薄膜生草二元覆盖有效提高渭北苹果的产量和品质 [J]. 植物营养与肥料学报，22 (5)：1339 - 1347.

温美娟，郑伟，赵志远，等，2016. 不同施肥与间套绿肥对果园水热特征及硝态氮累积的影响 [J]. 农业环境科学学报，35 (6)：1119 - 1128.

温仲明，焦峰，刘宝元，等，2005. 黄土高原森林草原区退耕地植被自然恢复与土壤养分变化 [J]. 应用生态学报，16 (11)：2025 - 2029.

沃飞，陈效民，方堃，等，2007. 太湖地区两种典型水稻土中氮、磷迁移转化的研究 [J]. 土壤通报，38 (6)：1058 - 1063.

吴发启，赵晓光，刘秉正，2001. 缓坡耕地侵蚀环境及动力机制分析 [M]. 西安：陕西科学技术出版社.

吴发启，张玉斌，佘雕，等，2003. 黄土高原南部梯田土壤水分环境效应研究 [J]. 水土保持研究，10 (4)：128 - 130.

吴建明，高贤彪，高弼模，1990. 山东省土壤微量元素含量与分布 [J]. 土壤学报，27 (1)：87 - 93.

吴俊兰，1980. 石灰性褐土冬小麦微量元素的肥效 [J]. 土壤通报，11 (5)：24 - 26.

吴茂江，2006. 钼与人体健康 [J]. 微量元素与健康研究，23 (5)：66 - 67.

吴普特，2006. 黄土高原水土保持新论 [M]. 郑州：黄河水利出版社.

吴钦孝，李勇，1990. 黄土高原植物根系提高土壤抗冲性能的研究：Ⅱ. 草本植物根系提高表层 [J]. 水土保持学报 (1)：11 - 16.

吴荣华，李俊庆，庄克章，等，2014. 几种微量元素对玉米产量及其经济效益的影响 [J]. 现代农业科技 (19)：15.

吴晓丽，马婷慧，郝永祯，2013. 宁南山区肥料施用量对设施辣椒产量的影响 [J]. 北方园艺 (2)：43 - 45.

吴玉红，田霄鸿，侯永辉，等，2009. 基于田块尺度的土壤肥力模糊评价研究 [J]. 自然资源学报 (8)：1422 - 1431.

吴玉红，田霄鸿，同延安，等，2010. 基于主成分分析的土壤肥力综合指数评价 [J]. 生态学杂志，29 (1)：173 - 180.

吴增芳，1976. 土壤结构改良剂 [M]. 北京：科学出版社.

武均，蔡立群，罗迪，等，2014. 不同耕作措施对陇中黄土高原雨养农田土壤团聚体稳定性和 CNP 的影响 [J]. 水土保持学报，28 (6)：234 - 239.

武际，尹恩，郭熙盛，2010. 不同磷锌组合对小麦磷锌含量、积累与分配的影响 [J]. 土壤通报，41 (6)：1444 - 1448.

武天云，SCHOENAU J J，李凤民，等，2004. 土壤有机质概念和分组技术研究进展 [J]. 应用生态学报，15 (4)：717 - 722.

武晓莉，2015. 晋西黄土区新增耕地土壤改良机理及最佳施肥配方研究 [D]. 北京：中国林业科学研究院.

西北大学地理系农业地理编写组，1981. 陕西农业地理 [M]. 西安：陕西人民出版社.

郗荣庭，2000. 果树栽培学总论 [M]. 北京：中国农业出版社.

奚振邦，2004. 关于化肥对作物产量贡献的评估问题 [J]. 磷肥与复肥，19 (3)：68 - 71.

席承藩，1993. 中国土壤分类系统 [M]. 北京：中国农业出版社.

夏梦洁，刘占军，陈竹君，等，2017. 黄土高原旱地夏季休闲 ^{15}N 标记硝态氮的去向 [J]. 土壤学报，54 (5)：1230 - 1239.

肖慈英，阮宏华，屠六邦，2000. 下蜀主要森林土壤肥力的灰色关联分析与评价 [J]. 南京林业大学学报（自然科学版），24 (S1)：59 - 63.

肖厚军，刘友云，徐大地，等，2000. 坡地黄壤施用保水剂的效果研究 [J]. 耕作与栽培 (1)：51 - 52.

肖茜，沈玉芳，李世清，等，2015. 生物炭对黄土区土壤水分入渗、蒸发及硝态氮淋溶的影响 [J]. 农业工程学报，31 (16)：128 - 134.

谢建昌，陈际型，朱月珍，等，1963. 红壤区几种主要土壤的镁素供应状况及镁肥肥效的初步研究 [J]. 土壤学报，8 (3)：49 - 51.

谢建昌，2000. 钾与中国农业 [M]. 南京：河海大学出版社.

辛刚，颜里，汪景宽，等，2002. 不同开垦年限黑土有机质变化的研究 [J]. 土壤通报，33 (5)：332 - 335.

邢肖毅，黄懿梅，安韶山，等，2013. 黄土高原沟壑区森林带不同植物群落土壤氮素含量及其转化 [J]. 生态学报，33（22）：7181 - 7189.

邢雪荣，李法云，1999. 有机物料对白浆土微团聚体组成及其养分含量的影响 [J]. 应用生态学报（1）：44 - 46.

雄田恭一，1984. 土壤有机质的化学 [M]. 李庆荣，孙铁光，解惠南，等，译. 北京：科学出版社.

熊冠庭，陈新，徐德明，2009. 施硼对油菜新品种秦优 7 号的增产效果研究 [J]. 安徽农学通报，15（13）：94.

熊双莲，吴礼树，王运华，2001. 黄瓜缺硼症状与激素变化关系的研究 [J]. 植物营养与肥料学报，7（2）：194 - 198.

熊顺贵，成春彦，1991. 翻压绿肥对京郊沙质潮土腐殖质结合形态及土壤物理性状的影响 [J]. 北京农业大学学报，17（3）：58 - 61.

熊毅，李庆逵，1987. 中国土壤 [M]. 北京：科学出版社.

熊毅，陈家坊，等，1990. 土壤胶体第 3 册土壤胶体的性质 [M]. 北京：科学出版社.

徐成凯，胡正义，章钢娅，等，2001. 石灰性土壤中硫形态组分及其影响因素 [J]. 植物营养与肥料学报，7（4）：416 - 423.

徐福利，张金水，吕殿青，1993. 对苜蓿共生固氮量测定法的比较研究 [J]. 土壤通报，24（3）：137 - 139.

徐福利，梁银丽，陈志杰，等，2003. 延安市日光温室蔬菜施肥现状与环境效应 [J]. 西北植物学报，23（5）：797 - 801.

徐福利，梁银丽，陈志杰，等，2005. 日光温室蔬菜的施肥技术 [J]. 陕西农业科学（1）：129 - 131.

徐福利，梁银丽，杜社妮，等，2003. 陕北日光温室大棚黄瓜和番茄施肥存在问题及改进措施 [J]. 陕西农业科学（1）：19 - 20，62.

徐福利，梁银丽，杜社妮，等，2003. 杨凌示范区日光温室蔬菜施肥现状及存在问题对策 [J]. 西北农业学报，12（3）：124 - 128.

徐根娣，刘鹏，任玲玲，2001. 钼在植物体内生理功能的研究综述 [J]. 浙江师大学报（自然科学版），24（3）：292 - 297.

徐敬华，陈云明，邓岚，2010. 黄土丘陵半干旱区典型人工林土壤水分特征 [J]. 水土保持通报，30（3）：48 - 52.

徐明岗，梁国庆，张夫道，2006. 中国土壤肥力演变 [M]. 北京：中国农业科学技术出版社：259 - 301.

徐明岗，安战士，1989. 陕西土壤的矿物组成与阳离子交换量关系的研究 [J]. 西北农林科技大学学报（自然科学版）（2）：87 - 92.

徐明岗，张建新，张航，等，1991. 黑垆土、黄褐土等土壤阳离子交换量影响因素的研究 [J]. 土壤通报（3）：108 - 110.

徐明岗，张一平，1996. 两种土壤中钙镁磷钾向根系的运移机理 [J]. 中国农业科学，29（5）：76 - 82.

徐宪立，马克明，傅伯杰，等，2006. 植被与水土流失关系研究进展 [J]. 生态学报，26（9）：3137 - 3143.

徐勇，安祥生，杨波，等，2010. 黄土高原坡改梯综合效益分析以燕沟流域为例 [J]. 中国水土保持科学，8（1）：1 - 5.

许炯心，2004. 黄土高原丘陵沟壑区坡面-沟道系统中的高含沙水流（Ⅰ）：地貌因素与重力侵蚀的影响 [J]. 自然灾害学报，13（1）：55 - 60.

许敏，2015. 渭北高原红富士苹果园土壤养分特征及施肥管理研究 [D]. 杨凌：西北农林科技大学.

许信旺，潘根兴，汪艳林，等，2009. 中国农田耕层土壤有机碳变化特征及控制因素 [J]. 地理研究，28（3）：601 - 612.

薛进军，余德才，田自武，等，1999. 施肥方式对苹果吸收、运输铁的影响 [J]. 果树科学，16（1）：1 - 7.

薛泉宏，李素俭，张俊宏，等，1999. 液培条件下钾细菌对土壤养分的活化作用研究 [J]. 西北农业大学学报，27（2）：33 - 37.

薛泉宏，李瑞雪，冯立孝，等，1995. 黄土高原油松刺槐人工林对土壤肥力影响的研究 [J]. 陕西林业科技（2）：6.

薛萐，刘国彬，潘彦，等，2009. 黄土丘陵区人工刺槐林土壤活性有机碳与碳库管理指数演变 [J]. 中国农业科学，42（4）：1458 - 1464.

薛萐，刘国彬，张超，等，2010. 黄土丘陵区人工灌木林土壤抗蚀性演变特征 [J]. 中国农业科学（15）：3143 - 3150.

薛萐，刘国彬，张超，等，2011. 黄土高原丘陵区坡改梯后的土壤质量效应 [J]. 农业工程学报，27（4）：310 - 316.

薛萐，刘国彬，戴全厚，等，2008. 黄土丘陵区人工灌木林恢复过程中的土壤微生物生物量演变 [J]. 应用生态学报，19（3）：517 - 523.

薛晓辉，卢芳，张兴昌，2005. 陕北黄土高原土壤有机质分布研究 [J]. 西北农林科技大学学报（自然科学版），33（6）：69 - 74.

延安市地方志编纂委员会，2000. 延安地区志 [M]. 西安：西安出版社.

阎翠萍，陈爱苹，鲁晋秀，等，2001. 特旱年旱地小麦缓释肥的增产效应 [J]. 山西农业科学（3）：37 - 40.

杨承建，2003. 长治市旱地果园土壤肥力状况及培肥措施 [J]. 河北农业科学，7（1）：68 - 70.

杨封科，高世铭，崔增团，等，2011. 甘肃省黄绵土耕地质量特征及其调控的关键技术 [J]. 西北农业学报，20（3）：67-74.

杨光，薛智德，2000. 陕北黄土丘陵区植被建设中的空间配置及其主要建造技术 [J]. 水土保持研究，7（2）：136-139.

杨国栋，王肖娟，2005. 基于人工神经网络的土壤养分肥力等级评价方法 [J]. 土壤通报，36（1）：30-33.

杨建国，安韶山，郑粉莉，2006. 宁南山区植被自然恢复中土壤团聚体特征及其与土壤性质关系 [J]. 水土保持学报（1）：72-75，98.

杨景成，韩兴国，黄建辉，等，2003. 土地利用变化对陆地生态系统碳贮量的影响 [J]. 应用生态学报，14（8）：1385-1390.

杨居荣，车宇瑚，刘坚，1985. 重金属在土壤-植物系统中的迁移、积累特征及其与土壤环境条件的关系 [J]. 生态学报，5（4）：307-314.

杨孔雀，郝明德，臧逸飞，等，2011. 黄绵土长期定位试验中硝态氮剖面分布特征 [J]. 西北农业学报，20（5）：176-180.

杨礼旦，王安文，2005. 粗壮女贞繁殖与栽培技术研究 [J]. 中国生态农业学报，13（3）：181-182.

杨利华，郭丽敏，傅万鑫，等，2002. 钼对玉米吸收氮磷钾、子粒产量和品质及苗期生化指标的影响 [J]. 玉米科学，10（2）：87-89.

杨利玲，刘慧，2011. 北方石灰性土壤番茄缺钙症的发生及防治 [J]. 长江蔬菜（11）：39-40.

杨培岭，罗远培，石元春，1993. 用粒径的重量分布表征的土壤分形特征 [J]. 科学通报（20）：1896-1899.

杨如萍，郭贤仕，吕军峰，等，2010. 不同耕作和种植模式对土壤团聚体分布及稳定性的影响 [J]. 水土保持学报（1）：252-256.

杨文治，邵明安，2000. 黄土高原土壤水分研究 [M]. 北京：科学出版社.

杨先芬，2001. 瓜菜施肥技术手册 [M]. 北京：中国农业出版社.

杨学明，张晓平，方华军，2003. 农业土壤固碳对缓解全球变暖的意义 [J]. 地理科学，23（1）：101-106.

杨学云，古巧珍，马路军，等，2005. 塿土磷素淋移的形态研究 [J]. 土壤学报（5）：792-798.

杨学云，孙本华，古巧珍，等，2007. 长期施肥磷素盈亏及其对土壤磷素状况的影响 [J]. 西北农业学报（5）：124-129.

杨永春，张琛，王斌，等，2016. 陕北黄绵土区域川台地马铃薯品种比较 [J]. 安徽农业科学，44（17）：56-57.

杨永辉，赵世伟，黄占斌，等，2006. 沃特多功能保水剂保水性能研究 [J]. 干旱地区农业研究（5）：35-37.

杨玉惠，张仁陟，2007. 氮肥施用对黄土高原中部雨养农业区土壤硝态氮分布与累积的影响 [J]. 土壤通报，38（4）：672-676.

杨玉盛，邱仁辉，俞新妥，等，1999. 不同栽植代数 29 年生杉木林土壤腐殖质及结合形态的研究 [J]. 林业科学，35（5）：116-119.

杨志敏，郑绍建，胡霭堂，1999. 植物体内磷与重金属元素锌、镉交互作用的研究进展 [J]. 植物营养与肥料学报，5（4）：366-376.

姚贤良，许绣云，于德芬，1990. 不同利用方式下红壤结构的形成 [J]. 土壤学报（1）：25-33.

姚小萌，牛桠枫，党珍珍，等，2015. 黄土高原自然植被恢复对土壤质量的影响 [J]. 地球环境学报（4）：238-247.

姚兆余，2008. 中国农耕文化的优良传统及其现代价值 [J]. 甘肃社会科学（6）：71-74.

伊霞，李运起，敖特根·白音，等，2009. 五种微肥配施对紫花苜蓿干草产量的影响 [J]. 河北农业大学学报，32（3）：21-25.

依艳丽，2009. 土壤物理研究法 [M]. 北京：北京大学出版社.

阴淑婷，2010. 黄土高原沟壑区耕地地力等级评价研究 [D]. 杨凌：西北农林科技大学.

殷宪强，王昌钊，易磊，等，2010. 黄绵土铅形态与土壤酶活性关系的研究 [J]. 农业环境科学学报，29（10）：1979-1985.

尹金来，曹翠玉，史瑞和，1989. 徐淮地区石灰性土壤磷素固定机制的研究 [J]. 土壤学报，26（2）：131-138.

尹逊霄，华珞，张振贤，等，2005. 土壤中磷素的有效性及其循环转化机制 [J]. 首都师范大学学报，26（3）：95-101.

尹忠东，朱清科，毕华兴，等，2005. 黄土高原植被耗水特征研究进展 [J]. 人民黄河，27（6）：35-37.

于寒青，李勇，金发会，等，2012. 黄土高原植被恢复提高大于 0.25 mm 粒级水稳性团聚体在土壤增碳中的作用 [J]. 植物营养与肥料学报（4）：876-883.

于寒青，李勇，NGUYEN M L，等，2012. 基于 FRN 技术的我国不同地区典型土壤保持措施的有效性评价 [J]. 核农学报，26（2）：340-347.

于群英，李孝良，2003. 土壤有机磷组分动态变化和剖面分布 [J]. 安徽科技学院学报，17 (3)：225 - 1227.

于严严，郭正堂，吴海斌，2006. 1980—2000 年中国耕地土壤有机碳的动态变化 [J]. 海洋地质与第四纪地质，26 (6)：123 - 130.

余存祖，解金瑞，彭琳，等，1987. 山西省土壤微量元素含量分布与微肥效应 [J]. 土壤通报，18 (4)：163 - 166.

余存祖，彭琳，戴鸣钧，等，1985. 青海东部施用微量元素前景分析 [J]. 干旱地区农业研究 (3)：37 - 41.

余存祖，彭琳，刘耀宏，等，1984. 陕西省土壤微量元素含量分布与微肥效应 [J]. 土壤通报，15 (6)：268 - 271.

余存祖，彭琳，彭祥林，等，1981. 黄土区土壤锰的含量与锰肥肥效 [J]. 土壤通报，12 (6)：16 - 20.

余存祖，彭琳，彭祥林，等，1983. 黄河中游土壤微量养分的流失及其控制 [J]. 中国水土保持 (4)：20 - 23.

余存祖，彭琳，彭祥林，等，1983. 黄土高原土壤有机质水平及提高途径 [J]. 山西农业科学 (5)：14 - 16.

余勤飞，2014. 煤矿工业场地土壤污染评价及再利用研究 [D]. 北京：中国地质大学.

余新晓，1991. 降雨入渗及产流问题的研究进展和评述 [J]. 北京林业大学学报 (4)：88 - 94.

俞锦晖，1998. 陇东主要耕作土壤无机磷的形态及有效性 [J]. 甘肃农业科技 (1)：37 - 38.

宇万太，赵鑫，张璐，等，2008. 长期施肥对作物产量的贡献 [J]. 生态学杂志，26 (12)：2040 - 2044.

员学锋，汪有科，吴普特，等，2005. PAM 对土壤物理性状影响的试验研究及机理分析 [J]. 水土保持学报 (2)：37 - 40.

员学锋，吴普特，冯浩，2002. 聚丙烯酰胺 (PAM) 的改土及增产效应 [J]. 水土保持研究 (2)：55 - 58.

袁秉政，秦天才，范泽孟，等，2005. 不同退耕还林模式对土壤修复作用的研究：以甘肃省庆阳市为例 [J]. 林业资源管理 (6)：51 - 54.

袁可能，1983. 植物营养元素的土壤化学 [M]. 北京：科学出版社.

袁可能，张友金，1964. 土壤腐殖质氧化稳定性的研究 [J]. 浙江农业科学 (7)：345 - 349.

袁伟，2013. 双模双垄沟播玉米锌肥锰肥铁肥肥效试验 [J]. 甘肃农业科技 (6)：36 - 38.

岳庆玲，常庆瑞，刘京，等，2007. 黄土高原不同土地利用方式对土壤养分与酶活性的影响 [J]. 西北农林科技大学学报（自然科学版），35 (12)：103 - 108.

昝亚玲，王朝辉，毛晖，等，2010. 施用硒、锌、铁对玉米和大豆产量与营养品质的影响 [J]. 植物营养与肥料学报，16 (1)：252 - 256.

张超，刘国彬，薛萐，等，2010. 黄土丘陵区不同林龄人工刺槐林土壤抗蚀性演变特征 [J]. 中国水土保持科学 (2)：1 - 7.

张超，刘国彬，薛萐，等，2010. 黄土丘陵区坡改梯田土壤碳库组分演变特征 [J]. 水土保持研究，17 (1)：20 - 23.

张达斌，姚鹏伟，李婧，等，2013. 豆科绿肥及施氮量对旱地麦田土壤肥力的影响 [J]. 生态学报，33 (7)：2272 - 2281.

张凤昌，李伟，1994. 绿豆产量及其构成因素的育种分析 [J]. 吉林农业科学 (3)：11 - 13.

张付申，1996. 不同施肥处理对塿土和黄绵土有机质氧化稳定性的影响 [J]. 河南农业大学学报，30 (1)：80 - 84.

张付申，1997. 塿土和黄绵土长期施肥的腐殖质组分及其与肥力的关系 [J]. 西北农业学报，6 (3)：33 - 36.

张甘霖，卢瑛，龚子同，等，2003. 南京城市土壤某些元素的富集特征及其对浅层地下水的影响 [J]. 第四纪研究 (4)：446 - 455.

张桂山，贾小明，马晓航，等，2004. 山东棕壤重金属污染土壤酶活性的预警研究 [J]. 植物营养与肥料学报，10 (3)：272 - 276.

张国盛，黄高宝，张仁陟，等，2003. 种植苜蓿对黄绵土表土理化性质的影响 [J]. 草业学报，12 (5)：88 - 93.

张海林，秦耀东，朱文珊，2003. 耕作措施对土壤物理性状的影响 [J]. 土壤 (2)：140 - 144.

张华，王百田，郑培龙，2006. 黄土半干旱区不同土壤水分条件下刺槐蒸腾速率的研究 [J]. 水土保持学报，20 (2)：122 - 125.

张会民，刘红霞，王留好，等，2004. 钾锰配施对旱地冬小麦植株养分含量及产量和品质的影响 [J]. 西北农林科技大学学报，32 (11)：109 - 113.

张建军，李慧敏，徐佳佳，等，2011. 黄土高原水土保持林对土壤水分的影响 [J]. 生态学报，31 (23)：7056 - 7066.

张建军，樊廷录，王勇，等，2009. 有机肥对陇东黄土旱塬冬小麦产量和土壤养分的调控效应 [J]. 西北植物学报，29：1656 - 1662.

张进，2010. 渭北苹果园土壤养分状况调查与评价 [D]. 杨凌：西北农林科技大学.

张静，常庆瑞，2006. 渭北黄土高原不同林型植被对土壤肥力的影响 [J]. 水土保持通报，26 (3)：26 - 28，62.

张久东，包兴国，胡志桥，等，2011. 绿肥与化肥配施对小麦产量和土壤肥力的影响 [J]. 干旱地区农业研究，29 (6)：125-129.

张兰兰，李运起，李秋风，等，2009. 微肥配施对青贮玉米产量的影响 [J]. 河北农业大学学报，32 (2)：7-10.

张丽娜，李军，范鹏，等，2013. 黄土高原典型苹果园地深层土壤氮磷钾养分含量与分布特征 [J]. 生态学报，33 (6)：1907-1915.

张林森，2012. 陕西黄土高原地区苹果园分区灌溉和施钾的效应 [D]. 杨凌：西北农林科技大学.

张麟君，2013. 陕北黄土高原采油区耐污染树种筛选 [D]. 杨凌：西北农林科技大学.

张明园，魏燕华，孔凡磊，等，2012. 耕作方式对华北农田土壤有机碳储量及温室气体排放的影响 [J]. 农业工程学报，28 (6)：203-209.

张铭杰，张昱，李小虎，等，2007. 干旱半干旱地区土壤矿物组成特征及其环境意义 [J]. 兰州大学学报（自然科学版），43 (3)：1-7.

张乃明，2012. 环境土壤学 [M]. 北京：中国农业大学出版社.

张鹏，贾志宽，王维，等，2012. 秸秆还田对宁南半干旱地区土壤团聚体特征的影响 [J]. 中国农业科学，45 (8)：1513-1520.

张平仓，1999. 水蚀风蚀交错带水风两相侵蚀时空特征-以神木六道沟小流域为例 [J]. 土壤侵蚀与水土保持学报，5 (3)：93-94.

张仁陟，罗珠珠，蔡立群，等，2011. 长期保护性耕作对黄土高原旱地土壤物理质量的影响 [J]. 草业学报，20 (4)：1-10.

张仁陟，谢英荷，1981. 土壤学（北方本）[M].2 版. 北京：农业出版社.

张树兰，吕殿青，李瑛，1997. 土壤养分限制因子的系统诊断研究 [J]. 西北农林科技大学学报（自然科学版）(1)：26-30.

张树兰，杨学云，吕殿青，等，2000. 几种土壤剖面的硝化作用及其动力学特征 [J]. 土壤学报，37 (3)：372-379.

张树清，2004. 甘肃有机肥资源分布与利用潜力 [J]. 西北农业学报，13 (3)：126-130.

张素霞，2008. 黄土高原坡地不同土地利用方式下土壤剖面磷素分布及其有效性研究 [D]. 杨凌：西北农林科技大学.

张婉璐，2012. PAM 对河套灌区盐渍化土壤物理水力特性影响的初步研究 [D] 呼和浩特：内蒙古农业大学.

张晓梅，何丙辉，郝明德，等，2010. 不同施氮量黄绵土径流泥沙及全氮流失特征 [J]. 西南大学学报（自然科学版），32 (9)：88-93.

张晓萍，焦锋，李锐，1999. 地块尺度土地可持续利用评价指标与方法探讨：以陕北安塞纸坊沟为例 [J]. 环境科学进展 (5)：29-33.

张晓阳，2013. 陕北石油污染对土壤理化性质和酶活性的影响 [D]. 杨凌：西北农林科技大学.

张兴昌，2002. 耕作及轮作对土壤氮素径流流失的影响 [J]. 农业工程学报，18 (1)：70-73.

张兴昌，邵明安，2000. 黄绵土不同形态有机氮径流流失规律 [J]. 农业工程学报，16 (6)：47-51.

张兴昌，郑剑英，吴瑞浚，等，2001. 氮磷配合对土壤氮素径流流失的影响 [J]. 土壤通报，32 (3)：110-112.

张妍，2008. 黄土区石油污染土壤的现状及其修复 [J]. 商洛学院学报 (2)：56-58.

张耀方，赵世伟，王子龙，等，2015. 黄土高原土壤团聚体胶结物质的分布及作用综述 [J]. 中国水土保持科学 (5)：145-150.

张英利，马爱生，杨岩荣，等，2003. 陕西苹果产区土壤养分状况研究初报 [J]. 土壤肥料 (5)：41-42.

张永清，杜慧玲，2005. 石灰性褐土上钾、锌、锰肥配施对青椒产量和品质的影响 [J]. 山西师范大学学报，19 (1)：79-83.

张永双，曲永新，2004. 黄土高原马兰黄土黏土矿物的定量研究 [J]. 地质论评，50 (5)：530-537.

张永涛，王洪刚，李增印，等，2001. 坡改梯的水土保持效益研究 [J]. 水土保持研究，8 (3)：9-11.

张勇，王德森，张艳，等，2007. 北方冬麦区小麦品种籽粒主要矿物质元素含量分布及其相关性分析 [J]. 中国农业科学，40 (9)：1871-1876.

张玉斌，曹宁，佘雕，等，2009. 黄土高原残塬沟壑区梯田土壤重金属分布特征 [J]. 中国农学通报 (12)：252-256.

张振国，范变娥，白文娟，等，2007. 黄土丘陵沟壑区退耕地植物群落土壤抗蚀性研究 [J]. 中国水土保持科学，5 (1)：7-13.

张振国，黄建成，焦菊英，等，2008. 安塞黄土丘陵沟壑区退耕地植物群落土壤抗蚀性分析 [J]. 水土保持研究，15 (1)：28-31.

张治国, 张根锁, 2007. 增施有机肥料对促进黄土高原农业可持续发展的作用 [J]. 水土保持研究 (14): 13-15.

赵秉强, 李凤超, 李增嘉, 1996. 我国轮作换茬发展的阶段划分 [J]. 耕作与栽培 (2): 4-6.

赵春雷, 邵明安, 贾小旭, 2014. 黄土高原北部坡面尺度土壤饱和导水率分布与模拟 [J]. 水科学进展, 25 (6): 806-815.

赵娜, 赵护兵, 鱼昌为, 等, 2010. 夏闲期种植翻压绿肥和施氮量对冬小麦生长的影响 [J]. 西北农业学报, 19 (12): 41-47.

赵如浪, 刘鹏涛, 冯佰利, 等, 2010. 黄土高原春玉米保护性耕作农田土壤养分时空动态变化研究 [J]. 干旱地区农业研究, 28 (6): 69-74.

赵万利, 边永胜, 2015. 榆林市北部黄绵土马铃薯钾肥肥效试验分析 [J]. 技术速递 (1): 118-119.

赵伟, 梁斌, 杨学云, 等, 2013. 长期不同施肥对小麦-玉米轮作体系下土壤残留肥料氮去向的影响 [J]. 中国农业科学, 46 (8): 1628-1634.

赵岩, 杨越, 孙保平, 等, 2009. 黄土丘陵区不同退耕模式对土壤物理性状影响研究: 以甘肃定西市为例 [J]. 中国农学通报 (16): 99-105.

赵艺学, 2000. 晋西沟坝地-梯田-坡耕地农业效应的比较 [J]. 水土保持学报, 14 (2): 75-78.

赵营, 郭鑫年, 赵护兵, 等, 2013. 宁夏南部山区马铃薯施肥现状与评价 [J]. 中国马铃薯, 27 (5): 281-287.

赵永志, 2015. 肥料面源污染防控理论、策略与实践 [M]. 北京: 中国农业出版社.

赵勇钢, 赵世伟, 华娟, 等, 2009. 半干旱典型草原区封育草地土壤结构特征研究 [J]. 草地学报 (1): 106-112.

赵云英, 谢永生, 郝明德, 2009. 施肥对黄土旱塬区黑垆土土壤肥力及硝态氮累积的影响 [J]. 植物营养与肥料学报, 15 (6): 1273-1279.

赵佐平, 2009. 施肥对渭北旱塬富士苹果产量及品质的影响 [D]. 杨凌: 西北农林科技大学.

赵佐平, 2014. 陕西苹果、猕猴桃果园施肥技术研究 [D]. 杨凌: 西北农林科技大学.

郑纪勇, 邵明安, 张兴昌, 2004. 黄土区坡面表层土壤容重和饱和导水率空间变异特征 [J]. 水土保持学报 (3): 53-56.

郑剑英, 赵更生, 1996. 连续施用有机肥与化肥对黄绵土的培肥效应 [J]. 水土保持研究, 3 (2): 18-22.

郑剑英, 赵更生, 吴瑞竣, 1990. 黄绵土在连续施肥下的肥料效应 [J]. 水土保持通报, 10 (2): 8-15, 65.

郑顺安, 2010. 我国典型农田土壤中重金属的转化与迁移特征研究 [D]. 杭州: 浙江大学.

郑泽群, 李隆, 冯武焕, 1999. 土壤对三种硼阴离子的吸附与解吸 [J]. 土壤与环境, 2 (1): 25-34.

中国科学院黄土高原综合科学考察队, 1991. 黄土高原地区土壤资源及其合理利用 [M]. 北京: 中国科学技术出版社.

中国科学院黄土高原综合治理考察队, 1988. 黄土高原地区综合治理开发研究: 宁甘青部分 [M]. 北京: 科学出版社.

中国科学院林业土壤研究所, 1980. 中国东北土壤 [M]. 北京: 科学出版社.

中国科学院南京土壤研究所土壤系统分类课题组, 1991. 中国土壤系统分类 (首次方案) [M]. 北京: 科学出版社.

中国农业科学院土壤肥料研究所, 1994. 中国肥料 [M]. 上海: 上海科学技术出版社.

钟永安, 1978. 草原地区植物缺铁病 [J]. 植物杂志 (4): 5-7.

周广业, 闫龙翔, 1993. 长期施用不同肥料对土壤磷素形态转化的影响 [J]. 土壤学报 (4): 443-446.

周国模, 徐建明, 吴家森, 等, 2006. 毛竹林集约经营过程中土壤活性有机碳库的演变 [J]. 林业科学, 42 (6): 124-128.

周建斌, 翟丙年, 陈竹君, 等, 2006. 西安市郊区日光温室大棚番茄施肥现状及土壤养分累积特性 [J]. 土壤通报, 37 (2): 287-290.

周建斌, 陈竹君, 李生秀, 2001. 土壤微生物量氮的含量、矿化特性及其供氮意义 [J]. 生态学报, 21 (10): 1718-1725.

周健民, 2002. 农田养分平衡与管理 [M]. 南京: 河海大学出版社.

周礼恺, 1987. 土壤酶学 [M]. 北京: 科学出版社.

周礼恺, 张志明, 曹承绵, 1983. 土壤酶活性的总体在评价土壤肥力水平中的作用 [J]. 土壤学报 (4): 413-418.

周凌云, 周刘宗, 徐梦雄, 1996. 农田秸秆覆盖节水效应研究 [J]. 生态农业研究, 4 (3): 49-52.

周鸣铮, 1988. 土壤肥力测定与测土施肥 [M]. 北京: 农业出版社.

周卫, 林葆, 1996. 土壤中钙的化学行为与生物有效性研究进展 [J]. 中国土壤与肥料 (5): 19-22.

周瑜, 苏旺, 冯佰利, 等, 2016. 不同覆盖方式和施氮量对糜子光合特性及产量性状的影响 [J]. 作物学报, 42 (6): 873-885.

周忠浩, 杜树汉, 刘刚才, 2009. 土壤侵蚀对耕地土壤生产力的影响研究 [J]. 安徽农业科学, 37 (16): 7601-7603.

朱爱荣, 杨邦民, 米向阳, 等, 2011. 宜君县油菜绿肥压青技术示范浅析 [J]. 陕西农业科学 (3): 114-115.

朱冰冰，李占斌，李鹏，等，2009. 黄丘区植被恢复过程中土壤团粒分形特征及抗蚀性演变［J］. 西安理工大学学报（4）：377－382.

朱德举，朱道林，2001. 西部土地资源保护基本知识［M］. 北京：中国大地出版社.

朱德兰，王文娥，楚杰，2004. 黄土高原丘陵区红富士苹果水肥耦合效应研究［J］. 干旱地区农业研究，22（1）：152－155.

朱建春，李荣华，杨香云，等，2012. 近30年来中国农作物秸秆资源量的时空分布［J］. 西北农林科技大学学报（自然科学版），40（4）：139－145.

朱建春，李荣华，张增强，等，2013. 陕西作物秸秆的时空分布、综合利用现状与机制［J］. 农业工程学报，29（增刊1）：1－9.

朱克贵，1995. 中国土种志［M］. 北京：中国农业出版社.

朱孟郡，严平，宋阳，等，2007. 风蚀作用下农田土壤碳损失的估算［J］. 水土保持研究，14（4）：398－400.

朱秋莲，程曼，安韶山，等，2013. 宁南山区植被恢复对土壤团聚体特征及腐殖质分布的影响［J］. 水土保持学报（4）：247－251，257.

朱显谟，1989. 黄土高原土壤与农业［M］. 北京：农业出版社.

朱显谟，1984. 黄土高原土地的整治问题［J］. 水土保持通报（4）：1－6.

朱兆良，2002. 氮管理与粮食生产和环境［J］. 土壤学报，39（增刊）：1－11.

朱兆良，2006. 推荐氮肥适宜施用量的方法论刍议［J］. 植物营养与肥料学报，12（1）：1－4.

祝沛平，2000. 铜在植物生长发育中的作用［J］. 生物学通报，35（10）：7.

邹诚，徐福利，闫亚丹，2008. 黄土高原丘陵沟壑区不同土地利用模式对土壤机械组成和速效养分影响分析［J］. 中国农学通报（12）：424－427.

邹青，赵业婷，常庆瑞，等，2012. 黄土高原南部耕地土壤养分空间格局分析：以陕西省富县为例［J］. 干旱地区农业研究，30（3）：107－113.

邹亚荣，张增祥，王长有，等，2003. 中国风水侵蚀交错区分布特征分析［J］. 干旱区研究，20（1）：67－71.

AHMED M，YU W J，LEI M，et al.，2018. Mitigation of ammonia volatilization with application of urease and nitrification inhibitors from summer maize at the Loess Plateau［J］. Plant Soil Environ.，64（4）：164－172.

ALLISION F E，1955. The enigma of soil N balance sheets［J］. Adv. Agron.，7：213－250.

AM ZKETA E，1999. Soil Aggregate Stability：A Review［J］. Journal of Sustainable Agriculture，14（2）：83－151.

AMUSAN A O，ADETUNJI M T，AZEEZ J O，et al.，2011. Effect of the integrated use of legume residue, poultry manure and inorganic fertilizers on maize yield, nutrient uptake and soil properties［J］. Nutr. Cycl. Agroecosyst，90（3）：321－330.

ANUGROHO F，KITOU M，NAGUMO F，et al.，2010. Potential growth of hairy vetch as a winter legume cover crops in subtropical soil conditions［J］. Soil Science and Plant Nutrition，56（2）：254－262.

ASTIER M，MAASS J M，ETCHEVERS－BARRA J D，et al.，2006. Short－term green manure and tillage management effects on maize yield and soil quality in an Andisol［J］. Soil & Tillage Research，88：153－159.

BAETS S D，POESEN J，KNAPEN A，et al.，2007. Impact of root architecture on the erosion－reducing potential of roots during concentrated flow［J］. Earth Surface Processes and Landforms，32（9）：1323－1345.

BARROW N J，1987. The effects of phosphate on zinc sorption by a soil［J］. European Journal of Soil Science，38（3）：453－459.

BARTH S B G，KOUAKOUA E，LARR－LARROUY M－C，et al.，2008. Texture and sesquioxide effects on water－stable aggregates and organic matter in some tropical soils［J］. Geoderma，143（1－2）：14－25.

BERINGER H，HAEDER H E，LINDHAUER M，1983. Water relationships and incorporation of ^{14}C assimilates in tubers of potato plants differing in potassium nutrition［J］. Plant Physiology，73（4）：956－960.

BISSONNAIS Y L，1996. Aggregate stability and assessment of soil crustability and erodibility：I. Theory and methodology［J］. European Journal of Soil Science，47（4）：425－437.

BRANDSMA R T，FULLEN M A，HOCKING T J，1999. Soil conditioner effects on soil structure and erosion. Journal of Soil and Water Conservation，54（2）：485－489.

BULLARD J E，MCTAINSH G H，2003. Aeolian－fluvial interactions in dryland environments：Examples and Australia case study［J］. Progress in Physical Geography，27：471－501.

451

BULLARD J E, NASH D J, 1998. Linear dune pattern variability in the vicinity of dry valleys in the southwest Kalahari [J]. Geomorphology, 23: 35 - 54.

BULLOCK A, KING B, 2011. Evaluating China's Slope Land Conversion Program as sustainable management in Tianquan and Wuqi counties [J]. Journal of Environmental Management, 92 (8): 1916 - 1922.

CAIRNS A L P, KRITZINGER, 1992. The effect of molybeenum on seed dormancy in wheat [J]. Plant and Soil, 145: 295 - 297.

CAKMAK I, 2008. Enrichment of cereal grains with zinc: Agronomic or genetic biofortification [J]. Plant and Soil, 302: 1 - 17.

CAKMAK I, MARSCHNER H, 1986. Mechanism of phosphorus - induced zinc deficiency in cotton. I. Zinc deficiency - enhanced uptake rate of phosphorus [J]. Physiologia Plantarum, 68 (3): 483 - 490.

CARON J, ESPINDOLA C, ANGERS D, 1996. Soil structural stability during rapid wetting: influence of land use on some aggregate properties [J]. Soil Science Society of America Journal, 60 (3): 901 - 908.

CHAN K Y, HEENAN D P, 2005. The effects of stubble burning and tillage on soil carbon sequestration and crop productivity in southeastern Australia [J]. Soil Use Manage, 21: 427 - 431.

CHANG R, FU B, LIU G, et al., 2011. Soil carbon sequestration potential for "Grain for Green" project in Loess Plateau, China [J]. Environmental management, 48 (6): 1158 - 1172.

CHKI K, OLVICH A, 1977. Manganese and zinc appraisal of selected by plant analysis [J]. Communications in Soil Science and Plant Analysis, 8 (4): 279 - 312.

CHRISTENSEN B T, 1986. Straw incorporation and soil organic matter in macro - aggregates and particle size separates [J]. European Journal of Soil Science, 37 (1): 125 - 135.

CLARKE M L, RENDELL H M, 1998. Climate change impacts on sand supply and the formation of desert sand dunes in the south - west USA [J]. Journal of Arid Environments, 39 (3): 517 - 531.

CURIE C, CASSIN G, COUCH D, et al., 2009. Metal movement within the plant: contribution of nicotianamine and yellow stripe 1 - like transporters [J]. Annals of Botany, 103: 1 - 11.

DAVIDSON E A, JANSSENS I A, 2006. Temperature sensitivity of soil carbon decomposition and feedbacks to climate change [J]. Nature, 440 (7081): 165 - 173.

DIGNAC M F, BAHRI H, RUMPEL C, et al., 2005. Carbon - 13 natural abundance as a tool to study the dynamics of lignin monomers in soil: an appraisal at the Closeaux experimental field (France) [J]. Geoderma, 128 (1 - 2): 3 - 17.

DJUKIC I, ZEHETNER F, MENTLER A, et al., 2010. Microbial community composition and activity in different Alpine vegetation zones [J]. Soil Biology and Biochemistry, 42 (2): 155 - 161.

DWIVEDI R S, RANDHAWA N S, BANSAL R L, 1975. Phosphorus - zinc interaction [J]. Plant and Soil, 43 (1): 639 - 648.

ELLIOTT E T, 1986. Aggregate structure and carbon, nitrogen, and phosphorus in native and cultivated soils [J]. Soil Science Society of America Journal, 50 (3): 627 - 633.

ELLIOTT E T, COLEMAN D C, 1988. Let the soil work for us [J]. Ecological Bulletins (39): 23 - 32.

FEDDES R A, KOWALIK P J, ZARADNY H, 1982. Simulation of field water use and crop yield [J]. Soil Science, 129 (3): 193.

FERNANDEZ I, MAHIEU N, CADISCH G, 2003. Carbon isotopic fractionation during decomposition of plant materials of different quality [J]. Global Biogeochemical Cycles, 17 (3): 171 - 189.

FIERER N, CRAINE J M, MCLAUCHLAN K, et al., 2005. Litter quality and the temperature sensitivity of decomposition [J]. Ecology, 86 (2): 320 - 326.

FILHO C C, LOUREN O A, GUIMAR ES M D F, et al., 2002. Aggregate stability under different soil management systems in a red latosol in the state of Parana, Brazil [J]. Soil & Tillage Research, 65 (1): 45 - 51.

FREEBAIRN D M, BOUGHTON W C, 1985. Hydrologic effects of crop residue management practices [J]. Australian Journal of Soil Research, 23: 23 - 55.

FU B J, LIU Y, LU Y H, et al., 2011. Assessing the soil erosion control service of ecosystems change in the Loess Plateau of China [J]. Ecological Complexity, 8: 284 - 293.

Gholz H L, Perry C S, Wpjr C, et al., 1985. Litterfall, decomposition, and nitrogen and phosphorus dynamics in a chronosequence of slash pine (Pinus elliottii) plantations [J]. Forest Science, 31 (2): 463 – 478.

GOH K M, GREGG P, 1982. Field studies on the fate of radioactive sulphur fertilizer applied to pastures [J]. Nutrient Cycling in Agroecosystems, 3 (4): 337 – 351.

Gong J, Chen L D, Fu B J, et al., 2004. Effects of landuse and vegetation restoration on soil quality in a small catchment of the Loess Plateau [J]. Chinese Journal of Applied Ecology, 15 (12): 2292 – 2296.

Guntiñ as M E, Gil–Sotres F, Leirós M C, et al., 2013. Sensitivity of soil respiration to moisture and temperature [J]. Journal of soil science and plant nutrition (ahead), 13 (2): 445 – 461.

HAYNES R, BEARE M, 1997. Influence of six crop species on aggregate stability and some labile organic matter fractions [J]. Soil Biology and Biochemistry, 29 (11 – 12): 1647 – 1653.

HERKELRATH W N, MILLERILLER E E, GardnerARDNER W R, 1977. Water uptake by plants: Ⅱ. theroot contact model [J]. Soil Science Society of America Journal, 41 (6): 1039 – 1043.

Hibbard K, Law B, Reichstein M, et al., 2005. An analysis of soil respiration across northern hemisphere temperate ecosystems [J]. Biogeochemistry, 73 (1): 29 – 70.

HORN R, TAUBNER H, WUTTKE M, et al., 1994. Soil physical properties related to soil structure [J]. Soil and Tillage Research, 30 (2 – 4): 187 – 216.

Hunt C D, 1996. Biochemical effects of physiological amounts of dietary boron [J]. Journal of Trace Elements in Experimental Medicine, 9 (4): 185 – 213.

JAGGI R C, AULAKH M S, SHARMA R, 2005. Impacts of elemental S applied under various temperature and moisture regimes on pH and available P in acidic, neutral and alkaline soils [J]. Biology and Fertility of Soils, 41 (1): 52 – 58.

JASTROW J, MILLER R, BOUTTON T, 1996. Carbon dynamics of aggregate – associated organic matter estimated by carbon – 13 natural abundance [J]. Soil Science Society of America Journal, 60 (3): 801 – 807.

JIANG D S, HUANG G J, 1986. Study on the filtration rate of soils on the loess plateau of China [J]. Acta Pedologica Sinica, 23 (4): 299 – 305.

KARLEN D L, DITZLER C A, ANDREWS S S, 2003. Soil quality: why and how [J]. Geoderma, 114 (3 – 4): 145 – 156.

KIRKEGAARD J A, CHRISTEN O, KRUPINSKY J, et al., 2008. Break crop benefits in temperate wheat production [J]. Field Crops Research, 107: 185 – 195.

KNORR W, PRENTICE I, HOUSE J, et al., 2005. Long – term sensitivity of soil carbon turnover to warming [J]. Nature, 433 (7023): 298 – 301.

KOOL J B, PARKER J C, 1987. Development and evaluation of closed – form expressions for hysteretic soil hydraulic properties [J]. Water Resources Research, 23 (1): 105 – 114.

KUZYAKOV Y, 2006. Sources of CO_2 efflux from soil and review of partitioning methods [J]. Soil Biology and Biochemistry, 38 (3): 425 – 448.

LAJTHA K, SCHLESINGER W H, 1988. The biogeochemistry of phosphorus cycling and phosphorus availability along adesert chronosequence [J]. Ecology, 69: 24 – 39.

LAL R, 2004. Soil carbon sequestration to mitigate climate change [J]. Geoderma, 123 (1 – 2): 1 – 22.

LAL R, 2005. Forest soils and carbon sequestration [J]. Forest Ecology and Management, 220: 242 – 258.

LE BISSONNAIS Y, 1996. Aggregate stability and assessment of soil crustability and rodibility I. Theory and methodology [J]. European Journal of Soil Science, 47: 425 – 437.

LEFROVR D B, BIAIR G, STRONG W M, 1993. Changes in soil organic matter with cropping as measured by organic carbon fractions and 13C natural isotope abundance [J]. Plant and Soil, 155 – 156: 399 – 402.

LESAGA A C, 1980. The kinetic treatment of geochemical cycles [J]. Geochim Cosmochim Acta, 44: 815 – 828.

LI F B, NIU Y Z, GAO W L, et al., 2008. Effects of tillage styles and straw return on soil properties and crop yields in direct seeding of rice [J]. Chinese Journal of Soil Science, 39: 49 – 52.

LI K Y, LI Y S, 1991. The meaning and application of soil moisture curve [J]. Shaanxi Journal of Agricultural Sciences (4): 47 – 48.

LI Y N, FEI L J, 2005. Green – Ampt model forum saturated infiltration affected by air pressure entrapped in soil [J]. Journal of Hydraulic Engineering, 36 (6): 733 – 736.

LI Y Y, SHAO M A, 2006. Change of soil physical properties under long – term natural vegetation restoration in the Loess Plateau of China [J]. Journal of Arid Environments, 64 (1): 77 – 96.

LIANG B, YANG X Y, HE X H, et al., 2012. Long – term combined application of manure and NPK fertilizers influenced nitrogen retention and stabilization of organic C in Loess soil [J]. Plant and Soil, 353: 249 – 260.

LIANG B, YANG X Y, MURPHY D V, et al., 2013. Fate of ^{15}N – labeled fertilizer in soils under dryland agriculture after 19 years of different fertilizations [J]. Biology and Fertility of Soil, 49: 977 – 986.

LINDSAY W L, NORVELL W A, 1978. Development of a DTPA test for Zn, Fe, Mn, and Cu [J]. Soil Science Society of America Journal, 42: 421 – 428.

LONERAGAN J F, GROVE T S, ROBSON A D, et al., 1979. Phosphorus toxicity as a factor in zinc – phosphorus interactions in plants [J]. Soil Science Society of America Journal, 43 (5): 966 – 972.

LU X C, CUI J, TIAN X H, et al., 2012. Effects of Zn fertilization on Zn dynamics in potentially Zn – deficient calcareous soil [J]. Agronomy Journal, 104 (4): 963 – 969.

MAHMOODABADI M, AHMADBEIGI B, 2013. Dry and water – stable aggregates in different cultivation systems of arid region soils [J]. Arabian Journal of Geosciences, 6 (8): 2997 – 3002.

MARTIN W, TAYLOR G, ENGIBOUS J, et al., 1952. Soil and crop responses from field applications of soil conditioners [J]. Soil Science, 73 (6): 455 – 472.

MASTO R E, CHHONKAR P K, SINGH D, et al., 2007. Soil quality response to long – term nutrient and crop management on a semi – arid Inceptisol [J]. Agriculture Ecosystems & Environment, 118 (1 – 4): 130 – 142.

MAYNARD D G, JWB S, BETTANY J R, 1985. The effects of plants on soil sulfur transformations [J]. Soil Biology & Biochemistry, 17 (2): 127 – 134.

MENDES I, BANDICK A, DICK R, et al., 1999. Microbial biomass and activities in soil aggregates affected by winter cover crops [J]. Soil Science Society of America Journal, 63 (4): 873 – 881.

MOLZ F J, REMSON I, 1971. Application of an extraction – term model to the study of moisture flow to plant roots [J]. Agronomy Journal, 63 (1): 72 – 77.

NANNIPIERI P, ELDOR P, 2009. The chemical and functional characterization of soil N and its biotic components [J]. Soil Biology & Biochemistry, 41: 2357 – 2369.

NIEDER R, BENBI D K, SCHERER H W, 2011. Fixation and defixation of ammonium in soils: a review [J]. Biology Fertility of Soils, 47: 1 – 14.

NIMAH M N, HANKS R J, 1973. Model for estimating soil water, plant, and atmospheric interrelations: II. fieldtest of model [J]. Soil Science Society of America Journal, 37 (4): 528 – 532.

NORTH P F, 1976. Towards an absolute measurement of soil structural stability using ultrasound [J]. European Journal of Soil Science, 27 (4): 451 – 459.

OUYANG Y, BOERSMA L, 1992. Dynamic oxygen and carbon dioxide exchange between soil and atmosphere: II. model-simulations [J]. Soil Science Society of America Journal, 56 (6): 1702 – 1710.

OYEDELE D J, SCHJONNING P, SIBBESEN E, et al., 1999. Aggregation and organic matter fractions of three Nigerian soils as affected by soil disturbance and incorporation of plant material [J]. Soil and Tillage Research, 50: 105 – 114.

PALM C A, GACHENGO C N, DELVE R J, et al., 2011. Organic inputs for soil fertility management in tropicalagroecosystems: application of an organic resource database [J]. Agriculture, Ecosystems and Environment, 83: 27 – 42.

PENG S S, PIAO S L, WANG T, ET AL., 2009. Temperature sensitivity of soil respiration in different ecosystems in China [J]. Soil Biology and Biochemistry, 41 (5): 1008 – 1014.

PERFECT E, RASIAH V, KAY B D, 1992. Fractal dimensions of soil aggregate – size distributions calculated by number and mass [J]. Soil Science Society of America Journal, 56 (5): 1407 – 1409.

PICCOLO A, PIETRAMELLARA G, MBAGWU J S C, 1997. Use of humic substances as soil conditioners to increase aggregate stability [J]. Geoderma, 75 (3): 267 – 277.

PIERCE F J, LARSON W E, DOWDY R H, et al., 1983. Productivity of soil: Assessing of long – term changes duetoerosion [J] Journal of Soiland Water Cons. ，38：39 – 44.

PUGET P，DRINKWATER L E，2001. Short – term dynamics of root – and shoot – derived carbon from a leguminous green manure [J]. Soil Science Society of America Journal，65 (3)：771 – 779.

RAICH J W，TUFEKCIOGLU A，2000. Vegetation and soil respiration：correlations and controls [J]. Biogeochemistry，48 (1)：71 – 90.

REY A，PEGORARO E，OYONARTE C，et al. ，2011. Impact of land degradation on soil respiration in a steppe (Stipa tenacissima L.) semi – arid ecosystem in the SE of Spain [J]. Soil Biology and Biochemistry，43 (2)：393 – 403.

SAGGAR S，BETTANY J R，JWB S，1981. Sulfur transformations in relation to carbon and nitrogen in incubated soils [J]. Soil Biology & Biochemistry，13 (6)：499 – 511.

SARIYILDIZ T，ANDERSON J M，KUCUK M，2005. Effects of tree species and topography on soil chemistry，litter quality，and decomposition in Northeast Turkey [J]. Soil Biology and Biochemistry，37 (9)：1695 – 1706.

SCHIMEL J P，BENNETT J，2004. Nitrogen mineralization：Challengesof changing paradigm [J]. Ecology，85 (3)：591 – 602.

SHAO – SHAN A，HUANG Y – M，ZHENG F – L，et al. ，2008. Aggregate characteristics during natural revegetation on the Loess Plateau [J]. Pedosphere，18 (6)：809 – 816.

SHARMA A R，BEHERA U K，2009. Recycling of legume residues for nitrogen economy and higher productivity in maize (Zea mays) – wheat (Triticum aestivum) cropping system [J]. Nutr. Cycl. Agroecosyst，83：197 – 210.

SHENG H，YANG Y，YANG Z，et al. ，2010. The dynamic response of soil respiration to land – use changes in subtropical China [J]. Global Change Biology，16 (3)：1107 – 1121.

SHEPHERD M A，WEBB J，1999. Effects of overwinter cover on nitrate loss and drainage from a sandy soil：consequences for water management [J]. Soil Use and Management，15 (2)：109 – 116.

SHI Y C，YE H，HOU H B，et al. ，2004. The Internal Cause of the Erosion in Pisha Sandstone Area in Southern Inner Mongolia [J]. Acta Geoscientica Sinica，25 (6)：659 – 664.

SHUMAN L M，1975. The effect of soil properties on zinc adsorption by soils [J]. Soil Science Society of America Proceedings，39：454 – 458.

SHUMAN L M，1985. Fraction method for soil microelements [J]. Soil Science，140 (1)：11 – 22.

SINGH J P，KARAMANOS R E，STEWART J W B，1988. The mechanism of phosphorus – induced zinc deficiency in bean (*Phaseolus vulgaris* L.) [J]. Canadian Journal of Soilence (2)：345 – 358.

SIX J，ELLIOTT E，PAUSTIAN K，1999. Aggregate and soil organic matter dynamics under conventional and no – tillage systems [J]. Soil Science Society of America Journal，63 (5)：1350 – 1358.

SIX J，PAUSTIAN K，ELLIOTT E，et al. ，2000. Soil structure and organic matter I. Distribution of aggregate – size classes and aggregate – associated carbon [J]. Soil Science Society of America Journal，64 (2)：681 – 689.

SMITH P，2004. Soils as carbon sinks：the global context [J]. Soil use and management，20 (2)：212 – 218.

SOMMERFELDT T，CHANG C，ENTZ T，1988. Long – term annual manure applications increase soil organic matter and nitrogen，and decrease carbon to nitrogen ratio [J]. Soil Science Society of America Journal，52：1668 – 1672.

STALEY T E，1988. Soil microbial and organic component alteration in a no – tillage chronosequence [J]. Soil Science，52 (4)：998 – 1005.

STANFORD G，SMITH S J，1972. Nitrogen mineralization potentials of soils [J]. Soil Science Society America Journal，36：465 – 472.

STUDDERT G A，2000. Crop rotations and nitrogen fertilization to manage soil organic carbon dynamics [J]. Soil Science Society of America Journal，64 (4)：1496 – 1503.

SUN W，SHAO Q，LIU J，et al. ，2014. Assessing the effects of land use and topography on soil erosion on the Loess Plateau in China [J]. Catena，121：151 – 163.

TABOADA M A，BARBOSA O A，RODRÍ GUEZ M B，et al. ，2004. Mechanisms of aggregation in a silty loam under different simulated management regimes [J]. Geoderma，123 (3 – 4)：233 – 244.

TAO J J，BAI T S，WANG P，et al. ，2018. Vertical distribution of ammonia – oxidizing microorganisms across a soil-profile of the Chinese Loess Plateau and their responses tonitrogen inputs [J]. Science of the Total Environment，635：

240 - 248.

TISDALL J M, OADES J M, 1982. Organic matter and water - stable aggregates in soils [J]. Journal of Soil Science, 33 (2): 141 - 163.

Tisdall J M, Oades J M, 1982. Organic matter and water - stable aggregate in soil [J]. Journal of Soil Science, 33 (2): 141 - 163.

TISDALL J, 1994. Possible role of soil microorganisms in aggregation in soils [J]. Plant and Soil, 159 (1): 115 - 121.

VANDERZEE S, VANRIEMSDIJK W H, 1988. Model for long - term phosphate reaction - kinetics in soil [J]. Journal of Environmental Quality, 17 (1): 35 - 41.

VIETS F G, CRAWFORD C L, 1954. Zinc contents and deficiency symptoms of twenty - six crops grown on zinc deficient soil [J]. Soil Science, 78: 305 - 316.

VOGT K A, GRIER C C, VOGT D J, 1986. Production, Turnover, and Nutrient Dynamics of Above - and Below-ground Detritus of World Forests [J]. Advances in Ecological Research, 15 (15): 303 - 377.

VONG P C, NGUYEN C, GUCKERT A, 2007. Fertilizer sulphur uptake and transformations in soil as affected by plant species and soil type [J]. European Journal of Agronomy, 27 (1): 35 - 43.

WANG J S, YANG Z F, CHEN J J, et al. , 2000. Study on water hysteresis in aerated soil [J]. Journal of Hydraulic Engineering, 2 (2): 1 - 6.

WANG S, FU B J, PIAO S L, et al. , 2015. Reduced sediment transport in the Yellow River due to anthropogenic changes [J]. Nature Geoscience, 9 (1): 38 - 42.

WANG Y, SHAO M, LIU Z, et al. , 2013. Regional - scale variation and distribution patterns of soil saturated hydraulic conductivities in surface and subsurface layers in the loessial soils of China [J]. Journal of Hydrology, 487 (2): 13 - 23.

WANG Z Y, 2003. Impacting factors analysis on soil's water evaporation [J]. Shanxi Water Resources, 26 (2): 26 - 29.

WARNAARS B C, EAVIS B W, 1972. Soil physical conditions affecting seedling root growth: II. mechanical impedance, aeration and moisture availability as influenced by grain - size distribution and moisture content in silica sands [J]. Plant and Soil, 36 (1): 613 - 622.

WOODS W G, 1996. Review of possible boron speciation relating to its essentiality [J]. Journal of Trace Elements in Experimental Medicine, 9 (4): 153 - 163.

XU M, QI Y, 2001. Spatial and seasonal variations of Q10 determined by soil respiration measurements at a Sierra Nevadan forest [J]. Global Biogeochemical Cycles, 15 (3): 687 - 696.

YANG X W, TIAN X H, GALE W J, et al. , 2011a. Effect of soil and foliar zinc application on zinc concentration and bioavailability in wheat grain grown on potentially zinc - deficient soil [J]. Cereal Research Communications, 39 (4): 535 - 543.

YANG X W, TIAN X H, LU X C, at al. , 2011b. Impacts of phosphorus and zinc levels on phosphorus and zinc nutrition and phytic acid concentration in wheat (*Triticum aestivum* L.) [J]. Journal of the Science of Food and Agriculture, 91: 2322 - 2328.

YOO C, VALDÉS J B, NORTH G R, 1998. Evaluation of the impact of rainfall on soil moisture variability [J]. Advances in Water Resources, 21 (5): 375 - 384.

ZANTUA M I, BREMNER J M, 1975. Preservation of soil samples for assay of urease activity [J]. Soil Biology and Biochemistry, 7 (4 - 5): 297 - 299.

ZHANG D B, YAO P W, ZHAO N, et al. , 2015. Responses of winter wheat production to green manure and N fertilizer on the Loess Plateau [J]. Agronomy Journal, 107 (1): 361 - 374.

ZHANG Q Y, FAN J, ZHANG X P, 2016. Effects of simulated wind followed by rain on runoff and sediment yield from a sandy loessial soil with rills [J]. Journal of Soils and Sediments, 16: 2306 - 2315.

ZHANG S L, LOVDAHL L, GRIP H, et al. , 2007. Modeling the effects of mulching and fallow cropping on water balance in the Chinese Loess Plateau [J]. Soil Tillage Research, 93: 283 - 298.

ZHANG Y Q, DENG Y, CHEN R Y, et al. , 2012. The reduction in zinc concentration of wheat grain upon increased phosphorus - fertilization and its mitigation by foliar zinc application [J]. Plant and Soil, 361: 143 - 152.

ZHANG Y, GUO S, LIU Q, et al. , 2014. Influence of soil moisture on litter respiration in the semiarid Loess Plateau

［J］. Plos One，9（12）：1-20.

ZHAO C，SHAO M A，JIA X，et al. ，2016. Particle size distribution of soils （0～500 cm） in the Loess Plateau，China ［J］. Geoderma Regional，7（3）：251-258.

ZHAO W，LIANG B，YANG X Y，et al. ，2015. Fate of residual ^{15}N-labeled fertilizer in dryland farming systems on soils of contrasting fertility ［J］. Soil Science and Plant Nutrition，61：846-855.

ZHENG F，HE X，GAO X，et al. ，2005. Effects of erosion patterns on nutrient loss following deforestation on the Loess Plateau of China ［J］. Agriculture，Ecosystems & Environment，108（1）：85-97.

ZHONG B，XU Y J，2009. Topographic Effects on Soil Organic Carbon in Louisiana Watersheds ［J］. Environmental Management，43（4）：662-672.

图书在版编目（CIP）数据

中国黄绵土 / 同延安主编. -- 北京：中国农业出版
社，2024.6. --（中国耕地土壤论著系列). -- ISBN
978 - 7 - 109 - 32120 - 5

Ⅰ. S155. 2

中国国家版本馆 CIP 数据核字第 2024AK5047 号

中国黄绵土
ZHONGGUO HUANGMIANTU

中国农业出版社出版

地址：北京市朝阳区麦子店街 18 号楼

邮编：100125

责任编辑：刘 伟 廖 宁 杨桂华 文字编辑：史佳丽

版式设计：王 晨 责任校对：周丽芳

印刷：北京通州皇家印刷厂

版次：2024 年 6 月第 1 版

印次：2024 年 6 月北京第 1 次印刷

发行：新华书店北京发行所

开本：889mm×1194mm 1/16

印张：29.75

字数：894 千字

定价：298.00 元
